幻方丛林·上册

HUANFANG CONGLIN SHANGCE

沈文基 著

追求完美 / 创造完美 / 分享完美

科学技术文献出版社
SCIENTIFIC AND TECHNICAL DOCUMENTATION PRESS
·北京·

图书在版编目（CIP）数据

幻方丛林：全3册 / 沈文基著. —北京：科学技术文献出版社，2018.9（2025.1重印）
ISBN 978-7-5189-4561-0

Ⅰ.①幻… Ⅱ.①沈… Ⅲ.①数学—普及读物 Ⅳ.①O1-49

中国版本图书馆 CIP 数据核字（2018）第 130765 号

幻方丛林（上册）

策划编辑：孙江莉 应佩祎 责任编辑：王瑞瑞 赵 斌 责任校对：文 浩 责任出版：张志平

出 版 者 科学技术文献出版社
地 址 北京市复兴路15号 邮编 100038
编 务 部 （010）58882938，58882087（传真）
发 行 部 （010）58882868，58882870（传真）
邮 购 部 （010）58882873
官方网址 www.stdp.com.cn
发 行 者 科学技术文献出版社发行 全国各地新华书店经销
印 刷 者 北京虎彩文化传播有限公司
版 次 2018年9月第1版 2025年1月第4次印刷
开 本 710 × 1000 1/16
字 数 1200千
印 张 63
书 号 ISBN 978-7-5189-4561-0
定 价 198.00元（全3册）

序言

幻方发源于《周易》洛书九宫算，这千年之谜业已成为风靡世界的一项好玩、健脑、启智的大众化数学游戏。幻方迷宫的重重大门似乎由一串串异常精密、错综复杂而又变化无穷的连环锁扣着的，入门也许并不难，但“通其变，极其数”（《周易·系辞》）走出迷宫，却又谈何容易。本书在总结“幻方—完全幻方—自乘幻方”及“幻方—幻方群—幻方丛林”纵横两条发展主线的基础上，站在幻方研究前沿多层面挖掘、开拓新课题，并注入了更为丰富的自然与人文元素，融“象数理”于一炉，不断提升幻方游戏的趣味性与挑战性，向广大玩家提供了一个更高的创新平台。

幻方按组合性质分为幻方与完全幻方两大门类，完全幻方是幻方的最优化组合形式，乃贯穿于幻方研究的一个主攻方向。其中的“不规则”幻方并非说没有规则，而是说这类幻方具有非逻辑、非程序化的复杂规则，因此仍然是当今幻方群系统检索与彻底清算的主要障碍。然而一旦得其构图妙招绝技，幻方的这个“不规则”概念将自行消失。其中的自乘幻方是具有一次、平方、立方……连续等幂和关系的经典幻方，这是幻方兼备外延数学性质的一个重大发现，由此把幻方的数理内涵提升到了一个前所未有的高度，故我称之为“幻方迷宫中的迷宫”。自乘幻方已经破题，但仍然是当前探索其组合原理与构图方法的一个热门课题。从洛书到完全幻方诞生是幻方发展的第一座里程碑，代表作首见于印度11世纪“耆那4阶完全幻方”；第二座里程碑是自乘幻方的发现，代表作是法国G. Pfeffermann于1890年首创的8阶、9阶平方幻方；第三座里程碑是自乘完全幻方的发现，代表作是我国李文2011年创作的32阶完全平方幻方。正可谓路漫漫其修远兮，上下五千年求索之。

目前，幻方构图方法与计算技术已达到了相当水平，不难构造出千千万万的幻方图形，但能精准清算其全部解的只有4阶、5阶完全幻方群而已，同时也只停留在“只见树木，不见森林”阶段。然而，幻方与幻方群是两个不同层次的研究课题，必须克服“重图轻理”的偏向，切实启动对幻方群内在的组织结构、相互转化及其整体组合规律的深入探讨。本书重要的贡献：提出了完全幻方群第一定律——“就位机会均等律”，完全幻方群第二定律——“边际定位递减律”等前沿幻方组合理论。

幻方的“另类”发展状况，我以广袤、神奇的“幻方丛林”来形容。如有反幻方、等差幻方、等比幻方、等积幻方、双重幻方、高次幻方、素数幻方、2（$2k+1$）阶广义完全幻方、互文幻方、回文幻方、分形幻方、棋步幻方乃至各种特殊、稀缺数系巧妙入幻等；又如有幻立方、四维幻方及幻圆、幻球、幻环、幻六角等变形组合体等。“另类幻方”都发源于经典幻方，它们以不同的组合条件与设计要求，局部改变了幻方游戏规则，从而开辟了前所未有的幻方游戏新路子。但我认为：“另类幻方”都可作为一个子单元或逻辑片段而包容于阶次足够大的经典幻方内部，因此“另类幻方”将极大地丰富经典幻方精品创作。

在“幻方丛林”发展中，本书凸显了三大主体迷宫：①完全幻方——幻方第一迷宫，完全幻方 n 行、n 列及 $2n$ 条泛对角线全部等和，每一数都处在整体联系中的最佳位置，全盘数字都是“活”的，这种全方位等和关系表明它是幻方的最优化组合形式。②完全等差幻方——幻方第二迷宫。完全等差幻方存在两种表现形式：一是“泛”完全等差幻方，乃指 n 行、n 列及左、右 n 条泛对角线之和各为 4 条相同的等差数列；二是“纯”完全等差幻方，指 n 行、n 列及 $2n$ 条泛对角线之和统一为一条连续数列。它是等和完全幻方的姊妹篇，其构图趣味性与挑战性可与之相媲美。“泛”完全等差幻方已创作成功，实现了等差幻方问世以来跨越式发展，为幻方第二迷宫树立了发展的一座里程碑。③素数幻方——幻方第三迷宫。素数入幻已有 100 多年的研究历史，各式连续素数幻方、自选素数幻方、孪生素数幻方对、哥德巴赫幻方对等具有空前的挑战性，近年来我国爱好者们悉心钻研取得了举世瞩目的成果。大量实例显示，任何一个奇素数都存在一次以上的机会被组织到幻方的等和关系中来。据此，本书提出：幻方是建立“素数新秩序”最适当的组合形式这个新命题，立论基本点是从最小奇素数“3”开始，存在无限多个符合入幻条件的 k 阶连续素数配置及其构图方案。素数数系存在“幻方新秩序”这一构想，具有合理性与一定的学术价值，本书抛砖引玉，希望能在数论探讨中立题立论。

幻方好玩，玩好幻方。《幻方丛林（全 3 册）》是一部幻方科普专著，精益求精，贯彻“知识与趣味”兼备，“普及与创新”结合，“传承与超越”并发的创作理念，由此形成了如下一大特色：彰显幻方美学，痴迷于独具匠心的幻方设计。幻方是一门“数雕艺术”，它以数字化方式注入物象、图案、符号、纹饰乃至汉字等广泛主题，创作令人拍案叫绝的“高、精、尖、新、奇、特、异、怪、诡”幻方精品，追求幻方深邃的数理美、高远的意境美与多彩的视觉美，品位高雅，给人以愉悦、启迪与联想。总之，这既是幻方竞技，又是幻方欣赏。

沈文基

2018 年 7 月

目录

上册

第 1 篇　幻方入门 …… 1

幻方起源 …… 2
幻方游戏规则 …… 4
幻方求解问题 …… 6
幻方基本分类 …… 11
幻方广义发展 …… 18
幻方丛林三大迷宫 …… 20
洛书“形—数”关系 …… 22
洛书泛立方是一盆“水仙花” …… 25
洛书等幂和数组 …… 26
龟文神韵 …… 31
新版九宫图 …… 33

第 2 篇　易数模型与组合方法 …… 35

《周易》两套原始符号 …… 36
二爻累进制“卦”读数法 …… 38
“五位相得”之秘 …… 42
“参伍错综”九宫算法 …… 45
河图组合模型 …… 46
洛书组合模型 …… 49
先天八卦“体—用”数理关系 …… 52
先天八卦四象态组合模型 …… 55
先天八卦大九宫组合模型 …… 57
洛书四大构图法 …… 61
杨辉口诀新用法 …… 66

杨辉口诀周期编绎法 …… 69
杨辉口诀“双活”构图特技 …… 70
杨辉“易换术”推广应用 …… 73
完全幻方几何覆盖法 …… 78
几何覆盖“禁区”探秘 …… 83
闯出“禁区”的几何覆盖 …… 85
几何覆盖法样本探索 …… 89
左右旋法 …… 91
“两仪”型幻方构图法 …… 95
口诀幻方的最优化转换法 …… 98

第3篇 最优化逻辑编码技术 …… 103

“商—余”正交方阵常识 …… 104
自然逻辑编码技术 …… 105
自然逻辑多重次编码技术 …… 108
二位制同位逻辑行列编码技术 …… 110
二位制同位逻辑多重次编码技术 …… 115
三位制同位逻辑行列编码技术 …… 117
三位制同位逻辑泛对角线编码技术 …… 120
三位制同位逻辑“泛对角线—行列”编码技术 …… 123
三位制错位逻辑行列编码技术 …… 129
三位制错位逻辑泛对角线编码技术 …… 136
三位制错位逻辑“泛对角线—行列”编码技术 …… 138
四位制同位逻辑行列编码技术 …… 141
四位制交叉逻辑行列编码技术 …… 143
五位制最优化逻辑编码技术 …… 145
同位逻辑“长方行列图”编码技术 …… 151
交叉逻辑“长方行列图”编码技术 …… 153

第4篇 构图方法 …… 157

幻方“克隆”技巧 …… 158
“傻瓜”构图技术 …… 160
国外幻方构图法简介 …… 164
单偶数阶幻方“O、X、Z”定位构图法 …… 171
单偶数阶幻方“A + B = C”四象合成构图技术 …… 175

单偶数阶幻方“A + B = C”主对角线构图技术 …… 180
幻方泛对角线与行列置换法 …… 184
自然方阵与完全幻方相互转换的可逆法 …… 186
四象最优化正交合成法 …… 191
四象二重次最优化合成法 …… 195
非最优化四象合成完全幻方 …… 202
全等大九宫二重次最优化合成法 …… 207
四象消长态单重次完全幻方 …… 212
“放大式”模拟组合法 …… 217
“放大式”模拟法的推广应用 …… 223
“乱数”单元最优化“互补—模拟”组合技术 …… 226
自然方阵最优化“互补—模拟”组合技术 …… 234
行列图最优化“互补—模拟”组合技术 …… 236
另类幻方最优化“互补—模拟”组合技术 …… 238
4*k* 阶完全幻方的表里置换法 …… 239

第 5 篇　幻方及其最优化 …… 241

藏传佛教与幻方 …… 242
中印“玉、石”奇方——幻方最优化第一座里程碑 …… 245
元代安西王府“铁板”幻方 …… 246
中世纪印度“佛莲”幻方 …… 249
外销瓷盘“错版”幻方 …… 253
德国“A. 度勒幻方”的解 …… 256
18 世纪欧博会“地砖”幻方 …… 258
幻方之父——宋代杨辉幻方序列 …… 259
清代张潮更定百子图 …… 266
半完全幻方 …… 267
4*k* 阶幻方四象消长关系 …… 268
3*k* 阶幻方九宫消长关系 …… 272
非完全幻方任意中位律 …… 275
非完全幻方局部最优化 …… 278
非完全幻方镶嵌“单偶数阶完全幻方” …… 281
非完全幻方最优化全面覆盖 …… 283
幻方最优化标准 …… 284
完全幻方研究纲要 …… 287

中 册

第 6 篇 2（2k ＋ 1）阶幻方 …………………………………… 291

主对角线定位编码法 …………………………………… 292
四象数组交换构图法 …………………………………… 295
2 阶单元“模拟—合成”构图法…………………………… 304
2（2k ＋ 1）阶幻方局部最优化 ………………………… 306
6 阶幻方“极值”组合结构……………………………… 308
6 阶幻方四象消长态序列………………………………… 311
普朗克广义 6 阶完全幻方 ……………………………… 315
苏茂挺广义 6 阶完全幻方 ……………………………… 317
6 阶广义完全幻方重组方法……………………………… 319
新版最小幻和 6 阶广义完全幻方 ……………………… 325
“补三删三”最优化选数法推广 ………………………… 328
丁宗智广义 6 阶完全幻方 ……………………………… 330
长方单元 2（2k ＋ 1）阶最优化编码法………………… 334
正方单元 2（2k ＋ 1）阶最优化编码法………………… 339
广义 2（2k ＋ 1）阶二重次完全幻方…………………… 344
广义“2（2k ＋ 1）阶完全幻方”入幻 ………………… 347

第 7 篇 完全幻方群清算 …………………………………… 349

4 阶完全幻方群全集……………………………………… 350
4 阶完全幻方四象结构分析……………………………… 352
4 阶完全幻方化简结构分析……………………………… 354
4 阶完全幻方内在数理关系……………………………… 357
5 阶完全幻方群清算……………………………………… 358
任意中位 5 阶完全幻方序列 …………………………… 359
全中心对称 5 阶完全幻方 ……………………………… 360
“25”居中 5 阶完全幻方子集 …………………………… 361
5 阶完全幻方相互转化关系……………………………… 365

第 8 篇 大五象和大九宫算法 ……………………………… 371

五象全等态幻方 ………………………………………… 372
五象消长态幻方 ………………………………………… 374
四象全等态下的中象之变 ……………………………… 376

四象消长态下的中象之变 …… 378
12 阶双宫幻方 …… 379
九宫算法与变法 …… 381
全等式大九宫幻方 …… 384
等差式大九宫幻方 …… 386
三段等差式大九宫幻方 …… 388
三段等和式大九宫幻方 …… 390
变异三段式大九宫幻方 …… 391
“最大”中宫 9 阶幻方 …… 393
“最小”中宫 9 阶幻方 …… 395
行列图式大九宫完全幻方 …… 397

第 9 篇　幻方对称结构 …… 401

奇数阶“全中心对称”幻方 …… 402
奇数阶“全中心对称”完全幻方 …… 403
偶数阶“全中心对称”幻方 …… 405
偶数阶“全轴对称”幻方 …… 407
偶数阶“全轴对称”完全幻方 …… 408
“全交叉对称”幻方 …… 410
“全交叉对称”完全幻方 …… 411
幻方奇偶数模块“万花筒” …… 412
幻方奇偶数均匀分布 …… 415
奇偶数两仪模块幻方 …… 416
最均匀偶数阶完全幻方 …… 419
最均匀奇数阶完全幻方 …… 421

第 10 篇　幻方子母结构 …… 423

“田”字型子母完全幻方 …… 424
“田”字型非最优化合成完全幻方 …… 426
五象态最优化多重次完全幻方 …… 430
“井”字型子母完全幻方 …… 432
格子型子母完全幻方 …… 434
格子型非最优化合成完全幻方 …… 437
网络型子母完全幻方 …… 442
网络型子母非完全幻方 …… 444
奇数阶“回”字型子母幻方 …… 447

偶数阶“回”字型子母幻方 …… 449
“回”字型子母完全幻方 …… 452
简单集装型子母幻方 …… 454

第 11 篇　幻方镶嵌结构 …… 459

质数阶同心（或偏心）完全幻方 …… 460
质数阶交叠同心完全幻方 …… 462
偶数阶同心完全幻方 …… 465
奇合数阶同心完全幻方 …… 467
同角型幻方 …… 470
同角双优化质数阶完全幻方 …… 472
交环型幻方 …… 473
交叠型幻方 …… 475
“三同”嵌入式幻方 …… 476
“变形”子幻方嵌入 …… 478

第 12 篇　另类幻方 …… 481

自然方阵 …… 482
螺旋方阵 …… 485
半和半差方阵 …… 487
半优化自然方阵 …… 490
行列图 …… 491
泛反幻方 …… 493
可逆方阵 …… 496
准幻方 …… 497
泛等差幻方 …… 498
4 阶“金字幻方”变术 …… 501
“0”字头 5 阶“金字幻方”变术 …… 502
“0”字头 10 阶幻方 …… 503
互文幻方对 …… 504
“互文幻方对”中的等幂和关系 …… 507
回文幻方 …… 512
泛等积幻方 …… 513

第 13 篇　等差幻方 …… 519

幻方的等差与等和关系同源 …… 520

美国 Martin Gardner 首创 4 阶等差幻方 …… 521
美国 Joseph. S. Madachy 的 9 阶等差幻方 …… 523
德国 Harvey Heinz 的 4 ～ 9 阶等差幻方 …… 525
10 ～ 12 阶等差幻方 …… 527
等差幻方的幻差参数分析 …… 530
幻差与阶次同步增长 …… 533
幻差最大化 …… 536
等差幻方的两种最优化组合形态 …… 538
“泛”完全等差幻方开篇 …… 540
“等差幻方”入幻 …… 544

第 14 篇 双重幻方 …… 547

W. W. Horner 首创双重幻方 …… 548
梁培基的最小化 8 阶双重幻方 …… 550
苏茂挺的“可加”双重幻方奇闻 …… 553
四象坐标定位法 …… 554
九宫坐标定位法 …… 561
“二因子”拉丁方相乘构图法 …… 564
“双重幻方”入幻 …… 572
双重幻方展望 …… 573

第 15 篇 素数幻方 …… 577

先驱者的素数幻方 …… 578
素数“乌兰现象”启示 …… 579
素数幻方撷英 …… 581
素数等差数列幻方 …… 585
孪生素数完全幻方对 …… 590
“哥德巴赫”素数幻方对 …… 593
“哥德巴赫”素数等差数列幻方对 …… 595
表以大偶数的“素数对合体幻方” …… 597
“1 + 1 + 1 = 1”素数幻方设想 …… 599
孪生素数幻方与哥德巴赫幻方的转化关系 …… 599
连续素数幻方选录 …… 601
张联兴的“复合”素数幻方 …… 604
6 阶素数幻方 …… 606
回文素数幻方 …… 608

下 册

第 16 篇 高次幻方 …………………………………………………… 611

开创者们的“平方数幻方” …………………………………… 612

克里斯蒂安·博耶的 7 阶平方数幻方 …………………………… 613

探索者们的 4 ～ 7 阶广义“平方幻方” ………………………… 616

苏茂挺的广义 18 阶平方完全幻方 ………………………………… 618

郭先强的广义 16 阶三次幻方 ……………………………………… 619

广义高次幻方入幻 ………………………………………………… 619

广义 9 阶平方完全幻方“苏氏法” ……………………………… 621

第 17 篇 自乘幻方 …………………………………………………… 625

法国 G. Pfeffermann 首创 8 阶、9 阶平方幻方 ………………… 626

英国 Henry Ernest Dudeney 的 8 阶平方幻方 …………………… 629

王勰的“不规则”8 阶平方幻方……………………………………… 630

梁培基的“规则”8 阶平方幻方……………………………………… 632

梁氏“坐标定位法”活学活用 …………………………………… 633

芬兰 Fredrik Jansson 的 10 阶、11 阶平方幻方 ………………… 636

10 阶、11 阶自乘（平方）幻方的坐标定位 ……………………… 638

德国 Walter Trump 的 12 阶三次幻方 …………………………… 641

高治源、郭先强的 12 阶三次幻方 ………………………………… 644

陈钦悟与陈沐天的“0 字头”16 阶三次幻方 …………………… 651

法国 M. H. Schots 的 8 阶完全幻方 / 平方幻方 ………………… 654

8 阶完全幻方 / 平方幻方检索 …………………………………… 656

钟明的 16 阶完全幻方 / 平方幻方 ………………………………… 659

第三座里程碑——李文的 32 阶完全平方幻方 …………………… 661

第 18 篇 不规则幻方 ………………………………………………… 663

不规则幻方创始人——杨辉 ……………………………………… 664

4 阶不规则幻方检索………………………………………………… 667

不规则“等和”整合模式 ………………………………………… 669

不规则“互补”整合模式 ………………………………………… 671

不规则幻方互补“整合”关系解析 ……………………………… 675

不规则非完全幻方分类 …………………………………………… 678

单偶数阶幻方“天生”不规则 …………………………………… 680

幻方逻辑规则“破坏”技术 …… 684
4k 阶二重次不规则幻方 …… 686
3k 阶二重次不规则幻方 …… 690
大母阶多重次不规则幻方 …… 691
不规则完全幻方 …… 693
7 阶不规则完全幻方重构 …… 698
8 阶不规则完全幻方重构 …… 700
变换“正交”关系构图法 …… 703
乱数单元的不规则最优化合成技术 …… 706
第 19 篇　数雕艺术 …… 713
白猫黑猫 …… 714
雪虎 …… 715
沙漠之舟 …… 716
空中霸王 …… 718
金字塔——狮身人面像 …… 719
“卍”佛符 …… 721
雪花 …… 722
囍 …… 724
福 …… 725
《乾》六龙 …… 726
香港回归 …… 728
澳门回归 …… 729
新世纪时钟 …… 731
鸟巢 …… 731
北京奥运 …… 733
第 20 篇　奇方异幻 …… 735
自然唯美 …… 736
四象传奇 …… 737
大拼盘 …… 740
奇妙“10 阶幻方” …… 741
“蜂巢”幻方 …… 742
“蛛网”幻方 …… 745
变幻“小立方” …… 746
“马赛克”幻方 …… 747

正方形镶嵌结构幻方 …… 748
海市蜃楼 …… 749
珠联璧合 …… 751
长串等幂和数入幻 …… 751
R. Frianson 的两仪幻方 …… 753
和合二仙 …… 754
巧夺天工 …… 755
两仪幻方阴阳易位 …… 756
精雕细刻 …… 758
印章 …… 759
虎符 …… 760
阿当斯“幻六边形”入幻 …… 761
爱因斯坦“幻三角形”入幻 …… 762
土耳其“双幻立方体”入幻 …… 763
保其寿“幻立方”入幻 …… 766
“九宫幻立方体”入幻 …… 768
最优化 2 阶“幻多面体”入幻 …… 769
$3x+1$、$3x-1$ 算法入幻 …… 771
平方和“魔环” …… 773
第 21 篇　分形幻方 …… 775
皮埃诺分形曲线合成完全幻方 …… 776
工字分形曲线合成完全幻方 …… 778
螺旋分形曲线合成完全幻方 …… 781
弹簧分形曲线合成完全幻方 …… 783
绞丝分形曲线合成完全幻方 …… 784
32 阶“藤蔓曲线”完全幻方 …… 785
32 阶“发辫曲线”完全幻方 …… 786
24 阶“锯齿分形曲线”合成完全幻方 …… 788
28 阶“布朗曲线”完全幻方 …… 789
“O、X、Z”三式定位分形碎片 …… 790
“分形曲线”模型设计 …… 792
“二合一”分形完全幻方 …… 797
“三合一”分形完全幻方 …… 798
“四合一”20 阶、24 阶分形幻方 …… 800

"四合一"32 阶分形幻方 …… 802

第 22 篇 "棋步—幻方"游戏 …… 805

"骑士旅行"8 阶马步行列图 …… 806
8 阶"马步二回路"幻方 …… 807
8 阶"马步二回路"幻方重构 …… 809
一匹马跳遍棋盘的 16 阶马步幻方 …… 811
16 阶马步幻方重组 …… 813
"骑士旅行"图谱 …… 816
"8 阶马步行列图"最优化入幻 …… 817
"8 阶马步二回路幻方"最优化入幻 …… 819
小盘"马步图谱"合成完全幻方 …… 820
奇数阶"暗"马步幻方 …… 824
8 阶完全幻方"马步直线"全等结构 …… 826
意大利 Ghersi 的 8 阶王步回路幻方 …… 828
4 阶后步回路幻方 …… 830
标准棋盘 8 阶后步回路幻方 …… 833
后步回路 8 阶行列图合成 32 阶完全幻方 …… 834
王步二回路四象最优化合成 32 阶幻方 …… 836
阿拉伯人的 8 阶"混合棋步"完全幻方 …… 839
"王 / 车"联步回路 8 阶幻方 …… 840
"王 / 后"联步双回路行列图合成 32 阶完全幻方 …… 841
"后 / 象"联步二回路 8 阶幻方 …… 842
"后 / 马"联步行列图合成 32 阶完全幻方 …… 843
象步二回路合成 32 阶完全幻方 …… 845
兵步"弓形"曲线合成 20 阶完全幻方 …… 847

第 23 篇 "简笔画"幻方 …… 849

猫头鹰 …… 850
坐井观天 …… 851
大风车 …… 852
倒立 …… 853
泥陶釜灶 …… 854
石窗 …… 856
面具 …… 858
龙首 …… 861

貔貅 …… 863
丑小鸭 …… 864
海军上将 …… 867
32 阶“太阳神”完全幻方 …… 868
32 阶“对撞”完全幻方 …… 872
16 阶“青蛙”完全幻方 …… 873
16 阶“鲸”完全幻方 …… 874
16 阶“蜘蛛”完全幻方 …… 876
16 阶四式“全等双曲线”完全幻方 …… 878

第 24 篇　“汉字”入幻 …… 881

“口”字 16 阶完全幻方 …… 882
“工”字 16 阶完全幻方 …… 883
“王”字 24 阶完全幻方 …… 884
“日”字 24 阶完全幻方 …… 885
“田”字 24 阶完全幻方 …… 887
“山”字 24 阶完全幻方 …… 888
“出”字 24 阶完全幻方 …… 889
“正”字 24 阶完全幻方 …… 891
“巨”字 32 阶完全幻方 …… 892
“回”字 32 阶完全幻方 …… 893

第 25 篇　特种数系入幻 …… 895

衍生勾股数组三联对幻方 …… 896
“勾股图”幻方 …… 897
“28 亲和链”幻方 …… 898
亲和环“钻石”幻方 …… 899
金兰数“双鱼”幻方 …… 900
《圣经》启示录 6 阶素数完全幻方 …… 901
“666”分拆素数幻方对 …… 902
“666 大顺”广义完全幻方 …… 904
阿根廷 R. M. Kurchan 首创“十全数”幻方 …… 906
“十全数”幻方位次加成构图法 …… 909
4 阶“十全数”幻方最小化 …… 912
4 阶“十全数”幻方最大化 …… 914

第 26 篇　方圆共幻 …………………………………………… 919
幻圆游戏规则 …………………………………………… 920
杨辉幻圆 …………………………………………… 921
丁易东幻圆 …………………………………………… 923
印度纳拉亚呐稀世幻圆 …………………………………………… 924
弗兰克林幻圆 …………………………………………… 925
蝙蝠幻圆 …………………………………………… 926
“米”字完美幻圆 …………………………………………… 928
九宫完美幻圆 …………………………………………… 929
长方幻圆 …………………………………………… 929
自然螺旋幻圆 …………………………………………… 930
四象全等二重完美幻圆 …………………………………………… 930
九环幻球 …………………………………………… 931
第 27 篇　前沿理论 …………………………………………… 933
完全幻方群第一定律——就位机会均等律 …………………………………………… 934
完全幻方群第二定律——边际定位递减律 …………………………………………… 936
完全幻方群计数理论通式 …………………………………………… 941
幻方与完全幻方初步统计 …………………………………………… 942
幻方组合技术评价指标体系 …………………………………………… 945
幻方是建立“素数新秩序”最适当的组合形式 …………………………………………… 952
参考文献…………………………………………… 955
后　记…………………………………………… 957

幻方入门

幻方——神奇的智慧迷宫，源远流长，乃是一座索之不尽的知识宝库。幻方入门并不难，人人都可以玩一把，但要玩得好、玩得精、走出幻方迷宫却谈何容易。幻方算题融知识性、趣味性、欣赏性于一炉，已演变成一项大众化的高智力游戏。中老年人经常玩玩，好比“脑力体操”，有助于活跃思维和大脑养生；而青少年们则可从中培养探秘精神，开启智慧，激发好奇心与创造力。

幻方如何入门呢？幻方千姿百态，犹如“万花筒”般变化莫测，无不可相互转化，盘根错节，结成一个有机联系的幻方群体。初学者不妨先深入钻研洛书，进而解开河图、八卦动态组合模型之谜，从头开启幻方迷宫大门。《周易·系辞》曰：“神无方，易无体。”幻方的求解，不囿一法，不拘一格，非一招一式可穷尽。俗话说：八仙过海，各显神通。

幻方起源

一、洛书——幻方之祖

幻方（Magis Square）起源于《周易》之河图、洛书与八卦，古称九宫算，乃为我国先祖最早发现的一个著名组合算题。洛书是第一幅问世的3阶幻方实体图形，它以1～9自然数列构成一个3×3正方数阵，其组合性质：3行、3列及2条主对角线上各三数之和全等于常数“15”。因此，幻方就是根据洛书定义的，洛书乃幻方之祖。

《周易·系辞》曰：“河出图，洛出书，圣人则之。”《管子·小臣》曰：“昔人之受命者，龙龟假，河出图，洛出书，地出乘黄，今三祥未见有者”。河图、洛书秘传于世，至宋代朱熹《周易本义》复出，之前只闻其名，不见其实。

相传，大禹治水，三顾家门而不入，造福于四方百姓，事迹惊天动地、精神可歌可泣。大禹劳苦功高，感动了神灵，于是乎：黄河龙马献图，名曰“河图”；洛水神龟背书，名曰“洛书”。在原始文化中，史前巨人的丰功伟业与社会价值的神化，在本质上反映了对民族杰出人物的敬仰与歌颂，乃为千秋传承与发扬之必然现象。毋庸置疑，河图、洛书并非天赐神授，归根结底是我国先祖观天测地治水的一项伟大科技成果。

“河图”“洛书”本源是何等宝物？实难考证。曾经的历史存在已经远去，并在世代传说中变得扑朔迷离，只有争论，没有结论。但这不妨碍历代学者带着各时代的见识，对其本身的科学内涵进行探索。徐岳《数术记遗》（164年，汉桓帝延熹七年）记载：“九宫算，五行参数，犹如循环。”这标志着洛书已被正式纳入了算术范畴。又见于北周（557—581年）甄莺注：“九宫者，即二四为肩，六八为足，左三右七，戴九履一，五居中央。”据唐王希《太乙金镜式经》记载：“九宫之义，法以灵龟……此不易之道也。”这是对洛书九数方位的明确记载与认定。而1977年安徽西汉汝阴侯墓出土的“太乙九宫占盘”（公元前202—公元前157年，汉文帝时代的器物）则为洛书的曾经存在及其广泛应用提供了铁证。

二、幻方易学派

河图、洛书的来源或本义究竟是什么呢？历代先儒各圆其说，现代学者众说纷纭，这千年之谜恐怕谁也猜不透。因此，关于河图、洛书本源，恐怕永远是一个美丽的传说与神话故事。《周易》之河图、洛书、先天八卦、后天八卦、太极图等神奇古图，秦汉以来一直是口授秘传，世人在《周易·系辞》等典籍中只闻其名，考之不详。时至宋代，诸图在朱熹《周易本义》卷首复出，公告于世。综观诸图之像，古韵大气，探赜索隐，钩深致远，执《周易》之纲领要义，这令以后几个朝代的易学论坛一扫昔日的沉闷局面。宋元明清易学界犹如炸开了锅，顿失平静，疑古派首发非难，历经五百年大论战，结果河洛派独特地迅速崛起，在学术舞台上确立了自己的重要地位，并推动了象、数、理、占等各大易学派的蓬勃发展。

然而，宋代大数学家杨辉独辟蹊径，专门从数学角度深入地研究过洛书组合原理，第一次揭示了洛书构造的数学方法，因此，我称杨辉为一代“幻方易学派”崛起的创始人，用西方人时髦的一句话说：杨辉乃“幻方之父”。1275 年杨辉在《续古摘奇算经》中写道：“九子斜排，上下对易，左右相更，四维挺进。”这就是著名的杨辉口诀，即在 3 阶自然方阵上，只移动上下、左右 4 个数就变成了一幅 3 阶幻方。据研究，杨辉口诀可在任意奇数阶幻方领域中推广应用。同时，杨辉又首创了另一种“易换术”构图方法，即在 4 阶自然方阵上，各 2 阶单元对角线旋转 180° 就变成了一幅 4 阶幻方。据研究，杨辉“易换术”亦可在任意偶数阶幻方领域中推广应用。杨辉这两种简便、直观构图方法的组合原理相通，都具有强大的幻方演绎功能。当初，杨辉创作了 4 阶至 10 阶计 12 幅幻方图形，这是我国古代典籍中正式记载的阶次最齐全、构图技术领先于世界的一个幻方系列。相继，宋代丁易东、明代程大伟、清代张潮和方中通等学者，都对幻方古算题做出过重要贡献。从此，洛书成了幻方研究的一个重要专图，可谓“幻方易学派”异军突起。

三、“参伍错综”之秘

《周易·系辞》曰：“参伍以变，错综其数。通其变，遂成天地之文；极其数，遂定天下之象。”什么是“参伍以变，错综其数”呢？朱熹《周易本义》云：“参者，三数之也；伍者，五数之也。错者，交而互之；综者，总而挈之。”这仅是字义解释，不明其理，因此他又说：“参伍、错综，皆古语，而参伍尤难晓。”但毕竟洛书在《周易本义》卷首复出了。

参伍错综，其实好理解，“参伍”就是关于洛书纵、横、斜的求和算法，而“错综”则是洛书九数三等分的组合变法。所谓“参伍”：“参”者，即“三”，指九数三等分，洛书排成 3×3 方阵，其 3 行、3 列上各有 3 个数；“伍”者，即“五”，指九数的中项“5”，居洛书中位。总之，九宫算法则：“参”为纲，“伍”为常，即 $3\times5=15$。然而，所谓“错综”：指洛书 3 行、3 列及 2 条主对角线之和相等的一种复杂组合关系。而可操作的“错综”方法，最终由宋代大数学家杨辉解密，即由著名的“九子斜排，上下对易，左右相更，四维挺进”口诀构造出了洛书图形。

“参伍以变，错综其数”就是洛书组合的算法与变法。推而广之，“参”者，可泛指幻方的阶次 $n(n\geqslant3)$；“伍”者，可泛指 1 至 n^2 自然数列的中项；因此“参伍”就是 n 阶幻方的求和公式：$S=\frac{1}{2}n(n^2+1)$。这个自然数列等分的求和公式是非常了不起的一个数学成果，在古代数学史上遥遥领先于世界。

四、河图、洛书、八卦

河图与先天八卦组合原理比较难懂，至今尚很少有人能同幻方组合算题真正联系起来。经多年研究，我终于基本弄清了洛书、河图与先天八卦内在的数理关系，发现诸图都贯彻九宫算原理。洛书既是3阶幻方实体，又是一个“米”字型小九宫算最简组合模型。河图与洛书同源，两者乃“火金”易位（参见清代江慎修《河洛精蕴》），唯有“一合一开”之别，中位“虚实”之变。因此，河图者“虚”中，二阶四象，乃是一个“田”字型全等态（$4k$阶，$k \geqslant 1$）幻方最简组合模型。八卦与河图、洛书“各有合”，乃是一个亦奇亦偶的动态组合模型。八卦若“合”则为四象，中位“虚”，与河图异构，变为“田”字型消长态幻方最简组合模型；八卦若“开”则为九宫，“天九”立中，与洛书异构，变为“井”字型大九宫算最简组合模型。总而言之，我发现河图、洛书、八卦的数学原理及其组合模型是打开幻方迷宫的三把总钥匙。

河图、洛书、八卦的组合论研究，必将以数学方法确立“幻方易学”的科学基础。古今中外的数学家们公认幻方起源于洛书，但国内有的权威易学家不这么认为，说洛书与幻方无关。这话虽说有其一面道理，因为洛书的确本非或者说远非一个“幻方”概念，但如果无端否定洛书是一幅实实在在的3阶幻方，这不是正常的学术之风，或者说不是应抱的科学态度。《周易》有四道，博大精深。我认为：即便洛书的原本创意并非是幻方算题，也没有理由为洛书的幻方研究设置学术“禁区”。其实，在河图、洛书、八卦、占筮及其符号体系中，包含着十分丰富的数学、自然科学内容与思想，如莱布尼茨说他发明的二进制原理与六十四卦符号体系相通等。而第一幅幻方追溯到洛书，理在其中，无有不可。河图、洛书、八卦模型在求解幻方算题中的应用，并不会妨碍人们在人文及其哲理等社会科学方面的研究。

幻方游戏规则

什么是幻方？按洛书组合原理定义：幻方是以1至n^2自然数列排成$n \times n$方阵，并建立n行、n列及2条主对角线等和关系的一种组合形式（$n \geqslant 3$）。n称为幻方的阶次，n阶幻方的等和关系称为幻和（以S_n表示）。根据洛书原理定义的幻方，我称之为经典幻方，或者说传统幻方，基本游戏规则如下。

一、用数规定

幻方必须以1至n^2自然数列的n^2个数填制n阶幻方。这是一条从“1”开始、公差为“1”的连续自然数列，n^2个数既不准重复，又不准“跳项”。凡用数不符合这一严格规定的（如自由选数或特种数系入幻）都不属于经典幻方范畴。

二、数学关系

幻方必须在行、列、对角线上建立1至n^2自然数列的等分组合关系，包括数字的个数相同及之和相等，求和计算公式为：$S_n=\frac{1}{2}n(n^2+1)$。凡其他几何线段上的等和关系，或数字个数不相同的等和关系，以及行、列、对角线上建立等差、等积等其他数学关系的，都不属于经典幻方范畴。

三、组合性质

n行、n列及2条对角线上各n个数之和相等，这是幻方成立的必要条件与最低标准，可称之为非完全幻方，以示区别。如果幻方n行、n列及$2n$条泛对角线之和全等，这就是幻方的最优化组合形式，称之为完全幻方。如果n行、n列、2条主对角线及有一半次对角线之和相等，而另一半次对角线之和不相等，称之为半完全幻方。总之，经典幻方按组合性质的优化程度可细分为：非完全幻方、半完全幻方、完全幻方3类，而前2类又可合称为非完全幻方，在一般情况下统称幻方。

【附则】

1. 关于子单元

n阶幻方内部相对独立的结构性子单元，包括全面覆盖或局部镶嵌子单元，允许其用数在1至n^2自然数列范围内任意选择与配置，若各子单元具备上述组合性质，可使用“子幻方”这个名称。内部各子幻方的不同组合性质，表示n阶幻方内部的结构性优化程度。

2. 关于幻方几何体

n阶幻方通常为$n\times n$正方形排列，其内部的结构性子幻方单元，可做斜排，或排成龟形、长方形、菱形、平行四边形、立方体等几何形状。这不仅表现幻方结构变化，而且反映幻方布局技巧。

3. 关于另类幻方

“幻方”一词专用于符合上述3条基本游戏规则下的n阶正方数阵。但在幻方广义发展过程中，上述3条游戏规则被修改或突破，出现了五花八门的另类幻方组合形式，因此在使用“幻方”一词时，应加上反映其特殊组合性质的前缀定语，或者加注说明。比如常用等差幻方、等积幻方、素数幻方、双重幻方、反幻方等，以便与经典定义的传统幻方从名称上加以区分。同时，再有一类非$n\times n$形式的正方体，参照幻方的等和关系而做成的填数游戏，通常以几何体前缀“幻”字命名，如幻星、幻六边形、幻环、幻圆、幻球等。

幻方求解问题

幻方需要解决四大基本问题：①幻方存在问题；②构图方法问题；③最优化问题；④幻方计数问题。这四大基本问题至今尚未彻底解答或严格求证，可谓任重而道远。随着幻方研究的深入发展，问题越来越精细化与具体化，难度也越来越高深莫测。

一、存在问题

（一）幻方存在的阶次范围与条件

独立的 2 阶没有幻方解，3 阶是幻方存在的最小阶次，3 阶与大于 3 阶都存在幻方解，幻方的阶次范围没有上限，这已是一个不争的事实与共识。但我有一点要说明：2 阶作为 $4k$ 阶的母阶，在 4 个 $2k$ 阶子单元之和全等条件下，从子母阶关系看“2 阶完全幻方”成立。据研究，“河图”就是一个四象全等态 2 阶最优化模型；“先天八卦”在四象态时是一个行列图式 2 阶消长态组合模型，它们是打开任意偶数阶幻方迷宫的金钥匙。

（二）完全幻方存在的阶次范围与条件

完全幻方是幻方的最高发展形式，即幻方的最优化组合，它是幻方迷宫中相对独立的一个特殊部分。3 阶不存在完全幻方解，已可定论，也不难证明：1 ～ 9 自然数列 3 等分共有 8 组配置，而 3 阶若要做成完全幻方必须有 12 个等和配置组，显然要做成 3 阶完全幻方是根本不可能的。但我也有一点要说明：3 阶作为 $3k$ 阶幻方的母阶，在 9 个 k 阶子单元之和全等条件下，从子母阶关系看则“3 阶完全幻方”成立。据研究，“先天八卦”在大九宫态时存在两大形式：一个是九宫全等最优化模型，另一个是九宫消长组合模型，它们是打开 $3k$ 阶幻方大门的金钥匙。

$2(2k+1)$ 阶不存在完全幻方解，这早有定论。不少专家以 6 阶为例，给出了数学证明，并推论 $2(2k+1)$ 阶没有完全幻方解。$2(2k+1)$ 阶幻方是一个特殊的幻方领域，它的幻和是奇数。据研究，“四象全等”是双偶数阶“规则”完全幻方成立的前提条件，而单偶阶自然数列总和不可四等分，因此可以判定单偶数阶没有“规则”完全幻方解。但我并不“死心”，提出的疑问是：在高阶单偶数幻方中是否可能存在半完全幻方或完全幻方呢？因为我发现：在大于 4 阶的双偶数阶“不规则”完全幻方中，可以突破“四象全等”常规，而在“四象消长”结构中求得最优化解。由此及彼，不能贸然否定阶次比较高的 $2(2k+1)$ 阶存在半完全幻方或完全幻方的可能性。我现在还拿不出例证，但也不敢轻言放弃探索。

总之，除3阶与2(2k＋1)阶不存在完全幻方外，其他阶次都存在完全幻方解，这已是一个被普遍接受的结论。但真理具有相对性，超出了幻方的经典定义，若按一定规则“另选”用数方案，则存在2（2k＋1）阶广义完全幻方。

（三）“不规则”幻方存在的问题

这个问题非常棘手。从幻方理论上说，任何幻方都是有一定“规则”的，各种组合规则具有多样化或复杂性。但从构图方法而言，目前大量的手工制作幻方无法认定其编制方法遵守什么“规则”，它们表现为非逻辑性、非格式化的特点，构图无章法可循，故不得不说存在“不规则”幻方，这是一个特殊的幻方子群，其存在的阶次条件如下。

①“不规则”非完全幻方：除3阶之外都存在“不规则”幻方解，其中2(2k＋1)阶幻方“天生”不规则，其全部解都为非逻辑化的非完全幻方。

②“不规则”完全幻方：据研究，4阶、5阶完全幻方不存在“不规则”完全幻方，而从7阶开始各阶都存在“不规则”完全幻方解。

本书研发了许多功能强大的构图新方法，遵守着多样化规则与章法，令有关非完全幻方、完全幻方子集相继脱掉了“不规则”帽子。因此，我坚持认为，幻方“规则”与“不规则”的区分终究将消亡，而代之以不同构图方法及其不同“规则”的差别。幻方的“不规则”概念，极大地妨碍了幻方爱好者们探索幻方新规则的勇气与决心。

（四）“自乘”幻方存在的阶次范围与条件

所谓“自乘”幻方，乃具有数学“外延关系”的经典幻方，即一次幻方做二次方、三次方……k次方“自乘”，从而形成一个连续等幂和幻方序列（不同于广义高次幻方）。一般而言，经典幻方的“自乘”幂次越高，其起点阶次就越大。根据当前的认知情况介绍如下。

①非完全幻方领域：8阶平方幻方已问世，拟是阶次最小的二次“自乘”非完全幻方；12阶立方幻方已问世，拟是阶次最小的三次“自乘”非完全幻方。高于三次的“自乘”幻方尚为空白（注：若一次时为非完全幻方，二次时为非完全幻方或者完全幻方，当以一次幻方的组合性质而确定所属范畴）。

②完全幻方领域：8阶完全幻方/平方幻方已问世，这幅幻方一次时为完全幻方，二次时为非完全幻方，以一次幻方的组合性质而定论，故8阶是最小的二次“自乘”完全幻方。一次与二次都为完全幻方的“自乘”完全幻方，以及高于二次的“自乘”完全幻方目前尚为空白，其存在的阶次条件悬而未决。

总而言之，“自乘”幻方是幻方发展的第二个里程碑，我称之为幻方迷宫中的迷宫，对广大幻方爱好者提出了空前挑战。

二、方法问题

研制幻方构图方法非常关键，不解决方法问题，求解幻方就成了一句空话。

幻方不是单一性的相互孤立的组合算题，而是一个错综复杂、千变万化的数学工程。《周易·系辞》曰："神无方而易无体。"这句话高度概括了《周易》九宫算变化无穷的特点，形容幻方迷宫形无定体，方无常法，神奇莫测。幻方制作不囿于一招一式，方法多多益善。

目前，中外幻方爱好者研制的构图方法与诀窍不下百余种，可归类于逻辑编码法、几何作图法、公式计算法、口诀法、模拟合成法、经验法、计算机语言法等，这是摸索阶段的一种可喜可贺现象。各种构图方法与技巧，从不同角度切入幻方迷宫，可谓"八仙过海，各显神通"。但是，由于现行上百种不同构图方法的探索路径与检索范围等各自为政，或相互交错，或相互脱节，剪不断理还乱，因此导致了整个幻方群的计数工作无法做到不漏不重清算。这说明，现有的构图方法设计，缺乏系统观念与整体性规划。

那么是否存在构造全部幻方的"通法"呢？我认为，不仅没有彻底求解任意阶幻方的构图通法，而且也不可能有彻底求解某一阶幻方群的构图通法。幻方构图不存在"通法"，如洛书，3 阶幻方的解唯一，我尚且发现了它有四大构图法；又如 48 幅 4 阶完全幻方群，至少也得采用两大构图方法来完成清算任务。怎么会存在任意阶幻方的"通法"呢？这是因为：其一，幻方的阶次大小与性质不同，组合结构与模式千差万别；其二，幻方等和关系的优化程度不同，组合机制与规则不相统一；其三，幻方内在各种逻辑形式及非逻辑形式、组合方式与形态互不兼容；其四，同阶一个幻方群内，幻方之间的相互联系与转化方式具有多样化与多变性特点等。这一切决定了幻方构图只能是"一把钥匙开一把锁"，没有打开幻方迷宫所有大门的一把"万能钥匙"。

幻方迷宫是由浩瀚的幻方个体互为错综叠加而成的一个层次多变、结构复杂的系统组合工程，必须研发一套分门别类、相互衔接、有地毯式搜索功能的构图方法体系，并要求这套构图方法体系比较简约。如果一个问题存在多种解法，其中最简单的方法必是最优的方法。对复杂问题要化繁为简，而不是把它越弄越复杂。同时，一种构图方法的研发非常重要，但功夫应下在它的用法创新与"活"用方面，用之得法，事半功倍。

三、最优化问题

什么是幻方的最优化及其衡量标准是什么？幻方有多少行、列及对角线具备等和关系，这决定着幻方的组合性质，而不同组合性质就是衡量幻方优化程度的标准。当幻方全部行、列及泛对角线全等于幻和，它就是最优化幻方，或者称完全幻方。如果全部行、列及两条主对角线、其一半次对角线等于幻和，另一半次对角线不等于幻和，它就是半优化幻方，或者称半完全幻方；如果全部行、列及两条主对角线等于幻和，那么幻方成立。幻方与半优化幻方都属于非最优化幻方，可称之为非完全幻方。如果这两条主对角线不等于幻和，则只能称之为行列图，即非幻方。由此可知，幻方优化程度的关键性考量、分级指标是泛对角线的等和关系状况。

同时必须说明：幻方的最优化性质是指幻方整体而言的，至于幻方内部结构性或局部性子单元的优化程度，不能决定幻方整体的组合性质。比如，以4个4阶完全幻方为子单元合成一幅8阶幻方，若它只是8行、8列及2条主对角线等于幻和，那么这幅8阶幻方仍然属于非最优化幻方。幻方按组合性质可划成最优化幻方与非最优化幻方两大类，而在同一优化级别大类中，幻方内部的结构性优化程度允许存在差异，幻方结构性优化与整体性优化分属于两个不同问题。

另外，随着幻方研究深入发展，有一部分幻方爱好者对“什么幻方最优”问题提出了异议，如有的以构图难度为标准，又如有的以结构复杂性为标准，再如有的以包含不同数学关系为标准等。这些异议之所以会产生，根源还在于对幻方最优化衡量标准的认同问题。我认为，组合性质是衡量幻方优化程度的唯一客观标准，而上述这些指标：一是不可量化，二是不具可比性，三是不具综合性。因此，若离开了组合性质，其他指标谁也不能独立地作为幻方优化程度的衡量标准。这些重要指标可以在同一优化等级中表现幻方的技术含量差异，而技术含量高低并不改变幻方组合性质。

四、计数问题

某阶幻方的全部解，我称之为某阶的一个幻方群。所谓计数问题，就是计算出各阶幻方群的全部数量。清算幻方的全部解是幻方研究的最终目标与结果，但真正实现清算谈何容易。幻方计数是个纯数学问题，不是数学游戏。故以我之见，幻方爱好者一般不必去解决幻方计数问题，尤其是清算。如若不愿放弃或有能力从事幻方计数研究，我建议，缩小范围，即只求解10阶以内完全幻方群的计数问题，而至于非完全幻方更不必做检索与清算研究，而主要从事奇方异幻、精品设计与创作。

（一）计数任务

完全幻方在整个幻方领域中只占一少部分，但求解完全幻方群可以掌握幻方的核心组合技术。完全幻方彻底求解的重点任务：我拟定在10阶范围内，包括4阶、5阶、7阶、8阶、9阶共5个阶次（注：3阶、6阶、10阶不存在完全幻方解）。尔后，再考虑扩展至16阶。目前，只有4阶、5阶完全幻方群已被准确、彻底检索与清算（注：这两个阶次不存在“不规则”完全幻方，比较容易算清），其余尚无定论。求解10阶范围内的完全幻方群，已是一个十分宏大的完全幻方研究计划了。一旦完成这个非常繁重而艰巨的任务，完全幻方群的组合理论研究将会突飞猛进地发展。

从目前构图技术的发展水平看，10阶以内各阶“规则”完全幻方分群的清算有望实现，但7阶、8阶、9阶3个阶次中，都存在“不规则”完全幻方分群，它们的构图、检索及计数等方面的研究比较薄弱，乃是一个急待突破的难点。完全幻方的“规则”与“不规则”两个子群可分而治之。

（二）计数方式

根据对完全幻方群的研究目的及对研究内容的不同需要，完全幻方群检索或清算，可以采用多种计算方式或计算口径表述其数量。

①“全方位”计数方式：如 4 阶完全幻方群共计 384 幅图形，包括每幅 4 阶完全幻方的“镜像”8 倍同构体（注：同构体的行列组合排列结构相同，方位旋转或反射）。如实证“完全幻方群就位机会均等律”，就需要以“全方位”口径计数等。

②“结构性”计数方式：如 4 阶完全幻方群按“四象”各 2 阶子单元配置计算，共计 6 个互不重复方案。比如，检验“完全幻方配置结构与组合原则”，则必须以“结构性”计数口径分析等。

③“中心位”计数方式：如 4 阶完全幻方群按“中象”2 阶子单元配置计算，共有 24 个互不重复配置方案。当研究“完全幻方群中位变化规律”时，则需要有这一计算口径的数据作为支撑。又如 5 阶完全幻方群，1 ～ 25 自然数列每一个数各可居中位而分成 25 类，可证各类的解相等，现求出某一数居中位时存在 144 幅图形（可摆出来清点了），据此推算出 5 阶完全幻方群有 3600 幅异构体。

④常规计数方式：即按“行列异构体”计算。如 4 阶完全幻方群按各行各列不同组合排列方案计算，共有互不重复的 48 幅图形。这一计算口径的数据，是“全方位”计数除去“镜像”8 倍同构体的结果。这是一个常规的、通用的、标准的计算口径，即 4 阶完全幻方群常用 48 幅图形表示其全部解。

总而言之，关于完全幻方群计数问题，根据不同阶次、不同研究目标与需要，而采用多种多样的方式与口径计算，如此多角度地梳理一个完全幻方群，若计算无误，各种计算结果之间是能够相互换算与印证的。

（三）计算方法

1. 构图演算法

构图演算法，即根据已掌握的构图方法，把幻方的构图、检索与计数三者结合起来计数。这是目前常用的一种计算方法，其优点是：构图与计数直接挂钩，便于直观地清点与计数，或者转换成公式计算。每一种构图方法各可获得一个幻方子集，已掌握的构图方法越多，所能获得的幻方子集越多。

但是幻方没有构图通法，一种构图方法不可能穷尽某一阶幻方的全部解，而几种构图方法之间的组合机制往往并不无缝衔接，各子集之间常有交叉重复，或者留有空当缺漏等。扣除交集的重复部分相当难，这类差错很容易发生。至于已知构图法全面覆盖不到位的“空白”部分，在实践中根本无法判断。因此，构图演算法的局限性在于：对其计算结果是否准确，是否已被彻底清算等，不一定心中有底。

2. **机会分析法**

我设想：幻方群的计算问题是否可与构图方法相分离？因为构图无“通法”，但计数应有“通式”，这是一个全新思路。在《前沿理论》栏目有一篇论文《完全幻方群第一定律》，提出了“完全幻方群就位机会均等律”新观点，据此给出一个“完全幻方群计数理论通式”：$S_n = E\,n^2$。式中，n^2 表示 n 阶完全幻方的数字个数或位置数，E 表示 n^2 个数在同一位置上各均等就位的次数，或者说表示 n^2 个位置为每一个数所提供的均等的就位机会。但是，n 阶完全幻方群这个计数理论表达式要转变成实际的计算公式，E 必须定量化，这是一个具有可变性的参数，所以 E 的量化非常复杂。

总而言之，幻方千变万化，神奇莫测。幻方迷宫“横看成岭侧成峰”，路径盘根错节，每一幅幻方之间处在相互联系与转化的复杂关系之中。正如《周易·系辞》曰：“神无方而易无体。”可谓方无定法，体不定形。幻方迷宫处处有门，又处处无门，无不由一串串变化无穷的连环锁扣着，入门也许并不难，但要走出来却不容易。

幻方基本分类

1 至 n^2 自然数列（$n \geqslant 3$）做 n 行、n 列全排列，存在“$\frac{1}{8}(n^2!)$”种组排状态（不计“镜像”8 倍同构体）。在 n 阶全排列方阵总体中，幻方只占其极小一部分，如 3 阶幻方占 1/45360，又如 4 阶幻方占 1/23775897600。随着阶次 n 的增大，幻方所占的比例越来越缩小，但幻方组合结构却越来越复杂。因此，幻方的适当分类非常重要，这有利于幻方构图、演绎、检索与计数方法研究，又有利于识别幻方结构特征、相互联系与转化关系等。幻方怎么分类？这是一个剪不断理还乱的问题，我将采取多角度非线性方式分类，突出重点，口径有粗有细，且不同类别有交集等，但务求划清类别界限。

一、按阶次分类

阶次大小及其数性，乃是影响幻方构图方法、结构多样性的两个主要因素。所谓阶次的数性：指奇偶性、质数与合数等的区别。根据幻方构图、检索、计数与结构分析等需要，以阶次为标准分类，一般可分为如下几个基本类别。

（一）质数阶幻方

质数阶幻方，指阶次不可分解的幻方，如 3 阶、5 阶、7 阶、11 阶、13 阶等，除 3 阶外都存在完全幻方解。质数阶幻方结构单一，构图特别，乃是一个相对独立的幻方类别。

（二）$2(2k+1)$ 阶幻方

$2(2k+1)$ 阶幻方（$k \geqslant 1$）俗称单偶数幻方，如 6 阶、10 阶、14 阶等。这类幻方含两种因子：一个是偶数因子“2”，另一个是（$2k+1$）奇数因子。单偶数幻方的独特性在于：①只有非完全幻方解，而不存在最优化解；②从其“商—余”正交方阵透视，属于天生的非逻辑性“不规则”幻方；③在“田”字型结构中，只存在四象消长组合态，而不存在四象等和组合态。因此，$2(2k+1)$ 阶幻方的构图、清算难度较大。

（三）$3k$ 阶幻方

$3k$ 阶幻方（$k \geqslant 3$），如 9 阶、12 阶、15 阶、18 阶等，包含奇合数阶与双偶数阶。该类别幻方，既有非完全幻方解，又有完全幻方解；既有“规则”幻方，又有“不规则”幻方。当以 3 阶为母阶、k 阶为子单元分解时，它具有共同的“井”字型组合结构形态，我称之为大九宫算。

（四）$4k$ 阶幻方

4k 阶幻方（$k \geqslant 1$），如 4 阶、8 阶、12 阶、16 阶等双偶数幻方。该类别幻方，既有非完全幻方解，又有完全幻方解。在大于 4 阶时，$4k$ 阶完全幻方群内既存在“规则”幻方，又存在“不规则”幻方。最基本的是“田”字型组合结构：它们既有四象消长组合态，又有四象全等组合态，因此有别于单偶数幻方。

（五）N^k 阶幻方

N^k 阶幻方（$N \geqslant 2$，$k \geqslant 2$），系由 2 个或 2 个以上相同因子构成的倍乘幻方，如纯奇数的 9 阶、25 阶、27 阶等，以及纯偶数的 4 阶、8 阶、16 阶、32 阶等。N^k 阶倍乘幻方具有多重次单一结构特点，在构图方法应用、检索与计数等方面有一定特殊性。

以上按阶次分类是对幻方类别做粗线条的划分，后 3 类的阶次互有交叉，而处在交叉点上的阶次，反映各类幻方之间在构图方法、组合结构等方面的共性。幻方阶次无上限。一般地说，幻方阶次越大，其组合结构与层次变化就越复杂，同时构图方法的综合应用也就越错综。但是阶次大小的这种影响不是绝对的，超过一定阶次对构图方法等方面就可能没有多大影响了。因此从阶次大小角度说，幻方基本构图法、结构数理分析等，大体在 16 阶以内这个常用阶次范围就可得以解决。而各种构图方法的综合应用、幻方群检索与计算及幻方基本组合定律等，至 32 阶都能获得广泛的检验与实证。因此，在一般情况下我不主张制作超过 32 阶的幻方。

目前，西方以幻方阶次的高低为标准制定竞赛规则，常以谁能填出百阶、千阶幻方作为世界纪录等。我认为，如果高阶幻方能表现低阶幻方无法包容的新组合结构与数学内容，或者发现构图新方法及其特殊组合规律等，那么制作高阶幻方无疑具有重要价值。如若不然，没有必要在高阶幻方领域中去做中、低阶幻方也能做到的东西。幻方在于精，而不在于阶次大小。我不主张幻方的阶次越做越高，事实上反映组合技术含量的低阶幻方比高阶幻方的构图难度更大。从一般幻方研究而言，高阶或超高阶幻方篇幅太大，一页纸画不下来，不便于一目了然，我就只爱看中、低阶幻方图形。凡相同的构图方法或组合内容，应尽可能用较低阶幻方做出来。当然，若出于幻方在科研、工程技术领域应用的需要，比如在现代遥测、定位、网络、通信、电路、编码、数控与人工智能技术等方面的开发，而需要采用百阶、千阶、万阶以上大规模集成幻方的描述，另当别论。

二、按组合性质分类

组合性质决定幻方的本质属性，乃是评定幻方行、列与对角线之间等和关系优化程度的客观指标。根据幻方的基本组合性质不同可把幻方区分为如下几类。

（一）第 1 类：非完全幻方

非完全幻方组合性质：n 行＝n 列＝2 条主对角线，即幻方 n 行、n 列及 2 条主对角线等和，这是幻方成立的最低条件。它与行列图的差别仅在于两条主对角线是否等和。为了区别于其他性质的幻方，常冠名非完全幻方，简称幻方。据研究，在非完全幻方内部，存在一块有一定面积、可聚可散的“乱数区”（注：指一定数量的数字可随机定位，不影响幻方成立），这为奇方异幻创作及另类幻方、特种数系入幻提供了必要空间。

（二）第 2 类：半完全幻方

半完全幻方组合性质：n 行＝n 列＝2 条主对角线＝（n-1）条次对角线，即半完全幻方的 n 行、n 列、两条主对角线及一半次对角线之和等于$\frac{1}{2}n(n^2+1)$，因此具有较高的组合优化程度。目前，半完全幻方尚没有引起幻方爱好者们的足够关注，问世作品寥寥无几，其实这类幻方是最优化幻方与非最优化幻方之间过渡的一个重要中介环节，构图难度非常大。偶数阶（尤其“单偶数”阶）是否存在半完全幻方？还是一个谜。我认为，在清算半完全幻方之前，完全幻方与非完全幻方两者都不可能获得彻底求解，因为这个中介环节抓不住，两头如何弄得清。由于半完全幻方它的另一半次对角线不等于幻和，所以不属于最优化幻方，通常可归入非完全幻方范畴。

（三）第 3 类：完全幻方

完全幻方组合性质：n 行＝n 列＝$2n$ 条对角线，即完全幻方 n 行、n 列及 $2n$ 条泛对角线全等于$\frac{1}{2}n(n^2+1)$。它是幻方中的最优化组合形式，其 1 至 n^2 自然数列中的每一个数都处在整体分布、相互联系的最佳位置，并被均等地组织到一行一列、一左一右泛对角线交汇坐标的全等关系之中，因此，n^2 个数都是“活”的，具有高度的整体性与有序化结构，牵一发而动全身，人称“纯”幻方。在 3 阶与 $2(2k+1)$ 阶领域都不存在完全幻方解。在整个幻方领域中，完全幻方只占很小一部分，但却代表了幻方最高的组合技术水平。我认为，完全幻方应是幻方研究的主攻方向，我称之为幻方“第一迷宫”。

（四）第 4 类：“自乘”幻方

“自乘”幻方乃是经典幻方的“外延”数理关系，只有相关阶次中的极少数幻方，经 1 次、2 次或多次“自乘”后，才能转化为平方幻方、立方幻方……k 次幻方，由此形成幻方 1 次至 k 次自乘的一个“外延”序列。“自乘”幻方是从高次幻方中脱颖而出的杰出成果。所谓高次幻方，乃以自选的 n^2 个指数所构造的等幂和幻方，属于高难度的另类幻方范畴。幻方爱好者们不满足于自由选数，而直接以 1 至 n^2 自然数列的 1 次至 k 次构造高次幻方。为了严格区分，我把后一类高次幻方称之为“自乘”幻方。

“自乘”幻方寓于完全幻方、非完全幻方两大领域之中。显然，“自乘”的次数越高难度越大，目前的记录：平方“自乘”幻方在 64 阶内已被填满，立方“自乘”幻方屈指可数，而“自乘”完全幻方则为空白。“自乘”幻方是幻方迷宫中的迷宫。

（五）第 5 类：2（2k + 1）阶广义“完全幻方”

在幻方经典定义下，2（2k + 1）阶不存在完全幻方解（$k \geqslant 1$）。但若代之以自由选数或按特殊规则用数，那么 2（2k + 1）阶亦存在“完全幻方”解，这样就弥补了经典完全幻方的一大缺门。因此，开辟 2（2k + 1）阶“完全幻方”专题非常必要，具有重要的研究价值。当然，它与经典完全幻方分属于两个不同序列，为表示区别，我称之为幻方广义最优化“小迷宫”。

三、按组合结构分类

幻方千变万化，结构形式多种多样，而且盘根错节，分类比较复杂，现就子母关系、数理关系两种主要结构形式做宽口径分类。

（一）按子母结构分类

子母结构是 n 阶幻方的基本结构，具体包括两种结构形式：其一，子单元全面覆盖母阶幻方，且各子单元必须具备幻方性质；其二，子单元嵌入大幻方局部位置。尤其，全面覆盖子母结构研究，有利于厘清头绪，掌握幻方的结构特征及合成机制与方法等。幻方子母结构的非线性分类如下。

1. “田”字幻方

“田”字型结构是偶数阶幻方的基础结构形式，包括 2（2k + 1）阶幻方（$k \geqslant 1$）与 4k 阶幻方（$k \geqslant 1$）等。当以 2 因子为母阶时，偶数阶幻方可分解为 4 个子单元，故称之为“田”字型幻方。主要研究内容：①四象子幻方的组合性质；②中象子单元组合之变；③四象“等和平衡”“消长平衡”两大组合态的变化规律；④四象合成关系、交换规则等构图方法与相关的组合理论问题。

2. **“米”字幻方**

“米”字型结构是奇数阶幻方的基础结构形式，我称之为“小九宫”算。任何（$2k+1$）阶幻方（$k \geqslant 1$），都可分解出$\frac{1}{2}k(k+1)$个同心“米”字单元，各有 9 个数。主要研究内容：①自然数列在各同心“米”字单元之间的分配关系；②中心位的这个数字的变化规律；③同心“米”字的幻方化问题；④各同心“米”字的相互交换规则等。

“米”字型结构分析也适用于偶数阶幻方的微观结构研究，区别仅在于偶数阶幻方的“米”字中心是一个“虚位”。主要研究内容：①四象结合部 2 阶子单元的配置变化之秘；②这个核心单元四数定位之变与四象合成关系。

3. **“井”字幻方**

“井”字型结构是 $3k$ 阶幻方（$k > 1$）的基础结构形式，我称之为“大九宫”算。当以 3 因子为母阶时，$3k$ 阶幻方可分解为 9 个 k 阶子单元（k 或奇，或偶）。主要研究内容：①九宫子幻方的组合性质；②中宫 k 阶子单元组合之秘；③大九宫“等和平衡”“消长平衡”两大组合态的变化规律；④九宫合成关系与交换规则等。

4. **“回”字幻方**

“回”字型结构是大于 3 阶的奇数、偶数阶幻方普遍存在的结构形式。幻方可做“回”字型分解，一环套一环，若同一环上四边之和相等，则称之为“同心环幻方”；若各环内子幻方成立，则称之为“同心幻方”。对于质数阶幻方而言，“回”字型分解结构是它的唯一全面覆盖子母结构形式。主要研究内容：同心各子幻方的叠加机制与构图方法等。

5. **格子幻方**

格子型结构是母阶大于 4 阶的合数阶幻方的分解结构形式，子阶幻方等于或大于 3 阶，构图特点为“以小博大”。主要研究内容：多重次子母关系。

6. **网络幻方**

网络型结构是合数阶幻方重要的全面覆盖子母结构形式。合数阶若分解为 a、b 两因子（$a \geqslant 2$，$b \geqslant 3$），乃由 a^2 个 b 阶子幻方相间穿插而合成的大幻方称之为网络幻方。主要研究内容：子幻方的交替穿插及其相互转换关系。

7. **集装幻方**

集装型结构是指以若干大小不等的子幻方铺满大幻方的一种合成结构形式，源于“正方形完全分割”数学问题，以及“货物集装”运输问题的启示。主要研究内容：①阶次的分割问题；②大小不等子幻方的配置、构图与合成问题。“集装幻方”尚属一个设想。

8. **两仪幻方**

两仪型结构是奇数阶幻方的一种镶嵌结构形式。在（$2k+1$）阶幻方（$k \geqslant 1$）

中，若奇数与偶数做如下特别安排：全部奇数团聚中央，全部偶数分布四角，泾渭分明，秋毫无犯，而又严丝无缝，融为一体，我称之为两仪幻方。主要研究内容：①中央全部奇数子幻方塑造及布局结构设计；②两仪造型在偶数阶幻方中推广。

9. 同角幻方

同角型幻方是由一个或多个不同阶次子幻方，以占据大幻方一角或多角为特征的另一种镶嵌式结构，大于 4 阶的幻方都有可能存在同角型组合形式，结构相当复杂，构图方法独特。主要研究内容：不同阶次多个子幻方的多角或四角分布关系。

10. 交叠幻方

交叠型结构是正排、斜排子幻方以交叠或交叉方式嵌入大幻方局部位置的又一种镶嵌结构形式，结构复杂，构图方法独特。主要研究内容：交叠或交叉方式设计。

11. 共生幻方

共生态结构是两个或两个以上“连体”子幻方嵌入大幻方局部位置的再一种镶嵌结构形式。所谓“连体”子幻方，指子幻方之间有一块公共区域，“一身而二任”，生死结盟，故称之为共生态幻方。主要研究内容：①设计尽可能大的共生区面积；②在足够大的共生区再造子幻方。

总之，在浩瀚的幻方世界，结构与层次关系无奇不有，以上介绍的几种子母结构主要形式，不过挂一漏万。在实际设计与构图时，不同子母关系的变形、转换及综合应用，灵活多变，纷繁复杂，务必精心设计与构图。透视子母结构，可发现与欣赏幻方之美之奇。

（二）按数理结构分类

所谓幻方数理结构包含多层含义，如数组分布关系、模块及逻辑关系等。现介绍数组结构与模块结构两种形式的分类。

1. 中心对称幻方

对应数组（注：指 1 至 n^2 自然数列对折的等和数对）中心对称结构幻方，又称“雪花幻方”，反映了人们对中心对称数理的一种审美情趣。在奇数阶幻方领域中，犹如冬季雪花飘飘；而在偶数阶幻方领域中，则犹如六月飞雪，非常罕见。

2. 轴对称幻方

对应数组的轴对称存在两种结构形式：其一，相向对称；其二，同向对称。在偶数阶幻方领域比较常见，而在奇数阶幻方领域中难得一见。全轴对称幻方，齐整划一，非常美。

3. 交叉对称幻方

对应数组交叉对称的一般表现形式：两条主对角线中心对称或交叉中心对称，而行、列位则纵横轴对称安排。没有特殊需要，不必关注。

4. 不对称幻方

对应数组关系安排“乱”而有“序”的一种复杂结构形式。其“乱”表现为各对应两数的位置关系不统一，而有“序”表现为每两对数组之间具有呼应关系，而不是杂乱无章。因此，这种不对称幻方，与随机定位的“乱数”方阵有很大区别。对于这类不对称幻方的关注，不在于对应数组的定位关系，而在于在“乱”中设计对应数组连线所构成的象征性符号或图案等。

5. 奇偶模块幻方

所谓奇偶模块，是奇数与偶数在幻方中的分布关系，包括均匀分布与不均匀分布两种状态。奇偶数均匀分布是一种和谐美，奇偶数不均匀分布是另一种怪异美。主要研究内容：幻方的奇偶数以“集结”式模块或“星座”式模块分布的结构变化。

6. 几何模块幻方

所谓几何模块，指幻方子单元的分解结构。其一，正方模块，n 阶幻方的正方形等分分割的子单元，重点研究大五象或者大九宫的数理结构及其组合规则，这有别于幻方子母关系研究。其二，长方模块，n 阶幻方的长方形等分分割的 $a \times b$ 长方单元，重点研究全等长方“行列图”合成 n 阶幻方的组合机制及其构图方法。同时，幻方最小正方、长方几何模块的均匀化分布，乃是研发“最均匀幻方”的一个重要课题。

四、幻方按逻辑形式分类

幻方“化简”为“商—余”正交方阵，就可以透视幻方内在的编码逻辑形式。幻方具体的编码逻辑形式多种多样，变化复杂，若按逻辑的规则性分类：有“规则”逻辑与“不规则”逻辑两种基本逻辑形式，与此相应的幻方可分为“规则”幻方与“不规则”幻方两大类（注：若按逻辑性质分类：有最优化逻辑形式与非最优化逻辑形式之别，与此相应的幻方可分为完全幻方与非完全幻方两大类）。

（一）第 1 类：“规则”幻方

所谓“规则”幻方（包括非完全幻方与完全幻方），指“商—余”两方阵按一定的“逻辑规则”编制的幻方。已经发现的“规则”逻辑形式多种多样，都可以建立逻辑编码模型，从而有序、格式化编码。同时，两方阵建立正交关系有章可循，因此编码操作方法简易。

（二）第 2 类：“不规则”幻方

所谓“不规则”幻方（包括非完全幻方与完全幻方），指“商—余”两方阵编码没有一定章法，数码之间表现为无序、非格式化与不规则定位关系，两方阵建立正交关系难以掌控。“不规则”幻方，亦可称之为“非逻辑”幻方。目前，“不规则”完全幻方靠“手工”作业构图，非常艰难。

据研究，在非完全幻方领域中，“不规则”幻方起始于 4 阶。现已排摸清楚：在 832 幅 4 阶非完全幻方中，有 448 幅“不规则”幻方，有 384 幅“规则”幻方。而 48 幅 4 阶完全幻方全部属于“规则”幻方。在完全幻方领域中“不规则”幻方起始于 7 阶，5 阶完全幻方没有“不规则”幻方解。而单偶数即 2（$2k+1$）阶幻方全部属于“不规则”幻方范畴。

总之，幻方的“规则”与“不规则”，乃是在逻辑编码法中提出的一个重要概念，即根据透视幻方的化简形式——“商—余”正交方阵而做出的分类。这种分类在分析与认识幻方微观结构与组合机制方面具有重要作用。然而，在“商—余”正交方阵还原为幻方实体后，是无法分辨幻方的“规则”与“不规则”性的，因为它们在基本原理方面存在共性。“不规则”幻方也不是说一盘散沙没有任何规则，只是不遵守逻辑编码法中的“逻辑规则”而已。比如在“互补—模拟”合成法中，这类“不规则”幻方遵守非逻辑化的“互补规则”等。因此必须另辟蹊径，研制更多功能强大的构图法，从而发现“非逻辑”幻方的多样化组合规则。

幻方广义发展

经典幻方是按洛书原理定义、制定游戏规则的趣味算题。但人们在娱乐中创造了五花八门、令人眼花缭乱的类似幻方，我统称之为另类幻方或广义幻方。根据各自的特殊数理关系与要求，从以下几个方面变更了经典幻方的游戏规则：其一，由等和关系变为其他运算、数学关系；其二，代之以自选用数或者以特种数系入幻；其三，改变数字排列的几何形状等。总而言之，各式各样的另类幻方，数理之精彩、变化之奥妙、脍炙人口。幻方广义发展的结果，使本来单一的幻方迷宫变成了广袤的“幻方丛林”。另类幻方乃是充分发挥幻方爱好者想象力和自由创作的大平台，现就几种主要的另类幻方简介如下。

一、反幻方

什么是反幻方？反幻方用 1 至 n^2 自然数列构造如下正方数阵：即要求建立 n 行、n 列及 2 条主对角线既不等和又不等差的“乱数”关系。若行、列、泛对角线为全不等关系，则可称之为范反幻方。反幻方的全不等关系是一个不确定的变数，由于一反“幻方”之道，其构图反而有了相当难度，故别有一番趣味。

二、等差幻方

什么是等差幻方？指以 1 至 n^2 自然数列建立 n 行、n 列及 2 条主对角线之和具有等差关系的一种组合形式。它与经典幻方是一对孪生兄弟，其“幻和”之差有一个不等于“0”的公差，我称之为幻差（变数）。等差幻方的最优化存在 2 种形式：其一，“纯”完全等差幻方；其二，“泛”完全等差幻方。等差幻方的研发工作刚刚起步，尚处于摸索之中，求幻差比求幻和要复杂得多，游戏的空间非常广阔，因此我把等差幻方设立为幻方第二迷宫。

三、等积幻方

什么是最优化等积幻方？指以自选 n^2 个整数，建立 n 行、n 列及 $2n$ 条泛对角线各 n 个数之积全等的最优化正方数阵，幻积是一个变数，因此以追求等积幻方的最优化及幻积“极小化”为上品。

四、双重幻方

什么是双重幻方？指以自选 n^2 个整数建立 n 行、n 列及 2 条主对角线等和、等积这 2 种不同数学关系兼备的正方数阵。其幻和与幻积都是变数，两者变化关系非常微妙，以追求幻和或者幻积“极小化”及双重幻方的最优化为两大主攻方向。总之，双重幻方“一身而二任”，乃是幻方广义发展中数理关系最为奇妙的一种另类幻方。

五、2（2k + 1）阶广义完全幻方

在经典幻方定义下，2（2k + 1）阶领域不存在“完全幻方”，这是最优化幻方在阶次方面的一个缺门。但是，在自由选数条件下，单偶数阶存在“完全幻方”解，其幻和具有不确定性。若按一定方式规范化选数，令其幻和成为常数，且全部解具有可穷尽性，那么就填补了这个缺门。鉴于此，我把它设立为 2（2k + 1）阶广义最优化小迷宫。

六、高次幻方

什么是高次幻方？指以自由选择的 n^2 个指数所构造的等和关系幻方，如有平方幻方、立方幻方……k 次幻方等。根据幂次是否连续可分为：连续高次幻方与非连续高次幻方。根据幻和的数性可分为：指数幻方与等幂和幻方。什么是指数幻方？即幻和能指数化的高次幻方，迄今指数幻方尚为“空白”，指数行列图已是最好成果了。什么是等幂和幻方？即幻和不能指数化的高次幻方。目前，百阶以内的平方幻方几乎已填满，5 次以上的高次幻方也时有问世。

七、素数幻方

什么是素数幻方？指自选 n^2 个素数（包括节选 n^2 个连续素数）而制作的建立行、列、对角线等和关系的另类幻方。素数幻方已被严格地限制在素数范围内，因而其入幻模式相当于经典幻方内部千变万化的子幻方。素数幻方的组合性质也有最优化与非最优化之分，幻和是一变数。素数幻方游戏，追求门类多样化之玩法，其中以制作连续素数幻方、孪生素数幻方对、“哥德巴赫”素数幻方为重点。

我把素数入幻设置为幻方第三迷宫。

八、稀缺数系幻方

幻方趣味性吸引了人们的广泛兴趣，特种数系纷纷入幻，如以十全数、勾股数、完全数、亲和数、斐波那契数列、Randle 数等填制幻方或类幻方，层出不穷，从而为幻方迷宫增添了无限生机。

在幻方的广义发展过程中，还出现了如幻三角、幻六角、幻八角、幻星、幻环、幻圆、幻球、幻立方等的类幻方，即类似于幻方建立等和关系的五花八门的组合形式。我之所以迷恋趣味数学中的类幻方，主要目的在于：把这些千奇百怪的“玩意”作为一个有机构件或者一个逻辑片段，巧妙地以组装、拼接、镶嵌方式与经典幻方融为一体，这将会极大地丰富幻方设计与精品创作。经典幻方——智慧之树长青，其奥秘就在于：从趣味数学中吸取丰富的营养，不断充实幻方的数学内涵，从而创作出新颖、独特、奇妙、怪异、诡秘的幻方图形。

幻方丛林三大迷宫

幻方的广义发展，五花八门，令人眼花缭乱，启用“幻方丛林”一词，非常贴切地概括了当前幻方广义发展的状况。然而，一个人的时间与精力总归是有限的，面对茫茫无垠的“幻方丛林”，出于个人兴趣爱好，我重点挑选了其中 3 个相对独立的幻方算题，并称幻方三大迷宫。

一、等和完全幻方——幻方第一迷宫

完全幻方是经典幻方中的最优化部分，其组合性质：全部行、列及泛对角线等和。虽然完全幻方所占的比例极小，但它反映了幻方最高、最优的组合技术水平。完全幻方前缀“等和”定词，仅表示与等差完全幻方相区分。幻方第一迷宫的主要研究课题如下。

①完全幻方构图、演绎、检索与计数方法；计划清算 10 阶之内即 4 阶、5 阶、7 阶、8 阶、9 阶这 5 个阶次的全部解为目标。

②完全幻方的数理结构、逻辑结构、子母结构基本特征等；弄清楚完全幻方之间的相互联系及其相互转化方式等。

③完全幻方的组合原理与模式及其完全幻方群的基本规律等；着重攻克“不规则”完全幻方与“自乘”完全幻方两大难题。

二、等差完全幻方——幻方第二迷宫

既有求和幻方，岂无求差幻方。前者幻和之差 $d=0$（即幻和是一个常数）；

后者幻和之差 $d \neq 0$（即幻和为等差数列，其公差称为幻差）。等和与等差这两种数学关系相反相成，堪称“阴阳”两大幻方迷宫。等差幻方的最优化难度更高，据研究可能存在两种最优化形态：其一，全部行与列及左、右泛对角线之和，分别形成 4 个相同的等差数列，同一个幻差；其二，全部行与列及左、右泛对角线之和，统一形成一个等差数列。前一种最优化形态的等差幻方，称为“泛”等差完全幻方，我已研发成功；后一种最优化形态的等差幻方，称为“纯”等差完全幻方，目前尚无成功案例。

等差完全幻方迷宫是一块尚未开垦的处女地，构图方法、存在的阶次条件等基本问题都没有确认。但“纯”等差完全幻方与完全反幻方有着千丝万缕的联系，完全反幻方的全部行与列及左、右泛对角线，既不等和，亦不等差，如果把不等差调整为等差关系，那么完全反幻方脱胎换骨，摇身一变便可成等差完全幻方。

三、素数幻方——幻方第三迷宫

素数是自然数中的一个特殊数系，间隔不规则，数性桀骜不驯。素数入幻的技术难度相当高，难在建立入幻模式，以及搜索、筛选入幻素数等。亨利 · E. 杜德尼（E. Dudeney）于 1900 年创作了一幅幻和最小的 3 阶素数幻方；J. N. Munncey 于 1913 年以“1”开头（排除偶素数“2”）的 144 个连续素数，制作了一幅 12 阶素数幻方等; 20 世纪 50—70 年代，日本学者在素数幻方研究方面取得了杰出成果。目前，在我国张道鑫先生等几名高手带动下，素数幻方已成为一个热门课题，在构图方面达到了世界领先水平。素数入幻大致有如下几类。

①等差素数入幻：即以连续 9 项或 9 项以上的等差素数列填制的素数幻方，构图方法与经典幻方无异。由于历代数学家发现的等差素数列就这么多，而且等差素数列的长度有限，因此研究空间不大。

②“自选”素数入幻：此乃素数幻方爱好者们自由创作的广阔天地，其游戏的玩法变化多端，花样新奇，精品迭出；其入幻选数方案及入幻模式，无异于经典幻方内部纷繁复杂、变化多端的子幻方，幻和是一个变数。

③孪生素数入幻：入选素数对受到了孪生关系的严格限制，我国素数幻方爱好者们所构造的孪生素数幻方对已硕果累累、同时“$p+k$”式广义孪生素数幻方串等时有问世，乃为素数幻方之上品。

④表以大偶数的素数对入幻：入选素数对受到了表以一个大偶数的更加严格的限制，经过精心筛选，我终于首创了罕见的哥德巴赫素数幻方对，为素数幻方迷宫增添了五彩缤纷的一笔。构图难度在于：“$1+1=2$”入选方案十分稀缺。

⑤回文素数入幻：据检索，在 1 至 10 万自然数列内，我检索到 109 个回文素数，其中 5 位数只有 93 个回文素数，寥寥百来个数字，我创作成功了这罕见的回文素数幻方。扩大数域收集回文素数，是研究回文素数入幻的一个艰巨任务。

⑥连续素数入幻：早年的素数幻方是从“1”开始的（当初奇数“1”是素数）。

之后，数学家们从“素数”定义出发，否定了“1”的素数属性，我以为，这些从“1”开始的“素数幻方”，仍然是素数幻方的开山之作。现在，第一个素数是偶数“2”，显然它不能入幻。所以连续素数入幻必须从奇素数“3”开始。在1至100万自然数列内，我检索到35阶、215阶、225阶3个阶次的连续素数幻方。

在素数幻方迷宫中，我提出了如下一个重要命题，即“幻方是建立素数数系新秩序最适当的一种组合形式”。立论根据：在“1至∞”自然数域内，从奇素数“3”或从任意一个奇素数开始节选n^2个（$n \geqslant 3$）连续素数，当n^2个连续素数之和能被n整除且所得商与n的奇偶性一致时，一定存在n阶连续素数幻方解。这是一个浩大而复杂的数学工程。

洛书“形—数”关系

寻找外星人——高级智慧生命，乃是地球人类的一个飞天梦。科学家们认为，首先要有可能跟外星人沟通的反映地球文明的各种“语言”信息。华罗庚教授曾设想，最合适的是选择两个图形：一个是表示“数”的洛书，另一个是表示“形”的勾股图。这两个图形都是我国先祖创作并广泛应用的杰出科学成果。

一、洛书——正三角体

勾股定理反映宇宙万物“形”和“数”最基本的一种空间关系，那么洛书能向宇宙传递何等信息呢？朱熹《周易本义》卷首之洛书，且不论其本源为何物，但就直观而言则是一个3×3正方数阵，具有3行、3列与2条对角线等和组合性质，我国古代命之以“九宫算”，西方则称之为“幻方”。假若，洛书的等和关系理解为线段的等长关系，就不可能构成一个平面正方形，因而它似乎没有“形”的概念。但是，在“形数”关系中，不存在没有“数”的“形”，也不存在没有“形”的“数”。那么，洛书这个组合数阵（幻方）表示了怎样一个几何图形呢？值得研究。

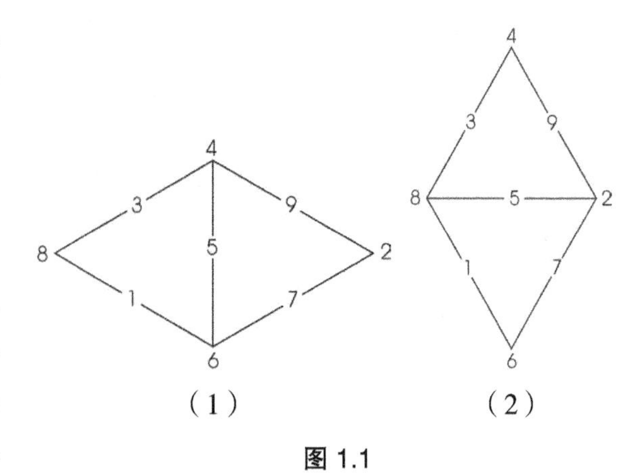

图 1.1

我认为：洛书不单纯是“数”的组合概念，而且存在表现“数”的空间关系的“形”。简要分析如下：根据洛书组合性质：一条对角线“4、5、6”与四边等长（等和），拟为两个正三角形构成的菱形；另一条对角线“2、5、8”与四边等长（等和），故也为两个正三角形构成的菱形（图 1.1）。这就是说，在这两个平面菱形变换中，才能表现两条对角线与四边的等长（等和）关系。毫无疑问，洛书不能解读为两个分离的“菱形”。

那么，什么图形可同时表现两条对角线与四边等长（等和）关系呢？显然，当图 1.1 两个正三角形折成 60° 角时，可合为一个正三角体（图 1.2）。洛书对中列“1、5、9”与中行“3、5、7”表现于相邻两个正三角面的中点连线（注：中点不共面）。由此可知，洛书 3 行、3 列与 2 条对角线的等和组合关系所表现

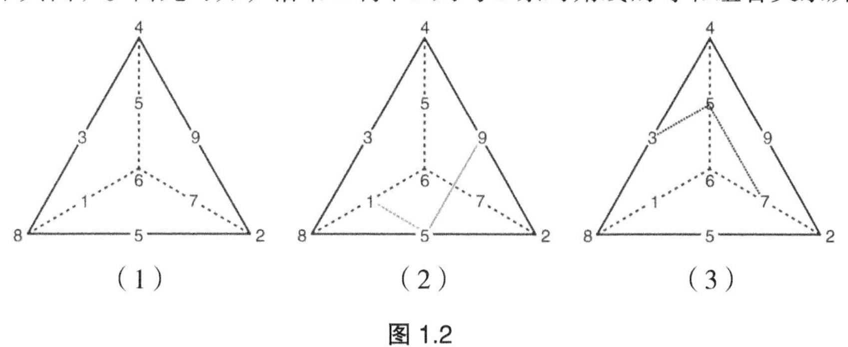

图 1.2

的空间关系“形”乃是一个正三角体。

由图 1.2（1）可知：两条等长对角线“4、5、6”与“2、5、8”不在同一平面，互为垂直，两者的中点“5”乃是投影关系。那么，洛书的中行“3、5、7”与中列“1、5、9”如何表现于这个正三角体的呢？由图 1.2（2）与图 1.2（3）可知：中行、中列乃是相邻两个不共面正三角形的“腰”，它们是折 60° 角的两条折线。几何学不难证明它们与边等长（等和）。总而言之，洛书之“数”乃是一个幻方数阵，洛书之“形”乃是一个正三角体，这就是洛书独特的“数—形”关系。

正三角体是“柏拉图正多面体”体系中最小的正四面体。洛书的四边和两条对角线构成正三角体的 6 条棱及其 4 个正三角形面，即△ 248、△ 268、△ 246、△ 468，每个三角形各边加上中点数，其 6 条棱等长（等和）。洛书 4 个偶数为正三角体 4 个顶点，5 个奇数为 6 条棱的中点（两条对角线的中“5”为投影交点），若连接相邻两个正三角面上相关棱的中点，即为洛书的中行与中列，它们的中点与两条对角线交点重合。因此，洛书反映正三角体“边边”“腰腰”“边腰”的基本数学关系。

二、大禹治水

洛书原本为何物？古代人如何应用？历代先儒各圆其说，现代学者众说纷纭，这个谜恐怕谁也猜不透。《周易·系辞》曰：“河出图，洛出书，圣人则之。”相传大禹治水，造福于百姓，劳苦功高，感动天地，于是黄河神龙授“图”，名曰“河图”；洛水灵龟献“书”，名曰“洛书”。远去的历史已演化为一个

美丽的传说。

大禹治水，至今没有遗迹、遗物可考。但大禹“三过其门而不入”的故事（《孟子》），可歌可泣，名垂青史。史前巨人及其丰功伟业的神化，乃是人类的一种原始文化现象，不足为怪，但在本质上反映了对先祖的敬仰与赞颂。河图、洛书是我国先祖的思想、知识、经验、智慧的结晶与创作，或许就是与大禹治水相关的一项工程科技成果。当初之所以被传为天赐宝物，表明大禹治水工程及其这项科技成果之崇高的社会地位，具有广泛的应用价值，深远的历史、文化影响。关于大禹治水，据《尚书》记载，帝曰：“来，禹！汝亦昌言。”禹拜曰：“都！帝，予何言？予思日孜孜。”皋陶曰：“呈！如何？”禹曰：“洪水滔天，浩浩怀山襄陵，下民昏垫。予乘四载，随山刊木，暨益奏庶鲜食。予决九川，距四海，浚畎浍距川；暨稷播，奏庶艰食鲜食。懋迁有无，化居。烝民乃粒，万邦作乂。”皋陶曰：“俞！师汝昌言。”这是禹继位之前，舜帝与皋陶、禹等大臣们的一次议政记录。从禹的长篇汇报中，可见大禹曾经孜孜不倦大规模治理了江、湖、河网之水患，系属一件史实。

治水，自古以来一直是华夏千秋万代与大自然斗争的头等大事。战国时期，秦国蜀郡太守李冰率众建造的都江堰，据资料介绍，实地发掘江心鱼嘴分水工程，发现其主体固件就是一排一排联体木制的正三角体，即使用装满卵石的大竹笼填充于“三足架”内堆垒筑坝。从力学角度看，比打木桩更能抗击岷江滔天洪水，这不能不说“三足架”主体固件乃是2000多年前发明的一项先进工程技术。从大禹开始治水，至李冰的都江堰大成，在李冰的伟大成就中，最主要是“回旋流”原理的首次科学运用，而这正三角体主体固件技术的实际应用，可能溯源于大禹治水的洛书“数”与“形”原理。

附：洛书——金字塔

洛书究竟是什么几何体？从俯视而言，洛书又是一个柏拉图“正五面体”（图1.3），或者说类似于古埃及法老坟墓的金字塔造型。然而，大禹治水，得之洛书，其实际应用的另一说，拟为拦洪之“正五面体”主体固件。洛书为何物？内蒙古韩永贤认为：河图是古气候图，洛书是古罗盘（《周易探源》）；福建江国梁说：河图是原始晷仪，洛书是古天文图（《周易原理与古代科技》）等。总之，公说公有理，婆说婆有理。

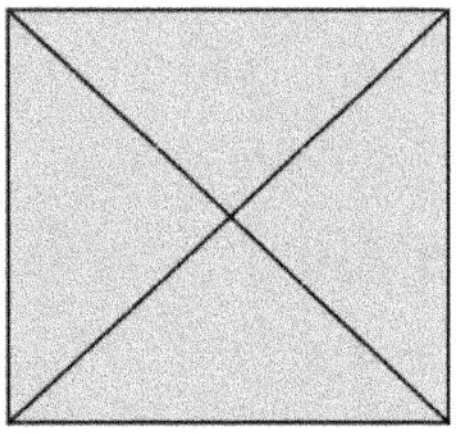

图1.3

注：原稿为2010年6月15日“第十三回世界易经大会”论文。

洛书泛立方是一盆“水仙花”

什么是“水仙花”数？指一个三位数各位上数码的立方和就等于该三位数。洛书之 3 行、3 列及 6 条泛对角线的每三数的立方和等于某个数（图 1.4），若再计算该数各位上数码的立方和……如此继续按法计算下去，不需几步最终的立方和全部等于“水仙花”数——“153”。即：$1^3+5^3+3^3=153$，这是最小的一个“水仙花”数。洛书泛立方和按法演算过程如下：

4^3	9^3	2^3
3^3	5^3	7^3
8^3	1^3	6^3

图 1.4

$$\boxed{4^3+9^3+2^3}=801\rightarrow 8^3+1^3=513\rightarrow 5^3+1^3+3^3=\boxed{153}$$

$$\boxed{3^3+5^3+7^3}=495\rightarrow 4^3+9^3+5^3=918\rightarrow 9^3+1^3+8^3=1242\rightarrow 1^3+2^3+4^3+2^3=81\rightarrow 8^3+1^3=513\rightarrow 5^3+1^3+3^3=\boxed{153}$$

$$\boxed{8^3+1^3+6^3}=729\rightarrow 7^3+2^3+9^3=1080\rightarrow 1^3+8^3=513\rightarrow 5^3+1^3+3^3=\boxed{153}$$

$$\boxed{4^3+3^3+8^3}=603\rightarrow 6^3+3^3=243\rightarrow 2^3+4^3+3^3=99\rightarrow 9^3+9^3=1458\rightarrow 1^3+4^3+5^3+8^3=702\rightarrow 7^3+2^3=351\rightarrow 3^3+5^3+1^3=\boxed{153}$$

$$\boxed{9^3+5^3+1^3}=855\rightarrow 8^3+5^3+5^3=762\rightarrow 7^3+6^3+2^3=567\rightarrow 5^3+6^3+7^3=684\rightarrow 6^3+8^3+4^3=792\rightarrow 7^3+9^3+2^3=1080\rightarrow 1^3+8^3=513\rightarrow 5^3+1^3+3^3=\boxed{153}$$

$$\boxed{2^3+7^3+6^3}=567\rightarrow 5^3+6^3+7^3=684\rightarrow 6^3+8^3+4^3=792\rightarrow 7^3+9^3+2^3=1080\rightarrow 1^3+8^3=513\rightarrow 5^3+1^3+3^3=\boxed{153}$$

$$\boxed{4^3+5^3+6^3}=405\rightarrow 4^3+5^3=189\rightarrow 1^3+8^3+9^3=1242\rightarrow 1^3+2^3+4^3+2^3=81\rightarrow 8^3+1^3=513\rightarrow 5^3+1^3+3^3=\boxed{153}$$

$$\boxed{2^3+5^3+8^3}=645\rightarrow 6^3+4^3+5^3=405\rightarrow 4^3+5^3=189\rightarrow 1^3+8^3+9^3=1242\rightarrow 1^3+2^3+4^3+2^3=81\rightarrow 8^3+1^3=513\rightarrow 5^3+1^3+3^3=\boxed{153}$$

$$\boxed{7^3+8^3+9^3}=1584\rightarrow 1^3+5^3+8^3+4^3=702\rightarrow 7^3+2^3=351\rightarrow 3^3+5^3+1^3=\boxed{153}$$

$$\boxed{1^3+2^3+3^3}=36\rightarrow 3^3+6^3=243\rightarrow 2^3+4^3+3^3=99\rightarrow 9^3+9^3=1458\rightarrow 1^3+4^3+5^3+8^3=702\rightarrow 7^3+2^3=351\rightarrow 3^3+5^3+1^3=\boxed{153}$$

$$\boxed{1^3+4^3+7^3}=408\rightarrow 4^3+8^3=576\rightarrow 5^3+6^3+7^3=684\rightarrow 6^3+8^3+4^3=792\rightarrow 7^3+9^3+2^3=1080\rightarrow 1^3+8^3=513\rightarrow 5^3+1^3+3^3=\boxed{153}$$

$$\boxed{3^3+6^3+9^3}=972\rightarrow 9^3+7^3+2^3=1080\rightarrow 1^3+8^3=513\rightarrow 5^3+1^3+3^3=\boxed{153}$$

以上是从洛书3行、3列及6条泛对角线每三数的立方和出发，继续按各位数码的立方和计算，经几步演算即现一盆盛开的12支水灵灵的“水仙花”。

然而，“153”历来是被人们关注的一个神奇的数字：

① $1^3+5^3+3^3=153$。

② $1!+2!+3!+4!+5!=153$。

③第17个三角数$=153$。

④凡“3”的整倍数（包括3）的任何数，求该数各位上数码的立方和数，再求，再求……最终结果必定是“153”，因此“153”是一个“立方和”黑洞。

洛书等幂和数组

一、洛书勾股数组

著名的勾股定理，在我国古代称为商高定理，而西方人称为毕达哥拉斯定理。在古希腊传说中，公元前6世纪毕达哥拉斯学派，为了庆祝一个数学定理的发现，宰杀百头牛以祭祀缪斯女神（这个故事，18世纪诗人海涅曾写了一首题为《百牛祭》的诗，他控诉了这位真理发现者的杀戮暴行）。这到底是一个什么定理？据数学史家们推测：即直角三角形斜边上的正方形面积等于两条直角边上的正方形面积之和的几何定理。

考古发现，早在毕达哥拉斯之前1000多年，古巴比伦祭司们已经掌握勾股数公式。如大英博物馆收藏的美索不达米亚楔形文字泥板书（BM96957、BM85196等）上有：已知三角形两边求第三边的问题。更令人信服的是：美国哥伦比亚大学收藏的Plimpton332泥板书上已载有15个勾股数组等。

中国，在更遥远的上古时代，由于“规矩”二器的长期、广泛的使用，早就知道圆方、勾股等形数关系。山东嘉祥县武梁祠石室有“伏羲执矩，女娲执规”造像，两位圣人高擎“规矩”二器，向世人昭示了什么呢？“规矩”拟代表当初最先进的科技与生产力，标志着人类智慧、文明的开端，或者说乃是人类征服大自然的第一座里程碑。“规矩”的发明，一说羲，另一说倕，其源甚古。周至春秋，说“规矩”者众，如《庄子》曰：“方者中矩，圆者中规。”如《韩非子》曰：“巧匠目意中绳，然先必以规矩为变。”总之，没有“规矩”，何来勾股。

据《周髀算经》记载，周文王与商高曾有一次关于周天历度的谈话故事：“昔者周公问于商高曰：窃闻大夫善数也，请问数从安出？商高曰：数之法出于圆方，圆出于方，方出于矩，矩出于九九八十一，故折矩以为勾广三，股修四，径隅五。

既方其外，半之一矩。环而共盘，得成三、四、五。两共长二十有五，是谓积矩。故禹之所以治天下者，此数之生也。”总之，周代，我国已经应用圆方规矩之道测算天文历法等。而且说大禹时代，“勾三股四弦五”早就有了。因此，“河出图，洛出书，圣人则之”，见之于洛书的三宫三角形信息有：$3^2+4^2=5^2$，即两数之平方和等于一个平方数的等幂和关系（图 1.5）。

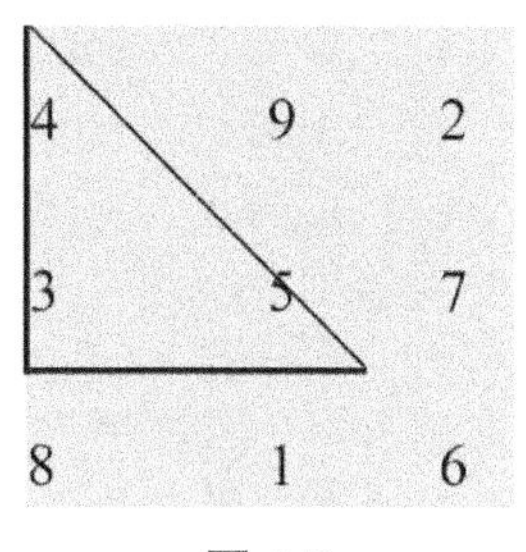

图 1.5

二、洛书等幂和关系

1. 洛书对边两组二次等幂和数组

A 组：$2+9+4=8+1+6=15$

$2^2+9^2+4^2=8^2+1^2+6^2=101$

B 组：$2+7+6=8+3+4=15$

$2^2+7^2+6^2=8^2+3^2+4^2=89$

2. 洛书三角两组二次等幂和数组

如图 1.6 所示，洛书中存在两组对称三角形，各为一对二次等幂和数组：

C 组：$1+5+6=2+3+7=12$

$1^2+5^2+6^2=2^2+3^2+7^2=62$

D 组：$9+5+4=8+7+3=18$

$9^2+5^2+4^2=8^2+7^2+3^2=122$

无巧不成书，巧合是一种未知规律。

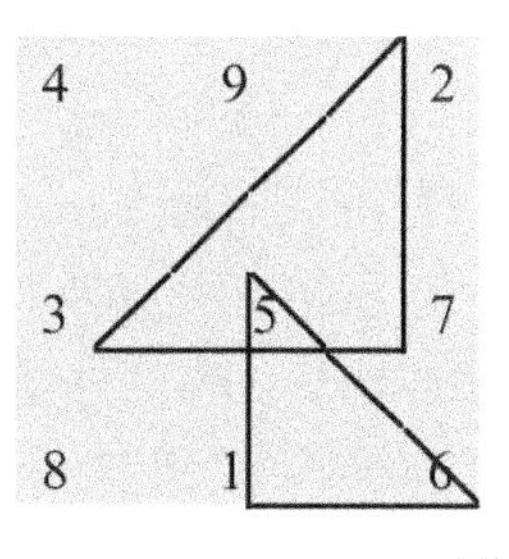

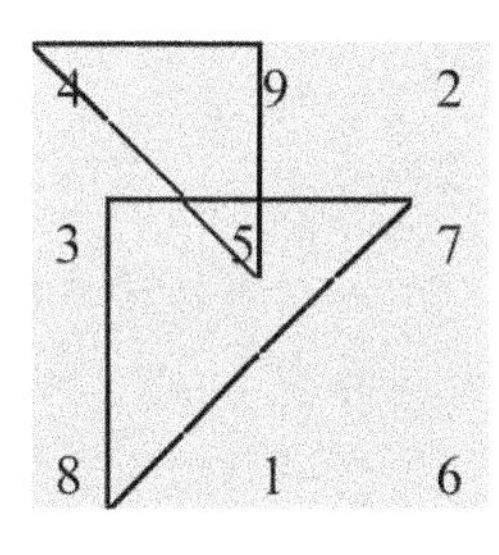

图 1.6

三、洛书等幂和数组生成法

从洛书中读出的 4 组二次等幂和数组，乃是个位数中全部可能存在的二次等幂和数组，因而作为等幂和的“生成因子”，若采用多种生成方式，可给出更多派生的等幂和数组。现以 A 与 B 两组为例演示如下（表 1.1）。

（一）第 1 种生成方式：等式两边自我组排

A 组：$\boxed{2+9+4=8+1+6}$

▲ $29+94+42=81+16+68$

▲ $92+49+24=18+61+86$

一次幂和“165”；平方幂和“11441”。

B 组：$\boxed{2+7+6=8+3+4}$

△ $27+76+62=83+34+48$

△ $72+67+26=38+43+84$

一次幂和“165”；平方幂和“10349”。

又，以上两组合并，得五次等幂和数组：

▲组：$(29+94+42)+(81+16+68)=(92+49+24)+(18+61+86)$

一次幂和“330”；平方幂和“22882”；立方幂和“1779030”；四次幂和“146387506”；五次幂和“12432009150”。

△组：(27＋76＋62)＋(83＋34＋48)＝(72＋67＋26)＋(38＋43＋84)

一次幂和“330”；平方幂和“22882”；立方幂和“1418670”；四次幂和“102773026”；五次幂和“7705287150”。

（二）第2种生成方式：等式两边互为组排

A组：$\boxed{2+9+4=8+1+6}$

▲28＋91＋46＝82＋19＋64＝165

▲21＋96＋48＝12＋69＋84＝165

▲26＋98＋41＝62＋89＋14＝165

后两组平方幂和“11961”。

B组：$\boxed{2+7+6=8+3+4}$

△28＋73＋64＝82＋37＋46＝165

△23＋74＋68＝32＋47＋86＝165

△24＋78＋63＝42＋87＋36＝165

后两组平方幂和“10629”。

又，以上3组合并：

◆28＋21＋26＋98＋91＋96＋48＋41＋46＝62＋69＋64＋12＋19＋14＋82＋89＋84

一次等幂和“495”；二次等幂和“35103”。

◇28＋23＋24＋78＋73＋74＋68＋63＋64＝82＋87＋86＋32＋37＋36＋42＋47＋46

一次等幂和“495”；二次等幂和“31467”。

（三）第3种生成方式：等式两边连环自加

洛书两组对边的原生等幂和数组，经等式两边各自3个数码之间连环式逐次相加，在二位数范围内，可派生出4个新的等幂和数组（表1.1）。

表1.1

	等幂和数组	一次和	平方和
A组	2＋9＋4＝8＋1＋6	15	101
	11＋13＋6＝9＋7＋14	30	326
	24＋19＋17＝16＋21＋23	60	1226
	43＋36＋41＝37＋44＋39	120	4826
	79＋77＋84＝81＋83＋76	240	19226
B组	2＋7＋6＝8＋3＋4	15	101
	9＋13＋8＝11＋7＋12	30	314
	22＋21＋17＝18＋19＋23	60	1214
	43＋38＋39＝37＋42＋41	120	4814
	81＋77＋82＝79＋83＋78	240	19214

一次和：A与B两组都按原生数组一次和“15”的2倍递增。

平方和：从第一个派生等幂和数组开始，A组若减去尾数“26”，则按“300”

的 4 倍递增；而 B 组小于 A 组，若减去尾数“14”，也按“300”的 4 倍递增。

总之，两边连环自加生成法的显著特性是：等幂和数组有一定的收敛性，即各项数字的间距逐渐缩小。

（四）第 4 种生成方式：等式两边连环互加

所谓等式两边互加，指左边 3 个数码分别与右边 3 个数码匹配相加，然而所得等幂和数组再按法连续派生，直至出现三位数之前为止。本例 A 与 B 两组各生成 3 个等幂和数组（表 1.2）。

表 1.2

	等幂和数组	一次和	平方和
A 组	2 + 9 + 4 = 8 + 1 + 6	15	101
	3 + 15 + 12 = 17 + 5 + 8	30	378
	11 + 32 + 17 = 8 + 23 + 29	60	1434
	19 + 55 + 46 = 34 + 61 + 25	120	5502
B 组	2 + 7 + 6 = 8 + 3 + 4	15	101
	5 + 11 + 14 = 6 + 9 + 15	30	342
	11 + 26 + 23 = 17 + 14 + 29	60	1326
	28 + 55 + 37 = 25 + 43 + 52	120	5178

一次和：A 与 B 两组都按原生数组一次和“15”的 2 倍递增。

平方和：从第一个派生等幂和数组开始，A 组减去尾数（注：尾数按“78”的 3 倍递增而减之），则按“300”的 4 倍递增；B 组减去尾数（注：尾数按“42”的 3 倍递增而减之），然而也按“300”的 4 倍递增。

总之，两边连环互加生成法的特性是：等幂和数组各项有一定的发散性，即各项数字的间距逐渐拉大。

四、洛书“等幂和串”游戏

来一点更轻松、好奇的吧！那么就玩洛书“等幂和串”游戏吧。现给出如下一个长串二次等幂和数组：

$$156378168348 + 561783681483 + 615837816834 =$$
$$237459249267 + 372594492672 + 723945924726$$

它由洛书的“A 组 2 + 9 + 4 = 8 + 1 + 6、B 组 2 + 7 + 6 = 8 + 3 + 4、C 组 1 + 5 + 6 = 2 + 3 + 7、D 组 9 + 5 + 4 = 8 + 7 + 3”这 4 个二次等幂和数组，按一定的生成法规则多重编制。其特点是：等式左边 3 项的数码相同，等式右边 3 项的数码亦相同，各项都是一个 12 位数；然而，其一次和等于“1333999666665”，平方和等于“719311251958264559911949”。

这个长串二次等幂和数组，有何奇妙之处呢？我有 3 种玩法，现介绍如下。

1. 金蝉脱壳

这组洛书“等幂和串”的各项，从个位到第 11 位每脱掉一个数码，二次等幂和数组依然成立，最后脱光，剩下 C 组“1 ＋ 5 ＋ 6 ＝ 2 ＋ 3 ＋ 7”，乃是洛书最小一个三角的二次等幂和数组；反之，从最高位到第 2 位每脱掉一个数码，二次等幂和数组依然成立，最后脱光，则剩下 B 组“2 ＋ 7 ＋ 6 ＝ 8 ＋ 3 ＋ 4”，乃是洛书一组对边的二次等幂和数组。金蝉脱壳，乃诸葛亮临终密授姜维的退兵之计。存其形，完其势；友不疑，敌不动。巽而止蛊。

2. 蜈蚣逃生

在这组洛书“等幂和串”的各项中，同步砍掉任何位置的一节或几节数码，则空位弥合，再生新的二次等幂和数组。如“378168 ＋ 783681 ＋ 837816 ＝ 459249 ＋ 594492 ＋ 945924”，砍掉了首尾两节，我自故我，其一次和等于“1999665”，平方和等于“1459102595841”。这好比：蜈蚣百节，遇到敌害，为逃生计，舍身一部，安全无恙。

3. 长虫翻身

这组洛书“等幂和串”，各项按正序或反序同步循环滚动变形，则任何一个新的二次等幂和数组必定成立。比如反串：“843861873651 ＋ 384186387165 ＋ 438618738516 ＝ 762942954732 ＋ 276294495273 ＋ 627429549327”，其一次和等于“1333999666665”，平方和等于“1050088439662038746691282”。犹如深海一种腔管虫，长 12 英尺，尾从头进，穿腔而出，全身翻转，可谓独门绝技。

龟文神韵

一、简单美

444	999	222				4	9	2
333	555	777	÷	37×3	=	3	5	7
888	111	666				8	1	6

444444	999999	222222		15873×7		4	9	2
333333	555555	777777	÷	或	=	3	5	7
888888	111111	666666		1221×91		8	1	6

444444444	999999999	222222222				4	9	2
333333333	555555555	777777777	÷	12345679×9	=	3	5	7
888888888	111111111	666666666				8	1	6

35555555556	80000000001	17777777778				4	9	2
26666666667	44444444445	62222222223	÷	123456789×9	=	3	5	7
71111111112	08888888889	53333333334				8	1	6

图 1.7

图 1.7 等式左，是 4 幅由数码按一定规则叠加的 3 阶幻方，其幻和依次为："1665""1666665""1666666665""133333333335"。然而，经简单的数学运算都还原为洛书。数形简单、划一、齐整，令人赏心悦目；而数理精深、严密、奥妙，令人拍案叫绝。

148148148	333333333	074074074		4	9	2
111111111	185185185	259259259	÷12345679×3=	3	5	7
296296296	037037037	222222222		8	1	6

481481481	666666666	407407407		4	9	2
444444444	518518518	592592592	÷12345679×3−9=	3	5	7
629629629	370370370	555555555		8	1	6

814814814	999999999	740740740		4	9	2
777777777	851851851	925925925	÷12345679×3−18=	3	5	7
962962962	703703703	888888888		8	1	6

图 1.8

图 1.8 等式左：是 3 幅各由“三分节”九位数构造的 3 阶幻方，其幻和依次为：“555555555”“1555555554”“2555555553”。然而，经简单的数学运算都还原为洛书。

“三分节”九位数，可称之为节律数，或脉冲数。这 27 个“三分节数”从“37037037”至“999999999”每个数除以“12345679×3”，其商为一个“1 ～ 27”自然数列。本例 3 幅 3 阶幻方为“三连套”关系，其对应位置的每两个“三分节数”依次相减，之差都等于“333333333”。简直是可弹奏的一首天籁乐曲。

二、内在美

图 1.9 所示一例：回文数点化成洛书。什么是回文数？指左读、右读都读出同一个数。左式被减数项：从“1”至“12345678987654321”共 9 个特殊安排的“回文数”序列，按洛书定位（不具备幻方性质），九宫开平方；减数项：从“0”起始，各阿拉伯数码先顺后逆逐一添码至“12345678987654321”，按洛书定位（不具备幻方性质），九宫乘“9”；然后，两项相减运算，结果导出洛书。

本例左式被减数项 9 个回文数非同一般，乃由顺、逆连续数码构成，而减数项九数乃由升序连续数码构成，堪称巧夺天工之作。

1234321	12345678987654321	121
12321	123454321	1234567654321
123456787654321	1	12345654321

$\frac{1}{2}$ −

123	12345678	1
12	1234	123456
1234567	0	12345

×9=

4	9	2
3	5	7
8	1	6

图 1.9

图 1.10 所示 3 例：九级宝塔数点化成洛书。什么是宝塔数？指位数依次递增，数码有序排列的数，若有 9 个数，按序叠层成三角形体，可称之为九级宝塔数。然后，按洛书定位（九宫不具备幻方性质），经过简单运算，则可转换成洛书。

本例之(3)左式两项九宫宝塔数，一个是降序连续数码，另一个是升序连续数码，其数形优美，数理精湛。（1）与（3）的减数项九宫相同，“点化”可谓鬼斧神工。

11111	111111111	111
1111	111111	11111111
11111111	11	1111111

−

1234	123456789	12
123	12345	1234567
12345678	1	123456

×9+1 =

4	9	2
3	5	7
8	1	6

（1）

8888	88888888	88
888	88888	8888888
88888888	8	888888

−

987	98765432	9
98	9876	987654
9876543	0	98765

×9+1 =

6	1	8
7	5	3
2	9	4

（2）

9876	987654321	98
987	98765	9876543
98765432	9	987654

−

1234	123456789	12
123	12345	1234567
12345678	1	123456

×8 =

4	9	2
3	5	7
8	1	6

（3）

图 1.10

新版九宫图

本书通稿之际，在《钱江晚报》（2012-05-09）科教版读到一则新闻《小学四年级数学题，考倒硕士爸妈》报道，引起了家长们的关注。这道数学题是：“将0.2、0.4、0.6、0.8、1、1.2、1.4、1.6、1.8 九个数填入九宫格正方形四个顶点数字之和都相等。”孙子就读于小学，我们自然关注这类能培养孩子兴趣与智力发展的奥数题。我将“1，2，3，4，5，6，7，8，9”自然数列代之题目中的 9 个数，三代人一起上阵参与竞赛……这道题的正确解题方法如下（图 1.11）。

第 1 步：“九子斜排“，列出一个 3 阶自然方阵。

第 2 步：以 3 阶自然方阵“上下对易，左右相更”，构成一个 3 阶幻方。

第 3 步：以 3 阶幻方再做“四角挺进”，即得一个新版九宫图。

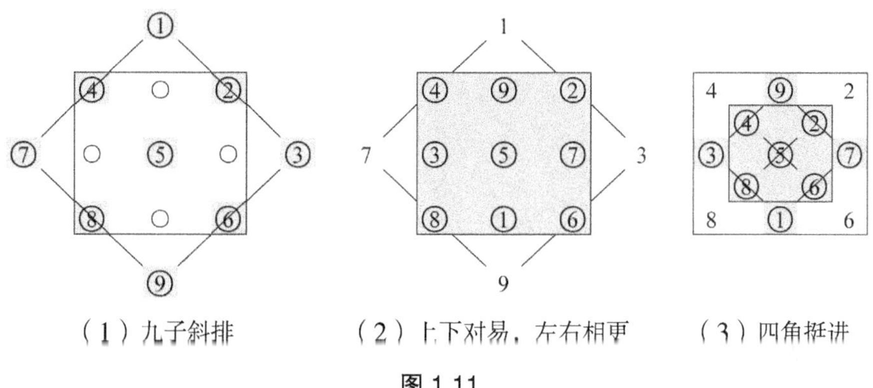

（1）九子斜排　　（2）上下对易，左右相更　　（3）四角挺进

图 1.11

在这个新版九宫图上，有 5 个小正方形及一个大正方形，4 个顶点各数之和都等于“20”，其解具有唯一性。新版九宫图是洛书的一种变形，其数形新颖，结构严密，颇有趣味。新版九宫区别于洛书九宫之处：洛书在“1 ～ 9”自然数列中以取出全等三数为配置方案，建立了 3 行、3 列及 2 条对角线等于“15”的等和关系。新版九宫在“1 ～ 9”自然数列中以取出全等四数为配置方案，建立了任意正方形 4 个顶点各数之和等于“20”的等和关系。同时，新版九宫图的中行、中列及两条主对角线每三数之和各等于“15”。因此，新版九宫图的总幻和 $20\times6+15\times4=180$，乃为“1 ～ 9”自然数列总和的四整倍（注：完全幻方总幻和就等于其自然数列总和的 4 倍），这就是说新版九宫图已达到了最优化组合性质。总之，新版九宫的组合数理与洛书有异曲同工之美妙，堪称推陈出新的一

个重要成果。

我发现，新版九宫图正方形 4 个顶点之和全等的数学关系可融入经典幻方之中。如图 1.12 这两幅均匀 8 阶完全幻方（泛幻和“260”），划出任何一个 2 阶、4 阶、6 阶正方形，其四角顶点的 4 个数字之和全等于“130”。由此可知，新版九宫图本质上表现为双偶数阶完全幻方内部全等 2 阶单元的最均匀分布模型。

51	6	11	62	19	38	43	30
13	60	53	4	45	28	21	36
54	3	14	59	22	35	46	27
12	61	52	5	44	29	20	37
55	2	15	58	23	34	47	23
9	64	49	8	41	32	17	40
50	7	10	63	18	39	42	31
16	57	56	1	48	25	24	33

62	11	6	51	22	35	46	27
4	53	60	13	44	29	20	37
59	14	3	54	19	38	43	30
5	52	61	12	45	28	21	36
58	15	2	55	18	39	42	31
8	49	64	9	48	25	24	33
63	10	7	50	23	34	47	26
1	56	57	16	41	32	17	40

图 1.12

第2篇 易数模型与组合方法

高扬“幻方易学”旗帜，走出幻方研究的一条新路。

在正确解读河图、洛书、八卦组合原理基础上，开创幻方构造方法、结构关系及其组合规律等方面的应用研究，从而取得了重大突破性的成果。洛书主奇，乃是一个小九宫最简组合模型，可提炼出左右旋法、几何覆盖法、两仪构图法与“S”曲线法四大构图方法，适用于求解奇数阶幻方。河图主偶，乃是一个2阶四象全等态最简组合模型，可提炼出“四象模拟合成法”，适用于求解 $4k$ 阶幻方。八卦源于河洛而又高于河洛，乃是一个亦奇亦偶的动态组合模型。八卦中宫一块神秘空白，可虚可实：当中宫“虚”时，“合”则八卦变四象，十数用其八，包括四象全等态与四象消长态两种组合模型，适用于求解偶数阶幻方。当中宫“实”时，“开”而为九宫，十数用其九，包括大九宫消长态与全等态两种组合模型，适用于求解 $3k$ 阶幻方。总之，八卦十数为体，中宫之变，八九为用，八九不离十，乃是打开幻方迷宫的一把总钥匙。

《周易》两套原始符号

翻开朱熹《周易本义》卷首引人注目的是：河图、洛书的“○”与“●”（圈、点）符号，以及八卦的“——”与“— —”（二爻）符号。这两套古老符号或者说记号代表什么呢？这是必须首先要解读的问题。

一、从结绳到符号

《周易·系辞》曰：“上古结绳而治，后世圣人易之以书契。”结绳是人类对自己的活动进行自觉记录的开端，标志着人类由野蛮逐渐走向开化。这种记录之所以必要，首先盖出于原始农业、游牧业发展到了产品少有剩余，以及偶尔发生交换而需要计数；其次氏族部落内人丁增减、简单的食物分配与管理，以及对外掠夺的战利品与俘虏等需要记事。总之，“结绳”在治理氏族社会中具有重大意义，这是人类大约已告别了采集、渔猎、穴居的草野生活方式。上古结绳而治无可怀疑，且至今日印加、琉球、苗藏边民尚有沿袭。

所谓“书契”，《释名》曰：“契，刻也，刻识其数也。”早期“书契”可能是一些不规则、不定型的记号。随着经验积累与社会进步，“后世圣人”起初创作的是圈点符号，其后伏羲氏发明的是卦爻符号，这两套定型的“书契”符号，乃一头连接“结绳”，另一头连接“甲骨文”，代表了史前一段文明。

在“结绳”时代，人们对事物的识别与比较，只有具体“数”的认知，但是简单的“数”及计算极大地开启人类的智力活动。生活环境中，人们观察到一切事物，如日月、昼夜、寒暑、男女、高低、远近、方圆、轻重等对立现象，这样就悟出了以“阴阳”区分万物的另一个基本概念，这使原始思维方式复杂化了。绳子打结，已不能表达人们对周围事物的种种新认识了，于是代之以“书契”符号成为必然。圣人即聪明、智慧的人，上观日月之形，下察万物之象，首先创造的是“○”与“●”符号。在古人心目中，“悬象著明莫大乎日月”（《周易·系辞》）。日月往来，开天辟地，造化万物。因此，我猜想：符号“○”取象于日，符号“●”取象于月，“日月”是天然可取的两个符号。然而，后世圣人赋予了这套圈点符号比绳子打的“结”更丰富的关于数与象的内涵。河图、洛书就是圣人使用圈点符号所做的一次重大记录。

《周易·系辞》曰：“河出图，洛出书，圣人则之。”相传伏羲效法河图、洛书做先天八卦。从河洛至八卦，伏羲有两项重大创新：其一是符号改革，其二是内容发展（参见相关论文）。伏羲的符号改革，拟以“○”改为“——”，以“●”改为“— —”，这就是作卦演易的二爻符号。史前这两套神奇的符号，在编码、计算与记事功能等方面有着根本性区别，而且反映了古代世界观（阴阳观）的一次变革。

二、两套符号比较

从河图、洛书分析圈点符号：一个“○”，一个“●”，量的规定性都为数“1”，但质的规定性却不同。符号“○”只能表示奇数，即阳性事物；符号“●●”只能表示偶数，即阴性事物。因此，在记数时“○”不能成双出现，而“●”不可单个使用，阴阳秋毫无犯。这说明在圈点符号时代绝对对立的阴阳观与方法论。当记事记数时，首先必须分奇偶（阴阳），然后以一串“○”或一串“●●”的多少累加计算，状如“结绳”。若要表达两个“数”（两件事）或两个以上“数”的复杂关系时，则可由圈点符号所处位置、方向、序次等关系得到详细说明。如河图、洛书就是使用圈点符号描述“日月行天”“地标于天”的稀世作品，这一功能是“结绳”记数法所不可比拟的。

但是，圈点符号中形而上学的阴阳观与方法论使其功能的发挥受到自身固有局限性的束缚。比如“3个男丁、3个女丁”，就怎么也记不清楚了。这是因为符号“○”按个数可记“1，3，5，7，9，…”等奇数，以“○○○”可表示“3个男丁”；而符号“●●”按对数可记“2，4，6，8，10，…”等偶数，那么“3个女丁”怎么记呢？这里数的量与质的两种规定性，在圈点符号记数法中陷于悖论。于是，更先进的记数符号必然诞生，伏羲画卦，就是以二爻符号取而代之。

从八卦分析二爻符号：二爻分阳分阴，阳爻“——”（一长划），其定义为数“1”（奇）；阴爻“— —”（两短划），定义为数“2”（偶）。可见，二爻符号的量与质的规定性具有统一性。当记事记数时，则用“卦”符号。阴、阳二爻是编制“卦”的基本单元，这两种不同性质的爻，各可相重亦可相错使用，即阳“卦”可由阴、阳二爻编制，阴“卦”也可由阴、阳二爻编制。总之，“卦”阳中有阴，阴中有阳，阴阳错综。“卦”所表示的二爻符号十进制数，有一套严密而有序的编码方法与运算规则。从其用法可知：这套二爻符号的阴阳观，不再是绝对的对立面，而是阴阳消长、互为转化的一种新世界观了。法国传教士莱布尼茨认为：他发明的二进制数与中国古代的八卦、六十四卦符号体系的原理相通。据此说法，由二爻符号编制的“卦”符号，这已经是类似于一种程序化高级逻辑语言了。伏羲不愧为一位伟大的符号改革家。

据刘少敏报道：1992年陕西岐山县帖家村首次发现周初六枚蚌壳上刻有“符号八卦”（《光明日报》，1992-02-28），这为原始二爻符号“卦”的存在提供了文物铁证。爻卦本义为“数”，乃是先民用于日常记事、计算、交流的刻识工具，也包括用于占卜活动记录，但不能一见“卦”就是占卜。八卦演《周易》，赋予了这套符号以无所不包的象征含义，因而具有巨大无比的信息可容量，终使八卦、六十四卦符号组合体系积载了全部大易文化精粹。

三、结绳应用技术

《周易·系辞》曰："包羲氏之王天下……作结绳而罔罟，以佃以渔。"相传伏羲是一位杰出的部落首领与大发明家，他以结绳方法制作各种网具，围猎捕捞。可见，当时绳子的用途发生了重大变化，已发展成为一种编织技术。记数不再"结绳"，而代之以"书契"了。过去，学界对包羲氏"以佃以渔"的注释含糊。"佃"者，佃猎。什么是佃猎呢？这同原始的狩猎不是一回事，不是在荒山野林里追杀野兽，也不能理解为围捕猎野生动物，而伏羲是用绳网围成"篱笆"把捕捉到的食草性野兽圈起来，加以人工驯化与饲养的活动，这是原始畜牧业的萌芽。所以说，伏羲又是畜牧业的创始人。"渔"者，捕鱼。伏羲也懂得了用网具捕鱼捉虾，这比徒手捕捉或用杆子叉鱼有效得多。我国编织业自古发达，结绳已演变为当时促进社会生产发展最先进的应用技术了。

二爻累进制"卦"读数法

八卦的8个不同符号及六十四卦的64个不同符号含象、数、义、理等十分丰富的内容。朱熹《周易本义》载先天八卦8个"卦"符号上的读数是正确的。那么，"卦"作为数字符号，是什么数制？怎样读法呢？易学研究者们曾用各种演算方法（包括二进制与十进制换算法），试解八卦符号与"数"之间的释读规则，都不得其果，因而关于"卦"是古代"数"的符号问题，一直是个谜案。

一、八卦读"数"规则

八卦三爻成"卦"，故称三位卦。爻者，阴阳两个基本符号：阳爻"——"，定义为数"1"（奇）；阴爻"— —"，定义为数"2"（偶）。三位卦，由阴、阳二爻取其三编码：或3个阳爻，或3个阴爻，或1阳2阴，或2阳1阴，3爻全排列构成8个"卦"。《孙子算经》曰："凡算之法，先识其位。"按《周易》格式，卦的爻位以从下至上为序，分"初位"（初爻）、"中位"（中爻）和"上位"（上爻），八卦读"数"规则如下。

1. 位值

卦"初""中"和"上"三位，无论阳爻还是阴爻，本身有数值，称位值。其"初位"值为"1"，"中位"值为"2"，"上位"值复归于"1"。因此位值是不变的定数，反映了先民对生命"生—长—灭"周期现象的认知及其数化。它不同于现代十进制，位值取"个、十、百……"10的幂形级数。

2. 爻变

《周易·系辞》曰："爻也者，效天下之动者也。"在卦的各位上，可画阳爻，亦可画阴爻，即阴、阳二爻的位置可变，称爻变。爻的变动产生"爻变差"，计算法：凡阳爻占位，其"爻变差"为 1–1 = 0（虚）；凡阴爻占位，其"爻变差"为阴爻定义数减阳爻定义数，即 2–1 = 1（实）。因此，阳爻占位"虚"，阴爻占位"实"，各爻位的"爻变差"不"0"则"1"。

3. 数根

初爻位在卦符号中具有定性的作用，故称数根。凡初位居阳爻，属于乾系卦，一定是天数（奇数）；凡初位居阴爻，属于坤系卦，一定是地数（偶数）。数根的"根值"等于 3 个爻位的"位值"之和，即 1 + 2 + 1 = 4，所以"根值"是一个常数。

4. 数底

数底，指三位卦的记数域的下界为"底"。《周易》有"虚"的概念，如八卦图中央有一块神秘的空白，即是"虚"位。《周易》无"虚"不能变，亦不能容。《周易》之"虚"，太极也。阳爻占位的"爻变差"就是"虚"，但是《周易》数还没有把"虚"作为"0"一个独立的数来记数和使用。因此，三位卦的底数为"1"，即从 1 开始记数（实）并赋值于初爻位。

在解析了八卦读"数"规则后，下面介绍八卦读"数"公式法：

初爻位：位值 ×（数底+数根 × 爻变差）；

中爻位：位值 × 爻变差；

上爻位：位值 × 爻变差。

三位卦之读"数" N = 初爻 + 中爻 + 上爻。

读"数"公式的参数：数底 = 1，数根 = 4，阳爻"爻变差" = 0，阴爻"爻变差" = 1，初爻位值 = 1，中爻位值 = 2，上爻位值 = 1。现以"兑""艮"两卦为例读"数"如下：

	⚋	1×（2－1）=1		⚊	1×（1－1）=0
兑	⚊	2×（1－1）=0	艮	⚋	2×（2－1）=2
2	⚊	1×［1+4（1－1）］=1	7	⚋	1×［1+4（2－1）］=5

二、六十四卦读"数"方法

六十四卦数系由阴、阳二爻六位制编码，执行"三才两之"规则（《周易·系辞》），即由八卦中每取 2 卦，分上、下两体合成的六位卦。因此，分两体识位，其读"数"方法：六位卦上体 N_1（即某个三位卦）的可变记数域"1 ～ 8"，按上体所在的三位卦释读；下体 N_2（也是某个三位卦）的可变记数域"1 ～ 8（8–1）"，按下体所在的三位卦释读。因此，六位卦的读"数"公式如下：$M = N_1 + 8(N_2-1)$。举例：

上坤 泰 8 下乾 $M_{泰}=8+8(1-1)$

上坎 节 14 下兑 $M_{节}=6+8(2-1)$

上兑 随 26 下震 $M_{随}=2+8(4-1)$

上艮 蒙 47 下坎 $M_{蒙}=7+8(6-1)$

上离 旅 51 下艮 $M_{旅}=3+8(7-1)$

上艮 剥 63 下坤 $M_{剥}=7+8(8-1)$

三、二爻累进制的变位

三位制八卦数系的记数域“1～8”，六位制六十四卦数系的记数域“1～64”。那么超过“64”的数，阴、阳二爻按几位制编码呢？或者说二爻编码位制是如何累进的呢？

关于二爻编码位制，《周易·系辞》有两种说法：一曰：“《易》有太极，是生两仪，两仪生四象，四象生八卦。”按这一逻辑推论：“卦”的位制变化是一个 2^k 级数序列（$k \geqslant 0$）。朱熹《周易本义》卷首载“伏羲六十四卦方位图”，展示了从太极、两仪……到六十四卦的变位过程，但“四位卦”“五位卦”在《周易》中尚未见用。二曰：“兼三才而两之，故六也。”这就说“卦”的起编是“三才”，即三位卦；后尔“两之”，即六位卦。由此推论：“卦”的位制变化是一个 3×2^k 级数序列（$k \geqslant 0$）。这两种说法本质上不矛盾，但“卦”作为一种数制，乃是“三才两之”累进制。《周易》符号体系只使用八卦及其八卦重卦（即六十四卦），各卦都有专用卦名。按“三才两之”原则，若超过“64”应在“十二位卦”记数域范围。由此可知，“卦”的记数功能因位制的累进，记数域无限可扩。

“十二位卦”是六位卦“两之”，其记数域为 1～4096。这就是说，“十二位卦”也是两体卦，由上体一个六位卦及下体一个六位卦合成。为了便于见“卦”识数，或以数写“卦”，可给出一个两体卦（十二位卦）的通读公式：$M = N^k_1 + 8^k(N^k_2-1)$。公式中。N^k_1 定义为上体读数；N^k_2 定义为下体读数。现以数“4000”为例，写出它的“十二位卦”符号：

$4000 = N^2_1 + 8^2(N^k_2-1)$ 解法：

$N^2_1 = 32$ 上复

$N^2_2 = 63$ 下剥

$N^2_1 = 40-64N^k_2$

$1 \leqslant N^2_1 \leqslant 64$

上复 4000 下剥

代入得：$32 + 8^2(63-1) = 4000$。

四、“变体”卦探秘

在商周遗物中，考古陆续发现了一些“变体”卦，与《周易》六十四卦体系不同，乃“四位卦”“五位卦”等。“变体”卦的出现，我从如下几方面去认识：其一，“卦”不一定就是占卜的专用符号，而可能是古代的记数、记事符号；其二，商周人熟知“卦”的阴、阳二爻变位规则，“变体”卦犹如我们使用简化字一样。现在，看不懂“四位卦”“五位卦”，因为《周易》中只有正规的“三位卦”“六位卦”，没有简化的“变体”卦。其实，古人日常记事不用“繁体”卦（字节太长），而用“变体”卦更方便。

冯时先生在《殷墟“易卦”卜甲探索》一文中（《周易研究》，1989年第2期），出示了如下一例四位“变体”卦：“玺印，东周”（图2.1）。

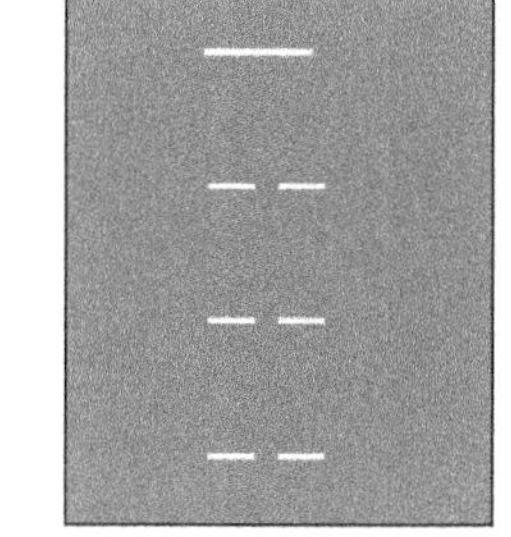

图 2.1

“卦”刻在东周大印上，实属稀罕。想必印章主人非等闲之辈，他怎么用这么个怪章呢？刻的是一个什么东西？我非常好奇。根据二爻累进制“卦”读数法研究，我明白了，玺印上这个“四位卦”显然是由六位卦简化而来的。“卦”的简化规则与方法是：从卦的下体初爻开始，由下至上凡接连的阳爻都可省略，直至首遇阴爻为止（阴爻之上的阳爻绝不可省略），因为这些阳爻只占其位而不负其值。如阿拉伯数“001005”，前面2个“00”可以省略不写。“卦”简化为“变体”卦同理。

回到东周玺印上来看，若底部添上2个阳爻，便恢复成“上艮下兑”一个六位卦，《周易》名“损”，排行“15”，与玺印上的“四位卦”读数相同。为什么在六十四卦体系中单单选中“损”卦刻一个印章呢？也许“15”月圆，表达“圆满”、“完美”之意。为了搞清印章主人的真正用心，查阅“损”卦的命理如下。

《周易》曰：“损，有孚，无吉，无咎，可贞，利有攸往。曷之用？二簋可享。”

《彖》曰：“损，损下益上，其道上行……损益盈虚，与时皆行。”

《象》曰：“山下有泽，损。君子以惩忿窒欲。”

《周易·系辞》曰：“《损》也，德之脩也。”“《损》先难而后易。”“《损》以远害。”

“损”卦的内容方方面面相当丰富，归纳起来的主题：寡欲制怒。这颗印章可能是东周某君的座右铭，旨在修德养性。

同时，冯时先生在论文中还提供了更不规范的“卦”形符号资料，如“┃┇┃┇┃，甗，商末周初，《文物》63·3”；又如“┃┇┇┃（笔者注：原文此符号直排），卣，周初，《博古图录》9·16—17”等。这些器具上的符号，是“卦”形符号？还是纹饰？真的读不懂了，很难理解遥远的先祖遗物要告诉我们什么重要的东西。

总而言之，读懂河图、洛书与八卦的两套符号，把符号准确无误翻译成数字，乃是揭示易数模型之秘的前提条件。朱熹《周易本义》卷首公布的河图、洛书与八卦，读数没有错。

“五位相得”之秘

一、古注

《周易·系辞》曰：“天数五，地数五，五位相得而各有合。”寥寥数语争议了上千年悬而未决。纵观先儒几种有代表性的说法，供参考。

第一种观点：河图十数“五位相得”，各合“五行”。

如晋代韩康佰《周易注》曰：“天地之数各五，五数相配，以合成金木水火土。”又如唐代孔颖达《周易正义》曰：“若天一与地六相得，合为水；地二与天七相得，合为火；天三与地八相得，合为木；地四与天九相得，合为金；天五与地十相得，合为土也。”再如清代李光地《御纂折中》曰：“既谓之五行相得，则是指一六居北，二七居南，三八居东，四九居西，五十居中而言。”这是先儒们的主流意见。

第二种观点：天地十数有“相得”与“相合”两种五位配置方案。

唐代高僧一行《历本义》曰：“天数始于一，地数始于二，合二始以定刚柔；天数终于九，地数终于十，合二终以纪闰余；天有五音所以司日，地有六律所以司辰。则一与二，五与六，九与十，有相得之理。三与四，七与八，可知也。”这是关于“五行相得”的另一说。

同样，宋代朱熹更明确地认为天地十数存在两种五位配置方案，如《周易本义》曰：“相得，谓一与二，三与四，五与六，七与八，九与十，各奇偶为类，而自相得。有合，一与六，二与七，三与八，四与九，五与十，皆两相合。”但先儒对“五行相得”这一说大多抱怀疑态度，如龚焕说：“谓一二、三四之相得，未见其用，亦考之不详。”

第三种观点：河图“未合”与“有合”之分。

清代江慎修《河洛精蕴》曰：“自天一地二以至五位相得，河图未合者。至于有合，则河图之位定矣，水北火南，木东金西，土中，天地自然之位也。”又曰：“此数方生，阴阳相比，奇偶相随，而未合之位。及见之于图，乃是有合之位。”

他的意思“一二、三四、五六、七八、九十”还处于一种初始状态，没有定位，因而并不支持朱熹的观点。

二、新解

纵观先儒的几种不同说法，有如下两个关键问题事先没有弄明白：一是天地十数按什么原则做五位组合？因为只有在同一个原则下，才能确定存在哪些五位组合方案；二是这些组合方案所指各为何物？“五位相得而各有合”从其语法与语义分析，若“五位相得”者为一物，那么它与某某“各有合”呢？这个“各”字表明至少另有两个他物与之相合。

首先，天地十数按什么原则做五位组合？先儒一致认同河图为其中之一物，这是没有错的。河图“一六、二七、三八、四九、五十”五位组合，每位2个数之差相等，因而五位具有等差关系，这就是天地十数的组合原则。朱熹《易学启蒙》曰：“天以一生水，而地以六成之；地以二生火，而天以七成之；天以三生木，而地以八成之；地以四生金，而天以九成之；天以五生土，而地以十成之。”按此说法，河图“天生地成，地生天成”组合，亦称为天地十数的“相生相成”五位组合法理。显然“一二、三四、五六、七八、九十”五位组合，每位2个数之差也相等，五位也具有等差关系，因而这是符合“相生相成”法理的另一种配置方案。由此可见朱熹说的对，天地十数存在“相得”与“相合”两种五位配置方案。

那么天地十数是否还存在第三种符合“相生相成”法理的配置方案呢？我的回答是：只存在上述两种配置方案，不存在第三种配置方案。但清代江慎修曾提出过第三种配置方案，见《河洛精蕴》“河图变体合十一数图”，其配置方案为：“一十、二九、三八、四七、五六”五位组合。这一方案每位2个数之差不相等，而2个数之和相等，因此不符合“相生相成”法理。据研究表明：模拟河图“相生相成”法理（等差关系）可合成以等和关系为组合特征的幻方，在这一“模拟—合成”过程中“合十一数”（等和关系）却是必须排除的一类配置方案。幻方的组合机制是：以“等差关系”求等和则“等和关系”成立，以“等和关系”求等和则“等和关系”不成立，这就是河图的“相生相成”法理。

其次，天地十数“一二、三四、五六、七八、九十”五位组合究竟为何物呢？一行和尚的说法在《周易》中查无出处；朱熹只指出这是一个“相得”配置方案，但其为何物则“考之不详”；江慎修所谓“河图未合者”犹如说“本无此一物”。这个问题一直是易学中最重要与难解的悬案。但《周易·系辞》曰：“河出图，洛出书，圣人则之。”一语道破天机，我认为，“五位相得而各有合”就是指八卦与河图、洛书之间“各有合”的关系。相传伏羲效法河图、洛书创作八卦，所以八卦也必然贯彻“相生相成”法理与“等差关系”组合原则，其五位无疑是“一二、三四、五六、七八、九十”配置，而河图与洛书的五位都是“一六、

二七、三八、四九、五十”配置，因此这两种五位配置方案“相合”。

怎样理解八卦“一二、三四、五六、七八、九十”五位组合呢？《周易》十数为体，八九为用。八卦之用亦八亦九，但八九不离十。“一二、三四、五六、七八、九十”五位组合，乃是八卦的原型，即“五位相得”（图 2.2）。

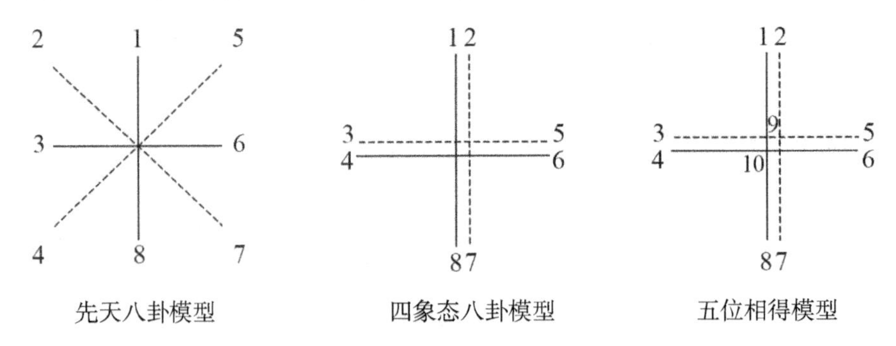

先天八卦模型　　四象态八卦模型　　五位相得模型

图 2.2

《周易·系辞》曰：“四象生八卦。”八卦在四象态时，“四隅”合于“四正”（顺旋 45°），即一二居北，三四居东，五六居西，七八居南，若九十立中，则还原成“五位八卦”。

为什么说八卦与河图、洛书“各有合”呢？因为河图、洛书同源，两图的五位都是“一六、二七、三八、四九、五十”组合；但这个五位配置方案有两个不同的定位模型，一个是五位河图，另一个是五位洛书，河图与洛书的区别在于：“火金易位”，即二七与四九相互交换位置，所以说八卦与河图、洛书“各有合”。河洛五位组合关系如图 2.3 所示。

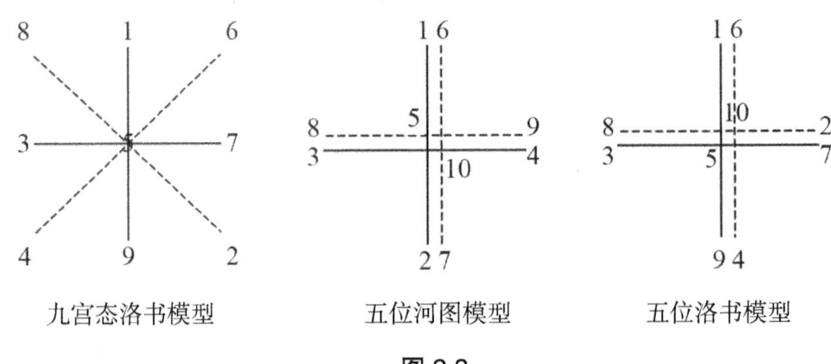

九宫态洛书模型　　五位河图模型　　五位洛书模型

图 2.3

洛书九数为用，十数为体。洛书若“四维”合于“四正”（逆旋 45°），即一六居北，二七居西，三八居东，四九居南，五十居中，则还原成“五位洛书模型”。由此可见，河洛同源，五位“火金易位”。总而言之，天地十数五位组合存在两种“相生相成”配置方案，以及 3 个定位模型，它们之间的关系即五位八卦与五位河图、五位洛书“各有合”。

“参伍错综”九宫算法

一、古注“参伍”

洛书的组合原理与算法，《周易·系辞》解之精辟，曰：“参伍以变，错综其数。通其变，遂成天地之文；极其数，遂定天下之象。”什么是“参伍以变，错综其数”呢？朱熹《周易本义》云：“参者，三数之也；伍者，五数之也。错者，交而互之；综者，总而挈之。”这仅是字义翻释，不明其理，因此他又说：“参伍，错综，皆古语。而参伍尤难晓。”

古注“参伍”大多重于引义，如《荀子》云“窥敌制变，欲伍以参”；如《韩非子》云“参之以比物，伍之以合参”；如《史记》云“参伍不失”；如《汉史》云“参伍其贾，以类相准”等。现代学者尚秉和先生《周易尚氏学》说：“爻数至三，内卦定也，故曰必变；至五而盈，故过五必变。”黄寿祺先生《周易译注》说：“参伍，犹言三番五次，与错综互文。这两句说明《周易》的变和数必须反复错综地推研。”总之，“参伍”者，注易各家自圆其说。

二、九宫变法与算法

“参伍以变，错综其数”一语源出洛书，系指洛书9个数相互“错综”组合，并按“参伍”算法变化，故洛书纵、横、斜皆“15”，即洛书为3×3正方形数阵，其3行、3列及2条对角线上各3个数之和相等。因此，“参”者，乃洛书纵、横、斜各3个数；“伍”者，即洛书1～9自然数列的中项“5”；“参伍”者，“参”为纲，“伍”为常，即3×5＝15，故“参伍以变，错综其数”就是洛书建立九宫等和关系的变法与算法。

宋代大数学家杨辉深入地研究过洛书的组合机制，发现了洛书的构图方法，他在1275年《续古摘奇算经》中写道：“九子斜排，上下对易，左右相更，四维挺进。戴九履一，左三右七，二四为肩，六八为足。”这就是著名的杨辉口诀，前一句讲在3阶自然方阵样本上构造洛书的变位运作方法，第一次破解了“参伍错综”变法之秘；后一句讲“九子斜排”变位后，变成洛书的九宫定位状态。

杨辉遵循“参伍以变，错综其数”九宫算法则，创作了4阶至10阶多幅幻方，九宫算题得到了很大发展。幻方以特有的魔力引得历代学者穷其毕生锲而不舍，如宋代丁易东、明代程大伟、清代张潮与方中通等人，都对九宫算题做出过重要贡献。因此推而广之，“参”者，可泛指幻方的阶次 n（$n \geqslant 3$）；“伍”者，可泛指 1 至 n^2 自然数列的中项。因此“参伍”就是 n 阶幻方的求和公式：$S=\frac{1}{2}n(n^2+1)$。总之，自然数列的求和问题，“参伍以变，错综其数”乃是我国最古老的一种表述，在数学史上当领先于世界。

在《周易》中洛书是一幅 3 阶幻方实体，而河图、八卦也符合“参伍以变，错综其数”组合法则，乃为幻方的最简模型。河洛同源：洛主奇；河主偶。八卦亦奇亦偶：①八卦“合”则四象，与河图异构：河图是一个 $4k$ 阶“田”字结构平衡态模型（$k\geqslant 1$）；四象八卦是一个 $2k$ 阶“田”字结构消长态模型（$k\geqslant 2$）。②八卦“开”则九宫，天九立中，与洛书异构：洛书是一个（$2k+1$）阶“米”字结构小九宫算模型（$k\geqslant 1$）；九宫八卦是一个 $3k$ 阶“井”字结构大九宫算模型（$k>1$）。总之，河图、洛书、八卦博大精深，算之于九宫，识之以天象，用之为百科，揭示上述几个易数最简模型的组合原理与方法意义重大。

河图组合模型

一、河图原理

朱熹《周易本义》卷首载河图（图 2.4）。

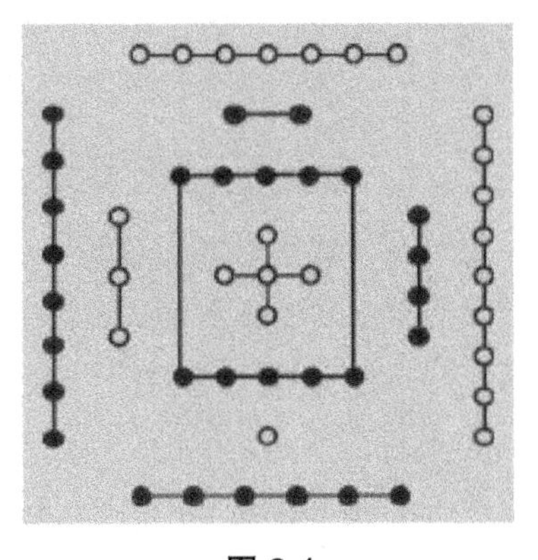

图 2.4

朱熹《易学启蒙》曰：“河图之位，一与六共宗而居乎北，二与七为朋而居乎南，三与八同道而居乎东，四与九为友而居乎西，五与十相守而居乎中。”这是对河图五位十数定位的正确描述。

朱熹《易学启蒙》曰：“天以一生水，而地以六成之；地以二生火，而天以七成之；天以三生木，而地以八成之；地以四生金，而天以九成之；天以五生土，而地以十成之。”这揭示了河图五位十数关系的“相生相成”组合原理。

（一）河图本义解读之一

河图十数，分为天、地数两大序列：其一为“一三五七九”天数序列（奇数序列）；其二为“二四六八十”地数序列（偶数序列）。河图五位：一奇一偶，天地匹配。天顺旋，地逆旋。河图方位：一六北、二七南、三八东、四九西、五十中（图 2.5 左）。

（二）河图本义解读之二

河图十数，又分为生数、成数两大序列：其一为“一二三四五”生数序列（前半序列）；其二为“六七八九十”成数序列（后半序列）。河图贯彻“相生相成”法则：天生地成，地生天成（图 2.5 中）。河图两其五行：一六水、二七火、三八木、四九金、五十土。

什么是相生相成？所谓相生相成，是河图奇偶匹配的一种数理关系，揭示以等差求等和的河图原理。6–1 = 5、7–2 = 5、8–3 = 5、9–4 = 5、10–5 = 5，五象全等（图 2.5 右）。

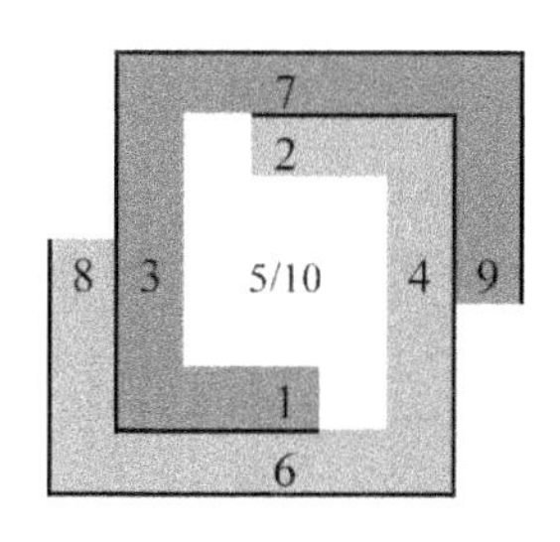

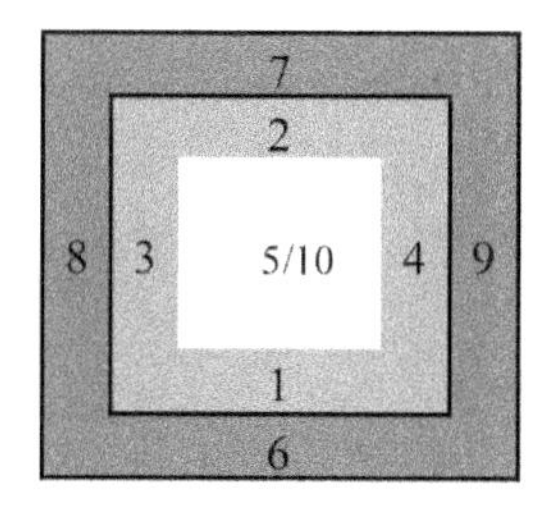

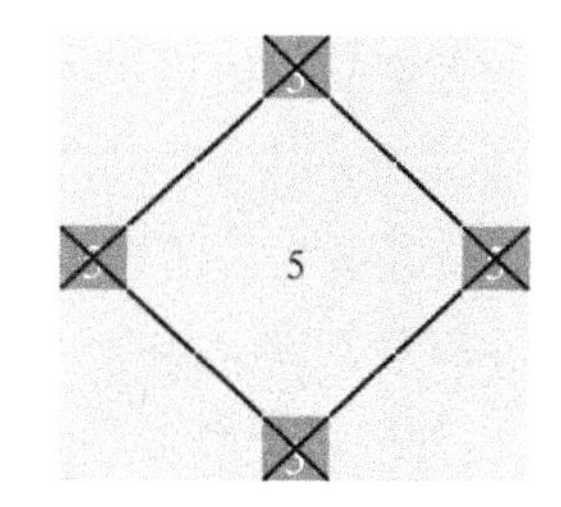

图 2.5

朱熹《易学启蒙》曰“河图者虚其中”，即虚“天五地十”。因而，河图天地数结构如下：天数序列之和“20”，地数序列“20”，天地数之比为 1 ∶ 1，故是一个阴阳两仪平衡态结构。其结构特点是：天右旋，地左旋。河图生成数结构如下：生数序列主其内，成数序列主其外，天生地成者“5”，地生天成者亦“5”，故是一个“相生相成”平衡态结构。其结构特点是：以等差求等和的“和差”关系，此乃河图之“天机”。

清代江慎修思维活跃，对河洛有不少独到见解。但在《河洛精蕴》中，他画了一个名曰“河图变体合十一”图：即一十居北，二九居南，三八居东，四七居西，五六立中，此图是一个谬误。从表面看，五位合十一非常巧妙，但由于各位两数之间不存在等差关系，所以不是一个“相生相成”组合结构。

二、河图模型

朱熹《易学启蒙》曰：“河图者虚其中。”因此，河图五位用其四，十数用其八，即为一个四象相生相成关系模型。河图非常难懂，先儒考之不详，亦未见其用。至于河图的本源是什么？乃何等神物？恐怕永远是个谜了。

但是，从朱熹的“河图者虚其中”分析，河图就是一个 2 阶模型（图 2.6），其组合性质：2 行、2 列及 4 条泛对角线全等，所以说它是一个超常的 2 阶“完全幻方”。其组合原理：以差求和，即贯彻相生相成法则。

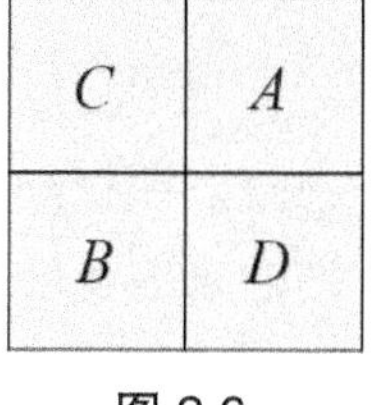

图 2.6

$A = a_2 - a_1$

$B = b_2 - b_1$

$C = c_2 - c_1$

$D = d_2 - d_1$

$A = B = C = D$

朱熹《易学启蒙》曾曰“河图者加减之源”，他也注意到了河图的“和”与“差”组合机制。总而言之，河图模型的基本特征：其一，“田”字型四象全等；其二，各象内部相生相成。这一数理分析的意义在于，真正揭示了河图的科学内涵，并第一次被实际应用于幻方构图方法、组合结构等方面的研究。

三、河图应用

河图是一个最简 2 阶组合模型，揭示了 $4k$ 阶幻方（$k \geqslant 1$）存在一种“四象全等态”组合结构形式，具体可从如下两个方面理解：$4k$ 阶“四象全等态”幻方，一方面其四象各 k 阶单元之和一定要相等；另一方面其四象单元内 k^2 个数之间必须具备等差关系。这种“等和”“等差”双重关系，乃为河图模型应用的核心技术。现以 4 阶为例简介如下。

1. 等和关系展开式

4 阶幻方的“四象等和”关系，即要求其 1 ～ 16 自然数列必须四等分，以建立四象全等结构，其等和关系展开式参见图 2.7。

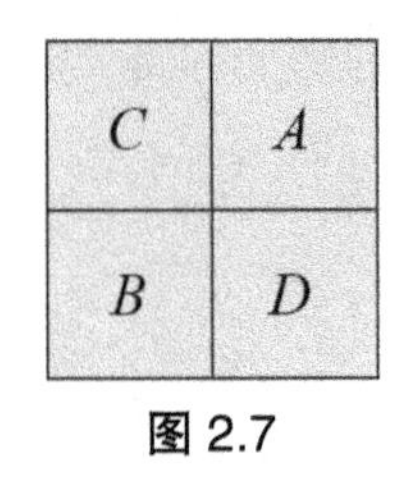

$$
\begin{aligned}
A &= a_1 + a_2 + a_3 + a_4 \\
B &= b_1 + b_2 + b_3 + b_4 \\
C &= c_1 + c_2 + c_3 + c_4 \\
D &= d_1 + d_2 + d_3 + d_4
\end{aligned}
$$

$$A = B = C = D$$

图 2.7

据枚举：1 ～ 16 自然数列四等分存在 175 个可能等分方案。按河图的“以差求和”法则可知：在这些等分方案中，只有其中具有等差结构的等分方案，才能建立 4 阶幻方行、列及对角线的等和关系。这就是说，必须剔除犹如清代江氏“河图变体合十一”图之类的等分方案。“以和求和”则不和。

2. 等差结构展开式

4 阶各象有 4 个数，因此四数之间各等差结构是一个多项展开式（图 2.8）。在 1 ～ 16 自然数列 175 个四等分方案中，其内部结构并非都存在等差关系，必须从中筛选出具备等差结构的等和配置方案，才能模拟河图制作成 4 阶幻方。据研究，判别原则如下。

1 式：
$$(a_2-a_1)、(a_4-a_3)=(b_2-b_1)、(b_4-b_3)$$
$$(c_2-c_1)、(c_4-c_3)=(d_2-d_1)、(d_4-d_3)$$

2 式：
$$(a_3-a_1)、(a_4-a_2)=(b_3-b_1)、(b_4-b_2)$$
$$(c_3-c_1)、(c_4-c_2)=(d_3-d_1)、(d_4-d_2)$$

3 式：
$$(a_4-a_1)、(a_3-a_2)=(b_4-b_1)、(b_3-b_2)$$
$$(c_4-c_1)、(c_3-c_2)=(d_4-d_1)、(d_3-d_2)$$

图 2.8

其一，凡等差三式成立者为最优化配置方案。若这些方案的四象内部及四象之间二重次都最优化定位，则能合成 4 阶完全幻方；若二重次非最优化定位，则合成 4 阶非完全幻方。

其二，凡等差三式中有两式成立者为非最优化配置方案。这些方案不存在 4 阶完全幻方解；但若按一定规则定位，则能合成 4 阶非完全幻方。

其三，凡等差三式中只有一式成立，或者三式都不成立者，则为无幻方解配置方案，这些方案必须被剔除。

据枚举，在 4 阶 175 个四等分方案中，最优化配置方案有 6 组，非最优化配置方案有 3 组。如果把这 9 组配置方案标示于 4 阶自然方阵，就可直观地了解相互之间的有序位置关系。然而，模拟河图模型定位，即可制作 4 阶幻方，此法我称之为四象模拟合成法。6 组最优化配置方案，在最优化定位规则下，可得 4 阶完全幻方；这 6 组最优化配置方案，以及 3 组非最优化配置方案，在非最优化定位规则下，都得 4 阶非完全幻方（本方法各象如何定位及四象如何合成等，具体规则与操作技巧在此不再赘述，参见相关内容）。4 阶完全幻方群可全部由这 6 组四象最优化配置方案合成；在 4 阶非完全幻方群中，其四象全等态分群也可由这 9 组等和配置方案合成，但四象消长态分群必须由更高级的先天八卦动态组合模型求解。总之，河图 2 阶最简组合模型，主要揭示了“田”字型幻方在四象全等状态下的组合机制、结构特征及其构图方法。

洛书组合模型

一、洛书本义

朱熹《周易本义》卷首载洛书如图 2.9 所示。

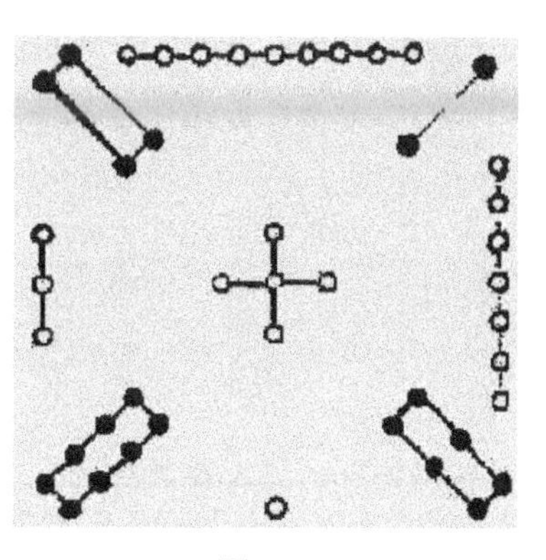

图 2.9

早在朱熹公布洛书之前，汉代徐岳《数术记遗》中已有关于“九宫”的记载，见南北朝甄莺注：“九宫者，即二四为肩，六八为足，左三右七，戴九履一，五居中央。”又如，唐代王希明《太乙金镜式经》曰：“九宫之义，法以灵龟，以二四为肩，六八为足，左三右七，戴九履一，此为不易之道也。”洛书九位形如龟像，故有龟文之称。汉人把洛书作为一种术数而被记录下来，九宫者即洛书。

1977 年在双古堆西汉，汝阴侯墓出土一具“太乙九宫占盘”。这为洛书在宋之前的存在与应用提供了实物铁证，可为疑古派的喋喋不休画上一个句号。

朱熹《易学启蒙》曰：“洛书之次，其阳数，则首北，次东，次中，次西，次南；其阴数，则首东南，次西北，次东北也。”这就是说洛书之位，阳数（奇）：

一北、三东、五中、七西、九南；阴数（偶）：二西南、四东南、六西北、八东北。洛书即九宫图。

二、洛书数理

朱熹《易学启蒙》曰："洛书之纵横十五，迭为消长。虚五分十，而一含九，二含八，三含七，四含六，则参伍错综，无适而不遇其合焉。此变化无穷之所以为妙焉。"洛书之所以被称为九宫"数术"，因为其 3 行、3 列及 2 条主对角线各 3 数之和等于"15"。什么是"数术"呢？即算术或算法，而九宫"数术"就是关于 1～9 这 9 个数三等分的求和方法。按朱熹的精辟说法，洛书的算法与变法：其一为"虚五分十"；其二为"参伍错综"。

什么是"虚五分十"？所谓"虚五"，指洛书十数用其九，不用十为虚，而十分"五五"，故"虚五"乃虚"地十"之"五五"，非虚中宫"天五"之五。什么是"分十"？指洛书九数的"米"字型中心对称排列结构，即一九"分十"，二八"分十"，三七"分十"，四六"分十"，天五居中。

什么是"参伍错综"？此语原出于《周易·系辞》："参伍以变，错综其数。通其变，遂成天地之文；极其数，遂定天下之象。"朱熹在《周易本义》解释："参者，三数之也；伍者，五数之也。错者，交而互之；综者，总而挈之。"因此，所谓"参伍错综"，乃指洛书纵横十五求和的算法与变法。"参伍"者，于算法而言：九数"五"为中，三等分即 3 倍的中五（3×5），这就是等差数列的一个求和公式；"错综"者，于变法而言："米"字型中心对称轴之"参伍"称为"错"，"米"字型四边"参伍"称为"综"。总之，"错综"不离"参伍"算法。而洛书九数之法即九宫算，乃是世界上第一幅 3 阶幻方实体，贯彻"参伍错综"法则。

三、河洛同源

朱熹《易学启蒙》曰："洛书之一三七九，亦各居五象本方之外，而二四六八者，又各因其变，以附于奇数之侧。"什么是洛书的"五象"呢？洛书"五象"是朱熹的独到见解。洛书九宫如何变"五象"呢？乃两条主对角线顺旋 45°，则合九宫为"五象"（图 2.10）。

据朱熹洛书"五象"之说，清代江慎修《河洛精蕴》云："若图书三同二异，乃是火金易位。"所谓"三同二异"，洛书"五象"与河图五

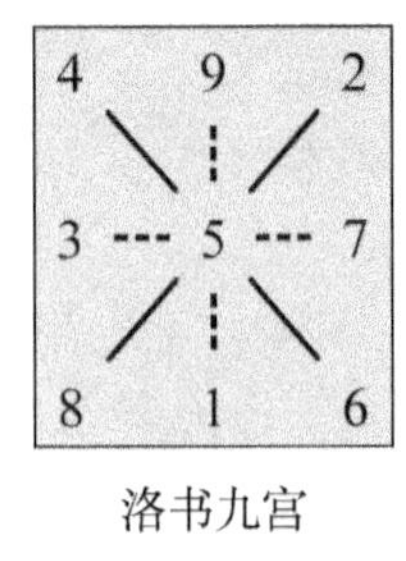

洛书九宫

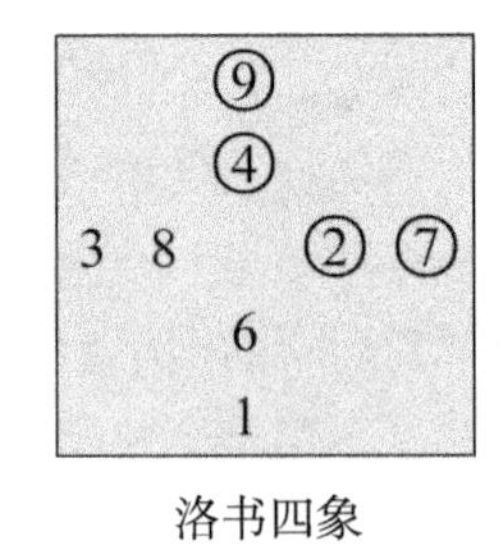

洛书四象

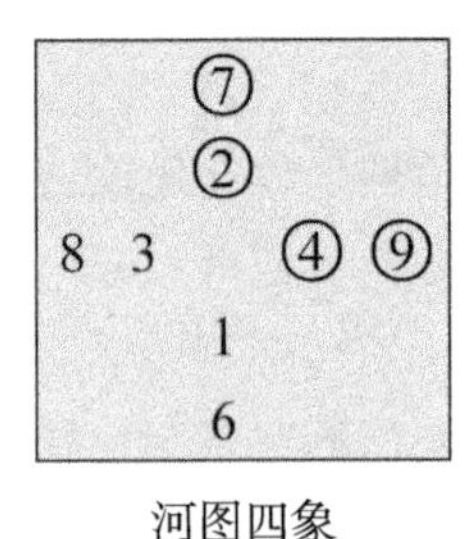

河图四象

图 2.10

象比照，“三同”者：指一六居北（水）、三八居东（木）、五十居中（土），三位相同；“二异”者：指二七居南（金）、四九居西（火），二位相异。所谓“火金易位”，即河图、洛书相异二位，乃“火”与“金”互为交换位置关系。所以河洛同源，两者组合原理相通。

四、洛书模型

洛书是一幅 3 阶幻方实体，又是一个奇数阶最简组合模型。从不同角度分析，主要表现为三大结构形式：其一，“米”字型结构；其二，两仪型结构；其三，“S”曲线结构。这三大结构的组合机制及特征分析如下。

1.“米”字型结构

洛书九数，天五立中，四对“分十”数组全中心对称分布，若奇数“1，3，5，7，9”旋转 180° ，即可变成一斜排的 3 阶自然方阵（图 2.11）。

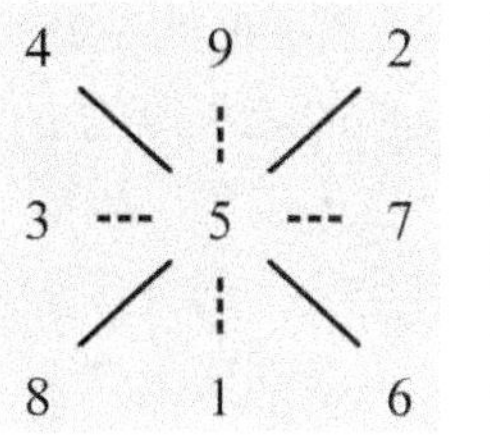

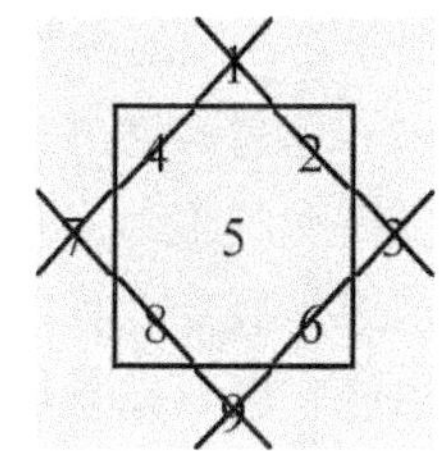

图 2.11

通过反推，可以导出如下 3 种不同构图方法：一种是杨辉口诀法。宋代大数学家杨辉深入地研究过洛书，第一次提出了洛书的数学构图方法，1275 年杨辉在《续古摘奇算经》中写道：“九子斜排，上下对易，左右相更，四维挺进。”这就是著名的杨辉口诀。另一种是左右旋法，这是我研发的“回”字型幻方构图方法。再一种是几何覆盖法，这是我研发的幻方样本重组功能强大的演绎方法。

2. 两仪结构

《周易·系辞》曰：“《易》有太极，是生两仪，两仪生四象，四象生八卦。”据此，朱熹在《周易本义》中精辟地分析了河图、洛书的太极、两仪结构，曰：“圣人则河图者虚其中，则洛书者总其实也。河图之虚五与十，太极也；奇数二十，偶数二十，两仪也。”这就是说，圣人效法河图取四象（“虚其中”）、效法洛书取九宫（“总其实”），因而八卦亦图亦书。若从洛书而言，它是一幅天然的 3 阶两仪型幻方实体（图 2.12）：中“5”太极，奇数“1，3，7，9”之和“20”（阳仪），偶数“2，4，6，8”之和“20”（阴仪）。两仪的结构特征：阳仪＝阴仪；阳仪团聚中央，阴仪分立四角。据研究，两仪结构普遍存在于奇数阶幻方领域，我从中提炼出了奇数阶幻方的两仪构图方法。

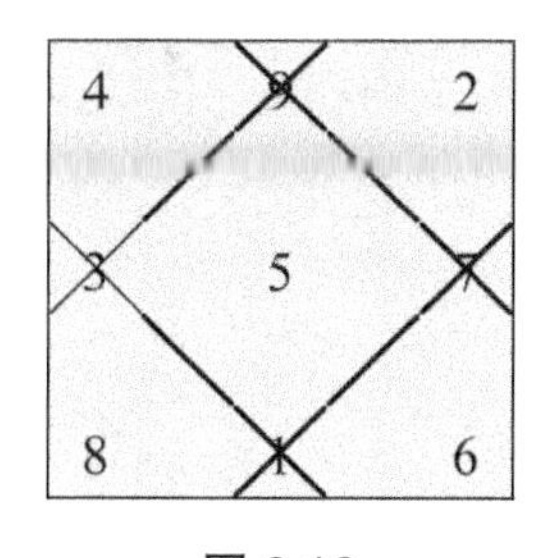

图 2.12

3.“S”曲线结构

洛书的“和”“差”结构：行、列及主对角线等和于“15”；左边泛对角线各数公差“1”；右边泛对角线各数公差“3”。这与河图“以差求和”法则同理。

洛书的“S”曲线造型（图 2.13）：以两条主对角线画出两条相交“S”曲线，从中位“5”为出发点，它们有如下组合关系：左“S”曲线“9—4—5—6—1”，该主对角线离“中位”公距“±1”，两端弯头公距“±5”；右“S”曲线“7—2—5—8—3”，该主对角线离中位公距“±3”，两端弯头公距“±5”。然而，两条相交“S”曲线的公距的这 3 个参数为常数：其“±1”为 3 阶自然数列之公差；其“±3”为幻方的阶次；其“±5”为 3 阶自然数列之中项。据研究，“S”曲线结构普遍存在于奇数阶幻方领域，我从中已提炼出了奇数阶幻方的“S”曲线法等。

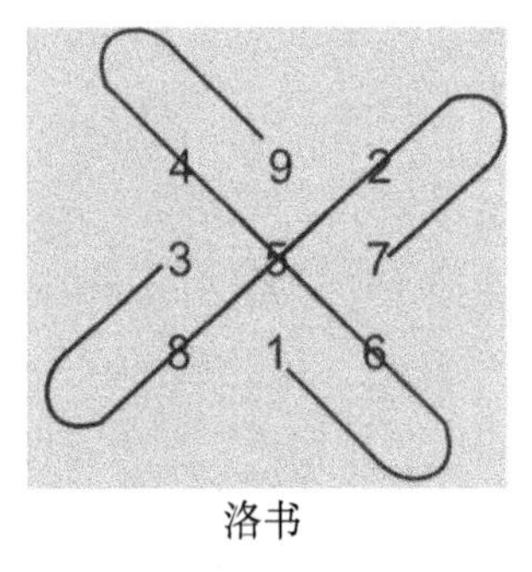

洛书

图 2.13

总之，洛书不仅是一幅 3 阶幻方实体图形，而且是一个奇数阶幻方的最简组合模型。正因为它是实体幻方，所以在《周易 · 系辞》中已早知其“参伍以变，错综其数”之算法与变法，即“纵、横、斜”等和关系的组合性质。然而，宋代之前先儒只知其然，不知其所以然。直至宋代数学家杨辉才发现了洛书“九子斜排，上下对易，左右相更，四维挺进”的制作方法，从而开创了洛书应用之先河。非常遗憾，宋代之后，洛书组合原理再也没有得到更深入、更广泛的系统研发。

本文在杨辉研究成果的基础上，对洛书的数理结构多角度地做出了全面分析，发现洛书有四大构图方法：其一，左右旋法；其二，几何覆盖法；其三，两仪构图法；其四，“S”曲线法。这四大构图方法，对于洛书而言，制作的是同一幅 3 阶幻方。但是，若推广于大于 3 阶的奇数阶幻方领域时，它们所构造出来的是 4 个完全不同的子集。这四大构图方法操作简易，具有强大的构图、检索、计数功能（参见“幻方构图方法”相关内容），因此说洛书模型及其组合原理的综合应用有了根本性的重大突破。

先天八卦“体—用”数理关系

一、八卦本义

朱熹《周易本义》卷首载先天八卦如图 2.14 所示。

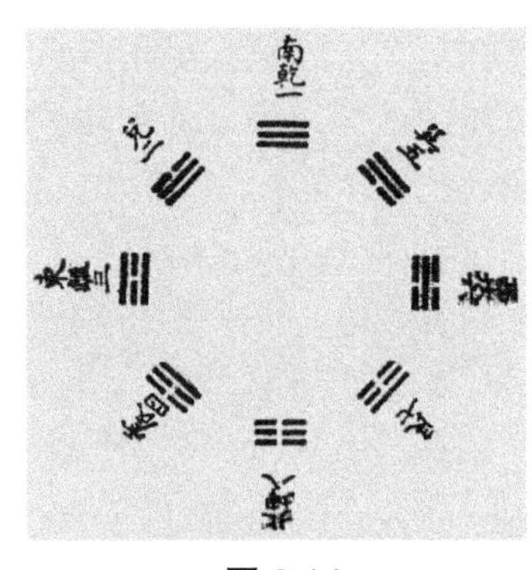

图 2.14

1. 先天八卦图标

符号标识：阴、阳二爻三位全排列组合，形成 8 个不同的卦形符号。

数字标识：解读八卦的数义，即为“1，2，3，4，5，6，7，8”自然数列。

文字标识：对应于 8 个卦形符号，命名“乾、兑、离、震；巽、坎、艮、坤”。

方位标识：根据八卦的整体结构状态，标示“南、北、东、西”四正方向，及“东南、西南、西北、东北”四偏方向。

2. 先天八卦象义

什么是先天八卦图？先儒有一个共识，认为朱熹公布于世的这个先天八卦图的象义，同《说卦》下述一句话相合，即：“天地定位，山泽通气，雷风相薄，水火不相射。八卦相错，数往者顺，知来者逆。”前一句话以“天地”“山泽”“雷风”“水火”等对立物象，喻示“乾坤”“兑艮”“离坎”“震巽”之间的阴阳对立关系。后一句话从整体角度对八卦做了一个动态描述。什么是“数往者顺”？指 4 个阳卦以“乾一、兑二、离三、震四”为序的运行轨迹。什么是“知来者逆”？指 4 个阴卦以“巽五、坎六、艮七、坤八”为序的运行轨迹。四阳卦与四阴卦两大序列，总体走了一个“S”曲线图形。八卦阳长阴消，阴长阳消，犹如日月行天，昼夜交替，寒暑更迭。空间关系曰“往来”；时间向量曰“顺逆”。这是反映古人对天地万物认知的一个动态宇宙模式。

3. 先天八卦数理分析

先天八卦的数字标识体系：乾一、兑二、离三、震四、巽五、坎六、艮七、坤八。先儒的“挂爻”符号的数字识读正确无误。先天八卦的数理分析（图 2.15）：中宫虚位，十数用其八；“米”字型中心对称结构，即“一八、二七、三六、四五”对称定位，四对数组互补；八数的动态走向是一条“S”形曲线，即一二三四“数往者顺”，八七六五“知来者逆”。

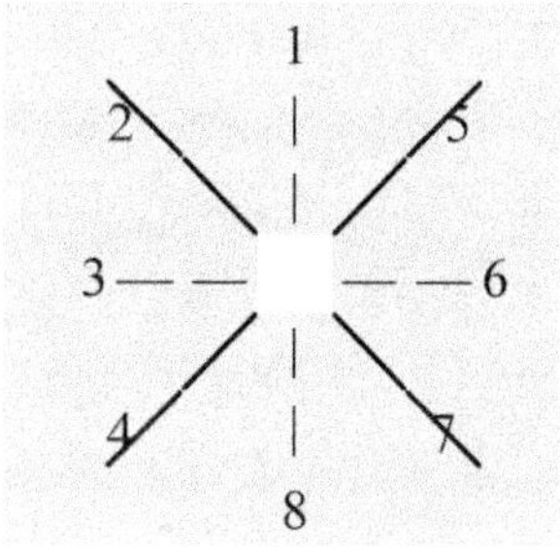

图 2.15

《周易·系辞》曰：“河出图，洛出书，圣人则之。”相传伏羲效法河图、洛书画八卦，这就是说，河图与洛书乃是八卦的创作蓝本。那么，怎样效法图、书画八卦呢？或者说八卦与图、书的数理关联何在呢？这是一个千年未解之谜。先儒众说纷纭，莫衷一是。

关于“圣人则之”，朱熹《易学本义》曰：“圣人则河图者虚其中，则洛书者总其实也。”此话有道理，但比较笼统。从直观而言，先天八卦组合形态既有效法河图中宫“虚”的特点，又兼备洛书的“九宫”版式。但是，先天八卦何以为九宫，中宫的虚位是什么数？先天八卦何以为四象，怎样变“八卦”为四象组合？朱熹对这些问题都没有具体、明确作答。总之，先天八卦亦图亦书，则“书”者九宫，则“图”者四象，因此乃是一动态组合模型。

二、先天八卦“体—用”关系

《周易》十数为体，八九为用。河图者十数用其八，中位“虚”，即“天五地十”

不用；洛书十数用其九，中宫“实”，即“天五”居中，而“虚五分十”不用十。同理，先天八卦十数之“体”是怎样的呢？又如何用其八与九？这必须从先天八卦“体”与“用”关系角度，深入探讨“圣人则之”的数学机制。

1.“五位相得”

《周易·系辞》：“天数五，地数五，五位相得各有合。”所谓“天数五，地数五”，即指《周易》之十数。所谓“五位相得各有合”，其中“五位”二字，指天地十数两两匹配做五位组合，关键在于什么是“五位相得各有合”呢？这又是一个千年纷争未决之悬案。宋代之前，纵观先儒的解释，已有两种不同的基本观点：第一种观点认为：“五位相得各有合”者即河图；第二种观点认为：“五位相得各有合”者分为五位相得、五位有合两个匹配形式。

持第一种观点者：晋韩康佰《周易注》曰：“天地之数各五，五数相配，以合成金木水火土。”又唐孔颖达《周易正义》曰：“若天一与地六相得，合为水；地二与天七相得，合为火；天三与地八相得，合为木；地四与天九相得，合为金；天五与地十相得，合为土也。”清李光地《御纂折中》曰：“既谓之五行相得，则是指一六居北，二七居南，三八居东，四九居西，五十居中而言。”一直以来，持“五位相得各有合”者即河图观点为主流派。

持第二种观点者：唐一行和尚《历本义》曰：“天数始于一，地数始于二，合二始以定刚柔；天数终于九，地数终于十，合二终以纪闰余；天有五音所以司日，地有六律所以司辰。则一与二，五与六，九与十，有相得之理。三与四，七与八，可知也。”这是关于“五行相得”最早的另一种说法。宋代朱熹更明确地认为天地十数存在两种五位配置方案，如《周易本义》曰：“相得，谓一与二，三与四，五与六，七与八，九与十，各奇偶为类，而自相得。有合，一与六，二与七，三与八，四与九，五与十，皆两相合。”朱子以“五位有合”者为河图，以“五位相得”者为另一种配置状态。但是，先儒对“五行相得”的这一说法大多抱怀疑态度，如龚焕说：“谓一二、三四之相得，未见其用，亦考之不详。”为什么朱熹关于“五位相得各有合”的解释不了了之呢？因为对“一二、三四、五六、七八、九十”缺乏数理分析，同时也说不明“五位相得”究竟为何物。

2. 八卦与河图、洛书“各有合”

河图、洛书同源，都采用了“一六、二七、三八、四九、五十”相同的配置形式(区别在于五象定位“火金易位”)。这一配置形式贯彻“相生相成”组合法则，而等差结构是其内在组合机制（图 2.16 左）。从组合数理分析：天地十数符合这一组合法则的五位配置，理当存在另一种配置形式：即“一二、三四、五六、七八、九十”五位配置方案，其内在组合机制同样是等差结构关系。总之，遵循同一组合法则下，天地十数存在这两种五位配置形式。“一二、三四、五六、七八、九十”五位配置方案，可见其用吗？我的回答是肯定的。请看图 2.15：先天八卦两条对角线“2、7”与“5、4”顺旋45°，合“八卦”变为四象态，显其“天九地十”中位，便是“一二、三四、五六、七八、九十”五位配置方案及其先天八卦的五象定位（图 2.16 右）。

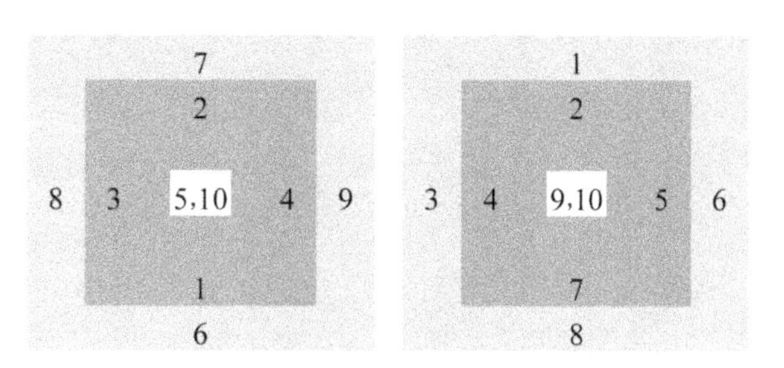

天地十数两种五位配置与定位方案

图 2.16

由此可知，朱熹说的“五位相得”就是先天八卦的十数之“体”。这层窗户纸如此一捅破，“五位相得各有合”之谜可迎刃而解了，不就是八卦与河图、洛书“各有合”吗?

如图 2.16 所示，图 2.16 左为河图十数五象之“体”（洛书十数五象与河图“火金易位”），而图 2.16 右为先天八卦十数五象之“体”，它们的组合法则及其等差结构相通。同时，先天八卦与河图、洛书“各有合”这一重要观点的确立，为进一步理解“圣人则之”打下了数理根基。根据先天八卦“十数组合模型”，则之河图，虚其“天九地十”，十数用其八，随之得“四象组合态”先天八卦；又则之洛书，开其四象（“2、7”与“5、4”逆旋45°），分九虚十，十数用其九，随得“九宫组合态”先天八卦。

在古籍中，既不存在先天八卦的“十数组合模型”，也不存在先天八卦的“四象组合态”与“九宫组合态”两种动态表现形式，而采用了似九宫而又虚中的图式（图 2.15），以融合河图与洛书两种不同组合形式的特点，如此隐秘而巧妙，乃高人之作为。

先天八卦四象态组合模型

先天八卦效法河图：虚之中宫“天九地十”，又合其八宫而变四象，十数用其八，乃为四象河图的异构体。因此，先天八卦的“四象组合态”乃是一个 2 阶组合模型。八卦“合”而变四象，由于“合”的方向与角度变化，又存在两种基本组合状态：一种是四象全等态组合；另一种是四象消长态组合。

一、八卦四象全等态组合模型

据图 2.16 所示数字“先天八卦”，若“四隅”（两条对角线）顺旋45°，合于“四正”，即得“一二居南、三四居东、五六居西、七八居北”。由于各象每

2个数之间具有等差关系（即“相生相成”关系），因此以其内在的公差“1”表示四象，则四象等和。由此可抽象为先天八卦四象全等态组合模型（图 2.17 中），因此在 $4k$ 阶幻方构图法中，与河图模型应用同理同法。

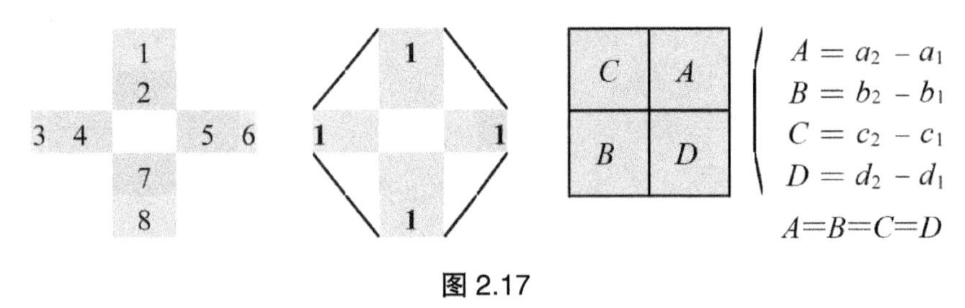

图 2.17

二、八卦四象消长态组合模型

据图 2.17 所示数字“先天八卦”，若“四隅”（两条对角线）逆旋 45° 合于“四正”，即得“一五居南、四八居北、二三居东、六七居西”。四象互为消长的组合特征：各对角两象限每 2 个数之间分别具有等差关系。若以其差值“1”与“4”表示四象，则对角象限分别等和，相邻象限互补消长，由此可抽象为先天八卦四象消长态组合模型（图 2.18 中）。

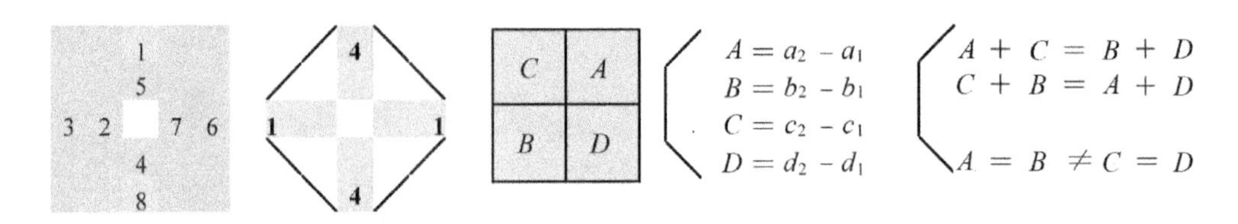

图 2.18

事实上，先天八卦的“四隅”（两条对角线）无论如何旋转（左旋或右旋），只要合于“四正”方位，必然出现四象全等或者四象消长这两种基本组合形态。所以说，先天八卦出于河图，而又高于河图。从先天八卦四象消长态组合模型而言，它既适用于 $4k$ 阶幻方，又适用于 $2(2k+1)$ 阶幻方领域，即可演绎这两部分阶次的四象消长态幻方。因而，先天八卦模型在幻方构图法中，开拓了更为广泛的应用领域。然而，先天八卦“四隅”合于“四正”时，由于旋转的方向与角度不同，令四象消长结构中的具体差值发生变化。正是这一点，深刻地揭示了四象消长态幻方两组对角象限互为消长的变化规律。

据研究，先天八卦四象消长态组合模型，所表达的是大于 4 阶的“不规则”偶数阶幻方的四象互为消长关系，如何从中提炼出可操作的“不规则”构图方法？乃是需要继续深入探索的一个难题。

先天八卦大九宫组合模型

先天八卦是幻方的一个最简动态组合模型。朱熹《周易本义》卷首载先天八卦，中宫是一块神秘的“空白”，按我的理解它亦“虚”亦“实”：当中宫“虚”时，八卦“合”而为“田”字型四象态组合模型，主解偶数阶幻方；当中宫“实”时，八卦“开”而为“井”字型大九宫组合模型，主解奇数阶幻方，我称之为大九宫算。总之，先天八卦的中宫亦“虚”亦“实”，八宫则或“开”或“合”，表现了它是奇、偶兼备的一个动态组合模型。本文着重介绍先天八卦大九宫算原理。

一、大九宫组合原理

1. 天九立中

先天八卦效法洛书：洛书中位“实”，效之“天九立中”，十数用其九，则与洛书异构，乃是一个 3 阶组合模型（图 2.19）。这个九宫态先天八卦的结构特征：天九立中，分九虚十。所谓分九虚十，指“一八、二七、三六、四五”卦之八位。为什么先天八卦“天九立中”呢？先天八卦中宫是一块神秘的“空白”，先儒谁也没有敢触动过它。殊不知，易若无“虚”，则不能容，亦不能变。先天八卦在“五位相得”状态时，中位原本“天九地十”。古代圣人为了建立亦图亦书的一个动态组合模型，效法洛书“九宫”，效法河图“虚”中宫，因而八卦者“八宫”。若还先天八卦以九宫组合态，则天九立中，理在其中。

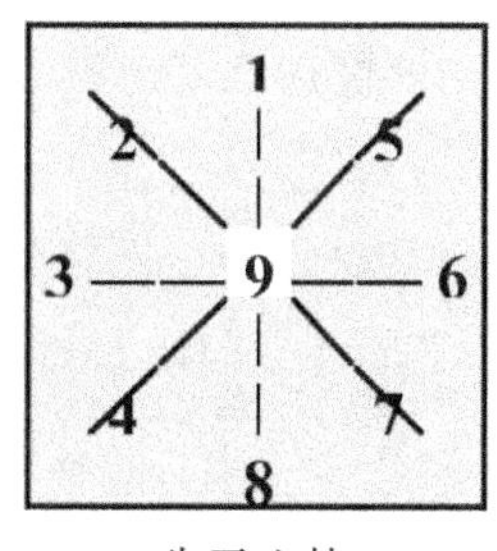

先天八卦

图 2.19

2. 坎离交易

清代胡渭《易图明辨》曰：“坎离为日月，升降于乾坤之间，而无定位，故东西交易，与六卦异也。”先天八卦“天地定位”，即乾南坤北。据此，胡氏以坎离比作日月，日月往来于天地之间，日东月西，日西月东，所以认为先天八卦“东西交易”，即六三变位(图 2.20左)。

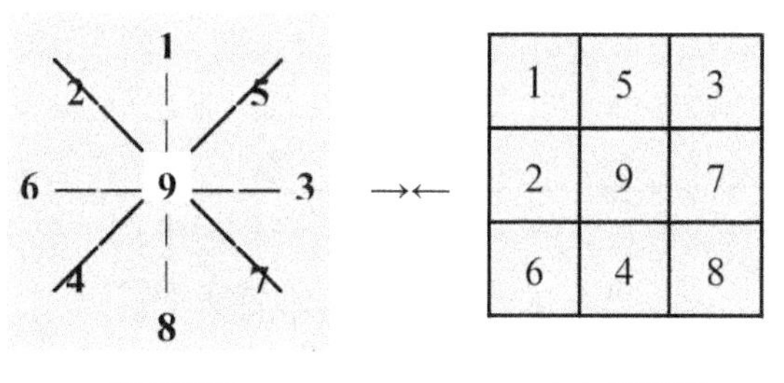

1	5	3
2	9	7
6	4	8

东西交易　　大九宫模型

图 2.20

经胡渭点拨，日东月西“先天八卦”变成日西月东“先天八卦”。于是先天八卦“活”了，俨然一幅日月运行天象，即时空方位图。这是非常大胆、了不得的创见。据研究，九宫态先天八卦在幻方算题中的应用，必须“东西交易”即三六变位，且九子斜排，由此建立了先天八卦大九宫组合模型（图 2.20 右）。

九宫态先天八卦与洛书的组合机制区别：①洛书是一个 3 阶幻方实体，而八卦是一个模型化的 3 阶组合体；②洛书展示幻方“米”字型结构特征，而八卦展示幻方“井”字型结构特征。因此，我称洛书为小九宫算，它主要适用于（$2k+1$）阶幻方解（$k\geqslant 1$）；称八卦为大九宫算，它主要适用于 $3k$ 阶幻方解（$k>1$）。当 $3k$ 阶幻方分解为 3 与 k 两个因子，并以 3 为母阶、k 为子阶做结构分析时，可把 $3k$ 阶幻方视为由 9 个 k 阶单元合成的，先天八卦九宫模型则揭示了这“9 个 k 阶单元”的配置及其组合原理。

二、大九宫模型求证

1. 八卦大九宫幻方“井”字型结构

八卦似洛书而又非洛书。为了实证先天八卦大九宫组合原理是 $3k$ 阶幻方的一种存在形式，现展示一幅典型的 9 阶幻方样本（图 2.21 左）做数理分析。

31	78	13	36	73	18	29	80	11
24	42	60	19	37	55	26	44	62
67	6	49	72	1	54	65	8	47
30	79	12	32	77	14	34	75	16
25	43	61	23	41	59	21	39	57
66	7	48	68	5	50	70	3	52
35	74	17	28	81	10	33	76	15
20	38	56	27	45	63	22	40	58
71	2	53	64	9	46	69	4	51

→
←

370	365	372
371	369	367
366	373	368

→
←

1	5	3
2	9	7
6	4	8

图 2.21

这幅 9 阶幻方样本由 9 个 3 阶单元合成，各单元九数之和依次为“365，366，367，368，369，370，371，372，373”（公差 1），并按洛书模型合成（图 2.21 中），因此 3 母阶具有幻方性质。若“化简”这个 3 阶母幻方，就可透视其“井”字型结构的最简组合数理。“化简”方法是：3 阶母幻方各单元除以阶次 9，去其商数，得其余数。由这个余数方阵，即可表现先天八卦大九宫模型。如图 2.21 右所示，天九立中，三六交易，这与图 2.20 右相同，由此先天八卦大九宫模型得证。

2. 八卦大九宫幻方编码逻辑透视

本例 9 阶幻方每一个数字公约阶次 9，即得 9 阶“商—余”正交方阵（图 2.22），由此便可透视其编码逻辑形式。

31	78	13	36	73	18	29	80	11
24	42	60	19	37	55	26	44	62
67	6	49	72	1	54	65	8	47
30	79	12	32	77	14	34	75	16
25	43	61	23	41	59	21	39	57
66	7	48	68	5	50	70	3	52
35	74	17	28	81	10	33	76	15
20	38	56	27	45	63	22	40	58
71	2	53	64	9	46	69	4	51

=

3	8	1
2	4	6
7	0	5

×9+

4	6	4	9	1	9	2	8	2
6	6	6	1	1	1	8	8	8
4	6	4	9	1	9	2	8	2
3	7	3	5	5	5	7	3	7
7	7	7	5	5	5	3	3	3
3	7	3	5	5	5	7	3	7
8	2	8	1	9	1	6	4	6
2	2	2	9	9	9	4	4	4
8	2	8	1	9	1	6	4	6

图 2.22

这幅 9 阶幻方由同位 9 个等差 3 阶幻方穿插构成，其化简形式“商—余”正交方阵的组合特点是：“商数”方阵九宫相同，都是一个“0”字开头的 3 阶幻方；“余数”方阵每对称两宫叠加互补，中宫“5”立中，结构简洁。

三、大九宫模型动态组合

先天八卦中宫“空白”，我对这块神秘“空白”的解密如下：易若无“虚”，则不能容，亦不能变。因此，大九宫模型的动态组合中，“0”及其“1～9”每个数都可在中宫定位。然而，中宫乃八宫之统领，一变皆变，八卦宫随之而变。

1. 中宫之变

大九宫动态组合是如何变化的？它绝不是随心所欲变化的。我发现了一幅 9 阶九宫全等幻方，可表达八卦中宫之变的动态组合模型（图 2.23）。

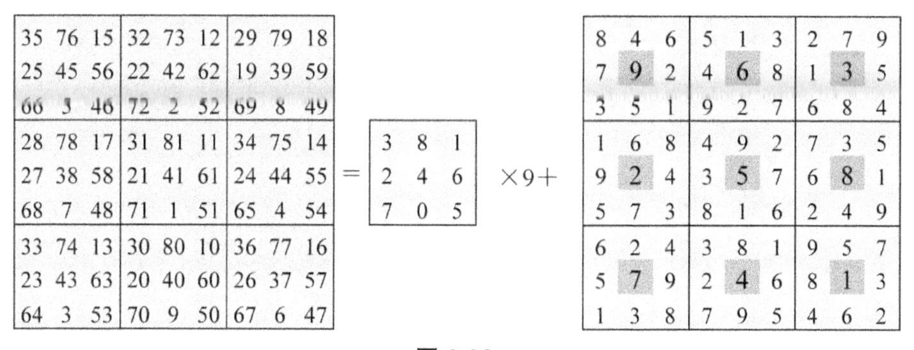

35	76	15	32	73	12	29	79	18
25	45	56	22	42	62	19	39	59
66	5	46	72	2	52	69	8	49
28	78	17	31	81	11	34	75	14
27	38	58	21	41	61	24	44	55
68	7	48	71	1	51	65	4	54
33	74	13	30	80	10	36	77	16
23	43	63	20	40	60	26	37	57
64	3	53	70	9	50	67	6	47

=

3	8	1
2	4	6
7	0	5

×9+

8	4	6	5	1	3	2	7	9
7	9	2	4	6	8	1	3	5
3	5	1	9	2	7	6	8	4
1	6	8	4	9	2	7	3	5
9	2	4	3	5	7	6	8	1
5	7	3	8	1	6	2	4	9
6	2	4	3	8	1	9	5	7
5	7	9	2	4	6	8	1	3
1	3	8	7	9	5	4	6	2

图 2.23

通过“约简”得其余数方阵（图 2.23 右），它的结构特点：九宫全等，都由 1～9 构成，而且排列无一宫相同，“1～9”在各宫子单元的中位依次更替。

2. 十大模型

由此可知，中宫之变，全等的大九宫及各宫的模型化，则可“一化为十”，产生十大相对独立的大九宫算模型（图 2.24）。

9	5	7
8	**1**	3
4	6	2

1 号

1	6	8
9	**2**	4
5	7	3

2 号

2	7	9
1	**3**	5
6	8	4

3 号

3	8	1
2	**4**	6
7	9	5

4 号

4	9	2
3	**5**	7
8	1	6

5 号

5	1	3
4	**6**	8
9	2	7

6 号

6	2	4
5	**7**	9
1	3	8

7 号

7	3	5
6	**8**	1
2	4	9

8 号

8	4	6
7	**9**	2
3	5	1

9 号

9/0	9/0	9/0
9/0	9/0	9/0
9/0	9/0	9/0

0 号

图 2.24

八卦大九宫动态组合十大模型基本分析如下。

①1 号、5 号、9 号为四款全中心对称组合模型，其中：5 号即洛书；9 号为八卦大九宫模型的《周易》之定版。

②2 号、3 号、4 号、6 号、7 号、8 号 6 个都为大九宫消长态组合模型，具有非对称性及“不规则”逻辑形式的特点。

③0 号模型包括九宫为全等或“整约”等差两种配置状态（图 2.25、图 2.26）。

34	75	14	35	76	15	30	80	10
24	44	55	25	45	56	20	40	60
65	4	54	66	5	46	70	9	50
33	74	13	31	81	11	79	29	18
23	43	63	21	41	61	39	19	59
64	3	53	71	1	51	8	69	49
32	12	73	16	77	36	28	78	17
22	62	42	57	37	26	27	38	58
72	52	2	47	6	67	68	7	48

→
←

369	369	369
369	369	369
369	369	369

→
←

0	0	0
0	0	0
0	0	0

图 2.25

31	76	13	36	81	18	29	74	11
22	40	58	27	45	63	20	38	56
67	4	49	72	9	54	65	2	47
30	75	12	32	77	14	34	79	16
21	39	57	23	41	59	25	43	61
66	3	48	68	5	50	70	7	52
35	80	17	28	73	10	33	78	15
26	44	62	19	37	55	24	42	60
71	8	53	64	1	46	69	6	51

→
←

360	405	342
351	369	387
396	333	378

→
←

9	9	9
9	9	9
9	9	9

图 2.26

大九宫动态组合十大模型的九宫数具有多义性：可表示九宫之和的约简数码，或者表示各宫之和的大小序，亦可表示为宫中最小一数的次第；还可表示各宫的配置关系（即九宫等和、等差或三段配置关系）等。因而在构图实践中，十大八卦大九宫算动态组合模型的运用具有灵活性。

洛书四大构图法

洛书是一幅 3 阶幻方实体，又是一个奇数阶最简组合模型。宋代大数学家杨辉曾深入地研究过洛书，总结出“九子斜排，上下对易，左右相更，四维挺进”构图方法，从而打开了奇数阶幻方迷宫大门。苏东坡诗云：“横看成岭侧成峰，远近高低各不同。不识庐山真面目，只缘身在此山中。”这首诗视界辽阔，意境深邃，启人思路。洛书，从多角度结构透视，我发现了 4 种构图方法。由于组合机制不同，这些构图方法推广于高阶奇数幻方领域时，能演绎出结构千变万化的幻方子集。

一、几何覆盖法

在 3 阶自然方阵辐射图上（指重复滚动），以正方形、长方形等做几何覆盖，就能得到 3 阶幻方同构体。此法操作简易而直观：即以“5”为中心，两条互为垂直的对角线为中轴，推出 3 条等距平行线即得（图 2.27）。

1	2	3	1	2	3	1	2	3
4	5	6	**4**	5	6	4	5	6
7	8	**9**	7	8	9	7	8	9
1	**2**	3	1	2	**3**	1	2	3
4	5	6	4	**5**	6	4	5	6
7	8	9	**7**	8	9	7	**8**	9
1	2	3	1	2	3	**1**	2	3
4	5	6	4	5	**6**	4	5	6
7	8	9	7	8	9	7	8	9

1	2	3	1	2	3	1	2	3
4	5	6	4	5	6	4	5	6
7	8	9	7	**8**	9	7	8	9
1	2	3	**1**	2	**3**	1	2	3
4	5	**6**	4	**5**	6	**4**	5	6
7	8	9	**7**	8	**9**	7	8	9
1	2	3	1	**2**	3	1	2	3
4	5	6	4	5	6	4	5	6
7	8	9	7	8	9	7	8	9

图 2.27

在大于3阶的奇数自然方阵辐射图上，按一定的规则与方法做正方形、长方形、菱形与平行四边形覆盖，则可构造出不同的幻方图。现以 5 阶自然方阵辐射图为例做几何覆盖（图 2.28）。

17	18	19	20	16	17	18	19	20	16	17	18	19	20	16	17	18	19	20	16	17
22	23	24	25	21	22	23	24	25	21	22	23	24	25	21	22	23	24	25	21	22
2	3	4	5	1	2	3	4	5	1	2	3	4	5	1	2	3	4	5	1	2
7	8	9	10	6	7	8	9	10	6	7	8	9	10	6	7	8	9	10	6	7
12	13	14	15	11	12	13	14	15	11	12	13	14	15	11	12	13	14	15	11	12
17	18	19	20	16	17	18	19	20	16	17	18	19	20	16	17	18	19	20	16	17
22	23	24	25	21	22	23	24	25	21	22	23	24	25	21	22	23	24	25	21	22
2	3	4	5	1	2	3	4	5	1	2	3	4	5	1	2	3	4	5	1	2
7	8	9	10	6	7	8	9	10	6	7	8	9	10	6	7	8	9	10	6	7
12	13	14	15	11	12	13	14	15	11	12	13	14	15	11	12	13	14	15	11	12
17	18	19	20	16	17	18	19	20	16	17	18	19	20	16	17	18	19	20	16	17
22	23	24	25	21	22	23	24	25	21	22	23	24	25	21	22	23	24	25	21	22
2	3	4	5	1	2	3	4	5	1	2	3	4	5	1	2	3	4	5	1	2
7	8	9	10	6	7	8	9	10	6	7	8	9	10	6	7	8	9	10	6	7
12	13	14	15	11	12	13	14	15	11	12	13	14	15	11	12	13	14	15	11	12
17	18	19	20	16	17	18	19	20	16	17	18	19	20	16	17	18	19	20	16	17
22	23	24	25	21	22	23	24	25	21	22	23	24	25	21	22	23	24	25	21	22
2	3	4	5	1	2	3	4	5	1	2	3	4	5	1	2	3	4	5	1	2
7	8	9	10	6	7	8	9	10	6	7	8	9	10	6	7	8	9	10	6	7
12	13	14	15	11	12	13	14	15	11	12	13	14	15	11	12	13	14	15	11	12
17	18	19	20	16	17	18	19	20	16	17	18	19	20	16	17	18	19	20	16	17
22	23	24	25	21	22	23	24	25	21	22	23	24	25	21	22	23	24	25	21	22

图 2.28

如图 2.28 所示，右上角为正方形覆盖，做出了一幅 5 阶两仪型幻方；左上角为平行四边形覆盖，做出了一幅 5 阶完全幻方；下方为长方形覆盖，也做出了另一幅 5 阶完全幻方等。其中平行四边形与长方形覆盖，移至任何位置都能做出 5 阶完全幻方。几何覆盖法揭示了奇数阶自然方阵与完全幻方、非完全幻方等各类幻方之间的相互转化关系，具有强大的幻方重组功能。

二、左右旋法

朱熹《易学启蒙》云：“洛书之纵横十五，而七八九六迭为消长；虚五分十，而一含九，二含八，三含七，四含六，则参伍错综，无适而不遇起合焉。此变化无穷之所以为妙也。”这句话是讲：①洛书的参伍错综求和算法；②洛书的虚五分十结构特点。但如何变法？说得不明白，不过还是给了一定的启示。据研究，洛书者：九子正排，天左旋，地右旋，则参伍错综。这就是说，在 3 阶自然方阵上，两对天数（奇数）逆时针旋转 135°；而两对地数（偶数）顺时针旋转 45°，即得洛书（图 2.29）。

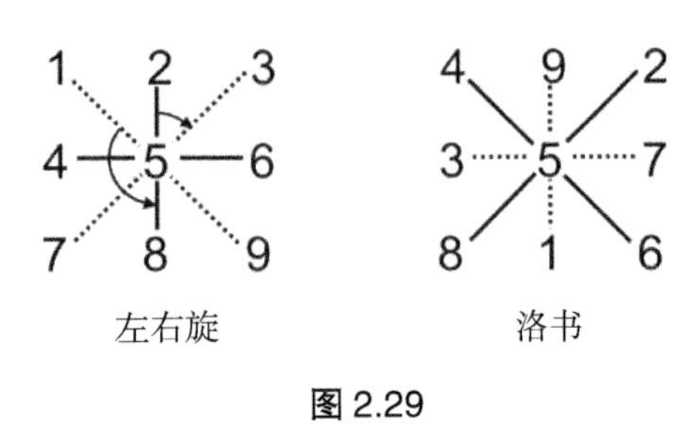

图 2.29

左右旋法在大于3阶的奇数幻方中运用时，能构造出同心环形结构幻方。由于阶次增高，自然方阵出现了两种结构的“米”字型单元：其一，中轴与主对角线构成的，我简称之为“M”单元；其二，由边厢对称位构成的，我简称之为“W”单元。这些不同结构与位置上的“米”字型单元，左右旋规则与方法有一定的变化。现以5阶为例，简要介绍左右旋法的操作方法（图2.30）。

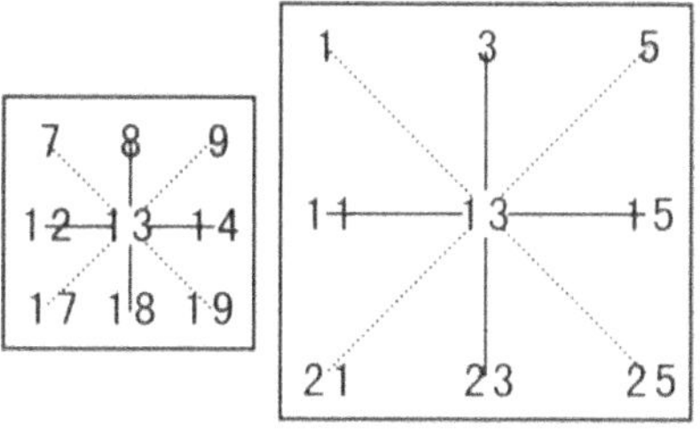

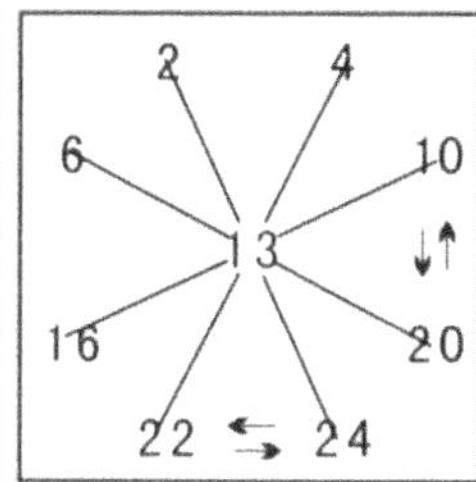

图 2.30

第一步：5阶自然方阵做“米”字型分解即拆成以“13“为中心的3个“米”字型单元。

第二步：按3个“米”字型单元的不同特征变位。

①3阶环上“M”单元的奇偶性与洛书的3阶自然方阵相同（我称之为“当位”），故与洛书同法，即天左旋135°，地右旋45°。

② 5阶环上“M”单元的奇数当位，即天左旋135°，但偶数不当位（指奇数占了偶数位），故地右旋改45°为135°。

③ 5阶环上“W”单元的形态不同，其变法比较特殊，须做轴对称变位，即相邻一边行、一边列的两组数互换位置。因此，这个“W”单元由原中心对称结构，变为轴对称组合。通过以上变法，由图2.30变为图2.31。

第三步：3个变位“米”字型单元按原所在位置合成，即得一幅5阶幻方。

由左右旋法制作的5阶幻方，其主要结构特征如下：3阶环四边等和（39），5阶环四边也等和（65），它具有同心环形结构，而且中央3阶幻方成立，故属于“回”字型幻方类。这幅5阶幻方可以再变法：如两个中心对称“米”字可做不同阶的环与环之间交换；又如一个轴对称“米”字可做轴对称换位。左右旋法是构造奇数阶“回”字型幻方的独门技术。

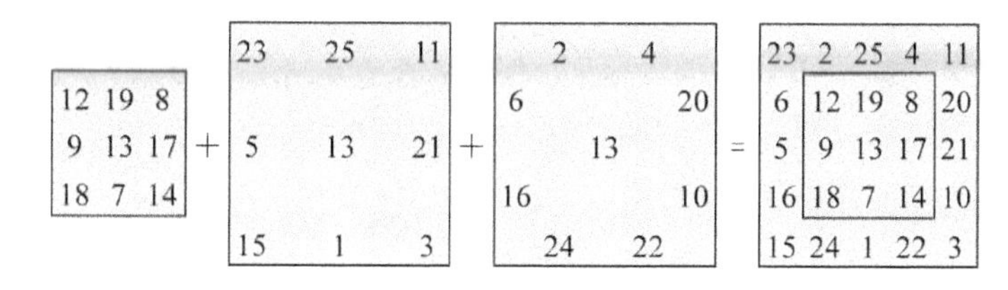

图 2.31

三、S 曲线法

从洛书泛对角线分析，由以中位［以 $d=\frac{1}{2}(n^2+1)$ 表示］为中心的两条顺时针旋转S曲线合成（图2.32），其组合关系如下。

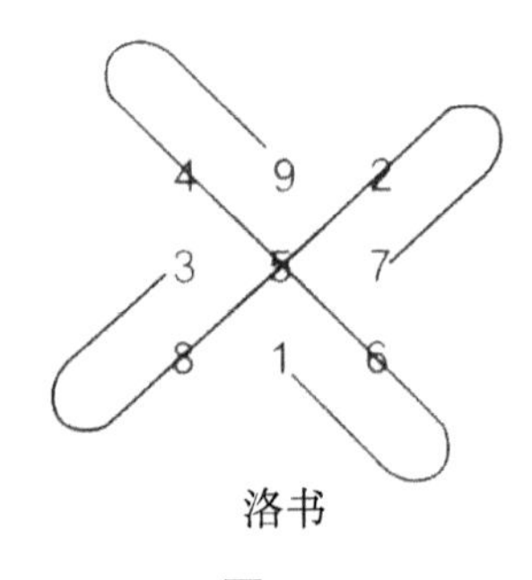

洛书

图 2.32

其一，右 S 曲线的组合特征：直线位“2—5—8”，公差 3（以阶次 n 表示），可记作“d-n—d—$d+n$”；上拐角位“2—7”，公差 5（以 d 表示），可记作“d-n—2d-n”；下拐角位“8—3”，公差 5（以 d 表示），可记作“$d+n$—n”。

其二，左 S 曲线的组合特征：直线位“4—5—6”，公差 1，可记作“d-1—d—$d+1$”；上拐角位“4—9”，公差 5（以 d 表示），可记作“d-1—2d-1”；下拐角位“6—1”，公差 5（以 d 表示），可记作“$d+1$—1”。

总之，洛书左右两条 S 曲线组合有序、逻辑性强，因此可作为一种 S 曲线构图法，而被广泛应用于高阶奇数幻方领域。首先为高阶奇数幻方建立 S 曲线模型，即以右 S 曲线为轴，平行于左 S 曲线画出全部左次 S 曲线；其次根据 S 曲线走向填数即得。

现以 7 阶为例，根据洛书 S 曲线组合规则，建立一个 7 阶 S 曲线定位模型，并据此编制泛对角线而成一幅 7 阶幻方，如图 2.33 所示。

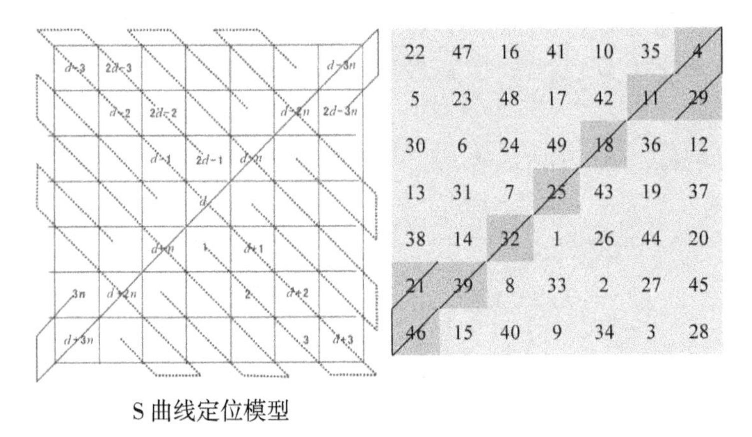

22	47	16	41	10	35	4
5	23	48	17	42	11	29
30	6	24	49	18	36	12
13	31	7	25	43	19	37
38	14	32	1	26	44	20
21	39	8	33	2	27	45
46	15	40	9	34	3	28

S 曲线定位模型

图 2.33

S 曲线构图法，也称泛对角线编码法，其操作步骤如下：①定中位 d，并以 d 为中心按模型分别编制两条主 S 曲线；②以右对角线上的数为中心编制全部左次 S 曲线，其拐角位的算法与左主 S 曲线有一点区别：即上方次 S 曲线的上、下旋拐角位加 d；凡下方次 S 曲线的上、下旋拐角位减 d。如模型所示，左主 S 曲线上拐角位加 d，而下拐角位减 d。S 曲线构图法易算易记，所构幻方与杨辉口诀相同（杨辉口诀操作方法详见后面附文），但这两种方法各着眼于不同的构图机制。

四、两仪组合法

从奇偶数分布状态分析洛书，就可以发现洛书的另一种新的组合结构形式——两仪型组合结构。朱熹《周易本义》曾云：“圣人则河图者虚其中，则洛书者总其实也。河图之虚五与十，太极也；奇数二十，偶数二十，两仪也。”

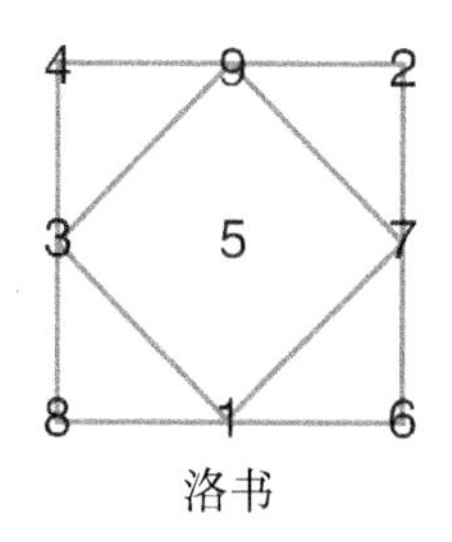

图 2.34

（按：洛书与河图同理）。洛书天五立中，太极也；纵横奇数二十，四角偶数二十，两仪也；故称洛书是一幅两仪型幻方，如图 2.34 所示。

奇数阶幻方两仪型组合的基本特征：全部奇数团聚中央，全部偶数分布四角，奇偶泾渭分明，秩序井然。两仪型幻方是奇数阶非完全幻方的一种重要结构形式。如何根据洛书制作大于 3 阶的高阶两仪型幻方呢？

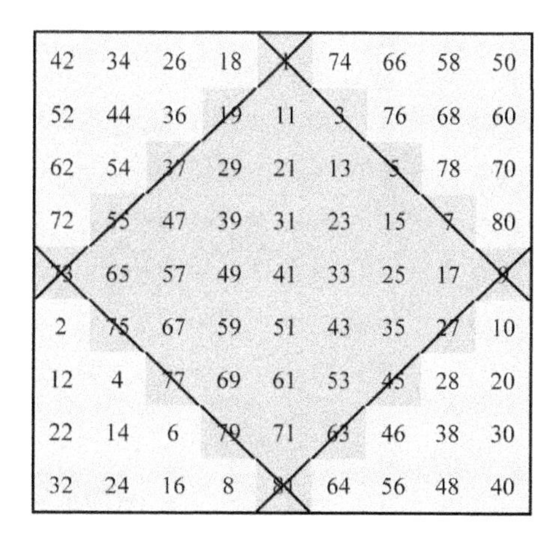

42	34	26	18	1	74	66	58	50
52	44	36	19	11	3	76	68	60
62	54	37	29	21	13	5	78	70
72	55	47	39	31	23	15	7	80
73	65	57	49	41	33	25	17	9
2	75	67	59	51	43	35	27	10
12	4	77	69	61	53	45	28	20
22	14	6	79	71	63	46	38	30
32	24	16	8	81	64	56	48	40

图 2.35

首先按 S 曲线法或杨辉口诀法填出一幅奇数阶非完全幻方样本（原版）；然后按中行上各数的顺序调整各行，又按中列上各数的顺序调整各列，即得一幅奇数阶两仪型幻方。两仪组合法非常简单，但在原版样本上按中行、中列的数序调整各行各列，参见图 2.35 所示 9 阶两仪型幻方。

这是两仪组合法的一个特例，借以说明两仪型结构发现于洛书。对于其他奇数阶幻方样本而言，则不一定执行按“数序调整行列”的规则。

本例 9 阶两仪型幻方的数理与品相非常纯，表里划一，逻辑美与形式美高度统一。它的品相上乘，奇、偶清一色列队，序次丝毫不乱，天然美貌。从其数理逻辑分析，深刻地揭示了幻方内在等和与等差的“相生相成”关系：①各列奇、偶数分别等差，公差 10。②各行奇、偶数分别等差，公差 8。③一组对角偶数斜排分别等差，公差 2，另一组对角偶数斜排分别等差，公差 18。④中央奇数左斜排等差，公差 2；右斜排等差，公差 18。⑤在如此纵横交错编织的等差关系网中，其 9 行、9 列及 2 条对角线之和却等于 369，即 9 阶幻方成立。

总之，从多角度分析洛书组合结构，我发现了四大构图方法，对于 3 阶而言所做出的都是同一幅幻方，似乎多此一举。但当应用于高阶奇数幻方时奇迹出现了，四大构图方法各自做出了结构迥异的奇数阶幻方，这无疑是洛书研究的重要突破。

附：杨辉口诀操作方法

杨辉口诀：“九子斜排，上下对易，左右相更，四维挺进。”这就是洛书的构图方法。所谓“九子斜排”者，即排出斜置的 3 阶自然方阵样本（图 2.36 左）；所谓“上下对易，左右相更，四维挺进”者，指在样本上运子（数字移动）的操作方法。

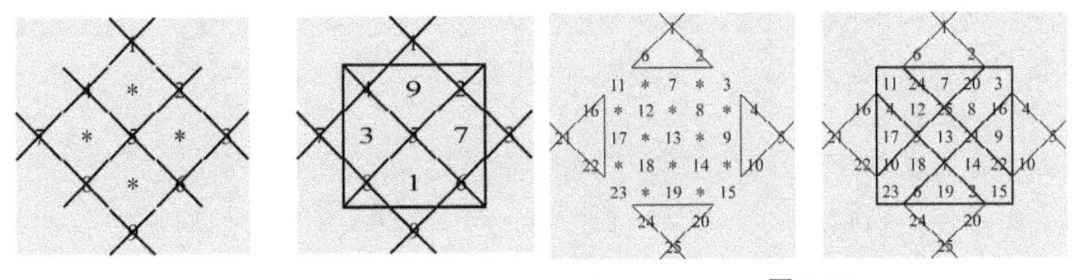

图 2.36　　　　　　　　　　　　图 2.37

在“九子斜排”样本的数字之间有 4 个空位，是 1 与 9、3 与 7 交换的位置。当杨辉口诀应用于高阶奇数幻方时，人们提出过口诀数字移动的各种操作方法。我常用比较方便的“三角填空法”：即在斜置的（$2k+1$）阶自然方阵上，位于四角的 4 个“三角”整块地按“上下对易，左右相更”规则平移至空格位，一气呵成。现以 5 阶为例，展示“三角填空法”如图 2.37 所示，左图四位标示了需要移动的 4 个“三角”，由“*”符号标示了需要填数的空位；右图是实施“三角填空法”所得的 5 阶幻方。

杨辉口诀新用法

一种方法在用法上的创新非常重要，有时候比方法本身更有意义。宋代大数学家杨辉曾钻研过洛书，1275 年他在《续古摘奇算经》中说：“九子斜排，上下对易，左右相更，四维挺进。”这就是著名的杨辉口诀，揭示了在 3 阶自然方阵上制作洛书的方法。中外幻方研究者非常重视这一幻方组合技术，发现在各（$2k+1$）阶自然方阵上（$k \geqslant 1$，以下同）若按口诀方法各能填出一幅幻方图形。当初杨辉本人并不知道口诀的这一新用法，而“九子斜排”代之以“（$2k+1$）^{2} 子斜排”使杨辉口诀的应用推广于整个奇数阶幻方领域。但杨辉口诀是不是只能“一阶求一图”呢？这个问题我们一直在寻求口诀用法的再创新路子与突破方法。

一、口诀构图机制

“九子斜排”是口诀填图的样本，指先排出一个斜置的 3 阶自然方阵，然后按“上下对易，左右相更，四维挺进”方法运作，则可获得一幅 3 阶幻方。什么是 3 阶自然方阵呢？即把 1 ～ 9 自然数列按序从左至右排成 3 行、3 列的一个正方形数阵，它具有如下组合性质：① 3 行公差为“1”；② 3 列公差为“3”；③ 6 条正、次对角线及中行、中列全等于“15”。（$2k+1$）阶自然方阵的排法同理。那么杨辉口诀何以能把自然方阵变为一幅幻方呢？秘密就在于杨辉口诀内在的如下构图机制：奇数阶自然方阵全部行、列与全部主、次对角线之间的相互交换。具体地说，奇数阶自然方阵等和的中行、中列变为两条正对角线，而等和的主、次对角线都转化成了全部行与列，因此奇数阶幻方成立。

二、口诀构图功能

根据口诀构图机制推论：只要排出中行、中列及全部主、次对角线全等的各种自然方阵，都可以作为杨辉口诀的样本把它填成幻方图形。因此，研究（$2k+1$）阶自然方阵的排法或者变法，乃是杨辉口诀用法再创新的捷径与突破口。（$2k+1$）阶幻方的全部解（注：不包括完全幻方）必定存在与之逐一相对应的（$2k+1$）阶自然方阵样本群。一旦发现了所有符合要求的样本，杨辉口诀不再是“一阶只求一图”了，而可以穷尽整个（$2k+1$）阶非完全幻方群，这就是我们所认定的杨辉口诀潜在的构图功能。

同时，由口诀构图机制可知，（$2k+1$）阶非完全幻方与（$2k+1$）阶自然方阵是以“一对一”方式存在的，两者的数量相等，组合性质等价，所不同的只是非完全幻方的等和关系见之于行、列及两条主对角线，而自然方阵的等和关系则表现于泛对角线及中行中列。因此，（$2k+1$）阶非完全幻方与自然方阵乃是一种互为表里的正方数阵。

三、口诀样本创新

只要有符合（$2k+1$）阶自然方阵组合性质要求的样本，口诀就可轻而易举地把它变成幻方。据研究，（$2k+1$）阶自然方阵通过下述几种主要方法就能演绎出全部样本群：①行列变位；②对角线变位；③数组置换；④“换心”技术等。

（一）第一种方法：行列变位

（$2k+1$）阶自然方阵，在中行、中列不变条件下，其他 $2k$ 行与 $2k$ 列做全排列变位，自然方阵的原组合性质不变，这种“行列变位自然方阵”都可以作为杨辉口诀的填图样本。现以 5 阶为例，在一个行列变位样本上按口诀方法填出一幅 5 阶幻方，如图 2.38 所示。

2	1	3	4	5
7	6	8	9	10
12	11	13	14	15
17	16	18	19	20
22	21	23	24	25

行列变位样本

→

12	24	6	20	3
4	11	25	8	17
16	5	13	22	9
10	18	2	14	21
23	7	19	1	15

幻方

图 2.38

（二）第二种方法：对角线变位

（$2k+1$）阶自然方阵在两条主对角线不变条件下，$2k$ 条左次对角线与 $2k$ 条右次对角线做轴对称交换（注：对称轴为主对角线），所得“对角线变位自然方阵”的组合性质都符合口诀的样本条件。现以 5 阶为例，在一个对角线变位样本上按口诀方法填出一幅 5 阶幻方，如图 2.39 所示。

1	6	3	4	21
2	7	12	9	24
11	8	13	18	15
16	17	14	19	10
5	22	23	20	25

对角线变位样本

→

11	20	7	24	3
4	8	25	12	16
17	21	13	5	9
10	14	1	18	22
23	2	19	6	15

幻方

图 2.39

（三）第三种方法：数组置换

自然方阵行列变位，中行、中列不直接参与变位；自然方阵对角线变位，两条主对角线也不直接参与变位，因而由这两种方法所得的变位自然方阵只是一部分样本。此外，另有变位更为复杂的数组置换法，所谓数组置换是指在前述两种方法所提供的变位自然方阵上，其行、列或对角线上等和的对称数组之间的相互换位，由此获得的“数组置换自然方阵”也符合杨辉口诀填图的样本条件。现以 5 阶为例，在一个数组置换样本上按口诀方法填出一幅 5 阶幻方（图 2.40）。

17	20	23	24	7
10	5	12	25	22
15	18	13	8	11
2	1	14	21	6
19	4	3	16	9

数组置换样本

→

15	16	5	6	23
24	18	9	12	2
1	7	13	19	25
22	14	17	8	4
3	10	21	20	11

幻方

图 2.40

检索可置换的对称数组是一项比较烦琐的作业，必须对变位自然方阵做逐一枚举查找。如本例样本，对角线上“20、6”与“10、16”两对数组，以及“2、24”与“4、22”两对数组，分别可相互置换，从而能变出新的数组置换自然方阵样本。

（四）第四种方法：“换心”技术

前述 3 种变位方法可交互应用，自然方阵样本千变万化，但样本的中位没有变，都以（$2k+1$）阶自然数列的中项（如 5 阶中项为“13”）为中位，由此填出的幻方就中位特征而言可称之为标准中位幻方。事实上，（$2k+1$）阶自然数列中的每一个数都可以进入

18	4	15	21	7
11	22	8	19	5
9	20	1	12	23
2	13	24	10	16
25	6	17	3	14

非标准中位样本

→

24	3	7	11	20
6	15	19	23	2
18	22	1	10	14
5	9	13	17	21
12	16	25	4	8

幻方

图 2.41

幻方中位，但杨辉口诀本身并不具备移动中位数的功能，因而杨辉口诀必须在非标准中位样本上才能填出非标准中位幻方。中位是幻方的核心，一变而百动。若要取得非标准中位自然方阵样本，必须采用具有更强大置换功能的“换心”技术，如“几何覆盖法”“相生相成法”等。现展示一个中位为“1”的5阶非标准中位样本，按口诀方法填出5阶幻方（图2.41）。

诚然，奇合数阶可分解为两个或两个以上奇数因子，若制作子母结构幻方，可多重次运用杨辉口诀而制作子母结构幻方。同理，在含奇数因子的偶数阶幻方领域中，这个奇数因子作为偶数阶幻方的子阶或者母阶也可采用杨辉口诀构图等。

注：本文原稿发表于《宁夏大学学报（自然科学版）》2004年第1期。

杨辉口诀周期编绎法

一、自然方阵口诀周期编绎法

周期编绎法是杨辉口诀用法的再度创新。什么是杨辉口诀周期编绎法呢？指以自然方阵（或变位自然方阵）为样本，按口诀填出一幅幻方，又以这幅幻方为样本，按口诀填出新的变位自然方阵，再以这个新的变位自然方阵为样本，按口诀填出一幅新的幻方……如此反复按口诀连续编绎若干次，直至还原成第一个样本为止的构图方法。以5阶为例，展示以变位自然方阵为样本的口诀连续编绎过程（图2.42）。

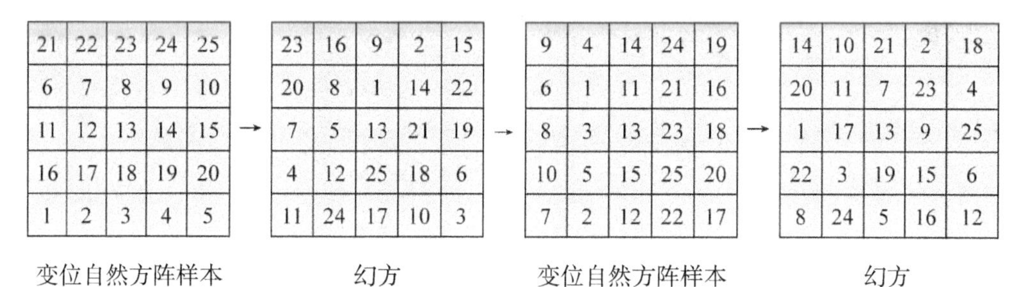

21	22	23	24	25
6	7	8	9	10
11	12	13	14	15
16	17	18	19	20
1	2	3	4	5

变位自然方阵样本

→

23	16	9	2	15
20	8	1	14	22
7	5	13	21	19
4	12	25	18	6
11	24	17	10	3

幻方

→

9	4	14	24	19
6	1	11	21	16
8	3	13	23	18
10	5	15	25	20
7	2	12	22	17

变位自然方阵样本

→

14	10	21	2	18
20	11	7	23	4
1	17	13	9	25
22	3	19	15	6
8	24	5	16	12

幻方

图2.42 自然方阵样本编绎周期

从样本开始而最终又能返回样本的整个构图过程，我们称之为杨辉口诀一个完整的编绎周期（注：自然方阵或幻方都可作为样本）。口诀周期编绎法的编绎周期长度等于$2k$，其中有k幅不同的幻方，有k个不同的变位自然方阵。

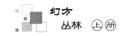

二、完全幻方口诀周期编绎法

若以一幅已知（$2k+1$）阶完全幻方（$k>1$）为样本，采用杨辉口诀法连续编绎，在一个编绎周期内，将产出 $2k$ 幅完全幻方。这与自然方阵口诀周期编绎法的产出结果不同，原因是：完全幻方样本全部行、列与泛对角线之间的相互置换，其最优化组合不发生改变。这就是完全幻方口诀周期编绎法。

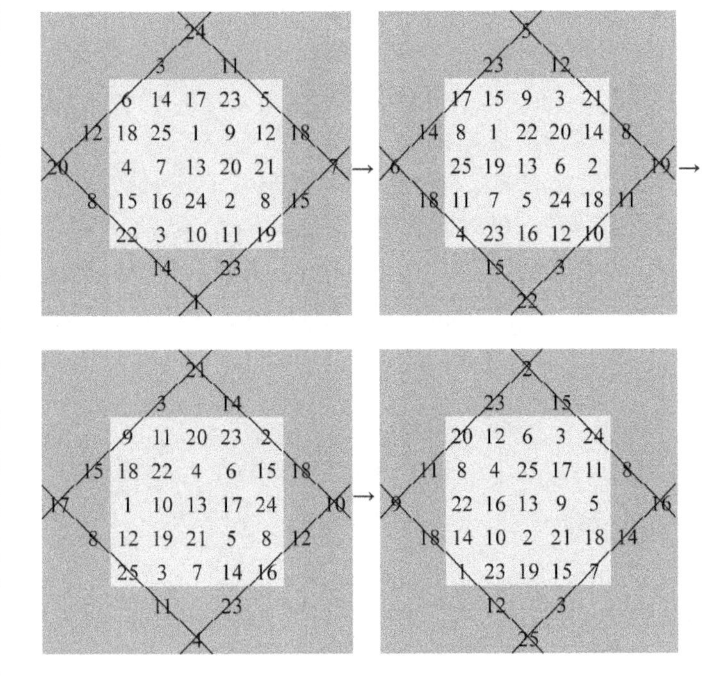

图 2.43　完全幻方样本编绎周期

现以一幅已知 5 阶完全幻方为例，展示杨辉口诀的连续构图过程，“斜排”者为样本，“正排”者为按口诀填出的完全幻方（图 2.43）。本例从已知样本开始至还原出样本为止，整个连续构图过程有 4 次编绎，填出 4 幅 5 阶完全幻方异构体。

杨辉口诀更换样本及周期性连续编绎，乃是用法上的一种重要创新，其重要意义在于：①开拓了杨辉口诀在（$2k+1$）阶完全幻方领域中的应用；②突破杨辉口诀“一对一”的构图方式，代之以强大的周期编绎功能；③发现了（$2k+1$）阶完全幻方“表里”（指全部行、列与泛对角线）相互转换的一种新技术。

杨辉口诀“双活”构图特技

在幻方精品设计中，幻方复杂、高难度的核心结构，往往是通过某种特技、诀窍求解的，否则不易办到。杨辉口诀“双活”构图特技，使正、斜交环型幻方的制作变得易如反掌。这是我非常得意的一个新发现。

一、第一例：5 阶“共生态三相交”子母幻方

如图 2.44 所示，在一个 5 阶自然方阵上，提取中央斜排 3 阶子单元，它的“九子斜排”间隙，嵌着“8，12，14，18”4 个偶数。若按杨辉口诀“上下对易，左右相更”方法操作时，原“九子斜排”有空位，现在不空了，那怎么做呢？“上下对易”者：“3”照例移至“18”位，“18”让位并移至“3”位；“23”照例移至“8”位，“8”让位并移至“23”位。“左右相更”者：同理。结果奇迹出现了，一正一斜“活”了两个共生态 3 阶幻方。然后，采用手工方法，组装其四角，则得一幅 5 阶“共生态子母三相交”幻方精品（两个子幻和等于“39”、5 阶幻和等于“65”）。

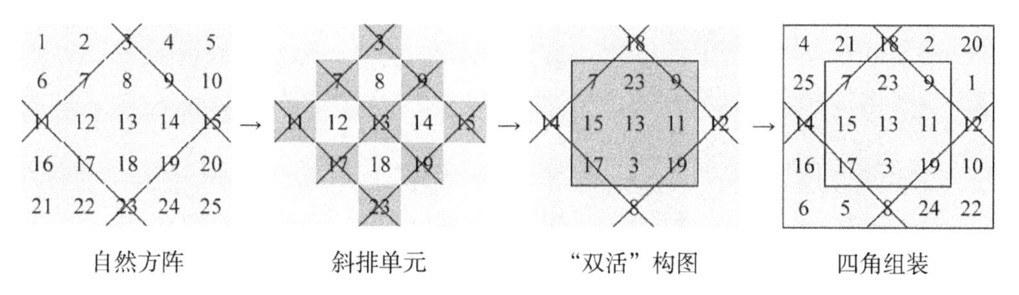

图 2.44

二、第二例：5 阶“两仪型共生态三相交”子母幻方

如图 2.45 所示，在一个已知 5 阶幻方上，也提取中央斜排的 3 阶子单元，它符合“九子斜排”原则，其间嵌着“9，7，17，19”4 个奇数。按与上例相同步骤与方法，可制作出一幅 5 阶“两仪型共生态子母三相交”幻方精品（两个子幻和“39”、幻和“65”）。

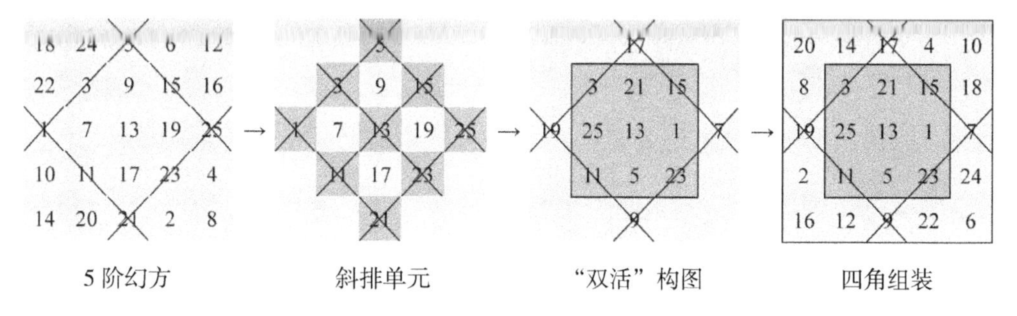

图 2.45

上两例 5 阶幻方的共同结构特征：内部“一斜一正”两个 3 阶子幻方，由“13”数字构造（第二例全部为奇数），其中共用 5 个数字，只有 4 个数字各不相同；然而，组装其四角，则 5 阶幻方成立，因此称之为“共生态”结构，亦可称之为“正—斜—正”同心子母结构，数理与造型都非常美。

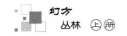

三、第三例：13 阶“共生态子母三相交”幻方

当大于 5 阶时，杨辉口诀“双活”构图特技稍有不同，比如 13 阶取其 7 阶“斜排单元”，所包含的数字，其中有 12 个数是与共生态结构无关的“闲子”，可参与组装四角综合平衡的调配；而另有相关的 24 个数不参与“双活”构图运作，可在组装四角时按原位贴入，“正排单元”7 阶幻方成立。如图 2.46 所示，按杨辉口诀“双活”构图特技制作 13 阶幻方（幻和“1105”）的操作过程，它内接“一斜一正”两个共生态 7 阶子幻方（子幻和“595”），其中正排 7 阶子幻方为纯奇数组合体，与斜排 7 阶子幻方构成两仪型组合体。

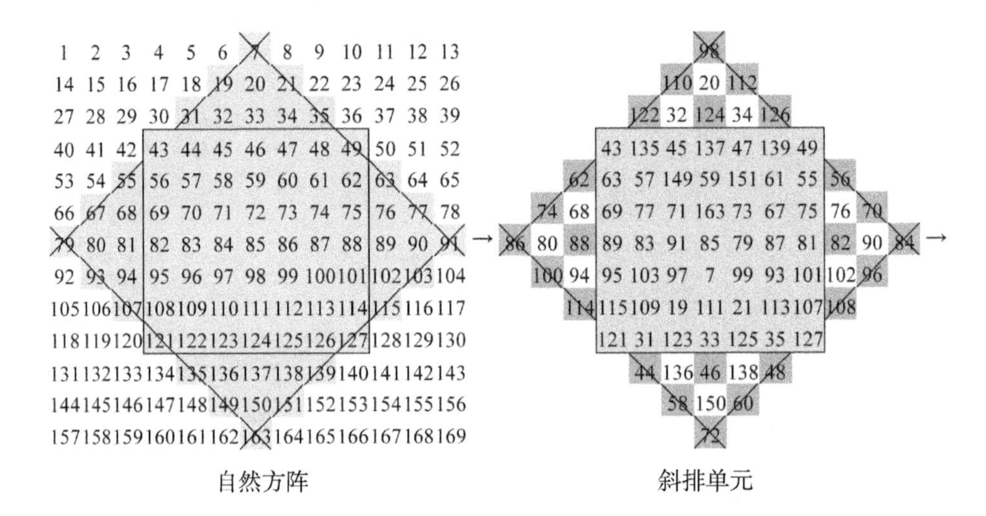

自然方阵　　斜排单元

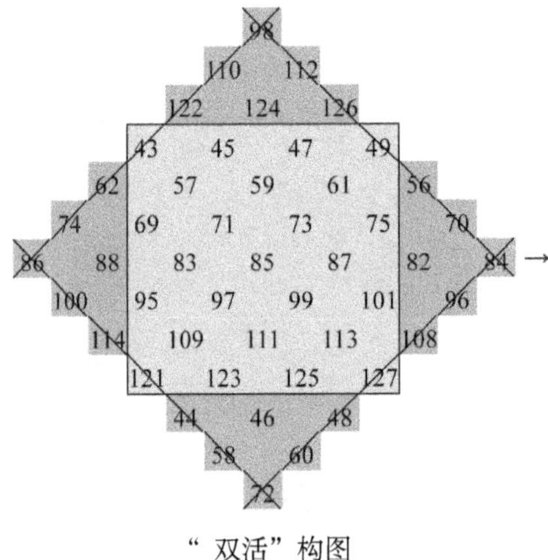

“双活”构图

1	13	154	166	165	164	98	6	161	5	3	157	12
156	15	167	17	152	110	20	112	18	153	146	25	14
27	142	29	30	122	131	124	32	126	134	37	28	143
41	40	42	43	135	45	137	47	139	49	128	130	129
117	106	62	63	57	149	59	151	61	55	56	116	53
92	74	68	69	77	71	163	73	67	75	102	70	104
86	90	88	89	83	91	85	79	87	81	82	80	84
66	100	94	95	103	97	7	99	93	101	76	96	78
65	54	114	115	109	19	111	21	113	107	108	64	105
118	120	119	121	31	123	33	125	35	127	51	50	52
34	38	133	140	44	39	46	138	48	36	141	132	136
144	145	11	147	23	58	150	60	148	22	16	155	26
158	168	24	10	4	8	72	162	9	160	159	2	169

四角组装

图 2.46

杨辉口诀“双活”构图特技适用于（$2k+1$）阶的构图方法（$k>1$），主要对（$2k+1$）阶自然方阵中央（$k+1$）阶、k阶相间斜排自然子单元［或者符合该条件的（$2k+1$）阶幻方］，做出内接一正一斜两个共生态（$k+1$）阶子幻方安排，并重塑、组装四角三边形而成（$2k+1$）阶幻方。随着阶次增高，中央（$k+1$）阶、k阶相间斜排自然子单元内，会出现与两个共生态（$k+1$）阶子幻方无关的嵌入数字（参见图 2.46 左上），因而可参与四角三边形的重塑工作。“双活”特技方法，最简易不过了，构造出来的图案非常精美，但四角三边形镶框乃为手工作业，相当复杂。

杨辉“易换术”推广应用

一、杨辉“易换术”简介

宋代大数学家杨辉在《续古摘奇算经》上卷（1275 年）记载“易换术”曰：“十六子依次递作四行排列。先以外四角对换：一换十六，四换十三；后以内四角对换：六换十一，七换十。横直斜角，皆三十四数。”（摘于李俨《中国算学史》）

所谓“十六子依次递作四行排列”，即以 1 ～ 16 自然数列排出一个 4 阶自然方阵，作为“易换术”构图的样本；所谓“先以外四角对换：一换十六，四换十三；后以内四角对换：六换十一，七换十”，这是“易换术”在样本上作图的方法；所谓“横直斜角，皆三十四数”，即 4 行、4 列及 2 条对角线之和等于“34”，乃 4 阶自然方阵变成 4 阶幻方后的组合性质。“易换术”与他的“九子斜排，上下对易，左右相更，四维挺进”有异曲同工之妙，堪称幻方构图法的姊妹篇。“九子”者，为奇数阶幻方构图法；“十六子”者，为偶数阶幻方构图法。杨辉“易换术”如图 2.47 所示。

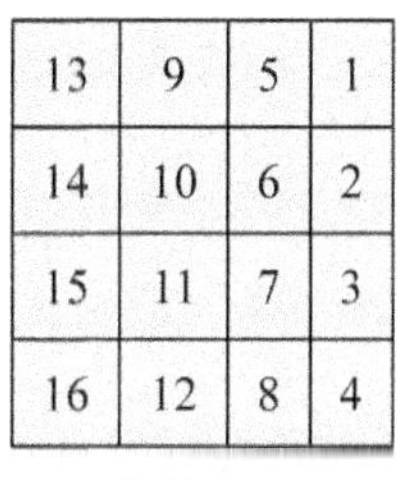

13	9	5	1
14	10	6	2
15	11	7	3
16	12	8	4

自然方阵

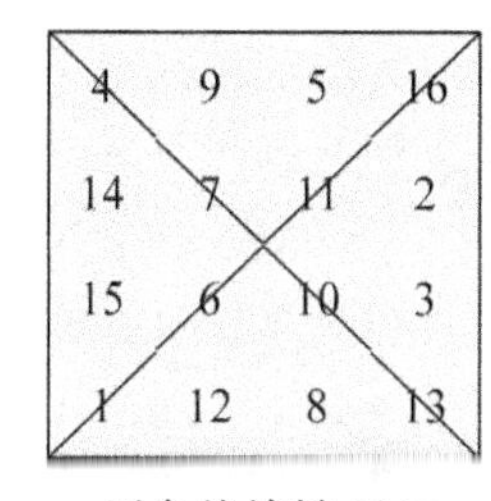

4	9	5	16
14	7	11	2
15	6	10	3
1	12	8	13

对角线旋转 180°

图 2.47

杨辉“易换术”是移动数字最少的一种 4 阶幻方构图法，简单而又直观。从操作方法而言，4 阶自然方阵的两条对角线旋转 180°，即得 4 阶幻方。总之，整理与发掘古代构图诀窍，推陈出新，乃幻方研究的一项重要任务。“易换术”用法的创新与推广应用，在保持其“对角线对换”方法基本不变条件下，我确定了“易换术”用法发展的两个主要方向：其一，同阶样本变位；其二，样本阶次扩增。

二、“易换术”样本变位

4 阶自然方阵做行、列轴对称变位，其组合性质与结构特征不变，因而运用“易换术”可构造新的 4 阶幻方。现举 3 例变位 4 阶自然方阵样本，做主对角线旋转 180° 易换，图 2.48 中箭头指向表示样本变为幻方。

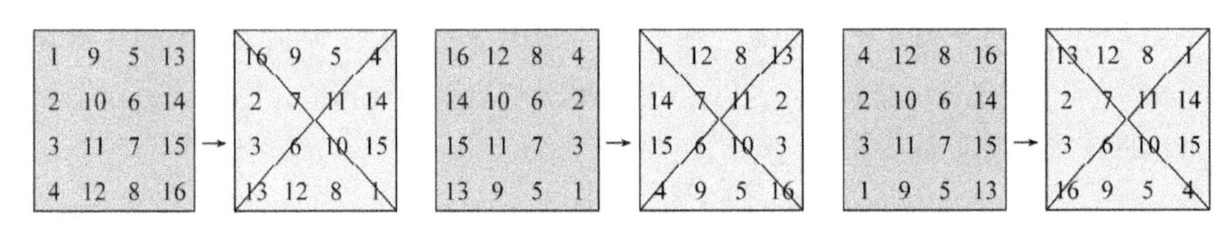

图 2.48

三、“易换术”推广应用

当 4 阶样本代之以 $2k$ 阶自然方阵时（$k>2$），“易换术”如何在大于 4 阶幻方领域中推广应用？据研究，对角线“易换术”推广存在两种可能的易换方法：其一，对角线整体一次易换；其二，对角线多重次易换。

（一）对角线整体一次易换法

什么是对角线一次易换？在 $2k$ 阶自然方阵（$k>2$）上以 4 阶为单元，画出其全部的两条主对角线，而将全部对角线整体同步旋转 180°，即得幻方。现以 8 阶、16 阶为例，展示具体操作方法。

1. 第一例：8 阶自然方阵对角线一次性易换

①在 8 阶自然方阵上画出 4 个 4 阶单元的两条对角线，如图 2.49 左所示。

②这些对角线整体同步旋转 180°，一气呵成，即得一幅 8 阶幻方，如图 2.49 右所示。

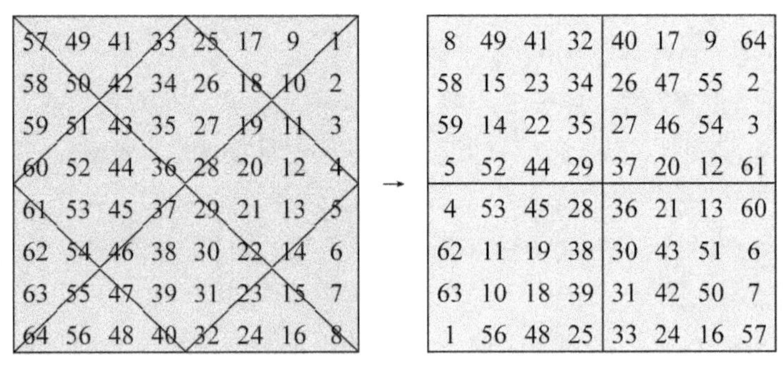

自然方阵四象对角线旋转 180°　　8 阶幻方

图 2.49

由“易换术”对角线一次易换法构造的本例 8 阶幻方（幻和“260”）具有如下结构特征。

①四象全等，即 4 个 4 阶单元每 16 数之和全等于 520。

② 4 个 4 阶单元都是行列图，各行各列全等于 130。

杨辉“易换术”几百年来一直尘封于创作时的起点位置，默默无闻。而今，我重新激活了“易换术”，成为偶数阶幻方构图的一门绝技。

2. 第二例：16 阶自然方阵对角线一次性易换

在 16 阶自然方阵上，16 个 4 阶单元的主对角线整体旋转 180° 即变成 16 阶幻方，一气呵成，非常壮观、精彩。图 2.50 左是 16 阶自然方阵，图 2.50 右是 16 阶幻方，两者之间为 4 阶单元的主对角线整体旋转 180° 关系。

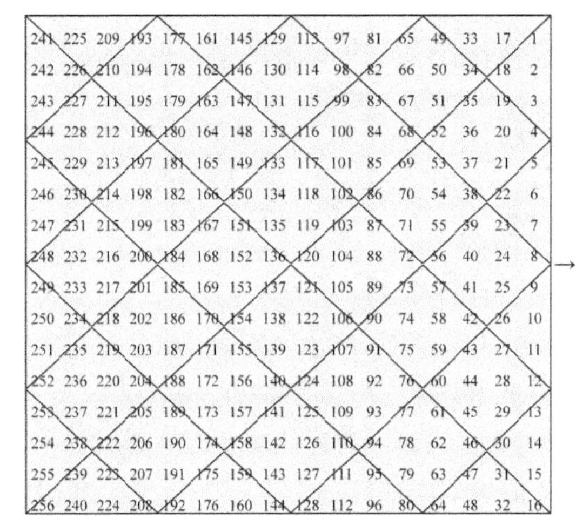

241	225	209	193	177	161	145	129	113	97	81	65	49	33	17	1
242	226	210	194	178	162	146	130	114	98	82	66	50	34	18	2
243	227	211	195	179	163	147	131	115	99	83	67	51	35	19	3
244	228	212	196	180	164	148	132	116	100	84	68	52	36	20	4
245	229	213	197	181	165	149	133	117	101	85	69	53	37	21	5
246	230	214	198	182	166	150	134	118	102	86	70	54	38	22	6
247	231	215	199	183	167	151	135	119	103	87	71	55	39	23	7
248	232	216	200	184	168	152	136	120	104	88	72	56	40	24	8
249	233	217	201	185	169	153	137	121	105	89	73	57	41	25	9
250	234	218	202	186	170	154	138	122	106	90	74	58	42	26	10
251	235	219	203	187	171	155	139	123	107	91	75	59	43	27	11
252	236	220	204	188	172	156	140	124	108	92	76	60	44	28	12
253	237	221	205	189	173	157	141	125	109	93	77	61	45	29	13
254	238	222	206	190	174	158	142	126	110	94	78	62	46	30	14
255	239	223	207	191	175	159	143	127	111	95	79	63	47	31	15
256	240	224	208	192	176	160	144	128	112	96	80	64	48	32	16

→

16	225	209	64	80	161	145	128	144	97	81	192	208	33	17	256
242	31	47	194	178	95	111	130	114	159	175	66	50	223	239	2
243	30	46	195	179	94	110	131	115	158	174	67	51	222	238	3
13	228	212	61	77	164	148	125	141	100	84	189	205	36	20	253
12	229	213	60	76	165	149	124	140	101	85	188	204	37	21	252
246	27	43	198	182	91	107	134	118	155	171	70	54	219	235	6
247	26	42	199	183	90	106	135	119	154	170	71	55	218	234	7
9	232	216	57	73	168	152	121	137	104	88	185	201	40	24	249
8	233	217	56	72	169	153	120	136	105	89	184	200	41	25	248
250	23	39	202	186	87	103	138	122	151	167	74	58	215	231	10
251	22	38	203	187	86	102	139	123	150	166	75	59	214	230	11
5	236	220	53	69	172	156	117	133	108	92	181	197	44	28	245
4	237	221	52	68	173	157	116	132	109	93	180	196	45	29	244
254	19	35	206	190	83	99	142	126	147	163	78	62	211	227	14
255	18	34	207	191	82	98	143	127	146	162	79	63	210	226	15
1	240	224	49	65	176	160	113	129	112	96	177	193	48	32	241

图 2.50

（二）对角线二重次易换法

什么是“易换术”的对角线多次易换法呢？比如 16 阶自然方阵，可做 4×4 二重次分解，画出其 16 个 4 阶子单元的两条主对角线，若每一个 4 阶子单元在原位各自做主对角线旋转 180°，则 16 个 4 阶子幻方成立，但 16 阶幻方不成立，这是第一重次对角线易换（图 2.52 左）。

这个非幻方的 16 个 4 阶子幻方，按 4 阶自然方阵样式编号（图 2.51），其每个号码按序代表这个非幻方中的一个 4 阶子幻方，因此该编号就是 16 阶的一个母阶自然方阵，然而按“易换术”做两条主对角线旋转 180°，再按序号代入这个非幻方中的各 4 阶子幻方，这是第二重次对角线易换，由此得一幅 16 阶二重次幻方（图 2.52 右）。

13	9	5	1
14	10	6	2
15	11	7	3
16	12	8	4

图 2.51

同理，16 阶自然方阵做行、列的轴对称交换，再在变位 16 阶自然方阵上做对角线二重次易换，则可得 16 阶二重次幻方的大量异构体。

196	225	209	244	132	161	145	180	68	97	81	116	4	33	17	52
242	211	227	194	178	147	163	130	114	83	99	66	50	19	35	2
243	210	226	195	179	146	162	131	115	82	98	67	51	18	34	3
193	228	212	241	129	164	148	177	65	100	84	113	1	36	20	49
200	229	213	248	136	165	149	184	72	101	85	120	8	37	21	56
246	215	231	198	182	151	167	134	118	87	103	70	54	23	39	6
247	214	230	199	183	150	166	135	119	86	102	71	55	22	38	7
197	232	216	245	133	168	152	181	69	104	88	117	5	40	24	53
204	233	217	252	140	169	153	188	76	105	89	124	12	41	25	60
250	219	235	202	186	155	171	138	122	91	107	74	58	27	43	10
251	218	234	203	187	154	170	139	123	90	106	75	59	26	42	11
201	236	220	249	137	172	156	185	73	108	92	121	9	44	28	57
208	237	221	256	144	173	157	192	80	109	93	128	16	45	29	64
254	223	239	206	190	159	175	142	126	95	111	78	62	31	47	14
255	222	238	207	191	158	174	143	127	94	110	79	63	30	46	15
205	240	224	253	141	176	160	189	77	112	96	125	13	48	32	61

第一重次对角线易换

16	45	29	64	132	161	145	180	68	97	81	116	208	237	221	256
62	31	47	14	178	147	163	130	114	83	99	66	254	223	239	206
63	30	46	15	179	146	162	131	115	82	98	67	255	222	238	207
13	48	32	61	129	164	148	177	65	100	84	113	205	240	224	253
200	229	213	248	76	105	89	124	140	169	153	188	8	37	21	56
246	215	231	198	122	91	107	74	186	155	171	138	54	23	39	6
247	214	230	199	123	90	106	75	187	154	170	139	55	22	38	7
197	232	216	245	73	108	92	121	137	172	156	185	5	40	24	53
204	233	217	252	72	101	85	120	136	165	149	184	12	41	25	60
250	219	235	202	118	87	103	70	182	151	167	134	58	27	43	10
251	218	234	203	119	86	102	71	183	150	166	135	59	26	42	11
201	236	220	249	69	104	88	117	133	168	152	181	9	44	28	57
4	33	17	52	144	173	157	192	80	109	93	128	196	225	209	244
50	19	35	2	190	159	175	142	126	95	111	78	242	211	227	194
51	18	34	3	191	158	174	143	127	94	110	79	243	210	226	195
1	36	20	49	141	176	160	189	77	112	96	125	193	228	212	241

第二重次对角线易换

图 2.52

四、“易换术”与“九子口诀”结合应用

构图方法不变，用法改变，事半功倍。“易换术”与“九子口诀”都是宋代大数学家杨辉创作的幻方构图方法，“易换术”适用于 2^n 阶幻方（$n \geqslant 2$）；“九子口诀”适用于（$2k+1$）阶幻方（$k \geqslant 1$）。当这两种方法结合起来运用时，就能构造奇偶合数阶幻方，显然这也不失为一种新用法。现以 12 阶为例，介绍两种方法结合运用的两种不同用法。

1. 12 阶：设以“3”为子阶、“4”为母阶

12 阶自然方阵做 4 阶分解，划成 16 个 3 阶子单元，构图操作方法可分为如下两步。

第一步：对 16 个 3 阶子单元分别以“九子口诀”法作图，即每个 3 阶子单元的纵横轴顺时针旋转 45°，至对角位；两条对角线逆时针旋转 135°，至纵横位。由此，在原位上的各 3 阶子幻方成立。

第二步：再以“易换术”对 4 母阶（以这 16 个 3 阶子幻方为基本单元）做两条对角线旋转 180°，即得一幅 12 阶二重次幻方（图 2.53）。

35	12	22	98	75	85	62	39	49	143	120	130
10	23	36	73	86	99	37	50	63	118	131	144
24	34	11	87	97	74	51	61	38	132	142	119
137	114	124	68	45	55	104	81	91	29	6	16
112	125	138	43	56	69	79	92	105	4	17	30
126	136	113	57	67	44	93	103	80	18	28	5
140	117	127	65	42	52	101	78	88	32	9	19
115	128	141	40	53	66	76	89	102	7	20	33
129	139	116	54	64	41	90	100	77	21	31	8
26	3	13	107	84	94	71	48	58	134	111	121
1	14	27	82	95	108	46	59	72	109	122	135
15	25	2	96	106	83	60	70	47	123	133	110

图 2.53

本例12幻方结构特征如下。

① 16个3阶子幻方的幻和为四段式等差，幻和依次为："42，51，60，69；150，159，168，177；258，267，276，276，366，375，384，393"。

② 4阶母幻方以每4个3阶单元之和计算，则母幻和等于"2610"。

③ 12阶幻方的幻和为"870"。

④每相邻4个3阶子幻方合成一个6阶单元（共计9个），各36个数之和全等于"2610"。

总之，数理结构非常精美。

2. 12阶：设以"4"为子阶、"3"为母阶

12阶自然方阵做3阶分解，划成9个4阶子单元，构图操作方法分如下两步。

第一步：以"易换术"对9个4阶子单元分别作图，即每个4阶子单元的两条对角线旋转180°，即得9个4阶子幻方。

第二步：再以"九子口诀"对3母阶（以9个4阶子幻方为基本单元）作图，即3母阶的纵横轴顺时针旋转45°，至对角位；两条对角线逆时针旋转135°，至纵横位，由此即得一幅12阶二重次幻方，如图2.54所示。

104	125	113	140	12	33	21	48	52	73	61	88
138	115	127	102	46	23	35	10	86	63	75	50
139	114	126	103	47	22	34	11	87	62	74	51
101	128	116	137	9	36	24	45	49	76	64	85
4	25	13	40	56	77	65	92	108	129	117	144
38	15	27	2	90	67	79	54	142	119	131	106
39	14	26	3	91	66	78	55	143	118	130	107
1	28	16	37	53	80	68	89	105	132	120	141
60	81	69	96	100	121	109	136	8	29	17	44
94	71	83	58	134	111	123	98	42	19	31	6
95	70	82	59	135	110	122	99	43	18	30	7
57	84	72	93	97	124	112	133	5	32	20	41

图2.54

本例12幻方的二重次结构特征如下。

① 9个4阶子幻方的幻和为三段式等差，幻和依次为："82，98，114；274，290，306；466，482，498"。

② 3阶母幻方以每3个4阶单元之和计算，则母幻和为"3480"。

③ 12阶幻方的幻和为"870"。

④每相邻4个4阶子幻方合成一个8阶单元，共有4个8阶单元，其每64个数之和全等于"4640"。

杨辉的"易换术"原本远没有像他的"九子口诀"那样出名，早淹没于历史的长河之中了。幸好在李俨《中国算学史》有这么一句话记载，它终究被翻出来刷新，让世人认识了这一古老构图方法的科学价值。

完全幻方几何覆盖法

一、完全幻方几何学组合原理

完全幻方中的每一个数都处在整体联系的最优位置上，因此完全幻方是一个“活”的组合体。当阶次 $n=2k+1$（$k>1$）时，即奇数阶完全幻方，在它的辐射图上（系指一幅已知完全幻方的重复延伸图形），n^2 个数相互之间具有如下组合关系：从任意一个数出发向其他 n^2-1 个数画出直线，所有这些直线上 n 个数一定等分 1 至 n^2 自然数列。这一组合关系及其数学性质，我称之为奇数阶完全幻方组合等分律。

现以一幅 7 阶完全幻方为例，在它的辐射图上展示其内在的组合等分律。如图 2.55 所示，以“25”为中心向其他 48 个数可画出 16 条直线，这些直线上各有 7 个数，按它们的等分关系性质可分为如下两大类。

16	22	35	41	47	4	10	16	22	35	41	47	4	10	16	22	35	41	47	4	10
48	5	11	17	23	29	42	48	5	11	17	23	29	42	48	5	11	17	23	29	42
24	30	36	49	6	12	18	24	30	36	49	6	12	18	24	30	36	49	6	12	18
7	13	19	25	31	37	43	7	13	19	25	31	37	43	7	13	19	25	31	37	43
32	38	44	1	14	20	26	32	38	44	1	14	20	26	32	38	44	1	14	20	26
8	21	27	33	39	45	2	8	21	27	33	39	45	2	8	21	27	33	39	45	2
40	46	3	9	15	28	34	40	46	3	9	15	28	34	40	46	3	9	15	28	34
16	22	35	41	47	4	10	16	22	35	41	47	4	10	16	22	35	41	47	4	10
48	5	11	17	23	29	42	48	5	11	17	23	29	42	48	5	11	17	23	29	42
24	30	36	49	6	12	18	24	30	36	49	6	12	18	24	30	36	49	6	12	18
7	13	19	25	31	37	43	7	13	19	25	31	37	43	7	13	19	25	31	37	43
32	38	44	1	14	20	26	32	38	44	1	14	20	26	32	38	44	1	14	20	26
8	21	27	33	39	45	2	8	21	27	33	39	45	2	8	21	27	33	39	45	2
40	46	3	9	15	28	34	40	46	3	9	15	28	34	40	46	3	9	15	28	34
16	22	35	41	47	4	10	16	22	35	41	47	4	10	16	22	35	41	47	4	10
48	5	11	17	23	29	42	48	5	11	17	23	29	42	48	5	11	17	23	29	42
24	30	36	49	6	12	18	24	30	36	49	6	12	18	24	30	36	49	6	12	18
7	13	19	25	31	37	43	7	13	19	25	31	37	43	7	13	19	25	31	37	43
32	38	44	1	14	20	26	32	38	44	1	14	20	26	32	38	44	1	14	20	26
8	21	27	33	39	45	2	8	21	27	33	39	45	2	8	21	27	33	39	45	2
40	46	3	9	15	28	34	40	46	3	9	15	28	34	40	46	3	9	15	28	34

图 2.55

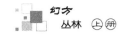

1. 第一类中段直线

凡以 1 ～ 49 自然数列的中段直线（包括 22，23，24，25，26，27，28 各数）为中心，所画出的 16 条直线，我称之为中段直线。这些“等分”直线每 7 个数之和一定全等于幻和“175”。

在这种特定情况下，奇数阶完全幻方组合等分律可以理解为：“等分”即等和，即全体 n^2 个数之间具有完全等和关系。本例是以“25”为中心，向全方位画出 16 条排列次序不相同直线，若不计 7 个数组合相同直线，具体有：“41，17，49，25，1，33，9”；“48，38，35，25，15，12，2”；“32，46，11，25，39，4，18”；“23，26，22，25，28，24，27”；“16，5，36，25，14，45，34”；“47，42，30，25，20，8，3”；“7，13，19，25，31，37，43”，它们都是中段等和直线中的“中项组合直线”。

2. 第二类非中段直线

本例若以中段直线之外各数为中心，所画出的 16 条直线，我称之为非中段直线。这些“等分”直线按其性质，可分为如下 3 种情况。

①自然分段直线，即 1 ～ 49 自然数列按序等分成 7 个自然段，除了“25”所在的“中项组合直线”之外，其他自然分段直线 7 个数之和不等于幻和。

②错综组合直线，即 1 ～ 49 自然数列不按序等分，其 7 个数之和一定全等于幻和。

③自然分段直线中的“中项组合直线”，其 7 个数之和一定全等于幻和。

由此可知，奇数阶完全幻方组合等分律的“等分”二字，确切地说有如下两层基本含义：一是指自然分段关系；二是指等和组合关系。

总而言之，奇数阶完全幻方组合等分律的发现，为采用几何方法重组与变换奇数阶完全幻方结构奠定了数理基础。在奇数阶完全幻方样本辐射图上，若以两条相交的等和直线为中轴（即中行、中列）或对角线，各推出 n 条对称的平行直线，则一定能得到新的完全幻方。从图 2.55 可见，每相交的两条等和直线的长度与夹角都是变化的，因此推出平行线所得到的新完全幻方，在样本辐射图上表现出各式不同的几何形状，有正方形、长方形、菱形、平行四边形等基本几何体。

二、几何覆盖模型及覆盖方法

现以一个已知 7 阶完全幻方为样本，在它的辐射图上作正方形、长方形、菱形、平行四边形等各种几何体的覆盖构图。

（一）正方形覆盖

如图 2.56 所示，正方形覆盖，是以任何一个数位为中心，在其所能画出的等和关系直线中，由两条互为垂直、等长直线为中轴，并推出 7 条等距、对称平行直线，即得新的 7 阶完全幻方。同时，正方形的纵、横两轴可做同步、等距隔位覆盖，也可得新的 7 阶完全幻方。总之，正方形覆盖具有强大的完全幻方结构重组功能。

43	7	13	19	25	31	37	43	7	13	19	25	31	37	43	7	13	19	25	31	37
26	32	38	44	1	14	20	26	32	38	44	1	14	20	26	32	38	44	1	14	20
2	8	21	27	33	39	45	2	8	21	27	33	39	45	2	8	21	27	33	39	45
34	40	46	3	9	15	28	34	40	46	3	9	15	28	34	40	46	3	9	15	28
10	16	22	35	41	47	4	10	16	22	35	41	47	4	10	16	22	35	41	47	4
42	48	5	11	17	23	29	42	48	5	11	17	23	29	42	48	5	11	17	23	29
18	24	30	36	49	6	12	18	24	30	36	49	6	12	18	24	30	36	49	6	12
43	7	13	19	25	31	37	43	7	13	19	25	31	37	43	7	13	19	25	31	37
26	32	38	44	1	14	20	26	32	38	44	1	14	20	26	32	38	44	1	14	20
2	8	21	27	33	39	45	2	8	21	27	33	39	45	2	8	21	27	33	39	45
34	40	46	3	9	15	28	34	40	46	3	9	15	28	34	40	46	3	9	15	28
10	16	22	35	41	47	4	10	16	22	35	41	47	4	10	16	22	35	41	47	4
42	48	5	11	17	23	29	42	48	5	11	17	23	29	42	48	5	11	17	23	29
18	24	30	36	49	6	12	18	24	30	36	49	6	12	18	24	30	36	49	6	12
43	7	13	19	25	31	37	43	7	13	19	25	31	37	43	7	13	19	25	31	37

图 2.56

（二）长方形覆盖

长方形覆盖有如下两种覆盖方法：一种是以样本中位为中心，另一种是以样本非中位为中心。

1. “中位”长方形覆盖

即以样本中位为中心，在其所能画出的等和关系直线中，由两条互为垂直、不等长直线为中轴，分别推出各自 7 条等距、对称平行直线，所得为新的 7 阶非完全幻方。长方形的短轴与长轴，因两条互为垂直的直线之间做不同步隔位或不等位隔位覆盖形成的，所以样本重组后改变了完全幻方组合性质。

现以一幅已知 7 阶完全幻方为样本，做长方形覆盖法置换样本中位，可以重构出中位不同的 7 阶非完全幻方（图 2.57）。

10	16	22	35	41	47	4	10	16	22	35	41	47	4	10	16	22	35	41	47	4	10	16	22	35	41	47	4	10
42	48	5	11	17	23	29	42	48	5	11	17	23	29	42	48	5	11	17	23	29	42	48	5	11	17	23	29	42
18	24	30	36	49	6	12	18	24	30	36	49	6	12	18	24	30	36	49	6	12	18	24	30	36	49	6	12	18
43	7	13	19	25	31	37	43	7	13	19	25	31	37	43	7	13	19	25	31	37	43	7	13	19	25	31	37	43
26	32	38	44	1	14	20	26	32	38	44	1	14	20	26	32	38	44	1	14	20	26	32	38	44	1	14	20	26
2	8	21	27	33	39	45	2	8	21	27	33	39	45	2	8	21	27	33	39	45	2	8	21	27	33	39	45	2
34	40	46	3	9	15	28	34	40	46	3	9	15	28	34	40	46	3	9	15	28	34	40	46	3	9	15	28	34
10	16	22	35	41	47	4	10	16	22	35	41	47	4	10	16	22	35	41	47	4	10	16	22	35	41	47	4	10
42	48	5	11	17	23	29	42	48	5	11	17	23	29	42	48	5	11	17	23	29	42	48	5	11	17	23	29	42
18	24	30	36	49	6	12	18	24	30	36	49	6	12	18	24	30	36	49	6	12	18	24	30	36	49	6	12	18
43	7	13	19	25	31	37	43	7	13	19	25	31	37	43	7	13	19	25	31	37	43	7	13	19	25	31	37	43
26	32	38	44	1	14	20	26	32	38	44	1	14	20	26	32	38	44	1	14	20	26	32	38	44	1	14	20	26
2	8	21	27	33	39	45	2	8	21	27	33	39	45	2	8	21	27	33	39	45	2	8	21	27	33	39	45	2
34	40	46	3	9	15	28	34	40	46	3	9	15	28	34	40	46	3	9	15	28	34	40	46	3	9	15	28	34
10	16	22	35	41	47	4	10	16	22	35	41	47	4	10	16	22	35	41	47	4	10	16	22	35	41	47	4	10
42	48	5	11	17	23	29	42	48	5	11	17	23	29	42	48	5	11	17	23	29	42	48	5	11	17	23	29	42
18	24	30	36	49	6	12	18	24	30	36	49	6	12	18	24	30	36	49	6	12	18	24	30	36	49	6	12	18
43	7	13	19	25	31	37	43	7	13	19	25	31	37	43	7	13	19	25	31	37	43	7	13	19	25	31	37	43
26	32	38	44	1	14	20	26	32	38	44	1	14	20	26	32	38	44	1	14	20	26	32	38	44	1	14	20	26
2	8	21	27	33	39	45	2	8	21	27	33	39	45	2	8	21	27	33	39	45	2	8	21	27	33	39	45	2
34	40	46	3	9	15	28	34	40	46	3	9	15	28	34	40	46	3	9	15	28	34	40	46	3	9	15	28	34

图 2.57

2. **“非中位”长方形覆盖**

即以完全幻方样本非中位为中心，在其所能画出的等和关系直线中，由两条互为垂直的直线为中轴，分别推出各自的平行直线，所得为新的非完全幻方。

长方形覆盖法置换样本中位，是一项比较复杂的“换心”技术。长方形的两条互为垂直的中轴取位不规则，各自推出的平行直线不一定对称，间隔也不等位，所以必须精心检索。

现以一幅已知 5 阶完全幻方为样本，做长方形覆盖法置换样本中位，可以重构出中位不同的 5 阶非完全幻方（图 2.58）。

20	24	3	7	11	20	24	3	7	11	20	24	3	7	11	20	24
8	12	16	25	4	8	12	16	25	4	8	12	16	25	4	8	12
21	5	9	13	17	21	5	9	13	17	21	5	9	13	17	21	5
14	18	22	1	10	14	18	22	1	10	14	18	22	1	10	14	18
2	6	15	19	23	2	6	15	19	23	2	6	15	19	23	2	6
20	24	3	7	11	20	24	3	7	11	20	24	3	7	11	20	24
8	12	16	25	4	8	12	16	25	4	8	12	16	25	4	8	12
21	5	9	13	17	21	5	9	13	17	21	5	9	13	17	21	5
14	18	18	1	10	14	18	22	1	10	14	18	22	1	10	14	18
2	6	15	19	23	2	6	15	19	23	2	6	15	19	23	2	6
20	24	3	7	11	20	24	3	7	11	20	24	3	7	11	20	24
8	12	16	25	4	8	12	16	25	4	8	12	16	25	4	8	12
21	5	9	13	17	21	5	9	13	17	21	5	9	13	17	21	5
14	18	22	1	10	14	18	22	1	10	14	18	22	1	10	14	18
2	6	15	19	23	2	6	15	19	23	2	6	15	19	23	2	6
20	24	3	7	11	20	24	3	7	11	20	24	3	7	11	20	24
8	12	16	25	4	8	12	16	25	4	8	12	16	25	4	8	12

图 2.58

（三）菱形覆盖

如图 2.59 所示，菱形覆盖，是以任何一个数位为中心，在其所能画出的等和关系直线中，以两条交角不等于 90°、等长直线为中轴，并推出 7 条等距、对称平行直线，即得新的 7 阶完全幻方或非完全幻方。菱形的纵横轴等长、交角不等于 90°，而其对角线不等长、交角等于 90°，这一几何性质决定了它重构样本的如下特点：兼备最优化覆盖与非优化覆盖两种重构功能；这两种不同组合性质的重构都具有对样本中位的任意置换功能。

31	37	43	7	13	19	25	31	37	43	7	13	19	25	31	37	43	7	13	19	25	31	37	43	7	13	19	25	31	37	43
14	20	26	32	38	44	1	14	20	26	32	38	44	1	14	20	26	32	38	44	1	14	20	26	32	38	44	1	14	20	26
39	45	2	8	21	27	33	39	45	2	8	21	27	33	39	45	2	8	21	27	33	39	45	2	8	21	27	33	39	45	2
15	28	34	40	46	3	9	15	28	34	40	46	3	9	15	28	34	40	46	3	9	15	28	34	40	46	3	9	15	28	34
47	4	10	16	22	35	41	47	4	10	16	22	35	41	47	4	10	16	22	35	41	47	4	10	16	22	35	41	47	4	10
23	29	42	48	5	11	17	23	29	42	48	5	11	17	23	29	42	48	5	11	17	23	29	42	48	5	11	17	23	29	42
6	12	18	24	30	36	49	6	12	18	24	30	36	49	6	12	18	24	30	36	49	6	12	18	24	30	36	49	6	12	18
31	37	43	7	13	19	25	31	37	43	7	13	19	25	31	37	43	7	13	19	25	31	37	43	7	13	19	25	31	37	43
14	20	26	32	38	44	1	14	20	26	32	38	44	1	14	20	26	32	38	44	1	14	20	26	32	38	44	1	14	20	26
39	45	2	8	21	27	33	39	45	2	8	21	27	33	39	45	2	8	21	27	33	39	45	2	8	21	27	33	39	45	2
15	28	34	40	46	3	9	15	28	34	40	46	3	9	15	28	34	40	46	3	9	15	28	34	40	46	3	9	15	28	34
47	4	10	16	22	35	41	47	4	10	16	22	35	41	47	4	10	16	22	35	41	47	4	10	16	22	35	41	47	4	10
23	29	42	48	5	11	17	23	29	42	48	5	11	17	23	29	42	48	5	11	17	23	29	42	48	5	11	17	23	29	42
6	12	18	24	30	36	49	6	12	18	24	30	36	49	6	12	18	24	30	36	49	6	12	18	24	30	36	49	6	12	18
31	37	43	7	13	19	25	31	37	43	7	13	19	25	31	37	43	7	13	19	25	31	37	43	7	13	19	25	31	37	43

图 2.59

（四）平行四边形覆盖

平行四边形覆盖，是以任何一个数位为中心，在其所能画出的等和关系直线中，以两条交角不等于 90° 、不等长直线为中轴，并推出 7 条等距、对称平行直线，即得新的 7 阶半完全幻方或非完全幻方（图 2.60）。

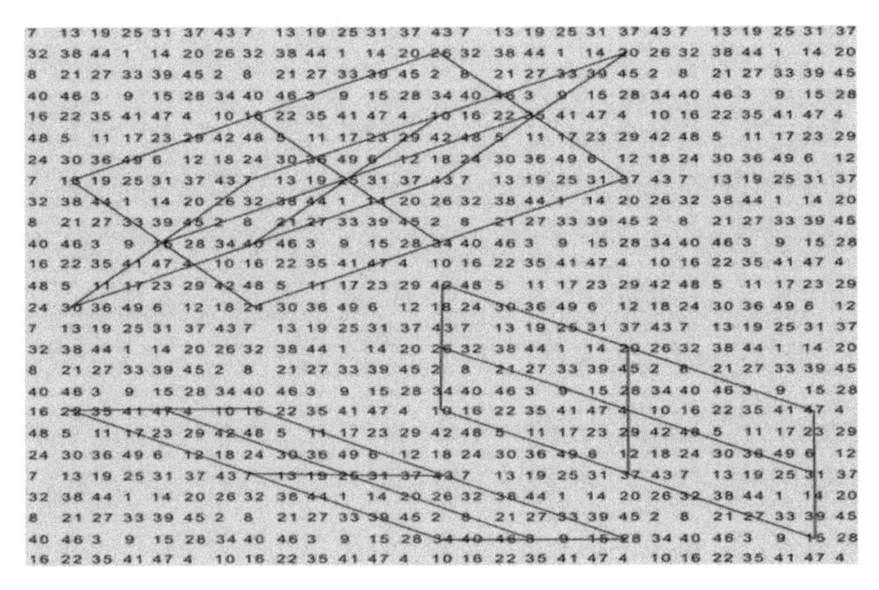

7	13	19	25	31	37	43	7	13	19	25	31	37	43	7	13	19	25	31	37	43	7	13	19	25	31	37
32	38	44	1	14	20	26	32	38	44	1	14	20	26	32	38	44	1	14	20	26	32	38	44	1	14	20
8	21	27	33	39	45	2	8	21	27	33	39	45	2	8	21	27	33	39	45	2	8	21	27	33	39	45
40	46	3	9	15	28	34	40	46	3	9	15	28	34	40	46	3	9	15	28	34	40	46	3	9	15	28
16	22	35	41	47	4	10	16	22	35	41	47	4	10	16	22	35	41	47	4	10	16	22	35	41	47	4
48	5	11	17	23	29	42	48	5	11	17	23	29	42	48	5	11	17	23	29	42	48	5	11	17	23	29
24	30	36	49	6	12	18	24	30	36	49	6	12	18	24	30	36	49	6	12	18	24	30	36	49	6	12
7	13	19	25	31	37	43	7	13	19	25	31	37	43	7	13	19	25	31	37	43	7	13	19	25	31	37
32	38	44	1	14	20	26	32	38	44	1	14	20	26	32	38	44	1	14	20	26	32	38	44	1	14	20
8	21	27	33	39	45	2	8	21	27	33	39	45	2	8	21	27	33	39	45	2	8	21	27	33	39	45
40	46	3	9	15	28	34	40	46	3	9	15	28	34	40	46	3	9	15	28	34	40	46	3	9	15	28
16	22	35	41	47	4	10	16	22	35	41	47	4	10	16	22	35	41	47	4	10	16	22	35	41	47	4
48	5	11	17	23	29	42	48	5	11	17	23	29	42	48	5	11	17	23	29	42	48	5	11	17	23	29
24	30	36	49	6	12	18	24	30	36	49	6	12	18	24	30	36	49	6	12	18	24	30	36	49	6	12
7	13	19	25	31	37	43	7	13	19	25	31	37	43	7	13	19	25	31	37	43	7	13	19	25	31	37
32	38	44	1	14	20	26	32	38	44	1	14	20	26	32	38	44	1	14	20	26	32	38	44	1	14	20
8	21	27	33	39	45	2	8	21	27	33	39	45	2	8	21	27	33	39	45	2	8	21	27	33	39	45
40	46	3	9	15	28	34	40	46	3	9	15	28	34	40	46	3	9	15	28	34	40	46	3	9	15	28
16	22	35	41	47	4	10	16	22	35	41	47	4	10	16	22	35	41	47	4	10	16	22	35	41	47	4
48	5	11	17	23	29	42	48	5	11	17	23	29	42	48	5	11	17	23	29	42	48	5	11	17	23	29
24	30	36	49	6	12	18	24	30	36	49	6	12	18	24	30	36	49	6	12	18	24	30	36	49	6	12
7	13	19	25	31	37	43	7	13	19	25	31	37	43	7	13	19	25	31	37	43	7	13	19	25	31	37
32	38	44	1	14	20	26	32	38	44	1	14	20	26	32	38	44	1	14	20	26	32	38	44	1	14	20
8	21	27	33	39	45	2	8	21	27	33	39	45	2	8	21	27	33	39	45	2	8	21	27	33	39	45
40	46	3	9	15	28	34	40	46	3	9	15	28	34	40	46	3	9	15	28	34	40	46	3	9	15	28
16	22	35	41	47	4	10	16	22	35	41	47	4	10	16	22	35	41	47	4	10	16	22	35	41	47	4

图 2.60

所谓半完全幻方，系指n行、n列、2条主对角线及一半次对角线等和的幻方（另一半次对角线不等和），其组合优化程度介于完全幻方与非完全幻方之间，乃是以往人们并没有注意过的一个幻方新类别。半完全幻方值得研究。

综上所述，完全幻方几何覆盖法是建立在“奇数阶完全幻方组合等分律”理论基础上，以一幅已知完全幻方为样本，采用正方形、长方形、菱形、平行四边形等几何体覆盖方法重组样本，而获得新幻方的一项构图技术。几何覆盖法揭示了完全幻方相互间及与半完全幻方、非完全幻方之间的复杂转换关系，具有强大的幻方演绎功能。

几何覆盖“禁区”探秘

奇数阶完全幻方组合等分律指出：在一幅已知n阶完全幻方样本辐射图上，从任意一个数出发向其他n^2-1个数画出直线，从这些直线上n个数的组合关系分析可分为两大类：第一类为自然分段直线，第二类为等和组合直线。几何覆盖法都是以等和组合直线重构样本的，必须避开不等和的自然分段直线进入覆盖模型中轴，否则重构幻方不成立。这一必须避开的位置，我称之为几何覆盖“禁区”。任何事物的“禁区”都是一个无底“黑洞”，应该加倍重视，有必要闯进去，一打开“禁区”，令人大吃一惊，我发现了异常的方阵组合奇观。一些不可见的组合关系，大量存在于这个“禁区”之中。

据研究，这个“禁区”中的各种几何覆盖结果，可分为如下3种情况：一种是由自然分段直线与等和组合直线构成、按自然次序排列的n阶方阵，我称之为“泛对角线自然方阵”；另一种是由各自然分段直线与等和组合直线构成、半优化排列的n阶方阵，我称之为“半和半差自然方阵”；再一种是由同一条自然分段直线构成、最优化排列的n阶方阵，我称之为“拉丁式自然方阵”。这后两类（即半和半差自然方阵与拉丁式自然方阵）的组合性质，乃是新发现的特种自然方阵。现仍以7阶完全幻方为例，展示“禁区”中的复杂组合关系及其几何覆盖重构样本所产出的特种自然方阵。

1. 泛对角线自然方阵

如图2.61所示，在自然分段直线与等和组合直线共同参与下，采用平行四边形与菱形覆盖，所产出的是7阶泛对角线自然方阵。它们具有如下组合性质：①行等和、列等差；②泛对角线等和。

“禁区”中几何覆盖重构出泛对角线自然方阵的三点启示如下。

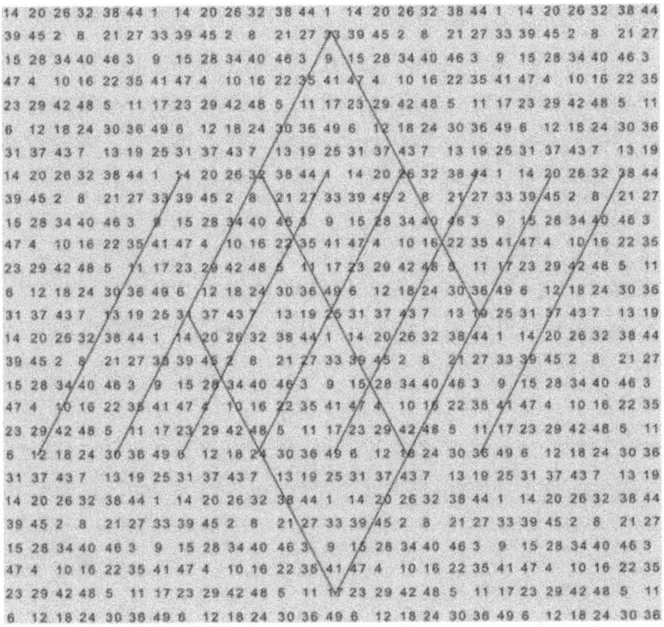

①发现了完全幻方与泛对角线自然方阵之间的转化关系及转化方法。

②这种转化关系说明，若以泛对角线自然方阵为样本，几何覆盖法可直接重构出完全幻方。

③泛对角线自然方阵的发现，为以杨辉口诀求解与检索奇数阶非完全幻方群（包括半完全幻方）提供了所需的“换心”技术样本。

14	20	26	32	38	44	1	14	20	26	32	38	44	1	14	20	26	32	38	44	1	14	20	26	32	38	44	1
39	45	2	8	21	27	33	39	45	2	8	21	27	33	39	45	2	8	21	27	33	39	45	2	8	21	27	33
15	28	34	40	46	3	9	15	28	34	40	46	3	9	15	28	34	40	46	3	9	15	28	34	40	46	3	9
47	4	10	16	22	35	41	47	4	10	16	22	35	41	47	4	10	16	22	35	41	47	4	10	16	22	35	41
23	29	42	48	5	11	17	23	29	42	48	5	11	17	23	29	42	48	5	11	17	23	29	42	48	5	11	17
6	12	18	24	30	36	49	6	12	18	24	30	36	49	6	12	18	24	30	36	49	6	12	18	24	30	36	49
31	37	43	7	13	19	25	31	37	43	7	13	19	25	31	37	43	7	13	19	25	31	37	43	7	13	19	25
14	20	26	32	38	44	1	14	20	26	32	38	44	1	14	20	26	32	38	44	1	14	20	26	32	38	44	1
39	45	2	8	21	27	33	39	45	2	8	21	27	33	39	45	2	8	21	27	33	39	45	2	8	21	27	33
15	28	34	40	46	3	9	15	28	34	40	46	3	9	15	28	34	40	46	3	9	15	28	34	40	46	3	9
47	4	10	16	22	35	41	47	4	10	16	22	35	41	47	4	10	16	22	35	41	47	4	10	16	22	35	41
23	29	42	48	5	11	17	23	29	42	48	5	11	17	23	29	42	48	5	11	17	23	29	42	48	5	11	17
6	12	18	24	30	36	49	6	12	18	24	30	36	49	6	12	18	24	30	36	49	6	12	18	24	30	36	49
31	37	43	7	13	19	25	31	37	43	7	13	19	25	31	37	43	7	13	19	25	31	37	43	7	13	19	25
14	20	26	32	38	44	1	14	20	26	32	38	44	1	14	20	26	32	38	44	1	14	20	26	32	38	44	1
39	45	2	8	21	27	33	39	45	2	8	21	27	33	39	45	2	8	21	27	33	39	45	2	8	21	27	33
15	28	34	40	46	3	9	15	28	34	40	46	3	9	15	28	34	40	46	3	9	15	28	34	40	46	3	9
47	4	10	16	22	35	41	47	4	10	16	22	35	41	47	4	10	16	22	35	41	47	4	10	16	22	35	41
23	29	42	48	5	11	17	23	29	42	48	5	11	17	23	29	42	48	5	11	17	23	29	42	48	5	11	17
6	12	18	24	30	36	49	6	12	18	24	30	36	49	6	12	18	24	30	36	49	6	12	18	24	30	36	49
31	37	43	7	13	19	25	31	37	43	7	13	19	25	31	37	43	7	13	19	25	31	37	43	7	13	19	25
14	20	26	32	38	44	1	14	20	26	32	38	44	1	14	20	26	32	38	44	1	14	20	26	32	38	44	1
39	45	2	8	21	27	33	39	45	2	8	21	27	33	39	45	2	8	21	27	33	39	45	2	8	21	27	33
15	28	34	40	46	3	9	15	28	34	40	46	3	9	15	28	34	40	46	3	9	15	28	34	40	46	3	9
47	4	10	16	22	35	41	47	4	10	16	22	35	41	47	4	10	16	22	35	41	47	4	10	16	22	35	41
23	29	42	48	5	11	17	23	29	42	48	5	11	17	23	29	42	48	5	11	17	23	29	42	48	5	11	17
6	12	18	24	30	36	49	6	12	18	24	30	36	49	6	12	18	24	30	36	49	6	12	18	24	30	36	49

图 2.61

2. 半和半差自然方阵

如图 2.62 所示，在自然分段直线与等和直线共同参与下，采用正方形覆盖，所产出的重构样本是两个半和半差自然方阵。为什么称之为“半和半差自然方阵”呢？因为它具有如下组合性质：①各行为 1 ～ 49 自然数列的自然分段，而各列由等和直线构成，因此行等差，列等和；②一半泛对角线等差，另一半泛对角线等和。这种“半和半差”的奇特组合关系乃是一种新的自然方阵。

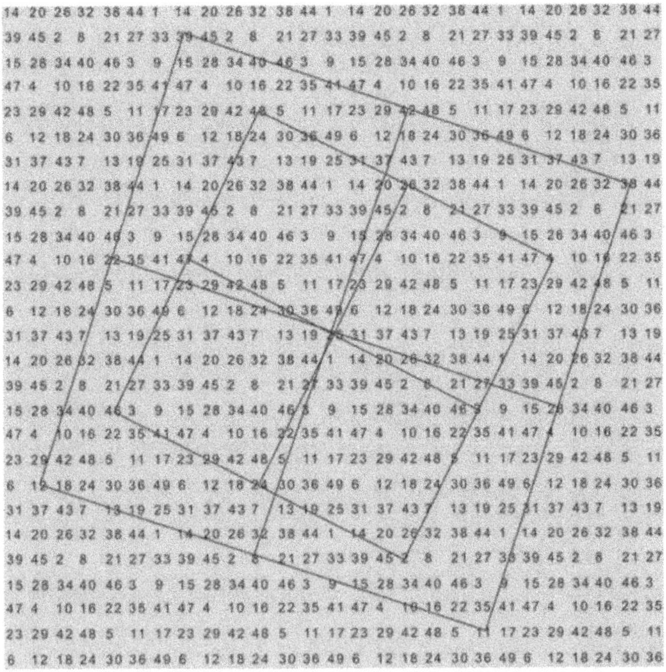

14	20	26	32	38	44	1	14	20	26	32	38	44	1	14	20	26	32	38	44	1	14	20	26	32	38	44	1
39	45	2	8	21	27	33	39	45	2	8	21	27	33	39	45	2	8	21	27	33	39	45	2	8	21	27	33
15	28	34	40	46	3	9	15	28	34	40	46	3	9	15	28	34	40	46	3	9	15	28	34	40	46	3	9
47	4	10	16	22	35	41	47	4	10	16	22	35	41	47	4	10	16	22	35	41	47	4	10	16	22	35	41
23	29	42	48	5	11	17	23	29	42	48	5	11	17	23	29	42	48	5	11	17	23	29	42	48	5	11	17
6	12	18	24	30	36	49	6	12	18	24	30	36	49	6	12	18	24	30	36	49	6	12	18	24	30	36	49
31	37	43	7	13	19	25	31	37	43	7	13	19	25	31	37	43	7	13	19	25	31	37	43	7	13	19	25
14	20	26	32	38	44	1	14	20	26	32	38	44	1	14	20	26	32	38	44	1	14	20	26	32	38	44	1
39	45	2	8	21	27	33	39	45	2	8	21	27	33	39	45	2	8	21	27	33	39	45	2	8	21	27	33
15	28	34	40	46	3	9	15	28	34	40	46	3	9	15	28	34	40	46	3	9	15	28	34	40	46	3	9
47	4	10	16	22	35	41	47	4	10	16	22	35	41	47	4	10	16	22	35	41	47	4	10	16	22	35	41
23	29	42	48	5	11	17	23	29	42	48	5	11	17	23	29	42	48	5	11	17	23	29	42	48	5	11	17
6	12	18	24	30	36	49	6	12	18	24	30	36	49	6	12	18	24	30	36	49	6	12	18	24	30	36	49
31	37	43	7	13	19	25	31	37	43	7	13	19	25	31	37	43	7	13	19	25	31	37	43	7	13	19	25
14	20	26	32	38	44	1	14	20	26	32	38	44	1	14	20	26	32	38	44	1	14	20	26	32	38	44	1
39	45	2	8	21	27	33	39	45	2	8	21	27	33	39	45	2	8	21	27	33	39	45	2	8	21	27	33
15	28	34	40	46	3	9	15	28	34	40	46	3	9	15	28	34	40	46	3	9	15	28	34	40	46	3	9
47	4	10	16	22	35	41	47	4	10	16	22	35	41	47	4	10	16	22	35	41	47	4	10	16	22	35	41
23	29	42	48	5	11	17	23	29	42	48	5	11	17	23	29	42	48	5	11	17	23	29	42	48	5	11	17
6	12	18	24	30	36	49	6	12	18	24	30	36	49	6	12	18	24	30	36	49	6	12	18	24	30	36	49
31	37	43	7	13	19	25	31	37	43	7	13	19	25	31	37	43	7	13	19	25	31	37	43	7	13	19	25
14	20	26	32	38	44	1	14	20	26	32	38	44	1	14	20	26	32	38	44	1	14	20	26	32	38	44	1
39	45	2	8	21	27	33	39	45	2	8	21	27	33	39	45	2	8	21	27	33	39	45	2	8	21	27	33
15	28	34	40	46	3	9	15	28	34	40	46	3	9	15	28	34	40	46	3	9	15	28	34	40	46	3	9
47	4	10	16	22	35	41	47	4	10	16	22	35	41	47	4	10	16	22	35	41	47	4	10	16	22	35	41
23	29	42	48	5	11	17	23	29	42	48	5	11	17	23	29	42	48	5	11	17	23	29	42	48	5	11	17
6	12	18	24	30	36	49	6	12	18	24	30	36	49	6	12	18	24	30	36	49	6	12	18	24	30	36	49

图 2.62

3. 拉丁式自然方阵

如图 2.63 所示，平行四边形覆盖重构样本，产出了两个 7 阶“拉丁式”自然方阵。为什么称之为“拉丁式”呢？因为它有如下组合特性。

①其全部行、全部列及泛对角线都由同一条自然分段直线构成，因此其 7×7 个数具有最优化逻辑形式。

②其全部行、全部列及泛对角线每 7 个数之和全等，因此“拉丁式”自然方阵具有完全幻方组合性质。

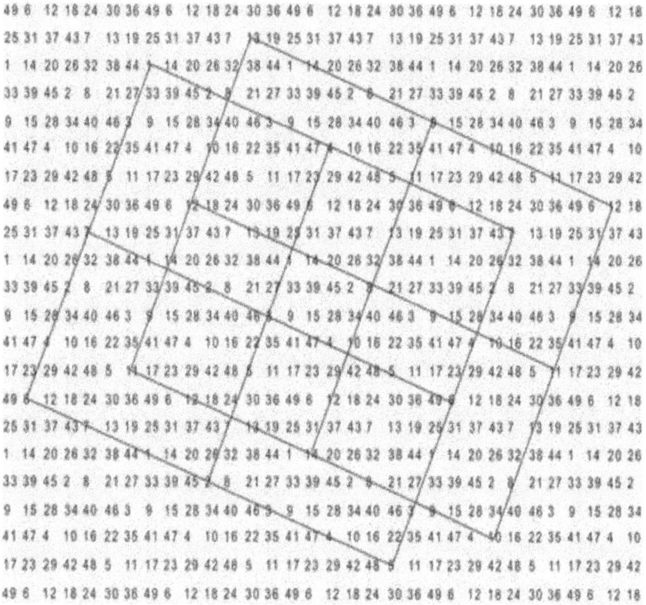

49 6 12 18 24 30 36 49 6 12 18 24 30 36 49 6 12 18 24 30 36 49 6 12 18 24 30 36 49 6 12 18
25 31 37 43 7 13 19 25 31 37 43 7 13 19 25 31 37 43 7 13 19 25 31 37 43 7 13 19 25 31 37 43
1 14 20 26 32 38 44 1 14 20 26 32 38 44 1 14 20 26 32 38 44 1 14 20 26 32 38 44 1 14 20 26
33 39 45 2 8 21 27 33 39 45 2 8 21 27 33 39 45 2 8 21 27 33 39 45 2 8 21 27 33 39 45 2
9 15 28 34 40 46 3 9 15 28 34 40 46 3 9 15 28 34 40 46 3 9 15 28 34 40 46 3 9 15 28 34
41 47 4 10 16 22 35 41 47 4 10 16 22 35 41 47 4 10 16 22 35 41 47 4 10 16 22 35 41 47 4 10
17 23 29 42 48 5 11 17 23 29 42 48 5 11 17 23 29 42 48 5 11 17 23 29 42 48 5 11 17 23 29 42
49 6 12 18 24 30 36 49 6 12 18 24 30 36 49 6 12 18 24 30 36 49 6 12 18 24 30 36 49 6 12 18
25 31 37 43 7 13 19 25 31 37 43 7 13 19 25 31 37 43 7 13 19 25 31 37 43 7 13 19 25 31 37 43
1 14 20 26 32 38 44 1 14 20 26 32 38 44 1 14 20 26 32 38 44 1 14 20 26 32 38 44 1 14 20 26
33 39 45 2 8 21 27 33 39 45 2 8 21 27 33 39 45 2 8 21 27 33 39 45 2 8 21 27 33 39 45 2
9 15 28 34 40 46 3 9 15 28 34 40 46 3 9 15 28 34 40 46 3 9 15 28 34 40 46 3 9 15 28 34
41 47 4 10 16 22 35 41 47 4 10 16 22 35 41 47 4 10 16 22 35 41 47 4 10 16 22 35 41 47 4 10
17 23 29 42 48 5 11 17 23 29 42 48 5 11 17 23 29 42 48 5 11 17 23 29 42 48 5 11 17 23 29 42
49 6 12 18 24 30 36 49 6 12 18 24 30 36 49 6 12 18 24 30 36 49 6 12 18 24 30 36 49 6 12 18
25 31 37 43 7 13 19 25 31 37 43 7 13 19 25 31 37 43 7 13 19 25 31 37 43 7 13 19 25 31 37 43
1 14 20 26 32 38 44 1 14 20 26 32 38 44 1 14 20 26 32 38 44 1 14 20 26 32 38 44 1 14 20 26
33 39 45 2 8 21 27 33 39 45 2 8 21 27 33 39 45 2 8 21 27 33 39 45 2 8 21 27 33 39 45 2
9 15 28 34 40 46 3 9 15 28 34 40 46 3 9 15 28 34 40 46 3 9 15 28 34 40 46 3 9 15 28 34
41 47 4 10 16 22 35 41 47 4 10 16 22 35 41 47 4 10 16 22 35 41 47 4 10 16 22 35 41 47 4 10
17 23 29 42 48 5 11 17 23 29 42 48 5 11 17 23 29 42 48 5 11 17 23 29 42 48 5 11 17 23 29 42
49 6 12 18 24 30 36 49 6 12 18 24 30 36 49 6 12 18 24 30 36 49 6 12 18 24 30 36 49 6 12 18

图 2.63

③所有“拉丁式”自然方阵都是样本以不同倍数约简的“化简图”，因而它透视了样本内在的最优化逻辑编码形式及其组合性质。

闯出“禁区”的几何覆盖

任何事物的“禁区”都可能潜伏着未知的秘密或机会。当打开几何覆盖法“禁区”神秘的大门时，我发现“天外有天”，几何覆盖法另有更广泛的用法。在完全幻方样本上能覆盖出自然方阵与非完全幻方，这种转化关系是可逆的，故而在自然方阵或非完全幻方样本上也能覆盖出完全幻方。

一、自然方阵几何覆盖

什么是自然方阵几何覆盖？即以奇数阶自然方阵（包括变位自然方阵）或者泛对角线自然方阵为样本，运用正方形、长方形、菱形、平行四边形等基本几何体，重构样本而制作幻方的一种构图方法。自然方阵的组合性质如下：①全部行、全部列分别等差；②中行、中列等于幻和；③全部泛对角线等于幻和。泛对角线自然方阵的组合性质如下：①全部行等和，全部列等差；②中行、中列等于幻和；

③全部泛对角线等于幻和。根据这些等和直线的几何关系，在辐射图上设计各式几何模型，就能覆盖出各类幻方图形。

自然方阵几何覆盖法是从自然方阵进入幻方迷宫的一条全新路子。杨辉口诀是只能把自然方阵变为非完全幻方的构图方法，而且一个样本只能做一幅幻方。自然方阵几何覆盖法则可以把自然方阵重组成非完全幻方、半完全幻方与完全幻方，改变了“一对一”的构图方式，从而形成品类齐全的一个“幻方链”。尤其令人赞叹的，本法能“一步到位”实现自然方阵向各类幻方的转化，其强大的重构与演绎功能决非他法可比。现以 7 阶自然方阵为例，做正方形、长方形、菱形、平行四边形几何覆盖，并按重构出的幻方性质分类说明如下。

（一）第一类非完全幻方

正方形与菱形两种覆盖，可重构出 7 阶非完全幻方。如图 2.64 所示，正方形覆盖 3 幅、菱形覆盖 1 幅例图都为 7 阶非完全幻方。为什么自然方阵的正方形与菱形覆盖重构出的都为非完全幻方呢？这是由样本的组合性质及正方形与菱形的几何性质决定的，因为正方形与菱形的纵、横轴必须以样本两条互为垂直、等和的泛对角线做覆盖，两条主对角线也必须由样本的泛对角线或中行、中列构成，所以重构出非完全幻方。

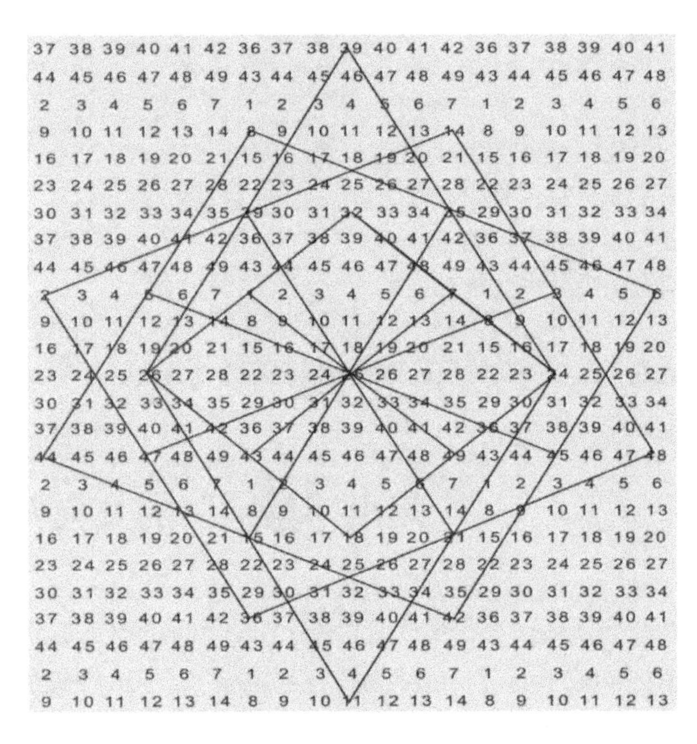

图 2.64

（二）第二类半完全幻方

平行四边形覆盖，可把自然方阵样本重构成半完全幻方图形，参见图 2.65 中的 1 幅由平行四边形覆盖出来的一个 7 阶半完全幻方。

根据平行四边形的几何性质，其纵、横轴必须以样本两条相交（交角不等于 90°）、等和而不等距的泛对角线做覆盖，两条主对角线也必须由样本的一条泛对角线与一条中轴构成，所以重构出来的幻方具有如下数学性质。

①幻方平行于样本泛对角线的全部行与列等和。

②幻方由样本一条泛对角线与一条中轴转化而来的两条主对角线等和。

③幻方平行于样本一条泛对角线与一条中轴转化而来的一半次对角线不等和，另一半次对角线等和。这就决定了重构的半完全幻方性质。

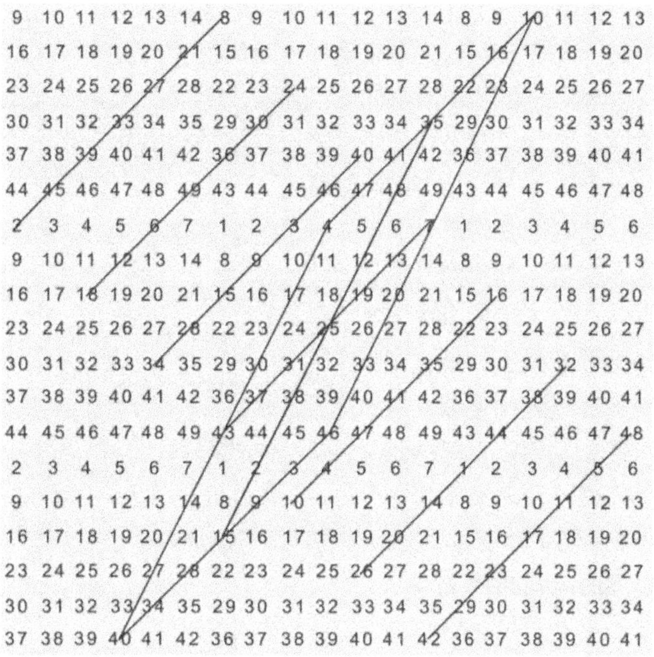

9	10	11	12	13	14	8	9	10	11	12	13	14	8	9	10	11	12	13
16	17	18	19	20	21	15	16	17	18	19	20	21	15	16	17	18	19	20
23	24	25	26	27	28	22	23	24	25	26	27	28	22	23	24	25	26	27
30	31	32	33	34	35	29	30	31	32	33	34	35	29	30	31	32	33	34
37	38	39	40	41	42	36	37	38	39	40	41	42	36	37	38	39	40	41
44	45	46	47	48	49	43	44	45	46	47	48	49	43	44	45	46	47	48
2	3	4	5	6	7	1	2	3	4	5	6	7	1	2	3	4	5	6
9	10	11	12	13	14	8	9	10	11	12	13	14	8	9	10	11	12	13
16	17	18	19	20	21	15	16	17	18	19	20	21	15	16	17	18	19	20
23	24	25	26	27	28	22	23	24	25	26	27	28	22	23	24	25	26	27
30	31	32	33	34	35	29	30	31	32	33	34	35	29	30	31	32	33	34
37	38	39	40	41	42	36	37	38	39	40	41	42	36	37	38	39	40	41
44	45	46	47	48	49	43	44	45	46	47	48	49	43	44	45	46	47	48
2	3	4	5	6	7	1	2	3	4	5	6	7	1	2	3	4	5	6
9	10	11	12	13	14	8	9	10	11	12	13	14	8	9	10	11	12	13
16	17	18	19	20	21	15	16	17	18	19	20	21	15	16	17	18	19	20
23	24	25	26	27	28	22	23	24	25	26	27	28	22	23	24	25	26	27
30	31	32	33	34	35	29	30	31	32	33	34	35	29	30	31	32	33	34
37	38	39	40	41	42	36	37	38	39	40	41	42	36	37	38	39	40	41

图 2.65

（三）第三类完全幻方

长方形覆盖，可把自然方阵样本重构成完全幻方，如图 2.57 中有一幅由长方形覆盖出来的 7 阶完全幻方。根据长方形的几何性质，其纵、横轴必须以样本两条互为垂直、等和而不等距的泛对角线做覆盖，两条主对角线也必须由样本的两条相交（交角不等于 90°）、等和而不等距的泛对角线构成，所以重组出来的幻方全部是由自然方阵样本等和的泛对角线转化而来的，这就决定了它必然具有完全幻方性质。

综上所述，以奇数阶自然方阵为样本，采用正方形、长方形、菱形、平行四边形等几何覆盖法，可直接制作包括完全幻方在内的各类幻方，这是构图方法的一个奇迹。

二、非完全幻方几何覆盖

什么是非完全幻方几何覆盖？即以奇数阶非完全幻方为样本，运用正方形、长方形、菱形、平行四边形等基本几何体，重构样本而制作幻方的一种构图方法。奇数阶非完全幻方的组合性质如下：①全部行、列等于幻和；②两条主对角线等于幻和。根据这些等和直线的几何关系，在辐射图上设计各式几何模型，就能覆盖出各类幻方图形。非完全幻方几何覆盖法，也可以把样本重组成新的非完全幻方、半完全幻方或完全幻方，从而形成了各类幻方相互转化的一个新“幻方链”。尤其令人赞叹的是，非完全幻方几何覆盖具有强大的幻方重构与演绎功能。

现以一幅已知 5 阶非完全幻方为样本，在它的辐射图上做正方形、长方形、菱形、平行四边形等几何覆盖，并按重构出的幻方性质分类说明如下。

（一）第一类非完全幻方

如图 2.66 所示，正方形覆盖是一幅 5 阶非完全幻方（样本）。若正方形的纵、横轴同步做等距隔位覆盖，样本就会发生行、列的轴对称变位，因此重组主要表现在新 5 阶非完全幻方的泛对角线上。长方形覆盖是纵、横轴做不等距隔位覆盖，样本发生行、列的轴对称不同步变位，因此重组也主要表现在新的 5 阶非完全幻方的泛对角线上（注：以结构不同的非完全幻方为样本，长方形覆盖都可做出完全幻方）。

20	8	12	24	1	20	8	12	24	1	20	8	12	24	1	20	8	12	24	1	20	8
3	17	9	11	25	3	17	9	11	25	3	17	9	11	25	3	17	9	11	25	3	17
22	4	16	10	13	22	4	16	10	13	22	4	16	10	13	22	4	16	10	13	22	4
14	21	5	18	7	14	21	5	18	7	14	21	5	18	7	14	21	5	18	7	14	21
6	15	23	2	19	6	15	23	2	19	6	15	23	2	19	6	15	23	2	19	6	15
20	8	12	24	1	20	8	12	24	1	20	8	12	24	1	20	8	12	24	1	20	8
3	17	9	11	25	3	17	9	11	25	3	17	9	11	25	3	17	9	11	25	3	17
22	4	16	10	13	22	4	16	10	13	22	4	16	10	13	22	4	16	10	13	22	4
14	21	5	18	7	14	21	5	18	7	14	21	5	18	7	14	21	5	18	7	14	21
6	15	23	2	19	6	15	23	2	19	6	15	23	2	19	6	15	23	2	19	6	15
20	8	12	24	1	20	8	12	24	1	20	8	12	24	1	20	8	12	24	1	20	8
3	17	9	11	25	3	17	9	11	25	3	17	9	11	25	3	17	9	11	25	3	17
22	4	16	10	13	22	4	16	10	13	22	4	16	10	13	22	4	16	10	13	22	4
14	21	5	18	7	14	21	5	18	7	14	21	5	18	7	14	21	5	18	7	14	21
6	15	23	2	19	6	15	23	2	19	6	15	23	2	19	6	15	23	2	19	6	15
20	8	12	24	1	20	8	12	24	1	20	8	12	24	1	20	8	12	24	1	20	8
3	17	9	11	25	3	17	9	11	25	3	17	9	11	25	3	17	9	11	25	3	17
22	4	16	10	13	22	4	16	10	13	22	4	16	10	13	22	4	16	10	13	22	4
14	21	5	18	7	14	21	5	18	7	14	21	5	18	7	14	21	5	18	7	14	21
6	15	23	2	19	6	15	23	2	19	6	15	23	2	19	6	15	23	2	19	6	15
20	8	12	24	1	20	8	12	24	1	20	8	12	24	1	20	8	12	24	1	20	8
3	17	9	11	25	3	17	9	11	25	3	17	9	11	25	3	17	9	11	25	3	17

图 2.66

（二）第二类半完全幻方

如图 2.66 所示，平行四边形覆盖的 4 幅例图都是 5 阶半完全幻方。为什么平行四边形覆盖能使 5 阶非完全幻方样本变成了半完全幻方呢？因为新幻方的一条主对角线是样本的主对角线，与此平行的新幻方的一半泛对角线就不会等和；而另一条主对角线是样本的中行（或中列），与此平行的新幻方的另一半泛对角线就一定等和。所以样本重构成的新幻方具有半完全幻方组合性质。

（三）第三类完全幻方

如图 2.66 所示，菱形覆盖的一幅例图是 5 阶完全幻方。为什么菱形覆盖能使 5 阶非完全幻方样本变成了完全幻方呢？因为在菱形覆盖中，新幻方的两条主对角线分别是样本的纵、横轴，与此平行的新幻方的全部泛对角线就必然等和，所以样本重构成的新幻方具有完全幻方组合性质。

综上所述，幻方几何覆盖法以奇数阶完全幻方、非完全幻方、自然方阵（或变位自然方阵）及泛对角线自然方阵为四大基本样本，在它们的辐射图上做正方形、长方形、菱形、平行四边形等各种几何覆盖，可重构样本而分别能制作新的完全幻方、半完全幻方与非完全幻方等组合方阵。因此几何覆盖法具有更为强大、更全面的幻方重组与演绎功能，并揭示了不同组合性质的四大基本样本之间错综复杂的相互转化关系。本文是几何覆盖法的开篇，仅按所示例图而论，其实各种几何体的覆盖方法及重组性质，因样本阶次、结构与性质不同而有所变化，所以应做更深入研究。

几何覆盖法样本探索

几何覆盖法是以已知样本为基础，通过正方形、长方形、菱形、平行四边形等各式几何体的覆盖，重组样本而获得幻方的一种构图技术。它的推广应用包括两个方面：一是探索各种可能的覆盖方式；二是探索各种可能的样本。本文讨论样本问题，除了前文所说的奇数阶完全幻方、非完全幻方、自然方阵外，还有什么样本可适用于几何覆盖法制作幻方呢？主要是奇数阶“不规则”幻方及偶数阶幻方样本的几何覆盖法试验。

一、奇数阶“不规则”幻方样本几何覆盖法作图

如图2.67所示，以一幅已知7阶“不规则”完全幻方为样本，几何覆盖的结果如下。

正方形的水平或立式覆盖能重构出7阶完全幻方。

长方形、菱形、平行四边形等距覆盖7阶幻方都不成立。

这说明，顺着“不规则”最优化

31	43	45	9	21	7	19	31	43	45	9	21	7	19	31	43	45	9	21	7	19
4	10	28	49	46	16	22	4	10	28	49	46	16	22	4	10	28	49	46	16	22
13	34	5	17	29	40	37	13	34	5	17	29	40	37	13	34	5	17	29	40	37
47	44	8	25	2	14	35	47	44	8	25	2	14	35	47	44	8	25	2	14	35
15	26	38	41	20	32	3	15	26	38	41	20	32	3	15	26	38	41	20	32	3
23	6	27	33	39	36	11	23	6	27	33	39	36	11	23	6	27	33	39	36	11
42	12	24	1	18	30	48	42	12	24	1	18	30	48	42	12	24	1	18	30	48
31	43	45	9	21	7	19	31	43	45	9	21	7	19	31	43	45	9	21	7	19
4	10	28	49	46	16	22	4	10	28	49	46	16	22	4	10	28	49	46	16	22
13	34	5	17	29	40	37	13	34	5	17	29	40	37	13	34	5	17	29	40	37
47	44	8	25	2	14	35	47	44	8	25	2	14	35	47	44	8	25	2	14	35
15	26	38	41	20	32	3	15	26	38	41	20	32	3	15	26	38	41	20	32	3
23	6	27	33	39	36	11	23	6	27	33	39	36	11	23	6	27	33	39	36	11
42	12	24	1	18	30	48	42	12	24	1	18	30	48	42	12	24	1	18	30	48
31	43	45	9	21	7	19	31	43	45	9	21	7	19	31	43	45	9	21	7	19
4	10	28	49	46	16	22	4	10	28	49	46	16	22	4	10	28	49	46	16	22
13	34	5	17	29	40	37	13	34	5	17	29	40	37	13	34	5	17	29	40	37
47	44	8	25	2	14	35	47	44	8	25	2	14	35	47	44	8	25	2	14	35
15	26	38	41	20	32	3	15	26	38	41	20	32	3	15	26	38	41	20	32	3
23	6	27	33	39	36	11	23	6	27	33	39	36	11	23	6	27	33	39	36	11
42	12	24	1	18	30	48	42	12	24	1	18	30	48	42	12	24	1	18	30	48

图 2.67

机制的几何体覆盖具有普适性。

二、偶数阶幻方样本几何覆盖法作图

如图 2.68 所示，以一幅已知 4 阶完全幻方为样本，几何覆盖的结果如下。

只有正方形水平式覆盖所得 4 阶完全幻方成立。其他几何体覆盖，包括正方形立式覆盖，不存在 4 阶完全幻方解。

注：正方形水平式覆盖 4 阶完全幻方，与行列滚动位移同。

8	11	14	1	8	11	14	1	8	11	14	1	8	11	14	1	8	11	14	1
13	2	7	12	13	2	7	12	13	2	7	12	13	2	7	12	13	2	7	12
3	16	9	6	3	16	9	6	3	16	9	6	3	16	9	6	3	16	9	6
10	5	4	15	10	5	4	15	10	5	4	15	10	5	4	15	10	5	4	15
8	11	14	1	8	11	14	1	8	11	14	1	8	11	14	1	8	11	14	1
13	2	7	12	13	2	7	12	13	2	7	12	13	2	7	12	13	2	7	12
3	16	9	6	3	16	9	6	3	16	9	6	3	16	9	6	3	16	9	6
10	5	4	15	10	5	4	15	10	5	4	15	10	5	4	15	10	5	4	15
8	11	14	1	8	11	14	1	8	11	14	1	8	11	14	1	8	11	14	1
13	2	7	12	13	2	7	12	13	2	7	12	13	2	7	12	13	2	7	12
3	16	9	6	3	16	9	6	3	16	9	6	3	16	9	6	3	16	9	6
10	5	4	15	10	5	4	15	10	5	4	15	10	5	4	15	10	5	4	15

图 2.68

但是，若以一幅已知 8 阶完全幻方为样本，正方形立式覆盖及平行四边形覆盖，都可以重构样本而获得新 8 阶完全幻方（图 2.69）。

55	18	7	42	15	34	63	26	55	18	7	42	15	34	63	26	55	18	7	42	15	34	63	26
13	44	61	20	53	28	5	36	13	44	61	20	53	28	5	36	13	44	61	20	53	28	5	36
49	24	1	48	9	40	57	32	49	24	1	48	9	40	57	32	49	24	1	48	9	40	57	32
12	45	60	21	52	29	4	37	12	45	60	21	52	29	4	37	12	45	60	21	52	29	4	37
50	23	2	47	10	39	58	31	50	23	2	47	10	39	58	31	50	23	2	47	10	39	58	31
14	43	62	19	54	27	6	35	14	43	62	19	54	27	6	35	14	43	62	19	54	27	6	35
56	17	8	41	16	33	64	25	56	17	8	41	16	33	64	25	56	17	8	41	16	33	64	25
11	46	59	22	51	30	3	38	11	46	59	22	51	30	3	38	11	46	59	22	51	30	3	38
55	18	7	42	15	34	63	26	55	18	7	42	15	34	63	26	55	18	7	42	15	34	63	26
13	44	61	20	53	28	5	36	13	44	61	20	53	28	5	36	13	44	61	20	53	28	5	36
49	24	1	48	9	40	57	32	49	24	1	48	9	40	57	32	49	24	1	48	9	40	57	32
12	45	60	21	52	29	4	37	12	45	60	21	52	29	4	37	12	45	60	21	52	29	4	37
50	23	2	47	10	39	58	31	50	23	2	47	10	39	58	31	50	23	2	47	10	39	58	31
14	43	62	19	54	27	6	35	14	43	62	19	54	27	6	35	14	43	62	19	54	27	6	35
56	17	8	41	16	33	64	25	56	17	8	41	16	33	64	25	56	17	8	41	16	33	64	25
11	46	59	22	51	30	3	38	11	46	59	22	51	30	3	38	11	46	59	22	51	30	3	38

图 2.69

本例说明：几何覆盖法在偶数阶幻方领域中具有适用性，但要求样本有一定条件。

其一，必须是完全幻方（包括规则与“不规则”偶数阶完全幻方）。

其二，阶次必须大于 4 阶。

几何覆盖法对样本的重组、检索功能强大，它在大于 4 阶的偶数阶完全幻方领域中推广应用的成功意义重大，这不仅是构图法的创新用法，而且揭示了偶数阶完全幻方之间相互转换的新关系。

左右旋法

据研究，洛书者：九子正排，天左旋，地右旋，则参伍错综。这就是说，在 3 阶自然方阵上，两对天数（奇数）逆时针旋转 135°；而两对地数（偶数）顺时针旋转 45°，即得一幅 3 阶幻方（参见“洛书四大构图法”内容）。这一构图技术，我称之为左右旋法（或“米”字构图法）。它在大于 3 阶的奇数幻方中运用时，能构造出“同心”幻方。左右旋法是构造 $2(2k+1)$ 阶“同心”幻方的独门技术（$k \geqslant 1$），操作简易，具有强大的演绎功能。

一、5 阶“同心”幻方

5 阶自然方阵出现了两种结构的“米”字型单元：其一是由中轴与主对角线构成的，我简称之为 M“米”单元；其二是由边厢对称位构成的，我简称之为 W“米”单元。这些不同结构与位置上的“米”字型单元，左右旋的规则、方法有一定的变化。现简要介绍 5 阶“左右旋法”的操作方法。

第一步：5 阶自然方阵做“米”字型分拆：3 阶环、5 阶环各一个 M“米”字单元；5 阶边厢一个 W“米”字单元（图 2.70 上左）。

第二步：按 M“米”字单元左右旋法操作如下（图 2.70 下左）。

① 3 阶环 M“米”字单元的奇偶性与洛书的 3 阶自然方阵相同（我称之为“当位”），故与洛书同法，即天左旋 135°（即对角线变为纵横轴），地右旋 45°（即纵横轴变为对角线）。

② 5 阶环 M“米”字单元的对角线奇数“当位”，故天左旋 135°（即对角线左旋 135° 变为纵横轴），但纵横轴奇数“不当位”，故天右旋 135°（即纵横轴右旋 135° 变为对角线）。

什么是“当位”或者“不当位”？这是以 3 阶环对角线与纵横轴上数的奇偶性为标准，比照高阶环是否与 3 阶环一致，而判别其“当位”或者“不当位”的方法。本例 5 阶环 M“米”字单元的对角线居奇数，与 3 阶环对角线居奇数相一致，则称之奇数“当位”，并同样做天左旋 135°，即对角线左旋 135° 变为纵横轴；而 5 阶环 M“米”字单元的纵横轴也居奇数，与 3 阶环纵横轴居偶数不一致，奇数占据了偶数位置，则称之“不当位”，故由右旋 45° 改为右旋 135°，由此纵横轴变为对角线。

第三步：按 W“米”字单元左右旋法操作如下（图 2.70 下中）。

5 阶环 W“米”字单元的形态不同，其变法比较特殊，须做轴对称变位，即相邻的一边行、一边列上一组数互换位置，故这个 W“米”字单元由中心对称变为轴对称组合。

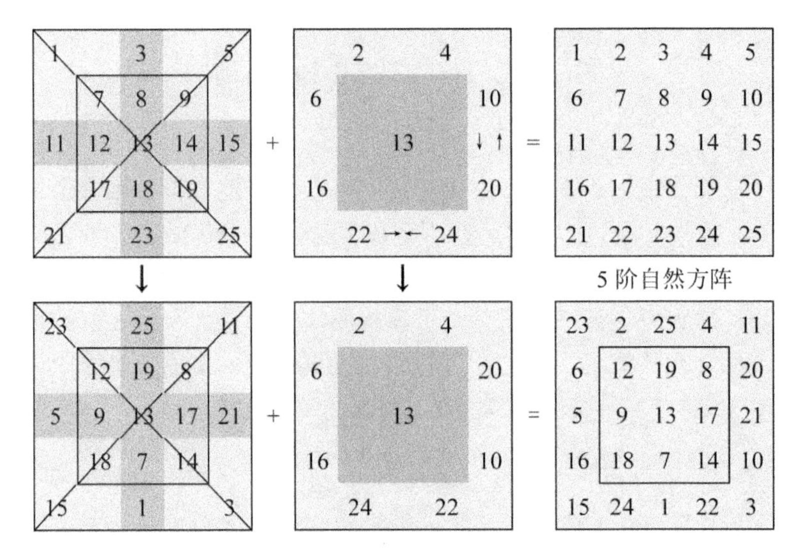

图 2.70

以上 3 个变位“米”字单元，按原所在位置合成，即可得 5 阶幻方（图 2.70 下右）。由左右旋法制作的 5 阶幻方，其主要结构特征如下：3 阶环四边全等于“39”，5 阶环四边全等于“65”，这是“同心环”结构，又因 5 阶套 3 阶幻方成立，故属于“回”字型幻方类。这幅 5 阶幻方可以再变法：如两个中心对称 M“米”字可做 3 阶环与 5 阶环之间交换；又如一个轴对称 W“米”字的对应数组可做轴对称换位等；同时对称两行或两列之间可做对易位置。因此，左右旋法有较强的奇数阶“同心”幻方演绎功能。

二、7 阶“同心”幻方

下面简要介绍 7 阶“左右旋法”的操作方法。

第一步：7 阶自然方阵“米”字型分拆（图 2.71 上）。其中，左图 3 阶环、5 阶环、7 阶环各有一个 M“米”字单元；右图 7 阶环边厢有 2 个 W“米”字单元，5 阶环边厢有 1 个 W“米”字单元，3 阶环不存在 W“米”字单元。

第二步：M“米”字单元左右旋法操作如下（图 2.71 下左）。

① 3 阶环：天“当位”左旋 135°，即对角线左旋 135° 变纵横轴；地“当位”右旋 45°，即纵横轴右旋 45° 变对角线。

② 5 阶环：天“当位”左旋 135°，即对角线左旋 135° 变为纵横轴；地“不当位”右旋 135°，即纵横轴右旋 135° 变为对角线。

③ 7 阶环：对角线与纵横轴“当位”，故与 3 阶环左右旋法相同。

第三步：W“米”字单元左右旋法操作如下（图 2.71 下中）。

① 5 阶环：与上例第三步相同，即相邻一边的行、列上一组数互换位置。

② 7 阶环：相邻一边的行、列上各两组数对称互换位置，同时其中一组在换位后与对称行、对称列上一组数交换位置。

以上6个变位“米”字单元按原所在位置合成，即得7阶幻方(图2.71下右)。由左右旋法制作的7阶幻方，其主要结构特征如下：3阶环四边全等于“75”，5阶环四边全等于“125”，7阶环四边全等于“175”，这是三层次等差“同心环”结构，又因7阶套5阶套3阶幻方成立，故属于“回”字型幻方类。这幅7阶幻方可以再变法：如3个中心对称M“米”字可做不同阶环与环之间交换；又如轴对称W“米”字同环对应数组可做轴对称换位等；同时对称两行或两列之间可对易位置等。

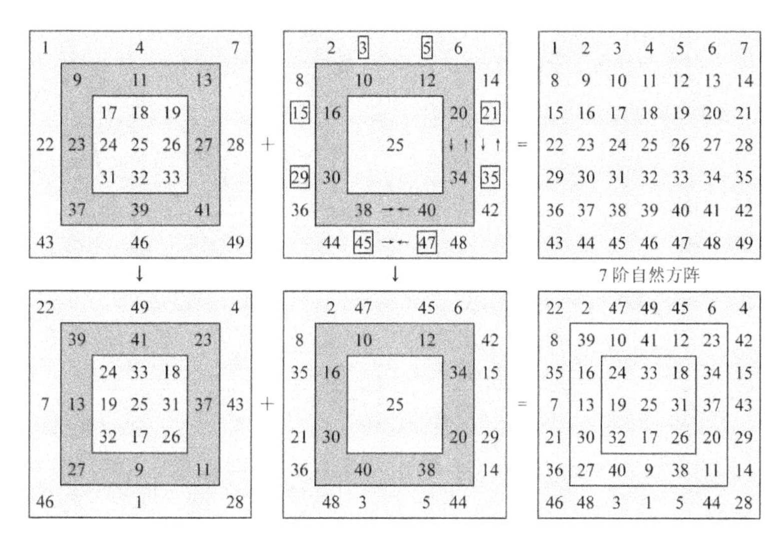

图2.71

三、9阶“同心”幻方

第一步：9阶自然方阵“米”字型分拆(图2.72上)。

9阶自然方阵有3阶环、5阶环、7阶环、9阶环，各有一个M“米”字单元；9阶环边厢有3个W“米”字单元，7阶环边厢有2个W“米”字单元，5阶环边厢有1个W“米”字单元。

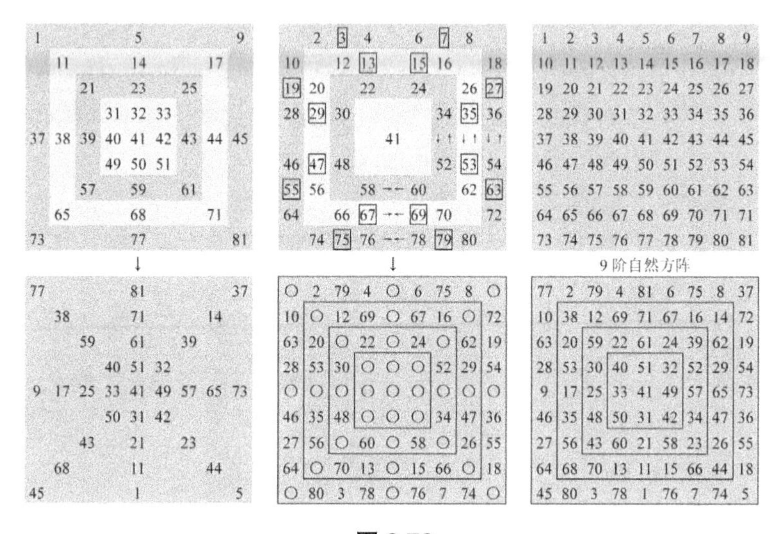

图2.72

第二步：M“米”字单元左右旋法操作如下（图 2.72 下左）。

① 3 阶环、7 阶环“当位”，即对角线左旋 135° 变为纵横轴；而纵横轴右旋 45° 变为对角线。

② 5 阶环、9 阶环对角线“当位”左旋 135° 变为纵横轴；纵横轴“不当位”右旋 135° 变为对角线。

第三步：W“米”字单元左右旋法操作如下（图 2.72 下中）。

① 5 阶环：与上例第三步相同，即相邻一边的行、列上一组数互换位置。

② 7 阶环：相邻一边的行、列上各两组数对称互换位置，同时其中一组在换位后与对称行、对称列上一组数交换位置。

③ 9 阶环：做法与 7 阶环同。

以上 9 个变位“米”字单元按原所在位置合成，即得 9 阶“同心”幻方（图 2.72 下右），其主要结构特征如下：3 阶环四边全等于“123”，5 阶环四边全等于“205”，7 阶环四边全等于“287”，9 阶环四边全等于“369”，这是四层次等差“同心环”结构，又因 9 阶套 7 阶套 5 阶套 3 阶幻方成立，故属于“回”字型幻方类。

四、左右旋法构图基本规程

根据上述 5 阶、7 阶、9 阶构图示例，对左右旋法的构图要义、规则、方法归纳与说明如下：它以奇数阶自然方阵的“米”字型分解结构为底本构图，适用于构造连套“同心”子母结构奇数幻方。按奇数阶自然方阵的“米”字位置，分为 M“米”字单元与 W“米”字单元两种基本构图单元。所谓 M“米”字单元，指由纵横轴（中行中列）与两条主对角线构成的“米”字单元，奇数阶 3 阶环、5 阶环……n 阶环各有一个 M“米”字单元；所谓 W“米”字单元，指由每边对称 2 数（共 8 数，中虚）构成的“米”字单元，奇数阶 5 阶环有 1 个、7 阶环有 2 个……n 阶环有 $\frac{1}{2}(n-3)$ 个 W“米”字单元。这两种“米”字单元的构图变法规则及其基本方法如下。

1. M“米”字单元变法

①在 3 阶环 M“米”字单元上，对角线居奇数，天左旋 135° 即两条对角线同步左旋 135° 变为纵横轴；纵横轴居偶数，地右旋 45°，即纵横轴同步右旋 45° 变为对角线。

②凡 3 阶环、7 阶环、11 阶环……其对角线与纵横轴上数的奇偶性与 3 阶相同，我称之“当位”，则天“当位”左旋 135°，地“当位”右旋 45°。

③凡 5 阶环、9 阶环、13 阶环……其对角线“当位”，左旋 135° 变为纵横轴；其纵横轴“不当位”，右旋 135° 变为对角线。

2. W“米”字单元变法

5 阶环：相邻一边行、一边列上数组互换位置；大于 5 阶各环：除了相邻一边行、一边列上各数组互换位置外，其中部分数组还需与对边行、对边列上相关数组交换位置。

变位后的 M“米”字单元与 W“米”字单元合成，即得环环连套奇数阶“同心”幻方，它们属于“回”字型结构幻方。

“两仪”型幻方构图法

什么是“两仪”型幻方？指全部奇数团聚中央（斜置）、全部偶数镶嵌四角的奇数阶幻方。这是表现奇数阶幻方奇、偶数分列式子母结构的一种特殊组合形态，非常美。洛书既是一幅最小的“两仪”型3阶幻方（参见“洛书四大构图法”内容图2.34），又是一个奇数阶“两仪”型组合模型，它揭示了“两仪”型结构在任意奇数阶幻方领域中普遍存在。“两仪”造型变化无穷，本文简要介绍“两仪”型幻方构图的基本方法。

一、初始“两仪”型幻方

杨辉口诀“九子斜排……”填成的3阶幻方，直接是一幅“两仪”型幻方，高于3阶时就不是“两仪”型幻方了。几经琢磨发现：凡“九子斜排”式杨辉口诀幻方，若以中行、中列为坐标，按其数序调整各行、各列，则可把它变成初始状态的“两仪”型幻方，举例如下（图2.73）。

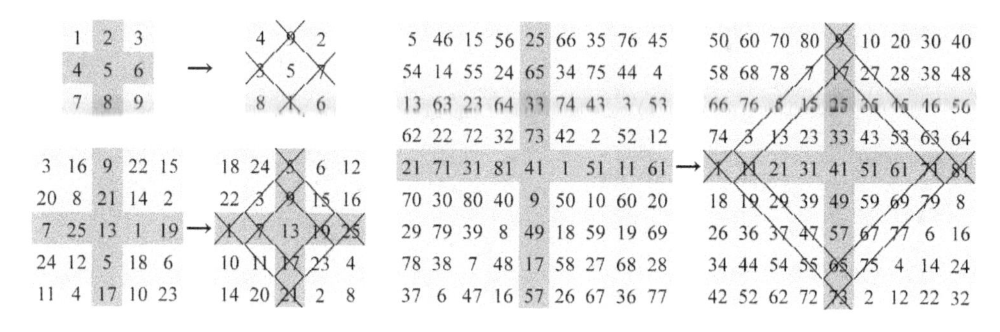

图 2.73

什么是初始“两仪”型幻方？如图2.73所示，初始“两仪”型幻方，指在杨辉口诀以自然方阵为样本填制的奇数阶幻方。若以中行、中列为坐标按数的大小为序调整各行、各列，则得到“两仪”型幻方。（$2k+1$）阶初始“两仪”型幻方（$k>1$）具有以下共同的内部组合结构。

①整体结构：全部奇数团聚中央（斜排）、全部偶数镶嵌四角。

②四角结构（阴仪）：横向两个三角形内，各行是相继的一条连续数列，其公差

等于 2（$k+1$）；纵向两个三角形内，各列也是相继的一条连续数列，公差 $2k$。

③中央结构（阳仪）：全奇数（$k+1$）阶与 k 阶两个子单元为斜排、镶嵌的分段式自然方阵，左斜线公差为常数 2，右斜线公差为常数 $2k$。

④中心结构：1 至（$2k+1$）^{2} 自然数列之中项数居中。

⑤数组结构：全部奇数数组对、全部偶数数组对［所谓数组对，指 1 至（$2k+1$）^{2} 自然数列对折配对数，2 数之和全等于中项数 2 倍］都为中心对称排列。

⑥两对横向相邻的三角形之和等差，两对纵向相邻的三角形之和也等差。

⑦左、右泛对角线之和为两列连续等差数列，中项是两条主对角线。

幻方是关于行、列、对角线等和关系的组合方阵，但在初始“两仪”型幻方中，这种等和关系恰恰是建立在内部结构充满等差关系的基础之上，不能不说是一个奇迹。

把“杨辉口诀”幻方转换成“两仪”型幻方的方法是：中行中列同步按数序大小重排各列、各行。在这个转换过程中，我发现了一个鲜为人知的秘密：“杨辉口诀”幻方若按中行数序大小重排各列，即可得完全幻方；同理，若按中列数序大小重排各行，亦可得完全幻方。这是一个由幻方向完全幻方转换的奇迹。

二、“两仪”型幻方变位

除了“九子斜排”式杨辉口诀幻方外，什么样的奇数阶幻方通过行列变位可以变成“两仪”型组合结构？它的奇、偶数在行列的分布状态必须符合下列情况：中行、中列全部由奇数构成，其他对称行、列的奇数逐个减少，至某对称行、列只有一个居中奇数，这类奇数阶幻方都可以调整为“两仪”型结构，现在以 5 阶举例如下（图 2.74）。

11	24	7	20	3
4	12	25	8	16
17	5	13	21	9
10	18	1	14	22
23	6	19	2	15

→

12	4	25	16	8
24	11	7	3	20
5	17	13	9	21
6	23	19	15	2
18	10	1	22	14

11	24	17	10	3
4	12	25	18	6
7	5	13	21	19
20	8	1	14	22
23	16	9	2	15

→

12	4	25	6	18
24	11	17	3	10
5	7	13	19	21
16	23	9	15	2
8	20	1	22	14

图 2.74

如图 2.74 所示，这两幅变位“两仪”型幻方，不同于初始“两仪”型幻方，其不同点主要表现在以下几方面。

①中行中列重组，不再按数序排列。

②内部等差结构变化复杂。

③中央两个奇数子单元不再是斜排、镶嵌的分段式自然方阵。

在全部数组中心对称排列结构条件下，“两仪”型幻方都可做行或列的轴对称变位，而保持“两仪”造型不变，因此“两仪”型幻方存在相当可观的数量。

这里有一个问题尚待解决：即在 1 至（$2k+1$）^{2} 自然数列中，当非中项居中时，存在“两仪”型幻方吗？有时间一定搜索非中项居中“两仪”型幻方。

三、“两仪”型幻方结构

“两仪”型幻方全部奇数集聚中央，其位置具有相对独立性。因此，作为一条奇数连续数列，可以做出任何“奇方异幻”设计与安排，然而配以四角全部偶数，这就是“两仪”型幻方雕塑——精心打造幻方珍品（参见本书下册“巧夺天工”相关内容）。现取出初始“两仪”型幻方的中央结构（阳仪）做模型分析（以 9 阶、11 阶为例）。

1. 相间结构

如图 2.75 左所示，9 阶中央 41 个奇数，构成 5 阶与 4 阶两个镶嵌的分段式自然方阵，5 阶在外，4 阶在里，两者互相独立。你可以制作想要的任何5阶、4阶幻方，如两个完全幻方，又如其中 5 阶是一个 5 阶、3 阶同心幻方等。

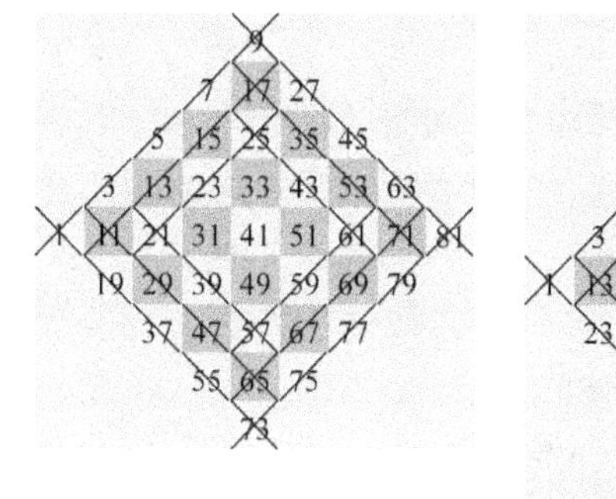

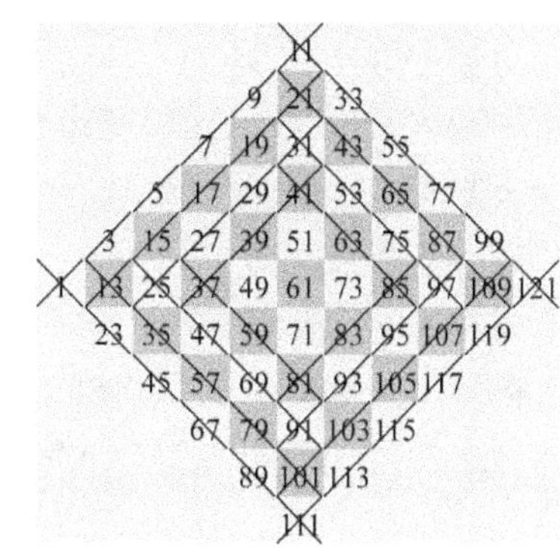

图 2.75

如图 2.75 右所示，11 阶中央 61 个奇数，构成 6 阶与 5 阶两个镶嵌的分段式自然方阵，6 阶在外，5 阶在里，两者互相独立。你可以制作想要的任何 6 阶、5 阶幻方，如 6 阶非完全幻方与 5 阶完全幻方，又如 6 阶、4 阶同心幻方及 5 阶、3 阶同心幻方等。同时，中央“阳仪”在相间结构状态下，这个奇数连续自然数列可在两个子单元之间按需要再分配等。

2. 相交结构

如图 2.76 所示，9 阶与 11 阶中央“阳仪”的相交结构更加错综复杂，不仅有层层斜排的同心子单元，而且有层层正排的同心子单元（随着阶次增高，四角“阴仪”也可加入正排的同心子单元），这种斜排与正排相交同心子单元结构具有多层次共生关系。

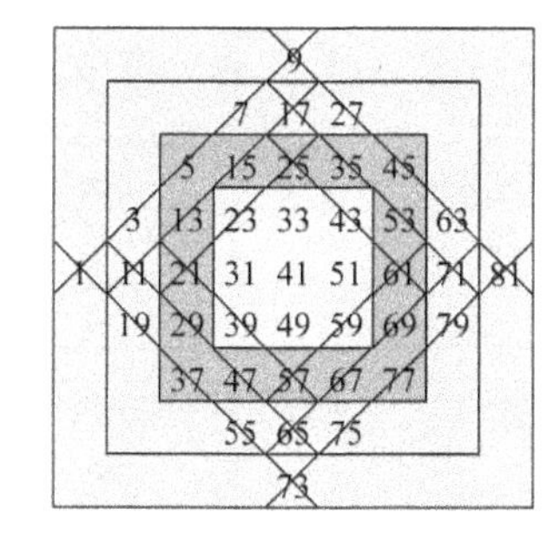

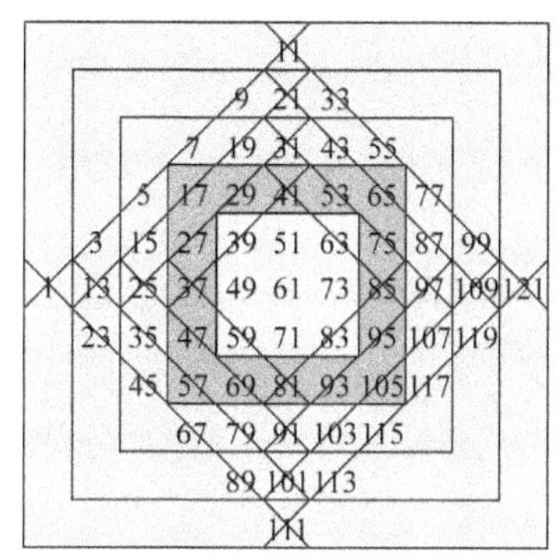

图 2.76

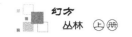

口诀幻方的最优化转换法

从幻方转换为完全幻方，乃是组合性质的根本变化，实现这一最优化转换的方法不多见。在“杨辉口诀”幻方转换成“两仪”型幻方的过程中，我发现了一个简单的行列重排最优化转换法：当大于3阶时，由杨辉口诀填制的幻方，若按中行数序大小重排各列，即可得完全幻方；同理，若按中列数序大小重排各行，亦可得完全幻方。据试验，行列重组最优化转换法适用的阶次范围是：除3阶及3（$2k+1$）阶幻方（$k \geqslant 1$）不能使之最优化转换之外，其余奇数阶幻方都可以转换为完全幻方。同时，还需要讨论如下两个重要问题：其一，除按中列或中行数序大小重排行列外，行列重排最优化转换法有什么重排规则？其二，除在自然方阵上按杨辉口诀制作的幻方外，杨辉口诀以各式“变位自然方阵”制作的幻方能否通过该方法实现最优化转换？

一、幻方的最优化转换实例

大于3阶的由杨辉口诀制作的奇数阶幻方，若按中行数序大小重排各列，即可得完全幻方；同理，若按中列数序大小重排各行，亦可得完全幻方。举例如下。

1. 第一例：5阶幻方的最优化转换

图2.77（A）5阶完全幻方由杨辉口诀制作的5阶幻方按中行之数序大小重排各列而得。换一句话说，列的最优化重排操作，以行为基准，中心“13”的右邻一列，安排右向隔一位的“25”所在列，如此依次滚动作业。同理，图2.77（B）5阶完全幻方由杨辉口诀制作的5阶幻方按中列之数序大小重排各行而得。换一句话说，行的最优化重排操作：以列为基准，中心“13”的下邻一行，安排下隔一位的“17”所在行，照此依次滚动作业。

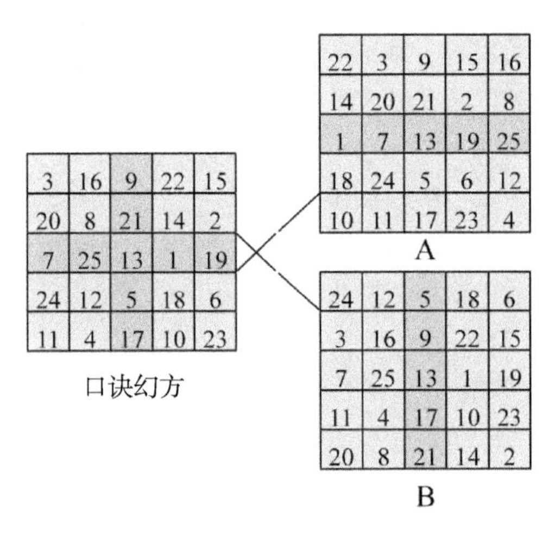

图2.77

2. 第二例：7 阶幻方的最优化转换

图 2.78 左是杨辉口诀在 7 阶自然方阵样本上填出的 7 阶幻方，然而以中行为基准，中心“25”的右邻一列，安排右向隔一位的“19”所在列，如此依次滚动作业重构各列，则得图 2.78 右(A)7 阶完全幻方。

同理，以中列为基准，中心“25”的下邻一行，安排下向隔一位的“33”所在行，如此依次滚动作业重构各行，则得图 2.78 右（B）7 阶完全幻方。以上（A）与（B）两幅 7 阶完全幻方的中行、中列特征：都是杨辉口诀幻方按数序大小重排的结果。

22	47	16	41	10	35	4
5	23	48	17	42	11	29
30	6	24	49	18	36	12
13	31	7	25	43	19	37
38	14	32	1	26	44	20
21	39	8	33	2	27	45
46	15	40	9	34	3	28

口诀幻方

10	4	47	41	35	22	16
42	29	23	17	11	5	48
18	12	6	49	36	30	24
43	37	31	25	19	13	7
26	20	14	1	44	38	32
2	45	39	33	27	21	8
34	28	15	9	3	46	40

A

38	14	32	1	26	44	20
46	15	40	9	34	3	28
5	23	48	17	42	11	29
13	31	7	25	43	19	37
21	39	8	33	2	27	45
22	47	16	41	10	35	4
30	6	24	49	18	36	12

B

图 2.78

3. 第三例：11 阶幻方的最优化转换

杨辉口诀 9 阶幻方等含“3”因子幻方，行列重排最优化转换法无法使之变成完全幻方，而 11 阶幻方又可以做最优化转换了。

如图 2.79 左所示，这是杨辉口诀以 11 阶自然方阵为样本制作的 11 阶幻方。然而，按行或列“隔一位重排”规则操作（注：行或列也表现为行或列按数序大小重排），则转换成了图 2.79 右（A）与图 2.79 右（B）所示的两幅 11 阶完全幻方。

6	67	18	79	30	91	42	103	54	115	66
77	17	78	29	90	41	102	53	114	65	5
16	88	28	89	40	101	52	113	64	4	76
87	27	99	39	100	51	112	63	3	75	15
26	98	38	110	50	111	62	2	74	14	86
97	37	109	49	121	61	1	73	13	85	25
36	108	48	120	60	11	72	12	84	24	96
107	47	119	59	10	71	22	83	23	95	35
46	118	58	9	70	21	82	33	94	34	106
117	57	8	69	20	81	32	93	44	105	45
56	7	68	19	80	31	92	43	104	55	116

口诀幻方

42	54	66	67	79	91	103	115	6	18	30
102	114	5	17	29	41	53	65	77	78	90
52	64	76	88	89	101	113	4	16	28	40
112	3	15	27	39	51	63	75	87	99	100
62	74	86	98	110	111	2	14	26	38	50
1	13	25	37	49	61	73	85	97	109	121
72	84	96	108	120	11	12	24	36	48	60
22	23	35	47	59	71	83	95	107	119	10
82	94	106	118	9	21	33	34	46	58	70
32	44	45	57	69	81	93	105	117	8	20
92	104	116	7	19	31	43	55	56	68	80

A

36	108	48	120	60	11	72	12	84	24	96
46	118	58	9	70	21	82	33	94	34	106
56	7	68	19	80	31	92	43	104	55	116
77	17	78	29	90	41	102	53	114	65	5
87	27	99	39	100	51	112	63	3	75	15
97	37	109	49	121	61	1	73	13	85	25
107	47	119	59	10	71	22	83	23	95	35
117	57	8	69	20	81	32	93	44	105	45
6	67	18	79	30	91	42	103	54	115	66
16	88	28	89	40	101	52	113	64	4	76
26	98	38	110	50	111	62	2	74	14	86

B

图 2.79

综上所述，由杨辉口诀幻方行或列按数序重排而转化成的完全幻方都是全中心对称结构，世称“雪花”完全幻方。

二、最优化重排“隔位”规则

据研究，当阶次大于 5 阶时，如 7 阶杨辉口诀幻方，不仅“隔一位”重排可转换成完全幻方，而且“隔两位”重排都可转换成完全幻方，举例如下。

如图 2.80 所示，7 阶杨辉口诀幻方的最优化行或列的重排，分别“隔两位”也能转换成图 2.80（A）与图 2.80（B）7 阶完全幻方。若“隔三位”“隔四位”重排，则回复至“隔一位”“隔两位”重排同构体。

随着阶次增高，有效隔位不断扩大。据研究，杨辉口诀（$2k+1$）阶幻方（$k>1$），有效隔位区间：$1 \leqslant P \leqslant k-1$。如 $k=2$ 时，即 5 阶幻方可以转换成图 2.80（A）与图 2.80（B）各一幅 5 阶完全幻方；如 $k=3$ 时，即 7 阶幻方可以转换成图 2.80（A）与图 2.80（B）各两幅 7 阶完全幻方等。

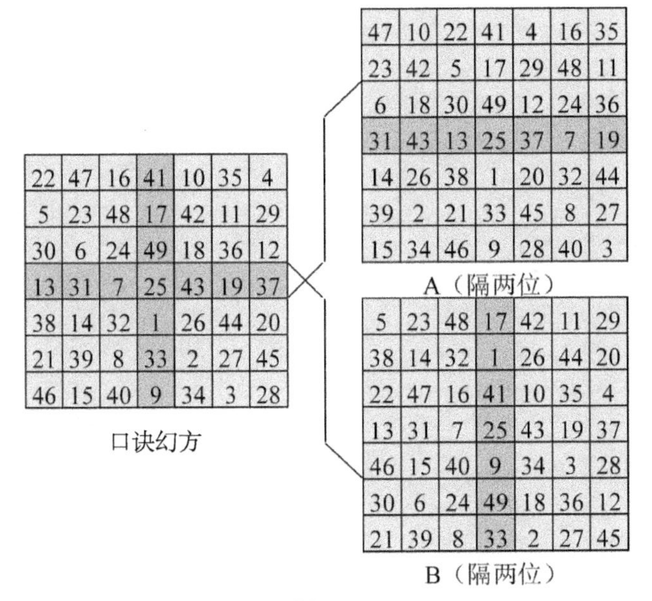

22	47	16	41	10	35	4
5	23	48	17	42	11	29
30	6	24	49	18	36	12
13	31	7	25	43	19	37
38	14	32	1	26	44	20
21	39	8	33	2	27	45
46	15	40	9	34	3	28

口诀幻方

47	10	22	41	4	16	35
23	42	5	17	29	48	11
6	18	30	49	12	24	36
31	43	13	25	37	7	19
14	26	38	1	20	32	44
39	2	21	33	45	8	27
15	34	46	9	28	40	3

A（隔两位）

5	23	48	17	42	11	29
38	14	32	1	26	44	20
22	47	16	41	10	35	4
13	31	7	25	43	19	37
46	15	40	9	34	3	28
30	6	24	49	18	36	12
21	39	8	33	2	27	45

B（隔两位）

图 2.80

三、最优化行列“交叉”重排

在 5 阶时，行重排与列重排各只有“隔一位”最优化转换，分而治之。当大于 5 阶时，有效隔位区间大于 1，行重排与列重排存在不同的隔位重排，所以就有可能发生行列“交叉”重排的最优化转换关系，举例如下。

如图 2.81 所示，杨辉口诀 7 阶幻方存在两种行列“交叉”重排方案：其一，“行隔两位、列隔一位”的“交叉”重排，转换成一幅 7 阶完全幻方；其二，“行隔一位、列隔两位”的“交叉”重排，转换成另一幅 7 阶完全幻方。

22	47	16	41	10	35	4
5	23	48	17	42	11	29
30	6	24	49	18	36	12
13	31	7	25	43	19	37
38	14	32	1	26	44	20
21	39	8	33	2	27	45
46	15	40	9	34	3	28

口诀幻方

42	29	23	17	11	5	48
26	20	14	1	44	38	32
10	4	47	41	35	22	16
43	37	31	25	19	13	7
34	28	15	9	3	46	40
18	12	6	49	36	30	24
2	45	39	33	27	21	8

行隔两位、列隔一位

14	26	38	1	20	32	44
15	34	46	9	28	40	3
23	42	5	17	29	48	11
31	43	13	25	37	7	19
39	2	21	33	45	8	27
47	10	22	41	4	16	35
6	18	30	49	12	24	36

行隔一位、列隔两位

图 2.81

四、最优化重排样本变更

上述杨辉口诀幻方是以自然方阵填出的样本，那么以“变位自然方阵”填出的杨辉口诀幻方能否通过最优化重排而转换成完全幻方呢？参见“杨辉口诀新用法”一文，“变位自然方阵”有四大类：①行列变位；②对角线变位；③数组置换；④“换心”技术。现以 5 阶为例做试验：在这四大类“变位自然方阵”中，只有行列变位所填出的口诀幻方能够通过最优化重排转换成完全幻方。

5 阶自然方阵的行列变位，分 3 种变法：一是轴对称变位；二是交叉对称变位；三是不对称变位。杨辉口诀在行列变位自然方阵上所填制 5 阶幻方按结构形式相应地分 3 类：即中心对称幻方、四维轴对称幻方与交叉边对称幻方。据试验，这 3 类口诀幻方，采用最优化重排方法，都可转换成 5 阶完全幻方。举例如下。

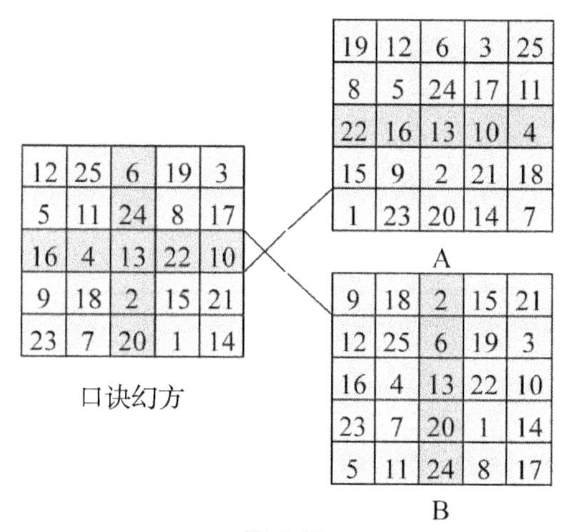

12	25	6	19	3
5	11	24	8	17
16	4	13	22	10
9	18	2	15	21
23	7	20	1	14

口诀幻方

19	12	6	3	25
8	5	24	17	11
22	16	13	10	4
15	9	2	21	18
1	23	20	14	7

A

9	18	2	15	21
12	25	6	19	3
16	4	13	22	10
23	7	20	1	14
5	11	24	8	17

B

图 2.82

如图 2.82 所示，由行列轴对称变位 5 阶自然方阵制作的口诀幻方，以中行为基准，“隔一位”重排各列，得 5 阶完全幻方（A）；以中列为基准，“隔一位”重排各行，得 5 阶完全幻方（B）。这两幅 5 阶完全幻方为全中心对称结构。

如图 2.83 所示，由行列交叉对称变位、行列不对称 5 阶自然方阵制作的口诀幻方，“隔一位”分别重排各行或各列，各得一幅 5 阶完全幻方。这两幅 5 阶完全幻方对称结构比较复杂。

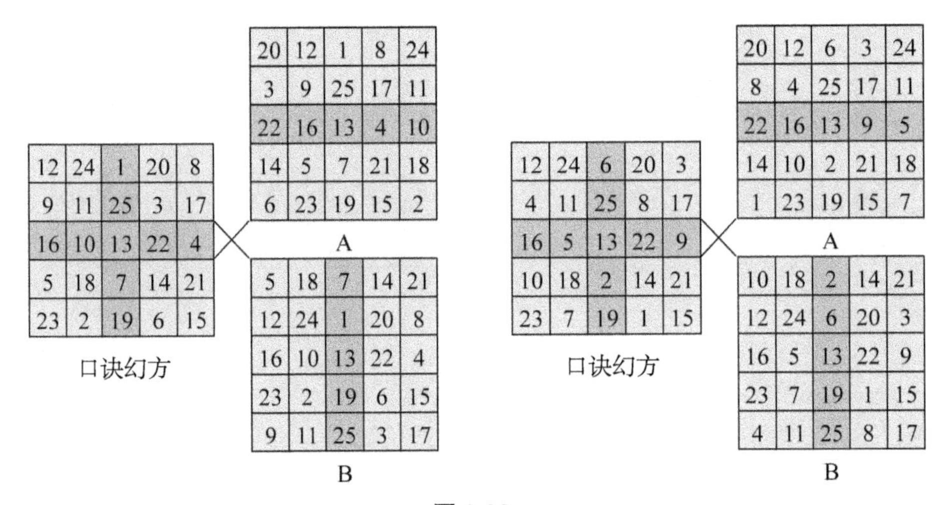

图 2.83

综上所述，杨辉口诀幻方经简单的最优化重排而转换成完全幻方，打开了非完全幻方与完全幻方之间的通路，这是继几何覆盖法之后发现的两种不同组合性质幻方之间的沟通、链接方法。

第3篇 最优化逻辑编码技术

最优化逻辑编码技术是按各种逻辑形式及其编码规则，首先编制“商—余”正交方阵，然而还原成完全幻方的构图方法。由于这部分完全幻方编码有章可循，组排有序，故称之为“规则”完全幻方。逻辑编码操作简易而直观，具有强大的构图、检索、演绎与计数功能。最优化逻辑编码技术按其编码位制可分为：零位制、二位制、三位制等多种位制编码；按其编码格式可分为：“行—列”、泛对角线两种基本格式编码；按其逻辑形式可分为：自然逻辑、同位逻辑、错位逻辑、单元逻辑等多种逻辑形式编码；按其编码层次可分为：单重次、二重次……多重次结构编码。根据幻方不同阶次条件错综应用，由此形成一整套最优化逻辑编码构图的方法体系。

“商—余”正交方阵常识

最优化逻辑编码技术，通过“商—余”正交方阵的编制与还原两大步骤构造完全幻方，因此“商—余”正交方阵是逻辑编码的基本工具。“商—余”正交方阵与“拉丁方”原理相通，但在组合性质、编制规则及其要求等诸多方面不能画等号。在最优化逻辑编码技术中，“商—余”正交方阵不一定是“拉丁方”，反之亦然，因此“拉丁方”概念不可用。

一、“商—余”方阵形式

1 至 n^2 自然数列除以 n，得 n 段“0 至 $n-1$”连续数，为 1 至 n^2 自然数列的“商数”；又得 n 段“1 至 n”连续数，为 1 至 n^2 自然数列的“余数”。然而由 n 段“0 至 $n-1$”连续数列编制的称之“商”方阵，用［0_n］符号表示；由 n 段“1 至 n”连续数列编制的称之“余”方阵，用［1_n］符号表示。因此，两方阵用数为加“1”或减“1”关系。在构图中，一般只需编出“余数”方阵，减“1”就变成“商数”方阵。“商—余”两方阵的原始形式如图 3.1 所示。

1	2	3	4	5
6	7	8	9	10
11	12	13	14	15
16	17	18	19	20
21	22	23	24	25

÷5 =

0	0	0	0	0
1	1	1	1	1
2	2	2	2	2
3	3	3	3	3
4	4	4	4	4

＋

1	2	3	4	5
1	2	3	4	5
1	2	3	4	5
1	2	3	4	5
1	2	3	4	5

自然方阵　　“商”方阵　　“余”方阵

图 3.1

二、“商—余”两方阵正交关系

由图 3.1 可知，5 阶自然方阵分解为“商”方阵与“余”方阵，两方阵的编码格式互为旋转 90°，即建立了正交关系。

什么是编码格式？本例“商”方阵以行编码，“余”方阵以列编码，这就是编码格式。“商—余”两方阵，必须采用“行—列”（或“列—行”）格式编码，由此两方阵互为旋转 90° 正交。这一编码格式普遍适用于最优化逻辑编码构图法。

0/1	0/2	0/3	0/4	0/5
1/1	1/2	1/3	1/4	1/5
2/1	2/2	2/3	2/4	2/5
3/1	3/2	3/3	3/4	3/5
4/1	4/2	4/3	4/4	4/5

图 3.2

什么是正交关系？指两方阵对应数位每两数无一重复匹配的一种数学关系（图 3.2）。在最优化逻辑编码构图法中，建立“商”方阵与“余”方阵正交关系是一项重要技术，只有“商—余”正交方阵才能还原出完全幻方。由于编码的最优化逻辑形式不同，“商—余”两方阵建立正交关系的规则有所区别；同时两方阵“互为旋转90° 正交”的含义，也不是简单的“一对一”方式，而是可“多对多”正交演绎。

三、“商—余”正交方阵还原

图 3.1 是原始形式的“商—余”正交方阵，它还原出 5 阶自然方阵。什么性质的“商—余”正交方阵就还原出什么性质的幻方。当两方阵都以最优化逻辑形式编制时，就可按下述公式还原出完全幻方：$[0_n] \times n + [1_n] = [S_n]$。

总之，最优化逻辑编码技术运用“商—余”正交方阵工具，主要解决如下几方面问题：其一，不同阶次各自选择适用的最优化逻辑形式；其二，掌握编码规则、程序、方法与技巧；其三，“商—余”两方阵的正交设计。最优化逻辑编码技术，我也称之为“商—余”正交方阵构图法。此法同样可适用于非完全幻方领域。

自然逻辑编码技术

什么是最优化自然逻辑形式？所谓最优化自然逻辑形式，指其逻辑形式具有如下组合特征：即“商数”方阵各行、各列及泛对角线都由“0 至 n–1”连续数列构成；“余数”方阵各行、各列及泛对角线都由“1 至 n”连续数列构成。显然，这两方阵都具有最优化性质。那么，由最优化自然逻辑形式所编出的 n 阶“商—余”两方阵，在建立正交关系条件下，按公式 $[0_n] \times n + [1_n]$ 计算，必然可还原成完全幻方，这就是最优化自然逻辑编码技术。它的主要适用范围：适用于不含“3”因子的奇数阶完全幻方领域（包括大于 3 阶的全部质数阶，以及不含“3”因子的奇合数阶）。当然，它也可以在“奇偶合数阶完全幻方”领域推广运用（注：奇因子大于 3 阶）。

一、自然逻辑完全幻方范例

为了便于介绍最优化自然逻辑编码技术的编码规则、程序及其操作方法等，现出示两幅 7 阶完全幻方例图（图 3.3）。

0	5	3	2	4	1	6
3	2	4	1	6	0	5
4	1	6	0	5	3	2
6	0	5	3	2	4	1
5	3	2	4	1	6	0
2	4	1	6	0	5	3
1	6	0	5	3	2	4

×7+

7	6	3	2	1	4	5
2	1	4	5	7	6	3
5	7	6	3	2	1	4
3	2	1	4	5	7	6
4	5	7	6	3	2	1
6	3	2	1	4	5	7
1	4	5	7	6	3	2

=

7	41	24	16	29	11	47
23	15	32	12	49	6	38
33	14	48	3	37	22	18
45	2	36	25	19	35	13
39	26	21	34	10	44	1
20	31	9	43	4	40	28
8	46	5	42	27	17	30

（1）

0	5	3	2	4	1	6
3	2	4	1	6	0	5
4	1	6	0	5	3	2
6	0	5	3	2	4	1
5	3	2	4	1	6	0
2	4	1	6	0	5	3
1	6	0	5	3	2	4

×7+

3	7	6	4	1	5	2
1	5	2	3	7	6	4
7	6	4	1	5	2	3
5	2	3	7	6	4	1
6	4	1	5	2	3	7
2	3	7	6	4	1	5
4	1	5	2	3	7	6

=

3	42	27	18	29	12	44
22	19	30	10	49	6	39
35	13	46	1	40	23	17
47	2	38	28	20	32	8
41	25	15	33	9	45	7
16	31	14	48	4	36	26
11	43	5	37	24	21	34

（2）

图 3.3

图 3.3（1）中，“商”方阵各行、各列及泛对角线都由“0 ～ 6”数列构成；“余”方阵各行、各列及泛对角线都由“1 ～ 7”数列构成，这表现了最优化自然逻辑形式的基本特征，由此两方阵都具备完全幻方性质。“商”方阵加“1”，并逆旋 90° 得“余”方阵，“商—余”两方阵建立正交关系，然后还原出等式右边的 7 阶完全幻方（泛幻和“175”）。由本例演示了最优化自然逻辑行列编码技术中运用“商—余”正交方阵构图的基本规则及其操作方法。

图 3.3（2）也是以最优化自然逻辑形式编制的“商—余”两方阵，它们的对应数位不再具有加、减“1”关系，故无所谓“互为旋转 90° 正交”之概念，但同样成功地运用“商—余”正交方阵编制出了一幅自然逻辑 7 阶完全幻方（泛幻和“175”）。在两例的比较中，我们将讨论最优化自然逻辑编码技术的构图、检索等方面的基本方法。

二、自然逻辑编码基本规程

1. 首行定位

以“余”方阵为例，1 至 n 自然数在首行可做 n 个数的全排列定位，计 $n!$ 种状态（包含反序的 2 倍同构行）。“商数”方阵同理，且两方阵首行可各自为政定位。

2. 起编位置

首行定位后，下一行都依据上一行数序编码，并按事先确定的起编位置操作。起编位置可选范围：一行的左起第 3 位至第（n–1）位。这就是说第 1、第 2 位与末位不能作为下一行的起编位置，因而起编位置计有 $n-3$ 个位置可供选择。

3. 滚动式编码

从选定的起编位置开始，按首行数序从左至右滚动移至第二行，以下各行都根据自己的上一行及其同一起编位置照此逐行滚动式编码类推。因此，每一行的数序（指各数字之间的次序与排列关系）都与首行相同，但因按同一起编位置逐行滚动编码，故各行每个数字的位次（指数字的具体位置关系）发生移动。

4. “商—余”两方阵正交原则

“商数”与“余数”两方阵编码操作规则、方法相同，两者如何建立正交关系呢？据研究，两方阵建立正交关系必须贯彻“异位”起编原则，即两方阵必须按不同的起编位置做滚动式编码。然后，“商—余”正交方阵按还原公式 $[0_n]\times n+[1_n]$ 计算，即得相关 n 阶完全幻方。

三、自然逻辑完全幻方计数公式

最优化自然逻辑编码技术操作简易，具有强大的完全幻方演绎功能，且图形检索与计数脉络清晰。以自然逻辑形式存在的完全幻方计数推算方法如下。

①首行定位有 $n!$ 种方案，每一种方案下起编位置有 $n-3$ 个可选方案，因此能编制出 $n!(n-3)$ 个“余数”方阵。

②“商数”方阵数量与“余数”方阵相同，各有 $n!(n-3)$ 个方阵。

③“商—余”两方阵“异位起编”建立正交关系，应扣去同位起编不正交部分，那么“商—余”正交方阵计 $(n!)^2(n-3)(n-4)$ 对。

“商—余”正交方阵以“一对一”方式还原完全幻方，因此最优化自然逻辑编码技术的基本计数公式如下（不计“镜像”8倍同构体）；$S=\frac{1}{8}(n!)^2(n-3)(n-4)$。

首先，本公式主要适用于大于3阶的质数完全幻方计数。比如，以自然逻辑形式存在的5阶完全幻方计3600幅图形，7阶完全幻方计38102400幅图形，11阶完全幻方计11153456455680000幅图形等。本类完全幻方属于“规则”完全幻方范畴，1至 n^2 自然数列中的每一个数，在 n^2 个数位出现的机会均等。目前还没有发现5阶存在其他最优化逻辑形式，因此本公式已彻底清算了5阶完全幻方群的全部解。然而7阶或大于7阶的质数阶完全幻方已发现还存在非逻辑的最优化形式（通常被划入“不规则”完全幻方分群范畴）。所以，本公式只计算了其全部最优化解中的一部分（我称之为“规则”完全幻方分群）。

其次，本公式也适用于不含“3”因子奇合数阶完全幻方计数。但不含“3”因子奇合数阶完全幻方不仅存在其他最优化逻辑形式，而且还存在非逻辑的最优化形式，因此本公式只计算了不含“3”因子奇合数阶完全幻方的一小部分。

从最优化自然逻辑编码技术引出的一个思考题：目前，我认为“规则”质数阶完全幻方分群，最优化自然逻辑是它的唯一可能存在的单一微观结构形式。这个观点是否可以成为一个定论呢？如果这一结论正确无误，“规则”质数阶完全幻方分群就已被最优化自然逻辑编码技术彻底清算完毕。

自然逻辑多重次编码技术

在不含“3”因子的奇合数阶领域，最优化自然逻辑编码技术可应用于子、母阶结构的完全幻方构图，由此产生了多重次编码方法。如最小的25阶＝5×5阶，做子、母阶二重次编码，就可构造以最优化自然逻辑形式存在的子母结构25阶完全幻方。举例如下。

一、25阶“商数”方阵编码案例

0	1	2	3	4	5	6	7	8	9	10	11	12	13	14	15	16	17	18	19	20	21	22	23	24
3	4	0	1	2	8	9	5	6	7	13	14	10	11	12	18	19	15	16	17	23	24	20	21	22
1	2	3	4	0	6	7	8	9	5	11	12	13	14	10	16	17	18	19	15	21	22	23	24	20
4	0	1	2	3	9	5	6	7	8	14	10	11	12	13	19	15	16	17	18	24	20	21	22	23
2	3	4	0	1	7	8	9	5	6	12	13	14	10	11	17	18	19	15	16	22	23	24	20	21
15	16	17	18	19	20	21	22	23	24	0	1	2	3	4	5	6	7	8	9	10	11	12	13	14
18	19	15	16	17	23	24	20	21	22	3	4	0	1	2	8	9	5	6	7	13	14	10	11	12
16	17	18	19	15	21	22	23	24	20	1	2	3	4	0	6	7	8	9	5	11	12	13	14	10
19	15	16	17	18	24	20	21	22	23	4	0	1	2	3	9	5	6	7	8	14	10	11	12	13
17	18	19	15	16	22	23	24	20	21	2	3	4	0	1	7	8	9	5	6	12	13	14	10	11
5	6	7	8	9	10	11	12	13	14	15	16	17	18	19	20	21	22	23	24	0	1	2	3	4
8	9	5	6	7	13	14	10	11	12	18	19	15	16	17	23	24	20	21	22	3	4	0	1	2
6	7	8	9	5	11	12	13	14	10	16	17	18	19	15	21	22	23	24	20	1	2	3	4	0
9	5	6	7	8	14	10	11	12	13	19	15	16	17	18	24	20	21	22	23	4	0	1	2	3
7	8	9	5	6	12	13	14	10	11	17	18	19	15	16	22	23	24	20	21	2	3	4	0	1
20	21	22	23	24	0	1	2	3	4	5	6	7	8	9	10	11	12	13	14	15	16	17	18	19
23	24	20	21	22	3	4	0	1	2	8	9	5	6	7	13	14	10	11	12	18	19	15	16	17
21	22	23	24	20	1	2	3	4	0	6	7	8	9	5	11	12	13	14	10	16	17	18	19	15
24	20	21	22	23	4	0	1	2	3	9	5	6	7	8	14	10	11	12	13	19	15	16	17	18
22	23	24	20	21	2	3	4	0	1	7	8	9	5	6	12	13	14	10	11	17	18	19	15	16
10	11	12	13	14	15	16	17	18	19	20	21	22	23	24	0	1	2	3	4	5	6	7	8	9
13	14	10	11	12	18	19	15	16	17	23	24	20	21	22	3	4	0	1	2	8	9	5	6	7
11	12	13	14	10	16	17	18	19	15	21	22	23	24	20	1	2	3	4	0	6	7	8	9	5
14	10	11	12	13	19	15	16	17	18	24	20	21	22	23	4	0	1	2	3	9	5	6	7	8
12	13	14	10	11	17	18	19	15	16	22	23	24	20	21	2	3	4	0	1	7	8	9	5	6

图 3.4

图3.4是一个整体上以最优化自然逻辑形式存在的25阶“商数”方阵，它由25个同质逻辑结构的最优化5阶子单元合成，其二重次最优化编码方法如下。

①25阶首行以0～24自然数列从左到右按顺序定位，由此决定了第一排5个5阶子单元的配置方案。

②第一排5个5阶子单元各自按最优化自然逻辑形式、逐行各以上一行的左起第4位为起编位置且滚动编码，这就是第一层次即5阶子单元最优化编码。

③然而以第一排5个5阶子单元为母阶的编码单位，以下各排分别按上一排

的左起第 4 位为起编位置且逐排滚动编码，这就是第二层次即母阶最优化编码。

二、25 阶“余数”方阵编码案例

图 3.5 是一个整体上以最优化自然逻辑形式存在的 25 阶“余数”方阵，它由 25 个同质逻辑结构的最优化 5 阶子单元合成，其二重次最优化编码方法如下。

1	2	3	4	5	6	7	8	9	10	11	12	13	14	15	16	17	18	19	20	21	22	23	24	25
3	4	5	1	2	8	9	10	6	7	13	14	15	11	12	18	19	20	16	17	23	24	25	21	22
5	1	2	3	4	10	6	7	8	9	15	11	12	13	14	20	16	17	18	19	25	21	22	23	24
2	3	4	5	1	7	8	9	10	6	12	13	14	15	11	17	18	19	20	16	22	23	24	25	21
4	5	1	2	3	9	10	6	7	8	14	15	11	12	13	19	20	16	17	18	24	25	21	22	23
11	12	13	14	15	16	17	18	19	20	21	22	23	24	25	1	2	3	4	5	6	7	8	9	10
13	14	15	11	12	18	19	20	16	17	23	24	25	21	22	3	4	5	1	2	8	9	10	6	7
15	11	12	13	14	20	16	17	18	19	25	21	22	23	24	5	1	2	3	4	10	6	7	8	9
12	13	14	15	11	17	18	19	20	16	22	23	24	25	21	2	3	4	5	1	7	8	9	10	6
14	15	11	12	13	19	20	16	17	18	24	25	21	22	23	4	5	1	2	3	9	10	6	7	8
21	22	23	24	25	1	2	3	4	5	6	7	8	9	10	11	12	13	14	15	16	17	18	19	20
23	24	25	21	22	3	4	5	1	2	8	9	10	6	7	13	14	15	11	12	18	19	20	16	17
25	21	22	23	24	5	1	2	3	4	10	6	7	8	9	15	11	12	13	14	20	16	17	18	19
22	23	24	25	21	2	3	4	5	1	7	8	9	10	6	12	13	14	15	11	17	18	19	20	16
24	25	21	22	23	4	5	1	2	3	9	10	6	7	8	14	15	11	12	13	19	20	16	17	18
6	7	8	9	10	11	12	13	14	15	16	17	18	19	20	21	22	23	24	25	1	2	3	4	5
8	9	10	6	7	13	14	15	11	12	18	19	20	16	17	23	24	25	21	22	3	4	5	1	2
10	6	7	8	9	15	11	12	13	14	20	16	17	18	19	25	21	22	23	24	5	1	2	3	4
7	8	9	10	6	12	13	14	15	11	17	18	19	20	16	22	23	24	25	21	2	3	4	5	1
9	10	6	7	8	14	15	11	12	13	19	20	16	17	18	24	25	21	22	23	4	5	1	2	3
16	17	18	19	20	21	22	23	24	25	1	2	3	4	5	6	7	8	9	10	11	12	13	14	15
18	19	20	16	17	23	24	25	21	22	3	4	5	1	2	8	9	10	6	7	13	14	15	11	12
20	16	17	18	19	25	21	22	23	24	5	1	2	3	4	10	6	7	8	9	15	11	12	13	14
17	18	19	20	16	22	23	24	25	21	2	3	4	5	1	7	8	9	10	6	12	13	14	15	11
19	20	16	17	18	24	25	21	22	23	4	5	1	2	3	9	10	6	7	8	14	15	11	12	13

图 3.5

① 25 阶首行以 1 ～ 25 自然数列从左到右按顺序定位，或者说它采用了上例的 25 阶“商数”方阵首行定位加“1”方案。

②为了与“商数”方阵建立正交关系，“余数”方阵第一层次即第一排 5 个 5 阶子单元滚动编码的关键在于“异位”起编，本例各行都以上一行的左起第 3 位为起编位置。

③同理，“余数”方阵的第二层次即母阶编码，也必须与“商数”方阵的母阶编码做“异位”起编，本例各排分别按上一排的左起第 3 位为起编位置，逐排滚动编码。

据检验，图 3.4 与图 3.5 所示 25 阶“商—余”两方阵正交关系成立，按还原公式［0_{25}］×25 +［1_{25}］计算，即可得一幅以子母阶二重次最优化自然逻辑形式存在的 25 阶完全幻方（图 3.6），它与单重次编码构造的 25 阶完全幻方属于不同类别。

1	27	53	79	105	131	157	183	209	235	261	287	313	339	365	391	417	443	469	495	521	547	573	599	625
78	104	5	26	52	208	234	135	156	182	338	364	265	286	312	468	494	395	416	442	598	624	525	546	572
30	51	77	103	4	160	181	207	233	134	290	311	337	363	264	420	441	467	493	394	550	571	597	623	524
102	3	29	55	76	232	133	159	185	206	362	263	289	315	336	492	393	419	445	466	622	523	549	575	596
54	80	101	2	28	184	210	231	132	158	314	340	361	262	288	444	470	491	392	418	574	600	621	522	548
386	412	438	464	490	516	542	568	594	620	21	47	73	99	125	126	152	178	204	230	256	282	308	334	360
463	489	390	411	437	593	619	520	541	567	98	124	25	46	72	203	229	130	151	177	333	359	260	281	307
415	436	462	488	389	545	566	592	618	519	50	71	97	123	24	155	176	202	228	129	285	306	332	358	259
487	388	414	440	461	617	518	544	570	591	122	23	49	75	96	227	128	154	180	201	357	258	284	310	331
439	465	486	387	413	569	595	616	517	543	74	100	121	22	48	179	205	226	127	153	309	335	356	257	283
146	172	198	224	250	251	277	303	329	355	381	407	433	459	485	511	537	563	589	615	16	42	68	94	120
223	249	150	171	197	328	354	255	276	302	458	484	385	406	432	588	614	515	536	562	93	119	20	41	67
175	196	222	248	149	280	301	327	353	254	410	431	457	483	384	540	561	587	613	514	45	66	92	118	19
247	148	174	200	221	352	253	279	305	326	482	383	409	435	456	612	513	539	565	586	117	18	44	70	91
199	225	246	147	173	304	330	351	252	278	434	460	481	382	408	564	590	611	512	538	69	95	116	17	43
506	532	558	584	610	11	37	63	89	115	141	167	193	219	245	271	297	323	349	375	376	402	428	454	480
583	609	510	531	557	88	114	15	36	62	218	244	145	166	192	348	374	275	296	322	453	479	380	401	427
535	556	582	608	509	40	61	87	113	14	170	191	217	243	144	300	321	347	373	274	405	426	452	478	379
607	508	534	560	581	112	13	39	65	86	242	143	169	195	216	372	273	299	325	346	477	378	404	430	451
559	585	606	507	533	64	90	111	12	38	194	220	241	142	168	324	350	371	272	298	429	455	476	377	403
266	292	318	344	370	396	422	448	474	500	501	527	553	579	605	6	32	58	84	110	136	162	188	214	240
343	369	270	291	317	473	499	400	421	447	578	604	505	526	552	83	109	10	31	57	213	239	140	161	187
295	316	342	368	269	425	446	472	498	399	530	551	577	603	504	35	56	82	108	9	165	186	212	238	139
367	268	294	320	341	497	398	424	450	471	602	503	529	555	576	107	8	34	60	81	237	138	164	190	211
319	345	366	267	293	449	475	496	397	423	554	580	601	502	528	59	85	106	7	33	189	215	236	137	163

图 3.6

综上可知，子母阶多重次编码的基本规则与操作方法与单重次最优化自然逻辑编码技术相同，区别仅在于如下几点。

①不含“3”因子奇合数阶做子母阶分解，并分头滚动编码。

②子母阶起编位置可各自为政选定，但各子单元的起编位置必须相同。

③“商—余”两方阵建立正交关系的基本原则：两方阵的子、母阶都必须贯彻“异位”起编原则。

子母阶层次的多少取决于奇合数阶的因子分解，有二重次、三重次……多重次编码，要求各重次的阶次大于 3 阶及不含“3”因子，子母阶之间可以互换。由此构造的不含“3”因子奇合数阶完全幻方的基本特征：子阶、母阶具有多重次最优化性质。

二位制同位逻辑行列编码技术

什么是最优化二位制同位逻辑行列编码技术？即以两数等和数组为编码单元、按同位逻辑形式、采用行列格式编制“商—余”正交方阵，并由此还原成完全幻方的一种构图方法。它操作简易，具有很强的检索、计数功能，主要适用于 $4k$ 阶完全幻方构图（$k \geqslant 1$）。

一、行列同位逻辑完全幻方案例

图 3.7 展示了 8 阶“商—余”正交方阵二位制同位逻辑行列编码的两种格式：图 3.7（1）为“列—行”格式，图 3.7（2）为“行—列”格式。凡行编码（即各编码单元做行的同位全排），则各列为数列组排；凡列编码（即各编码单元做列的同位全排），则各行为数列组排。由此还原出的两幅 8 阶完全幻方（泛幻和“260”），其微观结构：划出任何一个 2 阶子单元，每四数之和一定全等于“130”，组合均匀度相当高。由此表现了最优化二位制同位逻辑编码的形制特征。它们为最优化二位制同位逻辑行列编码技术提供了必需的研究范本。

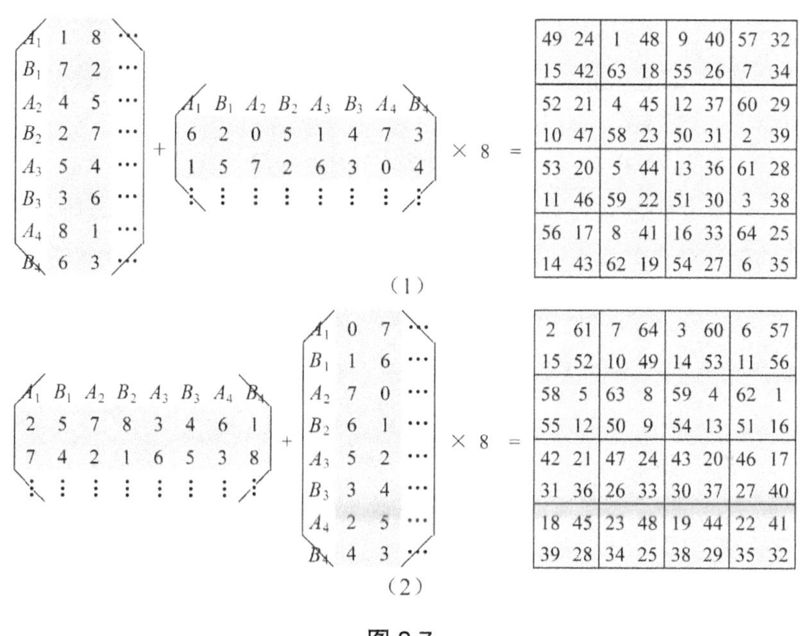

图 3.7

二、二位制同位逻辑行列编码规程

1. 编码单元组配

所谓二位制编码，是指以 2 个数为一个编码单元的一种编码形制。因此，首先要对“余数”方阵的 1 至 $4k$ 自然数列做 $2k$ 等分，以组配二位制编码单元（“商数”方阵同理，下同）。等分组配的方法是：1 至 $4k$ 自然数列“对折”即得，共有 $2k$ 组编码单元，每组 2 个数。设编码单元 2 个数为“a、b”，其编码有“ab”与“ba”两种排序。

2. 方阵行列分类

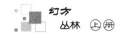

所谓行列编码，是指编码单元做行或列全排的一种编码格式。二位制行列编码要求对“余数”方阵的行（或列）分成两类，以确定编码单元定位的逻辑位置。如行分类可从左至右做“$A_1B_1A_2B_2\cdots A_{2k}B_{2k}$”相间方式编号分类。相间行就是同位行：$A_1A_2\cdots A_{2k}$”称为 A 类同位行，“$B_1B_2\cdots B_{2k}$”称为 B 类同位行。$4k$ 阶的二位制同位行各有 $2k$ 行。

3. 同位逻辑定位规则

每一组编码单元“ab”与“ba”都执行同位逻辑定位规则，即：若“ab”定位于 A 类行，则其“ba”也必须在 A 类行定位；若“ab”定位于 B 类行，其“ba”也必须在 B 类行定位。每一组编码单元在同位行定位，就是以同位逻辑形式编码。

4. 同位复制编辑

$2k$ 组编码单元按同位规则定位，编出了两列（或两行），然后，参照这两列（或两行）重复编辑，直至完成整个方阵，参见图 3.7 以省略号表示。

5. 两方阵正交原则

怎样建立同位逻辑“商—余”两方阵正交关系呢？两方阵正交原则是：行列交叉编码。即由编码格式行列交叉两方阵正交，若“商数”方阵行编码，则“余数”方阵必须列编码，反之亦然，行列交叉编码两方阵正交关系成立。

三、二位制同位逻辑行列编码方案

1. 编码单元同位分配方案

$4k$ 阶自然数列的二位制等分，只有一种等分方案。$2k$ 组编码单元在同位行（或同位列）A 与 B 之间的分配，存在 C_{2k}^{k} 个同位分配方案。A 类行与 B 类行各有 k 组编码单元。

2. 编码单元同位定位方案

每一个同位分配方案，如 A 类行 k 组编码单元，各组 2 个数“ab”与“ba”在 A 类行（$2k$ 行）可做全排列定位；B 类行 k 组编码单元，各组 2 个数“ab”与“ba”在 B 类行（$2k$ 行）也可做全排列定位。A 类列、B 类列同位定位同理。每一个同位分配方案，各编码单元同位定位，其行定位（或列定位）存在 $[(2k)!]^2$ 个同位定位方案。

3. “商—余”两方阵正交方案

“商数”方阵（或“余数”方阵）做行定位，或做列定位，这是两种编码格式（互为旋转 90° 关系）。两方阵必须遵守行列交叉原则才能建立正交关系，因此“商—余”两方阵有两类正交方案：其一为“行—列”格式正交方案；其二为“列—行”格式正交方案。

4. “商—余”两方阵转化关系

在同一种编码格式下，“商数”与“余数”方阵的行列交叉编码，所编出的各方阵数量相等，而且两方阵可做“全正交”配对。“行—列”编码格式与“列—行”编码格式，这两种编码格式各所编出的“商—余”正交方阵数量相等。因此，在编码操作与方案检索中，一般只需研制、清点一种编码格式下的“余数”方阵图形，它旋转 90° 就是另一种编码格式，这是两种编码格式之间的转化关系；全部“余数”方阵减“1”就变为全部“商数”方阵；这是两种方阵之间的转化关系。

“商—余”两方阵转化关系表现为如下两种情况：其一，“余数”方阵减“1”，得“商数”方阵，旋转 90° ，与原“余数”方阵正交；其二，“余数”方阵减“1”，“商数”方阵加“1”，两方阵正交。举例说明如下（图 3.8）。

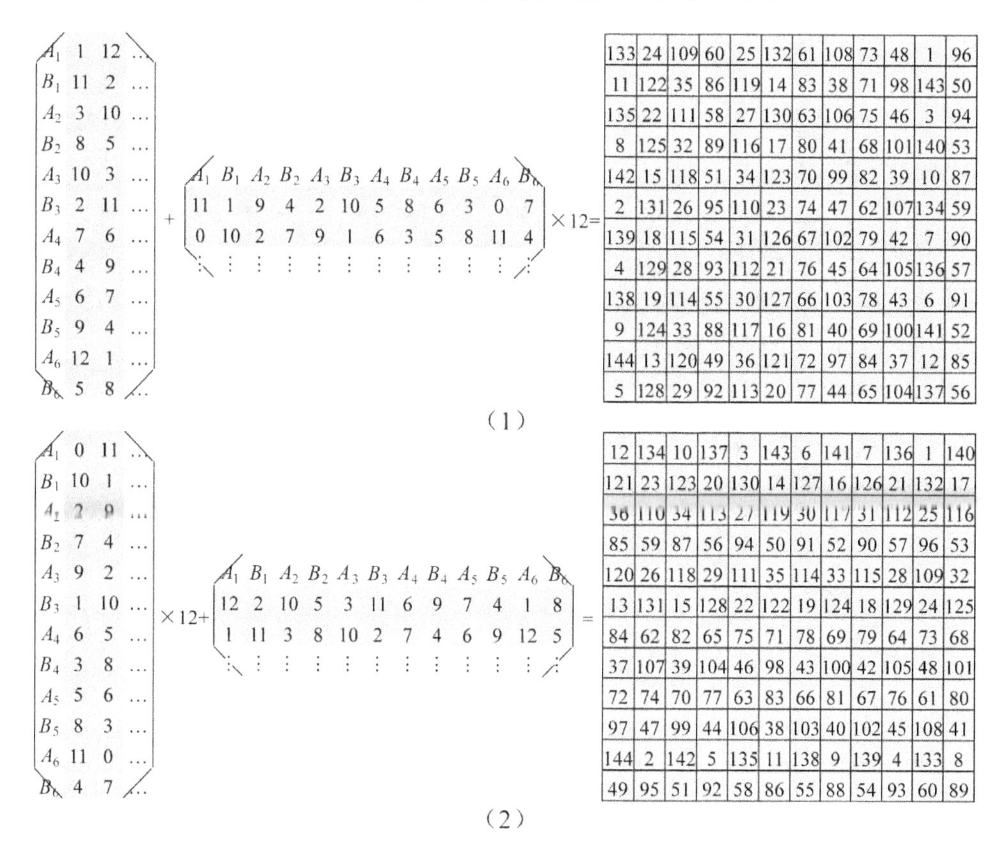

133	24	109	60	25	132	61	108	73	48	1	96
11	122	35	86	119	14	83	38	71	98	143	50
135	22	111	58	27	130	63	106	75	46	3	94
8	125	32	89	116	17	80	41	68	101	140	53
142	15	118	51	34	123	70	99	82	39	10	87
2	131	26	95	110	23	74	47	62	107	134	59
139	18	115	54	31	126	67	102	79	42	7	90
4	129	28	93	112	21	76	45	64	105	136	57
138	19	114	55	30	127	66	103	78	43	6	91
9	124	33	88	117	16	81	40	69	100	141	52
144	13	120	49	36	121	72	97	84	37	12	85
5	128	29	92	113	20	77	44	65	104	137	56

（1）

12	134	10	137	3	143	6	141	7	136	1	140
121	23	123	20	130	14	127	16	126	21	132	17
36	110	34	113	27	119	30	117	31	112	25	116
85	59	87	56	94	50	91	52	90	57	96	53
120	26	118	29	111	35	114	33	115	28	109	32
13	131	15	128	22	122	19	124	18	129	24	125
84	62	82	65	75	71	78	69	79	64	73	68
37	107	39	104	46	98	43	100	42	105	48	101
72	74	70	77	63	83	66	81	67	76	61	80
97	47	99	44	106	38	103	40	102	45	108	41
144	2	142	5	135	11	138	9	139	4	133	8
49	95	51	92	58	86	55	88	54	93	60	89

（2）

图 3.8

图 3.8（1）与图 3.8（2）两幅 12 阶完全幻方表现“商—余”正交方阵两种编码格式之间的相互转化关系。

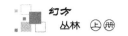

四、二位制同位逻辑行列编码特技

在二位制同位逻辑编码法中，我发现：在编制“商—余”正交方阵时，只要各编码单元的“*ab*”与“*ba*”两种排序，*A* 类同位行按“A_1A_2、A_3A_4……”方式相继定位，*B* 类同位行按“B_1B_2、B_3B_4……”方式相继定位，可直接编制出多重次优化的 4*k* 阶完全幻方。编码单元“*ab*”与“*ba*”的同位相继定位，乃为其同位全排列定位中的特例。因此，这是二位制同位逻辑编码法的一项特技，举例如下。

1. 第一例：8 阶二重次全等态完全幻方

图 3.9 这一幅 8 阶完全幻方的结构特点如下：①任意划出一个 2 阶子单元之和全等于“130”；②四象为 4 个全等 4 阶子完全幻方（幻和“130”）。

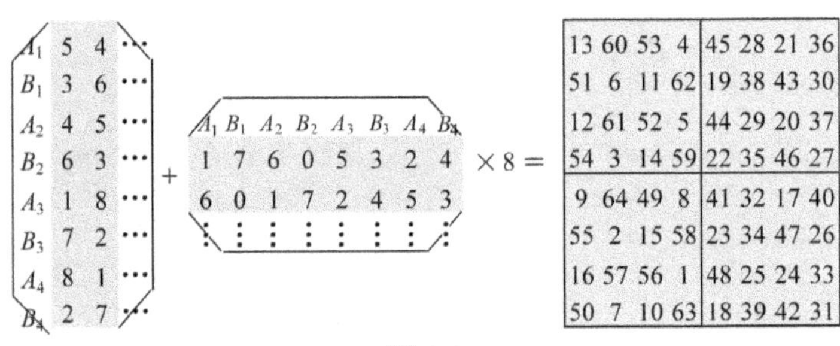

13	60	53	4	45	28	21	36
51	6	11	62	19	38	43	30
12	61	52	5	44	29	20	37
54	3	14	59	22	35	46	27
9	64	49	8	41	32	17	40
55	2	15	58	23	34	47	26
16	57	56	1	48	25	24	33
50	7	10	63	18	39	42	31

图 3.9

由此可知，这幅 8 阶二重次全等态完全幻方由四象等和 4 阶子完全幻方合成，它是编码单元同位相继定位自动造就的一个组合性质，与编码单元在 *A* 类、*B* 类行（或列）的分配无关，因此各编码单元同位分配方案中都存在这部分精品。

2. 第二例：12 阶三重次全等态完全幻方

图 3.10 这幅 12 阶完全幻方（幻和“870”）的结构特点：①任意划出一个 2 阶子单元之和全等于“290”；②九宫为 9 个全等 4 阶子完全幻方（幻和“290”）；③每相邻 4 个 4 阶子完全幻方拼合为一个 8 阶子完全幻方（幻和“580”），这就是说内含 4 个全等 8 阶子完全幻方。由此可见，这是一幅 12 阶三重次全等态完全幻方。

A_1	1	12	…
B_1	6	7	…
A_2	12	1	…
B_2	7	6	…
A_3	2	11	…
B_3	5	8	…
A_4	11	2	…
B_4	8	5	…
A_5	3	10	…
B_5	4	9	…
A_6	10	3	…
B_6	9	4	…

+

A_1	B_1	A_2	B_2	A_3	B_3	A_4	B_4	A_5	B_5	A_6	B_6
11	6	0	5	10	7	1	4	9	8	2	3
0	5	11	6	1	4	10	7	2	3	9	8
⋮	⋮	⋮	⋮	⋮	⋮	⋮	⋮	⋮	⋮	⋮	⋮

×12=

133	84	1	72	121	96	13	60	109	108	25	48
6	67	138	79	18	55	126	91	30	43	114	103
144	73	12	61	132	85	24	49	120	97	36	37
7	66	139	78	19	54	127	90	31	42	115	102
134	83	2	71	122	95	14	59	110	107	26	47
5	68	137	80	17	56	125	92	29	44	113	104
143	74	11	62	131	86	23	50	119	98	35	38
8	65	140	77	20	53	128	89	32	41	116	101
135	82	3	70	123	94	15	58	111	106	27	46
4	69	136	81	16	57	124	93	28	45	112	105
142	75	10	63	130	87	22	51	118	99	34	39
9	64	141	76	21	52	129	88	33	40	117	100

图 3.10

“商一余”正交方阵编码单元同位相继定位，为什么 $4k$ 阶完全幻方一定具有 $4\times k$ 最优化子母结构呢？理由很简单：二位制同位逻辑行列编码法所适用的最小阶是构造 4 阶完全幻方，它的编码单元同位全排列定位唯有相继定位方案，因此当 $k>1$ 时，编码单元同位相继定位必然生成以“4 阶完全幻方”为子单元而构造的 $4k$ 阶子母完全幻方。

五、二位制同位逻辑完全幻方计数公式

根据编码规则与编码方案，最优化二位制同位逻辑行列编码的计数公式推导如下。

① $2k$ 个编码单元在同位行 A 与 B 之间的分配，计 $C_{2k}^{k}=(2k)!\div(k!)^2$ 个同位行分配方案；同位列分配方案同理。

②每一个同位分配方案，各编码单元 A、B 同位行定位，计 $[(2k)!]^2$ 个同位行定位方案；同位列定位方案同理。

③“商数”方阵数量与“余数”方阵相等，行或列 2 种编码格式，行列交叉编码正交，“商—余”正交方阵以“一对一”方式还原成 $4k$ 阶完全幻方。

最优化二位制同位逻辑行列编码的计数公式：$S=\frac{1}{4}[(2k)!]^6\div(k!)^4$，$k\geqslant 1$。本公式不包括“镜像”8 倍同构体。据此计算，如这类 4 阶完全幻方有 $2^4=16$ 幅图形（占全体 4 阶完全幻方群 $\frac{1}{3}$）；又如 8 阶完全幻方有 $2^{12}\times 3^6=2985984$ 幅图形等。

二位制同位逻辑多重次编码技术

4^k 阶可分解为 k 个 4 因子（$k\geqslant 2$）。当 $k=2$ 时，即 16 阶 $=4\times 4$，其一个 4 因子作为相对独立的 16 个 4 阶子单元，各可由二位制同位逻辑编码法构造成 4 阶子幻方；同时另一个 4 因子作为母阶以这 16 个 4 阶子幻方为单位，也可由二位制同位逻辑编码法构造成 4 阶母幻方，这就是二位制同位逻辑子母阶二重次编码。同理，当 $k=3$ 时，就是二位制同位逻辑子母阶三重次编码等。如此类推，二位制同位逻辑多重次编码是构造 4^k 阶子母阶多重次完全幻方的一门重要技术。举例如下。

图 3.11 是二位制同位逻辑二重次编码的 16 阶“商—余”正交方阵，第一重次是 4 阶子单元编码，省略号表示编码单元（两个数）的重复编码；第二重次是 4 母阶编码，省略号表示编码单元（两个 4 阶子单元）的重复编码。

图 3.12 是 16 阶“商—余”正交方阵按［0_n］$\times n+$［1_n］还原的一幅 16 阶子母阶完全幻方。

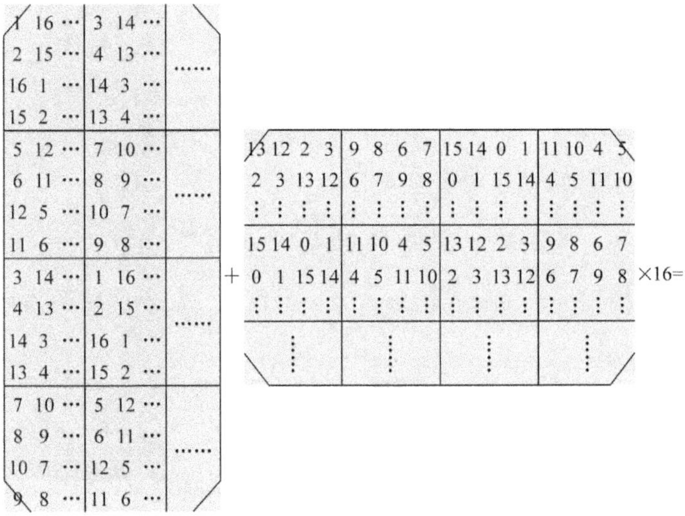

1 16 …	3 14 …	
2 15 …	4 13 …	……
16 1 …	14 3 …	
15 2 …	13 4 …	
5 12 …	7 10 …	
6 11 …	8 9 …	……
12 5 …	10 7 …	
11 6 …	9 8 …	
3 14 …	1 16 …	
4 13 …	2 15 …	……
14 3 …	16 1 …	
13 4 …	15 2 …	
7 10 …	5 12 …	
8 9 …	6 11 …	……
10 7 …	12 5 …	
9 8 …	11 6 …	

＋

13 12 2 3	9 8 6 7	15 14 0 1	11 10 4 5
2 3 13 12	6 7 9 8	0 1 15 14	4 5 11 10
⋮ ⋮ ⋮ ⋮	⋮ ⋮ ⋮ ⋮	⋮ ⋮ ⋮ ⋮	⋮ ⋮ ⋮ ⋮
15 14 0 1	11 10 4 5	13 12 2 3	9 8 6 7
0 1 15 14	4 5 11 10	2 3 13 12	6 7 9 8
⋮ ⋮ ⋮ ⋮	⋮ ⋮ ⋮ ⋮	⋮ ⋮ ⋮ ⋮	⋮ ⋮ ⋮ ⋮
⋮	⋮	⋮	⋮

×16=

图 3.11

本例这幅 16 阶完全幻方的多重次最优化基本特点如下。

① 16 个 4 阶子完全幻方全等，泛幻和等于“514”。

② 10 个 8 阶子完全幻方全等，泛幻和等于“1028”。

③ 4 个 12 阶子完全幻方全等，泛幻和等于“1542”。

209	208	33	64	147	142	99	126	241	240	1	32	179	174	67	94
34	63	210	207	100	125	148	141	2	31	242	239	68	93	180	173
224	193	48	49	158	131	110	115	256	225	16	17	190	163	78	83
47	50	223	194	109	116	157	132	15	18	255	226	77	84	189	164
245	236	5	28	183	170	71	90	213	204	37	60	151	138	103	122
6	27	246	235	72	89	184	169	38	59	214	203	104	121	152	137
252	229	12	21	186	167	74	87	220	197	44	53	154	135	106	119
11	22	251	230	73	88	185	168	43	54	219	198	105	120	153	136
211	206	35	62	145	144	97	128	243	238	3	30	177	176	65	96
36	61	212	205	98	127	146	143	4	29	244	237	66	95	178	175
222	195	46	51	160	129	112	113	254	227	14	19	192	161	80	81
45	52	221	196	111	114	159	130	13	20	253	228	79	82	191	162
247	234	7	26	181	172	69	92	215	202	39	58	149	140	101	124
8	25	248	233	70	91	182	171	40	57	216	201	102	123	150	139
250	231	10	23	188	165	76	85	218	199	42	55	156	133	108	117
9	24	249	232	75	86	187	166	41	56	217	200	107	118	155	134

图 3.12

由此可见，这是一幅 16 阶完全幻方精品。二位制同位逻辑多重次编码技术与上文介绍的“相继定位”特技，在适用阶次、编码方法及完全幻方子母结构等方面都有所不同，因而是二位制同位逻辑编码的两种用法，应相对独立检索与计数。

三位制同位逻辑行列编码技术

什么是最优化三位制同位逻辑行列编码技术？即以三数等和数组为编码单元，按同位逻辑形式，采用行列格式编制“商—余”正交方阵，并由此还原成完全幻方的一种构图方法。它操作简易，具有很强的检索、计数功能，主要适用于 3^k 阶完全幻方构图（$k > 1$）。

一、例图分析

9 阶是运用三位制同位逻辑编码技术构图的最小阶次，现出示 9 阶完全幻方例图（图 3.13）。

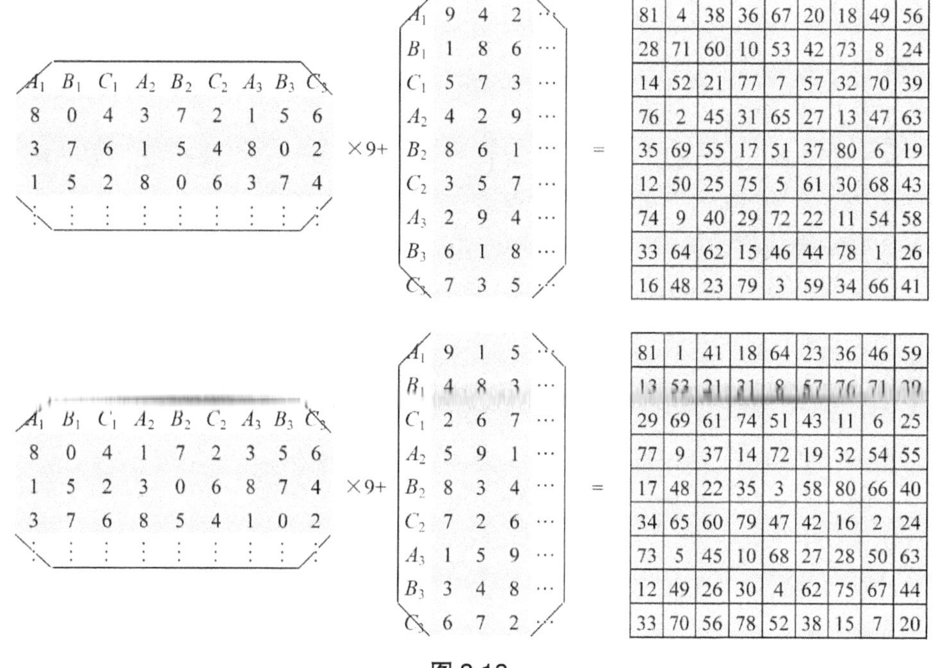

81	4	38	36	67	20	18	49	56
28	71	60	10	53	42	73	8	24
14	52	21	77	7	57	32	70	39
76	2	45	31	65	27	13	47	63
35	69	55	17	51	37	80	6	19
12	50	25	75	5	61	30	68	43
74	9	40	29	72	22	11	54	58
33	64	62	15	46	44	78	1	26
16	48	23	79	3	59	34	66	41

81	1	41	18	64	23	36	46	59
13	53	21	31	8	57	76	71	39
29	69	61	74	51	43	11	6	25
77	9	37	14	72	19	32	54	55
17	48	22	35	3	58	80	66	40
34	65	60	79	47	42	16	2	24
73	5	45	10	68	27	28	50	63
12	49	26	30	4	62	75	67	44
33	70	56	78	52	38	15	7	20

图 3.13

由图 3.13 可知，三位制同位逻辑行列编码的结构特点如下：如“余数”方阵各列及泛对角线都由 1 ～ 9 数列构成，各行由编码单元复制（省略号标示）。还原出的 9 阶完全幻方内部，任意划出一个 3 阶子单元之和全等于“369”，这就是说组合均匀度相当高。

由此可知：同位逻辑的三位制编码与二位制编码法，在逻辑形式、编码规程及其“商—余”两方阵正交原则等方面基本原理相同，区别仅在于编码位制不同。但由于编码位制增高，编码单元的组配与同位分配，以及编码单元 3 个数的排序等就比较复杂了。

二、关于编码单元组配

3^k 阶分解为 $3\times3^{k-1}$，三位制编码就是以每 3 个数为编码单元的编码。三位制同位逻辑编码构图，首先要做出编码单元组配方案。“余数”方阵用数 1 至 3^k 自然数列，对其做 3^{k-1} 等分，每个等分组 3 个数为编码单元。如 9 阶的编码单元组配，可由洛书（3 阶幻方）检出，从三行、三列得到如下两个三位制等分方案：其一为“1，6，8”，“2，4，9”，“3，5，7”组配方案；其二为“1，5，9”，“2，6，7”，“3，4，8”组配方案。但当 $k>2$ 时，1 至 3^k 自然数列的三位制等分只能逐阶采用枚举法检索，这是一项非常繁复的工作。

三、关于编码单元同位分配

1. 行列三位制同位分类

在三位制编码中，3^k 阶“余数”方阵（“商数”方阵同理）的行（或列）必须从左至右做 ABC……循环编号，计 3^{k-1} 个号码，每个号码三位。

如 9 阶（参见图 3.13）：分为 A 类同位行“$A_1A_2A_3$”，B 类同位行“$B_1B_2B_3$”，C 类同位行“$C_1C_2C_3$”（同位列同理），这就是三位制编码。

2. 编码单元同位分配

一个编码单元占一类同位行（或一类同位列），3^{k-1} 个编码单元在 3^{k-1} 类同位行可做全排列分配，计 $3^{k-1}!$ 个同位分配方案。

四、关于编码单元排序、同位滚动编排及首位定位

在编码单元一个同位分配方案中，设：按编码单元 3 个数大小以字母“a、b、c”表示。在三位制同位编码中，必须确定“a、b、c” 3 个数的排序方案、同位滚动编排及其首位定位方案。

首先，编码单元的排序方案：“a、b、c” 3 个数存在如下两种排序，即“a、b、c”或“a、c、b”。

其次，编码单元同位滚动编排：每一种排序的同位滚动编排，可从第 2 位起编“滚动”，又可从第 3 位起编“滚动”，因而有两种编排方式（图 3.14）。

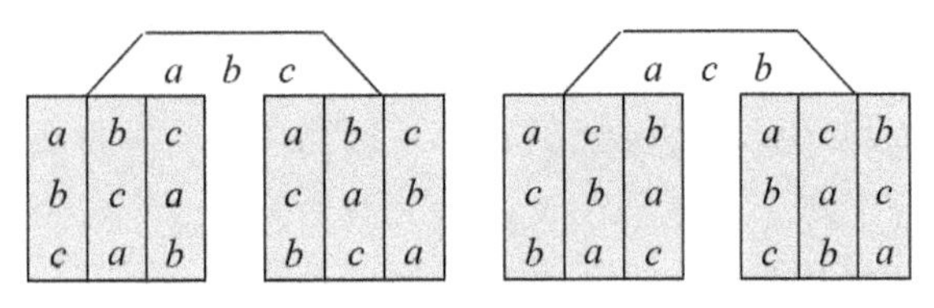

图 3.14

在同一个方阵中，各编码单元对两种排序及其两种编排

方式可做出各自的任意选择。比如在图 3.13 两例的“商数方阵”，3 个编码单元组配方案相同，但使用了编码单元的两种不同排序方案。又如图 3.13 下“余数”方阵的 3 个编码单元，采用了不同的编排方式。这种自由选择组合，乃是三位制同位逻辑编码构图法的核心技术。

最后，同位滚动编排的首位定位：在各编码单元对排序及其同位滚动编排方案选定后，编码的实际操作事先还得确定编码单元的首位定位。以图 3.14 左为例，三位制滚动编码的首位定位有 3 种状态（图 3.15）。

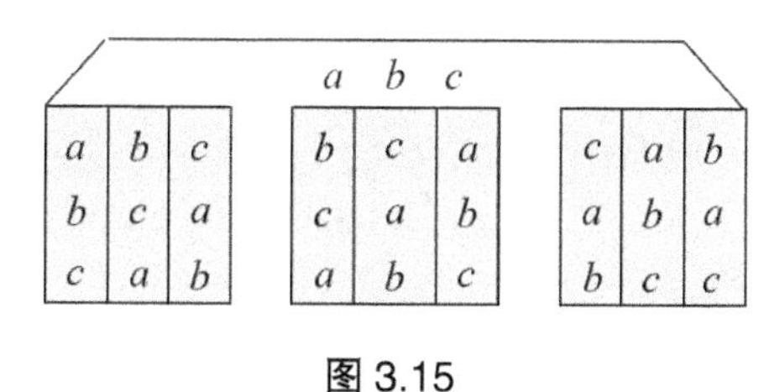

图 3.15

在同一个方阵中，各编码单元对同位滚动编排的首位定位，都可独立地做出各自的选择。比如在图 3.13 两例的“商数”方阵、“余数”方阵中，各编码单元就使用了首位定位的 3 种不同状态。

五、三位制行列同位逻辑完全幻方计数公式

根据三位制编码单元组配、同位分配、排序、首位定位、滚动编排方案，以及“商—余”两方阵的编码格式与正交方式等，三位制行列同位逻辑完全幻方计数公式推导如下（注：为了方便书写公式，令：3^k 中的因子 $3^{k-1}=m$）。

①编码单元组配：1 至 3^k 自然数列做 m 等分，设有 f 种配置方案（采用枚举法检索）。

②编码单元同位分配：每一种组配方案的 m 个编码单元，在 m 类同位行（或 m 类同位列）中可做全排列分配，计 $m!$。

③编码单元排序及其组合：每个编码单元三数为一组，存在 2 种基本排序形态。m 个编码单元各可任选其一而形成排序组合方案，计 2^m。

④编码单元同位“滚动”编排及其组合：每一种排序的同位“滚动”编排有 2 种起编位置，m 个编码单元各可任选其一而形成同位“滚动”编排组合方案，计 2^m。

⑤编码单元编码：每一个编码单元按排序同位“滚动”编排，首行（或者首列）定位可做 3 种安排。m 个编码单元计 3^m 个编码方案。

⑥“商数”方阵与“余数”方阵各有行或列两种编码格式，数量相等，行列交叉编码“商—余”两方阵配对正交。两种编码格式计 2 倍。

“商—余”正交方阵以“一对一”方式还原成 3^k 阶（即 n 阶）完全幻方。

最优化三位制同位逻辑行列编码的计数公式：$S=\frac{1}{4}(f\times m!\times 12^m)^2$。公式

中，$m = 3^{k-1}$，$k > 1$，f为编码单元配置方案（枚举法检索）。本公式不包括“镜像”8倍同构体，适用于以三位制行列同位逻辑形式存在的3^k阶完全幻方计数。当$k = 2$时，即9阶（公式中$m = 3$），已知三位制编码单元组配$f = 2$个方案，据公式计算，9阶完全幻方有$2^{14} \times 3^8 = 107495424$个图形。

三位制同位逻辑泛对角线编码技术

在三位制同位逻辑编码法中，存在如下两种互为表里的编码格式：一种是行列编码格式，其同位逻辑形式表现于两方阵的全部行或全部列；另一种就是泛对角线编码格式，其同位逻辑形式表现于左半或右半泛对角线。这两种编码格式之间可相互转化，本文介绍由行列编码“商—余”正交方阵样本，转换为泛对角线编码“商—余”正交方阵的构图方法。

一、泛对角线编码操作方法

采用图3.13上三位制同位逻辑行列编码的9阶“商—余”正交方阵为样本，演示泛对角线编码操作方法。

第一步：参照三位制同位逻辑行列编码原则与基本方法，按“平行四边形”格式左、右交叉编制“商—余”两方阵（图3.16）。

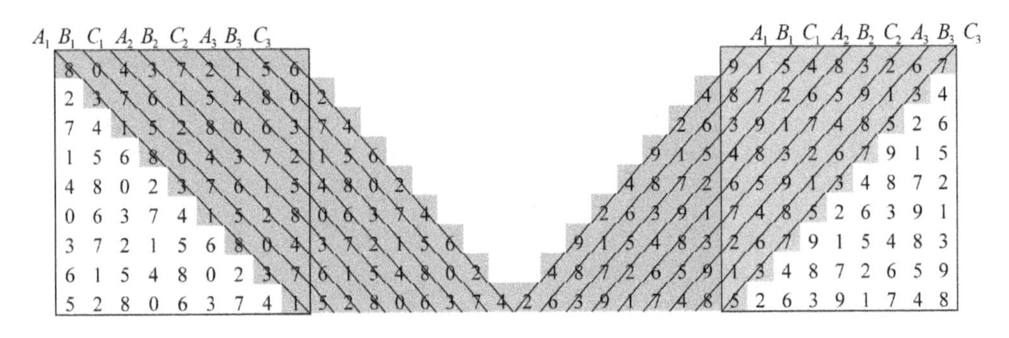

图 3.16

第二步：采用“滚动位移”方法把“平行四边形”格式变为正方形格式，从而得左、右泛对角线“交叉”编码的“商—余”正交方阵，然而按$[0_n] \times n + [1_n]$公式计算，还原出以三位制泛对角线同位逻辑形式存在的9阶完全幻方（图3.17）。

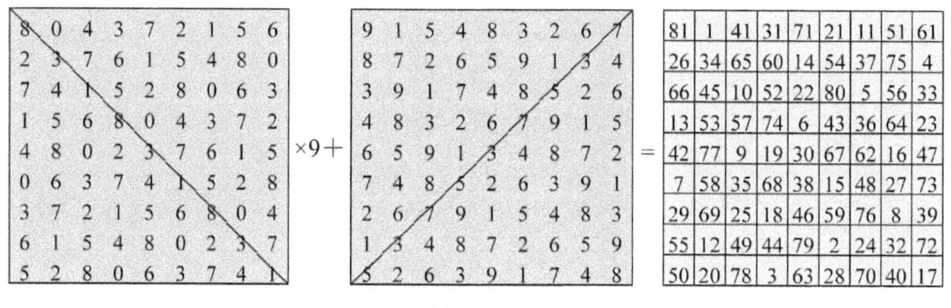

图 3.17

二、三位制同位逻辑泛对角线编码方案检索

一个三位制同位逻辑泛对角线编码的 9 阶“商数”平行四边形（图 3.16 左）有 4 个不同方向的“滚动位移”，由此可变成 4 个 9 阶“商数”泛对角线编码方阵（图 3.18）。

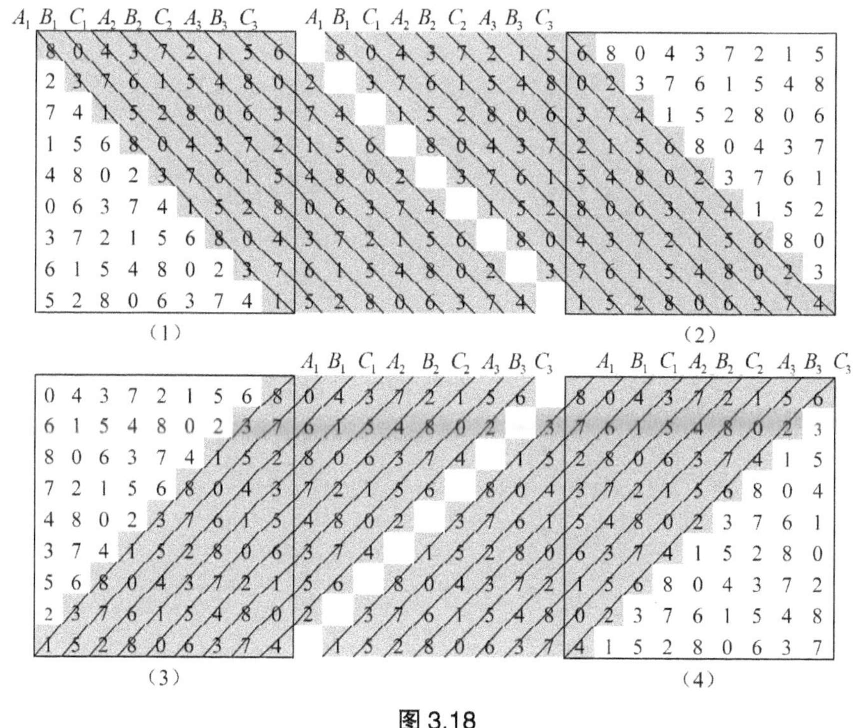

图 3.18

据分析，图 3.18 中这 4 个“商数”方阵，虽然出于同一个平行四边形格式编码，但根据泛对角线三位制配置方案可分为两个不同组别：图 3.18（1）与图 3.18（3）为左泛对角线、右泛对角线“交叉”编码的配置方案相同而构成了一组两个“商数”方阵；而图 3.18（2）与图 3.18（4）为左泛对角线、右泛对角线“交叉”编码的配置方案相同而构成了另一组两个“商数”方阵。

同理，一个三位制同位逻辑泛对角线编码的9阶“余数”平行四边形（图3.16右），也有4个不同方向的“滚动位移”，由此可变成4个9阶泛对角线编码方阵，而且根据泛对角线三位制配置方案也可分为两个不同组别（图3.19）。

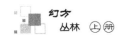

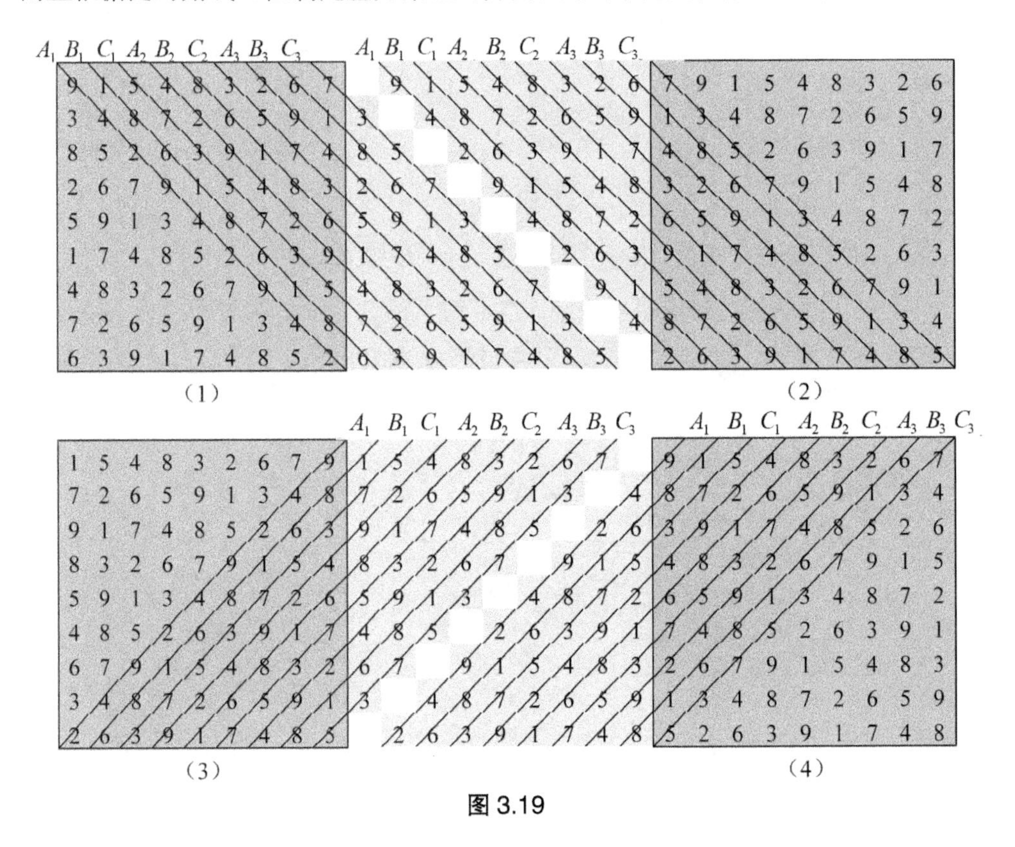

图3.19

在“商数”与“余数”两方阵检索中可以发现：凡泛对角线左、右交叉编码两方阵都存在正交关系，因此共有从8个泛对角线编码的“商—余”正交方阵异构体。其中图3.16所示案例，就是图3.18（1）与图3.19（4）所组建的一对“商—余”正交方阵。

由图3.20显示，泛对角线编码方阵的结构特征：一边泛对角线由重复的三位制编码单元组构成；而另一边泛对角线、全部行与列各由一个连续数

A_1	B_1	C_1	A_2	B_2	C_2	A_3	B_3	C_3
8	0	4	3	7	2	1	5	6
3	7	6	1	5	4	8	0	2
1	5	2	8	0	6	3	7	4
8	0	4	3	7	2	1	5	6
3	7	6	1	5	4	8	0	2
1	5	2	8	0	6	3	7	4
8	0	4	3	7	2	1	5	6
3	7	6	1	5	4	8	0	2
1	5	2	8	0	6	3	7	4

三位制行列编码

A_1	B_1	C_1	A_2	B_2	C_2	A_3	B_3	C_3
8	0	4	3	7	2	1	5	6
2	3	5	6	1	5	4	8	0
7	4	1	7	2	8	0	6	3
1	5	6	8	0	4	3	7	2
4	8	0	2	3	5	6	1	5
0	6	3	7	4	1	7	2	8
3	7	2	1	5	6	8	0	4
6	1	5	4	8	0	2	3	5
7	2	8	0	6	3	7	4	1

三位制泛对角线编码

图3.20

列构成。行列编码方阵的结构特征：两边泛对角线及全部行各由一个连续数列构成，全部列则由重复的三位制编码单元数组构成。属于两个不同的完全幻方类别。

三、三位制泛对角线同位逻辑完全幻方计数公式

三位制同位逻辑泛对角线编码法与三位制同位逻辑行列编码法逻辑形式、编码位制与同位规则相同，区别仅在于：一个是表现在左、右泛对角线上的编码，另一个是表现在行、列上的编码。因此，两者的“商—余”正交方阵组合结构具有不同特点。但两者构图可做“一对一”相互转化，所以计数算法相同，即 $S=\frac{1}{4}[f\times m!\times 12^m]^2$。

式中，$m=3^{k-1}$，$k>1$，f 为编码单元配置方案（枚举法检索）。本公式不包括“镜像”8倍同构体，适用于以泛对角线三位制同位逻辑形式存在的 3^k 阶完全幻方。

当 $k=2$ 时，即9阶（公式中 $m=3$），已知编码单元组配 $f=2$ 个方案，据公式计算，9阶完全幻方有 $2^{14}\times 3^8=107495424$ 个图形。

三位制同位逻辑“泛对角线—行列”编码技术

在三位制同位逻辑编码法中，“商—余”两方阵存在多种正交格式：一种是“行—列”正交格式；另一种是“左泛对角线—右泛对角线”正交格式；再一种是“泛对角线—行列”正交格式等。两方阵多种不同的正交格式，将制作三位制同位逻辑结构3种不同类别的完全幻方子集。但两方阵的这3种不同正交格式之间可互相转化。本文介绍“行—列”正交编码转换为“泛对角线—行列”正交编码的构图方法，适用于 3^k 阶完全幻方。

一、三位制同位逻辑“泛对角线—行列”编码演示

为了便于与上文“三位制同位逻辑泛对角线编码技术”对比，本文也采用图3.13上行列编码9阶“商—余”正交方阵为样本，演示“泛对角线—行列”正交编码方法。

1. 第一例：9 阶转化实验——有解（图 3.21、图 3.22）

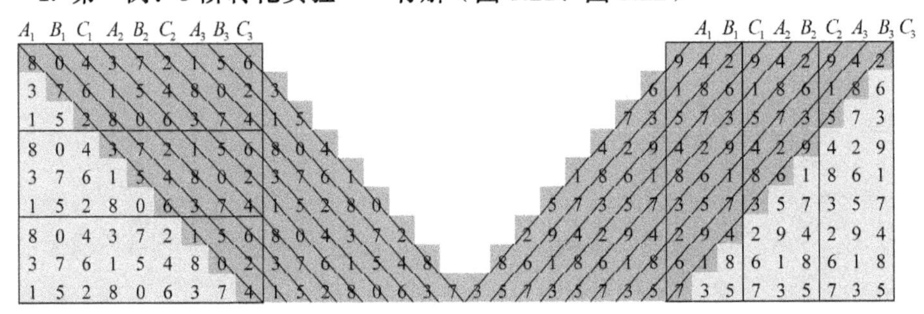

图 3.21

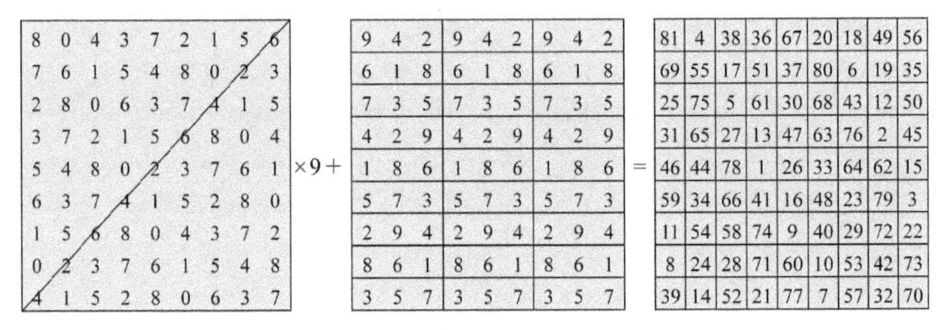

8	0	4	3	7	2	1	5	6
7	6	1	5	4	8	0	2	3
2	8	0	6	3	7	4	1	5
3	7	2	1	5	6	8	0	4
5	4	8	0	2	3	7	6	1
6	3	7	4	1	5	2	8	0
1	5	6	8	0	4	3	7	2
0	2	3	7	6	1	5	4	8
4	1	5	2	8	0	6	3	7

×9＋

9	4	2	9	4	2	9	4	2
6	1	8	6	1	8	6	1	8
7	3	5	7	3	5	7	3	5
4	2	9	4	2	9	4	2	9
1	8	6	1	8	6	1	8	6
5	7	3	5	7	3	5	7	3
2	9	4	2	9	4	2	9	4
8	6	1	8	6	1	8	6	1
3	5	7	3	5	7	3	5	7

=

81	4	38	36	67	20	18	49	56
69	55	17	51	37	80	6	19	35
25	75	5	61	30	68	43	12	50
31	65	27	13	47	63	76	2	45
46	44	78	1	26	33	64	62	15
59	34	66	41	16	48	23	79	3
11	54	58	74	9	40	29	72	22
8	24	28	71	60	10	53	42	73
39	14	52	21	77	7	57	32	70

图 3.22

2. 第二例：9 阶转化实验——有解（图 3.23、图 3.24）

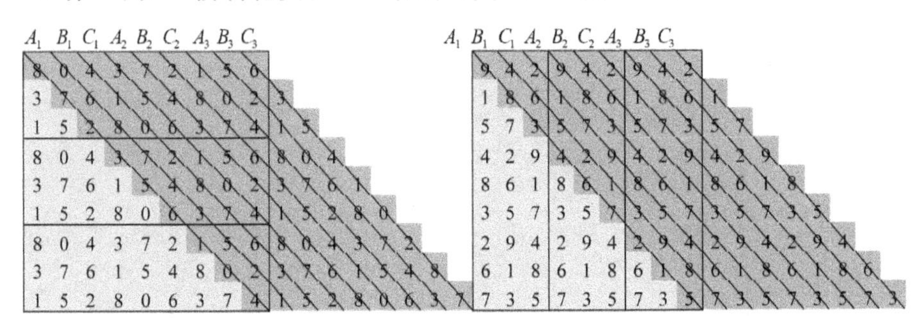

图 3.23

8	0	4	3	7	2	1	5	6
7	6	1	5	4	8	0	2	3
2	8	0	6	3	7	4	1	5
3	7	2	1	5	6	8	0	4
5	4	8	0	2	3	7	6	1
6	3	7	4	1	5	2	8	0
1	5	6	8	0	4	3	7	2
0	2	3	7	6	1	5	4	8
4	1	5	2	8	0	6	3	7

×9＋

9	4	2	9	4	2	9	4	2
8	6	1	8	6	1	8	6	1
3	5	7	3	5	7	3	5	7
4	2	9	4	2	9	4	2	9
6	1	8	6	1	8	6	1	8
7	3	5	7	3	5	7	3	5
2	9	4	2	9	4	2	9	4
1	8	6	1	8	6	1	8	6
5	7	3	5	7	3	5	7	3

=

81	4	38	36	67	20	18	49	56
71	60	10	53	42	73	8	24	28
21	77	7	57	32	70	39	14	52
31	65	27	13	47	63	76	2	45
51	37	80	6	19	35	69	55	17
61	30	68	43	12	50	25	75	5
11	54	58	74	9	40	29	72	22
1	26	33	64	62	15	46	44	78
41	16	48	23	79	3	59	34	66

图 3.24

3. 第三例：9 阶转化实验——有解（图 3.25、图 3.26）

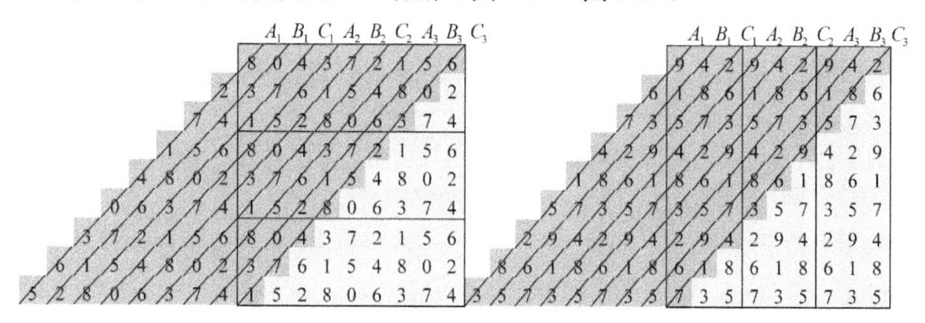

图 3.25

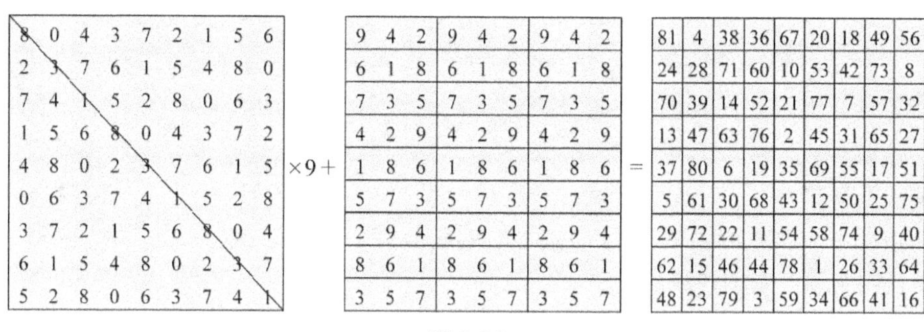

8	0	4	3	7	2	1	5	6
2	3	7	6	1	5	4	8	0
7	4	1	5	2	8	0	6	3
1	5	6	8	0	4	3	7	2
4	8	0	2	3	7	6	1	5
0	6	3	7	4	1	5	2	8
3	7	2	1	5	6	8	0	4
6	1	5	4	8	0	2	3	7
5	2	8	0	6	3	7	4	1

×9＋

9	4	2	9	4	2	9	4	2
6	1	8	6	1	8	6	1	8
7	3	5	7	3	5	7	3	5
4	2	9	4	2	9	4	2	9
1	8	6	1	8	6	1	8	6
5	7	3	5	7	3	5	7	3
2	9	4	2	9	4	2	9	4
8	6	1	8	6	1	8	6	1
3	5	7	3	5	7	3	5	7

＝

81	4	38	36	67	20	18	49	56
24	28	71	60	10	53	42	73	8
70	39	14	52	21	77	7	57	32
13	47	63	76	2	45	31	65	27
37	80	6	19	35	69	55	17	51
5	61	30	68	43	12	50	25	75
29	72	22	11	54	58	74	9	40
62	15	46	44	78	1	26	33	64
48	23	79	3	59	34	66	41	16

图 3.26

4. 第四例：9 阶转化实验——有解（图 3.27、图 3.28）

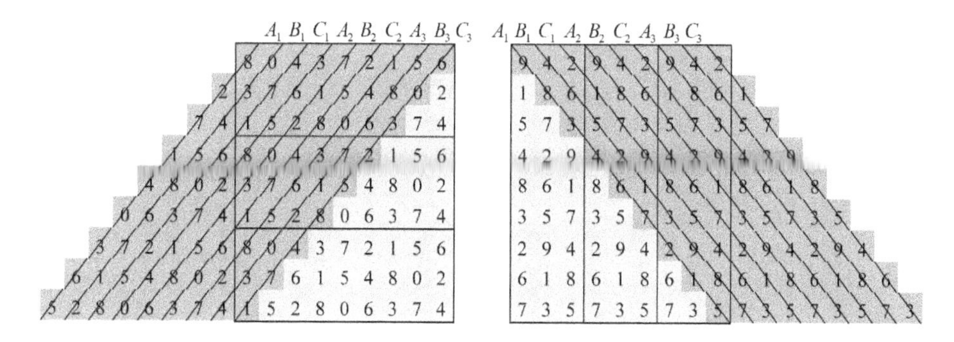

图 3.27

8	0	4	3	7	2	1	5	6
2	3	7	6	1	5	4	8	0
7	4	1	5	2	8	0	6	3
1	5	6	8	0	4	3	7	2
4	8	0	2	3	7	6	1	5
0	6	3	7	4	1	5	2	8
3	7	2	1	5	6	8	0	4
6	1	5	4	8	0	2	3	7
5	2	8	0	6	3	7	4	1

×9＋

9	4	2	9	4	2	9	4	2
8	6	1	8	6	1	8	6	1
3	5	7	3	5	7	3	5	7
4	2	9	4	2	9	4	2	9
6	1	8	6	1	8	6	1	8
7	3	5	7	3	5	7	3	5
2	9	4	2	9	4	2	9	4
1	8	6	1	8	6	1	8	6
5	7	3	5	7	3	5	7	3

＝

81	4	38	36	67	20	18	49	56
26	33	64	62	15	46	44	78	1
66	41	16	48	23	79	3	59	34
13	47	63	76	2	45	31	65	27
42	73	8	24	28	71	60	10	53
7	57	32	70	39	14	52	21	77
29	72	22	11	54	58	74	9	40
55	17	51	37	80	6	19	35	69
50	25	75	5	61	30	68	43	12

图 3.28

由上述 4 例演示，可知“泛对角线—行列”正交编码的操作方法如下。

第一步：直接对三位制同位逻辑行列编码“商—余”正交方阵样本（浅色标示），采用“滚动位移”方式变成“商—余”两个平行四边形（深色标示）。

第二步：该“商—余”两个平行四边形以“左半—右半”泛对角线建立正交关系，即左右交叉正交。然而按 $[0_n] \times n + [1_n]$ 公式计算，还原成以三位制“泛对角线—行列”同位逻辑形式存在的完全幻方。

据 4 个实例分析，这些 9 阶“商—余”正交平行四边形的编码格式发生了变换：①“商数”方阵样本原是三位制“行”格式编码，经滚动位移所得平行四边形的“商数”方阵，一边变为泛对角线格式编码，这与泛对角线编码的“商数”方阵结构相同；②“余数”方阵样本原是三位制“列”格式编码，经滚动位移所得平行四边形的“余数”方阵，其数字结构发生重组，但“列”格式编码未变，这与上文泛对角线编码的“余数”方阵不相同。

这就是说，新的“商—余”正交方阵（平行四边形“扶正”），由样本的“行—列”正交转换成了“一边对角线—列”正交关系（旋转 90° 即为“一边对角线—行”正交）。这是两方阵建立正交关系的新格式，我称之为三位制同位逻辑“泛对角线—行列”编码技术。

二、三位制同位逻辑“泛对角线—行列”编码方案检索（图 3.29、图 3.30）

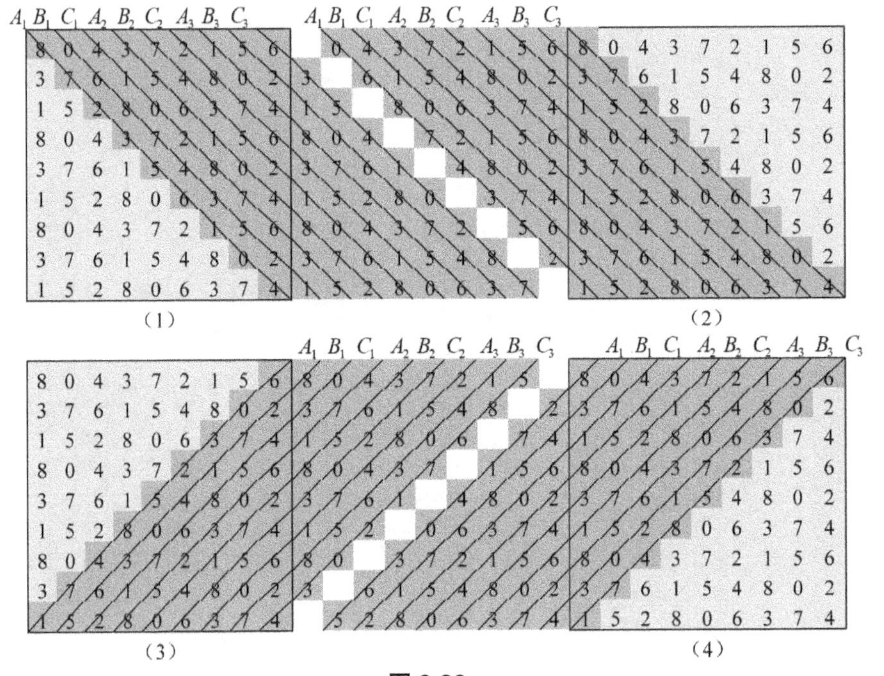

图 3.29

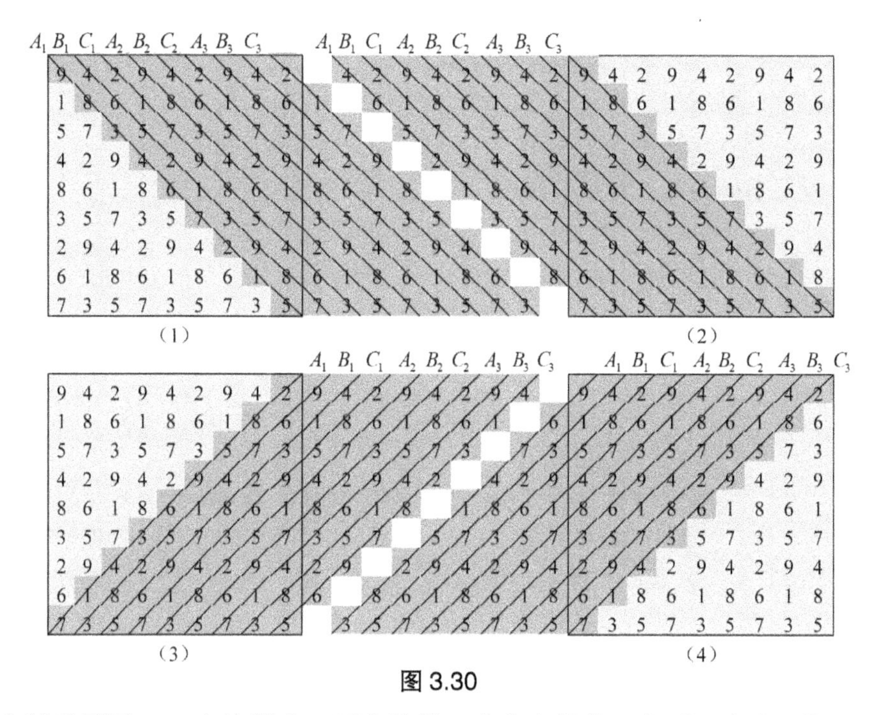

图 3.30

本例采用图 3.13 上为样本，两方阵从 4 个方向转化，各“一变为四”，两者逐一对应都存在正交关系。这就是说，一个行列编码“商—余”正交方阵样本，两方阵各“一变为四”而生成 4×4 对“商—余”正交方阵异构体，即可还原出 16 幅完全幻方。

三、三位制同位逻辑编码法 3 种正交格式的对比关系（图 3.31）

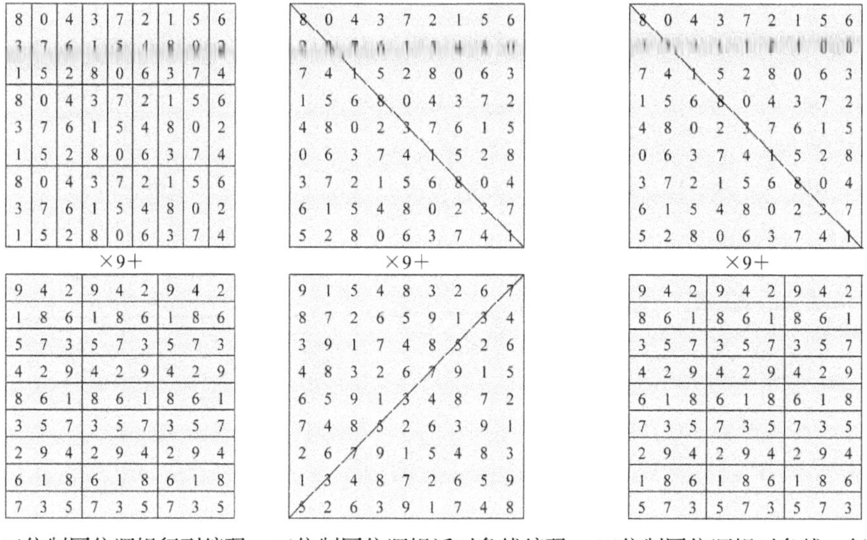

三位制同位逻辑行列编码　三位制同位逻辑泛对角线编码　三位制同位逻辑对角线—行列编码

图 3.31

三位制同位逻辑编码法的“商—余”两方阵存在3种正交格式，为了梳理清错综复杂的头绪，我把图3.13上、图3.17与图3.28的3种正交格式的案例集中于图3.31进行格式结构对比如下。

1. 行列编码与泛对角线编码对比关系

行列编码“商—余”两方阵的正交结构：各三位制单元在两方阵中“行—列”交叉编制即建立正交关系；泛对角线编码“商—余”两方阵的正交结构：各三位制单元在两方阵中以“左—右泛对角线”交叉编制即建立正交关系。由此可知，这两种编码格式显著不同，三位制单元一个表现于行列，另一个表现于泛对角线，因而它们的“商—余”正交方阵可还原出两类不同的完全幻方。但两者具有“一对一”相互转化关系，计数算法相同。

2. “泛对角线—行列”编码是行列编码与泛对角线编码的混合应用

“泛对角线—行列”编码“商—余”两方阵的正交结构：从“商数”方阵看，与泛对角线编码“商数”方阵为同一格式；从“余数”方阵看，与行列编码“余数”方阵为同一格式。总之，这是行列编码与泛对角线编码分别在“商数”“余数”两方阵中的交替应用。

四、三位制同位逻辑“泛对角线—行列”编码法计数公式

从“泛对角线—行列”编码方案检索角度看，一个同位逻辑行列编码“商—余”正交方阵样本，两方阵从4个方向转化，各“一变为四”，可生成4×4对“商—余”正交方阵异构体，这是很清楚的。但当以全部同位逻辑行列编码“商—余”正交方阵为样本时，因转换关系错综复杂，计数算法就不容易一一理出头绪了。幸好，从上文“三位制同位逻辑编码法3种正交格式的对比关系”中发现：“泛对角线—行列”编码是行列编码与泛对角线编码的混合应用，即行列编码的全部“商数”方阵与泛对角线编码的全部“余数”方阵存在全方位正交关系（反之亦然），因而它的计数公式为：$S=[\frac{1}{4}(f\times m!\times 12^{m})^{2}]^{2}$。

公式中，$m=3^{k-1}$，$k>1$，f为编码单元配置方案（枚举法检索）。本公式不包括“镜像”8倍同构体，适用于以三位制“对角线—行列”同位逻辑形式存在的3^{k}阶完全幻方计数。当$k=2$时，即9阶（公式中$m=3$），已知三位制编码单元组配$f=2$个方案，据公式计算，9阶完全幻方有$(2^{14}\times 3^{8})^{2}=$ 11555248179939776个图形。

三位制错位逻辑行列编码技术

什么是最优化三位制错位逻辑行列编码技术？即以三数等和数组（三位制）为编码单元，按错位逻辑形式，采用行列格式编制“商—余”正交方阵，并由此还原成完全幻方的一种构图方法。它是不同于“同位逻辑”形式的另一种逻辑编码方法，适用于 3（$2k+1$）阶完全幻方构图（$k \geqslant 1$），它比三位制同位逻辑行列编码法扩大了阶次范围。

一、入门范例演示与分析

1. 第一例：三位制错位逻辑 9 阶完全幻方范例（图 3.32）

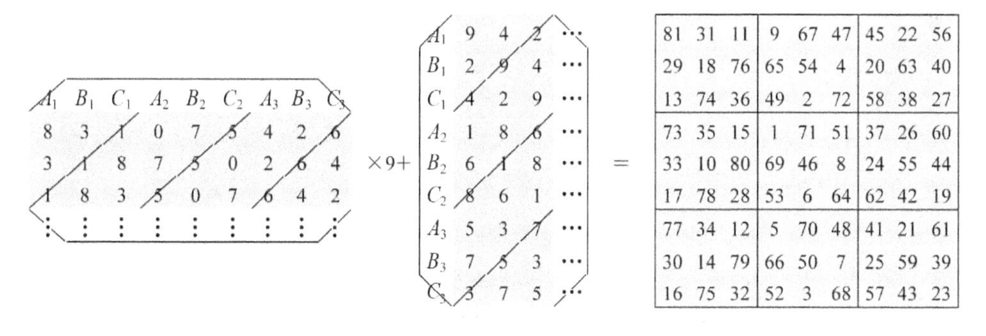

81	31	11	9	67	47	45	22	56
29	18	76	65	54	4	20	63	40
13	74	36	49	2	72	58	38	27
73	35	15	1	71	51	37	26	60
33	10	80	69	46	8	24	55	44
17	78	28	53	6	64	62	42	19
77	34	12	5	70	48	41	21	61
30	14	79	66	50	7	25	59	39
16	75	32	52	3	68	57	43	23

图 3.32

图 3.32 是二位制错位逻辑行列编码构造 9 阶完全幻方的入门范例，“商—余”正交方阵为“单元行—单元列”编码格式。所谓单元行（单元列），指以三位制编码单元组成的 3 行为一大行（或 3 列为一大列）。现以“商数”方阵（“余数”方阵同理）分析编码规则与技巧。

①错位定位滚动编排：3 个编码单元各三数的错位滚动编排都为统一的第 2 位起编，并分别连续定位于 $A_1B_1C_1$、$A_2B_2C_2$、$A_3B_3C_3$ 三类错位行。

②错位编码成立机制：建立同位行全等关系，即 $A_1A_2A_3 = B_1B_2B_3 = C_1C_2C_3$。

③泛对角线等和关系：全部行及一边泛对角线（包括一条主对角线）各由 0 ~ 8 构成；全部列由编码单元三数做 3 次重复编码；另一半泛对角线（包括一条主对角线）由 3 个数组（每组 3 个数相同，3 组九数等和）构成。这一组合结构是编码单元连续错位定位方式的基本特征。

④“商—余”两方阵建立正交关系原则：其一，两方阵以“行—列”格式（或“列—行”格式）编码，贯彻“行列交叉”正交原则；其二，两方阵编码单元滚

动编排，贯彻“异位起编”正交原则（本例“商数”方阵第2位起编，“余数”方阵第1位起编）。

总之，三位制错位逻辑行列编码法比较复杂。本例9阶完全幻方的组合结构特点如下。

①9个等和3阶子单元都是3阶行列图。

②每相邻4个3阶行列图合成一个6阶准幻方（有4个6阶准幻方），其6行、6列与一条主对角线等和，另一条主对角线不等和。因此，本例堪称9阶完全幻方之珍品。

2. 第二例：三位制错位逻辑9阶完全幻方范例（图3.33）

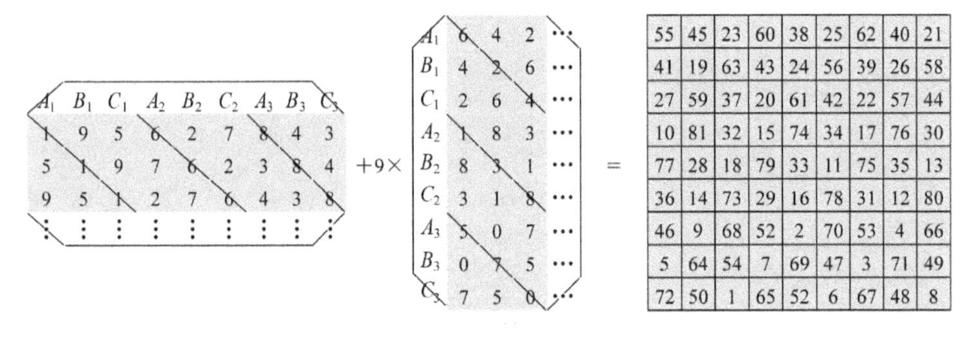

图3.33

图3.33“商—余”正交方阵的连续错位定位方式及正交原则等与上例基本相同，但在本例中加入了不同于上例的区别因素，目的在于对三位制错位逻辑行列编码的基本规则及其运用做出相关探索。具体情况如下。

①编码格式：“商—余”正交方阵采用了“列—行”编码格式，与上例相反。由此说明，三位制错位逻辑行列编码法存在两种编码格式。

②编码单元配置方案：本例“商数”方阵的编码单元与上例相同，但“余数”方阵采用了另一个编码单元配置方案。由此说明，两方阵可各自选定编码单元配置方案。

③编码单元错位分配：“商数”方阵的编码单元虽然与上例相同，但3个编码单元中的整体位置关系做了变动。由此说明，编码单元错位分配具有可变性。

本例9阶完全幻方的组合结构特点与上例相同：内含9个3阶行列图和4个6阶准幻方。这一结构特点取决于两方阵各编码单元滚动编排时，都分别采用$A_1B_1C_1$、$A_2B_2C_2$、$A_3B_3C_3$三类错位行连续定位方式。通过本例实验可知，不难大量检索出这类9阶完全幻方珍品。

3. 第三例：三位制错位逻辑 9 阶完全幻方（图 3.34）

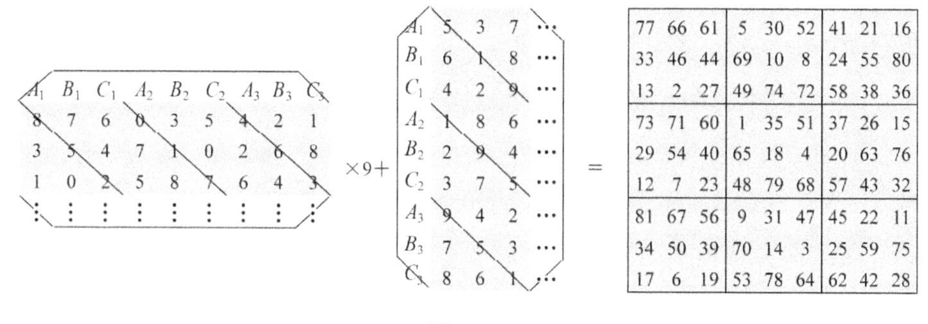

图 3.34

图 3.34 采用了第一例的编码单元配置方案，但是每个编码单元占据“*ABC*”错位行（或错位列）的具体位置做了一定调动，现分析本范例的编码规则与技巧。

①编码单元错位定位：“商数”方阵 3 个编码单元分别定位于 $A_1B_2C_3$、$A_2B_1C_2$、$A_3B_3C_1$ 错位单元行；“余数”方阵 3 个编码单元分别定位于 $A_1B_3C_2$、$A_2B_1C_3$、$A_3B_2C_1$ 错位单元列。

由此说明，这是一种非连续错位定位方式，即各编码单元“*ABC*”错位定位的具体位置是可变的。但这种可变性必须符合同位行（或同位列）等和条件，即 $A_1B_2C_3 = B_1B_2B_3 = C_1C_2C_3$，这是编码单元滚动编排与错位定位的关键技术。

②滚动编排起编位置：按出现先后读：“商数”方阵 $A_1B_2C_3$ 单元第 3 位起编，$A_2B_1C_2$ 单元第 2 位起编，$A_3B_3C_1$ 第 3 位起编；“余数”方阵 $A_1B_3C_2$ 单元第 2 位起编，$A_2B_1C_3$ 单元第 2 位起编，$A_3B_2C_1$ 单元第 2 位起编。本例打破了“商—余”两方阵建立正交关系的“异位”起编原则。由此说明，“异位”起编不是两方阵正交必要的普遍原则，而只是前两例构造 9 阶完全幻方的特例。

③泛对角线等和关系：本例编码单元的滚动编排非连续定位于 $A_1B_1C_1$、$A_2B_2C_2$、$A_3B_3C_3$ 三类错位行，因此两方阵的泛对角线比上两例具有更复杂变化的组合结构形式。由此说明，建立泛对角线等和关系又是编码单元滚动编排的关键技术。构图操作时，主要控制两条主对角线等和，其中一条主对角线必为 0 ～ 8（“余数”方阵 1 ～ 9）自然数列，另一条主对角线必为每相同三数之 3 个数组，即一个编码单元的 3 次重复。

综上所述，3 个 9 阶完全幻方范例演示，介绍了三位制错位逻辑行列编码法的构图规则与基本方法，特别是发现或者归结为两项关键技术。

其一，错位行列定位“同位等和”法则：若列表述为“一个编码单元 3 次简单重复”编码，则行可表述为一个自然数列的“$A_1A_2A_3 = B_1B_2B_3 = C_1C_2C_3$”定位，反之亦然。

其二，错位行列定位“对角线等和”法则：若一条对角线表述为“自然数列”变序定位，则另一条对角线可表述为“一个编码单元 3 次错综重复”编码。这是任何“商—余”正交方阵 3 个编码单元滚动编排、错位定位成立的核心机制。

二、三位制错位逻辑行列编码规程

根据图 3.35 所示 15 阶完全幻方样图，以其“余数”方阵（“商数”方阵同理）为例，介绍三位制错位逻辑行列编码的基本规程与操作方法如下。

1. 第一步：编码单元配置

首先，给出 15 阶“余数”方阵 1 ～ 15 自然数列五等分的一个三位制编码单元配置方案：比如有“1，8，15；2，10，12；3，7，14；4，9，11；5，6，13”5 个三位制编码单元，这是三位制错位编码所使用的编码方案。

其次，给出为贯彻错位行列定位“同位等和”法则所要求的编码单元配置方案，即“余数”方阵 1 ～ 15 自然数列三等分的一个五位制编码单元配置方案。配置要求：必须在上述 5 个三位制编码单元中以各取其一数的方式给出这个五位制编码单元配置方案，比如有“1，3，11，12，13；2，4，5，14，15；6，7，8，9，10”3 个五位制编码单元，这是各三位制编码单元滚动错位行列定位所使用的定位方案。

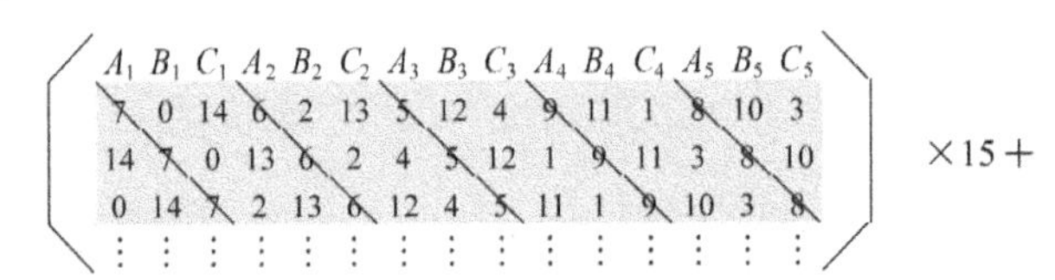

A_1	1	15	8	…
B_1	15	8	1	…
C_1	8	1	15	…
A_2	3	14	7	…
B_2	14	7	3	…
C_2	7	3	14	…
A_3	13	5	6	…
B_3	5	6	13	…
C_3	6	13	5	…
A_4	12	2	10	…
B_4	2	10	12	…
C_4	10	12	2	…
A_5	11	4	9	…
B_5	4	9	11	…
C_5	9	11	4	…

=

106	15	218	91	45	203	76	195	68	136	180	23	121	165	53
225	113	1	210	98	31	75	83	181	30	143	166	60	128	151
8	211	120	38	196	105	188	61	90	173	16	150	158	46	135
108	14	217	93	44	202	78	194	67	138	179	22	123	164	52
224	112	3	209	97	33	74	82	183	29	142	168	59	127	153
7	213	119	37	198	104	187	63	89	172	18	149	157	48	134
118	5	216	103	35	201	88	185	66	148	170	21	133	155	51
215	111	13	200	96	43	65	81	193	20	141	178	50	126	163
6	223	110	36	208	95	186	73	80	171	28	140	156	58	125
117	2	220	102	32	205	87	182	70	147	167	25	132	152	55
212	115	12	197	100	42	62	85	192	17	145	177	47	130	162
10	222	107	40	207	92	190	72	77	175	27	137	160	57	122
116	4	219	101	34	204	86	184	69	146	169	24	131	154	54
214	114	11	199	99	41	64	84	191	19	144	176	49	129	161
9	221	109	39	206	94	189	71	79	174	26	139	159	56	124

图 3.35

另外，给出为贯彻错位行列定位“对角线等和”法则所要求的编码单元配置方案，为了便于理解，设定：各三位制编码单元采用 $A_1B_1C_1$、$A_2B_2C_2$、$A_3B_3C_3$、$A_4B_4C_4$、$A_5B_5C_5$ 三类错位行连续定位方式。据入门范例演示与分析可知：15 阶“余数”方阵一条主对角线必为 1 ～ 15 自然数列，另一条主对角线必由每相同三数之 5 个数组构成，如有“6，6，6；7，7，7；8，8，8；9，9，9；10，10，10”，即一个编码单元“6，7，8，9，10”的 3 次重复，它是五位制编码单元定位方案中的一个。

以上为 15 阶“余数”方阵的编码单元配置方案，本例采用“余数”方阵减“1”

法，得15阶“商数”方阵的编码单元配置方案，也可以另做方案。

2. 第二步：编码格式与行列编号分类

①确定本例15阶“商—余”方阵采用“列—行”编码格式，即“商数”方阵以“列”编码，“余数”方阵以“行”编码。编码格式“行列交叉”是两方阵建立正交关系的基本原则。

②三位制编码，“余数”方阵15行从左至右依次“$A_1B_1C_1A_2B_2C_2A_3B_3C_3A_4B_4C_4A_5B_5C_5$”编号，以“$A_iB_jC_r$”为5组错位行分类，以“$A_1A_2A_3A_4A_5$、$B_1B_2B_3B_4B_5$、$C_1C_2C_3C_4C_5$”为3组同位行分类。本例编码因已设定：错位连续定位方式，故分为“$A_1B_1C_1$、$A_2B_2C_2$、$A_3B_3C_3$、$A_4B_4C_4$、$A_5B_5C_5$”5组错位行（“余数”方阵同理）。

3. 第三步：编码单元分配

15阶5个三位制编码单元，在5组错位行可做全排列分配，本例采用其一。

4. 第四步：错位定位与编码单元滚动编排

①错位定位：事先已设定各三位制编码单元采用错位行连续定位方式。

②编码单元滚动编排：首先，各编码单元在5组错位行中的首行定位；其次，滚动编排起编位置决定：这一决定就是贯彻错位定位“同位等和”法则及“对角线等和”法则两大核心技术要求。

5. 第五步：“商—余”正交方阵还原按 $[0_{15}]\times 15+[1_{15}]$ 计算15阶完全幻方

本例各编码单元以连续错位定位方式滚动编排，因此15阶完全幻方的组合结构特点如下：内含25个3阶子单元全等，其中左排与上排9个为3阶准幻方，即一条主对角线不等和于“339”，其余16个为3阶行列图。

三、连续与非连续两种错位定位方式相互转化——同位交换

在入门范例演示中，介绍了编码单元滚动编排时，可采用两种错位定位方式，其一，连续错位定位方式；其二，非连续错位定位方式，这两种定位方式可相互转化。由于连续错位定位方式是特例，构图相对容易。因此，通过连续错位定位方案的转化来演绎非连续错位定位方案，乃是方便构图、检索、计数的一条新思路。

连续错位定位怎样转化成非连续错位定位呢？在一对连续错位定位的3（$2k+1$）阶“商—余”正交方阵中，“余数”方阵的三类同位行：“$A_1A_2A_3\cdots$、$B_1B_2B_3\cdots$、$C_1C_2C_3\cdots$”，每一类同位行各有$2k+1$行，我发现同位行之间可按全排列方式交换，那么三类同位行有$[(2k+1)!]^3$个交换方案。“商数”方阵同理，即三类同位列也有$[(2k+1)!]^3$个交换方案。然而，在所有交换方案之间两方阵有全正交关系，因此一对连续错位定位的3（$2k+1$）阶“商—余”正交方阵，就能演绎出：$[(2k+1)!]^6$个3（$2k+1$）阶完全幻方。

由此而论，最优化错位逻辑三位制行列编码法的研究重点将是检索可能存在的全部3（$2k+1$）阶连续错位定位的“商—余”正交方阵。

四、连续错位定位“商—余”正交方阵检索——错位交换

在一种编码格式、同一个组配方案、同一个排序组合方案下，如何检索可能存在的连续错位定位 3（2*k* + 1）阶“商—余”正交方阵？关键在于：每个编码单元错位 3 个滚动编排组占居“*ABC*”三类错位行（或错位列），必须研究各滚动组在 *A*、*B*、*C* 之间的交换问题，这是区别于三位制同位逻辑编码法的一个关键与技术难点。现以 9 阶为例演示其错位交换状况（图 3.36 至图 3.38）。

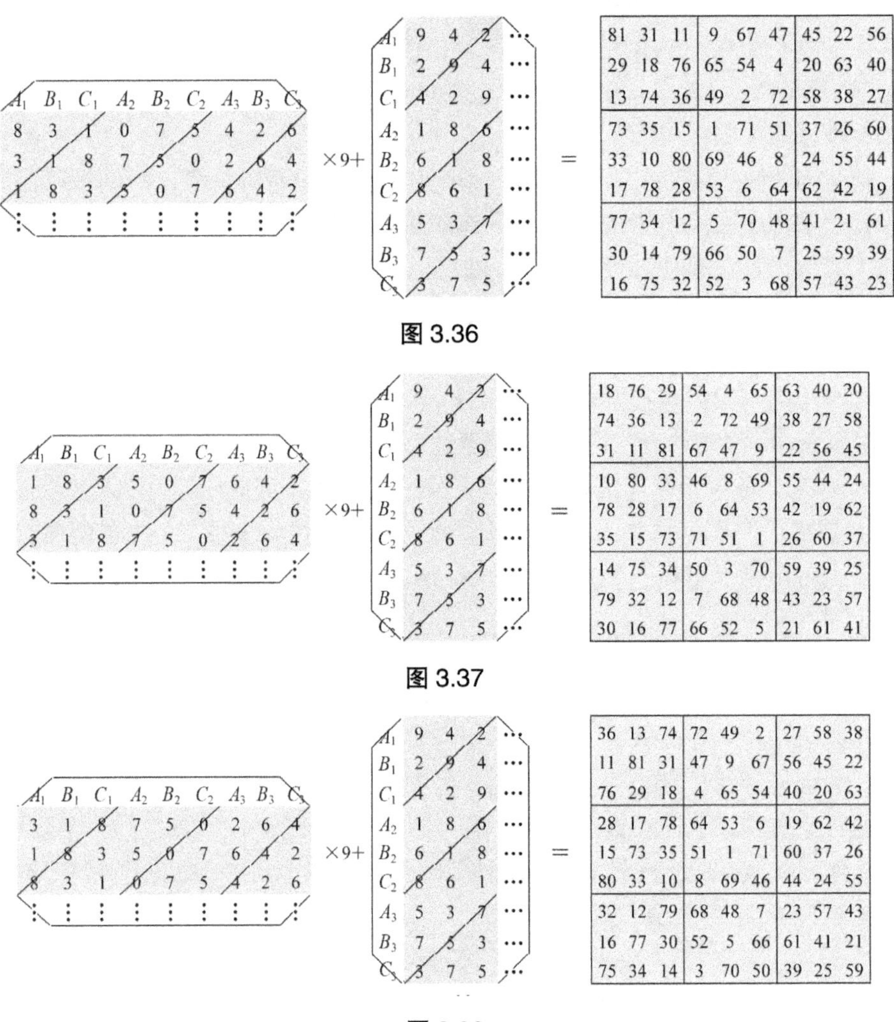

图 3.36

图 3.37

图 3.38

由上述 3 个例图显示，连续错位定“商数”方阵每个编码单元在既定排序下 3 个滚动编制组可按全排列方式做“*A*、*B*、*C*”错位交换（注：与之正交的“余数”方阵未变）。由此确认错位交换规则如下。

①“商—余”两方阵每个编码单元的按序滚动编排可各自独立地做全排列错位

交换；②“商—余”各方阵中（$2k+1$）个编码单元则必须同步“联动”式错位交换。

因此，连续错位定位“商—余”正交方阵的错位交换计（$3!$）^{2} 个方案，这是三位制错位逻辑行列编码的一个常数项。

五、三位制错位逻辑行列完全幻方计数公式

①全正交编码格式方案。“商—余”两方阵的编码格式有两种：其一，“行—列”格式；其二，“列—行”格式。两种编码格式构造的两方阵数量相等，行与列交叉编码两方阵全正交（“商—余”正交方阵等于两方阵之乘积），编码格式计其 2 倍。

②编码单元配置方案。“余数”方阵 1 至 3（$2k+1$）自然数列做（$2k+1$）等分，（$2k+1$）个等分组各三数等和，称为一个三位制编码单元配置方案（“商数”方阵同理）。三位制编码单元配置方案必须采用枚举法检索。这里预设：枚举编码单元有 f 个配置方案，“商—余”两方阵可各自任选其一，因此编码单元配置计 f^2 个组合方案。

③编码单元排序组合方案。每个编码单元 3 个数按其大小若以字母“a、b、c”表示，在三位制错位编码中，必须确定“a、b、c”3 个数的排序，显然有两种排序，即“a、b、c”或“a、c、b”。（$2k+1$）个编码单元的排序组合有 2^{2k+1} 个方案。“商—余”两方阵可各自任选其一，因此编码单元排序计（2^{2k+1}）^{2} 个组合方案。

以上三方面是一对“商—余”正交方阵，由连续错位定位向非连续转化错位定位转化演绎中属于“外在”的未变因素，但它们是重要的可变因素，可按乘法原则计算，这部分与三位制同位逻辑编码法相同。

④一对连续错位定位“商—余”正交方阵的错位交换可演化为（$3!$）^{2} 对连续错位定位“商—余”正交方阵方案，即“一变三十六”，这是一个常数项。

⑤每对连续错位定位“商—余”正交方阵的同位交换可转变成［（$2k+1$）!］^{6} 对非连续错位定位“商—余”正交方阵。

根据以上 5 项构图推导因素，按乘法原则计算，三位制错位逻辑行列编码法的计数公式如下：$S=9\{f(2^{2k+1})[(2k+1)!]^3\}^2$。其中，$k\geqslant 1$，$f$ 为编码单元配置方案（枚举法检索）。本计数公式不包括“镜像”8 倍同构体，适用于 3（$2k+1$）阶完全幻方。由此而言，最优化三位制错位逻辑行列编码技术，比三位制同位逻辑行列编码技术具有更大的适用阶次范围。

当 $k=1$ 时，$f=2$，据公式计算：以三位制行列错位逻辑形式存在的 9 阶完全幻方有：$2^{14}\times 3^8=107495424$ 个图形。这就是说，以三位制行列错位逻辑与同位逻辑这两种形式存在的 9 阶完全幻方数量相等。

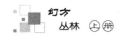

三位制错位逻辑泛对角线编码技术

三位制错位逻辑编码有两种基本形制：其一，错位逻辑行列编码；其二，错位逻辑泛对角线编码。两者的区别在于：三位制错位逻辑形式一个表现于行与列，另一个表现于两半泛对角线，两者可以相互转化。本文参照同位逻辑泛对角线编码法的构图规程及其操作方法，介绍错位逻辑泛对角线编码法与构图的特殊性。举例如下。

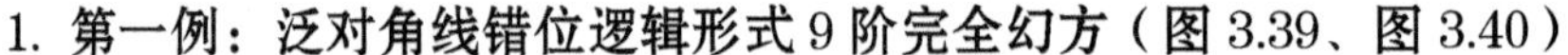

1. 第一例：泛对角线错位逻辑形式 9 阶完全幻方（图 3.39、图 3.40）

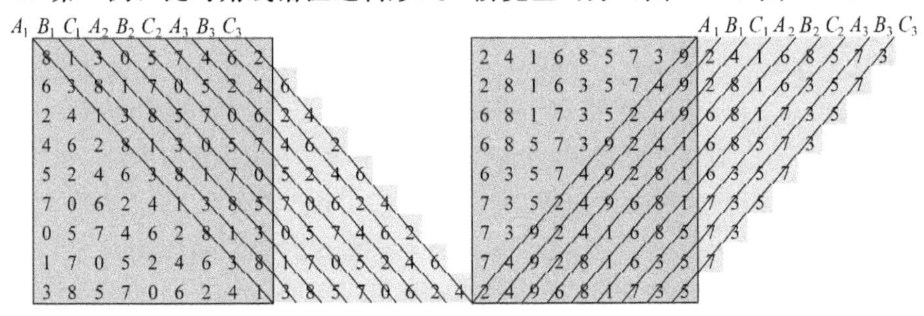

图 3.39

8	1	3	0	5	7	4	6	2
6	3	8	1	7	0	5	2	4
2	4	1	3	8	5	7	0	6
4	6	2	8	1	3	0	5	7
5	2	4	6	3	8	1	7	0
7	0	6	2	4	1	3	8	5
0	5	7	4	6	2	8	1	3
1	7	0	5	2	4	6	3	8
3	8	5	7	0	6	2	4	1

×9＋

2	4	1	6	8	5	7	3	9
2	8	1	6	3	5	7	4	9
6	8	1	7	3	5	2	4	9
6	8	5	7	3	9	2	4	1
6	3	5	7	4	9	2	8	1
7	3	5	2	4	9	6	8	1
7	3	9	2	4	1	6	8	5
7	4	9	2	8	1	6	3	5
2	4	9	6	8	1	7	3	5

＝

74	13	28	6	53	68	43	57	27
56	35	73	15	66	5	52	22	45
24	44	10	34	75	50	65	4	63
42	62	23	79	12	36	2	49	64
51	21	41	61	31	81	11	71	1
70	3	59	20	40	18	33	80	46
7	48	72	38	58	19	78	17	32
16	67	9	47	26	37	60	30	77
29	76	54	69	8	55	25	39	14

图 3.40

2. 第二例：泛对角线错位逻辑形式 9 阶完全幻方（图 3.41、图 3.42）

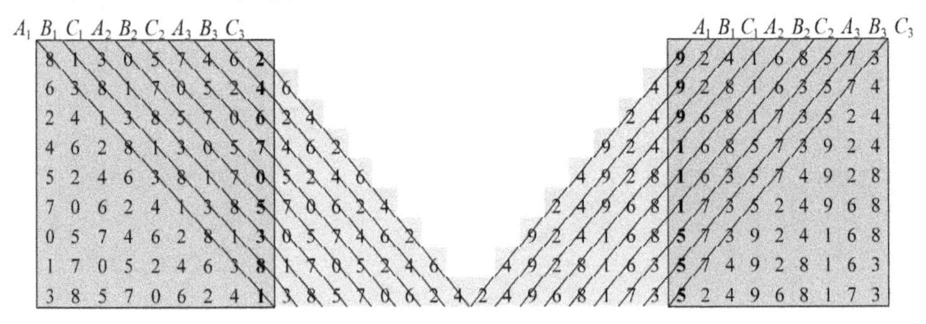

图 3.41

8	1	3	0	5	7	4	6	2
6	3	8	1	7	0	5	2	4
2	4	1	3	8	5	7	0	6
4	6	2	8	1	3	0	5	7
5	2	4	6	3	8	1	7	0
7	0	6	2	4	1	3	8	5
0	5	7	4	6	2	8	1	3
1	7	0	5	2	4	6	3	8
3	8	5	7	0	6	2	4	1

×9＋

9	2	4	1	6	8	5	7	3
9	2	8	1	6	3	5	7	4
9	6	8	1	7	3	5	2	4
1	6	8	5	7	3	9	2	4
1	6	3	5	7	4	9	2	8
1	7	3	5	2	4	9	6	8
5	7	3	9	2	4	1	6	8
5	7	4	9	2	8	1	6	3
5	2	4	9	6	8	1	7	3

＝

81	11	31	1	51	71	41	61	21
63	29	80	10	69	3	50	25	40
27	42	17	28	79	48	68	2	58
37	60	26	77	16	30	9	47	67
46	24	39	59	34	76	18	65	8
64	7	57	23	38	13	36	78	53
5	52	66	45	56	22	73	15	35
14	70	4	54	20	44	55	33	75
32	74	49	72	6	62	19	43	12

图 3.42

3. 第三例：泛对角线错位逻辑形式 9 阶完全幻方（图 3.43、图 3.44）

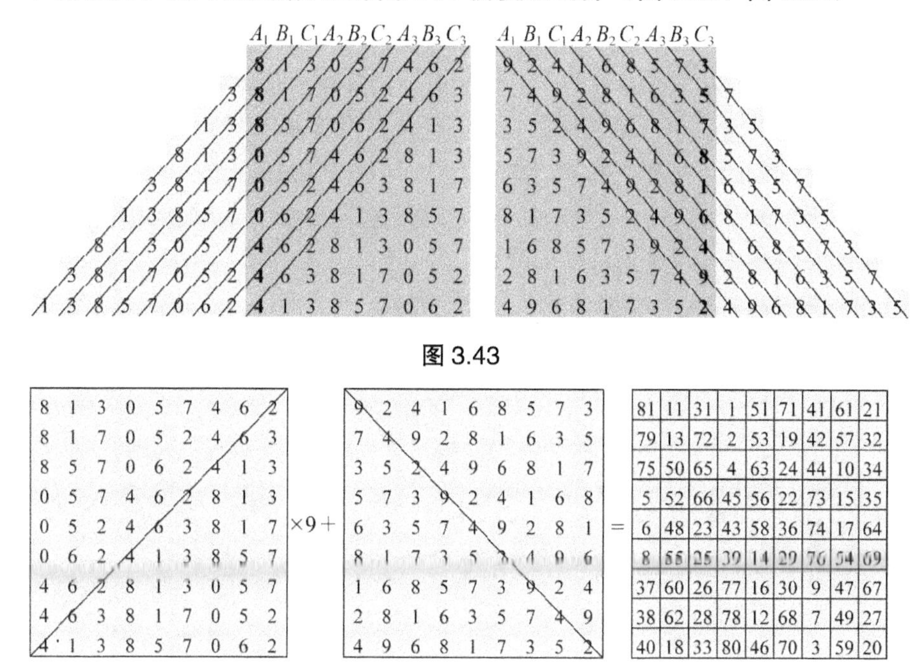

图 3.43

8	1	3	0	5	7	4	6	2
8	1	7	0	5	2	4	6	3
8	5	7	0	6	2	4	1	3
0	5	7	4	6	2	8	1	3
0	5	2	4	6	3	8	1	7
0	6	2	4	1	3	8	5	7
4	6	2	8	1	3	0	5	7
4	6	3	8	1	7	0	5	2
4	1	3	8	5	7	0	6	2

×9＋

9	2	4	1	6	8	5	7	3
7	4	9	2	8	1	6	3	5
3	5	2	4	9	6	8	1	7
5	7	3	9	2	4	1	6	8
6	3	5	7	4	9	2	8	1
8	1	7	3	5	2	4	9	6
1	6	8	5	7	3	9	2	4
2	8	1	6	3	5	7	4	9
4	9	6	8	1	7	3	5	2

＝

81	11	31	1	51	71	41	61	21
79	13	72	2	53	19	42	57	32
75	50	65	4	63	24	44	10	34
5	52	66	45	56	22	73	15	35
6	48	23	43	58	36	74	17	64
8	55	25	39	14	29	76	54	69
37	60	26	77	16	30	9	47	67
38	62	28	78	12	68	7	49	27
40	18	33	80	46	70	3	59	20

图 3.44

4. 第四例：泛对角线错位逻辑形式 9 阶完全幻方（图 3.45、图 3.46）

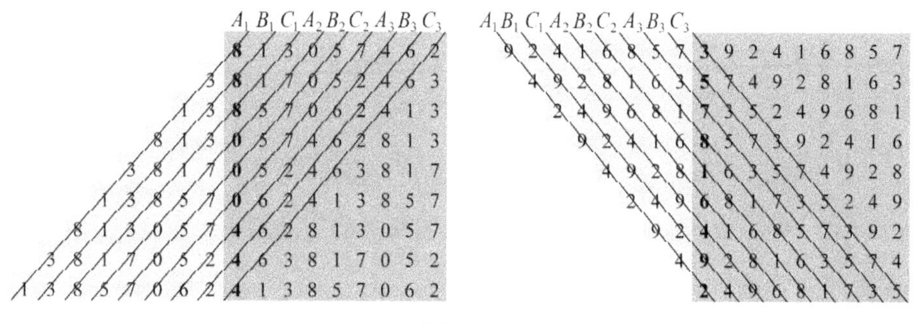

图 3.45

8	1	3	0	5	7	4	6	2
8	1	7	0	5	2	4	6	3
8	5	7	0	6	2	4	1	3
0	5	7	4	6	2	8	1	3
0	5	2	4	6	3	8	1	7
0	6	2	4	1	3	8	5	7
4	6	2	8	1	3	0	5	7
4	6	3	8	1	7	0	5	2
4	1	3	8	5	7	0	6	2

×9＋

3	9	2	4	1	6	8	5	7
5	7	4	9	2	8	1	6	3
7	3	5	2	4	9	6	8	1
8	5	7	3	9	2	4	1	6
1	6	3	5	7	4	9	2	8
6	8	1	7	3	5	2	4	9
4	1	6	8	5	7	3	9	2
9	2	8	1	6	3	5	7	4
2	4	9	6	8	1	7	3	5

＝

75	18	29	4	46	69	44	59	25
77	16	67	9	47	26	37	60	30
79	48	68	2	58	27	42	17	28
8	50	70	39	63	20	76	10	33
1	51	21	41	61	31	81	11	71
6	62	19	43	12	32	74	49	72
40	55	24	80	14	34	3	54	65
45	56	35	73	15	66	5	52	22
38	13	36	78	53	64	7	57	23

图 3.46

以上 4 例泛对角线错位逻辑形式 9 阶完全幻方，它们的编码单元配置方案相同，由此表明，三位制错位逻辑泛对角线编码的特殊性如下。

其一，“商—余”两方阵的“平行四边形”编码格式必须方向相反，即若“商数”方阵以左半泛对角线格式编码，则“余数”方阵须以右半泛对角线格式编码，反之亦然。唯如此才能建立各对“商—余”方阵正交关系。

其二，同时“商—余”两方阵必须贯彻同位起编原则，唯如此才能实现各对“商—余”方阵正交关系。

其三，泛对角线编码的“商—余”两方阵，由“平行四边形”变为“正方形”时的位移方向，不论左向或右向变形都能建立正交关系。

三位制错位逻辑“泛对角线—行列”编码技术

什么是三位制错位逻辑“泛对角线—行列”编码技术？指以已知三位制错位逻辑行列编码“商—余”正交方阵为样本（正方形），直接通过“滚动位移”方式转换成“平行四边形”式的“商—余”正交方阵，它执行“泛对角线—行列”正交原则，而 $[0_n]\times n+[1_n]=[S_n]$ 还原出 $3(2k+1)$ 阶完全幻方的构图方法。它与上文泛对角线编码的方法与结果有所不同，属于两个类别的完全幻方。

一、错位逻辑“泛对角线—行列”编码范例

1. 第一例：“泛对角线—行列”正交编码 9 阶完全幻方（图 3.47、图 3.48）

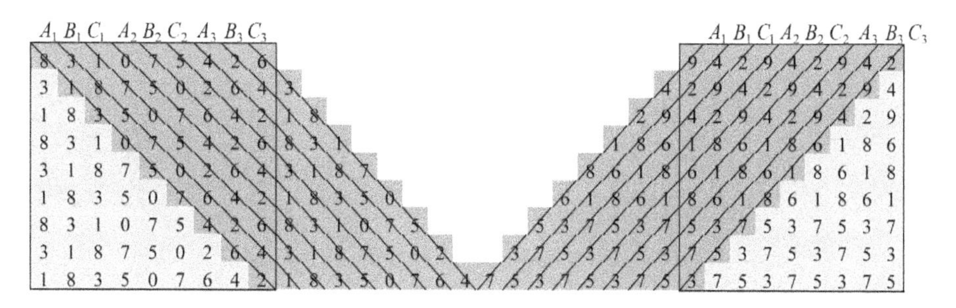

图 3.47

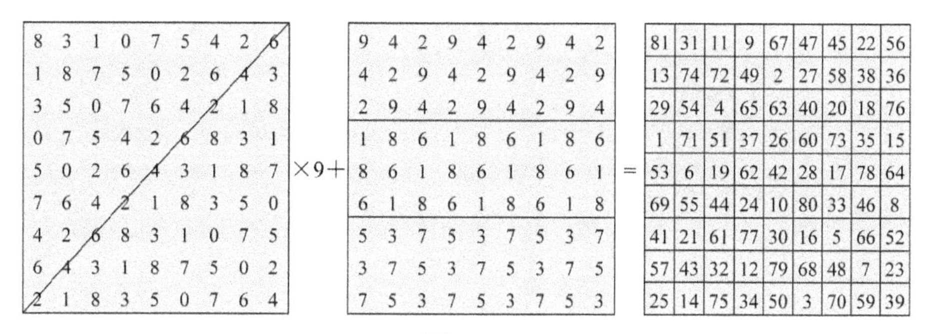

8	3	1	0	7	5	4	2	6
1	8	7	5	0	2	6	4	3
3	5	0	7	6	4	2	1	8
0	7	5	4	2	6	8	3	1
5	0	2	6	4	3	1	8	7
7	6	4	2	1	8	3	5	0
4	2	6	8	3	1	0	7	5
6	4	3	1	8	7	5	0	2
2	1	8	3	5	0	7	6	4

×9+

9	4	2	9	4	2	9	4	2
4	2	9	4	2	9	4	2	9
2	9	4	2	9	4	2	9	4
1	8	6	1	8	6	1	8	6
8	6	1	8	6	1	8	6	1
6	1	8	6	1	8	6	1	8
5	3	7	5	3	7	5	3	7
3	7	5	3	7	5	3	7	5
7	5	3	7	5	3	7	5	3

=

81	31	11	9	67	47	45	22	56
13	74	72	49	2	27	58	38	36
29	54	4	65	63	40	20	18	76
1	71	51	37	26	60	73	35	15
53	6	19	62	42	28	17	78	64
69	55	44	24	10	80	33	46	8
41	21	61	77	30	16	5	66	52
57	43	32	12	79	68	48	7	23
25	14	75	34	50	3	70	59	39

图 3.48

2. 第二例："泛对角线—行列"正交编码 9 阶完全幻方（图 3.49、图 3.50）

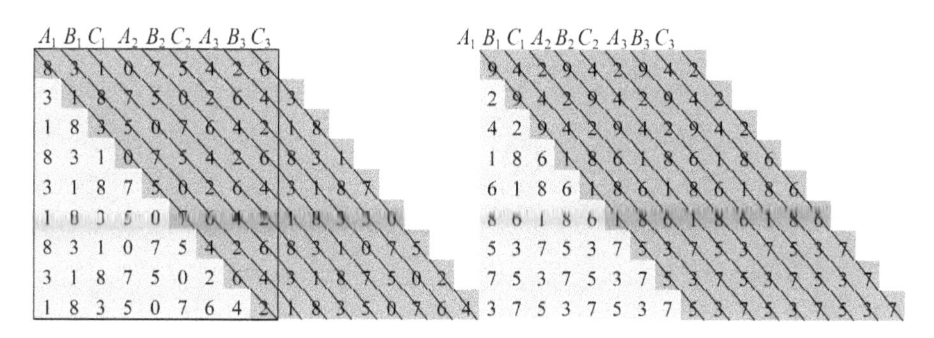

图 3.49

8	3	1	0	7	5	4	2	6
1	8	7	5	0	2	6	4	3
3	5	0	7	6	4	2	1	8
0	7	5	4	2	6	8	3	1
5	0	2	6	4	3	1	8	7
7	6	4	2	1	8	3	5	0
4	2	6	8	3	1	0	7	5
6	4	3	1	8	7	5	0	2
2	1	8	3	5	0	7	6	4

×9+

9	4	2	9	4	2	9	4	2
9	4	2	9	4	2	9	4	2
9	4	2	9	4	2	9	4	2
1	8	6	1	8	6	1	8	6
1	8	6	1	8	6	1	8	6
1	8	6	1	8	6	1	8	6
5	3	7	5	3	7	5	3	7
5	3	7	5	3	7	5	3	7
5	3	7	5	3	7	5	3	7

=

81	31	11	9	67	47	45	22	56
18	76	65	54	4	20	63	40	29
36	49	2	72	58	38	27	13	74
1	71	51	37	26	60	73	35	15
46	8	24	55	44	33	10	80	69
64	62	42	19	17	78	28	53	6
41	21	61	77	30	16	5	66	52
59	39	34	14	75	70	50	3	25
23	12	79	32	48	7	68	57	43

图 3.50

3. 第三例："泛对角线—行列"正交编码 9 阶完全幻方（图 3.51、图 3.52）

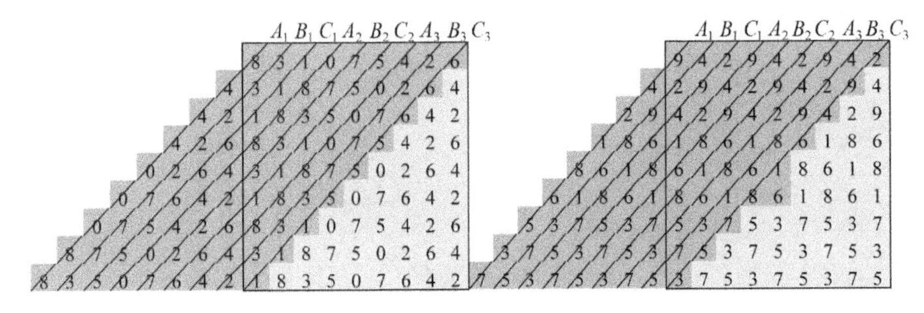

图 3.51

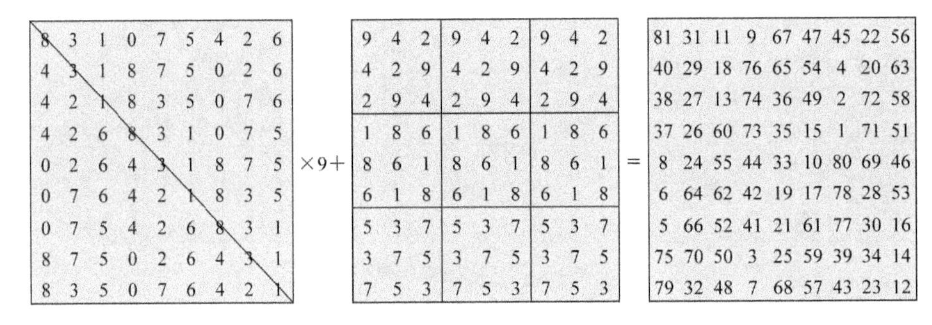

图 3.52

以上 3 例都以图 3.32 三位制错位逻辑行列编码的 9 阶"商—余"正交方阵为底本（浅色标示），然后通过"滚动位移"方式转换成"平行四边形"式的"商—余"正交方阵（深色标示），由此还原出以三位制"泛对角线—行列"错位逻辑形式存在的 9 阶完全幻方。总之，"泛对角线—行列"编码法，既不同于错位逻辑行列编码法，又不同于错位逻辑泛对角线编码法，它的"商—余"两方阵以"行或列"编码与"左或右泛对角线"编码建立正交关系，因而乃是一个新的 3（2k + 1）阶完全幻方类别。

二、错位逻辑"泛对角线—行列"编码法计数公式

据研究，在三位制错位逻辑编码技术中，"泛对角线—行列"编码是行列编码与泛对角线编码的混合应用，行列编码的全部"商数"方阵与泛对角线编码的全部"余数"方阵存在全方位正交关系（反之亦然），因而其计数公式：$S = \frac{1}{8}\{f(2^{2k+1})[(2k+1)!]^3\}^4$，$k \geqslant 1$，$f$ 为编码单元配置方案（枚举法检索）。本公式不包括"镜像"8 倍同构体，适用于以三位制"泛对角线—行列"同位逻辑形式存在的 3（2k + 1）阶完全幻方计数。当 $k = 1$ 时，已知三位制编码单元 $f = 2$ 个方案，据公式计算：以三位制"泛对角线—行列"错位逻辑形式存在的 9 阶完全幻方有 $(2^{14} \times 3^8)^2 = 11555248179939776$ 个图形。

四位制同位逻辑行列编码技术

什么是最优化四位制同位逻辑行列编码技术？即以等和四数为编码单元、按同位逻辑形式、采用行列格式编制“商—余”正交方阵，并由此还原成完全幻方的一种构图方法。在同位逻辑编码法中，编码位制是可变的，二位制乃是偶数阶最基本的编码位制，随着阶次增加其编码位制可不断提高。最优化四位制同位逻辑编码法适用于 16k 阶完全幻方（$k \geqslant 1$）。

一、四位制同位逻辑行列编码范例

16 阶完全幻方是以四位制同位逻辑编码法构图的最小阶次，举例如下。

图 3.53 所示 16 阶“商—余”正交方阵，展示了四位制同位逻辑编码的一个范本，由此还原出的一幅 16 阶完全幻方（泛幻和“2056”）其微观结构特征为：划出任何一个 4 阶子单元，每 16 数之和一定全等于“2056”。

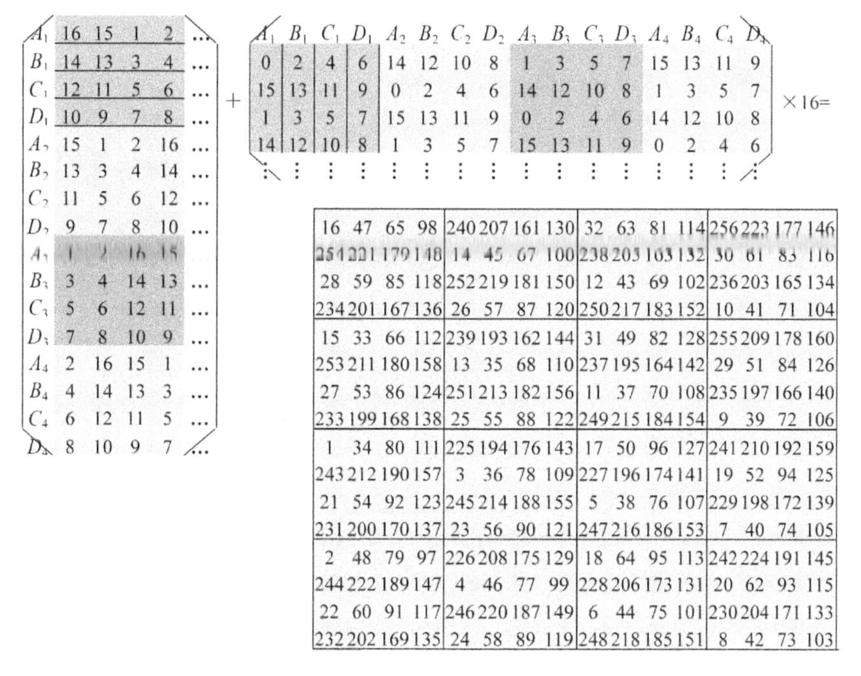

16	47	65	98	240	207	161	130	32	63	81	114	256	223	177	146
254	221	179	148	14	45	67	100	238	205	163	132	30	61	83	116
28	59	85	118	252	219	181	150	12	43	69	102	236	203	165	134
234	201	167	136	26	57	87	120	250	217	183	152	10	41	71	104
15	33	66	112	239	193	162	144	31	49	82	128	255	209	178	160
253	211	180	158	13	35	68	110	237	195	164	142	29	51	84	126
27	53	86	124	251	213	182	156	11	37	70	108	235	197	166	140
233	199	168	138	25	55	88	122	249	215	184	154	9	39	72	106
1	34	80	111	225	194	176	143	17	50	96	127	241	210	192	159
243	212	190	157	3	36	78	109	227	196	174	141	19	52	94	125
21	54	92	123	245	214	188	155	5	38	76	107	229	198	172	139
231	200	170	137	23	56	90	121	247	216	186	153	7	40	74	105
2	48	79	97	226	208	175	129	18	64	95	113	242	224	191	145
244	222	189	147	4	46	77	99	228	206	173	131	20	62	93	115
22	60	91	117	246	220	187	149	6	44	75	101	230	204	171	133
232	202	169	135	24	58	89	119	248	218	185	151	8	42	73	103

图 3.53

二、四位制同位逻辑行列编码特技

在 16 阶四位制同位逻辑编码中存在 16 阶三重次完全幻方图形，举例如下。

图 3.54 是一幅 16 阶完全幻方（泛幻和“2056”），具有三重次最优化组合结构：即内含 16 个 4 阶完全幻方（子幻和“514”）、4 个 8 阶完全幻方（子幻和“1028”）。四位制编码制作 16 阶三重次完全幻方的特殊性何在呢？如本例 16 阶“商—余”正交方阵所示：其一，以已知任意一个 4 阶完全幻方为样本组配 16 阶的 4 个编码单元，并按样本做各同位首行（或各同位首列）定位；其二，同步起编，即依照样本编码单元按第 2 位或第 4 位相同起编位“滚动”编码，由此就可构造出这幅 16 阶三重次完全幻方图形。

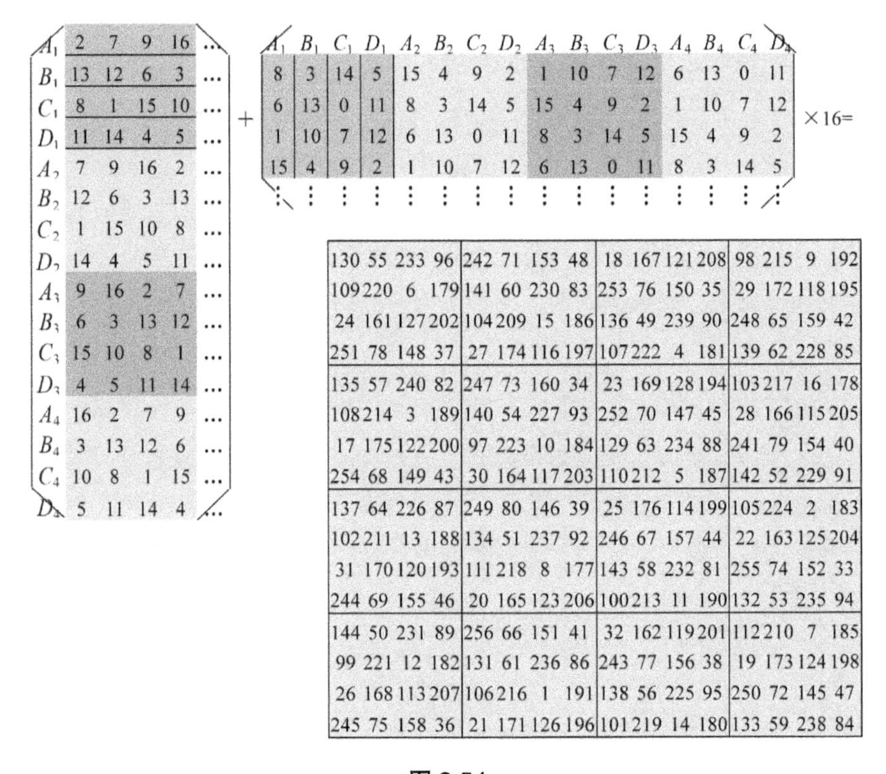

130	55	233	96	242	71	153	48	18	167	121	208	98	215	9	192
109	220	6	179	141	60	230	83	253	76	150	35	29	172	118	195
24	161	127	202	104	209	15	186	136	49	239	90	248	65	159	42
251	78	148	37	27	174	116	197	107	222	4	181	139	62	228	85
135	57	240	82	247	73	160	34	23	169	128	194	103	217	16	178
108	214	3	189	140	54	227	93	252	70	147	45	28	166	115	205
17	175	122	200	97	223	10	184	129	63	234	88	241	79	154	40
254	68	149	43	30	164	117	203	110	212	5	187	142	52	229	91
137	64	226	87	249	80	146	39	25	176	114	199	105	224	2	183
102	211	13	188	134	51	237	92	246	67	157	44	22	163	125	204
31	170	120	193	111	218	8	177	143	58	232	81	255	74	152	33
244	69	155	46	20	165	123	206	100	213	11	190	132	53	235	94
144	50	231	89	256	66	151	41	32	162	119	201	112	210	7	185
99	221	12	182	131	61	236	86	243	77	156	38	19	173	124	198
26	168	113	207	106	216	1	191	138	56	225	95	250	72	145	47
245	75	158	36	21	171	126	196	101	219	14	180	133	59	238	84

图 3.54

由于四位制同位逻辑行列编码法适用的阶次范围已超出了我设定的清算目标，所以只用范例简单介绍这一类组合形式的 16*k* 阶完全幻方，而不再做检索、计数等方面的专门研究（或可参照“四位制交叉逻辑行列编码技术”一文的计数公式）。

四位制交叉逻辑行列编码技术

8 阶的“1 ～ 8”可“一分为二”，组配成两个“四位制编码单元”，因而有可能存在四位制行列编码的解。但是，其 8 行或 8 列的四位制编号“$A_1B_1C_1D_1$、$A_2B_2C_2D_2$”不可能满足编码单元同位逻辑“滚动编码”的位制要求。如何克服这个矛盾呢？据研究，以“同位—错位”交叉逻辑替代单一同位逻辑，这个问题就迎刃而解了。四位制交叉逻辑行列编码法适用于 $8k$ 阶完全幻方（$k \geqslant 1$）。

一、四位制交叉逻辑行列编码范例

如图 3.55 所示，四位制编码单元“1，7，6，4”的滚动编码安排在“$A_1C_1A_2C_2$”，其中有“同位”也有“错位”关系（注：另一个四位制编码单元“5，8，2，3”同理），因此这是一种以四位制交叉逻辑形式存在的 8 阶完全幻方。

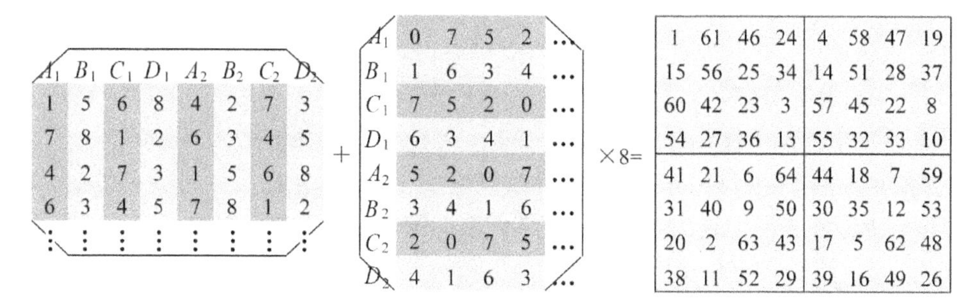

图 3.55

图 3.56 是由 4 阶行列图合成的 8 阶完全幻方，内含 9 个全等 4 阶行列图，乃为本类 8 阶完全幻方之精品。其四位制编码的特殊在于：其一，排序互补，即 8 阶两个编码单元的排序必须成对互补（注：形成一个长方单元）；其二，同步编码，即两个编码单元同位起编、同步“滚动”编码。

A_1	B_1	C_1	D_1	A_2	B_2	C_2	D_2
1	8	6	3	4	5	7	2
7	2	1	8	6	3	4	5
4	5	7	2	1	8	6	3
6	3	4	5	7	2	1	8
⋮	⋮	⋮	⋮	⋮	⋮	⋮	⋮

+

A_1	0	6	5	3 …
B_1	7	1	2	4 …
C_1	6	5	3	0 …
D_1	1	2	4	7 …
A_2	5	3	0	6 …
B_2	2	4	7	1 …
C_2	3	0	6	5 …
D_2	4	7	1	2 …

×8=

1	56	46	27	4	53	47	26
63	10	17	40	62	11	20	37
52	45	31	2	49	48	30	3
14	19	36	61	15	18	33	64
41	32	6	51	44	29	7	50
23	34	57	16	22	35	60	13
28	5	55	42	25	8	54	43
38	59	12	21	39	58	9	24

图 3.56

二、四位制交叉逻辑行列编码法计数公式

四位制与二位制的编码规则相似，区别仅在于因编码位制提高而引起编码单元组配、排序、“滚动”编码等方面的变化。结合 8 阶推导四位制交叉逻辑行列编码计数公式。

1. 编码单元组配

据枚举法检索：①8 阶“余数”方阵四数成对组配：计有$\frac{1}{2}C_4^2=3$个方案。如“1，2，7，8”与“3，4，5，6”组配方案；“1，3，6，8”与“2，4，5，7”组配方案；“1，4，5，8”与“2，3，6，7”组配方案。②8 阶“余数”方阵四数不成对组配：只有“1，4，6，7”与“2，3，5，8”一个组配方案。两项合计 4 个组配方案（“商数”方阵组配同理），每个组配方案中各有两个四位制编码单元。

设 $8k$ 阶存在“f”个等和组配方案（采用枚举法检索），每个组配方案中各有 $2k$ 个四位制编码单元。

2. “商—余”方阵行列分类

8 阶以“$A_1B_1C_1D_1A_2B_2C_2D_2$”依次编号分类，其中“A_1A_2”称为 A 类同位行（或列），“B_1B_2”称为 B 类同位行（或列）……各同类行只有两个号码（即四位制分类）。$8k$ 阶（$k>1$）以“$ABCD$”方式分类，各同类行有 $2k$ 个号码（k 有奇、偶之别）。

3. 编码单元分配

8 阶每个组配方案中的两个编码单元在“$A_1B_1C_1D_1A_2B_2C_2D_2$”中的分配，遵守二位制编码的同位原则，即一个编码单元分配于“$A_1C_1A_2C_2$”，另一个编码单元分配于“$B_1D_1B_2D_2$”，反之亦然，因此计 2! 个分配方案。从四位制编码看，乃为“同位—错位”交叉分配状态。

$8k$ 阶的 $2k$ 个编码单元按“同位—错位”交叉方式分配，计（$2k$）! 个分配方案。

4. 编码单元排序与定位

8 阶每个编码单元“$abcd$”四数排序：可做全排列，计有 4! 种排序。每个编码单元定位：各种排序都可在既定分配方案的首行（或首列）定位，因此有 4! 个独立定位方案。然而，一个分配方案下的两个编码单元存在$(4!)^2$个组合定位方案。

$8k$ 阶在一个分配方案下，每一个编码单元的 4! 种排序各可在首行（或首列）相对独立定位，因而 $2k$ 个编码单元计$(4!)^{2k}$个组合定位方案。

5. 滚动编码

8 阶在一个组合定位方案下，每一个编码单元有两个可能的起编位置，即首行（或首列）排序中的第 2、第 4 位起编（注：第 1、第 3 位不可起编）。然而，下一行（列）都按上一行（列）既定的起编位滚动编码。一个组合定位方案下的两个编码单元可同位起编与同步滚动编码，亦可异位起编与各自滚动编码。因此计 $2^2=4$ 个组合起编方案。

$8k$ 阶一个组合定位方案下，$2k$ 个编码单元计 2^{2k} 个组合起编方案。

6. 两方阵正交关系

“商数”方阵与“余数”方阵数量相等，有“行—列”“列—行”两种正交格式，互为旋转 90° 关系，以 2 倍计算。然而“商—余”正交方阵，以“一对一”方式还原成 $8k$ 阶完全幻方。

综上所述，四位制交叉逻辑行列编码的计数公式：$S=\frac{1}{4}\left[f\times(2k)!48^{2k}\right]^{2}$。公式中，$k\geqslant 1$，$f$ 为 $8k$ 阶编码单元组配方案（枚举法检索）。本公式已除去“镜像”8 倍同构体，适用于以四位制交叉逻辑编码形式存在的 $8k$ 阶完全幻方计数。当 $k=1$ 时，已知 8 阶四位制编码单元组配 $f=4$ 个方案，据公式计算，此类 8 阶完全幻方有 $2^{20}\times 3^{4}=84934656$ 个图形。

五位制最优化逻辑编码技术

编码位制是可变的，三位制为奇合数阶最基本的编码位制，随着阶次增加其编码位制可不断提高。本文介绍最优化五位制编码：分为同位逻辑、错位逻辑两种最优化逻辑形式编码；分为“行—列”式、“泛对角线”式、“对角线—行列”式 3 种编码正交格式；分为单层次与多层次等最优化编码方法。最优化五位制编码适用于 $5k$ 阶完全幻方构图（$k\geqslant 3$）。

一、五位制同位逻辑“行—列”格式编码

什么是五位制最优化同位逻辑“行—列”格式编码？即以每等和五数为一个编码单元，按最优化同位逻辑形式，采用“行—列”格式编制“商—余”正交方阵，并由此还原成完全幻方的一种构图方法。以 15 阶为范例展示（图 3.57）。

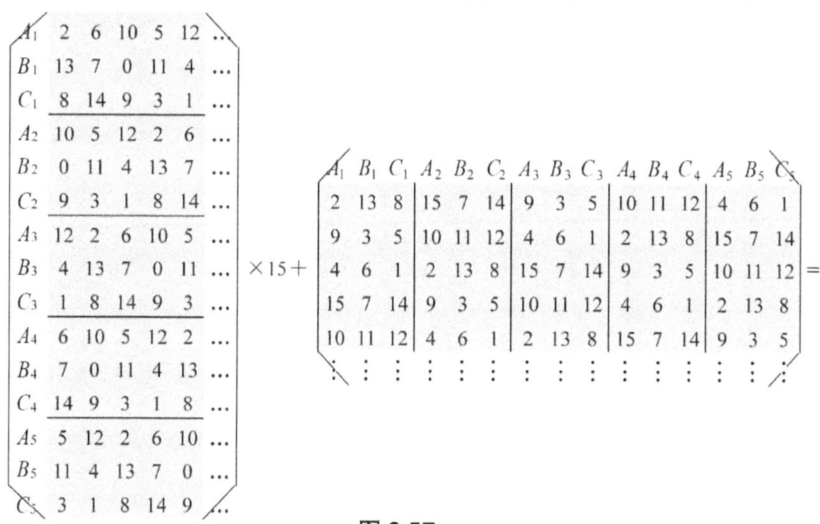

图 3.57

图 3.57 左 15 阶“商数”方阵以一个配置方案的 A、B、C 3个编码单元分别在 $A_1A_2A_3A_4A_5$、$B_1B_2B_3B_4B_5$、$C_1C_2C_3C_4C_5$ 同位行滚动编码。

图 3.57 右 15 阶“余数”方阵以一个配置方案的 A、B、C 3个等和编码单元分别在 $A_1A_2A_3A_4A_5$、$B_1B_2B_3B_4B_5$、$C_1C_2C_3C_4C_5$ 同位列滚动编码。两方阵异位起编建立正交关系，还原即得图 3.58 所示的 15 阶完全幻方。

32	103	158	90	187	44	99	153	80	190	41	102	154	81	181
204	108	5	175	71	207	109	6	166	62	208	113	15	172	74
124	216	136	47	28	128	225	142	59	24	123	215	145	56	27
165	82	194	39	93	155	85	191	42	94	156	76	182	43	98
10	176	72	199	111	1	167	73	203	120	7	179	69	198	110
137	58	23	135	217	149	54	18	125	220	146	57	19	126	211
189	33	95	160	86	192	34	96	151	77	193	38	105	157	89
64	201	106	2	178	68	210	112	14	174	63	200	115	11	177
30	127	224	144	48	20	130	221	147	49	21	121	212	148	53
100	161	87	184	36	91	152	88	188	45	97	164	84	183	35
107	13	173	75	202	119	9	168	65	205	116	12	169	66	196
219	138	50	25	131	222	139	51	16	122	223	143	60	22	134
79	186	31	92	163	83	195	37	104	159	78	185	40	101	162
180	67	209	114	3	170	70	206	117	4	171	61	197	118	8
55	26	132	214	141	46	17	133	218	150	52	29	129	213	140

图 3.58

二、五位制错位逻辑“行—列”格式编码

什么是五位制最优化错位逻辑“行—列”格式编码？即以每等和五数为一个编码单元，按最优化错位逻辑形式，采用“行—列”格式编制“商—余”正交方阵，并由此还原成完全幻方的一种构图方法。以 15 阶为范例展示（图 3.59）。

A_1	2	6	10	5	12	…
B_1	10	5	12	2	6	…
C_1	12	2	6	10	5	…
D_1	6	10	5	12	2	…
E_1	5	12	2	6	10	…
A_2	13	7	0	11	4	…
B_2	0	11	4	13	7	…
C_2	4	13	7	0	11	…
D_2	7	0	11	4	13	…
E_2	11	4	13	7	0	…
A_3	8	14	9	3	1	…
B_3	9	3	1	8	14	…
C_3	1	8	14	9	3	…
D_3	14	9	3	1	8	…
E_3	3	1	8	14	9	…

×15+

A_1	B_1	C_1	D_1	E_1	A_2	B_2	C_2	D_2	E_2	A_3	B_3	C_3	D_3	E_3
2	4	10	9	15	13	6	11	3	7	8	1	12	5	14
9	15	2	4	10	3	7	13	6	11	5	14	8	1	12
4	10	9	15	2	6	11	3	7	13	1	12	5	14	8
15	2	4	10	9	7	13	6	11	3	14	8	1	12	5
10	9	15	2	4	11	3	7	13	6	12	5	14	8	1
⋮	⋮	⋮	⋮	⋮	⋮	⋮	⋮	⋮	⋮	⋮	⋮	⋮	⋮	⋮

=

图 3.59

图 3.59 左 15 阶“商数”方阵以一个配置方案的 A、B、C 3个等和编码单元分别在 $A_1B_1C_1D_1E_1$、$A_2B_2C_2D_2E_2$、$A_3B_3C_3D_3E_3$ 错位行滚动编码。

图 3.59 右 15 阶“余数”方阵以一个配置方案的 A、B、C 3 个等和编码单元，分别在 $A_1B_1C_1D_1E_1$、$A_2B_2C_2D_2E_2$、$A_3B_3C_3D_3E_3$ 错位列滚动编码。两方阵“同位”起编建立正交关系，还原即得图 3.60 所示的 15 阶完全幻方。

32	94	160	84	195	43	96	161	78	187	38	91	162	80	194
159	90	182	34	100	153	82	193	36	101	155	89	188	31	102
184	40	99	165	77	186	41	93	157	88	181	42	95	164	83
105	152	79	190	39	97	163	81	191	33	104	158	76	192	35
85	189	45	92	154	86	183	37	103	156	87	185	44	98	151
197	109	10	174	75	208	111	11	168	67	203	106	12	170	74
9	180	62	199	115	3	172	73	201	116	5	179	68	196	117
64	205	114	15	167	66	206	108	7	178	61	207	110	14	173
120	2	169	70	204	112	13	171	71	198	119	8	166	72	200
175	69	210	107	4	176	63	202	118	6	177	65	209	113	1
122	214	145	54	30	133	216	146	48	22	128	211	147	50	29
144	60	17	124	220	138	52	28	126	221	140	59	23	121	222
19	130	219	150	47	21	131	213	142	58	16	132	215	149	53
225	137	49	25	129	217	148	51	26	123	224	143	46	27	125
55	24	135	212	139	56	18	127	223	141	57	20	134	218	136

图 3.60

它的组合性质及其结构特征为：9 个 5 阶子单元为全等的 5 阶完全幻方，由此合成二重次最优化的 15 阶完全幻方。

综上所述，两例都为五位制“行—列”格式编码，区别如下。

①一个是按最优化同位逻辑形式编码，另一个是按最优化错位逻辑形式编码。

②同位逻辑“商—余”两方阵贯彻“异位”起编原则而建立正交关系；而错位逻辑“商—余”两方阵贯彻“同位”起编原则而建立正交关系。

③同位逻辑编码所得为一般 15 阶完全幻方，本例错位逻辑编码所得为“井”字型结构二重次最优化 15 阶完全幻方。

三、五位制同位逻辑“泛对角线”格式编码

五位制最优化同位逻辑泛对角线编码的操作方法：以“平行四边形”形态，按同位逻辑“行—列”格式编制“商数”与“余数”两方阵；然后这两个“平行四边形”各以滚动位移方式变为“正方形”（深色），由此，五位制同位逻辑形式分别表现于两方阵的左半或右半泛对角线。图 3.61 为 15 阶“商数”方阵，图 3.62 为 15 阶“余数”方阵，两方阵正交，且各自具有完全幻方组合性质。

A_1	B_1	C_1	A_2	B_2	C_2	A_3	B_3	C_3	A_4	B_4	C_4	A_5	B_5	C_5														
2	13	8	10	0	9	12	4	1	6	7	14	5	11	3	2	13	8	10	0	9	12	4	1	6	7	14	5	11
	6	7	14	5	11	3	2	13	8	10	0	9	12	4	1	6	7	14	5	11	3	2	13	8	10	0	9	12
		10	0	9	12	4	1	6	7	14	5	11	3	2	13	8	10	0	9	12	4	1	6	7	14	5	11	3
			5	11	3	2	13	8	10	0	9	12	4	1	6	7	14	5	11	3	2	13	8	10	0	9	12	4
				12	4	1	6	7	14	5	11	3	2	13	8	10	0	9	12	4	1	6	7	14	5	11	3	2
					2	13	8	10	0	9	12	4	1	6	7	14	5	11	3	2	13	8	10	0	9	12	4	1
						6	7	14	5	11	3	2	13	8	10	0	9	12	4	1	6	7	14	5	11	3	2	13
							10	0	9	12	4	1	6	7	14	5	11	3	2	13	8	10	0	9	12	4	1	6
								5	11	3	2	13	8	10	0	9	12	4	1	6	7	14	5	11	3	2	13	8
									12	4	1	6	7	14	5	11	3	2	13	8	10	0	9	12	4	1	6	7
										2	13	8	10	0	9	12	4	1	6	7	14	5	11	3	2	13	8	10
											6	7	14	5	11	3	2	13	8	10	0	9	12	4	1	6	7	14
												10	0	9	12	4	1	6	7	14	5	11	3	2	13	8	10	0
													5	11	3	2	13	8	10	0	9	12	4	1	6	7	14	5
														12	4	1	6	7	14	5	11	3	2	13	8	10	0	9

图 3.61

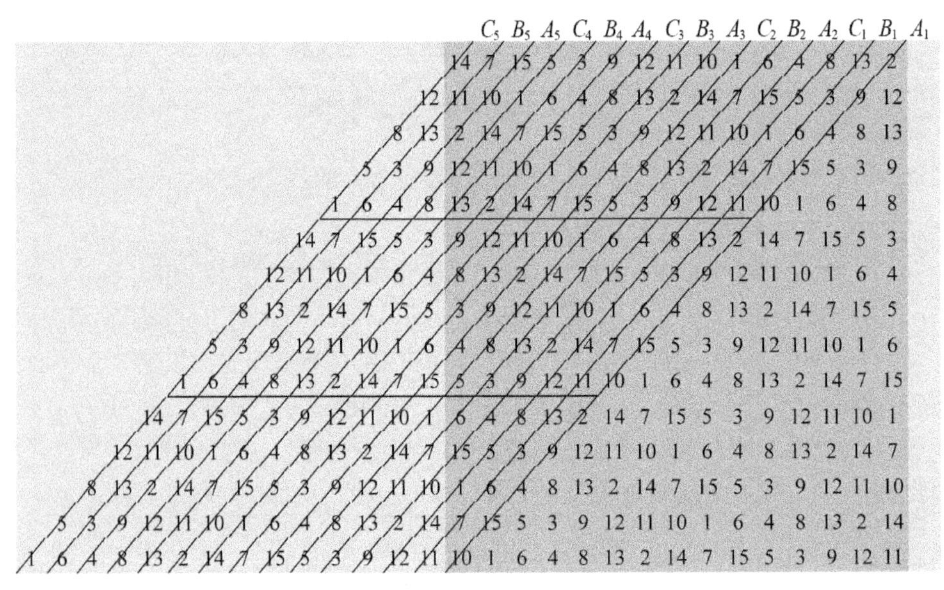

														C_5	B_5	A_5	C_4	B_4	A_4	C_3	B_3	A_3	C_2	B_2	A_2	C_1	B_1	A_1
														14	7	15	5	3	9	12	11	10	1	6	4	8	13	2
													12	11	10	1	6	4	8	13	2	14	7	15	5	3	9	12
												8	13	2	14	7	15	5	3	9	12	11	10	1	6	4	8	13
											5	3	9	12	11	10	1	6	4	8	13	2	14	7	15	5	3	9
										1	6	4	8	13	2	14	7	15	5	3	9	12	11	10	1	6	4	8
									14	7	15	5	3	9	12	11	10	1	6	4	8	13	2	14	7	15	5	3
								12	11	10	1	6	4	8	13	2	14	7	15	5	3	9	12	11	10	1	6	4
							8	13	2	14	7	15	5	3	9	12	11	10	1	6	4	8	13	2	14	7	15	5
						5	3	9	12	11	10	1	6	4	8	13	2	14	7	15	5	3	9	12	11	10	1	6
					1	6	4	8	13	2	14	7	15	5	3	9	12	11	10	1	6	4	8	13	2	14	7	15
				14	7	15	5	3	9	12	11	10	1	6	4	8	13	2	14	7	15	5	3	9	12	11	10	1
			12	11	10	1	6	4	8	13	2	14	7	15	5	3	9	12	11	10	1	6	4	8	13	2	14	7
		8	13	2	14	7	15	5	3	9	12	11	10	1	6	4	8	13	2	14	7	15	5	3	9	12	11	10
	5	3	9	12	11	10	1	6	4	8	13	2	14	7	15	5	3	9	12	11	10	1	6	4	8	13	2	14
1	6	4	8	13	2	14	7	15	5	3	9	12	11	10	1	6	4	8	13	2	14	7	15	5	3	9	12	11

图 3.62

五位制同位逻辑形式泛对角线编制“平行四边形”，两方阵的起编位置必须贯彻“同位”原则才能建立正交关系。由此，按［商］×15＋［余］还原式计算即得一幅 15 阶完全幻方（图 3.63）。

59	37	210	125	153	9	147	191	70	16	96	109	218	88	167
71	25	91	111	214	83	178	47	44	202	135	155	3	144	192
32	209	127	165	5	138	189	72	26	100	106	216	79	173	58
27	101	115	211	81	169	53	43	197	134	157	15	140	183	69
208	122	164	7	150	185	63	24	102	116	220	76	171	49	38
99	117	221	85	166	51	34	203	133	152	14	142	195	65	18
128	163	2	149	187	75	20	93	114	222	86	175	46	36	199
108	219	87	176	55	31	201	124	158	13	137	194	67	30	95
154	8	148	182	74	22	105	110	213	84	177	56	40	196	126
215	78	174	57	41	205	121	156	4	143	193	62	29	97	120
6	139	188	73	17	104	112	225	80	168	54	42	206	130	151
90	170	48	39	207	131	160	1	141	184	68	28	92	119	217
136	186	64	23	103	107	224	82	180	50	33	204	132	161	10
172	60	35	198	129	162	11	145	181	66	19	98	118	212	89
190	61	21	94	113	223	77	179	52	45	200	123	159	12	146

图 3.63

四、五位制错位逻辑“泛对角线”格式编码

五位制最优化错位逻辑泛对角线编码的操作方法：以“平行四边形”形态，按错位逻辑“行—列”格式编制“商数”与“余数”两方阵；然后这两个“平行四边形”各以滚动位移方式变为“正方形”（深色标示），由此，最优化错位逻辑表现于两方阵的左半与右半泛对角线。图 3.64 为错位逻辑 15 阶“余数”方阵，图 3.65 为错位逻辑 15 阶“商数”方阵，两方阵正交，且各自具有完全幻方组合性质。

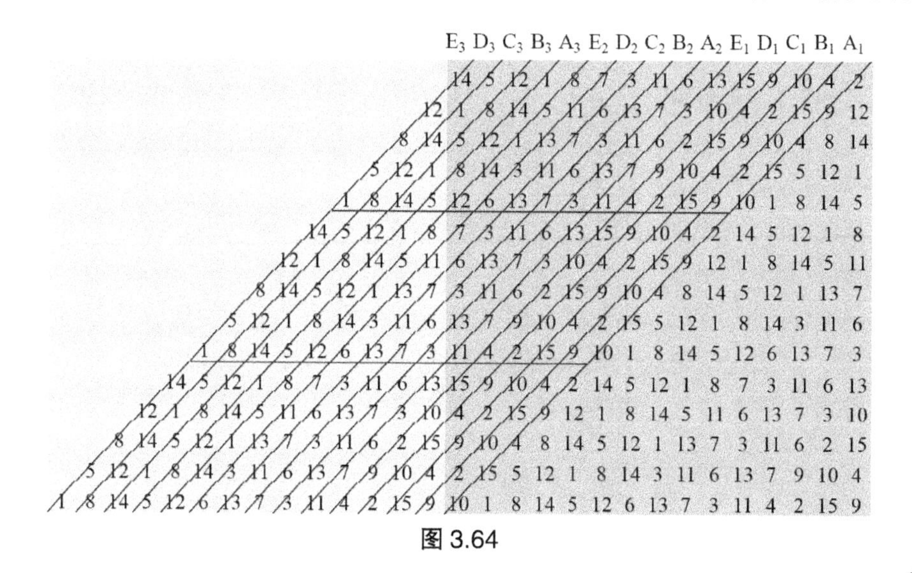

图 3.64

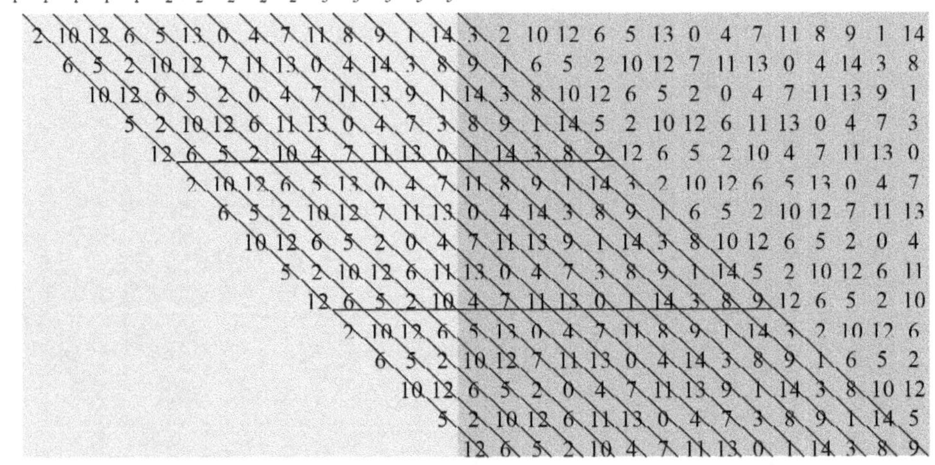

图 3.65

五位制错位逻辑形式泛对角线格式编制"平行四边形"，两方阵的起编位置必须贯彻"异位"原则才能建立正交关系。由此，按［商］×15＋［余］还原式计算即得一幅 15 阶完全幻方（图 3.66）。

59	35	162	181	98	82	198	11	66	118	180	129	145	19	212
136	23	104	80	41	156	193	112	168	205	4	62	225	54	132
215	57	121	163	187	93	86	36	2	75	114	175	199	143	29
128	149	18	221	81	43	157	189	100	169	197	15	65	117	46
27	216	58	127	138	191	94	77	45	159	70	106	173	209	5
172	123	146	21	223	60	39	160	184	92	89	200	12	61	113
6	73	217	48	130	139	17	105	84	42	151	188	119	170	206
108	176	201	137	30	219	55	124	158	194	95	87	31	13	67
208	7	69	115	49	122	150	20	222	76	38	164	183	101	171
71	109	167	210	9	25	211	53	134	140	192	96	88	37	153
90	204	10	64	107	179	125	147	16	218	52	33	161	186	103
154	182	120	174	207	1	68	224	50	131	141	28	97	78	40
99	85	34	8	74	110	177	196	148	22	213	56	126	152	195
32	165	185	102	166	203	14	63	116	51	133	142	24	220	79
190	91	83	44	155	72	111	178	202	3	26	214	47	135	144

图 3.66

综上所述，五位制最优化逻辑编码法适用的最小阶次为 15 阶完全幻方，由于 10 阶以上的完全幻方已经不是我设定的检索、清算其全部解的目标，因此不再更深入地研究与介绍，而仅作为最优化逻辑编码技术中的一般方法掌握。随着阶次增大，最优化逻辑编码技术的编码位制可不断增高，如六位制、七位制等，其编码原理、规则与方法大同小异，可以触类旁通，举一反三运用。

同位逻辑“长方行列图”编码技术

在奇合数 n 阶可分解为 a 与 b 两个奇数互质因子（$a<b$）条件下，以其 n 阶“余数”方阵的 1 至 n 数列（或 n 阶“商数”方阵的 0 至 n–1 数列）配置一个 $a\times b$ 长方行列图，并以此为编码单元，按同位逻辑形式编制“商—余”正交方阵，则可还原成一幅长方行列图结构的奇合数阶完全幻方。

一、长方行列图式同位逻辑编码实例

图 3.67 是 3×5 长方行列图组合结构 15 阶完全幻方（泛幻和“1695”），它的组合结构特征如下：①任意划出一个 3 阶或 3 的整倍数阶（3 阶、6 阶、9 阶、12 阶）单元之和全等；②任意划出一个 5 阶或 5 的整倍数阶（5 阶、10 阶）单元之和全等；③纵向或横向 3×5 长方单元和之母阶为相同的长方行列图。

二、同位逻辑长方行列图编码规程

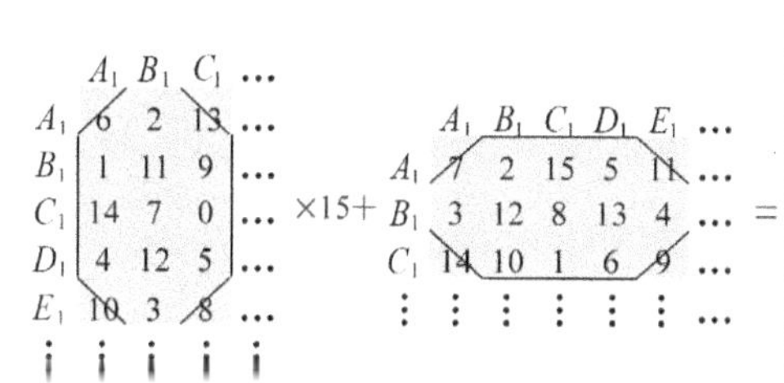

97	32	210	95	41	202	92	45	200	101	37	197	105	35	206
18	177	143	28	169	138	27	173	148	19	168	147	23	178	139
224	115	1	216	114	14	220	106	6	219	119	10	211	111	9
67	182	90	65	191	82	62	195	80	71	187	77	75	185	86
153	57	128	163	49	123	162	53	133	154	48	132	158	58	124
104	40	196	96	39	209	100	31	201	99	44	205	91	36	204
22	167	150	20	176	142	17	180	140	26	172	137	30	170	146
213	117	8	223	109	3	222	113	13	214	108	12	218	118	4
74	190	76	66	189	89	70	181	81	69	194	85	61	186	84
157	47	135	155	56	127	152	60	125	161	52	122	165	50	131
[illegible]	[illegible]	[illegible]	[illegible]	[illegible]	[illegible]	[illegible]	[illegible]	[illegible]	[illegible]	[illegible]	[illegible]	[illegible]	[illegible]	[illegible]
29	175	136	21	174	149	25	166	141	24	179	145	16	171	144
217	107	15	215	116	7	212	120	5	221	112	2	225	110	11
63	192	83	73	184	78	72	188	88	64	183	87	68	193	79
164	55	121	156	54	134	160	46	126	159	59	130	151	51	129

图 3.67

1. $a\times b$ 长方行列图组配与排序

根据奇合数 n 阶的 a 与 b 奇数互质因子分解式（$a<b$），首先确定长方单元的“宽与长”规格，其次对其“余数”方阵 1 至 n 数列（“商数”方阵 0 至 n–1 数列）做 $a\times b$ 长方行列图组配，一般需采用枚举法检索，设有 f 个组配方案。如 15 阶 3×5 长方行列图组配方案（“商数”方阵）穷举如下（图 3.68）。

某一规格的每一个 $a\times b$ 长方行列图组配方案，可做行与列的全排列变位，计 $a!b!$ 种不同排列状态。如 15 阶 16 个 3×5 长方行列图组配方案，有 16×3!×5!

1	9	11	1	9	11	1	9	11	1	9	11	1	9	11	1	9	11	1	9	11	1	9	11
6	13	2	2	5	14	12	7	2	12	7	2	7	12	2	12	2	7	12	2	7	2	12	7
10	8	3	12	3	6	4	14	3	3	14	4	14	4	3	3	14	4	4	14	3	14	4	3
4	5	12	7	10	4	10	5	6	6	5	10	5	10	6	6	10	5	5	10	6	5	10	6
14	0	7	13	8	0	8	0	13	13	0	8	8	0	13	13	0	8	13	0	8	13	0	8

1	6	14	1	6	14	1	6	14	1	7	13	1	7	13	1	7	13	1	7	13	1	8	12
9	2	10	11	8	2	11	8	2	11	8	2	11	8	2	8	11	2	2	11	8	9	10	2
11	7	3	13	5	3	13	5	3	4	14	3	4	3	14	4	3	14	14	3	4	5	13	3
4	12	5	10	4	7	10	7	4	10	6	5	10	5	6	10	5	6	6	5	10	6	4	11
0	8	13	0	12	9	0	9	12	9	0	12	9	12	0	12	9	0	12	9	0	14	0	7

图 3.68

个长方行列图编码单元。

2. $a\times b$ 长方行列图编码格式与同位编码

长方行列图的编码格式：我以“*a*—*b*”（宽—长）竖式称之为列格式；以“*b*—*a*”（长—宽）横式称之为行格式。“商—余”两方阵按“行列交叉”格式编码建立正交关系。

长方行列图按同位逻辑编码，其操作方法如图 3.67 所示：*a* 行 *b* 次复制，*b* 列 *a* 次复制，行列格式反之亦然。

现以 21 阶为例做 3×7 长方行列图同位逻辑编码（图 3.69）。

图 3.69 是以 3×7 长方行列图做纵向、横向全面覆盖的 21 阶完全幻方，它的组合结构特征：①任意划出一个 3 阶或 3 的整倍数阶单元之和全等；②任意划出

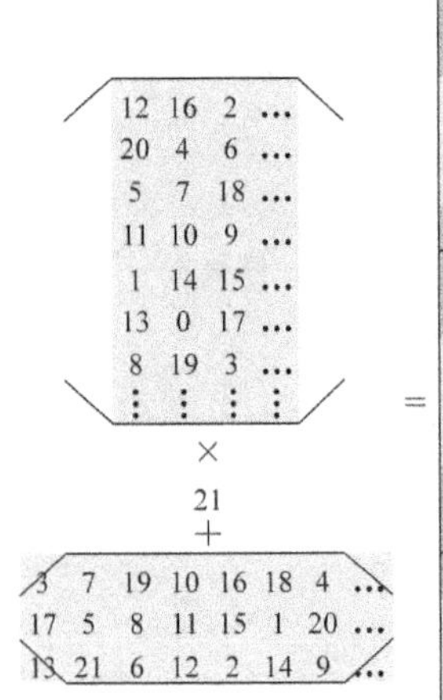

255	343	61	262	352	60	256	339	49	271	346	58	270	340	45	259	355	52	268	354	46
437	89	134	431	99	127	440	101	131	428	95	141	421	104	143	425	92	137	435	85	146
118	168	384	117	149	392	114	160	399	111	159	380	119	156	391	126	153	390	107	161	387
234	217	208	241	226	207	235	213	196	250	220	205	249	214	192	238	229	199	247	228	193
38	299	323	32	309	316	41	311	320	29	305	330	22	314	332	26	302	326	36	295	335
286	21	363	285	2	371	282	13	378	279	12	359	287	9	370	294	6	369	275	14	366
171	406	82	178	415	81	172	402	70	187	409	79	186	403	66	175	418	73	184	417	67
269	341	50	263	351	43	272	353	47	260	347	57	253	356	59	257	344	53	267	337	62
433	105	132	432	86	140	429	97	147	426	96	128	434	93	139	441	90	138	422	98	135
108	154	397	115	163	396	109	150	385	124	157	394	123	151	381	112	166	388	121	165	382
248	215	197	242	225	190	251	227	194	239	221	204	232	230	206	236	218	200	246	211	209
34	315	321	33	296	329	30	307	336	27	306	317	35	303	328	42	300	327	23	308	324
276	7	376	283	16	375	277	3	364	292	10	373	291	4	360	280	19	367	289	18	361
185	404	71	179	414	64	188	416	68	176	410	78	169	419	80	173	407	74	183	400	83
265	357	48	264	338	56	261	349	63	258	348	44	266	345	55	273	342	54	254	350	51
423	91	145	430	100	144	424	87	133	439	94	142	438	88	129	427	103	136	436	102	130
122	152	386	116	162	379	125	164	383	113	158	393	106	167	395	110	155	389	120	148	398
244	231	195	243	212	203	240	223	210	237	222	191	245	219	202	252	216	201	233	224	198
24	301	334	31	310	333	25	297	322	40	304	331	39	298	318	28	313	325	37	312	319
290	5	365	284	15	358	293	17	362	281	11	372	274	20	374	278	8	368	288	1	377
181	420	69	180	401	77	177	412	84	174	411	65	182	408	76	189	405	75	170	413	72

图 3.69

一个 7 阶或 7 的整倍数阶单元之和全等；③纵向或横向任意划出 3×7 长方单元都是全等行列图。

总之，同位逻辑长方行列图编码法操作简易，但 $a\times b$ 长方行列图组配方案枚举检索工作比较繁杂，而它又是构图及准确计数的关键参数。根据同位逻辑长

方行列图编码规程，其计数公式推导如下。

① $a \times b$ 长方行列图组配设有 f 个方案（枚举法检索）。

②每个 $a \times b$ 长方行列图组配方案的行列变位计 $a!b!$ 种状态。

③“商—余”方阵两种“行列交叉”正交格式以 2 倍计算。

由此得计数公式：$\frac{1}{4}(f \times a!b!)^2$。本公式不包括 8 倍同构体，适用于含 a 与 b 互质因子奇合数阶完全幻方领域，并且计算 $a \times b$ 一种规格长方行列图为编码单元的构图，若奇合数阶存在多种规格长方行列图，则必须分别按本公式累加计数。

已知 15 阶 3×5 长方行列图组配方案 $f = 16$，按本公式计算有 $2^{16} \times 3^4 = 331776$ 幅 3×5 长方行列图组合结构的 15 阶完全幻方。

交叉逻辑“长方行列图”编码技术

在“2 的奇次方”阶领域（2^{2k+1} 阶，$k \geqslant 1$）中，存在一类“同位 / 错位”交叉逻辑编码的完全幻方。如 $k = 1$ 时，即 8 阶，“余数”方阵 1 ～ 8 数列（或“商数”方阵 0 ～ 7 数列），在特定二等分组配条件下，可构成 2×4 长方行列图，或者 4×4 正方行列图，由此为编码单元按交叉逻辑编制“商—余”正交方阵，即可还原为行列图组合结构 8 阶完全幻方。

一、交叉逻辑行列图式编码实例

1. 第一例：长方行列图式 8 阶完全幻方（图 3.70）

图 3.70 是两幅长方行列图组合结构 8 阶完全幻方（泛幻和“260”），它的组合结构特征为：这类 8 阶完全幻方由横向 8 个 2×4 行列图，或纵向 8 个 4×2

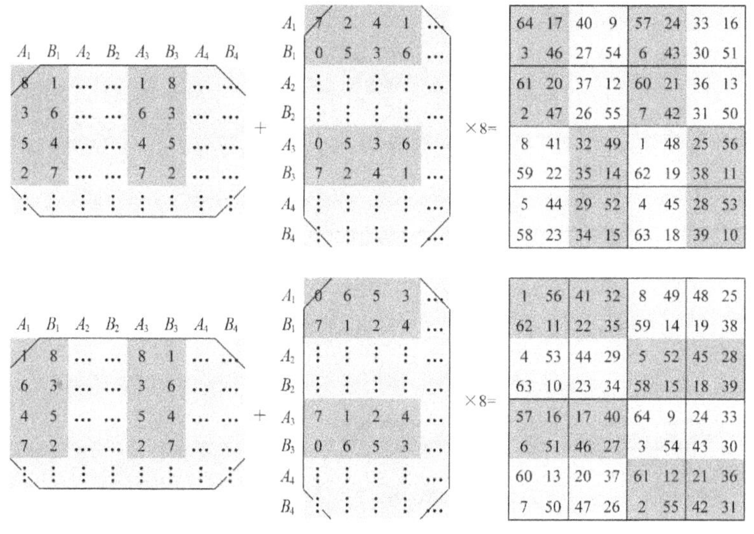

图 3.70

行列图合成。长方行列图纵、横覆盖8阶完全幻方，每8数之和全等于泛幻和“260”。事实上这类8阶完全幻方，由于半行、半列都等于130，因此可以划出20个等和的4×4正方行列图；同时任意划出一个2阶子单元每4数之和全等于130。

2. 第二例：长方行列图式8阶完全幻方

图3.71也是两幅长方行列图组合结构8阶完全幻方（泛幻和“260”），它的组合结构特征与上例相同。从“商—余”正交方阵分析，本例与上例编码方法存在明显差异，主要表现在：本例长方行列图以对折“互补”方式编码，而上例以对折“重合”方式编码。但编码单元的长方行列图组配形式及“同位/错位”交叉逻辑的编码机制相同。另外，本例上图的“商数”方阵，就是上例上图的“商数”方阵，这说明两种编码方法在“商—余”两方阵建立正交关系中具有互通性。

3. 第三例：正方行列图式8阶完全幻方

图3.72是两幅正方行列图组合结构8阶完全幻方（泛幻和“260”），它的

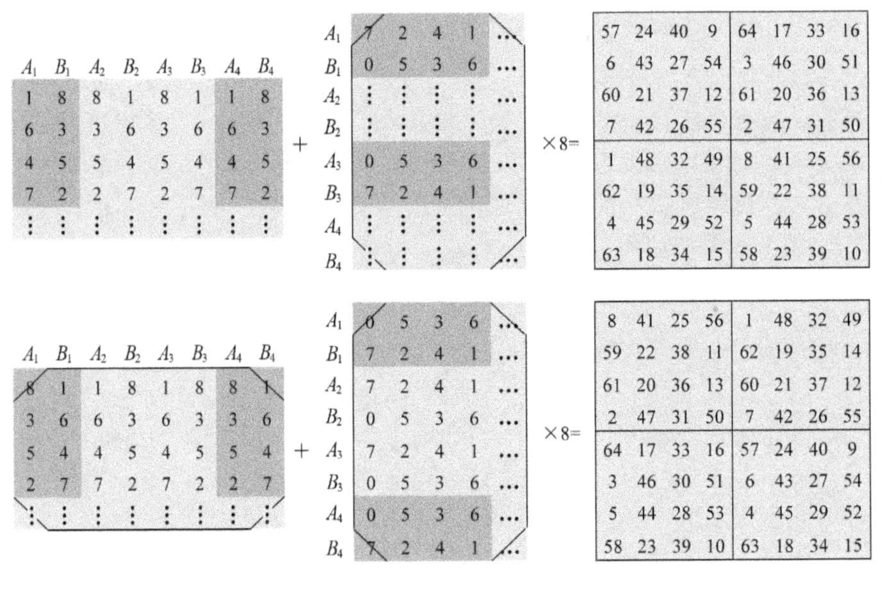

图3.71

组合结构特征不同于上两例。从“商—余”正交方阵分析，本例与上两例比较如下：编码单元的行列图组配形式及“同位/错位”交叉逻辑的编码机制相同。另外，本例上图的“商数”方阵，就是上例上图的“商数”方阵，这说明3种编码方法在“商—余”两方阵建立正交关系中具有互通性。但编码方法以对折“重合”方式编码。

二、行列图式交叉逻辑编码规程

根据实例可知，行列图式交叉逻辑编码规程，既不同于二位制同位逻辑编码，

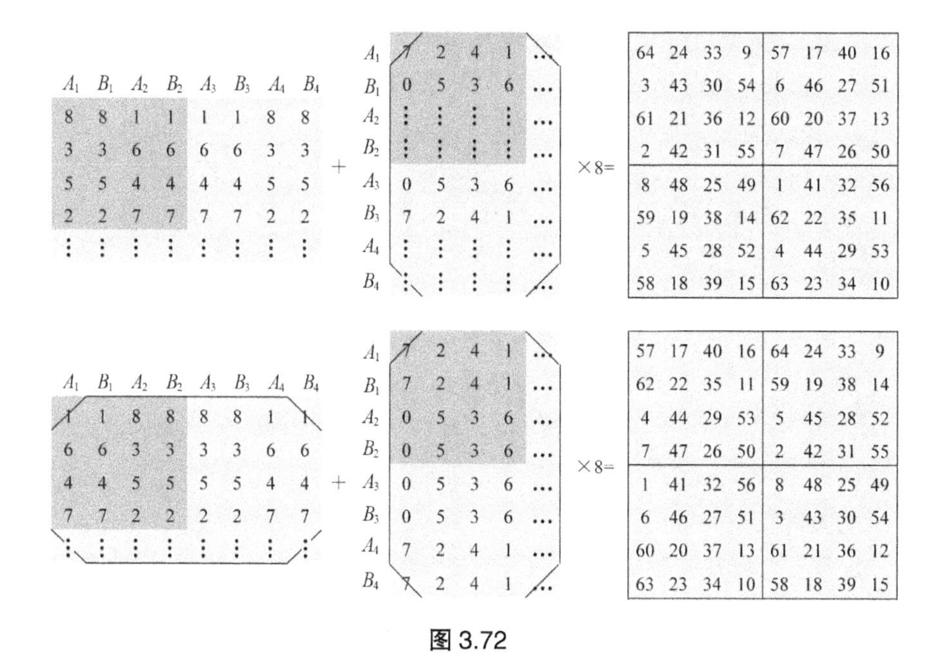

图 3.72

又与四位制同位逻辑编码有别，乃是一种新的最优化逻辑编码法。

1. **长方行列图组配**

2^{2k+1} 阶“商数”或“余数”方阵的编码单元即行列图，主要介绍长方行列图组配（正方行列图由长方行列图拼合而成）方法：首先，2^{2k+1} 阶做两因子分解，确定长方行列图的宽与长的规格，以 $a \times b$ 标示（$a < b$）。如 8 阶 = 2×4 阶，32 阶 = 4×8 阶等。随着阶次增加，同一阶次的 $a \times b$ 两因子可能存在多个分解式，而得到不同规格的长方行列图编码单元。其次，2^{2k+1} 阶 $a \times b$ 某一规格长方行列图组配，设有 f 个组配方案，必须采用枚举法检索。例如，8 阶的 2×4 长方行列图组配只存在一个方案，由两个 2×4 长方单元拼合成一个正方行列图组配方案。

2. **长方行列图排序**

$a \times b$ 一个长方行列图组配方案，宽的排序为 $a!$ 个，长的排序可编制出 $b!$ 个，所以可编制出排序不同的 $a! \times b!$ 个长方行列图（正方行列图排序同理）。如 8 阶的一个组配方案，就有 48 个长方行列图（即 48 个 2×4 编码单元，包括同构体）。

3. **长方行列图编码**

每一个长方行列图按“同位 / 错位”交叉逻辑编码，存在如实例所展示的 3 种不同编码方式，简介如下。

第一种编码方式：如第一例“余数”方阵行编码，其 8 列划分为 $A_1B_1A_2B_2$ 与 $A_3B_3A_4B_4$ 两半，左、右半行内部长方单元（2×4 行列图性质）各按“同位逻辑”编码，而左、右半行之间长方单元（2×4 行列图性质）按“错位逻辑”编码，故我称之为长方行列图式“同位 / 错位”交叉逻辑编码。左、右两半的长方单元为对折“重合”关系，而上、下两半长方单元为简单“复制”关系。

第二种编码方式：如第二例“余数”方阵行编码，其 8 列划分为 $A_1B_1A_2B_2$ 与 $A_3B_3A_4B_4$ 两半，左、右半行内部长方单元（2×4 行列图性质）各按“反对”原则编码，而左、右半行之间长方单元（2×4 行列图性质）按“互补”原则编码，故我称之为长方行列图式“同位 / 错位”交叉逻辑编码。左、右两半的长方单元为对折“互补”关系，而上、下两半长方单元为简单“复制”关系。

第三种编码方式：如第三例“余数”方阵行编码，其 8 列划分为 $A_1B_1A_2B_2$ 与 $A_3B_3A_4B_4$ 两半，左、右半行内部长方单元合为一个正方行列图，左、右半行之间两正方行列图以对折“重合”方式编码，而上、下两半各两正方行列图为简单“复制”关系。

4. 两方阵正交关系

“商—余”两方阵数量相等，以“行—列”或“列—行”两种编码格式各可建立正交关系，故 2 倍计之。

三、长方行列图式交叉逻辑编码法计数公式

根据长方行列图式交叉逻辑编码规程可知：以一种 $a \times b$ 规格长方行列图为编码单元的基本计数公式：$\frac{1}{4}(3f \times a! \times b!)^2$。

公式中 f 是一种 $a \times b$ 规格长方行列图的组配方案（枚举法检索），a 与 b 是 2^{2k+1} 阶分解的两因子（$a < b$），表示长方行列图的宽与长规格。本公式不包括 8 倍同构体，适用于一种规格长方编码单元编制的 2^{2k+1} 阶完全幻方计数（注：当 $k > 2$ 时，2^{2k+1} 阶有多个两因子分解方案，即存在多种规格的长方编码单元，则可参照本公式分别计算出每一种 $a \times b$ 规格长方单元所编制的 2^{2k+1} 阶完全幻方，然后连加合计）。$k = 1$ 时即 8 阶，长方行列图组配方案 $f = 1$，$a = 2$，$b = 4$，按公式计算：此类 8 阶完全幻方计 5184 幅图形。它与“四位制交叉逻辑行列编码技术”的特技编码部分在逻辑形式、编码规则等方面不相同，因此计数互不重复。

第4篇 构图方法

构图方法非常重要，乃是幻方入门的钥匙。整个幻方群是一个变化莫测的大迷宫，其结构与布局错综复杂，可谓“横看成岭侧成峰，远近高低各不同”。由于幻方的阶次有奇数偶数、质数合数之区别，组合性质又有完全幻方与一般幻方之界限，其组合结构、层次形态千变万化，数理机制有逻辑与非逻辑之差异等，所以幻方不存在“万能”的构图通法，而只能分门别类治理。俗话说“一把钥匙开一把锁”，幻方构图方法不囿于一招一式。玩家应用心去不断发现、创作更多的构图方法，可谓多多益善。

构图方法研究要求：一是简约原则，方法务求化繁为简，深入浅出。过繁之法不科学，会把本来比较简单的问题弄得更复杂化了。二是用之得法，一种构图方法本身可能有多种不同的操作规程与工艺，用之得法事半功倍，构图功能增大。三是分门别类，不同构图方法“政出多门”，各有应用条件与适用范围，各有优点与技术难点，构图功能参差、互不衔接或者交叉重叠，因此必须分门别类梳理，实现在各阶幻方群中的条、块分治。

幻方“克隆”技巧

幻方之间存在着各式各样的相互转化关系，每一种转化方式都可以成为由已知幻方求索新幻方的构图方法，因此这类构图法的开发空间非常广阔，同时操作简易、构图快速。本文介绍幻方之间以“一对一”方式相互转化的两种构图技巧。

一、补数法

“互补”是幻方之间具有普遍性的一种转化关系。什么是幻方的“互补”关系？即两幅 n 阶幻方（$n<3$）每对应数位上两数相加之和全等于常数 $1+n^2$，可称之为一对“互补”幻方。补数法的操作非常简单：已知一幅 n 阶幻方，以 $1+n^2$ 减这幅幻方的每一个数，所得之差填入“空盘”的相应数位即得另一幅 n 阶幻方。幻方“互补”而成对，乃是幻方群最基本的、普遍的一种存在形态。两幅“互补”幻方在组合性质、逻辑形式、结构特征等方面都相同，故用一句时髦的话来说，补数法就是幻方的一项“克隆”技术。

当你创作一幅幻方珍品时，采用补数法就可以轻而易举地得到它的高仿姊妹篇。但“互补”幻方对是两幅不同的幻方，两者的区别在于：①奇偶数变化：在两幅偶数阶幻方的对应数位，若样本幻方上是个奇数，则“克隆”幻方上是个偶数，反之亦然；在两幅奇数阶幻方的对应数位，若样本幻方上是个奇数，则“克隆”幻方上也是个奇数，反之亦然。②数字变化：即在对应数位上，“互补”幻方对的两数“互补”消长。这一点区别只有在奇数阶“互补”幻方对中有一个数为例外，即奇数阶自然数列的中项，这个数在“互补”幻方对中不会变化。

各式“互补”幻方对，存在两种可能的数学关系：其一为异构关系，即行列的数字组合与排列互不相同的幻方对，一般见之于对应数组非对称结构幻方（包括完全幻方）；其二为同构关系，即两个行列的数字组合与排列相同，但方位改变，一般见之于对应数组中心对称或轴对称结构幻方（包括完全幻方）。因此，补数法一般应用于非对称结构幻方的“克隆”。举例如下。

图 4.1 左是我国幻方奇才苏茂挺创作的一幅交叠式子母结构 8 阶幻方，内含 4 个不同阶、相互交叠的子幻方，构图相当难。若采用本补数法“克隆”另一幅 8 阶交叠式子母幻方异构体（图 4.1 右），则易如反掌。两图的主要区别表现为 4 个子幻方的幻和不同，3 阶幻方的幻和“105”代之以“90”，4 阶幻方的幻和“136”代之以“124”，5 阶幻方的幻和“167”代之以“158”，6 阶幻方的幻和“198”代之以“192”。这幅新的 8 阶交叠式子母幻方异构体，4 个不同阶次的子幻方的

幻和都减小，而这减小部分被巧妙地“平分”而加进了上下角两块等和的 2×3 长方单元内，非常奇妙。

图 4.2 是一对互补 9 阶两仪型幻方，全部奇数团聚于 9 阶中央，并以 3 阶、4 阶与 5 阶 3 个同心幻方相套：其中 5 阶幻方的幻和各等于“205”；4 阶完全幻方的泛幻和各等于“164”；以及 3 阶幻方的幻和各等于“123”。总之，补数法是一种揭示两个幻方“互补”关系的快捷构图方法。

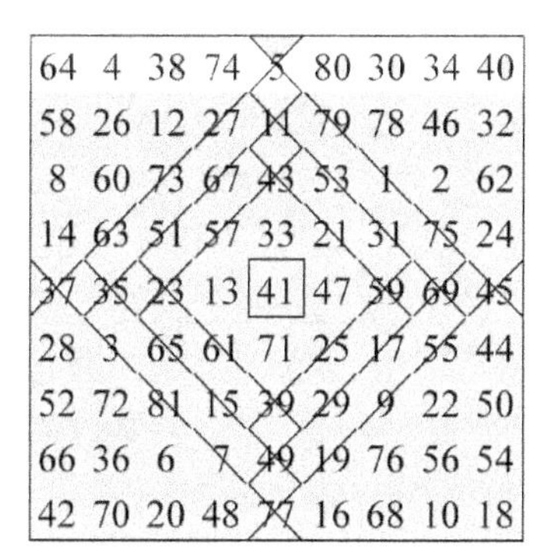

48	19	38	31	1	61	50	12
11	30	51	44	33	29	36	26
63	40	15	18	59	3	7	55
14	47	32	43	8	54	56	6
42	34	17	46	35	24	53	9
20	28	45	16	62	27	13	49
4	52	37	2	21	57	23	64
58	10	25	60	41	5	22	39

苏茂挺的 8 阶交叠式子母幻方

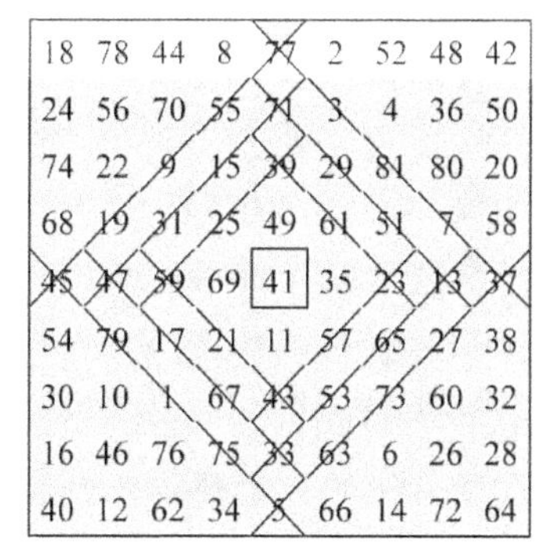

17	46	27	34	64	4	15	53
54	35	14	21	32	36	29	39
2	25	50	47	6	62	58	10
51	18	33	22	57	11	9	59
23	31	48	19	30	41	12	56
45	37	20	49	3	38	52	16
61	13	28	63	44	8	42	1
7	55	40	5	24	60	43	26

“克隆”8 阶交叠式子母幻方

图 4.1

64	4	38	74	5	80	30	34	40
58	26	12	27	11	79	78	46	32
8	60	73	67	43	53	1	2	62
14	63	51	57	33	21	31	75	24
37	35	23	13	41	47	59	69	45
28	3	65	61	71	25	17	55	44
52	72	81	15	39	29	9	22	50
66	36	6	7	49	19	76	56	54
42	70	20	48	77	16	68	10	18

18	78	44	8	77	2	52	48	42
24	56	70	55	71	3	4	36	50
74	22	9	15	39	29	81	80	20
68	19	31	25	49	61	51	7	58
45	47	59	69	41	35	23	13	37
54	79	17	21	11	57	65	27	38
30	10	1	67	43	53	73	60	32
16	46	76	75	33	63	6	26	28
40	12	62	34	5	66	14	72	64

图 4.2

二、加减法

什么是加减法？一幅已知偶数阶幻方，在各行、各列及两条主对角线上奇数与偶数的数目相同条件下，凡奇数加“1”，凡偶数减“1”，则可转化为新的偶数阶幻方必定成立。一幅已知偶数阶完全幻方样本，在各行、各列及泛对角线上奇数与偶数的数目相同条件下，凡奇数加“1”，凡偶数减“1”，则可转化为新的偶数阶完全幻方必定成立。这种“一对一”的加减关系，我称之为“加减”幻方对。

诚然，一幅已知偶数阶完全幻方样本，若各行、各列及只有两条主对角线上奇数与偶数的数目相等，那么加减法使之转化为非完全幻方。一幅已知偶数阶非完全幻方样本，若各行、各列及泛对角线上奇数与偶数的数目相等，那么加减法使之转化为非完全幻方性质不变。举例如下。

如图 4.3（1）为表现“加减”关系的一对 8 阶完全幻方，两者的双重次最优化子母结构不变。

又如图 4.3（2）为表现“加减”关系的一对 8 阶非完全幻方，两者的对开式全轴对称结构不变。

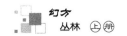

综上所述，补数法与加减法是幻方之间转换的两个基本环节，若与几何覆盖法、杨辉口诀连续周期编绎法等链接应用，顺藤摸瓜，便能获得串串幻方硕果。

从理论上说，整个同阶幻方群是一个“互联网”式的复杂结构，每一幅幻方与任何一幅幻方都可以按各式各样的特定方式相互转换，错综复杂，从而联结成一个千变万化的有机整体。因此，打入幻方迷宫的构图方法可分两大种类：一类是创作方法，即根据幻方组合原理与模型开发的构图方法，一般着重于幻方制作、检索、分类与计数等方面的功能开发，曰“极其数”者（《周易·系辞》）；另一类是转换方法，即以已知幻方样本而研制的构图技术，一般着重于幻方重组、演绎与转换关系等方面的功能开发，曰“通其变”者（《周易·系辞》）。

60	21	11	38	57	24	10	39
7	42	56	25	6	43	53	28
54	27	5	44	55	26	8	41
9	40	58	23	12	37	59	22
36	13	19	62	33	16	18	63
31	50	48	1	30	51	45	4
46	3	29	52	47	2	32	49
17	64	34	15	20	61	35	14

59	22	12	37	58	23	9	40
8	41	55	26	5	44	54	27
53	28	6	43	56	25	7	42
10	39	57	24	11	38	60	21
35	14	20	61	34	15	17	64
32	49	47	2	29	52	46	3
45	4	30	51	48	1	31	50
18	63	33	16	19	62	36	13

（1）

62	61	64	63	2	1	4	3
59	12	57	10	55	8	53	6
11	60	9	58	7	56	5	54
14	20	17	15	50	48	45	51
19	13	16	18	47	49	52	46
22	37	24	23	42	41	28	43
38	21	40	39	26	25	44	27
35	36	33	34	31	32	29	30

61	62	63	64	1	2	3	4
60	11	58	9	56	7	54	5
12	59	10	57	8	55	6	53
13	19	18	16	49	47	46	52
20	14	15	17	48	50	51	45
21	38	23	24	41	42	27	44
37	22	39	40	25	26	43	28
36	35	34	33	32	31	30	29

（2）

图 4.3

“傻瓜”构图技术

任何复杂事物与问题，发明尽可能简易、方便、高效的求解手段或方法，乃是应用技术研究的重要目标。如摄影技术，日本人发明的“傻瓜”照相机，只要按下快门“咔嚓”一声，一切都自动搞定，不需要学习专门技术，人人都会使用，因而深受广大摄影爱好者青睐。幻方求解问题也一样，发明“傻瓜”构图技术，有利于幻方智力游戏的普及与提高。本文介绍构造 k^2 阶幻方的一种“傻瓜”组合技术，操作简易而构图功能强大。

“傻瓜”组合技术的构图思路：以 1 至 k 自然数列的全排列方式做成 k 阶子

单元（$k \geqslant 3$），并在 k 母阶的单元行、单元列及单元对角线做滚动安排，由此制作幻方模板，然后以 1 至 k^2 自然数列在各 k 阶子单元配置方案直接临摹，即可得 k^2 阶幻方。“傻瓜”构图技术属于模块幻方构图法体系的重要部分，基本组合原理与子母幻方模拟合成法等相通。

一、k 阶子单元全排列

1 至 k 连续数列随机制作一个 k 阶单元，事前不需要任何的样本准备，而这个 k 阶单元就是最终构造 k^2 阶幻方的基础构件，这是一个何等简单的方法，故我称之为“傻瓜”构图技术。随机 k 阶单元的总体，乃为 1 至 k 连续数列的全排列，其中包含全部幻方、反幻方、等差幻方、行列图及“乱数”单元等，各类单元应有尽有（参见“幻方入门”中“幻方基本分类”一文）。然而，在“傻瓜”构图技术中，不分彼此差异，一律视之为 k 阶“乱数”单元，根据共性组合机制，研制构造 k^2 幻方的一种通用方法。

二、滚动编排幻方模板

k^2 阶幻方由 k^2 个 k 阶“乱数”单元合成，关键在于制作 k^2 阶组合模板，操作方法是：某个 k 阶“乱数”单元按一定规则滚动编排，即得。举例如下。

1. 第一例：9 阶幻方模板

事先给出一个 3 阶“乱数”单元，定位于母阶左上宫。然而，按母阶单元行（或者单元列）确定起编位置、滚动编排。如图 4.4（1）以“单元行”格式编排，说明如下。

7	9	8	5	4	2	6	1	3
6	1	3	7	9	8	5	4	2
5	4	2	6	1	3	7	9	8
8	7	9	3	6	1	2	5	4
3	6	1	2	5	4	8	7	9
2	5	4	8	7	9	3	6	1
1	3	6	9	8	7	4	2	5
4	2	5	1	3	6	9	8	7
9	8	7	4	2	5	1	3	6

（1）

7	9	8	5	4	2	1	3	6
6	1	3	7	9	8	4	2	5
5	4	2	6	1	3	9	8	7
8	7	9	4	2	5	6	1	3
3	6	1	9	8	7	5	4	2
2	5	4	1	3	6	7	9	8
9	8	7	2	5	4	3	6	1
1	3	6	8	7	9	2	5	4
4	2	5	3	6	1	8	7	9

（2）

图 4.4

第 1 排“单元行”的 3 个单元：“左”是事先给出 3 阶“乱数”单元；然后从它的“末行”起编，滚动编排“中”单元；再从它的“中行”起编，滚动编排“右”单元。

第 2 排“单元行”的 3 个单元：“左”单元由事先给出 3 阶“乱数”单元的右列起编，滚动编排；然后从它的“中行”起编，滚动编排“中”单元；再从它的“末行”起编，滚动编排“右”单元。

第 3 排“单元行”的 3 个单元：“左”单元由事先给出 3 阶“乱数”单元按与上一单元“错位”起编，滚动编排；然后从它的“末行”起编，滚动编排“中”

单元；再从它的“中行”起编，滚动编排“右”单元。

同理，图 4.4（2）以“单元列”格式滚动编排。

上述两个 9 阶幻方模板的结构特征：①9 行、9 列及两条主对角线都由“1 ～ 9”构成，因而 9 阶模板具有幻方性质。②以“单元行”格式滚动编排者，每一横排 3 个单元的“同位列”同数异构；以“单元列”格式滚动编排者，每一纵列 3 个单元的“同位行”同数异构。在 9 阶幻方模板的编制中，以“错位”原则确定滚动编排的起编位置乃是形成模板结构特征的核心技术。

2. 第二例：16 阶幻方模板

图 4.5 是两个由 16 个 4 阶“乱数”单元合成的 16 阶幻方模板，其中图 4.5（1）以“单元列”格式滚动编排；图 4.5（2）以“单元行”格式滚动编排。这两个 16 阶幻方模板的结构特征与上例类同。

13	1	12	2	16	14	11	6	10	9	4	5	15	7	3	8
8	15	7	3	2	13	1	12	16	14	11	6	4	5	10	9
9	4	5	10	3	8	15	7	2	13	1	12	11	6	16	14
14	11	6	16	10	9	4	5	3	8	15	7	1	12	2	13
2	13	1	12	14	11	6	16	4	5	10	9	7	3	8	15
3	8	15	7	13	1	12	2	11	6	16	14	5	10	9	4
10	9	4	5	8	15	7	3	1	12	2	13	6	16	14	11
16	14	11	6	9	4	5	10	15	7	3	8	12	2	13	1
12	2	13	1	11	6	16	14	9	4	5	10	3	8	15	7
7	3	8	15	1	12	2	13	14	11	6	16	10	9	4	5
5	10	9	4	15	7	3	8	13	1	12	2	16	14	11	6
6	16	14	11	4	5	10	9	8	15	7	3	2	13	1	12
1	12	2	13	6	16	14	11	5	10	9	4	8	15	7	3
15	7	3	8	12	2	13	1	6	16	14	11	9	4	5	10
4	5	10	9	7	3	8	15	12	2	13	1	14	11	6	16
11	6	16	14	5	10	9	4	7	3	8	15	13	1	12	2

（1）

13	1	12	2	14	11	6	16	9	4	5	10	8	15	7	3
8	15	7	3	13	1	12	2	14	11	6	16	9	4	5	10
9	4	5	10	8	15	7	3	13	1	12	2	14	11	6	16
14	11	6	16	9	4	5	10	8	15	7	3	13	1	12	2
4	5	10	9	1	12	2	13	15	7	3	8	11	6	16	14
11	6	16	14	15	7	3	8	4	5	10	9	1	12	2	13
1	12	2	13	4	5	10	9	11	6	16	14	15	7	3	8
15	7	3	8	11	6	16	14	1	12	2	13	4	5	10	9
12	2	13	1	5	10	9	4	6	16	14	11	7	3	8	15
7	3	8	15	6	16	14	11	12	2	13	1	5	10	9	4
5	10	9	4	12	2	13	1	7	3	8	15	6	16	14	11
6	16	14	11	7	3	8	15	5	10	9	4	12	2	13	1
2	13	1	12	16	14	11	6	10	9	4	5	3	8	15	7
3	8	15	7	2	13	1	12	16	14	11	6	10	9	4	5
10	9	4	5	3	8	15	7	2	13	1	12	16	14	11	6
16	14	11	6	10	9	4	5	3	8	15	7	2	13	1	12

（2）

图 4.5

编制“乱数”单元合成幻方模板，凡不涉及主对角线的各对称单元可相互置换，从而演绎更多的新幻方模板。这就是说，各单元滚动编排的起编位置具有一定的灵活性，而“错位”关系是必须遵守的一个原则，否则模板的全部行、列与两条主对角线不可能都有连续数列构成的幻方结构特征。总之，还有更多“乱数”单元合成的幻方模板存在。

三、幻方临摹

“傻瓜”构图技术在千变万化的幻方模板上，采用各种临摹方法就能得到大量幻方图形。主要临摹方法有：子单元临摹法、“同数单元”临摹法等。

1. 子单元临摹法

首先，“1 至 k^4”自然数列在 k^2 个 k 阶子单元之间分配，而可供选择的分配方式有：

等差式配置、分段式配置与等和式配置 3 种基本形式。每一种配置形式中可枚举给出相当数量的配置方案。其次，任选一幅已知 *k* 阶幻方为母阶样本，按其序“临摹”幻方模板，即把给定的配置方案代入模板各子单元。举例如下（图 4.6）。

图 4.6 所示两幅 9 阶幻方，以一幅3阶幻方为母本，“1～81”自然数列按序分割，各配置方案按其序分别“临摹”或者说代入图 4.4 两个 9 阶模板而得（注：3 阶幻方有“镜像”8 个同构体，应视之为 8 个样本，每个样本将产生不同的“临摹”结果）。

34	36	35	77	76	74	15	10	12
33	28	30	79	81	80	14	13	11
32	31	29	78	73	75	16	18	17
26	25	27	39	42	37	56	59	58
21	24	19	38	41	40	62	61	63
20	23	22	44	43	45	57	60	55
64	66	69	9	8	7	49	47	50
67	65	68	1	3	6	54	53	52
72	71	70	4	2	5	46	48	51

（1）

34	36	35	77	76	74	10	12	15
33	28	30	79	81	80	13	11	14
32	31	29	78	73	75	18	17	16
26	25	27	40	38	41	60	55	57
21	24	19	45	44	43	59	58	56
20	23	22	37	39	42	61	63	62
72	71	70	2	5	4	48	51	46
64	66	69	8	7	9	47	50	49
67	65	68	3	6	1	53	52	54

（2）

图 4.6

图 4.7 所示一幅 16 阶幻方，各 4 阶子单元内部为四段式配置，段内公差 1，段间公差 13；各 4 阶子单元之间亦为四段式配置，以子单元之和计算，段内公差 64，段间公差 832。16 个配置组按一幅已知 4 阶完全幻方样本的数序分配，并“临摹”图 4.5（1）16 阶模板而得（幻和“2056”）。

49	1	36	2	248	246	231	214	106	105	76	89	191	159	143	160
20	51	19	3	198	245	197	232	124	122	107	90	144	157	174	173
33	4	17	34	199	216	247	215	74	121	73	108	175	158	192	190
50	35	18	52	230	229	200	213	75	92	123	91	141	176	142	189
78	125	77	112	186	171	154	188	8	21	38	37	211	195	212	243
79	96	127	95	185	137	172	138	39	22	56	54	209	226	225	196
110	109	80	93	156	187	155	139	5	40	6	53	210	244	242	227
128	126	111	94	169	140	153	170	55	23	7	24	228	194	241	193
168	134	181	133	99	82	116	114	237	208	221	238	11	28	59	27
151	135	152	183	65	100	66	113	254	239	222	256	42	41	12	25
149	166	165	136	115	83	67	84	253	205	240	206	60	58	43	26
150	184	182	167	68	81	98	97	224	255	223	207	10	57	9	44
201	236	202	249	30	64	62	47	145	162	161	132	88	119	87	71
251	219	203	220	48	14	61	13	146	180	178	163	101	72	85	102
204	217	234	233	31	15	32	63	164	130	177	129	118	103	86	120
235	218	252	250	29	46	45	16	147	131	148	179	117	69	104	70

图 4.7

“乱数”子单元幻方模板对配置组的要求，比“幻方”子单元幻方模板有特殊性，如各子单元必须为连续等差关系，又如分段式配置方案，各组内的段内或段间必须统一公差，各组间的段内或段间也必须统一公差，由此才能临摹出幻方。本例尝试过采用等和配置法临摹该 16 阶幻方模板，得不到 16 阶幻方，究其原因等和配置方案的组内、组间为“变差”。由此得知：等和配置不适用于“乱数”子单元幻方模板临摹，但适用于“幻方”子单元幻方模板临摹。

2.“同数单元”临摹法

什么是“同数单元”？在 k^2 阶模板中，每一数都有 k 个，这相同的 k 个数我称为“同数单元”。由于 k 阶子单元滚动编排，“同数单元”中各数为离散分布，即不在同行同列重复。根据“乱数”子单元合成模板这一结构特点，配置方案做“同数单元”临摹，也可得到 k^2 阶幻方。以 9 阶幻方举例如下。

图 4.8（1）、图 4.8（2）就是图 4.4 所示的 9 阶模板及子单元临摹法所得图 4.6（1）9 阶幻方。现在采用“同数单元”临摹法，则得图 4.8（3）9 阶幻方。这说明，同一个配置方案、同一个模板，采用不同的临摹法，可得到不同的 9 阶幻方。但从另一个角度看，图 4.8（2）与图 4.8（3）两个 9 阶幻方，亦可解读为两个不同配置方案，采用同一个子单元临摹法按同一个模板“临摹”而得，这反映了“傻瓜”构图技术中模板应用的灵活性及其微妙关系。

7	9	8	5	4	2	6	1	3
6	1	3	7	9	8	5	4	2
5	4	2	6	1	3	7	9	8
8	7	9	3	6	1	2	5	4
3	6	1	2	5	4	8	7	9
2	5	4	8	7	9	3	6	1
1	3	6	9	8	7	4	2	5
4	2	5	1	3	6	9	8	7
9	8	7	4	2	5	1	3	6

（1）

34	36	35	77	76	74	15	10	12
33	28	30	79	81	80	14	13	11
32	31	29	78	73	75	16	18	17
26	25	27	39	42	37	56	59	58
21	24	19	38	41	40	62	61	63
20	23	22	44	43	45	57	60	55
64	66	69	9	8	7	49	47	50
67	65	68	1	3	6	54	53	52
72	71	70	4	2	5	46	48	51

（2）

58	76	67	45	36	18	47	2	20
49	4	22	63	81	72	38	29	11
40	31	13	54	9	27	56	74	65
66	57	75	23	50	5	16	43	34
21	48	3	14	41	32	70	61	79
12	39	30	68	59	77	25	52	7
8	26	53	73	64	55	33	15	42
35	17	44	1	19	46	78	69	60
80	71	62	28	10	37	6	24	51

（3）

图 4.8

综上所述，“傻瓜”构图技术的基本构件是全排列 k 阶单元，本文只按其共性要求介绍了幻方模板及其临摹方法，而不同性质 k 阶单元尚需分门别类展开。

国外幻方构图法简介

吴鹤龄先生在《幻方与素数》一书中，介绍了国外十多种构造幻方的常用方法。其中：暹罗法、弗茹法、斯特雷奇法、LUX 法、拉伊尔法、阿德勒法等，都是值得我们学习，并深受启发的构图法。尤其涉及 $2(2k+1)$阶幻方的构图方法，挖潜空间大，务必进一步研究它们的扩展规则及其新用法。

一、暹罗法

“暹（xian）罗”泰国的旧称。暹罗法这个构造幻方的方法，是 1687 年法国驻泰国大使劳伯尔（De La Louthod）从泰国带回法国而传开的。吴鹤龄先生称之为“连续摆数法”，它适用于构造奇数阶幻方，其基本操作规则与方法：“1”起始于中列的第 1 位，以下沿对角线同一方向按数序连续摆数：若出格，则折返摆数；若冒顶或遇占位，则下移 1 位摆数。现以 5 阶为例做演示（图 4.9）。

从本例 5 阶演示可知：①暹罗法“1”的起始位不可随意，只能定于中列或中行的首尾两位；②连续摆数的方向也不能随意，只可有两个特定的90° 转向摆数方向。这些变化所构造的幻方是同一个图形。

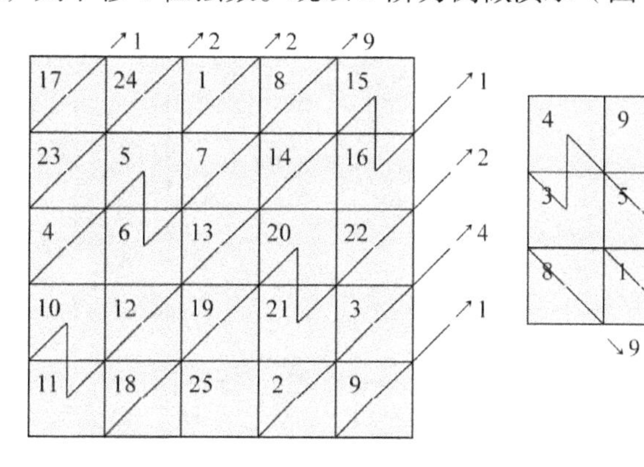

图 4.9

暹罗法出于泰国，究竟何人何年发明？已无从考证。但它与洛书的渊源关系在图 4.9 右演示中一目了然。泰国暹罗法构图思路不同于杨辉的“九子斜排，上下对易，左右相更，四维挺进”方法，也不同于我发现的“几何覆盖法”“左右旋法”“两仪组合法”“S 曲线法”（参见本篇“洛书四大构图法”等相关内容）。它们虽然同源于洛书，但应用于奇数阶幻方构图时，产出各不相同的幻方图形。因此，暹罗法乃是洛书原理的另一种构图运用。

二、弗茹法

中世纪印度数学家弗茹（Thakkura. Pheru）发明了一种“按比例放大”的构图方法，即以一幅已知 n 阶幻方为样本，照葫芦画瓢，制作一幅 $2n$ 阶幻方的技巧。现以一幅 4 阶幻方样本“按比例放大”而构造 8 阶幻方为例，介绍弗茹的具体做法。

图 4.10（1）是已知 4 阶完全幻方样本，为 8 阶的一个象限。样本 16 个数自然分成四段，如第 1 段“1，2，3，4”等。图 4.10（2）是第 1 段弗茹法构图的基本步骤演示。

首先，照本放样：即 8 阶的 4 个象限各按第 1 段数在 4 阶样本中的位置相同放样，而第 1 段各数在 4 阶样本四象限中的大小又决定 8 阶 4 个象限的序次。

其次，按序放大：即 8 阶 64 个数自然分成四大段，每段 16 个数，如第 1 段“1 ～ 16”，并按 8 阶各象限序次代入上步的放样，这就是放样各数的放大。

其余各段照本放样，按序放大同上。由此完成图 4.10（3）的 8 阶幻方。它具有四象全等及 4 阶、8 阶二重次子母结构，子母阶都为非完全幻方性质。因此，弗茹构图法对样本的四象结构有传承功能，而对样本的完全幻方性质却没有记忆功能。但弗茹构图法也不失为幻方构图的一个绝招。

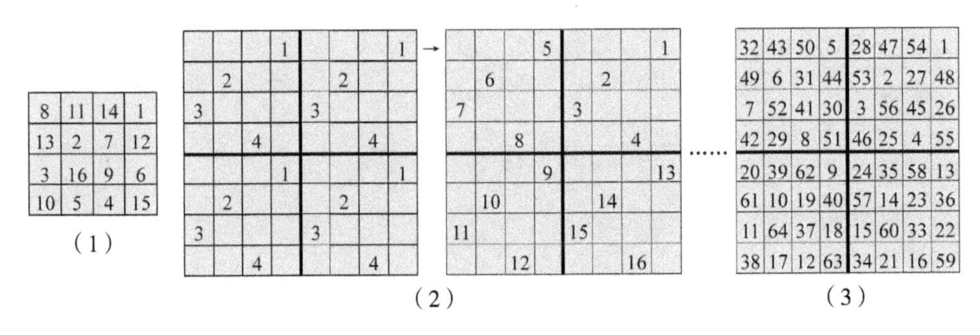

8	11	14	1
13	2	7	12
3	16	9	6
10	5	4	15

（1）

			1				1
	2				2		
3				3			
		4				4	
			1				1
	2				2		
3				3			
		4				4	

→

			5				1
	6				2		
7				3			
		8				4	
			9				13
	10				14		
11				15			
		12				16	

（2）

……

32	43	50	5	28	47	54	1
49	6	31	44	53	2	27	48
7	52	41	30	3	56	45	26
42	29	8	51	46	25	4	55
20	39	62	9	24	35	58	13
61	10	19	40	57	14	23	36
11	64	37	18	15	60	33	22
38	17	12	63	34	21	16	59

（3）

图 4.10

按我的揣摩：弗茹构图法可能有两种按比例放大格式：一种是四象放大格式，适用阶次：样本 $n=4k$，放大 $8k$，$k \geqslant 1$；另一种是九宫放大格式，适用阶次：样本 $n=6k$，放大 $18k$；$k \geqslant 1$。适用的样本条件：在四象放大格式下，$4k$ 样本 1 至 $(4k)^2$ 自然数列的自然分段（分四段），要求每一段各数均衡分布于四象限，即同一段每一象必须各有一个数；同理，在九宫放大格式下，$6k$ 样本 1 至 $(6k)^2$ 自然数列的自然分段（分九段），要求每一段各数均衡分布于九宫，即同一段每一宫必须各有一个数。总之，弗茹构图法被放大的样本有特定数理条件限制。

三、斯特雷奇法

2（$2k+1$）阶比较特殊，不存在完全幻方解，阶性天生不规则，有效的构图方法不多。数学家斯特雷奇（Ralph. Strachey）1918 年发明了一个有章可循的 2（$2k+1$）阶幻方构图方法。以 6 阶为例介绍斯特雷奇的基本思路与做法如下。

第 1 步：6 阶划成四象（以 ABCD 标示），“1 ～ 36”自然数列按序分割为四段，并配置 ABCD 四象，各象连续九数都做成方位相同的 3 阶子幻方。其四象组合结构：AB 与 CD 为两组对角象限，由此构成的这个“6 阶底板”各列等和，但是各行及两条主对角线不等和（图 4.11 左）。

A→   ←C

8	1	6	26	19	24
3	5	7	21	23	25
4	9	2	22	27	20
35	28	33	17	10	15
30	32	34	12	14	16
31	36	29	13	18	11

D→   ←B

35	1	6	26	19	24
3	32	7	21	23	25
31	9	2	22	27	20
8	28	33	17	10	15
30	5	34	12	14	16
4	36	29	13	18	11

图 4.11

第 2 步：在“6 阶底板”各列组合状态不变情况下，为满足各行及两条主对角线等和要求，AD两组象限3对相关数组上下换位，即可得一幅6阶幻方(图4.11右)。

本例这幅6阶幻方有一个显著的特点：即右边两个象限的3阶单元具有幻方性质，因此各自在原位做“镜像”8倍同构体变换，都不影响6阶幻方成立。

斯特雷奇法操作简易、构图巧妙。在制作大于6阶的单偶数阶幻方时，关键在于找准上下换位相关数组。我发现在本例两幅6阶幻方中，存在不少“等和数组”跨象交换作业，能演绎出新的6阶幻方图形。斯特雷奇法开发、推广应用将另立专题研究。

四、LUX法

剑桥大学数学家康韦（J. H. Conway）发明了另一个构造2（$2k+1$）阶幻方的LUX方法。以我的话说，LUX法就是2（$2k+1$）阶的2阶单元构图法。

什么是“LUX”呢？康韦说的是：以L、U、X 3个字母代表2阶单元连续四数的不同定位状态，即四数定位按序连线的象形字母（图4.12）。但仔细辨认，“L”乃与“X”是同一种定位格式，仅箭向相反。

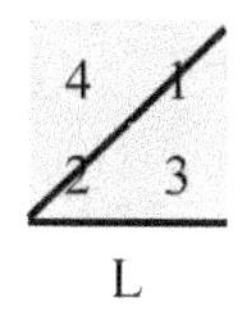

L

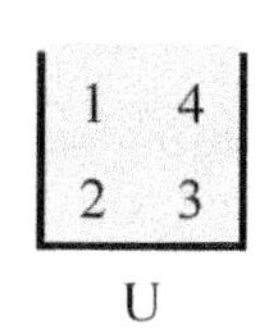

U

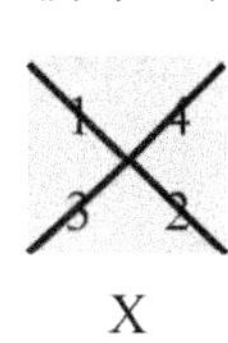

X

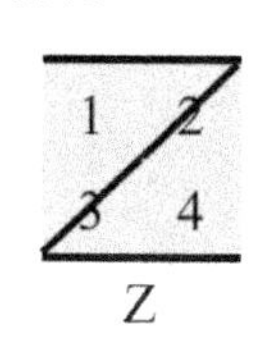

Z

图4.12

本文根据吴鹤龄先生以10阶为例对LUX法的介绍（图4.13）做简要说明。

①构图思路：10阶划分为25个2阶子单元，以5为母阶，合成10阶幻方，因此这是一种模块结构构图方法。

②康韦以1～100自然数列按顺序配置25个2阶子单元，因此各2阶子单元之和形成一列25项等公差数列。

③据介绍：5母阶按暹罗法（“连续摆数法”）安排25个2阶子单元。其实，任何已知5阶幻方都可作为2阶子单元在母阶中的定位模板。

68	65	96	93	4	1	32	29	60	57
66	67	94	95	2	3	30	31	58	59
92	89	20	17	28	25	56	53	64	61
90	91	18	19	26	27	54	55	62	63
16	[illegible]	[illegible]	[illegible]	[illegible]	[illegible]	[illegible]	[illegible]	[illegible]	[illegible]
14	15	22	23	50	51	78	79	86	87
37	40	45	48	76	73	81	84	9	12
38	39	46	47	74	75	82	83	10	11
41	44	69	72	97	100	5	8	33	36
43	42	71	70	99	98	7	6	35	34

图4.13

④康韦对各2阶子单元内部四数的定位，其中有5个子单元为“U”型定位，15个子单元为“L”型定位，5个子单元是“X”型定位。

由于“L”型定位也属于“X”型定位，仅箭向不同。所以说，康韦的这幅10阶幻方，实际上采用了两种定位格式的2阶单元，按“相反相成”法则合成了10阶幻方。康韦的基本思路是对的，但缺乏更深入、系统的研究。

之前，我研究过2阶单元制作2($2k+1$)阶、$4k$幻方两种构图方法。事实上，在 2 阶单元中四数的全排列，4! ＝ 24 种可能状态，它们有 3 种基本格式（O、X、Z），每种定位格式的“镜像”各 8 倍同构体。总之，2 阶单元 3 种基本格式在制作 2（2k ＋ 1）阶、4k 阶幻方中的组排变化多端，有章可循，构图与检索功能非常强大（参见“单偶数阶幻方“O、X、Z”定位构图法”）。

五、拉伊尔法

17 世纪法国数学家菲利浦·德·拉伊尔（Phillipe de la Hire）发明了“基方—根方”合成法，适用于任意 n 阶幻方（$n \geqslant 3$）。现举例图说解拉伊尔的构图思路及其基本操作方法。

（一）奇数阶幻方

由图 4.14 所示 5 阶幻方可知如下内容。

①把 1 ～ 25 自然数列分拆为两列，其一为 1 ～ 5 基数列；其二为“0，5，10，…，20”根数列。

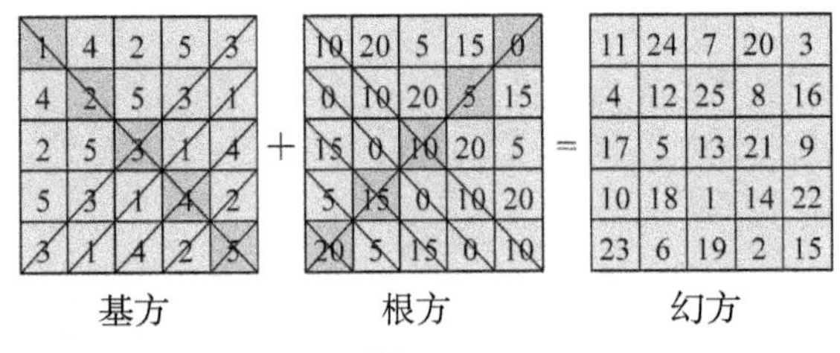

图 4.14

②基方：以基数列定位于一条主对角线 a，另一条主对角线 b 以与 a 相交的数做重复安排，然后平行于 b 的各条次对角线参照办理。

③根方：以根数列参照基方的方法反向填数，建立两者正交关系。

④“基方＋根方＝幻方”。

据分析，奇数阶基方、根方的连续数主对角线不一定按序排列，但数组必须对称排列，同时中心位乃是“不易”之位，即非中项数莫属。

（二）单偶数阶幻方

由图 4.15 所示 6 阶幻方可知如下内容。

①偶数阶自然数列分拆为基数、根数两序列，分法同上。

②基方：以基数“1 ～ 6”数列以同序方式安排两条主对角线；每对称两列按相同数对互补填数。行列组合特征：各行为 1 ～ 6 数列，各列为互补数对。

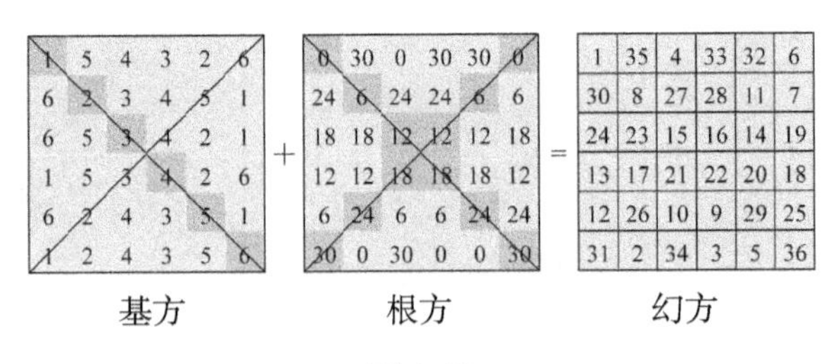

图 4.15

③根方：以根数“0，6，12，…，30”数列，参照基方旋转 90° 填数，行列组合特征：各行为互补数对，各列为根数列，建立两者正交关系。

④“基方＋根方＝幻方”。

据分析，偶数阶基方、根方的两条主对角线的连续数不一定按序排列，拟可全排列定位，但两条主对角线必须同步，以确保基方、根方相关行列成对数组的对称安排。

从以上两例观察，拉伊尔法在奇数阶与偶数阶幻方中，基方与根方行、列及对角线上的数字构成状态不一样，主要区别如下：奇数阶的基方与根方的行、列及一半泛对角线由连续数构成，另一半泛对角线由重复数构成；偶数阶的基方与根方的行（或者列）及两条主对角线由连续数构成，而在对称列（或者对称行）上则由成对互补数组构成。但共同点是：基方与根方都具备幻方性质，两条主对角线的排序状态以互为旋转 90° 而建立正交关系。

总而言之，以“基方＋根方＝幻方”为特点的拉伊尔法，其组合原理、方式有一定的章法可循，构图与检索功能相当强大。但从“商—余”正交方阵角度看，乃为非逻辑形式组合结构，因此属于“不规则”幻方体系。

（三）双偶数阶幻方

拉伊尔法在双偶数阶幻方中的应用，与单偶数阶幻方没有原则性区别。上文分析中所说“基方、根方的两条主对角线的连续数不一定按序排列，拟可全排列定位”情况是否属实？我以 8 阶为例得到验证（图 4.16）。

6	7	1	4	5	8	2	3
6	7	1	4	5	8	2	3
6	7	1	5	4	8	2	3
3	2	8	5	4	1	7	6
3	2	8	5	4	1	7	6
3	2	1	5	4	8	7	6
3	7	8	4	5	1	2	6
6	2	8	4	5	1	7	3

＋

16	16	40	40	40	40	16	16
48	8	8	48	48	8	8	48
0	56	56	0	0	56	56	0
32	32	24	24	24	24	32	32
24	24	32	32	32	32	24	24
56	0	0	56	56	0	0	56
8	48	48	8	8	48	48	8
40	40	16	16	16	16	40	40

＝

22	23	41	44	45	48	18	19
54	15	9	52	53	16	10	51
6	63	57	5	4	64	58	3
35	34	32	29	28	25	39	38
27	26	40	37	36	33	31	30
59	2	1	61	60	8	7	62
11	55	56	12	13	49	50	14
46	42	24	20	21	17	47	43

图 4.16

总之，按拉伊尔法制作的偶数阶幻方，每对称两行都由两段互补的连续数列分而构成，这是一个非常独特的数字分布结构，在其他构图法中尚无出现过的奇观。

六、阿德勒法

艾伦·阿德勒（Allen Adler）于 20 世纪 90 年代发现了以任意两个低阶幻方“相乘”而产出一个高阶幻方的妙法。阿德勒的所谓“相乘法”表以 $C = A \times B$（注：按我的说法，此构图法可称之为“模拟合成”法，即子阶幻方 A 模拟母阶幻方 B，从而合成二重次 AB 阶幻方的方法）。

例如，$12 = 3 \times 4$，一个 12 阶幻方可由 16 个 3 阶幻方子单元，模拟 4 阶幻方母本合成（图 4.17）。

本例阿德勒法的操作方法如下。

其一，以 3 阶幻方为子阶 A，以 4 阶幻方为母阶 B，“相乘法”本义乃指子阶与母阶的阶次“相乘”，制作 12 阶幻方。

其二，母阶 B 的“1 ～ 16”数字，表示 16 个子阶 A 在 12 阶 C 中的位置，以及表示赋予各子阶单元的序号。

8	1	6	134	127	132	125	118	123	35	28	33
3	5	7	129	131	133	120	122	124	30	32	34
4	9	2	130	135	128	121	126	119	31	36	29
107	100	105	53	46	51	62	55	60	80	73	78
102	104	106	48	50	52	57	59	61	75	77	79
103	108	101	49	54	47	58	63	56	76	81	74
71	64	69	89	82	87	98	91	96	44	37	42
66	68	70	84	86	88	93	95	97	39	41	43
67	72	65	85	90	83	94	99	92	40	45	38
116	109	114	26	19	24	17	10	15	143	136	141
111	113	115	21	23	25	12	14	16	138	140	142
112	117	110	22	27	20	13	18	11	139	144	137

C

8	1	6
3	5	7
4	9	2

子阶A

1	15	14	4
12	6	7	9
8	10	11	5
13	3	2	16

母阶B

图 4.17

其三、设 3 阶子单元的序号为“x”（$1 \leqslant x \leqslant 16$），然各 3 阶子单元“$A+9(x-1)$”，因此所谓“相乘”实际上就是变序号为赋值，由此得一幅二重次 12 阶幻方。

反之亦然，即 12 ＝ 4×3，12 阶以 4 阶幻方为子单元（模本 A），以 3 阶幻方为母阶（模本 B），两者交换位置“模拟”，则可得到另一幅二重次 12 阶幻方。我直接以“$A \times B = C$”简明地表达各 4 阶幻方子单元加 16（$x-1$）的赋值关系（图 4.18）。

1	15	14	4	1	15	14	4	1	15	14	4
12	6	7	9	12	6	7	9	12	6	7	9
8	10	11	5	8	10	11	5	8	10	11	5
13	3	2	16	13	3	2	16	13	3	2	16
1	15	14	4	1	15	14	4	1	15	14	4
12	6	7	9	12	6	7	9	12	6	7	9
8	10	11	5	8	10	11	5	8	10	11	5
13	3	2	16	13	3	2	16	13	3	2	16
1	15	14	4	1	15	14	4	1	15	14	4
12	6	7	9	12	6	7	9	12	6	7	9
8	10	11	5	8	10	11	5	8	10	11	5
13	3	2	16	13	3	2	16	13	3	2	16

子单元 A

×

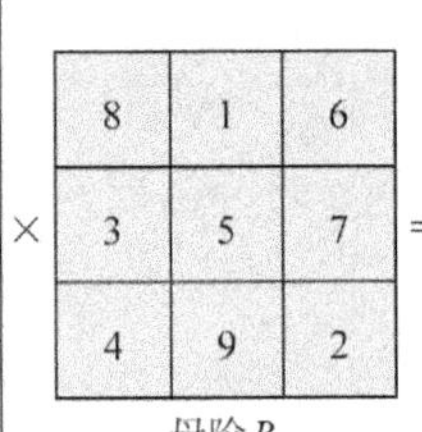

8	1	6
3	5	7
4	9	2

母阶 B

=

113	127	126	116	1	15	14	4	81	95	94	84
124	118	119	121	12	6	7	9	92	86	87	89
120	122	123	117	8	10	11	5	88	90	91	85
125	115	114	128	13	3	2	16	93	83	82	96
33	47	46	36	65	79	78	68	97	111	110	100
44	38	39	41	76	70	71	73	108	102	103	105
40	42	43	37	72	74	75	69	104	106	107	101
45	35	34	48	77	67	66	80	109	99	98	112
49	63	62	52	129	143	142	132	17	31	30	20
60	54	55	57	140	134	135	137	28	22	23	25
56	58	59	53	136	138	139	133	24	26	27	21
61	51	50	64	141	131	130	144	29	19	18	32

$A \times B = C$

图 4.18

事实上，这一构图方法，中国幻方爱好者大多早在使用，但用法及开发深度可能各不一样。阿德勒的思路独特，但视角不宽。早些年，在读到阿德勒的“相乘法”之前，我已经研发成功“互补—模拟”合成法构图体系，主要应用于合数阶完全幻方领域（注：子阶单元不限于幻方，任何一个随机单元可以模拟任何一个已知幻方而合成高阶幻方）。

单偶数阶幻方"O、X、Z"定位构图法

2阶子单元是偶数阶的最小基本单位，以2阶子单元的"O、X、Z"3种定位基本格式制作偶数阶幻方是一种重要构图方法，本文以6阶为例，专题介绍此法在单偶数阶幻方领域中的广泛应用。

一、2阶子单元定位格式

设定2阶子单元，其a、b、c、d四数具有如下基本数学关系：$a>b>c>d$；$a+d=b+c$。a、b、c、d四数在2阶子单元中可做全排列定位，共有24种可能排列状态（图4.19）。

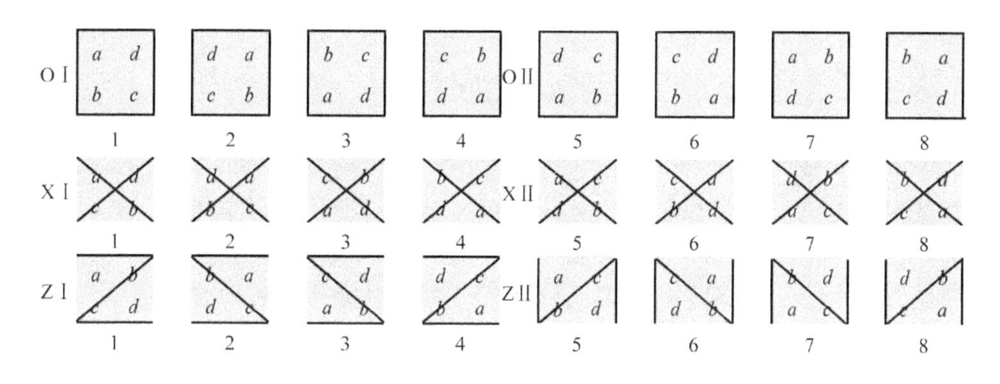

图4.19

根据"a、b、c、d"四数位置关系，可分为"O、X、Z"3种类型；根据"a、b、c、d"四数等和关系，各型又可分为Ⅰ、Ⅱ两种格式（"Ⅰ"箭向左右格式，"Ⅱ"箭向上下格式），根据a、b、c、d四数互补关系，每种格式再细分为四款。具体如下。

①OⅠ、XⅠ各4款定位格式：两行等和；两列、两条对角线不等和。

②OⅡ、XⅡ各4款定位格式：两列等和；两行、两条对角线不等和。

③ZⅠ、ZⅡ各4款定位格式：两条对角线等和；两行、两列不等和。

二、2阶子单元定位组合模式

2阶子单元构造单偶数阶幻方，必须建立行、列、对角线可能存在的等和平衡或者互补平衡这两种数学关系。如何给出单偶数阶幻方的2阶子单元定位组合模式，乃是本构图法的核心技术，而各种组合模式的复杂性主要在于建立互补平衡关系。

6阶＝2子阶×3母阶，乃为九宫式的子母结构，因此包含子母阶二重次定位：

其一，为九宫母阶定位，一般采用“3 阶幻方”格式定位，即以“3 阶幻方”的数序确定 9 个 2 阶子单元在九宫中的位置；其二，各宫 2 阶子单元内部四数之定位，即建立 9 个 2 阶子单元“O、X、Z”三型 6 种定位格式 24 款的 6 阶组合模式。为了简化表述，在 6 阶组合模式中我只标示 OⅠ、OⅡ、XⅠ、XⅡ、ZⅠ、ZⅡ组合方案。在实际构图操作中，6 种定位格式各 4 款的具体安排变化多端。

1. 第一例：“OZ”二合型 6 阶组合模式

“O、X、Z”三型任何单独一型都不能建立6阶的2阶子单元组合模式，理由是：6 阶九宫纵、横、斜各为 3 个 2 阶子单元，其中势必有一个 2 阶子单元无法实现互补平衡。另外，“OX”组合因对角线不等和也可排除。唯有“OZ”二合型可组建 6 阶幻方模式（图 4.20）。

如图4.20所示，O 型与 Z 型定位“二合一”组合，可组建两个基本 6 阶模式，其九宫以“3 阶幻方”为母本。据此，以“1 ～ 36”自然数列的连续分段方式配置 9 个 2 阶单元，模拟 3 阶幻方母本代入，从而给出两幅 6 阶幻方例图。在 6 阶模式中的“OⅠ、OⅡ、ZⅠ、ZⅡ”各 4 款“箭向”变化，因而这两个“OZ”二合型 6 阶模式，能演绎、检索出更多 6 阶幻方。

OⅡ	OⅠ	OⅡ
OⅡ	ZⅠ	OⅠ
OⅡ	ZⅠ	OⅠ

16	15	33	36	5	6
13	14	34	35	8	7
9	10	20	19	28	25
12	11	18	17	27	26
30	29	4	3	21	24
31	32	2	1	22	23

OⅠ	OⅠ	OⅠ
OⅡ	ZⅠ	OⅠ
OⅠ	ZⅠ	OⅡ

16	13	33	36	7	6
15	14	34	35	8	5
9	10	20	19	25	28
12	11	18	17	26	27
30	31	4	3	21	22
29	32	2	1	24	23

图 4.20

2. 第二例：“OXZ”三合型 6 阶组合模式

图 4.21 是 O 型、X 型、Z 型定位“三合一”组合，可组建若干基本 6 阶模式（本例为其中两个模式），其九宫也由“3 阶幻方”为母本。据此，以“1 ～ 36”自然数列的连续分段方式配置 9 个 2 阶单元，模拟 3 阶幻方母本代入，从而给出两幅 6 阶幻方例图。同理，在本例两个 6 阶“三合一”模式中，O 型、X 型、Z 型定位的 24 款“箭向”变化，在建立 6 阶行、列、对角线等和平衡或互补平衡关系时更具多样化与灵活性。

XⅡ	ZⅡ	OⅡ
OⅡ	ZⅠ	XⅠ
OⅡ	ZⅠ	XⅠ

16	14	34	36	5	6
13	15	33	35	8	7
12	11	18	17	28	25
9	10	20	19	26	27
30	29	4	3	21	24
31	32	2	1	23	22

XⅡ	ZⅡ	OⅡ
OⅡ	ZⅠ	XⅠ
OⅡ	ZⅠ	XⅠ

16	14	34	36	5	6
13	15	33	35	8	7
11	12	18	17	26	27
10	9	20	19	28	25
30	29	4	3	21	24
31	32	2	1	23	22

图 4.21

三、2 阶子单元规则配置方案

本文开头设定 2 阶子单元 a、b、c、d 四数关系为：$a+d=b+c$。在 1 ～ 36 自然数列分解中，能满足这一设定条件的九分配置方案有如下 3 类基本形式：第 1 类为等差式配置方案；第 2 类为三段式配置方案；第 3 类为等和式配置方案。这 3 类规则配置方案各存在许多具体配置组（枚举、检索略示），凡符合九宫算组合原理者都有 6 阶幻方解，举例如下。

1. 第一例：等差式配置方案 6 阶幻方

图 4.22 是由 O 型、X 型、Z 型定位“三合一”组建的另两个 6 阶模式。据此，采用“1 ～ 36”自然数列的另一个等差式配置方案，各 2 阶子单元内部四数公差为 9；子单元四数之和等差，依次为“58，62，66，…，90”，公差为 4。然后模拟 3 阶幻方母本代入，给出两幅 6 阶幻方例图。还有更多。

XⅡ	OⅡ	XⅡ
XⅡ	ZⅡ	ZⅠ
XⅡ	ZⅡ	XⅠ

31	13	18	9	29	11
4	22	27	36	2	20
21	3	5	23	25	34
12	30	14	32	7	16
17	35	19	1	15	24
26	8	28	10	33	6

XⅠ	XⅡ	XⅡ
OⅠ	ZⅠ	ZⅠ
XⅠ	XⅠ	XⅠ

4	31	27	9	29	11
22	13	18	36	2	20
30	3	32	23	7	16
21	12	14	5	25	34
8	35	19	10	33	6
26	17	1	28	15	24

图 4.22

2. 第二例：三段式配置方案 6 阶幻方

图 4.23 又出示由 O 型、X 型、Z 型定位“三合一”组建的两个 6 阶模式。据此，本例采用“1 ～ 36”自然数列的两个不同三段式配置方案，分别模拟构图如下。

OⅠ	OⅠ	XⅠ
OⅡ	OⅡ	XⅠ
OⅠ	ZⅡ	XⅡ

22	13	27	36	2	11
19	16	30	33	8	5
3	6	23	20	34	25
12	9	14	17	28	31
29	32	10	4	15	21
26	35	7	1	24	18

OⅡ	ZⅠ	XⅠ
OⅠ	ZⅠ	ZⅠ
OⅠ	OⅡ	OⅡ

14	13	35	36	4	9
19	20	29	30	10	3
5	12	22	21	25	26
11	6	16	15	31	32
34	27	8	7	17	18
28	33	1	2	24	23

图 4.23

图 4.23 左：各 2 阶子单元内部四数等差式配置，公差为 3；而各 2 阶子单元四数之和为三段式，即“22，26，30—70，74，78—118，122，126”，段内公差为 4，段间公差为 40。然后模拟 3 阶幻方母本代入，给出这幅 6 阶幻方例图。

图 4.23 右：各 2 阶子单元内部四数为二段式配置，段内公差为 1，段间公差为 5；各 2 阶子单元四数之和为三段式，即“18，26，34—66，74，82—114，122，130”，段内公差为 8，段间公差为 32。然后模拟 3 阶幻方母本代入，给出这幅 6 阶幻方例图。

3. 第三例：等和式九分方案 6 阶幻方

图 4.24 是一个 O 型、Z 型定位“二合一”所组建的一个 6 阶模式。同时，各 2 阶子单元采用了同一个等和式配置方案，但左右两图的代入方式不同，由此得到两个 2 阶子单元排序不同的 6 阶幻方例图。为什么呢？由于 9 个 2 阶子单元全等，因此九宫母阶的“3 阶幻方”的定位格式对于各 2 阶子单元而言已失去严格的定位功能，而表现出了 9 个等和 2 阶子单元在九宫的位置具有一定的灵活性。

ZⅠ	ZⅠ	ZⅠ
OⅡ	ZⅠ	OⅡ
ZⅠ	ZⅠ	ZⅠ

35	29	6	11	13	17
8	2	26	31	20	24
12	5	36	28	14	16
25	32	9	1	23	21
4	10	15	18	34	30
27	33	19	22	7	3

ZⅠ	ZⅠ	ZⅠ
OⅡ	ZⅠ	OⅡ
ZⅠ	ZⅠ	ZⅠ

4	10	18	15	34	30
27	33	22	19	7	3
16	14	28	36	12	5
21	23	1	9	25	32
8	2	31	26	20	24
35	29	11	6	13	17

图 4.24

四、2 阶子单元不规则配置方案

什么是 2 阶子单元不规则配置方案？指 6 阶每个 2 阶子单元的如下配置状态：其“a、b、c、d”四数的数学关系变为：$a+d \neq b+c$（注：$a>b>c>d$）。举例如下。

1. 第一例：不规则配置 6 阶幻方

图 4.25 所示两幅 6 阶幻方，各 2 阶子单元为非常规配置状态，同时 O、X、Z 型“三合一”定位组合模式只反映 $a>b>c>d$ 的定位关系，已不再表示互补数学关系，而且九宫母阶模本为“3 阶行列图”格式代之以“3 阶幻方”了。

ZⅠ	OⅡ	ZⅠ
XⅠ	ZⅡ	OⅡ
ZⅠ	ZⅡ	OⅡ

66	90	66
83	74	65
73	58	91

11	13	9	18	29	31
20	22	36	27	2	4
34	3	23	5	25	21
16	30	32	14	7	12
24	35	1	19	15	17
6	8	10	28	33	26

XⅠ	XⅠ	XⅡ
XⅡ	ZⅡ	ZⅠ
XⅡ	OⅠ	XⅠ

60	101	61
66	74	82
96	47	79

26	8	10	28	33	6
4	22	36	27	2	20
12	30	32	14	7	16
21	3	23	5	25	34
17	35	1	19	15	24
31	13	9	18	29	11

图 4.25

2. 第二例：不规则配置 6 阶幻方

图 4.26 又展示了两幅 6 阶幻方各 2 阶子单元不同的非常规配置方案。这种配置关系的非常规性特征表现：①各 2 阶

XⅡ	ZⅡ	XⅡ
OⅠ	OⅠ	ZⅠ
XⅠ	OⅡ	XⅠ

52	71	99
77	74	71
93	77	52

15	1	9	31	33	22
13	23	2	29	12	32
10	8	14	17	36	26
24	35	25	18	6	3
30	16	27	11	20	7
19	28	34	5	4	21

XⅡ	ZⅡ	XⅡ
OⅠ	OⅠ	ZⅠ
XⅠ	OⅡ	XⅡ

51	72	99
82	74	66
89	76	57

12	2	9	34	32	22
10	27	1	28	14	31
15	7	13	17	33	26
25	35	23	21	4	3
30	16	29	5	20	11
19	24	36	6	8	18

图 4.26

子单元内部四数为“乱数”关系；②从9个2阶子单元之和看具有不确定性的互补关系；③九宫母本为“3阶行列图”，即九宫两条主对角线不等和。在模拟中，通过“互补”整合方式，令6阶的两条主对角线建立等和关系，从而可得到6阶幻方。

总之，以2阶子单元不规则配置方案制作6阶幻方，它的6阶组合模式及九宫“3阶行列图”模本非常复杂，而且其幻方数量可能比规则配置方案的解大一倍多。

综上所述，本文从九宫态结构中，发现了两大类6阶幻方：一类是九宫母阶具有“3阶幻方”性质的6阶幻方；另一类是九宫母阶具有“3阶行列图”性质的6阶幻方。6阶是最小的单偶数阶幻方，迄今，世界上谁也没有尝试过清算6阶幻方群的全部解，甚至连统计或估算数据也不能提供出来。6阶幻方群的全部解都属于“不规则”幻方范畴（注：其化简形式——“商—余”正交方阵都为非逻辑形式结构），我认为检索与清算的难点在于九宫母阶具有“3阶行列图”性质的那一部分6阶幻方。

单偶数阶幻方“A + B = C”四象合成构图技术

斯特雷奇（Ralph. Strachey）1918年发明了有一定章法可循的2（2k + 1）阶幻方构图方法，此法思路独特，操作直观而简易，乃早年难得的一个单偶数阶幻方构图法。在斯特雷奇法基本原理基础上，我一方面将研究其新用法，另一方面将其改造与完善，发展成为功能强大的单偶数阶幻方四象合成构图技术。

一、斯特雷奇法简介

2（2k + 1）阶划分四象，各象是一个(2k + 1)阶子单元。以6阶为例，斯特雷奇把1～36自然数列分为4个自然段，并模拟3阶幻方分配于四象，由此得一个6阶方阵，其6行等和，其6列及2条主对角线不等和（图4.27C_1）。然后，斯特雷奇在该6阶方阵

A_1

8	1	6	8	1	6
3	5	7	3	5	7
4	9	2	4	9	2
8	1	6	8	1	6
3	5	7	3	5	7
4	9	2	4	9	2

\+

B_1

0	0	0	18	18	18
0	0	0	18	18	18
0	0	0	18	18	18
27	27	27	9	9	9
27	27	27	9	9	9
27	27	27	9	9	9

=

C_1

8	1	6	26	19	24
3	5	7	21	23	25
4	9	2	22	27	20
35	28	33	17	10	15
30	32	34	12	14	16
31	36	29	13	18	11

A_2

8	1	6	8	1	6
3	5	7	3	5	7
4	9	2	4	9	2
8	1	6	8	1	6
3	5	7	3	5	7
4	9	2	4	9	2

\+

B_2

27	0	0	18	18	18
0	27	0	18	18	18
27	0	0	18	18	18
0	27	27	9	9	9
27	0	27	9	9	9
0	27	27	9	9	9

=

C_2

35	1	6	26	19	24
3	32	7	21	23	25
31	9	2	22	27	20
8	28	33	17	10	15
30	5	34	12	14	16
4	36	29	13	18	11

图 4.27

的左两象上下调整 3 对数组，即变成了一幅 6 阶幻方（图 4.27C_2）。这就是 20 世纪 20 年代斯特雷奇构造 6 阶幻方的方法。

为了弄清斯特雷奇法的构图机制，我把 6 阶方阵 C_1 拆成 $A_1 + B_1 = C_1$，把 6 阶幻方 C_2 拆成 $A_2 + B_2 = C_2$。由此，斯特雷奇法的构图机制一目了然：A_1 阵四象各由 1 ～ 9 数列构成，本身具有幻方性质，因此无须调整，$A_2 = A_1$；B_1 阵四象各由补数构成，本身不具有幻方性质，因此需要调整，变 B_1 为 B_2，然后 $A_2 + B_2 = C_2$。总之，斯特雷奇从 C_1 到 C_2 的 6 阶幻方构图方法，现可采用“A ＋ B ＝ C”形式表述。

二、斯特雷奇法新用法

由图4.28可知，斯特雷奇构图法新用法如下。

①A 阵四象各（$2k+1$）阶子幻方原则上与调整无关，可各自选用已知（$2k+1$）阶幻方样本，因而 A 阵具有可变性。

本例 6 阶 A 阵四象各 3 阶子幻方如何安排呢？这要求与 B 阵联系起来看，其中 A 阵对应于 B 阵无须调整的两象，可各独立选用 3 阶幻方“镜像”同构体中的任意一款；而 A 阵对应于 B 阵需要调整的两象，则必须在 3 阶幻方 8 倍同构体中选用。由此说明，A 阵该两象 3 阶幻方的可变性安排不能随心所欲，选用必须考虑与 B 阵建立正交关系。

8	1	6	6	7	2
3	5	7	1	5	9
4	9	2	8	3	4
4	3	8	6	7	2
9	5	1	1	5	9
2	7	6	8	3	4

A

＋

9	9	9	27	27	0
9	9	9	27	0	27
9	9	9	27	27	0
18	18	18	0	0	27
18	18	18	0	27	0
18	18	18	0	0	27

B

＝

17	10	15	33	34	2
12	14	16	28	5	36
13	18	11	35	30	4
22	21	26	6	7	29
27	23	19	1	32	9
20	25	24	8	3	31

C

4	3	8	2	9	4
9	5	1	7	5	3
2	7	6	6	1	8
2	7	6	2	9	4
9	5	1	7	5	3
4	3	8	6	1	8

A

＋

18	18	18	27	0	0
18	18	18	0	27	0
18	18	18	27	0	0
9	9	9	0	27	27
9	9	9	27	0	27
9	9	9	0	27	27

B

＝

22	21	26	29	9	4
27	23	19	7	32	3
20	25	24	33	1	8
11	16	15	2	36	31
18	14	10	34	5	30
13	12	17	6	28	35

C

4	3	8	6	1	8
9	5	1	7	5	3
2	7	6	2	9	4
2	7	6	2	7	6
9	5	1	9	5	1
4	3	8	4	3	8

A

＋

9	9	9	18	18	18
9	9	9	18	18	18
9	9	9	18	18	18
0	27	0	27	0	27
27	0	27	0	27	0
27	27	27	0	0	0

B

＝

13	12	17	24	19	26
18	14	10	25	23	21
11	16	15	20	27	22
2	34	6	29	7	33
36	5	28	9	32	1
31	30	35	4	3	8

C

图 4.28

②B 阵两组对角象限的组合特征：以“0”与“9”为一组最小对角象限；以“18”与“27”为一组最大对角象限，我称之为 B 阵四象的 X 型定位。其调整存在两大基本方案：其一是 B 阵整体的旋转与反写，即它的“镜像”有 8 倍同构体变化；其二是 B 阵最大对角象限与最小两象 3 对数组的调整位置有纵、横两种变化。

总而言之，A 阵、B 阵以上的种种变化能产出更多新的 6 阶幻方，这就是斯特雷奇构图法的新用法。

三、斯特雷奇法再创新

在斯特雷奇法（包括其新用法）的 6 阶幻方构图中，B 阵的两组对角象限为“0—9”“18—27”组合状态，如前所说这是 B 阵四象的 X 型定位。若把 B 阵的两组对角象限变成“0—27”“19—18”组合状态，这相当于 B 阵四象的 Z 型定位；或变成“0—18”“9—27”组合状态，这相当于 B 阵四象的 O 型定位。在 B 阵四象 X、Z、O 三型定位模式下，采用相关数组的不同调整方法，然后由 A + B = C 同样可获得 6 阶幻方。其中 B 阵四象的 Z、O 两型定位模式，乃是运用斯特雷奇法原理再创新的两个构图模式。由此而言，斯特雷奇法真正升格为单偶数阶四象构图技术了。

（一）6 阶四象 Z 型定位模式

6 阶 B 阵两组对角象限在变成“0—27”“19—18”组合状态时，即为 Z 型定位模式。它的相关数组调整方法如下（图 4.29）。

0	0	0	9	9	9
0	0	0	9	9	9
0	0	0	9	9	9
18	18	18	27	27	27
18	18	18	27	27	27
18	18	18	27	27	27

B

→

27	0	0	9	9	18
0	27	0	9	18	9
0	0	27	18	9	9
18	18	9	0	27	27
18	9	18	27	0	27
9	18	18	27	27	0

第 1 步

→

27	0	18	9	9	18
18	27	0	9	18	9
0	18	27	18	9	9
18	0	9	0	27	27
0	9	18	27	0	27
9	18	0	27	27	0

第 2 步

→

27	9	18	9	0	18
18	27	9	0	18	9
9	18	27	18	9	0
18	0	9	0	27	27
0	9	18	27	0	27
9	18	0	27	27	0

第 3 步　B

图 4.29

图 4.29 左就是 6 阶 B 阵四象 Z 型定位模式，它的两条主对角线已等和，经相关数组做 3 步调整，B 阵就有了幻方性质。本例操作：第 1 步：B 阵两条主对角线旋转 180°；第 2 步：B 阵左两象 3 对相关数组上下换位；第 3 步：B 阵上两象 3 对相关数组左右换位，由此得到调整后的 6 阶 B 阵。

然后，A 阵与 B 阵相加即得 C 阵 6 阶幻方（图 4.30）。

8	1	6	6	1	8
3	5	7	7	5	3
4	9	2	2	9	4
4	3	8	8	1	6
9	5	1	3	5	7
2	7	6	4	9	2

A

+

27	9	18	9	0	18
18	27	9	0	18	9
9	18	27	18	9	0
18	0	9	0	27	27
0	9	18	27	0	27
9	18	0	27	27	0

B

=

35	10	24	15	1	26
21	32	16	7	23	12
13	27	29	20	18	4
22	3	17	8	28	33
9	14	19	30	5	34
11	25	6	31	36	2

C

图 4.30

在 B 阵四象 Z 型定位模式下，由于各象元素构成不统一，对应位置有不同数字的，也有相同数字的，因此对与其建立正交关系的 A 阵提出了要求，即 A 阵四象各子单元在选择 3 阶幻方 8 倍同构体底本时受到限制，从而使构图比较复杂，但 B 阵四象 Z 型定位模式最终毕竟成功了。

（二）6 阶四象 O 型定位模式

6 阶 B 阵两组对角象限在变成“0—18”“9—27”组合状态时，称之为 O 型定位模式。它的相关数组调整方法如下（图 4.31）。

B

0	0	0	9	9	9
0	0	0	9	9	9
0	0	0	9	9	9
27	27	27	18	18	18
27	27	27	18	18	18
27	27	27	18	18	18

→ 第 1 步

18	0	0	9	9	27
0	18	0	9	27	9
0	0	18	27	9	9
27	27	0	9	18	18
27	0	27	18	9	18
0	27	27	18	18	9

→ 第 2 步

18	9	0	9	0	27
0	18	9	0	27	9
9	0	18	27	9	0
27	27	0	9	18	18
27	0	27	18	9	18
0	27	27	18	18	9

→ 第 3 步 B

18	9	0	9	18	27
0	18	9	18	27	9
9	0	18	27	9	18
27	27	0	9	18	0
27	0	27	0	9	18
0	27	27	18	0	9

图 4.31

图 4.31 左就是 6 阶 B 阵四象 O 型定位模式，它的两条主对角线与行不等和，经相关数组分 3 步调整，B 阵就有了幻方性质：第 1 步：B 阵两条“折角等和”的主对角线拉直旋转；第 2 步：B 阵上两象 3 对相关数组左右换位；第 3 步：B 阵右两象 3 对相关数组上下换位。

然后，A 阵与 B 阵相加即得 C 阵 6 阶幻方（图 4.32）。

A

8	1	6	6	1	8
3	5	7	7	5	3
4	9	2	2	9	4
4	3	8	2	9	4
9	5	1	7	5	3
2	7	6	6	1	8

＋ B

18	9	0	9	18	27
0	18	9	18	27	9
9	0	18	27	9	18
27	27	0	9	18	0
27	0	27	0	9	18
0	27	27	18	0	9

＝ C

26	10	6	15	19	35
3	23	16	25	32	12
13	9	20	29	18	22
31	30	8	11	27	4
36	5	28	7	14	21
2	34	33	24	1	17

图 4.32

在 B 阵四象 O 型定位模式下，各象元素构成也不统一，对应位置有不同数字的，也有相同数字的，因而对与其建立正交关系的 A 阵提出了相应要求，即 A 阵四象各子单元在选择 3 阶幻方 8 倍同构体底本时，必须考虑 B 阵的正交要求，这使构图、检索等比较复杂。

四、四象合成构图法推广应用

在斯特雷奇法基础上发展起来的 2（$2k+1$）阶四象合成构图法，推广应用于高阶单偶数幻方构图时，其 B 阵为行、列或对角线与 A 阵建立互补等和关系，需做比较复杂的相关数组调整，其操作规则与方法因阶次变化而改变；同时，构成 A 阵各象的（$2k+1$）阶子幻方样本，可以是任何一幅已知（$2k+1$）阶幻方，A 阵模本的四象组合状态更加变化多端。现以 10 阶为例，展示四象构图法的应用。

1. 第一例：10 阶 B 阵四象 X 型定位模式（图 4.33）

15	24	1	8	17	17	24	1	8	15
16	5	7	14	23	23	5	7	14	16
22	6	13	20	4	4	6	13	20	22
3	12	19	21	10	10	12	19	21	3
9	18	25	2	11	11	18	25	2	9
15	24	1	8	17	11	2	25	18	9
16	5	7	14	23	10	21	19	12	3
22	6	13	20	4	4	20	13	6	22
3	12	19	21	10	23	14	7	5	16
9	18	25	2	11	17	8	1	24	15

A

\+

0	0	0	75	75	50	50	50	50	25
0	0	0	75	75	50	50	50	50	25
0	75	75	0	0	50	50	50	50	25
0	0	0	75	75	50	50	50	50	25
0	0	0	75	75	50	50	50	50	25
75	75	75	0	0	25	25	25	25	50
75	75	75	0	0	25	25	25	25	50
75	0	0	75	75	25	25	25	25	50
75	75	75	0	0	25	25	25	25	50
75	75	75	0	0	25	25	25	25	50

B

=

15	24	1	83	92	67	74	51	58	40
16	5	7	89	98	73	55	57	64	41
22	81	88	20	4	54	56	63	70	47
3	12	19	96	85	60	62	69	71	28
9	18	25	77	86	61	68	75	52	34
90	99	76	8	17	36	27	50	43	59
91	80	82	14	23	35	46	44	37	53
97	6	13	95	79	29	45	38	31	72
78	87	94	21	10	48	39	32	30	66
84	93	100	2	11	42	33	26	49	65

C

图 4.33

2. 第二例：10 阶 B 阵四象 Z 型定位模式（图 4.34）

15	24	1	8	17	9	18	25	2	11
16	5	7	14	23	3	12	19	21	10
22	6	13	20	4	22	6	13	20	4
3	12	19	21	10	16	5	7	14	23
9	18	25	2	11	15	24	1	8	17
9	18	25	2	11	15	24	1	8	17
3	12	19	21	10	16	5	7	14	23
22	6	13	20	4	22	6	13	20	4
16	5	7	14	23	3	12	19	21	10
15	24	1	8	17	9	18	25	2	11

A

\+

75	0	75	50	25	50	25	25	0	50
25	75	0	75	50	25	25	0	50	50
50	25	75	0	75	25	0	50	50	25
75	50	25	75	0	0	50	50	25	25
0	75	50	25	75	50	50	25	25	0
25	50	0	50	25	0	75	0	75	75
50	0	50	25	25	75	0	75	0	75
0	50	25	25	50	75	75	0	75	0
50	25	25	50	0	0	75	75	0	75
25	25	50	0	50	75	0	75	75	0

B

=

90	24	76	58	42	59	43	50	2	61
41	80	7	89	73	28	37	19	71	60
72	31	88	20	79	47	6	63	70	29
78	62	44	96	10	16	55	57	39	48
9	93	75	27	86	65	74	26	33	17
34	68	25	52	36	15	99	1	83	92
53	12	69	46	35	91	5	82	14	98
22	56	38	45	54	97	81	13	95	4
66	30	32	64	23	3	87	94	21	85
40	49	51	8	67	84	18	100	77	11

C

图 4.34

3. 第三例：10 阶 B 阵四象 O 型定位模式（图 4.35）

15	24	1	8	17	9	18	25	2	11
16	5	7	14	23	3	12	19	21	10
22	6	13	20	4	22	6	13	20	4
3	12	19	21	10	16	5	7	14	23
9	18	25	2	11	15	24	1	8	17
9	18	25	2	11	11	2	25	18	9
3	12	19	21	10	10	21	19	12	3
22	6	13	20	4	4	20	13	6	22
16	5	7	14	23	23	14	7	5	16
15	24	1	8	17	17	8	1	24	15

A

\+

75	0	75	75	0	25	25	25	25	50
0	75	0	75	75	25	25	25	50	25
75	0	75	0	75	25	25	50	25	25
75	75	0	75	0	25	50	25	25	25
0	75	75	0	75	50	25	25	25	25
75	0	0	50	25	0	75	50	50	50
0	0	50	25	75	50	0	75	50	50
0	50	25	75	0	50	50	0	75	50
50	25	75	0	0	50	50	50	0	75
25	75	0	0	50	75	50	50	50	0

B

=

90	24	76	83	17	34	43	50	27	61
16	80	7	89	98	28	37	44	71	35
97	6	88	20	79	47	31	63	45	29
78	87	19	96	10	41	55	32	39	48
9	93	100	2	86	65	49	26	33	42
84	18	25	52	36	11	77	75	68	59
3	12	69	46	85	60	21	94	62	53
22	56	38	95	4	54	70	13	81	72
66	30	82	14	23	73	64	57	5	91
40	99	1	8	67	92	58	51	74	15

C

图 4.35

以上 3 幅 10 阶幻方例图，由单偶数阶四象构图法的“A ＋ B ＝ C”合成，A 阵各象是 1 ～ 10 数列构造的 5 阶子幻方，B 阵各象是“0，25，50，75”数列构造的 5 阶子幻方，A 阵与 B 阵必须建立正交关系，相加即得 10 阶幻方。

【附】：“A + B = C”合成法与“商—余”正交方阵合成法比较

如图 4.36 所示，单偶数阶幻方，从“商—余”正交方阵看，为复杂的非逻辑形式编码结构，通常称之“不规则”幻方；然而，从斯特雷奇法的“A + B = C”看，它有章可循，并非“无规则”。这就是说，“不规则”幻方这个概念只相对于“逻辑规则”而言。

8	1	6	8	1	6
3	5	7	3	5	7
4	9	2	4	9	2
8	1	6	8	1	6
3	5	7	3	5	7
4	9	2	4	9	2

+

27	0	0	18	18	18
0	27	0	18	18	18
27	0	0	18	18	18
0	27	27	9	9	9
27	0	27	9	9	9
0	27	27	9	9	9

=

35	1	6	26	19	24
3	32	7	21	23	25
31	9	2	22	27	20
8	28	33	17	10	15
30	5	34	12	14	16
4	36	29	13	18	11

“A+B=C”合成法

5	1	6	2	1	6
3	2	1	3	5	1
1	3	2	4	3	2
2	4	3	5	4	3
6	5	4	6	2	4
4	6	5	1	6	5

+

5	0	0	4	3	3
0	5	1	3	3	4
5	1	0	3	4	3
1	4	5	2	1	2
4	0	5	1	2	2
0	5	4	2	2	1

×6=

35	1	6	26	19	24
3	32	7	21	23	25
31	9	2	22	27	20
8	28	33	17	10	15
30	5	34	12	14	16
4	36	29	13	18	11

“商—余”正交方阵合成法

图 4.36

单偶数阶幻方“A + B = C”主对角线构图技术

17 世纪法国数学家菲利浦·德·拉伊尔（Phillipe de la Hire）发明了“A + B = C”主对角线构图法，适用于任意 n 阶幻方（$n \geqslant 3$）领域。但我认为，其中尤以构造单偶数幻方最为难得，因为其他阶次有比拉伊尔法功能更为强大的诸多构图方法。单偶数幻方“天生”不规则，已发现的构图方法并不多，故本文重点研究拉伊尔法在单偶数幻方领域中的用法与推广。

一、拉伊尔“A + B = C”主对角线构图法简介

拉伊尔的构图基本思路：1 至 n^2 自然数列［$n = 2(2k+1)$，$k \geqslant 1$，下同］分解为两个数列：其一为 n 条 1 至 n 数列，由此构造的幻方称之为 A 方；其二为 n 个“0，n，$2n$，$3n$，…，$(n-1)n$”数列，由此构造的幻方称之为 B 方。A 方与 B 方是两个相对独立的幻方，但必须建立正交关系，两者相加即得 C 方。以 6 阶举例如下（图 4.37）。

主对角线构图规则与方法如下。

① A 方：1 至 n 数列以同序原则安排 A 方两条主对角线，其序向可以是上下格式的（图 4.37A_1），也可以是左右格式的（图 4.37A_2）。其余空格排法：按两

条主对角线上的每对称两对数组，根据序向对称行(或对称列)做互补安排。

② B 方：n 个“0，n，$2n$，$3n$，…，$(n-1)n$”数列以同序原则安排 B 方两条主对角线，其序向与 A 方为旋转 90° 关系（参见图 4.37B_1 和图 4.37B_2），这是两者建立正交关系的前提条件。

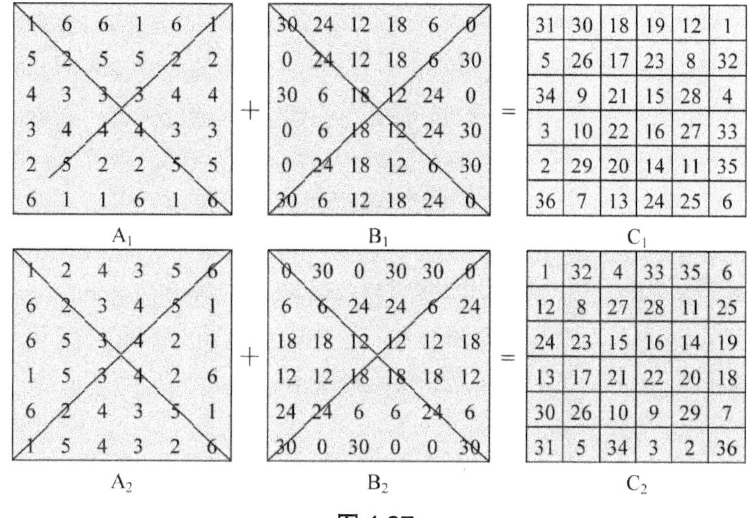

图 4.37

由此可知，A 方与 B 方具有相对独立的幻方性质，两方在建立了正交关系条件下，则“A + B = C”。从数字特征看，若 A 方各行为数列安排，其各列则为数组安排，而 B 方的数字特征刚好与 A 方为旋转 90° 关系。

二、“A + B = C”主对角线构图法的新用法

早年开创者发现的幻方构图法大多停留在案例上，没有做更深入的组合机制研究。为了拉伊尔法的普遍推广，有必要在构图用法、技法等方面做出创新开发。本文主要进一步探讨如下两个基本问题：其一，关于 A 方或 B 方两条主对角线的排法；其二，关于 A 方或 B 方行列的排法与正交关系之间的复杂关联。

（一）两条主对角线同序“数组中心对称”定位

A方或B方的两条主对角线可做同序“数组中心对称”排列，即不一定同序“数列式”定位，只要两条主对角线按同序“数组中心对称”定位，都存在单偶数幻方解，现以 6 阶幻方举例如下（图 4.38）。

所谓同序“数组中心对称”定位，指 A 方或 B 方各自两条主对角线上的数字组合、排列相同，其“数组中心对称”者即每中心对称两数之和相等（包含“数列式”定位）。6 阶 A 方或 B 方两条主对角线各有 3! 种定位状态（不计同构

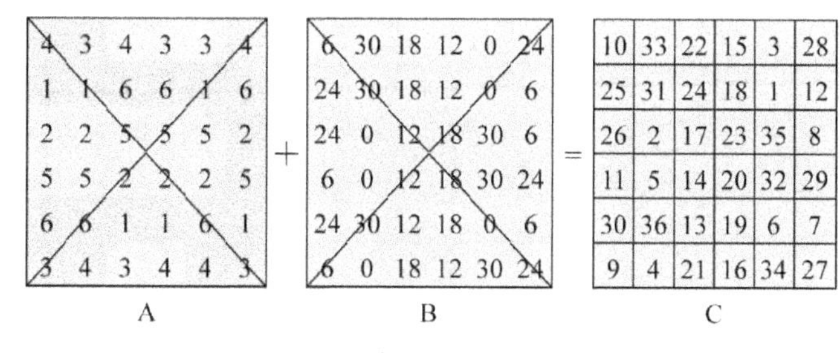

图 4.38

$\frac{1}{2}\times3!$）；序向各有上下、左右 4 种变化，按 A 方与 B 方旋转 90° 两者正交，则不计同构体实有 4 种可能变化。据此计算 6 阶的“A ＋ B ＝ C”两条主对角线定位共 36 个方案。2（$2k+1$）阶幻方的两条主对角线定位共有 4（$2k+1$）^{2} 个方案。

（二）行或列“数组互补”正交关联定位

两条主对角线按同序原则做“数组中心对称”定位后，为行或列的各对称位提供了等和的 2 对相同数组。然后，A 方与 B 方用既定数组按两条主对角线序向做行或列的互补、正交关联定位。若两条主对角线上下序向，则数组为对称行的互补定位；若两条主对角线左右序向，则数组为对称列的互补定位；同时 A 方与 B 方的互补定位必须符合正交设计要求。

在 A 方与 B 方两条主对角线同一定位方案下，行或列“数组互补”正交关联定位存在多种方案，一般通过“A ＋ B ＝ C”中 C 方的对应数组置换直接检索取得。现以图 4.38 的 C 方为例直接检索如下（图 4.39）。

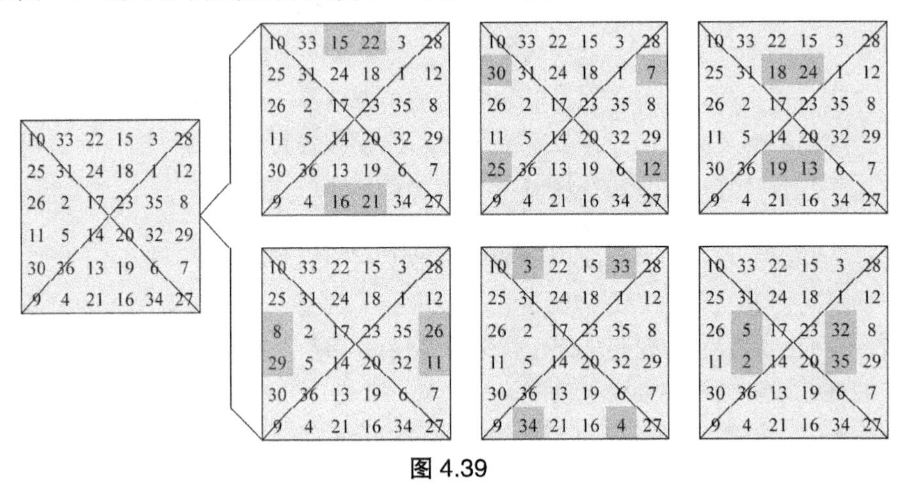

图 4.39

图 4.39 展示了一幅 6 阶幻方在两条主对角线同一定位方案下，行或列上共有 6 组不同的对应数组，而且各组可做交叉组合置换，从而扩大演绎 6 阶幻方异构体战果。

【附】：“A ＋ B ＝ C”主对角线法与“商—余”正交方阵合成法比较

图 4.40 中的 6 阶幻方取自图 4.38，从它的化简形式“商—余”正交方阵看：可反映“A ＋ B ＝ C”主对角线法 A 方、B 方的纵或横轴的对称关系，因此这两种方法的构图原理相通。

10	33	22	15	3	28
25	31	24	18	1	12
26	2	17	23	35	8
11	5	14	20	32	29
30	36	13	19	6	7
9	4	21	16	34	27

=

1	5	3	2	0	4
4	5	3	2	0	1
4	0	2	3	5	1
1	0	2	3	5	4
4	5	2	3	0	1
1	0	3	2	5	4

×6+

4	3	4	3	3	4
1	1	6	6	1	6
2	2	5	5	5	2
5	5	2	2	2	5
6	6	1	1	6	1
3	4	3	4	4	3

“商—余”正交方阵合成法

图 4.40

三、“A ＋ B ＝ C”主对角线构图法推广应用

“A ＋ B ＝ C”主对角线构图法：两条主对角线的安排有特定规则，而行列上的成对互补数组定位具有灵活性。在大于 6 阶的单偶数阶幻方构图时，由于成对互补数组增加，其定位更为灵活，因此必须特别关注 A 方与 B 方建立正交关系，现以 10 阶为例展示其推广应用（图 4.41 至图 4.43）。

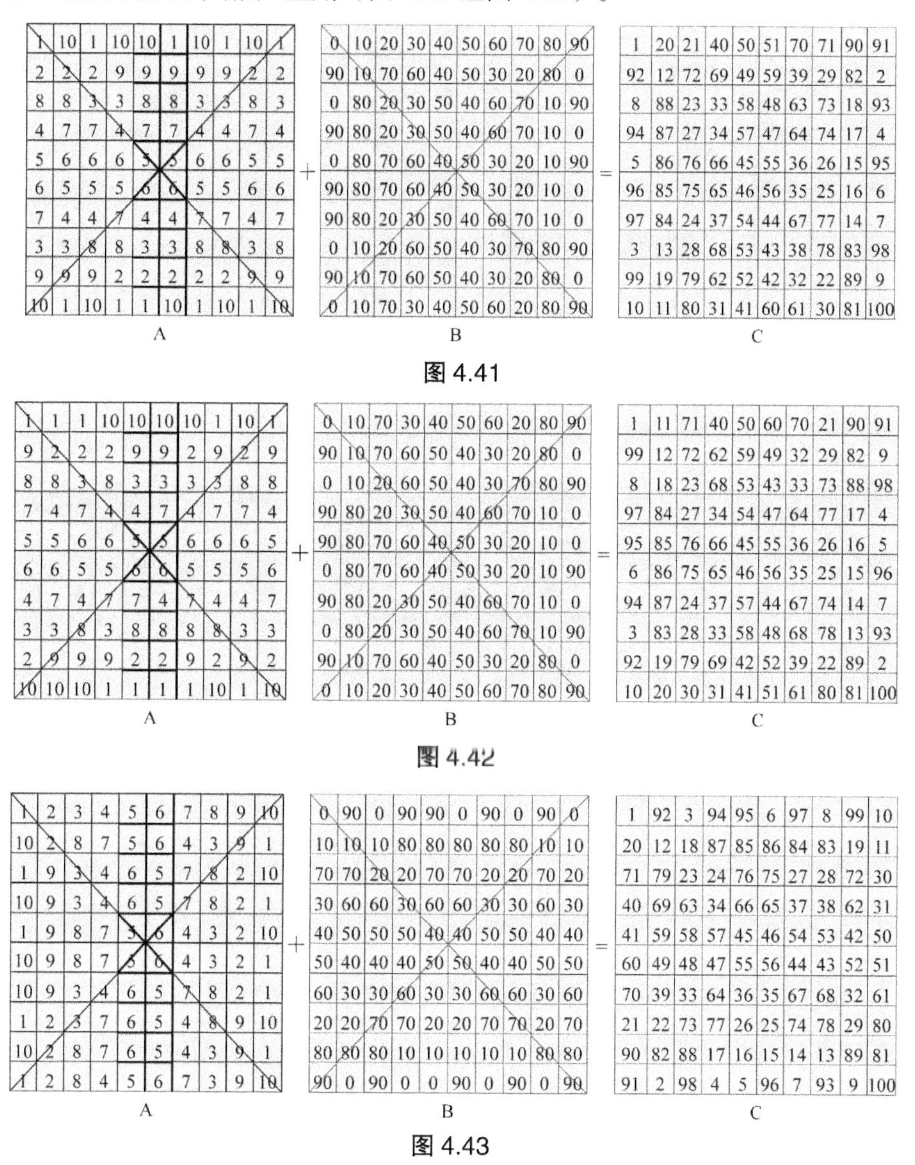

A

1	10	1	10	10	1	10	1	10	1
2	2	2	9	9	9	9	9	2	2
8	8	3	3	8	8	3	3	8	3
4	7	7	4	7	7	4	4	7	4
5	6	6	6	5	5	6	6	5	5
6	5	5	5	6	6	5	5	6	6
7	4	4	7	4	4	7	7	4	7
3	3	8	8	3	3	8	8	3	8
9	9	9	2	2	2	2	2	9	9
10	1	10	1	1	10	1	10	1	10

\+

B

0	10	20	30	40	50	60	70	80	90
90	10	70	60	40	50	30	20	80	0
0	80	20	30	50	40	60	70	10	90
90	80	20	30	50	40	60	70	10	0
0	80	70	60	40	50	30	20	10	90
90	80	70	60	40	50	30	20	10	0
90	80	20	30	50	40	60	70	10	0
0	10	20	60	50	40	30	70	80	90
90	10	70	60	50	40	30	20	80	0
0	10	70	30	40	50	60	20	80	90

=

C

1	20	21	40	50	51	70	71	90	91
92	12	72	69	49	59	39	29	82	2
8	88	23	33	58	48	63	73	18	93
94	87	27	34	57	47	64	74	17	4
5	86	76	66	45	55	36	26	15	95
96	85	75	65	46	56	35	25	16	6
97	84	24	37	54	44	67	77	14	7
3	13	28	68	53	43	38	78	83	98
99	19	79	62	52	42	32	22	89	9
10	11	80	31	41	60	61	30	81	100

图 4.41

A

1	1	1	10	10	10	10	1	10	1
9	2	2	2	9	9	2	9	2	9
8	8	3	8	3	3	3	3	8	8
7	4	7	4	4	7	4	7	7	4
5	5	6	6	5	5	6	6	6	5
6	6	5	5	6	6	5	5	5	6
4	7	4	7	7	4	7	4	4	7
3	3	8	3	8	8	8	8	3	3
2	9	9	9	2	2	9	2	9	2
10	10	10	1	1	1	1	10	1	10

\+

B

0	10	70	30	40	50	60	20	80	90
90	10	70	60	50	40	30	20	80	0
0	10	20	60	50	40	30	70	80	90
90	80	20	30	50	40	60	70	10	0
90	80	70	60	40	50	30	20	10	0
0	80	70	60	40	50	30	20	10	90
90	80	20	30	50	40	60	70	10	0
0	80	20	30	50	40	60	70	10	90
90	10	70	60	40	50	30	20	80	0
0	10	20	30	40	50	60	70	80	90

=

C

1	11	71	40	50	60	70	21	90	91
99	12	72	62	59	49	32	29	82	9
8	18	23	68	53	43	33	73	88	98
97	84	27	34	54	47	64	77	17	4
95	85	76	66	45	55	36	26	16	5
6	86	75	65	46	56	35	25	15	96
94	87	24	37	57	44	67	74	14	7
3	83	28	33	58	48	68	78	13	93
92	19	79	69	42	52	39	22	89	2
10	20	30	31	41	51	61	80	81	100

图 4.42

A

1	2	3	4	5	6	7	8	9	10
10	2	8	7	5	6	4	3	9	1
1	9	3	4	6	5	7	8	2	10
10	9	3	4	6	5	7	8	2	1
1	9	8	7	5	6	4	3	2	10
10	9	8	7	5	6	4	3	2	1
10	9	3	4	6	5	7	8	2	1
1	2	3	7	6	5	4	8	9	10
10	2	8	7	6	5	4	3	9	1
1	2	8	4	5	6	7	3	9	10

\+

B

0	90	0	90	90	0	90	0	90	0
10	10	10	80	80	80	80	80	10	10
70	70	20	20	70	70	20	20	70	20
30	60	60	30	60	60	30	30	60	30
40	50	50	50	40	40	50	50	40	40
50	40	40	40	50	50	40	40	50	50
60	30	30	60	30	30	60	60	30	60
20	20	70	70	20	20	70	70	20	70
80	80	80	10	10	10	10	10	80	80
90	0	90	0	0	90	0	90	0	90

=

C

1	92	3	94	95	6	97	8	99	10
20	12	18	87	85	86	84	83	19	11
71	79	23	24	76	75	27	28	72	30
40	69	63	34	66	65	37	38	62	31
41	59	58	57	45	46	54	53	42	50
60	49	48	47	55	56	44	43	52	51
70	39	33	64	36	35	67	68	32	61
21	22	73	77	26	25	74	78	29	80
90	82	88	17	16	15	14	13	89	81
91	2	98	4	5	96	7	93	9	100

图 4.43

请注意：在“A ＋ B ＝ C”主对角线构图技术与“A ＋ B ＝ C”四象合成构图技术中，所使用的“A ＋ B ＝ C”是两个不同概念，此 A 方非彼 A 方，此 B 方非彼 B 方。

幻方泛对角线与行列置换法

杨辉口诀可以把奇数阶自然方阵的泛对角线从里翻到外，实现与行列的相互置换，由此变成了一幅奇数阶幻方。这一构图技术给出了一个重要启示，即“泛对角线与行列置换”方法是否可推广于偶数阶呢？泛对角线从里翻到外变成行或列，显然以泛对角线等和为先决条件，因此以偶数阶完全幻方为底本有可能推广。据研究，我发现了如下两种推广方法。

一、第一种：主对角线平行置换

所谓主对角线平行置换，指以偶数阶完全幻方底本一条主对角线为准线，推出全部次对角线的平行线，即得由一半泛对角线与行或与列构成4幅新幻方。举例如下。

1. 第一例：4阶完全幻方主对角线平行置换

由图4.44可知：其一，经一半泛对角线与行（或者列）相互置换，4阶完全幻方变成了4阶非完全幻方，表现了偶数阶幻方两种不同组合性质之间的转换关系。

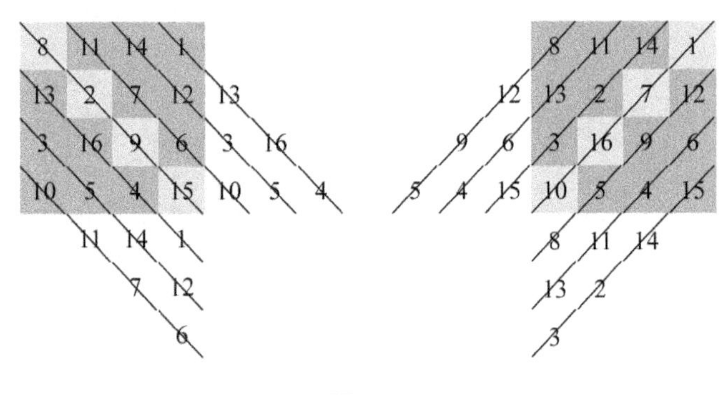

图4.44

其二，每两幅幻方行（或者列）的数字组合相同，但排列结构改变，而两幅幻方列（或者行）的数字已重组，这是幻方一种新的“洗牌”方法。

2. 第二例：8阶完全幻方主对角线平行置换

图4.45是主对角线平行线法在8阶完全幻方中的应用，所得为4幅8阶非完全幻方。据研究，任何一幅偶数阶完全幻方做主对角线平行置换，都可以变成4幅偶数阶非完全幻方，而必有特定的4幅偶数阶非完全幻方做主对角线平行置换可返还于同一幅8阶完全幻方，但并非任何偶数阶非完全幻方与完全幻方之间都存在这种相互转化的可逆关系。

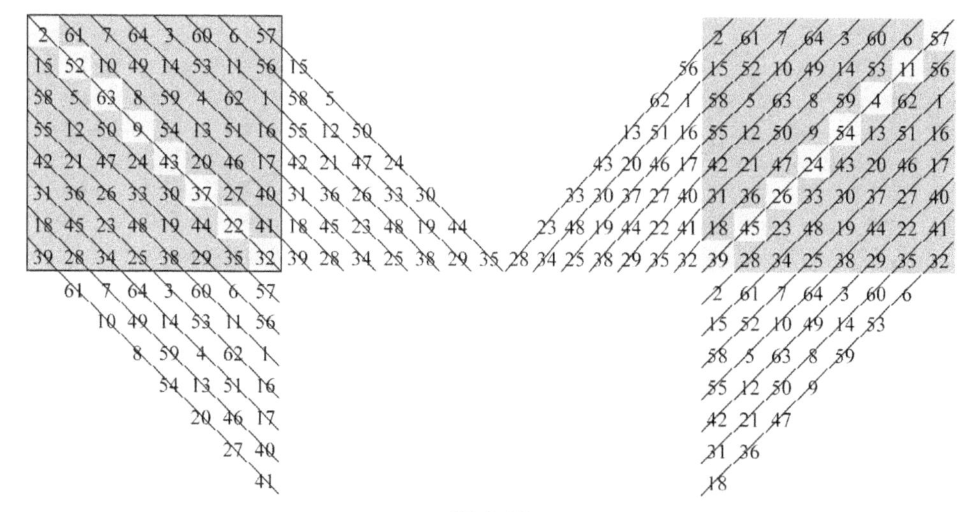

图 4.45

二、第二种：泛对角线交叉置换

所谓泛对角线交叉置换，指以偶数阶完全幻方底本两条主对角线为准线，推出相关交叉次对角线的平行线，即得由一半相交泛对角线与行（或者列）构成的两幅新幻方。

1. 第一例：4 阶完全幻方泛对角线交叉置换

现以 4 阶完全幻方为例，做泛对角线交叉置换试验（图 4.46）。

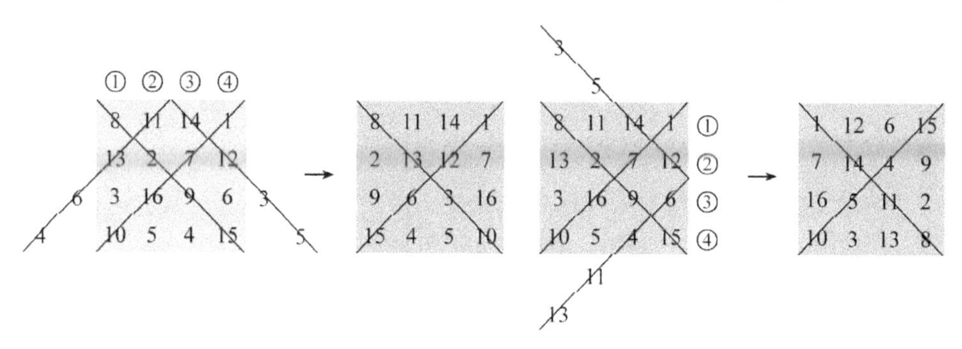

图 4.46

由本例可知：其一，底本上哪些交叉对角线与列（或者行）相互置换呢？变为列（或者行）的交叉对角线，乃没有一个数同时处在两条对角线上的那些对角线；其二，这些交叉对角线如何排列呢？以底本第一行从左至右（或者第一列从上至下）为序，对角线交叉式列队，则新幻方成立。

2. 第二例：8 阶完全幻方泛对角线交叉置换

现以 8 阶完全幻方为例，做泛对角线交叉置换试验（图 4.47）。

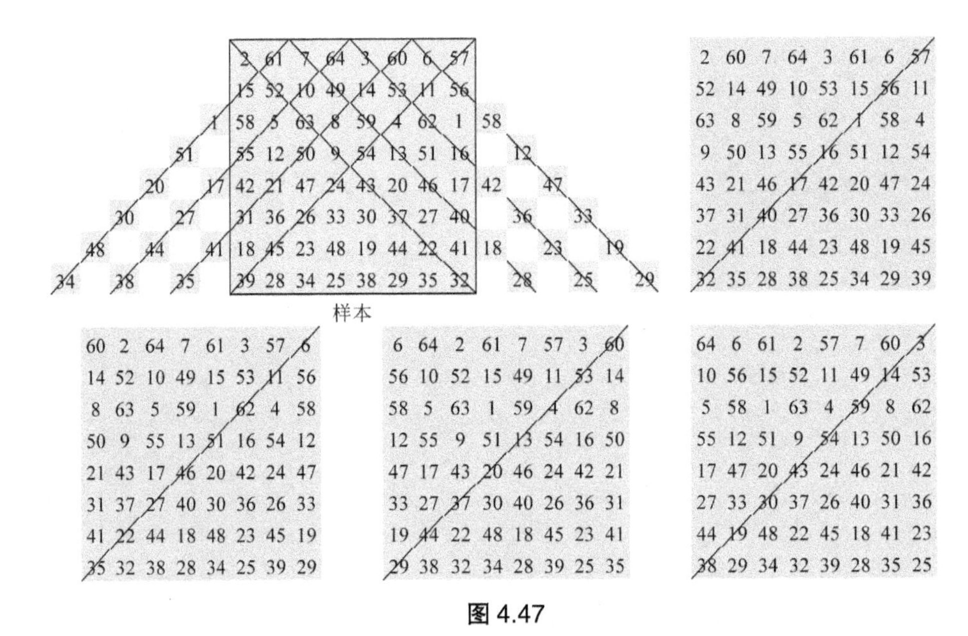

图 4.47

图 4.47 仅出示了 8 阶完全幻方的泛对角线交叉置换中的 4 幅置换幻方例图。图 4.47 上右这幅新 8 阶幻方标示：它的 8 列由底本 8 条交叉泛对角线构成。如数“57”打头的一列是底本的主对角线，而其主对角线是底本的一列，这就是底本对角线与列置换。据检验这 4 幅置换幻方的组合性质都是非完全幻方。

自然方阵与完全幻方相互转换的可逆法

由自然方阵转换成幻方的构图方法研究，最早始于我国宋代数学家杨辉，他发现的“九子斜排……”口诀，就是以 3 阶自然方阵为样本直接转换成非完全幻方的构图方法；同时，杨辉发现的两条主对角线旋转 180° 的“易换术”，就是以 4 阶自然方阵为样本直接转换成非完全幻方的构图方法。然而，关于自然方阵与完全幻方的可逆性问题研究，我在《易数组合模型与方法》栏目《闯出“禁区”的几何覆盖》一文中，解决了以不含 3 因子的奇数阶自然方阵为样本直接转换成完全幻方的构图方法。

据吴鹤龄《幻方与素数》介绍，英国幻方爱好者凯瑟琳 · 奥伦肖（K. Oiierenshaw）和戴维 · 勃利（David. Bree）在 1998 年出版的《最完美的泛对角线幻方：它们的构造方法与数量》中，专门研究了偶数阶自然方阵与完全幻方的可逆性问题。这个问题比较复杂，引起了我的极大兴趣。

据介绍说，凯瑟琳 · 奥伦肖和戴维 · 勃利在深入分析 $4k$ 阶自然方阵组合结构的基础上，发现了 4*k* 阶“最完美的泛对角线幻方”可通过一定的方法由 4*k* 阶自然方阵直接转换而来。什么是“最完美的泛对角线幻方”（most perfect maic square）？这是指在任意位置划出一个 2 阶子单元其四数之和全等的 4*k* 阶完全幻方（注：这类 4*k* 阶完全幻方我称之为“最均匀完全幻方”）。这类特定完全幻方为什么能与自然方阵具有可逆关系呢？据两位英国幻方爱好者揭示：在 4*k* 阶自然方阵上，任意大小的正方形（或者长方形）两组对角两数之和必定相等，这是一个出人意料的重要发现，我尤其赞赏关于 4*k* 阶自然方阵组合结构这个全新认识，它是理解偶数阶自然方阵与偶数阶完全幻方可转换性的钥匙。

一、“可逆法”构图范本

奥伦肖与勃利把 4*k* 阶自然方阵称为完全幻方的“可逆方”，它通过一定的行列与数组交换可直接转化为完全幻方，因此我称之为可逆构图法。范本如下（图 4.48）。

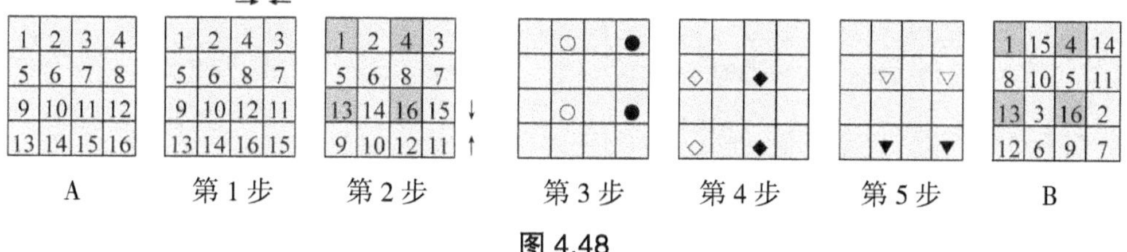

图 4.48

如图 4.48 所示，从 4 阶自然方阵 A 直接转化为 4 阶完全幻方 B 的全过程，可分解为如下两个阶段 5 个步骤。

1. 第一阶段：“主方”行列交叉变位

本阶段包括 2 步：第 1 步两行交换，第 2 步两列交换，由此得 4 个同类“可逆方”，以其中一个为代表性的“主方”。

2. 第二阶段：“可逆方”（“主方”）4 个相间 2 阶子单元“自我”变位

本阶段包括 3 步：其中有一个 2 阶子单元不变位（深色方格），其余 3 个 2 阶子单元内部两对数组之间分别换位，即图 4.48 第 3、第 4、第 5 步所示：其中符号“○与●”为对角交换；符号“◇与◆”“▽与▼”为行或列互换。这是比较复杂的变位。

据检验，图 4.48B 中 4 阶完全幻方成立。由此可证，4 阶自然方阵与 4 阶完全幻方具有可逆性转换关系，让人领略了由“自然方阵—可逆方—完全幻方”的变化奥妙。

二、“可逆法”构图演绎

据介绍说，“可逆方”与“最完美幻方”为一对一转换关系，若知道“可逆方”有多少，就可求算“最完美幻方”。演绎方法是：“可逆方”按“主方”分类，每一类“可逆方”数量为 $Q=2^{n-2}\left[\left(\frac{n}{2}\right)!\right]^2$；“主方”有多少呢？据说在组合数学中已有计算公式；然后，此两式相乘，即可得 *n* 阶全部“最完美幻方”。

但是，组合数学中查不到关于“主方”的计算公式。在上述结论式的介绍中，尚有关键内容与问题尚待解密。比如，代表不同类别“可逆方”的“主方”是以何种方法产生的？区别何在？不同“可逆方”转变为完全幻方的具体操作方法是怎样变化的？这一系列的重要问题，在吴鹤龄《幻方与素数》书中均未提供详细说明。

现只能以4阶为例，详解可逆法。按Q公式计算，4阶每一类“可逆方”有16个；“可逆方”与4阶“最完美幻方”为一对一转换关系，因而可产出16幅4阶“最完美幻方”。已知4阶完全幻方的全部解有48幅异构体，都属于“最完美幻方”。据此，我倒算出4阶计有3个不同类别的“可逆方”，即有3个“主方”，而每一个“主方”各代表一类16个“可逆方”。这是从计数角度算清的一笔账，但最终必须由构图、检索操作的实际结果来对账与认账。为此，根据图4.48可逆法的构图范本，讨论如下几个问题。

1.“九宫四角”3个2阶单元的变法

如范例图4.48所示，4阶自然方阵A经行列交叉变位（分两步走），得一个“可逆方”，然后，这个“可逆方”中的一个“九宫四角”2阶单元不变，其他3个“九宫四角”2阶单元必须按一定规则做如下变法：即对角交换、左右交换或上下交换3种变法（分三步走），便可得一幅4阶完全幻方。但据试验，这3个2阶单元的交换规则可做一定的变动，则范例的可逆方“一变为四”可演绎出4幅4阶完全幻方（图4.49）。

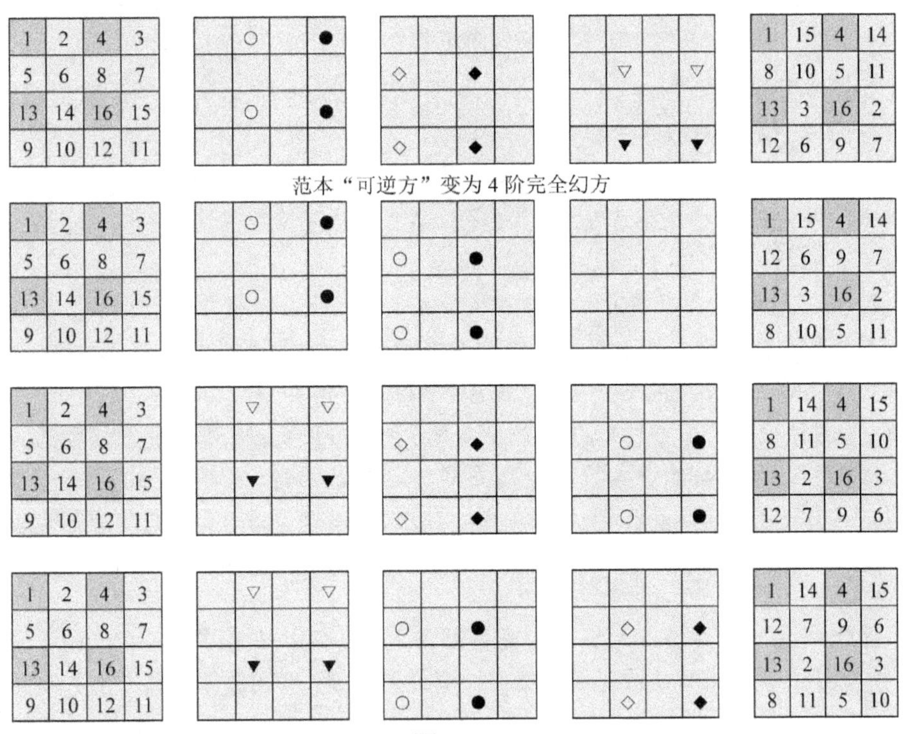

图4.49

2.“不变位”2阶子单元的可变性

据范例可知，4阶“可逆方”内部“九宫四角”共有4个2阶子单元，其中有一个 2 阶子单元是“不变位”的。因此，需要再探讨的另一个问题是：如何确定这个“不变位”2 阶子单元？据试验，同一个“可逆方”的 4 个“九宫四角”2 阶子单元，各自可作为“不变位”2 阶子单元。因此，范例图 4.48 所示的 4 阶“可逆方”，因“不变位”2 阶子单元位置的更替，可转换成 4 幅 4 阶完全幻方（图 4.50）。

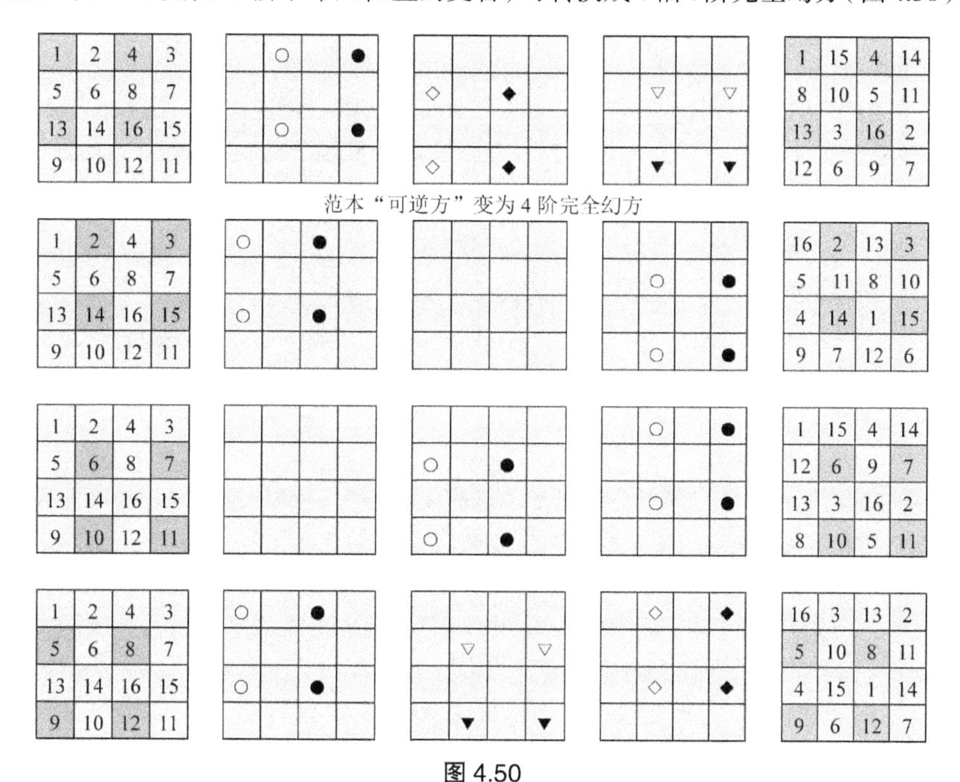

图 4.50

以上对图 4.48 范本的一个 4 阶“可逆方”（即“主方”），从 3 个 2 阶单元换位变法及“不变位”2 阶子单元更替这两个方面做了研究，由此弄明白：同一个“可逆方”主方可演绎成 4×4 = 16 幅 4 阶完全幻方（注：此处发现每 4 幅中有一幅重复）。

3. 4 阶“可逆方”计算

由图 4.48 范本可知：“可逆方”是从 4 阶自然方阵（A）的“行列交叉变位”而得，那么存在多少不同的“行列交叉变位”状态呢？如图 4.51 所示。

1	2	3	4
5	6	7	8
9	10	11	12
13	14	15	16

（A）

→

1	2	4	3
5	6	8	7
13	14	16	15
9	10	12	11

范本（1）

5	6	8	7
1	2	4	3
9	10	12	11
13	14	16	15

（2）

2	1	3	4
6	5	7	8
14	13	15	16
10	9	11	12

（3）

6	5	7	8
2	1	3	4
10	9	11	12
14	13	15	16

（4）

图 4.51

4阶自然方阵(A)的“行列交叉变位”计: 2×2＝4种可能状态，它们内部的“九宫四角”各有4个2阶子单元，数字结构各异，而数理关系相同（对角两数之和全等于“17”，即都是一对互补数组）。因此，按理说4阶存在4个“可逆方”主方。

4. 4阶完全幻方“可逆法”构图演绎

一个“可逆方”主方可演绎4×4＝16幅4阶完全幻方，4个“可逆方”主方则可得64幅4阶完全幻方。然而，已知全部4阶完全幻方群有48幅。这就是说“可逆法”计算中可能有同构体存在。为真正解密“可逆法”，必须把同构体的存在状况甄别出来。果然不出所料，在上文我已发现“每4幅中有一幅重复”。这就是说，在4个“可逆方”主方演绎64幅4阶完全幻方中，会有16幅4阶完全幻方重复，这就对了。

现在再回过头去看，科普书所介绍的“可逆法”构图计数方法: $Q = 2^{n-2}$。$[(\frac{n}{2})!]^2$ 公式与组合数学中给出的“主方”公式，两项相乘即可得n阶全部“最完美幻方”，太过简略了，没有来龙去脉和关节点的说明，实在令人难以读懂。

三、“可逆法”构图推广

48幅4阶完全幻方群，全部属于“最完美幻方”，即任意划出一个2阶单元其四数之和全等的完全幻方（我称之为“最均匀完全幻方”）。英国奥伦肖与勃利两位学者创造的“可逆法”能一次性清算4阶完全幻方群，确实是一个好的构图方法。

当“可逆法”推广于8阶完全幻方时，构造与检索8阶最均匀完全幻方究竟如何操作呢？首先8阶自然方阵变为8阶“可逆方”；其次“九宫四角”2阶单元变位。据研究，随着阶次增高，推广操作愈加复杂，把我的试验介绍如下(图4.52、图4.53)。

1	2	3	4	5	6	7	8
9	10	11	12	13	14	15	16
17	18	19	20	21	22	23	24
25	26	27	28	29	30	31	32
33	34	35	36	37	38	39	40
41	42	43	44	45	46	47	48
49	50	51	52	53	54	55	56
57	58	59	60	61	62	63	64

（A）

1	2	8	7	3	4	6	5
9	10	16	15	11	12	14	13
57	58	64	63	59	60	62	61
49	50	56	55	51	52	54	53
17	18	24	23	19	20	22	21
25	26	32	31	27	28	30	29
41	42	48	47	43	44	46	45
33	34	40	39	35	36	38	37

8阶“可逆方”

1	63	8	58	3	61	6	60
16	50	9	55	14	52	11	53
57	7	64	2	59	5	62	4
56	10	49	15	54	12	51	13
17	47	24	42	19	45	22	44
32	34	25	39	30	36	27	37
41	23	48	18	43	21	46	20
40	26	33	31	38	28	35	29

8阶二重次完全幻方

图4.52

如图4.52所示，8阶自然方阵（A）通过行列交叉变位，转换成8阶“可逆方”，其结构特点是：四象限各4阶单元内，每一个“九宫四角”2阶单

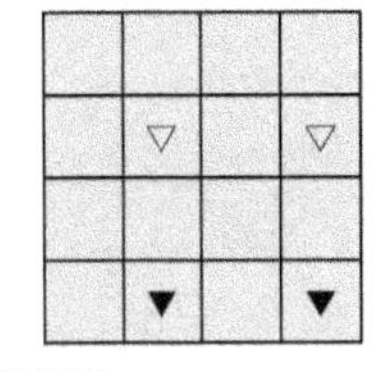

四象“九宫四角”2阶单元变法

图4.53

元的对角两数之和全等于“65”，即都是一对互补数组，这就符合了“可逆方”的数理条件。然后，各象限 4 阶单元按图 4.53 所示的 3 个 2 阶单元变法操作，即得一幅 8 阶二重次完全幻方（8 阶泛幻和“260”，4 阶子泛幻和“130”），推广成功。

“可逆法”的构图、检索操作是相当复杂的，但奥伦肖与勃利两位学者给出的计数公式 $Q=2^{n-2}\left[\left(\frac{n}{2}\right)!\right]^2$，从理论说是正确的。他们根据此公式，算出 8 阶“最完美幻方”有 $Q=2^{n-2}\left[\left(\frac{n}{2}\right)!\right]^2=368640$ 幅（只有一个 8 阶“可逆方”主方）。据研究，8 阶“最完美幻方”或者说最均匀 8 阶完全幻方，在整个 8 阶完全幻方群中只占极小一部分，而“可逆法”给出的 368640 幅尚未清算这一小部分。

四象最优化正交合成法

据研究发现，全部 4 阶完全幻方都属于“规则”完全幻方，按组合规则不同可细分为两大类：一类是以 2 阶单元最优化合成形式存在的 4 阶完全幻方，另一类是以二位制同位逻辑形式存在的 4 阶完全幻方，本文将求解前一部分 4 阶完全幻方。

一、2 阶单元配置与定位

1. 2 阶单元配置方案

四象全等是 4 阶完全幻方存在的前提条件，因此采用 2 阶单元合成构图法，必须枚举检出“1 ～ 16”自然数列在四象各 2 阶单元的全等配置方案。现在，先设定全等 2 阶单元的一般表达式：以“a、b、c、d”4 个字母表为 2 阶单元用数（$a<b<c<d$，$a+d=b+c$）。显然，4 阶四象全等有如下两种可能配置方案：其一，四象各 2 阶单元都为“a、b、c、d”配置；其二，两象以两对相同数组“a、d”配置，另两象以另两对相同数组“b、c”组配。

2. 2 阶单元定位

在“a、b、c、d”四数配置条件下，四数在 2 阶单元中可做全排列定位，有 $4!=24$ 种组排状态。若按“a、b、c、d”为序连线，这 24 种组排状态可划分为：“O、X、Z”3 种定位制式，各有“镜像”8 倍同构体（图 4.54 左）。

在两对数组“a、d”或者“b、c”配置条件下，两对数组在 2 阶单元中可做四边等和

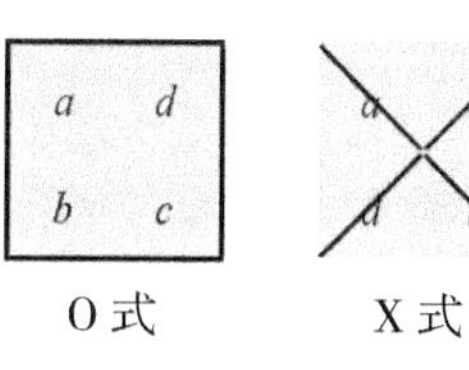

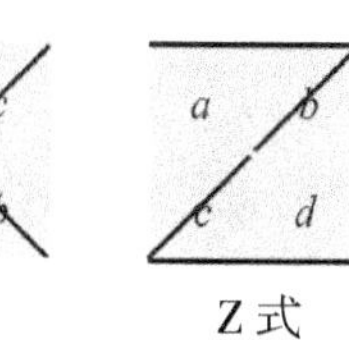

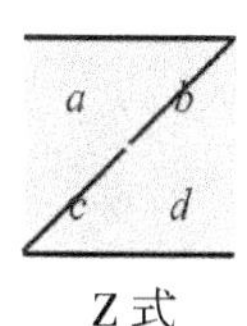

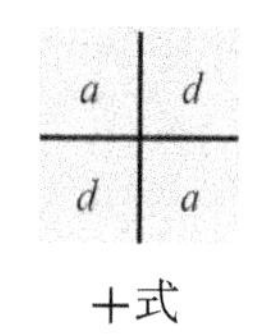

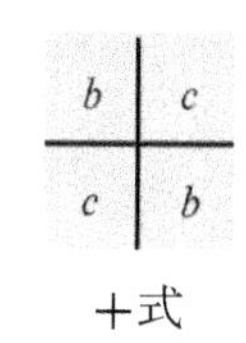

图 4.54

定位，称之为“+”定位制式，也有 8 倍同构体（图 4.54 右）。

总之，在全等配置方案下，4 阶各象 2 阶单元定位存在两款 4 种基本定位制式。那么，以四式 2 阶单元如何最优化合成四象（4 阶）呢？这就是 2 阶单元四象全等最优化合成法所要解决的主要问题。

二、四象最优化合成正交模型

1.“O—O”式最优化正交模型

2 阶单元 O 式定位的四象最优化合成，贯彻 O 式序向“相反相成”组合规则，4 阶共有 8 个“镜像”同构体。如图 4.55 所示；都具有 4 阶完全幻方组合性质；按行列对称特征分为两组，一组标以 OⅠ，另一组标以 OⅡ，两者互为旋转 90° 关系。由此可建立 OⅠ OⅡ 式正交模型或 OⅡ OⅠ 式正交模型。两者同构，任选其一。

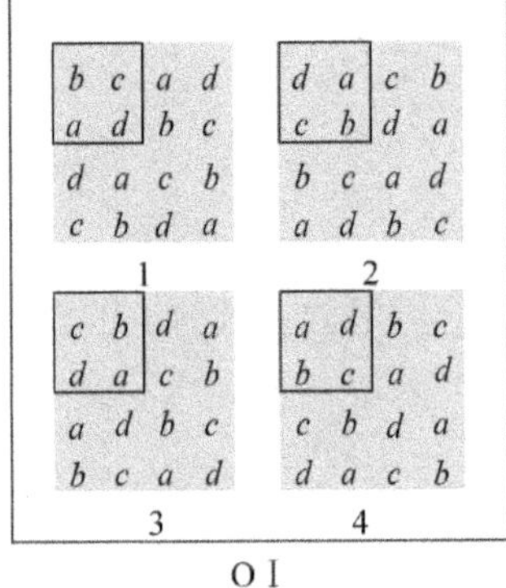

OⅠ

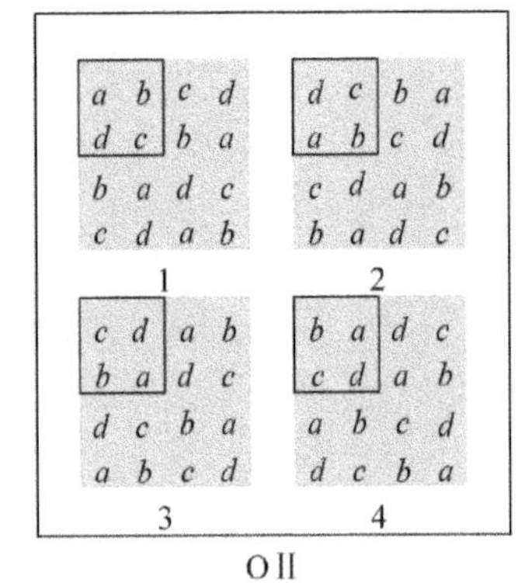

OⅡ

图 4.55

2	7	9	16
13	12	6	3
8	1	15	10
11	14	4	5

14	11	5	4
1	8	10	15
12	13	3	6
7	2	16	9

10	15	1	8
5	4	14	11
16	9	7	2
3	6	12	13

6	3	13	12
9	16	2	7
4	5	11	14
15	10	8	1

图 4.56

据研究，借用“商—余”正交方阵工具，以“0，1，2，3”代入“OⅡ”四式；以“1，2，3，4”代入“OⅠ”四式（反之亦然）。然后，按［OⅡ］×4＋［OⅠ］计算可还原出 4 幅 4 阶完全幻方异构体（图 4.56）。据“地毯式”检索可知，在 OⅡ OⅠ 式正交模型中，只需“1 对 4”还原即可。

2.“X—X”式正交模型

2 阶单元 X 式定位的四象最优化合成，贯彻 X 序向的“相反相成”组合规则，4 阶共有 8 个“镜像”同构体（图 4.57），都具有 4 阶完全幻方组合性质；按行列特征分为两组，一

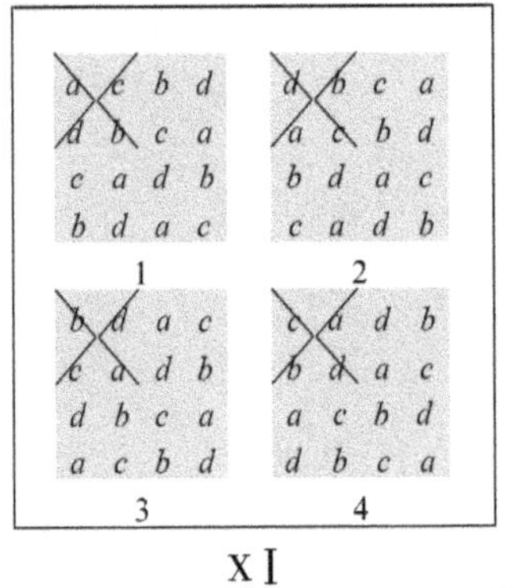

XⅠ

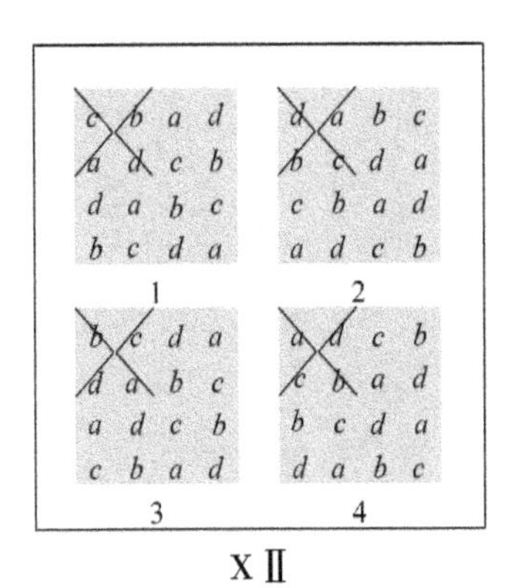

XⅡ

图 4.57

组标以XⅠ，另一组标以XⅡ，两者互为旋转90°关系。由此可建立XⅠ XⅡ或XⅡ XⅠ正交模型。两者同构，任选其一。然后，以“0，1，2，3”代入“XⅠ”一式；以“1，2，3，4”代入“XⅡ”四式，即以“1对4”方式还原出4幅4阶完全幻方异构体（图4.58）。

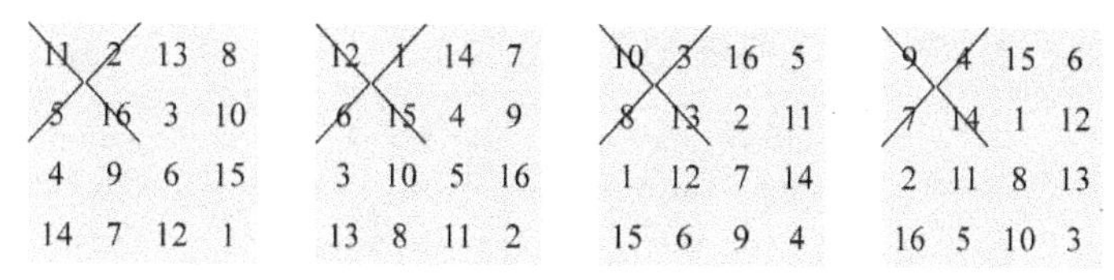

图4.58

3.“O—X”混合式正交模型

研究发现：O式定位与X式定位可建立正交关系，但必须OⅠ与XⅠ或OⅡ与XⅡ匹配，可两者取其一，图4.59所示为OⅠ XⅠ混合式正交模型。

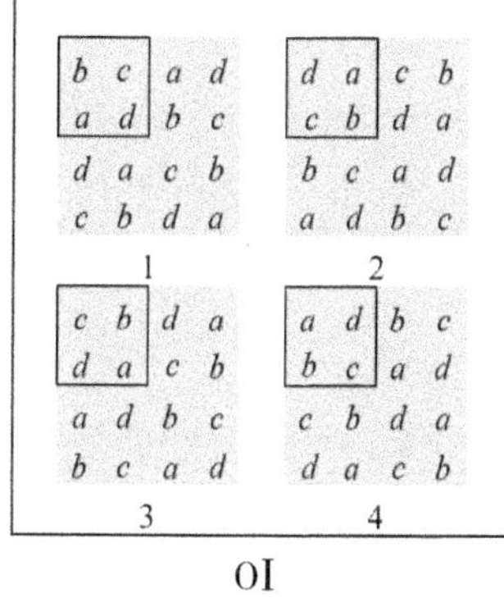

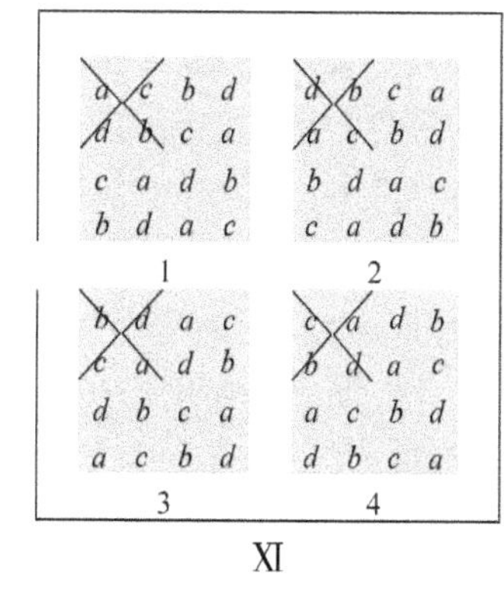

图4.59

据“地毯式”检索可知，这个混合式正交模型存在两种代入方式。

①以“0，1，2，3”代入“OⅠ”一式；以“1，2，3，4”代入“XⅠ”四式，即“1对4”可还原出4幅4阶完全幻方异构体（图4.60），其四象各2阶单元清一色从“O式”定位结构。

9	7	14	4
16	2	11	5
3	13	8	10
6	12	1	15

10	8	13	3
15	1	12	6
4	14	7	9
5	11	2	16

11	5	16	2
14	4	9	7
1	15	6	12
8	10	3	13

12	6	15	1
13	3	10	8
2	16	5	11
7	9	4	14

图4.60

②以“0，1，2，3”代入“XⅠ”一式；以“1，2，3，4”代入“OⅠ”四式，即“1对4”可还原出另4幅4阶完全幻方异构体（图4.61），其四象各2阶单元清一色从“X式”定位结构。

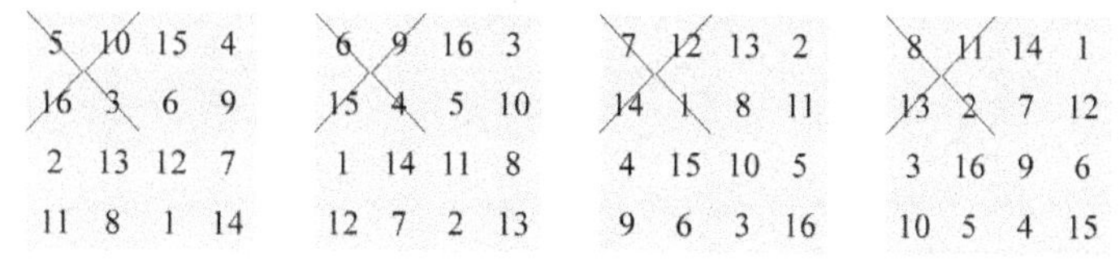

图4.61

总之，“O—X”混合式正交模型比较特别，可制作2×4＝8幅4阶完全幻方异构体。

4. “Z—+”混合式正交模型

图 4.62 所示是 Z 式定位的 8 倍“镜像”同构体，按 Z 式箭向变化形态可分为 ZⅠ 与 ZⅡ 两款。据研究，2 阶单元 Z 式定位本身能做出最优化四象合成，但奇怪的是它既不能建立 4 阶自正交关系，又不能与 O 式或 X 式定位建立 4 阶正交关系。

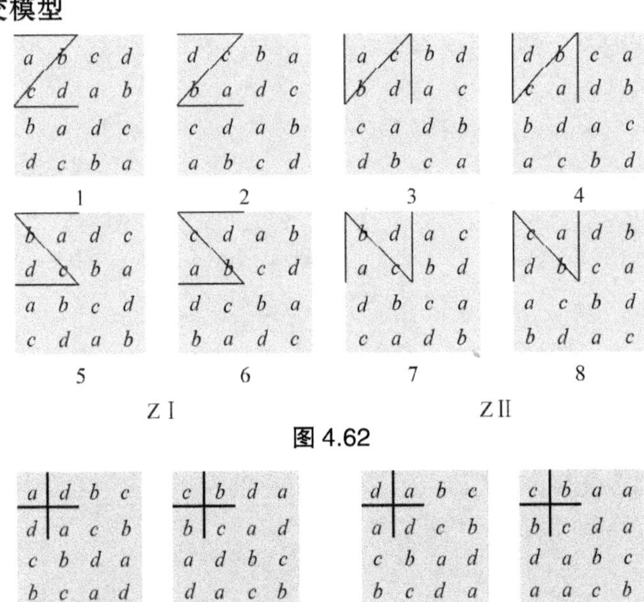

图 4.62

图 4.63 所示是“+”式定位“镜像”8 倍同构体。据研究，2 阶单元“+”式定位本身能做出最优化四象合成，但奇怪的是它既不能建立 4 阶自正交模型，也不能与 O 式或 X 式定位建立 4 阶正交关系。

图 4.63

但无巧不成书，Z 式定位与“+”号定位，两者却可以结对，从而建立“Z—+”混合式正交模型与“+—Z”复式正交模型，两者异构。

8	13	3	10
1	12	6	15
14	7	9	4
11	2	16	5

6	15	4	9
3	10	5	16
13	8	11	2
12	1	14	7

6	15	1	12
3	10	8	13
16	5	11	2
9	4	14	7

8	13	2	11
1	12	7	14
15	6	9	4
10	3	16	5

图 4.64

然后，以“0，1，2，3”代入“ZⅡ”一式；以“1，2，3，4”代入“+”号八式，由此以“1 对 8”方式建立正交关系，现出示其中的 4 幅 4 阶完全幻方异构体（图 4.64），其四象各 2 阶单元为清一色的“Z 式”定位结构。

2	13	12	7
16	3	6	9
5	10	15	4
11	8	1	14

1	14	11	8
15	4	5	10
6	9	16	3
12	7	2	13

1	15	10	8
14	4	5	11
7	9	16	2
12	6	3	13

2	16	9	7
13	3	6	12
8	10	15	1
11	5	4	14

图 4.65

反之，以“0，1，2，3”代入“+”号一式；以“1，2，3，4”代入“ZⅡ”四式，由此以“1 对 8”方式建立正交关系，现出示其中的另 4 幅 4 阶完全幻方异构体（图 4.65），其四象各 2 阶子单元显示“X 式”定位结构。

三、检索与计数

①“O—O”式自正交模型：有“OⅠ OⅡ”或“OⅡ OⅠ”两式（互为同构），可取其一以“1 对 4”（或“4 对 1”）方式建立“商—余”两方阵正交关系，计 4 幅 4 阶完全幻方。

②“X—X”式自正交模型：有“XⅠ XⅡ”或“XⅡ XⅠ”两式（互为同构），可取其一以“1 对 4”（或“4 对 1”）方式建立“商—余”两方阵正交关系，计 4 幅 4 阶完全幻方。

③“O—X”与“X—O”混合正交模型：分别有“OⅠ XⅠ”“OⅡ XⅡ”两式（互为同构），“XⅠ OⅠ”与“XⅡ OⅡ”两式（互为同构），各以“1 对 4”（或“4 对 1”）建立“商—余”两方阵正交关系，计 2×4 = 8 幅 4 阶完全幻方。

④“Z—+”与“+—Z”复式正交模型：各取“1 对 8”（或“8 对 1”）建立“商—余”两方阵正交关系，计 2×8 = 16 幅 4 阶完全幻方。

总之，由 2 阶单元四象最优化合成法，可构造 32 幅 4 阶完全幻方异构体，另加二位制同位逻辑编码法中的 16 幅（参见“最优化逻辑编码法”一篇中“二位制同位逻辑行列编码技术”一文），两项合计 48 幅 4 阶完全幻方，由此彻底清算了 4 阶完全幻方的全部解。

四象二重次最优化合成法

什么是四象二重次最优化合成法？指 $8k$ 阶（$k \geqslant 1$）分解为 $4k$×2 阶，以 $4k$ 阶完全幻方单元为四象构件，以 2 阶为母阶模型而合成最优化 $8k$ 阶底本，再代入四象最优化配置方案，从而获得 $8k$ 阶二重次完全幻方的构图方法。本文以 $k = 1$，即 8 阶为例，介绍二重次最优化四象合成法的操作规程。

一、四象最优化建模

8 阶二重次最优化，其母阶为 2 阶，其子阶为 4 个 4 阶最优化单元。在四象各单元全等条件下，母阶的四象就具有最优化组合性质。我发现，存在 3 个最优化 2 阶模型。

（一）第 1 号母阶模型

如图 4.66 所示，左第 1 号模型“AAAA”四象由 4 个相同 4 阶完全幻方单元构建；而右 2 阶模型“AAA′ A′”

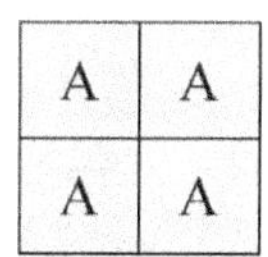

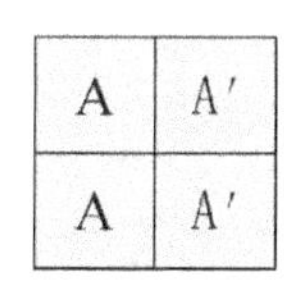

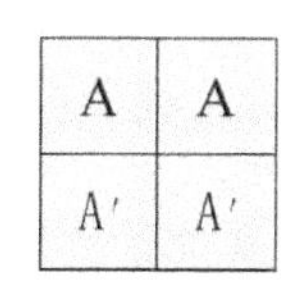

图 4.66

有纵向、横向两种格式，其 4 阶完全幻方单元为两两左右“反向”同构体。

因此，已知某一个 4 阶完全幻方单元，按一定的规则代入第 1 号母阶模型，即可得 3 个 8 阶最优化底本。举例如下（图 4.67 上）。

6	15	10	3	6	15	10	3
12	1	8	13	12	1	8	13
7	14	11	2	7	14	11	2
9	4	5	16	9	4	5	16
6	15	10	3	6	15	10	3
12	1	8	13	12	1	8	13
7	14	11	2	7	14	11	2
9	4	5	16	9	4	5	16

6	15	10	3	3	10	15	6
12	1	8	13	13	8	1	12
7	14	11	2	2	11	14	7
9	4	5	16	16	5	4	9
6	15	10	3	3	10	15	6
12	1	8	13	13	8	1	12
7	14	11	2	2	11	14	7
9	4	5	16	16	5	4	9

6	15	10	3	6	15	10	3
12	1	8	13	12	1	8	13
7	14	11	2	7	14	11	2
9	4	5	16	9	4	5	16
3	10	15	6	3	10	15	6
13	8	1	12	13	8	1	12
2	11	14	7	2	11	14	7
16	5	4	9	16	5	4	9

6	63	58	3	14	55	50	11
60	1	8	61	52	9	16	53
7	62	59	2	15	54	51	10
57	4	5	64	49	12	13	56
22	47	42	19	30	39	34	27
44	17	24	45	36	25	32	37
23	46	43	18	31	38	35	26
41	20	21	48	33	28	29	40

6	63	58	3	11	50	55	14
60	1	8	61	53	16	9	52
7	62	59	2	10	51	54	15
57	4	5	64	56	13	12	49
22	47	42	19	27	34	39	30
44	17	24	45	37	32	25	36
23	46	43	18	26	35	38	31
41	20	21	48	40	29	28	33

6	63	58	3	14	55	50	11
60	1	8	61	52	9	16	53
7	62	59	2	15	54	51	10
57	4	5	64	49	12	13	56
19	42	47	22	27	34	39	30
45	24	17	44	37	32	25	36
18	43	46	23	26	35	38	31
48	21	20	41	40	29	28	33

图 4.67

图 4.67 所示 3 个 8 阶最优化底本为相对独立的异构体，表现了某个已知 4 阶完全幻方单元同构体按左右“反向”规则代入第 1 号模型的最优化基本方法。若以一个四等分最优化配置方案，按“Z 式”定位规则分配于四象，并代入 8 阶最优化底本各单元，即可得 8 阶二重次完全幻方（图 4.67 下）。

（二）第 2 号母阶模型

如图 4.68 所示，第 2 号模型四象“AA”与“BB”由两组不同 4 阶完全幻方单元按纵向或横向两象构建，两者互为旋转 90° 关系（注：若“AA”“BB”对角安排无解）。

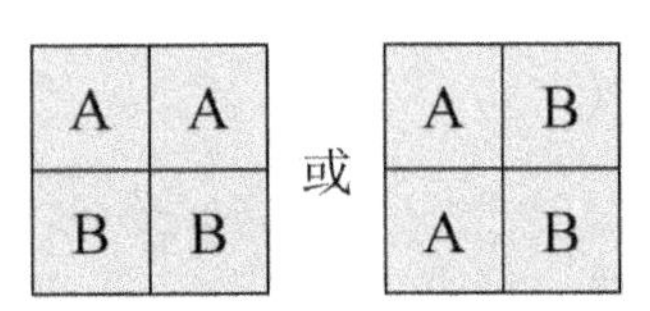

图 4.68

第 2 号模型应用规则如下：①“AA”与“BB”两组 4 阶完全幻方单元必须“同型结构”匹配。何为“同型结构”？指等和数组分布状态相同，已知 48 幅 4 阶完全幻方中包括两类：一类为“梅花”结构；另一类为“骨牌”结构（图 4.69）。每类各有 24 幅，可两两各自相配。②“AA”与“BB”两组 4 阶完全幻方单元贯彻正反“同位”原则定位。

6	15	10	3
12	1	8	13
7	14	11	2
9	4	5	16

9	4	15	6
16	5	10	3
2	11	8	13
7	14	1	12

图 4.69

由此，某两组同型匹配4阶完全幻方单元，按一定的规则代入第2号母阶模型，即可得4个8阶最优化底本。举例如下（图4.70上）。

9	4	15	6	10	15	1	8
16	5	10	3	3	6	12	13
2	11	8	13	16	9	7	2
7	14	1	12	5	4	14	11
9	4	15	6	10	15	1	8
16	5	10	3	3	6	12	13
2	11	8	13	16	9	7	2
7	14	1	12	5	4	14	11

9	4	15	6	10	3	16	5
16	5	10	3	15	6	9	4
2	11	8	13	1	12	7	14
7	14	1	12	8	13	2	11
9	4	15	6	10	3	16	5
16	5	10	3	15	6	9	4
2	11	8	13	1	12	7	14
7	14	1	12	8	13	2	11

9	4	15	6	11	14	4	5
16	5	10	3	2	7	9	16
2	11	8	13	13	12	6	3
7	14	1	12	8	1	15	10
9	4	15	6	11	14	4	5
16	5	10	3	2	7	9	16
2	11	8	13	13	12	6	3
7	14	1	12	8	1	15	10

9	4	15	6	11	2	13	8
16	5	10	3	14	7	12	1
2	11	8	13	4	9	6	15
7	14	1	12	5	16	3	10
9	4	15	6	11	2	13	8
16	5	10	3	14	7	12	1
2	11	8	13	4	9	6	15
7	14	1	12	5	16	3	10

57	4	63	6	50	55	9	16
64	5	58	3	11	14	52	53
2	59	8	61	56	49	15	10
7	62	1	60	13	12	54	51
41	20	47	22	34	39	25	32
48	21	42	19	27	30	36	37
18	43	24	45	40	33	31	26
23	46	17	44	29	28	38	35

57	4	63	6	50	11	56	13
64	5	58	3	55	14	49	12
2	59	8	61	9	52	15	54
7	62	1	60	16	53	10	51
41	20	47	22	34	27	40	29
48	21	42	19	39	30	33	28
18	43	24	45	25	36	31	38
23	46	17	44	32	37	26	35

57	4	63	6	51	54	12	13
64	5	58	3	10	15	49	56
2	59	8	61	53	52	14	11
7	62	1	60	16	9	55	50
41	20	47	22	35	38	28	29
48	21	42	19	26	31	33	40
18	43	24	45	37	36	30	27
23	46	17	44	32	25	39	34

57	4	63	6	51	10	53	16
64	5	58	3	54	15	52	9
2	59	8	61	12	49	14	55
7	62	1	60	13	56	11	50
41	20	47	22	35	26	37	32
48	21	42	19	38	31	36	25
18	43	24	45	28	33	30	39
23	46	17	44	29	40	27	34

图 4.70

若以一个四等分最优化配置方案，按"Z式"定位规则分配于四象，并代入8阶最优化底本各单元，即可得8阶二重次完全幻方（图4.70下）。

（三）第3号母阶模型

第3号模型（图4.71）："AC"与"BD"两对子可纵向或者横向安排，两者互为旋转90°关系。"AC"两象为一对"同心结构"4阶完全幻方；"BD"为另一对"同心结构"4阶完全幻方，而"AC"与"BD"两组对子的"同心2阶单元"其两行（或两列）必须具备等和关系。

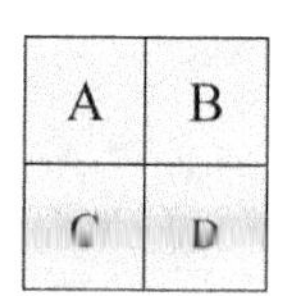

图 4.71

据检索，在已知48幅4阶完全幻方中，同心2阶单元有4个类别，每一类各存在12个，然后可两两匹配"同心结构"对子。举例如下（图4.72）。

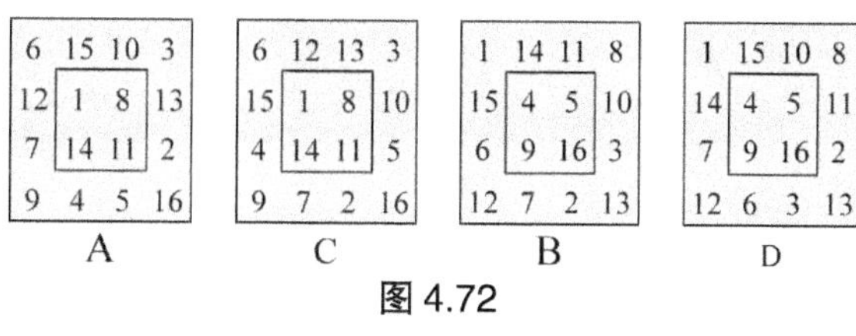

6 15 10 3
12 1 8 13
7 14 11 2
9 4 5 16
A
6 12 13 3
15 1 8 10
4 14 11 5
9 7 2 16
C
1 14 11 8
15 4 5 10
6 9 16 3
12 7 2 13
B
1 15 10 8
14 4 5 11
7 9 16 2
12 6 3 13
D

图 4.72

第3号模型的应用规则如下：①"AC""BD"各对"同心结构"4阶完全幻方的同心单元贯彻"同位"定位规则；②两个对子的同心单元等和行必须保持同位关系。由此，图4.72所示两对"同心结构"4阶完全幻方单元，按一定的规则代入纵向或横向第3号母阶模型，即可得4个8阶最优化底本。举例如下（图4.73上）。

6	15	10	3	1	14	11	8
12	1	8	13	15	4	5	10
7	14	11	2	6	9	16	3
9	4	5	16	12	7	2	13
6	12	13	3	1	15	10	8
15	1	8	10	14	4	5	11
4	14	11	5	7	9	16	2
9	7	2	16	12	6	3	13

6	15	10	3	8	11	14	1
12	1	8	13	10	5	4	15
7	14	11	2	3	16	9	6
9	4	5	16	13	2	7	12
6	12	13	3	8	10	15	1
15	1	8	10	11	5	4	14
4	14	11	5	2	16	9	7
9	7	2	16	13	3	6	12

6	15	10	3	6	12	13	3
12	1	8	13	15	1	8	10
7	14	11	2	4	14	11	5
9	4	5	16	9	7	2	16
1	14	11	8	1	15	10	8
15	4	5	10	14	4	5	11
6	9	16	3	7	9	16	2
12	7	2	13	12	6	3	13

6	15	10	3	6	12	13	3
12	1	8	13	15	1	8	10
7	14	11	2	4	14	11	5
9	4	5	16	9	7	2	16
8	11	14	1	8	10	15	1
10	5	4	15	11	5	4	14
3	16	9	6	2	16	9	7
13	2	7	12	13	3	6	12

6	63	58	3	9	54	51	16
60	1	8	61	55	12	13	50
7	62	59	2	14	49	56	11
57	4	5	64	52	15	10	53
22	44	45	19	25	39	34	32
47	17	24	42	38	28	29	35
20	46	43	21	31	33	40	26
41	23	18	48	36	30	27	37

6	63	58	3	16	51	54	9
60	1	8	61	50	13	12	55
7	62	59	2	11	56	49	14
57	4	5	64	53	10	15	52
22	44	45	19	32	34	39	25
47	17	24	42	35	29	28	38
20	46	43	21	26	40	33	31
41	23	18	48	37	27	30	36

6	63	58	3	14	52	53	11
60	1	8	61	55	9	16	50
7	62	59	2	12	54	51	13
57	4	5	64	49	15	10	56
17	46	43	24	25	39	34	32
47	20	21	42	38	28	29	35
22	41	48	19	31	33	40	26
44	23	18	45	36	30	27	37

6	63	58	3	14	52	53	11
60	1	8	61	55	9	16	50
7	62	59	2	12	54	51	13
57	4	5	64	49	15	10	56
24	43	46	17	32	34	39	25
42	21	20	47	35	29	28	38
19	48	41	22	26	40	33	31
45	18	23	44	37	27	30	36

图 4.73

若以一个四等分最优化配置方案，按“Z 式”定位规则分配于四象，并代入 8 阶最优化底本各单元，即可得 8 阶二重次完全幻方（图 4.73 下）。

二、四象“Z 式”分配、代入规则

一个最优化配置方案如何代入 8 阶最优化底本？这是 4 个全等配置组四象分配或者说最优化定位的一个重要问题。据试验，各配置组必须贯彻四象“Z 式”分配与代入原则。

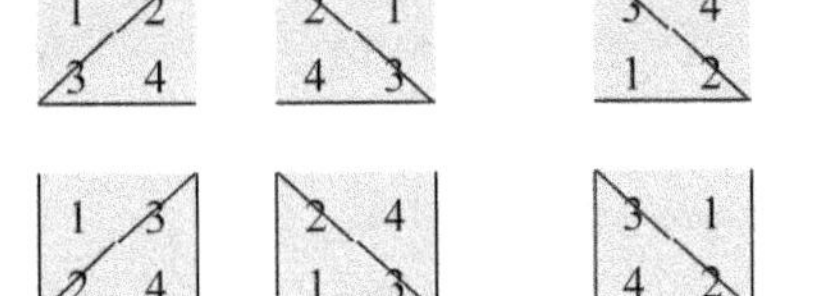

图 4.74

如图 4.74 所示，“Z 式”四象分配有镜像 8 款，上四式为左右箭向，下四式为上下箭向。然后，在每一个最优化配置方案中，以各组内最小一数的大小为序，按“Z”字笔画“1、2、3、4”定位，并代入 8 阶最优化底本的四象各 4 阶完全幻方单元，都有 8 阶二重次完全幻方解。

必须指出：8 阶最优化底本代入一个最优化配置方案不一定能得到 8 阶二重次完全幻方。三大母阶模型，除上述相关应用规则外，由 4 个 4 阶完全幻方单元可以合成更多的 8 阶最优化底本，但它们没有 8 阶二重次完全幻方解。如何鉴别这两类不同的 8 阶最优化底本呢？举例说明如下。

如图 4.75 上所示，第 2 号模型中的两个 8 阶底本都具有最优化性质，其泛对角线上的数字构成方式及全等关系别无二致。但当以同一个最优化配置方案代入时，结果表现出了根本性不同。

如图 4.75 下所示，一个为 8 阶二重次完全幻方；另一个是由 4 个等和 4 阶完全幻方子单元合成的 8 阶非完全幻方（这是非完全幻方领域中的子母结构，另立专题）。为什么有如此不同结果呢？作为“四象二重次最优化合成法”，只能在第 2 号模型的应用规则中加以区分。本例左 8 阶底本：“AA”与“BB”两组“同型结构”匹配 4 阶完全幻方单元按“同位”原则合成；而右 8 阶底本：“AA”与“BB”两组“同型结构”匹配 4 阶完全幻方单元按“反对”原则合成。

9	4	15	6	11	2	13	8
16	5	10	3	14	7	12	1
2	11	8	13	4	9	6	15
7	14	1	12	5	16	3	10
9	4	15	6	11	2	13	8
16	5	10	3	14	7	12	1
2	11	8	13	4	9	6	15
7	14	1	12	5	16	3	10

9	4	15	6	8	13	2	11
16	5	10	3	1	12	7	14
2	11	8	13	15	6	9	4
7	14	1	12	10	3	16	5
9	4	15	6	8	13	2	11
16	5	10	3	1	12	7	14
2	11	8	13	15	6	9	4
7	14	1	12	10	3	16	5

8 阶最优化底本

57	4	63	6	51	10	53	16
64	5	58	3	54	15	52	9
2	59	8	61	12	49	14	55
7	62	1	60	13	56	11	50
41	20	47	22	35	26	37	32
48	21	42	19	38	31	36	25
18	43	24	45	28	33	30	39
23	46	17	44	29	40	27	34

8 阶二重次完全幻方

57	4	63	6	16	53	10	51
64	5	58	3	9	52	15	54
2	59	8	61	55	14	49	12
7	62	1	60	50	11	56	13
41	20	47	22	32	37	26	35
48	21	42	19	25	36	31	38
18	43	24	45	39	30	33	28
23	46	17	44	34	27	40	29

四象最优化 8 阶幻方

图 4.75

然后，以第 1 号模型图 4.67 左上所示 8 阶最优化底本为例，一个最优化配置方案按“Z”八式定位规则分配与代入，即可得 8 幅 8 阶二重次完全幻方（图 4.76），上 4 幅为左右箭向“Z 式”定位；下 4 幅为上下箭向“Z 式”定位。

6	63	58	3	14	55	50	11
60	1	8	61	52	9	16	53
7	62	59	2	15	54	51	10
57	4	5	64	49	12	13	56
22	47	42	19	30	39	34	27
44	17	24	45	36	25	32	37
23	46	43	18	31	38	35	26
41	20	21	48	33	28	29	40

14	55	50	11	6	63	58	3
52	9	16	53	60	1	8	61
15	54	51	10	7	62	59	2
49	12	13	56	57	4	5	64
30	39	34	27	22	47	42	19
36	25	32	37	44	17	24	45
31	38	35	26	23	46	43	18
33	28	29	40	41	20	21	48

30	39	34	27	22	47	42	19
36	25	32	37	44	17	24	45
31	38	35	26	23	46	43	18
33	28	29	40	41	20	21	48
14	55	50	11	6	63	58	3
52	9	16	53	60	1	8	61
15	54	51	10	7	62	59	2
49	12	13	56	57	4	5	64

22	47	42	19	30	39	34	27
44	17	24	45	36	25	32	37
23	46	43	18	31	38	35	26
41	20	21	48	33	28	29	40
6	63	58	3	14	55	50	11
60	1	8	61	52	9	16	53
7	62	59	2	15	54	51	10
57	4	5	64	49	12	13	56

6	63	58	3	22	47	42	19
60	1	8	61	44	17	24	45
7	62	59	2	23	46	43	18
57	4	5	64	41	20	21	48
14	55	50	11	30	39	34	27
52	9	16	53	36	25	32	37
15	54	51	10	31	38	35	26
49	12	13	56	33	28	29	40

22	47	42	19	6	63	58	3
44	17	24	45	60	1	8	61
23	46	43	18	7	62	59	2
41	20	21	48	57	4	5	64
30	39	34	27	14	55	50	11
36	25	32	37	52	9	16	53
31	38	35	26	15	54	51	10
33	28	29	40	49	12	13	56

30	39	34	27	14	55	50	11
36	25	32	37	52	9	16	53
31	38	35	26	15	54	51	10
33	28	29	40	49	12	13	56
22	47	42	19	6	63	58	3
44	17	24	45	60	1	8	61
23	46	43	18	7	62	59	2
41	20	21	48	57	4	5	64

14	55	50	11	30	39	34	27
52	9	16	53	36	25	32	37
15	54	51	10	31	38	35	26
49	12	13	56	33	28	29	40
6	63	58	3	22	47	42	19
60	1	8	61	44	17	24	45
7	62	59	2	23	46	43	18
57	4	5	64	41	20	21	48

图 4.76

为什么最优化配置方案在 8 阶底本的四象分配必须“Z 式”定位？其最优化机制在于：8 阶底本是由 4 个已知 4 阶完全幻方合成的，从行列而言，四象全排列代入一个最优化配置方案都具有全等关系，但只有在“Z 式”定位下才能同时建立全部行、列及泛对角线的全等关系，因为只有“Z 式”四象定位才能令两组对角象限等和。

三、四等分最优化配置方案检索

8 阶“1 ～ 64”自然数列如何做四等分最优化配置？存在多少最优化配置方案？这是四象合成法中一个需要枚举检索的重要问题。据分析，“1 ～ 64”存在下列 3 种常见的四等分形态。

（一）二段式最优化配置方案

“1 ～ 64”自然数列四等分，在每个等分组为二段式等差数列（以“$a_1a_2\cdots a_8/b_1b_2\cdots b_8$”表示）时，各配置方案的数理结构最优化要求是：①每个等分组两段内部之差称为段差“d”，要求同一配置方案中的 4 个等分组的段差“d”全部相等；②每个等分组上段与下段之差称为段高“h”，要求同一配置方案中两两对称的等分组段高“h”之和相等。

二段式配置操作方法：在 8 阶自然方阵上，根据段内公差 $d=1$、$d=2$、$d=4$、$d=8$ 这 4 种不同情况，上段与下段做对称行匹配，即可得 4 个二段式最优化配置方案（图 4.77）。

1	2	3	4	9	10	11	12
5	6	7	8	13	14	15	16
57	58	59	60	49	50	51	52
61	62	63	64	53	54	55	56
17	18	19	20	25	26	27	28
21	22	23	24	29	30	31	32
41	42	43	44	33	34	35	36
45	46	47	48	37	38	39	40

1	3	5	7	2	4	6	8
9	11	13	15	10	12	14	16
50	52	54	56	49	51	53	55
58	60	62	64	57	59	61	63
17	19	21	23	18	20	22	24
25	27	29	31	26	28	30	32
34	36	38	40	26	28	30	32
42	44	46	48	33	35	37	39

1	5	9	13	2	6	10	14
17	21	25	29	18	22	26	30
36	40	44	48	35	39	43	47
52	56	60	64	51	55	59	63
3	7	11	15	4	8	12	16
19	23	27	31	20	24	28	32
34	38	42	46	33	37	41	45
50	54	58	62	49	53	57	61

1	9	17	25	2	10	18	26
33	41	49	57	34	42	50	58
8	16	24	32	7	15	23	31
40	48	56	64	39	47	55	63
3	11	19	27	4	12	20	28
35	43	51	59	36	44	52	60
6	14	22	30	5	13	21	29
38	46	54	62	37	45	53	61

图 4.77

（二）四段式最优化配置方案

“1 ～ 64”自然数列四等分，在每个等分组为四段式等差数列配置时（以字母“$a_1a_2a_3a_4/b_1b_2b_3b_4/c_1c_2c_3c_4/d_1d_2d_3d_4$”表示），各配置方案的数理结构最优化要求：①在每个配置方案中，要求各等分组的四段内部公差即段内差“d_1”相等；同时，要求上两段之差及下两段之差，即段间差“d_2”相等。②在每个配置方案中，对称等分组上两段与下两段之差即段高“h”的绝对值之和两两相等，或者“正负”相反相成。四段式配置常用方法有：以 8 阶自然方阵为工具检索（图 4.78、图 4.79），或采用二段式配置方案的“分拆—重组”方法，可取得更多四段式最优化配置方案。

1	2	3	4	5	6	7	8
9	10	11	12	13	14	15	16
53	54	55	56	49	50	51	52
61	62	63	64	57	58	59	60
17	18	19	20	21	22	23	24
25	26	27	28	29	30	31	32
37	38	39	40	33	34	35	36
45	46	47	48	41	42	43	44

1	2	3	4	5	6	7	8
17	18	19	20	21	22	23	24
45	46	47	48	41	42	43	44
61	62	63	64	57	58	59	60
9	10	11	12	13	14	15	16
25	26	27	28	29	30	31	32
37	38	39	40	33	34	35	36
53	54	55	56	49	50	51	52

1	2	3	4	5	6	7	8
29	30	31	32	25	26	27	28
33	34	35	36	37	38	39	40
61	62	63	64	57	58	59	60
9	10	11	12	13	14	15	16
21	22	23	24	17	18	19	20
41	42	43	44	45	46	47	48
53	54	55	56	49	50	51	52

1	3	5	7	2	4	6	8
9	11	13	15	10	12	14	16
50	52	54	56	49	51	53	55
58	60	62	64	57	59	61	63
17	19	21	23	18	20	22	24
25	27	29	31	26	28	30	32
34	36	38	40	33	35	37	39
42	44	46	48	41	43	45	47

1	3	5	7	2	4	6	8
17	19	21	23	18	20	22	24
42	44	46	48	41	43	45	47
58	60	62	64	57	59	61	63
9	11	13	15	10	12	14	16
25	27	29	31	26	28	30	32
34	36	38	40	33	35	37	39
50	52	54	56	49	51	53	55

1	3	5	7	2	4	6	8
33	35	37	39	34	36	38	40
26	28	30	32	25	27	29	31
58	60	62	64	57	59	61	63
9	11	13	15	10	12	14	16
41	43	45	47	42	44	46	48
18	20	22	24	17	19	21	23
50	52	54	56	49	51	53	55

图 4.78

1	5	9	13	2	6	10	14
17	21	25	29	18	22	26	30
36	40	44	48	35	39	43	47
52	56	60	64	51	55	59	63
3	7	11	15	4	8	12	16
19	23	27	31	20	24	28	32
34	38	42	46	33	37	41	45
50	54	58	62	49	53	57	61

1	5	9	13	2	6	10	14
33	37	41	45	34	38	42	46
20	24	28	32	19	23	27	31
52	56	60	64	51	55	59	63
3	7	11	15	4	8	12	16
35	39	43	47	36	40	44	48
18	22	26	30	17	21	25	29
50	54	58	62	49	53	57	61

1	5	9	13	2	6	10	14
49	53	57	61	50	54	58	62
4	8	12	16	3	7	11	15
52	56	60	64	51	55	59	63
17	21	25	29	18	22	26	30
33	37	41	45	34	38	42	46
20	24	28	32	19	23	27	31
36	40	44	48	35	39	43	47

1	9	17	25	2	10	18	26
33	41	49	57	34	42	50	58
8	16	24	32	7	15	23	31
40	48	56	64	39	47	55	63
3	11	19	27	4	12	20	28
35	43	51	59	36	44	52	60
6	14	22	30	5	13	21	29
38	46	54	62	37	45	53	61

1	9	17	25	3	11	19	27
2	10	18	26	4	12	20	28
39	47	55	63	37	45	53	61
40	48	56	64	38	46	54	62
5	13	21	29	7	15	23	31
6	14	22	30	8	16	24	32
35	43	51	59	33	41	49	57
36	44	52	60	34	42	50	58

1	9	17	25	2	10	18	26
5	13	21	29	6	14	22	30
36	44	52	60	35	43	51	59
40	48	56	64	39	47	55	63
3	11	19	27	4	12	20	28
7	15	23	31	8	16	24	32
34	42	50	58	33	41	49	57
38	46	54	62	37	45	53	61

图 4.79

（三）八段式最优化配置方案

“1 ～ 64”自然数列四等分，每个等分组为八段式等差数组，其最优化等差结构形式的变化更为复杂，配置的基本方法拟采用 8 阶自然方阵检索；或者利用已有二段式、四段式配置方案“分拆—重组”方法，可取得更多的八段式最优化配置方案。举例如下（图 4.80）。

1	2	5	6	3	4	7	8
9	10	13	14	11	12	15	16
51	52	55	56	49	50	53	54
59	60	63	64	57	58	61	62
17	18	21	22	19	20	23	24
25	26	29	30	27	28	31	32
35	36	39	40	33	34	37	38
43	44	47	48	41	42	45	46

1	9	2	10	3	11	4	12
5	13	6	14	7	15	8	16
51	59	52	60	49	57	50	58
55	63	56	64	53	61	54	62
17	25	18	26	19	27	20	28
21	29	22	30	23	31	24	32
35	43	36	44	33	41	34	42
39	47	40	48	37	45	38	46

1	2	5	6	3	4	7	8
11	12	15	16	9	10	13	14
49	50	53	54	51	52	55	56
59	60	63	64	57	58	61	62
17	18	21	22	19	20	23	24
27	28	31	32	25	26	29	30
33	34	37	38	35	36	39	40
43	44	47	48	41	42	45	46

1	11	2	12	3	9	4	10
5	15	6	16	7	13	8	14
49	59	50	60	51	57	52	58
53	63	54	64	55	61	56	62
17	27	18	28	19	25	20	26
21	31	22	32	23	29	24	30
33	43	34	44	35	41	36	42
37	47	38	48	39	45	40	46

1	2	9	10	3	4	11	12
17	18	25	26	19	20	27	28
39	40	47	48	37	38	45	46
55	56	63	64	53	54	61	62
5	6	13	14	7	8	15	16
21	22	29	30	23	24	31	32
35	36	43	44	33	34	41	42
51	52	59	60	49	50	57	58

1	17	2	18	3	19	4	20
9	25	10	26	11	27	12	28
39	55	40	56	37	53	38	54
47	63	48	64	45	61	46	62
5	21	6	22	7	23	8	24
13	29	14	30	15	31	16	32
35	51	36	52	33	49	34	50
43	59	44	60	41	57	42	58

1	2	17	18	9	10	25	26
15	16	31	32	7	8	23	24
33	34	49	50	41	42	57	58
47	48	63	64	39	40	55	56
3	4	19	20	11	12	27	28
13	14	29	30	5	6	21	22
35	36	51	52	43	44	59	60
45	46	61	62	37	38	53	54

1	5	36	40	2	6	35	39
9	13	44	48	10	14	43	47
17	21	52	56	18	22	51	55
25	29	60	64	26	30	59	63
3	7	34	38	4	8	33	37
11	15	42	46	12	16	41	45
19	23	50	54	20	24	49	53
27	31	58	62	28	32	57	61

1	2	9	10	3	4	11	12
5	6	13	14	7	8	15	16
51	52	59	60	49	50	57	58
55	56	63	64	53	54	61	62
17	18	25	26	19	20	27	28
21	22	29	30	23	24	31	32
35	36	43	44	33	34	41	42
39	40	47	48	37	38	45	46

1	5	57	61	9	13	49	53
2	6	58	62	10	14	50	54
3	7	59	63	11	15	51	55
4	8	60	64	12	16	52	56
17	21	41	45	25	29	33	37
18	22	42	46	26	30	34	38
19	23	43	47	27	31	35	39
20	24	44	48	28	32	36	40

1	9	51	59	3	11	49	57
2	10	52	60	4	12	50	58
5	13	55	63	7	15	53	61
6	14	56	64	8	16	54	62
17	25	35	43	19	27	33	41
18	26	36	44	20	28	34	42
21	29	39	47	23	31	37	45
22	30	40	48	24	32	38	46

1	2	9	10	3	4	11	12
7	8	15	16	5	6	13	14
49	50	57	58	51	52	59	60
55	56	63	64	53	54	61	62
17	18	25	26	19	20	27	28
23	24	31	32	21	22	29	30
33	34	41	42	35	36	43	44
39	40	47	48	37	38	45	46

图 4.80

非最优化四象合成完全幻方

完全幻方子母结构存在两种形式：其一，二重次最优化的子母结构，如由 4 个 4 阶完全幻方合成的 8 阶完全幻方；其二，单重次最优化的子母结构，如由 4 个 4 阶非完全幻方合成的 8 阶完全幻方。这一类四象子母结构完全幻方非常罕见，子阶要求非最优化，而母阶要求最优化，子母阶两种不同组合性质如何同时得到满足，构图机制非常奇特，本文将探索非最优化四象合成完全幻方的基本方法。

一、组合机制分析与试制

从 4 个 4 阶非完全幻方合成 8 阶完全幻方分析：首先，母阶代表的 8 阶底本必须最优化，否则 8 阶完全幻方不成立。其次，8 阶最优化底本设计有两种可能情况：第一种设想由 4 个已知的 4 阶完全幻方合成，即 8 阶底本具备二重次最优化性质，为此必须给出数理独特的一个四象全等配置方案，它要求 4 个配置组总体最优化，而每个配置组非最优化，由此代入可得到四象 4 阶非完全幻方合成一个 8 阶完全幻方；第二种设想由 4 个已知的 4 阶非完全幻方合成，即 8 阶底本已具备子阶非最优化、母阶最优化的双重性，为此给出一个四象全等最优化配置方案即可。试验如右。

（一）第一例：第一种设想方案——四象 4 阶幻方合成 8 阶完全幻方

根据第一种设想方案，试验取得了成功，其关键是给出数理独特的一个四象全等配置方案。如图 4.81 所示，以 8 阶自然方阵为工具，做对角象限有序组配，既满足四组等和及整体最优化配置，又满足各组非最优化配置。然后，采用上文中已提供的二重次最优化 8 阶底本，做反复调整试制，最终获得了成功（图 4.82）。

1	2	3	4	5	6	7	8
9	10	11	12	13	14	15	16
17	18	19	20	21	22	23	24
25	26	27	28	29	30	31	32
33	34	35	36	37	38	39	40
41	42	43	44	45	46	47	48
49	50	51	52	53	54	55	56
57	58	59	60	61	62	63	64

图 4.81

1	4	9	12	2	3	10	11
18	19	26	27	17	20	25	28
37	40	45	48	38	39	46	47
54	55	62	63	53	56	61	64
5	8	13	16	6	7	14	15
22	23	30	31	21	24	29	32
33	36	41	44	34	35	42	43
50	51	58	59	49	52	57	60

定制四象全等配置方案

9	4	15	6	9	4	15	6
16	5	10	3	16	5	10	3
2	11	8	13	2	11	8	13
7	14	1	12	7	14	1	12
9	4	15	6	9	4	15	6
16	5	10	3	16	5	10	3
2	11	8	13	2	11	8	13
7	14	1	12	7	14	1	12

第 1 号模型 8 阶最优化底本

37	12	62	19	38	11	61	20
63	18	40	9	64	17	39	10
4	45	27	54	3	46	28	53
26	55	1	48	25	56	2	47
33	16	58	23	34	15	57	24
59	22	36	13	60	21	35	14
8	41	31	50	7	42	32	49
30	51	5	44	29	52	6	43

4 阶幻方合成 8 阶完全幻方

9	4	15	6	10	3	16	5
16	5	10	3	15	6	9	4
2	11	8	13	1	12	7	14
7	14	1	12	8	13	2	11
9	4	15	6	10	3	16	5
16	5	10	3	15	6	9	4
2	11	8	13	1	12	7	14
7	14	1	12	8	13	2	11

第 2 号模型 8 阶最优化底本

37	12	62	19	39	61	2	28
63	18	40	9	10	20	47	53
4	45	27	54	64	38	25	3
26	55	1	48	17	11	56	46
33	16	58	23	35	57	6	32
59	22	36	13	14	24	43	49
8	41	31	50	60	34	29	7
30	51	5	44	21	15	52	42

4 阶幻方合成 8 阶完全幻方

图 4.82

（二）第二例：第二种设想方案——四象 4 阶幻方合成 8 阶完全幻方

根据第二种设想方案，由已知 4 阶幻方（非最优化）按对角象限“反对”互补规则，可建成 8 阶最优化底本，本例以两个不同四象全等配置方案代入同一个底本，各得一个由四象 4 阶幻方合成的 8 阶完全幻方（图 4.83），第二种设想方案的试验取得成功。

1	2	3	4	9	10	11	12
5	6	7	8	13	14	15	16
57	58	59	60	49	50	51	52
61	62	63	64	53	54	55	56
17	18	19	20	25	26	27	28
21	22	23	24	29	30	31	32
41	42	43	44	33	34	35	36
45	46	47	48	37	38	39	40

二段式四象全等配置方案

1	2	5	6	3	4	7	8
9	10	13	14	11	12	15	16
51	52	55	56	49	50	53	54
59	60	63	64	57	58	61	62
17	18	21	22	19	20	23	24
25	26	29	30	27	28	31	32
35	36	39	40	33	34	37	38
43	44	47	48	41	42	45	46

八段式四象全等配置方案

代入

2	16	13	3	15	1	4	14
11	5	8	10	6	12	9	7
7	9	12	6	10	8	5	11
14	4	1	15	3	13	16	2
2	16	13	3	15	1	4	14
11	5	8	10	6	12	9	7
7	9	12	6	10	8	5	11
14	4	1	15	3	13	16	2

非最优化四象 8 阶底本

2	64	61	3	39	25	28	38
59	5	8	58	30	36	33	31
7	57	60	6	34	32	29	35
62	4	1	63	27	37	40	26
18	48	45	19	55	9	12	54
43	21	24	42	14	52	49	15
23	41	44	22	50	16	13	51
46	20	17	47	11	53	56	10

4 阶幻方合成 8 阶完全幻方

2	64	59	5	45	19	24	42
55	9	14	52	28	38	33	31
13	51	56	10	34	32	27	37
60	6	1	63	23	41	46	20
18	48	43	21	61	3	8	58
39	25	30	36	12	54	49	15
29	35	40	26	50	16	11	53
44	22	17	47	7	57	62	4

4 阶幻方合成 8 阶完全幻方

图 4.83

二、非最优化四象合成完全幻方基本方法

大量试制过程十分曲折，失败多于成功。根据上述成功案例，总结四象 4 阶幻方合成子母结构 8 阶完全幻方的构图规则及其操作方法。

（一）双重最优化 8 阶底本构图

根据第一种设想的构图方案：首先，构建双重最优化 8 阶底本；其次，代入一个特定的四象全等配置方案。试制成功的经验如下。

①双重最优化 8 阶底本如何转变为子阶非最优化、母阶最优化的子母结构 8 阶完全幻方？其关键技术在于给出一个特定的四象全等配置方案。它要求：各象配置组代入各子阶单元，由最优化变为非最优化；同时，4 个子阶单元合成 8 阶时，又必须保持其最优化性质不变。这就是说子母阶组合性质的矛盾都由四象全等配置方案的特定性来解决。

②所谓一个特定的四象全等配置方案，指其内部的纵横等差结构及其等和数

组分布状态的特殊性，它有特定的适用范围。如图 4.82 四象全等配置方案仅适用于第 1、第 2 号模型由同向“骨牌”结构 4 阶完全幻方组建的双重最优化 8 阶底本，而对第 1、第 2、第 3 号模型由异向“骨牌”结构或“梅花”结构 4 阶单元组建的双重最优化 8 阶底本一概不适用。举例如下（图 4.84）。

1	4	9	12	2	3	10	11
18	19	26	27	17	20	25	28
37	40	45	48	38	39	46	47
54	55	62	63	53	56	61	64
5	8	13	16	6	7	14	15
22	23	30	31	21	24	29	32
33	36	41	44	34	35	42	43
50	51	58	59	49	52	57	60

代入

9	4	15	6	10	15	1	8
16	5	10	3	3	6	12	13
2	11	8	13	16	9	7	2
7	14	1	12	5	4	14	11
9	4	15	6	10	15	1	8
16	5	10	3	3	6	12	13
2	11	8	13	16	9	7	2
7	14	1	12	5	4	14	11

=

37	12	62	19	39	61	2	28
63	18	40	9	10	20	47	53
4	45	27	54	64	38	25	3
26	55	1	48	17	11	56	46
33	16	58	23	35	57	6	32
59	22	36	13	14	24	43	49
8	41	31	50	60	34	29	7
30	51	5	44	21	15	52	42

图 4.84

图 4.84 所示为第 2 号模型由异向“骨牌”结构 4 阶单元组建的双重最优化 8 阶底本，代入与图 4.82 相同的一个“定制四象全等配置方案”，所得结果是 8 阶二重次非最优化幻方，即由 4 个 4 阶非完全幻方子单元合成的 8 阶非完全幻方，而二重次非最优化 8 阶幻方又属于另一个类别的子母结构关系。

另举一例：图 4.85 是由两对 4 个不同已知 4 阶完全幻方单元构建的双重最优化 8 阶底本，它的等和数组分布为“梅花”结构状态，代入与上例相同的一个“定制四象全等配置方案”，所得结果是二重次都没有幻方性质了。

1	4	9	12	2	3	10	11
18	19	26	27	17	20	25	28
37	40	45	48	38	39	46	47
54	55	62	63	53	56	61	64
5	8	13	16	6	7	14	15
22	23	30	31	21	24	29	32
33	36	41	44	34	35	42	43
50	51	58	59	49	52	57	60

代入

6	15	10	3	1	14	11	8
12	1	8	13	15	4	5	10
7	14	11	2	6	9	16	3
9	4	5	16	12	7	2	13
6	12	13	3	1	15	10	8
15	1	8	10	14	4	5	11
4	14	11	5	7	9	16	2
9	7	2	16	12	6	3	13

=

19	62	40	9	2	56	46	28
48	1	27	54	61	11	17	39
26	55	45	4	20	38	64	10
37	12	18	63	47	25	3	53
23	44	50	13	6	57	35	32
58	5	31	36	52	15	21	42
16	51	41	22	29	34	60	7
33	30	8	59	43	24	14	49

图 4.85

总而言之，采用双重最优化 8 阶底本，制作 4 阶非完全幻方子单元合成 8 阶完全幻方，所代入的四象全等配置方案，必须与 8 阶底本四象各 4 阶单元的等和数组分布结构相匹配。在非最优化四象合成完全幻方这个专题中，为第 1、第 2、第 3 号模型构建的双重最优化 8 阶底本，查找、枚举适用的“定制四象全等配置方案”是一项纷繁复杂的工作。

（二）四象非最优化 8 阶最优化底本构图

根据第二种设想的构图方案：首先，构建四象非最优化 8 阶最优化底本；其次，代入一个最优化四象全等配置方案。试制成功的经验如下。

①四象非最优化 8 阶最优化底本如何转变为四象 4 阶幻方合成 8 阶完全幻方？这种转变与底本子母阶的两种组合性质具有一致性，因此按一定规则代入任意一个最优化四象全等配置方案，子阶自然由最优化变成非最优化，母阶最优化性质不变。

②由图 4.83 实例可知，最优化四象全等配置方案各组代入 8 阶底本的定位分配规则如下。

4 个配置组以最小一数为序，必须按四象“X 式”原则定位分配，这与双重最优化 8 阶底本构图的“Z 式”定位原则不同。

如果四象非最优化 8 阶最优化底本构图采用“Z 式”原则定位分配，将得不到所预期的“4 阶幻方合成 8 阶完全幻方”。如图 4.86 所示，以与图 4.83 相同的“二段式四象全等配置方案”，按“Z 式”原则代入相同的“非最优化四象 8 阶底本”，而得到一个 8 阶二重次非完全幻方，即子母阶都为非完全幻方性质。

1	2	3	4	9	10	11	12
5	6	7	8	13	14	15	16
57	58	59	60	49	50	51	52
61	62	63	64	53	54	55	56
17	18	19	20	25	26	27	28
21	22	23	24	29	30	31	32
41	42	43	44	33	34	35	36
45	46	47	48	37	38	39	40

二段式四象全等配置方案

2	16	13	3	15	1	4	14
11	5	8	10	6	12	9	7
7	9	12	6	10	8	5	11
14	4	1	15	3	13	16	2
2	16	13	3	15	1	4	14
11	5	8	10	6	12	9	7
7	9	12	6	10	8	5	11
14	4	1	15	3	13	16	2

非最优化四象 8 阶底本

2	64	61	3	55	9	12	54
59	5	8	58	14	52	49	15
7	57	60	6	50	16	13	51
62	4	1	63	11	53	56	10
18	48	45	19	39	25	28	38
43	21	24	42	30	36	33	31
23	41	44	22	34	32	29	35
46	20	17	47	27	37	40	26

8 阶二重次非完全幻方

图 4.86

已知 4 阶非完全幻方有 840 个异构体，都可以按一定的 2 阶模型构建“非最优化四象的 8 阶最优化底本”，并以一定规则代入各式最优化四象全等配置方案，就能得到“4 阶幻方合成 8 阶完全幻方”，这是另一类子母幻方。

总而言之，“一篮子”四象构图法包含更广泛的“田”字型子母结构幻方，乃是一个巨大而复杂的构图、检索系统工程，本文仅是四象构图法的开篇。

全等大九宫二重次最优化合成法

什么是大九宫最优化合成法？指由 9 个全等完全幻方子单元合成“井”字型子母结构完全幻方的一种构图方法。基本操作规程如下：① $3k$ 阶做 $k\times3$ 因式分解，以 k 阶为子阶（k 为大于 3 的奇数或双偶数），以 3 阶为母阶，建立“井”字型子母结构模型；②选定任意一幅已知 k 阶完全幻方为基本构件，编制大九宫最优化组合底板；③根据子、母阶入幻要求，设计大九宫全等配置方案；④按大九宫最优化组合底板代入配置方案。本文以 12 阶、15 阶为例，简介大九宫最优化合成法的基本规则与操作。

一、大九宫最优化建模

12 阶二重次最优化子母结构，其子阶为 9 个 4 阶完全幻方单元，其母阶为 3 阶，在大九宫各单元全等条件下，母阶就可能具备最优化组合性质。我发现，大九宫存在 2 个最优化 3 阶模型。

（一）第 1 号母阶模型

如图 4.87 所示，“A”代表 9 个相同的最优化单元，由此就可合成一个最优化 3 阶模型。当以一个已知 4 阶完全幻方代入，即得 12 阶九宫最优化底板。

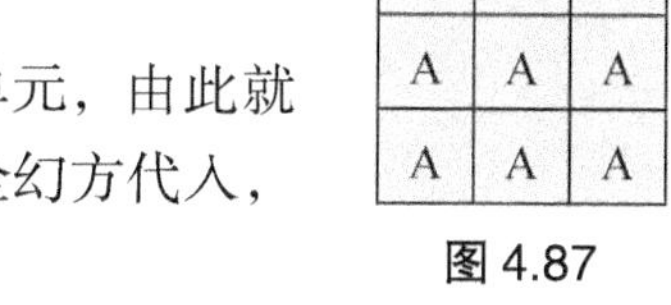

A	A	A
A	A	A
A	A	A

图 4.87

现给出一个合规的九宫全等配置方案，以各配置组最小一数为序，按“3 阶自然方阵”定位原则代入九宫各单元，即得一个 12 阶子母完全幻方（图 4.88）。

4	5	16	9	4	5	16	9	4	5	16	9
15	10	3	6	15	10	3	6	15	10	3	6
1	8	13	12	1	8	13	12	1	8	13	12
14	11	2	7	14	11	2	7	14	11	2	7
4	5	16	9	4	5	16	9	4	5	16	9
15	10	3	6	15	10	3	6	15	10	3	6
1	8	13	12	1	8	13	12	1	8	13	12
14	11	2	7	14	11	2	7	14	11	2	7
4	5	16	9	4	5	16	9	4	5	16	9
15	10	3	6	15	10	3	6	15	10	3	6
1	8	13	12	1	8	13	12	1	8	13	12
14	11	2	7	14	11	2	7	14	11	2	7

12 阶大九宫最优化底板

12	61	144	73	24	49	132	85	36	37	120	97
139	78	7	66	127	90	19	54	115	102	31	42
1	72	133	84	13	60	121	96	25	48	109	108
138	79	6	67	126	91	18	55	114	103	30	43
11	62	143	74	23	50	131	86	35	38	119	98
140	77	8	65	128	89	20	53	116	101	32	41
2	71	134	83	14	59	122	95	26	47	110	107
137	80	5	68	125	92	17	56	113	104	29	44
10	63	142	75	22	51	130	87	34	39	118	99
141	76	9	64	129	88	21	52	117	100	33	40
3	70	135	82	15	58	123	94	27	46	111	106
136	81	4	69	124	93	16	57	112	105	28	45

12 阶二重次完全幻方

图 4.88

本例这幅 12 阶完全幻方的结构特点：①由 9 个全等 4 阶完全幻方合成 12 阶完全幻方（4 阶泛幻和“290”，12 阶泛幻和“870”）；②任意划出一个 2 阶单元的四数之和全等于“290”；③每相邻 4 个 4 阶单元又构成一个 8 阶二重次完全幻方。

（二）第 2 号母阶模型

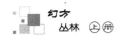

如图 4.89 所示，9 个不同字母代表 9 个不同的最优化单元，按一定规则编排成一个最优化 3 阶模型。

G	H	I
D	E	F
A	B	C

图 4.89

现以 15 阶为例，选定数理相匹配的 9 个已知 5 阶完全幻方单元，构建一个 15 阶九宫最优化底板（图 4.90）。然后，设计 1 ～ 225 自然数列的 9 组全等配置方案，要求各组内部 25 个数都具备最优化配置关系（图 4.91）。由于 15 阶的 5×3 子母分解互质，因此设计全等最优化配置方案是一个关键性难点。

25	14	7	18	1	21	14	7	20	3	23	15	7	19	1
8	16	5	24	12	10	18	1	24	12	9	16	3	25	12
4	22	13	6	20	4	22	15	8	16	5	22	14	6	18
11	10	19	2	23	13	6	19	2	25	11	8	20	2	24
17	3	21	15	9	17	5	23	11	9	17	4	21	13	10
5	14	22	8	16	1	14	22	10	18	3	15	22	9	16
23	6	20	4	12	25	8	16	4	12	24	6	18	5	12
19	2	13	21	10	19	2	15	23	6	20	2	14	21	8
11	25	9	17	3	13	21	9	17	5	11	23	10	17	4
7	18	1	15	24	7	20	3	11	24	7	19	1	13	25
15	4	7	18	21	11	4	7	20	23	13	5	7	19	21
8	16	25	14	2	10	18	21	14	2	9	16	23	15	2
24	12	3	6	20	24	12	5	8	16	25	12	4	6	18
1	10	19	22	13	3	6	19	22	15	1	8	20	22	14
17	23	11	5	9	17	25	13	1	9	17	24	11	3	10

图 4.90

31	36	37	42	44	32	34	38	41	45	33	35	39	40	43
61	66	67	72	74	62	64	68	71	75	63	65	69	70	73
121	126	127	132	134	122	124	128	131	135	123	125	129	130	133
136	141	142	147	149	137	139	143	146	150	138	140	144	145	148
181	186	187	192	194	182	184	188	191	195	183	185	189	190	193
16	21	22	27	29	17	19	23	26	30	18	20	24	25	28
46	51	52	57	59	47	49	53	56	60	48	50	54	55	58
106	111	112	117	119	107	109	113	116	120	108	110	114	115	118
151	156	157	162	164	152	154	158	161	165	153	155	159	160	163
211	216	217	222	224	212	214	218	221	225	213	215	219	220	223
1	6	7	12	14	2	4	8	11	15	3	5	9	10	13
76	81	82	87	89	77	79	83	86	90	78	80	84	85	88
91	96	97	102	104	92	94	98	101	105	93	95	99	100	103
166	171	172	177	179	167	169	173	176	180	168	170	174	175	178
196	201	202	207	209	197	199	203	206	210	198	200	204	205	208

图 4.91

再次，该配置方案中各组以最小一数为序，按“3 阶自然方阵”定位原则代入 15 阶最优化组合底板各子单元，即可得一幅 15 阶子母完全幻方（图 4.92）。这幅 15 阶完全幻方的结构特点如下。

① 15 阶完全幻方泛幻和“1695”。

② 9 个全等 5 阶完全幻方单元泛幻和“565”。

③每 4 个相邻 5 阶单元合成一个 10 阶完全幻方（共 4 个 10 阶完全幻方）泛幻和“1130”。

194	132	66	142	31	188	135	64	146	32	183	130	65	148	39
67	136	44	192	126	71	137	38	195	124	73	144	33	190	125
42	186	127	61	149	45	184	131	62	143	40	185	133	69	138
121	74	147	36	187	122	68	150	34	191	129	63	145	35	193
141	37	181	134	72	139	41	182	128	75	140	43	189	123	70
29	117	216	52	151	23	120	214	56	152	18	115	215	58	159
217	46	164	27	111	221	47	158	30	109	223	54	153	25	110
162	21	112	211	59	165	19	116	212	53	160	20	118	219	48
106	224	57	156	22	107	218	60	154	26	114	213	55	155	28
51	157	16	119	222	49	161	17	113	225	50	163	24	108	220
104	12	81	172	196	98	15	79	176	197	93	10	80	178	204
82	166	209	102	6	86	167	203	105	4	88	174	198	100	5
207	96	7	76	179	210	94	11	77	173	205	95	13	84	168
1	89	177	201	97	2	83	180	199	101	9	78	175	200	103
171	202	91	14	87	169	206	92	8	90	170	208	99	3	85

图 4.92

这是一幅 15 阶“井”字型三重次完全幻方精品，其母阶与最优化 15 阶底板之间有特定的匹配关系，因此只可做大九宫行列对称变位（注：指“行三宫”或者“列三宫”之间对称交换）。

总之，第 2 号母阶模型的应用难度相当大，重点研究 9 个不同子单元的匹配关系及大九宫的全等配置方案等。

二、大九宫二重次最优化合成法应用

（一）代入大九宫的定位规则

第 1 号或者第 2 号模型，最优化全等配置方案代入双重最优化的大九宫底板，必须贯彻“3 阶自然方阵”定位原则。为什么呢？因为“3 阶自然方阵”的泛对角线之和全等，所以最优化全等配置方案按“3 阶自然方阵”定位原则分配，并代入双重最优化底板，大九宫的全部泛对角线必然全等。“3 阶自然方阵”的三行三列虽然不等和，但在大九宫中只充当“序号”的功能，由于代入的 9 个最优化单元等和，所以全部行列一定全等。

反证：若采用“3 阶幻方式”定位，由于它的泛对角线不等和，以同样的配置方案代入同样的大九宫底板，其泛对角线就必定失去等和关系。举例如下（图 4.93）。

4	5	16	9	4	5	16	9	4	5	16	9
15	10	3	6	15	10	3	6	15	10	3	6
1	8	13	12	1	8	13	12	1	8	13	12
14	11	2	7	14	11	2	7	14	11	2	7
4	5	16	9	4	5	16	9	4	5	16	9
15	10	3	6	15	10	3	6	15	10	3	6
1	8	13	12	1	8	13	12	1	8	13	12
14	11	2	7	14	11	2	7	14	11	2	7
4	5	16	9	4	5	16	9	4	5	16	9
15	10	3	6	15	10	3	6	15	10	3	6
1	8	13	12	1	8	13	12	1	8	13	12
14	11	2	7	14	11	2	7	14	11	2	7

12 阶大九宫最优化组合模板

24	49	132	85	34	39	118	99	11	62	143	74
127	90	19	54	117	100	33	40	140	77	8	65
13	60	121	96	27	46	111	106	2	71	134	83
126	91	18	55	112	105	28	45	137	80	5	68
10	63	142	75	23	50	131	86	36	37	120	97
141	76	9	64	128	89	20	53	115	102	31	42
3	70	135	82	14	59	122	95	25	48	109	108
136	81	4	69	125	92	17	56	114	103	30	43
35	38	119	98	12	61	144	73	22	51	130	87
116	101	32	41	139	78	7	66	129	88	21	52
26	47	110	107	1	72	133	84	15	58	123	94
113	104	29	44	138	79	6	67	124	93	16	57

4 阶完全幻方合成 12 阶非完全幻方

图 4.93

如图 4.93 所示，配置方案按“3 阶幻方式”定位，并代入大九宫底板，得到的是 9 个最优化单元合成的 12 阶非完全幻方。它属于另一个组合性质的“井”字型子母结构类别。

同时，“3 阶自然方阵”定位原则的应用存在灵活性，即可按“3 阶自然方阵”“镜像”8 倍同构体分配与代入，而得到子母阶二重次最优化的 12 阶完全幻方，举例如下（图 4.94）。

10	63	142	75	22	51	130	87	34	39	118	99
141	76	9	64	129	88	21	52	117	100	33	40
3	70	135	82	15	58	123	94	27	46	111	106
136	81	4	69	124	93	16	57	112	105	28	45
11	62	143	74	23	50	131	86	35	38	119	98
140	77	8	65	128	89	20	53	116	101	32	41
2	71	134	83	14	59	122	95	26	47	110	107
137	80	5	68	125	92	17	56	113	104	29	44
12	61	144	73	24	49	132	85	36	37	120	97
139	78	7	66	127	90	19	54	115	102	31	42
1	72	133	84	13	60	121	96	25	48	109	108
138	79	6	67	126	91	18	55	114	103	30	43

12 阶二重次完全幻方

36	37	120	97	24	49	132	85	12	61	144	73
115	102	31	42	127	90	19	54	139	78	7	66
25	48	109	108	13	60	121	96	1	72	133	84
114	103	30	43	126	91	18	55	138	79	6	67
35	38	119	98	23	50	131	86	11	62	143	74
116	101	32	41	128	89	20	53	140	77	8	65
26	47	110	107	14	59	122	95	2	71	134	83
113	104	29	44	125	92	17	56	137	80	5	68
34	39	118	99	22	51	130	87	10	63	142	75
117	100	33	40	129	88	21	52	141	76	9	64
27	46	111	106	15	58	123	94	3	70	135	82
112	105	28	45	124	93	16	57	136	81	4	69

12 阶二重次完全幻方

图 4.94

本例与图 4.88 比较，它们的大九宫底板是相同的，但由于“3 阶自然方阵”方位改变，而产出了不同的 12 阶二重次完全幻方异构体。

（二）第 2 号母阶模型九宫单元匹配关系

第 2 号母阶模型由 9 个不同完全幻方单元构建大九宫底板，在实际应用中有一个难点：怎样的 9 个不同完全幻方单元可合成一个大九宫最优化底板呢？据研究，当 9 个不同完全幻方单元的“商—余”正交方阵，具有纵横“三三制”结构状态时，第 2 号母阶模型构建的大九宫最优化底板成立。这就是说，取 3 个不同单元“商”方阵纵向重复编制，又取 3 个不同单元“余”方阵横向重复编制，在“商—余”方阵正交条件下，按“商 × 子阶＋余”计算，即得一个由 9 个不同完全幻方单元构建的大九宫最优化底板，举例如下。

1. 第一例：第 2 号模型 15 阶最优化底板

如图 4.95 所示，按纵三横三安排的“商—余”方阵，9 个最优化单元正交，它们可还原出一个双重最优化的 15 阶底板（图 4.96 左）。

5	3	2	4	1	5	3	2	4	1	5	3	2	4	1
2	4	1	5	3	2	4	1	5	3	2	4	1	5	3
1	5	3	2	4	1	5	3	2	4	1	5	3	2	4
3	2	4	1	5	3	2	4	1	5	3	2	4	1	5
4	1	5	3	2	4	1	5	3	2	4	1	5	3	2
1	3	5	2	4	1	3	5	2	4	1	3	5	2	4
5	2	4	1	3	5	2	4	1	3	5	2	4	1	3
4	1	3	5	2	4	1	3	5	2	4	1	3	5	2
3	5	2	4	1	3	5	2	4	1	3	5	2	4	1
2	4	1	3	5	2	4	1	3	5	2	4	1	3	5
3	1	2	4	5	3	1	2	4	5	3	1	2	4	5
2	4	5	3	1	2	4	5	3	1	2	4	5	3	1
5	3	1	2	4	5	3	1	2	4	5	3	1	2	4
1	2	4	5	3	1	2	4	5	3	1	2	4	5	3
4	5	3	1	2	4	5	3	1	2	4	5	3	1	2

“余”方阵

＋

4	3	1	2	0	0	3	1	4	2	2	4	1	3	0
2	0	4	3	1	4	2	0	3	1	3	0	2	4	1
3	1	2	0	4	3	1	4	2	0	4	1	3	0	2
0	4	3	1	2	2	0	3	1	4	0	2	4	1	3
1	2	0	4	3	1	4	2	0	3	1	3	0	2	4
4	3	1	2	0	0	3	1	4	2	2	4	1	3	0
2	0	4	3	1	4	2	0	3	1	3	0	2	4	1
3	1	2	0	4	3	1	4	2	0	4	1	3	0	2
0	4	3	1	2	2	0	3	1	4	0	2	4	1	3
1	2	0	4	3	1	4	2	0	3	1	3	0	2	4
4	3	1	2	0	0	3	1	4	2	2	4	1	3	0
2	0	4	3	1	4	2	0	3	1	3	0	2	4	1
3	1	2	0	4	3	1	4	2	0	4	1	3	0	2
0	4	3	1	2	2	0	3	1	4	0	2	4	1	3
1	2	0	4	3	1	4	2	0	3	1	3	0	2	4

×5

“商”方阵

图 4.95

以图 4.92 使用过的一个全等大九宫最优化配置方案，按“3 阶自然方阵”定位原则代入该 15 阶底板，即得一幅 15 阶二重次完全幻方（图 4.96 右）。

25	18	7	14	1	5	18	7	24	11	15	23	7	19	1
12	4	21	20	8	22	14	1	20	8	17	4	11	25	8
16	10	13	2	24	16	10	23	12	4	21	10	18	2	14
3	22	19	6	15	13	2	19	6	25	3	12	24	6	20
9	11	5	23	17	9	21	15	3	17	9	16	5	13	22
21	18	10	12	4	1	18	10	22	14	11	23	10	17	4
15	2	24	16	8	25	12	4	16	8	20	2	14	21	8
19	6	13	5	22	19	6	23	15	2	24	6	18	5	12
3	25	17	9	11	13	5	17	9	21	3	15	22	9	16
7	14	1	23	20	7	24	11	3	20	7	19	1	13	25
23	16	7	14	5	3	16	7	24	15	13	21	7	19	5
12	4	25	18	6	22	14	5	18	6	17	4	15	23	6
20	8	11	2	24	20	8	21	12	4	25	8	16	2	14
1	22	19	10	13	11	2	19	10	23	1	12	24	10	18
9	15	3	21	17	9	25	13	1	17	9	20	3	11	22

第 2 号模型 15 阶最优化底板

208	174	80	100	3	15	173	79	206	92	104	202	81	177	1
95	10	198	178	84	199	101	2	180	83	171	12	91	209	82
168	88	99	5	205	167	90	203	94	11	196	89	172	6	102
9	200	175	78	103	98	4	176	77	210	7	96	207	76	179
85	93	13	204	170	86	197	105	8	169	87	166	14	97	201
213	159	58	110	25	17	158	60	214	116	106	217	59	156	27
118	20	220	153	54	225	109	26	152	53	164	21	117	211	52
160	48	114	28	215	161	47	218	120	19	222	46	157	29	111
24	223	155	55	108	113	30	154	56	212	22	119	216	57	151
50	115	18	219	163	49	221	107	23	165	51	162	16	112	224
189	138	65	130	43	38	137	64	191	135	127	181	66	147	44
125	40	193	144	63	184	131	45	143	62	141	42	134	187	61
148	69	123	35	190	150	68	182	124	41	194	67	136	36	132
33	185	145	73	129	122	34	146	75	188	31	126	192	74	142
70	133	39	183	140	71	195	128	32	139	72	149	37	121	186

15 阶二重次完全幻方

图 4.96

2. 第二例：第 2 号模型 12 阶最优化底板

同理，选取已知 3 个 4 阶完全幻方的“商—余”方阵，按纵三宫、横三宫方式编制最优化大九宫“商—余”方阵（图 4.97）。

1	2	3	0	1	2	3	0	1	2	3	0
3	0	1	2	3	0	1	2	3	0	1	2
0	3	2	1	0	3	2	1	0	3	2	1
2	1	0	3	2	1	0	3	2	1	0	3
2	1	3	0	2	1	3	0	2	1	3	0
3	0	2	1	3	0	2	1	3	0	2	1
0	3	1	2	0	3	1	2	0	3	1	2
1	2	0	3	1	2	0	3	1	2	0	3
1	2	0	3	1	2	0	3	1	2	0	3
0	3	1	2	0	3	1	2	0	3	1	2
3	0	2	1	3	0	2	1	3	0	2	1
2	1	3	0	2	1	3	0	2	1	3	0

×4+

1	2	3	4	4	3	2	1	2	1	4	3
4	3	2	1	1	2	3	4	3	4	1	2
2	1	4	3	3	4	1	2	1	2	3	4
3	4	1	2	2	1	4	3	4	3	2	1
1	2	3	4	4	3	2	1	2	1	4	3
4	3	2	1	1	2	3	4	3	4	1	2
2	1	4	3	3	4	1	2	1	2	3	4
3	4	1	2	2	1	4	3	4	3	2	1
1	2	3	4	4	3	2	1	2	1	4	3
4	3	2	1	1	2	3	4	3	4	1	2
2	1	4	3	3	4	1	2	1	2	3	4
3	4	1	2	2	1	4	3	4	3	2	1

图 4.97

在 9 个最优化 4 阶单元正交条件下，按“[商]×4+[余]”计算，可得一个双重最优化的 12 阶底板（图 4.98 左）。

然后，以一个大九宫全等配置方案代入该 12 阶底板，即得一幅 12 阶二重次完全幻方（图 4.98

5	10	15	4	8	11	14	1	6	9	16	3
16	3	6	9	13	2	7	12	15	4	5	10
2	13	12	7	3	16	9	6	1	14	11	8
11	8	1	14	10	5	4	15	12	7	2	13
9	6	15	4	12	7	14	1	10	5	16	3
16	3	10	5	13	2	11	8	15	4	9	6
2	13	8	11	3	16	5	10	1	14	7	12
7	12	1	14	6	9	4	15	8	11	2	13
5	10	3	16	8	11	2	13	6	9	4	15
4	15	6	9	1	14	7	12	3	16	5	10
14	1	12	7	15	4	9	6	13	2	11	8
11	8	13	2	10	5	16	3	12	7	14	1

双重最优化 12 阶底板

61	78	139	12	71	80	137	2	64	75	142	9
144	7	66	73	134	5	68	83	141	10	63	76
6	133	84	67	8	143	74	65	3	136	81	70
79	72	1	138	77	62	11	140	82	69	4	135
85	54	127	24	95	56	125	14	88	51	130	21
132	19	90	49	122	17	92	59	129	22	87	52
18	121	60	91	20	131	50	89	15	124	57	94
55	96	13	126	53	86	23	128	58	93	16	123
37	102	31	120	47	104	29	110	40	99	34	117
36	115	42	97	26	113	44	107	33	118	39	100
114	25	108	43	116	35	98	41	111	28	105	46
103	48	109	30	101	38	119	32	106	45	112	27

12 阶二重次完全幻方

图 4.98

右）。其组合结构特点：12 阶泛幻和“870”；9 个 4 阶单元的泛幻和全等于“290”；同时，每相邻 4 个 4 阶完全幻方又合成一个 8 阶完全幻方单元，泛幻和“580”。

三、最优化大九宫全等配置方案

如图 4.99 所示，这是本文 15 阶所采用的一个最优化配置方案，每宫之和全等，其纵横等差结构比较复杂。但它对于第 1、第 2 号模型所构建的 15 阶最优化底板具有通用性。

1	6	7	12	14	2	4	8	11	15	3	5	9	10	13
76	81	82	87	89	77	79	83	86	90	78	80	84	85	88
91	96	97	102	104	92	94	98	101	105	93	95	99	100	103
166	171	172	177	179	167	169	173	176	180	168	170	174	175	178
196	201	202	207	209	197	199	203	206	210	198	200	204	205	208
16	21	22	27	29	17	19	23	26	30	18	20	24	25	28
46	51	52	57	59	47	49	53	56	60	48	50	54	55	58
106	111	112	117	119	107	109	113	116	120	108	110	114	115	118
151	156	157	162	164	152	154	158	161	165	153	155	159	160	163
211	216	217	222	224	212	214	218	221	225	213	215	219	220	223
31	36	37	42	44	32	34	38	41	45	33	35	39	40	43
61	66	67	72	74	62	64	68	71	75	63	65	69	70	73
121	126	127	132	134	122	124	128	131	135	123	125	129	130	133
136	141	142	147	149	137	139	143	146	150	138	140	144	145	148
181	186	187	192	194	182	184	188	191	195	183	185	189	190	193

图 4.99

本文所示的 12 阶、15 阶九宫态二重次完全幻方范例，通过其行、列同步轴对称交换，也可获得宝贵的最优化配置方案。

在大九宫二重次最优化合成法中，当子阶与母阶互质时，设计入幻的最优化全等配置方案是一个难点。如 12 阶、15 阶存在更多的配置方案，需要以自然方阵为工具枚举检索，可给出许多配置方案，但清算谈何容易。

四象消长态单重次完全幻方

在 $4k$ 阶单重次完全幻方领域中（注：即非子母结构完全幻方，其四象为“乱数”单元，或者说非幻方），当 $k>1$ 时，四象各单元之和存在两种组合形态：其一，四象全等态 $4k$ 阶完全幻方（即四象 4 个“乱数”单元等和），此乃常见的一种非子母结构完全幻方；其二，四象消长态 $4k$ 阶完全幻方（即一组对角象限两个“乱数”单元等和，而与另一组对角象限两个等和“乱数”单元互为消长），此乃非常罕见的一种非子母结构完全幻方。本文探讨四象消长态单重次最优化合成法的组合规则与基本方法。

一、四象消长态单重次完全幻方范例

在完全幻方领域中，四象消长态结构起始于8阶（4阶完全幻方不存在四象消长态结构），非常复杂，举例说明如下。

（一）第一例：8阶四象消长态完全幻方

如图4.100右所示，这幅8阶完全幻方的四象为4个4阶“乱数”单元，一组对角单元之和等于“512”，另一组对角单元之和等于“528”，两者相差“±8”，互为消长。如果各象全等，其和等于“520”，所以本例是一种“四象消长组合态”结构。这幅8阶完全幻方的基本特征：上两象与下两象“同位互补”，即上下每对数字之和都等于常数“65”。

四象消长配置方案

1	2	12	15	3	4	10	13
18	21	27	32	17	22	28	31
35	40	42	45	36	39	41	46
49	54	59	60	51	56	57	58
5	6	11	16	7	8	9	14
20	23	25	30	19	24	26	29
33	38	44	47	34	37	43	48
50	53	63	64	52	55	61	62

代入

四象全等8阶底板

1	2	16	15	1	2	16	15
4	10	8	13	3	9	7	14
5	11	12	6	6	12	11	5
14	7	9	3	13	8	10	4
16	15	1	2	16	15	1	2
13	7	9	4	14	8	10	3
12	6	5	11	11	5	6	12
3	10	8	14	4	9	7	13

=

8阶四象消长态完全幻方

1	2	60	59	7	8	62	61
15	40	32	49	9	34	26	55
18	42	45	21	24	48	43	19
54	27	35	12	52	29	37	14
64	63	5	6	58	57	3	4
50	25	33	16	56	31	39	10
47	23	20	44	41	17	22	46
11	38	30	53	13	36	28	51

图4.100

（二）第二例：8阶四象消长态完全幻方

如图4.101右所示，这幅8阶完全幻方的四象为4个4阶“乱数”单元，一组对角单元之和等于“456”，另一组对角单元之和等于“584”，两者相差“±64”，互为消长。基本特征与上例相同。这两例可能是8阶完全幻方四象互为消长区间的两极，因此尤为珍贵。

四象消长配置方案

1	7	9	11	3	6	8	10
14	20	21	24	16	17	23	25
26	32	35	38	28	29	34	43
47	50	60	61	46	52	53	63
2	12	13	19	4	5	15	18
22	31	36	37	27	30	33	39
40	42	48	49	41	44	45	51
55	57	59	62	54	56	58	64

代入

四象全等8阶底板

1	3	10	8	12	14	11	9
14	16	15	2	1	3	2	13
4	5	12	11	15	16	5	4
13	6	7	9	6	7	8	10
16	14	7	9	5	3	6	8
3	1	2	15	16	14	15	4
13	12	5	6	2	1	12	13
4	11	10	8	11	10	9	7

=

8阶四象消长态完全幻方

1	9	32	24	49	57	48	40
50	61	60	7	2	13	12	55
11	14	38	35	59	62	22	19
47	20	21	26	31	36	37	42
64	56	33	41	16	8	17	25
15	4	5	58	63	52	53	10
54	51	27	30	6	3	43	46
18	45	44	39	34	29	28	23

图4.101

从范例观察，两个 8 阶四象消长态完全幻方，各以两两互为消长配置方案，代入四象全等 8 阶底板而得，其构图要点如下。

① 8 阶底板：由 4 个等和“乱数”单元合成；上下象限“同位”互补，左右象限“同行”互补；8 行、8 列等和，泛对角线不等和。总之，8 阶底板是一个“行列图”，它的基本功能仅为配置方案代入的序号。

②配置方案：各配置组内部等差结构“章法”复杂，四组两两之和为互补关系。它的基本功能：形成四象消长；最优化 8 阶“行列图”底板。

③四象定位：4 个配置组按“对角等和”原则定位、分配与代入。若按各组最小一数为序看，第一例为“X 式”定位，第二例为“O 式”定位，这取决于配置关系不同。

在初步分析的基础上，需要更深入地揭示其内在的组合机制及其构图方法。

二、范例演绎及构图基本分析

（一）若干试验

①两个范例的配置方案与 8 阶底板的交叉代入，结果 8 阶完全幻方不成立，说明配置方案与 8 阶底板之间存在“一对一”的定制关系。

②在配置方案与 8 阶底板匹配不变条件下，如第一例仅改变“X 式”定位的箭向代入，其结果 8 阶完全幻方不成立，说明每一个配置组与 8 阶底板四象各单元之间存在“一对一”的专配关系。

③另设计类似 8 阶底板（包括采用双重最优化 8 阶底板），以现配置方案代入，其结果 8 阶完全幻方也不成立，说明配置方案在四象消长态最优化合成法中具有严格的定向性。

（二）范例演绎

第一种演绎方法：以第二例 8 阶四象消长态完全幻方为样本，做上下、左右象限对称交换，可“一化为四”得 8 阶四象消长态完全幻方“同数”异构体（图 4.102）。

1	9	32	24	49	57	48	40
50	61	60	7	2	13	12	55
11	14	38	35	59	62	22	19
47	20	21	26	31	36	37	42
64	56	33	41	16	8	17	25
15	4	5	58	63	52	53	10
54	51	27	30	6	3	43	46
18	45	44	39	34	29	28	23

49	57	48	40	1	9	32	24
2	13	12	55	50	61	60	7
59	62	22	19	11	14	38	35
31	36	37	42	47	20	21	26
16	8	17	25	64	56	33	41
63	52	53	10	15	4	5	58
6	3	43	46	54	51	27	30
34	29	28	23	18	45	44	39

64	56	33	41	16	8	17	25
15	4	5	58	63	52	53	10
54	51	27	30	6	3	43	46
18	45	44	39	34	29	28	23
1	9	32	24	49	57	48	40
50	61	60	7	2	13	12	55
11	14	38	35	59	62	22	19
47	20	21	26	31	36	37	42

16	8	17	25	64	56	33	41
63	52	53	10	15	4	5	58
6	3	43	46	54	51	27	30
34	29	28	23	18	45	44	39
49	57	48	40	1	9	32	24
2	13	12	55	50	61	60	7
59	62	22	19	11	14	38	35
31	36	37	42	47	20	21	26

图 4.102

第二种演绎方法：以第二例 8 阶四象消长态完全幻方为样本，四象各单元在原位做左右、上下“反对”换位，可“一化为四”得 8 阶四象消长态完全幻方“同数”异构体（图 4.103）。

1	9	32	24	49	57	48	40
50	61	60	7	2	13	12	55
11	14	38	35	59	62	22	19
47	20	21	26	31	36	37	42
64	56	33	41	16	8	17	25
15	4	5	58	63	52	53	10
54	51	27	30	6	3	43	46
18	45	44	39	34	29	28	23

24	32	9	1	40	48	57	49
7	60	61	50	55	12	13	2
35	38	14	11	19	22	62	59
26	21	20	47	42	37	36	31
41	33	56	64	25	17	8	16
58	5	4	15	10	53	52	63
30	27	51	54	46	43	3	6
39	44	45	18	23	28	29	34

47	20	21	26	31	36	37	42
11	14	38	35	59	62	22	19
50	61	60	7	2	13	12	55
1	9	32	24	49	57	48	40
18	45	44	39	34	29	28	23
54	51	27	30	6	3	43	46
15	4	5	58	63	52	53	10
64	56	33	41	16	8	17	25

26	21	20	47	42	37	36	31
35	38	14	11	19	22	62	59
7	60	61	50	55	12	13	2
24	32	9	1	40	48	57	49
39	44	45	18	23	28	29	34
30	27	51	54	46	43	3	6
58	5	4	15	10	53	52	63
41	33	56	64	25	17	8	16

图 4.103

第三种演绎方法：以图 4.102 中 4 幅 8 阶四象消长态完全幻方为样本，四象各单元在原位以一条主对角线为基准做同步“反射”换位，可“一化为四”得 8 阶四象消长态完全幻方“同数”异构体（图 4.104）。

1	9	32	24	49	57	48	40
50	61	60	7	2	13	12	55
11	14	38	35	59	62	22	19
47	20	21	26	31	36	37	42
64	56	33	41	16	8	17	25
15	4	5	58	63	52	53	10
54	51	27	30	6	3	43	46
18	45	44	39	34	29	28	23

1	50	11	47	64	15	54	18
9	61	14	20	56	4	51	45
32	60	38	21	33	5	27	44
24	7	35	26	41	58	30	39
49	2	59	31	16	63	6	34
57	13	62	36	8	52	3	29
48	12	22	37	17	53	43	28
40	55	19	42	25	10	46	23

16	63	6	34	49	2	59	31
8	52	3	29	57	13	62	36
17	53	43	28	48	12	22	37
25	10	46	23	40	55	19	42
64	15	54	18	1	50	11	47
56	4	51	45	9	61	14	20
33	5	27	44	32	60	38	21
41	58	30	39	24	7	35	26

23	28	29	34	39	44	45	18
46	43	3	6	30	27	51	54
10	53	52	63	58	5	4	15
25	17	8	16	41	33	56	64
42	37	36	31	26	21	20	47
19	22	62	59	35	38	14	11
55	12	13	2	7	60	61	50
40	48	57	49	24	32	9	1

图 4.104

在以上演绎中，第一种方法是 4 个两对配置组在 8 阶底板四象做同步换位，第二、第三种方法是各配置组在 8 阶底板的四象原位做“镜像”即方位的同步转变。因此，样本演绎其配置方案与 8 阶底板之间两者的原匹配关系并没有改动。

三、配置方案设计

在四象消长态最优化合成法中，关键是四象消长配置方案设计。从两个范例观察其特点：①4 个配置组之间两两互补，一个上下互补，另一个对角互补；②四象消长配置方案内在“等差结构”极为复杂。为了探视个中设计思路，把范例中的各一对互补配置组标示于 8 阶自然方阵（图 4.105）。

1	2	12	15	3	4	10	13
18	21	27	32	17	22	28	31
35	40	42	45	36	39	41	46
49	54	59	60	51	56	57	58
5	6	11	16	7	8	9	14
20	23	25	30	19	24	26	29
33	38	44	47	34	37	43	48
50	53	63	64	52	55	61	62

1	2	3	4	5	6	7	8
9	10	11	12	13	14	15	16
17	18	19	20	21	22	23	24
25	26	27	28	29	30	31	32
33	34	35	36	37	38	39	40
41	42	43	44	45	46	47	48
49	50	51	52	53	54	55	56
57	58	59	60	61	62	63	64

1	7	9	11	3	6	8	10
14	20	21	24	16	17	23	25
26	32	35	38	28	29	34	43
47	50	60	61	46	52	53	63
2	12	13	19	4	5	15	18
22	31	36	37	27	30	33	39
40	42	48	49	41	44	45	51
55	57	59	62	54	56	58	64

1	2	3	4	5	6	7	8
9	10	11	12	13	14	15	16
17	18	19	20	21	22	23	24
25	26	27	28	29	30	31	32
33	34	35	36	37	38	39	40
41	42	43	44	45	46	47	48
49	50	51	52	53	54	55	56
57	58	59	60	61	62	63	64

图 4.105

由此直观两个范例中的互补配置组，总体呈现出同向或反向的对称性。为了更简便地获取新的配置方案，在不改变原配置方案复杂的“等差结构”关系条件下，我以8阶自然方阵的“镜像”8倍同构体方位转变而做重组，举例如下（图4.106）。

1	2	3	4	5	6	7	8
9	10	11	12	13	14	15	16
17	18	19	20	21	22	23	24
25	26	27	28	29	30	31	32
33	34	35	36	37	38	39	40
41	42	43	44	45	46	47	48
49	50	51	52	53	54	55	56
57	58	59	60	61	62	63	64

57	58	59	60	61	62	63	64
49	50	51	52	53	54	55	56
41	42	43	44	45	46	47	48
33	34	35	36	37	38	39	40
25	26	27	28	29	30	31	32
17	18	19	20	21	22	23	24
9	10	11	12	13	14	15	16
1	2	3	4	5	6	7	8

8	7	6	5	4	3	2	1
16	15	14	13	12	11	10	9
24	23	22	21	20	19	18	17
32	31	30	29	28	27	26	25
40	39	38	37	36	35	34	33
48	47	46	45	44	43	42	41
56	55	54	53	52	51	50	49
64	63	62	61	60	59	58	57

图 4.106

图4.106是根据第1个范例的配置方案，8阶自然方阵做上下、左右颠倒重组（注：两个重组方案相同）。两个范例各可以“一化为四”计之。

现按升序辑出这一个新配置方案（图4.107左），参照第1个范例原8阶底板及原“X式”定位规则代入，即得一幅8阶四象消长态完全幻方（图4.107右），验算无误。

1	2	11	16	3	4	9	14
17	22	28	31	18	21	27	32
36	39	41	46	35	40	42	45
50	53	59	60	52	55	57	58
5	6	12	15	7	8	10	13
19	24	26	29	20	23	25	30
34	37	43	48	33	38	44	47
49	54	63	64	51	56	61	62

四象消长配置方案

代入

1	2	16	15	1	2	16	15
4	10	8	13	3	9	7	14
5	11	12	6	6	12	11	5
14	7	9	3	13	8	10	4
16	15	1	2	16	15	1	2
13	7	9	4	14	8	10	3
12	6	5	11	11	5	6	12
3	10	8	14	4	9	7	13

四象全等8阶底板

=

1	2	60	59	7	8	62	61
16	39	31	50	10	33	25	56
17	41	46	22	23	47	44	20
53	28	36	11	51	30	38	13
64	63	5	6	58	57	3	4
49	26	34	15	55	32	40	9
48	24	19	43	42	18	21	45
12	37	29	54	14	35	27	52

8阶四象消长态完全幻方

图 4.107

在四象消长态最优化合成法中，新配置方案设计成功，令人欢欣鼓舞，8阶四象消长态完全幻方的序幕被拉开了，但需要深入探索的许多课题并非因此而结束。如新8阶底板及其与之相匹配的配置方案设计，仍然悬而未决。

四、16阶四象消长态完全幻方

16阶规模适中、分割性好，因此常为结构设计等试验的最佳阶次。如完全幻方四象多重次消长关系及四象消长幻方单元合成完全幻方设计等，这类高难度的全新课题，最小拟在 16 阶完全幻方领域中探索。

我采用上文范例 8 阶四象消长态完全幻方为基本构件，按“AAAA”2 阶模型合成一个 16 阶最优化底板，然后以一个常规的四象全等八段式最优化配置方案，按四象“Z 式”定位，并代入，得一幅 16 阶二重次完全幻方（泛幻和“2056”），如图 4.108 所示。其子母结构特点。

1	2	252	251	7	8	254	253	9	10	244	243	15	16	246	245
24	207	55	234	18	201	49	240	32	199	63	226	26	193	57	232
33	217	222	38	39	223	220	36	41	209	214	46	47	215	212	44
237	52	204	19	235	54	206	21	229	60	196	27	227	62	198	29
256	255	5	6	250	249	3	4	248	247	13	14	242	241	11	12
233	50	202	23	239	56	208	17	225	58	194	31	231	64	200	25
224	40	35	219	218	34	37	221	216	48	43	211	210	42	45	213
20	205	53	238	22	203	51	236	28	197	61	230	30	195	59	228
65	66	188	187	71	72	190	189	73	74	180	179	79	80	182	181
88	143	119	170	82	137	113	176	96	135	127	162	90	129	121	168
97	153	158	102	103	159	156	100	105	145	150	110	111	151	148	108
173	116	140	83	171	118	142	85	165	124	132	91	163	126	134	93
192	191	69	70	186	185	67	68	184	183	77	78	178	177	75	76
169	114	138	87	175	120	144	81	161	122	130	95	167	128	136	89
160	104	99	155	154	98	101	157	152	112	107	147	146	106	109	149
84	141	117	174	86	139	115	172	92	133	125	166	94	131	123	164

图 4.108

①四象由全等的 8 阶四象消长态完全幻方合成（子阶泛幻和“1028”）。

② 4 个 8 阶四象消长态完全幻方单元，其内部子单元各两组对角象限之和的消长关系都为“2048/2064”，即以“±8”互补。

本文留下一个设想：$4k$ 阶完全幻方的消长四象能否由幻方或者完全幻方子单元构建？未解。在单偶数非完全幻方的四象消长组合态中，能做出其中两个象限的幻方子单元。由此及彼，$4k$ 阶完全幻方消长四象的幻方合成这个设想存在可能性。

“放大式”模拟组合法

什么是“放大式”模拟组合法？即一幅已知 k 阶幻方以同阶倍乘方式制作 k^n 阶 n 重次幻方的一种构图技术。k 阶的幂次 $n \geqslant 2$，它“一身而二任”，既是子阶单元，又是母阶模型，当幂次 $n=2$ 时，即 k 阶的二次“放大”，所得为 k^2 阶二重次幻方；当幂次 $n=3$ 时，即 k 阶幻方的三次“放大”，所得为 k^3 阶三重次幻方，以此类推。已知 k 阶幻方样本包括非完全幻方与完全幻方；“放大”方法可分为：自我“放大”，或异构体“放大”；从“放大”性质而言有：同质“放大”，或异质“放大”等。这是一种“以小博大”的构图方法，其模拟原理的拓展运用，每个构图环节变化多端，将变成功能无比强大的“互补—模拟”组合技术体系。

一、完全幻方自我“放大”模拟

图 4.109 是人们熟知的一幅 4 阶完全幻方（系明代嘉靖伊斯兰教信徒陆深佩戴的“玉挂”幻方）。若以此为样本，它如何自我“放大”呢？即样本的“1 ～ 16”16 个数，各表示一个“自我”复制的 4 阶单元，由此“放大”成一个最优化 16 阶组合模板（图 4.110 左）。

8	11	14	1
13	2	7	12
3	16	9	6
10	5	4	15

图 4.109

8	11	14	1	8	11	14	1	8	11	14	1	8	11	14	1
13	2	7	12	13	2	7	12	13	2	7	12	13	2	7	12
3	16	9	6	3	16	9	6	3	16	9	6	3	16	9	6
10	5	4	15	10	5	4	15	10	5	4	15	10	5	4	15
8	11	14	1	8	11	14	1	8	11	14	1	8	11	14	1
13	2	7	12	13	2	7	12	13	2	7	12	13	2	7	12
3	16	9	6	3	16	9	6	3	16	9	6	3	16	9	6
10	5	4	15	10	5	4	15	10	5	4	15	10	5	4	15
8	11	14	1	8	11	14	1	8	11	14	1	8	11	14	1
13	2	7	12	13	2	7	12	13	2	7	12	13	2	7	12
3	16	9	6	3	16	9	6	3	16	9	6	3	16	9	6
10	5	4	15	10	5	4	15	10	5	4	15	10	5	4	15
8	11	14	1	8	11	14	1	8	11	14	1	8	11	14	1
13	2	7	12	13	2	7	12	13	2	7	12	13	2	7	12
3	16	9	6	3	16	9	6	3	16	9	6	3	16	9	6
10	5	4	15	10	5	4	15	10	5	4	15	10	5	4	15

最优化 16 阶组合模板

120	123	126	113	168	171	174	161	216	219	222	209	8	11	14	1
125	114	119	124	173	162	167	172	221	210	215	220	13	2	7	12
115	128	121	118	163	176	169	166	211	224	217	214	3	16	9	6
122	117	116	127	170	165	164	175	218	213	212	223	10	5	4	15
200	203	206	193	24	27	30	17	104	107	110	97	184	187	190	177
205	194	199	204	29	18	23	28	109	98	103	108	189	178	183	188
195	208	201	198	19	32	25	22	99	112	105	102	179	192	185	182
202	197	196	207	26	21	20	31	106	101	100	111	186	181	180	191
40	43	46	33	248	251	254	241	136	139	142	129	88	91	94	81
45	34	39	44	253	242	247	252	141	130	135	140	93	82	87	92
35	48	41	38	243	256	249	246	131	144	137	134	83	96	89	86
42	37	36	47	250	245	244	255	138	133	132	143	90	85	84	95
152	155	158	145	72	75	78	65	56	59	62	49	232	235	238	225
157	146	151	156	77	66	71	76	61	50	55	60	237	226	231	236
147	160	153	150	67	80	73	70	51	64	57	54	227	240	233	230
154	149	148	159	74	69	68	79	58	53	52	63	234	229	228	239

图 4.110

这幅已知 4 阶完全幻方样本是 16 阶组合模板的 4 阶母本，其“1 ～ 16”数序可视之为样本“自我”复制的 16 个 4 阶单元的序号，由此决定各 4 阶单元的实际赋值。赋值方法如下：各 4 阶单元的每个数各加上“16×（序号 –1）”。换句话说，其赋值方法就是以“1 ～ 256”自然数列常见的连续分段配置方案，临摹母本之序而代入 16 阶组合模板，即可得一幅 16 阶二重次完全幻方（图 4.110 右）。它的组合结构特点：① 16 个等差 4 阶完全幻方单元，泛幻和公差“64”；② 16 个 4 阶完全幻方单元的“同位一数”所构成的 16 个等差 4 阶完全幻方单元，泛幻和公差“4”；③按“4 阶母本”模拟的 16 个 4 阶完全幻方单元泛幻和全等。总之，这是一幅二重次最优化子母结构 16 阶完全幻方。

二、完全幻方异构体“放大”模拟

什么是异构体“放大”模拟？以 16 阶为例，比如以一个已知 4 阶完全幻方样本为 16 阶组合模板的子阶单元构件（与上例同），然后以另一个已知 4 阶完全幻方样本（图 4.111 古印度“耆那幻方”）为母本做“放大式”模拟。由于子阶与母阶是两个不同 4 阶完全幻方样本，母本对 16 个 4 阶单元的编号序次发生了变化，因此在与上例相同的赋值条件下，所得 16 阶二重次完全幻方的 16 个 4 阶完全幻方单元的位置关系相应重构（图 4.112）。

7	12	1	14
2	13	8	11
16	3	10	5
9	6	15	4

图 4.111

8	11	14	1	8	11	14	1	8	11	14	1	8	11	14	1
13	2	7	12	13	2	7	12	13	2	7	12	13	2	7	12
3	16	9	6	3	16	9	6	3	16	9	6	3	16	9	6
10	5	4	15	10	5	4	15	10	5	4	15	10	5	4	15
8	11	14	1	8	11	14	1	8	11	14	1	8	11	14	1
13	2	7	12	13	2	7	12	13	2	7	12	13	2	7	12
3	16	9	6	3	16	9	6	3	16	9	6	3	16	9	6
10	5	4	15	10	5	4	15	10	5	4	15	10	5	4	15
8	11	14	1	8	11	14	1	8	11	14	1	8	11	14	1
13	2	7	12	13	2	7	12	13	2	7	12	13	2	7	12
3	16	9	6	3	16	9	6	3	16	9	6	3	16	9	6
10	5	4	15	10	5	4	15	10	5	4	15	10	5	4	15
8	11	14	1	8	11	14	1	8	11	14	1	8	11	14	1
13	2	7	12	13	2	7	12	13	2	7	12	13	2	7	12
3	16	9	6	3	16	9	6	3	16	9	6	3	16	9	6
10	5	4	15	10	5	4	15	10	5	4	15	10	5	4	15

最优化 16 阶组合模板

104	107	110	97	184	187	190	177	8	11	14	1	216	219	222	209
109	98	103	108	189	178	183	188	13	2	7	12	221	210	215	220
99	112	105	102	179	192	185	182	3	16	9	6	211	224	217	214
106	101	100	111	186	181	180	191	10	5	4	15	218	213	212	223
24	27	30	17	200	203	206	193	120	123	126	113	168	171	174	161
29	18	23	28	205	194	199	204	125	114	119	124	173	162	167	172
19	32	25	22	195	208	201	198	115	128	121	118	163	176	169	166
26	21	20	31	202	197	196	207	122	117	116	127	170	165	164	175
248	251	254	241	40	43	46	33	152	155	158	145	72	75	78	65
253	242	247	252	45	34	39	44	157	146	151	156	77	66	71	76
243	256	249	246	35	48	41	38	147	160	153	150	67	80	73	70
250	245	244	255	42	37	36	47	154	149	148	159	74	69	68	79
136	139	142	129	88	91	94	81	232	235	238	225	56	59	62	49
141	130	135	140	93	82	87	92	237	226	231	236	61	50	55	60
131	144	137	134	83	96	89	86	227	240	233	230	51	64	57	54
138	133	132	143	90	85	84	95	234	229	228	239	58	53	52	63

图 4.112

完全幻方异构体“放大”与完全幻方自我“放大”的区别主要表现在：本例所得 16 阶二重次完全幻方的一个结构特点因“行列关系”不成型而消失；即按“4 阶母本”模拟的 16 个全等 4 阶完全幻方单元不成立。

三、非完全幻方最优化“放大”模拟

什么是非完全幻方最优化“放大”模拟？以 16 阶为例，即以一个已知 4 阶非完全幻方为子阶，以一个已知 4 阶完全幻方为母阶，然后子阶必须按最优化原则构建 16 阶组合模板，再采用母阶数序编号及其赋值方法而做的异质最优化“放大式”模拟，所得为由 16 个 4 阶非完全幻方单元合成的 16 阶完全幻方。

如图 4.113 所示，左为南宋大数学家杨辉创作的一幅 4 阶幻方（作子阶用），右为古印度“耆那幻方”，即一幅 4 阶完全幻方（作母阶用）。由于子、母阶的组合性质不同，非完全幻方 4 阶子阶单元何以构建最优化 16 阶组合模板呢？不能如上两例那样以子阶单元简单复制方式构建，而必须贯彻对角子阶单元“互补”原则，才能建立最优化 16 阶组合模板，并在完全幻方母阶编号与赋值条件下“放大式”模拟（图 4.114）。

2	16	13	3
11	5	8	10
7	9	12	6
14	4	1	15

4 阶幻方（子阶）

7	12	1	14
2	13	8	11
16	3	10	5
9	6	15	4

4 阶完全幻方（母阶）

图 4.113

2	16	13	3	15	1	4	14	2	16	13	3	15	1	4	14
11	5	8	10	6	12	9	7	11	5	8	10	6	12	9	7
7	9	12	6	10	8	5	11	7	9	12	6	10	8	5	11
14	4	1	15	3	13	16	2	14	4	1	15	3	13	16	2
2	16	13	3	15	1	4	14	2	16	13	3	15	1	4	14
11	5	8	10	6	12	9	7	11	5	8	10	6	12	9	7
7	9	12	6	10	8	5	11	7	9	12	6	10	8	5	11
14	4	1	15	3	13	16	2	14	4	1	15	3	13	16	2
2	16	13	3	15	1	4	14	2	16	13	3	15	1	4	14
11	5	8	10	6	12	9	7	11	5	8	10	6	12	9	7
7	9	12	6	10	8	5	11	7	9	12	6	10	8	5	11
14	4	1	15	3	13	16	2	14	4	1	15	3	13	16	2
2	16	13	3	15	1	4	14	2	16	13	3	15	1	4	14
11	5	8	10	6	12	9	7	11	5	8	10	6	12	9	7
7	9	12	6	10	8	5	11	7	9	12	6	10	8	5	11
14	4	1	15	3	13	16	2	14	4	1	15	3	13	16	2

最优化 16 阶组合模板

98	112	109	99	191	177	180	190	2	16	13	3	223	209	212	222
107	101	104	106	182	188	185	183	11	5	8	10	214	220	217	215
103	105	108	102	186	184	181	187	7	9	12	6	218	216	213	219
110	100	97	111	179	189	192	178	14	4	1	15	211	221	224	210
18	32	29	19	207	193	196	206	114	128	125	115	175	161	164	174
27	21	24	26	198	204	201	199	123	117	120	122	166	172	169	167
23	25	28	22	202	200	197	203	119	121	124	118	170	168	165	171
30	20	17	31	195	205	208	194	126	116	113	127	163	173	176	162
242	256	253	243	47	33	36	46	146	160	157	147	79	65	68	78
251	245	248	250	38	44	41	39	155	149	152	154	70	76	73	71
247	249	252	246	42	40	37	43	151	153	156	150	74	72	69	75
254	244	241	255	35	45	48	34	158	148	145	159	67	77	80	66
130	144	141	131	95	81	84	94	226	240	237	227	63	49	52	62
139	133	136	138	86	92	89	87	235	229	232	234	54	60	57	55
135	137	140	134	90	88	85	91	231	233	236	230	58	56	53	59
142	132	129	143	83	93	96	82	238	228	225	239	51	61	64	50

图 4.114

图 4.114 右就是非完全幻方最优化“放大”模拟，所得由 16 个 4 阶非完全幻方子单元合成的 16 阶完全幻方，我称之为单重次最优化子母结构 16 阶完全幻方。

四、完全幻方非最优化“放大”模拟

什么是完全幻方非最优化“放大”模拟？以 16 阶为例，即以一个已知 4 阶完全幻方为子阶，构建最优化 16 阶组合模板，然后以一个已知 4 阶非完全幻方为母阶（图 4.115），并按其数序编号与赋值而做“放大式”模拟，所得为由 16 个 4 阶完全幻方合成的 16 阶非完全幻方（图 4.116），我称之为单重次最优化子母结构 16 阶非完全幻方。

8	11	14	1
13	2	7	12
3	16	9	6
10	5	4	15

4 阶完全幻方（子阶）

2	16	13	3
11	5	8	10
7	9	12	6
14	4	1	15

4 阶幻方（母阶）

图 4.115

8	11	14	1	8	11	14	1	8	11	14	1	8	11	14	1
13	2	7	12	13	2	7	12	13	2	7	12	13	2	7	12
3	16	9	6	3	16	9	6	3	16	9	6	3	16	9	6
10	5	4	15	10	5	4	15	10	5	4	15	10	5	4	15
8	11	14	1	8	11	14	1	8	11	14	1	8	11	14	1
13	2	7	12	13	2	7	12	13	2	7	12	13	2	7	12
3	16	9	6	3	16	9	6	3	16	9	6	3	16	9	6
10	5	4	15	10	5	4	15	10	5	4	15	10	5	4	15
8	11	14	1	8	11	14	1	8	11	14	1	8	11	14	1
13	2	7	12	13	2	7	12	13	2	7	12	13	2	7	12
3	16	9	6	3	16	9	6	3	16	9	6	3	16	9	6
10	5	4	15	10	5	4	15	10	5	4	15	10	5	4	15
8	11	14	1	8	11	14	1	8	11	14	1	8	11	14	1
13	2	7	12	13	2	7	12	13	2	7	12	13	2	7	12
3	16	9	6	3	16	9	6	3	16	9	6	3	16	9	6
10	5	4	15	10	5	4	15	10	5	4	15	10	5	4	15

最优化 16 阶组合模板

24	27	30	17	248	251	254	241	200	203	206	193	40	43	46	33
29	18	23	28	253	242	247	252	205	194	199	204	45	34	39	44
19	32	25	22	243	256	249	246	195	208	201	198	35	48	41	38
26	21	20	31	250	245	244	255	202	197	196	207	42	37	36	47
168	171	174	161	72	75	78	65	120	123	126	113	152	155	158	145
173	162	167	172	77	66	71	76	125	114	119	124	157	146	151	156
163	176	169	166	67	80	73	70	115	128	121	118	147	160	153	150
170	165	164	175	74	69	68	79	122	117	116	127	154	149	148	159
104	107	110	97	136	139	142	129	184	187	190	177	88	91	94	81
109	98	103	108	141	130	135	140	189	178	183	188	93	82	87	92
99	112	105	102	131	144	137	134	179	192	185	182	83	96	89	86
106	101	100	111	138	133	132	143	186	181	180	191	90	85	84	95
216	219	222	209	56	59	62	49	8	11	14	1	232	235	238	225
221	210	215	220	61	50	55	60	13	2	7	12	237	226	231	236
211	224	217	214	51	64	57	54	3	16	9	6	227	240	233	230
218	213	212	223	58	53	52	63	10	5	4	15	234	229	228	239

图 4.116

五、非完全幻方自我“放大”模拟

什么是非完全幻方自我“放大”模拟？以 16 阶为例，即以一个已知 4 阶非完全幻方为样本（图 4.117），“一身而二任”，既为子阶又为母阶，由此构建一个 16 阶组合模板（无论是最优化，还是非最优化），然后按其数序编号与赋值而做“放大式”模拟，所得为由 16 个 4 阶非完全幻方合成的 16 阶非完全幻方（图 4.118），我称之为 16 阶二重次非完全幻方。

2	16	13	3
11	5	8	10
7	9	12	6
14	4	1	15

图 4.117

2	16	13	3	2	16	13	3	2	16	13	3	2	16	13	3
11	5	8	10	11	5	8	10	11	5	8	10	11	5	8	10
7	9	12	6	7	9	12	6	7	9	12	6	7	9	12	6
14	4	1	15	14	4	1	15	14	4	1	15	14	4	1	15
2	16	13	3	2	16	13	3	2	16	13	3	2	16	13	3
11	5	8	10	11	5	8	10	11	5	8	10	11	5	8	10
7	9	12	6	7	9	12	6	7	9	12	6	7	9	12	6
14	4	1	15	14	4	1	15	14	4	1	15	14	4	1	15
2	16	13	3	2	16	13	3	2	16	13	3	2	16	13	3
11	5	8	10	11	5	8	10	11	5	8	10	11	5	8	10
7	9	12	6	7	9	12	6	7	9	12	6	7	9	12	6
14	4	1	15	14	4	1	15	14	4	1	15	14	4	1	15
2	16	13	3	2	16	13	3	2	16	13	3	2	16	13	3
11	5	8	10	11	5	8	10	11	5	8	10	11	5	8	10
7	9	12	6	7	9	12	6	7	9	12	6	7	9	12	6
14	4	1	15	14	4	1	15	14	4	1	15	14	4	1	15

非最优化 16 阶组合模板

18	32	29	19	242	256	253	243	194	208	205	195	34	48	45	35
27	21	24	26	251	245	248	250	203	197	200	202	43	37	40	42
23	25	28	22	247	249	252	246	199	201	204	198	39	41	44	38
30	20	17	31	254	244	241	255	206	196	193	207	46	36	33	47
162	176	173	163	66	80	77	67	114	128	125	115	146	160	157	147
171	165	168	170	75	69	72	74	123	117	120	122	155	149	152	154
167	169	172	166	71	73	76	70	119	121	124	118	151	153	156	150
174	164	161	175	78	68	65	79	126	116	113	127	158	148	145	159
98	112	109	99	130	144	141	131	178	192	189	179	82	96	93	83
107	101	104	106	139	133	136	138	187	181	184	186	91	85	88	90
103	105	108	102	135	137	140	134	183	185	188	182	87	89	92	86
110	100	97	111	142	132	129	143	190	180	177	191	94	84	81	95
210	224	221	211	50	64	61	51	2	16	13	3	226	240	237	227
219	213	216	218	59	53	56	58	11	5	8	10	235	229	232	234
215	217	220	214	55	57	60	54	7	9	12	6	231	233	236	230
222	212	209	223	62	52	49	63	14	4	1	15	238	228	225	239

图 4.118

六、非完全幻方异构体“放大”模拟

什么是非完全幻方异构体“放大”模拟？简言之，指子阶与母阶两个不同已知非完全幻方的“放大”模拟，所得为二重次子母结构非完全幻方，举例如下（图4.119）。

2	16	13	3	2	16	13	3	2	16	13	3	2	16	13	3
11	5	8	10	11	5	8	10	11	5	8	10	11	5	8	10
7	9	12	6	7	9	12	6	7	9	12	6	7	9	12	6
14	4	1	15	14	4	1	15	14	4	1	15	14	4	1	15
2	16	13	3	2	16	13	3	2	16	13	3	2	16	13	3
11	5	8	10	11	5	8	10	11	5	8	10	11	5	8	10
7	9	12	6	7	9	12	6	7	9	12	6	7	9	12	6
14	4	1	15	14	4	1	15	14	4	1	15	14	4	1	15
2	16	13	3	2	16	13	3	2	16	13	3	2	16	13	3
11	5	8	10	11	5	8	10	11	5	8	10	11	5	8	10
7	9	12	6	7	9	12	6	7	9	12	6	7	9	12	6
14	4	1	15	14	4	1	15	14	4	1	15	14	4	1	15
2	16	13	3	2	16	13	3	2	16	13	3	2	16	13	3
11	5	8	10	11	5	8	10	11	5	8	10	11	5	8	10
7	9	12	6	7	9	12	6	7	9	12	6	7	9	12	6
14	4	1	15	14	4	1	15	14	4	1	15	14	4	1	15

非最优化 16 阶组合模板

50	64	61	51	130	144	141	131	66	80	77	67	242	256	253	243
59	53	56	58	139	133	136	138	75	69	72	74	251	245	248	250
55	57	60	54	135	137	140	134	71	73	76	70	247	249	252	246
62	52	49	63	142	132	129	143	78	68	65	79	254	244	241	255
210	224	221	211	98	112	109	99	162	176	173	163	18	32	29	19
219	213	216	218	107	101	104	106	171	165	168	170	27	21	24	26
215	217	220	214	103	105	108	102	167	169	172	166	23	25	28	22
222	212	209	223	110	100	97	111	174	164	161	175	30	20	17	31
226	240	237	227	82	96	93	83	146	160	157	147	34	48	45	35
235	229	232	234	91	85	88	90	155	149	152	154	43	37	40	42
231	233	236	230	87	89	92	86	151	153	156	150	39	41	44	38
238	228	225	239	94	84	81	95	158	148	145	159	46	36	33	47
2	16	13	3	178	192	189	179	114	128	125	115	194	208	205	195
11	5	8	10	187	181	184	186	123	117	120	122	203	197	200	202
7	9	12	6	183	185	188	182	119	121	124	118	199	201	204	198
14	4	1	15	190	180	177	191	126	116	113	127	206	196	193	207

图4.119

图 4.119 中非最优化 16 阶组合模板与上例相同，子阶单元与母阶是南宋大数学家杨辉创作的一对阴、阳 4 阶幻方，所以这是非完全幻方异构体“放大”模拟。

七、“放大式”模拟组合法小结

“放大式”模拟组合法是“以小博大”的构图方法，常用二重次模拟（可多重次模拟），子阶与母阶为同阶已知样本，以子阶单元构建 k^2 阶组合模板，然后以母阶数序编号，确定 k^2 个子阶单元赋值序次，并按序代入“1 至 k^4”自然数列的配置方案，即得子母结构形式 k^2 阶幻方。根据组合性质不同可分为两大类：一类是子母结构完全幻方；另一类是子母结构非完全幻方。这两类幻方的“放大式”模拟原理相通，但制作规则与方法等有所区别。以 16 阶为例，“放大式”模拟组合法综述如下。

①已知 880 幅 4 阶幻方（包括 48 幅 4 阶完全幻方）及其 8 倍“镜像”同构体各可以作为“放大式”模拟组合法中的子阶或母阶样本。

②子阶样本决定 16 阶各子单元的组合性质，而 16 阶的整体组合性质，则由“16 阶组合模板”或者“母阶”的组合性质决定：两者都是最优化的，所得为 16 阶完全幻方；若其中有一个非最优化，所得为 16 阶非完全幻方。

③子阶样本构建 16 阶组合模板：据研究，一个最优化 16 阶组合模板，只可

使用 1 个、2 个或 4 个子阶样本按最优化原则建成，而且多样化的版式翻新与子阶样本的组合性质、组合结构密切关联；一个非最优化 16 阶组合模板，可使用一个子阶样本，直至使用 16 个不同子阶样本做任意构建。

④按母阶数序为 16 阶组合模板的 16 个子阶单元编号，然后依次赋值，即代入“1 ～ 256”自然数列在 16 个子阶单元中的各式最优化或非最优化配置方案，这是一个错综复杂的枚举检索工程。

总之，对于 16 阶完全幻方而言，我已不设为清算目标，因此 16 阶组合模板及配置方案等，不再做检索与计数功课，只是介绍“放大式”模拟组合法的一般操作方法。

“放大式”模拟法的推广应用

“放大式”模拟组合法的推广，主要介绍从 k^2 阶扩展到一般合数阶领域的广泛应用。设合数阶 $k = n \times m$，两个因子一个为子阶，另一个为母阶。n 阶幻方与 m 阶幻方为已知条件，求解：以子母结构形式存在的 k 阶非完全幻方或 k 阶完全幻方。在“放大式”模拟法及其推广应用中，这两种不同组合性质的子母结构幻方是穿插在一起的，两扇大门一起开，必须弄清楚导致 k 阶非完全幻方或 k 阶完全幻方区分的子母阶条件。

一、12 阶子母幻方

12 阶可分解为“3×4”两个因子，构建 12 阶组合模板，子阶与母阶可互换位置，举例如下（图 4.120）：3×4 组合模板的子阶是 3 阶幻方，母本选用了图 4.115 所示的 4 阶完全幻方，按其数序代入一个自然分段配置方案，可得由 16 个等差 3 阶幻方合成的 12 阶完全幻方（图 4.121 左）。

4	9	2	2	9	4	8	1	6	6	1	8
3	5	7	7	5	3	3	5	7	7	5	3
8	1	6	6	1	8	4	9	2	2	9	4
4	9	2	2	9	4	8	1	6	6	1	8
3	5	7	7	5	3	3	5	7	7	5	3
8	1	6	6	1	8	4	9	2	2	9	4
2	9	4	4	9	2	6	1	8	8	1	6
7	5	3	3	5	7	7	5	3	3	5	7
6	1	8	8	1	6	2	9	4	4	9	2
2	9	4	4	9	2	6	1	8	8	1	6
7	5	3	3	5	7	7	5	3	3	5	7
6	1	8	8	1	6	2	9	4	4	9	2

3×4 最优化组合模板

8	11	14	1	8	11	14	1	8	11	14	1
13	2	7	12	13	2	7	12	13	2	7	12
3	16	9	6	3	16	9	6	3	16	9	6
10	5	4	15	10	5	4	15	10	5	4	15
8	11	14	1	8	11	14	1	8	11	14	1
13	2	7	12	13	2	7	12	13	2	7	12
3	16	9	6	3	16	9	6	3	16	9	6
10	5	4	15	10	5	4	15	10	5	4	15
8	11	14	1	8	11	14	1	8	11	14	1
13	2	7	12	13	2	7	12	13	2	7	12
3	16	9	6	3	16	9	6	3	16	9	6
10	5	4	15	10	5	4	15	10	5	4	15

4×3 最优化组合模板

图 4.120

4×3 组合模板的子母阶样本换位，代入一个等和配置方案，可得由 9 个等和 4 阶完全幻方合成的 12 阶非完全幻方（图 4.121 右）。

67	72	65	92	99	94	125	118	123	6	1	8
66	68	70	97	95	93	120	122	124	7	5	3
71	64	69	96	91	98	121	126	119	2	9	4
112	117	110	11	18	13	62	55	60	105	100	107
111	113	115	16	14	12	57	59	61	106	104	102
116	109	114	15	10	17	58	63	56	101	108	103
20	27	22	139	144	137	78	73	80	53	46	51
25	23	21	138	140	142	79	77	75	48	50	52
24	19	26	143	136	141	74	81	76	49	54	47
83	90	85	40	45	38	33	28	35	134	127	132
88	86	84	39	41	43	34	32	30	129	131	133
87	82	89	44	37	42	29	36	31	130	135	128

等差子阶非完全幻方合成 12 阶完全幻方

40	107	118	25	72	75	86	57	20	127	138	5
117	26	39	108	85	58	71	76	137	6	19	128
27	120	105	38	59	88	73	70	7	140	125	18
106	37	28	119	74	69	60	87	126	17	8	139
24	123	134	9	44	103	114	29	64	83	94	49
133	10	23	124	113	30	43	104	93	50	63	84
11	136	121	22	31	116	101	42	51	96	81	62
122	21	12	135	102	41	32	115	82	61	52	95
68	79	90	53	16	131	142	1	48	99	110	33
89	54	67	80	141	2	15	132	109	34	47	100
55	92	77	66	3	144	129	14	35	112	97	46
78	65	56	91	130	13	4	143	98	45	36	111

全等子阶完全幻方合成 12 阶非完全幻方

图 4.121

二、15 阶子母幻方

15阶＝3×5阶，与上例同理，子母阶互换位置，可构建两个 15 阶组合模板（图 4.122）：两者的 5 阶各取欧洲博览会大厅的“地砖”5 阶完全幻方，并代入自然分段配置方案，各得一幅 15 阶幻方（图 4.123）。

4	9	2	4	9	2	4	9	2	4	9	2	4	9	2
3	5	7	3	5	7	3	5	7	3	5	7	3	5	7
8	1	6	8	1	6	8	1	6	8	1	6	8	1	6
4	9	2	4	9	2	4	9	2	4	9	2	4	9	2
3	5	7	3	5	7	3	5	7	3	5	7	3	5	7
8	1	6	8	1	6	8	1	6	8	1	6	8	1	6
4	9	2	4	9	2	4	9	2	4	9	2	4	9	2
3	5	7	3	5	7	3	5	7	3	5	7	3	5	7
8	1	6	8	1	6	8	1	6	8	1	6	8	1	6
4	9	2	4	9	2	4	9	2	4	9	2	4	9	2
3	5	7	3	5	7	3	5	7	3	5	7	3	5	7
8	1	6	8	1	6	8	1	6	8	1	6	8	1	6
4	9	2	4	9	2	4	9	2	4	9	2	4	9	2
3	5	7	3	5	7	3	5	7	3	5	7	3	5	7
8	1	6	8	1	6	8	1	6	8	1	6	8	1	6

3×5 非最优化组合模板

1	15	24	8	17	1	15	24	8	17	1	15	24	8	17
23	7	16	5	14	23	7	16	5	14	23	7	16	5	14
20	4	13	22	6	20	4	13	22	6	20	4	13	22	6
12	21	10	19	3	12	21	10	19	3	12	21	10	19	3
9	18	2	11	25	9	18	2	11	25	9	18	2	11	25
1	15	24	8	17	1	15	24	8	17	1	15	24	8	17
23	7	16	5	14	23	7	16	5	14	23	7	16	5	14
20	4	13	22	6	20	4	13	22	6	20	4	13	22	6
12	21	10	19	3	12	21	10	19	3	12	21	10	19	3
9	18	2	11	25	9	18	2	11	25	9	18	2	11	25
1	15	24	8	17	1	15	24	8	17	1	15	24	8	17
23	7	16	5	14	23	7	16	5	14	23	7	16	5	14
20	4	13	22	6	20	4	13	22	6	20	4	13	22	6
12	21	10	19	3	12	21	10	19	3	12	21	10	19	3
9	18	2	11	25	9	18	2	11	25	9	18	2	11	25

5×3 最优化组合模板

图 4.122

子阶决定 15 阶幻方各子单元的组合性质，15 阶组合模板及其母阶决定 15 阶幻方整体的组合性质。图 4.123 左：由于 3 阶幻方子阶不能最优化其 15 阶组合模板，所以得到一幅 15 阶二重次非完全幻方；图 4.123 右：5 阶完全幻方子阶虽能构建最优化 15 阶组合模板，但其母阶为 3 阶幻方，因而决定了 15 阶也是一非完全幻方。

4	9	2	130	135	128	211	216	209	67	72	65	148	153	146
3	5	7	129	131	133	210	212	214	66	68	70	147	149	151
8	1	6	134	127	132	215	208	213	71	64	69	152	145	150
202	207	200	58	63	56	139	144	137	40	45	38	121	126	119
201	203	205	57	59	61	138	140	142	39	41	43	120	122	124
206	199	204	62	55	60	143	136	141	44	37	42	125	118	123
175	180	173	31	36	29	112	117	110	193	198	191	49	54	47
174	176	178	30	32	34	111	113	115	192	194	196	48	50	52
179	172	177	35	28	33	116	109	114	197	190	195	53	46	51
103	108	101	184	189	182	85	90	83	166	171	164	22	27	20
102	104	106	183	185	187	84	86	88	165	167	169	21	23	25
107	100	105	188	181	186	89	82	87	170	163	168	26	19	24
76	81	74	157	162	155	13	18	11	94	99	92	220	225	218
75	77	79	156	158	160	12	14	16	93	95	97	219	221	223
80	73	78	161	154	159	17	10	15	98	91	96	224	217	222

15 阶二重次非完全幻方

76	90	99	83	92	201	215	224	208	217	26	40	49	33	42
98	82	91	80	89	223	207	216	205	214	48	32	41	30	39
95	79	88	97	81	220	204	213	222	206	45	29	38	47	31
87	96	85	94	78	212	221	210	219	203	37	46	35	44	28
84	93	77	86	100	209	218	202	211	225	34	43	27	36	50
51	65	74	58	67	101	115	124	108	117	151	165	174	158	167
73	57	66	55	64	123	107	116	105	114	173	157	166	155	164
70	54	63	72	56	120	104	113	122	106	170	154	163	172	156
62	71	60	69	53	112	121	110	119	103	162	171	160	169	153
59	68	52	61	75	109	118	102	111	125	159	168	152	161	175
176	190	199	183	192	1	15	24	8	17	126	140	149	133	142
198	182	191	180	189	23	7	16	5	14	148	132	141	130	139
195	179	188	197	181	20	4	13	22	6	145	129	138	147	131
187	196	185	194	178	12	21	10	19	3	137	146	135	144	128
184	193	177	186	200	9	18	2	11	25	134	143	127	136	150

等差子阶完全幻方合成 15 阶非完全幻方

图 4.123

三、20 阶子母幻方

20 阶＝4×5 阶，若以一幅已知 5 阶完全幻方或者 5 阶非完全幻方为子阶单元，两者各能构建最优化或非最优化 20 阶组合模板；然后以一幅已知 4 阶完全幻方或者 4 阶非完全幻方为母阶，按其数序代入一个最优化配置方案，所得 20 阶幻方的子母关系组合性质存在 8 种可能情况。

8	11	14	1	8	11	14	1	8	11	14	1	8	11	14	1	8	11	14	1
13	2	7	12	13	2	7	12	13	2	7	12	13	2	7	12	13	2	7	12
3	16	9	6	3	16	9	6	3	16	9	6	3	16	9	6	3	16	9	6
10	5	4	15	10	5	4	15	10	5	4	15	10	5	4	15	10	5	4	15
8	11	14	1	8	11	14	1	8	11	14	1	8	11	14	1	8	11	14	1
13	2	7	12	13	2	7	12	13	2	7	12	13	2	7	12	13	2	7	12
3	16	9	6	3	16	9	6	3	16	9	6	3	16	9	6	3	16	9	6
10	5	4	15	10	5	4	15	10	5	4	15	10	5	4	15	10	5	4	15
8	11	14	1	8	11	14	1	8	11	14	1	8	11	14	1	8	11	14	1
13	2	7	12	13	2	7	12	13	2	7	12	13	2	7	12	13	2	7	12
3	16	9	6	3	16	9	6	3	16	9	6	3	16	9	6	3	16	9	6
10	5	4	15	10	5	4	15	10	5	4	15	10	5	4	15	10	5	4	15
8	11	14	1	8	11	14	1	8	11	14	1	8	11	14	1	8	11	14	1
13	2	7	12	13	2	7	12	13	2	7	12	13	2	7	12	13	2	7	12
3	16	9	6	3	16	9	6	3	16	9	6	3	16	9	6	3	16	9	6
10	5	4	15	10	5	4	15	10	5	4	15	10	5	4	15	10	5	4	15
8	11	14	1	8	11	14	1	8	11	14	1	8	11	14	1	8	11	14	1
13	2	7	12	13	2	7	12	13	2	7	12	13	2	7	12	13	2	7	12
3	16	9	6	3	16	9	6	3	16	9	6	3	16	9	6	3	16	9	6
10	5	4	15	10	5	4	15	10	5	4	15	10	5	4	15	10	5	4	15

4×5 最优化组合模板

图 4.124

同理，若以一幅已知 4 阶完全幻方，可构建最优化或非最优化 20 阶组合模板；而以一幅 4 阶非完全幻方为子阶单元，只能构建非最优化 20 阶组合模板；然后两者都以一幅已知 5 阶完全幻方或者 5 阶非完全幻方为母阶，按其数序代入一个最优化配置方案，所得 20 阶幻方的子母关系组合性质存在 6 种可能情况。举例如下。

如图 4.124 所示，本例以一幅已知 4 阶完全幻方样本为子阶，构建了一个最优化 20 阶组合模板，任意选择一个已知 5 阶完全幻方为母本，然后按其数序代入一个最优化全等配置方案，即可得 20 阶二重次完全幻方（图 4.125）。

本例这幅 20 阶二重次完全幻方（泛幻和“4010”），由 25 个全等 4 阶完全幻方单元合成(子泛幻和“802”)。

24	379	398	1	188	215	234	165	152	251	270	129	304	99	118	281	268	135	154	245
397	2	23	380	233	166	187	216	269	130	151	252	117	282	303	100	153	246	267	136
3	400	377	22	167	236	213	186	131	272	249	150	283	120	97	302	247	156	133	266
378	21	4	399	214	185	168	235	250	149	132	271	98	301	284	119	134	265	248	155
112	291	310	89	264	139	158	241	228	175	194	205	184	219	238	161	148	255	274	125
309	90	111	292	157	242	263	140	193	206	227	176	237	162	183	220	273	126	147	256
91	312	289	110	243	160	137	262	207	196	173	226	163	240	217	182	127	276	253	146
290	109	92	311	138	261	244	159	174	225	208	195	218	181	164	239	254	145	128	275
388	15	34	365	144	259	278	121	108	295	314	85	72	331	350	49	224	179	198	201
33	366	387	16	277	122	143	260	313	86	107	296	349	50	71	332	197	202	223	180
367	36	13	386	123	280	257	142	87	316	293	106	51	352	329	70	203	200	177	222
14	385	368	35	258	141	124	279	294	105	88	315	330	69	52	351	178	221	204	199
68	335	354	45	32	371	390	9	384	19	38	361	348	55	74	325	104	299	318	81
353	46	67	336	389	10	31	372	37	362	383	20	73	326	347	56	317	82	103	300
47	356	333	66	11	392	369	30	363	40	17	382	327	76	53	346	83	320	297	102
334	65	48	355	370	29	12	391	18	381	364	39	54	345	328	75	298	101	84	319
344	59	78	321	308	95	114	285	64	339	358	41	28	375	394	5	192	211	230	169
77	322	343	60	113	286	307	96	357	42	63	340	393	6	27	376	229	170	191	212
323	80	57	342	287	116	93	306	43	360	337	62	7	396	373	26	171	232	209	190
58	341	324	79	94	305	288	115	338	61	44	359	374	25	8	395	210	189	172	231

20 阶二重次完全幻方

图 4.125

总之，在 20 阶子母幻方的 4 阶与 5 阶结构分解中，其子、母阶可交换位置，其样本的完全幻方、非完全幻方性质可任意选择。上文已提及“以 4 阶非完全幻方为子阶，只能构建非最优化 20 阶组合模板”，为什么呢？这是因为 5 阶母本是奇数，所以 25 个 4 阶非完全幻方不能做最优化组合。所以，5 阶母本无论是完全幻方还是非完全幻方，代入配置方案，所得必定为 20 阶非完全幻方。

“乱数”单元最优化“互补—模拟”组合技术

什么是“乱数”单元？在全排列 k 阶单元中（$k \geqslant 2$），k 阶单元的行、列、对角线的数学关系应有尽有，除了 k 阶行列图、k 阶幻方与 k 阶完全幻方以外，我权且都称之 k 阶“乱数”单元。所谓“乱数”单元最优化“互补—模拟”组合技术，指以“乱数”单元为基本构件，采用“互补—模拟”技术制作 $4k$ 阶完全幻方的一种构图方法。k 阶“乱数”单元的行、列及对角线不等和，乃为无序组合之状态，其数量占了 k 阶全排列单元的绝大部分。“乱数”方阵弃之为废，用之为宝。本文将介绍以“乱数”单元构造 $4k$ 阶完全幻方的基本方法。

一、“乱数”单元及其最优化建模

（一）“乱数”单元分类

“乱数”单元非常庞杂，其行、列、对角线之和互不相等，按对称关系大致可划分为两个基本类别：其一为“自互补”“乱数”单元，其对称行、列或对称泛对角线具有互补关系；其二为“非互补”“乱数”单元，其对称行、列或泛对角线没有互补关系。

1.“自互补”“乱数”单元

如图 4.126 所示，为 3 阶、4 阶及 5 阶 3 个“自互补”“乱数”单元。

	1	2	9	7	19
	12	4	13	14	43
	3	6	11	5	25
	16	8	15	10	49
42	32	20	48	36	26

	1	15	7	16	39
	4	8	9	12	33
	5	3	14	13	35
	6	10	2	11	29
34	16	36	32	52	34

	3	2	1	16	9	31
	4	5	14	21	18	62
	7	6	13	20	19	65
	8	11	12	15	22	68
	17	10	25	24	23	99
71	39	34	65	96	91	59

	3	2	9	14
	4	5	6	15
	1	8	7	16
15	8	15	22	15

图 4.126

2.“非互补”“乱数”单元

如图 4.127 所示，为 3 阶、4 阶及 5 阶 3 个“非互补”“乱数”单元。

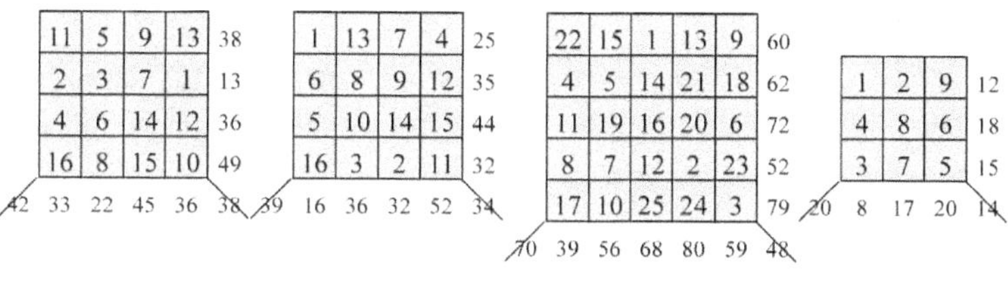

	11	5	9	13	38
	2	3	7	1	13
	4	6	14	12	36
	16	8	15	10	49
42	33	22	45	36	38

	1	13	7	4	25
	6	8	9	12	35
	5	10	14	15	44
	16	3	2	11	32
39	16	36	32	52	34

	22	15	1	13	9	60
	4	5	14	21	18	62
	11	19	16	20	6	72
	8	7	12	2	23	52
	17	10	25	24	3	79
70	39	56	68	80	59	48

	1	2	9	12
	4	8	6	18
	3	7	5	15
20	8	17	20	14

图 4.127

（二）最优化组合模板

k 阶“乱数”单元按最优化“互补原则”制作 4*k* 阶组合模板，这是最优化“互补—模拟”组合技术的一个重要构图环节。不同类别的“乱数”单元最优化互补方式有所区别。

1.“自互补”“乱数”单元最优化建模

第一例：12 阶最优化模板

以图 4.126“自互补”3 阶“乱数”单元为样本，制作图 4.128 两款 12 阶最优化模板，从“大四象”与“小四象”两个层次看两者的最优化互补方式如下。

3	2	9	3	2	9	1	8	7	1	8	7
4	5	6	4	5	6	4	5	6	4	5	6
1	8	7	1	8	7	3	2	9	3	2	9
9	2	3	9	2	3	7	8	1	7	8	1
6	5	4	6	5	4	6	5	4	6	5	4
7	8	1	7	8	1	9	2	3	9	2	3
3	2	9	3	2	9	1	8	7	1	8	7
4	5	6	4	5	6	4	5	6	4	5	6
1	8	7	1	8	7	3	2	9	3	2	9
9	2	3	9	2	3	7	8	1	7	8	1
6	5	4	6	5	4	6	5	4	6	5	4
7	8	1	7	8	1	9	2	3	9	2	3

3	2	9	3	2	9	7	8	1	7	8	1
4	5	6	4	5	6	6	5	4	6	5	4
1	8	7	1	8	7	9	2	3	9	2	3
9	2	3	9	2	3	1	8	7	1	8	7
6	5	4	6	5	4	4	5	6	4	5	6
7	8	1	7	8	1	3	2	9	3	2	9
3	2	9	3	2	9	7	8	1	7	8	1
4	5	6	4	5	6	6	5	4	6	5	4
1	8	7	1	8	7	9	2	3	9	2	3
9	2	3	9	2	3	1	8	7	1	8	7
6	5	4	6	5	4	4	5	6	4	5	6
7	8	1	7	8	1	3	2	9	3	2	9

图 4.128

①小四象限互补关系（两图相同）：3 阶

“乱数”单元样本左右象限复制，上下象限做列的左右“反写”，建立了各列的互补关系，但各行尚未互补。

②大四象限互补关系：在 4 个 6 阶单元合成中，主要考虑建立行及泛对角线的互补关系。图 4.128 左：左右象限做行的上下“反写”，然后上下象限复制。图 4.128 右：左右象限做各 3 阶“乱数”单元样本旋转 180°，然后上下象限复制。

总之，“自互补”3 阶“乱数”单元必须以 4 个同构体才有可能建立最优化互补关系，从而构建最优化 12 阶组合模板，两例的组装方法有一定变化。

第二例：16 阶最优化模板

以图 4.126 左“自互补”4 阶“乱数”单元为样本，制作 3 款 16 阶最优化组合模板，从 16 阶大四象限与 8 阶小四象限两个层次分析如下。

图 4.129 这个 16 阶最优化组合模板的最优化互补的特点如下。

①小四象限互补关系：“自互补”4 阶“乱数”单元样本，上下象限各列为左右“反写”关系，而左右象限互为旋转 180° 关系，四象各 8 阶单元已具备非完全幻方性质。

②大四象限互补关系：在 4 个 8 阶单元的合成中，主要考虑建立泛对角线的互补关系，因此采用左右大象限相同，以及上下大象限做上下换位，由此得 16 阶最优化组合模板。

本例四象两个层次的互补与组装机制不同于上例，其小四象内已由 4 个同构体做成了行列互补关系。

1	2	9	7	10	15	8	16	1	2	9	7	10	15	8	16
12	4	13	14	5	11	6	3	12	4	13	14	5	11	6	3
3	6	11	5	14	13	4	12	3	6	11	5	14	13	4	12
16	8	15	10	7	9	2	1	16	8	15	10	7	9	2	1
7	9	2	1	16	8	15	10	7	9	2	1	16	8	15	10
14	13	4	12	3	6	11	5	14	13	4	12	3	6	11	5
5	11	6	3	12	4	13	14	5	11	6	3	12	4	13	14
10	15	8	16	1	2	9	7	10	15	8	16	1	2	9	7
7	9	2	1	16	8	15	10	7	9	2	1	16	8	15	10
14	13	4	12	3	6	11	5	14	13	4	12	3	6	11	5
5	11	6	3	12	4	13	14	5	11	6	3	12	4	13	14
10	15	8	16	1	2	9	7	10	15	8	16	1	2	9	7
1	2	9	7	10	15	8	16	1	2	9	7	10	15	8	16
12	4	13	14	5	11	6	3	12	4	13	14	5	11	6	3
3	6	11	5	14	13	4	12	3	6	11	5	14	13	4	12
16	8	15	10	7	9	2	1	16	8	15	10	7	9	2	1

图 4.129

图 4.130 两个 16 阶最优化组合模板的最优化互补的特点如下。

①小四象限互补关系：图 4.130 左“自互补”4 阶“乱数”单元样本，上下象限各列为左右“反写”互补关系，而左右象限各行为上下“反写”互补关系，因此四象各 8 阶单元只具有行列图性质。图 4.130 右“自互补”4 阶“乱数”单元样本，上下象限各列为先左右“反写”、再上下“反写”互补关系（或者说旋转 180°），而左右象限各行为上下“反写”互补关系（即与图 4.130 左同），因此四象各 8 阶单元已具备非完全幻方性质。

②大四象限互补关系（两图相同）：在 4 个 8 阶单元的合成中，主要考虑建立泛对角线的互补关系，因此采用左右大象限相同及上下大象限做上下换位，由此得 16 阶最优化组合模板。

1	2	9	7	16	8	15	10	1	2	9	7	16	8	15	10
12	4	13	14	3	6	11	5	12	4	13	14	3	6	11	5
3	6	11	5	12	4	13	14	3	6	11	5	12	4	13	14
16	8	15	10	1	2	9	7	16	8	15	10	1	2	9	7
7	9	2	1	10	15	8	16	7	9	2	1	10	15	8	16
14	13	4	12	5	11	6	3	14	13	4	12	5	11	6	3
5	11	6	3	14	13	4	12	5	11	6	3	14	13	4	12
10	15	8	16	7	9	2	1	10	15	8	16	7	9	2	1
7	9	2	1	10	15	8	16	7	9	2	1	10	15	8	16
14	13	4	12	5	11	6	3	14	13	4	12	5	11	6	3
5	11	6	3	14	13	4	12	5	11	6	3	14	13	4	12
10	15	8	16	7	9	2	1	10	15	8	16	7	9	2	1
1	2	9	7	16	8	15	10	1	2	9	7	16	8	15	10
12	4	13	14	3	6	11	5	12	4	13	14	3	6	11	5
3	6	11	5	12	4	13	14	3	6	11	5	12	4	13	14
16	8	15	10	1	2	9	7	16	8	15	10	1	2	9	7

1	2	9	7	16	8	15	10	1	2	9	7	16	8	15	10
12	4	13	14	3	6	11	5	12	4	13	14	3	6	11	5
3	6	11	5	12	4	13	14	3	6	11	5	12	4	13	14
16	8	15	10	1	2	9	7	16	8	15	10	1	2	9	7
10	15	8	16	7	9	2	1	10	15	8	16	7	9	2	1
5	11	6	3	14	13	4	12	5	11	6	3	14	13	4	12
14	13	4	12	5	11	6	3	14	13	4	12	5	11	6	3
7	9	2	1	10	15	8	16	7	9	2	1	10	15	8	16
10	15	8	16	7	9	2	1	10	15	8	16	7	9	2	1
5	11	6	3	14	13	4	12	5	11	6	3	14	13	4	12
14	13	4	12	5	11	6	3	14	13	4	12	5	11	6	3
7	9	2	1	10	15	8	16	7	9	2	1	10	15	8	16
1	2	9	7	16	8	15	10	1	2	9	7	16	8	15	10
12	4	13	14	3	6	11	5	12	4	13	14	3	6	11	5
3	6	11	5	12	4	13	14	3	6	11	5	12	4	13	14
16	8	15	10	1	2	9	7	16	8	15	10	1	2	9	7

图 4.130

总之，这 3 款 16 阶最优化组合模板，展示了“自互补”4 阶“乱数”单元样本建立最优化互补关系组合方法的多样性。

第三例：20 阶最优化模板

以图 4.126“自互补”5 阶“乱数”单元为样本，制作图 4.131 所示一款 20 阶最优化组合模板，从 20 阶大四象限与 10 阶小四象限两个层次做互补关系分析如下。

①小四象限互补关系“自互补”5 阶“乱数”单元样本，左右象限为旋转 180° 互补关系，然后对角象限复制，因此即可建立 10 阶单元行、列、主对角线互补关系，从而形成了一款 10 阶非完全幻方。

②大四象限互补关系：在 4 个 10 阶单元的合成中，主要考虑建立泛对角线互补关系，因此采用左右大象限相同，上下大象限“反对”方法组合（即上下大象限做上下换位）。

3	2	1	16	9	23	24	25	10	17	3	2	1	16	9	23	24	25	10	17
4	5	14	21	18	22	15	12	11	8	4	5	14	21	18	22	15	12	11	8
7	6	13	20	19	19	20	13	6	7	7	6	13	20	19	19	20	13	6	7
8	11	12	15	22	18	21	14	5	4	8	11	12	15	22	18	21	14	5	4
17	10	25	24	23	9	16	1	2	3	17	10	25	24	23	9	16	1	2	3
23	24	25	10	17	3	2	1	16	9	23	24	25	10	17	3	2	1	16	9
22	15	12	11	8	4	5	14	21	18	22	15	12	11	8	4	5	14	21	18
19	20	13	6	7	7	6	13	20	19	19	20	13	6	7	7	6	13	20	19
18	21	14	5	4	8	11	12	15	22	18	21	14	5	4	8	11	12	15	22
9	16	1	2	3	17	10	25	24	23	9	16	1	2	3	17	10	25	24	23
23	24	25	10	17	3	2	1	16	9	23	24	25	10	17	3	2	1	16	9
22	15	12	11	8	4	5	14	21	18	22	15	12	11	8	4	5	14	21	18
19	20	13	6	7	7	6	13	20	19	19	20	13	6	7	7	6	13	20	19
18	21	14	5	4	8	11	12	15	22	18	21	14	5	4	8	11	12	15	22
9	16	1	2	3	17	10	25	24	23	9	16	1	2	3	17	10	25	24	23
3	2	1	16	9	23	24	25	10	17	3	2	1	16	9	23	24	25	10	17
4	5	14	21	18	22	15	12	11	8	4	5	14	21	18	22	15	12	11	8
7	6	13	20	19	19	20	13	6	7	7	6	13	20	19	19	20	13	6	7
8	11	12	15	22	18	21	14	5	4	8	11	12	15	22	18	21	14	5	4
17	10	25	24	23	9	16	1	2	3	17	10	25	24	23	9	16	1	2	3

图 4.131

总之，本例 20 阶最优化组合模板，只用两个同构体建模，展示了与众不同的一种最优化互补与组合方法。

2.“非互补”“乱数”单元最优化建模

第一例：12 阶最优化模板

本例以图4.127“非互补”3阶“乱数”单元为样本，制作两款12阶组合模板。

1	2	9	1	8	9	1	2	9	1	8	9
4	8	6	4	2	6	4	8	6	4	2	6
3	7	5	5	3	7	3	7	5	5	3	7
9	8	1	9	2	1	9	8	1	9	2	1
6	2	4	6	8	4	6	2	4	6	8	4
7	3	5	5	7	3	7	3	5	5	7	3
9	8	1	9	2	1	9	8	1	9	2	1
6	2	4	6	8	4	6	2	4	6	8	4
7	3	5	5	7	3	7	3	5	5	7	3
1	2	9	1	8	9	1	2	9	1	8	9
4	8	6	4	2	6	4	8	6	4	2	6
3	7	5	5	3	7	3	7	5	5	3	7

1	2	9	9	2	1	9	8	1	1	8	9
4	8	6	6	8	4	6	2	4	4	2	6
3	7	5	5	7	3	7	3	5	5	3	7
9	8	1	1	8	9	1	2	9	9	2	1
6	2	4	4	2	6	4	8	6	6	8	4
7	3	5	5	3	7	3	7	5	5	7	3
1	2	9	9	2	1	9	8	1	1	8	9
4	8	6	6	8	4	6	2	4	4	2	6
3	7	5	5	7	3	7	3	5	5	3	7
9	8	1	1	8	9	1	2	9	9	2	1
6	2	4	4	2	6	4	8	6	6	8	4
7	3	5	5	3	7	3	7	5	5	7	3

图 4.132

图4.132左建模特点：①小四象限互补关系：左右象限为互补异构体做“对折”互补；对角象限为左右“反写”关系，或者说上下象限做“同位”互补，因此各6阶单元具有行列图性质；②大四象限互补关系：左右大象限复制，上下大象限“反对”组合（即上下换位）。

图4.132右建模特点：①小四象限互补关系：左右象限为左右“反写”关系，对角象限为互补异构体做“对折”互补，或者说上下象限做“同位”互补，因此6阶单元只有各列“互补”的半行列图性质；②大四象限互补关系：上下大象限复制，左右两象限“对折”互补。

总之，由此两例表明：“非互补”3阶“乱数”单元样本的12阶最优化建模，不同于“自互补”3阶“乱数”单元样本，必须由与样本互补的一对异构体及该对异构体做“反写”，才有可能建成一个最优化12阶组合模板。

第二例：16 阶最优化模板

本例以图4.127“非互补”4阶“乱数”单元为样本，制作图4.133两款16阶最优化组合模板，并分析其16阶大四象限与8阶小四象限两个层次的最优化互补特点。

图4.133左建模特点：①小四象限互补关系：左右象限为互补异构体做“同位”互补；对角象限为复制关系，或者说上下象限亦做“同位”互补，因此各6阶单元具有行列图性质。②大四象限互补关系：左右大象限复制，上下大象限“反对”组合（即上下换位）。

图4.133右建模特点：①小四象限互补关系：左右象限为复制关系，对角象限为互补异构体做“同位”互补，或者说上下象限做“同位”互补，因此6阶单元各列与泛对角线具有“互补”关系。②大四象限互补关系：上下大象限复制，左右两象限“同位”互补。

11	5	9	13	6	12	8	4	11	5	9	13	6	12	8	4
2	3	7	1	15	14	10	16	2	3	7	1	15	14	10	16
4	6	14	12	13	11	3	5	4	6	14	12	13	11	3	5
16	8	15	10	1	9	2	7	16	8	15	10	1	9	2	7
6	12	8	4	11	5	9	13	6	12	8	4	11	5	9	13
15	14	10	16	2	3	7	1	15	14	10	16	2	3	7	1
13	11	3	5	4	6	14	12	13	11	3	5	4	6	14	12
1	9	2	7	16	8	15	10	1	9	2	7	16	8	15	10
6	12	8	4	11	5	9	13	6	12	8	4	11	5	9	13
15	14	10	16	2	3	7	1	15	14	10	16	2	3	7	1
13	11	3	5	4	6	14	12	13	11	3	5	4	6	14	12
1	9	2	7	16	8	15	10	1	9	2	7	16	8	15	10
11	5	9	13	6	12	8	4	11	5	9	13	6	12	8	4
2	3	7	1	15	14	10	16	2	3	7	1	15	14	10	16
4	6	14	12	13	11	3	5	4	6	14	12	13	11	3	5
16	8	15	10	1	9	2	7	16	8	15	10	1	9	2	7

11	5	9	13	11	5	9	13	6	12	8	4	6	12	8	4
2	3	7	1	2	3	7	1	15	14	10	16	15	14	10	16
4	6	14	12	4	6	14	12	13	11	3	5	13	11	3	5
16	8	15	10	16	8	15	10	1	9	2	7	1	9	2	7
6	12	8	4	6	12	8	4	11	5	9	13	11	5	9	13
15	14	10	16	15	14	10	16	2	3	7	1	2	3	7	1
13	11	3	5	13	11	3	5	4	6	14	12	4	6	14	12
1	9	2	7	1	9	2	7	16	8	15	10	16	8	15	10
11	5	9	13	11	5	9	13	6	12	8	4	6	12	8	4
2	3	7	1	2	3	7	1	15	14	10	16	15	14	10	16
4	6	14	12	4	6	14	12	13	11	3	5	13	11	3	5
16	8	15	10	16	8	15	10	1	9	2	7	1	9	2	7
6	12	8	4	6	12	8	4	11	5	9	13	11	5	9	13
15	14	10	16	15	14	10	16	2	3	7	1	2	3	7	1
13	11	3	5	13	11	3	5	4	6	14	12	4	6	14	12
1	9	2	7	1	9	2	7	16	8	15	10	16	8	15	10

图 4.133

总之，本两例展示了不同于上两例的最优化互补的建模方法。

第三例：20 阶最优化模板

以图 4.127“非互补”5 阶“乱数”单元为样本，制作图 4.134 一款 20 阶最优化模板，从大四象限与小四象限两个层次分析其建模特点如下。

①小四象限互补关系：左右象限为“非互补”5 阶“乱数”单元样本的“同位”互补异构体；对角象限以列的“反写”组建小四象，因此其 10 阶单元只有行具备互补关系。

②大四象限互补关系：在 4 个 10 阶单元的合成中主要考虑建立各列及泛对角线的全等互补关系，因此左右、上下大象限采用“反写”方法组合即可。

22	15	1	13	9	4	11	25	13	17	17	13	25	11	4	9	13	1	15	22
4	5	14	21	18	22	21	12	5	8	8	5	12	21	22	18	21	14	5	4
11	19	16	20	6	15	7	10	6	20	20	6	10	7	15	6	20	16	19	11
8	7	12	2	23	18	19	14	24	3	3	24	14	19	18	23	2	12	7	8
17	10	25	24	3	9	16	1	2	23	23	2	1	16	9	3	24	25	10	17
17	13	25	11	4	9	13	1	15	22	22	15	1	13	9	4	11	25	13	17
8	5	12	21	22	18	21	14	5	4	4	5	14	21	18	22	21	12	5	8
20	6	10	7	15	6	20	16	19	11	11	19	16	20	6	15	7	10	6	20
3	24	14	19	18	23	2	12	7	8	8	7	12	2	23	18	19	14	24	3
23	2	1	16	9	3	24	25	10	17	17	10	25	24	3	9	16	1	2	23
9	13	1	15	22	17	13	25	11	4	4	11	25	13	17	22	15	1	13	9
18	21	14	5	4	8	5	12	21	22	22	21	12	5	8	4	5	14	21	18
6	20	16	19	11	20	6	10	7	15	15	7	10	6	20	11	19	16	20	6
23	2	12	7	8	3	24	14	19	18	18	19	14	24	3	8	7	12	2	23
3	24	25	10	17	23	2	1	16	9	9	16	1	2	23	17	10	25	24	3
4	11	25	13	17	22	15	1	13	9	9	13	1	15	22	17	13	25	11	4
22	21	12	5	8	4	5	14	21	18	18	21	14	5	4	8	5	12	21	22
15	7	10	6	20	11	19	16	20	6	6	20	16	19	11	20	6	10	7	15
18	19	14	24	3	8	7	12	2	23	23	2	12	7	8	3	24	14	19	18
9	16	1	2	23	17	10	25	24	3	3	24	25	10	17	23	2	1	16	9

图 4.134

综上所述，“自互补”或“非互补”“乱数”单元最优化建模的基本区别在于：“自互补”“乱数”单元采用“反写”法以其一对或两对同构体互补；而“非互补”“乱数”单元采用“补数”法必须以其两对 4 个“反写”异构体互补。当然，这两种最优化互补法建模的组合机制相通，都贯彻“相反相成”法则，因而具有最优化幻方构图的广泛适用性。

二、最优化合成模板数字代入

$4k$ 阶最优化组合模板是以其 16 个 k 阶“乱数”单元表述的，因此必须以一幅已知 4 阶完全幻方为母本，按其序代入 1 至 $16k^2$ 自然数列的各式 16 组最优化配置方案，即可转化为 $4k$ 阶完全幻方。由于 k 阶“乱数”单元是杂乱无章的，因而在 $4k$ 阶完全幻方中，其“16 个 k 阶单元”已解散或者说消失，即不再是子母结构形式了。数字代入法简介如下。

①选择母本：任意一幅已知 4 阶完全幻方都可作为母本，其“1 ～ 16”数序决定 $4k$ 阶最优化模板中 16 个 k 阶“乱数”单元的“位序号”。

②分组方案：1 至 $16k^2$ 自然数列分解为 16 组，如常用的有等差式、等和式及奇偶式等千变万化的最优化配置方案。

③组别编号：最优化配置方案中以 16 组之和的大小为其“组序号”，若等和配置方案则以各组最小一数的大小为其“组序号”。

④对号入座：按“组序号”与“位序号”匹配关系，犹如对号入座，代入 $4k$ 阶最优化合成模板的 16 个 k 阶“乱数”单元，即得一幅 $4k$ 阶完全幻方。

1. “乱数”单元合成 12 阶完全幻方

图 4.135 这两幅 12 阶完全幻方，以明代陆深佩戴的“玉挂”为母本，两个等差配置方案按序分别代入由图 4.132 所示的两个 12 阶最优化模板而得。

40	24	13	43	27	13	14	126	110	1	113	97
56	72	88	59	75	91	62	78	94	49	65	81
8	120	10	11	123	10	46	30	14	33	17	12
14	29	45	13	18	34	10	119	7	10	124	12
93	77	61	82	66	50	87	71	55	92	76	60
10	125	13	98	114	2	13	23	39	14	28	44
35	19	13	48	32	14	9	121	10	6	118	10
51	67	83	64	80	96	57	73	89	54	70	86
3	115	99	16	128	112	41	25	13	38	22	13
13	26	42	13	21	37	10	116	4	111	127	15
90	74	58	85	69	53	84	68	52	95	79	63
10	122	10	10	117	5	13	20	36	14	31	47

66	65	72	93	92	99	12	125	118	7	8	1
67	68	69	94	95	96	12	122	12	6	5	4
64	71	70	91	98	97	12	119	12	9	2	3
117	110	111	18	11	12	55	62	61	10	107	106
114	113	112	15	14	13	58	59	60	10	104	105
115	116	10	16	17	10	57	56	63	10	101	108
21	20	27	13	137	14	79	80	73	52	53	46
22	23	24	13	140	14	78	77	76	51	50	49
19	26	25	13	143	14	81	74	75	54	47	48
90	83	84	45	38	39	28	35	34	12	134	133
87	86	85	42	41	40	31	32	33	13	131	132
88	89	82	43	44	37	30	29	36	12	128	135

图 4.135

图 4.136 这两幅 12 阶完全幻方，采用与上例相同的母本，按其序把两个等差配置方案分别代入图 4.132 所示的两个 12 阶最优化模板而得。

8	24	136	11	123	139	14	30	142	1	113	129
56	120	88	59	27	91	62	126	94	49	17	81
40	104	72	75	43	107	46	110	78	65	33	97
141	125	13	130	18	2	135	119	7	140	28	12
93	29	61	82	114	50	87	23	55	92	124	60
109	45	77	66	98	34	103	39	71	76	108	44
131	115	3	144	32	16	137	121	9	134	22	6
83	19	51	96	128	64	89	25	57	86	118	54
99	35	67	80	112	48	105	41	73	70	102	38
10	26	138	5	117	133	4	20	132	15	127	143
58	122	90	53	21	85	52	116	84	63	31	95
42	106	74	69	37	101	36	100	68	79	47	111

64	65	72	99	92	91	126	125	118	1	8	9
67	71	69	96	98	94	123	119	121	4	2	6
66	70	68	95	97	93	124	120	122	5	3	7
117	116	109	10	17	18	55	56	63	108	101	100
114	110	112	13	11	15	58	62	60	105	107	103
115	111	113	14	12	16	57	61	59	104	106	102
19	20	27	144	137	136	81	80	73	46	53	54
22	26	24	141	143	139	78	74	76	49	47	51
21	25	23	140	142	138	79	75	77	50	48	52
90	89	82	37	44	45	28	29	36	135	128	127
87	83	85	40	38	42	31	35	33	132	134	130
88	84	86	41	39	43	30	34	32	131	133	129

图 4.136

2. “乱数”单元合成 16 阶完全幻方

图 4.137 两幅 16 阶完全幻方，图 4.137 左以自然分段方案（最大公差），图 4.137 右以奇、偶两大序列自然分段配置方案，各按一幅已知 4 阶完全幻方作母本，各自代入图 4.130 两个“自互补”“乱数”单元合成 16 阶最优化模板而得。

65	66	73	71	176	168	175	170	209	210	217	215	64	56	63	58
76	68	77	78	163	166	171	165	220	212	221	222	51	54	59	53
67	70	75	69	172	164	173	174	211	214	219	213	60	52	61	62
80	72	79	74	161	162	169	167	224	216	223	218	49	50	57	55
247	249	242	241	26	31	24	32	103	105	98	97	138	143	136	144
254	253	244	252	21	27	22	19	110	109	100	108	133	139	134	131
245	251	246	243	30	29	20	28	101	107	102	99	142	141	132	140
250	255	248	256	23	25	18	17	106	111	104	112	135	137	130	129
39	41	34	33	202	207	200	208	183	185	178	177	90	95	88	96
46	45	36	44	197	203	198	195	190	189	180	188	85	91	86	83
37	43	38	35	206	205	196	204	181	187	182	179	94	93	84	92
42	47	40	48	199	201	194	193	186	191	184	192	87	89	82	81
145	146	153	151	128	120	127	122	1	2	9	7	240	232	239	234
156	148	157	158	115	118	123	117	12	4	13	14	227	230	235	229
147	150	155	149	124	116	125	126	3	6	11	5	236	228	237	238
160	152	159	154	113	114	121	119	16	8	15	10	225	226	233	231

1	3	17	13	255	239	253	243	130	132	146	142	128	112	126	116
23	7	25	27	229	235	245	233	152	136	154	156	102	108	118	106
5	11	21	9	247	231	249	251	134	140	150	138	120	104	122	124
31	15	29	19	225	227	241	237	160	144	158	148	98	100	114	110
180	190	176	192	78	82	68	66	51	61	47	63	205	209	195	193
170	182	172	166	92	90	72	88	41	53	43	37	219	217	199	215
188	186	168	184	74	86	76	70	59	57	39	55	201	213	203	197
174	178	164	162	84	94	80	96	45	49	35	33	211	221	207	223
115	125	111	127	141	145	131	129	244	254	240	256	14	18	4	2
105	117	107	101	155	153	135	151	234	246	236	230	28	26	8	24
123	121	103	119	137	149	139	133	252	250	232	248	10	22	12	6
109	113	99	97	147	157	143	159	238	242	228	226	20	30	16	32
194	196	210	206	64	48	62	52	65	67	81	77	191	175	189	179
216	200	218	220	38	44	54	42	87	71	89	91	165	171	181	169
198	204	214	202	56	40	58	60	69	75	85	73	183	167	185	187
224	208	222	212	34	36	50	46	95	79	93	83	161	163	177	173

图 4.137

图 4.138 是两幅“非互补”“乱数”单元合成的 16 阶完全幻方，其模板选自图 4.133，以两个已知 4 阶完全幻方为母本，按其数序一个代入最小公差分段方案，另一个代入奇、偶两大序列自然分段配置方案而得。

161	65	129	193	95	191	127	63	170	74	138	202	88	184	120	56
17	33	97	1	239	223	159	255	26	42	106	10	232	216	152	248
49	81	209	177	207	175	47	79	58	90	218	186	200	168	40	72
241	113	225	145	15	143	31	111	250	122	234	154	8	136	24	104
94	190	126	62	164	68	132	196	85	181	117	53	171	75	139	203
238	222	158	254	20	36	100	4	229	213	149	245	27	43	107	11
206	174	46	78	52	84	212	180	197	165	37	69	59	91	219	187
14	142	30	110	244	116	228	148	5	133	21	101	251	123	235	155
87	183	119	55	169	73	137	201	96	192	128	64	162	66	130	194
231	215	151	247	25	41	105	9	240	224	160	256	18	34	98	2
199	167	39	71	57	89	217	185	208	176	48	80	50	82	210	178
7	135	23	103	249	121	233	153	16	144	32	112	242	114	226	146
172	76	140	204	86	182	118	54	163	67	131	195	93	189	125	61
28	44	108	12	230	214	150	246	19	35	99	3	237	221	157	253
60	92	220	188	198	166	38	70	51	83	211	179	205	173	45	77
252	124	236	156	6	134	22	102	243	115	227	147	13	141	29	109

21	9	17	25	245	233	241	249	140	152	144	136	108	120	112	104
3	5	13	1	227	229	237	225	158	156	148	160	126	124	116	128
7	11	27	23	231	235	251	247	154	150	134	138	122	118	102	106
31	15	29	19	255	239	253	243	130	146	132	142	98	114	100	110
172	184	176	168	76	88	80	72	53	41	49	57	213	201	209	217
190	188	180	192	94	92	84	96	35	37	45	33	195	197	205	193
186	182	166	170	90	86	70	74	39	43	59	55	199	203	219	215
162	178	164	174	66	82	68	78	63	47	61	51	223	207	221	211
117	105	113	121	149	137	145	153	236	248	240	232	12	24	16	8
99	101	109	97	131	133	141	129	254	252	244	256	30	28	20	32
103	107	123	119	135	139	155	151	250	246	230	234	26	22	6	10
127	111	125	115	159	143	157	147	226	242	228	238	2	18	4	14
204	216	208	200	44	56	48	40	85	73	81	89	181	169	177	185
222	220	212	224	62	60	52	64	67	69	77	65	163	165	173	161
218	214	198	202	58	54	38	42	71	75	91	87	167	171	187	183
194	210	196	206	34	50	36	46	95	79	93	83	191	175	189	179

图 4.138

总而言之，“乱数”单元最优化“互补—模拟”组合技术具有非常强大的完全幻方构图与演绎功能，而且操作方法简易、直观，乃是“不规则”4*k*阶完全幻方体系中一项突破性的构图方法。由于*k*阶“乱数”单元可随机给出，因而此法在开辟“棋步幻方”“分形幻方”“汉字幻方”“一笔画幻方”等幻方新领域中立下了“汗马功劳”。

自然方阵最优化“互补—模拟”组合技术

所谓自然方阵，指自然数列按序编排的正方数阵，包括“Z”型“S”型及螺旋型自然方阵等。从数理关系而言属于“乱数”方阵范畴，仅因为排列有序而划分出来。

一、“Z”型自然方阵合成完全幻方

“Z”型自然方阵各行按自然数列顺序从左至右同向排列，其对称各行、各列之和“自互补”，中行、中列及泛对角线等和。根据这一组合特点，采用“反写”同构体方式即可建立“Z”型自然方阵之间的最优化互补关系。

本例以5阶“Z”型自然方阵为基本单元，其4个“反写”同构体合成一个最优化10阶单元，并由4个相同10阶单元再合成一个最优化20阶模板（略示）；然后，选择一幅已知4阶完全幻方为母本，模拟其数序把1～400自然数列代入 20 阶模板，即得一幅 20 阶完全幻方（图 4.139），其泛幻和“4010”。

1	2	3	4	5	371	372	373	374	375	226	227	228	229	230	196	197	198	199	200
10	9	8	7	6	370	369	368	367	366	235	234	233	232	231	195	194	193	192	191
11	12	13	14	15	361	362	363	364	365	236	237	238	239	340	186	187	188	189	190
20	19	18	17	16	360	359	358	357	356	245	244	243	242	241	185	184	183	182	181
21	22	23	24	25	351	352	353	354	355	246	247	248	249	250	176	177	178	179	180
330	329	328	327	326	100	99	98	97	96	105	104	103	102	101	275	274	273	272	271
331	332	333	334	335	91	92	93	94	95	106	107	108	109	110	266	267	268	269	270
340	339	338	337	336	90	89	88	87	86	115	114	113	112	111	265	264	263	262	261
341	342	343	344	345	81	82	83	84	85	116	117	118	119	120	256	257	258	259	260
350	349	348	347	346	80	79	78	77	76	125	124	123	122	121	255	254	253	252	251
151	152	153	154	155	221	222	223	224	225	376	377	378	379	380	46	47	48	49	50
160	159	158	157	156	220	219	218	217	216	385	384	383	382	381	45	44	43	42	41
161	162	163	164	165	211	212	213	214	215	386	387	388	389	390	36	37	38	39	40
170	169	168	167	166	210	209	208	207	206	395	394	393	392	391	35	34	33	32	31
171	172	173	174	175	201	202	203	204	205	396	397	398	399	400	26	27	28	29	30
280	279	278	277	276	150	149	148	147	146	55	54	53	52	51	325	324	323	322	321
281	282	283	284	285	141	142	143	144	145	56	57	58	59	60	316	317	318	319	320
290	289	288	287	286	140	139	138	137	136	65	64	63	62	61	315	314	313	312	311
291	292	293	294	295	131	132	133	134	135	66	67	68	69	70	306	307	308	309	310
300	299	298	297	296	130	129	128	127	126	75	74	73	72	71	305	304	303	302	301

图 4.139

二、“S”型自然方阵合成完全幻方

“S”型自然方阵各行按自然数列顺序来回反向排列，对称各行、各列之和“自互补”，中行、中列及泛对角线等和，这一组合特点与“Z”型自然方阵相同。

本例以 5 阶“S”型自然方阵为基本单元，也采用“反写”同构体方式合成一个最优化 10 阶单元，再由 4 个相同 10 阶单元合成一个最优化 20 阶模板（略示）；然后，选择一幅已知 4 阶完全幻方为母本，模拟其数序把 1 ～ 400 自然数列代入 20 阶模板，即得一幅 20 阶完全幻方（图 4.140），其泛幻和“4010”。

1	2	3	4	5	371	372	373	374	375	226	227	228	229	230	196	197	198	199	200
6	7	8	9	10	366	367	368	369	370	231	232	233	234	235	191	192	193	194	195
11	12	13	14	15	361	362	363	364	365	236	237	238	239	240	186	187	188	189	190
16	17	18	19	20	356	357	358	359	360	241	242	243	244	245	181	182	183	184	185
21	22	23	24	25	351	352	353	354	355	246	247	248	249	250	176	177	178	179	180
330	329	328	327	326	100	99	98	97	96	105	104	103	102	101	275	274	273	272	271
335	334	333	332	331	95	94	93	92	91	110	109	108	107	106	270	269	268	267	266
340	339	338	337	336	90	89	88	87	86	115	114	113	112	111	265	264	263	262	261
345	344	343	342	341	85	84	83	82	81	120	119	118	117	116	260	259	258	257	256
350	349	348	347	346	80	79	78	77	76	125	124	123	122	121	255	254	253	252	251
151	152	153	154	155	221	222	223	224	225	376	377	378	379	380	46	47	48	49	50
156	157	158	159	160	216	217	218	219	220	381	382	383	384	385	41	42	43	44	45
161	162	163	164	165	211	212	213	214	215	386	387	388	389	390	36	37	38	39	40
166	167	168	169	170	206	207	208	209	210	391	392	393	394	395	31	32	33	34	35
171	172	173	174	175	201	202	203	204	205	396	397	398	399	400	26	27	28	29	30
280	279	278	277	276	150	149	148	147	146	55	54	53	52	51	325	324	323	322	321
285	284	283	282	281	145	144	143	142	141	60	59	58	57	56	320	319	318	317	316
290	289	288	287	286	140	139	138	137	136	65	64	63	62	61	315	314	313	312	311
295	294	293	292	291	135	134	133	132	131	70	69	68	67	66	310	309	308	307	306
300	299	298	297	296	130	129	128	127	126	75	74	73	72	71	305	304	303	302	301

图 4.140

三、螺旋型自然方阵合成完全幻方

螺旋方阵按自然数列顺序绕圈排列，不论内旋还是外旋，不论左旋还是右旋，其对称行、列及对角线之和“非互补”。根据这一组合特点，采用“补数”异构体方式即可建立螺旋方阵之间的互补关系。

本例以5阶螺旋方阵为基本单元，首先小四象10阶单元以“补数”异构体建立行、列互补关系，其次大四象以“反对”方式建立泛对角线互补关系，得最优化20阶模板（略示）；然后，选择一幅已知4阶完全幻方为母本，模拟其数序把1～400自然数列代入20阶模板，即得一幅由16个等差5阶螺旋方阵合成的20阶完全幻方（图4.141）。

1	2	3	4	5	375	374	373	372	371	226	227	228	229	230	200	199	198	197	196
16	17	18	19	6	360	359	358	357	370	241	242	243	244	231	185	184	183	182	195
15	24	25	20	7	361	352	351	356	369	240	249	250	245	232	186	177	176	181	194
14	23	22	21	8	362	353	354	355	368	239	248	247	246	233	187	178	179	180	193
13	12	11	10	9	363	364	365	366	367	238	237	236	235	234	188	189	190	191	192
350	349	348	347	346	76	77	78	79	80	125	124	123	122	121	251	252	253	254	255
335	334	333	332	345	91	92	93	94	81	110	109	108	107	120	266	267	268	269	256
336	327	326	331	344	90	99	100	95	82	111	102	101	106	119	265	274	275	270	257
337	328	329	330	343	89	98	97	96	83	112	103	104	105	118	264	273	272	271	258
338	339	340	341	342	88	87	86	85	84	113	114	115	116	117	263	262	261	260	259
175	174	173	172	171	201	202	203	204	205	400	399	398	397	396	26	27	28	29	30
160	159	158	157	170	216	217	218	219	206	385	384	383	382	395	41	42	43	44	31
161	152	151	156	169	215	224	225	220	207	386	377	376	381	394	40	49	50	45	32
162	153	154	155	168	214	223	222	221	208	387	378	379	380	393	39	48	47	46	33
163	164	165	166	167	213	212	211	210	209	388	389	390	391	392	38	37	36	35	34
276	277	278	279	280	150	149	148	147	146	51	52	53	54	55	325	324	323	322	321
291	292	293	294	281	135	134	133	132	145	66	67	68	69	56	310	309	308	307	320
290	299	300	295	282	136	127	126	131	144	65	74	75	70	57	311	302	301	306	319
289	298	297	296	283	137	128	129	130	143	64	73	72	71	58	312	303	304	305	318
288	287	286	285	284	138	139	140	141	142	63	62	61	60	59	313	314	315	316	317

图4.141

行列图最优化“互补—模拟”组合技术

什么是行列图？指k行k列之和相等而两条主对角线不等和的k阶数阵。它是全排列k阶数阵中的一个重要部分，若按行列图两条不等和主对角线的相互关系可区分为如下两类：一类为“对角线互补”行列图；另一类为“对角线非互补”行列图。它们在最优化互补合成法中，建立互补关系的方式有所不同，简述如下。

一、对角线互补“行列图”合成完全幻方

以“对角线互补”4阶行列图为基本单元，首先其一对“反写”同构体便能合成最优化8阶单元，这是“Z”型自然方阵不能为之的一种组装方式；其次由4个相同8阶单元就可合成一个最优化16阶模板（图4.142左），因此整体最优化互补关系的建立方式又比“自互补”“乱数”单元简单得多了。

然后，选择一幅已知 4 阶完全幻方为母本，以其数序把 1 ～ 256 自然数列的等和分配方案代入 16 阶模板，即得一幅 16 阶完全幻方（图 4.142 右），泛幻和“2056”。它的结构特点：① 16 阶完全幻方内含 16 个全等 4 阶行列图；②每相邻 4 个 4 阶行列图合成一个 8 阶幻方，故 16 阶完全幻方内含 5 个 8 阶幻方，幻和全等于“1028”。

1	10	15	8	1	10	15	8	1	10	15	8	1	10	15	8
14	5	4	11	14	5	4	11	14	5	4	11	14	5	4	11
7	16	9	2	7	16	9	2	7	16	9	2	7	16	9	2
12	3	6	13	12	3	6	13	12	3	6	13	12	3	6	13
8	15	10	1	8	15	10	1	8	15	10	1	8	15	10	1
11	4	5	14	11	4	5	14	11	4	5	14	11	4	5	14
2	9	16	7	2	9	16	7	2	9	16	7	2	9	16	7
13	6	3	12	13	6	3	12	13	6	3	12	13	6	3	12
1	10	15	8	1	10	15	8	1	10	15	8	1	10	15	8
14	5	4	11	14	5	4	11	14	5	4	11	14	5	4	11
7	16	9	2	7	16	9	2	7	16	9	2	7	16	9	2
12	3	6	13	12	3	6	13	12	3	6	13	12	3	6	13
8	15	10	1	8	15	10	1	8	15	10	1	8	15	10	1
11	4	5	14	11	4	5	14	11	4	5	14	11	4	5	14
2	9	16	7	2	9	16	7	2	9	16	7	2	9	16	7
13	6	3	12	13	6	3	12	13	6	3	12	13	6	3	12

1	250	255	8	113	138	143	120	73	178	183	80	57	194	199	64
254	5	4	251	142	117	116	139	182	77	76	179	198	61	60	195
7	256	249	2	119	144	137	114	79	184	177	74	63	200	193	58
252	3	6	253	140	115	118	141	180	75	78	181	196	59	62	197
112	151	146	105	32	231	226	25	40	223	218	33	88	175	170	81
147	108	109	150	227	28	29	230	219	36	37	222	171	84	85	174
106	145	152	111	26	225	232	31	34	217	224	39	82	169	176	87
149	110	107	148	229	30	27	228	221	38	35	220	173	86	83	172
49	202	207	56	65	186	191	72	121	130	135	128	9	242	247	16
206	53	52	203	190	69	68	187	134	125	124	131	246	13	12	243
55	208	201	50	71	192	185	66	127	136	129	122	15	248	241	10
204	51	54	205	188	67	70	189	132	123	126	133	244	11	14	245
96	167	162	89	48	215	210	41	24	239	234	17	104	159	154	97
163	92	93	166	211	44	45	214	235	20	21	238	155	100	101	158
90	161	168	95	42	209	216	47	18	233	240	23	98	153	160	103
165	94	91	164	213	46	43	212	237	22	19	236	157	102	99	156

图 4.142

二、“对角线非互补”行列图互补合成完全幻方

本例以“对角线非互补”4 阶行列图为基本单元，首先以一对“补数”异构体互补方式合成最优化 8 阶单元，这是与“S”型自然方阵互补合成法有所区别的一种组装方式；其次由 4 个相同 8 阶单元合成最优化 16 阶模板（图 4.143 左），其建立二重次最优化互补关系又比“非互补”“乱数”方阵简单得多了。

然后，选择一幅已知 4 阶完全幻方为母本，以其数序把 1 ～ 256 自然数列的自然分段方案代入 16 阶模板，即得一幅 16 阶完全幻方（图 4.143 右），其泛幻和“2056”。它由 16 个等差 4 阶行列图合成。

1	10	8	15	1	10	8	15	1	10	8	15	1	10	8	15
5	14	11	4	5	14	11	4	5	14	11	4	5	14	11	4
16	7	9	2	16	7	9	2	16	7	9	2	16	7	9	2
12	3	6	13	12	3	6	13	12	3	6	13	12	3	6	13
16	7	9	2	16	7	9	2	16	7	9	2	16	7	9	2
12	3	6	13	12	3	6	13	12	3	6	13	12	3	6	13
1	10	8	15	1	10	8	15	1	10	8	15	1	10	8	15
5	14	11	4	5	14	11	4	5	14	11	4	5	14	11	4
1	10	8	15	1	10	8	15	1	10	8	15	1	10	8	15
5	14	11	4	5	14	11	4	5	14	11	4	5	14	11	4
16	7	9	2	16	7	9	2	16	7	9	2	16	7	9	2
12	3	6	13	12	3	6	13	12	3	6	13	12	3	6	13
16	7	9	2	16	7	9	2	16	7	9	2	16	7	9	2
12	3	6	13	12	3	6	13	12	3	6	13	12	3	6	13
1	10	8	15	1	10	8	15	1	10	8	15	1	10	8	15
5	14	11	4	5	14	11	4	5	14	11	4	5	14	11	4

1	10	8	15	225	234	232	239	145	154	152	159	113	122	120	127
5	14	11	4	229	238	235	228	149	158	155	148	117	126	123	116
16	7	9	2	240	231	233	226	160	151	153	146	128	119	121	114
12	3	6	13	236	227	230	237	156	147	150	157	124	115	118	125
224	215	217	210	64	55	57	50	80	71	73	66	176	167	169	162
220	211	214	221	60	51	54	61	76	67	70	77	172	163	166	173
209	218	216	223	49	58	56	63	65	74	72	79	161	170	168	175
213	222	219	212	53	62	59	52	69	78	75	68	165	174	171	164
97	106	104	111	129	138	136	143	241	250	248	255	17	26	24	31
101	110	107	100	133	142	139	132	245	254	251	244	21	30	27	20
112	103	105	98	144	135	137	130	256	247	249	242	32	23	25	18
108	99	102	109	140	131	134	141	252	243	246	253	28	19	22	29
192	183	185	178	96	87	89	82	48	39	41	34	208	199	201	194
188	179	182	189	92	83	86	93	44	35	38	45	204	195	198	205
177	186	184	191	81	90	88	95	33	42	40	47	193	202	200	207
181	190	187	180	85	94	91	84	37	46	43	36	197	206	203	196

图 4.143

另类幻方最优化“互补—模拟”组合技术

在另类幻方领域中有一部分是由 1 至 k^2 自然数列填制的非等和幻方，如“k 阶反幻方”“k 阶等差幻方”等，它们属于“乱数”方阵的两个特殊部分，运用最优化互补法同样可以构造 $4k$ 阶完全幻方。

一、“泛反幻方”合成 20 阶完全幻方

什么是泛反幻方？指全部行、全部列及泛对角线既不等和又不等差的“乱数”方阵，一反完全幻方之规矩，这倒也特别讨人喜爱。我以 5 阶完全反幻方为基本单元，采用最优化互补合成法构造一幅 20 阶完全幻方，岂不好玩？

图 4.144 左上就是本例 20 阶完全幻方的一个 5 阶完全反幻方基本单元，其 5 行、5 列、10 条泛对角线之和为：“43、45、46、49、50、55、58、59、60、62、64、66、67、68、72、73、77、80、95、109”。其余 15 个 5 阶完全反幻方单元依次递增“125”。因此，本例 20 阶完全幻方（泛幻和“4010”），由 16 个等差的 5 阶完全反幻方互补合成，可谓完全幻方领域中的一个难得之奇品。

1	2	21	20	23	375	374	355	356	353	226	227	246	245	248	200	199	180	181	178
15	4	3	22	18	361	372	373	354	358	240	229	228	247	243	186	197	198	179	183
12	13	5	6	24	364	363	371	370	352	237	238	230	231	249	189	188	196	195	177
11	14	7	8	19	365	362	369	368	357	236	239	232	233	244	190	187	194	193	182
16	17	9	10	25	360	359	367	366	351	241	242	234	235	250	185	184	192	191	176
350	349	330	331	328	76	77	96	95	98	125	124	105	106	103	251	252	271	270	273
336	347	348	329	333	90	79	78	97	93	111	122	123	104	108	265	254	253	272	268
339	338	346	345	327	87	88	80	81	99	114	113	121	120	102	262	263	255	256	274
340	337	344	343	332	86	89	82	83	94	115	112	119	118	107	261	264	257	258	269
335	334	342	341	326	91	92	84	85	100	110	109	117	116	101	266	267	259	260	275
175	174	155	156	153	201	202	221	220	223	400	399	380	381	378	26	27	46	45	48
161	172	173	154	158	215	204	203	222	218	386	397	398	379	383	40	29	28	47	43
164	163	171	170	152	212	213	205	206	224	389	388	396	395	377	37	38	30	31	49
165	162	169	168	157	211	214	207	208	219	390	387	394	393	382	36	39	32	33	44
160	159	167	166	151	216	217	209	210	225	385	384	392	391	376	41	42	34	35	50
276	277	296	295	298	150	149	130	131	128	51	52	71	70	73	325	324	305	306	303
290	279	278	297	293	136	147	148	129	133	65	54	53	72	68	311	322	323	304	308
287	288	280	281	299	139	138	146	145	127	62	63	55	56	74	314	313	321	320	302
286	289	282	283	294	140	137	144	143	132	61	64	57	58	69	315	312	319	318	307
291	292	284	285	300	135	134	142	141	126	66	67	59	60	75	310	309	317	316	301

图 4.144

二、“泛等差幻方”互补合成 20 阶完全幻方

什么是“泛等差幻方”？指全部行、全部列及左、右泛对角线之和分别形成同一条等差数列的另类幻方，它与等和完全幻方有异曲同工之妙（所谓等和完全

幻方，指全部行、全部列及泛对角线幻和之差为“0”）。现以 5 阶泛等差幻方为基本单元，采用最优化互补合成法构造一幅 20 阶完全幻方。

图 4.145 左上所示乃本例 20 阶完全幻方的一个 5 阶泛等差幻方基本单元，其 5 行、5 列、及左、右各 5 条泛对角线之和分别等于：“45，55，65，75，85”，由此形成 4 个相同的等差数列，公差“10”。其余 15 个 5 阶泛等差幻方的子幻和依次递增“125”，而等差关系不变。因此，本例 20 阶完全幻方（泛幻和“4010”），由 16 个等差的 5 阶泛等差幻方互补合成，可谓完全幻方领域中一个难得之奇品。

20	14	21	8	22	356	362	355	368	354	245	239	246	233	247	181	187	180	193	179
3	2	19	16	15	373	374	357	360	361	228	227	244	241	240	198	199	182	185	186
17	1	13	25	9	359	375	363	351	367	242	226	238	250	234	184	200	188	176	192
11	10	7	24	23	365	366	369	352	353	236	235	232	249	248	190	191	194	177	178
4	18	5	12	6	372	358	371	364	370	229	243	230	237	231	197	183	196	189	195
331	337	330	343	329	95	89	96	83	97	106	112	105	118	104	270	264	271	258	272
348	349	332	335	336	78	77	94	91	90	123	124	107	110	111	253	252	269	266	265
334	350	338	326	342	92	76	88	100	84	109	125	113	101	117	267	251	263	275	259
340	341	344	327	328	86	85	82	99	98	115	116	119	102	103	261	260	257	274	273
347	333	346	339	345	79	93	80	87	81	122	108	121	114	120	254	268	255	262	256
156	162	155	168	154	220	214	221	208	222	381	387	380	393	379	45	39	46	33	47
173	174	157	160	161	203	202	219	216	215	398	399	382	385	386	28	27	44	41	40
159	175	163	151	167	217	201	213	225	209	384	400	388	376	392	42	26	38	50	34
165	166	169	152	153	211	210	207	224	223	390	391	394	377	378	36	35	32	49	48
172	158	171	164	170	204	218	205	212	206	397	383	396	389	395	29	43	30	37	31
295	289	296	283	297	131	137	130	143	129	70	64	71	58	72	306	312	305	318	304
278	277	294	291	290	148	149	132	135	136	53	52	69	66	65	323	324	307	310	311
292	276	288	300	284	134	150	138	126	142	67	51	63	75	59	309	325	313	301	317
286	285	282	299	298	140	141	144	127	128	61	60	57	74	73	315	316	319	302	303
279	293	280	287	281	147	133	146	139	145	54	68	55	62	56	322	308	321	314	320

图 4.145

总之，运用最优化“互补—模拟”合成法的组合原理及其构图方法，凡由“1 至 k^2”自然数列所填写的 k 阶另类幻方，都能合成 $4k$ 阶完全幻方。其重要意义在于：五花八门的 k 阶另类幻方，以“互补—模拟”方式熔炼成完全幻方，这不仅促进了另类幻方的研发，同时也极大地丰富了完全幻方的数学内涵。

4k 阶完全幻方的表里置换法

完全幻方的基本性质：全部行、列与左、右泛对角线之和全等，数理关系“表里”一致。因而在完全幻方群中，个体与个体之间以各种方式与方法无不可相互转化，链接成一个复杂的有机整体，不存在“孤立”的个体。“表里”置换是研究个体之间相互转化的重要方面，其中奇数阶完全幻方的“表里”置换方法主要有“几何覆盖法”、杨辉口诀“周期编绎法”等，检索演绎功能比较强大（参见相关内容，不再赘述）。

偶数阶完全幻方的“表里”置换方法有简单的“对角线位移法”，举例如下。

如图 4.146 所示，已知一幅 8 阶完全幻方样本，沿着两条主对角线斜移，会产生与样本保持组合性质不变的两个新 8 阶完全幻方。

							2	61	7	64	3	60	6	57							
						56	15	52	10	49	14	53	11	56	15						
					62	1	58	5	63	8	59	4	62	1	58	5					
				13	51	16	55	12	50	9	54	13	51	16	55	12	50				
			43	20	46	17	42	21	47	24	43	20	46	17	42	21	47	24			
		33	30	37	27	40	31	36	26	33	30	37	27	40	31	36	26	33	30		
	23	48	19	44	22	41	18	45	23	48	19	44	22	41	18	45	23	48	19	44	
28	34	25	38	29	35	32	39	28	34	25	38	29	35	32	39	28	34	25	38	29	35

图 4.146

然后，参照“几何覆盖法”原理，这两斜排的图形可再按左、右与上、下 4 个方向斜移，样本行列重排，不计同构体 2×2×8 ＝ 32 幅 8 阶完全幻方异构体。

偶数阶完全幻方的另一种“表里”置换方法，俞润汝在《32 阶三次全息数方》中（参见《中国幻方》2006 年第 2 期）提出了独特的“行线变换”“列线变换”技术，原举例如下（图 4.147）。

28	8	43	55	17	13	34	62
35	63	20	16	42	54	25	5
61	33	14	18	56	44	7	27
6	26	53	41	15	19	64	36
48	52	31	3	37	57	22	10
23	11	40	60	30	2	45	49
9	21	58	38	4	32	51	47
50	46	1	29	59	39	12	24

样本

A_1	28	63	14	41	37	2	51	24
A_2	35	8	53	18	30	57	12	47
A_3	61	26	43	16	4	39	22	49
A_4	6	33	20	55	59	32	45	10
A_5	48	11	58	29	17	54	7	36
A_6	23	52	1	38	42	13	64	27
A_7	9	46	31	60	56	19	34	5
A_8	50	21	40	3	15	44	25	62

行线变换

28	8	43	55	17	13	34	62
63	35	16	20	54	42	5	25
14	18	61	33	7	27	56	44
41	53	26	6	36	64	19	15
37	57	22	10	48	52	31	3
2	30	49	45	11	23	60	40
51	47	4	32	58	38	9	21
24	12	39	59	29	1	46	50

列线变换

图 4.147

如图 4.147 所示，在“行线变换”中，左列不动，左主对角线变为 A_1 行，以及左次对角线变为 A_2 A_3 A_4 A_5……行的方法。“列线变换”同理。这种“表里”置换方法比主对角线斜移法复杂，结构发生了重组。据介绍，新幻方对样本的原组合性质保持完整记忆，而且每一数的变换在 64 个数位的就位次数相同，计变出 32 幅 8 阶完全幻方异构体。本“表里”置换方法适用于 2^k 阶完全幻方（$k \geqslant 2$）。总之，以上两种方法可交叉使用，可操作性强，解决了偶数阶完全幻方“表里”置换的问题。根据一幅已知完全幻方样本，就可以举一反三、顺藤摸瓜，重排重组，事半功倍。

第5篇 幻方及其最优化

千百年来，幻方从神秘、宗教到科学无不折射出人类智慧的灵光。幻方不仅是一道数学题，而且是精神产品。

幻方之父——杨辉，他从洛书源头出发，开辟了纵横图之先河，第一个以数学方法成功创作了10个阶次序列的幻方精品。从组合性质而言，幻方“等价”于自然方阵，这就是说自然方阵的泛对角线等和关系，若变之为行列等和关系就称之为幻方，因此两者互为表里关系。幻方结构比较松散，内部存在可随机定位的“乱数区”，所以非完全幻方研究的重点宜放在其内部子单元或逻辑片段的设计方面，精雕细刻，创作奇方异幻精品。

完全幻方源于幻方，而又高于幻方，乃是幻方发展的最优化形式。完全幻方“表里”如一，即其全部行列与泛对角线之和全等，“表里”转换组合性质不变，因此亦称之为最优化幻方。在浩瀚的幻方世界中，完全幻方群只占其极小一部分，却代表了幻方更高的最优化组合技术水平。因此，我主张把幻方与完全幻方划分开来，作为一个相对独立的算题进行专门研究。

藏传佛教与幻方

藏传佛教始于7世纪，俗称喇嘛教（意译：上师），归属于大乘教密宗派。起始于7世纪吐蕃王松赞干布时代。中兴藏传佛教的一位伟大人物——慧广法师，对僧人的教育主张："通达一切性空如幻方，获得中观正见。"喇嘛教与幻方结缘甚深。

一、喇嘛的挂饰、挂牌、宝玺

在藏传佛教中，幻方文化大行其道。右图展示了喇嘛常用的辟邪转运之挂饰、咒牌、玺印。这些物件的中央里三层相同：洛书九宫、八卦与十二生肖。反映了密宗开山祖师—莲花生大士，为慈悲众生因受时空不吉祥所生障难，特聚集"梵、藏、汉"三大佛教文化。

其中，"文殊九宫八卦护身符辟邪转运佛珠挂饰"外层装潢十分了得。据达哇扎西介绍：上方中央是佛教密乘主掌三族姓尊文殊、观音、普三大菩萨，右下方为时轮金刚，左下方为回遮咒轮等。总之，宇宙世界一切自在。

据达哇扎西介绍：佛法无边，破凶煞，镇宅安，息疾病，长善缘，报福德，百事皆宜，吉祥如意。一种寻求解脱穷苦、病痛、天灾与人祸的精神产品。

二、《大集》"配香法"幻方

刘英华在《〈时轮续〉四阶幻方实例研究》（《西藏研究》2015年第2期）中广征博引，研讨了古幻方的构图方法及其应用等，读后大开眼界。其中，6世纪印度Varahamihia所著《大集》的"配香法"与大藏经《丹珠尔》所载的"格份配香法"尤其令人关注。

“配香法”与“格份配香法”相同（表 5.1 已剔去原藏文），我猜想此“配香法”香料配比：拟分两个序列，故“1 ～ 8”数字用了两次，并做出了一个最佳配方（泛幻和“18”）。所配制的是藏药？还是食用调料？更可能是印度香或藏香，配料十分考究。

表 5.1

2 沉　香	3 藿　香	5 青木香	8 艾纳香
5 卮　子	8 香　附	2 白胶香	3 龙花鬓
4 苜蓿香	1 桂　皮	7 苓陵香	6 甘　松
7 白檀香	6 甲　香	4 松　脂	1 薰陆香

②	3	⑤	8
5	⑧	2	③
4	①	7	⑥
⑦	6	④	1

“配香法”序列

10	3	13	8
5	16	2	11
4	9	7	14
15	6	12	1

＋8（1）

2	11	5	16
13	8	10	3
12	1	15	6
7	14	4	9

＋8（2）

图 5.1

而我关心的是数字。首先，根据原等和数理结构，把表中用了两次的“1 ～ 8”数字分清序列，以带圈与不加圈两列区分（图 5.1 左）。其次，带圈者按数序加“8”；或者不加圈者也按数序加“8”，都变为“1 ～ 16”连续数（图 5.1 中、右）。奇迹出现了，产生了两个 4 阶完全幻方（泛幻和“34”）。诚然，“配香法”本义并非幻方，而是一个香料配方，但两者的数理原理相通。这个 6 世纪的药方子，为几百年后出世的 4 阶完全幻方提供了构图蓝本，再一次证明幻方的真正源头是科技与生产。

三、时轮幻方

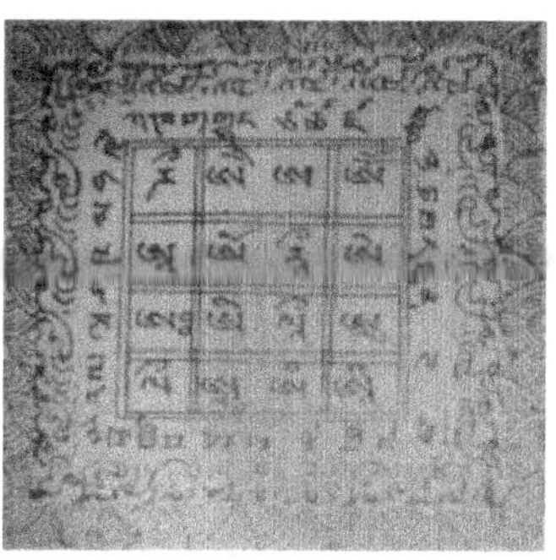

刘英华先生说：密宗经典《时轮续》是现存记载 4 阶完全幻方及其用途最早的梵语文献（左图）。《时轮续》成书年代无定论，但据藏文史书记载该书于 1027 年传入西藏，1029 年译为藏文。藏医古籍《仲泽白册》（成书于 14 世纪）绘制了用藏文字母翻写的一个护身符（右图）。两图书写文字虽然不同，但用阿拉伯数字表示是相同的 4 阶完全幻方，同时也与“耆那幻方”一样。问题来了，时轮幻方与耆那幻方孰先孰后呢？或者谁是原创谁是抄本？耆那幻方乃太苏庙门楣石刻，书写比时轮幻方简朴。太苏庙建于 10 世纪，耆那幻方旨在宣扬本教崇尚“正智、正信、正行”修三宝核心教义。一般不应用于预测分娩日期与助产等活动，所以我揣测，时轮幻方作为一个“护身符”，周边装饰华丽，似乎是耆那幻方一个特定的应用抄本。

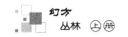

四、龙树幻方

刘英华先生介绍，据《Kakaaputa》记载一个名叫 Nagarjuna（龙树）的人做出了一个 4 阶完全幻方（泛幻和“100”），《Kakaaputa》的年代不详。该幻方用数一段为“6，10，…，34”，另一段为“16，20，…，40”，段内公差“4”，段间公差“10”（图 5.2 左）。

30	16	18	36
10	44	22	24
32	14	20	34
28	26	40	6

龙树幻方

→

7	9	4	14
2	16	5	11
13	3	10	8
12	6	15	1

还原

图 5.2

龙树幻方用数方式与“配香法”幻方有相似之处，格式稍有差异，为什么这样选择？原因不详。刘英华先生按这些数字的次第编写，把它还原为 4 阶完全幻方（泛幻和“34”），显然与耆那幻方不同（图 5.2 右）。

30	16	18	36
10	44	22	24
32	14	20	34
28	26	40	6

龙树幻方

→

15	1	12	6
10	8	13	3
5	11	2	16
4	14	7	9

还原

图 5.3

若与“配香法”幻方同法化简，“16，20，…，44”按顺序代之以“1 ～ 8”，“6，10，…，34”按顺序代之以“9 ～ 16”，则可得到另一幅 4 阶完全幻方（泛幻和“34”），与之前的不同（图 5.3 右）。

若按反序代入，则又可得两幅不同 4 阶完全幻方（图 5.4 中、右）。总之，像“龙树”这样的分段幻方，数字不重复，等和关系成立，属于 4 阶广义完全幻方，若要还原为“1 ～ 16”连续数幻方，存在多种可能安排。

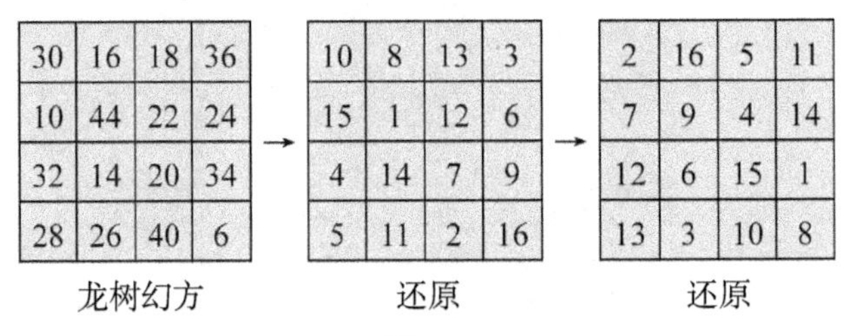

30	16	18	36
10	44	22	24
32	14	20	34
28	26	40	6

龙树幻方

→

10	8	13	3
15	1	12	6
4	14	7	9
5	11	2	16

还原

→

2	16	5	11
7	9	4	14
12	6	15	1
13	3	10	8

还原

图 5.4

总之，刘英华先生《〈时轮续〉四阶幻方实例研究》一文，对印度佛教、藏传佛教早期的幻方与完全幻方发展状况提供了宝贵资料，以及在分娩助产、印度香藏香配方的应用做了全面介绍。13 世纪前印度的幻方最优化构图技术相当高。

中印“玉、石”奇方——幻方最优化第一座里程碑

完全幻方最早的历史遗存，迄今所知为：一幅见于印度太苏庙门楣之“石匾”；另一幅见于中国伊斯兰教信徒佩戴的“玉挂”。这两幅都是4阶完全幻方（图5.5），其组合性质：4行、4列、8条泛对角线之和全等于“34”。这种全方位等和关系，突破了按洛书定义的幻方概念，从而树立了幻方向最优化发展的第一座里程碑。

8	11	14	1
13	2	7	12
3	16	9	6
10	5	4	15

中国古幻方

7	12	1	14
2	13	8	11
16	3	10	5
9	6	15	4

印度古幻方

图5.5

一、耆那幻方

印度“石匾”4阶完全幻方，早已名扬于天下。它是11—13世纪耆那教高徒的杰作，镌刻于太苏庙门楣，故又称之为“耆那幻方”（右图）。西方人曾因中国典籍中找不出完全幻方，凭耆那幻方而认定古印度的幻方技术领先于世。因此，印度人捧若神灵，顶礼膜拜，视之为稀世国宝。

为什么耆那幻方镌刻于太苏庙门楣？地位如此显耀，与耆那教崇尚以知识与操行达到灵魂的理想境界相吻合。因此，耆那幻方成了教徒们心目中信念与理想的象征。

【小资料】

耆那教始创于公元前8世纪，集大成者第24祖筏驮摩那王子，其弟子们尊称他为摩诃毗罗，即伟大的英雄，简称大雄。“耆那”（jaina）是由“jin”演变而来，其意为“战胜欲望的胜利者”，此教便由此而得名。耆那教有0.4%的居民信奉，教徒都为富商、厂主与名门望族。耆那教不讲究信神，持五戒（不杀、不欺、不盗、不堦、不私），修三宝（正智、正信、正行）。

二、“玉挂”幻方

中国“玉挂”4阶完全幻方，一直埋没于明代嘉靖伊斯兰教徒陆深墓穴，因

上海陆家嘴经济开发于 1969 年出土，从此得以重见天日。其正面镌刻着《古兰经》中的“清真言”：即“万物非主，唯有真宰，穆罕默德为其使者”古阿拉伯文；背面镌刻着由 16 个古阿拉伯数排成的正方数阵（右图）。近年，幸好被考古与数学家们识得这是一幅 4 阶完全幻方珍品，从此填补了我国古籍中找不出完全幻方的空白。

“玉挂”器物精美，玉质洁白，系和田羊脂，体呈长方形：长 3.6 厘米，通高 3.5 厘米，厚 0.75 厘米。上端有两贯耳，可系绳佩挂。“玉挂”上的那个完全幻方，其来历已无从详考，但从陆深身世中可略见一斑。据资料，陆深先祖世居甘肃华亭，曾祖父于明初（1368 年）入赘上海浦东。陆深在《豲山余话》中曾记载“甘肃地近西域，多回回杂处”，这段话似乎在回忆他祖上的往事。陆氏家族是来往于古丝绸之路的商贾大户，见多识广，从华亭迁移浦东，至陆深已是第四代定居了。陆深（1477—1544 年）才华出众，官至太常卿兼侍读，早已融入了汉族社会。无疑，陆深是秉承家族传统信奉伊斯兰教，他的那件一生不离身的“玉挂”，可能就是世代相传的家族信物与护身符。故而，“玉挂”拟为传承四代之古物。

“玉、石”两方的最优化组合结构有异曲同工之妙：“石匾”的四行就是“玉挂”的四象组合；“石匾”的四列就是“玉挂”的中宫、四角与四厢组合。总之，“玉、石”两方发现于两个不同的东方文明古国，但数理关系如此匹配，犹如同源之姊妹篇。

元代安西王府“铁板”幻方

1957 年在我国陕西元代安西王府废墟挖得一个石函，系 1273 年修建安西王府时压在房基下作为避邪、防灾的镇宅之宝。考古队员发现石函有 5 块铁板，其中一块铸有正方

28	4	3	31	35	10
36	**18**	**21**	**24**	**11**	1
7	**23**	**12**	**17**	**22**	30
8	**13**	**26**	**19**	**16**	29
5	**20**	**15**	**14**	**25**	32
27	33	34	6	2	9

图 5.6

排列的 36 个阿拉伯古数码，经夏鼐先生破译出来竟是一幅 6 阶幻方（图 5.6），这为研究元代社会文化、幻方组合技术提供了宝贵的历史资料。

据说“铁板”6 阶幻方是由西域人扎马鲁丁传入我国。这里还有一个故事：成吉思汗的孙子忙哥剌派旭烈兀西征巴格达，曾命他把中亚著名科学家纳速拉丁送回国内，结果旭烈兀改派精通天文的扎马鲁丁来安西王府从事历法或占星活动，所以大家猜测这块“铁板”6 阶幻方乃是扎马鲁丁带过来的东西。

关于“铁板”幻方的来历，存有三点疑问：其一，扎马鲁丁来安西王府之前，安西王府建造了没有？如果扎马鲁丁来之前安西王府已经存在，那么“铁板”幻方不可能是扎马鲁丁的作品。其二，安西王府镇宅之宝，由一个从巴格达（伊拉克首都，762 年为阿拉伯帝国都城，伊斯兰教中心）请来的外籍人代作，这似乎有失王府尊严，也不合常理。其三，如果说“铁板”幻方是扎马鲁丁带过来的占星工具，显然不适合被用作王府奠基石。历史的真相因考之不详变得遥远而模糊了。

在李伟元《幻方在中世纪阿拉伯地区多元发展》（参见《中国社会科学报》第 173 期）中有一段话：“1957 年，西安市郊内出土了阿拉伯学者扎马鲁丁在 1278 年为安西王阿难答推算历法期间所作的‘东阿拉伯数字’的铁制 6 阶纵横图，是 1273 年修建安西王府时埋藏的，当时认为埋下辟邪器物可以保护建筑物不受灾害。”显然，1278 年与 1273 年差 5 年，先建造的安西王府，怎么可能这块墙下的奠基石是迟来 5 年的扎马鲁丁的呢！

“铁板”幻方结构分析如下。

①6阶幻方(幻和“111”）正中央嵌着一个 4 阶完全幻方（泛幻和“74”),因而为“回”字型同心子母结构幻方。

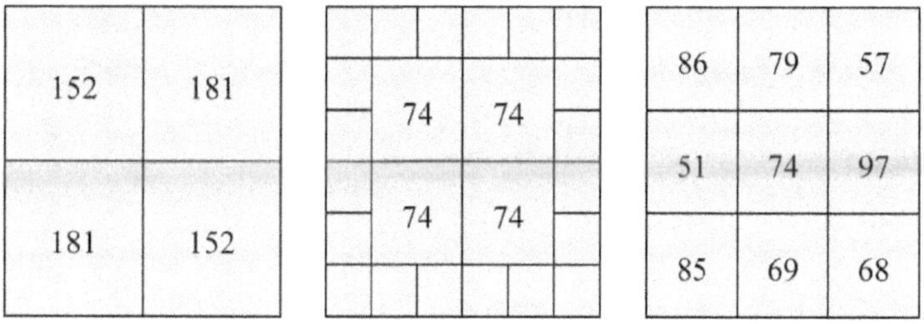

152	181
181	152

74	74
74	74

86	79	57
51	74	97
85	69	68

图 5.7

② 6 阶幻方四象关系：对角两象分别等和，相邻两象互补（图 5.7 左）。

③ 6 阶幻方九宫关系为 3 阶行列图结构（图 5.7 右）。

④正中央是 4 阶完全幻方，为四象全等组合态结构（图 5.7 中）。

总之，这个“铁板”6 阶幻方，反映了当初已掌握了幻方“回”字型子母结构组合方法，以及 6 阶幻方内部 4 阶子单元的最优化技术。这个 4 阶完全幻方的 16 个数，取自 1 ～ 36 自然数列的中段连续数列，若每个数减去“10”，即可显现其 4 阶完全幻方底板（图 5.8）。

无巧不成书，“铁板”幻方正中央4阶完全幻方的底板，与我国伊斯兰教信徒陆深佩戴的“玉挂”4阶完全幻方一模一样。这说明什么呢？“玉挂”幻方至迟为13世纪的作品。

18	21	24	11
23	12	17	22
13	26	19	16
20	15	14	25

→

8	11	14	1
13	2	7	12
3	16	9	6
10	5	4	15

图 5.8

在“铁板”幻方的同一时代，南宋大数学家杨辉1275年在他的《续古摘奇算经》创作了13幅“纵横图”，从3阶至10阶形成一个完整幻方序列，这是我国古籍中最早记载的幻方遗存，在当时具有世界领先地位。杨辉的子母幻方有3幅：一幅是5阶含3阶幻方，另一幅是7阶含3阶幻方，再一幅是8阶含4阶幻方，它们的母阶与子阶都为非完全幻方性质。因此，从幻方子母结构而言，杨辉站在前列，但从非完全幻方的局部最优化技术而言，“铁板”幻方技高一筹。

元代安西王府短短的兴衰历史，兴之轰轰烈烈，亡之凄凄惨惨，如过眼烟云。唯一原封不动的、被主人安西王忙哥剌埋在地基下的石函“铁板”幻方而今端端正正地陈列在陕西历史博物馆二楼展厅，接受千千万万中外游客参观。

【小资料】

安西王是元世祖忽必烈三子忙哥剌的封号。南宋咸淳八年（1272年），忙哥剌受命出镇长安，并将陕西路改为“安西路”，将五代的“新城”改为“奉元城”，咸淳九年大兴土木修建了此城。据安西王府城遗址考古勘察：城为长方形，周长2282米，东西各长603米，南为542米，北为534米，城的四角向外突出，安西王府的宫殿居城中心，西安人称“达王殿”或“斡儿垛”（蒙古语，即行宫的意思）。安西王忙哥剌统辖西北、西南大片地区，包括今陕西、四川、青海、甘肃、宁夏、西藏等省区全部，以及山西、云南、内蒙古等省区的部分地区。南宋德祐元年（1275年），意大利旅行家马可·波罗到达西安，为安西王府城所吸引，他在《马可波罗行记》中说，在一大平原中，周围有川湖泉水，高大墙垣环之，周围约五里。城内即大汗子国王忙哥剌之王宫所在，宫殿壮丽，房屋皆饰以彩画，外观由金叶、蔚蓝、大理石装点，布置之佳，罕有与比。此忙哥剌善治其国，颇受人民爱戴，军队驻扎宫之四围，游猎为乐。

据记载，大德十年（1306年）八月壬寅：“开城地震，坏王宫及官民庐舍，压死故秦王妃也里完等五千余人。”安西王府城一瞬间被摧毁于一场大地震。安西王这一封号延续三世。至元十七年（1280年）忙哥剌的长子阿难答继承安西王位，大德十一年（1307年）元成宗病死，阿难答企图夺取帝位，引发了一场内乱。历时37年的安西王在这次事件后虽未被废除，但长期无人承袭王位。16年后，至治三年（1323年）阿难答的儿子月鲁帖木儿袭封安西王，不久流放云南被杀，此止。

中世纪印度“佛莲”幻方

中世纪印度数学家纳拉亚讷设计的六边形“莲花佛座”堪称举世一绝。吴鹤龄在《幻方与素数》一书中对这朵神奇的“佛莲”做了两方面的精彩介绍：一方面是最优化数理结构；另一方面是莲花的美丽造型。这个六边形变幻多端，人们可以自由变换空间视觉，欣赏“莲花佛座”魔幻般变化。

一、“莲花佛座”简介

“莲花佛座”平面图是一个大正六边形，立体视图是一个大正方体，系 4×4×4 规格（图 5.9）。其内部以 1×1 规格的小菱形为基本单位，共划分成 48 个小菱形。

①正视：有数码为“2、23、41、38、32、11、35、5、14、44、20、47、29、26、8、17”对顶角连接的 16 个小菱形。

②右侧视：有数码为“1、24、42、37、31、12、36、6、13、43、19、48、30、25、7、18”对顶角连接的 16 个小菱形。

③左侧视：有数码为“3、22、40、39、33、10、34、4、15、45、21、46、28、27、9、16”对顶角连接的 16 个小菱形。

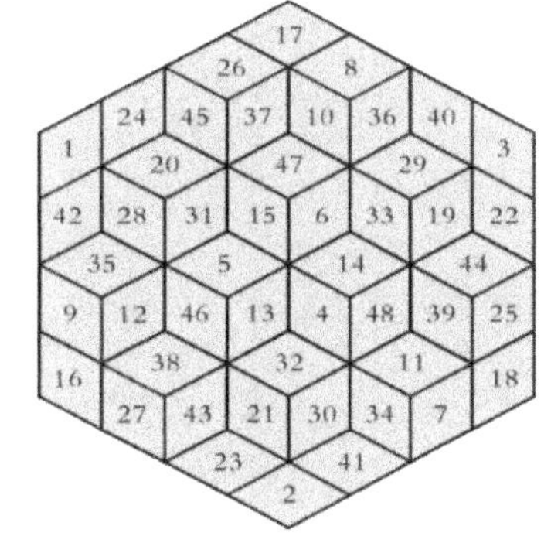

图 5.9

48 个小菱形由“1 ～ 48”自然数列编码。3 个不同视角的各 16 个小菱形上的数码之和相等。

“莲花佛座”平面图上有多少“1×1×1”规格的小立方体？除大正六边形各顶角的 6 个小菱形外，其余 42 个小菱形每相邻 3 个可构成一个小立方体（或者说小正六边形），实计 24 个“1×1×1”规格的小立方体。若从 3 个不同视角观察，在每一方向上都能看得到凹、凸转换的各 12 个小正方体。凹者可看见小正方体的“里三面”，凸者可看见小正方体的“表三面”，表里如一。大六边形各顶角的 6 个小菱形，在 24 个小立方体凹、凸转换之际，可视之为只能看见一个面的 6 个小立方体（其余两个面被遮挡，一个面也有立体感）。

“莲花佛座”平面图上有多少“2×2×2”规格的中正六边形？按完整划出六条边的计，实有 7 个“2×2×2”规格的中正六边形。每个中正六边形由 12 个小菱形，或者 3 个小立方体和 3 个小菱形镶嵌构成。

总之，纳拉亚讷设计的这个大正六边形，以小菱形为基本单位巧妙分割，所形成的小六边形、中六边形，凹凸小正方体图案，眨眼就变，令人眼花缭乱、目不暇接，视觉效果发挥到了极致。

二、“莲花佛座”数理结构

在大六边形中，以 1 ～ 48 自然数列怎样填入 48 个小菱形呢？纳拉亚讷独具匠心，事先编制 3 个 4 阶完全幻方，然后从 3 个不同视角巧妙填入 16 个小菱形（图 5.10），令人拍案叫绝。

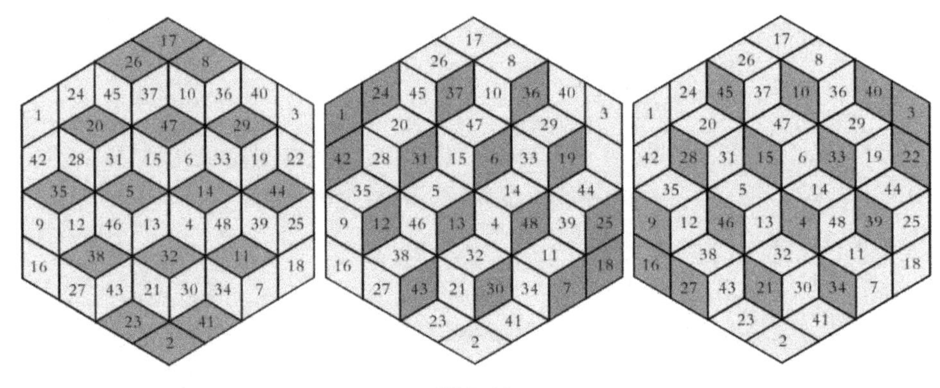

图 5.10

你能看见这 3 个 4 阶完全幻方吗？不那么容易看得见的。吴鹤龄先生介绍了一个绝招：他说从 3 个不同方向分别把小立方体压扁，只露出同方向 16 个小菱形内的 16 个数字（其余两个方向的 32 个小菱形的数字“压入纸内”），就构成了一个 4 阶完全幻方。

图 5.11 就是从“莲花佛座”中取出的 3 个 4 阶完全幻方，其组合特点如下。

a	1	6	7	12	13	18	19	24	25	30	31	36	37	42	43	48
b	2	5	8	11	14	17	20	23	26	29	32	35	38	41	44	47
c	3	4	9	10	15	16	21	22	27	28	33	34	39	40	45	46

1 ～ 48 自然数列 3 个 4 阶完全幻方最优化全等配置方案

18	7	30	43
25	48	13	12
19	6	31	42
36	37	24	1

a

17	8	29	44
26	47	14	11
20	5	32	41
35	38	32	2

b

16	9	28	45
27	46	15	10
21	4	33	40
34	39	22	3

c

6	3	10	15
9	16	5	4
7	2	11	14
12	13	8	1

底板

图 5.11

① 3 个 4 阶完全幻方全等配置方法，在 1 ～ 48 自然数列的 3×18 方阵上，采用“S”型曲线配置方案。

②3个4阶完全幻方组合性质，即4行、4列及8条泛对角线全等于幻和“98”。

③3个4阶完全幻方的转化关系，对应数位相互之间为“+1、-1”关系，因此执行同一构图底板。

这个4阶完全幻方底板，其行列配置既不同于“耆那幻方”，又不同于“陆深幻方”，因此为第三方案（注：4阶完全幻方的行列最优化配置方案，一共存在3种可能的配置状态，五六百年前先后全部出场了）。虽然，纳拉亚讷没有亮出这个4阶完全幻方底板，而以1～48自然数列“一分为三”，创作成3幅广义4阶完全幻方，他没有违反经典完全幻方游戏规则。同时，这个被我称之为“莲花佛座”的这个大六边形“三合一”4阶完全幻方，以一种诡异的形态编排，即“把小立方体压扁”方才露出真面目的排列方式，玩出了空前绝后的新花样。总之，中世纪印度数学家高超的4阶完全幻方组合技术及其巧夺天工的几何图形设计，不由得令人赞叹。

三、“莲花佛座”造型

佛座莲花怎么看呢？吴鹤龄先生说：“把它看做立体的莲花更为恰当，从3个不同方向看该莲花都是由16个花瓣所组成，也更符合莲花的实际情况。”他说自己与《非西方文化的科学、技术与医学史百科全书》（《Encyclopedia of the History Sciencce, Technology, and Medicine in Non-Western Cultures》, Kluwer Academic Publishers, 1997）一书中的说法不同，该书认为这朵莲花是由6个花瓣所组成的，但未指明如何划分6个花瓣。这真是有点看不懂了。

我对佛座莲花勾画出了3种款式，总体上都以3个4阶完全幻方6条主对角线交点为中心向6个方向散射，充分展现一朵佛座莲花的开放过程。

①图5.12右这朵莲花分3个层次：核心是由6个小菱形构成的星形莲蕊，对称小菱形之和“19”；中层是由6个小菱形构成的环形花苞，对称小菱形之和“79”；外层是由每两个小菱形合成的6个花瓣，对称花瓣之和“98”。总之，这朵莲花含苞欲放，24个小菱形数理结构对称、和谐、富有层次与立体感。

②图5.12中这朵莲花分2个层次：中央是一个中心六边形，内部由12个小菱形构成6个变幻小六边形，或者说6个小立方体，数理结构同上；外层沿中心六边形的6条边线展开，每边一朵大花瓣，各由5个小菱形构成2个变幻小六边形，或者说2个小立方体，对称大花瓣之和“275”。总之，这是一朵盛开的莲花，42个小菱形立体造型雍容华贵。

③图5.12左这朵莲花分3个层次：核心与中层，同右图；外层沿中心六边形6条边线展开，每边开放3个小菱形花瓣，周边环绕18个小花瓣，六边对称两组6个小花瓣之和“177”。这是一朵初开的三重莲花（30个小菱形），整体形象大气、错落有致。

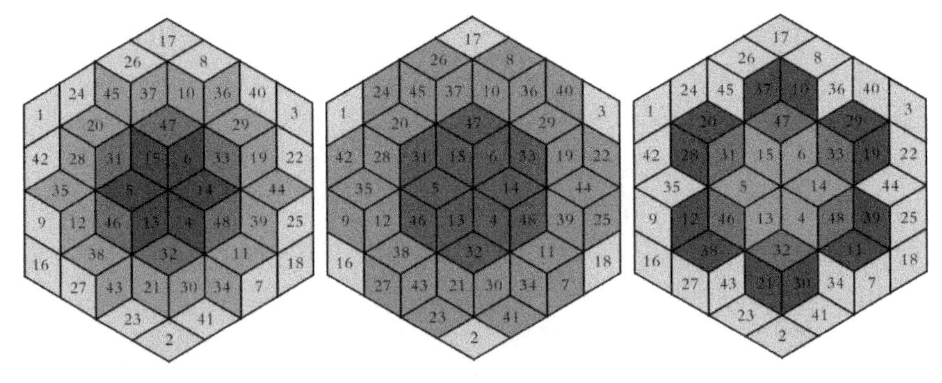

图 5.12

四、7 朵小莲花

纳拉亚讷设计的变幻正六边形，不同方向 48 个小菱形所能构造的几何图形相当多，我挑出其中颇有趣的 7 个星形图案，喻之为 7 朵盛开的 6 瓣小莲花（图 5.13）：中央有一朵，6 数之和“57”；周边环绕六朵，每对称两朵 12 数之和都等于“354”，反映了 3 个 4 阶完全幻方编组关系的高超技巧。这 7 朵小莲花忽隐忽显，富于动态之美。

纳拉亚讷杰作的一个最大启示：完全幻方游戏的趣味是内在的，而意境是外在的。没有内在的美，就没有趣味。没有外在的美，就没有创意与生命力。

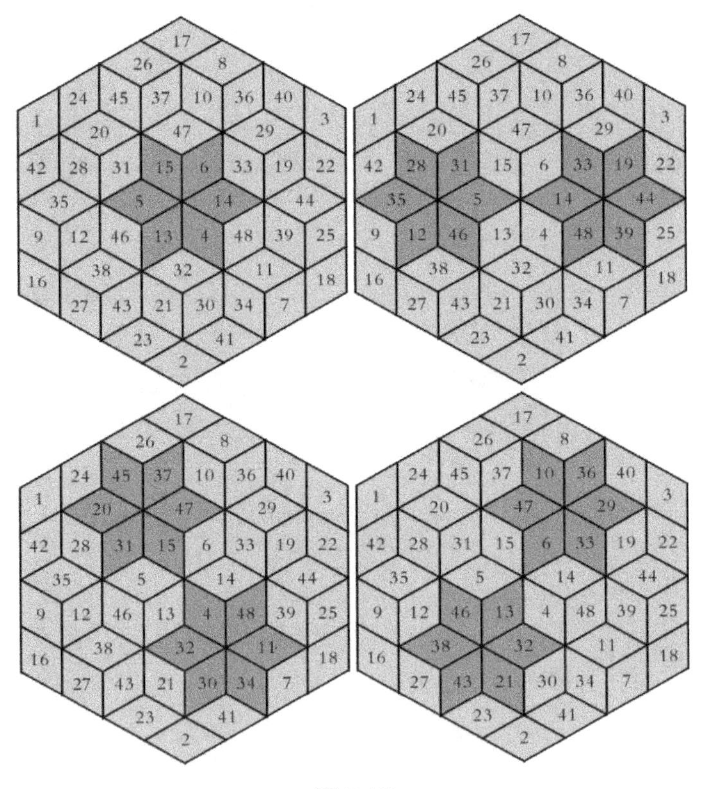

图 5.13

外销瓷盘“错版”幻方

曾拜读香港中文大学郑德坤《中国制造的伊斯兰幻方瓷器》(《中原文物》2003 年第 4 期)介绍的“瓷盘幻方”，如获至宝。明清时代，中国瓷盘装饰幻方，远销阿拉伯、东南亚与印度各国，为中外贸易、文化交流做出了特殊贡献。

据介绍，1906 年，英国女王玛丽访问印度时，在海德拉巴获赠一件正德年间(1506—1521 年)景德镇制造的伊斯兰风格瓷盘(精美白瓷，直径 20.6cm，花瓣口，镀金)。瓷盘图案正中央为一个 4 阶幻方，周围围绕着五圈阿拉伯文字，是来自《古兰经》“黄牛”(巴格勒)章及一些伊斯兰祈祷词中的颂词，表达赞颂真主、惩恶扬善的意义。瓷盘上的幻方不仅是装饰，可以给器物带来超自然力量，起着护符的作用，这种瓷盘应用于医疗、分娩助产(一种暗示，让孕妇放松的精神疗法)等场合。

48	56	55	46
54	42	47	52
43	56	49	46
50	45	44	52

错版幻方

44	54	55	41
49	47	46	52
45	51	50	48
56	42	43	53

何鹏友订正版

图 5.14

盘心数阵翻译成现代数字，并不符合幻方要求，可能是由于陶工不能准确书写古阿拉伯文，其“41 ～ 56”数字中，落掉“41，51，53”，而重复“46，52，56”(图 5.14 左)。马来西亚何鹏友教授对“错版”做了订正(图 5.14 右)，其幻和等于“194”，认为“它可能是拉塞尔幻方的变种”。

这个订正版若每个数字减“40”约简，即以“1 ～ 16”自然数表示，就可以看清它的底板如图 5.15 所示，乃是一个全中心对称 4 阶非完全幻方。

4	14	15	1
9	7	6	12
5	11	10	8
16	2	3	13

底板

图 5.15

但是，我觉得改动太大了，只有“55，52”两数在原位没有变化，而其他 14 个数几乎全部打乱，简直是重新组排了，这使人觉得这个订正太离谱。按常理说，景德镇陶工弄错少数几个古“阿拉伯”数字是有可能的(人民币、邮票尚有“错版”)。但是不至于如此大动干戈，弄得面目全非。难道当初外销瓷器没有质检部门把关？外商也没有认真验收？这似乎是不可能发生的事。鉴于此，我反倒怀疑起这个订正版的合理性了。

怎么对"瓷盘幻方"纠错呢？应尽可能保留没错的数位，合理纠正少改动。我的"错版"纠错方案如下。

"错版"瓷盘中第3行之和等于"194"，这一行是正确的。因此，该行中"56""46"两数拟不改动，而在第1行先抹去与此重复的两数。根据左起第2列及一条主对角线建立等和关系的可能性，填上原落掉的"51"与"41"两数比较合理。左起第4列重复最多，经上步调整后，还有两个"52"重复，必须删去其中一个"52"。按该列第4行及一条主对角线建立等和关系的要求，在删去的"52"空位，必须补上"55"，而此数是从第1行"拉下来"的；由此而腾出的位置，按第1行、第3列建立等和关系的要求，必须补上"54"，而此数是从第2行"移过来"的；由此又腾出的一个位置，代入原落掉的"53"，这就补全了"41～56"16个连续数。在这个修理过程中，尽可能地保留原来的组合结构机制，采用"综合平衡"方法，顺理成章地还原出了一个4阶完全幻方，泛幻和"194"（图5.16）。在这个新的复原版中有11个数字原封未动，而在何鹏友订正版中只有两个数字原封未动，显然较之更合理。

48	㊵56	㊵55	㊵46
㊵54	42	47	52
43	56	49	46
50	45	44	㊵52

纠错方案

48	51	54	41
53	42	47	52
43	56	49	46
50	45	44	55

瓷盘幻方复原

8	11	14	1
13	2	7	12
3	16	9	6
10	5	4	15

4阶完全幻方底板

图5.16

纠错后的瓷盘幻方，其约简为4阶完全幻方。这个底板竟与明代陆深墓穴中挖出的"玉挂"幻方一模一样。同时，元代安西王府废墟挖得的"铁板"幻方中央的4阶完全幻方底板也一模一样。这说明什么呢？在元明清时代，这个4阶完全幻方底板在中国、印度、东南亚、阿拉伯乃至欧洲等已广为传播与交流，并赋予它以"避邪护身""镇宅消灾""防疫催生""天文占星"的神奇魔力，在道教、佛教、伊斯兰教等各大宗教文化及东方神秘文化中频频露脸。

新加坡"幻方瓷盘"，是郑德坤教授1957年在新加坡休假时从艺术品市场淘得的一个古董。据介绍，此盘与海德拉巴瓷盘相似，尺寸略小，圆口，阿拉伯文书写草体，景德镇造。盘心幻方的"错版"与前不同，数字“42”与“44”重复，“43，48，53”落掉，多出了一个“57”。不过，古阿拉伯数字的古怪笔画，对于 16 世纪、18 世纪景德镇陶工师傅而言确实陌生，书写稍有不慎就会出错。“错版”，不免令人感到几分遗憾。

郑德坤教授另介绍了一个小号“幻方碗”与一个“幻方碟”，工艺较前粗糙，系福建窑出品，故被称之“退化幻方瓷盘”。为何“退化”呢？因为盘圈及盘心的阿拉伯古文不见了，代之以纹饰与符号。

陶工们书写阿拉伯古文确实比较困难，频频出错。大量“错版”幻方，当初肯定会遭到识货客商与用户的抱怨。然而，代之以象形图案不失为避免出错的一个明智之举。我关心的是瓷碟中央的“符号幻方”：它用了两个符号即“O”“«”各 8 个，其分布规矩，在各行各列上“O”与“«”相间排列，一边泛对角线清一色“O”，另一边泛对角线清一色“«”。这种整齐划一的布局，装饰效果不错，给人以神秘的莫名美感。

如果说“O”代表奇数，“«”代表偶数。那么，“41 ～ 56”或者“1 ～ 16”连续数，按八奇八偶代入这个瓷碟“符号幻方”，是否存在幻方解呢？据全体 880 幅 4 阶幻方群检索没有发现。但是如图 5.17 所示，在连续数的“S”型曲线排列状态下，会出现这个抽象的“符号幻方”，代表中国“龙”的形象。而在 4×4 规格中，模拟这个“符号幻方”，则可合成 16 阶完全幻方（参见本书相关内容）。

1	2	3	4
8	7	6	5
9	10	11	12
16	15	14	13

图 5.17

19 世纪，“幻方瓷盘”所谓的神奇魔力不再，在菲律宾、马来西亚、印度尼西亚、新加坡、印度与土耳其等，大量“幻方瓷盘”流入世界艺术品市场，被收藏家、博物馆收藏，平常不易看到更多的精品。

德国“A.度勒幻方”的解

德国A.度勒（1471—1528年）在他的版画《忧郁症》上有一幅4阶幻方（图5.18第4号幻方），其最后一行中间两位为“15”与“14”，若把这两个数连起来读即“1514”，可表示该画的创作年份。这幅4阶幻方与版画《忧郁症》一样著名。耶鲁大学数学系主任O.奥尔教授（1899—1968年）在《有趣的数论》（北京大学出版社，1985年2月）中介绍度勒这幅幻方时曾提出过一个有趣的问题：“当度勒做他的幻方时，他能否用其他幻方以同样的方式来标出这一年份？”针对这一问题，奥尔在书后“习题选解”中给出了另外两幅4阶幻方（图5.18第8、第16号幻方），显然这个答案并不完整。据我检索，度勒幻方的全部解共有32幅4阶幻方（包括上述3幅）。从结构分析，其中16幅为四象全等态4阶幻方，另外有16幅为四象消长态4阶幻方（图5.19），总之，这32幅幻方的组合性质都属于非完全幻方，现展示如下。

一、16幅四象全等态“度勒幻方”（第1～16号幻方，图5.18）

（1）

16	2	3	13
11	5	8	10
6	12	9	7
1	**15**	**14**	4

（2）

16	2	3	13
7	9	12	6
10	8	5	11
1	**15**	**14**	4

（3）

13	2	3	16
11	8	5	10
6	9	12	7
4	**15**	**14**	1

（4）

13	2	3	16
7	12	9	6
10	5	8	11
4	**15**	**14**	1

（5）

13	3	2	16
8	10	11	5
12	6	7	9
1	**15**	**14**	4

（6）

13	3	2	16
12	6	7	9
8	10	11	5
1	**15**	**14**	4

（7）

16	3	2	13
5	10	11	8
9	6	7	12
4	**15**	**14**	1

（8）

16	3	2	13
9	6	7	12
5	10	11	8
4	**15**	**14**	1

（9）

16	1	4	13
7	10	11	6
9	8	5	12
2	**15**	**14**	3

（10）

16	1	4	13
11	6	7	10
5	12	9	8
2	**15**	**14**	3

（11）

13	1	4	16
8	12	9	5
10	6	7	11
3	**15**	**14**	2

（12）

13	1	4	16
12	8	5	9
6	10	11	7
3	**15**	**14**	2

（13）

13	4	1	16
7	10	11	6
12	5	8	9
2	**15**	**14**	3

（14）

13	4	1	16
11	6	7	10
8	9	12	5
2	**15**	**14**	3

（15）

16	4	1	13
5	9	12	8
10	6	7	11
3	**15**	**14**	2

（16）

16	4	1	13
9	5	8	12
6	10	11	7
3	**15**	**14**	2

图5.18

二、16幅四象消长态“度勒幻方”（第17～32号幻方，图5.19）

16	2	3	13
10	5	8	11
7	12	9	6
1	**15**	**14**	4

（17）

16	2	3	13
6	9	12	7
11	8	5	10
1	**15**	**14**	4

（18）

16	2	3	13
5	8	11	10
12	9	6	7
1	**15**	**14**	4

（19）

16	2	3	13
7	6	9	12
10	11	8	5
1	**15**	**14**	4

（20）

16	2	3	13
10	8	11	5
7	9	6	12
1	**15**	**14**	4

（21）

16	2	3	13
12	6	9	7
5	11	8	10
1	**15**	**14**	4

（22）

13	2	3	16
10	8	5	11
7	9	12	6
4	**15**	**14**	1

（23）

13	2	3	16
6	12	9	7
11	5	8	10
4	**15**	**15**	1

（24）

13	2	3	16
10	11	8	5
7	6	9	12
4	**15**	**14**	1

（25）

13	2	3	16
12	9	6	7
5	8	11	10
4	**15**	**14**	1

（26）

13	2	3	16
5	11	8	10
12	6	9	7
4	**15**	**14**	1

（27）

13	2	3	16
7	9	6	12
10	8	11	5
4	**15**	**14**	1

（28）

16	1	4	13
11	8	9	6
5	10	7	12
2	**15**	**14**	3

（29）

16	1	4	13
5	8	9	12
11	10	7	6
2	**15**	**14**	3

（30）

13	1	4	16
12	10	7	5
6	8	9	11
3	**15**	**14**	2

（31）

13	1	4	16
6	10	7	11
12	8	9	5
3	**15**	**14**	2

（32）

图 5.19

【小资料】

德国著名画家 A.度勒（1471—1528年）的版画《忧郁症》（《Melencolia》）：画面的屋子里凌乱地堆放着许多毫无关联的杂物，一个孤独的天使托腮沉思，脑海里满是稀奇古怪的、异想天开的、冥思苦想的东西，而墙上就挂着这幅 4 阶幻方，其横向、纵向、对角线之和都等于“34”。

这幅版画令幻方痴迷者们感慨万分。历史上的许多数学家都有过疯狂、古怪、孤僻、忧郁的生活行为，英国数学家 J. E. Littlewood（1885—1977 年）曾说：“数学是项危险的事业，相当比例的数学家都疯了。”

18 世纪欧博会“地砖”幻方

据资料，18 世纪欧洲世界博览会大厅用 150 块正方形花岗石地砖铺设，每块地砖上都刻印着一个阿拉伯数字，排列似乎显得杂乱无章。但参观博览会的人们惊奇地发现：不论你从哪一个所在位置起步，也不管你从横向、纵向或者斜向走过来，一条直线上你所踏过的 5 块地砖，其 5 个数字之和一定等于“65”（图 5.20）。

不难想象，当初在这个博览会大厅里，熙熙攘攘的人群，脚踏地砖，数着数，穿梭于大厅的一番热闹、欢乐场景。后来，终究被聪明人揭示了这些地砖数字的奥秘：这是由 1 ～ 25 自然数列制作的 5 阶完全幻方，而且按 3×2 规格即 6 幅相同 5 阶完全幻方重复联排而成的一个魔幻矩阵。

1	15	24	8	17	1	15	24	8	17	1	15	24	8	17
23	7	16	5	14	23	7	16	5	14	23	7	16	5	14
20	4	13	22	6	20	4	13	22	6	20	4	13	22	6
12	21	10	19	3	12	21	10	19	3	12	21	10	19	3
9	18	2	11	25	9	18	2	11	25	9	18	2	11	25
1	15	24	8	17	1	15	24	8	17	1	15	24	8	17
23	7	16	5	14	23	7	16	5	14	23	7	16	5	14
20	4	13	22	6	20	4	13	22	6	20	4	13	22	6
12	21	10	19	3	12	21	10	19	3	12	21	10	19	3
9	18	2	11	25	9	18	2	11	25	9	18	2	11	25

图 5.20

5 阶完全幻方登堂入室，一方面反映了完全幻方的知识性、游戏性与趣味性，有引人着魔的魅力；另一方面说明世博会已办成了“经济、科技、贸易与文化的奥林匹克盛会”。当初，设计师们用这个“5 阶完全幻方魔幻矩阵”装潢博览会大厅，非常大胆、富于创意。我揣想：

其一，旨在营造一个轻松、欢快、热闹的游戏氛围，凝聚参展、参观人气。这对于传统生意场上的唯利是图、尔虞我诈、你死我活的竞争是一种放松或淡化。经验证明：在情绪高涨、心情愉快气氛下，双方好说话，谈判、签约比较容易成功。谈判桌上，一贯冷若冰霜、不到最后一分钟不表态的精明商人，也许也因此会调整其心态与商业习惯。

其二，旨在宣扬市场经济法则，即自由贸易的机会均等、自愿、等价、公平、公正、公开、双赢原则。总之，设计师们匠心独具，把“5 阶完全幻方魔幻矩阵”全方位等和关系，与一种全新的贸易文化理念融会贯通了，开了完全幻方游戏在商业领域实际应用之先河。

【小资料】

博览会的雏形起源于中世纪欧洲商人的定期集市。19世纪中叶，英国完成工业革命和殖民主义扩张，成为世界头等强国。为了显示其伟大和自豪，于1851年在伦敦海德公园建造了一座新颖、独特的大空间“水晶宫”建筑，举办了一次盛况空前的世界“集市”，取名为Great Exhibition。自此，国际社会从简单的产品交易转变到工业时代的技术交流和文明成果展示，因为这一划时代的创举，伦敦“集市”被世人确认为首届世界博览会。时至今日，世界博览会不再只是技术和商品的展示，她以广阔的胸襟，融人类创造的一切文明成果于一炉，伴以精彩纷呈的文艺表演，富有魅力的壮观景色，设置日常生活中无法体验的、充满喜庆节日气氛的空间，成为各种技术交流、学术研讨、旅游观光、娱乐和消遣的理想场所。

幻方之父——宋代杨辉幻方序列

南宋数学家杨辉是深入研究《周易》九宫算法的开山宗师，第一次从数学方法角度解开了河图、洛书之神秘谜团。1275年在《续古摘奇算经》中，记录了他创作的13幅“纵横图”，从3阶至10阶形成了一个完整的幻方序列，无论在构图方法，还是在组合结构创新等方面都具有领先地位。杨辉不愧为幻方之父。

一、3阶幻方

什么是洛书？在先儒纷争“洛书本源”不可开交之际，杨辉从数学角度揭示了洛书组合原理及其构图方法，他写道：“九子斜排，上下对易，左右相更，四维挺进。”这就是著名的杨辉口诀。洛书是什么呢？洛书者九宫，其组合性质3行、3列及2条主对角线等和于“15”，即3阶幻方。从此确立了幻方组合算题起源于洛书的历史地位。杨辉口诀是“规则”奇数阶幻方的一个通解构图法，任何一个奇数阶自然方阵由杨辉口诀可转换成一个非完全幻方。迄今为止，在各式各样的奇数阶非完全幻方构图法中，没有哪一种方法比杨辉口诀更具强大的构图、检索、计数功能。

二、4阶幻方

杨辉创作的“阴阳”两幅4阶幻方（图5.21），其中阴图的构图方法：“以十六子次第做四行排列。先外四角对换：一换十六，四换十三；后内

2	16	13	3
11	5	8	10
7	9	12	6
14	4	1	15

阳图

4	9	5	16
14	7	11	2
15	6	10	3
1	12	8	13

阴图

图5.21

四角对换：六换十一，七换十。”这一方法可称之为杨辉“易换术”，与他的“上下对易，左右相更，四维挺进”口诀有异曲同工之妙，堪称幻方构图法的姊妹篇，它适用于全部“规则”4k阶幻方构图（$k \geqslant 1$）。

阳图如何构图呢？一直鲜为人知，其实阴阳两图同法（图5.22）。若两幅4阶幻方的主对角线旋转180°，便各自还原为4阶自然方阵，其中阳图是变位4阶自然方阵（即4阶自然方阵两半对合）。由此推断：若给出全部变位4阶自然方阵，杨辉“易换术”可求解全部4阶非完全幻方。当杨辉“易换术”推广于规则4k阶（$k > 1$）非完全幻方领域时，这一推断同样正确。杨辉两幅4阶幻方都是全中心对称组合结构，数理非常美。

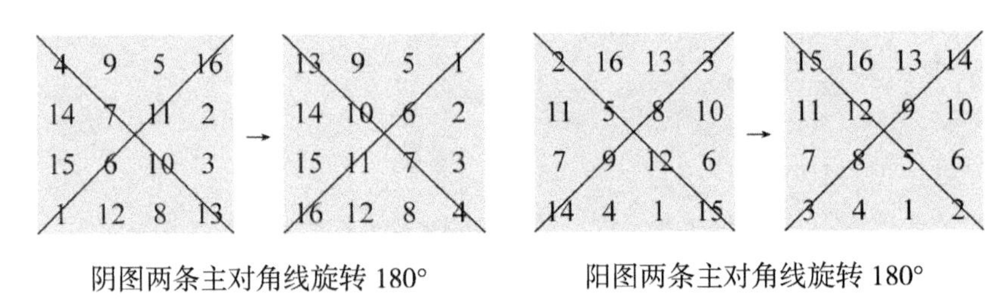

阴图两条主对角线旋转 180°　　阳图两条主对角线旋转 180°

图 5.22

三、5阶幻方

杨辉创作了阴、阳两幅5阶幻方（图5.23），其中阴图由9～33连续数列填写，不知何故？其实减“8”即变为由1～25自然数列所构造的经典5阶幻方。

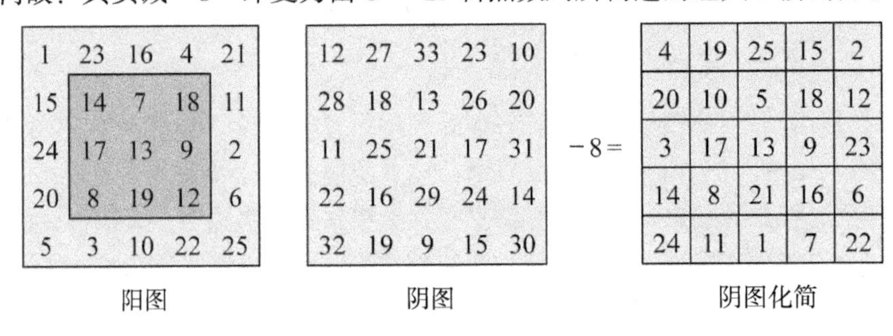

阳图　　阴图　　阴图化简

图 5.23

杨辉两幅5阶幻方的微观结构：阴图成对数组全中心对称组合，结构非常美；阳图主对角线与纵横轴为成对数组中心对称，而边厢为轴对称组合结构，中央又镶嵌3阶子幻方，乃是一幅“回”字型同心幻方精品。

杨辉的构图方法是什么呢？经杨辉口诀还原，这两幅5阶幻方都不是变位5阶自然方阵，因此其逻辑形式为“不规则”结构（图5.24）。由此说明：杨辉没有沿用他的口诀法来构造5阶幻方，而是另辟蹊径创作了一幅“不规则”5阶幻方。

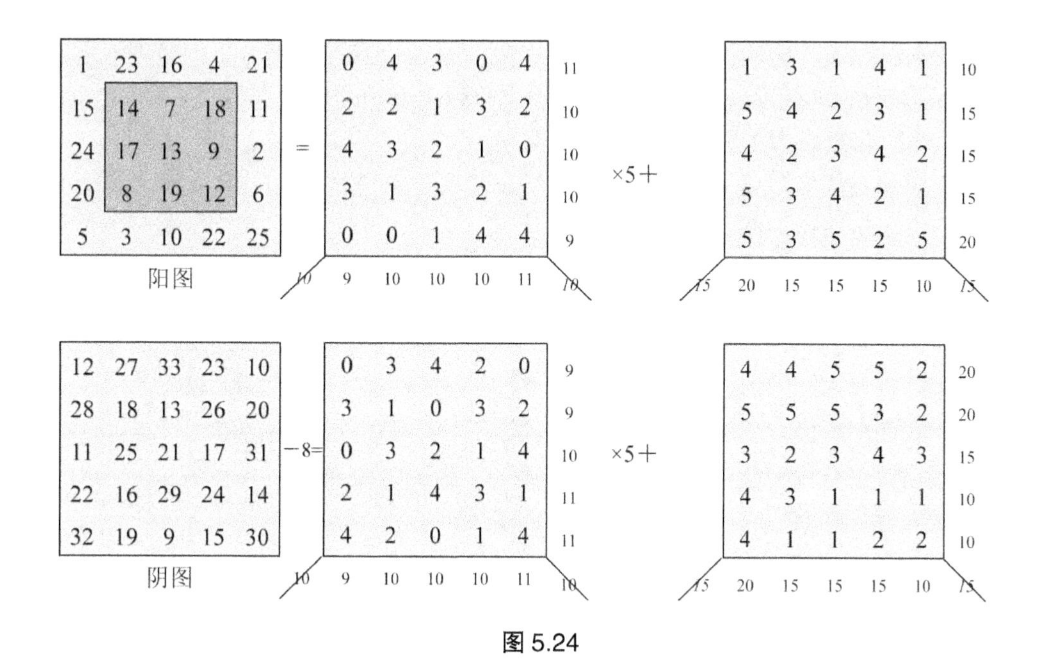

图 5.24

图 5.24 是杨辉两幅 5 阶幻方的“商—余”正交方阵，可见其行列编码无序、非逻辑形式与不等和性质，两方阵必须做互补“整合”，才能实现行、列、对角线的等和关系。迄今，“不规则”幻方尚没有批量构造、检索、演绎的有效构图方法，一般靠经验与手工操作取得。

四、6 阶幻方

从“商—余”正交方阵而言，6 阶单偶数幻方“天生”不规则。杨辉创作了“阴阳”两幅 6 阶幻方（图 5.25），其结构的主要特点是：两图“井”字型结构与“田”字型结构的组合态相同，这就是说杨辉对“阴阳”两图有统一的精心设计。

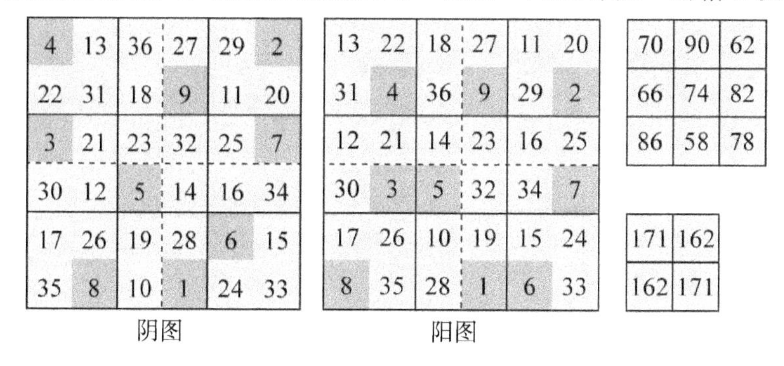

图 5.25

据分析，“阴阳”两图的九宫都为连续分段式配置，即把 1 ～ 36 自然数列按序分成四段，每段九数又按洛书九宫分配，且模拟 4 个“洛书”各按一定章法“错综镶嵌”定位。“阴阳”两图九宫错综镶嵌的具体位置互不相同，但所形成的九宫对应2阶子单元配置又一一相同。阴图成对数组为全中心对称组合，划一齐整；而阳图中成对数组为不对称组合，纵横交错。

杨辉是一代大数学家，6阶不规则幻方自有他的构图绝招。在现在来说，我建立的构图功能强大的2阶单元九宫合成法，无不受到杨辉“阴阳”两幅6阶幻方的启示。

五、7阶幻方

杨辉创作的“阴阳”两幅7阶幻方（图5.26），按“商—余”正交方阵而言，也是“不规则”幻方。这两幅7阶幻方的微观结构：阴图成对数组为全中心对称组合，结构比阳图更美；阳图成对数组在主对角线、中行中列为中心对称，边厢为轴对称组合结构，中央又镶嵌全奇数3阶子幻方（取7阶自然方阵中央一个斜置3阶单元），此乃“回”字型同心幻方精品，这与两幅5阶幻方的微观结构类同。

46	8	16	20	29	7	49
3	40	35	36	18	41	2
44	12	33	23	19	38	6
28	26	11	25	39	24	22
5	37	31	27	17	13	45
48	9	15	14	32	10	47
1	43	34	30	21	42	4

阳图

4	43	40	49	16	21	2
44	8	33	9	36	15	30
38	19	26	11	27	22	32
3	13	5	25	45	37	47
18	28	23	39	24	31	12
20	35	14	41	17	42	6
48	29	34	1	10	7	46

阴图

图5.26

六、8阶幻方

杨辉创作的“阴阳”两幅8阶幻方（图5.27），从其子母结构分解可知：两者16个2阶子单元都等和，因而四象各为全等组合形态，显然这两幅都是“规则”8阶幻方，现分述如下。

61	4	3	62	2	63	64	1
52	13	14	51	15	50	49	16
45	20	19	46	18	47	48	17
36	29	30	35	31	34	33	32
5	60	59	6	58	7	8	57
12	53	54	11	55	10	9	56
21	44	43	22	42	23	24	41
28	37	38	27	39	26	25	40

阳图

61	3	2	64	57	7	6	60
12	54	55	9	16	50	51	13
20	46	47	17	24	42	43	21
37	27	26	40	33	31	30	36
29	35	34	32	25	39	38	28
44	22	23	41	48	18	19	45
52	14	15	49	56	10	11	53
5	59	58	8	1	63	62	4

阴图

130	130	130	130
130	130	130	130
130	130	130	130
130	130	130	130

520	520
520	520

图5.27

其中阴图子母阶组合性质：由4个全等4阶行列图合成8阶非完全幻方；中

央 4 阶子幻方成立；同时阴图成对数组为全中心对称组合结构。这对于偶数阶幻方而言，是非常难得的安排，不愧为我国 800 多年前的一幅稀世珍品。

阳图由于每个 2 阶子单元内为成对数组匹配，故已不可能具备中心对称或轴对称结构特征，但数字造型非常美，如左起第 2、第 3 列与第 6、第 7 列横向为连续两数，“左摇右摆”富有动感，构图巧妙，堪称一幅奇方异幻。杨辉如何制作这两幅 8 阶幻方的呢？

1. 杨辉 8 阶幻方“阴图”制作方法

本例与 4 阶幻方“阳图”同法，即以 8 阶自然方阵纵向对合，四象划出各 4 阶单元的全部主对角线（图 5.28），然而同步顺时针旋转 180°，一步到位，即得杨辉 8 阶幻方“阴图”。

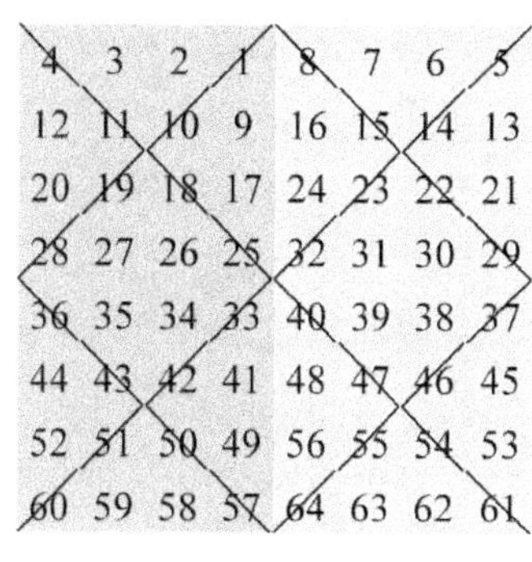

图 5.28

4 阶幻方“阴图”，8 阶幻方“阴图”，为什么同称之“阴图”呢？两图的微观结构又何等相似，经仔细分辨，忽然恍悟，都是以“对合变位自然方阵”为样本，采用一步到位的“易换术”构图。我想这一次无疑说准了。此时，我的心情确实非常激动、兴奋，同时由衷赞叹这位南宋大数学家杨辉的超常智慧。

2. 杨辉 8 阶幻方“阳图”制作方法

杨辉如何制作他的 8 阶幻方“阳图”的呢？“规则”幻方的构图方法比较多，说不准杨辉究竟采用了什么做法。我揣度如下（图 5.29）。

8	7	6	5	4	3	2	1
9	10	11	12	13	14	15	16
24	23	22	21	20	19	18	17
25	26	27	28	29	30	31	32
40	39	38	37	36	35	34	33
41	42	43	44	45	46	47	48
56	55	54	53	52	51	50	49
57	58	59	60	61	62	63	64

第 1 步 →

8	7	6	5	4	3	2	1
9	10	11	12	13	14	15	16
24	23	22	21	20	19	18	17
25	26	27	28	29	30	31	32
64	63	62	61	60	59	58	57
49	50	51	52	53	54	55	56
48	47	46	45	44	43	42	41
33	34	35	36	37	38	39	40

第 2 步 →

5	6	7	8	4	3	2	1
12	11	10	9	13	14	15	16
21	22	23	24	20	19	18	17
28	27	26	25	29	30	31	32
61	62	63	64	60	59	58	57
52	51	50	49	53	54	55	56
45	46	47	48	44	43	42	41
36	35	34	33	37	38	39	40

第 3 步 →

61	62	63	64	4	3	2	1
52	51	50	49	13	14	15	16
45	46	47	48	20	19	18	17
36	35	34	33	29	30	31	32
5	6	7	8	60	59	58	57
12	11	10	9	53	54	55	56
21	22	23	24	44	43	42	41
28	27	26	25	37	38	39	40

第 4 步 →

61	62	4	3	63	64	2	1
52	51	13	14	50	49	15	16
45	46	20	19	47	48	18	17
36	35	29	30	34	33	31	32
5	6	60	59	7	8	58	57
12	11	53	54	10	9	55	56
21	22	44	43	23	24	42	41
28	27	37	38	26	25	39	40

第 5 步 →

61	4	3	62	2	63	64	1
52	13	14	51	15	50	49	16
45	20	19	46	18	47	48	17
36	29	30	35	31	34	33	32
5	60	59	6	58	7	8	57
12	53	54	11	55	10	9	56
21	44	43	22	42	23	24	41
28	37	38	27	39	26	25	40

第 6 步

图 5.29

如图 5.29 所示，杨辉制作 8 阶幻方“阳图”的六步法为：第 1 步排出“S”式 8 阶自然方阵；第 2 步下半部旋转 180°；第 3 步左半部旋转 180°；第 4 步左半部两象上下对易；第 5 步中部各半象左右交换；第 6 步中部各半象穿插。

事实上第 5 步已经是另一幅 8 阶幻方了，当年杨辉跳过了这一步，直接从第 4 步做穿插，因此我称之为杨辉“阳图”五步法（注：如在 3 阶、4 阶中，杨辉惯用“Z”式自然方阵，即各行数序方向相同排列；“S”式自然方阵相间行数序方向相反，两者可互为转化），这比较符合杨辉构图风格及简易、直观的特点。若杨辉 8 阶幻方做行列对称变位，可产出更多的这类 8 阶幻方，这属于推广、演绎应用技术了。

3. 杨辉 8 阶“阴阳图”逻辑结构

图 5.30 是杨辉阴阳两幅 8 阶幻方的“商—余”正交方阵。阳图：“余数”方阵各组对角象限编码相同；“商数”方阵二位制错位逻辑编码，这是偶数阶非完全幻方中所特有的一种正交方式。阴图：“余数”方阵四象关系，中轴对折“重合”对称，横轴对折“互补”对称；“商数”方阵反之，即中轴对折“互补”对称，横轴对折“重合”对称。

7	0	0	7	0	7	7	0
6	1	1	6	1	6	6	1
5	2	2	5	2	5	5	2
4	3	3	4	3	4	4	3
0	7	7	0	7	0	0	7
1	6	6	1	6	1	1	6
2	5	5	2	5	2	2	5
3	4	4	3	4	3	3	4

5	4	3	6	2	7	8	1
4	5	6	3	7	2	1	8
5	4	3	6	2	7	8	1
4	5	6	3	7	2	1	8
5	4	3	6	2	7	8	1
4	5	6	3	7	2	1	8
5	4	3	6	2	7	8	1
4	5	6	3	7	2	1	8

阳图“商—余”正交方阵

7	0	0	7	7	0	0	7
1	6	6	1	1	6	6	1
2	5	5	2	2	5	5	2
4	3	3	4	4	3	3	4
3	4	4	3	3	4	4	3
5	2	2	5	5	2	2	5
6	1	1	6	6	1	1	6
0	7	7	0	0	7	7	0

5	3	2	8	1	7	6	4
4	6	7	1	8	2	3	5
4	6	7	1	8	2	3	5
5	3	2	8	1	7	6	4
5	3	2	8	1	7	6	4
4	6	7	1	8	2	3	5
4	6	7	1	8	2	3	5
5	3	2	8	1	7	6	4

阴图“商—余”正交方阵

图 5.30

七、9 阶幻方

图 5.31 是杨辉创作的一幅 9 阶二重次非完全幻方，其组合结构如下。

①由 9 个 3 阶子幻方“平面覆盖”的“井”字型组合结构；各子幻和依次为“111，114，117，120，123，126，129，132，135”，公差为“3”。

②由 9 个 3 阶子幻方“九宫同位镶嵌”的网络型组合结构，各子幻和依次为“15，42，69，96，123，150，177，204，231”，公差为“27”。

杨辉的构图方法：从 9 阶幻方的结构特点看，杨辉已掌握了洛书的放大、模拟构图技术。具体操作方法：首先把 1 ～ 81 自然数列按序划成 9 个自然段，其次每一段九数按洛书在大九宫（“井”字格）中以“同位原则”定位即得。因此，我称之为杨辉大九宫同位定位构图法，这是杨辉的首创。此法具有强大的演绎应用功能，推广的关键就在于采用 1 ～ 81 自然数列不同的分段方案。

31	76	13	36	81	18	29	74	11
22	40	58	27	45	63	20	38	56
67	4	49	72	9	54	65	2	47
30	75	12	32	77	14	34	79	16
21	39	57	23	41	59	25	43	61
66	3	48	68	5	50	70	7	52
35	80	17	28	73	10	33	78	15
26	44	62	19	37	55	24	42	60
71	8	53	64	1	46	69	6	51

=

3	8	1	3	8	1	3	8	1
2	4	6	2	4	6	2	4	6
7	0	5	7	0	5	7	0	5
3	8	1	3	8	1	3	8	1
2	4	6	2	4	6	2	4	6
7	0	5	7	0	5	7	0	5
3	8	1	3	8	1	3	8	1
2	4	6	2	4	6	2	4	6
7	0	5	7	0	5	7	0	5

×9＋

4	4	4	9	9	9	2	2	2
4	4	4	9	9	9	2	2	2
4	4	4	9	9	9	2	2	2
3	3	3	5	5	5	7	7	7
3	3	3	5	5	5	7	7	7
3	3	3	5	5	5	7	7	7
8	8	8	1	1	1	6	6	6
8	8	8	1	1	1	6	6	6
8	8	8	1	1	1	6	6	6

图 5.31

从其“商—余”正交方阵透视，杨辉 9 阶幻方的逻辑结构简明而优美，两方阵表达了小九宫算转化为大九宫算逻辑编码的两种基本形态，以及“商—余”两方阵独特的洛书式“自我”正交关系。

八、10 阶幻方（行列图）

杨辉的“10 阶幻方”只是一个行列图（图 5.32），从其“商—余”正交方阵透视，这幅 10 阶行列图的逻辑结构特点如下。

①两方阵的行各自等和，而各列为互补关系，即 46×10 ＋ 45 ＝ 505，44×10 ＋ 65 ＝ 505。

②一条主对角线 47×10 ＋ 70 ＝ 540，另一条主对角线 43×10 ＋ 40 ＝ 470。

1	20	21	40	41	60	61	80	81	100
99	82	79	62	59	42	39	22	19	2
3	18	23	38	43	58	63	78	83	98
97	84	77	64	57	44	37	24	17	4
5	16	25	36	45	56	65	76	85	96
95	86	75	66	55	46	35	26	15	6
14	7	34	27	54	47	74	67	94	87
88	93	68	73	48	53	28	33	8	13
12	9	32	29	52	49	72	69	92	89
91	90	71	70	51	50	31	30	11	10

=

0	1	2	3	4	5	6	7	8	9
9	8	7	6	5	4	3	2	1	0
0	1	2	3	4	5	6	7	8	9
9	8	7	6	5	4	3	2	1	0
0	1	2	3	4	5	6	7	8	9
9	8	7	6	5	4	3	2	1	0
1	0	3	2	5	4	7	6	9	8
8	9	6	7	4	5	2	3	0	1
1	0	3	2	5	4	7	6	9	8
9	8	7	6	5	4	3	2	1	0

47 46 44 46 44 46 44 46 44 46 44 43

×10+

1	10	1	10	1	10	1	10	1	10
9	2	9	2	9	2	9	2	9	2
3	8	3	8	3	8	3	8	3	8
7	4	7	4	7	4	7	4	7	4
5	6	5	6	5	6	5	6	5	6
5	6	5	6	5	6	5	6	5	6
4	7	4	7	4	7	4	7	4	7
8	3	8	3	8	3	8	3	8	3
2	9	2	9	2	9	2	9	2	9
1	10	1	10	1	10	1	10	1	10

70 45 65 45 65 45 65 45 65 45 65 40

图 5.32

综上所述，杨辉在我国幻方史上的杰出贡献如下。

①杨辉创作了从 4 阶至 9 阶的一个幻方序列；各阶幻方的组合结构丰富多彩；两幅 4 阶全中心对称四象全等态幻方；两幅“不规则”5 阶幻方，其中一幅全中心对称结构，另一幅 3 阶、5 阶“回”字型同心结构；两幅九宫、四象配置方案

相同的6阶幻方；两幅“不规则”7阶幻方，其中一幅全中心对称结构，另一幅3阶、7阶“回”字型同心结构；两幅四象全等态“规则”8阶幻方，其中一幅全中心对称、4阶与8阶“回”字型同心结构，另一幅数字造型非常美；一幅9阶二重次非完全幻方，其二重次子母结构包含有两种表现方式：一种是9个3阶子幻方平面覆盖，另一种是9个3阶子幻方交织覆盖等。

②杨辉是“不规则”幻方的首创者。

③在杨辉幻方作品中至少包含5种不同的构图方法：其一，杨辉口诀法（“规则”幻方）；其二，杨辉“易换术”（“规则”幻方）；其三，杨辉“洛书”大九宫错综定位构图法（“不规则”幻方）；其四，杨辉“洛书”大九宫同位定位构图法（“规则”幻方）；其五，杨辉“阳图”五步法等。这些构图方法值得深入研究，推广运用。

清代张潮更定百子图

张潮安徽歙县人，生于顺治八年（1650年）。张潮是清代文学家、小说家、刻书家，官至翰林院孔目。他在《心齋杂俎》一书中载有“更定百子图”，乃是对杨辉的对角线不等和的“10阶幻方”做了订正，但事实上张潮重做了一幅10阶幻方（图5.33），因为没有保持原来的任何结构特征。

60	5	96	70	82	19	30	97	4	42
66	43	1	74	11	90	54	89	69	8
46	18	56	29	87	68	21	34	62	84
32	75	100	47	63	14	53	27	77	17
22	61	38	39	52	51	57	15	91	79
31	95	13	64	50	49	67	86	10	40
83	35	44	45	2	36	71	24	72	93
16	99	59	23	33	85	9	28	55	98
73	26	6	94	88	12	65	80	58	3
76	48	92	20	37	81	78	25	7	41

张潮更定百子图

1	20	21	40	41	60	61	80	81	100
99	82	79	62	59	42	39	22	19	2
3	18	23	38	43	58	63	78	83	98
97	84	77	64	57	44	37	24	17	4
5	16	25	36	45	56	65	76	85	96
95	86	75	66	55	46	35	26	15	6
14	7	34	27	54	47	74	67	94	87
88	93	68	73	48	53	28	33	8	13
12	9	32	29	52	49	72	69	92	89
91	90	71	70	51	50	31	30	11	10

杨辉10阶行列图

图5.33

怎样用尽可能少的步数，尽可能保持原作品风格修订杨辉 10 阶行列图呢？我发现有许多用不了几步就可以完成修订的方法，如图 5.34 所示的两幅新“更定百子图”，尤其图 5.34 右只调整了两对 8 个数，就把杨辉的 10 阶行列图变成一幅 10 阶幻方。杨辉 10 阶行列图的 25 个 2 阶子单元为全等配置，本例涉及调整数越少，对原配置状态及其定位结构的“破坏”就越小。因此，在这两幅新 10 阶幻方中，存在大量可供互换的 2 阶子单元，从而能轻而易举地检出更多的 10 阶幻方。

1	20	60	40	80	21	61	41	81	100
99	82	42	62	22	79	39	59	19	2
3	18	58	38	78	23	63	43	83	98
97	84	44	64	24	77	37	57	17	4
5	16	25	36	45	56	65	76	85	96
95	86	75	66	55	46	35	26	15	6
14	7	34	27	54	47	74	67	94	87
88	93	68	73	48	53	28	33	8	13
12	9	49	29	69	32	72	52	92	89
91	90	50	70	30	71	31	51	11	10

1	20	21	40	41	60	61	80	81	100
99	82	79	62	59	42	39	22	19	2
3	18	23	38	43	58	63	78	83	98
97	84	24	64	57	44	37	77	17	4
5	16	76	36	45	56	65	25	85	96
95	86	75	66	55	46	35	26	15	6
14	7	34	27	54	47	74	67	94	87
88	93	33	73	48	53	28	68	8	13
12	9	69	29	52	49	72	32	92	89
91	90	71	70	51	50	31	30	11	10

新“更定百子图”

图 5.34

半完全幻方

什么是半完全幻方？半完全幻方具有如下组合性质：n 行、n 列、2 条正对角线及一半次对角线等和的幻方（另一半次对角线不等和）。它比非完全幻方多出等和的一半次对角线，又比完全幻方缺少等和的另一半次对角线，可谓比上不足比下有余，乃介于完全幻方与非完全幻方之间的一种过渡形式。过去，人们一直没有留意半完全幻方的存在，因而从非完全幻方向完全幻方的转化过程有一个缺失环节。

一、奇数阶半完全幻方

我在几何覆盖法中发现了奇数阶幻方领域中存在这类半完全幻方，如图 5.35 展示了 5 阶、7 阶与 9 阶各一幅半完全幻方奇品。

14	21	5	18	7
8	12	24	1	20
16	10	13	22	4
2	19	6	15	23
25	3	17	9	11

10	23	36	7	20	33	46
16	29	49	13	26	39	3
22	42	6	19	32	45	9
35	48	12	25	38	2	15
41	5	18	31	44	8	28
47	11	24	37	1	21	34
4	17	30	43	14	27	40

74	26	54	42	31	10	7	66	59
33	13	1	70	57	77	20	53	45
61	75	23	47	44	36	15	4	64
38	35	18	6	67	55	79	21	50
69	58	73	25	48	41	29	17	9
52	39	32	11	8	72	60	76	19
2	71	63	78	22	46	43	30	14
24	49	37	34	12	5	65	62	81
16	3	68	56	80	27	51	40	28

图 5.35

二、偶数阶半完全幻方

我在四象二重次最优化合成法中发现了偶数阶幻方领域中存在半完全幻方，图 5.36 展示了 4 幅 8 阶半完全幻方，即具有一半次对角线等和，而另一半次对角线不等和。半完全幻方应归类于非完全幻方范畴。

42	55	8	25	33	16	50	31
7	26	41	56	64	17	47	2
57	40	23	10	15	34	32	49
24	9	58	39	18	63	1	48
44	53	6	27	35	14	52	29
5	28	43	54	63	19	45	4
59	38	21	12	13	36	30	51
22	11	60	37	20	61	3	46

33	16	50	31	42	55	8	25
64	17	47	2	7	26	41	56
15	34	32	49	57	40	23	10
18	63	1	48	24	9	58	39
35	14	52	29	44	53	6	27
63	19	45	4	5	28	43	54
13	36	30	51	59	38	21	12
20	61	3	46	22	11	60	37

35	14	52	29	44	53	6	27
63	19	45	4	5	28	43	54
13	36	30	51	59	38	21	12
20	61	3	46	22	11	60	37
33	16	50	31	42	55	8	25
64	17	47	2	7	26	41	56
15	34	32	49	57	40	23	10
18	63	1	48	24	9	58	39

34	15	49	32	40	57	10	23
63	18	48	1	9	24	39	58
16	33	31	50	55	42	25	8
17	64	2	47	26	7	56	41
36	13	51	30	38	59	12	21
61	20	46	3	11	22	37	60
14	35	29	52	53	44	27	6
19	62	4	45	28	5	54	43

图 5.36

4*k* 阶幻方四象消长关系

“田”字型结构是偶数阶幻方的基本结构，它以 2 阶为母阶，由四象合成。那么偶数阶幻方四象组合关系是怎样的呢？这是认识幻方合成结构的重要问题。据研究，在 $4k$ 阶幻方领域（$k \geqslant 1$）中，“田”字型幻方四象存在彼此互为消长关系，由于 1 至 $(4k)^2$ 自然数列之总和可四等分，所以在四象互为消长过程中必然会达到这个等和平衡点，即四象全等组合状态，这就决定了 4k 阶幻方存在最优化解。总而言之，4k 阶幻方在四象消长过程中，“田”字型结构存在两种平衡方式：一种是四象全等平衡组合态；另一种是四象互补平衡组合态。

一、4k 阶四象全等态幻方

在 4k 阶幻方四象全等组合方案下（$k \geqslant 1$）（设 $4k = n$），即四象消长达到等和平衡点，各象等和于$\frac{1}{8}n^2(n^2+1)$，这种平衡组合方式我又称之为 P_0 组合态，表示四象之差为“0”（图 5.37）。据检索：在 4 阶幻方群中，四象全等组合态有 432 幅图形（包括 4 阶完全幻方 48 幅图形在内），不足其全部解（880 幅）的一半数量。

11	14	1	8
2	7	12	13
16	9	6	3
5	4	15	10

图 5.37

二、4k 阶四象互补态幻方

4k 阶幻方若越过四象等和平衡点，则表现为四象彼此消长关系，并以互补方式组合平衡，我称之为 $P_0 \pm E$ 组合态。E 表示四象消长区间，其中“P_0+E”为“长”的对角象限，“P_0-E”为“消”的对角象限，“消”与“长”相邻两象都以 P_0 为参照。当 $E=0$ 时，即为 4k 阶四象全等态幻方；当 $E>0$ 时，即为 4k 阶四象消长态幻方。四象消长单位 $E=\pm1$，故“消”与“长”两象之差起点为“2”。四象消长的止点 E（即四象消长区间的上限）是多少呢？推算方法如下（为了简化计算，令 $4k=n$）。

①在“消”的对角两象中，一条主对角线一定要等于幻和，这是与四象消长问题无关的定数，应事先减去这条对角线，那么“消”的对角两象还有$(\frac{1}{2}n^2-n)$个数。

②求四象消长区间 E 的上限，无非是让“消”的对角两象这$(\frac{1}{2}n^2-n)$个数取最小和，即取 n 阶自然数列中 1 至$(\frac{1}{2}n^2-n)$这段数列，其和等于$\frac{1}{2}(\frac{1}{2}n^2-n)(\frac{1}{2}n^2-n+1)$。

③这个最小和加上一条主对角线，就是“消”的对角两象之总和，即等于$\frac{1}{2}(\frac{1}{2}n^2-n)(\frac{1}{2}n^2-n+1)+\frac{1}{2}n(n^2+1)$，又取其一半则为“消”的一象之最小和。

④在四象全等时，一象之和等于$\frac{1}{8}n^2(n^2+1)$，减去“消”的一象之最小和，即得 E 的上限。由此可知，4k 阶幻方四象消长区间的计算公式如下：

$$0 \leqslant E \leqslant \frac{1}{8}n(n^2+1)(n-2)-\frac{1}{16}(n^2-2n)(n^2-2n+2)。$$

其中，$n=4k$，$k \geqslant 1$。

4k阶幻方四象消长关系的表达式：$P_0 \pm E$；“消”与“长”两象之差则为$2E$（取E的绝对值）。按公式计算，4阶幻方的四象消长区间为：$0 \leqslant E \leqslant 12$。它表示：全部4阶幻方解，从其四象关系分析共有13个不同组合方案，其中1个四象全等态方案，12个四象消长态方案。现以12幅样图展示4阶非完全幻方四象消长的动态组合过程，如图5.38所示。

16	11	6	1
3	5	12	14
2	8	9	15
13	10	7	4

E_1

13	2	11	8
14	7	12	1
3	10	5	16
4	15	6	9

E_2

14	4	1	15
8	11	10	5
9	6	7	12
3	13	16	2

E_3

2	11	7	14
12	13	1	8
5	4	16	9
15	6	10	3

E_4

7	14	9	4
6	12	15	1
11	5	2	16
10	3	6	13

E_5

4	15	9	6
7	14	12	1
10	3	5	16
13	2	8	11

E_6

5	9	8	12
11	16	1	6
4	7	10	13
14	2	15	3

E_7

5	13	4	12
8	16	9	1
10	2	7	15
11	13	14	6

E_8

9	14	3	8
16	4	13	1
7	11	6	10
2	5	12	15

E_9

10	16	1	7
15	3	14	2
5	9	8	12
4	6	11	13

E_{10}

13	11	2	8
14	7	12	1
3	10	5	16
4	6	15	9

E_{11}

7	16	1	10
14	9	8	3
2	5	12	15
11	4	13	6

E_{12}

图 5.38

据检索：在4阶幻方群中，四象互补组合态12个配置方案共有448幅图形，超出其全部解（880幅）的一半数量。

三、4k阶四象消长区间检验

（一）第一例：8阶幻方四象互补态幻方

按公式计算，8阶幻方的四象消长区间为：$0 \leqslant E \leqslant 240$。当$E = 0$时，即为8阶四象全等态幻方，各象之和$P_0 = 520$。当$E > 0$时，即为8阶四象互补态幻方，计有240个四象消长方案。现出示$P_0 \pm 1$方案与$P_0 \pm 240$方案各一幅8阶四象消长态幻方（图5.39）。

10	39	28	51	14	37	26	55
59	20	54	2	63	11	45	6
40	9	52	27	38	13	56	25
19	60	1	48	17	64	5	46
16	33	30	53	12	35	32	49
61	22	41	8	57	24	43	4
34	15	47	29	36	18	50	31
21	62	7	42	23	58	3	44

E_1

26	23	20	1	50	59	52	29
12	37	6	15	46	63	40	41
8	9	36	13	54	27	57	56
22	3	18	31	34	47	61	44
58	55	53	28	35	14	10	7
62	43	33	48	17	32	4	21
42	39	49	60	19	2	25	24
30	51	45	64	5	16	11	38

E_{240}

图 5.39

这两幅 8 阶幻方（幻和“260”）的四象消长关系如下。

①8 阶 $P_0 \pm 1$ 组合方案，“长”的一象之和为 521；“消”的一象之和为 519；“消、长”两象之差为“2”。

② 8 阶 $P_0 \pm 240$ 组合方案，“长”的一象之和为 760；“消”的一象之和为 280；“消、长”两象之差为 480。以上两幅 8 阶幻方例图，四象处于互为消长过程的两极。

（二）第二例：12 阶幻方四象互补态幻方

按公式计算，12 阶幻方的四象消长区间为：$0 \leqslant E \leqslant 1260$。当 $E = 0$ 时，即为 12 阶四象全等态幻方，各象之和 $P_0 = 2610$。当 $E > 0$ 时，即为 12 阶四象消长态幻方，计有 1260 个四象消长方案。现出示 $P_0 \pm 1260$ 方案一幅 12 阶四象消长态幻方（图 5.40）。

68	12	40	36	20	49	91	128	118	102	140	66
54	67	11	41	31	21	141	119	92	127	65	101
24	38	69	19	42	34	120	98	142	62	93	129
35	22	50	70	9	39	99	143	64	94	130	115
37	33	23	51	71	10	131	61	97	144	117	95
7	53	32	8	52	72	63	96	132	116	100	139
85	121	112	108	138	81	74	6	46	30	14	55
122	113	106	124	80	90	60	73	5	57	25	15
114	107	123	79	89	133	18	44	75	2	58	28
105	134	82	88	125	111	29	16	56	76	3	45
135	83	86	137	110	104	43	27	17	47	77	4
84	87	136	109	103	126	1	59	26	13	48	78

图 5.40

这幅 12 阶幻方（幻和“870”）的四象消长关系如下：“长”的一象之和为 3870；“消”的一象之和为 1350；“消、长”两象之差为 2520。从两条对角线分析：“长”的对角两象之对角线由其最小的 8 个数构成；“消”的对角两象之对角线由其最大的 8 个数构成。由此可见，这幅 12 阶幻方的四象消长关系已达到了“消”与“长”的上限。一般而言，四象消长之差越大，构图难度就越高。

在 4k 阶四象消长组合方案下，从相邻两象分析：它们构成的行或列可由互补方式建立等和关系。从对角两象分析：“消”或者“长”都一定要确保两条主对角线等于幻和，那么对于四象各单元而言绝对不可能做成子幻方了，因为各单元内部两条对角线一定不等和。由本例（图 5.40）推论：4k 阶四象消长态幻方不可能由四象子幻方合成。

3*k* 阶幻方九宫消长关系

“井”字型结构是 $3k$ 阶幻方的基本结构（$k \geqslant 2$），它以 3 阶为母阶，由九宫（9 个 k 阶子单元）合成。那么 $3k$ 阶幻方九宫组合关系是怎样的呢？这是认识幻方微观结构的重要问题。据研究，在 $3k$ 阶幻方领域（$k \geqslant 1$）中，“井”字型幻方九宫彼此存在互为消长关系，由于 1 至 $(3k)^2$ 自然数列之总和可九等分，所以在九宫互为消长过程中必然会达到这个等和平衡点，即九宫全等组合状态。总之，$3k$ 阶幻方“井”字型结构存在两种平衡方式：一种是九宫全等平衡组合态；另一种是九宫消长平衡组合态。

一、九宫全等平衡组合态

$3k$ 阶幻方九宫全等平衡组合态，是通过 1 至 $(3k)^2$ 自然数列之总和九等分的配置方案实现构图的，3 阶母阶具有最优化组合性质，举例如下。

1. 第一例：6 阶九宫全等幻方（图 5.41）

4	10	18	15	34	30
27	33	22	19	7	3
16	14	28	36	12	5
21	23	1	9	25	32
8	2	31	26	20	24
35	29	11	6	13	17

10	4	18	15	30	34
33	27	22	19	3	7
32	25	1	9	23	21
5	12	28	36	14	16
29	35	11	6	17	13
2	8	31	26	24	20

35	29	6	11	13	17
8	2	26	31	20	24
12	5	36	28	14	16
25	32	9	1	23	21
4	10	15	18	34	30
27	33	19	22	7	3

图 5.41

图 5.41 中 3 幅 6 阶幻方的九宫各 2 阶子单元之和全等于“74”，且数字配置方案相同，定位略有调整，表示 6 阶幻方可创作“井”字型全等组合结构。

2. 第二例：9 阶九宫全等幻方（图 5.42）

36	67	20	31	65	27	81	4	38
12	52	59	16	50	57	30	70	23
78	8	37	80	1	42	15	53	55
29	72	22	74	9	40	11	54	58
14	48	61	32	66	25	77	3	43
73	6	44	10	51	62	28	69	26
76	2	45	18	49	56	13	47	63
34	68	21	75	7	41	79	5	39
17	46	60	33	71	19	35	64	24

6	54	67	2	46	71	7	50	66
74	10	35	79	14	30	78	18	31
43	59	21	42	63	22	38	55	26
70	5	48	65	1	53	69	9	49
33	81	13	34	77	12	29	73	17
20	37	62	24	45	58	25	41	57
51	72	4	47	64	8	52	68	3
11	28	80	16	32	75	15	36	76
61	23	39	60	27	40	56	19	44

图 5.42

图 5.42 中 2 幅 9 阶幻方，其九宫各 3 阶子单元之和全等于“369”（两图九宫配置方案不同），因而母阶都具有最优化组合性质。

二、九宫消长平衡组合态

$3k$ 阶幻方九宫消长平衡组合态变化多端，根据母阶平衡方式可分两大类别：其一，母阶以“幻方式”组织平衡关系，它要求九宫必须是等差式或三段式配置；其二，母阶以“行列图式”组织平衡关系，它的九宫配置除等差式、三段式外，还存在适用于行列图的其他配置方案等。

（一）九宫“幻方式”消长平衡关系

1. 第一例：6 阶九宫“幻方式”消长幻方（图 5.43）

21	24	4	1	30	31
22	23	3	2	29	32
28	27	17	18	12	9
25	26	19	20	11	10
7	6	33	34	16	15
8	5	35	36	13	14

4	31	27	9	29	11
22	13	18	36	2	20
30	3	32	23	7	16
21	12	14	5	25	34
8	35	19	10	33	6
26	17	1	28	15	24

23	24	2	1	33	28
18	17	8	7	27	34
32	25	15	16	12	11
26	31	21	22	6	5
3	10	29	30	20	19
9	4	36	35	13	14

图 5.43

图 5.43 左 6 阶幻方：九宫各 2 阶子单元内部四数等差式配置，公差为“1”；各 2 阶子单元四数之和等差式配置，即“10，26，42，…，138”，公差为“16”。

图 5.43 中 6 阶幻方：九宫各 2 阶子单元内部四数等差式配置，公差为“9”；各 2 阶子单元四数之和等差式配置，即“58，62，66，…，90”，公差为“4”。

图 5.43 右 6 阶幻方：九宫各 2 阶子单元内部四数二段式配置，段内公差“1”，段间公差“5”；各 2 阶子单元四数之和三段式配置，即“22，26，30—70，74，78—118，122，126”，段内公差“4”，段间公差“40”。

以上 3 幅 6 阶幻方的共同特征：以 9 个 2 阶子单元之和表述的母阶都具有 3 阶幻方性质，这就是母阶以“幻方式”组织平衡关系，它们采用九宫各 2 阶子单元等差式或分段式两类互为消长关系的配置方案实现构图。

2. 第二例：9 阶九宫“幻方式”消长幻方

图 5.44 左 9 阶幻方各 3 阶子单元为等差式配置，图 5.44 右 9 阶幻方各 3 阶子单元为三段式配置，两图九宫子母阶二重次都具有 3 阶幻方性质，由此表现出母阶以“幻方式”组织九宫的平衡关系。

31	36	29	76	81	74	13	18	11
30	32	34	75	77	79	12	14	16
35	28	33	80	73	78	17	10	15
22	27	20	40	45	38	58	63	56
21	23	25	39	41	43	57	59	61
26	19	24	44	37	42	62	55	60
67	72	65	4	9	2	49	54	47
66	68	70	3	5	7	48	50	52
71	64	69	8	1	6	53	46	51

37	52	31	66	81	60	11	26	5
34	40	46	63	69	75	8	14	20
49	28	43	78	57	72	23	2	17
12	27	6	38	53	32	64	79	58
9	15	21	35	41	47	61	67	73
24	3	18	50	29	44	76	55	70
65	80	59	10	25	4	39	54	33
62	68	74	7	13	19	36	42	48
77	56	71	22	1	16	51	30	45

图 5.44

（二）九宫“行列图式”消长平衡关系

在 3k 阶幻方的“井”字型结构中，九宫各 k 阶子单元以 3 阶行列图方式建立平衡关系，乃是 3k 阶九宫消长组合态幻方的另一类“不规则”图形，举例如下。

1. 第一例：6 阶九宫“行列图式”消长幻方

图 5.45 所示 3 幅 6 阶幻方，九宫消长结构复杂，各 2 阶子单元的配置变化多端。

26	24	28	19	8	6
17	15	1	10	35	33
3	34	14	32	12	16
21	7	5	23	30	25
13	2	36	18	22	20
31	29	27	9	4	11

26	8	10	28	33	6
4	22	36	27	2	20
12	30	32	14	7	16
21	3	23	5	25	34
17	35	1	19	15	24
31	13	9	18	29	11

25	35	28	3	5	15
27	10	36	9	23	6
22	30	24	20	4	11
12	2	14	16	33	34
7	21	8	32	17	26
18	13	1	31	29	19

图 5.45

上例 3 幅 6 阶幻方，各宫以 2 阶子单元之和表达，则显现出其母阶都以 3 阶行列图方式建立整体平衡关系（图 5.46）。

82	58	82
65	74	83
75	90	57

60	101	61
66	74	82
96	47	79

97	76	49
66	74	82
59	72	91

图 5.46

从中发现：这类 6 阶幻方“井”字型结构的中宫，其 2 阶子单元四数之和一定等于中项数“74”，而且与前述 6 阶九宫全等幻方、6 阶九宫“幻方式”消长幻方同理。

2. 第二例：9 阶九宫“行列图式”消长幻方

图 5.47 所示两幅 9 阶幻方，九宫各 3 阶子单元的配置变化非常复杂，母阶都以 3 阶行列图方式建立平衡关系。

22	60	68	14	38	13	62	57	35
59	44	47	12	23	24	67	41	52
61	65	21	25	37	6	10	71	73
26	40	18	75	74	81	15	8	36
11	1	49	76	46	80	34	20	48
31	32	2	77	78	79	18	4	16
54	69	43	29	27	51	9	70	17
72	3	63	19	7	30	66	45	64
33	55	58	42	39	5	56	53	28

46	19	21	68	59	51	23	33	49
2	53	20	76	64	62	4	71	17
25	31	41	34	43	78	58	29	30
75	69	37	9	3	11	45	39	81
48	57	77	10	8	6	74	42	47
70	35	79	5	13	7	72	36	52
22	26	38	56	55	60	67	18	27
15	63	24	61	80	40	12	73	1
66	16	32	50	44	54	14	28	65

图 5.47

由上述两幅“行列图式”九宫消长 9 阶幻方可知：当九宫子单元大于 2 阶时，它的中宫之和不再遵守中项数（即“369”）居中规则，而可在一定的区间范围内变化（图 5.48）。总之，3k 阶幻方（$k > 2$）“井”字型结构的中宫组合之变乃是一个重要的研究课题。

447	192	468
210	666	231
450	249	408

258	535	314
547	72	488
302	500	305

图 5.48

非完全幻方任意中位律

3 阶幻方的中位非“5”莫属，这是一个固定不变之位。“5”是 1 ～ 9 自然数列的中项，它在 3 阶幻方中也只有中位可居。4 阶幻方的中位是一个 2 阶单元，据检索发现，这个中位 2 阶单元四数之和一定等于“34”，因此也是一个固定不变之位（四数可变）。

然而，实践已告诉人们：5 阶幻方居中一位数是可变的，6 阶是阶次最小的含奇数因子的偶数阶幻方，若做九宫分解，中位是一个 2 阶单元，其四数之和是可变的，即不一定等于 1 ～ 36 自然数列中项四数之和“74”。总之，大于 3 阶的奇数阶幻方的中位（指中心一位）、大于 4 阶的偶数阶幻方的中位（指 2 阶单元）是千变万化的，那么有怎样的变化规律呢？这是值得研究的一个专题。

一、奇数阶幻方任意中位律

在（$2k+1$）阶幻方领域（$k>1$）中，人们常见的是中项数居于中位的幻方，许多构图方法也只能制作这类奇数阶幻方。若对中位特加注意，偶尔可见到非中项数居于中位的奇数阶幻方，这说明大于 3 阶的奇数阶幻方的中位是可变的，非中项数居中构图难度相对而言较高，因而必须弄清楚中位之变的规律性与方法。研究结果表明：当大于 3 阶时，奇数阶幻方存在任意中位律，即幻方自然数列中的每一个数都可以居于中位。各不同中位各有一个数量不等的奇数阶幻方群解，中项数居中的奇数阶幻方群最大。现以 5 阶非完全幻方为例，展示一套任意中位系列图形（图 5.49）。

17	21	13	5	9
4	8	25	12	16
10	14	**1**	18	22
11	20	7	24	3
23	2	19	6	15

14	3	25	17	6
7	21	18	15	4
16	10	**2**	24	13
5	19	11	8	22
23	12	9	1	20

19	2	15	8	21
23	11	7	20	4
6	25	**3**	14	17
5	9	16	22	13
12	18	24	1	10

24	5	6	18	12
1	7	13	25	19
17	23	**4**	11	10
15	16	22	9	3
8	14	20	2	21

22	1	8	20	14
15	9	16	23	2
19	13	**5**	7	21
3	17	24	11	10
6	25	12	4	18

20	11	24	7	3
8	4	12	25	16
2	23	**6**	19	15
21	17	5	13	9
14	10	18	1	22

1	17	15	8	24
9	25	18	11	2
23	14	**7**	5	16
12	3	21	19	10
20	6	4	22	13

7	11	20	3	24
19	23	2	15	6
25	4	**8**	16	12
13	17	21	9	5
1	10	14	22	18

8	2	21	20	14
4	23	17	11	10
16	15	**9**	3	22
25	19	13	7	1
12	6	5	24	18

15	19	23	2	6
3	7	11	20	24
22	1	**10**	14	18
9	13	17	21	5
16	25	4	8	12

9	21	17	13	5
16	8	4	25	12
3	20	**11**	7	24
15	2	23	19	6
22	14	10	1	18

17	11	10	23	4
15	9	3	16	22
24	18	**12**	5	6
1	25	19	7	13
8	2	21	14	20

15	2	19	6	23
22	14	1	18	10
9	21	**13**	5	17
16	8	25	12	4
3	20	7	24	11

9	15	16	3	22
11	17	23	10	4
2	8	**14**	21	20
25	1	7	19	13
18	24	5	12	6

1	25	19	13	7
10	4	23	17	11
22	16	**15**	9	3
14	8	2	21	20
18	12	6	5	24

11	7	3	24	20
23	19	15	6	2
4	25	**16**	12	8
17	13	9	5	21
10	1	22	18	14

18	24	5	6	12
22	3	9	15	16
10	11	**17**	23	4
1	7	13	19	25
14	20	21	2	8

11	4	10	23	17
7	25	1	19	13
24	12	**18**	6	5
20	8	14	2	21
3	16	22	15	9

15	4	21	18	7
17	6	3	25	14
8	22	**19**	11	5
24	13	10	2	16
1	20	12	9	23

1	25	7	19	13
18	12	24	6	5
14	8	**20**	2	21
10	4	11	23	17
22	16	3	15	9

4	25	18	6	12
11	17	10	3	24
7	13	**21**	19	5
23	9	2	15	16
20	1	14	22	8

1	25	13	7	19
24	18	6	5	12
15	9	**22**	16	3
8	2	20	14	21
17	11	4	23	10

6	25	12	18	4
3	14	20	7	21
19	2	**23**	11	10
22	16	9	5	13
15	8	1	24	17

11	25	2	9	18
19	3	10	12	21
8	17	**24**	1	15
22	6	13	20	4
5	14	16	23	7

9	5	13	21	17
22	18	1	14	10
16	12	**25**	8	4
15	6	19	2	23
3	24	7	20	11

图 5.49

这一套 5 阶非完全幻方（幻和“65”）结构复杂多变，没有同构体。5 阶自然数列 1 ～ 25 每一个数依次居于中位，这是任意中位律一次罕见的系统展示，将给人们以全方位目睹 5 阶完全幻方的机会。若按不同中位数分类，则代表着其背后会有庞大的 25 个 5 阶非完全幻方子群。非完全幻方与完全幻方是可以相互转化的，因此任意中位律也适用于奇数阶完全幻方群。

二、偶数阶幻方任意中位律

在偶数阶幻方领域中，人们可能比较重视其四象结构，而不在意四象的接合部即中位 2 阶单元，其实这个四象接合部乃是偶数阶幻方的核心位置，具有连接四象的重要功能。设偶数阶 $n = 2k$（$k > 3$），其四象接合部中位 2 阶单元是如何组合的呢？研究表明，这个中位 2 阶单元的 4 个数可做任意组合，即在 1 至 n^2 自然数列中任取 4 个数都可居于偶数阶幻方的中位。换句话说，大于 6 阶偶数阶幻方的任意中位是一个真正的最小的“乱数区”。现举例说明偶数阶幻方存在任意中位律。

1. 第一例：8 阶幻方任意中位（图 5.50）

图 5.50 所示 4 幅 8 阶幻方：其最小的中位 2 阶单元四数为“1，2，3，4”，次之为“1，2，3，5”等；其最大中位 2 阶单元四数为“61，62，63，64”，次之为“60，61，62，63”等。

36	28	22	62	63	15	24	10
17	9	37	53	54	7	48	35
12	11	56	50	31	61	19	20
64	33	26	**3**	**2**	42	47	43
55	60	30	**4**	**1**	25	34	51
6	59	45	21	49	40	13	27
32	52	5	23	46	29	57	16
38	8	39	44	14	41	18	58

32	30	7	63	59	42	18	9
17	37	8	14	57	35	38	54
20	21	55	49	31	61	12	11
60	25	43	**3**	**2**	28	51	48
50	47	33	**5**	**1**	24	36	64
19	16	44	27	52	40	56	6
23	62	29	53	45	4	34	10
39	22	41	46	13	26	15	58

1	61	28	51	6	44	47	22
32	9	54	7	42	18	48	50
52	41	31	11	12	4	53	56
27	30	19	**64**	**63**	3	21	33
20	10	23	**60**	**62**	55	14	16
59	58	24	2	13	40	15	49
35	5	38	29	25	57	45	26
34	46	43	36	37	39	17	8

1	60	30	50	6	44	47	22
27	9	38	7	42	57	48	32
53	41	31	11	12	4	52	56
26	20	28	**64**	**63**	3	21	35
19	24	10	**61**	**62**	55	14	15
49	58	23	2	13	40	16	59
51	5	54	29	25	18	45	33
34	43	46	36	37	39	17	8

图 5.50

这种“最大最小”极端中位所制作的 8 阶幻方不常见，堪称精品之作。总之，由本例可证：在 8 阶以上（含）偶数阶领域中，任取其 4 个数字构造中位 2 阶子单元都存在幻方解。

2. 第二例：10 阶幻方任意中位

图 5.51 所示两幅 10 阶幻方：其中一幅的中位 2 阶子单元四数“1，2，3，4”和值为最小，另一幅的中位 2 阶子单元四数“100，99，98，97”和值为最大，这种“最大最小”极端中位 10 阶幻方不失为幻方精品。

96	95	9	11	25	26	41	43	80	79
93	94	12	10	28	27	44	42	77	78
21	23	60	59	73	74	92	91	5	7
24	22	57	58	76	75	89	90	8	6
72	71	85	87	**1**	**2**	37	39	56	55
69	70	88	86	**4**	**3**	40	38	53	54
20	19	33	35	49	50	65	67	84	83
17	18	36	34	52	51	68	66	81	82
48	47	61	63	97	98	13	15	32	31
45	46	64	62	100	99	16	14	29	30

72	71	85	87	1	2	37	39	56	55
69	70	88	86	4	3	40	38	53	54
17	19	36	35	49	50	68	67	81	83
20	18	33	34	52	51	65	66	84	82
48	47	61	63	**97**	**98**	13	15	32	31
45	46	64	62	**100**	**99**	16	14	29	30
93	95	12	11	25	26	44	43	77	79
96	94	9	10	28	27	41	42	80	78
21	23	60	59	73	74	92	91	5	7
24	22	57	58	76	75	89	90	8	6

图 5.51

总之，中位乃幻方的核心之位，牵一发而动全身。大于 3 阶的奇数幻方的中位数、大于 4 阶的偶数阶幻方的中位 2 阶单元存在任意中位组合律。

非完全幻方局部最优化

什么是非完全幻方局部最优化？指在非完全幻方内部镶嵌一个子单元为完全幻方的组合形态，这是最优化构图方法在非完全幻方中的巧妙应用。子阶完全幻方作为一个逻辑片段，容纳于非完全幻方内部，其用数可在这个大幻方规定的自然数列范围内合理选择，从而增加了子阶完全幻方组合设计的自由度与结构变化。

在非完全幻方内部，被局部最优化的面积越大，则镶嵌组合技术要求就越高。据研究，n 阶非完全幻方内部（$n \geqslant 6$）可能存在的最大子完全幻方的阶次为 $n-2$ 阶。

一般而言，内部小于 n–2 阶的子单元一定存在最优化解，而且构图相对容易。如果局部被最优化的是一个“2（2k + 1）阶子单元”（$k \geqslant 1$）时，其构图难度更高，成败的关键在于查找该单偶数阶子单元的特定最优化配置方案，因为不合理的配置没有“单偶数阶完全幻方”解。同时，子阶完全幻方在非完全幻方内部具体位置安排及其式样具有可变性，如居中或偏位，又如斜排或互交等，都会对构图设计产生重要影响。

2（2k + 1）阶幻方（$k \geqslant 1$）天生不存在完全幻方解，在其内部镶嵌一个尽可能大的子阶完全幻方，尤其让人们赞赏。元代安西王府“铁板”幻方乃为第一幅问世的 6 阶幻方中央镶嵌着 4 阶完全幻方子单元的珍品，从此也就有了非完全幻方局部最优化的趣味游戏（注：反之，在 n 阶完全幻方内部不可包含 n–2 阶非完全幻方子单元）。现以 6 阶、7 阶与 10 阶为例，出示几幅非完全幻方最大局部最优化子单元例图。

1. 第一例：6 阶“4 阶子单元最优化”幻方

图 5.52 上、下两图各为“互补”6 阶幻方（幻和“111”）对，中央各“4 阶子单元”都具有完全幻方性质（泛幻和“74”）。每对“互补”6 阶幻方为同数异构体。

9	6	2	33	34	27
1	**23**	**22**	**17**	**12**	36
30	**18**	**11**	**24**	**21**	7
29	**20**	**25**	**14**	**15**	8
32	**13**	**16**	**19**	**26**	5
10	31	35	4	3	28

4	36	34	30	2	5
8	**14**	**15**	**20**	**25**	29
9	**19**	**26**	**13**	**16**	28
31	**17**	**12**	**23**	**22**	6
27	**24**	**21**	**18**	**11**	10
32	1	3	7	35	33

30	1	2	32	29	17
19	**26**	**9**	**27**	**12**	18
3	**15**	**24**	**14**	**21**	34
33	**10**	**25**	**11**	**28**	4
6	**23**	**16**	**22**	**13**	31
20	36	35	5	8	7

34	5	35	1	12	24
6	**26**	**23**	**16**	**9**	31
7	**17**	**8**	**27**	**22**	30
33	**21**	**28**	**11**	**14**	4
18	**10**	**15**	**20**	**29**	19
13	32	2	36	25	3

28	31	35	4	3	10
36	**14**	**15**	**20**	**25**	1
7	**19**	**26**	**13**	**16**	30
8	**17**	**12**	**23**	**22**	29
5	**24**	**21**	**18**	**11**	32
27	6	2	33	34	9

33	1	3	7	35	32
29	**23**	**22**	**17**	**12**	8
28	**18**	**11**	**24**	**21**	9
6	**20**	**25**	**14**	**15**	31
10	**13**	**16**	**19**	**26**	27
5	36	34	30	2	4

7	36	35	5	8	20
18	**11**	**28**	**10**	**25**	19
34	**22**	**13**	**23**	**16**	3
4	**27**	**12**	**26**	**9**	33
31	**14**	**21**	**15**	**24**	6
17	1	2	32	29	30

3	32	2	36	25	13
31	**11**	**14**	**21**	**28**	6
30	**20**	**29**	**10**	**15**	7
4	**16**	**9**	**26**	**23**	33
19	**27**	**22**	**17**	**8**	18
24	5	35	1	12	34

图 5.52

2. 第二例：7 阶“5 阶子单元最优化”幻方

图 5.53 展示了上下配对的 3 对“互补”7 阶幻方（幻和“175”）对，中央各“5 阶子单元”都具有完全幻方性质（泛幻和“125”）。每对“互补”7 阶幻方为同数异构体，其中：图 5.53 左与图 5.53 中两对中央 5 阶完全幻方子单元为同数同构体，图 5.53 右一对中央 5 阶完全幻方子单元为同数异构体。

11	6	48	8	46	47	9
10	**22**	**30**	**13**	**26**	**34**	40
45	**23**	**36**	**19**	**32**	**15**	5
12	**29**	**17**	**25**	**33**	**21**	38
7	**35**	**18**	**31**	**14**	**27**	43
49	**16**	**24**	**37**	**20**	**28**	1
41	44	2	42	4	3	39

49	42	4	5	3	43	29
22	**20**	**32**	**9**	**26**	**38**	28
6	**23**	**40**	**17**	**34**	**11**	44
15	**31**	**13**	**25**	**37**	**19**	35
14	**39**	**16**	**33**	**10**	**27**	36
48	**12**	**24**	**41**	**18**	**30**	2
21	8	46	45	47	7	1

1	8	46	45	47	7	21
28	**34**	**24**	**9**	**18**	**40**	22
44	**11**	**19**	**41**	**31**	**23**	6
35	**38**	**30**	**25**	**12**	**20**	15
36	**26**	**13**	**17**	**37**	**32**	14
2	**16**	**39**	**33**	**27**	**10**	48
29	42	4	5	3	43	49

39	44	2	42	4	3	41
40	**28**	**20**	**37**	**24**	**16**	10
5	**27**	**14**	**31**	**18**	**35**	45
38	**21**	**33**	**25**	**17**	**29**	12
43	**15**	**32**	**19**	**36**	**23**	7
1	**34**	**26**	**13**	**30**	**22**	49
9	6	48	8	46	47	11

1	8	46	45	47	7	21
28	**30**	**18**	**41**	**24**	**12**	22
44	**27**	**10**	**33**	**16**	**39**	6
35	**19**	**37**	**25**	**13**	**31**	15
36	**11**	**34**	**17**	**40**	**23**	14
2	**38**	**26**	**9**	**32**	**20**	48
29	42	4	5	3	43	49

49	42	4	5	3	43	29
22	**16**	**26**	**41**	**32**	**10**	28
6	**39**	**31**	**9**	**19**	**27**	44
15	**12**	**20**	**25**	**38**	**30**	35
14	**24**	**37**	**33**	**13**	**18**	36
48	**34**	**11**	**17**	**23**	**40**	2
21	8	46	45	47	7	1

图 5.53

3. 第三例：10 阶“8 阶子单元最优化”幻方

图 5.54 两幅 10 阶幻方（幻和“505”）内部各镶嵌一个 8 阶完全幻方（泛幻和“404”），其组建特点：图 5.54 右 8 阶完全幻方单元内 16 个 2 阶子单元每四数的十位数码相同，个位数码相次；图 5.54 左 8 阶完全幻方单元的 16 个 2 阶子单元每四数的十位数码相次，个位数码相同，表现了数字配置关系的技巧。

7	100	99	95	93	90	3	4	5	9
21	**12**	**42**	**87**	**57**	**18**	**48**	**85**	**55**	80
41	**22**	**32**	**77**	**67**	**28**	**38**	**75**	**65**	60
51	**88**	**58**	**15**	**45**	**82**	**52**	**17**	**47**	50
61	**78**	**68**	**25**	**35**	**72**	**62**	**27**	**37**	40
71	**83**	**53**	**16**	**46**	**89**	**59**	**14**	**44**	30
81	**73**	**63**	**26**	**36**	**79**	**69**	**24**	**34**	20
10	**19**	**49**	**84**	**54**	**13**	**43**	**86**	**56**	91
70	**29**	**39**	**74**	**64**	**23**	**33**	**76**	**66**	31
92	1	2	6	8	11	98	97	96	94

3	61	81	41	93	90	21	6	100	9
10	**46**	**49**	**75**	**72**	**66**	**69**	**15**	**12**	91
97	**47**	**48**	**74**	**73**	**67**	**68**	**14**	**13**	4
51	**65**	**62**	**16**	**19**	**45**	**42**	**76**	**79**	50
5	**64**	**63**	**17**	**18**	**44**	**43**	**77**	**78**	96
71	**35**	**32**	**86**	**89**	**55**	**52**	**26**	**29**	30
99	**34**	**33**	**87**	**88**	**54**	**53**	**27**	**28**	2
7	**56**	**59**	**25**	**22**	**36**	**39**	**85**	**82**	94
70	**57**	**58**	**24**	**23**	**37**	**38**	**84**	**83**	31
92	40	20	60	8	11	80	95	1	98

图 5.54

4. 第四例：10 阶“8 阶子单元二重次最优化”幻方

图 5.55 两幅 10 阶幻方（幻和“505”）内部各镶嵌一个 8 阶二重次完全幻方（泛幻和“404”），其 10 阶环与上例左图相同。在本例两幅 10 阶幻方中，中央的 8 阶完全幻方是一对“互补”单元，即每对应两数之和全等于“101”，其组合结构的基本特点如下：①中央 8 阶完全幻方内每相邻四数或中心对称四数之和全等于“202”；②“四象”为全等 4 阶完全幻方子单元（泛幻和“202”）。

7	100	99	95	93	90	3	4	5	9
21	**26**	**85**	**76**	**15**	**66**	**45**	**36**	**55**	80
41	**74**	**17**	**24**	**87**	**34**	**57**	**64**	**47**	60
51	**25**	**86**	**75**	**16**	**65**	**46**	**35**	**56**	50
61	**77**	**14**	**27**	**84**	**37**	**54**	**67**	**44**	40
71	**22**	**89**	**72**	**19**	**62**	**49**	**32**	**59**	30
81	**78**	**13**	**28**	**83**	**38**	**53**	**68**	**43**	20
10	**29**	**82**	**79**	**12**	**69**	**42**	**39**	**52**	91
70	**73**	**18**	**23**	**88**	**33**	**58**	**63**	**48**	31
92	1	2	6	8	11	98	97	96	94

7	100	99	95	93	90	3	4	5	9
21	**75**	**16**	**25**	**86**	**35**	**56**	**65**	**46**	80
41	**27**	**84**	**77**	**14**	**67**	**44**	**37**	**54**	60
51	**76**	**15**	**26**	**85**	**36**	**55**	**66**	**45**	50
61	**24**	**87**	**74**	**17**	**64**	**47**	**34**	**57**	40
71	**79**	**12**	**29**	**82**	**39**	**52**	**69**	**42**	30
81	**23**	**88**	**73**	**18**	**63**	**48**	**33**	**58**	20
10	**72**	**19**	**22**	**89**	**32**	**59**	**62**	**49**	91
70	**28**	**83**	**78**	**13**	**68**	**43**	**38**	**53**	31
92	1	2	6	8	11	98	97	96	94

图 5.55

非完全幻方镶嵌“单偶数阶完全幻方”

在非完全幻方内部镶嵌一个尽可能大的“2（2k + 1）阶完全幻方”单元，构图有一定难度，关键原因在于：单偶数阶幻方要实现最优化组合，必须进行特殊的数字配置，而这种配置往往会干扰非完全幻方外框的等和要求。

因此，在非完全幻方内部，所能镶嵌的尽可能大的单偶数阶完全幻方单元，其阶次究竟能有多大？这必须以排除干扰幻方外框等和要求为原则而设计。一般而言，大幻方中镶嵌一个阶次比之小 2 阶的“单偶数阶完全幻方”就不一定能制作成功（若镶嵌的该单偶数为非完全幻方则构图比较容易）；大幻方中镶嵌一个阶次比之小 3 阶的“单偶数阶完全幻方”，只有在配置方案巧夺天工的条件下或许能制作成功；而有把握的是在大幻方中镶嵌一个阶次比之小 4 阶的“单偶数阶完全幻方”。同时，所镶嵌的“单偶数阶完全幻方”在大幻方中排的位置不同，如同心位、同角位或偏心位等，对构图的难易程度影响较大。举例如下。

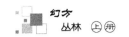

1. **第一例：10 阶幻方镶嵌“6 阶完全幻方”**

图 5.56 是两幅 10 阶幻方（幻和“505”），中央各内嵌一个“6 阶完全幻方”单元（泛幻和“324”）。两单元既有“互补”关系，又有上半方与下半方换位关系。这两幅 10 阶幻方的 8 阶环、10 阶环相同。

1	88	53	54	89	57	2	74	49	38
17	60	98	29	34	91	28	52	40	56
70	93	**41**	**87**	**31**	**47**	**81**	**37**	11	7
68	15	**72**	**66**	**22**	**76**	**62**	**26**	48	50
5	84	**85**	**33**	**45**	**83**	**35**	**43**	13	79
16	10	**67**	**21**	**77**	**61**	**27**	**71**	97	58
92	12	**36**	**42**	**86**	**32**	**46**	**82**	69	8
94	9	**23**	**75**	**63**	**25**	**73**	**65**	59	19
78	39	24	80	44	30	96	4	20	90
64	95	6	18	14	3	55	51	99	106

1	88	53	54	89	57	2	74	49	38
17	60	98	29	34	91	28	52	40	56
70	93	**67**	**21**	**77**	**61**	**27**	**71**	11	7
68	15	**36**	**42**	**86**	**32**	**46**	**82**	48	50
5	84	**23**	**75**	**63**	**25**	**73**	**65**	13	79
16	10	**41**	**87**	**31**	**47**	**81**	**37**	97	58
92	12	**72**	**66**	**22**	**76**	**62**	**26**	69	8
94	9	**85**	**33**	**45**	**83**	**35**	**43**	59	19
78	39	24	80	44	30	96	4	20	90
64	95	6	18	14	3	55	51	99	106

图 5.56

2. **第二例：14 阶幻方镶嵌“10 阶二重次完全幻方”单元**

图 5.57 是一幅精美的 14 阶幻方（幻和“1379”），同角镶嵌一个“10 阶完全幻方”（泛幻和“1050”）。这个“10 阶完全幻方”具有双重最优化性质，即由 4 个 5 阶完全幻方子单元合成（泛幻和“525”）。

30	**122**	**65**	**157**	**151**	**36**	**116**	**68**	**160**	**145**	27	190	21	91
59	**165**	**142**	**38**	**121**	**62**	**159**	**148**	**32**	**124**	140	97	49	43
150	**37**	**115**	**67**	**156**	**144**	**40**	**118**	**61**	**162**	69	110	141	9
123	**58**	**164**	**149**	**31**	**117**	**64**	**158**	**152**	**34**	113	85	12	119
163	**143**	**39**	**114**	**66**	**166**	**146**	**33**	**120**	**60**	15	19	189	106
44	**136**	**177**	**73**	**95**	**50**	**130**	**180**	**76**	**89**	168	18	42	101
171	**81**	**86**	**52**	**135**	**174**	**75**	**92**	**46**	**138**	35	186	8	100
94	**51**	**129**	**179**	**72**	**88**	**54**	**132**	**173**	**78**	126	7	191	5
137	**170**	**80**	**93**	**45**	**131**	**176**	**74**	**96**	**48**	23	11	111	184
79	**87**	**53**	**128**	**178**	**82**	**90**	**47**	**134**	**172**	108	13	182	26
104	6	139	55	103	127	112	1	2	10	181	161	185	193
71	155	167	14	22	84	41	175	4	133	192	99	28	194
56	105	20	153	187	16	29	83	169	109	57	188	24	183
98	63	3	107	17	102	147	70	154	77	125	195	196	25

图 5.57

同角镶嵌相对于同心镶嵌而言，构图难度有所降低。因为同角镶嵌，14 阶至少会有一条主对角线与这个“10 阶完全幻方”由强相关变为弱相关，这为各行、各列建立等和平衡关系争得了关键的调动余地。如果同心镶嵌，即这个“10 阶完全幻方”安排于 14 阶的正中央，则构图难度较大。

14 阶幻方中镶嵌一个“10 阶完全幻方”，10 阶的幻和具有可变性，因为它存在多种多样的配置方案。

非完全幻方最优化全面覆盖

什么是非完全幻方的最优化全面覆盖？指全部由完全幻方子单元合成的非完全幻方。一般采用模拟合成法就可实现，以 16 阶为例，具体做法是：任选一幅或多幅已知 4 阶完全幻方为子阶模本，任选一幅已知 4 阶非完全幻方为母阶模本，在多种多样的符合“子、母阶”配置要求下，通过“模拟—合成”构图，即得由 16 个 4 阶完全幻方子单元合成的 16 阶非完全幻方，举例如下（图 5.58）。

23	247	135	103	32	112	144	256	177	97	209	1	42	90	234	154
199	39	87	183	208	192	96	48	193	17	161	113	250	138	58	74
119	151	215	7	128	16	240	160	33	241	65	145	26	106	218	170
167	71	55	231	176	224	64	80	81	129	49	225	202	186	10	122
110	190	14	222	89	41	249	137	8	216	168	120	83	131	243	35
30	206	126	174	233	153	73	57	232	56	72	152	227	51	67	147
254	46	158	78	9	121	169	217	88	136	248	40	3	211	163	115
142	94	238	62	185	201	25	105	184	104	24	200	179	99	19	195
98	178	194	18	53	213	165	69	140	60	236	188	79	47	95	239
210	2	114	162	229	5	117	149	252	76	156	204	175	207	191	15
50	226	146	66	85	181	197	37	28	172	124	44	127	31	111	223
130	82	34	242	133	101	21	245	108	220	12	92	159	255	143	63
27	251	75	171	132	84	228	52	125	13	189	205	134	54	230	86
107	139	59	219	244	36	148	68	173	221	109	29	246	70	150	38
187	91	235	11	20	196	116	164	77	61	141	253	22	166	118	198
203	43	155	123	100	180	4	212	157	237	93	45	102	214	6	182

图 5.58

图5.58是由16个等差的4阶完全幻方单元全面覆盖而合成的一幅16阶非完全幻方（幻和“2056”）。各单元奇、偶数分立，内部为公差“16”的等差数列配置，并模拟16个不同的已知4阶完全幻方填写。各单元泛幻和依次为：“484，488，492，496，500，504，508，512，516，520，524，528，532，536，540，544”，公差等于“4”。各单元中的最小一数可构成一个4阶非完全幻方，以序类推，共有16个相似的4阶非完全幻方，它们与母阶为同一幅已知4阶幻方模本。

本例这幅16阶幻方由16个4阶完全幻方子单元“全面覆盖”合成，提升了它的优化程度，但它依然属于非完全幻方范畴。完全幻方与非完全幻方两大类幻方是根据整体组合性质划分的，局部子单元的组合性质不决定分类。

幻方最优化标准

一、幻方发展的一个里程碑

洛书——幻方之祖。《周易·系辞》曰“参伍以变，错综其数”，这就是洛书（3阶幻方）的经典定义，古语言简意赅，包含洛书的组合原理、求和算法与变法等游戏规则。汉徐岳《数术记遗》（164年）称洛书为“九宫算”而被载入数学史册，北周（557—581年）甄莺注：“九宫者，即二四为肩，六八为足，左三右七，戴九履一，五居中央。”甄莺更明确而具体地诠释了“参伍错综”的含义。时至宋代，大数学家杨辉第一次揭示了洛书构图的数学方法，1275年他在《续古摘奇算经》中写道：“九子斜排，上下对易，左右相更，四维挺进。”这就是著名的杨辉口诀法。当初，杨辉曾创作了3阶至10阶计12幅幻方图形，乃为我国典籍中阶次齐全、构图技术领先的一个幻方系列。这一重大成果的根本意义在于：从阶次方面突破，实证大于3阶幻方的客观存在性，确立了发源于洛书的这个幻方算题。

幻方（Magis Square）是一个舶来词，我国古称九宫算或纵横图，在中世纪广泛传播于亚、欧、美世界各国，它的神奇与魔力吸引了宗教界、数学界人士的研究兴趣。见之于印度耆那教太苏神庙门楣的“石碑”4阶最优化幻方，早已名扬天下，堪称幻方发展史上的一个里程碑。令人不无感慨，中国伊斯兰教传世“玉挂”4阶最优化幻方，一直埋没于明代嘉靖陆深墓穴中，有幸因上海陆家嘴经济开发而于1969年出土，从此得以重见天日。这“玉、石”两方的根本意义在于：从组合性质方面刷新纪录，按洛书定义的游戏规则发生了“质”的转变，然后确认了幻方的最优化标准。

二、幻方最优化指标

什么是幻方的最优化？幻方的组合性质是衡量幻方优化程度的唯一指标，若有其他组合因素夹入其间必然会导致混乱。所谓幻方组合性质，系指幻方有多少“行、列及对角线”建立了等和关系。在幻方游戏规则中，组合性质决定着幻方是否成立及其幻方的本质属性，因而也是衡量幻方优化程度的根本指标。根据幻方组合性质的不同状况，幻方的优化程度由低至高可分为：非优化幻方、半优化幻方与最优化幻方 3 个基本等级。它们在建立等和关系方面的“量变”差异如下。

1. 幻方

所谓幻方，指按洛书原理经典定义的传统幻方，其组合性质为：n 行、n 列及 2 条主对角线之和相等，此乃幻方成立的最低条件（若 2 条主对角线不等和则称为“行列图”）。为什么说经典定义的传统幻方是非优化的呢？从杨辉口诀可知，洛书与“九子斜排”（即自然方阵）的组合性质“等价”，区别仅仅在于互为“表里”关系。同时我发现，幻方与自然方阵两者的总量相等，且以“一对一”方式相互转化。因此，传统幻方是非优化的幻方，或可称之为非完全幻方。

2. 半优化幻方

所谓半优化幻方，其组合性质为：n 行、n 列、2 条主对角线及一半次对角线之和相等，但是另一半次对角线不等和。它在非优化幻方的基础上增加了一半次对角线的等和关系，因此优化程度较高。目前，中外幻方爱好者们尚没有留意半优化幻方的存在与研制，其实这是幻方优化过程中一个重要的中介环节。但由于半优化幻方的另一半次对角线不等和，所以我仍然把它归属于非完全幻方范畴。

3. 最优化幻方

所谓最优化幻方，其组合性质为：n 行、n 列及 $2n$ 条泛对角线之和全等，即 1 至 n^2 自然数列的每一个数建立了全方位等和关系，因此乃是优化程度最高的幻方，故亦称完全幻方。同时，幻方的最优化是就幻方整体而言的，至于完全幻方的局部单元或者子母单元，无论其组合特点、空间关系的复杂程度如何，这一切都属于内部结构特点与构图方法问题，并不决定幻方整体组合性质的本质属性。总而言之，完全幻方是幻方发展的最高形态，“n 行 $=$ n 列 $=$ $2n$ 条泛对角线”就是幻方的最优化标准。这个反映幻方组合性质的定量化指标，乃是幻方优化程度评价具有可比性、规范性与综合性的一个客观标准。

三、关于幻方“最优化标准”的两种误解

有人对“最优化幻方”的提法发表了强烈质疑，主要有如下两种意见：一种意见认为，幻方“最优化”的提法太绝对化、不科学，幻方的优化只具相对性，

幻方没有“最优”，只有“更优”，这一观点的产生与国内幻方研究蓬勃发展有关。那么怎么比较千变万化的幻方优化程度的差异呢？于是乎有人使用了诸如“……高优、特优、极优”等形容词，结果多得分不清谁是谁了。

幻方最优化标准是衡量与区分幻方本质属性的一种综合性规范，即关于幻方组合性质的单一评价，不是对幻方结构复杂性、逻辑形式变化、不同数学关系、构图难度及其组合技术含量等方面的测评与比较排队，这两者有联系但不属于同一范畴，关于幻方组合技术评价应建立另一套指标体系。同时，也不适合把有些不可量化或没有可比性，本来属于幻方品种分类问题的幻方组合因素掺杂在一起，与幻方优化问题混为一谈。

幻方“最优化”的提法是不是科学？我认为，在事件具有不确定性因素或“不可知”条件下，追求“最优化”方案显然是不现实的。如在风险型、非确定型决策中找到一个“满意方案”即可，因此优化问题具有相对性。但对于确定型决策而言，追求“最优化”方案与结果乃是决策者遵守的通行准则，因此不能一概否定“最优化”的绝对存在。幻方的最优化标准是可严格界定的一个量化指标，没有不确定性因素，因此凡符合这一标准的最优化幻方不仅客观存在，而且可以求得与清算。

另一种意见认为，“高次幻方”比完全幻方的优化程度更高。近年来，“高次幻方”是国内幻方爱好者们研究的一个热门课题，并取得了硕果累累。据了解“高次幻方”分为两类：一类是广义“高次幻方”，指幻方在一次时其 n^2 个数为“自选”的非连续数列；另一类是经典“高次幻方”，指幻方在一次时其 n^2 个数为“1 至 n^2”自然数列。这两类“高次幻方”不属于同一序列，“高次幻方”从广义向经典回归，说明“高次幻方”游戏纳入规范。经典“高次幻方”，我另称之为“自乘”幻方，以示有别于广义“高次幻方”。“自乘”幻方的一次和、平方和、立方和…… N 次和各具等和关系，本身只表明 N 幅不同幻方之间存在特殊的转化关系，因此还必须由“n 行 = n 列 = 2 条主对角线”或者“n 行 = n 列 = $2n$ 条泛对角线”这两个优化程度的考量指标来判定其组合性质，即分清各幂次是完全幻方还是非完全幻方。“自乘”幻方只要在一次时是一幅完全幻方，N 次“自乘”所得等幂和幻方，可能为非完全幻方，也可能为完全幻方，我都称该“自乘幻方”为“自乘完全幻方”。这就是说，“自乘幻方”最优化是从一次完全幻方角度定论的。“自乘完全幻方”本质上是完全幻方的一种“外延”等幂和关系，这是完全幻方组合技术深度发展的一个里程碑。但我认为，“自乘完全幻方”与不具“自乘”关系的完全幻方之间不涉及谁“更优”的问题。

完全幻方研究纲要

什么是完全幻方呢？指以1至n^2自然数列建立n行、n列与$2n$条泛对角线之和全等关系的幻方最优化组合形式。“n”称为完全幻方的“阶次”，完全幻方的存在有一定的阶次条件限制，即$n \neq 3$阶，$n \neq 2(2k+1)$阶（$k \geqslant 1$），这就是说，3阶与$2(2k+1)$阶没有完全幻方解，除此之外都存在完全幻方解。完全幻方各行、列、对角线全等之和称为“泛幻和”，在阶次“n”确定条件下泛幻和是一个常数，其求和公式如下：$S_n=\frac{1}{2}n(n^2+1)$。完全幻方总幻和的最基本容量是：1至n^2自然数列总和的4整倍。在整个幻方领域中，完全幻方只占极少一部分，但却代表着幻方的最优化标准及其最高组合技术水平。

从组合性质而言，幻方可分为两大基本门类：一类是非完全幻方，另一类是完全幻方。显然，这两类幻方在游戏规则、组合原理、数理性质及阶次限制条件等方面各具特殊性。鉴于此，我一直主张把完全幻方从幻方体系中剥离出来，从而成为一个独立的完全幻方算题，并称之为幻方第一迷宫。完全幻方及其完全幻方群的组合结构、规律性及构图、检索、计数方法等研究，必将成为世界幻方爱好者们的主攻方向。

完全幻方是组织精密、高度有序、分布均匀、关系和谐、数理纯粹的最优化组合体。在任何一幅n阶完全幻方中：每一个数都4次被组织到相关一行、一列及两条泛对角线的等和关系之中；每一个数字都处在n^2个数错综复杂、相互制约与整体联系的最佳位置，因而完全幻方全盘皆“活”；从每一个数出发，向任何方位划出一条含n个数字的直线等和，或按序等分1至n^2自然数列……同理，在每一个n阶完全幻方群中：每一个数在n^2个数位的就位次数相等，或者说每一个数位为n^2个数所提供的就位机会等同，这就是完全幻方群第一定律——就位机会均等律；各完全幻方个体之间无不以多种方式彼此联系与相互转化，从而形成一个错综复杂、变化莫测的完全幻方迷宫体系。这正如苏东坡《题西林壁》（1084年）诗云：“横看成岭侧成峰，远近高低各不同。不识庐山真面目，只缘身在此山中。”总之，完全幻方神奇而美妙，整体完全幻方群研究更令人着迷。

根据完全幻方化简形态——“商—余”正交方阵看，完全幻方可分为两大类：一类为“规则”完全幻方，其“商—余”正交方阵的行、列或子单元可按一定的逻辑规则程序化编码生成，故可称之为逻辑完全幻方。目前，“规则”完全幻方的系统构图、检索、计数方法等研究工作业已达到了比较成熟的阶段。另一类为“不规则”完全幻方，其“商—余”正交方阵的行、列或子单元表现为非逻辑性、无序化的复杂状态，故可称之为非逻辑完全幻方。相对而言，“不规则”完全幻方比“规则”完全幻方难度更大，迄今“不规则”完全幻方仍然是一个难以厘清的谜团。据研究，“不规则”完全幻方的结构错综复杂，它存在于7阶与大于7阶的完全幻方领域之中，而小于7阶（如4阶、5阶）尚没有发现“不规则”完全幻方图形。因此，完全幻方的这种分类研究十分必要，先易后难，分而治之。

完全幻方的“规则”与“不规则”分类，乃是产生于最优化逻辑编码法的一个特定概念。所谓“不规则”完全幻方，仅从其“商—余”正交方阵编码方式看没有逻辑规则，但这不等于说这类完全幻方毫无章法没有其他形式的组合规则。完全幻方的组合规则具有多样性，在不同构图方法中，必然反映出各式各样的最优化组合规则。比如，在“乱数”单元最优化模拟合成法中，我发现“不规则”完全幻方严格遵守“互补规则”，同时严格遵守由此而演化出来的诸如“棋步规则”“分形规则”等比较复杂的非逻辑规则。这是关于“不规则”完全幻方研究思路与组合技术的一项重要突破。完全幻方的组合规则与构图方法两者密切相关，我期待进一步发掘更多非逻辑形式的最优化组合规则，并创作与之相匹配的最优化构图方法，以求化解乃至最终消除完全幻方的“不规则”概念。

近年来，我国“高次幻方”研究突飞猛进，并开始深入到了经典幻方领域，即由原来“自选”n^2个指数代之以幂形“1至n^2自然数列”构图取得了成功，从而“高次幻方”脱胎换骨改变了原来用数不规范的广义性。因此，我另称之为“自乘幻方”，以示这类经典幻方自乘可得平方幻方，再自乘可得立方幻方等的奇妙数理特性。从广义“高次幻方”发展到经典“自乘幻方”，当前已成为幻方爱好者们的一个高难度、极具挑战性的课题。诚然，下一个更高开发目标必然是“自乘完全幻方”研究。什么是“自乘”完全幻方？“自乘”完全幻方是寓于浩瀚完全幻方群之中的珍稀品种，“自乘”二字揭示了这种完全幻方存在“外延”等幂和关系，即一幅一次完全幻方做二次、三次或多次自乘，可转变为另一幅平方完全幻方（或平方非完全幻方）、立方完全幻方（或立方非幻方）等的奇妙数理特性。这一“外延”数学关联的重大发现，把完全幻方研究水平提升到了空前高度。

总而言之，完全幻方研究可概括为以下几个重要课题：其一，基本目标：拟清算10阶以内即4阶、5阶、7阶、8阶、9阶这5个阶次的完全幻方群。这已是一个相当高的研究目标了，目前只有4阶、5阶两个完全幻方群已被正确无误清算，其余 3 个阶次国外有人做过概算，但我要求的是精算结果。从 7 阶完全幻方开始，存在逻辑形式与非逻辑编码两大类最优化形态，尤其“不规则”最优化组合机制与结构错综复杂，现有的构图、检索、计数方法不足以准确达到清算目标。其二，组合结构：完全幻方群各个体之间盘根错节的相互转换关系及分门别类清理完全幻方群内部的板块或结构子集。其三，组合理论：完全幻方群的基本组合规律，我从 4 阶、5 阶中已发现完全幻方群存在就位机会均等律，尚待 7 阶、8 阶、9 阶完全幻方群的实证或数学证明等。其四，“外延”等幂和关系：指完全幻方连续若干次“自乘”可转变为多次幂形幻方的一种数理性质。目前，已发现 8 阶完全幻方“自乘”，可转变为一幅 8 阶平方非完全幻方，因此搜索“自乘”完全幻方是一个有趣的热门课题。

幻方丛林·中册

HUANFANG CONGLIN ZHONGCE

沈文基 著

追求完美/创造完美/分享完美

科学技术文献出版社
SCIENTIFIC AND TECHNICAL DOCUMENTATION PRESS

·北京·

图书在版编目（CIP）数据

幻方丛林：全3册 / 沈文基著. —北京：科学技术文献出版社，2018.9（2025.1重印）
ISBN 978-7-5189-4561-0

Ⅰ.①幻… Ⅱ.①沈… Ⅲ.①数学—普及读物 Ⅳ.①O1-49

中国版本图书馆 CIP 数据核字（2018）第 130765 号

幻方丛林（中册）

策划编辑：孙江莉 应佩祎 责任编辑：王瑞瑞 赵 斌 责任校对：文 浩 责任出版：张志平

出 版 者 科学技术文献出版社
地 址 北京市复兴路15号 邮编 100038
编 务 部（010）58882938，58882087（传真）
发 行 部（010）58882868，58882870（传真）
邮 购 部（010）58882873
官方网址 www.stdp.com.cn
发 行 者 科学技术文献出版社发行 全国各地新华书店经销
印 刷 者 北京虎彩文化传播有限公司
版 次 2018年9月第1版 2025年1月第4次印刷
开 本 710 × 1000 1/16
字 数 1200千
印 张 63
书 号 ISBN 978-7-5189-4561-0
定 价 198.00元（全3册）

幻方发源于《周易》洛书九宫算，这千年之谜业已成为风靡世界的一项好玩、健脑、启智的大众化数学游戏。幻方迷宫的重重大门似乎由一串串异常精密、错综复杂而又变化无穷的连环锁扣着的，入门也许并不难，但“通其变，极其数”（《周易·系辞》）走出迷宫，却又谈何容易。本书在总结“幻方—完全幻方—自乘幻方”及“幻方—幻方群—幻方丛林”纵横两条发展主线的基础上，站在幻方研究前沿多层面挖掘、开拓新课题，并注入了更为丰富的自然与人文元素，融“象数理”于一炉，不断提升幻方游戏的趣味性与挑战性，向广大玩家提供了一个更高的创新平台。

幻方按组合性质分为幻方与完全幻方两大门类，完全幻方是幻方的最优化组合形式，乃贯穿于幻方研究的一个主攻方向。其中的“不规则”幻方并非说没有规则，而是说这类幻方具有非逻辑、非程序化的复杂规则，因此仍然是当今幻方群系统检索与彻底清算的主要障碍。然而一旦得其构图妙招绝技，幻方的这个“不规则”概念将自行消失。其中的自乘幻方是具有一次、平方、立方……连续等幂和关系的经典幻方，这是幻方兼备外延数学性质的一个重大发现，由此把幻方的数理内涵提升到了一个前所未有的高度，故我称之为“幻方迷宫中的迷宫”。自乘幻方已经破题，但仍然是当前探索其组合原理与构图方法的一个热门课题。从洛书到完全幻方诞生是幻方发展的第一座里程碑，代表作首见于印度11世纪“耆那4阶完全幻方”；第二座里程碑是自乘幻方的发现，代表作是法国G. Pfeffermann于1890年首创的8阶、9阶平方幻方；第三座里程碑是自乘完全幻方的发现，代表作是我国李文2011年创作的32阶完全平方幻方。正可谓路漫漫其修远兮，上下五千年求索之。

目前，幻方构图方法与计算技术已达到了相当水平，不难构造出千千万万的幻方图形，但能精准清算其全部解的只有4阶、5阶完全幻方群而已，同时也只停留在“只见树木，不见森林”阶段。然而，幻方与幻方群是两个不同层次的研究课题，必须克服“重图轻理”的偏向，切实启动对幻方群内在的组织结构、相互转化及其整体组合规律的深入探讨。本书重要的贡献：提出了完全幻方群第一定律——“就位机会均等律”，完全幻方群第二定律——“边际定位递减律”等前沿幻方组合理论。

幻方的“另类”发展状况，我以广袤、神奇的“幻方丛林”来形容。如有反幻方、等差幻方、等比幻方、等积幻方、双重幻方、高次幻方、素数幻方、2（$2k+1$）阶广义完全幻方、互文幻方、回文幻方、分形幻方、棋步幻方乃至各种特殊、稀缺数系巧妙入幻等；又如有幻立方、四维幻方及幻圆、幻球、幻环、幻六角等变形组合体等。“另类幻方”都发源于经典幻方，它们以不同的组合条件与设计要求，局部改变了幻方游戏规则，从而开辟了前所未有的幻方游戏新路子。但我认为：“另类幻方”都可作为一个子单元或逻辑片段而包容于阶次足够大的经典幻方内部，因此“另类幻方”将极大地丰富经典幻方精品创作。

在“幻方丛林”发展中，本书凸显了三大主体迷宫：①完全幻方——幻方第一迷宫，完全幻方 n 行、n 列及 $2n$ 条泛对角线全部等和，每一数都处在整体联系中的最佳位置，全盘数字都是“活”的，这种全方位等和关系表明它是幻方的最优化组合形式。②完全等差幻方——幻方第二迷宫。完全等差幻方存在两种表现形式：一是“泛”完全等差幻方，乃指 n 行、n 列及左、右 n 条泛对角线之和各为 4 条相同的等差数列；二是“纯”完全等差幻方，指 n 行、n 列及 $2n$ 条泛对角线之和统一为一条连续数列。它是等和完全幻方的姊妹篇，其构图趣味性与挑战性可与之相媲美。“泛”完全等差幻方已创作成功，实现了等差幻方问世以来跨越式发展，为幻方第二迷宫树立了发展的一座里程碑。③素数幻方——幻方第三迷宫。素数入幻已有 100 多年的研究历史，各式连续素数幻方、自选素数幻方、孪生素数幻方对、哥德巴赫幻方对等具有空前的挑战性，近年来我国爱好者们悉心钻研取得了举世瞩目的成果。大量实例显示，任何一个奇素数都存在一次以上的机会被组织到幻方的等和关系中来。据此，本书提出：幻方是建立“素数新秩序”最适当的组合形式这个新命题，立论基本点是从最小奇素数“3”开始，存在无限多个符合入幻条件的 k 阶连续素数配置及其构图方案。素数数系存在“幻方新秩序”这一构想，具有合理性与一定的学术价值，本书抛砖引玉，希望能在数论探讨中立题立论。

幻方好玩，玩好幻方。《幻方丛林（全 3 册）》是一部幻方科普专著，精益求精，贯彻“知识与趣味”兼备，“普及与创新”结合，“传承与超越”并发的创作理念，由此形成了如下一大特色：彰显幻方美学，痴迷于独具匠心的幻方设计。幻方是一门“数雕艺术”，它以数字化方式注入物象、图案、符号、纹饰乃至汉字等广泛主题，创作令人拍案叫绝的“高、精、尖、新、奇、特、异、怪、诡”幻方精品，追求幻方深邃的数理美、高远的意境美与多彩的视觉美，品位高雅，给人以愉悦、启迪与联想。总之，这既是幻方竞技，又是幻方欣赏。

沈文基

2018 年 7 月

目录

上 册

第1篇　幻方入门 …… 1

幻方起源 …… 2

幻方游戏规则 …… 4

幻方求解问题 …… 6

幻方基本分类 …… 11

幻方广义发展 …… 18

幻方丛林三大迷宫 …… 20

洛书“形—数”关系 …… 22

洛书泛立方是一盆“水仙花” …… 25

洛书等幂和数组 …… 26

龟文神韵 …… 31

新版九宫图 …… 33

第2篇　易数模型与组合方法 …… 35

《周易》两套原始符号 …… 36

二爻累进制“卦”读数法 …… 38

“五位相得”之秘 …… 42

“参伍错综”九宫算法 …… 45

河图组合模型 …… 46

洛书组合模型 …… 49

先天八卦“体—用”数理关系 …… 52

先天八卦四象态组合模型 …… 55

先天八卦大九宫组合模型 …… 57

洛书四大构图法 …… 61

杨辉口诀新用法 …… 66

杨辉口诀周期编绎法 …… 69
杨辉口诀“双活”构图特技 …… 70
杨辉“易换术”推广应用 …… 73
完全幻方几何覆盖法 …… 78
几何覆盖“禁区”探秘 …… 83
闯出“禁区”的几何覆盖 …… 85
几何覆盖法样本探索 …… 89
左右旋法 …… 91
“两仪”型幻方构图法 …… 95
口诀幻方的最优化转换法 …… 98

第3篇 最优化逻辑编码技术 …… 103

“商—余”正交方阵常识 …… 104
自然逻辑编码技术 …… 105
自然逻辑多重次编码技术 …… 108
二位制同位逻辑行列编码技术 …… 110
二位制同位逻辑多重次编码技术 …… 115
三位制同位逻辑行列编码技术 …… 117
三位制同位逻辑泛对角线编码技术 …… 120
三位制同位逻辑“泛对角线—行列”编码技术 …… 123
三位制错位逻辑行列编码技术 …… 129
三位制错位逻辑泛对角线编码技术 …… 136
三位制错位逻辑“泛对角线—行列”编码技术 …… 138
四位制同位逻辑行列编码技术 …… 141
四位制交叉逻辑行列编码技术 …… 143
五位制最优化逻辑编码技术 …… 145
同位逻辑“长方行列图”编码技术 …… 151
交叉逻辑“长方行列图”编码技术 …… 153

第4篇 构图方法 …… 157

幻方“克隆”技巧 …… 158
“傻瓜”构图技术 …… 160
国外幻方构图法简介 …… 164
单偶数阶幻方“O、X、Z”定位构图法 …… 171
单偶数阶幻方“A + B = C”四象合成构图技术 …… 175

单偶数阶幻方“A + B = C”主对角线构图技术 …… 180
幻方泛对角线与行列置换法 …… 184
自然方阵与完全幻方相互转换的可逆法 …… 186
四象最优化正交合成法 …… 191
四象二重次最优化合成法 …… 195
非最优化四象合成完全幻方 …… 202
全等大九宫二重次最优化合成法 …… 207
四象消长态单重次完全幻方 …… 212
“放大式”模拟组合法 …… 217
“放大式”模拟法的推广应用 …… 223
“乱数”单元最优化“互补—模拟”组合技术 …… 226
自然方阵最优化“互补—模拟”组合技术 …… 234
行列图最优化“互补—模拟”组合技术 …… 236
另类幻方最优化“互补—模拟”组合技术 …… 238
4*k* 阶完全幻方的表里置换法 …… 239

第 5 篇 幻方及其最优化 …… 241

藏传佛教与幻方 …… 242
中印“玉、石”奇方——幻方最优化第一座里程碑 …… 245
元代安西王府“铁板”幻方 …… 246
中世纪印度“佛莲”幻方 …… 249
外销瓷盘“错版”幻方 …… 253
德国“A. 度勒幻方”的解 …… 256
18 世纪欧博会“地砖”幻方 …… 258
幻方之父——宋代杨辉幻方序列 …… 259
清代张潮更定百子图 …… 266
半完全幻方 …… 267
4*k* 阶幻方四象消长关系 …… 268
3*k* 阶幻方九宫消长关系 …… 272
非完全幻方任意中位律 …… 275
非完全幻方局部最优化 …… 278
非完全幻方镶嵌“单偶数阶完全幻方” …… 281
非完全幻方最优化全面覆盖 …… 283
幻方最优化标准 …… 284
完全幻方研究纲要 …… 287

中 册

第 6 篇 2（2k + 1）阶幻方 …………………………………… 291
主对角线定位编码法 …………………………………………………… 292
四象数组交换构图法 …………………………………………………… 295
2 阶单元“模拟—合成”构图法………………………………………… 304
2（2k + 1）阶幻方局部最优化 ………………………………………… 306
6 阶幻方“极值”组合结构………………………………………………… 308
6 阶幻方四象消长态序列………………………………………………… 311
普朗克广义 6 阶完全幻方 ……………………………………………… 315
苏茂挺广义 6 阶完全幻方 ……………………………………………… 317
6 阶广义完全幻方重组方法……………………………………………… 319
新版最小幻和 6 阶广义完全幻方 ……………………………………… 325
“补三删三”最优化选数法推广 ………………………………………… 328
丁宗智广义 6 阶完全幻方 ……………………………………………… 330
长方单元 2（2k + 1）阶最优化编码法………………………………… 334
正方单元 2（2k + 1）阶最优化编码法………………………………… 339
广义 2（2k + 1）阶二重次完全幻方…………………………………… 344
广义“2（2k + 1）阶完全幻方”入幻 ………………………………… 347
第 7 篇 完全幻方群清算 …………………………………………… 349
4 阶完全幻方群全集……………………………………………………… 350
4 阶完全幻方四象结构分析……………………………………………… 352
4 阶完全幻方化简结构分析……………………………………………… 354
4 阶完全幻方内在数理关系……………………………………………… 357
5 阶完全幻方群清算……………………………………………………… 358
任意中位 5 阶完全幻方序列 …………………………………………… 359
全中心对称 5 阶完全幻方 ……………………………………………… 360
“25”居中 5 阶完全幻方子集 …………………………………………… 361
5 阶完全幻方相互转化关系……………………………………………… 365
第 8 篇 大五象和大九宫算法 ……………………………………… 371
五象全等态幻方 ………………………………………………………… 372
五象消长态幻方 ………………………………………………………… 374
四象全等态下的中象之变 ……………………………………………… 376

四象消长态下的中象之变 …… 378
12 阶双宫幻方 …… 379
九宫算法与变法 …… 381
全等式大九宫幻方 …… 384
等差式大九宫幻方 …… 386
三段等差式大九宫幻方 …… 388
三段等和式大九宫幻方 …… 390
变异三段式大九宫幻方 …… 391
“最大”中宫 9 阶幻方 …… 393
“最小”中宫 9 阶幻方 …… 395
行列图式大九宫完全幻方 …… 397

第 9 篇　幻方对称结构 …… 401

奇数阶“全中心对称”幻方 …… 402
奇数阶“全中心对称”完全幻方 …… 403
偶数阶“全中心对称”幻方 …… 405
偶数阶“全轴对称”幻方 …… 407
偶数阶“全轴对称”完全幻方 …… 408
“全交叉对称”幻方 …… 410
“全交叉对称”完全幻方 …… 411
幻方奇偶数模块“万花筒” …… 412
幻方奇偶数均匀分布 …… 415
奇偶数两仪模块幻方 …… 416
最均匀偶数阶完全幻方 …… 419
最均匀奇数阶完全幻方 …… 421

第 10 篇　幻方子母结构 …… 423

“田”字型子母完全幻方 …… 424
“田”字型非最优化合成完全幻方 …… 426
五象态最优化多重次完全幻方 …… 430
“井”字型子母完全幻方 …… 432
格子型子母完全幻方 …… 434
格子型非最优化合成完全幻方 …… 437
网络型子母完全幻方 …… 442
网络型子母非完全幻方 …… 444
奇数阶“回”字型子母幻方 …… 447

偶数阶“回”字型子母幻方 …… 449
“回”字型子母完全幻方 …… 452
简单集装型子母幻方 …… 454
第 11 篇　幻方镶嵌结构 …… 459
质数阶同心（或偏心）完全幻方 …… 460
质数阶交叠同心完全幻方 …… 462
偶数阶同心完全幻方 …… 465
奇合数阶同心完全幻方 …… 467
同角型幻方 …… 470
同角双优化质数阶完全幻方 …… 472
交环型幻方 …… 473
交叠型幻方 …… 475
“三同”嵌入式幻方 …… 476
“变形”子幻方嵌入 …… 478
第 12 篇　另类幻方 …… 481
自然方阵 …… 482
螺旋方阵 …… 485
半和半差方阵 …… 487
半优化自然方阵 …… 490
行列图 …… 491
泛反幻方 …… 493
可逆方阵 …… 496
准幻方 …… 497
泛等差幻方 …… 498
4 阶“金字幻方”变术 …… 501
“0”字头 5 阶“金字幻方”变术 …… 502
“0”字头 10 阶幻方 …… 503
互文幻方对 …… 504
“互文幻方对”中的等幂和关系 …… 507
回文幻方 …… 512
泛等积幻方 …… 513
第 13 篇　等差幻方 …… 519
幻方的等差与等和关系同源 …… 520

美国 Martin Gardner 首创 4 阶等差幻方 …… 521
美国 Joseph. S. Madachy 的 9 阶等差幻方 …… 523
德国 Harvey Heinz 的 4 ～ 9 阶等差幻方 …… 525
10 ～ 12 阶等差幻方 …… 527
等差幻方的幻差参数分析 …… 530
幻差与阶次同步增长 …… 533
幻差最大化 …… 536
等差幻方的两种最优化组合形态 …… 538
“泛”完全等差幻方开篇 …… 540
“等差幻方”入幻 …… 544

第 14 篇 双重幻方 …… 547

W. W. Horner 首创双重幻方 …… 548
梁培基的最小化 8 阶双重幻方 …… 550
苏茂挺的“可加”双重幻方奇闻 …… 553
四象坐标定位法 …… 554
九宫坐标定位法 …… 561
“二因子”拉丁方相乘构图法 …… 564
“双重幻方”入幻 …… 572
双重幻方展望 …… 573

第 15 篇 素数幻方 …… 577

先驱者的素数幻方 …… 578
素数“乌兰现象”启示 …… 579
素数幻方撷英 …… 581
素数等差数列幻方 …… 585
孪生素数完全幻方对 …… 590
“哥德巴赫”素数幻方对 …… 593
“哥德巴赫”素数等差数列幻方对 …… 595
表以大偶数的“素数对合体幻方” …… 597
“1 + 1 + 1 = 1”素数幻方设想 …… 599
孪生素数幻方与哥德巴赫幻方的转化关系 …… 599
连续素数幻方选录 …… 601
张联兴的“复合”素数幻方 …… 604
6 阶素数幻方 …… 606
回文素数幻方 …… 608

下 册

第 16 篇　高次幻方 …… 611
开创者们的“平方数幻方” …… 612
克里斯蒂安·博耶的 7 阶平方数幻方 …… 613
探索者们的 4 ～ 7 阶广义“平方幻方” …… 616
苏茂挺的广义 18 阶平方完全幻方 …… 618
郭先强的广义 16 阶三次幻方 …… 619
广义高次幻方入幻 …… 619
广义 9 阶平方完全幻方“苏氏法” …… 621

第 17 篇　自乘幻方 …… 625
法国 G. Pfeffermann 首创 8 阶、9 阶平方幻方 …… 626
英国 Henry Ernest Dudeney 的 8 阶平方幻方 …… 629
王䰟的“不规则”8 阶平方幻方 …… 630
梁培基的“规则”8 阶平方幻方 …… 632
梁氏“坐标定位法”活学活用 …… 633
芬兰 Fredrik Jansson 的 10 阶、11 阶平方幻方 …… 636
10 阶、11 阶自乘（平方）幻方的坐标定位 …… 638
德国 Walter Trump 的 12 阶三次幻方 …… 641
高治源、郭先强的 12 阶三次幻方 …… 644
陈钦悟与陈沐天的“0 字头”16 阶三次幻方 …… 651
法国 M. H. Schots 的 8 阶完全幻方 / 平方幻方 …… 654
8 阶完全幻方 / 平方幻方检索 …… 656
钟明的 16 阶完全幻方 / 平方幻方 …… 659
第三座里程碑——李文的 32 阶完全平方幻方 …… 661

第 18 篇　不规则幻方 …… 663
不规则幻方创始人——杨辉 …… 664
4 阶不规则幻方检索 …… 667
不规则“等和”整合模式 …… 669
不规则“互补”整合模式 …… 671
不规则幻方互补“整合”关系解析 …… 675
不规则非完全幻方分类 …… 678
单偶数阶幻方“天生”不规则 …… 680

幻方逻辑规则“破坏”技术 …… 684
4k 阶二重次不规则幻方 …… 686
3k 阶二重次不规则幻方 …… 690
大母阶多重次不规则幻方 …… 691
不规则完全幻方 …… 693
7 阶不规则完全幻方重构 …… 698
8 阶不规则完全幻方重构 …… 700
变换“正交”关系构图法 …… 703
乱数单元的不规则最优化合成技术 …… 706
第 19 篇 数雕艺术 …… 713
白猫黑猫 …… 714
雪虎 …… 715
沙漠之舟 …… 716
空中霸王 …… 718
金字塔——狮身人面像 …… 719
“卍”佛符 …… 721
雪花 …… 722
囍 …… 724
福 …… 725
《乾》六龙 …… 726
香港回归 …… 728
澳门回归 …… 729
新世纪时钟 …… 731
鸟巢 …… 731
北京奥运 …… 733
第 20 篇 奇方异幻 …… 735
自然唯美 …… 736
四象传奇 …… 737
大拼盘 …… 740
奇妙“10 阶幻方” …… 741
“蜂巢”幻方 …… 742
“蛛网”幻方 …… 745
变幻“小立方” …… 746
“马赛克”幻方 …… 747

正方形镶嵌结构幻方 …… 748
海市蜃楼 …… 749
珠联璧合 …… 751
长串等幂和数入幻 …… 751
R. Frianson 的两仪幻方 …… 753
和合二仙 …… 754
巧夺天工 …… 755
两仪幻方阴阳易位 …… 756
精雕细刻 …… 758
印章 …… 759
虎符 …… 760
阿当斯“幻六边形”入幻 …… 761
爱因斯坦“幻三角形”入幻 …… 762
土耳其“双幻立方体”入幻 …… 763
保其寿“幻立方”入幻 …… 766
“九宫幻立方体”入幻 …… 768
最优化 2 阶“幻多面体”入幻 …… 769
$3x+1$、$3x-1$ 算法入幻 …… 771
平方和“魔环” …… 773

第 21 篇　分形幻方 …… 775

皮埃诺分形曲线合成完全幻方 …… 776
工字分形曲线合成完全幻方 …… 778
螺旋分形曲线合成完全幻方 …… 781
弹簧分形曲线合成完全幻方 …… 783
绞丝分形曲线合成完全幻方 …… 784
32 阶“藤蔓曲线”完全幻方 …… 785
32 阶“发辫曲线”完全幻方 …… 786
24 阶“锯齿分形曲线”合成完全幻方 …… 788
28 阶“布朗曲线”完全幻方 …… 789
“O、X、Z”三式定位分形碎片 …… 790
“分形曲线”模型设计 …… 792
“二合一”分形完全幻方 …… 797
“三合一”分形完全幻方 …… 798
“四合一”20 阶、24 阶分形幻方 …… 800

"四合一"32 阶分形幻方 …… 802

第 22 篇 "棋步—幻方"游戏 …… 805

"骑士旅行"8 阶马步行列图 …… 806
8 阶"马步二回路"幻方 …… 807
8 阶"马步二回路"幻方重构 …… 809
一匹马跳遍棋盘的 16 阶马步幻方 …… 811
16 阶马步幻方重组 …… 813
"骑士旅行"图谱 …… 816
"8 阶马步行列图"最优化入幻 …… 817
"8 阶马步二回路幻方"最优化入幻 …… 819
小盘"马步图谱"合成完全幻方 …… 820
奇数阶"暗"马步幻方 …… 824
8 阶完全幻方"马步直线"全等结构 …… 826
意大利 Ghersi 的 8 阶王步回路幻方 …… 828
4 阶后步回路幻方 …… 830
标准棋盘 8 阶后步回路幻方 …… 833
后步回路 8 阶行列图合成 32 阶完全幻方 …… 834
王步二回路四象最优化合成 32 阶幻方 …… 836
阿拉伯人的 8 阶"混合棋步"完全幻方 …… 839
"王 / 车"联步回路 8 阶幻方 …… 840
"王 / 后"联步双回路行列图合成 32 阶完全幻方 …… 841
"后 / 象"联步二回路 8 阶幻方 …… 842
"后 / 马"联步行列图合成 32 阶完全幻方 …… 843
象步二回路合成 32 阶完全幻方 …… 845
兵步"弓形"曲线合成 20 阶完全幻方 …… 847

第 23 篇 "简笔画"幻方 …… 849

猫头鹰 …… 850
坐井观天 …… 851
大风车 …… 852
倒立 …… 853
泥陶釜灶 …… 854
石窗 …… 856
面具 …… 858
龙首 …… 861

貔貅 …… 863
丑小鸭 …… 864
海军上将 …… 867
32 阶“太阳神”完全幻方 …… 868
32 阶“对撞”完全幻方 …… 872
16 阶“青蛙”完全幻方 …… 873
16 阶“鲸”完全幻方 …… 874
16 阶“蜘蛛”完全幻方 …… 876
16 阶四式“全等双曲线”完全幻方 …… 878

第 24 篇 “汉字”入幻 …… 881

“口”字 16 阶完全幻方 …… 882
“工”字 16 阶完全幻方 …… 883
“王”字 24 阶完全幻方 …… 884
“日”字 24 阶完全幻方 …… 885
“田”字 24 阶完全幻方 …… 887
“山”字 24 阶完全幻方 …… 888
“出”字 24 阶完全幻方 …… 889
“正”字 24 阶完全幻方 …… 891
“巨”字 32 阶完全幻方 …… 892
“回”字 32 阶完全幻方 …… 893

第 25 篇 特种数系入幻 …… 895

衍生勾股数组三联对幻方 …… 896
“勾股图”幻方 …… 897
“28 亲和链”幻方 …… 898
亲和环“钻石”幻方 …… 899
金兰数“双鱼”幻方 …… 900
《圣经》启示录 6 阶素数完全幻方 …… 901
“666”分拆素数幻方对 …… 902
“666 大顺”广义完全幻方 …… 904
阿根廷 R. M. Kurchan 首创“十全数”幻方 …… 906
“十全数”幻方位次加成构图法 …… 909
4 阶“十全数”幻方最小化 …… 912
4 阶“十全数”幻方最大化 …… 914

第 26 篇　方圆共幻 …… 919

幻圆游戏规则 …… 920
杨辉幻圆 …… 921
丁易东幻圆 …… 923
印度纳拉亚呐稀世幻圆 …… 924
弗兰克林幻圆 …… 925
蝙蝠幻圆 …… 926
“米”字完美幻圆 …… 928
九宫完美幻圆 …… 929
长方幻圆 …… 929
自然螺旋幻圆 …… 930
四象全等二重完美幻圆 …… 930
九环幻球 …… 931

第 27 篇　前沿理论 …… 933

完全幻方群第一定律——就位机会均等律 …… 934
完全幻方群第二定律——边际定位递减律 …… 936
完全幻方群计数理论通式 …… 941
幻方与完全幻方初步统计 …… 942
幻方组合技术评价指标体系 …… 945
幻方是建立“素数新秩序”最适当的组合形式 …… 952

参考文献 …… 955

后　记 …… 957

2(2k+1)阶幻方

2(2k + 1)阶由两种因子构成：一个是偶素数“2”因子；另一个是2k + 1奇数因子（$k \geq 1$）。这种单偶数阶幻方，在组合机制、内部结构及其构图方法等方面具有如下特殊性：其一，幻和是一个奇数（幻和与阶次的奇偶性不一致）；其二，不存在最优化解；其三，没有四象全等态组合结构；其四，逻辑结构天生“不规则”。因此，对其构图与检索方法研究为一个相对薄弱的幻方领域。当前，最小单偶数6阶幻方群清算，仍然是中外幻方爱好者们着力求解的一个基础研究课题。我将重点探索：6阶幻方的四象消长关系、九宫消长关系及中心位“2阶单元”的结构变化等基本问题。

2(2k + 1)阶幻方不存在最优化解，令人产生一种莫名的缺憾，早年幻方爱好者们心有不甘，突破游戏规则的束缚，在“自由选数”条件下成功地制作出2(2k + 1)阶广义完全幻方，从而填补了最优化幻方领域的这个“大窟窿”。若“自由选数”不设任何条件，那么，单偶数阶广义完全幻方变化将不可穷尽。因而，它作为一个相对独立的广义最优化小迷宫，我认为：应以泛幻和最小化或常数化为其主攻方向，探索具有一定规范、可操作的选数方案及其构图方法。

主对角线定位编码法

2($2k+1$)阶幻方的“商—余”正交方阵，从其行列结构而言是天生的“不规则”；但从其数组结构而言，编排有章可循，严格遵守对称数组“互补”规则。在深入研究前人经验的基础上，终于提炼出适用于单偶数幻方构图的主对角线定位编码法。

一、主对角线定位编码法简介

主对角线定位编码法以“商—余”正交方阵为工具，按“[商]× 阶次＋[余]”公式计算，即还原为幻方，操作简单而构图功能强大。现以 6 阶为例介绍此法（图 6.1）。

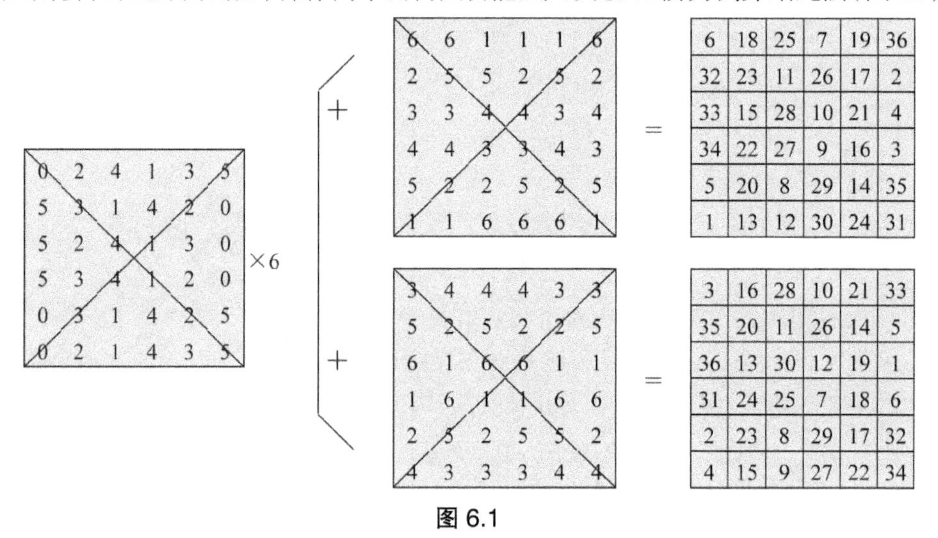

图 6.1

从图 6.1 可以看出，其“商—余”正交方阵数组编码的基本操作规程、方法如下。

其一，“商数”方阵的“0 ～ 5”化简数列，在一条对角线上可做对称全排列定位，而另一条对角线必须与其“同序”编排（“余数”方阵同理，但两方阵排序可“各自为政”进行定位）。

其二，两条对角线上“同序”数列的序向安排存在两种可能格式：一种为“列”格式，即两条对角线在同列上的数码相同，同行上的数组互补；另一种为“行”格式，即两条对角线在同行上的数码互补，同列上的数组互补。

其三，“商—余”两方阵的序向格式贯彻“异向”正交原则，若“商数”方阵为“列”格式定位，“余数”方阵必须“行”格式定位，反之亦然。在“异向”格式下，“商—余”两方阵才可能建立正交关系。

其四，在“列”格式条件下，根据两条对角线既定数码，每对称两列各以“ab”

与“ba”配置 $2k+1$ 对互补数组，且在其对称列可做全排列编码（“行”格式条件下，对称行配置与编码同理）。同时，“商数”与“余数”两方阵建立正交关系，其“行—列”编码必须贯彻“同步”原则，不能“各自为政”，即互为右旋（图 6.1 上）或互为左旋（图 6.1 下）90° 关系。

总之，由本案例可知“商—余”正交方阵具备如下表征：如“商数”方阵主对角线在“列”格式条件下，其全部行各由整条化简数列构成，呈现轴对称互补状态；全部列各由“a”与“b”两种数码构成。“余数”方阵反之。

二、主对角线全排列定位原则

第一例：10 阶幻方

图 6.2 是根据主对角线定位编码法制作的 10 幻方（幻和“505”），可以看到主对角线定位与序向格式、两方阵正交原则等的重要构图技术。

6	3	6	6	3	6	3	3	3	6
8	8	1	1	1	1	1	8	8	8
0	9	0	9	0	9	9	0	9	0
5	5	4	4	5	5	4	4	4	5
7	7	7	2	2	2	2	7	2	7
2	2	2	7	7	7	7	2	7	2
4	4	5	5	4	4	5	5	5	4
9	0	9	0	9	0	0	9	0	9
1	1	8	8	8	8	8	1	1	1
3	6	3	3	6	3	6	6	6	3

×10+

2	8	6	7	1	10	4	5	3	9
9	8	5	7	1	10	4	6	3	2
2	3	6	4	1	10	7	5	8	9
2	3	5	4	10	1	7	6	8	9
9	3	6	7	10	1	4	5	8	2
2	3	5	7	10	1	4	6	8	9
9	3	5	4	10	1	7	6	8	2
9	8	6	4	1	10	7	5	3	2
9	8	5	4	10	1	7	6	3	2
2	8	6	7	1	10	4	5	3	9

=

62	38	66	67	31	70	34	35	33	69
89	88	15	17	11	20	14	86	83	82
2	93	6	94	1	100	97	5	98	9
52	53	45	44	60	51	47	46	48	59
79	73	76	27	30	21	24	75	28	72
22	23	25	77	80	71	74	26	78	29
49	43	55	54	50	41	57	56	58	42
99	8	96	4	91	10	7	95	3	92
19	18	85	84	90	81	87	16	13	12
32	68	36	37	61	40	64	65	63	39

图 6.2

第二例：14 阶幻方

如图 6.3 所示，“商数”方阵左旋 90°，每个数码加“1”，即可得“余数”方阵，这两方阵的正交关系成立；按［商］×14 +［余］公式计算，则可还原出图 6.4 所示的 14 阶幻方（幻和“1379”）。

8	5	8	5	8	5	8	8	5	5	5	8	5	8
13	0	13	13	0	0	13	13	0	0	13	13	0	0
3	3	3	10	10	10	10	3	10	10	10	3	3	3
12	1	1	12	12	1	12	1	1	12	12	1	12	1
11	11	2	11	2	11	2	2	11	2	2	2	11	11
7	6	7	6	7	7	6	7	7	7	6	6	6	6
9	4	9	9	9	4	4	4	4	4	9	9	4	9
4	9	4	4	4	9	9	9	9	9	4	4	9	4
6	7	6	7	6	6	7	6	6	6	7	7	7	7
2	2	11	2	11	2	11	11	2	11	11	11	2	2
1	12	12	1	1	12	1	12	12	1	1	12	1	12
10	10	10	3	3	3	3	10	3	3	3	10	10	10
0	13	0	0	13	13	0	0	13	13	0	0	13	13
5	8	5	8	5	8	5	5	8	8	8	5	8	5

×14+

9	1	4	2	12	7	10	5	8	3	13	11	14	6
6	1	4	13	12	7	5	10	8	3	2	11	14	9
9	14	4	2	3	7	10	5	8	12	13	11	1	6
6	14	11	13	3	7	10	5	8	12	2	4	1	9
6	1	11	13	3	8	5	10	7	12	2	4	14	9
6	1	11	2	12	8	5	10	7	3	13	4	14	9
9	14	4	2	3	8	5	10	7	12	13	11	1	6
9	14	11	13	3	7	5	10	8	12	2	4	1	6
6	1	11	2	12	8	5	10	7	3	13	4	14	9
9	1	11	13	3	8	10	5	7	12	2	4	14	6
6	14	11	13	12	7	10	5	8	3	2	4	1	9
9	14	4	2	3	8	10	5	7	12	13	11	1	6
6	1	4	2	12	7	5	10	8	3	13	11	14	9
9	14	4	13	12	8	10	5	7	3	2	11	1	6

图 6.3

由此可知，主对角线定位编码法在实际应用中，只需编出符合要求的“商数”方阵，以左旋或右旋 90° 、每个数码加“1”的方式，获得“商—余”正交方阵。反之，先编制“余数”方阵，旋转 90° 减“1”，即得与之正交的“商数”方阵。

注：主对角线定位编码法同样适用于 4k 幻方构图（$k \geqslant 1$）。

=

121	71	116	72	124	77	122	117	78	73	83	123	84	118
188	1	186	195	12	7	187	192	8	3	184	193	14	9
51	56	46	142	143	147	150	47	148	152	153	53	43	48
174	28	25	181	171	21	178	19	22	180	170	18	169	23
160	155	39	167	31	162	33	38	161	40	30	32	168	163
104	85	109	86	110	106	89	108	105	101	97	88	98	93
135	70	130	128	129	64	61	66	63	68	139	137	57	132
65	140	67	69	59	133	131	136	134	138	58	60	127	62
90	99	95	100	96	92	103	94	91	87	111	102	112	107
37	29	165	41	157	36	164	159	35	166	156	158	42	34
20	182	179	27	26	175	24	173	176	17	16	172	15	177
149	154	144	44	45	50	52	145	49	54	55	151	141	146
6	183	4	2	194	189	5	10	190	185	13	11	196	191
79	126	74	125	82	120	80	75	119	115	114	81	113	76

图 6.4

三、行列编序“错综”关系

在构图实验中，曾有一个例案（图 6.5）发生了严重的问题：从对角线定位与行列编码看，似乎都符合相关规则，但据检验可知：在“商—余”两方阵中有两对数码出现了重复，即“3—10”“3—10”重复，及“6—1”“6—1”重复，从而破坏了两方阵的整体正交关系。

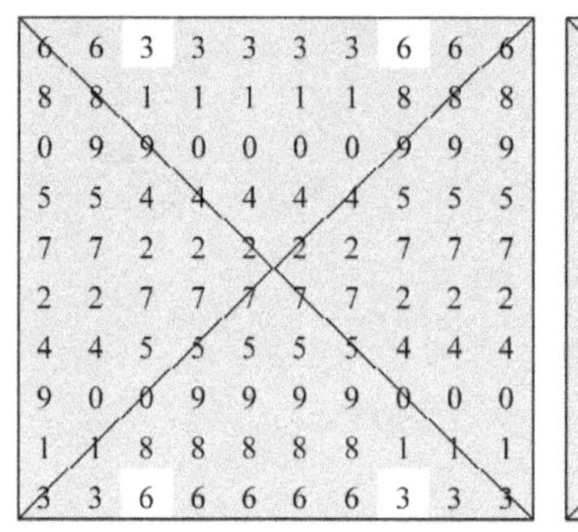

6	6	3	3	3	3	3	6	6	6
8	8	1	1	1	1	1	8	8	8
0	9	9	0	0	0	0	9	9	9
5	5	4	4	4	4	4	5	5	5
7	7	2	2	2	2	2	7	7	7
2	2	7	7	7	7	7	2	2	2
4	4	5	5	5	5	5	4	4	4
9	0	0	9	9	9	9	0	0	0
1	1	8	8	8	8	8	1	1	1
3	3	6	6	6	6	6	3	3	3

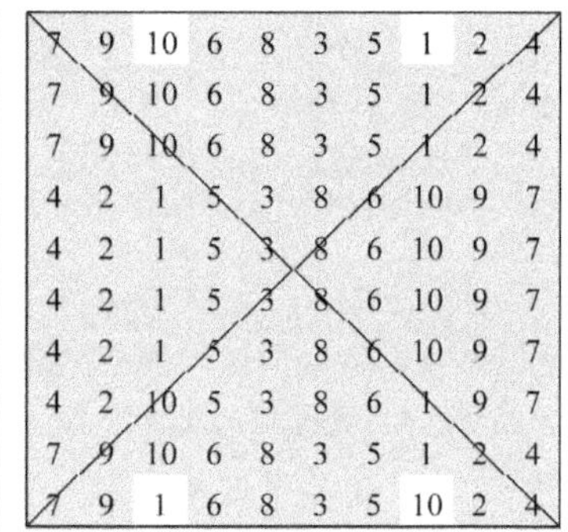

7	9	10	6	8	3	5	1	2	4
7	9	10	6	8	3	5	1	2	4
7	9	10	6	8	3	5	1	2	4
4	2	1	5	3	8	6	10	9	7
4	2	1	5	3	8	6	10	9	7
4	2	1	5	3	8	6	10	9	7
4	2	1	5	3	8	6	10	9	7
4	2	10	5	3	8	6	1	9	7
7	9	10	6	8	3	5	1	2	4
7	9	1	6	8	3	5	10	2	4

图 6.5

问题究竟出在哪儿呢？经检查可知：如本例“商数”方阵的每对称两行，其“ab”与“ba”数组（既定对角线位不变）可对称全排列定位编码，这个原则没有错。但是，没有考虑各对称行之间的定位关系，其“a”与“b”两种数码编序几乎相同，导致“商—余”两方阵不正交。因此，除既定对角线外，“商数”方阵对称行编码，所谓“a”与“b”对称全排列定位，不能“各自为政”，而必须考虑各对称行之间定位的相互制约关系。据研究，这种制约关系表现为各对称行之间两种数码的编序必须贯彻“错综”原则。

究竟如何贯彻“错综”原则？在对图 6.5“商数”方阵的订正过程中发现：其各对称行“a”与“b”两种数码的编序，并非只是简单的互不相同所能解决的，经反复调试获得如下一个订正方案（图 6.6）。

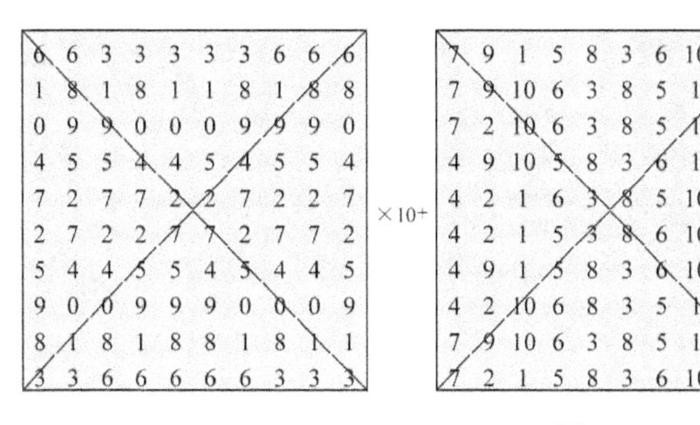

6	6	3	3	3	3	3	6	6	6
1	8	1	8	1	1	8	1	8	8
0	9	9	0	0	0	9	9	9	0
4	5	5	4	4	5	4	5	5	4
7	2	7	7	2	2	7	2	2	7
2	7	2	2	7	7	2	7	7	2
5	4	4	5	5	4	5	4	4	5
9	0	0	9	9	9	0	0	0	9
8	1	8	1	8	8	1	8	1	1
3	3	6	6	6	6	6	3	3	3

×10+

7	9	1	5	8	3	6	10	2	4
7	9	10	6	3	8	5	1	2	4
7	2	10	6	3	8	5	1	9	4
4	9	10	5	8	3	6	1	2	7
4	2	1	6	3	8	5	10	9	7
4	2	1	5	3	8	6	10	9	7
4	9	1	5	8	3	6	10	2	7
4	2	10	6	8	3	5	1	9	7
7	9	10	6	3	8	5	1	2	4
7	2	1	5	8	3	6	10	9	4

67	69	31	35	38	33	36	70	62	64
17	89	20	86	13	18	85	11	82	84
7	92	100	6	3	8	95	91	99	4
44	59	60	45	48	53	46	51	52	47
74	22	71	76	23	28	75	30	29	77
24	72	21	25	73	78	26	80	79	27
54	49	41	55	58	43	56	50	42	57
94	2	10	96	98	93	5	1	9	97
87	19	90	16	83	88	15	81	12	14
37	32	61	65	68	63	66	40	39	34

图 6.6

从本例及上文所展示的 6 阶、10 阶、14 阶诸图的“商数”方阵分析中可知：在各对称行之间“a”与“b”两种数码编序各不相同的情况下，贯彻“错综”原则必须符合如下要求：即至少有一组两列或多组两列，乃至各组两列上的化简数列的排序相同，而每组两列排序的方向或相同或相反，同时每组两列的位置可对称亦可不对称，这就是各对称行之间“a”与“b”两种数码对称全排列编序所要贯彻“错综”原则的具体制约条件。如本文中的 6 阶“商数”方阵有 6 列 3 组的排序相同，14 阶“商数”方阵有一组两列排序相同，10 阶“商数”方阵有两组 4 列的排序相同等。若失去了这种制约条件的各对称行“错综”编码，两方阵就不可能建立正交关系。

四象数组交换构图法

斯特雷奇（Ralph. Strachey）1918 年发明了有章可循的 6 阶幻方构图法，此法思路独特、操作直观而简易。根据斯特雷奇构图法基本原理，研究其新的用法与变法，使其进一步增强与完善构图功能，一种崭新的“四象数组交换构图法”就此脱颖而出。

一、斯特雷奇构图法简介

斯特雷奇把“1 ～ 36”自然数列按序分为 4 个自然段，并模拟 3 阶幻方配置于四象，按之和大小在四象做“X”型定位，由此得到一个 6 阶模板，其 6 列等和于“111”，其 6 行及 2 条主对角线不等和（图 6.7 左）。

8	1	6	26	19	24
3	5	7	21	23	25
4	9	2	22	27	20
35	28	33	17	10	15
30	32	34	12	14	16
31	36	29	13	18	11

X 型定位 6 阶模板

→

35	1	6	26	19	24
3	32	7	21	23	25
31	9	2	22	27	20
8	28	33	17	10	15
30	5	34	12	14	16
4	36	29	13	18	11

6 阶幻方

图 6.7

然而，在6阶方阵模板的左侧两象上下交换3对数组（右侧两象不变），就能一次性把6行及2条主对角线调整成等和关系，则可得到一幅6阶幻方（图6.7右）。

这幅6阶幻方的四象结构的独特之处：①右侧两象3阶单元子原封不动，其3阶子幻方成立，这是难得一见的6阶幻方精品；②两组对角象限互为消长“126—207”，消长值等于“Δ81”。斯特雷奇构图法适用于单偶数阶幻方构图，根据6阶幻方样本，其通用操作规程概括如下。

（一）四象配置

四象按2（$2k+1$）阶自然数列做连续自然分段配置方案，各自然分段模拟一幅已知$2k+1$阶幻方样本做成四象子幻方，各单元按“同位”原则安排（指各自然分段按数序其方位一致），由此形成由4个子幻方单元“同位”合成的2（$2k+1$）阶模板。

（二）四象定位

2（$2k+1$）阶模板各以$2k+1$阶子幻方单元之和大小为序在四象按X型定位，因此，该2（$2k+1$）阶模板的组合关系：全部列等和，全部行、泛对角线不等和。

（三）数组交换

计算不等和各行及两条主对角线之间的“差值”，然后找出能够平衡不等和关系的相关数组进行交换，即得2（$2k+1$）阶幻方，其特色是右侧两象$2k+1$阶子幻方依然成立。

二、四象数组交换法

从斯特雷奇构图法的基本操作规程分析，可以发现此法存在许多值得进一步探讨的新问题：一是四象定位问题；二是各子幻方在四象中的“方位组合”问题；三是四象子幻方的模拟样本问题；四是相关数组交换问题；五是四象配置方案问题。若能从这5个主要方面有所突破与创新，注入新的用法，克服斯特雷奇构图法的单一性与局限性，从而脱胎换骨，发展成为具有构图和检索功能更为强大的四象数组交换法。

（一）四象定位检测

四象定位存在O型、X型、Z型3型，设：2（$2k+1$）阶4个不同子单元为“a、b、c、d”，且a＜b＜c＜d。图6.8显示：以“a、b、c、d”各单元大小为序连线，四象定位存在O、X、Z 3种可能状态（图6.8）。

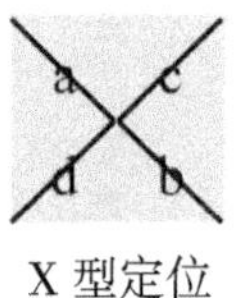

X型定位

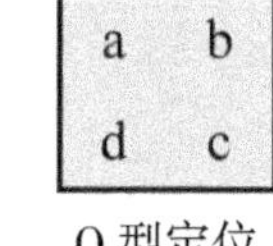

O型定位

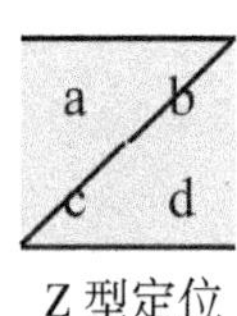

Z型定位

图6.8

斯特雷奇的X型定位已有成功先例，O型与Z型两型定位的6阶模板，是否也能调整为6阶幻方呢？值得探讨。

据研究，在四象O型定位下，6阶模板各列等和，而各行与两条主对角线不等和，这与斯特雷奇样本 X 型定位 6 阶模板相同。但因右侧两象与上例为上下颠倒关系，所以左侧上下两象采用与上例“相反”的一种数组交换方法，可转变为一幅 6 阶幻方（图 6.9）。它与上例 X 型定位 6 阶幻方的相同点：四象各子单元内部结构相同；区别在于：其右侧上下两象的 3 阶子幻方为上下换位关系。

8	1	6	17	10	15
3	5	7	12	14	16
4	9	2	13	18	11
35	28	33	26	19	24
30	32	34	21	23	25
31	36	29	22	27	20

O 型定位 6 阶模板

8	28	33	17	10	15
30	5	34	12	14	16
4	36	29	13	18	11
35	1	6	26	19	24
3	32	7	21	23	25
31	9	2	22	27	20

6 阶幻方

图 6.9

据研究，四象 Z 型定位 6 阶模板，两条主对角线等和，而全部行与列不等和，这不同于 X 型、O 型定位两种 6 阶模板。在大量的数组置换方案中，非常遗憾，我始终没能发现 Z 型定位 6 阶模板有转换成幻方的可能性，这是出乎预料的一个悬案。

（二）四象箭向变化

四象 O 型或 X 型定位箭向变化存在“镜像”8 倍同构体，由于 6 阶四象各是一个 3 阶子幻方单元，因而四象定位的箭向变化必然出现 8 个 6 阶模板异构体。现以 O 型定位为例（图 6.10）。

8	1	6	17	10	15
3	5	7	12	14	16
4	9	2	13	18	11
35	28	33	26	19	24
30	32	34	21	23	25
31	36	29	22	27	20

17	10	15	8	1	6
12	14	16	3	5	7
13	18	11	4	9	2
26	19	24	35	28	33
21	23	25	30	32	34
22	27	20	31	36	29

35	28	33	26	19	24
30	32	34	21	23	25
31	36	29	22	27	20
8	1	6	17	10	15
3	5	7	12	14	16
4	9	2	13	18	11

26	19	24	35	28	33
21	23	25	30	32	34
22	27	20	31	36	29
17	10	15	8	1	6
12	14	16	3	5	7
13	18	11	4	9	2

四象 O Ⅰ型定位 6 阶模板

8	1	6	35	28	33
3	5	7	30	32	34
4	9	2	31	36	29
17	10	15	26	19	24
12	14	16	21	23	25
13	18	11	22	27	20

35	28	33	8	1	6
30	32	34	3	5	7
31	36	29	4	9	2
26	19	24	17	10	15
21	23	25	12	14	16
22	27	20	13	18	11

17	10	15	26	19	24
12	14	16	21	23	25
13	18	11	22	27	20
8	1	6	35	28	33
3	5	7	30	32	34
4	9	2	31	36	29

26	19	24	17	10	15
21	23	25	12	14	16
22	27	20	13	18	11
35	28	33	8	1	6
30	32	34	3	5	7
31	36	29	4	9	2

四象 O Ⅱ型定位 6 阶模板

图 6.10

如图 6.10 所示，O 型定位箭向变化的 8 幅 6 阶模板异构体，根据箭向不同可分为两类：一类为“四象 O Ⅰ型定位”，系“a、b、c、d”4 个子单元按之和大小连线表现为上下箭向；另一类为“四象 O Ⅱ型定位”，系“a、b、c、d”4 个子单元按之和大小连线表现为左右箭向。分类之所以必要，因为这两类 6 阶模板转变成 6 阶幻方，所做数组交换的位置有所不同（涂以“深色”示意），数组的交换关系也有所不同。

然而，O Ⅰ型、O Ⅱ型两类定位 6 阶模板依法数组交换，各得 4 幅 6 阶幻方（图 6.11）。它们的异同点：①“b、c”两象的单元都为相同的 3 阶子幻方，但是位置不同，即 O Ⅰ型位于或右或左两象限，而 O Ⅱ型则位于或上或下两象限。②经过数组交换后的“a、d”两象为配置不同的 3 阶“乱数”单元。

8	28	33	17	10	15
30	5	34	12	14	16
4	36	29	13	18	11
35	1	6	26	19	24
3	32	7	21	23	25
31	9	2	22	27	20

17	10	15	8	28	33
12	14	16	30	5	34
13	18	11	4	36	29
26	19	24	35	1	6
21	23	25	3	32	7
22	27	20	31	9	2

35	1	6	26	19	24
3	32	7	21	23	25
31	9	2	22	27	20
8	28	33	17	10	15
30	5	34	12	14	16
4	36	29	13	18	11

26	19	24	35	1	6
21	23	25	3	32	7
22	27	20	31	9	2
17	10	15	8	28	33
12	14	16	30	5	34
13	18	11	4	36	29

O Ⅰ型定位 6 阶幻方

8	28	6	35	1	33
30	5	34	3	32	7
31	36	29	4	9	2
17	10	15	26	19	24
12	14	16	21	23	25
13	18	11	22	27	20

35	1	33	8	28	6
3	32	7	30	5	34
4	9	2	31	36	29
26	19	24	17	10	15
21	23	25	12	14	16
22	27	20	13	18	11

17	10	15	26	19	24
12	14	16	21	23	25
13	18	11	22	27	20
8	28	6	35	1	33
30	5	34	3	32	7
31	36	29	4	9	2

26	19	24	17	10	15
21	23	25	12	14	16
22	27	20	13	18	11
35	1	33	8	28	6
3	32	7	30	5	34
4	9	2	31	36	29

O Ⅱ型定位 6 阶幻方

图 6.11

X 型定位箭向变化同理，亦可分 X Ⅰ型、X Ⅱ型两类定位 6 阶模板，以及相应的数组交换各得 4 幅 6 阶幻方（图略）。总之，四象箭向变化各以“一化为八”计之。

（三）四象方位组合

6 阶模板 4 个 3 阶子幻方有 8 倍同构体，四象各 3 阶子幻方的方位组合变化多端，将产生不同结构的 6 阶模板。据研究，6 阶模板四象“方位组合”方案如下。

1.“同序”方位组合方案

在以上 O 型或 X 型定位 6 阶模板中，四象 3 阶子幻方的方位组合方案相同，它们都贯彻“同序”原则（指各 3 阶子幻方“九数”的排序完全一致）。但 3 阶子幻方本身有“镜像”8 倍同构体，在“同序”原则下同步改变其方位，6 阶模板的内部结构也会随之改变，从而通过相关数组交换，将各自产出 8 幅 6 阶幻方异构体。

例如，以图 6.9 的 O 型定位 6 阶模板为样本，展示其 8 个方位组合方案（图 6.12）。在“同序”原则下，4 个 3 阶子幻方同步改变方位，同样可分为两类：一类为“上下式”方位组合方案；另一类为“左右式”方位组合方案（注：方位组合的“上下式”与“左右式”分类，拟以各 3 阶子幻方中的最小的一个数的位置确认）。

8	1	6	17	10	15
3	5	7	12	14	16
4	9	2	13	18	11
35	28	33	26	19	24
30	32	34	21	23	25
31	36	29	22	27	20

4	9	2	13	18	11
3	5	7	12	14	16
8	1	6	17	10	15
31	36	29	22	27	20
30	32	34	21	23	25
35	28	33	26	19	24

6	1	8	15	10	17
7	5	3	16	14	12
2	9	4	11	18	13
33	28	35	24	19	26
34	32	30	25	23	21
29	36	31	20	27	22

2	9	4	11	18	13
7	5	3	16	14	12
6	1	8	15	10	17
29	36	31	20	27	22
34	32	30	25	23	21
33	28	35	24	19	26

O 型定位“上下式”方位组合 6 阶模板

8	3	4	17	12	13
1	5	9	10	14	18
6	7	2	15	16	11
35	30	31	26	21	22
28	32	36	19	23	27
33	34	29	24	25	20

6	7	2	15	16	11
1	5	9	10	14	18
8	3	4	17	12	13
33	34	29	24	25	20
28	32	36	19	23	27
35	30	31	26	21	22

4	3	8	13	12	17
9	5	1	18	14	10
2	7	6	11	16	15
31	30	35	22	21	26
36	32	28	27	23	19
29	34	33	20	25	24

2	7	6	11	16	15
9	5	1	18	14	10
4	3	8	13	12	17
29	34	33	20	25	24
36	32	28	27	23	19
31	30	35	22	21	26

O 型定位“左右式”方位组合 6 阶模板

图 6.12

然而，根据图 6.12 所示“同序”方位重组的 8 个 6 阶模板，按相同的数组交换方法，都可转换成 8 幅 6 阶幻方（图 6.13）。四象各子单元的“上下式”方位组合与“左右式”方位组合两类 6 阶幻方的异同点：①四象各子单元都同步改变方位；②“b、c”两象的单元都为相同的 3 阶子幻方，但“a、d”两象为配置不同的 3 阶“乱数”单元。

8	28	33	17	10	15
30	5	34	12	14	16
4	36	29	13	18	11
35	1	6	26	19	24
3	32	7	21	23	25
31	9	2	22	27	20

4	36	29	13	18	11
30	5	34	12	14	16
8	28	33	17	10	15
31	9	2	22	27	20
3	32	7	21	23	25
35	1	6	26	19	24

33	28	8	15	10	17
34	5	30	16	14	12
29	36	4	11	18	13
6	1	35	24	19	26
7	32	3	25	23	21
2	9	31	20	27	22

29	36	4	11	18	13
34	5	30	16	14	12
33	28	8	15	10	17
2	9	31	20	27	22
7	32	3	25	23	21
6	1	35	24	19	26

O 型定位“上下式”方位组合 6 阶幻方

8	30	31	17	12	13
28	5	36	10	14	18
6	34	29	15	16	11
35	3	4	26	21	22
1	32	9	19	23	27
33	7	2	24	25	20

6	34	29	15	16	11
28	5	36	10	14	18
8	30	31	17	12	13
33	7	2	24	25	20
1	32	9	19	23	27
35	3	4	26	21	22

31	30	8	13	12	17
36	5	28	18	14	10
29	34	6	11	16	15
4	3	35	22	21	26
9	32	1	27	23	19
2	7	33	20	25	24

29	34	6	11	16	15
36	5	28	18	14	10
31	30	8	13	12	17
2	7	33	20	25	24
9	32	1	27	23	19
4	3	35	22	21	26

O 型定位“左右式”方位组合 6 阶幻方

图 6.13

在“同序”原则下，X 型定位的方位组合同理，亦可分为两类：一类为“上下式”方位组合方案；另一类为“左右式”方位组合方案。两类方位组合方案各有 4 个 6 阶模板，以及相应的数组交换各得 4 幅 6 阶幻方（图略）。总之，四象内部子单元的“同序”方位组合变化以“一化为八”计之。

2. “异序”方位组合方案

“异序”方位组合指4个3阶子幻方的“镜像”8倍同构体，在四象的方位做不一致安排。据分析：在6阶模板转换成6阶幻方时，“a、d”两个3阶子幻方必须以“数组交换”求得6阶综合平衡，为此其方位必须“同序”安排（注：另文有新解）。然而，“b、c”两个3阶子幻方不须“数组交换”，因而可做“镜像”8倍同构体安排，并不影响6阶幻方的成立。这就是说：“b、c”与“a、d”的方位可同序，亦可不同序；同时，“b”与“c”可同序，亦可不同序。当四象3阶子幻方不同序时，称之为“异序”方位组合方案。

例如，图6.14展示：以一幅四象各子单元方位“同序”组合6阶幻方为样本，在其左侧两象（“a、d”子单元）不变条件下，右侧两象3阶子幻方（“b、c”单元）的方位可做自由变更，都不影响6阶幻方成立。总之，6阶幻方四象方位组合变动以$8^2=64$计之（包括一个方位“同序”组合方案样本）。

8	28	33	17	10	15
30	5	34	12	14	16
4	36	29	13	18	11
35	1	6	26	19	24
3	32	7	21	23	25
31	9	2	22	27	20

样本

8	28	33	13	18	11
30	5	34	12	14	16
4	36	29	17	10	15
35	1	6	24	19	26
3	32	7	25	23	21
31	9	2	20	27	22

8	28	33	11	18	13
30	5	34	16	14	12
4	36	29	15	10	17
35	1	6	20	27	22
3	32	7	25	23	21
31	9	2	24	19	26

8	28	33	17	12	13
30	5	34	10	14	18
4	36	29	15	16	11
35	1	6	22	27	20
3	32	7	21	23	25
31	9	2	26	19	24

8	28	33	17	12	13
30	5	34	10	14	18
4	36	29	15	16	11
35	1	6	20	25	24
3	32	7	27	23	19
31	9	2	22	21	26

8	28	33	15	16	11
30	5	34	10	14	18
4	36	29	17	12	13
35	1	6	22	21	26
3	32	7	27	23	19
31	9	2	20	25	24

8	28	33	11	16	15
30	5	34	18	14	10
4	36	29	13	12	17
35	1	6	26	19	24
3	32	7	21	23	25
31	9	2	22	27	20

8	28	33	17	10	15
30	5	34	12	14	16
4	36	29	13	18	11
35	1	6	24	19	26
3	32	7	25	23	21
31	9	2	20	27	22

O型定位6阶幻方“异序”方位组合

图6.14

（四）四象配置方案

举一反三是构图法应用“活”的灵魂。我发现在四象数组交换法应用中，四象配置除了斯特雷奇以“1～36”自然数列按序自然分段方案外，还可做其他形式的四分方案，如等差式或三段式等配置方案。据研究，四象各配置组必须同时满足两个条件：一是要求各配置组之间具备等差结构；二是代入四象各“3阶子幻方”成立。我发现：另有两个符合条件的新配置方案（图6.15）。

a	1	5	9	13	17	21	25	29	33
b	2	6	10	14	18	22	26	30	34
c	3	7	11	15	19	23	27	31	35
d	4	8	12	16	20	24	28	32	36

方案（1）

a	1	2	3	13	14	15	25	26	27
b	4	5	6	16	17	18	28	29	30
c	7	8	9	19	20	21	31	32	33
d	10	11	12	22	23	24	34	35	36

方案(2)

图6.15

这两个新配置方案的结构特点：方案（1）配置组两奇两偶，奇偶分立，连续等差；方案（2）配置组奇偶相间，三段式配置。

这两个四象配置方案，代入X型或O型定位6阶模板（其四象各新配置3阶子幻方成立），采用与上文相同位置的数组交换，实证可以转换成6阶幻方（图6.16）。

13	33	5	15	35	7
9	17	25	11	19	27
29	1	21	31	3	23
16	36	8	14	34	6
12	20	28	10	18	26
32	4	24	30	2	22

X型定位6阶模板 →

16	33	5	15	35	7
9	20	25	11	19	27
32	1	21	31	3	23
13	36	8	14	34	6
12	17	28	10	18	26
29	4	24	30	2	22

6阶幻方

13	27	2	19	33	8
3	14	25	9	20	31
26	1	15	32	7	21
22	36	11	16	30	5
12	23	34	6	17	28
35	10	24	29	4	18

X型定位6阶模板 →

22	27	2	19	33	8
3	23	25	9	20	31
35	1	15	32	7	21
13	36	11	16	30	5
12	14	34	6	17	28
26	10	24	29	4	18

6阶幻方

13	33	5	14	34	6
9	17	25	10	18	26
29	1	21	30	2	22
16	36	8	15	35	7
12	20	28	11	19	27
32	4	24	31	3	23

O型定位6阶模板 →

13	36	8	14	34	6
12	17	28	10	18	26
29	4	24	30	2	22
16	33	5	15	35	7
9	20	25	11	19	27
32	1	21	31	3	23

6阶幻方

13	27	2	16	30	5
3	14	25	6	17	28
26	1	15	29	4	18
22	36	11	19	33	8
12	23	34	9	20	31
35	10	24	32	7	21

O型定位6阶模板 →

13	36	11	16	30	5
12	14	34	6	17	28
26	10	24	29	4	18
22	27	2	19	33	8
3	23	25	9	20	31
35	1	15	32	7	21

6阶幻方

图6.16

本例图6.16左6阶幻方两组对角象限都以“162—171”互为消长，其互为消长值等于“9”。图6.16右6阶幻方两组对角象限都以“153—180”互为消长，其互为消长值等于“27”。

综上所述，以四象数组交换构图法制作6阶幻方如下。

①四象有X型、O型两个定位模式，箭向变化各以8倍计。

②四象各单元存在3个符合入幻条件的配置方案。

③四象各3阶子幻方“同序”方位有8个组合方案。

④在每个“同序”方位组合方案下，一侧不参与“数组交换”两象可各自做“镜像”8倍同构体安排。

然而，X型、O型定位6阶模板各自有一种“数组交换”方法，以“一对一”方式转换成$2\times3\times8^4=24576$幅6阶幻方异构体。

三、四象数组交换法推广应用

据研究，四象数组交换法可应用于大于6阶的单偶数幻方构图，但随着阶次增高，不仅相关数组交换比较复杂，而且模板四象各子单元所模拟的是一个“幻方样本群”（注：6阶模板四象各子单元所模拟的是一个3阶幻方样本）。总之，在四象数组交换法推广中，这些新问题有待进一步探讨。

第一例：10阶幻方（X型定位模板）

如图6.17所示，X型定位10阶模板，其四象按自然分段配置，代入一幅已知5阶非完全幻方为样本，采用与6阶近似的数组交换方式转变成10阶幻方。由于数组交换涉及4个象限，所以不再有“5阶子幻方”存在。

24	3	7	11	20	74	53	57	61	70
12	16	25	4	8	62	66	75	54	58
5	9	13	17	21	55	59	63	67	71
18	22	1	10	14	68	72	51	60	64
6	15	19	23	2	56	65	69	73	52
99	78	82	86	95	49	28	32	36	45
87	91	100	79	83	37	41	50	29	33
80	84	88	92	96	30	34	38	42	46
93	97	76	85	89	43	47	26	35	39
81	90	94	98	77	31	40	44	48	27

X型定位10阶模板

→

99	78	7	11	20	49	53	57	61	70
87	91	25	4	8	37	66	75	54	58
5	9	88	92	21	30	59	63	67	71
93	97	1	10	14	43	72	51	60	64
81	90	19	23	2	31	65	69	73	52
24	3	82	86	95	74	28	32	36	45
12	16	100	79	83	62	41	50	29	33
80	84	13	17	96	55	34	38	42	46
18	22	76	85	89	68	47	26	35	39
6	15	94	98	77	56	40	44	48	27

10阶幻方

图6.17

如图6.18所示，X型定位10阶模板，其四象配置方案及X型定位与上例相同，但代入了另一幅已知5阶完全幻方为样本，又采用与上例相同的位置做相关数组交换，10阶幻方同样成立。

1	15	24	8	17	51	65	74	58	67
23	7	16	5	14	73	57	66	55	64
20	4	13	22	6	70	54	63	72	56
12	21	10	19	3	62	71	60	69	53
9	18	2	11	25	59	68	52	61	75
76	90	99	83	92	26	40	49	33	42
98	82	91	80	89	48	32	41	30	39
95	79	88	97	81	45	29	38	47	31
87	96	85	94	78	37	46	35	44	28
84	93	77	86	100	34	43	27	36	50

X型定位10阶模板

→

76	90	24	8	17	26	65	74	58	67
98	82	16	5	14	48	57	66	55	64
20	4	88	97	6	45	54	63	72	56
87	96	10	19	3	37	71	60	69	53
84	93	2	11	25	34	68	52	61	75
1	15	99	83	92	51	40	49	33	42
23	7	91	80	89	73	32	41	30	39
95	79	13	22	81	70	29	38	47	31
12	21	85	94	78	62	46	35	44	28
9	18	77	86	100	59	43	27	36	50

10阶幻方

图6.18

第二例：10阶幻方（O型定位模板）

如图6.19所示，O型定位10阶模板，其四象按自然分段配置，代入一幅已知5阶非完全幻方为样本，采用与之前O型定位6阶模板近似的数组交换方式，即成功转变为一幅10阶幻方。

24	3	7	11	20	49	28	32	36	45
12	16	25	4	8	37	41	50	29	33
5	9	13	17	21	30	34	38	42	46
18	22	1	10	14	43	47	26	35	39
6	15	19	23	2	31	40	44	48	27
99	78	82	86	95	74	53	57	61	70
87	91	100	79	83	62	66	75	54	58
80	84	88	92	96	55	59	63	67	71
93	97	76	85	89	68	72	51	60	64
81	90	94	98	77	56	65	69	73	52

O型定位10阶模板

→

24	3	82	86	95	74	28	32	36	45
12	16	100	79	83	62	41	50	29	33
80	84	13	17	96	55	34	38	42	46
18	22	76	85	89	68	47	26	35	39
6	15	94	98	77	56	40	44	48	27
99	78	7	11	20	49	53	57	61	70
87	91	25	4	8	37	66	75	54	58
5	9	88	92	21	30	59	63	67	71
93	97	1	10	14	43	72	51	60	64
81	90	19	23	2	31	65	69	73	52

10阶幻方

图6.19

如图6.20所示，O型定位10阶模板，其四象配置方案与上例相同，但代入了另一幅已知5阶完全幻方为样本，又采用与上例相同的位置做相

1	15	24	8	17	26	40	49	33	42
23	7	16	5	14	48	32	41	30	39
20	4	13	22	6	45	29	38	47	31
12	21	10	19	3	37	46	35	44	28
9	18	2	11	25	34	43	27	36	50
76	90	99	83	92	51	65	74	58	67
98	82	91	80	89	73	57	66	55	64
95	79	88	97	81	70	54	63	72	56
87	96	85	94	78	62	71	60	69	53
84	93	77	86	100	59	68	52	61	75

O型定位10阶模板

→

1	15	99	83	92	51	40	49	33	42
23	7	91	80	89	73	32	41	30	39
95	79	13	22	81	70	29	38	47	31
12	21	85	94	78	62	46	35	44	28
9	18	77	86	100	59	43	27	36	50
76	90	24	8	17	26	65	74	58	67
98	82	16	5	14	48	57	66	55	64
20	4	88	97	6	45	54	63	72	56
87	96	10	19	3	37	71	60	69	53
84	93	2	11	25	34	68	52	61	75

10阶幻方

图6.20

关数组交换，10 阶幻方同样成立。

从以上案例可知：X 型定位、O 型定位 10 阶模板转变成 10 阶幻方，其“数组交换”的相关位置是固定不变的。但随着四象各子单元的“5 阶幻方”样本不同，相关位置上的“数组交换”千变万化。4 个例案表明：整个 5 阶幻方群（包括 5 阶完全）都可作为代入四象各子单元的样本。

第三例：10 阶幻方（Z 型定位模板）

我对四象 Z 型定位 10 阶模板再次做“数组交换”试验，如愿以偿，得到了 10 阶幻方。数组交换分为如下 3 步完成。

第 1 步：两组对角象限的主对角线交换位置，结果：上下象限“同位行”之差为“±150”；上下象限“同位列”之差为“±50”。

第 2 步：左侧上下两象限除画线位置外的相关数组交换（存在若干可选方案）。结果：全部行调整平衡。

第 3 步：下方左右两象涂深色的相关数组交换（存在若干可选方案）。结果：全部列调整平衡。

10 阶模板的两条主对角线本来等和，经上述 3 步调整，即得 10 阶幻方（图 6.21）。

15	24	1	8	17	40	49	26	33	42
16	5	7	14	23	41	30	32	39	48
22	6	13	20	4	47	31	38	45	29
3	12	19	21	10	28	37	44	46	35
9	18	25	2	11	34	43	50	27	36
65	74	51	58	67	90	99	76	83	92
66	55	57	64	73	91	80	82	89	98
72	56	63	70	54	97	81	88	95	79
53	62	69	71	60	78	87	94	96	85
59	68	75	52	61	84	93	100	77	86

Z 型定位 10 阶模板

90	24	1	8	17	40	49	26	33	67
16	80	7	14	23	41	30	32	64	48
22	6	88	20	4	47	31	63	45	29
3	12	19	96	10	28	62	44	46	35
9	18	25	2	86	59	43	50	27	36
65	74	51	58	42	15	99	76	83	92
66	55	57	39	73	91	5	82	89	98
72	56	38	70	54	97	81	13	95	79
53	37	69	71	60	78	87	94	21	85
34	68	75	52	61	84	93	100	77	11

第 1 步：对角两象主对角线交换

90	74	51	58	17	40	49	26	33	67
66	80	57	14	73	41	30	32	64	48
22	56	88	70	54	47	31	63	45	29
53	12	69	96	60	28	62	44	46	35
9	68	75	52	86	59	43	50	27	36
65	24	1	8	42	15	99	76	83	92
16	55	7	39	23	91	5	82	89	98
72	6	38	20	4	97	81	13	95	79
3	37	19	71	10	78	87	94	21	85
34	18	25	2	61	84	93	100	77	11

第 2 步：上下两象数组交换

90	74	51	58	17	40	49	26	33	67
66	80	57	14	73	41	30	32	64	48
22	56	88	70	54	47	31	63	45	29
53	12	69	96	60	28	62	44	46	35
9	68	75	52	86	59	43	50	27	36
65	24	1	8	42	15	99	76	83	92
91	55	7	39	23	16	5	82	89	98
72	81	38	20	4	97	6	13	95	79
3	37	94	71	85	78	87	19	21	10
34	18	25	77	61	84	93	100	2	11

第 3 步：左右两象数组交换（10 幻方）

图 6.21

注：为什么 Z 型定位 6 阶模板不存在幻方解？由于阶次小，相关数组交换不足以平衡行列关系。因此，Z 型定位模板的单偶数阶幻方解，起始于 10 阶。

2阶单元“模拟—合成”构图法

2（2k + 1）阶以（2k + 1）为母阶，可分解成（2k + 1）^{2}个2阶单元。根据这一组合结构特点，可研发一种构图功能强大的二阶单元“模拟—合成”构图法。

一、2阶单元“模拟—合成”构图法简介

2阶单元“模拟—合成”构图法构造2（2k + 1）阶幻方，其具体操作、用法与双偶数阶幻方有所不同，章法更为复杂多变。以6阶幻方为例，介绍其基本操作规程（图6.22）。

35	29	6	11	13	17
8	2	26	31	20	24
12	5	36	28	14	16
25	32	9	1	23	21
4	10	15	18	34	30
27	33	19	22	7	3

全等式配置（1）

34	27	8	7	17	18
28	33	1	2	24	23
5	12	22	21	25	26
11	6	16	15	31	32
14	13	35	36	4	9
19	20	29	30	10	3

三段式配置（2）

21	23	1	3	32	31
24	22	2	4	29	30
25	27	20	17	10	12
28	26	19	18	11	9
5	7	33	35	16	15
8	6	36	34	13	14

等差式配置（3）

21	4	5	34	28	19
7	20	11	27	16	30
3	6	18	25	35	24
26	36	17	14	8	10
32	12	29	2	23	13
22	33	31	9	1	15

乱数式配置（4）

34	18	8	7	17	27
19	3	29	30	10	20
5	26	22	21	25	12
11	32	16	15	31	6
14	9	35	36	4	13
28	23	1	2	24	33

全等式配置（5）

26	10	33	8	28	6
12	32	7	30	14	16
17	1	15	35	19	24
4	36	2	22	27	20
21	23	25	3	5	34
31	9	29	13	18	11

三段式配置（6）

22	21	2	4	30	32
23	24	3	1	31	29
25	27	20	17	10	12
28	26	19	18	11	9
6	5	34	36	14	16
7	8	33	35	15	13

等差式配置（7）

18	8	27	17	7	34
26	22	12	25	21	5
23	1	33	24	2	28
9	35	13	4	36	14
32	16	6	31	15	11
3	29	20	10	30	19

乱数式配置（8）

图6.22

第1步：2阶单元配置方案。

6阶9个2阶单元配置存在四大类基本形式：其一，等和式配置方案；其二，等差式配置方案；其三，三段式配置方案；其四，乱数式配置方案等。

第2步：2阶单元两重次定位。

2阶单元两重次定位：第一重次2阶单元自身的定位，4个数有X型、O型、Z型3种定位形态；第二重次9个2阶单元在母阶（九宫）的定位，一般模拟幻方样本安排。

第3步：2阶单元定位调整。

第二重次母阶定位，只确定各2阶单元的位置，至于2阶单元自身定位，则在6阶建立等和关系过程中求得（注：亦可事前设计6阶2阶单元组合模型。

参见“构图方法”一篇中“单偶数幻方 2 阶单元构图法”相关内容）。

上述 8 幅 6 阶幻方结构的基本分析：各 2 阶单元之和在母阶九宫中的定位状态，其不同的配置方案决定九宫的组合性质，凡等和式、等差式、三段式配置方案者，九宫为“3 阶幻方”；凡乱数式配置方案者，九宫为“3 阶行列图”（图 6.23）。

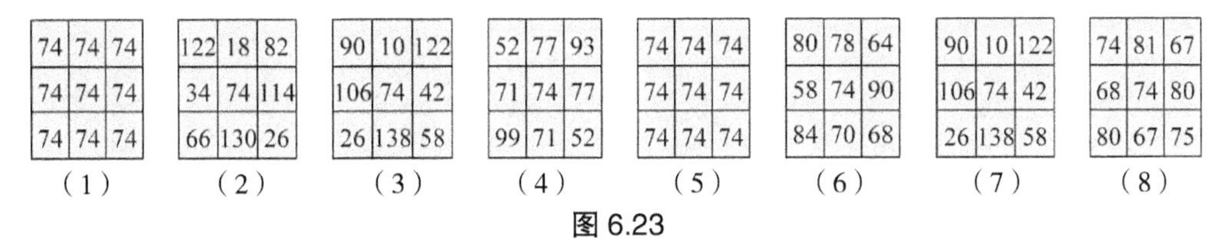

（1）

74	74	74
74	74	74
74	74	74

（2）

122	18	82
34	74	114
66	130	26

（3）

90	10	122
106	74	42
26	138	58

（4）

52	77	93
71	74	77
99	71	52

（5）

74	74	74
74	74	74
74	74	74

（6）

80	78	64
58	74	90
84	70	68

（7）

90	10	122
106	74	42
26	138	58

（8）

74	81	67
68	74	80
80	67	75

图 6.23

二、2 阶单元“模拟—合成”构图法推广

运用 2 阶单元“模拟—合成”构图法构造大于 6 阶的 2（2k ＋ 1）阶幻方，常用更灵活的操作方法：首先，为（2k ＋ 1）^{2} 个 2 阶单元设计等和式、等差式或三段式某一个配置方案，并按 X 型、O 型或 Z 型定位预制一个模板；其次，选择一幅已知幻方为母阶样本，安排这（2k ＋ 1）^{2} 个 2 阶单元；最后，调整部分 2 阶单元定位状态，建立各行、各列、两条主对角线等和关系。

第一例：10 阶幻方

图 6.24 右设计方法：2 阶单元全等配置，统一 X 型定位。然而，以一幅已知 5 阶完全幻方为样本，按各 2 阶单元最小的一个数为序预制 10 阶模板，其各列等和，相继两行之差为“±5”，两条主对角线之差为“±250”。据此，调整相关单元数组，即可得一幅 10 阶幻方（图 6.24 左）。

22	79	54	48	13	87	62	40	5	95
80	21	47	53	14	88	39	61	96	6
94	8	78	23	49	51	85	15	70	32
7	93	24	77	50	52	16	86	31	69
33	67	9	10	75	25	60	59	84	83
68	34	92	91	76	26	41	42	17	18
82	20	65	36	1	99	73	27	58	44
19	81	35	66	100	2	28	74	43	57
45	56	90	12	63	37	98	4	29	71
55	46	11	89	64	38	3	97	72	30

10 阶幻方

←

21	79	47	53	13	87	39	61	5	95	+5
80	22	54	48	88	14	62	40	96	6	-5
7	93	23	77	49	51	15	85	31	69	+5
94	8	78	24	52	50	86	16	70	32	-5
33	67	9	91	25	75	41	59	17	83	+5
68	34	92	10	76	26	60	42	84	18	-5
19	81	35	65	1	99	27	73	43	57	+5
82	20	66	36	100	2	74	28	58	44	-5
45	55	11	89	37	63	3	97	29	71	+5
56	46	90	12	64	38	98	4	72	30	-5

2 阶单元 X 型定位 10 阶模板

图 6.24

第二例：14 阶幻方

图 6.25 右设计方法：2 阶单元以“1 ～ 196”自然数列按序自然分段配置，统一 O 型定位；然而，以一幅已知 7 阶完全幻方为样本，按各 2 阶单元之和大小模拟样本预制 14 阶模板。其数学关系如下：各列等和，上下两行公差为“±14”；两条主对角线公差为“±7”。据此，查找有可能调整不等和行、不等和主对角线平衡关系的相关单元或数组，本例采用了其中一个调整方案，经上下交换即可

得到一幅 14 阶幻方（幻和“1379”）。

152	150	56	55	125	126	4	2	101	102	176	175	78	77
149	151	53	54	128	127	1	3	104	103	173	174	80	79
184	182	60	59	157	158	36	34	133	134	12	11	109	110
181	183	57	58	160	159	33	35	136	135	9	10	112	111
20	18	92	91	189	190	65	66	165	166	44	43	116	114
17	19	89	90	192	191	68	67	168	167	41	42	113	115
52	50	124	123	25	26	98	100	169	170	76	75	145	146
49	51	121	122	28	27	99	97	172	171	73	74	148	147
84	82	156	155	29	30	132	130	5	6	108	107	177	178
81	83	153	154	32	31	129	131	8	7	105	106	180	179
88	86	188	187	61	62	164	162	37	38	140	139	13	14
85	87	185	186	64	63	161	163	40	39	137	138	16	15
120	118	24	23	93	94	196	194	69	70	144	143	45	46
117	119	21	22	96	95	193	195	72	71	141	142	47	48

14 阶幻方

149	150	53	54	125	126	1	2	101	102	173	174	77	78	+14
152	151	56	55	128	127	4	3	104	103	176	175	80	79	-14
181	182	57	58	157	158	33	34	133	134	9	10	109	110	+14
184	183	60	59	160	159	36	35	136	135	12	11	112	111	-14
17	18	89	90	189	190	68	66	165	166	41	42	113	114	+14
20	19	92	91	192	191	65	67	168	167	44	43	116	115	-14
49	50	121	122	25	26	97	98	169	170	73	74	145	146	+14
52	51	124	123	28	27	100	99	172	171	76	75	148	147	-14
81	82	153	154	29	30	129	130	5	6	105	106	177	178	+14
84	83	156	155	32	31	132	131	8	7	108	107	180	179	-14
85	86	185	186	61	62	161	162	37	38	137	138	13	14	+14
88	87	188	187	64	63	164	163	40	39	140	139	16	15	-14
117	118	21	22	93	94	193	194	69	70	141	142	45	46	+14
120	119	24	23	96	95	196	195	72	71	144	143	48	47	-14

2 阶单元 O 型定位 14 阶模板

图 6.25

综上所述，2 阶单元“模拟—合成”构图法构图的三大步骤，即单元配置、预制模板与定位调整，每一步都需要“手工操作”与枚举，因而此法的构图检索、计数等难度较大，它作为单偶数阶幻方的一种构图方法，基本掌握即可。

2（2k + 1）阶幻方局部最优化

2（2k + 1）阶不存在完全幻方解，但不排斥内部嵌入最优化子单元，这是非常有趣、富于挑战性的一个设计课题。

第一例：10 阶幻方镶嵌“6 阶完全幻方”

在图 6.26 的两幅 10 阶幻方（幻和“505”）各嵌入一个“6 阶完全幻方”（泛幻和“324”），这两个子单元既有“互补”关系，又有上半方与下半方换位关系，且任其旋转与反写变位，整体 10 阶幻方始终成立。

60	17	98	29	34	91	28	52	56	40
88	1	53	54	89	57	2	74	38	49
93	70	41	87	31	47	81	37	7	11
15	68	72	66	22	76	62	26	50	48
84	5	85	33	45	83	35	43	79	13
10	16	67	21	77	61	27	71	58	97
12	92	36	42	86	32	46	82	8	69
9	94	23	75	63	25	73	65	19	59
95	64	6	18	14	3	55	51	100	99
39	78	24	80	44	30	96	4	90	20

1	88	2	57	74	54	53	89	49	38
17	60	28	91	52	29	98	34	40	56
16	10	67	21	77	61	27	71	97	58
94	9	36	42	86	32	46	82	59	19
5	84	23	75	63	25	73	65	13	79
70	93	41	87	31	47	81	37	11	7
92	12	72	66	22	76	62	26	69	8
68	15	85	33	45	83	35	43	48	50
78	39	96	30	4	80	24	44	20	90
64	95	55	3	51	18	6	14	99	100

图 6.26

第二例：14 阶幻方“同角”10 阶二重次完全幻方

图 6.27 是一幅精美的 14 阶幻方(幻和“1379”)，同角镶嵌一个“10 阶完全幻方”(泛幻和“1050”)。这个广义“10 阶完全幻方”具有双重最优化性质，它由 4 个 5 阶完全幻方子单元合成(泛幻和“525”)。

30	122	65	157	151	36	116	68	160	145	27	190	21	91
59	165	142	38	121	62	159	148	32	124	140	97	49	43
150	37	115	67	156	144	40	118	61	162	69	110	141	9
123	58	164	149	31	117	64	158	152	34	113	85	12	119
163	143	39	114	66	166	146	33	120	60	15	19	189	106
44	136	177	73	95	50	130	180	76	89	168	18	42	101
171	81	86	52	135	174	75	92	46	138	35	186	8	100
94	51	129	179	72	88	54	132	173	78	126	7	191	5
137	170	80	93	45	131	176	74	96	48	23	11	111	184
79	87	53	128	178	82	90	47	134	172	108	13	182	26
104	6	139	55	103	127	112	1	2	10	181	161	185	193
71	155	167	14	22	84	41	175	4	133	192	99	28	194
56	105	20	153	187	16	29	83	169	109	57	188	24	183
98	63	3	107	17	102	147	70	154	77	125	195	196	25

图 6.27

同角镶嵌相对于同心镶嵌而言，构图难度有所降低。因为，同角镶嵌，14 阶幻方至少会有一条主对角线与这个“10 阶完全幻方”由强相关变为弱相关，这为各行、各列建立等和平衡关系争得了关键的调动余地。如果是同心镶嵌，即这个“10 阶完全幻方”安排于 14 阶幻方的正中央，可能构图难度很大。

第三例：14 阶幻方“同心”10 阶二重次完全幻方

图 6.28 是一幅 14 阶幻方局部最优化的珍品(幻和“1379”)，中央镶嵌一个罕见的广义 10 阶二重次完全幻方：其 10 行、10 列及 20 条泛对角线全等于整数“1000”，它由 4 个全等 5 阶完全幻方合成，其 5 行、5 列及 10 条泛对角线全等于整数“500”。14 阶幻方中央镶嵌一个“10 阶完全幻方”，10 阶的幻和具有可变性，因为它存在多种多样的配置方案，而合理的配置决定镶嵌的成败。

第四例：14 阶幻方镶嵌 4 阶、6 阶完全幻方对

图 6.29 是一幅 14 阶幻方局部最优化的珍品(幻和“1379”)，中部一组对角镶嵌一对广义 6 阶完全幻方：一幅的 6 行、6 列及 12 条泛对角线全等于“546”；另一幅的 6 行、6 列及 12 条泛对角线全等于“552”。中部另一组对角镶嵌一对广义 4 阶完全幻方，两者 4 行、4 列及 8 条泛对角线都等于“394”。

99	196	168	195	21	5	18	178	100	13	16	12	193	165
192	22	20	45	98	180	26	37	179	19	175	176	25	185
1	187	40	114	69	140	137	46	108	72	143	131	189	2
188	3	63	148	128	48	113	66	142	134	42	116	184	4
96	6	136	47	107	71	139	130	50	110	65	145	172	105
7	170	115	62	147	135	41	109	68	141	138	44	8	194
9	191	146	129	49	106	70	149	132	43	112	64	10	169
190	33	51	125	157	74	93	57	119	160	77	87	122	34
111	67	151	82	84	59	124	154	76	90	53	127	104	97
29	183	92	58	118	159	73	86	61	121	153	79	144	23
162	163	126	150	81	91	52	120	156	75	94	55	30	24
102	35	80	85	60	117	158	83	88	54	123	152	56	186
32	28	174	101	78	27	164	31	89	166	173	177	103	36
161	95	17	38	182	167	171	133	11	181	15	14	39	155

图 6.28

192	126	65	107	104	42	52	99	154	77	137	40	43	141
47	91	158	106	136	127	122	7	162	59	97	72	149	46
56	44	19	189	114	125	130	160	35	108	100	95	48	156
105	78	69	11	184	171	28	67	102	119	37	132	89	187
112	118	177	172	27	12	183	85	110	33	175	20	123	32
39	173	53	26	169	186	13	82	87	134	22	147	74	174
121	142	131	185	14	25	170	145	50	93	115	80	63	45
143	8	163	60	98	73	150	1	194	181	18	190	29	71
24	161	36	109	101	96	49	182	17	2	193	70	151	188
191	68	103	120	38	133	90	16	179	196	3	58	178	6
62	86	111	34	176	21	124	195	4	15	180	61	166	144
117	83	88	135	23	148	75	167	76	152	159	92	54	10
30	146	51	94	116	81	64	164	168	153	5	157	84	66
140	55	155	31	79	139	129	9	41	57	138	165	128	113

图 6.29

第五例：14 阶幻方最大局部最优化

图 6.30 是一幅最大局部最优化的 14 阶幻方（幻和“1379”），中央镶嵌了一个面积最大的双偶数 12 阶完全幻方（泛幻和“1182”）。它具有精细的最优化等和组合结构表现如下。

① 12 阶内任意圈出一个 2 阶单元，4 个数之和全等于“394”。

② 12 阶九宫由 9 个全等 4 阶完全幻方合成，泛幻和“394”。

③每相邻 4 个 4 阶完全幻方合成一个 8 阶完全幻方，泛幻和“788”。

14	13	12	11	10	9	8	141	196	195	194	193	192	191
182	170	111	16	97	156	125	30	83	142	139	44	69	15
169	21	92	175	106	35	78	161	120	49	64	147	134	28
168	181	100	27	86	167	114	41	72	153	128	55	58	29
155	22	91	176	105	36	77	162	119	50	63	148	133	42
140	171	110	17	96	157	124	31	82	143	138	45	68	57
127	20	93	174	107	34	79	160	121	48	65	146	135	70
113	180	101	26	87	166	115	40	73	152	129	54	59	84
99	23	90	177	104	37	76	163	118	51	62	149	132	98
85	172	109	18	95	158	123	32	81	144	137	46	67	112
71	19	94	173	108	33	80	159	122	47	66	145	136	126
43	179	102	25	88	165	116	39	74	151	130	53	60	154
7	24	89	178	103	38	75	164	117	52	61	150	131	190
6	184	185	186	187	188	189	56	1	2	3	4	5	183

图 6.30

总之，2（2k + 1）阶幻方的局部最优化问题，被最优化面积的大小及最优化单元的位置摆布等变化多端，因而这是一项富于趣味性、挑战性的顶尖设计。

以上各例图中，广义“6 阶完全幻方”“10 阶完全幻方”的出现，说明当单偶数阶幻方的幻和是偶数且四象全等时，最优化是可能的，关键在于正确选数。据研究，“田”字型四象结构是单偶数阶幻方的最基本分解形态，由于其自然数列总和不可四等分，因此不存在四象全等态组合结构，而只有四象消长态组合结构。那么，能否制作一幅由 4 个子幻方合成的单偶数阶幻方呢？问题似乎很简单，但尚未修得正果。

6 阶幻方“极值”组合结构

什么是 6 阶幻方的“极值”？从四象消长关系而言，指 6 阶两组对角象限之和“长”与“消”之差最小或最大的一种数理结构；从中位单元而言，指 6 阶中央 2 阶单元之和最小或最大的一种组合状态。掌控“极值”边界是单偶数阶幻方研究的重要功课。

一、四象“最小 / 最大”消长态 6 阶幻方

6 阶自然数列总和不能被“4”整除，因而不存在四象全等结构幻方，其四象结构特征如下：①每组对角两象之和各自相等；②每相邻两象以消长方式互补。

在四象消长全过程的两头，即“长”与“消”之差达到最小或最大状态，我称之为四象消长态极值幻方，构图相对而言更为困难。

（一）四象最小消长关系 6 阶幻方

图 6.31 为 3 幅 6 阶四象最小消长关系幻方：即“长”的对角象限各 3 阶单元之和等于“167”；“消”的对角两象限各 3 阶单元之和等于“166”，而“消—长”之差为“1”。相邻两象之和以“333”互补建立四象平衡关系。

7	3	19	22	33	27
34	30	15	18	10	4
14	16	28	36	5	12
21	23	1	9	32	25
24	26	31	20	2	8
11	13	17	6	29	35

34	30	15	18	10	4
7	3	19	22	33	27
14	16	28	36	5	12
21	23	1	9	32	25
11	13	17	6	29	35
24	26	31	20	2	8

3	7	22	19	27	33
30	34	18	15	4	10
23	21	9	1	32	25
16	14	36	28	5	12
26	24	20	31	8	2
13	11	6	17	35	29

图 6.31

（二）四象最大消长关系 6 阶幻方

图 6.32 为 3 幅 6 阶四象最大消长关系幻方：即“长”的对角象限各 3 阶单元之和等于“238”；“消”的对角象限各 3 阶单元之和等于“95”，而“消—长”之差为“143”。相邻两象限之和以“333”互补建立四象平衡关系。

18	9	3	32	33	16
7	21	10	26	17	30
13	2	12	19	31	34
27	29	23	20	1	11
24	4	35	8	25	5
22	36	28	6	4	15

15	1	9	31	33	22
13	23	2	29	12	32
10	8	14	17	36	26
24	35	25	18	6	3
30	16	27	11	20	7
19	28	34	5	4	21

21	4	5	34	28	19
7	20	11	27	16	30
3	6	18	25	35	24
26	36	17	14	8	10
32	12	29	2	23	13
22	33	31	9	1	15

图 6.32

总之，6 阶幻方的四象“消—长”之差，从最小“1”至最大“143”的整个消长过程中，存在 72 个四象消长方案。我设想：每个四象消长方案的 6 阶幻方子集的解数量相等，因此，集中精力解决其中的一二个子集，若互校无误，有望测算出整个 6 阶幻方群。

二、中位“中值”6 阶幻方

6 阶幻方的中位单元 4 个数之和等于“74”，是“1 ～ 36”自然数列的成对数组的 2 倍，故我称之为“中值”中位单元，这是一种比较常见的 6 阶幻方。从 4 数的奇偶性而言有 3 种可能情况：一是 2 奇 2 偶；二是 4 个奇数；三是 4 个偶数。从 4 数的成对性而言有两类可能情况：一类由两对“成对数组”构成，即每两数之和等于“37”，其中图 6.33（1）为“1 ～ 36”自然数列的中项 4 个数为中位单元，属于罕见的标准“中值”中位 6 阶幻方；另一类由 4 个不成对数组构成，但 4 个数之和等于“74”常数。总体设想：在“1 ～ 36”自然数列中任意抽取之和等于“74”的 4 个数都存在 6 阶幻方解。

图 6.33（1）至（4）4 幅中位单元由两对成对数组构成。第 1 幅为“1 ～ 36”自然数列的“中项 4 数”为中位单元，属于罕见的标准“中值”中位 6 阶幻方；图 6.33（5）至（8）由 4 个不成对数组构成，但 4 个数之和等于“74”常数。

16	14	36	34	5	6
13	15	35	33	8	7
12	10	17	20	27	25
9	11	18	19	26	28
32	30	4	2	21	22
29	31	1	3	24	23

（1）

3	10	29	30	20	19
9	4	36	35	13	14
32	25	15	16	12	11
26	31	21	22	6	5
23	24	2	1	33	28
18	17	8	7	27	34

（2）

19	29	10	20	30	3
11	15	25	12	16	32
14	36	4	13	35	9
28	2	24	33	1	23
5	21	31	6	22	26
34	8	17	27	7	18

（3）

31	19	12	30	18	1
5	14	26	11	20	35
4	22	9	27	16	33
3	15	10	28	21	34
32	17	29	8	23	2
36	24	25	7	13	6

（4）

24	1	26	21	7	32
25	23	3	31	20	9
11	27	13	8	33	19
15	10	35	18	4	29
34	14	12	28	17	6
2	36	22	5	30	16

（5）

24	1	29	23	3	31
25	20	9	27	19	11
8	33	13	7	35	15
21	4	32	22	2	30
28	17	12	26	18	10
5	36	16	6	34	14

（6）

6	7	29	24	25	20
1	32	9	19	23	27
8	3	31	26	21	22
33	34	2	15	16	11
28	5	36	10	14	18
35	30	4	17	12	13

（7）

2	36	31	11	18	13
34	5	30	16	14	12
6	28	35	15	10	17
29	9	4	20	27	22
7	32	3	25	23	21
33	1	8	24	19	26

（8）

图 6.33

三、中位“最小 / 最大”6 阶幻方

之前所见，6 阶幻方的中位 2 阶单元之和都等于“74”常数。但深入分析发现：6 阶幻方的中位不是恒等的，而是一个十分复杂的变数。经反复测算与试制，结果表明：6 阶幻方最小的中位由“5，6，7，8”构成（注：“1，2，3，4”居中无解），与此相对应，最大的中位由“29，30，31，32”构成（注：“33，34，35，36”居中无解）。制作非中值 6 阶幻方，尤其是最小或最大中位 6 阶幻方是一个严峻挑战。

如图 6.34 所示，前两幅是最小中位 6 阶幻方，后两幅是最大中位 6 阶幻方，这两对最小与最大 6 阶幻方之间具有互补关系。由本例我发现了 6 阶幻方的一种前所未见的新型组合结构：即每对称轴 4 数各为“1 ～ 36”自然数列的连续数段，这是有规则的定位结构。

32	1	21	23	3	31
9	20	25	27	19	11
13	36	5	7	35	15
16	33	8	6	34	14
12	17	28	26	18	10
29	4	24	22	2	30

32	1	24	22	2	30
12	17	28	26	18	10
16	36	5	6	34	14
13	33	8	7	35	15
9	20	25	27	19	11
29	4	21	23	3	31

5	36	16	14	34	6
28	17	12	10	18	26
24	1	32	30	2	22
21	4	29	31	3	23
25	20	9	11	19	27
8	33	13	15	35	7

5	36	13	15	35	7
25	20	9	11	19	27
21	1	32	31	3	23
24	4	29	30	2	22
28	17	12	10	18	26
8	33	16	14	34	6

图 6.34

样本“等和单元”之间可换位，不失为演绎非中值 6 阶幻方的简便方法（图 6.35）。

另外，样本做行列同步轴对称或同步交叉对称交换，可直接把主对角线上的 3 个对称数组分别移入中位，而且其中必有

32	1	21	23	3	31
9	20	25	27	19	11
15	36	5	7	35	13
14	33	8	6	34	16
12	17	28	26	18	10
29	4	24	22	2	30

5	36	16	14	34	6
28	17	12	10	18	26
22	2	32	30	1	24
23	3	29	31	4	21
25	20	9	11	19	27
8	33	13	15	35	7

图 6.35

一个标准“中值”单元（图 6.36）。同时，采用一定的方法结构调整，其他对称数组也可移入中位，如本例右图。

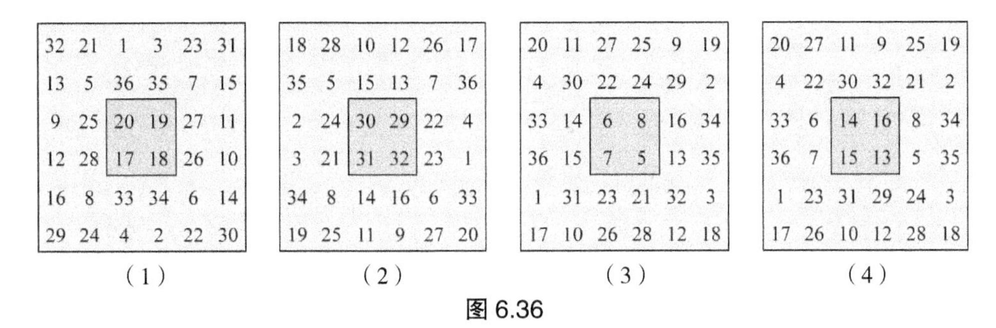

32	21	1	3	23	31
13	5	36	35	7	15
9	25	20	19	27	11
12	28	17	18	26	10
16	8	33	34	6	14
29	24	4	2	22	30

（1）

18	28	10	12	26	17
35	5	15	13	7	36
2	24	30	29	22	4
3	21	31	32	23	1
34	8	14	16	6	33
19	25	11	9	27	20

（2）

20	11	27	25	9	19
4	30	22	24	29	2
33	14	6	8	16	34
36	15	7	5	13	35
1	31	23	21	32	3
17	10	26	28	12	18

（3）

20	27	11	9	25	19
4	22	30	32	21	2
33	6	14	16	8	34
36	7	15	13	5	35
1	23	31	29	24	3
17	26	10	12	28	18

（4）

图 6.36

6 阶幻方四象消长态序列

在 2（2k + 1）阶“田”字型结构幻方（$k \geqslant 1$）领域中，四象消长关系具有特殊性：由于“1 ～［2（2k + 1）］^{2}”自然数列总和不可四等分，所以在四象互为消长过程中永远达不到一个等和平衡点，这就是说，不存在四象等和组合态的 2（2k + 1）阶幻方。这类幻方由 4 个奇数阶子单元合成，故又称之为单偶数幻方，它的“田”字型结构特点决定了 2（2k + 1）阶幻方不存在最优化解。

2（2k + 1）阶幻方四象消长区间以“长”的一象与“消”的一象之差计算：设 2（2k + 1）阶幻方四象消长区间为 F，则消、长两象最小差 $F = 1$；消长两象最大差 $F = 2E-1$。其计算公式如下：

$$1 \leqslant F \leqslant 2E-1$$

$$E = 1/8\,n\,(n^2 + 1)\,(n-2) - 1/16\,(n^2-2n)\,(n^2-2n + 2),\ n = 2\,(2k + 1),\ k \geqslant 1$$

这就是说：2（2k + 1）阶幻方四象按“1，3，5，…，2E−1”过程互为消长，其 F 区间内有 E 个四象消长方案（$E \neq 0$，消长单位为“2”）。按本公式计算，如 6 阶幻方四象消长区间为：$1 \leqslant F \leqslant 143$，计 72 个四象消长方案。

在上文“6 阶幻方‘极值’组合结构”中，展示了两组对角象限之间和值相差“1”的最小消长关系，又展示了两组对角象限之间和值相差“143”的最大消长关系，在 6 阶幻方四象消长区间内计 72 个消长方案，各方案制作一幅 6 阶幻方（图 6.37），以此展示 6 阶幻方 72 个四象消长方案的演变过程。

34	30	15	18	10	4
7	3	19	22	33	27
14	16	28	36	12	5
21	23	1	9	25	32
11	13	17	6	29	35
24	26	31	20	2	8

F1

12	16	36	28	5	14
21	25	1	9	23	32
6	13	35	29	17	11
31	24	8	2	26	20
34	30	4	10	18	15
7	3	27	33	22	19

F3

20	11	33	18	1	28
26	17	19	4	9	36
2	29	7	34	23	16
8	35	3	30	21	14
24	6	22	15	32	12
31	13	27	10	25	5

F5

7	34	25	12	20	13
3	30	32	5	24	17
19	4	9	36	8	35
33	18	1	28	2	29
27	15	21	16	26	6
22	10	23	14	31	11

F7

28	36	16	14	12	5
1	9	23	21	32	25
18	4	34	30	15	10
33	19	7	3	22	27
29	35	11	17	6	13
2	8	20	26	24	31

F9

27	33	19	22	7	3
4	10	15	18	34	30
23	21	9	1	25	32
14	16	36	28	12	5
8	2	26	31	20	24
35	29	6	11	13	17

F11

12	16	5	14	28	26
21	25	23	32	1	9
17	6	35	29	13	11
20	31	8	2	26	24
34	30	18	15	10	4
7	3	22	19	33	27

F13

8	35	22	18	23	5
2	29	19	15	32	14
20	17	7	34	21	12
31	6	3	30	25	16
26	13	33	10	1	28
24	11	27	4	9	36

F15

35	7	3	33	1	32
29	14	25	24	11	8
27	19	16	17	22	10
6	15	20	21	18	31
9	26	13	12	23	28
5	30	34	4	36	2

F17

14	12	16	5	36	28
25	23	21	32	9	1
6	11	29	35	13	17
26	31	2	8	20	24
18	15	10	4	30	34
22	19	33	27	3	7

F19

36	9	6	31	10	19
28	1	17	20	18	27
14	32	13	26	4	22
5	23	11	24	15	33
16	25	29	8	30	3
12	21	35	2	34	7

F21

36	28	12	16	14	5
9	1	21	25	32	23
4	10	34	30	15	18
27	33	7	3	19	22
11	13	17	6	29	35
24	26	20	31	2	8

F23

17	24	15	22	12	21
13	20	18	19	16	25
35	8	4	27	28	9
29	2	10	33	36	1
11	31	34	7	5	23
6	26	30	3	14	32

F25

35	29	13	6	17	11
8	2	31	24	26	20
14	16	5	12	36	28
21	23	25	32	9	1
30	34	15	10	4	18
3	7	22	27	19	33

F27

36	9	11	26	10	19
28	1	13	24	18	27
5	32	17	31	4	22
14	23	6	20	15	33
16	25	29	8	30	3
12	21	35	2	34	7

F29

12	16	28	36	5	14
32	25	1	9	23	21
15	4	18	10	34	30
22	33	27	19	7	3
6	13	35	29	11	17
24	20	2	8	31	26

F31

7	34	21	16	20	13
3	30	23	14	24	17
19	4	9	36	8	35
33	18	1	28	2	29
27	15	25	12	26	6
22	10	32	5	31	11

F33

27	18	2	29	23	12
19	10	8	35	25	14
7	34	24	17	1	28
3	30	20	13	9	36
33	15	26	11	21	5
22	4	31	6	32	16

F35

11	13	29	25	17	6
24	26	2	8	31	20
18	15	10	4	30	34
19	22	33	27	3	7
16	14	28	36	5	12
23	21	9	1	25	32

F37

27	4	1	36	8	35
33	10	9	28	2	29
22	18	23	16	26	6
19	15	21	14	31	11
7	34	25	12	20	13
3	30	32	5	24	17

F39

14	16	28	36	5	12
21	23	1	9	25	32
15	10	18	4	30	34
22	27	33	19	3	7
13	11	29	35	17	6
26	24	2	8	31	20

F41

14	16	5	12	36	28
21	23	25	32	9	1
17	11	13	6	35	29
26	20	31	24	8	2
30	34	15	10	4	18
3	7	22	27	19	33

F43

6	20	12	32	34	7
17	31	5	25	30	3
13	26	14	21	15	22
11	24	16	23	18	19
35	8	36	1	4	27
29	2	28	9	10	33

F45

28	36	14	5	12	16
1	9	23	32	21	25
18	4	10	15	34	30
33	19	22	27	3	7
29	35	11	6	17	13
2	8	31	26	24	20

F47

29	35	11	6	13	17
2	8	26	31	20	24
12	14	5	16	36	28
23	25	21	32	1	9
18	10	15	4	34	30
27	19	33	22	7	3

F49

14	16	12	5	36	26
21	23	25	32	9	1
11	13	6	17	35	29
24	26	20	31	2	8
34	30	15	4	10	18
7	3	33	22	19	27

F51

12	16	28	36	5	14
21	25	1	9	23	32
15	4	18	10	34	30
22	33	27	19	7	3
17	13	35	29	11	6
24	20	2	8	31	26

F53

35	29	6	11	13	17
8	2	26	31	20	24
12	5	16	14	36	28
25	32	23	21	1	9
4	10	18	15	34	30
27	33	22	19	7	3

F55

6	35	4	33	32	1
7	8	27	28	11	30
13	17	21	22	20	18
24	23	15	16	14	19
25	26	10	9	29	12
36	2	34	3	5	31

F57

27	18	2	29	23	12
19	10	8	35	25	14
3	30	20	13	9	36
7	34	24	17	1	28
33	15	26	11	21	5
22	4	31	6	32	16

F59

1	28	2	29	33	18
9	36	8	35	19	4
23	5	24	17	27	15
32	14	20	13	22	10
21	12	31	6	7	34
25	16	26	11	3	30

F61

6	32	4	33	35	1
7	8	27	28	11	30
13	17	21	22	20	18
24	23	15	16	14	19
25	26	10	9	29	12
36	5	34	3	2	31

F63

28	36	5	12	14	16
1	9	25	32	21	23
11	6	13	17	35	29
26	31	20	24	8	2
18	10	15	4	30	34
27	19	33	22	3	7

F65

33	29	28	6	10	5
1	14	19	15	26	36
35	25	16	20	13	2
3	24	17	21	12	34
7	11	22	18	23	30
32	8	9	31	27	4

F67

30	1	2	32	29	17
19	26	9	27	12	18
6	15	24	14	21	31
33	10	25	11	28	4
3	23	16	22	13	34
20	36	35	5	8	7

F69

33	29	28	6	10	5
3	14	19	15	26	34
35	25	16	20	13	2
1	24	17	21	12	36
7	11	22	18	23	30
32	8	9	31	27	4

F71

12	16	2	36	31	14
9	23	1	21	25	32
15	34	18	10	4	30
22	7	27	19	33	3
29	11	35	17	13	6
24	20	28	8	5	26

F73

12	31	2	36	16	14
21	25	1	9	23	32
15	4	18	10	34	30
22	33	27	19	7	3
17	13	35	29	11	6
24	5	28	8	20	26

F75

12	16	28	36	5	14
9	25	1	32	23	21
15	4	18	10	34	30
22	33	27	19	7	3
29	13	35	6	11	17
24	20	2	8	31	26

F77

33	29	28	6	10	5
7	14	19	15	26	30
35	25	16	20	13	2
3	24	17	21	12	34
1	11	22	18	23	36
32	8	9	31	27	4

F79

35	1	6	26	19	24
3	32	7	21	23	25
31	9	2	22	27	20
8	28	33	17	10	15
30	5	34	12	14	16
4	36	29	13	18	11

F81

12	16	2	36	31	14
32	25	1	9	23	21
15	4	18	10	34	30
22	33	27	19	7	3
6	13	35	29	11	17
24	20	28	8	5	26

F83

27	33	34	6	2	9
36	18	21	24	11	1
5	23	12	17	22	32
8	13	26	19	16	29
7	20	15	14	25	30
28	4	3	31	35	10

F85

28	34	33	5	1	10
35	17	22	23	12	2
6	24	11	18	21	31
7	14	25	20	15	30
8	19	16	13	26	29
27	3	4	32	36	9

F87

27	33	34	6	2	9
36	18	21	24	11	1
7	23	12	17	22	30
8	13	26	19	16	29
5	20	15	14	25	32
28	4	3	31	35	10

F89

27	33	34	6	2	9
36	18	21	24	11	1
8	23	12	17	22	29
7	13	26	19	16	30
5	20	15	14	25	32
28	4	3	31	35	10

F91

10	1	5	33	34	28
2	19	15	26	14	35
30	21	17	24	12	7
29	18	20	13	23	8
31	16	22	11	25	6
9	36	32	4	3	27

F93

14	16	2	36	31	12
9	25	1	21	23	32
30	4	18	10	34	15
3	33	27	19	7	22
29	13	35	17	11	6
26	20	28	8	5	24

F95

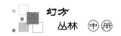

10	32	23	14	5	27
13	28	20	17	9	24
34	22	33	4	15	3
19	12	26	11	25	18
6	16	7	30	21	31
29	1	2	35	36	8

F97

12	31	2	36	16	14
9	25	1	21	23	32
15	4	18	10	34	30
22	33	27	19	7	3
29	13	35	17	11	6
24	5	28	8	20	26

F99

18	6	8	36	24	19
31	20	5	29	16	10
3	4	21	23	35	25
11	33	17	13	7	30
26	14	28	1	27	15
22	34	32	9	2	12

F101

16	31	36	2	12	14
32	21	25	1	23	9
33	5	19	27	24	3
4	15	10	18	34	30
6	17	13	35	11	29
20	22	8	28	7	26

F103

12	16	2	36	31	14
21	25	1	9	23	32
4	15	18	10	34	30
33	22	27	19	7	3
17	13	35	29	11	6
24	20	28	8	5	26

F105

8	18	11	33	28	13
3	23	7	25	32	21
4	10	29	15	36	17
35	27	6	20	1	22
30	14	34	16	5	12
31	19	24	2	9	26

F107

28	31	25	14	3	10
36	18	33	2	21	1
8	23	22	17	12	29
5	13	16	19	26	32
7	20	4	35	15	30
27	6	11	24	34	9

F109

12	2	9	34	32	22
30	27	1	28	14	11
10	7	13	17	33	31
25	35	23	21	4	3
15	16	29	5	20	26
19	24	36	6	8	18

F111

18	32	33	4	5	19
31	22	25	12	15	6
24	17	21	16	20	13
3	28	23	14	9	34
8	11	7	30	26	29
27	1	2	35	36	10

F113

10	32	33	4	5	27
34	28	20	17	9	3
29	12	26	11	25	8
6	16	23	14	21	31
13	22	7	30	15	24
19	1	2	35	36	18

F115

31	32	35	2	5	6
24	22	30	7	15	13
18	17	16	21	20	19
8	11	14	23	26	29
3	28	4	33	9	34
27	1	12	25	36	10

F117

18	32	25	12	5	19
31	28	21	16	9	6
27	11	33	4	26	10
3	17	23	14	20	34
8	22	7	30	15	29
24	1	2	35	36	13

F119

6	32	35	2	5	31
29	16	30	7	21	8
34	28	17	20	9	3
19	22	14	23	15	18
10	12	11	26	25	27
13	1	4	33	36	24

F121

10	32	33	4	5	27
28	34	26	11	3	9
29	16	20	17	21	8
12	6	23	14	31	25
13	22	7	30	15	24
19	1	2	35	36	18

F123

23	18	26	11	19	14
21	24	30	7	13	16
32	35	20	17	2	5
1	8	15	22	29	36
6	27	9	28	10	31
25	3	4	33	34	12

F125

6	5	4	33	32	31
10	25	11	26	12	27
19	9	14	23	28	18
34	21	17	20	16	3
29	15	30	7	22	8
13	36	35	2	1	24

F127

12	16	2	36	31	14
9	25	1	21	23	32
15	4	18	10	34	30
22	33	27	19	7	3
29	13	35	17	11	6
24	20	28	8	5	26

F129

18	32	25	12	5	19
31	28	21	16	9	6
27	17	33	4	20	10
3	11	23	14	26	34
8	22	7	30	15	29
24	1	2	35	36	13

F131

17	32	28	9	5	20
30	16	29	8	21	7
35	34	12	25	3	2
11	6	19	18	31	26
14	22	10	27	15	23
4	1	13	24	36	33

F133

13	5	4	33	32	24
6	15	11	26	22	31
19	9	17	20	28	18
34	25	14	23	12	3
29	21	30	7	16	8
10	36	35	2	1	27

F135

16	12	2	36	31	14
9	21	1	25	23	32
4	15	18	10	34	30
33	22	27	19	7	3
29	17	35	13	11	6
20	24	28	8	5	26

F137

18	32	35	2	5	19
24	22	30	7	15	13
31	28	16	21	9	6
8	11	12	25	26	29
3	17	4	33	20	34
27	1	14	23	36	10

F139

12	2	9	34	32	22
10	27	1	28	14	31
15	7	13	17	33	26
25	35	23	21	4	3
30	16	29	5	20	11
19	24	36	6	8	18

F141

15	1	9	31	33	22
13	23	2	29	12	32
10	8	14	17	36	26
24	35	25	18	6	3
30	16	27	11	20	7
19	28	34	5	4	21

F143

图 6.37

普朗克广义 6 阶完全幻方

一、普朗克广义 6 阶完全幻方简介

28	1	26	36	8	21
3	35	7	27	23	25
34	24	22	2	29	9
4	32	19	12	39	14
13	17	15	37	5	33
38	11	31	6	16	18

图 6.38

据资料介绍，早在 1919 年普朗克成功地创作了一幅 6 阶完全幻方（图 6.38），这是一幅 2（2k + 1）阶广义完全幻方的开山之作，其组合性质及结构特点如下。

①6 行、6 列及 12 条泛对角线全等于“120”。

②任意划出一个 3 阶子单元，9 个数之和全等于“180”。

③四象全等组合，九宫为行列图。

令人赞美的是：这幅 6 阶完全幻方只比经典 6 阶幻方的幻和大“9”，是迄今所见幻和尽可能小的 6 阶完全幻方。求 2（2k + 1）阶完全幻方的最小幻和，是一个具有挑战性的竞技性目标。

普朗克怎样选用 36 个数的呢？他的选数方法：在“1 ～ 36”自然数列中抽掉“10，20，30”3 个数字，补进“37，38，39”3 个连续数字，可称之为“删三补三”选数法。由此，这 36 个数之和“720”，可做四等分、六等分与九等分，并能实施 36 个数的四象等分配置，这就具备了最优化的基本条件。

值得关注的是如下 3 个基本问题：其一，普朗克这幅 6 阶完全幻方的构图方法及其如何重构演绎？其二，普朗克选数法能否在 2（2k + 1）阶完全幻方中效法与规范化推广应用？其三，是否存在幻和更小的广义 6 阶完全幻方？这些问题都需要深入探索。

二、组合结构分析

为了揭示普朗克广义 6 阶完全幻方的奥秘，必须进行如下 3 个方面的组合结构解剖与分析：其一，配置结构；其二，单元结构；其三，逻辑结构。

（一）配置结构

普朗克在“1 ～ 36”自然数列中抽掉“10，20，30”3 个数字，而补进“37，38，39”3 个连续数字，由此形成了 36 个数字的四段式结构，每段 9 个数，段内公差为“1”，各段之间的公差为“2”（图 6.39）。

1	2	3	4	5	6
7	8	9	10	11	12
13	14	15	16	17	18
19	20	21	22	23	24
25	26	27	28	29	30
31	32	33	34	35	36
37	38	39			

→

1	2	3	4	5	6
7	8	9	11	12	13
14	15	16	17	18	19
21	22	23	24	25	26
27	28	29	31	32	33
34	35	36	37	38	39

图 6.39

然而，这36个数按序排列则成一个6×6自然方阵，其组合性质为：12条泛对角线等和于“120”，四象数理关系对称有序，因此具备了最优化组合的最基本条件。

（二）单元结构

如图6.40所示，普朗克广义6阶完全幻方，其四象为全等态组合结构，九宫为3阶行列图（中轴对称等和关系），这反映了“不规则”广义6阶完全幻方各单元合成结构的基本特点。

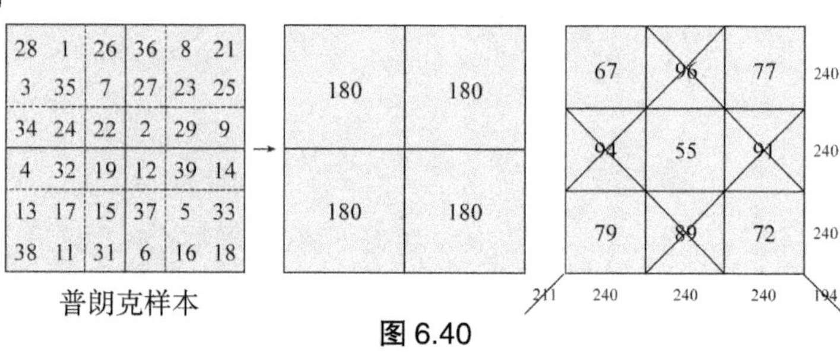

图6.40

（三）逻辑结构

普朗克广义6阶完全幻方的“商—余”正交方阵（图6.41），其编码的“不规则”逻辑形式异乎寻常，其6行、6列及12条泛对角线之和杂乱无章，但两方阵还是精确无误地“互补”整合，从而还原出了6阶“完全幻方”。

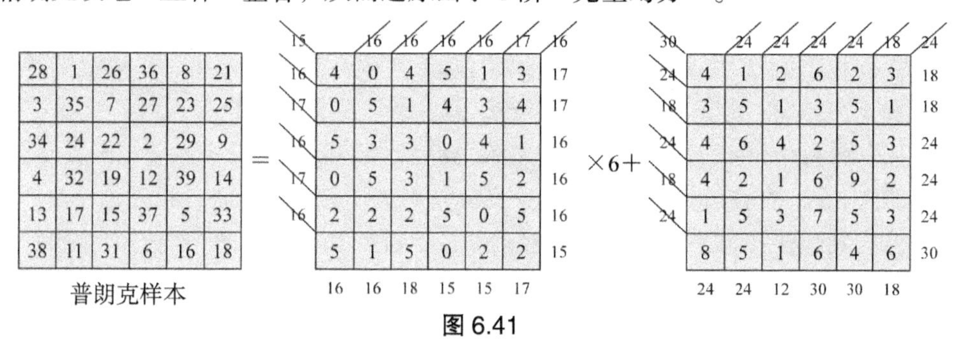

图6.41

三、普朗克广义6阶完全幻方重组

普朗克广义6阶完全幻方的四象全等，因此，左右两组象限交换及上下两组象限交换，可产生3幅新的重构广义6阶完全幻方（图6.42）。

非常有趣的是：图6.42中（3）与（1）互补，（4）与（2）互补。所谓互补，指两幅幻方对应位置的数字相加都等于一个常数“40”。这就是说，普朗克广义6阶完全幻方，不仅

28	1	26	36	8	21
3	35	7	27	23	25
34	24	22	2	29	9
4	32	19	12	39	14
13	17	15	37	5	33
38	11	31	6	16	18

（1）普朗克样本

36	8	21	28	1	26
27	23	25	3	35	7
2	29	9	34	24	22
12	39	14	4	32	19
37	5	33	13	17	15
6	16	18	38	11	31

（2）

12	39	14	4	32	19
37	5	33	13	17	15
6	16	18	38	11	31
36	8	21	28	1	26
27	23	25	3	35	7
2	29	9	34	24	22

（3）

4	32	19	12	39	14
13	17	15	37	5	33
38	11	31	6	16	18
28	1	26	36	8	21
3	35	7	27	23	25
34	24	22	2	29	9

（4）

图6.42

其四象全等，而且两组对角象限具有互补关系。

在编码逻辑结构透视中，我们看到普朗克广义6阶完全幻方异常复杂的“不规则”逻辑结构，而在它的“田”字型单元结构中却又表现了有序、对称、和谐的四象全等组合结构，因此，普朗克构图法的“个性化”特点与组合机制之精妙让人惊讶。

苏茂挺广义6阶完全幻方

一、苏茂挺广义6阶完全幻方简介

图6.43是苏茂挺创作的一幅广义6阶完全幻方，这是继普朗克广义6阶完全幻方之后的第二幅广义6阶完全幻方杰作。两位作者相隔将近100年，苏茂挺采用同样的“删三补三”选数方法，而发掘出了与普朗克不同的另一个最优化选数配置方案，非常精彩。其组合性质及结构特点如下。

31	8	22	24	5	30
28	14	23	7	21	27
1	38	15	29	34	3
16	35	10	9	32	18
33	19	13	12	26	17
11	6	37	39	2	25

图6.43

①6行、6列及12条泛对角线全等于“120”。

②任意划出一个3阶子单元，9个数之和全等于“180”。

③四象全等组合，九宫为行列图。

这就是说，两幅广义6阶完全幻方有异曲同工之妙。

二、组合结构分析

（一）配置结构

苏茂挺与普朗克的“删三补三”选数方法相同，但在“1～36”自然数列中被删掉的3个数字有所差别：普朗克删掉了“10，20，30”3个数字，而苏茂挺删掉了“4，20，36”3个数字。但两者“补三”所补的都是“37，38，39”3个数字（图6.44左）。

然而，这36个数按序排列，形成了一个全中心对称的6×6自然方阵，四象对角互补（图6.44右），因此也具备了最优化组合的基本条件。

1	2	3	4	5	6
7	8	9	10	11	12
13	14	15	16	17	18
19	20	21	22	23	24
25	26	27	28	29	30
31	32	33	34	35	36
37	38	39			

→

1	2	3	5	6	7
8	9	10	11	12	13
14	15	16	17	18	19
21	22	23	24	25	26
27	28	29	30	31	32
33	34	35	37	38	39

图6.44

苏茂挺与普朗克“删三”被删去的是3个不同数字，但这3个数之和都等于“60”；同时，“补三”

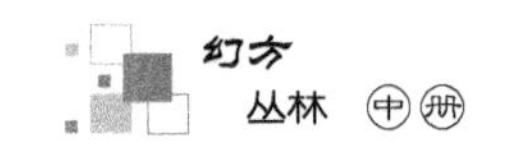

所补进的是相同的3个数字，这3个数之和等于“114”。“删三补三”之差为“54”，能被阶次“6”整除，这意味着两者给出了相同的幻和。

在此，值得继续探索的一个问题是：广义6阶完全幻方“删三补三”选数，其具体操作规则与方法是怎样的？除了普朗克、苏茂挺的两个选数方案外，还存在其他“删三补三”配置形式吗？值得探索。

（二）单元结构

苏茂挺广义6阶完全幻方单元结构特点如下（图6.45）：①四象全等组合，即各3阶单元之和都等于“180”，这与普朗克的相同；②九宫为3阶行列图，各宫2阶单元之和有所变化。

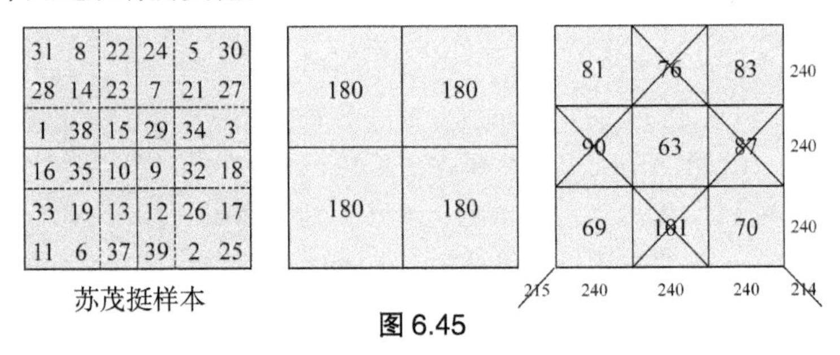

图6.45

（三）逻辑结构

从图6.46所示的“商—余”正交方阵看，显然也是“不规则”编码，由于“删三补三”选数，广义6阶完全幻方的用数是非连续数列，所以两方阵中化简数码非常离奇，如“商数”方阵中有4个“0”、8个“5”等，各行、各列及泛对角线为不等和关系；又如“余数”方阵中含“7，8，9”，各行、各列及泛对角线也为不等和关系；等等。因此，广义6阶完全幻方内在的不规则逻辑形式极为复杂，但两方阵还是精确无误地全方位“互补”整合，从而还原出了6阶“完全幻方”。

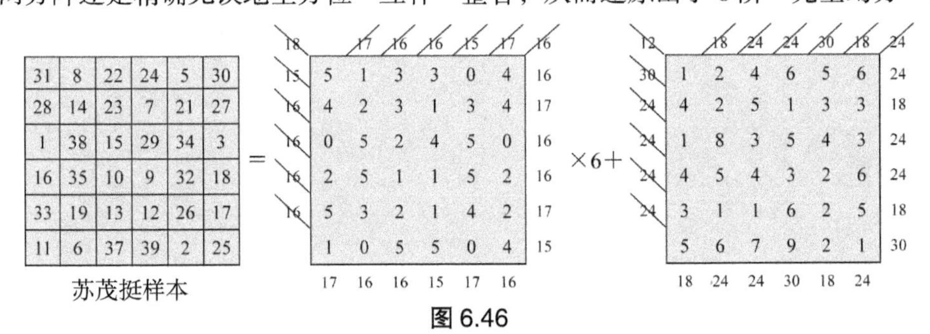

图6.46

三、苏茂挺广义6阶完全幻方重构

苏茂挺广义6阶完全幻方可采用与普朗克广义6阶完全幻方相同的重构方法演绎，即左右两组象限交换及上下两组象限交换，由此可产生3幅新的重构广义6阶完全幻方（图6.47）。

非常有趣的是：图 6.47 中（3）与（1）互补，（4）与（2）互补。所谓互补，指两幅幻方对应位置的数字相加都等于一个常数“40”。这就是说，苏茂挺广义 6 阶完全幻方，不仅其四象全等，而且两组对角象限具有互补关系。这与普朗克广义 6 阶完全幻方重构类同。

鉴于苏茂挺广义 6 阶完全幻方的四象全等、对角象限互补关系，还有其他重构方法。如图 6.48 所示：各象限 3 阶单元在原位做左右变位或上下变位，可“一化为四”，广义 6 阶完全幻方必定成立（此法同样适用于普朗克广义 6 阶完全幻方的重构）。

31	8	22	24	5	30
28	14	23	7	21	27
1	38	15	29	34	3
16	35	10	9	32	18
33	19	13	12	26	17
11	6	37	39	2	25

（1）苏茂挺样本

24	5	30	31	8	22
7	21	27	28	14	23
29	34	3	1	38	15
9	32	18	16	35	10
12	26	17	33	19	13
39	2	25	11	6	37

（2）

16	35	10	9	32	18
33	19	13	12	26	17
11	6	37	39	2	25
31	8	22	24	5	30
28	14	23	7	21	27
1	38	15	29	34	3

（3）

9	32	18	16	35	10
12	26	17	33	19	13
39	2	25	11	6	37
24	5	30	31	8	22
7	21	27	28	14	23
29	34	3	1	38	15

（4）

图 6.47

31	8	22	24	5	30
28	14	23	7	21	27
1	38	15	29	34	3
16	35	10	9	32	18
33	19	13	12	26	17
11	6	37	39	2	25

苏茂挺样本

22	8	31	30	5	24
23	14	28	27	21	7
15	38	1	3	34	29
10	35	16	18	32	9
13	19	33	17	26	12
37	6	11	25	2	39

1	38	15	29	34	3
28	14	23	7	21	27
31	8	22	24	5	30
11	6	37	39	2	25
33	19	13	12	26	17
16	35	10	9	32	18

15	38	1	3	34	29
23	14	28	27	21	7
22	8	31	30	5	24
37	6	11	25	2	39
13	19	33	17	26	12
10	35	16	18	32	9

图 6.48

6 阶广义完全幻方重组方法

在传统游戏规则下，以规定的“1 至 n^2”自然数列制作的完全幻方，其泛幻和必定是一个最小常数，而“自由选数”广义完全幻方的泛幻和必定是一个比较大的变数。因此，幻和“大中求最小”是广义完全幻方研究的重要目标。求幻和最小（或者尽可能小），这对于“自由选数”提出了一个苛刻的约束条件。

20 世纪初，普朗克发现的“补三删三”选数方法是满足这一约束条件的最优化选数方法。为什么这么说呢？首先，取“1 ～ 36”自然数列，补“37，38，39”，这是最小的“补三”。这个连续数列有 39 项，每对称两项之和等于“40”。然后，删去中项数“20”，再删去一对互补数，留下 36 个 18 对数为最优化配置

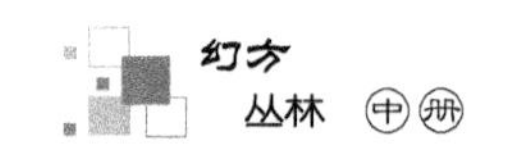

方案，由此构造的广义 6 阶完全幻方，泛幻和“120”肯定是最小的。物以稀为贵，普朗克及苏茂挺创作的两款广义 6 阶完全幻方尤为值得珍视。根据两者的结构共同点，即两组对角象限互补的特点，可采用如下两种方法重构。

一、“同位”行或“同位”列交换

什么是“同位”行或列？指中轴两侧上下两象（或左右两象）各自 3 行、3 列编序，同序者即为“同位”行或“同位”列。两者可各自独立交换，亦可交叉交换。

如图 6.49 所示，第 1 横排为普朗克样本的上下两象，每一对“同位”行之间分别做交换；第 1 纵列为左右两象，每一对“同位”列之间分别做交换；然后，行与列再交叉交换，可得 4×4 ＝ 16 幅广义 6 阶完全幻方异构体。

28	1	26	36	8	21
3	35	7	27	23	25
34	24	22	2	29	9
4	32	19	12	39	14
13	17	15	37	5	33
38	11	31	6	16	18

普朗克样本

4	32	19	12	39	14
3	35	7	27	23	25
34	24	22	2	29	9
28	1	26	36	8	21
13	17	15	37	5	33
38	11	31	6	16	18

28	1	26	36	8	21
13	17	15	37	5	33
34	24	22	2	29	9
4	32	19	12	39	14
3	35	7	27	23	25
38	11	31	6	16	18

28	1	26	36	8	21
3	35	7	27	23	25
38	11	31	6	16	18
4	32	19	12	39	14
13	17	15	37	5	33
34	24	22	2	29	9

36	1	26	28	8	21
27	35	7	3	23	25
2	24	22	34	29	9
12	32	19	4	39	14
37	17	15	13	5	33
6	11	31	38	16	18

12	32	19	4	39	14
27	35	7	3	23	25
2	24	22	34	29	9
36	1	26	28	8	21
37	17	15	13	5	33
6	11	31	38	16	18

36	1	26	28	8	21
37	17	15	13	5	33
2	24	22	34	29	9
12	32	19	4	39	14
27	35	7	3	23	25
6	11	31	38	16	18

36	1	26	28	8	21
27	35	7	3	23	25
6	11	31	38	16	18
12	32	19	4	39	14
37	17	15	13	5	33
2	24	22	34	29	9

28	8	26	36	1	21
3	23	7	27	35	25
34	29	22	2	24	9
4	39	19	12	32	14
13	5	15	37	17	33
38	16	31	6	11	18

4	39	19	12	32	14
3	23	7	27	35	25
34	29	22	2	24	9
28	8	26	36	1	21
13	5	15	37	17	33
38	16	31	6	11	18

28	8	26	36	1	21
13	5	15	37	17	33
34	29	22	2	24	9
4	39	19	12	32	14
3	23	7	27	35	25
38	16	31	6	11	18

28	8	26	36	1	21
3	23	7	27	35	25
38	16	31	6	11	18
4	39	19	12	32	14
13	5	15	37	17	33
34	29	22	2	24	9

28	1	21	36	8	26
3	35	25	27	23	7
34	24	9	2	29	22
4	32	14	12	39	19
13	17	33	37	5	15
38	11	18	6	16	31

4	32	14	12	39	19
3	35	25	27	23	7
34	24	9	2	29	22
28	1	21	36	8	26
13	17	33	37	5	15
38	11	18	6	16	31

28	1	21	36	8	26
13	17	33	37	5	15
34	24	9	2	29	22
4	32	14	12	39	19
3	35	25	27	23	7
38	11	18	6	16	31

28	1	21	36	8	26
3	35	25	27	23	7
38	11	18	6	16	31
4	32	14	12	39	19
13	17	33	37	5	15
34	24	9	2	29	22

图 6.49

如图 6.50 所示，第 1 横排为苏茂挺样本的上下两象，每一对“同位”行之间分别做交换；第 1 纵列为左右两象，每一对“同位”列之间分别做交换；然后，行与列再交叉交换，可得 4×4 ＝ 16 幅广义 6 阶完全幻方异构体。

31	8	22	24	5	30
28	14	23	7	21	27
1	38	15	29	34	3
16	35	10	9	32	18
33	19	13	12	26	17
11	6	37	39	2	25

苏茂挺样本

16	35	10	9	32	18
28	14	23	7	21	27
1	38	15	29	34	3
31	8	22	24	5	30
33	19	13	12	26	17
11	6	37	39	2	25

31	8	22	24	5	30
33	19	13	12	26	17
1	38	15	29	34	3
16	35	10	9	32	18
28	14	23	7	21	27
11	6	37	39	2	25

31	8	22	24	5	30
28	14	23	7	21	27
11	6	37	39	2	25
16	35	10	9	32	18
33	19	13	12	26	17
1	38	15	29	34	3

24	8	22	31	5	30
7	14	23	28	21	27
29	38	15	1	34	3
9	35	10	16	32	18
12	19	13	33	26	17
39	6	37	11	2	25

9	35	10	16	32	18
7	14	23	28	21	27
29	38	15	1	34	3
24	8	22	31	5	30
12	19	13	33	26	17
39	6	37	11	2	25

24	8	22	31	5	30
12	19	13	33	26	17
29	38	15	1	34	3
9	35	10	16	32	18
7	14	23	28	21	27
39	6	37	11	2	25

24	8	22	31	5	30
7	14	23	28	21	27
39	6	37	11	2	25
9	35	10	16	32	18
12	19	13	33	26	17
29	38	15	1	34	3

31	5	22	24	8	30
28	21	23	7	14	27
1	34	15	29	38	3
16	32	10	9	35	18
33	26	13	12	19	17
11	2	37	39	6	25

16	32	10	9	35	18
28	21	23	7	14	27
1	34	15	29	38	3
31	5	22	24	8	30
33	26	13	12	19	17
11	2	37	39	6	25

31	5	22	24	8	30
33	26	13	12	19	17
1	34	15	29	38	3
16	32	10	9	35	18
28	21	23	7	14	27
11	2	37	39	6	25

31	5	22	24	8	30
28	21	23	7	14	27
11	2	37	39	6	25
16	32	10	9	35	18
33	26	13	12	19	17
1	34	15	29	38	3

31	8	30	24	5	22
28	14	27	7	21	23
1	38	3	29	34	15
16	35	18	9	32	10
33	19	17	12	26	13
11	6	25	39	2	37

16	35	18	9	32	10
28	14	27	7	21	23
1	38	3	29	34	15
31	8	30	24	5	22
33	19	17	12	26	13
11	6	25	39	2	37

31	8	30	24	5	22
33	19	17	12	26	13
1	38	3	29	34	15
16	35	18	9	32	10
28	14	27	7	21	23
11	6	25	39	2	37

31	8	30	24	5	22
28	14	27	7	21	23
11	6	25	39	2	37
16	35	18	9	32	10
33	19	17	12	26	13
1	38	3	29	34	15

图 6.50

以上两个样本的重构图示，仅为每对“同位”行与每对“同位”列之间的“一对一”交换，各有 16 幅重构异构体。然而，样本“同位”行或“同位”列各有 3 对，既可每两对组合交换，又可 3 对同步交换，以及可做行与列的交叉交换等（注：3 对“同位”行或 3 对“同位”列同步交换，以及交叉交换，普朗克样本重构参见图 6.42，苏茂挺样本重构参见图 6.47）。总之，这两个样本以“同位”行或“同位”列交换方法重构，合计能得到 $2\times8^2=128$ 幅“不规则”广义 6 阶完全幻方异构体（包括样本）。

据研究，这 128 幅“不规则”广义 6 阶完全幻方异构体，四象的 4 个中心位：“14 与 26”及“21 与 19”两对数组，在样本重构中只可能在 4 个中心位有规则移动，但出现了四象各单元配置的有规则变动，特别是苏茂挺样本的重构四象由“半行列图”变为“乱数方阵”。

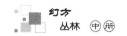

二、“对称”行或“对称”列同步交换

什么是“对称”行或“对称”列？根据对称位置不同，可分为如下两种对称形式：

一类是中轴两侧上下两象之间（或左右两象）的对称形式，即按象限3行或3列各自编序，以反序者为“对称”行或“对称”列。两者可各自独立同步交换，亦可交叉同步交换。

另一类是中轴两侧上下两象内部（或左右两象）的对称形式，即按象限3行或3列各自编序，以反序者为“对称”行或“对称”列。两者可各自独立同步交换，亦可交叉同步交换。

图6.51为普朗克样本重构演示：第1横排是上下象限内部（或左右两象）的行、列对称形式的同步交换（一化为四）；而第1纵列是上下象限之间（或左右两象）的行、列对称形式的同步交换（亦一化为四）；然后再内外交叉交换，计之 $4^2=16$ 幅广义6阶完全幻方异构体。

28	1	26	36	8	21
3	35	7	27	23	25
34	24	22	2	29	9
4	32	19	12	39	14
13	17	15	37	5	33
38	11	31	6	16	18

普朗克样本

26	1	28	21	8	36
7	35	3	25	23	27
22	24	34	9	29	2
19	32	4	14	39	12
15	17	13	33	5	37
31	11	38	18	16	6

34	24	22	2	29	9
3	35	7	27	23	25
28	1	26	36	8	21
38	11	31	6	16	18
13	17	15	37	5	33
4	32	19	12	39	14

22	24	34	9	29	2
7	35	3	25	23	27
26	1	28	21	8	36
31	11	38	18	16	6
15	17	13	33	5	37
19	32	4	14	39	12

21	1	36	26	8	28
25	35	27	7	23	3
9	24	2	22	29	34
14	32	12	19	39	4
33	17	37	15	5	13
18	11	6	31	16	38

36	1	21	28	8	26
27	35	25	3	23	7
2	24	9	34	29	22
12	32	14	4	39	19
37	17	33	13	5	15
6	11	18	38	16	31

9	24	2	22	29	34
25	35	27	7	23	3
21	1	36	26	8	28
18	11	6	31	16	38
33	17	37	15	5	13
14	32	12	19	39	4

2	24	9	34	29	22
27	35	25	3	23	7
36	1	21	28	8	26
6	11	18	38	16	31
37	17	33	13	5	15
12	32	14	4	39	19

38	11	31	6	16	18
3	35	7	27	23	25
4	32	19	12	39	14
34	24	22	2	29	9
13	17	15	37	5	33
28	1	26	36	8	21

31	11	38	18	16	6
7	35	3	25	23	27
19	32	4	14	39	12
22	24	34	9	29	2
15	17	13	33	5	37
26	1	28	21	8	36

4	32	19	12	39	14
3	35	7	27	23	25
38	11	31	6	16	18
28	1	26	36	8	21
13	17	15	37	5	33
34	24	22	2	29	9

19	32	4	14	39	12
7	35	3	25	23	27
31	11	38	18	16	6
26	1	28	21	8	36
15	17	13	33	5	37
22	24	34	9	29	2

18	11	6	31	16	38
25	35	27	7	23	3
14	32	12	19	39	4
9	24	2	22	29	34
33	17	37	15	5	13
21	1	36	26	8	28

6	11	18	38	16	31
27	35	25	3	23	7
12	32	14	4	39	19
2	24	9	34	29	22
37	17	33	13	5	15
36	1	21	28	8	26

14	32	12	19	39	4
25	35	27	7	23	3
18	11	6	31	16	38
21	1	36	26	8	28
33	17	37	15	5	13
9	24	2	22	29	34

12	32	14	4	39	19
27	35	25	3	23	7
6	11	18	38	16	31
36	1	21	28	8	26
37	17	33	13	5	15
2	24	9	34	29	22

图 6.51

图 6.51 这里强调对称行、列交换的“同步”性，就是贯彻交换的“对称”原则，因为对称行、列交换，如果不同步交换变成了不对称，则样本重构不成立，这是与“同位”行或“同位”列交换方法的重要区别。

图 6.52 为苏茂挺样本重构演示：第 1 横排是上下象限内部（或左右两象）的行、列对称形式的同步交换（一化为四）；而第 1 纵列是上下象限之间（或左右两象）的行、列对称形式的同步交换（亦一化为四）；然后再内外交叉交换，计之 $4^2=16$ 幅广义 6 阶完全幻方异构体。

31	8	22	24	5	30
28	14	23	7	21	27
1	38	15	29	34	3
16	35	10	9	32	18
33	19	13	12	26	17
11	6	37	39	2	25

苏茂挺样本

22	8	31	30	5	24
23	14	28	27	21	7
15	38	1	3	34	29
10	35	16	18	32	9
13	19	33	17	26	12
37	6	11	25	2	39

1	38	15	29	34	3
28	14	23	7	21	27
31	8	22	24	5	30
11	6	37	39	2	25
33	19	13	12	26	17
16	35	10	9	32	18

15	38	1	3	34	29
23	14	28	27	21	7
22	8	31	30	5	24
37	6	11	25	2	39
13	19	33	17	26	12
10	35	16	18	32	9

30	8	24	22	5	31
27	14	7	23	21	28
3	38	29	15	34	1
18	35	9	10	32	16
17	19	12	13	26	33
25	6	39	37	2	11

24	8	30	31	5	22
7	14	27	28	21	23
29	38	3	1	34	15
9	35	18	16	32	10
12	19	17	33	26	13
39	6	25	11	2	37

3	38	29	15	34	1
27	14	7	23	21	28
30	8	24	22	5	31
25	6	39	37	2	11
17	19	12	13	26	33
18	35	9	10	32	16

29	38	3	1	34	15
7	14	27	28	21	23
24	8	30	31	5	22
39	6	25	11	2	37
12	19	17	33	26	13
9	35	18	16	32	10

11	6	37	39	2	25
28	14	23	7	21	27
16	35	10	9	32	18
1	38	15	29	34	3
33	19	13	12	26	17
31	8	22	24	5	30

37	6	11	25	2	39
23	14	28	27	21	7
10	35	16	18	32	9
15	38	1	3	34	29
13	19	33	17	26	12
22	8	31	30	5	24

16	35	10	9	32	18
28	14	23	7	21	27
11	6	37	39	2	25
31	8	22	24	5	30
33	19	13	12	26	17
1	38	15	29	34	3

10	35	16	18	32	9
23	14	28	27	21	7
37	6	11	25	2	39
22	8	31	30	5	24
13	19	33	17	26	12
15	38	1	3	34	29

25	6	39	37	2	11
27	14	7	23	21	28
18	35	9	10	32	16
3	38	29	15	34	1
17	19	12	13	26	33
30	8	24	22	5	31

39	6	25	11	2	37
7	14	27	28	21	23
9	35	18	16	32	10
29	38	3	1	34	15
12	19	17	33	26	13
24	8	30	31	5	22

18	35	9	10	32	16
27	14	7	23	21	28
25	6	39	37	2	11
30	8	24	22	5	31
17	19	12	13	26	33
3	38	29	15	34	1

9	35	18	16	32	10
7	14	27	28	21	23
39	6	25	11	2	37
24	8	30	31	5	22
12	19	17	33	26	13
29	38	3	1	34	15

图 6.52

“对称”行或“对称”列同步交换与“同位”行或“同位”列同步交换这两种方法互不干扰，是两个独立事件，因此可交替使用。按“相乘”原则，普朗克、苏茂挺这两个样本的重构合计：2（16×8^2）= 2048 个“不规则”广义 6 阶完全幻方异构体（包括样本），是泛幻和最小（“120”）的两个子集。在重构体系中，它们的四象配置方案发生改变，但各行各列的数字组合不变而次序结构重排，泛对角线重组重排。

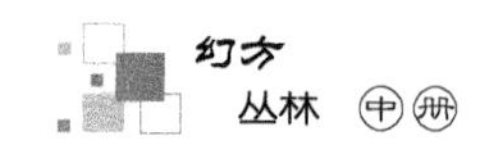

三、等和列全排列

苏茂挺的广义 6 阶完全幻方样本，四象具有半行列图性质，即 4 个 3 阶单元的各列全等于“30”，这一点区别于普朗克的广义 6 阶完全幻方样本。由此我发现：苏茂挺样本另有一个特殊的重构方法——等和列的同步全排列。具体操作方法可分两步：第一步上两象（或者下两象）六列全排列，有 6! = 720 种可能状态；第二步按对角象限“互补”规则调整下两象。

图 6.53 为苏茂挺广义 6 阶完全幻方样本的 20 幅重构体，是在 720 种“等和列同步全排列”变法中随机抽取的例子，此法“盘活”了这幅广义 6 阶完全幻方样本。

31	8	22	24	5	30
28	14	23	7	21	27
1	38	15	29	34	3
16	35	10	9	32	18
33	19	13	12	26	17
11	6	37	39	2	25

苏茂挺样本

8	31	22	24	5	30
14	28	23	7	21	27
38	1	15	29	34	3
16	35	10	32	9	18
33	19	13	26	12	17
11	6	37	2	39	25

5	8	22	24	30	31
21	14	23	7	27	28
34	38	15	29	3	1
16	10	9	35	32	18
33	13	12	19	26	17
11	37	39	6	2	25

22	5	31	24	8	30
23	21	28	7	14	27
15	34	1	29	38	3
16	32	10	18	35	9
33	26	13	17	19	12
11	2	37	25	6	39

24	5	31	30	8	22
7	21	28	27	14	23
29	34	1	3	38	15
10	32	18	16	35	9
13	26	17	33	19	12
37	2	25	11	6	39

30	24	31	5	8	22
27	7	28	21	14	23
3	29	1	34	38	15
35	32	18	10	16	9
19	26	17	13	33	12
6	2	25	37	11	39

31	30	22	24	5	8
28	27	23	7	21	14
1	3	15	29	34	38
16	35	32	9	10	18
33	19	26	12	13	17
11	6	2	39	37	25

22	30	31	24	5	8
23	27	28	7	21	14
15	3	1	29	34	38
16	35	32	18	10	9
33	19	26	17	13	12
11	6	2	25	37	39

24	22	31	30	8	5
7	23	28	27	14	21
29	15	1	3	38	34
10	32	35	16	18	9
13	26	19	33	17	12
37	2	6	11	25	39

24	5	8	30	31	22
7	21	14	27	28	23
29	34	38	3	1	15
10	9	18	16	35	32
13	12	17	33	19	26
37	39	25	11	6	2

30	5	8	24	31	22
27	21	14	7	28	23
3	34	38	29	1	15
16	9	18	10	35	32
33	12	17	13	19	26
11	39	25	37	6	2

30	5	24	8	31	22
27	21	7	14	28	23
3	34	29	38	1	15
32	9	18	10	35	16
26	12	17	13	19	33
2	39	25	37	6	11

24	22	8	30	31	5
7	23	14	27	28	21
29	15	38	3	1	34
10	9	35	16	18	32
13	12	19	33	17	26
37	39	6	11	25	2

5	22	8	30	31	24
21	23	14	27	28	7
34	15	38	3	1	29
10	9	16	35	18	32
13	12	33	19	17	26
37	39	11	6	25	2

31	22	8	30	5	24
28	23	14	27	21	7
1	15	38	3	34	29
10	35	16	9	18	32
13	19	33	12	17	26
37	6	11	39	25	2

8	22	31	30	5	24
14	23	28	27	21	7
38	15	1	3	34	29
10	35	16	32	18	9
13	19	33	26	17	12
37	6	11	2	25	39

31	22	30	8	5	24
28	23	27	14	21	7
1	15	3	38	34	29
32	35	16	9	18	10
26	19	33	12	17	13
2	6	11	39	25	37

30	8	5	24	31	22
27	14	21	7	28	23
3	38	34	29	1	15
16	9	18	10	32	35
33	12	17	13	26	19
11	39	25	37	2	6

30	8	24	22	31	5
27	14	7	23	28	21
3	38	29	15	1	34
18	9	35	10	32	16
17	12	19	13	26	33
25	39	6	37	2	11

5	31	8	30	22	24
21	28	14	27	23	7
34	1	38	3	15	29
10	18	16	35	9	32
13	17	33	19	12	26
37	25	11	6	39	2

图 6.53

综上所述，在20世纪的初与末，普朗克、苏茂挺两位探索者拉开了求解最小幻和广义最优化幻方小迷宫铁幕之一角。他们都没有介绍构图方法，从这两个样本的化简形态——“商—余”正交方阵分析，拟属于不规则、无章可循的手工作业。本文通过两个样本以上三种重构方法的演示，了解了两者的异同点及其可借鉴的方法。

①最小幻和“补三删三”最优化选数法；

②四象全等配置，存在“乱数单元”与“半行列图”两种可能方案；

③两组对角象限“同位”互补原则，从而为手工作业提供了构图方法设计与操作方法的大体思路。

新版最小幻和6阶广义完全幻方

众所周知，以“1～36”自然数列制作的6阶幻方不存在最优化解，只有自选“36”个具有特殊最优化数理关系的数字，才有可能构造出广义6阶完全幻方。然而，要求其幻和最小，这对于“36”个选数而言，无疑提出了一个苛刻的约束条件。普朗克的“补三删三”法是满足这一约束条件的最优化选数方法。

一、最优化配置方案试验

怎样正确理解与运用“补三删三”选数法呢？首先“补三”，即“1～36”自然数列续补“37，38，39”，对折每一对互补数组之和“40”；其次“删三”，删去中项数“20”，再删去某一对互补数。关键在于：应删去哪一对互补数组呢？在上文普朗克、苏茂挺两个样本分析中，我曾认为：以“3”的整倍分节点的后一位确定这对被删互补数组，因而按此说法，“补三删三”选数法可检索到6个配置方

1	2	3	5	6	7
8	9	10	11	12	13
14	15	16	17	18	19
21	22	23	24	25	26
27	28	29	30	31	32
33	34	35	37	38	39

第1号方案

1	2	3	4	5	6
8	9	10	11	12	13
14	15	16	17	18	19
21	22	23	24	25	26
27	28	29	30	31	32
34	35	36	37	38	39

第2号方案

1	2	3	4	5	6
7	8	9	11	12	13
14	15	16	17	18	19
21	22	23	24	25	26
27	28	29	31	32	33
34	35	36	37	38	39

第3号方案

1	2	3	4	5	6
7	8	9	10	11	12
14	15	16	17	18	19
21	22	23	24	25	26
28	29	30	31	32	33
34	35	36	37	38	39

第4号方案

1	2	3	4	5	6
7	8	9	10	11	12
13	14	15	17	18	19
21	22	23	25	26	27
28	29	30	31	32	33
34	35	36	37	38	39

第5号方案

1	2	3	4	5	6
7	8	9	10	11	12
13	14	15	16	17	18
22	23	24	25	26	27
28	29	30	31	32	33
34	35	36	37	38	39

第6号方案

图6.54

案（图 6.54），其中，第 1 号方案已为苏茂挺所用，第 3 号方案已为普朗克所用。那么，其他 4 个新版配置方案是否有广义 6 阶完全幻方解呢？构图实验将回答这个问题。

二、四象“综合平衡”最优化作业法

普朗克、苏茂挺都没有介绍构图方法，从两个已用配置方案实例的“商—余”方阵看，都是不规则结构，编码无章可循，且正交关系非常复杂。因此，必须采用最优化“综合平衡”构图法，这是一种手工作业。它务必用好如下两个重要的可控因素：①全等配置四象（注：普朗克样本各象为等和乱数方阵，苏茂挺样本各象为半行列图）；②两组对角象限“同位”互补。在操作方面的难点在于：全面统筹建立行列等和关系，在反复调试中实现综合平衡。

据试验：第 2、第 4、第 6 号配置方案不存在广义 6 阶完全幻方解，为什么呢？由于这 3 个配置方案，分节点之后被删去的是奇数互补数组，导致了对角小两象不可全等配置。然而，值得庆幸的是：第 5 号配置方案，被删去的是偶数互补数组，四象可全等配置，因此存在广义 6 阶完全幻方解。我启用四象“综合平衡”作业法构图获得成功。

图 6.55 展示了一个新版的 4 幅广义 6 阶完全幻方。从普朗克、苏茂挺两个样本中提炼出来的最优化“综合平衡”手工作业法简介如下。

39	25	18	8	19	11
34	26	12	35	4	9
7	2	17	37	30	27
32	21	29	1	15	22
5	36	31	6	14	28
3	10	13	33	38	23

39	19	18	8	25	11
34	4	12	35	26	9
7	30	17	37	2	27
32	15	29	1	21	22
5	14	31	6	36	28
3	38	13	33	10	23

39	25	18	8	19	11
5	36	31	6	14	28
7	2	17	37	30	27
32	21	29	1	15	22
34	26	12	35	4	9
3	10	13	33	38	23

1	15	22	32	21	29
6	14	28	5	36	31
33	38	23	3	10	13
8	19	11	39	25	18
35	4	9	34	26	12
37	30	27	7	2	17

图 6.55

①在给出一个最优化选数配置方案后，首先做“上两象限”全等分配，各 3 阶单元之和等于“180”，要求每个 3 阶单元内部不准出现互补对数组。在符合这一条件后，两 3 阶单元可以是“半行列图”，也可以是“乱数方阵”等，存在多种分配方案。

②按对角象限“互补”原则，根据“上两象限”以互补数组之和等于“40”推算出“下两象限”的全等配置数，此时泛对角线已经建立了等和关系。

③然而，各行各列全面统筹，反复调整，坚持对角象限“互补”原则，求得各行各列的“综合平衡”，则幻和最小的广义 6 阶完全幻方成立。

三、“补三删三”选数法的正确运用

从普朗克、苏茂挺两个样本中提炼出来的“补三删三”选数法，有一个不断深化的认识过程，特别是“删三”问题，删去“中项数20”没有问题，主要是如何确定删哪一对互补数组？普朗克、苏茂挺两个样本删去了不同的互补数组，说明“删三”有灵活性。因此，开始我曾认为：以“3”的整倍分节点的后一位确定这对被删互补数组。但构图试验结果证明：由此法所做出的6组备选方案中，若分节点后一位被删去的是一对奇数，互补数组无解，只有删去一对偶数，互补数组才有解。这样一个新的思考题又冒出来了：不管什么分节点，只要删去任何一对偶数，互补数组都有解吗？需要构图试验。“补三删三”选数，删去“中项数20”后，在19对互补数组中，有9对偶数互补数组（表6.1），每次删去其中的一对，可产生9个不同的选数方案。

表 6.1

1	**2**	3	**4**	5	**6**	7	**8**	9	**10**	11	**12**	13	**14**	15	**16**	17	**18**	19
39	**38**	37	**36**	35	**34**	33	**32**	31	**30**	29	**28**	27	**26**	25	**24**	23	**22**	21
	（1）		（2）		（3）		（4）		（5）		（6）		（7）		（8）		（9）	

表6.1中第2号方案已为苏茂挺所用，第5号方案已为普朗克所用，而第8号方案为我在作图6.55所用。除本人已用第8号方案之外，新版构图试验，将在其余8个方案中继续展开，结果全部成功（图6.56）。总之，最小幻和广义6阶完全幻方的9款版本已齐备了。

1	28	34	15	26	16
22	11	9	35	7	36
37	21	17	10	27	8
25	14	24	39	12	6
5	33	4	18	29	31
30	13	32	3	19	23

1	3	15	29	38	34
28	27	23	7	14	21
31	30	22	24	8	5
11	2	6	39	37	25
33	26	19	12	13	17
16	32	35	9	10	18

29	4	39	19	12	17
15	37	18	8	7	35
10	2	26	27	24	31
21	28	23	11	36	1
32	33	5	25	3	22
13	16	9	30	38	14

29	30	2	37	1	21
33	5	12	26	36	8
18	27	24	17	25	9
3	39	19	11	10	38
14	4	32	7	35	28
23	15	31	22	13	16

1	36	21	28	8	26
35	27	25	3	23	7
24	2	9	29	34	22
12	32	14	39	4	19
37	17	33	5	13	15
11	6	18	16	38	31

14	13	8	29	18	38
31	19	23	10	34	3
1	36	35	7	16	25
11	22	2	26	27	32
30	6	37	9	21	17
33	24	15	39	4	5

23	6	10	28	37	16
8	31	18	1	33	29
13	35	36	15	2	19
12	3	24	17	34	30
39	7	11	32	9	22
25	38	21	27	5	4

30	15	17	8	12	38
1	37	36	16	11	19
7	6	31	14	35	27
32	28	2	10	25	23
24	29	21	39	3	4
26	5	13	33	34	9

图 6.56

“补三删三”最优化选数法推广

求解最小幻和单数阶完全幻方有两个难点：其一是最优化选数问题，其二是构图方法问题。根据对普朗克的最小幻和6阶完全幻方样本的反复分析与大量试验，我已提炼出解决这两个难点的原理与方法。本文将探讨：在大于6阶的最小幻和单数阶完全幻方中的推广与应用。

第一例：最小幻和10阶完全幻方

“补三删三”最优化选数法的推广，关键在于探明如何“补三”？我考虑有两个可能预案：其一，“补三”是个固定不变的补数，即不管阶次大小，一律补3个连续数；其二，“补三”是个随阶次而改动的变数，按6阶“补三”说，即补阶次的一半。若前一个预案试验成功，则放弃后一个预案，因为这已经获得了最小幻和的广义完全幻方。

如表6.2所示，10阶“1～100”自然数列补上“101，102，103”3个连续数，删去中项“52”，再删去任意一对偶数互补数组（如“4，100”），则留下50对互补数组，奇数26对，偶数24对，每一对互补数组之和全等于“104”，这一配置方案按理说符合最优化入幻条件。

表6.2

1	2	3	4	5	6	7	8	9	10	11	12	13	14	15	16	17	18	19	20	21	22	23	24	25		
103	102	101	100	99	98	97	96	95	94	93	92	91	90	89	88	87	86	85	84	83	82	81	80	79		
26	27	28	29	30	31	32	33	34	35	36	37	38	39	40	41	42	43	44	45	46	47	48	49	50	51	52
78	77	76	75	74	73	72	71	70	69	68	67	66	65	64	63	62	61	60	59	58	57	56	55	54	53	

根据四象“综合平衡”作业法构图。

1. 50对互补数组四象全等分配方案

将50对互补数组“一分为二”，两组对角象限各取25对（注：各组对角象限中的奇数互补数组必须为偶数对）；每一组对角象限中各做成一个象限的等和配置（注：另一象限为互补配置），这是一个枚举、海选的手工作业过程。举例见表6.3。

表6.3

5	98	7	94	11	17	86	85	20	83	23	79	78	27	76	75	34	35	66	65	40	46	45	55	50	＝1300
99	6	97	10	93	87	18	19	84	21	81	25	26	77	28	29	70	69	38	39	64	58	59	49	54	＝1300

一组对角象限“互补”等和分配

103	2	101	96	9	92	13	90	15	88	22	24	30	31	32	33	68	67	63	42	61	60	57	48	53	＝1300
1	102	3	8	95	12	91	14	89	16	82	80	74	73	72	71	36	37	41	62	43	44	47	56	51	＝1300

另一组对角象限“互补”等和分配

2. 四象乱数单元四象最优化“综合平衡”作业

在各组对角象限“互补”等和分配方案中，其 25 个数字一般为非连续、无序的关系。因此，两组对角象限的制作：起初各随机安排一个 5 阶单元，并按“对角互补”原则安排出另一个 5 阶单元，此时，10 阶的泛对角线已经建立了全等关系，但 10 行、10 列之和为乱数关系。下一步就是行列的最优化“综合平衡”作业了，在反复调整操作中的注意事项：坚持在 5 阶单元内进行调整，坚持“对角互补”原则，即对角象限同步调整。总之，“综合平衡”作业一般不改变四象全等分配方案。

图 6.57 展示了两幅最小幻和广义 10 阶完全幻方，泛幻和“520”，两者四象全等配置方案相同，但排列结构各异。单偶数阶次越高，其行列“综合平衡”的灵活性越大，因此，同一个四象全等配置方案的异构体更多。

23	55	75	98	11	61	68	63	57	9
5	17	20	85	83	103	2	67	96	42
86	7	76	27	46	33	60	31	101	53
78	35	65	66	34	13	15	90	92	32
40	79	45	94	50	22	48	30	24	88
43	36	41	47	95	81	49	29	6	93
1	102	37	8	62	99	87	84	19	21
71	44	73	3	51	18	97	28	77	58
91	89	14	12	72	26	69	39	38	70
82	56	74	80	16	64	25	59	10	54

81	10	59	6	54	95	56	41	36	82
21	19	84	87	99	1	8	37	102	62
18	97	28	77	58	51	44	73	3	71
70	69	39	38	26	91	89	14	12	72
64	49	29	25	93	16	47	74	80	43
9	48	63	68	22	23	94	45	98	50
103	96	67	2	42	83	85	20	17	5
53	60	31	101	33	86	7	76	27	46
13	15	90	92	32	34	35	65	66	78
88	57	30	24	61	40	55	75	79	11

图 6.57

第二例：最小幻和 14 阶完全幻方

14 阶“补三”：取“1 ～ 199”自然数列；“删三”：删其中项数“100”，再删其一对偶互补数“50，150”，留 98 对互补数（奇互补数 50 对，偶互补数 48 对），符合最优化入幻条件。

采用四象乱数单元最优化“综合平衡”作业法，就可获得最小幻和的广义 14 阶完全幻方（图 6.58），其泛幻和“1400”（注：一般经典 14 阶幻方幻和“1379”）。

199	2	195	6	183	46	7	140	149	58	80	55	137	143
22	191	31	187	188	25	186	53	59	49	139	62	144	64
185	158	19	161	4	18	184	86	73	133	132	69	70	108
10	170	167	11	24	166	148	72	106	126	125	76	77	122
171	26	192	32	23	173	35	121	146	81	82	116	117	85
36	21	38	159	160	180	37	87	109	135	88	110	111	129
43	172	45	156	3	152	153	107	98	105	66	97	104	99
60	51	142	120	145	63	57	1	198	5	194	17	154	193
147	141	151	61	138	56	136	178	9	169	13	12	175	14
114	127	67	68	131	130	92	15	42	181	39	196	182	16
128	94	74	75	124	123	78	190	30	33	189	176	34	52
79	54	119	118	84	83	115	29	174	8	168	177	27	165
113	91	65	112	90	89	71	164	179	162	41	40	20	163
93	102	95	134	103	96	101	157	28	155	44	197	48	47

图 6.58

第三例：最小幻和 18 阶完全幻方

18 阶“补三”：取“1 ～ 327”自然数列；“删三”：删其中项数“164”，再删其一对偶互补数“82，246”，留 162 对互补数（奇互补数 82 对，偶互补数 80 对），符合最优化入幻条件。

若采用四象乱数单元最优化“综合平衡”作业法，即可制作一幅幻和最小的广义 18 阶完全幻方（图 6.59），其泛幻和“2952”（注：一般经典 18 阶幻方幻和“2925”）。

1	2	325	324	323	52	7	257	316	83	159	85	240	87	242	122	238	89
46	11	14	315	319	15	18	311	322	102	101	103	218	217	216	209	208	207
64	308	21	22	32	304	303	320	36	237	93	105	95	184	136	230	234	228
288	299	23	300	289	33	27	266	35	204	236	205	97	135	133	177	99	106
291	254	30	31	287	286	285	44	45	109	132	129	107	150	130	215	214	213
50	47	10	49	48	277	249	275	274	203	211	210	201	202	212	128	175	131
273	272	271	60	59	270	61	34	265	139	190	80	188	187	186	104	156	157
309	65	262	261	68	69	258	26	72	145	244	158	143	232	154	168	166	152
73	290	253	76	77	250	312	137	81	173	182	134	149	108	147	167	180	163
245	169	243	88	241	86	206	90	239	327	326	3	4	5	276	321	71	12
226	227	225	110	111	112	119	120	121	282	317	314	13	9	313	310	17	6
91	235	223	233	144	192	98	94	100	264	20	307	306	296	24	25	8	292
124	92	123	231	193	195	151	229	222	40	29	305	28	39	295	301	62	293
219	196	199	221	178	198	113	114	115	37	74	298	297	41	42	43	284	283
125	117	118	127	126	116	200	153	197	278	281	318	279	280	51	79	53	54
189	138	248	140	141	142	224	172	171	55	56	57	268	269	58	267	294	63
183	84	170	185	96	174	160	162	176	19	263	66	67	260	259	70	302	256
155	146	194	179	220	181	161	148	165	255	38	75	252	251	78	16	191	247

图 6.59

丁宗智广义 6 阶完全幻方

我国著名科普作家淡祥柏先生在《乐在其中的数学》一书中有一篇名为“6 阶完全幻方之王”的文章，介绍了丁宗智先生创作的一幅 6 阶完全幻方。据研究，普朗克、苏茂挺所创作的都是“不规则”广义 6 阶完全幻方，而丁宗智的竟然是“规则”广义 6 阶完全幻方。本来 6 阶不存在完全幻方解，而且其非完全幻方全部解的内在逻辑形式“天生”不规则，现在出现了一幅“规则”广义 6 阶完全幻方，非常新奇。

一、丁宗智广义 6 阶完全幻方简介

丁宗智构造的广义 6 阶完全幻方，采用了另一种选数方式：即以 7 阶自然方阵为底本，删去中行与中列，而取其“4×9”最优化配置方案。这一选数方式，我简称其为“加一删十”选数法（图 6.60 右）。它的做法：四象分段，配置方案的最优化格式划一齐整。与普朗克的“补三删三”选数法的基本原理相通，选优、

组合技术有差异。

图 6.60 左就是丁宗智创作的广义 6 阶完全幻方，它的组合性质及其主要结构特点如下。

① 6 行、6 列及 12 条泛对角线之和全等于“150”。

②内部任意划出一个 3 阶子单元，其 9 个数之和全等于“225”。

1	42	29	7	36	35
48	9	20	44	13	16
5	38	33	3	40	31
43	14	15	49	8	21
6	37	34	2	41	30
47	10	19	45	12	17

1	2	3	4	5	6	7
8	9	10	11	12	13	14
15	16	17	18	19	20	21
22	23	24	25	26	27	28
29	30	31	32	33	34	35
36	37	38	39	40	41	42
43	44	45	46	47	48	49

图 6.60

③内部任意划出一个 4 阶子单元，其 16 个数之和全等于“400”。

④“田”字型四象全等结构，各象 6 个数之和全等于“225”。

⑤四象每一组对角象限“同位”互补。

总之，这幅广义 6 阶完全幻方的 36 个数分布相当均匀、规整有序。

二、丁宗智广义 6 阶完全幻方重构

为了让丁宗智的 6 阶完全幻方（幻和“150”），不至于流失或淹没在近百年来飞速发展的“幻方丛林”中，最好的办法是多方介绍与深入研究它的构图机制及推广运用。

（一）四象单元对角置换

丁宗智的 6 阶完全幻方两组对角象限“同位”互补，若两组对角象限交换，即可得图 6.61（2）。与样本为一对互补幻方；若在原地旋转 180°，则得图 6.61（3）与图 6.61（4）这一对互补幻方。因此在这里，四象单元对角置换法竟然成了建立幻方互补关系的一种独特方式。

1	42	29	7	36	35
48	9	20	44	13	16
5	38	33	3	40	31
43	14	15	49	8	21
6	37	34	2	41	30
47	10	19	45	12	17

（1）丁宗智样本

49	8	21	43	14	15
2	41	30	6	37	34
45	12	17	47	10	19
7	36	35	1	42	29
44	13	16	48	9	20
3	40	31	5	38	33

（2）

33	38	5	31	40	3
20	9	48	16	13	44
29	42	1	35	36	7
19	10	47	17	12	45
34	37	6	30	41	2
15	14	43	21	8	49

（3）

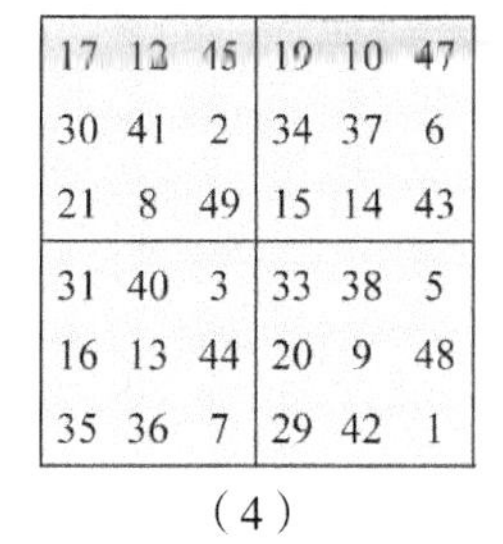

17	12	45	19	10	47
30	41	2	34	37	6
21	8	49	15	14	43
31	40	3	33	38	5
16	13	44	20	9	48
35	36	7	29	42	1

（4）

图 6.61

（二）行列对称变位

丁宗智的 6 阶完全幻方，若 6 行两两交换位置，或者 6 列两两交换位置，所得新 6 阶完全幻方成立（图 6.62），但它们已失去了样本的原有结构特色，即两组对角象限不等和也不互补，任意划出一个 3 阶、4 阶子单元都不再等和。

1	42	29	7	36	35
48	9	20	44	13	16
5	38	33	3	40	31
43	14	15	49	8	21
6	37	34	2	41	30
47	10	19	45	12	17

42	1	7	29	35	36
9	48	44	20	16	13
38	5	3	33	31	40
14	43	49	15	21	8
37	6	2	34	30	41
10	47	45	19	17	12

9	48	44	20	16	13
42	1	7	29	35	36
14	43	49	15	21	8
38	5	3	33	31	40
10	47	45	19	17	12
37	6	2	34	30	41

48	9	20	44	13	16
1	42	29	7	36	35
43	14	15	49	8	21
5	38	33	3	40	31
47	10	19	45	12	17
6	37	34	2	41	30

图 6.62

（三）几何覆盖法重组

若以丁宗智的 6 阶完全幻方为模板，在它的辐射图上的任意位置做正方形、平行四边形等几何体覆盖，可以得到重组 6 阶完全幻方。如图 6.63 所示，左两幅为辑录平行四边形覆盖幻方。几何覆盖法在 6 阶完全幻方的成功应用，为深入研究其编码逻辑结构提供了更多的样本。总之，在经典幻方领域构图的许多演绎方法，都适用于本例的 6 阶广义完全幻方。

1	42	29	7	36	35	1	42	29	7	36
48	9	20	44	13	16	48	9	20	44	13
5	38	33	3	40	31	5	38	33	3	40
43	14	15	49	8	21	43	14	15	49	8
6	37	34	2	41	30	6	37	34	2	41
47	10	19	45	12	17	47	10	19	45	12
1	42	29	7	36	35	1	42	29	7	36
48	9	20	44	13	16	48	9	20	44	13
5	38	33	3	40	31	5	38	33	3	40
43	14	15	49	8	21	43	14	15	49	8
6	37	34	2	41	30	6	37	34	2	41
47	10	19	45	12	17	47	10	19	45	12

35	1	42	29	7	36
13	16	48	9	20	44
3	40	31	5	38	33
15	49	8	21	43	14
37	34	2	41	30	6
47	10	19	45	12	17

17	6	14	33	44	36
35	47	37	15	3	13
16	1	10	34	49	40
31	48	42	19	2	8
21	5	9	29	45	41
30	43	38	20	7	12

图 6.63

三、逻辑结构透视

丁宗智并没有介绍他的 6 阶完全幻方的构图方法，因此有必要化简这幅 6 阶完全幻方，通过“商—余”正交方阵透视，以认识其逻辑形式、位制设置、编码规则及正交格式等方面的特殊方法。怎样化简丁宗智这幅广义 6 阶完全幻方呢？若除以“6 阶”化简，并没有发现其“商—余”正交方阵有什么明显的章法。根据丁宗智以 7 阶自然方阵抽去中行中列选数的底本，必须改用除以“7 阶”化简这幅 6 阶完全幻方，结果奇迹出现了，与我的最优化逻辑编码法原理别无二致。由于采用了有效的特殊化简方式，揭示了“规则”广义 6 阶完全幻方的谜团。现简介如下。

（一）2×3 行列图单元最优化同位逻辑形式

1	42	29	7	36	35
48	9	20	44	13	16
5	38	33	3	40	31
43	14	15	49	8	21
6	37	34	2	41	30
47	10	19	45	12	17

=

0	5	4	0	5	4
6	1	2	6	1	2
0	5	4	0	5	4
6	1	2	6	1	2
0	5	4	0	5	4
6	1	2	6	1	2

×7+

1	7	1	7	1	7
6	2	6	2	6	2
5	3	5	3	5	3
1	7	1	7	1	7
6	2	6	2	6	2
5	3	5	3	5	3

图 6.64

图 6.64 是丁宗智原创 6 阶完全幻方的化简透视图，令人惊讶，它以 2×3 长方行列图为编码单元，纵、横重复同位编码即可，而“商—余”两方阵采取“2×3”与“3×2”格式建立正交关系，这与经典完全幻方中的“最优化双因子编码法”相似，非常简单。由此，揭示了丁宗智原创 6 阶完全幻方，其内部任意划出一个 3 阶子单元或 4 阶子单元之和全等的组合机制。总之，门道已露，破解 2（2k + 1）阶完全幻方之迷指日可待。

（二）2×3 半行列图单元最优化交叉逻辑形式

35	1	42	29	7	36
13	16	48	9	20	44
3	40	31	5	38	33
15	49	8	21	43	14
37	34	2	41	30	6
47	10	19	45	12	17

=

4	0	5	4	0	5
1	2	6	1	2	6
0	5	4	0	5	4
2	6	1	2	6	1
5	4	0	5	4	0
6	1	2	6	1	2

×7+

7	1	7	1	7	1
6	2	6	2	6	2
3	5	3	5	3	5
1	7	1	7	1	1
2	6	2	6	2	6
5	3	5	3	5	3

图 6.65

图 6.65 是由几何覆盖法重组的一幅新 6 阶完全幻方透视图，由于其组合结构与丁宗智样本有所改变，因此产生了新的最优化编码方法，主要区别如下。

①编码单元：2×3 半行列图单元，有两种情况：“长”等和—“宽”不等和关系，或“长”不等和—“宽”等和关系。

②交叉逻辑形式：等和者同位编码，不等和者错位滚动编码，因此，行与列编码执行两种不同逻辑形式。

③正交格式：“商—余”两方阵采取“2×3”与“3×2”格式建立正交关系。

上述这两种最优化编码技术的相同之点：都以“2×3”（或“3×2”）为编码单元，同时，“商—余”两方阵正交格式相同。根据编码单元这一共同特征，“规则”广义 6 阶完全幻方构图方法，我统称其为长方形单元最优化编码法。

综上所述，丁宗智的广义 6 阶完全幻方有两点重要启示：

其一，丁宗智采取的“加一删十”选数方法，所取“4×9”配置方案为“四象三分段式”等差结构，因而此法选数具有规范性。据研究发现，这一选数方法可推广应用于整个单偶数阶完全幻方领域。丁宗智选数法的重要意义在于：为广义2（2k＋1）阶完全幻方游戏确立了一个规范化的选数方法，人们不至于采取漫无边际的海选配置方案；与此同时，使得广义2（2k＋1）阶“完全幻方”随意变化的幻和代之以“口径统一”的常数。这就是说，它的泛幻和可按如下“求和公式”计算：取“1至（4k＋3）^{2}”自然数列的中项数，再乘以2（2k＋1）即可获得。

其二，丁宗智广义6阶完全幻方是2（2k＋1）阶完全幻方的一个范本，从其逻辑结构透视中，我发现了以“长方单元”为编码单位的各式最优化逻辑编码方法，可适用于任意广义2（2k＋1）阶完全幻方构图。由此可知，单偶数阶广义完全幻方与经典完全幻方在组合原理、逻辑形式、编码规则等方面相通。6阶完全幻方是最小的2（2k＋1）阶完全幻方，怎样推广应用呢？我将专文研究。

总之，2（2k＋1）阶最优化小迷宫游戏，研究课题丰富多彩，我拟以普朗克原理与丁宗智原理为其中两大相对独立的研究课题：前者是求最小幻和“不规则”广义单偶数完全幻方的样板，推广及其构图方法比较复杂；后者是求常规幻和“规则”广义单偶数完全幻方的样板，推广及其构图方法比较规范。此外，还有一类求变数幻和的“不规则”广义单偶数完全幻方，“自由选数”变化莫测，如著名的“野兽数”6阶素数完全幻方（泛幻和“666”）就属于此类，非常有趣且富有挑战性。2（2k＋1）阶最优化小迷宫必将以一种新的幻方形式在“幻方丛林”中崛起，广大幻方爱好者不妨多方探索一番。

长方单元2（2k＋1）阶最优化编码法

2（2k＋1）阶可分解为偶数“2”与奇数“2k＋1”两个因子，因此，2×（2k＋1）长方单元可全面覆盖2（2k＋1）阶。基于这样一种组合结构分析，若以2×（2k＋1）为编码单元，并按最优化逻辑形式，则可编制2（2k＋1）阶完全幻方，这就是长方单元最优化编码法。根据长方单元组合性质的不同，具体可分为如下两种最优化编码技术：一种是2×（2k＋1）行列图式最优化编码技术；另一种是2×（2k＋1）半行列图式最优化编码技术。两种最优化编码技术，各按相应的最优化逻辑形式编码。

2（2k＋1）阶完全幻方采用丁宗智“加一删十”选数法，即在2（2k＋1）＋1阶自然方阵上抽去中行与中列，而选用其余4（2k＋1）的2个数。长方单元最优化编码法基本步骤：先使用与“加一删十”选数方案相应的化简数码，编出“商—余”正交方阵；之后按还原公式“［商］×（4k＋3）＋［余］”，计算出

2（$2k+1$）阶完全幻方。

一、长方单元行列图式最优化编码技术

2×（$2k+1$）单元若各行、各列等和，则为行列图式最优化编码。据研究，此法只适用于 k 为奇数时的构图，如6阶、14阶、22阶等，因为这类阶次才能够给出“长方”行列图编码单元。现以14阶为例展示这项编码技术（图6.66）。

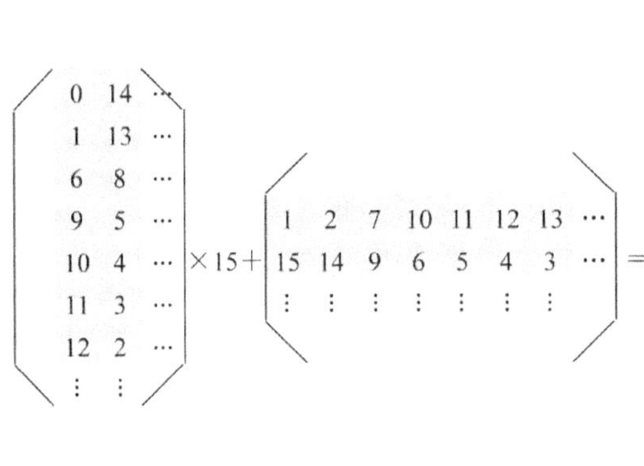

1	212	7	220	11	222	13	211	2	217	10	221	12	223
30	209	24	201	20	199	18	210	29	204	21	200	19	198
91	122	97	130	101	132	103	121	92	127	100	131	102	133
150	89	144	81	140	79	138	90	149	84	141	80	139	78
151	62	157	70	161	72	163	61	152	67	160	71	162	73
180	59	174	51	170	49	168	60	179	54	171	50	169	48
181	32	187	40	191	42	193	31	182	37	190	41	192	43
15	224	9	216	5	214	3	225	14	219	6	215	4	213
16	197	22	205	26	207	28	196	17	202	25	206	27	208
105	134	99	126	95	124	93	135	104	129	96	125	94	123
136	77	142	85	146	87	148	76	137	82	145	86	147	88
165	74	159	66	155	64	153	75	164	69	156	65	154	63
166	47	172	55	176	57	178	46	167	52	175	56	177	58
195	44	189	36	185	34	183	45	194	39	186	35	184	33

图 6.66

第一步，给出2×7“长方”行列图式编码单元。

①用数：化简15阶自然方阵，得其“商—余”正交自然方阵，抽去中行与中列，取“0，1，2，3，4，5，6，8，9，10，11，12，13，14”配置“商”方阵编码单元，取“1，2，3，4，5，6，7，9，10，11，12，13，14，15”配置“余”方阵编码单元。

②配置2×7行列图式编码单元：其“宽”14个数配成等和的7对，只有一种配置方案；其“长”14个数配成等和的两组，存在多种配置方案，需枚举检索。同时，在“宽”的配对不变条件下，“长”的配组可做全排列（7!）；在“长”的配组不变条件下，“宽”的配对也可做全排列（2!）。配置方案与排列方案按乘法原则计算。本例采用其一。

第二步，编制14阶“商—余”正交方阵。

①正交原则与格式：两方阵可独立选用相同或不同的“长方”编码单元，但“长”与“宽”必须按交叉原则建立正交关系，有“直（商）—平（余）”格式或“平（商）—直（余）”格式。本例采用其一。

②编码的最优化逻辑形式：同位循环逻辑形式，即按2×7行列图式编码单元原样，简单重复编制即可。

第三步，按还原公式“［商］×15＋［余］”计算出本例14阶完全幻方。

这幅14阶完全幻方的14行、14列及28条泛对角线之和全等于“113×14

= 1582”（即 15 阶自然数列中项乘 14 阶次）。在这幅 14 阶完全幻方内部，任意划出一个 2 阶子单元，其 4 个数之和全等于“$113\times4=452$”，任意划出一个 $2p$ 阶（$p<7$）子单元。其各数之和全等于“$452p$”，任意划出一个 7 阶子单元，其 49 个数之和全等于“$113\times49=5537$”，等等。即具有细密化均匀等和态分布结构，是 2（$2k+1$）阶广义完全幻方中的精品。

二、长方单元半行列图式最优化编码技术

什么是长方单元半行列图式最优化编码技术？指 2×（$2k+1$）编码单元有如下两种组合形式：一种是“行等和—列不等和”；另一种是“行不等和—列等和”，它们都为半行列图式编码单元。这区别于长方单元行列图式最优化编码法的另一种构图技术。据研究，此法普遍适用于 2（$2k+1$）阶各阶次（$k\geqslant1$）的完全幻方构图。编码技术要点如下。

①半行列图式编码单元存在两种式样：其一是“长”等和—“宽”不等和；其二是“长”不等和—“宽”等和，两者互为旋转 90° 关系。

②编码的最优化逻辑形式：凡等和“行”（或“列”）按同位循环逻辑编写；凡不等和“行”（或“列”）按错位滚动逻辑编写。

③“商—余”两方阵正交原则：“长方”单元的“长”与“宽”按交叉原则建立正交关系，即 2×（$2k+1$）与（$2k+1$）×2 正交原则。现以 10 阶举例如下。

（一）“长”等和——“宽”不等和式样编码

如图 6.67 所示 10 阶“商—余”正交方阵的“长方”编码单元：“5”为“长”，每 5 个数之和相等；“2”为“宽”，每 2 个数之和不相等。因此，该“长方”编码单元是一个“长”等和—“宽”不等和式样的半行列图。按最优化逻辑形式编制“商—余”正交方阵，还原得 10 阶完全幻方，泛幻和“610”。它的四象结构：各象 25 个数之和全等于“1525”，四象等和平衡。“长”等和—“宽”不等和式样的半行列图，存在多种“长”等和配置方案，而且每一配置方案可做全排列构造不等和的“宽”。本例采用其一。

0	1	6	3	2	9	10	4	7	8
10	4	7	8	0	1	6	3	2	9
6	3	2	9	10	4	7	8	0	1
7	8	0	1	6	3	2	9	10	4
2	9	10	4	7	8	0	1	6	3
⋮	⋮	⋮	⋮	⋮	⋮	⋮	⋮	⋮	⋮

×11+

1	2	7	9	11	…
3	4	5	8	10	…
2	7	9	11	1	…
4	5	8	10	3	…
7	9	11	1	2	…
5	8	10	3	4	…
9	11	1	2	7	…
8	10	3	4	5	…
11	1	2	7	9	…
10	3	4	5	8	…

=

1	13	73	42	33	100	112	51	86	99
113	48	82	96	10	14	70	38	30	109
68	40	31	110	111	46	84	97	11	12
81	93	8	21	69	37	27	107	120	47
29	108	121	45	79	95	9	22	67	35
5	19	76	36	26	104	118	54	80	92
119	55	78	90	7	20	77	34	24	106
74	43	25	103	115	52	87	91	4	16
88	89	2	18	75	44	23	101	117	53
32	102	114	49	85	98	3	15	71	41

图 6.67

（二）“长”不等和—“宽”等和式样编码

这一式样的编码单元，因为半行列图的“宽”由成对数组构成，所以配置方案是唯一的，但可做全排列构造不等和的“长”。据研究，“商—余”两方阵的编码单元，不能同时使用该式样半行列图，其中一个方阵必须采用“长”等和—“宽”不等和式样编码。事实上，“长”不等和—“宽”等和式样的“半行列图”，不是独立使用的一个编码单元，而是“半行列图”两种式样的结合编码。

如图 6.68 所示，“商”方阵采用“长”不等和—“宽”等和式样的编码单元，“余”方阵则采用“长”等和—“宽”不等和式样的编码单元，两种式样的结合成功编出了 10 阶“商—余”正交方阵，并还原成一幅广义 10 阶完全幻方，其幻和“610”。它的四象结构：一组对角象限各象 25 个数之和“1360”，另一组对角象限各象 25 个数之和“1690”，四象消长互补。

0	10	…
1	9	…
2	8	…
3	7	…
4	6	…
10	0	…
9	1	…
8	2	…
7	3	…
6	4	…

×11+

1	2	7	9	11	…
3	4	5	8	10	…
2	7	9	11	1	…
4	5	8	10	3	…
7	9	11	1	2	…
5	8	10	3	4	…
9	11	1	2	7	…
8	10	3	4	5	…
11	1	2	7	9	…
10	3	4	5	8	…

=

1	112	7	119	11	111	2	117	9	121
14	103	16	107	21	102	15	104	19	109
24	95	31	99	23	90	29	97	33	89
37	82	41	87	36	81	38	85	43	80
51	75	55	67	46	73	53	77	45	68
115	8	120	3	114	5	118	10	113	4
108	22	100	13	106	20	110	12	101	18
96	32	91	26	93	30	98	25	92	27
88	34	79	40	86	44	78	35	84	42
76	47	70	49	74	54	69	48	71	52

图 6.68

半行列图式编码两种最优化形式：其一，等和“行”（或“列”）执行同位循环逻辑；其二，不等和“行”（或“列”）执行错位滚动逻辑。所谓同位循环逻辑，指按等和“行”（或“列”）原样，简单重复编码即可。所谓错位滚动逻辑，指按不等和“行”（或“列”）错开 1 位至 $2n$ 位，但依据原序编码即可。“错位”者改变“位次”，“滚动”者不改变“序次”。“商—余”两方阵各自选择错开的位数，并不影响建立正交关系，显示了半行列图式最优化编码技术更强大的构图功能。

三、长方单元混合式最优化编码技术

在 2（$2k+1$）阶完全幻方领域，当 k 为奇数（如 14 阶）时，既可采用行列图式最优化编码技术构图，又可采用半行列图式最优化编码技术构图。那么，一个 2×7 半行列图式编码单元，能否按行列图式最优化编码逻辑形式填制呢？反之，一个 2×7 行列图式编码单元，能否按半行列图式最优化编码逻辑形式填制呢？据研究，前者的回答应否定，而后者的回答可肯定。因此，什么是混合式最优化编码技术？即以 2×7 行列图为编码单元，可按半行列图式最优化逻辑形式编制 14 阶“商—余”正交方阵的一种特殊构图方法。事实上，此法本寓于半行列图式最优化编码技术之中，因为有一部分 2×7 编码单元配置方案，在全排列中除了半行列图式样外必有行列图式样出现。总之，这两种不同编码单元可统一使用半行列图式最优化逻辑形式编码。

如图 6.69 所示，这幅 14 阶完全幻方（泛幻和“1582”），它的“商—余”正交方阵，以 2×7 行列图为编码单元，其行按错位滚动逻辑编写，其列按同位循环逻辑编写。因此它的组合结构，既不同于行列图式最优化逻辑编码技术所构造的幻方，又不同于半行列图式最优化逻辑编码技术所构造的幻方，而出现了如下两个合成结构的新特点：其一，若以 7 阶为母阶划分成 49 个 2 阶子单元，各子单元 4 个数之和全等于“452”；其二，若以 2 阶为母阶划分成四象 7 阶子单元，各子单元 49 个数之和全等于“5537”。组合机制非常完美。

14	0	6	8	10	4	5	9	1	13	2	12	11	3
10	4	5	9	1	13	2	12	11	3	14	0	6	8
1	13	2	12	11	3	14	0	6	8	10	4	5	9
11	3	14	0	6	8	10	4	5	9	1	13	2	12
6	8	10	4	5	9	1	13	2	12	11	3	14	0
5	9	1	13	2	12	11	3	14	0	6	8	10	4
2	12	11	3	14	0	6	8	10	4	5	9	1	13
⋮	⋮	⋮	⋮	⋮	⋮	⋮	⋮	⋮	⋮	⋮	⋮	⋮	⋮

×
15+

1	2	7	10	11	12	13	15	14	9	6	5	4	3
15	14	9	6	5	4	3	1	2	7	10	11	12	13
⋮	⋮	⋮	⋮	⋮	⋮	⋮	⋮	⋮	⋮	⋮	⋮	⋮	⋮

=

211	2	97	130	161	72	88	150	29	204	36	185	169	48
165	74	84	141	20	199	33	181	167	52	220	11	102	133
16	197	37	190	176	57	223	15	104	129	156	65	79	138
180	59	219	6	95	124	153	61	77	142	25	206	42	193
91	122	157	70	86	147	28	210	44	189	171	50	214	3
90	149	24	201	35	184	168	46	212	7	100	131	162	73
31	182	172	55	221	12	103	135	164	69	81	140	19	198
225	14	99	126	155	64	78	136	17	202	40	191	177	58
151	62	82	145	26	207	43	195	179	54	216	5	94	123
30	209	39	186	170	49	213	1	92	127	160	71	87	148
166	47	217	10	101	132	163	75	89	144	21	200	34	183
105	134	159	66	80	139	18	196	32	187	175	56	222	13
76	137	22	205	41	192	178	60	224	9	96	125	154	63
45	194	174	51	215	4	93	121	152	67	85	146	27	208

图 6.69

综上所述，根据长方编码单元组合性质不同，以及编码所采用的最优化逻辑形式差异，我把长方单元最优化编码法细分为 3 种编码技术：即行列图式最优化编码技术；半行列图式最优化编码技术；混合式最优化编码技术。这种区分有利于编码的精细操作，也有利于分清与欣赏 2（$2k+1$）阶完全幻方的多样化组合结构特征。

正方单元 2（2k ＋ 1）阶最优化编码法

什么是正方单元最优化编码法？指以 2k ＋ 1 阶为编码单元，按一定的最优化逻辑形式，先编制 2（2k ＋ 1）阶“商—余”正交方阵（注：编码使用与“加一删十”选数方案相应的化简数码），然后按还原公式计算 2（2k ＋ 1）阶完全幻方的构图方法。2k ＋ 1 阶编码单元是 2（2k ＋ 1）阶的一个象限，因而也可称之为四象全等最优化合成技术。此编码法有 3 种最优化逻辑形式：

其一，四象全同位最优化逻辑形式，即各象内部及相同配置两象都按同位循环原则编码；

其二，四象交叉最优化逻辑形式，即各象内部按错位滚动原则编码，相同配置相邻两象按同位循环原则编码；

其三，四象混合最优化逻辑形式，即“商”方阵与“余”方阵分头采用以上两种基本最优化逻辑形式，是这两种最优化逻辑形式的结合运用。

这 3 种最优化逻辑形式的编码，只适用于 k 为奇数时的 2（2k ＋ 1）阶构图。以 6 阶、14 阶为例，简介如下。

一、正方单元四象全同位最优化逻辑编码技术

如图 6.70、图 6.71 所示的两幅 6 阶完全幻方，其 6 行、6 列及 12 条泛对角线全等于幻和“150”；内部结构特征：不仅四象全等，而且任意划出一个 3 阶子单元，9 个数之和都等于“225”。这不同于长方单元最优化编码的组合结构。

↙	18	18	18	18	18	18	
18	0	5	4	0	5	4	↖
18	0	5	4	0	5	4	18
18	0	5	4	0	5	4	18
18	6	1	2	6	1	2	18
18	6	1	2	6	1	2	18
18	6	1	2	6	1	2	18
	18	18	18	18	18	18	18

×7+

↙	24	24	24	42	24	24	
24	1	1	1	7	7	7	↖
24	6	6	6	2	2	2	24
24	5	5	5	3	3	3	24
24	1	1	1	7	7	7	24
24	6	6	6	2	2	2	24
24	5	5	5	3	3	3	24
	24	24	24	42	24	24	24

=

1	36	29	7	42	35
6	41	34	2	37	30
5	40	33	3	38	31
43	8	15	49	14	21
48	13	20	44	9	16
47	12	19	45	10	17

图 6.70

↙	18	18	18	18	18	18	18
18	1	1	1	5	5	5	↖
18	2	2	2	4	4	4	18
18	6	6	6	0	0	0	18
18	1	1	1	5	5	5	18
18	2	2	2	4	4	4	18
18	6	6	6	0	0	0	18
	18	18	18	18	18	18	18

×7+

↙	24	24	24	42	24	24	24
24	1	5	6	1	5	6	↖
24	1	5	6	1	5	6	24
24	1	5	6	1	5	6	24
24	7	3	2	7	3	2	24
24	7	3	2	7	3	2	24
24	7	3	2	7	3	2	24
	24	24	24	42	24	24	24

=

8	12	13	36	40	41
15	19	20	29	33	34
43	47	48	1	5	6
14	10	9	42	38	37
21	17	16	35	31	30
49	45	44	7	3	2

图 6.71

由这两例可知，四象全同位最优化逻辑编码的基本规则与操作方法如下。

①“商—余”两方阵四象各为 2 种不同的全等配置（大于 6 阶时存在多种全等配置方案，因此必须检索 $2k+1$ 阶编码单元的全等配置方案）。

②不同配置两象必须对称匹配，建立互补关系。在此前提下，该两象的各数组必须同步全排列定位。

③不同配置两象是两个不同编码单元，对称匹配与同步定位后，各编码单元内部分别按“同位循环原则”编码，因此，各编码单元都为半行列图组合性质。

④相同配置相邻两象也按“同位循环原则”编码。

⑤“商—余”两方阵按不同配置两象与相同配置两象“纵横原则”布局，建立“商—余”两方阵最优化正交关系。

按上述基本规则与操作方法，制作一幅 14 阶完全幻方。

图 6.72 是一幅按四象全同位最优化逻辑编码的 14 阶完全幻方，其 14 行、14 列及 28 条泛对角线全等于“1582”；内部结构特点如下：不仅四象全等，而且任意划出一个 7 阶子单元，49 个数之和都等于“5537”。

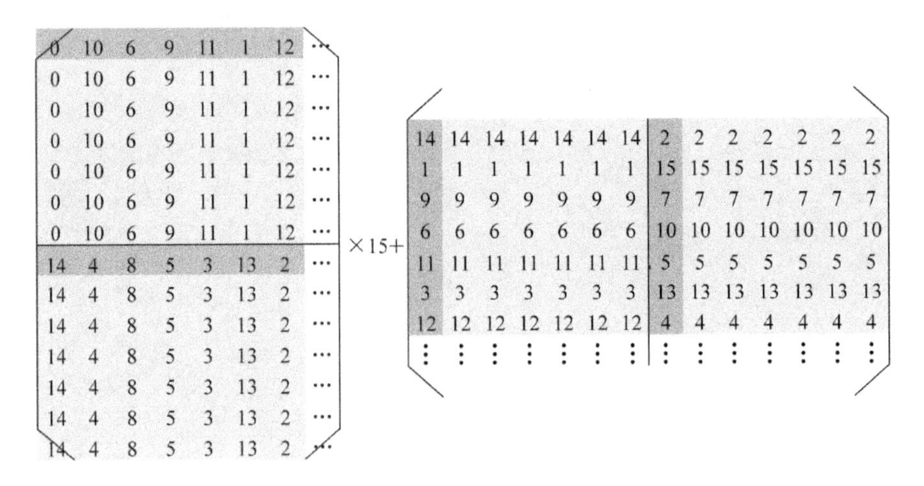

0	10	6	9	11	1	12	…
0	10	6	9	11	1	12	…
0	10	6	9	11	1	12	…
0	10	6	9	11	1	12	…
0	10	6	9	11	1	12	…
0	10	6	9	11	1	12	…
0	10	6	9	11	1	12	…
14	4	8	5	3	13	2	…
14	4	8	5	3	13	2	…
14	4	8	5	3	13	2	…
14	4	8	5	3	13	2	…
14	4	8	5	3	13	2	…
14	4	8	5	3	13	2	…
14	4	8	5	3	13	2	…

×15+

14	14	14	14	14	14	14	2	2	2	2	2	2	2
1	1	1	1	1	1	1	15	15	15	15	15	15	15
9	9	9	9	9	9	9	7	7	7	7	7	7	7
6	6	6	6	6	6	6	10	10	10	10	10	10	10
11	11	11	11	11	11	11	5	5	5	5	5	5	5
3	3	3	3	3	3	3	13	13	13	13	13	13	13
12	12	12	12	12	12	12	4	4	4	4	4	4	4
⋮	⋮	⋮	⋮	⋮	⋮	⋮	⋮	⋮	⋮	⋮	⋮	⋮	⋮

=

14	164	104	149	179	29	194	2	152	92	137	167	17	182
1	151	91	136	166	16	181	15	165	105	150	180	30	195
9	159	99	144	174	24	189	7	157	97	142	172	22	187
6	156	96	141	171	21	186	10	160	100	145	175	25	190
11	161	101	146	176	26	191	5	155	95	140	170	20	185
3	153	93	138	168	18	183	13	163	103	148	178	28	193
12	162	102	147	177	27	192	4	154	94	139	169	19	184
224	74	134	89	59	209	44	212	62	122	77	47	197	32
211	61	121	76	46	196	31	225	75	135	90	60	210	45
219	69	129	84	54	204	39	217	67	127	82	52	202	37
216	66	126	81	51	201	36	220	70	130	85	55	205	40
221	71	131	86	56	206	41	215	65	125	80	50	200	35
213	63	123	78	48	198	33	223	73	133	88	58	208	43
222	72	132	87	57	207	42	214	64	124	79	49	199	34

图 6.72

总之，四象全同位最优化逻辑编码技术，其逻辑形式单一、组合机制巧妙、操作方法简明、构图功能强大，适用于 k 为奇数时的 2（$2k+1$）阶最优化构图。因为只有该类阶次的 2 个 $2k+1$ 阶不同编码单元，可同时符合“全等配置”及其“对称匹配”规则。

二、正方单元四象交叉最优化逻辑编码技术

所谓四象交叉最优化逻辑形式，指不同配置两象内部按错位滚动逻辑编码，而相同配置两象按同位循环逻辑形式编码。两种不同逻辑形式“交叉”使用，这是此法跟四象全同位最优化逻辑编码的主要区别。

图 6.73 是一幅 6 阶完全幻方，其 6 行、6 列及 12 条泛对角线全等于“150”。内部结构特点如下：①任意划出一个 3 阶子单元，9 个数之和都等于“225”；②四象全等，同时各象是一个 3 阶行列图，这一点与四象全同位最优化逻辑编码区别开来。

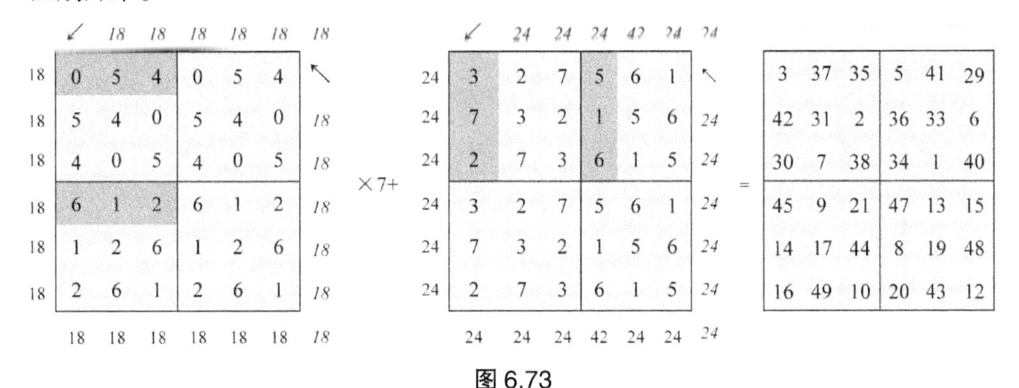

图 6.73

由本例可知，四象交叉最优化逻辑编码的基本规则与操作方法如下。

①不同配置两象是两个等和的不同编码单元，必须对称匹配及同步定位，在建立互补关系前提下编码单元数组可同步全排列定位。

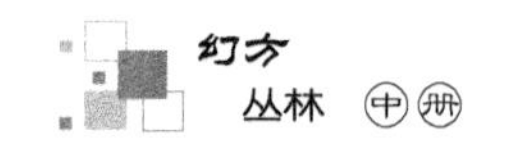

②不同配置两象内部，都必须按“同序原则”错位滚动逻辑编码，因此各编码单元具有“最优化幻方”或“半优化行列图”组合性质。

③相同配置相邻两象，都按同位循环逻辑编码。

④“商—余”两方阵建立正交关系贯彻两条原则：其一，两方阵的不同配置两象与相同配置两象之间，必须按“纵横原则”布局；其二，两方阵的不同配置两象内部，必须按“异序原则”错位滚动编码。

按上述基本规则与操作方法，制作一幅 14 阶完全幻方（图 6.74）。

0	10	6	9	11	1	12	…
6	9	11	1	12	0	10	…
11	1	12	0	10	6	9	…
12	0	10	6	9	11	1	…
10	6	9	11	1	12	0	…
9	11	1	12	0	10	6	…
1	12	0	10	6	9	11	…
14	4	8	5	3	13	2	…
8	5	3	13	2	14	4	…
3	13	2	14	4	8	5	…
2	14	4	8	5	3	13	…
4	8	5	3	13	2	14	…
5	3	13	2	14	4	8	…
13	2	14	4	8	5	3	…

×15+

14	6	12	9	3	1	11	2	10	4	7	13	15	5
1	11	14	6	12	9	3	15	5	2	10	4	7	13
9	3	1	11	14	6	12	7	13	15	5	2	10	4
6	12	9	3	1	11	14	10	4	7	13	15	5	2
11	14	6	12	9	3	1	5	2	10	4	7	13	15
3	1	11	14	6	12	9	13	15	5	2	10	4	7
12	9	3	1	11	14	6	4	7	13	15	5	2	10
⋮	⋮	⋮	⋮	⋮	⋮	⋮	⋮	⋮	⋮	⋮	⋮	⋮	⋮

=

14	156	102	144	168	16	191	2	160	94	142	178	30	185
91	146	179	21	192	9	153	105	140	167	25	184	7	163
174	18	181	11	164	96	147	172	28	195	5	152	100	139
186	12	159	93	136	176	29	190	4	157	103	150	170	17
161	104	141	177	24	183	1	155	92	145	169	22	193	15
138	166	26	194	6	162	99	148	180	20	182	10	154	97
27	189	3	151	101	149	171	19	187	13	165	95	137	175
224	66	132	84	48	196	41	212	70	124	82	58	210	35
121	86	59	201	42	219	63	135	80	47	205	34	217	73
54	198	31	221	74	126	87	52	208	45	215	62	130	79
36	222	69	123	76	56	209	40	214	67	133	90	50	197
71	134	81	57	204	33	211	65	122	85	49	202	43	225
78	46	206	44	216	72	129	88	60	200	32	220	64	127
207	39	213	61	131	89	51	199	37	223	75	125	77	55

图 6.74

图 6.74 这幅 14 阶完全幻方，其 14 行、14 列及 28 条泛对角线全等于“1582”。结构特点如下：①任意划出一个 7 阶子单元，49 个数之和都等于“5537”；②四象各单元为全等的 7 阶完全幻方，其 7 行、7 列及 14 条泛对角线全等于子幻和“791”。令人惊喜的是，这是一幅“田”字型子母结构二重次最优化的 14 阶完全幻方。

据研究，在 2（$2k+1$）阶完全幻方（k 为大于 1 的奇数）领域，当按四象交叉最优化逻辑编制“商—余”正交方阵时，若错位滚动取特定的起编位置，令各编码单元都具有“最优化幻方”组合性质，就能产出二重次最优化的 2（2k + 1）阶完全幻方。

三、正方单元四象混合最优化逻辑编码技术

取自图 6.73 的“商”方阵（它由四象交叉最优化逻辑编码），与取自图 6.70 的“余”方阵（它由四象全同位最优化逻辑编码），这两方阵具有正交关系，因此就能还原成一幅广义 6 阶完全幻方（图 6.75）。

↙	18	18	18	18	18	18	18
18	0	5	4	0	5	4	↖
18	5	4	0	5	4	0	18
18	4	0	5	4	0	5	18
18	6	1	2	6	1	2	18
18	1	2	6	1	2	6	18
18	2	6	1	2	6	1	18
	18	18	18	18	18	18	18

×7+

↙	24	24	24	42	24	24	24
24	1	1	1	7	7	7	↖
24	6	6	6	2	2	2	24
24	5	5	5	3	3	3	24
24	1	1	1	7	7	7	24
24	6	6	6	2	2	2	24
24	5	5	5	3	3	3	24
	24	24	24	24	24	24	24

=

1	36	29	7	42	35
41	34	6	37	30	2
33	5	40	31	3	38
43	8	15	49	14	21
13	20	48	9	16	44
19	47	12	17	45	10

图 6.75

反之亦然，取自图 6.73 的“商数”方阵（它由四象全同位最优化逻辑编码），与取自图 6.73 的“余数”方阵（它由四象交叉最优化逻辑编码），这两方阵也具有正交关系，当然也能还原成一幅 6 阶广义完全幻方（图 6.76），这就是四象混合最优化逻辑编码法。

↙	18	18	18	18	18	18	18
18	0	5	4	0	5	4	↖
18	0	5	4	0	5	4	18
18	0	5	4	0	5	4	18
18	6	1	2	6	1	2	18
18	6	1	2	6	1	2	18
18	6	1	2	6	1	2	18
	18	18	18	18	18	18	18

×7+

↙	24	24	24	42	24	24	24
24	3	2	7	5	6	1	↖
24	7	3	2	1	5	6	24
24	2	7	3	6	1	5	24
24	3	2	7	5	6	1	24
24	7	3	2	1	5	6	24
24	2	7	3	6	1	5	24
	24	24	24	24	24	24	24

=

3	37	35	5	41	29
7	38	30	1	40	34
2	42	31	6	36	33
45	9	21	47	13	15
49	10	16	43	12	20
44	14	17	48	8	19

图 6.76

正方单元 2（2k + 1）阶最优化编码法的构图要点如下。

其一，关于四象各 2k + 1 阶正方单元配置：必须贯彻四象全等配置原则；

其二，关于 2k + 1 阶正方单元编码：编码可细分为同位、交叉、混合 3 种逻辑形式，但都必须贯彻四象互补原则。

其三，关于“商—余”方阵的正交格式：两方阵可任选 3 种逻辑形式编码，

但必须贯彻互为旋转 90° 原则建立正交关系。

总之，根据丁宗智发现的“加一删十”选数法，及其所创作的一幅“规则”6 阶广义完全幻方，经过组合结构、逻辑形式等方面的提炼与总结，我参照经典完全幻方最优化逻辑编码法，成功开发了制作 2（$2k+1$）阶广义完全幻方的两种最优化编码构图技术：一种是长方单元最优化编码构图技术；另一种是正方单元最优化编码构图技术。然而，在两种最优化编码构图技术中，编码单元有行列图与半行列图两种不同性质的配置单元，最优化逻辑形式有同位、错位（交叉）与混合 3 种不同的逻辑形式，等等。这两种最优化编码构图技术，适用阶次广泛、操作简易、构图功能十分强大。

广义 2（$2k+1$）阶二重次完全幻方

广义 2（$2k+1$）阶幻方的二重次最优化是一个难题，它的基本构图思路是：必须由 4 个全等的（$2k+1$）阶完全幻方为子单元，才有可能合成一个 2（$2k+1$）阶完全幻方。由此可知，广义 2（$2k+1$）阶二重次完全幻方存在的阶次条件：$k>1$，即存在于 10 阶或者大于 10 阶的 2（$2k+1$）阶领域。

第一例：不规则 10 阶二重次完全幻方

图 6.77（1）这幅广义 10 阶二重次完全幻方，泛幻和“1024”，其四象各个 5 阶完全幻方的泛幻和全等于“512”；图 6.77（2）这幅 10 阶二重次完全幻方，泛幻和“962”，其四象各个 5 阶完全幻方的泛幻和全等于“481”。这两幅广义 10 阶二重次完全幻方（各采用“自由选数法”配置方案），都属于非逻辑的、不规则结构的一种组合形态。

194	184	7	78	49	182	177	25	91	37
8	79	124	239	62	21	92	112	232	55
169	117	63	9	154	162	110	51	22	167
64	84	199	47	118	52	97	217	40	106
77	48	119	139	129	95	36	107	127	147
193	11	82	28	198	181	4	100	41	186
83	103	248	66	12	96	116	236	59	5
121	67	13	158	153	114	60	1	171	166
88	208	26	122	68	76	221	44	115	56
27	123	143	138	81	45	111	131	126	99

（1）

13	127	25	121	195	1	120	43	134	183
51	225	68	57	80	64	238	56	50	73
112	10	106	155	98	105	3	94	168	111
210	28	142	65	36	198	41	160	58	24
95	91	140	83	72	113	79	128	71	90
136	29	125	174	17	124	22	143	187	5
229	47	66	84	55	242	60	54	77	48
14	110	159	102	96	7	103	147	115	109
32	151	44	40	214	20	164	62	33	202
70	144	87	81	99	88	132	75	69	117

（2）

图 6.77

第二例：规则10阶二重次完全幻方

图6.78这两幅10阶二重次完全幻方（采用“加一删十”选数法配置方案），数字配置相同，泛幻和都等于“610”，其四象各个5阶完全幻方的泛幻和全等于“305”。它们的四象同位数字之间具有“同增同减”的规则结构形态。

1	75	30	101	98	7	69	33	104	92
24	109	89	9	74	27	103	95	3	77
97	8	68	32	100	91	11	71	26	106
76	23	108	96	2	70	29	102	99	5
107	90	10	67	31	110	93	4	73	25
12	86	118	35	54	18	80	121	38	48
112	43	45	20	85	115	37	51	14	88
53	19	79	120	34	47	22	82	114	40
87	111	42	52	13	81	117	36	55	16
41	46	21	78	119	44	49	15	84	113

（1）

89	31	8	101	76	45	119	19	35	87
107	68	98	23	9	41	79	54	111	20
32	1	108	74	90	120	12	42	85	46
75	96	24	10	100	86	52	112	21	34
2	109	67	97	30	13	43	78	53	118
95	25	11	104	70	51	113	22	38	81
110	71	92	29	3	44	82	48	117	14
26	7	102	77	93	114	18	36	88	49
69	99	27	4	106	80	55	115	15	40
5	103	73	91	33	16	37	84	47	121

（2）

图6.78

第三例：规则14阶二重次完全幻方

图6.79是一幅广义14阶二重次完全幻方，泛幻和“1582”，其四象各7阶完全幻方，泛幻和全等于“791”。它以丁宗智式选数方法为配置方案，采用规则逻辑编码技术构图，内部结构的基本特点是：四象同位数字之间具有“同增同减”的结构形态。

1	161	93	147	179	24	186	15	155	103	139	167	22	190
104	144	171	16	191	3	162	92	142	175	30	185	13	154
176	18	192	14	159	96	136	170	28	184	2	157	100	150
189	6	151	101	138	177	29	187	10	165	95	148	169	17
153	102	149	174	21	181	11	163	94	137	172	25	195	5
141	166	26	183	12	164	99	145	180	20	193	4	152	97
27	194	9	156	91	146	168	19	182	7	160	105	140	178
211	71	123	87	59	204	36	225	65	133	79	47	202	40
134	84	51	196	41	213	72	122	82	55	210	35	223	64
56	198	42	224	69	126	76	50	208	34	212	67	130	90
39	216	61	131	78	57	209	37	220	75	125	88	49	197
63	132	89	54	211	31	221	73	124	77	52	205	45	215
81	46	206	33	222	74	129	85	60	200	43	214	62	127
207	44	219	66	121	86	48	199	32	217	70	135	80	58

图6.79

总之，广义 2（2k + 1）阶幻方的二重次最优化，是广义 2（2k + 1）阶完全幻方领域的精品，它们以四象各（2k + 1）阶子单元全等最优化配置为存在的基本条件。

广义 2（2k + 1）阶幻方的二重次最优化的一个悬而未决的问题：

据 2（2k + 1）阶的分解结构研究，在丁宗智式的“十字”选数法条件下，当其（2k + 1）单元含“3”因子时，不存在广义 2（2k + 1）阶二重次完全幻方。如 18 阶，无论是 2×9“田”字型分解结构，还是 3×6“井”字型分解结构，都不可能有二重次最优化的解。

为什么呢？在 2×9 分解时，该选数方案的总和可四等分；在 3×6 分解时，该选数方案的总和可九等分，但这 4 个全等 9 阶子单元或 9 个全等 6 阶子单元又无法为其提供最优化匹配方案，因而子单元不可能优化。总之，查找“广义 18 阶二重次完全幻方”的选数方案及其构图方法，是一个悬而未决的问题。

图 6.80 是一幅广义 18 阶完全幻方（泛幻和“3258”），其结构特点：①九宫全等，各 6 阶子单元为半行列图；②四象全等，各 9 阶子单元为乱数方阵。

344	170	36	117	110	309	2	265	283	345	167	24	116	113	321	3	262	271
66	141	329	296	204	50	237	217	82	68	147	335	294	198	44	239	223	88
133	99	311	16	248	279	361	156	26	130	96	317	19	251	273	358	153	32
302	193	53	233	211	94	74	136	338	290	192	56	245	212	91	62	135	341
6	258	280	354	161	27	120	106	318	12	256	274	348	163	33	126	104	312
235	225	77	70	152	327	292	206	39	241	228	80	64	149	324	298	209	42
357	157	21	132	112	307	15	252	268	360	169	22	129	100	306	18	264	269
71	145	332	293	196	49	242	221	85	65	139	334	299	202	47	236	215	87
115	108	323	4	254	282	343	165	38	118	102	320	1	260	285	346	159	35
287	208	55	231	224	81	59	151	340	288	205	43	230	227	93	60	148	328
9	255	272	353	166	31	123	103	310	11	261	278	351	160	25	125	109	316
247	213	83	73	134	336	304	194	45	244	210	89	76	137	330	301	191	51
359	155	34	119	97	322	17	250	281	347	154	37	131	98	319	5	249	284
63	144	337	297	199	46	234	220	90	69	142	331	291	201	52	240	218	84
121	111	305	13	266	270	349	168	20	127	114	308	7	263	267	355	171	23
300	195	40	246	226	79	72	138	325	303	207	41	243	214	78	75	150	326
14	259	275	350	158	30	128	107	313	8	253	277	356	164	28	122	101	315
229	222	95	61	140	339	286	203	57	232	216	92	58	146	342	289	197	54

图 6.80

广义“2（2k ＋ 1）阶完全幻方”入幻

广义 2（2k ＋ 1）阶完全幻方，时有见之于子母结构二重次最优化经典幻方，它们以合成方式入幻，并作为覆盖经典幻方的有机构件，按一定规则“划块”配置。本文所要说的是：另一种以镶嵌方式入幻，即广义 2（2k ＋ 1）阶完全幻方作为一个子单元，安装于经典幻方的局部位置，在本幻方数域内“选择”配置方案。

图 6.81 为一对互补 10 阶幻方（幻和“505”），在其对应角嵌入了一对互补 6 阶完全幻方子单元：一个由全奇数构造，泛幻和“366”；另一个由全偶数构造，泛幻和“240”。这对互补 6 阶完全幻方的内部结构：其四象一组对角两象是全等的 3 阶准幻方，另一组对角两象是全等的 3 阶行列图。总之，在 10 阶互补幻方对中，读出一奇一偶两个 6 阶完全幻方，可谓幻方中之奇品。

92	18	28	1	41	91	53	57	85	39
54	36	19	30	47	59	87	55	73	45
4	80	48	7	95	33	43	71	25	99
22	46	56	15	65	37	83	81	31	69
2	42	21	74	67	49	77	75	63	35
24	38	61	16	51	97	23	27	89	79
88	98	84	76	8	14	44	78	12	3
94	72	20	96	68	13	29	34	9	70
93	11	82	90	5	62	26	10	66	60
32	64	86	100	58	50	40	17	52	6

62	16	44	48	10	60	100	73	83	9
56	28	46	14	42	54	71	82	65	47
2	76	30	58	68	6	94	53	21	97
32	70	20	18	64	36	86	45	55	79
66	38	26	24	52	34	27	80	59	99
22	12	74	78	4	50	85	40	63	77
98	89	23	57	87	93	25	17	3	13
31	92	67	72	88	33	5	81	29	7
41	35	91	75	39	96	11	19	90	8
95	49	84	61	51	43	1	15	37	69

图 6.81

图 6.82 为一幅 16 阶幻方（幻和“2048”），它的中央镶嵌着一个广义 10 阶完全幻方单元，其泛幻和“1104”。

47	14	43	195	4	88	198	117	254	176	249	157	193	51	18	252
144	188	41	187	148	199	196	80	140	253	154	54	191	66	8	7
1	10	246	159	220	197	28	255	173	79	95	141	153	250	22	27
163	231	233	202	192	015	086	057	190	185	033	099	045	31	232	62
116	241	40	016	087	132	247	070	029	100	120	240	063	243	239	73
226	39	227	177	125	071	017	162	170	118	059	030	175	109	113	238
101	236	110	072	092	207	055	126	060	105	225	048	114	171	97	237
133	142	168	085	056	127	147	137	103	044	115	135	155	106	203	200
81	205	136	201	019	090	036	206	189	012	108	049	194	222	210	98
209	230	169	091	111	256	074	020	104	124	244	067	013	78	58	208
213	69	93	129	075	021	166	161	122	068	009	179	174	112	214	251
149	160	138	096	216	034	130	076	084	229	052	123	064	145	143	217
204	242	37	035	131	151	146	089	053	119	139	134	107	152	167	150
11	24	228	61	181	182	102	224	77	94	156	219	218	235	38	6
46	2	121	186	184	221	245	42	180	172	248	158	32	3	211	5
212	23	26	164	215	65	183	234	128	178	50	223	165	82	83	25

图 6.82

然而，这幅广义 10 阶完全幻方单元具有二重次最优化子母结构，即四象由 4 个全等 5 阶完全幻方子单元合成（泛幻和“552”），非常精彩。

总之，二重次最优化广义 2（$2k+1$）阶完全幻方单元以镶嵌方式入幻，既增加了经典幻方创作的趣味性与丰富性，又提高了构图难度。尤其是嵌入单元为二重次最优化子母结构，作为 16 阶幻方的一个相对独立的有机构件，必须在不大的数域范围做成一个最优化配置方案，难度非常高。

完全幻方群清算

什么是完全幻方群？即指完全幻方的全部解。清算10阶以内，4、5、7、8、9这5个阶次的完全幻方群，是我设定的一个可行的研究目标。当前，4阶与5阶完全幻方群的彻底清算已完成。从7阶开始，存在“规则”与“不规则”两部分完全幻方，由于“不规则”完全幻方部分的构图、检索与计算十分复杂，要求精确计数，达到这一点尚有相当难度。

完全幻方群的计算口径，通常以完全幻方的行、列组排结构异构体计数，但为了适应不同研究课题的需要，完全幻方群也可从其他角度计数，不同计算口径的计数结果是可以互相换算的。多角度、多口径计数，有利于分清完全幻方群全集与子集的相互关系，有利于检验、查证计算中的重复或缺漏问题，有利于幻方组合理论不同课题的数据应用等。

4阶完全幻方群全集

4阶完全幻方是阶次最低的完全幻方，其全部解计48幅异构体。所谓完全幻方异构体，是指4阶的16个自然连续数在行列中的排列次序及其内在结构互不相同的图形。按异构体计算全部解，是完全幻方通用的计数方法。我以中位2阶子单元4个数大小为序编号，出示这48幅4阶完全幻方群全集（图7.1）。

13	12	7	2
8	1	14	11
10	15	4	5
3	6	9	16

（1）

13	8	11	2
12	1	14	7
6	15	4	9
3	10	5	16

（2）

11	14	4	5
8	1	15	10
13	12	6	3
2	7	9	16

（3）

11	8	10	5
14	1	15	4
7	12	6	9
2	13	3	16

（4）

10	8	11	5
15	1	14	4
6	12	7	9
3	13	2	16

（5）

10	15	4	5
8	1	14	11
13	12	7	2
3	6	9	16

（6）

7	12	13	2
14	1	8	11
4	15	10	5
9	6	3	16

（7）

7	14	11	2
12	1	8	13
6	15	10	3
9	4	5	16

（8）

6	12	13	3
15	1	8	10
4	14	11	5
9	7	2	16

（9）

6	15	10	3
12	1	8	13
7	14	11	2
9	4	5	16

（10）

4	14	11	5
15	1	8	10
6	12	13	3
9	7	2	16

（11）

4	15	10	5
14	1	8	11
7	12	13	2
9	6	3	16

（12）

14	11	8	1
7	2	13	12
9	16	3	6
4	5	10	15

（13）

14	7	12	1
11	2	13	8
5	16	3	10
4	9	6	15

（14）

12	13	8	1
7	2	11	14
9	16	5	4
6	3	10	15

（15）

12	7	14	1
13	2	11	8
3	16	5	10
6	9	4	15

（16）

8	11	14	1
13	2	7	12
3	16	9	6
10	5	4	15

（17）

8	13	12	1
11	2	7	14
5	16	9	4
10	3	6	15

（18）

3	16	9	6
13	2	7	12
8	11	14	1
10	5	4	15

（19）

3	13	12	6
16	2	7	9
5	11	14	4
10	8	1	15

（20）

5	16	9	4
11	2	7	14
8	13	12	1
10	3	6	15

（21）

5	11	14	4
16	2	7	9
3	13	12	6
10	8	1	15

（22）

9	7	14	4
16	2	11	5
3	13	8	10
6	12	1	15

（23）

9	16	5	4
7	2	11	14
12	13	8	1
6	3	10	15

（24）

12	13	8	1
6	3	10	15
9	16	5	4
7	2	11	14

（25）

12	6	15	1
13	3	10	8
2	16	5	11
7	9	4	14

（26）

8	13	12	1
10	3	6	15
5	16	9	4
11	2	7	14

（27）

8	10	15	1
13	3	6	12
2	16	9	7
11	5	4	14

（28）

2	16	9	7
13	3	6	12
8	10	15	1
11	5	4	14

（29）

2	13	12	7
16	3	6	9
5	10	15	4
11	8	1	14

（30）

5	16	9	4
10	3	6	15
8	13	12	1
11	2	7	14

（31）

5	10	15	4
16	3	6	9
2	13	12	7
11	8	1	14

（32）

9	6	15	4
16	3	10	5
2	13	8	11
7	12	1	14

（33）

9	16	5	4
6	3	10	15
12	13	8	1
7	2	11	14

（34）

1	14	11	8
15	4	5	10
6	9	16	3
12	7	2	13

（35）

1	15	10	8
14	4	5	11
7	9	16	2
12	6	3	13

（36）

7	14	11	2
9	4	5	16
6	15	10	3
12	1	8	13

（37）

7	9	16	2
14	4	5	11
1	15	10	8
12	6	3	13

（38）

6	15	10	3
9	4	5	16
7	14	11	2
12	1	8	13

（39）

6	9	16	3
15	4	5	10
1	14	11	8
12	7	2	13

（40）

11	5	16	2
14	4	9	7
1	15	6	12
8	10	3	13

（41）

11	14	7	2
5	4	9	16
10	15	6	3
8	1	12	13

（42）

10	5	16	3
15	4	9	6
1	14	7	12
8	11	2	13

（43）

10	15	6	3
5	4	9	16
11	14	7	2
8	1	12	13

（44）

9	4	15	6
16	5	10	3
2	11	8	13
7	14	1	12

（45）

9	16	3	6
4	5	10	15
14	11	8	1
7	2	13	12

（46）

10	15	1	8
3	6	12	13
16	9	7	2
5	4	14	11

（47）

10	3	13	8
15	6	12	1
4	9	7	14
5	16	2	11

（48）

图7.1

完全幻方计数问题，根据构图、检索方法或研究课题的不同需要等，可从多种角度采用不同的计算口径与方式计数。除了通常以组排异构体这一标准化口径计数外，还有如下5种可用的计算方式，它们的计算口径各不相同。

（一）按行列组配方案计数

从行列组合配置方案的不同状态计数，4阶完全幻方群只有3种不同款式，图7.1中以（1）、（2）、（4）为代表，各领16幅图形，即48幅4阶完全幻方有3个不同行列组配方案。而在每一种行列组配方案下，各有16幅排列异构体。因此，4阶完全幻方群可分为两大类异构体：一类为同数排列异构体，指各行、各列数字配置相同者，其排列次序与结构各异；另一类为异数组配异构体，指各行、各列数字配置不同，即新组配幻方。因此，从行列组配角度看，4阶完全幻方群可按3幅行列组配异构体计之。

（二）按中位组配变化计数

中位2阶单元是4阶完全幻方的核心，是制约四象、行列组排的总枢纽，一变而皆变。因而，有一种方法可根据中位组配方案的变化计数。由图7.1可知，4阶完全幻方有24个不同的最优化中位组配方案（注：在整个4阶幻方领域，存在50个不同中位组配方案，其中26个只有4阶非完全幻方解，另24个既有4阶非完全幻方解，又有4阶完全幻方解，组合性质取决于中位4数的定位方式）。各个最优化中位2阶子单元之和相等，但具体4个数字的配置互不相同。如果把这24个最优化中位组配方案，逐一标示在4阶自然方阵上，不难发现：按其位置关系的相似性可分为6组。在每个最优化中位组配方案下，各可制作两幅4阶完全幻方异构体。因此，从中位组配角度看，4阶完全幻方群只计24幅中位组配异构体。

（三）按四象组配方案计数

参见图7.1，以（1）、（3）、（5）、（7）、（9）、（11）为代表，4阶完全幻方有6个最优化四象全等配置方案（注：在整个4阶幻方领域，存在9个有幻方解的四象全等配置方案，其中3个只有4阶非完全幻方解，另6个既有4阶非完全幻方解，又有4阶完全幻方解，取决于四象的定位方式）。在每一个最优化四象全等配置及其最优化定位方案下，各可制作8幅4阶完全幻方异构体。因此，从四象组配角度看，4阶完全幻方群可只计6幅四象组配异构体。

（四）按整体方位变化计数

4阶完全幻方48幅异构体，其每一幅各有8倍同构体。所谓8倍同构体，就是每一幅完全幻方的旋转与反写的“镜像”（注：“镜像”改变完全幻方整体方位，其行列组配及排列结构相同），因此，4阶完全幻方群总计48×8＝384幅图形。当研究4阶完全幻方群“就位机会”“边际定位”等基本组合规律时，4阶完全幻方群必须表以384幅图形，即全方位计数。

（五）按转化方式计数

4 阶完全幻方 48 幅异构体全集，各个体之间无不可相互转化关系，而且存在多种多样的转化方式。如互补成对转化关系，即一对互补 4 阶完全幻方相加，各对应位两数之和全等，4 阶完全幻方群只需计 24 对互补异构体。又如四象组合与行列组合的转化关系，即四象变为行列，行列变为四象；再如行列与泛对角线转化关系，即"表里"交换关系；还包括行列变位关系、四象变位关系等。通过错综复杂的转化关系，4 阶完全幻方群构成一个有机的"活"的整体，可彻底摸清 4 阶完全幻方迷宫精密、复杂的网络状组织形态 。

总之，上述多种不同计数口径反映了不同的构图与检索方法。同时，不同计数口径之间可以互相换算，而完全幻方群的清算结果应该相同。如果换算结果合不拢，证明某个构图、检索、计算环节必定出了大问题或差错，根本就没有彻底算清楚。因此，不同计数口径互相换算，是解决完全幻方计数难题的一个精算要求，也是检验能否走出完全幻方迷宫的试金石。多角度采用不同的计数方式，比较与校对计数结果，相互印证或纠偏，原则上适用于各阶完全幻方群的清算工作。

4 阶完全幻方四象结构分析

一、四象全等最优化配置方案

四象全等是 4 阶完全幻方成立的前提。据枚举，"1 ～ 16"自然数列存在 175 组等和配置状态，其中 9 组有幻方解，而仅 6 组为最优化配置方案（表 7.1）。

表 7.1

	第 1 组	第 2 组	第 3 组	第 4 组	第 5 组	第 6 组
A	1、4、14、15	1、6、12、15	1、7、12、14	1、8、10、15	1、8、11、14	1、8、12、13
B	2、3、13、16	2、5、11、16	2、8、11、13	2、7、9、16	2、7、12、13	2、7、11、14
C	5、8、10、11	3、8、10、13	3、5、10、16	3、6、12、13	3、6、9、16	3、6、10、15
D	6、7、9、12	4、7、9、14	4、6、9、15	4、5、11、14	4、5、10、15	4、5、9、16

二、四象最优化定位规则

6 组四象最优化配置方案做最优化定位才能构造出 4 阶完全幻方。四象最优化定位包括 2 阶子单元内部 4 个数的定位及 2 阶子单元之间的四象定位，而这两个层次定位的最优化结合方式是四象合成的核心技术。

（一）四象定位模式

2 阶子单元内部 4 个数定位或 4 个子单元的四象定位，设有"a、b、c、d"4 个数或 4 个 2 阶子单元（以数的大小为序，或者以各子单元内最小一个数的大小为序），则存在 O 型、X 型、Z 型 3 种定位模式（图 7.2）。

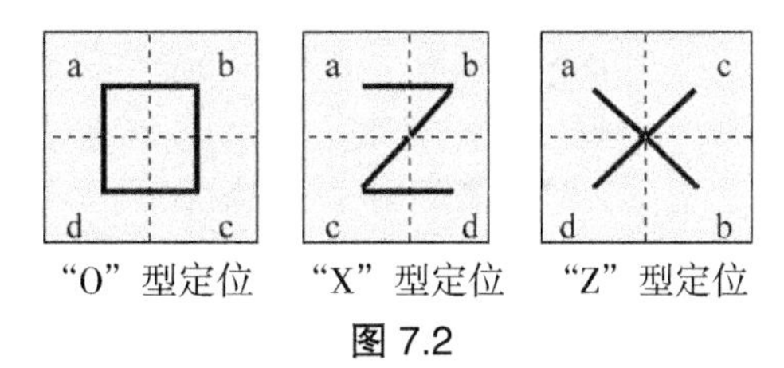

“O”型定位 “X”型定位 “Z”型定位

图 7.2

“O”“X”“Z”定位箭向变化：三式定位都有一个箭向变化问题。根据不同定位方向，各定位模式可分为如下两类：一类为左右箭向，可记作“Ⅰ”型，如 OⅠ型、XⅠ型、ZⅠ型定位；另一类为上下箭向，可记作“Ⅱ”型，如 OⅡ型、XⅡ型、ZⅡ型定位。“Ⅰ”型与“Ⅱ”型都是互为旋转 90° 或 270° 关系（图 7.3）。

定位模式	同型变位	
	Ⅰ 型	Ⅱ 型
O		
X		
Z		

图 7.3

“O”“X”“Z”定位模式及其箭向变化，本质上是 2 阶子单元 4 个数的全排列，对其所产生的 24 种状态分为 3 种定位模式，每种定位模式有 8 个不同箭向变化。

（二）四象最优化结合方式

第一层次：4 个 2 阶子单元内部定位的结合方式。在最优化定位要求下，内部定位箭向结合方式贯彻如下两条原则：一是同型组合原则；二是相背相对原则。

第二层次：4 个 2 阶子单元在四象定位的结合方式。在最优化要求下，四象定位的结合方式必须贯彻“血型适配”原则。

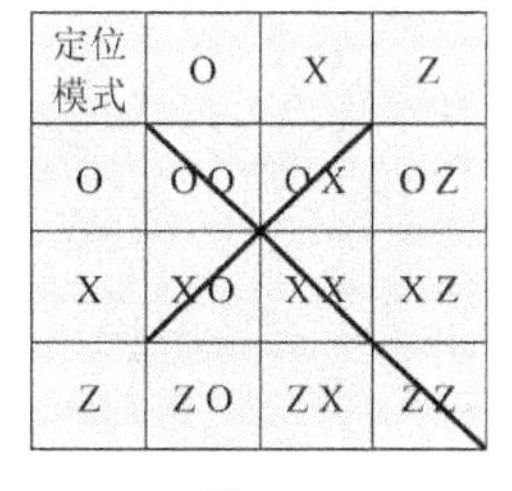

定位模式	O	X	Z
O	OO	OX	OZ
X	XO	XX	XZ
Z	ZO	ZX	ZZ

图 7.4

如图 7.4 所示，在这 9 种可能结合方式中，存在最优化解的有 OO 型、XX 型、ZZ 型、OX 型、XO 型 5 种四象定位结合方式。这是非常奥妙的数理，子单元内部定位与其四象定位结合方式，犹如父母与子代的血型关系，故称之为“血型适配”原则。据研究，在 5 种四象定位结合模式中，以“一对一”方式适用于 6 组最优化配置方案构造 4 阶完全幻方。

三、4 阶完全幻方定位图

4 阶完全幻方群共计 48 幅图形（不计 8 倍“镜像”同构体）。从其四象子单元组合看，只有 6 组不同最优化配置方案，每组各有一个对应的四象定位模式，而每一个四象定位模式的箭向变化各有 8 种状态。现将 6 组最优化配置方案，各出示一幅反映 5 种四象定位结合模式的 4 阶完全幻方例图（图 7.5）。

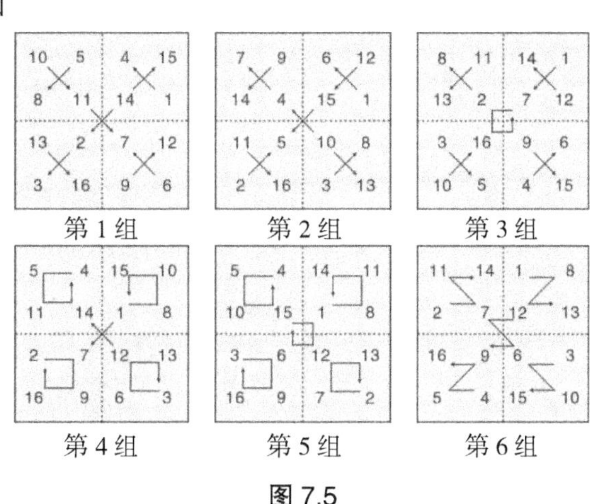

第 1 组 第 2 组 第 3 组
第 4 组 第 5 组 第 6 组

图 7.5

6组最优化配置方案各自所对应的最优化四象定位模式具有唯一性。但是，每一个最优化四象定位模式的箭向各有8种不同变化状态。现以第6组最优化配置方案为例，按其相对应的ZZ型模式定位，展示8种不同箭向变化（图7.6）。

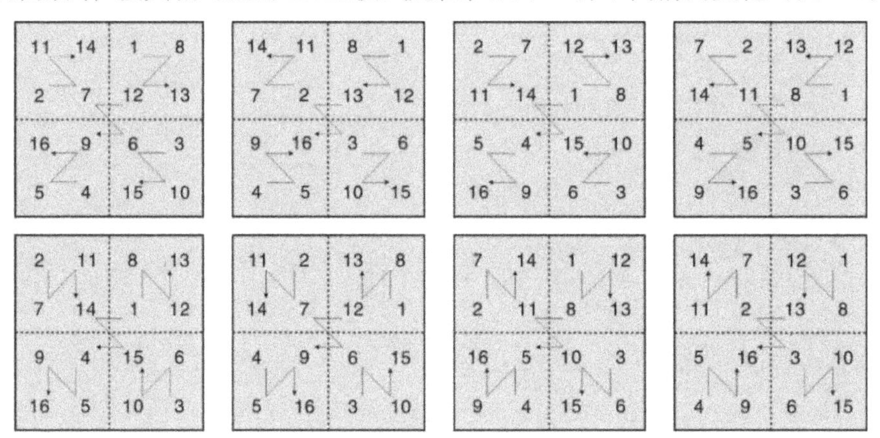

图 7.6

由此可知，第6组最优化配置方案，最优化定位采用ZZ型模式，能构造出8幅4阶完全幻方异构体。由于每个2阶子单元内部（第一层次）都在四象原地做Z型箭向变位，因而子单元之间在四象（第二层次）做Z型定位的箭向不变。如果第二层次箭向变位，则有8倍“镜像”同构体。从行列配置看，这8幅4阶完全幻方有两种最优化配置方案。以此类推，第1至第6组最优化配置方案各2阶子单元在四象原地做内部箭向变位，共可演绎出48幅4阶完全幻方，这就是不计8倍“镜像”同构体的4阶完全幻方全集。

麻雀虽小，但五脏六腑俱全。通过解剖“麻雀”，弄清楚低阶完全幻方微观结构的来龙去脉、组织规则与方式等，这是一项非常有意义的基础研究工程。低阶完全幻方是建造高阶完全幻方的一块块“砖”或构件，若真正弄清楚了诸如4阶、5阶、7阶、8阶、9阶等低阶完全幻方微观结构，就可以成功地设计、搭建起任意变化的高阶完全幻方大厦。

4阶完全幻方化简结构分析

4阶完全幻方全集可运用多种构图方法清算。本文在系统“化简”4阶完全幻方基础上，通过透视其“商—余”正交方阵，深入解析4阶完全幻方的化简结构。由此发现，4阶完全幻方存在两种不同的最优化组合规则：其一，二位制同位逻辑规则，在下有 16 幅 4 阶完全幻方；其二，四象互补合成规则，在下有 32 幅 4 阶完全幻方。

一、以“同位逻辑形式”存在的 4 阶完全幻方

以“同位逻辑形式”存在的 4 阶完全幻方如图 7.7 和图 7.8 所示。

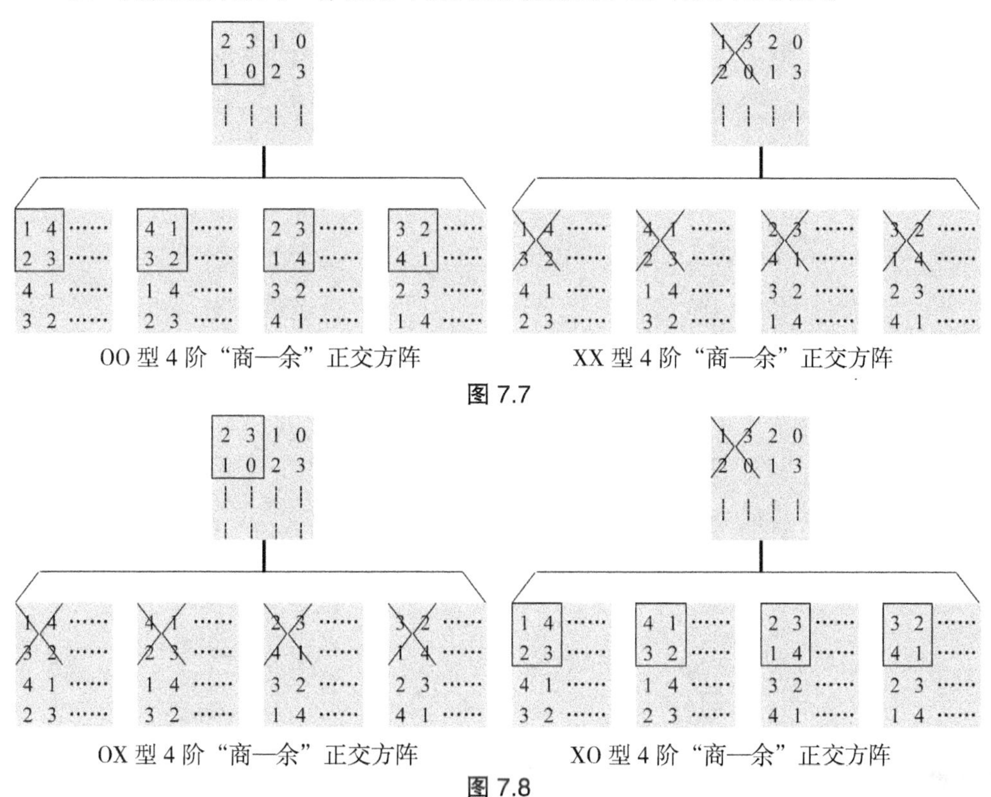

OO 型 4 阶“商—余”正交方阵　　XX 型 4 阶“商—余”正交方阵

图 7.7

OX 型 4 阶“商—余”正交方阵　　XO 型 4 阶“商—余”正交方阵

图 7.8

二、以“四象互补关系”方式存在的 4 阶完全幻方

以“四象互补关系”方式存在的 4 阶完全幻方如图 7.9 至图 7.12 所示。

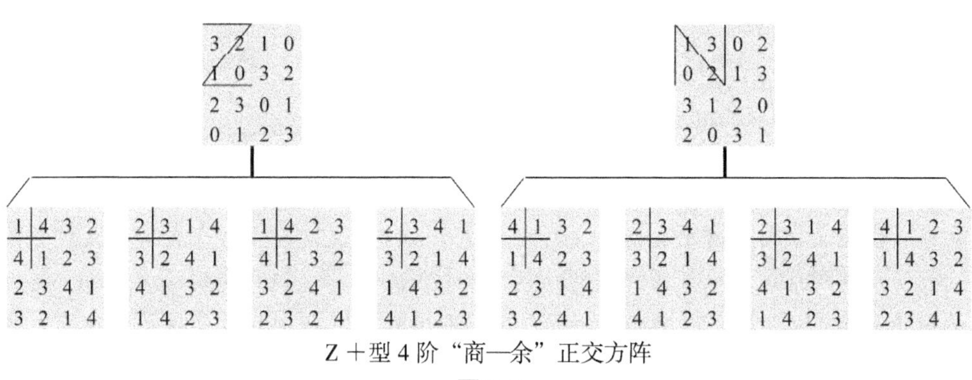

Z ＋型 4 阶“商—余”正交方阵

图 7.9

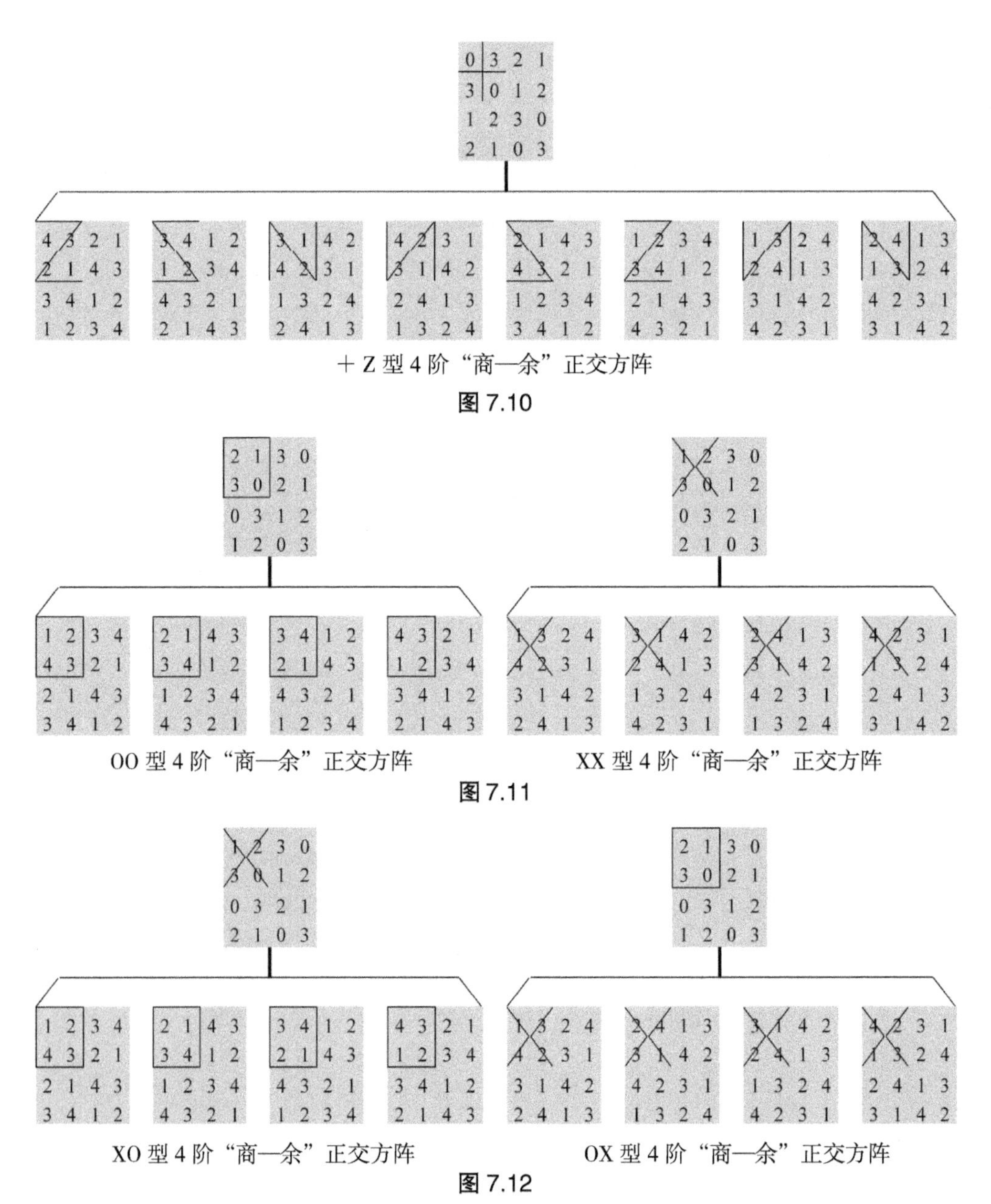

图 7.10

图 7.11

图 7.12

以上全盘托出了执行两种最优化组合规则的 4 阶“商—余”正交方阵，然而，按简单的［0］×4＋［1］公式计算（［0］代表“商”方阵，［1］代表“余”方阵），即可还原出 4 阶完全幻方全部 48 幅异构体。4 阶完全幻方两种最优化组合规则的主要区别在于：从二位制最优化同位逻辑规则而言，其构图方法采用程序化、逻辑形式编码技术，以四象两两相同为基本特征；从四象互补合成规则而言，其构图方法采用组装、合成技术，以建立四象全方位“相反相成”的互补关系为基本特征（详见“二位制最优化同位逻辑编码法”“四象最优化互补合成技术”等相关章节）。

4阶完全幻方内在数理关系

一、任意正方形四角之和全等

4阶完全幻方的组合性质：4行、4列及8条泛对角线之和全等，这是游戏规则中规定的完全幻方成立的基本条件。除此之外，不难发现，每一幅4阶完全幻方还具备如下数理关系：任意正方形四角之和全等（图7.13）。

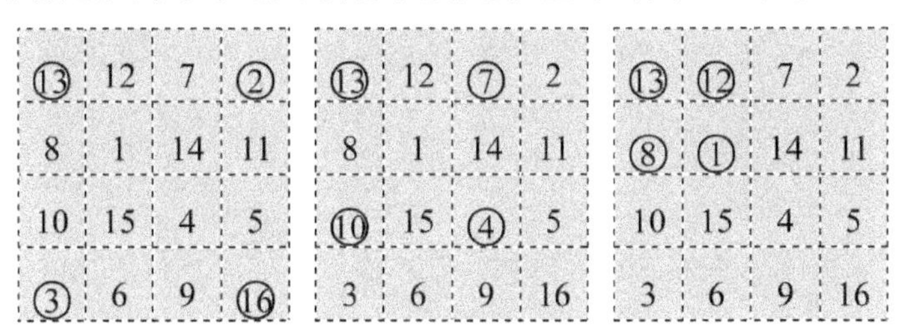

图7.13

一个4阶完全幻方能划出多少不同规格的正方形呢？数一数：

①4×4规格，1个大正方形；②3×3规格，4个中正方形；③2×2规格，9个小正方形。无论规格大小，这14个正方形四角之和全等于幻和“34”（图7.14）。

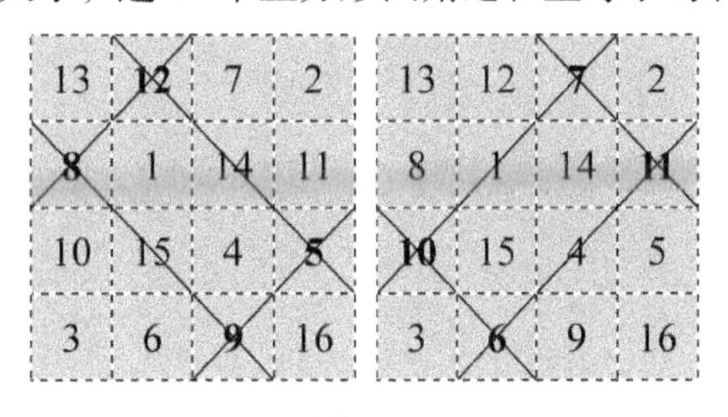

图7.14

另外，在每一幅4阶完全幻方内部，两组对角象限，其两个2阶单元的平行对角线构成一个长方形，四角之和也必定全等于幻和“34”。

总之，4阶完全幻方的综合数理关系，达到了出神入化的境界，这就是最优化组合幻方的数理美，或者说引人入胜的魔力。

二、4阶完全幻方群就位机会均等律

20世纪90年代，面对令人眼花缭乱的384幅4阶完全幻方，我事先设定了某一个数位，然后逐一清点究竟有哪些数字曾经就位于此，结果令人惊奇：“1～16

自然数列”中的16个数都可以在该数位上就位，而且每一个数在同一个数位上定位的次数相等，即“24”次。这一收获让我突然站到了空前的高度，欣赏着这384幅4阶完全幻方群，心情特别舒畅。

于是，我提出了一个最重要的幻方组合理论，即完全幻方就位机会均等律，其定义阐明：任意 n 阶完全幻方群，1至 n^2 自然数列中的每个数字，在全盘 n^2 个数位上的就位次数相等；或者说全盘 n^2 个格子的每个数位，为1至 n^2 自然数列的 n^2 个数字所提供的就位机会等同（参见《周易研究》1992年第3期《最小偶数阶幻方的解》）。这一理论命题，不久也被3600×8幅5阶完全幻方群实证。多年来，我一直在关注“就位机会均等律”研究，并称之为“完全幻方群第一定律——就位机会均等律”。据此，给出了一个漂亮的 n 阶完全幻方群计数的理论通式：即 $m = En^2$（E 为均等就位次数；n 为阶次）。

5阶完全幻方群清算

5阶完全幻方群的清算业已完成，从它的化简形态——“商—余”正交方阵观察，最优化自然逻辑是5阶完全幻方存在的唯一形态。5阶完全幻方全集计3600幅异构体，逻辑规则、组合结构单一，不存在非逻辑化的“不规则”变化图形。下面简要介绍我运用“最优化自然逻辑编码法”构造、检索、清算5阶完全幻方的结果。

一、自然逻辑5阶完全幻方范例

什么是以最优化自然逻辑形式存在的5阶完全幻方？如图7.15所示，“商—余”正交方阵的全部行、列与泛对角线，一律由“0～4”“1～5”化简连续数列构成，这就是最优化自然逻辑形式的基本特征。然而，按还原公式：

0	3	1	2	4		4	2	5	1	3		4	17	10	11	23
1	2	4	0	3		1	3	4	2	5		6	13	24	2	20
4	0	3	1	2	×5+	2	5	1	3	4	=	22	5	16	8	14
3	1	2	4	0		3	4	2	5	1		18	9	12	25	1
2	4	0	3	1		5	1	3	4	2		15	21	3	19	7

1	4	3	0	2		5	4	1	3	2		10	24	16	3	12
0	2	1	4	3		1	3	2	5	4		1	13	7	25	19
4	3	0	2	1	×5+	2	5	4	1	3	=	22	20	4	11	8
2	1	4	3	0		4	1	3	2	5		14	6	23	17	5
3	0	2	1	4		3	2	5	4	1		18	2	15	9	21

图7.15

$[0_n] \times n + [1_n]$ 计算，即得以最优化自然逻辑形式存在的5阶完全幻方。

二、5阶完全幻方群清算

根据自然逻辑最优化编码方法，5阶完全幻方群清算过程如下。

（一）首行定位

如“余数”方阵，1～5化简数列在首行可做全排列定位，计5!种定位状态（包含反序2倍同构行）。“商数”方阵同理，两方阵首行定位可“各自为政”。

（二）起编位置

首行定位后，事先确定起编位置，下一行都依据上一行数序向右滚动编码。起编位置可选范围：一行的左起第3或第4位，这就是说第1、第2位与末位不能作为下一行的起编位置，因而有两个位置可供起编。

因此，能编制出2×5!个“余数”方阵（“商数”方阵同理）。

（三）“商—余”两方阵正交原则

两方阵“异位”起编建立正交关系，扣去因同位起编不正交部分，有“商—余”正交方阵2×（5!）^{2}对。

又不计“镜像”8倍同构体，为1\4（5!）^{2}对异构“商—余”正交方阵。然而，按还原公式［0_n］$\times n+$［1_n］计算，可得3600幅5阶完全幻方异构体全集。

法国的让-弗朗索瓦·费黎宗在《神奇方阵》（赵忠源译，中国市场出版社，2008年10月出版）提供的一份幻方计数资料中，说及5阶完全幻方全集有3600幅，可互证计算结果正确无误。

从自然逻辑最优化编码法分析，由于首行定位全排列，以及按序滚动编码，所以“1～25”自然数列中的每个数在25个数位的就位次数相等（即计144次）。这为我的“完全幻方群第一定律——就位机会均等律”立论又提供了一个有力例证。

任意中位5阶完全幻方序列

什么是“任意中位”？指“1～25”自然数列中的每一个数字都有机会占据5阶完全幻方的中心位置，这就是说5阶完全幻方群的中位具有任意可变性。因此，这不同于3阶的中位非“5”莫属，“5”只能定居于中位。也不同于4阶的中位是一个2阶单元，四数组配可变，而且“1～16”自然数列中的每个数字都有机会参与到中位组配方案中来，但这个2阶单元之和是一个不变的常数。5阶完全幻方开了“任意中位律”的先河，下面展示任意中位5阶完全幻方的一个系列（图7.16）。

23	6	19	2	15
4	12	25	8	16
10	18	**1**	14	22
11	24	7	20	3
17	5	13	21	9

20	12	9	1	23
4	21	18	15	7
13	10	**2**	24	16
22	19	11	8	5
6	3	25	17	14

21	2	15	8	19
13	9	16	22	5
17	25	**3**	14	6
4	11	7	20	23
10	18	24	1	12

12	3	10	24	16
9	21	17	13	5
18	15	**4**	6	22
1	7	23	20	14
25	19	11	2	8

14	1	8	20	22
10	17	24	11	3
21	13	**5**	7	19
2	9	16	23	15
18	25	12	4	6

20	9	22	11	3
21	13	5	19	7
4	17	**6**	23	15
8	25	14	2	16
12	1	18	10	24

19	10	21	12	3
22	13	4	20	6
5	16	**7**	23	14
8	24	15	1	17
11	2	18	9	25

24	7	11	18	5
13	20	4	22	6
2	21	**8**	15	19
10	14	17	1	23
16	3	25	9	12

17	24	5	8	11
10	13	16	22	4
21	2	**9**	15	18
14	20	23	1	7
3	6	12	19	25

3	20	12	9	21
7	24	1	18	15
16	13	**10**	22	4
25	2	19	11	8
14	6	23	5	17

19	15	2	6	23
1	8	24	20	12
25	17	**11**	3	9
13	4	10	22	16
7	21	18	14	5

25	7	3	11	19
13	16	24	10	2
9	5	**12**	18	21
17	23	6	4	15
1	14	20	22	8

19	11	2	8	25
3	10	24	16	12
21	17	**13**	5	9
15	4	6	22	18
7	23	20	14	1

20	12	1	9	23
4	8	25	17	11
22	16	**14**	3	10
13	5	7	21	19
6	24	18	15	2

6	13	4	20	22
5	17	21	8	14
23	9	**15**	2	16
12	1	18	24	10
19	25	7	11	3

22	1	10	18	14
20	13	24	2	6
4	7	**16**	15	23
11	25	3	9	17
8	19	12	21	5

25	2	9	18	11
19	13	21	5	7
1	10	**17**	14	23
12	24	3	6	20
8	16	15	22	4

2	16	24	8	15
23	10	12	1	19
11	4	**18**	25	7
20	22	6	14	3
9	13	5	17	21

8	20	11	4	22
14	2	23	10	16
25	6	**19**	12	3
7	13	5	21	9
1	24	7	18	15

1	18	22	15	9
25	14	6	3	17
8	2	**20**	24	11
19	21	13	7	5
12	10	4	16	23

18	25	14	6	2
11	7	3	20	24
5	19	**21**	12	8
22	13	10	4	16
9	1	17	23	15

14	17	8	21	5
23	1	15	19	7
20	9	**22**	3	11
2	13	16	10	24
6	25	4	12	18

10	22	11	18	4
13	19	5	7	21
2	6	**23**	14	20
24	15	17	1	8
16	3	9	25	12

8	25	11	4	17
14	2	18	10	21
20	6	**24**	12	3
22	13	5	16	9
1	19	7	23	15

13	21	7	20	4
10	19	3	11	22
1	12	**25**	9	18
24	8	16	2	15
17	5	14	23	6

图 7.16

据研究，25 个不同中位各领 144 幅 5 阶完全幻方的一个子集，其中“1 ～ 25”自然数列的中项“13”居中这个子集，我称之为标准中位数 5 阶完全幻方。一个子集 144 幅是计数的一个关键参数，5 阶完全幻方群计算：144×25 = 3600 幅。

全中心对称 5 阶完全幻方

什么是全中心对称 5 阶完全幻方？指全部等和数组都是中心对称排列的 5 阶完全幻方，其内部结构非常美，国内幻方爱好者赞誉之为最优化“雪花”幻方。全中心对称这一特定结构存在于标准中位 5 阶完全幻方子集（指“1 ～ 25”自然数列的中项“13”居中）。据检索，全中心对称 5 阶完全幻方共有 16 幅异构体，占 5 阶“标准中位”完全幻方子集的 1/9，现出示如下（图 7.17）。

24	3	7	11	20
12	16	25	4	8
5	9	13	17	21
18	22	1	10	14
6	15	19	23	2

10	18	1	14	22
11	24	7	20	3
17	5	13	21	9
23	6	19	2	15
4	12	25	8	16

22	3	19	11	10
14	6	25	2	18
5	17	13	9	21
6	24	1	20	12
16	15	7	23	4

20	8	1	12	24
11	22	19	10	3
9	5	13	21	17
23	16	7	4	15
2	14	25	18	6

24	3	17	11	10
12	6	25	4	18
5	19	13	7	21
8	22	1	20	14
16	15	9	23	2

20	8	1	14	22
11	24	17	10	3
7	5	13	21	19
23	16	9	2	15
4	12	25	18	6

22	3	9	11	20
14	16	25	2	8
5	7	13	19	21
18	24	1	10	12
6	15	17	23	4

10	18	1	12	24
11	22	9	20	3
19	5	13	21	7
23	6	17	4	15
2	14	25	8	16

21	3	10	12	19
15	17	24	1	8
4	6	13	20	22
18	25	2	9	11
7	14	16	23	5

9	18	2	11	25
12	21	10	19	3
20	4	13	22	6
23	7	16	5	14
1	15	24	8	17

25	3	16	12	9
11	7	24	5	18
4	20	13	6	22
8	21	2	19	15
17	14	10	23	1

19	8	2	15	21
12	25	16	9	3
6	4	13	22	20
23	17	10	1	14
5	11	24	18	7

21	3	20	12	9
15	7	24	1	18
4	16	13	10	22
8	25	2	19	11
17	14	6	23	5

19	8	2	11	25
12	21	20	9	3
10	4	13	22	16
23	17	6	5	14
1	15	24	18	7

25	3	6	12	19
11	17	24	5	8
4	10	13	16	22
18	21	2	9	15
7	14	20	23	1

9	18	2	15	21
12	25	6	19	3
16	4	13	22	10
23	7	20	1	14
5	11	24	8	17

图 7.17

这套 16 幅全中心对称 5 阶完全幻方，除“米”字中心“13”不变外，按“米”字结构数字的奇偶关系可分成两类：上 8 幅的纵横轴为 4 对奇数，主对角线为 4 对偶数；下 8 幅的 4 对奇数、4 对偶数相同，但所在位置恰好相反，即奇数对在主对角线，而偶数对在纵横轴。非标准中位 5 阶完全幻方子集中的“米”字结构对称性变化多端。

“25”居中 5 阶完全幻方子集

图 7.18、图 7.19、图 7.20 展示了 144 幅“25”居中位的 5 阶完全幻方子集，其检索方法：5 阶“商”方阵第 3 位起编，得 24 个“4”居中“商”方阵，取其 6 个异构体；5 阶“余”方阵第 2 位起编，得 24 个“5”居中“余”方阵，两方阵一一正交；根据乘法原则，可还原出 6×24 = 144 幅“25”居中 5 阶完全幻方。检索难点在于清除同构体，从而取得 144 幅异构体。检索工作枯燥乏味，又需要一丝不苟，没有定力是难以完成的。

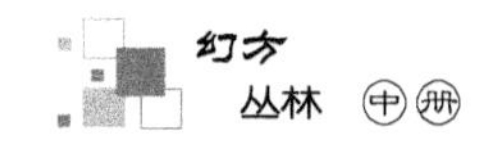

9	21	12	20	3
15	18	4	6	22
1	7	25	13	19
23	14	16	2	10
17	5	8	24	11

（1）

8	21	12	20	4
15	19	3	6	22
1	7	25	14	18
24	13	16	2	10
17	5	9	23	11

（2）

9	22	11	20	3
15	18	4	7	21
2	6	25	13	19
23	14	17	1	10
16	5	8	24	12

（3）

8	22	11	20	4
15	19	3	7	21
2	6	25	14	18
24	13	17	1	10
16	5	9	23	12

（4）

9	21	13	20	2
15	17	4	6	23
1	8	25	12	19
22	14	16	3	10
18	5	7	24	11

（5）

7	21	13	20	4
15	19	2	6	23
1	8	25	14	17
24	12	16	3	10
18	5	9	22	11

（6）

9	23	11	20	2
15	17	4	8	21
3	6	25	12	19
22	14	18	1	10
16	5	7	24	13

（7）

7	23	11	20	4
15	19	2	8	21
3	6	25	14	17
24	12	18	1	10
16	5	9	22	13

（8）

8	21	14	20	2
15	17	3	6	24
1	9	25	12	18
22	13	16	4	10
19	5	7	23	11

（9）

7	21	14	20	3
15	18	2	6	24
1	9	25	13	17
23	12	16	4	10
19	5	8	22	11

（10）

8	24	11	20	2
15	17	3	9	21
4	6	25	12	18
22	13	19	1	10
16	5	7	23	14

（11）

7	24	11	20	3
15	18	2	9	21
4	6	25	13	17
23	12	19	1	10
16	5	8	22	14

（12）

9	21	17	15	3
20	13	4	6	22
1	7	25	18	14
23	19	11	2	10
12	5	8	24	16

（13）

8	21	17	15	4
20	14	3	6	22
1	7	25	19	13
24	18	11	2	10
12	5	9	23	16

（14）

9	22	16	15	3
20	13	4	7	21
2	6	25	18	14
23	18	12	1	10
11	5	8	24	17

（15）

8	22	16	15	4
20	14	3	7	21
2	6	25	19	13
24	18	12	1	10
11	5	9	23	17

（16）

9	21	18	15	2
20	12	4	6	23
1	8	25	17	14
22	19	11	3	10
13	5	7	24	16

（17）

7	21	18	15	4
20	14	2	6	23
1	8	25	19	12
24	17	11	3	10
13	5	9	22	16

（18）

9	23	16	15	2
20	12	4	8	21
3	6	25	17	14
22	19	13	1	10
11	5	7	24	18

（19）

7	23	16	15	4
20	14	2	8	21
3	6	25	19	12
24	17	13	1	10
11	5	9	22	18

（20）

8	21	19	15	2
20	12	3	6	24
1	9	25	17	13
22	18	11	4	10
14	5	7	23	16

（21）

7	21	19	15	3
20	13	2	6	24
1	9	25	18	12
23	17	11	4	10
14	5	8	22	16

（22）

8	24	16	15	2
20	12	3	9	21
4	6	25	17	13
22	18	14	1	10
11	5	7	23	19

（23）

7	24	16	15	3
20	13	2	9	21
4	6	25	18	12
23	17	14	1	10
11	5	8	22	19

（24）

4	21	12	20	8
15	18	9	1	22
6	2	25	13	19
23	14	16	7	5
17	10	3	24	11

（25）

3	21	12	20	9
15	19	8	1	22
6	2	25	14	18
24	13	16	7	5
17	10	4	23	11

（26）

4	22	11	20	8
15	18	9	2	21
7	1	25	13	19
23	14	17	6	5
16	10	3	24	12

（27）

3	22	11	20	9
15	19	8	2	21
7	1	25	14	18
24	13	17	6	5
16	10	4	23	12

（28）

4	21	13	20	7
15	17	9	1	23
6	3	25	12	19
22	14	16	8	5
18	10	2	24	11

（29）

2	21	13	20	9
15	19	7	1	23
6	3	25	14	17
24	12	16	8	5
18	10	4	22	11

（30）

4	23	11	20	7
15	17	9	3	21
8	1	25	12	19
22	14	18	6	5
16	10	2	24	13

（31）

2	23	11	20	9
15	19	7	3	21
8	1	25	14	17
24	12	18	6	5
16	10	4	22	13

（32）

3	21	14	20	7
15	17	8	1	24
6	4	25	12	18
22	13	16	9	5
19	10	2	23	11

（33）

2	21	14	20	8
15	18	7	1	24
6	4	25	13	17
23	12	16	9	5
19	10	3	22	11

（34）

3	24	11	20	7
15	17	8	4	21
9	1	25	12	18
22	13	19	6	5
16	10	2	23	14

（35）

2	24	11	20	8
15	18	7	4	21
9	1	25	13	17
23	12	19	6	5
16	10	3	22	14

（36）

4	21	17	15	8
20	13	9	1	22
6	2	25	18	14
23	19	11	7	5
12	10	3	24	16

（37）

3	21	17	15	9
20	14	8	1	22
6	2	25	19	13
24	18	11	7	5
12	10	4	23	16

（38）

4	22	16	15	8
20	13	9	2	21
7	1	25	18	14
23	19	12	6	5
11	10	3	24	17

（39）

3	22	16	15	9
20	14	8	2	21
7	1	25	19	13
24	18	12	6	5
11	10	4	23	17

（40）

4	21	18	15	7
20	12	9	1	23
6	3	25	17	14
22	19	11	8	5
13	10	2	24	16

（41）

2	21	18	15	9
20	14	7	1	23
6	3	25	19	12
24	17	11	8	5
13	10	4	22	16

（42）

4	23	16	15	7
20	12	9	3	21
8	1	25	17	14
22	19	13	6	5
11	10	2	24	18

（43）

2	23	16	15	9
20	14	7	3	21
8	1	25	19	12
24	17	13	6	5
11	10	4	22	18

（44）

3	21	19	15	7
20	12	8	1	24
6	4	25	17	13
22	18	11	9	5
14	10	2	23	16

（45）

2	21	19	15	8
20	13	7	1	24
6	4	25	18	12
23	17	11	9	5
14	10	3	22	16

（46）

3	24	16	15	7
20	12	8	4	21
9	1	25	17	13
22	18	14	6	5
11	10	2	23	19

（47）

2	24	16	15	8
20	13	7	4	21
9	1	25	18	12
23	17	14	6	5
11	10	3	22	19

（48）

图 7.18

14	21	17	10	3
20	8	4	11	22
1	12	25	18	9
23	19	6	2	15
7	5	13	24	16

（49）

13	21	17	10	4
20	9	3	11	22
1	12	25	19	8
24	18	6	2	15
7	5	14	23	16

（50）

14	22	16	10	3
20	8	4	12	21
2	11	25	18	9
23	19	7	1	15
6	5	13	24	17

（51）

13	22	16	10	4
20	9	3	12	21
2	11	25	19	8
24	18	7	1	15
6	5	14	23	17

（52）

14	21	18	10	2
20	7	4	11	23
1	13	25	17	9
22	19	6	3	15
8	5	12	24	16

（53）

12	21	18	10	4
20	9	2	11	23
1	13	25	19	7
24	17	6	3	15
8	5	14	22	16

（54）

14	23	16	10	2
20	7	4	13	21
3	11	25	17	9
22	19	8	1	15
6	5	12	24	18

（55）

12	23	16	10	4
20	9	2	13	21
3	11	25	19	7
24	17	8	1	15
6	5	14	22	18

（56）

13	21	19	10	2
20	7	3	11	24
1	14	25	17	8
22	18	6	4	15
9	5	12	23	16

（57）

12	21	19	10	3
20	8	2	11	24
1	14	25	18	7
23	17	6	4	15
9	5	13	22	16

（58）

13	24	16	10	2
20	7	3	14	21
4	11	25	17	8
22	18	9	1	15
6	5	12	23	19

（59）

12	24	16	10	3
20	8	2	14	21
4	11	25	18	7
23	17	9	1	15
6	5	13	22	19

（60）

4	21	7	20	3
10	18	14	1	22
11	2	25	8	19
23	9	16	12	5
17	15	3	24	6

（61）

3	21	7	20	14
10	19	13	1	22
11	2	25	9	18
24	8	16	12	5
17	15	4	23	6

（62）

4	22	6	20	3
10	18	14	2	21
12	1	25	8	19
23	9	17	11	5
16	15	3	24	7

（63）

3	22	6	20	4
10	19	13	2	21
12	1	25	9	18
24	8	17	11	5
16	15	4	23	7

（64）

4	21	8	20	12
10	17	14	1	23
11	3	25	7	19
22	9	16	13	5
18	15	2	24	6

（65）

2	21	8	20	14
10	19	12	1	23
11	3	25	9	17
24	7	16	13	5
18	15	4	22	6

（66）

4	23	6	20	12
10	17	14	3	21
13	1	25	7	19
22	9	18	11	5
16	15	2	24	8

（67）

2	23	6	20	14
10	19	12	3	21
13	1	25	9	17
24	7	18	11	5
16	15	4	22	8

（68）

3	21	9	20	12
10	17	13	1	24
11	4	25	7	18
22	8	16	14	5
19	15	2	23	6

（69）

2	21	9	20	13
10	18	12	1	24
11	4	25	8	17
23	7	16	14	5
19	15	3	22	6

（70）

3	24	6	20	12
10	17	13	4	21
14	1	25	7	18
22	8	19	11	5
16	15	2	23	9

（71）

2	24	6	20	13
10	18	12	4	21
14	1	25	8	17
23	7	19	11	5
16	15	3	22	9

（72）

9	22	13	20	1
15	16	4	7	23
2	8	25	11	19
21	14	17	3	10
18	5	6	24	12

（73）

6	22	13	20	4
15	19	1	7	23
2	8	25	14	16
24	11	17	3	10
18	5	9	21	12

（74）

9	23	12	20	1
15	16	4	8	22
3	7	25	11	19
21	14	18	2	10
17	5	6	24	13

（75）

6	23	12	20	4
15	19	1	8	22
3	7	25	14	16
24	11	18	2	10
17	5	9	21	13

（76）

8	22	14	20	1
15	16	3	7	24
2	9	25	11	18
21	13	17	4	10
19	5	6	23	12

（77）

6	22	14	20	3
15	18	1	7	24
2	9	25	13	16
23	11	17	4	10
19	5	8	21	12

（78）

8	24	12	20	1
15	16	1	9	22
4	7	25	11	18
21	13	19	2	10
17	5	6	23	14

（79）

6	24	12	20	3
15	18	1	9	22
4	7	25	13	16
23	11	19	2	10
17	5	8	21	14

（80）

7	23	14	20	1
15	16	2	8	24
3	9	25	11	17
21	12	18	4	10
19	5	6	22	13

（81）

6	23	14	20	2
15	17	1	8	24
3	9	25	12	16
22	11	18	4	10
19	5	7	21	13

（82）

7	24	13	20	1
15	16	2	9	23
4	8	25	11	17
21	12	19	3	10
18	5	6	22	14

（83）

6	24	13	20	2
15	17	1	9	23
4	8	25	12	16
22	11	19	3	10
18	5	7	21	14

（84）

9	22	18	15	1
20	11	4	7	23
2	8	25	16	14
21	19	12	3	10
13	5	6	24	17

（85）

6	22	18	15	4
20	14	1	7	23
2	8	25	19	11
24	16	12	3	10
13	5	9	21	17

（86）

9	23	17	15	1
20	11	4	8	22
3	7	25	16	14
21	19	13	2	10
12	5	6	24	18

（87）

6	23	17	15	4
20	14	1	8	22
3	7	25	19	11
24	16	13	2	10
12	5	9	21	18

（88）

8	22	19	15	1
20	11	3	7	24
2	9	25	16	13
21	18	12	4	10
14	5	6	23	17

（89）

6	22	19	15	3
20	13	1	7	24
2	9	25	18	11
23	16	12	4	10
14	5	8	21	17

（90）

8	24	17	15	1
20	11	3	9	22
4	7	25	16	13
21	18	14	2	10
12	5	6	23	19

（91）

6	24	17	15	3
20	13	1	9	22
4	7	25	18	11
23	16	14	2	10
12	5	8	21	19

（92）

7	23	19	15	1
20	11	2	8	24
3	9	25	16	12
21	17	13	4	10
14	5	6	22	18

（93）

6	23	19	15	2
20	12	1	8	24
3	9	25	17	11
22	16	13	4	10
14	5	7	21	18

（94）

7	24	18	15	1
20	11	2	9	23
4	8	25	16	12
21	17	14	3	10
13	5	6	22	19

（95）

6	24	18	15	2
20	12	1	9	23
4	8	25	17	11
22	16	14	3	10
13	5	7	21	19

（96）

图 7.19

4	22	13	20	6
15	16	9	2	23
7	3	25	11	19
21	14	17	8	5
18	10	1	24	12

（97）

1	22	13	20	9
15	19	6	2	23
7	3	25	14	16
24	11	17	8	5
18	10	4	21	12

（98）

4	23	12	20	6
15	16	9	3	22
8	2	25	11	19
21	14	18	7	5
17	10	1	24	13

（99）

1	23	12	20	9
15	19	6	3	22
8	2	25	14	16
24	11	18	7	5
17	10	4	21	13

（100）

3	22	14	20	6
15	16	8	2	24
7	4	25	11	18
21	13	17	9	5
19	10	1	23	12

（101）

1	22	14	20	8
15	18	6	2	24
7	4	25	13	16
23	11	17	9	5
19	10	3	21	12

（102）

3	24	12	20	6
15	16	8	4	22
9	2	25	11	18
21	13	19	7	5
17	10	1	23	14

（103）

1	24	12	20	8
15	18	6	4	22
9	2	25	13	16
23	11	19	7	5
17	10	3	21	14

（104）

2	23	14	20	6
15	16	7	3	24
8	4	25	11	17
21	12	18	9	5
19	10	1	22	13

（105）

1	23	14	20	7
15	17	6	3	24
8	4	25	12	16
22	11	18	9	5
19	10	2	21	13

（106）

2	24	13	20	6
15	16	7	4	23
9	3	25	11	17
21	12	19	8	5
18	10	1	22	14

（107）

1	24	13	20	7
15	17	6	4	23
9	3	25	12	16
22	11	19	8	5
18	10	2	21	14

（108）

4	22	18	15	6
20	11	9	2	23
7	3	25	16	14
21	19	12	8	5
13	10	1	24	17

（109）

1	22	18	15	9
20	14	6	2	23
7	3	25	19	11
24	16	12	8	5
13	10	4	21	17

（110）

4	23	17	15	6
21	11	9	3	22
8	2	25	16	14
21	19	13	7	5
12	10	1	24	18

（111）

1	23	17	15	9
20	14	6	3	22
8	2	25	19	11
24	16	13	7	5
12	10	4	21	18

（112）

3	22	19	15	6
20	11	8	2	24
7	4	25	16	13
21	18	12	9	5
14	10	1	23	17

（113）

1	22	19	15	8
20	13	6	2	24
7	4	25	18	11
23	16	12	9	5
14	10	3	21	17

（114）

3	24	17	15	6
20	11	8	4	22
9	2	25	16	13
21	18	14	7	5
12	10	1	23	19

（115）

1	24	17	15	8
20	13	6	4	22
9	2	25	18	11
23	16	14	7	5
12	10	3	21	19

（116）

2	23	19	15	6
20	11	7	3	24
8	4	25	16	12
21	17	13	9	5
14	10	1	22	18

（117）

1	23	19	15	7
20	12	6	3	24
8	4	25	17	11
22	16	13	9	5
14	10	2	21	18

（118）

2	24	18	15	6
20	11	7	4	23
9	3	25	16	12
21	17	14	8	5
13	10	1	22	19

（119）

1	24	18	15	7
20	12	6	4	23
9	3	25	17	11
22	16	14	8	5
13	10	2	21	19

（120）

14	22	18	10	1
20	6	4	12	23
2	13	25	16	9
21	19	7	3	15
8	5	11	24	17

（121）

11	22	18	10	4
20	9	1	12	23
2	13	25	19	6
24	16	7	3	15
8	5	14	21	17

（122）

14	23	17	10	1
20	6	4	13	22
3	12	25	16	9
21	19	8	2	15
7	5	11	24	18

（123）

11	23	17	10	4
20	9	1	13	22
3	12	25	19	6
24	16	8	2	15
7	5	14	21	18

（124）

13	22	19	10	1
20	6	3	12	24
2	14	25	16	8
21	18	7	4	15
9	5	11	23	17

（125）

11	22	19	10	3
20	8	1	12	24
2	14	25	18	6
23	16	7	4	15
9	5	13	21	17

（126）

13	24	17	10	1
20	6	3	14	22
4	12	25	16	8
21	18	9	2	15
7	5	11	23	19

（127）

11	24	17	10	3
20	8	1	14	22
4	12	25	18	6
23	16	9	2	15
7	5	13	21	19

（128）

12	23	19	10	1
20	6	2	13	24
3	14	25	16	7
21	17	8	4	15
9	5	11	22	18

（129）

11	23	19	10	2
20	7	1	13	24
3	14	25	17	6
22	16	8	4	15
9	5	12	21	18

（130）

12	24	18	10	1
20	6	2	14	23
4	13	25	16	7
21	17	9	3	15
8	5	11	22	19

（131）

11	24	18	10	2
20	7	1	14	23
4	13	25	17	6
22	16	9	3	15
8	5	12	21	19

（132）

4	22	8	20	11
10	16	14	2	23
12	3	25	6	19
21	9	17	13	5
18	15	1	24	7

（133）

1	22	8	20	14
10	19	11	2	23
12	3	25	9	16
24	6	17	13	5
18	15	4	21	7

（134）

4	23	7	20	11
10	16	14	3	22
13	2	25	6	19
21	9	18	12	5
17	15	1	24	8

（135）

1	23	7	20	14
10	19	11	3	22
13	2	25	9	16
24	6	18	12	5
17	15	4	21	8

（136）

3	22	9	20	11
10	16	13	2	24
12	4	25	6	18
21	8	17	14	5
19	15	1	23	7

（137）

1	22	9	20	13
10	18	11	2	24
12	4	25	8	16
23	6	17	14	5
19	15	3	21	7

（138）

3	24	7	20	11
10	16	13	4	22
14	2	25	6	18
21	8	19	12	5
17	15	1	23	9

（139）

1	24	7	20	13
10	18	11	4	22
14	2	25	8	16
23	6	19	12	5
17	15	3	21	9

（140）

2	23	9	20	11
10	16	12	3	24
13	4	25	6	17
21	7	18	14	5
19	15	1	22	8

（141）

1	23	9	20	12
10	17	11	3	24
13	4	25	7	16
22	6	18	14	5
19	15	2	21	8

（142）

2	24	8	20	11
10	16	12	4	23
14	3	25	6	17
21	7	19	13	5
18	15	1	22	9

（143）

1	24	8	20	12
10	17	11	4	23
14	3	25	7	16
22	6	19	13	5
18	15	2	21	9

（144）

图 7.20

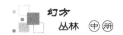

从“25”居中 5 阶完全幻方子集，可观察到其他 24 个数字精细、微妙的位置渐变移动过程，反映了非均匀物体（自然数列）全方位“最优化”平衡态运动的神奇轨迹。5 阶完全幻方群有 25 个任意中位子集，即“1 ～ 25”自然数列中每个数各领一个子集。

5 阶完全幻方相互转化关系

5 阶完全幻方各个体之间无不以各种各样的方式相互转化或联系，从而错综复杂地连接成一个 5 阶完全幻方群有机整体。构图、检索、清算工作都比较难，但只有摸清幻方个体之间深层次的相互转化数理关系，才有可能真正从 5 阶完全幻方迷宫中走出来。本文只介绍四种转化方式：其一，“互补”关系转化方式；其二，“表里”关系转化方式；其三，行列变位转化方式；其四，任意覆盖转化方式。

一、“互补”关系转化方式

什么是“互补”关系转化方式？指“n^2+1”减一幅 n 阶完全幻方，即可转化为另一幅 n 阶完全幻方，两者构成一对互补 n 阶完全幻方，它们的对应位置两数之和全等于一个常数。“互补”关系是一种普遍的“一对一”转化方式，适用于任意阶幻方。“互补”转化存在两种具体方式：其一，“自互补”转化方式；其二，“他互补”转化方式。这两种互补转化方式各有特定数字组合结构类别的 5 阶完全幻方对。

（一）“自互补”转化 5 阶完全幻方对

“自互补”转化方式存在于标准中位 5 阶完全幻方子集。因为“1 ～ 25”自然数列的中项“13”居中，常数“26”减一幅 5 阶完全幻方，所得另一幅 5 阶完全幻方的中位一定是“13”，所以这两幅互补 5 阶完全幻方对都在同一子集，故称之为“自互补”关系。根据互补对的组合状态，又可细分为同构体互补对（图 7.21）和异构体互补对（图 7.22）。

26 −

19	11	2	8	25
3	10	24	16	12
21	17	**13**	5	9
15	4	6	22	18
7	23	20	14	1

=

7	15	24	18	1
23	16	2	10	14
5	9	**13**	21	17
11	22	20	4	8
19	3	6	12	25

图 7.21　同构体互补对

26 −

25	3	6	12	19
11	17	24	5	8
4	10	13	16	22
18	21	2	9	15
7	14	20	23	1

=

1	23	20	14	7
15	9	2	21	18
22	16	13	10	4
8	5	24	17	11
19	12	6	3	25

图 7.22　异构体互补对

由上文可知，“13”居中 5 阶完全幻方子集有 144 幅，其中 16 幅为全中心对称，这类图形的“自互补”转化，如图 7.21 所示必定产生同构体互补对，即有 16 对 5 阶完全幻方互补同构体（子集中不计同构体）；另外 128 幅为非全对称 5 阶完全幻方，这类图形的“自互补”转化，如图 7.22 所示必定产生异构体互补对，即有 64 对 5 阶完全幻方互补异构体。

（二）“他互补”转化 5 阶完全幻方对

“他互补”转化方式存在于各非标准中位 5 阶完全幻方子集（即中项“13”以外的其他 24 个数字居中）。在“1 ～ 25”自然数列中，每对称两数之和全等于“26”，故有 12 对互补数组。由于各非标准中位 5 阶完全幻方子集没有全中心对称图形，当互补常数“26”减一幅 5 阶完全幻方，所得另一幅 5 阶完全幻方，两者的中位一定是互补数组，所以这两幅互补的 5 阶完全幻方对必然在不同子集，故称之为“他互补”转化关系。举例如下（图 7.23）。

	23	6	19	2	15		3	20	7	24	11
	4	12	25	8	16		22	14	1	18	10
26 −	10	18	**1**	14	22	=	16	8	25	12	4
	11	24	7	20	3		15	2	19	6	23
	17	5	13	21	9		9	21	13	5	17

	20	12	9	1	23		6	14	17	25	3
	4	21	18	15	7		22	5	8	11	19
26 −	13	10	**2**	24	16	=	13	16	24	2	10
	22	19	11	8	5		4	7	15	18	21
	6	3	25	17	14		20	23	1	9	12

	21	2	15	8	19		5	24	11	18	7
	13	9	16	22	5		13	17	10	4	21
26 −	17	25	**3**	14	6	=	9	1	23	12	20
	4	11	7	20	23		22	15	19	6	3
	10	18	24	1	12		16	8	2	25	14

	10	24	16	3	12		16	2	10	23	14
	1	13	7	25	19		25	13	19	1	7
26 −	22	20	**4**	11	8	=	4	6	22	15	18
	14	6	23	17	5		12	20	3	9	21
	18	2	15	9	21		8	24	11	17	5

	14	1	8	20	22		12	24	18	6	4
	10	17	24	11	3		16	9	2	15	23
26 −	21	13	**5**	7	19	=	5	13	21	19	7
	2	9	16	23	15		24	17	10	3	11
	18	25	12	4	6		8	1	14	22	20

	20	9	22	11	3		6	17	4	15	23
	21	13	5	19	7		5	13	21	7	19
26 −	4	17	**6**	23	15	=	22	9	20	3	11
	8	25	14	2	16		18	1	12	24	10
	12	1	18	10	24		14	25	8	16	2

	19	10	21	12	3		7	16	5	14	23
	22	13	4	20	6		4	13	22	6	20
26 −	5	16	**7**	23	14	=	21	10	19	3	12
	8	24	15	1	17		18	2	11	25	9
	11	2	18	9	25		15	24	8	17	1

	24	7	11	18	5		2	19	15	8	21
	13	20	4	22	6		13	6	22	4	20
26 −	2	21	**8**	15	19	=	24	5	18	11	7
	10	14	17	1	23		16	12	9	25	3
	16	3	25	9	12		10	23	1	17	14

	17	24	5	8	11		9	2	21	18	15
	10	13	16	22	4		16	13	10	4	22
26 −	21	2	**9**	15	18	=	5	24	17	11	8
	14	20	23	1	7		12	6	3	25	19
	3	6	12	19	25		23	20	14	7	1

	3	20	12	9	21		23	6	14	17	5
	7	24	1	18	15		19	2	25	8	11
26 −	16	13	**10**	22	4	=	10	13	16	4	22
	25	2	19	11	8		1	24	7	15	18
	14	6	23	5	17		12	20	3	21	9

	19	15	2	6	23		7	11	24	20	3
	1	8	24	20	12		25	18	2	6	14
26 −	25	17	**11**	3	9	=	1	9	15	23	17
	13	4	10	22	16		13	22	16	4	10
	7	21	18	14	5		19	5	8	12	21

	25	7	3	11	19		1	19	23	15	7
	13	16	24	10	2		13	10	2	16	24
26 −	9	5	**12**	18	21	=	17	21	14	8	5
	17	23	6	4	15		9	3	20	22	11
	1	14	20	22	8		25	12	6	4	18

图 7.23

图 7.18 至图 7.20 是 144 幅“25”居中 5 阶完全幻方子集，如果“26”减其每一幅 5 阶完全幻方，则可转化为 144 幅“1”居中 5 阶完全幻方子集。这就是说，5 阶完全幻方群内有 12 对 5 阶完全幻方互补子集。总之，“互补”关系转化方式研究使构图、检索、计数精简化了。

二、“表里”关系转化方式

什么是“表里”关系转化方式？完全幻方的所谓“表”，指全部行列的等和关系；完全幻方的所谓“里”，指泛对角线的等和关系。因此，所谓“表里”关系转化，就是完全幻方的全部行列与泛对角线之间交换位置，这是完全幻方异构体之间比较隐秘的重新洗牌的一种相互转化方式。

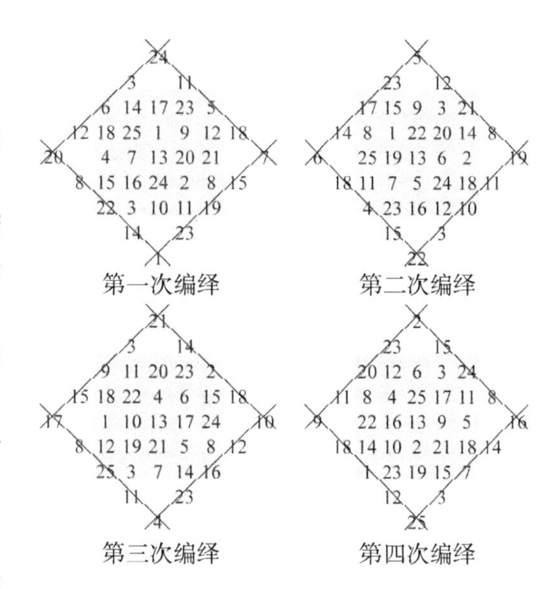

图 7.24

受杨辉口诀“九子斜排，上下对易，左右相更，四维挺进。戴九履一，左三右七，二四为肩，六八为足”启发，而得“表里”转化方法，即“杨辉口诀周期编绎技术”（参见《杨辉口诀新用法》一文相关节段，《宁夏大学学报：自然科学版》，2004 年第 25 卷第 1 期）。我以一幅已知 5 阶完全幻方为原始样本，代之以“九子斜排”3 阶自然方阵，按“上下对易，左右相更，四维挺进”的方法操作，即变为另一幅 5 阶完全幻方；再以这幅新 5 阶完全幻方为样本，同样按口诀操作，又可变为新的一幅 5 阶完全幻方……以此类推，直至最后一次返回原始样本为止。在这个连续变换过程中，一个编绎周期内将产生（n–1）即 4 幅 5 阶完全幻方异构体（含原始样本），举例如下（图 7.24）。

第一次编绎：以已知“13”居中 5 阶完全幻方为原始样本（斜排），按口诀操作，变为“表里”转化、结构重组的 5 阶完全幻方（正排）。

第二次编绎：以所得 5 阶完全幻方斜排，按口诀操作，变为“表里”逆转重组的正排 5 阶完全幻方。

第三次编绎：又以所得 5 阶完全幻方斜排，按口诀操作，重组的“表里”相互转化，变为正排新 5 阶完全幻方。

第四次编绎：以新 5 阶完全幻方斜排，按口诀操作，则再现 5 阶完全幻方原始样本，编绎周期终止。

总之，在口诀周期编绎方法中，5 阶完全幻方的“表里”关系转化“一式四联”，但是中位数字不会改变。因此，5 阶完全幻方群每个中位子集 144 幅异构体，按“表里”关系转化方式分类，有 36 个“一式四联”对。25 个中位数的不同子集，共计 900 个“一式四联”对 5 阶完全幻方异构体。

三、行列变位转化方式

5 阶完全幻方以行列交换方式相互转化，表现为行列上的数字组合相同而排序或结构改变，这是同数异构体之间的关联形式，存在两种行列交换方法，分述如下。

（一）行列对称交换

如图 7.25 所示，以中轴（中行中列）为坐标，先轴的同侧交换，再轴的两侧交换，行列同步，而得“一式二联”5 阶完全幻方对。其同数异构特点是：中心数不变，行列数不变，但行列及其序次重排。

（1）

21	3	20	12	9
15	7	24	1	18
4	16	13	10	22
8	25	2	19	11
17	14	6	23	5

19	8	2	11	25
12	21	20	9	3
10	4	13	22	16
23	17	6	5	14
1	15	24	18	7

（2）

20	12	1	8	24
3	9	25	17	11
22	16	13	4	10
14	5	7	21	18
6	23	19	15	2

5	18	7	14	21
12	24	1	20	8
16	10	13	22	4
23	2	19	6	15
9	11	25	3	17

图 7.25

（二）行列滚动位移

如图 7.26 所示，任意一个 5 阶完全幻方做行列的任意滚动位移，各可得 25 个不同中位数的 5 阶完全幻方异构体，即“一式二十五联”相互转换。其同数异构特点是：中心数置换，行列数不变，行列位移但序次关系不变。

21	3	20	12	9	21	3	20	12	9
15	7	24	1	18	15	7	24	1	18
4	16	13	10	22	4	16	13	10	22
8	25	2	19	11	8	25	2	19	11
17	14	6	23	5	17	14	6	23	5
21	3	20	12	9	21	3	20	12	9
15	7	24	1	18	15	7	24	1	18
4	16	13	10	22	4	16	13	10	22
8	25	2	19	11	8	25	2	19	11
17	14	6	23	5	17	14	6	23	5

图 7.26

总之，上述“行列对称交换”“行列滚动位移”两种行列变位，揭示了 5 阶完全幻方 25×2 ＝ 50 个同数异构体之间的相互转换关系。更重要的是由此可知：在 5 阶完全幻方群全集中，其实只有 3600 ÷ 50 ＝ 72 个异数异构体（指行列数字不同配置方案）。

四、任意覆盖转化方式

完全幻方中的每一个数都处在整体联系的最佳位置上，因而全盘皆是“活”的，这为“任意覆盖”实现完全幻方相互转化提供了数理基础。由于 5 阶规模有限，只存在正方形的任意覆盖有解，上文“行列滚动位移”是一种水平式正方形覆盖，而图 7.27 所示的是另一种直立式正方形覆盖。它同样以 25 个不同数为中心依次覆盖，而得“一式二十五联”相互转换。但两者的转换关系不同，前者为行列同数异构体，后者则是行列异数异构体，即其对角线与行列发生了置换（注：不同于杨辉口诀周期编绎技术中的“表里”转换关系）。

总而言之，5 阶完全幻方群中的每一幅幻方个体都不是孤立如一盘散沙的存在，而是通过各种方式盘根错节地相互转换，从而联结一个变幻无穷的有机整体，正如苏轼诗云：横看成岭侧成峰，远近高低各不同。

21	3	20	12	9	21	3	20	12	9
15	7	24	1	18	15	7	24	1	18
4	16	13	10	22	4	16	13	10	22
8	25	2	19	11	8	25	2	19	11
17	14	6	23	5	17	14	6	23	5
21	3	20	12	9	21	3	20	12	9
15	7	24	1	18	15	7	24	1	18
4	16	13	10	22	4	16	13	10	22
8	25	2	19	11	8	25	2	19	11
17	14	6	23	5	17	14	6	23	5

图 7.27

第8篇 大五象和大九宫算法

五象结构是 $4k$ 阶幻方（$k \geqslant 1$）的基本结构形式。为什么说 $4k$ 阶幻方有五象呢？$4k$ 阶幻方做“田”字型分解有四象，各象为一个 $2k$ 阶子单元，在中央又结合成一个中宫 $2k$ 阶子单元，此乃为其“第 5 象”。什么是大五象算法呢？即关于四象及其“第 5 象”的配置、定位结构等方面的算法与变法研究。

“米”字型与“井”字型结构是奇数阶幻方的基本结构形式，前者称为小九宫算，后者称为大九宫算，大、小两种九宫算的组合原理相通，但在组合结构、算法与变法等方面各有所不同。$3k$ 阶幻方（$k > 1$）其 3 阶母阶的九宫各为一个 k 阶子单元，这是探讨大九宫结构的一个重点专题。

五象全等态幻方

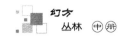

什么是五象全等态幻方？指在 4*k* 阶幻方“田”字型分解结构中，四象与中象等和（其和值各等于 4*k* 阶总和的 1/4）的一种组合形式。根据幻方组合性质不同分为两大类：其一，五象全等态非完全幻方；其二，五象全等态完全幻方。

一、五象全等态非完全幻方

图 8.1 所示的 9 幅 8 阶非完全幻方（幻和“260”）都为五象全等组合形态，各象 4 阶子单元之和全等于“520”。根据四象各 4 阶子单元的不同组合性质，有以下 3 种情况。

第 1 种情况：由四象全等 4 阶非完全幻方合成 8 阶非完全幻方，见本例（1）、（2）、（3），各图中象为等和的 4 阶“乱数”单元。

第 2 种情况：由四象全等 4 阶完全幻方合成 8 阶非完全幻方，见本例（4）、（5）、（6），各图中象为一个等和的 4 阶“乱数”单元。

第 3 种情况：由四象全等“乱数”单元合成的 8 阶非完全幻方，见本例（7）、（8）、（9），其中左两图的中象各为一个等和 4 阶非完全幻方子单元（子幻和“130”），右图中象为等和的一个 4 阶完全幻方子单元（泛幻和“130”）。

6	59	64	1	42	47	19	22
61	4	7	58	20	21	41	48
3	62	57	8	45	44	24	17
60	5	2	63	23	18	46	43
12	54	55	9	27	40	37	26
51	13	16	50	34	29	32	35
14	52	49	15	30	33	36	31
53	11	10	56	39	28	25	38

（1）

61	2	11	56	57	8	50	15
64	3	10	53	60	5	51	14
4	63	54	9	7	58	16	49
1	62	55	12	6	59	13	52
24	44	41	21	18	46	39	27
33	29	32	36	47	19	26	38
30	34	35	31	28	40	45	17
43	23	22	42	37	25	20	48

（2）

62	1	12	55	58	7	49	16
63	4	9	54	59	6	52	13
3	64	53	10	8	57	15	50
2	61	56	11	5	60	14	51
23	43	42	22	17	45	40	28
34	30	31	35	48	20	25	37
29	33	36	32	27	39	46	18
44	24	21	41	38	26	19	47

（3）

7	57	64	2	14	55	50	11
62	4	5	59	52	9	16	53
1	63	58	8	15	54	51	10
60	6	3	61	49	12	13	56
17	46	43	24	32	37	36	25
47	20	21	42	35	26	31	38
22	41	48	19	29	40	33	28
44	23	18	45	34	27	30	39

（4）

4	53	60	13	22	35	46	27
62	11	6	51	44	29	20	37
5	52	61	12	19	38	43	30
59	14	3	54	45	28	21	36
9	64	49	8	41	32	17	40
55	2	15	58	23	34	47	26
16	57	56	1	48	25	24	33
50	7	10	63	18	39	42	31

（5）

54	3	61	12	37	48	19	26
63	10	56	1	20	25	38	47
4	53	11	62	46	39	28	17
9	64	2	55	27	18	45	40
50	7	57	16	33	44	23	30
59	14	52	5	24	29	34	43
8	49	15	58	42	35	32	21
13	60	6	51	31	22	41	36

（6）

4	62	1	63	58	8	59	5
53	11	56	10	15	49	14	52
45	19	48	18	23	41	22	44
28	38	25	39	34	32	35	29
36	30	33	31	26	40	27	37
21	43	24	42	47	17	46	20
13	51	16	50	55	9	54	12
60	6	57	7	2	64	3	61

（7）

12	54	55	9	16	50	51	13
61	3	2	64	57	7	6	60
20	46	47	17	24	42	43	21
37	27	26	40	33	31	30	36
29	35	34	32	25	39	38	28
44	22	23	41	48	18	19	45
5	59	58	8	1	63	62	4
52	14	15	49	56	10	11	53

（8）

61	3	2	64	57	7	6	60
12	54	55	9	16	50	51	13
20	46	31	42	39	18	43	21
37	27	40	17	32	41	30	36
29	35	26	47	34	23	38	28
44	22	33	24	25	48	19	45
52	14	15	49	56	10	11	53
5	59	58	8	1	63	62	4

（9）

图 8.1　五象全等态非完全幻方

二、五象全等态完全幻方

什么是五象全等态完全幻方？指在 4k 阶幻方“田”字型分解结构中，四象与中象全等为基本特征的一种最优化组合形式，但组合性质变化多端。

图 8.2 所示的 9 幅 8 阶完全幻方（泛幻和“260”）都为五象全等组合形态，即各象 4 阶子单元之和全等于“520”。根据各 4 阶子单元的不同组合性质，可区分为以下 3 种情况。

第 1 种情况：由四象全等“乱数”单元合成 8 阶完全幻方，见本例（1）、（2）、（3），各图中象也是一个等和的“乱数”单元。

第 2 种情况：由四象全等“行列图”合成 8 阶完全幻方，见本例（4）、（5）、（6）。左图中象也是一个等和的“行列图”；中图中象是一个等和的 4 阶非完全幻方（子幻和“130”）；而右图中象是一个等和的“乱数”子单元。

第 3 种情况：由四象全等 4 阶完全幻方合成 8 阶完全幻方，这就是通常所说的 8 阶二重次完全幻方，见本例（7）、（8）、（9）。其中左两图的中象各为等和 4 阶完全幻方，即五象最优化 8 阶完全幻方，堪称一绝；右图中象是一个等和“乱数”子单元。

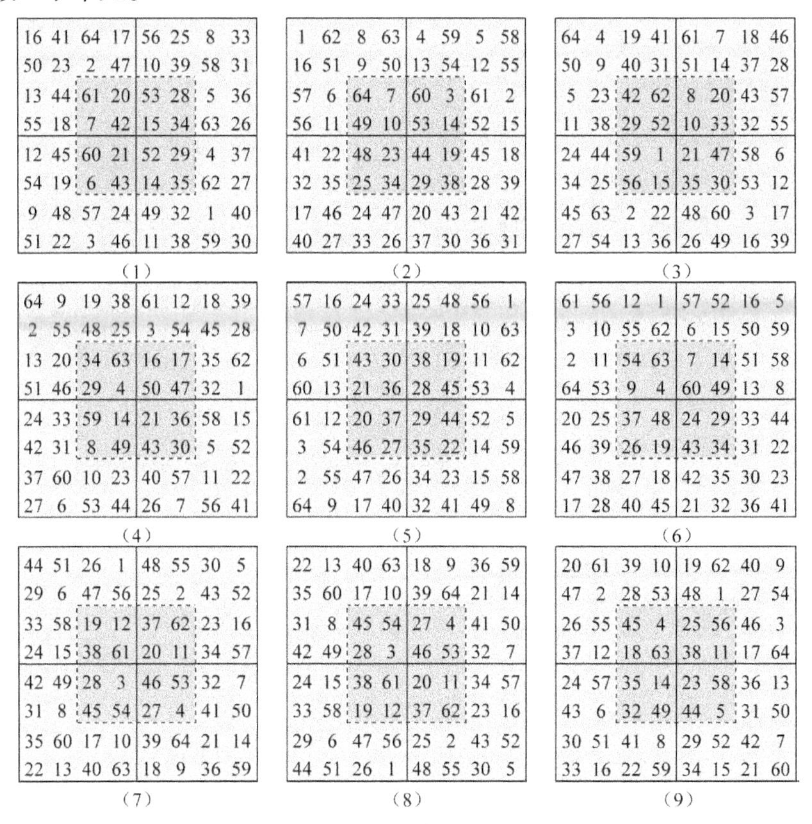

16	41	64	17	56	25	8	33
50	23	2	47	10	39	58	31
13	44	61	20	53	28	5	36
55	18	7	42	15	34	63	26
12	45	60	21	52	29	4	37
54	19	6	43	14	35	62	27
9	48	57	24	49	32	1	40
51	22	3	46	11	38	59	30

（1）

1	62	8	63	4	59	5	58
16	51	9	50	13	54	12	55
57	6	64	7	60	3	61	2
56	11	49	10	53	14	52	15
41	22	48	23	44	19	45	18
32	35	25	34	29	38	28	39
17	46	24	47	20	43	21	42
40	27	33	26	37	30	36	31

（2）

64	4	19	41	61	7	18	46
50	9	40	31	51	14	37	28
5	23	42	62	8	20	43	57
11	38	29	52	10	33	32	55
24	44	59	1	21	47	58	6
34	25	56	15	35	30	53	12
45	63	2	22	48	60	3	17
27	54	13	36	26	49	16	39

（3）

64	9	19	38	61	12	18	39
2	55	48	25	3	54	45	28
13	20	34	63	16	17	35	62
51	46	29	4	50	47	32	1
24	33	59	14	21	36	58	15
42	31	8	49	43	30	5	52
37	60	10	23	40	57	11	22
27	6	53	44	26	7	56	41

（4）

57	16	24	33	25	48	56	1
7	50	42	31	39	18	10	63
6	51	43	30	38	19	11	62
60	13	21	36	28	45	53	4
61	12	20	37	29	44	52	5
3	54	46	27	35	22	14	59
2	55	47	26	34	23	15	58
64	9	17	40	32	41	49	8

（5）

61	56	12	1	57	52	16	5
3	10	55	62	6	15	50	59
2	11	54	63	7	14	51	58
64	53	9	4	60	49	13	8
20	25	37	48	24	29	33	44
46	39	26	19	43	34	31	22
47	38	27	18	42	35	30	23
17	28	40	45	21	32	36	41

（6）

44	51	26	1	48	55	30	5
29	6	47	56	25	2	43	52
33	58	19	12	37	62	23	16
24	15	38	61	20	11	34	57
42	49	28	3	46	53	32	7
31	8	45	54	27	4	41	50
35	60	17	10	39	64	21	14
22	13	40	63	18	9	36	59

（7）

22	13	40	63	18	9	36	59
35	60	17	10	39	64	21	14
31	8	45	54	27	4	41	50
42	49	28	3	46	53	32	7
24	15	38	61	20	11	34	57
33	58	19	12	37	62	23	16
29	6	47	56	25	2	43	52
44	51	26	1	48	55	30	5

（8）

20	61	39	10	19	62	40	9
47	2	28	53	48	1	27	54
26	55	45	4	25	56	46	3
37	12	18	63	38	11	17	64
24	57	35	14	23	58	36	13
43	6	32	49	44	5	31	50
30	51	41	8	29	52	42	7
33	16	22	59	34	15	21	60

（9）

图 8.2　五象全等态完全幻方

五象消长态幻方

什么是五象消长态幻方？指在 $4k$ 阶幻方“田”字型分解结构中，当 $k>1$ 时，中象之和等于常数，但其四象互为消长而建立平衡关系的一种组合形式。根据幻方组合性质不同分为两大类：其一，五象消长态非完全幻方；其二，五象消长态完全幻方。

一、五象消长态非完全幻方

在中象之和等于“520”常数条件下，其两组对角象限的不等和之差要求达到“极值”，即最大或最小消长关系，“极值”幻方构图难度相当高。之前，缺少这方面的专门研究，也未见这类图例问世。

10	39	28	51	14	37	26	55
59	20	54	2	63	11	45	6
16	33	52	27	38	13	32	49
19	60	1	48	17	64	5	46
40	9	30	53	12	35	56	25
61	22	41	8	57	24	43	4
34	15	47	29	36	18	50	31
21	62	7	42	23	58	3	44

39	42	45	64	15	6	13	36
53	28	59	50	19	2	25	24
57	56	29	52	11	38	8	9
43	62	47	34	31	18	4	21
7	10	12	37	30	51	55	58
3	22	32	17	48	33	61	44
23	26	16	5	46	63	40	41
35	14	20	1	60	49	54	27

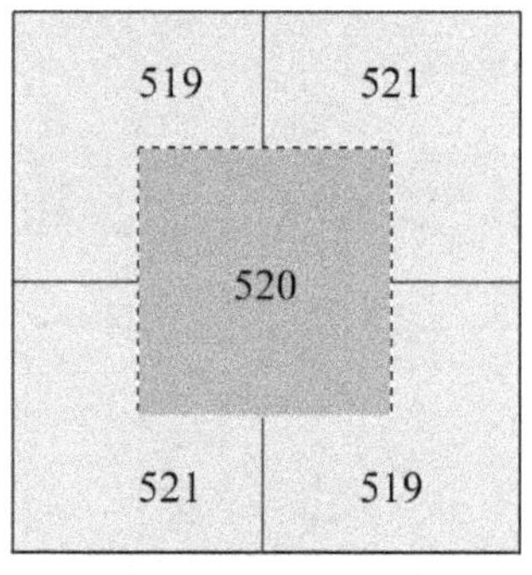

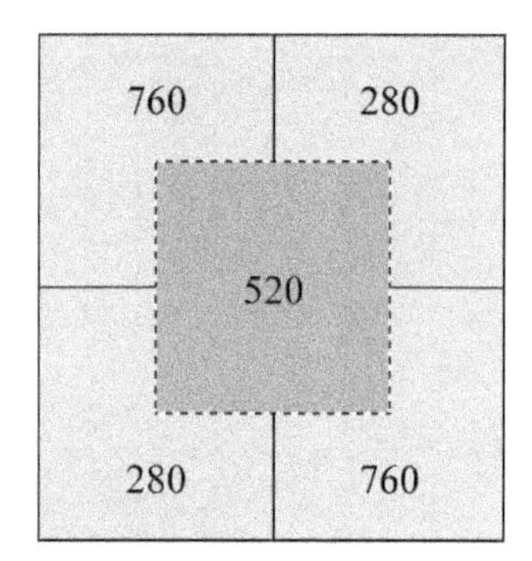

图 8.3　五象消长“极值”8 阶非完全幻方

图 8.3 展示了四象互为消长“极值”的两幅 8 阶非完全幻方，简介如下：右图两组对角象限之和互为消长关系达到了最大，其最大差值等于“480”；左图两组对角象限之和互为消长关系达到了最小，其最小差值等于“2”。

据研究，四象消长组合态 8 阶幻方的消长值变化多端，但一定会落在如下这个消长区间内：$2 \leqslant \Delta d \leqslant 480$。

它们组合性质的共同特点：消长四象及其常数中象都为 4 阶“乱数”单元。为什么不存在由四象子幻方合成的 8 阶幻方？理由很简单，因为两组对角象限之和互为消长，由此构成的 8 阶两条主对角线必然不等和。

二、五象消长态完全幻方

众所周知，在 48 幅 4 阶完全幻方全集中，一律贯彻“五象全等”原则，即四象与中象各 2 阶单元之和都等于中项四数“34”。在 $4k$ 阶完全幻方领域，当 $k>1$ 时，所能见到的也只是“五象全等”关系完全幻方。在研究中发现：存在五象消长态完全幻方，这是 $4k$ 阶“田”字型组合结构的一个全新认知，举例如下。

图 8.4 所示的 3 幅 8 阶完全幻方，尤其左图上两象与下两象的“同位行”为全轴对称互补关系，即每对应两数之和都等于“65”。由“田”字型结构分解可知：两组对角象限彼此消长（512 ∽ 528），以互补方式建立四象整体最优化平衡关系；第 5 象（即中象）不等于中项数，而与“消”的一象限或“长”的一象限之和相同。据“商—余”正交方阵结构透视，它们属于不规则完全幻方范畴。

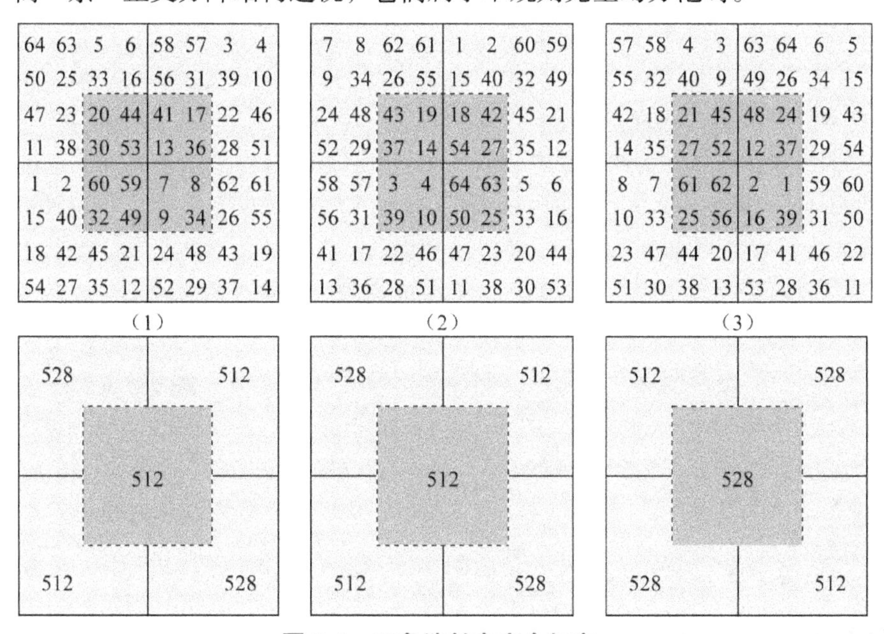

64	63	5	6	58	57	3	4
50	25	33	16	56	31	39	10
47	23	20	44	41	17	22	46
11	38	30	53	13	36	28	51
1	2	60	59	7	8	62	61
15	40	32	49	9	34	26	55
18	42	45	21	24	48	43	19
54	27	35	12	52	29	37	14

（1）

7	8	62	61	1	2	60	59
9	34	26	55	15	40	32	49
24	48	43	19	18	42	45	21
52	29	37	14	54	27	35	12
58	57	3	4	64	63	5	6
56	31	39	10	50	25	33	16
41	17	22	46	47	23	20	44
13	36	28	51	11	38	30	53

（2）

57	58	4	3	63	64	6	5
55	32	40	9	49	26	34	15
42	18	21	45	48	24	19	43
14	35	27	52	12	37	29	54
8	7	61	62	2	1	59	60
10	33	25	56	16	39	31	50
23	47	44	20	17	41	46	22
51	30	38	13	53	28	36	11

（3）

图 8.4 五象消长态完全幻方

长期以来，人们一直认为“四象全等”是 $4k$ 阶完全幻方存在的前提条件，至此五象消长态 8 阶完全幻方的发现，这一误解得到了纠正。实际情况是这样的：在“规则”完全幻方领域，必定是“四象全等”组合结构；而在“不规则”完全幻方领域，存在“四象全等”与“四象消长”两种结构形态。

8 阶不规则完全幻方五象消长的基本规律是怎样的？由于目前没有成熟的“不规则”最优化构图方法，又缺乏足够多的分析例图，许多问题仍是个迷。今后需要探讨下列基本问题。

（1）四象消长区间及其“极值”问题

非完全幻方的四象消长区间已搞清楚了，但未必适用于完全幻方。因为非完全幻方只需考虑两条主对角线的等和关系，所以两组对角象限之和的消长区间比较大。而完全幻方必须考虑建立全部泛对角线的等和关系，所以消长区间相对比较小。这是一个尚待深入探索的重要问题。

（2）中象的变化问题

中象是由四象的各 1/4 子单元合成的，它的变化幅度自然同消长区间的大小相关，并受四象各单元组合性质的制约。非完全幻方中象的变化幅度比较大，且其“和值”相对独立。按本例之见，完全幻方的中象似乎必须等于四象中的某一象之和。由此推断：完全幻方的中象变化幅度比较小，接近于中值（本例为 520±8）。

四象全等态下的中象之变

在 4 阶非完全幻方全集中，四象关系可分为两种情况：其一，四象全等组合，其二，四象消长组合。但第 5 象等于“中项和”始终不变。在 4 阶完全幻方全集中，四象与中象全等于“34”。据研究发现：①在“规则”4k 阶完全幻方或非完全幻方（$k>1$）中，无论四象全等，还是四象消长，k 阶中象之和具有不变性，即必定等于“中项和”。②在“不规则”4k 阶完全幻方或非完全幻方中，k 阶中象之和具有可变性。

图 8.5、图 8.6 和图 8.7 所示的 3 组 9 幅 8 阶非完全幻方，展示了在四象全等条件下，幻方中象之和的变化状态。我求得 8 阶非完全幻方比较小的中象之和等于“400”，比较大的中象之和等于“640”。本例与在四象消长态组合条件下（图 8.3），幻方中象等于“中项和”的平衡状态，构成了四象与中象关系的两种版本。

3	2	64	61	45	48	18	19
8	63	1	58	42	17	47	24
57	6	60	7	23	44	22	41
62	59	5	4	20	21	43	46
37	40	26	27	11	10	56	53
34	25	39	32	16	55	9	50
31	36	30	33	49	14	52	15
28	29	35	38	54	51	13	12

40	64	9	17	14	62	35	19
16	1	56	57	51	3	30	46
49	32	41	8	22	38	59	11
25	33	24	48	43	27	6	54
52	61	13	4	47	50	10	23
5	12	60	53	7	26	34	63
28	21	37	44	18	15	55	42
45	36	20	29	58	39	31	2

40	64	9	17	27	35	22	46
16	1	56	57	51	30	43	6
49	32	41	8	14	3	54	59
25	33	24	48	38	62	11	19
45	21	36	28	18	10	63	39
5	44	29	52	58	55	2	15
60	53	4	13	7	42	31	50
20	12	61	37	47	23	34	26

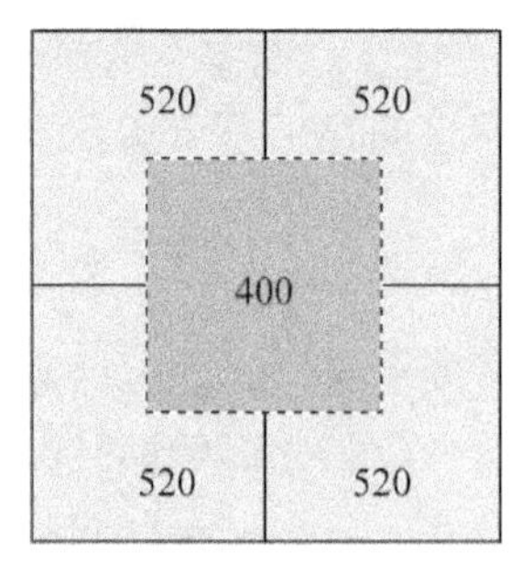

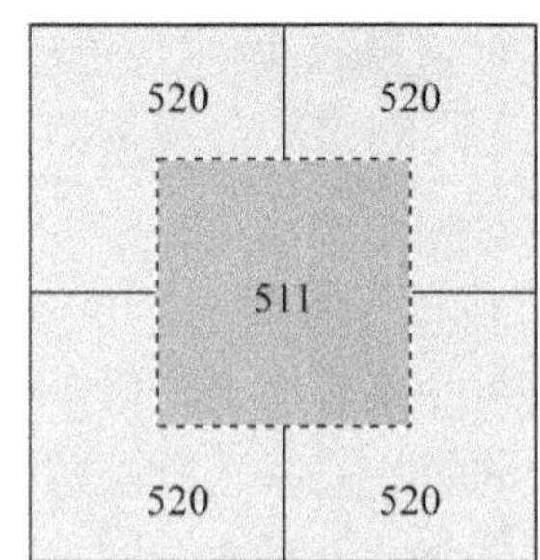

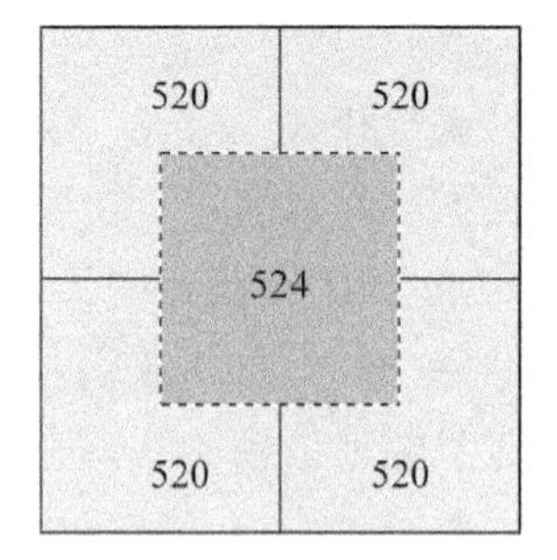

图 8.5

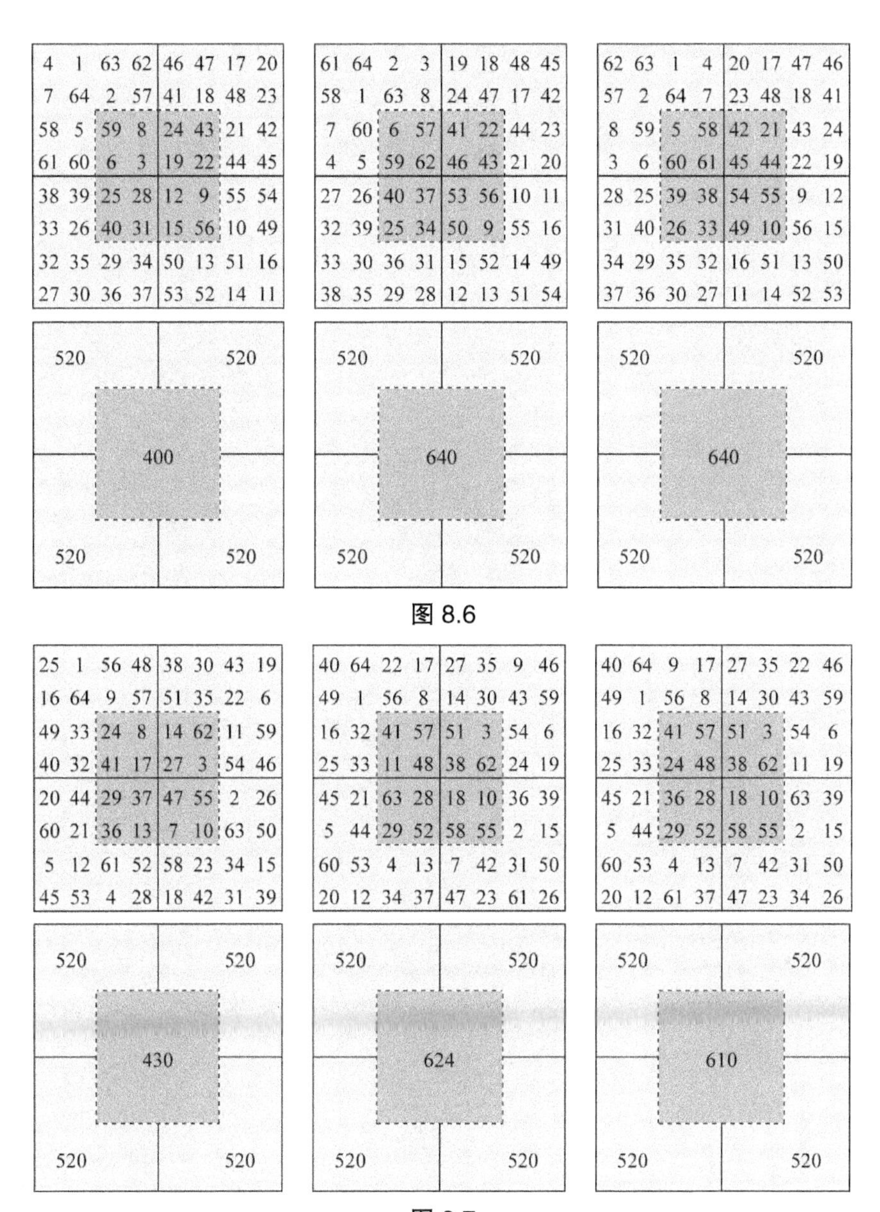

图 8.6

图 8.7

据分析，最大或最小中象 8 阶幻方可能存在于四象全等态组合条件下，且四象各单元的组合性质一般为“乱数”方阵。然而，从图 8.6 所示的 3 幅 8 阶非完全幻方各中象的配置方案分析，中象之和“变大”或者“变小”尚有一定的变化空间，这又是一个尚待深入探索的重要问题。

四象消长态下的中象之变

在四象消长条件下，不仅存在中象等于“中项和”的平衡状态，同样也存在中象不等于“中项和”的变化状态，举例如下（图 8.8、图 8.9）。

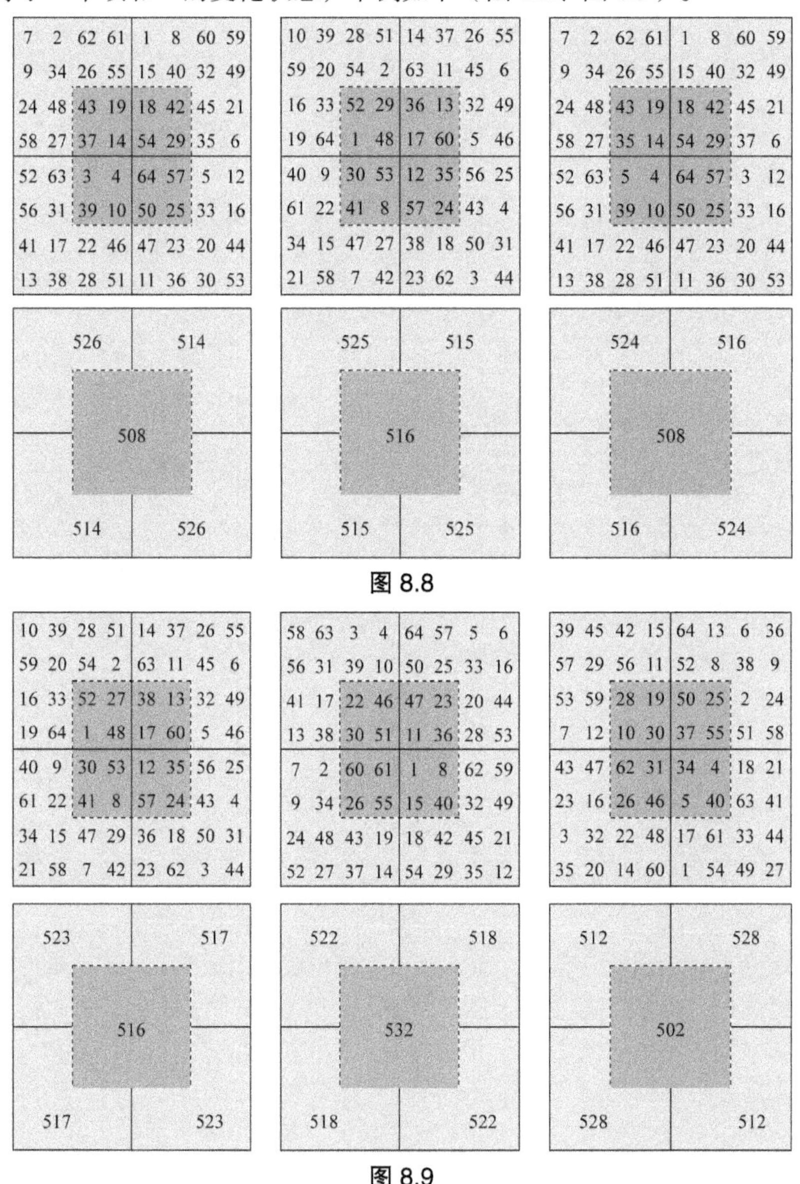

图 8.8

图 8.9

以上 6 幅 8 阶四象消长幻方，四象的消长值比较小，中位值的变化也不大。弄清结构“极值”及构图，在不规则幻方领域是相当有难度的。

12 阶双宫幻方

12 阶幻方（幻和“870”）若以 3 阶为母阶做分解，则为“井”字型九宫结构，各宫是一个 4 阶单元；若以 2 阶为母阶做分解，则为“田”字型五象结构，各象是一个 6 阶单元，因此，12 阶幻方为阶次最小的九宫、五象双重结构幻方。现出示几幅 12 阶幻方例图，以赏析双宫幻方之风采。

第一例：12 阶双宫幻方

图 8.10（1）12 阶非完全幻方（幻和“870”）的组合特点：从大九宫算法而言（4×3），它是由 9 个 4 阶完全幻方合成的子母幻方，各宫系三段式配置，中宫 4 阶完全幻方之和等于中项和“1160”；从大五象算而言（6×2），由 4 个全等的 6 阶“乱数”方阵合成，中象之和等于中项和“2160”。同时，从格子结构而言（3×4），由 16 个 3 阶“乱数”方阵合成。总之，这幅 12 阶非完全幻方的三重次母阶幻方（2 阶、3 阶、4 阶）成立（图 8.11）。

图 8.10（2）12 阶非完全幻方（幻和“870”）的组合特点：从格子结构而言，是由 8 奇 8 偶 16 个 3 阶幻方合成的子母幻方，母阶为 4 阶完全幻方；从大九宫算法而言，由 9 个 4 阶“乱数”方阵合成，母阶是一个 3 阶行列图，中宫之和等于中项和“1160”；从大五象算而言，由 4 个全等的 6 阶“乱数”方阵合成，中象之和等于中项和“2160”。总之，这幅 12 阶非完全幻方的三重次母阶幻方（2 阶、3 阶、4 阶）成立（图 8.12）。

64	75	86	49	120	131	142	105	20	31	42	5
85	50	63	76	141	106	119	132	41	6	19	32
51	88	73	62	107	144	129	118	7	44	29	18
74	61	52	87	130	117	108	143	30	17	8	43
24	35	46	9	68	79	90	53	112	123	134	97
45	10	23	36	89	54	67	80	133	98	111	124
11	48	33	22	55	92	77	66	99	136	121	110
34	21	12	47	78	65	56	91	122	109	100	135
116	127	138	101	16	27	38	1	72	83	94	57
137	102	115	128	37	2	15	28	93	58	71	84
103	140	125	114	3	40	25	14	59	96	81	70
126	113	104	139	26	13	4	39	82	69	60	95

（1）

56	72	46	91	107	81	122	138	112	13	29	3
48	58	68	83	93	103	114	124	134	5	15	25
70	44	60	105	79	95	136	110	126	27	1	17
121	137	111	14	30	4	55	71	45	92	108	82
113	123	133	6	16	26	47	57	67	84	94	104
135	109	125	28	2	18	69	43	59	106	80	96
19	35	9	128	144	118	85	101	75	50	66	40
11	21	31	120	130	140	77	87	97	42	52	62
33	7	23	142	116	132	99	73	89	64	38	54
86	102	76	49	65	39	20	36	10	127	143	117
78	88	98	41	51	61	12	22	32	119	129	139
100	74	90	63	37	53	34	8	24	141	115	131

（2）

图 8.10

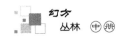

635	936	813	226
370	669	816	755
540	503	622	945
106	502	359	684

109	199	392
456	116	186
192	328	122

2610		2610
	216	
2610		2610

图 8.11

522	837	111	135
110	144	513	846
189	117	783	468
792	459	198	116

118	146	834
114	116	117
115	858	147

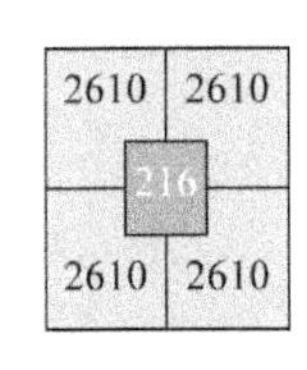

图 8.12

第二例：12 阶双宫幻方

图 8.13（1）是一幅 12 阶二重次完全幻方（幻和“870”），具有如下组合性质。

①内部任意划出一个 2 阶单元、4 阶单元、6 阶单元、8 阶单元与 10 阶单元，各单元之和分别相等，因此组合均匀度非常高。

②每相邻 4 个 2 阶单元都可合成一幅 4 阶完全幻方，即 4 行、4 列及 8 条泛对角线全等于“290”，因此，从大九宫结构看，中宫为一个 4 阶完全幻方。

③每相邻 16 个 2 阶单元都可合成一幅 8 阶完全幻方，即 8 行、8 列及 16 条泛对角线全等于“580”。

④本例 12 阶完全幻方若做 2 阶分解，四象全等，中象 6 阶单元之和等于“2610”（图 8.14），总之，这是一幅 12 阶完全幻方精品。

图 8.13（2）是一幅由四象组装的 12 阶幻方（幻和“870”），四象互为消长，6 阶中宫之和等于“2610”；4 阶中宫之和等于“1160”，显示了 12 阶幻方“双宫”的基本特征（图 8.15）。四象组装技术如下。

①左对角两象之和各为“2592”，右对角两象之和各为“2628”，消长之差为“36”。

②左右两象都为“锯齿”状互补契合，上下两象都为“接木”式互补粘贴。

③四象内各 6 阶单元的数字组合特点：奇数对角线所在两象为偶数组合象限，而偶数对角线所在两象为奇数组合象限。总之，这幅 12 阶幻方设计巧妙，四象组合标新立异，非寻常所见之佳作。

73	62	84	71	75	64	82	69	77	66	80	67
96	59	85	50	94	57	87	52	92	55	89	54
61	74	72	83	63	76	70	81	65	78	68	79
60	95	49	86	58	93	51	88	56	91	53	90
97	38	108	47	99	40	106	45	101	42	104	43
120	35	109	26	118	33	111	28	116	31	113	30
37	98	48	107	39	100	46	105	41	102	44	103
36	119	25	110	34	117	27	112	32	115	29	114
121	14	132	23	123	16	130	21	125	18	128	19
144	11	133	2	142	9	135	4	140	7	137	6
13	122	24	131	15	124	22	129	17	126	20	127
12	143	1	134	10	141	3	136	8	139	5	138

（1）

140	115	21	41	49	65	108	132	76	88	26	9
29	6	103	123	79	95	14	38	58	70	135	120
45	17	144	111	53	61	100	128	34	1	92	84
99	127	33	2	91	83	46	18	143	112	54	62
13	37	57	69	136	119	30	5	104	124	80	96
107	131	75	87	25	10	139	116	22	42	50	66
105	130	74	86	28	12	137	113	23	43	51	68
16	39	60	72	134	118	31	7	101	121	78	93
98	126	35	4	90	82	47	19	141	110	55	63
48	20	142	109	56	64	97	125	36	3	89	81
32	8	102	122	77	94	15	40	59	71	133	117
138	114	24	44	52	67	106	129	73	85	27	11

（2）

图 8.13

666	633	675	636
711	600	702	597
630	669	639	672
603	708	594	705

116	116	116
116	116	116
116	116	116

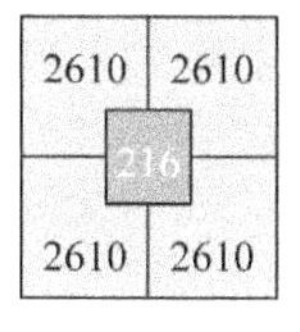

图 8.14

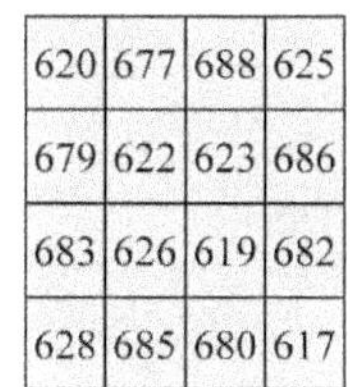

620	677	688	625
679	622	623	686
683	626	619	682
628	685	680	617

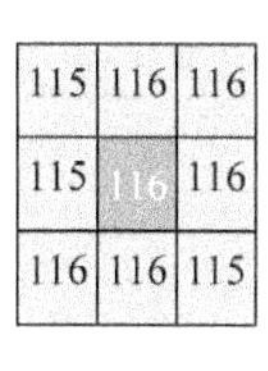

115	116	116
115	116	116
116	116	115

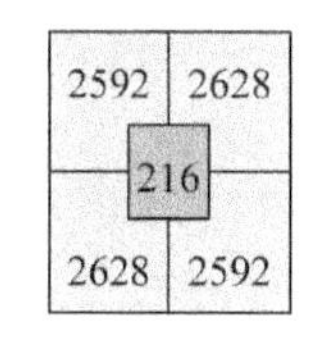

图 8.15

九宫算法与变法

在《周易》中，九宫本义源于洛书，即纵横斜等和的一种特定数形关系；同时，又泛指河图、洛书、八卦、太极数系，及其与此相关的应用——大衍数筮法等，内涵十分丰富神奇，但其内核贯彻九宫法则，曰："参伍以变，错综其数。通其变，遂成天下之文；极其数，遂定天下之象。"（参见《周易·系辞》）。所谓参伍错综者，指洛书九数三三"错综"组排，求其三倍于中"五"的全等关系，这就是九宫的古算法与变法。

在幻方研究应用中，九宫算法可分为两大专题：其一为小九宫算法；其二为大九宫算法。这两种算法的组合原理相同，而组合方法各自有所区别，现说明如下。

一、小九宫算法

什么是小九宫算法？指幻方"米"字型结构及其组合方法。汉代以后，"九宫"已被正式纳入"算经"体系。徐岳《数术记遗》（164 年，汉桓帝延熹七年）曰："九宫算，五行参数，犹如循环。"北周（557—581 年）甄鸾注："九宫者，即二四为肩，六八为足，左三右七，戴九履一，五居中央。"这是关于洛书九数定位规则最早的明确记载。至宋代，数学家杨辉深入地研究洛书的组合方法，他在《续古摘奇算经》中说："九子斜排，上下对易，左右相更，四维挺进。"同时，杨辉又推而广之首创了"易换术"构图方法。总之，杨辉把"参伍错综"具体化为这两种构图法，可在奇偶数阶幻方领域广泛应用。

（一）5 阶幻方小九宫算法

小九宫算法：以奇数阶自然方阵工具，做"米"字型结构分解，共 3 个"米"字合成，采用左右旋法、杨辉口诀等做"米"字型重新定位与置换，即得中项数居中、成对数组全中心对称的 5 阶幻方（图 8.16）。

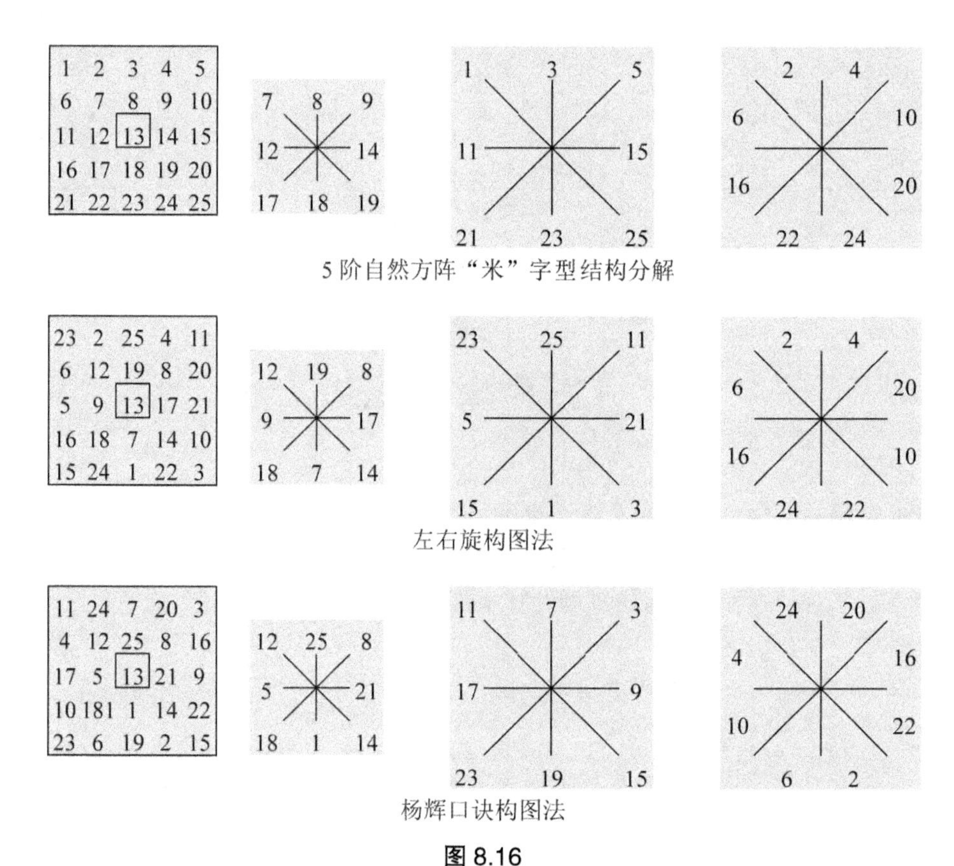

5阶自然方阵“米”字型结构分解

左右旋构图法

杨辉口诀构图法

图 8.16

（二）4阶幻方小九宫算法

杨辉“易换术”是偶数阶幻方的小九宫算法，与奇数阶幻方的区别在于：其“米”字型结构中轴中位“虚”。4阶可分解为3个虚中的“米”字，其4阶自然方阵的两条对角线旋转180°，即变为4阶幻方（图8.17）。由此可知：小九宫算法包括偶数幻方。

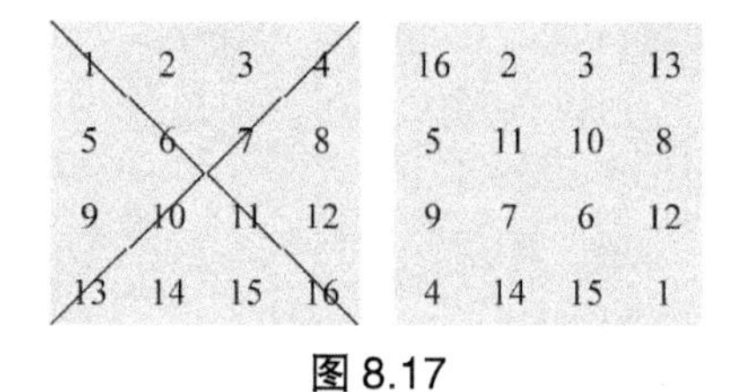

图 8.17

二、大九宫算法

什么是大九宫算法？大九宫算法是九宫算法的一个新概念，指 $3k$ 阶幻方（$k>1$）“井”字型结构分解及其组合关系的一种九宫算法与变法（适用于 $4k$ 阶幻方）。它以3阶为母阶，k 阶为子单元，探索9个 k 阶子单元的配置关系及其合成规律。当 k 为奇数时，$3k$ 阶为奇数阶幻方；当 k 为偶数时，$3k$ 阶为偶数阶幻方。我发现：大九宫算法存在两个基本模式：其一，3阶幻方合成模式，即9个 k 阶子单元之和构成一个母阶“3阶幻方”；其二，3阶乱数方阵合成模式，即 9 个 k 阶子单元之和构成一个母阶“3 阶准幻方、3 阶行列图、3 阶乱数方阵”。从总体而言，大九宫算法贯彻八卦组合原理。

（一）9 阶幻方大九宫算法

图 8.18（1）是由 9 个连续等差 3 阶幻方子单元（之和公差“81”）按洛书填写的 9 阶二重次幻方，其母阶具备“3 阶幻方”性质，是典型的全中心对称“井”字型简单放大式洛书。图 8.18（2）是由 9 个不规则 3 阶乱数子单元合成的 9 阶幻方，其母阶是一个 3 阶乱数方阵，大九宫算比较复杂。总之，图 8.18 两例展示了大九宫算法存在的两个基本模式。

31	36	29	76	81	74	13	18	11
30	32	34	75	77	79	12	14	16
35	28	33	80	73	78	17	10	15
22	27	20	40	45	38	58	63	56
21	23	25	39	41	43	57	59	61
26	19	24	44	37	42	62	55	60
67	72	65	4	9	2	49	54	47
66	68	70	3	5	7	48	50	52
71	64	69	8	1	6	53	46	51

（1）

288	693	126
207	369	531
612	45	450

母阶幻方

261	522	324
547	72	488
299	513	295

母阶乱数方阵

46	19	24	76	59	40	23	33	49
2	53	20	50	80	62	17	71	14
25	31	41	34	43	78	58	29	30
70	69	37	9	4	11	81	36	52
48	57	77	10	8	6	47	42	74
75	35	79	5	12	7	72	39	45
22	26	38	56	55	60	67	18	27
15	63	21	68	64	51	1	73	13
66	16	32	61	44	54	3	28	65

（2）

图 8.18

（二）8 阶幻方大九宫算法

偶数阶的中轴中位“虚”，因此 8 阶的大九宫结构表现为独特的 8 阶及其四象的交叉对角线，若旋转 180°，一气呵成，即得一幅由 4 个全等的 4 阶行列图合成的全中心对称 8 阶幻方（图 8.19）。

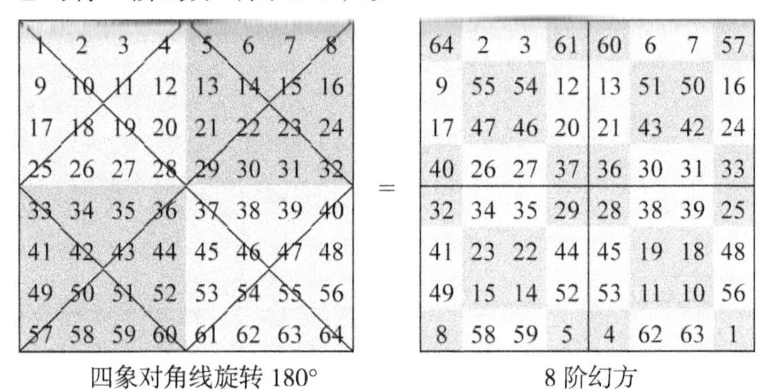

1	2	3	4	5	6	7	8
9	10	11	12	13	14	15	16
17	18	19	20	21	22	23	24
25	26	27	28	29	30	31	32
33	34	35	36	37	38	39	40
41	42	43	44	45	46	47	48
49	50	51	52	53	54	55	56
57	58	59	60	61	62	63	64

四象对角线旋转 180°

=

64	2	3	61	60	6	7	57
9	55	54	12	13	51	50	16
17	47	46	20	21	43	42	24
40	26	27	37	36	30	31	33
32	34	35	29	28	38	39	25
41	23	22	44	45	19	18	48
49	15	14	52	53	11	10	56
8	58	59	5	4	62	63	1

8 阶幻方

图 8.19

综上所述，九宫算法的“米”字型小九宫及“井”字型大九宫两种算法，前者贯彻洛书模式，后者贯彻八卦模式。两者的组合原理有共性，但在组合规则与方法方面存在差异。大九宫算法与变法更为错综复杂、变化多端。

全等式大九宫幻方

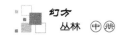

所谓全等式大九宫幻方，指 $3k$ 阶“井”字型各宫由 9 个等和的 k 阶子单元合成的幻方，这是建立九宫平衡关系的一种常见组合形态。按组合性质分类：一类为全等式大九宫非完全幻方；另一类为全等式大九宫完全幻方。由于九宫全等，它们的母阶都具有特殊的最优化性质。现以 9 阶为例，展示全等式大九宫合成关系。

一、全等式大九宫非完全幻方

如图 8.20 所示，6 幅 9 阶非完全幻方“井”字型各宫之和全等于“369”，各子单元不具有幻方性质。为了透视大九宫非最优化逻辑形式及其编码方法，以图 8.20（6）为例，出示其“商—余”正交方阵（图 8.21）。

41	61	21	63	24	40	19	38	62
81	15	31	10	29	80	32	79	12
1	47	71	50	70	3	72	6	49
55	20	44	45	60	22	23	43	57
14	34	75	73	11	35	36	78	13
54	69	4	5	52	66	64	2	53
59	25	39	27	42	58	37	56	26
18	33	76	28	74	17	77	16	30
46	65	8	68	7	48	9	51	67

（1）

1	53	65	5	48	70	9	49	69
77	12	34	81	13	33	73	17	29
45	58	24	37	62	20	41	57	25
54	67	6	50	66	7	46	71	2
10	35	74	18	31	78	14	30	79
59	21	43	55	26	38	63	22	42
64	8	47	68	3	52	72	4	51
32	75	16	36	76	15	28	80	11
27	40	60	19	44	56	23	39	61

（2）

32	66	25	77	3	43	14	48	61
15	53	55	33	71	19	78	8	37
81	4	38	18	49	56	36	67	20
79	5	39	34	68	21	16	50	57
28	69	26	10	51	62	73	6	44
11	54	58	74	9	40	29	72	22
75	7	41	12	52	59	30	70	23
35	64	24	80	1	42	17	46	60
13	47	63	31	65	27	76	2	45

（3）

47	63	13	9	40	74	65	27	31
64	24	35	51	62	10	1	42	80
3	43	77	70	23	30	48	61	14
49	56	18	4	38	81	67	20	36
71	19	33	53	55	15	8	37	78
5	39	79	68	21	34	50	57	16
54	58	11	2	45	76	72	22	29
69	26	28	46	60	17	6	44	73
7	41	75	66	25	32	52	59	12

（4）

36	67	20	31	65	27	81	4	38
12	52	59	16	50	57	30	70	23
78	8	37	80	1	42	15	53	55
29	72	22	74	9	40	11	54	58
14	48	61	32	66	25	77	3	43
73	6	44	10	51	62	28	69	26
76	2	45	18	49	56	13	47	63
34	68	21	75	7	41	79	5	39
17	46	60	33	71	19	35	64	24

（5）

6	54	67	2	46	71	7	50	66
74	10	35	79	14	30	78	18	31
43	59	21	42	63	22	38	55	26
70	5	48	65	1	53	69	9	49
33	81	13	34	77	12	29	73	17
20	37	62	24	45	58	25	41	57
51	72	4	47	64	8	52	68	3
11	28	80	16	32	75	15	36	76
61	23	39	60	27	40	56	19	44

（6）

图 8.20

0	5	7	0	5	7	0	5	7
8	1	3	8	1	3	8	1	3
4	6	2	4	6	2	4	6	2
7	0	5	7	0	5	7	0	5
3	8	1	3	8	1	3	8	1
2	4	6	2	4	6	2	4	6
5	7	0	5	7	0	5	7	0
1	3	8	1	3	8	1	3	8
6	2	4	6	2	4	6	2	4

× 9 +

6	9	4	2	1	8	7	5	3
2	1	8	7	5	3	6	9	4
7	5	3	6	9	4	2	1	8
7	5	3	2	1	8	6	9	4
6	9	4	7	5	3	2	1	8
2	1	8	6	9	4	7	5	3
6	9	4	2	1	8	7	5	3
2	1	8	7	5	3	6	9	4
7	5	3	6	9	4	2	1	8

=

6	54	67	2	46	71	7	50	66
74	10	35	79	14	30	78	18	31
43	59	21	42	63	22	38	55	26
70	5	48	65	1	53	69	9	49
33	81	13	34	77	12	29	73	17
20	37	62	24	45	58	25	41	57
51	72	4	47	64	8	52	68	3
11	28	80	16	32	75	15	36	76
61	23	39	60	27	40	56	19	44

图 8.21

由图 8.21 可知：本例 9 阶幻方的“商数”方阵具有最优化性质，但它的“余数”方阵发生了多处“逻辑变形”，因而全部次对角线不等和，结果导致这对“商—余”正交方阵还原出的 9 阶幻方为非完全幻方。

二、全等式大九宫完全幻方

3*k* 阶完全幻方的“井”字型组合结构的特点如下：大九宫全等是 3*k* 阶完全幻方成立的前提条件。为什么呢？因为 3*k* 阶完全幻方的母阶必须具有“3 阶完全幻方”性质，而 3 阶之所以能成为“完全幻方”，唯一的办法是令大九宫各 *k* 阶子单元之和全等，否则绝对不可能存在“3 阶完全幻方”。若 3 阶母幻方不是最优化的，那么就无法去优化 3*k* 阶整体。现以 9 阶为例，展示“井”字型幻方的最优化结构（图 8.22）。

32	66	25	14	48	61	77	3	43
15	53	55	78	8	37	33	71	19
81	4	38	36	67	20	18	49	56
30	70	23	12	52	59	75	7	41
17	46	60	80	1	42	35	64	24
76	2	45	31	65	27	13	47	63
34	68	21	16	50	57	79	5	39
10	51	62	73	6	44	28	69	26
74	9	40	29	72	22	11	54	58

（1）

33	71	19	15	53	55	78	8	37
18	49	56	81	4	38	36	67	20
75	7	41	30	70	23	12	52	59
35	64	24	17	46	60	80	1	42
13	47	63	76	2	45	31	65	27
79	5	39	34	68	21	16	50	57
28	69	26	10	51	62	73	6	44
11	54	58	74	9	40	29	72	22
77	3	43	32	66	25	14	48	61

（2）

31	65	27	13	47	63	76	2	45
16	50	57	79	5	39	34	68	21
80	1	42	35	64	24	17	46	60
29	72	22	11	54	58	74	9	40
14	48	61	77	3	43	32	66	25
73	6	44	28	69	26	10	51	62
36	67	20	18	49	56	81	4	38
12	52	59	75	7	41	30	70	23
78	8	37	33	71	19	15	53	55

（3）

52	59	12	70	23	30	7	41	75
65	27	31	2	45	76	47	63	13
8	37	78	53	55	15	71	19	33
50	57	16	68	21	34	5	39	79
72	22	29	9	40	74	54	58	11
1	42	80	46	60	17	64	24	35
48	61	14	66	25	32	3	43	77
67	20	36	4	38	81	49	56	18
6	44	73	51	62	10	69	26	28

（4）

18	58	47	36	22	65	81	40	2
30	25	68	75	43	5	12	61	50
80	37	6	17	55	51	35	19	69
13	56	54	31	20	72	76	38	9
34	23	66	79	41	3	16	59	48
73	42	8	10	60	53	28	24	71
11	63	49	29	27	67	74	45	4
32	21	70	77	39	7	14	57	52
78	44	1	15	62	46	33	26	64

（5）

49	56	18	67	20	36	4	38	81
71	19	33	8	37	78	53	55	15
5	39	79	50	57	16	68	21	34
47	63	13	65	27	31	2	45	76
64	24	35	1	42	80	46	60	17
3	43	77	48	61	14	66	25	32
54	58	11	72	22	29	9	40	74
69	26	28	6	44	73	51	62	10
7	41	75	52	59	12	70	23	30

（6）

63	24	40	55	20	44	59	25	39
10	29	80	14	34	75	18	33	76
50	70	3	54	69	4	46	65	8
27	42	58	19	38	62	23	43	57
28	74	17	32	79	12	36	78	13
68	7	48	72	6	49	64	2	53
45	60	22	37	56	26	41	61	21
73	11	35	77	16	30	81	15	31
5	52	66	9	51	67	1	47	71

（7）

50	66	7	54	67	6	46	71	2
18	31	78	10	35	74	14	30	79
55	26	38	59	21	43	63	22	42
68	3	52	72	4	51	64	8	47
36	76	15	28	80	11	32	75	16
19	44	56	23	39	61	27	40	60
5	48	70	9	49	69	1	53	65
81	13	33	73	17	29	77	12	34
37	62	20	41	57	25	45	58	24

（8）

47	64	8	52	68	3	51	72	4
16	32	75	15	36	76	11	28	80
60	27	40	56	19	44	61	23	39
65	1	53	70	5	48	69	9	49
34	77	12	33	81	13	29	71	17
24	45	58	20	37	62	25	41	57
2	46	71	7	50	66	6	54	67
79	14	30	78	18	31	74	10	35
42	63	22	38	55	26	43	59	21

（9）

图 8.22

图 8.22 所示的 9 幅 9 阶完全幻方（泛幻和“369”）的基本特征：九宫全等于“369”，各宫内 9 个数的配置变化多端，但定位格式只有两种，即各宫 3 阶子单元横向(或纵向)等和定位。为了透视大九宫最优化逻辑形式及其编码方法。现以图 8.22（9）为例，出示其“商—余”正交方阵（图 8.23）。

5	7	0	5	7	0	5	7	0
1	3	8	1	3	8	1	3	8
6	2	4	6	2	4	6	2	4
7	0	5	7	0	5	7	0	5
3	8	1	3	8	1	3	8	1
2	4	6	2	4	6	2	4	6
0	5	7	0	5	7	0	5	7
8	1	3	8	1	3	8	1	3
4	6	2	4	6	2	4	6	2

× 9 ＋

2	1	8	7	5	3	6	9	4
7	5	3	6	9	4	2	1	8
6	9	4	2	1	8	7	5	3
2	1	8	7	5	3	6	9	4
7	5	3	6	9	4	2	1	8
6	9	4	2	1	8	7	5	3
2	1	8	7	5	3	6	9	4
7	5	3	6	9	4	2	1	8
6	9	4	2	1	8	7	5	3

＝

47	64	8	52	68	3	51	72	4
16	32	75	15	36	76	11	28	80
60	27	40	56	19	44	61	23	39
65	1	53	70	5	48	69	9	49
34	77	12	33	81	13	29	71	17
24	45	58	20	37	62	25	41	57
2	46	71	7	50	66	6	54	67
79	14	30	78	18	31	74	10	35
42	63	22	38	55	26	43	59	21

图 8.23

从图 8.23 所示的“商—余”正交方阵看，大九宫算法的编码规则一目了然，它采用三位制最优化同位逻辑编码技术，其逻辑特征表现为：“商—余”方阵各行(或列)及泛对角线都由自然数列构成；各列（或行）都由 3 组相同数组构成；大九宫各子单元都由自然数列构成。因此，9 阶全等式大九宫完全幻方属于规则完全幻方范畴。

等差式大九宫幻方

所谓等差式大九宫幻方，指由 9 个之和连续的 k 阶子单元合成的 $3k$ 阶幻方（$k \geqslant 3$），这是以九宫等差消长方式建立平衡关系的一种组合形态。据分析：在“井”字型母阶幻方成立条件下，9 个 k 阶子单元的连续等差配置，必定是以$\frac{1}{2}(9k^2+1)k^2$为中项而展开的一列算术级数。等差式大九宫幻方，从子母阶配置状态及组合性质可区分为如下两类：

一类是各宫内部 k^2 个数也为连续等差或分段等差配置，这类配置方案可构造二重次大九宫幻方（当 $k=3$ 时，大九宫各子单元有非完全幻方解；当 $k>3$ 时，大九宫各子单元有完全幻方解）；等差式二重次大九宫幻方贯彻小九宫算法。

另一类是各宫内部 k^2 个数为“无序”配置（或“有序”配置而“无序”定位），这类配置方案由 9 个“乱数方阵”合成大九宫幻方，我称之为等差式单次大九宫幻方。

根据洛书组合原理可知：①等差式大九宫幻方的中宫之和一定等于$\frac{1}{2}(9k^2+1)k^2$；②等差式大九宫幻方不存在最优化解。

在等差式大九宫幻方领域，下列问题值得深入研究：其一，如何组建大九宫

各 k 阶子单元配置方案？其二，什么是大九宫各 k 阶子单元之间的公差变化区间？现以 9 阶为例，展示连续等差式大九宫幻方的结构特点。

一、等差式二重次大九宫幻方

图 8.24 为 3 幅 9 阶幻方，各由 9 个连续等差的 3 阶幻方合成，“井”字型母幻方成立，故称之为等差式二重次大九宫幻方。它们有一个好玩的特点：9 个 3 阶幻方可在各宫原位独立地做旋转或反写，即各自“镜像”8 倍同构体在原位自由组合而 9 阶幻方始终成立。按大九宫各 3 阶单元的配置方式可分为如下两种情况。

13	18	11	76	81	74	31	36	29
12	14	16	75	77	79	30	32	34
17	10	15	80	73	78	35	28	33
58	63	56	40	45	38	22	27	20
57	59	61	39	41	43	21	23	25
62	55	60	44	37	42	26	19	24
49	54	47	4	9	2	67	72	65
48	50	52	3	5	7	66	68	70
53	46	51	8	1	6	71	64	69

（1）

31	76	13	36	81	18	29	74	11
22	40	58	27	45	63	20	38	56
67	4	49	72	9	54	65	2	47
30	75	12	32	77	14	34	79	16
21	39	57	23	41	59	25	43	61
66	3	48	68	5	50	70	7	52
35	80	17	28	73	10	33	78	15
26	44	62	19	37	55	24	42	60
71	8	53	64	1	46	69	6	51

（2）

37	66	11	52	81	26	31	60	5
12	38	64	27	53	79	6	32	58
65	10	39	80	25	54	59	4	33
34	63	8	40	69	14	46	75	20
9	35	61	15	41	67	21	47	73
62	7	36	68	13	42	74	19	48
49	78	23	28	57	2	43	72	17
24	50	76	3	29	55	18	44	70
77	22	51	56	1	30	71	16	45

（3）

图 8.24

图 8.24（1）、（2）两图各 3 阶单元 9 个数为连续等差配置；图 8.24（3）各 3 阶单元 9 个数为三段等差配置。这 3 幅 9 阶幻方的中宫之和都等于“369”，大九宫公差分别等于“81”“9”“27”（图 8.25）。

288	693	126
207	369	531
612	45	450

（1）Δ81

360	405	342
351	369	387
496	333	378

（2）Δ9

342	477	288
315	369	423
450	261	396

（3）Δ27

图 8.25

二、等差式单次大九宫幻方

所谓等差式单次大九宫幻方，指由之和连续配置、等差的 9 个 3 阶“乱数”方阵所合成的大九宫幻方。

图 8.26 为 3 幅 9 阶幻方，其共同特点：9 个 3 阶子单元都没有幻方性质，各子单元之和连续等差，公差分别为“1”“81”“9”，“井”字型母幻方成立，中宫之和“369”，因此称之为等差式单次大九宫幻方（图 8.27）。总之，9 阶等差式大九宫幻方，各宫最小公差为“1”，最大公差为“81”。其中，9 阶大九宫最小公差幻方为珍品。

33	76	15	28	81	10	35	74	17
22	40	58	27	45	63	20	38	56
69	4	51	64	9	46	71	2	53
34	75	16	32	77	14	30	79	12
21	39	57	23	41	59	25	43	61
70	3	52	68	5	50	66	7	48
29	80	11	36	73	18	31	78	13
26	44	62	19	37	55	24	42	60
65	8	47	72	1	54	67	6	49

（1）

35	32	29	76	73	79	15	12	18
28	31	34	78	81	75	17	11	14
33	30	36	74	80	77	13	10	16
25	22	19	45	42	39	56	62	59
27	21	24	38	41	44	58	61	55
23	20	26	43	40	37	63	60	57
66	72	69	5	2	8	46	52	49
68	71	65	7	1	4	48	51	54
64	70	67	3	9	6	53	50	47

（2）

67	40	13	36	9	63	47	20	74
4	31	58	54	81	27	65	11	38
49	22	76	18	72	45	29	2	56
57	30	3	77	50	23	16	70	43
75	21	48	14	41	68	34	61	7
39	12	66	59	32	5	79	52	25
26	80	53	37	10	64	6	60	33
44	71	17	55	1	28	24	51	78
8	62	35	19	73	46	69	42	15

（3）

图 8.26

368	373	366
367	369	371
372	365	370

（1）Δ1

288	693	126
207	369	531
612	45	450

（2）Δ81

360	405	342
351	369	387
496	333	378

（3）Δ9

图 8.27

三段等差式大九宫幻方

所谓三段等差式大九宫幻方，指由 9 个三段等差的 k 阶子单元合成的 $3k$ 阶幻方（$k \geqslant 3$），这是以九宫分段消长方式建立平衡关系的一种组合形态。三段等差式大九宫幻方，按洛书九宫为序划分为三段，段间各三宫等差，段内三宫亦等差。据分析：在“井”字型母阶幻方成立条件下，9 个 k 阶子单元的三分段等差配置，也必定是以$\frac{1}{2}(9k^2+1)k^2$为中项而展开的三列算术级数。三段等差式大九宫幻方，从子母阶配置状态及组合性质可区分为如下两类：

一类是各宫内部 k^2 个数也为三分段或连续等差配置，这类配置方案可构造二重次大九宫幻方（当 $k=3$ 时，大九宫各子单元有非完全幻方解；当 $k>3$ 时，大九宫各子单元有完全幻方解）；三段式二重次大九宫幻方贯彻小九宫算法。

另一类是各宫内部 k^2 个数为“无序”配置（或“有序”配置而“无序”定位），这类配置方案由 9 个“乱数方阵”合成大九宫幻方，我称之为分段式单次大九宫幻方。

根据洛书组合原理可知：①三段式大九宫幻方的中宫之和一定等于$\frac{1}{2}(9k^2+1)k^2$；②三段式大九宫幻方不存在最优化解。

在三段式大九宫幻方领域，下列问题值得深入研究：其一，如何组建大九宫三分段各 k 阶子单元的配置方案？其二，大九宫三分段各 k 阶子单元的段内、段间的两种公差的变化区间及其相互制约关系如何？现以 9 阶为例，展示三段式大九宫幻方的结构特点。

一、三段等差式二重次大九宫幻方

图 8.28 为 3 幅 9 阶幻方，由 9 个三分段 3 阶子幻方合成，其“井”字型母幻方成立，中宫之和“369”，因此称之为三段式二重次大九宫幻方。左图段内三宫公差为“9”，三宫段间公差为“36”；中图段内三宫公差为“27”，三宫段间公差为“189”；两图各宫 3 阶子单元 9 数都为三分段配置。右图段内三宫之间公差为“9”，三宫段间公差为“225”，各宫 3 阶子单元 9 数都为三分段配置（图 8.29）。

37	70	13	48	81	24	29	62	5
16	40	64	27	51	75	8	32	56
67	10	43	78	21	54	59	2	35
30	63	6	38	71	14	46	79	22
9	33	57	17	41	65	25	49	73
60	3	36	68	11	44	76	19	52
47	80	23	28	61	4	39	72	15
26	50	74	7	31	55	18	42	66
77	20	53	58	1	34	69	12	45

37	48	29	70	81	62	13	24	5
30	38	46	63	71	79	6	14	22
47	28	39	80	61	72	23	4	15
16	27	8	40	51	32	64	75	56
9	17	25	33	41	49	57	65	73
26	7	18	50	31	42	74	55	66
67	78	59	10	21	2	43	54	35
60	68	76	3	11	19	36	44	52
77	58	69	20	1	12	53	34	45

37	52	31	66	81	60	11	26	5
34	40	46	63	69	75	8	14	20
49	28	43	78	57	72	23	2	17
12	27	6	38	53	32	64	79	58
9	15	21	35	41	47	61	67	73
24	3	18	50	29	44	76	55	70
65	80	59	10	25	4	39	54	33
62	68	74	7	13	19	36	42	48
77	56	71	22	1	16	51	30	45

图 8.28

360	459	288
297	369	441
450	279	378

（1）$\Delta_1 9-\Delta_2 36$

342	639	126
153	369	585
612	99	396

（2）$\Delta_1 27-\Delta_2 189$

360	621	126
135	369	603
612	117	378

（3）$\Delta_1 9-\Delta_2 225$

图 8.29

二、三段等差式单次大九宫幻方

图 8.30 为 9 阶三段式单次大九宫幻方，与上例 9 阶二重次大九宫幻方的主要区别在于：本例单次大九宫幻方由 3 阶“乱数”方阵（注：仅表示其非幻方之意）合成，而上例二重次大九宫幻方由 3 阶子幻方合成。两者的共同点在于：大九宫各 3 阶子单元配置方案相同，母阶都按洛书定位（图 8.31 和图 8.29），这是特意的安排。

67	40	13	48	21	75	35	8	62
10	37	64	54	81	27	59	5	32
43	16	70	24	78	51	29	2	56
57	30	3	71	44	17	22	76	49
63	9	36	14	41	68	46	73	19
33	6	60	65	38	11	79	52	25
26	80	53	31	4	58	12	66	39
50	77	23	55	1	28	18	45	72
20	74	47	7	61	34	69	42	15

（1）

47	38	29	70	61	79	15	6	24
28	37	46	72	81	63	23	5	14
39	30	48	62	80	71	13	4	22
25	16	7	51	42	33	56	74	65
27	9	18	32	41	50	64	73	55
17	8	26	49	40	31	75	66	57
60	78	69	11	2	20	34	52	43
68	77	59	19	1	10	36	45	54
58	76	67	3	21	12	53	44	35

（2）

49	40	31	66	57	75	17	8	26
28	37	46	72	81	63	23	5	14
43	34	52	60	78	69	11	2	20
21	12	3	53	44	35	58	76	67
27	9	18	32	41	50	64	73	55
15	6	24	47	38	29	79	70	61
62	80	71	13	4	22	30	48	39
68	77	59	19	1	10	36	45	54
56	74	65	7	25	16	51	42	33

图 8.30

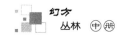

360	459	288
297	369	441
450	279	378

（1）$\Delta_1 9-\Delta_2 36$

342	639	126
153	369	585
612	99	396

（2）$\Delta_1 27-\Delta_2 189$

360	621	126
135	369	603
612	117	378

（3）$\Delta_1 9-\Delta_2 225$

图 8.31

三段等和式大九宫幻方

所谓三段等和式大九宫幻方，指由 9 个三分段、段间等差、段内等和的 k 阶子单元合成的 $3k$ 阶幻方，这是三段式大九宫幻方的另一种组合形态。据分析：在“井”字型母阶幻方成立条件下，9 个 k 阶子单元的三分段等和配置，也是以 $\frac{1}{2}(9k^2+1)k^2$ 为中项而展开的三段算术级数。三段等和式大九宫幻方，从子母阶配置状态及组合性质可区分为如下两类。

一类是各宫内部 k^2 个数也为三分段或连续等差配置，这类配置方案可构造二重次大九宫幻方。三段等和式二重次大九宫幻方贯彻小九宫算法。另一类是各宫内部 k^2 个数为“无序”配置（或“有序”配置而“无序”定位），这类配置方案由 9 个“乱数方阵”合成大九宫幻方，我称之为分段等和式单次大九宫幻方。以 9 阶举例如下。

一、三段等和式二重次大九宫幻方

图 8.32 为 3 幅 9 阶幻方，大九宫三分段：“126，126，126”“369，369，369”“612，612，612”。子母阶幻方成立，故称之为三段等和式二重次大九宫幻方。它们的“井”字型结构关系相同（图 8.33）。由于每三宫子幻方等和，因而存在（3!）^{3} 种排列状态。

40	54	29	64	78	62	16	21	5
30	41	52	63	65	76	6	17	19
53	28	42	77	61	66	20	4	18
10	24	8	43	48	32	67	81	56
9	11	22	33	44	46	57	68	79
23	7	12	47	31	45	80	55	69
70	75	59	13	27	2	37	51	35
60	71	73	3	14	25	36	38	49
74	58	72	26	1	15	50	34	39

（1）

43	47	32	70	75	59	13	27	2
33	44	46	60	71	73	3	14	25
47	31	45	74	58	72	26	1	15
16	21	5	37	51	35	64	78	62
6	17	19	36	38	49	63	65	76
20	4	18	50	34	39	77	61	66
67	81	56	10	24	8	40	54	29
57	68	79	9	11	22	30	41	52
80	55	69	23	7	12	53	28	42

（2）

37	51	35	70	75	59	10	24	8
36	38	49	60	71	73	9	11	22
50	34	39	74	58	72	23	7	12
13	27	2	40	54	29	67	81	56
3	14	25	30	41	52	57	68	79
26	1	15	53	28	42	80	55	69
64	78	62	16	21	5	43	48	32
63	65	76	6	17	19	33	44	46
77	61	66	20	4	18	47	31	45

（3）

图 8.32

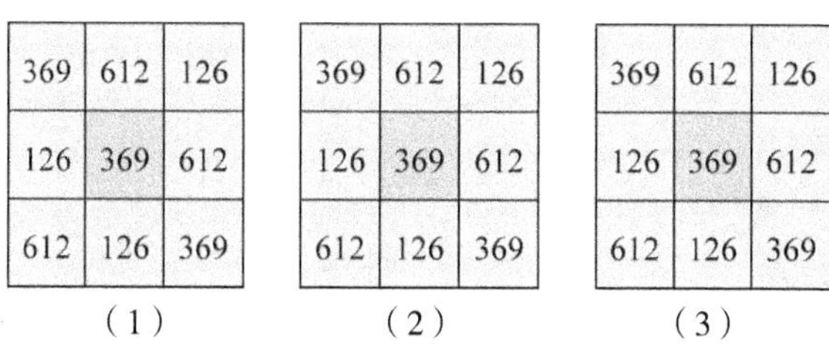

图 8.33

二、三段等和式单次大九宫幻方

图 8.34 为 3 幅 9 阶幻方，9 个 3 阶子单元配置与上例相同，区别在于：子阶为非幻方，母阶幻方成立，故称之为三段等和式单次大九宫幻方。它们的“井”字型结构相同（图 8.35）。我采用各子阶单元在原位旋转方式演绎出本例 3 幅 9 阶幻方；同时每等和三宫可在相关宫位之间按一定规则调动。

52	54	53	64	66	65	4	6	5
40	42	41	61	63	62	19	21	20
28	30	29	76	78	77	16	18	17
12	11	10	33	32	31	81	80	79
9	8	7	48	47	46	69	68	67
24	23	22	45	44	43	57	56	55
59	58	60	26	25	27	38	37	39
74	73	75	14	13	15	35	34	36
71	70	72	2	1	3	50	49	51

（1）

28	30	29	76	78	77	16	18	17
40	42	41	61	63	62	19	21	20
52	54	53	64	66	65	4	6	5
24	23	22	45	44	43	57	56	55
9	8	7	48	47	46	69	68	67
12	11	10	33	32	31	81	80	79
71	70	72	2	1	3	50	49	51
74	73	75	14	13	15	35	34	36
59	58	60	26	25	27	38	37	39

（2）

53	54	52	65	66	64	5	6	4
41	42	40	62	63	61	20	21	19
29	30	28	77	78	76	17	18	16
10	11	12	31	32	33	79	80	81
7	8	9	46	47	48	67	68	69
22	23	24	43	44	45	55	56	57
60	58	59	27	25	26	39	37	38
75	73	74	15	13	14	36	34	35
72	70	71	3	1	2	51	49	50

（3）

图 8.34

369	612	126
126	369	612
612	126	369

（1）

369	612	126
126	369	612
612	126	369

（2）

369	612	126
126	369	612
612	126	369

（3）

图 8.35

变异三段式大九宫幻方

大九宫幻方的三段式配置变化多端，我设计了 3 款不同变异三段式方案，其 9 个 3 阶单元的配置关系一反常态，表现了大九宫算法的“不规则”性。举例如下（图 8.36）。

67	4	49	72	9	54	65	2	47
66	3	48	68	5	50	70	7	52
31	76	13	36	81	18	29	74	11
22	40	58	27	45	63	20	38	56
21	39	57	23	41	59	25	43	61
26	44	62	19	37	55	24	42	60
71	8	53	64	1	46	69	6	51
30	75	12	32	77	14	34	79	16
35	80	17	28	73	10	33	78	15

（1）

15	16	51	60	52	47	11	61	56
44	39	8	80	75	40	76	3	4
62	57	53	17	12	58	13	48	49
28	32	64	19	23	27	36	68	72
73	77	1	37	41	45	81	5	9
10	14	46	55	59	63	18	50	54
33	34	69	24	70	65	29	25	20
78	79	6	42	7	2	74	43	38
26	21	71	35	30	22	31	66	67

（2）

27	33	7	56	10	66	40	80	50
31	8	59	18	69	43	74	46	21
2	55	12	67	44	77	54	24	34
63	15	70	38	73	48	22	35	5
13	71	41	81	51	25	29	1	57
65	37	75	49	26	32	9	60	16
45	78	52	20	28	3	58	17	68
76	53	23	36	6	61	11	64	39
47	19	30	4	62	14	72	42	79

（3）

图 8.36

第一款：压叠三段式大九宫幻方

图 8.36（1）9 阶幻方的“井”字型结构的组合特点：九宫分三段，后一段三宫的前两宫与前一段三宫的后两宫相等而压叠，即“345，357，369”“357，369，381”“369，381，393”。这是一种非常怪异的大九宫组合结构，如图 8.37（1）所示。

357	393	357
369	369	369
381	345	381

（1）

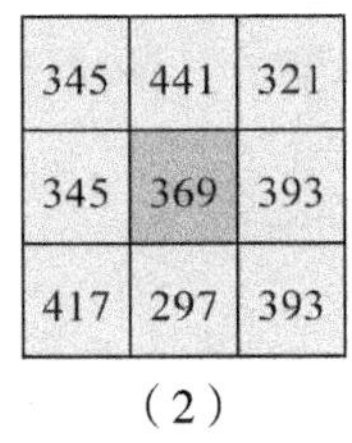

345	441	321
345	369	393
417	297	393

（2）

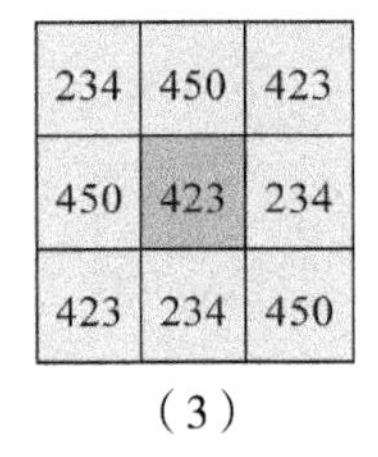

234	450	423
450	423	234
423	234	450

（3）

图 8.37

第二款：咬尾三段式大九宫幻方

图 8.36（2）9 阶幻方的“井”字型结构的组合特点：九宫分三段，后一段三宫的前宫与前一段三宫的后宫相等而衔接，即“297，321，345”“345，369，393”“393，417，441”，这又是一种非常怪异的大九宫组合结构，如图 8.37（2）所示。

第三款：全等三段式大九宫幻方

图 8.36（3）9 阶幻方的“井”字型结构的组合特点：九宫分三段，每段内部等差，但三段全等，即“234，423，450”“234，423，450”“234，423，450”，如图 8.37（3）所示。全等三段式大九宫幻方，是三段等和式大九宫幻方的重组形态，即可变为“234，234，234”“423，423，423”“450，450，450”。两者有异曲同工之妙：三段等和式，系每段内部三宫相等，而三段之间等差；全等三段式，系每段内部三宫等差，而三段相同。

1107		1107	1107	1269
1107	234	450	423	1107
1107	450	423	234	1107
	423	234	450	1107
	1107	1107	1107	

图 8.38

令人称奇的是：本例 9 阶幻方的最优化中宫之和等于“423”，一反“369”的常态（图 8.38）。这向好奇者透露了一个重要消息：大九宫的中宫之和是个变数，大九宫并非只有中宫等于“369”一种状态。大九宫的中宫之变，导致母阶变成了一个“3 阶准幻方”。这就是说，大九宫母阶不一定是洛书模型，即 9 个子单元可不按“3 阶幻方”定位，这是一个重要的新情况。

“最大”中宫 9 阶幻方

中宫是九宫的核心，一变而百变，因此中宫之变是 $3k$ 阶幻方研究的一个重要问题。中宫等于“中值”，比较常见，关键在于掌握中宫不等于“中值”时的变化区间，即求中宫的最大值与最小值，这就是中宫的“极值”问题。只有划定中宫变化的边界，才能高瞻远瞩，一览 $3k$ 阶幻方“井”字型结构全景。现以 9 阶为例，展示其最大中宫（图 8.39）。

36	63	58	6	23	42	59	49	33
80	29	62	32	2	20	65	11	68
57	51	41	48	39	4	24	53	52
12	13	45	**73**	**78**	**71**	1	46	30
34	25	5	**72**	**74**	**76**	35	40	8
7	47	3	**77**	**70**	**75**	10	43	37
60	56	44	26	27	22	15	64	55
67	19	61	14	18	31	81	9	69
16	66	50	21	38	28	79	54	17

图 8.39

9 阶幻方的中宫是一个 3 阶子单元。据分析：中宫 9 个数之和的最大值等于“666”，例证如下。

本例设最大中宫取“1 ～ 81”自然数列中的 9 个连续数，即“70，71，72，73，74，75，76，77，78”，并以一个 3 阶幻方的形式居中（幻和“222”）。为什么 9 阶幻方中宫的最大值绝对不能超出“666”呢？查一下与中宫相关的行、列、对角线上共有 48 个数字，即“1 ～ 48”，如果中宫再大于“666”，那么势必要求相关行、列、对角线上 48 个数字取数比“1 ～ 48”更小，显然是不可能满足这一要求的，这就是说，9 阶幻方的最大中宫不可大于“666”（《圣经》称之为野兽数）。

最大中宫 9 阶幻方是难得一见的珍品，属于不规则幻方范畴，它的“商—余”正交方阵特点：编码无序，非逻辑结构，行列互补整合（图 8.40）。

36	63	58	6	23	42	59	49	33
80	29	62	32	2	20	65	11	68
57	51	41	48	39	4	24	53	52
12	13	45	**73**	**78**	**71**	1	46	30
34	25	5	**72**	**74**	**76**	35	40	8
7	47	3	**77**	**70**	**75**	10	43	37
60	56	44	26	27	22	15	64	55
67	19	61	14	18	31	81	9	69
16	66	50	21	38	28	79	54	17

=

3	6	6	0	2	4	6	5	3
8	3	6	3	0	2	7	1	7
6	5	4	5	4	0	2	5	5
1	1	4	**8**	**8**	**7**	0	5	3
3	2	0	**7**	**8**	**8**	3	4	0
0	6	0	**8**	**7**	**8**	1	4	4
6	6	4	2	2	2	1	7	6
7	2	6	1	1	3	8	0	7
1	7	5	2	4	3	8	5	1

× 9 +

9	9	4	6	5	6	5	4	6
8	2	8	5	2	2	2	2	5
3	6	5	3	3	4	6	8	7
3	4	9	**1**	**6**	**8**	1	1	3
7	7	5	**9**	**2**	**4**	8	4	8
7	5	3	**5**	**7**	**3**	1	7	1
6	2	8	8	9	4	6	1	1
4	1	7	5	9	4	9	9	6
7	3	5	3	2	1	7	9	8

图 8.40

图 8.41 是本例最大中宫 9 阶幻方的“井”字型结构图，母阶大九宫是一个 3 阶行列图，其约简表达式非常奇特。

477	216	414
191	666	250
439	225	443

$$=\begin{bmatrix}53&24&46\\21&74&27\\48&25&49\end{bmatrix}\times 9+\begin{bmatrix}0&0&0\\2&0&7\\7&0&2\end{bmatrix}$$

图 8.41

9 阶幻方中宫的最大值“666”，而中宫等于“666”的 9 个数的配置是可变的。在“1 ～ 81”自然数列内，存在许多不同的“最大”中宫。我选择了其中 6 个有代表性的不同配置方案：①“69，71，72，73，74，75，76，77，79”；②“68，71，72，73，74，75，76，77，80”；③“67，71，72，73，74，75，76，77，81”；④“67，68，69，73，74，75，79，80，81”；⑤“64，65，66，76，77，78，79，80，81”；⑥“46，74，75，76，77，78，79，80，81”。在上述 6 个中宫配置方案中，可以发现如下特别的组合现象。

第一点：方案④是“极大”中宫能以“3 阶幻方”形式居于 9 阶幻方中央的一个配置组，这样的“最大”中宫只有两个配置组。物以稀为贵，由方案④制作的 9 阶幻方也是稀世珍品。

第二点：方案⑥表示在“1 ～ 81”自然数列内，“46”是能进入“最大”中宫的最小的一个数，若比“46”小的数进入“最大”中宫，则不存在 9 阶幻方解，因此由方案⑥制作的 9 阶幻方也是一幅标志性珍品。

现以上述 6 个“最大”中宫配置方案各构造一幅 9 阶幻方（图 8.42）。

36	63	61	14	23	31	59	49	33
80	29	62	6	18	20	78	11	65
57	51	41	48	39	4	24	53	52
7	13	45	**73**	**79**	**71**	37	43	1
34	25	5	**72**	**74**	**76**	8	40	35
12	47	3	**77**	**69**	**75**	10	46	30
60	56	44	26	27	22	15	64	55
67	19	58	21	2	42	70	9	81
16	66	50	32	38	28	68	54	17

（1）

36	63	61	14	23	31	59	49	33
79	29	62	6	18	20	78	11	66
57	24	41	48	39	4	52	53	51
7	37	45	**73**	**80**	**71**	12	43	1
34	25	5	**72**	**74**	**76**	8	40	35
10	47	3	**77**	**68**	**75**	13	46	30
60	56	44	26	27	22	15	64	55
70	19	58	21	2	42	67	9	81
16	69	50	32	38	28	65	54	17

（2）

36	63	61	14	23	31	59	49	33
79	29	62	6	18	20	78	11	66
57	24	41	48	39	4	51	53	52
10	47	45	**73**	**67**	**71**	12	43	1
34	25	5	**72**	**74**	**76**	8	40	35
7	37	3	**77**	**81**	**75**	13	46	30
60	56	44	26	27	22	15	64	55
70	19	58	21	2	42	68	9	80
16	69	50	32	38	28	65	54	17

（3）

36	63	58	6	23	42	59	49	33
77	29	62	32	2	20	71	11	65
57	51	41	48	39	4	24	53	52
12	13	45	**73**	**81**	**68**	1	46	30
34	25	5	**69**	**74**	**79**	35	40	8
7	47	3	**80**	**67**	**75**	10	43	37
60	56	44	26	27	22	15	64	55
70	19	61	14	18	28	78	9	72
16	66	50	21	38	31	76	54	17

（4）

30	55	61	22	39	7	56	73	26
75	15	68	41	21	18	69	5	57
58	62	23	24	10	20	31	67	74
16	42	46	**64**	**65**	**66**	17	19	34
45	14	11	**78**	**77**	**76**	32	33	3
1	44	2	**79**	**80**	**81**	8	36	38
71	52	37	9	6	25	40	70	59
60	35	72	4	43	29	63	12	51
13	50	49	48	28	47	53	54	27

（5）

22	60	68	14	38	13	62	57	35
59	44	47	12	23	24	67	41	52
61	65	21	25	37	6	10	71	73
11	1	49	**75**	**74**	**81**	34	8	36
26	40	18	**76**	**46**	**80**	15	20	48
31	32	2	**77**	**78**	**79**	50	4	16
54	69	43	29	27	51	9	70	17
72	3	63	19	7	30	66	45	64
33	55	58	42	39	5	56	53	28

（6）

图 8.42

如图 8.42 所示 6 幅 9 阶幻方的中宫之和都等于“666”，达到了中宫最大值。中宫子单元的配置及其定位有相当大的变化空间，但 3 母阶即大九宫必须按“3 阶行列图”匹配与定位，9 阶幻方才能成立，由此显示了大九宫算法的特色。

为了能一目了然地观察这 6 幅最大中宫 9 阶幻方的大九宫配置、定位之变化，以及母阶是 3 阶行列图模型特点，现出示它们的“井”字型结构关系式（图 8.43）。

480	203	424
191	**666**	250
436	238	433

（1）

448	203	456
213	**666**	228
446	238	423

（2）

448	203	456
213	**666**	228
446	238	423

（3）

474	216	417
191	**666**	250
442	225	440

（4）

447	202	458
221	**666**	220
439	239	429

（5）

447	195	465
214	**666**	227
446	246	415

（6）

图 8.43

“最小”中宫 9 阶幻方

据研究，9 阶幻方中宫 9 个数之和的最小值等于“72”。设“最小”中宫取自“1～81”自然数列中的 9 个连续数，即“4，5，6，7，8，9，10，11，12”配置方案。为什么 9 阶幻方中宫最小值必须等于“72”？举例证明如下。

由图 8.44 可知：在与最小中宫相关的行、列、对角线上的 48 个数中，最小的一个数是“34”，如果中宫之和比“72”还小，那么势必要求为相关行、列、对角线上的 48 个数提供比“34”更大的数，而事实上所余下的数没有一个比“34”大，所以说，和值比“72”小的中宫是不可能存在的。

68	30	20	39	81	53	26	1	51
32	52	21	48	64	37	25	77	13
23	28	75	40	63	42	38	27	33
34	54	47	**7**	**12**	**5**	65	78	67
79	55	41	**6**	**8**	**10**	59	45	66
35	46	71	**11**	**4**	**9**	74	70	49
14	29	62	69	43	72	58	19	3
24	57	15	73	50	61	22	36	31
60	18	17	76	44	80	2	16	56

图 8.44

本例 9 阶幻方的中宫之和“72”，达到了“极小”，寻常不可见，其九宫之和依次为“72，291，243，296，349，462，467，568，573”。这是大九宫算法下，母阶按“行列图”配置与定位的典型图例，难能可贵的是它的中宫能以“3 阶幻方”形式居于 9 阶幻方中央。

从它的“商—余”正交方阵看（图 8.45），其行、列不等和的互补整合，不规则逻辑编码，因而构图难度非常大，为罕见的首创珍品。

68	30	20	39	81	53	26	1	51
32	52	21	48	64	37	25	77	13
23	28	75	40	63	42	38	27	33
34	54	47	**7**	**12**	**5**	65	78	67
79	55	41	**6**	**8**	**10**	59	45	66
35	46	71	**11**	**4**	**9**	74	70	49
14	29	62	69	43	72	58	19	3
24	57	15	73	50	61	22	36	31
60	18	17	76	44	80	2	16	56

=

7	3	2	4	8	5	2	0	5
3	5	2	5	7	4	2	8	1
2	3	8	4	6	4	4	2	3
3	5	5	**0**	**1**	**0**	7	8	7
8	6	4	**0**	**0**	**1**	6	4	7
3	5	7	**1**	**0**	**0**	8	7	5
1	3	6	7	4	7	6	2	0
2	6	1	8	5	6	2	3	3
6	1	1	8	4	8	0	1	6

× 9 +

5	3	2	3	9	8	8	1	6
5	7	3	3	1	1	7	5	4
5	1	3	4	9	6	2	9	6
7	9	2	**7**	**3**	**5**	2	6	4
7	1	5	**6**	**8**	**1**	5	9	3
8	1	8	**2**	**4**	**9**	2	7	4
5	2	8	6	7	9	4	1	3
6	3	6	1	5	7	4	9	4
6	9	8	4	8	8	2	7	2

图 8.45

9 阶幻方中宫之和的最小值是“72”，而中宫等于“72”的 9 个数是可变的。在“1 ～ 81”自然数列内，存在许多不同的“最小”中宫配置方案。我采用与上题“极大”中宫相同的配置形式，选择了其中 6 个有代表性的“极小”中宫方案：①“3，5，6，7，8，9，10，11，13”；②“2，5，6，7，8，9，10，11，14”；③“1，5，6，7，8，9，10，11，15”；④“1，2，3，7，8，19，13，14，15”；⑤“1，2，3，4，5，6，16，17，18”；⑥“1，2，3，4，5，6，7，8，36”。以此为例，各构造一幅最小中宫 9 阶幻方（图 8.46）。

68	30	20	39	81	53	26	1	51
14	52	15	73	64	37	25	77	12
23	28	75	40	63	42	38	27	33
34	46	71	**7**	**13**	**5**	74	70	49
79	55	41	**6**	**8**	**10**	59	45	66
35	54	47	**11**	**3**	**9**	65	78	67
24	29	62	69	43	61	58	19	4
32	57	21	48	50	72	22	36	31
60	18	17	76	44	80	2	16	56

（1）

46	19	21	68	59	51	23	33	49
3	53	20	76	64	62	4	71	16
25	58	41	34	43	78	30	29	31
75	45	37	**9**	**2**	**11**	70	39	81
48	57	77	**10**	**8**	**6**	74	42	47
72	35	79	**5**	**14**	**7**	69	36	52
22	26	38	56	55	60	67	18	27
12	63	24	61	80	40	15	73	1
66	13	32	50	44	54	17	28	65

（2）

46	19	21	68	59	51	23	33	49
3	53	20	76	64	62	4	71	16
25	58	41	34	43	78	31	29	30
72	35	37	**9**	**15**	**11**	70	39	81
48	57	77	**10**	**8**	**6**	74	42	47
75	45	79	**5**	**1**	**7**	69	36	52
22	26	38	56	55	60	67	18	27
12	63	24	61	80	40	14	73	2
66	13	32	50	44	54	17	28	65

（3）

46	19	24	76	59	40	23	33	49
5	53	20	50	80	62	11	71	17
25	31	41	34	43	78	58	29	30
70	69	37	**9**	**1**	**14**	81	36	52
48	57	77	**13**	**8**	**3**	47	42	74
75	35	79	**2**	**15**	**7**	72	39	45
22	26	38	56	55	60	67	18	27
12	63	21	68	64	54	4	73	10
66	16	32	61	44	51	6	28	65

（4）

52	27	21	60	43	75	26	9	56
7	67	14	41	61	64	13	77	25
24	20	59	58	72	62	51	15	8
66	40	36	**18**	**17**	**16**	65	63	48
37	68	71	**4**	**5**	**6**	50	49	79
81	38	80	**3**	**2**	**1**	74	46	44
11	30	45	73	76	57	42	12	23
22	47	10	78	39	53	19	70	31
69	32	33	34	54	35	29	28	55

（5）

60	22	14	68	44	69	20	25	47
23	38	35	59	70	58	15	41	30
21	17	61	57	45	76	72	11	9
71	42	64	**7**	**8**	**2**	67	74	34
56	81	33	**6**	**36**	**1**	48	62	46
51	50	80	**4**	**5**	**3**	32	78	66
28	13	39	53	55	31	73	12	65
10	79	19	75	63	52	16	37	18
49	27	24	40	43	77	26	29	54

（6）

图 8.46

如图 8.46 所示的 6 幅 9 阶幻方，中宫之和都为最小值“72”。图 8.46（4）是“最小”中宫能以“3 阶幻方”形式居于 9 阶幻方中央的另一个配置组，这样的“最小”中宫一共才有两个配置方案。物以稀为贵，这幅 9 阶幻方也是稀世珍品。图 8.46（6）表示在“1 ～ 81”自然数列内，“36”是能进入“最小”中宫的最大的一个数，若比“36”大的数进入“最小”中宫，则不存在 9 阶幻方解，因此由这个方案制作的 9 阶幻方也是一幅标志性珍品。为了能直观大九宫变化，现出示这 6 幅 9 阶幻方的“井”字型结构图（图 8.47）。

325	492	290
462	**72**	573
320	543	244

（1）

327	491	289
462	**72**	573
318	544	245

（2）

311	529	267
461	**72**	574
335	506	266

（3）

264	522	321
547	**72**	488
296	513	298

（4）

291	536	280
517	**72**	518
299	499	309

（5）

271	546	270
528	**72**	539
288	489	330

（6）

图 8.47

由图 8.47 可知：9 阶幻方“最小”中宫的各宫配置与定位有相当大的变化空间，但是母阶大九宫必须按“3 阶行列图”匹配与定位，否则 9 阶幻方不能成立，同样显示了大九宫算法的特色。

总之，9 阶幻方中宫“最小”与“最大”具有互补关系，如以“82”减“最小”中宫 9 阶幻方的每一个数，即得“最大”中宫 9 阶幻方；反之亦然。

行列图式大九宫完全幻方

什么是行列图式大九宫幻方？指由 9 个 k 阶子单元按“3 阶行列图”规则合成的 $3k$ 幻方（包括 $3k$ 完全幻方）。在大九宫算法下，$3k$ 阶完全幻方的“井”字型九宫关系变化无常，一反小九宫算法“九宫全等”格式，其组合特点如下。

①母阶 9 个子单元贯彻“3 阶行列图”定位原则。

②各子单元之和出现非幻方配置而互为消长。

③中宫 9 个数之和不再是一个定值（即不一定是中值）。

总之，大九宫算法开辟了“井”字型完全幻方更广阔的新领域。现以 9 阶为例，展示大九宫算法下的“井”字型最优化结构的组合特点（图 8.48）。

41	31	7	63	80	51	19	12	65
78	46	21	11	68	40	34	9	62
67	43	36	8	60	73	48	20	14
55	75	47	23	13	70	45	35	6
16	72	44	33	1	57	74	50	22
3	56	77	49	25	18	71	42	28
27	17	69	37	30	2	59	76	52
29	5	58	79	54	26	15	64	39
53	24	10	66	38	32	4	61	81

（1）

53	21	74	64	43	18	6	59	31
16	9	60	32	49	26	75	65	37
22	80	66	38	10	7	63	33	50
1	61	36	51	23	76	71	39	11
77	67	44	12	2	55	34	54	24
56	28	52	27	78	68	40	17	3
69	41	13	8	57	29	46	25	81
30	47	19	79	72	42	14	4	62
45	15	5	58	35	48	20	73	70

（2）

54	26	75	67	37	16	2	60	32
10	7	56	33	50	27	80	66	40
23	81	71	39	13	1	61	29	51
4	55	34	47	24	77	72	44	12
78	68	45	17	3	58	28	52	20
57	31	46	25	74	69	41	18	8
65	42	14	9	62	30	49	19	79
35	48	22	73	70	38	15	5	63
43	11	6	59	36	53	21	76	64

（3）

61	69	13	23	8	29	39	46	81
35	38	48	73	63	70	15	22	5
72	16	24	4	32	44	47	75	55
41	53	74	57	64	18	25	6	31
10	27	7	33	40	50	80	56	66
49	77	62	65	12	19	9	34	42
21	1	36	43	51	76	59	71	11
78	58	68	17	20	3	28	45	52
2	30	37	54	79	60	67	14	26

（4）

63	33	50	22	80	66	38	10	7
71	39	11	1	61	36	51	23	76
34	54	24	77	67	44	12	2	55
40	17	3	56	28	52	27	78	68
46	25	81	69	41	13	8	57	29
14	4	62	30	47	19	79	72	42
20	73	70	45	15	5	58	35	48
6	59	31	53	21	74	64	43	18
75	65	37	16	9	60	32	49	26

（5）

61	36	51	23	76	71	39	11	1
67	44	12	2	55	34	54	24	77
28	52	27	78	68	40	17	3	56
41	13	8	57	29	46	25	81	69
47	19	79	72	42	14	4	62	30
15	5	58	35	48	20	73	70	45
21	74	64	43	18	6	59	31	53
9	60	32	49	26	75	65	37	16
80	66	38	10	7	63	33	50	22

（6）

35	54	43	10	4	23	78	65	57
22	77	69	56	30	53	45	16	1
48	44	18	7	19	76	68	60	29
73	67	59	33	47	39	17	9	25
38	12	8	27	79	64	58	32	51
70	55	31	50	42	11	3	26	81
15	2	21	80	72	61	28	49	41
63	34	46	40	14	6	20	75	71
5	24	74	66	62	36	52	37	13

（7）

31	50	44	11	3	19	81	70	60
21	73	72	61	33	49	41	17	2
51	40	14	8	20	75	64	63	34
74	66	55	36	52	42	13	5	26
43	15	4	23	80	65	57	28	54
71	56	30	46	45	16	6	22	77
18	7	24	76	68	62	29	48	37
59	35	47	39	10	9	25	78	67
1	27	79	69	58	32	53	38	12

（8）

30	46	45	16	6	22	77	71	56
24	76	68	62	29	48	37	18	7
47	39	10	9	25	78	67	59	35
79	69	58	32	53	38	12	1	27
44	11	3	19	81	70	60	31	50
72	61	33	49	41	17	2	21	73
14	8	20	75	64	63	34	51	40
55	36	52	42	13	5	26	74	66
4	23	80	65	57	28	54	43	15

（9）

图 8.48

为了直观地了解本例 9 幅 9 阶完全幻方的“井”字型组合结构特点，现以各宫 3 阶子单元之和标示它们的母阶大九宫图（图 8.49）。

370	454	283
445	**289**	373
292	364	451

（1）

401	287	419
422	**392**	293
284	428	395

（2）

403	283	421
418	**394**	295
286	430	391

（3）

376	346	385
400	**358**	349
331	403	373

（4）

379	454	274
292	**355**	460
436	298	373

（5）

378	447	282
285	**363**	459
444	297	366

（6）

410	278	419
413	**392**	302
284	437	386

（7）

396	279	432
414	**405**	288
297	423	387

（8）

385	295	427
430	**400**	277
292	412	403

（9）

图 8.49

由此可知，这类 9 阶完全幻方大九宫各子单元具有非对称性互补关系，配置方案相当复杂，中宫之变更深不可测。各图母阶都按洛书定位，但只具有 3 阶行列图组合性质，即两条主对角线不等和；或者只具有“准幻方”组合性质，即一条主对角线等和，而另一条主对角线不等和，这是由大九宫非对称性互补配置所决定的。

为了透视大九宫算法下 $3k$ 阶完全幻方的最优化逻辑形式及其编码方法，现以图 8.49（9）一幅 9 阶完全幻方为例，出示其“商—余”正交方阵如下（图 8.50）。

3	5	4	1	0	2	8	7	6
2	8	7	6	3	5	4	1	0
5	4	1	0	2	8	7	6	3
8	7	6	3	5	4	1	0	2
4	1	0	2	8	7	6	3	5
7	6	3	5	4	1	0	2	8
1	0	2	8	7	6	3	5	4
6	3	5	4	1	0	2	8	7
0	2	8	7	6	3	5	4	1

× 9 +

3	1	9	7	6	4	5	8	2
6	4	5	8	2	3	1	9	7
2	3	1	9	7	6	4	5	8
7	6	4	5	8	2	3	1	9
8	2	3	1	9	7	6	4	5
9	7	6	4	5	8	2	3	1
5	8	2	3	1	9	7	6	4
1	9	7	6	4	5	8	2	3
4	5	8	2	3	1	9	7	6

=

30	46	45	16	6	22	77	71	56
24	76	68	62	29	48	37	18	7
47	39	10	9	25	78	67	59	35
79	69	58	32	53	38	12	1	27
44	11	3	19	81	70	60	31	50
72	61	33	49	41	17	2	21	73
14	8	20	75	64	63	34	51	40
55	36	52	42	13	5	26	74	66
4	23	80	65	57	28	54	43	15

图 8.50

从图 8.50“商—余”正交方阵看，大九宫算法的最优化逻辑形式一目了然，它的构图方法采用了双层次逻辑最优化编码新技术。

第一层次：编制 3 阶单元。

即首行“0 ～ 8”（或“1 ～ 9”）随机定位，后行按错位正交原则从“起编位”滚动编码，如此编制 3 行，产生 3 个 3 阶单元（系“乱数”方阵）。

第二层次：编制大九宫。

即前排三宫 3 阶单元为基本编码单位，依次按错位正交原则从“起编宫”滚动编码，如此编制九宫，产生最优化“商—余”正交方阵。

最后，按［商］×9 +［余］计算，则得 9 阶完全幻方。

大九宫算法研究以 k×3 因子分解的“井”字型结构形式。在由 9 个 k 阶子单元合成的大九宫幻方领域，k 阶子单元的配置方案及其组合性质变化多端，由此合成的 3 阶大九宫（指母阶）的组合性质存在三类基本情况：其一，母阶为“3 阶幻方”；其二，母阶为“3 阶完全幻方”（指九宫之和全等）；其三，母阶为“3 阶行列图”。由此表达了大九宫算法关于 $3k$ 阶幻方三大类“井”字型结构基本模式。其中，“行列图式大九宫完全幻方”已超越了洛书组合原理，即超越了小九宫算法范畴。

幻方对称结构

什么是幻方对称结构？指幻方内部成对数组、奇偶模块、等和数块的对称性分布关系，此乃幻方的一种基础性结构。研究幻方微观结构具有重要意义：有利于完全幻方按结构特征分类；有助于创新构图技法与精品设计；同时能够提高幻方鉴赏水平。

幻方成对数组分布结构，千姿百态、变化无穷，犹如万花筒般令人眼花缭乱。若按各成对数组的位置关系，可分为 5 类状态：①全中心对称结构；②全轴对称结构；③全交叉对称结构；④混合对称结构；⑤不对称结构。前 3 种全对称结构属于单一对称形式，齐整划一，令人赏心悦目。

奇偶模块分布结构：全部奇数与全部偶数在幻方中多样化的对称性分布关系，乃是幻方成立的一个重要数理机制。奇偶模块所雕塑的图案、纹饰、物象等变幻无穷，尤其如奇偶两仪、奇偶均匀化数字造型，数形非常美，尽显幻方设计、创作之魅力。

等和数块分布结构：在合数阶幻方中存在着这样一类奇妙幻方，即任意划出一个最小子单元之和全等，我称之为“最均匀幻方”。这些等和数块犹如“鳞片”，重重叠叠覆盖幻方全盘，等和关系精致至极。据检查，4 阶完全幻方群全是 2 阶等和数块最均匀分布幻方，但在大于 4 阶的合数阶完全幻方中，“最均匀幻方”只占极少部分，因而受到幻方爱好者的格外青睐。

奇数阶“全中心对称”幻方

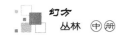

什么是全中心对称幻方？指幻方每一对等和数组的直线连接都贯穿中心位的一种分布状态，亦称“米”字型组合结构。全中心对称幻方本源于洛书组合原理，其9数的位置关系：天“5”立中，“虚五分十”（一九“分十”，二八“分十”，三七“分十”，四六“分十”）；十数用其九，每一对“分十”数组中心对称定位。洛书昭示：全中心对称组排是奇数阶幻方的一种存在形式。

一、质数阶“全中心对称”幻方

质数阶“米”字型幻方，中心对称数组之和一律相等，其结构形态单一。如果把等和数组做“米”字型连线，造型犹如一朵美丽的雪花，因此国内有“雪花幻方”之美称，这类幻方必须由自然数列的中项数居中心位置。质数阶“全中心对称”幻方举例如下（图9.1至图9.3）。

11	24	7	20	3
4	12	25	8	16
17	5	13	21	9
10	18	1	14	22
23	6	19	2	15

12	21	10	19	3
1	15	24	8	17
20	4	13	22	6
9	18	2	11	25
23	7	16	5	14

11	22	19	10	3
2	14	25	18	6
9	5	13	21	17
20	8	1	12	24
23	16	7	4	15

12	25	16	9	3
5	11	24	18	7
6	4	13	22	20
19	8	2	15	21
23	17	10	1	14

图 9.1

22	47	16	41	10	35	4
5	23	48	17	42	11	29
30	6	24	49	18	36	12
13	31	7	25	43	19	37
38	14	32	1	26	44	20
21	39	8	33	2	27	45
46	15	40	9	34	3	28

22	5	20	37	10	35	46
47	27	2	17	42	11	29
34	44	24	7	18	36	12
9	31	49	25	1	19	41
38	14	32	43	26	6	16
21	39	8	33	48	23	3
4	15	40	13	30	45	28

24	30	48	1	42	12	18
16	28	5	41	29	46	10
6	47	23	17	11	35	36
43	13	31	25	19	37	7
14	15	39	33	27	3	44
40	4	21	9	45	22	34
32	38	8	49	2	20	26

24	48	15	42	9	33	4
6	22	49	16	40	11	31
29	7	23	47	18	38	13
14	30	5	25	45	20	36
37	12	32	3	27	43	21
19	39	10	34	1	28	44
46	17	41	8	35	2	26

图 9.2

12	24	36	84	72	11	60	48	96	108	120
33	34	46	94	82	21	70	58	106	118	9
43	55	56	104	92	31	80	68	116	7	19
93	105	117	44	32	81	20	8	45	57	69
83	95	107	23	22	71	10	119	35	47	59
73	85	97	13	1	61	121	109	25	37	49
63	75	87	3	112	51	100	99	15	27	39
53	65	77	114	102	41	90	78	5	17	29
103	115	6	54	42	91	30	18	66	67	79
113	4	16	64	52	101	40	28	76	88	89
2	14	26	74	62	111	50	38	86	98	110

6	117	16	107	26	97	36	87	46	77	56
18	8	28	119	38	109	48	99	58	78	68
115	105	4	95	14	85	24	75	34	65	55
30	20	40	10	50	121	60	100	70	90	80
103	93	113	83	2	73	12	63	33	53	43
91	81	101	71	111	61	11	51	21	41	31
79	69	89	59	110	49	120	39	9	29	19
42	32	52	22	62	1	72	112	28	102	92
67	57	88	47	98	37	108	27	118	17	7
54	44	64	23	74	13	84	3	94	114	104
66	45	76	35	86	25	96	15	106	5	116

图 9.3

二、奇合数阶“全中心对称”幻方

据研究，按洛书组合原理开发的四大构图法（包括宋代“杨辉口诀”法）可制作全中心对称结构的任意奇数阶幻方。奇合数阶“全中心对称”幻方举例如下（图 9.4、图 9.5）。

26	58	18	50	1	42	74	34	66
36	68	19	60	11	52	3	44	76
37	78	29	70	21	62	13	54	5
47	7	39	80	31	72	23	55	15
57	17	49	9	41	73	33	65	25
67	27	59	10	51	2	43	75	35
77	28	69	20	61	12	53	4	45
6	38	79	30	71	22	63	14	46
16	48	8	40	81	32	64	24	56

70	78	5	13	21	29	37	54	62
30	38	46	63	71	79	6	14	22
80	7	15	23	31	39	47	55	72
40	48	56	64	81	8	16	24	32
9	17	25	33	41	49	57	65	73
50	58	66	74	1	18	26	34	42
10	27	35	43	51	59	67	75	2
60	68	76	3	11	19	36	44	52
20	28	45	53	61	69	77	4	12

77	2	79	4	81	6	75	8	37
10	38	12	69	71	67	16	14	72
63	20	59	22	61	24	39	62	19
28	53	30	40	51	32	52	29	54
9	17	25	33	41	49	57	65	73
46	35	48	50	31	42	34	47	36
27	56	43	60	21	58	23	26	55
64	68	70	13	11	15	66	44	18
45	80	3	78	1	76	7	74	5

图 9.4

8	121	24	137	40	153	56	169	72	185	88	201	104	217	120
135	23	136	39	152	55	168	71	184	87	200	103	216	119	7
22	150	38	151	54	167	70	183	86	199	102	215	118	6	134
149	37	165	53	166	69	182	85	198	101	214	117	5	133	21
36	164	52	180	68	181	84	197	100	213	116	4	132	20	148
163	51	179	67	195	83	196	99	212	115	3	131	19	147	35
50	178	66	194	82	210	98	211	114	2	130	18	146	34	162
177	65	193	81	209	97	225	113	1	129	17	145	33	161	49
64	192	80	208	96	224	112	15	128	16	144	32	160	48	176
191	79	207	95	223	111	14	127	30	143	31	159	47	175	63
78	206	94	222	110	13	126	29	142	45	158	46	174	62	190
205	93	221	109	12	125	28	141	44	157	60	173	61	189	77
92	220	108	11	124	27	140	43	156	59	172	75	188	76	204
219	107	10	123	26	139	42	155	58	171	74	187	90	203	91
106	9	122	25	138	41	154	57	170	73	186	89	202	105	218

109	180	11	67	123	194	25	81	137	208	39	95	151	222	53
60	116	172	3	74	130	186	17	88	144	200	31	102	158	214
221	52	108	179	10	66	122	193	24	80	136	207	38	94	165
157	213	59	115	171	2	73	129	185	16	87	143	199	45	101
93	164	220	51	107	178	9	65	121	192	23	79	150	206	37
44	100	156	212	58	114	170	1	72	128	184	30	86	142	198
205	36	92	163	219	50	106	177	8	64	135	191	22	78	149
141	197	43	99	155	211	57	113	169	15	71	127	183	29	85
77	148	204	35	91	162	218	49	120	176	7	63	134	190	21
28	84	140	196	42	98	154	225	56	112	168	14	70	126	182
189	20	76	147	203	34	105	161	217	48	119	175	6	62	133
125	181	27	83	139	210	41	97	153	224	55	111	167	13	69
61	132	188	19	90	146	202	33	104	160	216	47	118	174	5
12	68	124	195	26	82	138	209	40	96	152	223	54	110	166
173	4	75	131	187	18	89	145	201	32	103	159	215	46	117

图 9.5

奇数阶“全中心对称”完全幻方

在大于 3 阶的奇数阶完全幻方领域，普遍存在等和数组“全中心对称”结构形态的完全幻方。据研究，其中质数阶及不含“3”因子奇合数阶的“全中心对称”完全幻方，都可以由“全中心对称”非完全幻方做“行列轴对称交换”转化而来。但是，迄今尚未发现有“全中心对称”结构的 3（$2k+1$）阶完全幻方存在（$k \geqslant 1$）。除此之外，不含“3”因子奇合数阶亦有“全中心对称”完全幻方解。

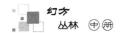

一、质数阶“全中心对称”完全幻方

质数阶“全中心对称”完全幻方举例如下（图 9.6 至图 9.9）。

10	18	1	14	22
11	24	7	20	3
17	5	13	21	9
23	6	19	2	15
4	12	25	8	16

9	18	2	11	25
12	21	10	19	3
20	4	13	22	6
23	7	16	5	14
1	15	24	8	17

20	8	1	12	24
11	22	19	10	3
9	5	13	21	17
23	16	7	4	15
2	14	25	18	6

19	8	2	15	21
12	25	16	9	3
6	4	13	22	20
23	17	10	1	14
5	11	24	18	7

图 9.6

16	22	35	41	47	4	10
48	5	11	17	23	29	42
24	30	36	49	6	12	18
7	13	19	25	31	37	43
32	38	44	1	14	20	26
8	21	27	33	39	45	2
40	46	3	9	15	28	34

6	47	39	31	23	15	14
18	10	2	43	42	34	26
30	22	21	13	5	46	38
49	41	33	25	17	9	1
12	4	45	37	29	28	20
24	16	8	7	48	40	32
36	35	27	19	11	3	44

17	46	26	6	35	8	37
28	1	30	10	39	19	48
32	12	41	21	43	23	3
36	16	45	25	5	34	14
47	27	7	29	9	38	18
2	31	11	40	20	49	22
13	42	15	44	24	4	33

5	23	48	17	42	11	29
38	14	32	1	26	44	20
22	47	16	41	10	35	4
13	31	7	25	43	19	37
46	15	40	9	34	3	28
30	6	24	49	18	36	12
21	39	8	33	2	27	45

图 9.7

92	104	116	7	19	31	43	55	56	68	80
32	44	45	57	69	81	93	105	117	8	20
82	94	106	118	9	21	33	34	46	58	70
22	23	35	47	59	71	83	95	107	119	10
72	84	96	108	120	11	12	24	36	48	60
1	13	25	37	49	61	73	85	97	109	121
62	74	86	98	110	111	2	14	26	38	50
112	3	15	27	39	51	63	75	87	99	100
52	64	76	88	89	101	113	4	16	28	40
102	114	5	17	29	41	53	65	77	78	90
42	54	66	67	79	91	3	115	6	18	30

49	98	15	64	102	30	68	117	34	83	11
108	25	74	112	40	78	6	55	93	21	59
35	84	1	50	99	16	65	103	31	69	118
94	22	60	109	26	75	113	41	79	7	45
32	70	119	36	85	2	51	89	17	66	104
80	8	46	95	12	61	110	27	76	114	42
18	56	105	33	71	120	37	86	3	52	90
77	115	43	81	9	47	96	13	62	100	28
4	53	91	19	57	106	23	72	121	38	87
63	101	29	67	116	44	82	10	48	97	14
111	39	88	5	54	92	20	58	107	24	73

图 9.8

140	152	164	7	19	31	43	55	67	79	104	116	128
56	68	80	92	117	129	141	153	165	8	20	32	44
154	166	9	21	33	45	57	69	81	93	105	130	142
70	82	94	106	118	143	155	167	10	22	34	46	58
168	11	23	35	47	59	71	83	95	107	119	131	156
84	96	108	120	132	144	169	12	24	36	48	60	72
13	25	37	49	61	73	85	97	109	121	133	145	157
98	110	122	134	146	158	1	26	38	50	62	74	86
14	39	51	63	75	87	99	111	123	135	147	159	2
112	124	136	148	160	3	15	27	52	64	76	88	100
28	40	65	77	89	101	113	125	137	149	161	4	16
126	138	150	162	5	17	29	41	53	78	90	102	114
42	54	66	91	103	115	127	139	151	163	6	18	30

1	111	52	149	90	18	128	56	166	94	35	132	73
87	15	125	53	163	104	32	142	70	11	108	49	146
160	101	29	139	67	8	105	46	156	84	25	122	63
77	5	115	43	153	81	22	119	60	157	98	39	136
150	91	19	129	57	167	95	36	133	74	2	112	40
54	164	92	33	143	71	12	109	50	147	88	16	126
140	68	9	106	47	144	85	26	123	64	161	102	30
44	154	82	23	120	61	158	99	27	137	78	6	116
130	58	168	96	37	134	75	3	113	41	151	79	20
34	131	72	13	110	51	148	89	17	127	55	165	93
107	48	145	86	14	124	65	162	103	31	141	69	10
24	121	62	159	100	28	138	66	7	117	45	155	83
97	38	135	76	4	114	42	152	80	21	118	59	169

图 9.9

二、奇合数阶“全中心对称”完全幻方

25 阶是阶次最小的奇合数阶“全中心对称”完全幻方。现举一例：二重次“全中心对称”结构的 25 阶二重次完全幻方如图 9.10 所示。

1	15	24	8	17	351	365	374	358	367	576	590	599	583	592	176	190	199	183	192	401	415	424	408	417
23	7	16	5	14	373	357	366	355	364	598	582	591	580	589	198	182	191	180	189	423	407	416	405	414
20	4	13	22	6	370	354	363	372	356	595	579	588	597	581	195	179	188	197	181	420	404	413	422	406
12	21	10	19	3	362	371	360	369	353	587	596	585	594	578	187	196	185	194	178	412	421	410	419	403
9	18	2	11	25	359	368	352	361	375	584	593	577	586	600	184	193	177	186	200	409	418	402	411	425
551	565	574	558	567	151	165	174	158	167	376	390	399	383	392	101	115	124	108	117	326	340	349	333	342
573	557	566	555	564	173	157	166	155	164	398	382	391	380	389	123	107	116	105	114	348	332	341	330	339
570	554	563	572	556	170	154	163	172	156	395	379	388	397	381	120	104	113	122	106	345	329	338	347	331
562	571	560	569	553	162	171	160	169	153	387	396	385	394	378	112	121	110	119	103	337	346	335	344	328
559	568	552	561	575	159	168	152	161	175	384	393	377	386	400	109	118	102	111	125	334	343	327	336	350
476	490	499	483	492	76	90	99	83	92	301	315	324	308	317	526	540	549	533	542	126	140	149	133	142
498	482	491	480	489	98	82	91	80	89	323	307	316	305	314	548	532	541	530	539	148	132	141	130	139
495	479	488	497	481	95	79	88	97	81	320	304	313	322	306	545	529	538	547	531	145	129	138	147	131
487	496	485	494	478	87	96	85	94	78	312	321	310	319	303	537	546	535	544	528	137	146	135	144	128
484	493	477	486	500	84	93	77	86	100	309	318	302	311	325	534	543	527	536	550	134	143	127	136	150
276	290	299	283	292	501	515	524	508	517	226	240	249	233	242	451	465	474	458	467	51	65	74	58	67
298	282	291	280	289	523	507	516	505	514	248	232	241	230	239	473	457	466	455	464	73	57	66	55	64
295	279	288	297	281	520	504	513	522	506	245	229	238	247	231	470	454	463	472	456	70	54	63	72	56
287	296	285	294	278	512	521	510	519	503	237	246	235	244	228	462	471	460	469	453	62	71	60	69	53
284	293	277	286	300	509	518	502	511	525	234	243	227	236	250	459	468	452	461	475	59	68	52	61	75
201	215	224	208	217	426	440	449	433	442	26	40	49	33	42	251	265	274	258	267	601	615	624	608	617
223	207	216	205	214	448	432	441	430	439	48	32	41	30	39	273	257	266	255	264	623	607	616	605	614
220	204	213	222	206	445	429	438	447	431	45	29	38	47	31	270	254	263	272	256	620	604	613	622	606
212	221	210	219	203	437	446	435	444	428	37	46	35	44	28	262	271	260	269	253	612	621	610	619	603
209	218	202	211	225	434	443	427	436	450	34	43	27	36	50	259	268	252	261	275	609	618	602	611	625

图 9.10

偶数阶“全中心对称”幻方

偶数阶的“中心”一位虚。据研究，在偶数阶非完全幻方领域，迄今尚未发现等和数组“全中心对称”的单偶数阶幻方，因此说“全中心对称”乃是双偶数阶幻方（亦称纯偶数阶幻方）普遍存在的一种结构特征（包括含奇数因子的双偶数阶幻方）。宋代数学家杨辉曾以“易换术”创作了两幅 4 阶“全中心对称”幻方、一幅 8 阶“全中心对称”幻方。现分两类展示偶数阶“全中心对称”幻方例案。

一、纯偶数阶“全中心对称”幻方

纯偶数阶幻方是不含奇数因子的双偶数阶幻方，在等和数组“全中心对称”编排时，一般表现为四象全等组合状态。举例如下（图 9.11、图 9.12）。

13	12	8	1
2	7	11	14
3	6	10	15
16	9	5	4

14	7	1	12
11	2	8	13
4	9	15	6
5	16	10	3

8	13	11	2
10	3	5	16
1	12	14	7
15	6	4	9

16	5	3	10
9	4	6	15
2	11	13	8
7	14	12	1

10	8	5	11
15	1	4	14
3	13	16	2
6	12	9	7

13	3	2	16
12	6	7	9
8	10	11	5
1	15	14	4

图 9.11

61	3	2	64	57	7	6	60
12	54	55	9	16	50	51	13
20	46	47	17	24	42	43	21
37	27	26	40	33	31	30	36
29	35	34	32	25	39	38	28
44	22	23	41	48	18	19	45
52	14	15	49	56	10	11	53
5	59	58	8	1	63	62	4

4	59	7	64	57	2	62	5
13	54	50	9	16	55	51	12
44	22	47	17	24	42	19	45
37	27	26	40	33	31	30	36
29	35	34	32	25	39	38	28
20	46	23	41	48	18	43	21
53	14	10	49	56	15	11	52
60	3	63	8	1	58	6	61

64	2	62	5	4	59	7	57
9	55	51	12	13	54	50	16
17	47	46	20	21	43	42	24
40	26	27	37	36	30	31	33
32	34	35	29	28	38	39	25
41	23	22	44	45	19	18	48
49	15	11	52	53	14	10	56
8	58	6	61	60	3	63	1

图 9.12

二、含奇数因子双偶数阶“全中心对称”幻方

12 阶是含奇数因子双偶数阶“全中心对称”幻方存在的最小阶次，在等和数组“全中心对称”编排时，一般表现为四象全等组合状态。举例如下（图 9.13）。

112	9	110	103	72	101	67	108	65	4	117	2
138	32	142	75	41	79	39	77	43	30	140	34
116	1	114	107	64	105	71	100	69	8	109	6
13	126	11	58	99	56	94	63	92	121	18	119
21	131	25	48	86	52	84	50	88	129	23	133
17	118	15	62	91	60	98	55	96	125	10	123
22	135	20	49	90	47	85	54	83	130	27	128
12	122	16	57	95	61	93	59	97	120	14	124
26	127	24	53	82	51	89	46	87	134	19	132
139	36	137	76	45	74	40	81	38	31	144	29
111	5	115	102	68	106	66	104	70	3	113	7
143	28	141	80	37	78	44	73	42	35	136	33

139	90	137	40	27	38	22	45	20	85	144	83
57	5	61	120	104	124	102	122	106	3	59	7
143	82	141	44	19	42	26	37	24	89	136	87
76	135	74	31	54	29	49	36	47	130	81	128
75	131	79	30	50	34	48	32	52	129	77	133
80	127	78	35	46	33	53	28	51	134	73	132
13	72	11	94	117	92	112	99	110	67	18	65
12	68	16	93	113	97	111	95	115	66	14	70
17	64	15	98	109	96	116	91	114	71	10	69
58	9	56	121	108	119	103	126	101	4	63	2
138	86	142	39	23	43	21	41	25	84	140	88
62	1	60	125	100	123	107	118	105	8	55	6

图 9.13

显然，双偶数阶“全中心对称”幻方的“中位”2 阶单元由两对等和数组构成，因此其 4 个数之和是一个常数。这与奇数阶“全中心对称”幻方的自然数列“中项”必须居中位同理。

另外，是否存在“全中心对称”结构的偶数阶完全幻方？ 48 幅 4 阶完全幻方中已肯定不存在“全中心对称”组合图形。迄今也尚未发现大于 4 阶的“全中心对称”双偶数阶完全幻方，这是一个悬而未决的问题。

偶数阶“全轴对称”幻方

单一形态的“全轴对称”结构，仅见之于双偶数阶非完全幻方领域。“全轴对称”结构存在三种表现形态：其一，“对折”轴对称结构，即幻方两半对折，每重合两数之和相等；其二，“层叠”轴对称结构，即等和数组可层层折叠，幻方由等和数组相继组合；其三，“同位”轴对称结构，乃是幻方两半同向相合而两数之和全等的对称关系。

一、双偶数阶“对折”轴对称结构幻方

双偶数阶“对折”轴对称结构幻方举例如下（图9.14、图9.15）。

1	2	15	16
13	14	3	4
12	7	10	5
8	11	6	9

1	3	14	16
12	13	4	5
15	8	9	2
6	10	7	11

2	12	5	15
14	13	4	3
11	8	9	6
7	1	16	10

7	11	6	10
1	13	4	16
14	8	9	3
12	2	15	5

1	11	6	16
13	14	3	4
12	7	10	5
8	2	15	9

11	7	10	6
14	2	15	3
8	12	5	9
1	13	4	16

图9.14

48	50	51	45	20	14	15	17
41	42	27	44	21	38	23	24
25	26	43	28	37	22	39	40
32	31	30	29	36	35	34	33
1	2	3	4	61	62	63	64
56	7	54	5	60	11	58	9
8	55	6	53	12	59	10	57
49	47	46	52	13	19	18	16

62	61	64	63	2	1	4	3
59	12	57	10	55	8	53	6
11	60	9	58	7	56	5	54
14	20	17	15	50	48	45	51
19	13	16	18	47	49	52	46
22	37	24	23	42	41	28	43
38	21	40	39	26	25	44	27
35	36	33	34	31	32	29	30

47	49	52	46	19	13	16	18
42	41	28	43	22	37	24	23
26	25	44	27	38	21	40	39
31	32	29	30	35	36	33	34
2	1	4	3	62	61	64	63
55	8	53	6	59	12	57	10
7	56	5	54	11	60	9	58
50	48	45	51	14	20	17	15

图9.15

二、双偶数阶“层叠”轴对称结构幻方

双偶数阶“层叠”轴对称结构幻方举例如下（图9.16、图9.17）。

10	7	13	4
16	1	11	6
3	14	8	9
5	12	2	15

13	4	10	7
6	11	1	16
3	14	8	9
12	5	15	2

11	6	7	10
16	1	4	13
2	15	14	3
5	12	9	8

1	16	10	7
13	4	6	11
8	9	15	2
12	5	3	14

5	12	9	8
15	2	3	14
4	13	16	1
10	7	6	11

14	3	8	9
15	2	5	12
1	16	11	6
4	13	10	7

图9.16

49	16	54	11	61	4	58	7
8	57	6	59	60	5	63	2
1	64	3	62	12	53	10	55
56	9	46	19	21	44	18	47
48	17	51	14	20	45	15	50
41	24	30	35	13	52	23	42
25	40	43	22	37	28	34	31
32	33	27	38	36	29	39	26

16	49	11	54	4	61	7	58
57	8	59	6	5	60	2	63
64	1	62	3	53	12	55	10
9	56	19	46	44	21	47	18
17	48	14	51	45	20	50	15
24	41	35	30	52	13	42	23
40	25	22	43	28	37	31	34
33	32	38	27	29	36	26	39

47	18	52	13	19	46	57	8
42	23	28	37	22	43	9	56
26	39	29	36	38	27	40	25
31	34	44	21	35	30	33	32
2	63	45	20	62	3	16	49
55	10	53	12	59	6	64	1
7	58	5	60	11	54	24	41
50	15	4	61	14	51	17	48

图9.17

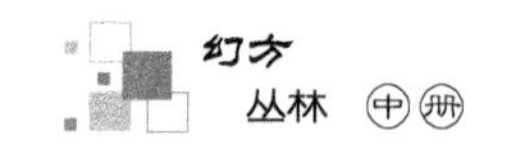

三、双偶数阶“同位”轴对称结构幻方

双偶数阶“同位”轴对称结构幻方举例如下（图 9.18、图 9.19）。

15	14	2	3
1	4	16	13
12	9	5	8
6	7	11	10

12	8	5	9
13	1	4	16
2	14	15	3
7	11	10	6

4	16	13	1
9	5	8	12
6	10	11	7
15	3	2	14

1	13	16	4
8	12	9	5
10	6	7	11
15	3	2	14

7	16	10	1
9	2	8	15
4	11	13	6
14	5	3	12

8	15	9	2
10	1	7	16
3	12	14	5
13	6	4	11

图 9.18

47	49	52	51	18	16	13	14
42	32	28	43	23	33	37	22
31	25	53	27	34	40	12	38
26	1	44	30	39	64	21	35
55	41	4	3	10	24	61	62
2	8	29	6	63	57	36	59
7	48	45	46	58	17	20	19
50	56	5	54	15	9	60	11

10	24	61	62	55	41	4	3
63	57	36	59	2	8	29	6
58	17	20	19	7	48	45	46
15	9	60	11	50	56	5	54
18	16	13	14	47	49	52	51
23	33	37	22	42	32	28	43
34	40	12	38	31	25	53	27
39	64	21	35	26	1	44	30

8	26	51	45	57	39	14	20
49	42	27	44	16	23	38	21
25	50	43	28	40	15	22	37
32	31	30	29	33	34	35	36
56	2	3	4	9	63	62	61
1	7	54	5	64	58	11	60
48	55	6	52	17	10	59	13
41	47	46	53	24	18	19	12

图 9.19

总之，偶数阶幻方存在上述 3 种不同的“全轴对称”结构形态，轴对称关系整齐划一，数理关系非常美。据试验，这 3 种不同“全轴对称”结构之间，通过适当的行列交换，可实现相互转化。同时，从“全轴对称”幻方的组合特点可提炼出一个操作简易的“对称数组”构图方法，只需制作“半边等列图”，调整两条主对角线即得。

偶数阶“全轴对称”完全幻方

在偶数阶完全幻方中，最优化“全轴对称”是非常精妙的一种对称结构，主要介绍两种最优化“全轴对称”形态：其一，上下象限“全轴对称”完全幻方；其二，对角象限“全轴对称”完全幻方。前者一般见之于“四象消长”组合态不规则偶数阶完全幻方领域，后者广泛分布于规则或不规则“四象全等”组合态偶数阶完全幻方领域。

这两种最优化“全轴对称”形态存在的阶次范围：据检索，全体 48 幅 4 阶完全幻方群，都为清一色的对角象限“同位”全轴对称结构形态，而不存在其他形式的对称结构。上下象限或对角象限两种“全轴对称”结构完全幻方，存在于 $n \geqslant 8k$ 阶范围（$k \geqslant 1$）。现以 8 阶完全幻方为例，展示“全轴对称”的两种结构形态。

图 9.20 为 6 幅上下象限“同位”全轴对称 8 阶完全幻方，都为不规则“四象消长”组合态；图 9.21 为 6 幅对角象限“同位”全轴对称 8 阶完全幻方，都为不规则“四象全等”组合态。然而，在偶数阶非完全幻方领域，“全轴对称”结构的对称位置关系会有更多的具体表现形式。

6	5	57	58	4	3	63	64
34	15	55	32	40	9	49	26
19	43	42	18	21	45	48	24
29	54	14	35	27	52	12	37
59	60	8	7	61	62	2	1
31	50	10	33	25	56	16	39
46	22	23	47	44	20	17	41
36	11	51	30	38	13	53	28

9	10	52	51	15	16	54	53
7	48	24	57	1	42	18	63
26	34	37	29	32	40	35	27
62	19	43	4	60	21	45	6
56	55	13	14	50	49	11	12
58	17	41	8	64	23	47	2
39	31	28	36	33	25	30	38
3	46	22	61	5	44	20	59

1	59	60	8	7	61	62	2
50	10	33	25	56	16	39	31
47	44	20	17	41	46	22	23
13	53	28	36	11	51	30	38
64	6	5	57	58	4	3	63
15	55	32	40	9	49	26	34
18	21	45	48	24	19	43	42
52	12	37	29	54	14	35	27

30	29	43	44	54	53	3	4
31	42	41	56	55	2	1	32
7	5	26	28	47	45	50	52
6	27	25	48	46	51	49	8
35	36	22	21	11	12	62	61
34	23	24	9	10	63	64	33
58	60	39	37	18	20	15	13
59	38	40	17	19	14	16	57

2	10	31	23	50	58	47	39
49	62	59	8	1	14	11	56
12	13	37	36	60	61	21	20
48	19	22	25	32	35	38	41
63	55	34	42	15	7	18	26
16	3	6	57	64	51	54	9
53	52	28	29	5	4	44	45
17	46	43	40	33	30	27	24

16	15	53	54	10	9	51	52
2	41	17	64	8	47	23	58
31	39	36	28	25	33	38	30
59	22	46	5	61	20	44	3
49	50	12	11	55	56	14	13
63	24	48	1	57	18	42	7
34	26	29	37	40	32	27	35
6	43	19	60	4	45	21	62

图 9.20

1	9	32	24	49	57	48	40
61	60	7	2	13	12	55	50
38	35	59	62	22	19	11	14
26	31	36	37	42	47	20	21
16	8	17	25	64	56	33	41
52	53	10	15	4	5	58	63
43	46	54	51	27	30	6	3
23	18	45	44	39	34	29	28

59	7	8	62	61	1	2	60
40	9	49	26	34	15	55	32
42	45	21	24	48	43	19	18
14	35	27	52	12	37	29	54
4	64	63	5	6	58	57	3
31	50	10	33	25	56	16	39
17	22	46	47	23	20	44	41
53	28	36	11	51	30	38	13

7	61	62	2	1	59	60	8
33	16	56	31	39	10	50	25
20	17	41	46	22	23	47	44
13	36	28	51	11	38	30	53
64	6	5	57	58	4	3	63
26	55	15	40	32	49	9	34
43	42	18	21	45	48	24	19
54	27	35	12	52	29	37	14

3	63	64	6	5	57	58	4
40	9	49	26	34	15	55	32
18	21	45	48	24	19	43	42
14	35	27	52	12	37	29	54
60	8	7	61	62	2	1	59
31	50	10	33	25	56	16	39
41	46	22	23	47	44	20	17
53	28	36	11	51	30	38	13

2	60	59	7	8	62	61	1
32	49	9	34	26	55	15	40
21	24	48	43	19	18	42	45
52	29	37	14	54	27	35	12
57	3	4	64	63	5	6	58
39	10	50	25	33	16	56	31
46	47	23	20	44	41	17	22
11	38	30	53	13	36	28	51

29	30	44	43	53	54	4	3
31	32	41	42	55	56	1	2
49	51	8	6	25	27	48	46
52	50	7	5	28	26	47	45
12	11	61	62	36	35	21	22
10	9	64	63	34	33	24	23
40	38	17	19	16	14	57	59
37	39	18	20	13	15	58	60

图 9.21

“全交叉对称”幻方

在纯偶数阶幻方领域，存在一种四象“全交叉对称”的单一结构组合形态，具体的表现特征：各2阶单元的两组对角都由等和数组构成，举例如下（图9.22至图9.24）。

第一例：4阶非完全幻方“全交叉对称”结构

16	6	3	9
11	1	8	14
2	12	13	7
5	15	10	4

16	7	2	9
10	1	8	15
3	12	13	6
5	14	11	4

16	4	5	9
13	1	8	12
3	15	10	6
2	14	11	7

15	5	10	4
12	2	13	7
6	16	3	9
1	11	8	14

15	9	6	4
8	2	13	11
10	16	3	5
1	7	12	14

15	3	10	6
14	2	11	7
1	13	8	12
4	16	5	9

图9.22

第二例：8阶非完全幻方“全交叉对称”结构

18	17	45	46	36	35	32	31
48	47	19	20	30	29	34	33
8	7	59	60	54	53	10	9
58	57	5	6	12	11	56	55
37	38	26	25	23	24	43	44
27	28	40	39	41	42	21	22
13	14	50	49	63	64	3	4
51	52	16	15	1	2	61	62

43	44	26	25	23	24	37	38
21	22	40	39	41	42	27	28
3	4	50	49	63	64	13	14
61	62	16	15	1	2	51	52
32	31	45	46	36	35	18	17
34	33	19	20	30	29	48	47
10	9	59	60	54	53	8	7
56	55	5	6	12	11	58	57

23	24	37	38	44	43	26	25
41	42	27	28	22	21	40	39
1	2	51	52	62	61	16	15
63	64	13	14	4	3	50	49
54	53	8	7	9	10	59	60
12	11	58	57	55	56	5	6
36	35	18	17	31	32	45	46
30	29	48	47	33	34	19	20

图9.23

第三例：8阶二重次非完全幻方“全交叉对称”结构

63	3	58	6	10	54	15	51
62	2	59	7	11	55	14	50
1	61	8	60	56	12	49	13
4	64	5	57	53	9	52	16
47	19	42	22	26	38	31	35
46	18	43	23	27	39	30	34
17	45	24	44	40	28	33	29
20	48	21	41	37	25	36	32

64	7	2	57	16	55	50	9
58	1	8	63	10	49	56	15
3	60	61	6	51	12	13	54
5	62	59	4	53	14	11	52
48	23	18	41	32	39	34	25
42	17	24	47	26	33	40	31
19	44	45	22	35	28	29	38
21	46	43	29	37	30	27	36

64	7	2	57	12	51	54	13
58	1	8	63	14	53	52	11
3	60	61	6	55	16	9	50
5	62	59	4	49	10	15	56
48	23	18	41	28	35	38	29
42	17	24	47	30	37	36	27
19	44	45	22	39	32	25	34
21	46	43	20	33	26	31	40

图9.24

图 9.22 和图 9.23 展示单重次 4 阶、8 阶“全交叉对称”非完全幻方，图 9.24 展示二重次 8 阶“全交叉对称”非完全幻方。据分析，含奇数因子的偶数阶幻方不存在 2 阶单元“全交叉对称”结构形态。

“全交叉对称”完全幻方

在偶数阶完全幻方领域，“全交叉对称”结构有两种形式：其一，四象“全交叉对称”结构形态；其二，九宫“全交叉对称”结构形态。

第一例：四象“全交叉对称”半优化幻方

所谓四象“全交叉对称”结构，指偶数阶完全幻方内部全部 2 阶单元的等和数组都为 X 型“全交叉对称”定位。据检查，4 阶完全幻方中不存在四象“全交叉对称”结构。图 9.25 和图 9.26 展示了 8 阶、16 阶半优化幻方全部 2 阶单元为“全交叉对称”组合结构形态。

63	1	38	28	22	44	15	49
64	2	37	27	21	43	16	50
29	35	8	58	56	10	45	19
30	36	7	57	55	9	46	20
33	31	60	6	12	54	17	47
34	32	59	5	11	53	18	48
3	61	26	40	42	24	51	13
4	62	25	39	41	23	52	14

图 9.25

256	6	3	249	81	171	174	88	200	62	59	193	105	147	150	112
251	1	8	254	86	176	169	83	195	57	64	198	110	152	145	107
2	252	253	7	175	85	84	170	58	196	197	63	151	109	108	146
5	255	250	4	172	82	87	173	61	199	194	60	148	106	111	149
216	46	43	209	121	131	134	128	240	22	19	233	65	187	190	72
211	41	48	214	126	136	129	123	235	17	24	238	70	192	185	67
42	212	213	47	135	125	124	130	18	236	237	23	191	69	68	186
45	215	210	44	132	122	127	133	21	239	234	20	188	66	71	189
168	94	91	161	9	243	246	16	160	102	99	153	49	203	206	56
163	89	96	166	14	248	241	11	155	97	104	158	54	208	201	51
90	164	165	95	247	13	12	242	98	156	157	103	207	53	52	202
93	167	162	92	244	10	15	245	101	159	154	100	204	50	55	205
144	118	115	137	33	219	222	40	184	78	75	177	25	227	230	32
139	113	120	142	38	224	217	35	179	73	80	182	30	232	225	27
114	140	141	119	223	37	36	218	74	180	181	79	231	29	28	226
117	143	138	116	220	34	39	221	77	183	178	76	228	26	31	229

图 9.26

第二例：8 阶九宫“全交叉对称”完全幻方

什么是 8 阶完全幻方内部的九宫？指 8 阶以四象为基本区块，各区块内以交叠方式可划出 4 个 3 阶单元（即九宫）。然而，若每个九宫单元中的两组对角数组等和，则各象限内有 8 对等和数组交叉对称排列，我称之为九宫“全交叉对称”结构。

如图 9.27 所示 3 幅 8 阶完全幻方，其等和数组结构有两种解读：其一，对角象限“全轴对称”结构形态，即 8 阶内部 16 个 2 阶单元，每对角两个 2 阶单元的等和数组“全轴对称”排列；其二，九宫“全交叉对称”结构形态，即 8 阶内部 16 个交叠九宫单元，每个九宫单元的等和数组“全交叉对称”排列。

48	52	29	1	47	51	30	2
21	9	40	60	22	10	39	59
36	64	17	13	35	63	18	14
25	5	44	56	26	6	43	55
46	50	31	3	45	49	32	4
23	11	38	58	24	12	37	57
34	62	19	15	33	61	20	16
27	7	42	54	28	8	41	53

48	25	56	1	47	26	55	2
52	5	44	29	51	6	43	30
9	64	17	40	10	63	18	39
21	36	13	60	22	35	14	59
46	27	54	3	45	28	53	4
50	7	42	31	49	8	41	32
11	62	19	38	12	61	20	37
23	34	15	58	24	33	16	57

59	62	4	5	51	54	12	13
8	1	63	58	16	9	55	50
61	60	6	3	53	52	14	11
2	7	57	64	10	15	49	56
43	46	20	21	35	38	28	29
24	17	47	42	32	25	39	34
45	44	22	19	37	36	30	27
18	23	41	48	26	31	33	40

图 9.27

第三例：12 阶九宫“全交叉对称”完全幻方

图 9.28 是两幅 12 阶二重次完全幻方（泛幻和“870”），它由 9 个全等 4 阶子完全幻方合成（泛幻和“290”）。其等和数组的排列结构存在两种解读：其一，每个 4 阶子完全幻方的等和数组为对角象限“全轴对称”结构形态；其二，每个 4 阶子完全幻方的等和数组为九宫“全交叉对称”结构形态，即 8 阶内部 16 个交叠九宫单元，每个九宫单元的等和数组“全交叉对称”排列。

60	91	126	13	46	105	112	27	71	80	137	2
121	18	55	96	111	28	45	106	134	5	68	83
19	132	85	54	33	118	99	40	8	143	74	65
90	49	24	127	100	39	34	117	77	62	11	140
70	81	136	3	59	92	125	14	48	103	114	25
135	4	69	82	122	17	56	95	109	30	43	108
9	142	75	64	20	131	86	53	31	120	97	42
76	63	10	141	89	50	23	128	102	37	36	115
47	104	113	26	72	79	138	1	58	93	124	15
110	29	44	107	133	6	67	84	123	16	57	94
32	119	98	41	7	144	73	66	21	130	87	52
101	38	35	116	78	61	12	139	88	51	22	129

12	61	144	73	24	49	132	85	36	37	120	97
139	78	7	66	127	90	19	54	115	102	31	42
1	72	133	84	13	60	121	96	25	48	109	108
138	79	6	67	126	91	18	55	114	103	30	43
11	62	143	74	23	50	131	86	35	38	119	98
140	77	8	65	128	89	20	53	116	101	32	41
2	71	134	83	14	59	122	95	26	47	110	107
137	80	5	68	125	92	17	56	113	104	29	44
10	63	142	75	22	51	130	87	34	39	118	99
141	76	9	64	129	88	21	52	117	100	33	40
3	70	135	82	15	58	123	94	27	46	111	106
136	81	4	69	124	93	16	57	112	105	28	45

图 9.28

幻方奇偶数模块“万花筒”

幻方微观结构之奥妙，犹如“万花筒”般令人眼花缭乱。当幻方由全部奇数与全部偶数的布局关系来描述时，由奇偶数模块生成的对称性图案、花样纹饰变幻无穷，尤以各种物象造型更为难得一见。本文在中心对称结构、轴对称结构与不对称结构等的低阶幻方中，搜索到部分图形可供欣赏，数形非常美。

一、中心对称幻方的奇偶模块

图 9.29 上是 4 幅 5 阶非完全幻方；图 9.29 下是 4 幅 5 阶完全幻方。

11	24	7	20	3
4	12	25	8	16
17	5	13	21	9
10	18	1	14	22
23	6	19	2	15

11	22	19	10	3
2	14	25	18	6
9	5	13	21	17
20	8	1	12	24
23	16	7	4	15

11	24	17	10	3
4	12	25	18	6
7	5	13	21	19
20	8	1	14	22
23	16	9	2	15

11	22	9	20	3
2	14	25	8	16
19	5	13	21	7
10	18	1	12	24
23	6	17	4	15

10	18	1	14	22
11	24	7	20	3
17	5	13	21	9
23	6	19	2	15
4	12	25	8	16

20	8	1	12	24
11	22	19	10	3
9	5	13	21	17
23	16	7	4	15
2	14	25	18	6

24	3	17	11	10
12	6	25	4	18
5	19	13	7	21
8	22	1	20	14
16	15	9	23	2

22	3	9	11	20
14	16	25	2	8
5	7	13	19	21
18	24	1	10	12
6	15	17	23	4

图 9.29

图 9.30 上是 4 幅 5 阶非完全幻方；图 9.30 下是 4 幅 5 阶完全幻方。

3	19	10	21	12
17	8	24	15	1
6	22	13	4	20
25	11	2	18	9
14	5	16	7	23

3	9	16	25	12
7	18	24	11	5
20	22	13	4	6
21	15	2	8	19
14	1	10	17	23

12	21	20	9	3
1	15	24	18	7
10	4	13	22	16
19	8	2	11	25
23	17	6	5	14

12	25	6	19	3
5	11	24	8	17
16	4	13	22	10
9	18	2	15	21
23	7	20	1	14

21	3	10	12	19
15	17	24	1	8
4	6	13	20	22
18	25	2	9	11
7	14	16	23	5

25	3	16	12	9
11	7	24	5	18
4	20	13	6	22
8	21	2	19	15
17	14	10	23	1

19	8	2	11	25
12	21	20	9	3
10	4	13	22	16
23	17	6	5	14
1	15	24	18	7

9	18	2	15	21
12	25	6	19	3
16	4	13	22	10
23	7	20	1	14
5	11	24	8	17

图 9.30

二、轴对称幻方的奇偶模块

图 9.31 上是 4 幅 5 阶非完全幻方，图 9.31 下是四幅 5 阶完全幻方。

12	24	1	20	8
9	11	25	3	17
16	10	13	22	4
5	18	7	14	21
23	2	19	6	15

14	22	1	20	8
7	11	25	3	19
16	10	13	24	2
5	18	9	12	21
23	4	17	6	15

12	24	1	10	18
19	11	25	3	7
6	20	13	22	4
5	8	17	14	21
23	2	9	16	15

14	22	1	10	18
17	11	25	3	9
6	20	13	24	2
5	8	19	12	21
23	4	7	16	15

20	12	1	8	24
3	9	25	17	11
22	16	13	4	10
14	5	7	21	18
6	23	19	15	2

20	14	1	8	22
3	7	25	19	11
24	16	13	2	10
12	5	9	21	18
6	23	17	15	4

5	8	17	14	21
12	24	1	10	18
6	20	13	22	4
23	2	9	16	15
19	11	25	3	7

5	8	19	12	21
14	22	1	10	18
6	20	13	24	2
23	4	7	16	15
17	11	25	3	9

图 9.31

三、不对称幻方的奇偶模块

图 9.32 选择了 12 幅成对数组不对称结构 5 阶非完全幻方，它们的奇偶数模块分布形状虽然与中心对称、轴对称幻方无一相同，但同样具有对角或纵横对称关系。这就是说，奇偶模块的对称性揭示了幻方建立等和关系的本质。

12	24	6	20	3
4	11	25	8	17
16	5	13	22	9
10	18	2	14	21
23	7	19	1	5

14	22	10	16	3
2	15	21	8	19
20	1	13	24	7
6	18	4	12	25
23	9	17	5	11

14	17	5	21	8
7	15	16	3	24
25	6	13	19	2
1	23	9	12	20
18	4	22	10	11

12	19	1	25	8
9	11	20	3	22
21	10	13	17	4
5	23	7	14	16
18	2	24	6	15

3	17	21	9	15
20	23	7	11	4
24	10	13	2	16
6	14	5	18	22
12	1	19	25	8

23	7	1	19	15
10	3	17	11	24
4	20	13	22	6
16	14	25	8	2
12	21	9	5	18

12	20	6	24	3
10	14	2	18	21
16	22	13	5	9
4	8	25	11	17
23	1	19	7	15

14	6	20	2	23
16	12	24	8	5
10	4	13	21	17
22	18	1	15	9
3	25	7	19	11

8	2	21	20	14
4	23	17	11	10
25	19	13	7	1
16	15	9	3	22
12	6	5	24	18

7	24	11	3	20
25	12	4	16	8
1	18	10	22	14
19	6	23	15	2
13	5	17	9	21

14	10	2	21	18
20	12	6	3	24
22	16	13	9	5
1	23	19	15	7
8	4	25	17	11

12	16	24	5	8
6	14	20	23	2
4	10	13	17	21
25	3	7	11	19
18	22	1	9	15

图 9.32

四、奇偶数对称模块欣赏

幻方阶次越大，奇偶模块所构成的图案、纹饰变化越多。图 9.33 展示了 16 幅 7 阶幻方，其模块的对称性分布基本可以分为三类：其一，全盘统筹中心或对角对称；其二，半盘分治纵横对称；其三，四角鼎立纵横或中心对称。

39	6	15	31	47	14	23
2	18	34	43	10	26	42
21	30	46	13	22	38	5
33	49	9	25	41	1	17
45	12	28	37	4	20	29
8	24	40	7	16	32	48
27	36	3	19	35	44	11

24	30	36	49	6	12	18
16	22	35	41	47	4	10
8	21	27	33	39	45	2
7	13	19	25	31	37	43
48	5	11	17	23	29	42
40	46	3	9	15	28	34
32	38	44	1	14	20	26

22	35	16	41	10	47	4
7	23	34	17	40	11	43
44	6	24	33	18	36	14
13	45	5	25	29	21	37
38	12	46	1	28	30	20
19	39	8	49	2	27	31
32	15	42	9	48	3	26

23	40	15	48	10	35	4
5	22	41	17	49	11	30
29	6	24	42	18	44	12
13	31	7	25	37	19	43
45	14	32	2	26	36	20
21	46	9	33	1	27	38
39	16	47	8	34	3	28

23	8	47	35	41	17	4
36	24	7	48	30	11	19
5	49	22	10	18	34	37
21	6	38	25	12	44	29
13	16	32	40	28	1	45
31	39	20	2	43	26	14
46	33	9	15	3	42	27

23	31	5	49	36	13	18
17	22	48	40	35	4	9
47	6	24	16	11	29	42
7	12	30	25	20	38	43
8	21	39	34	26	44	3
41	46	15	10	2	28	33
32	37	14	1	45	19	27

38	14	32	1	26	44	20
46	15	40	9	34	3	28
5	23	48	17	42	11	29
13	31	7	25	43	19	37
21	39	8	33	2	27	45
22	47	16	41	10	35	4
30	6	24	49	18	36	12

5	23	48	17	42	11	29
38	14	32	1	26	44	20
22	47	16	41	10	35	4
13	31	7	25	43	19	37
46	15	40	9	34	3	28
30	6	24	49	18	36	12
21	39	8	33	2	27	45

22	5	34	10	49	37	18
47	23	17	35	8	4	41
20	31	26	2	39	14	43
38	21	44	25	6	29	12
7	36	11	48	24	19	30
9	46	42	15	33	27	3
32	13	1	40	16	45	28

4	29	40	14	20	45	23
30	39	8	19	49	27	3
38	9	18	43	26	7	34
13	17	44	25	1	33	42
21	48	24	2	32	36	12
47	28	6	31	37	11	15
22	5	35	41	10	16	46

28	9	5	17	29	48	39
37	26	10	1	20	32	49
47	38	22	13	4	21	30
31	43	41	25	14	2	19
15	34	46	42	23	12	3
6	18	35	44	40	24	8
11	7	16	33	45	36	27

18	38	7	43	9	34	26
40	4	45	14	29	23	20
6	47	11	31	28	15	37
44	13	33	25	17	42	1
8	30	27	19	39	3	49
35	22	16	41	5	46	10
24	21	36	2	48	12	32

32	41	8	7	47	17	23
37	46	7	12	6	22	31
14	15	39	30	24	48	5
1	10	34	25	16	40	49
45	2	26	20	11	35	36
19	28	44	38	29	4	13
27	33	3	43	42	9	18

46	6	37	12	31	21	22
2	11	45	20	36	26	35
41	47	32	7	23	8	17
10	16	1	25	49	34	40
33	42	27	43	18	3	9
15	24	14	30	5	39	48
28	29	19	38	13	44	4

24	47	29	16	6	42	11
5	23	13	49	31	18	36
15	41	28	10	46	33	2
30	7	38	25	12	43	20
48	17	4	40	22	9	35
14	32	19	1	37	27	45
39	8	44	34	21	3	26

39	49	33	6	8	16	24
43	18	3	12	41	28	30
31	5	46	21	23	13	36
2	10	15	25	35	40	48
14	37	27	29	4	45	19
20	22	9	38	47	32	7
26	34	42	44	17	1	11

图 9.33

如图 9.34 所示的两幅 9 阶幻方（幻和“369”）是局部数字调整而得的姊妹篇，其奇偶数模块发生了“万花筒”般的奇妙变化。

总之，对称性是大自然造物的基本法则，在奇偶模块游戏中，只要有心就一定能找到精美的物象图案。

31	78	36	29	73	13	18	80	11
24	42	26	55	37	19	60	44	62
30	74	32	54	1	72	14	76	16
35	79	12	49	5	65	34	75	15
25	43	61	59	41	23	21	39	57
67	7	48	17	77	33	70	3	47
66	6	68	10	81	28	50	8	52
20	38	22	27	45	63	56	40	58
71	2	64	69	9	53	46	4	51

31	78	13	36	73	18	29	80	11
24	42	60	19	37	55	26	44	62
67	6	49	72	1	54	65	8	47
30	79	12	32	77	14	34	75	16
25	43	61	23	41	59	21	39	57
66	7	48	68	5	50	70	3	52
35	74	17	28	81	10	33	76	15
20	38	56	27	45	63	22	40	58
71	2	53	64	9	46	69	4	51

图 9.34

幻方奇偶数均匀分布

在幻方中奇偶数的均匀分布有两种基本情况：其一，奇偶数以单个数字的相间方式分布，是最均匀的一种平衡结构；其二，奇偶数以模块单元的相间方式分布，一般可见于合数阶幻方。

一、奇偶个数最均匀分布

如图 9.35 所示的两个 8 阶二重次幻方（幻和“260”，子幻和“130”），其奇数与偶数以相间方式最均匀的组排结构，为双偶数阶幻方一种重要的存在形态，其微观结构特点：奇偶全方位对称。

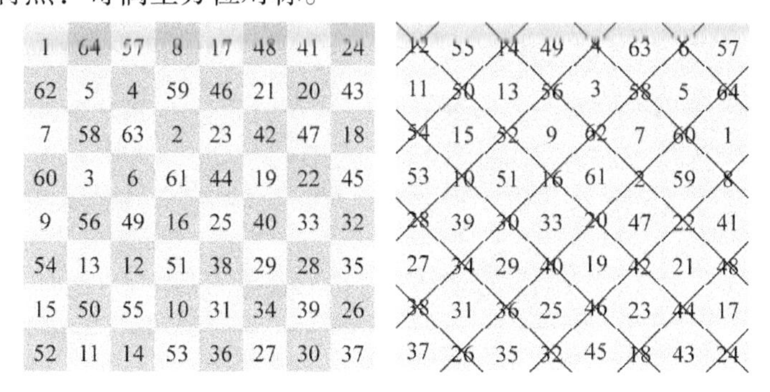

1	64	57	8	17	48	41	24
62	5	4	59	46	21	20	43
7	58	63	2	23	42	47	18
60	3	6	61	44	19	22	45
9	56	49	16	25	40	33	32
54	13	12	51	38	29	28	35
15	50	55	10	31	34	39	26
52	11	14	53	36	27	30	37

12	55	14	49	4	63	6	57
11	50	13	56	3	58	5	64
54	15	52	9	62	7	60	1
53	10	51	16	61	2	59	8
28	39	30	33	20	47	22	41
27	34	29	40	19	42	21	48
38	31	36	25	46	23	44	17
37	26	35	32	45	18	43	24

图 9.35

二、奇偶模块均匀化分布

如图 9.36 所示的两个 8 阶幻方（幻和“260”），左图 1×2 规格的奇数与偶数单元以相间方式均匀化组排；而右图 2×2 规格的奇数与偶数单元以相间方式均匀化组排。奇偶数模块规格为合数阶的最小因子。

1	3	60	62	39	37	26	32
5	7	64	58	35	33	30	28
52	50	17	23	10	16	47	45
56	54	21	19	14	12	43	41
27	25	34	40	57	63	8	6
31	29	38	36	61	59	4	2
42	44	11	13	24	22	49	55
46	48	15	9	20	18	53	51

49	24	1	48	9	40	57	32
15	42	63	18	55	26	7	34
52	21	4	45	12	37	60	29
10	47	58	23	50	31	2	39
53	20	5	44	13	36	61	28
11	46	59	22	51	30	3	38
56	17	8	41	16	33	64	25
14	43	62	19	54	27	6	35

图 9.36

如图 9.37 所示的 12 阶九宫二重次幻方，即由 9 个 4 阶完全幻方合成（幻和“870”，泛子幻和“274”），也以 1×2 规格奇数与偶数单元按相间方式均匀化组排，但由于首尾两行拆开，模块变形。它的三重母阶（指 4 阶、3 阶、2 阶）具备幻方性质（图 9.38）。

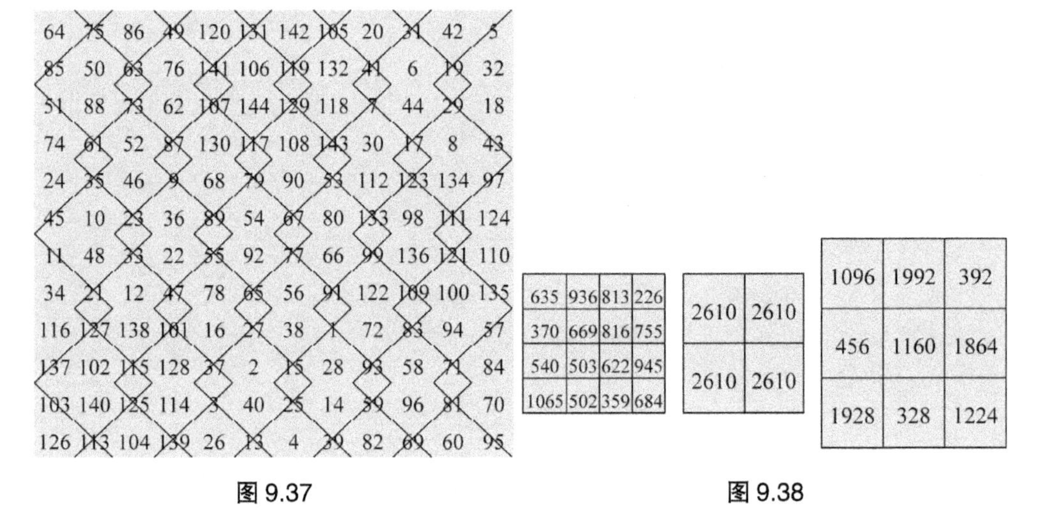

64	75	86	49	120	131	142	105	20	31	42	5
85	50	63	76	141	106	119	132	41	6	19	32
51	88	73	62	107	144	129	118	7	44	29	18
74	61	52	87	130	117	108	143	30	17	8	43
24	35	46	9	68	79	90	53	112	123	134	97
45	10	23	36	89	54	67	80	133	98	111	124
11	48	33	22	55	92	77	66	99	136	121	110
34	21	12	47	78	65	56	91	122	109	100	135
116	127	138	101	16	27	38	1	72	83	94	57
137	102	115	128	37	2	15	28	93	58	71	84
103	140	125	114	3	40	25	14	59	96	81	70
126	113	104	139	26	13	4	39	82	69	60	95

图 9.37

635	936	813	226
370	669	816	755
540	503	622	945
1065	502	359	684

2610	2610
2610	2610

1096	1992	392
456	1160	1864
1928	328	1224

图 9.38

奇偶数两仪模块幻方

奇偶两仪结构是奇数阶幻方的一种普遍组合形式，它的基本特征如下：其一为阳仪，即全部奇数团聚幻方中央；其二为阴仪，即全部偶数分布幻方四角。阴阳两仪，泾渭分明，秋毫无犯，相生相成，融合一体。两仪型幻方，为研究奇偶数模块结构的典范。

朱熹《周易本仪》曰：“圣人则河图者虚其中，则洛书者总其实也。河图之虚五与十，太极也；奇数二十，偶数二十，两仪也。”所谓“两仪”者，原本出于《周易》“太极生两仪”之说，按朱熹解译，乃指洛书的奇偶数组合特征（参见“洛书四大构图法”相关内容）。洛书是一幅天生的 3 阶两仪型幻方，据此我把这类幻方命名为两仪型幻方。当阶次大于 3 阶时，奇数阶两仪型幻方（洛书原版）的构图方法如下：先按杨辉口诀“九子斜排，上下对易，左右相更，四维挺进”方法填出奇数阶幻方样本，再以中行、中列上所在数的大小为次序，做行与列同步变位调整，即可获得一幅两仪型幻方，举例如下（图 9.39）。

32	38	44	1	14	20	26
40	46	3	9	15	28	34
48	5	11	17	23	29	42
7	13	19	25	31	37	43
8	21	27	33	39	45	2
16	22	35	41	47	4	10
24	30	36	49	6	12	18

18	22	1	10	14
24	3	7	11	20
5	9	13	17	21
6	15	19	23	2
12	16	25	4	8

42	34	26	18	1	74	66	58	50
52	44	36	19	11	3	76	68	60
62	54	37	29	21	13	5	78	70
72	55	47	39	31	23	15	7	80
73	65	57	49	41	33	25	17	9
2	75	67	59	51	43	35	27	10
12	4	77	69	61	53	45	28	20
22	14	6	79	71	63	46	38	30
32	24	16	8	81	64	56	48	40

98	110	122	134	146	158	1	26	38	50	62	74	86
112	124	136	148	160	3	15	27	52	64	76	88	100
126	138	150	162	5	17	29	41	53	78	90	102	114
140	152	164	7	19	31	43	55	67	79	104	116	128
154	166	9	21	33	45	57	69	81	93	105	130	142
168	11	23	35	47	59	71	83	95	107	119	131	156
13	25	37	49	61	73	85	97	109	121	133	145	157
14	39	51	63	75	87	99	111	123	135	147	159	2
28	40	65	77	89	101	113	125	137	149	161	4	16
42	54	76	91	103	115	127	139	151	163	6	18	30
56	68	80	92	117	129	141	153	165	8	20	32	44
70	82	94	106	118	143	155	167	10	22	34	46	58
84	96	108	120	132	144	169	12	24	36	48	60	72

72	84	96	108	120	11	12	24	36	48	60
82	94	106	118	9	21	33	34	46	58	70
92	104	116	7	19	31	43	55	56	68	80
102	114	5	17	29	41	53	65	77	78	90
112	3	15	27	39	51	63	75	87	99	100
1	13	25	37	49	61	73	85	97	109	121
22	23	35	47	59	71	83	95	107	119	10
32	44	45	57	69	81	93	105	117	8	20
42	54	66	67	79	91	3	115	6	18	30
52	64	76	88	89	101	113	4	16	28	40
62	74	86	98	110	111	2	14	26	38	50

图 9.39

如图 9.39 所示的 5 幅两仪型幻方都是洛书结构的“放大”，内部数理关系完全相同，为两仪型幻方原版。其中，9 阶、11 阶两仪型幻方，由于其阶次的特殊性，各列的公差为“10”，在同一列上奇数或偶数的个位数分别相同，因此，数字造型巧夺天工，排列显得格外有序、齐整，直观品相上乘。具体说明如下。

9 阶两仪型幻方（幻和“369”）具有如下组合性质：①横行奇数、偶数公差“8”；②纵列奇数、偶数公差“10”；③左斜奇数、偶数对角线公差“2”；④右斜奇数、偶数对角线公差“18”。

11阶两仪型幻方（幻和“671”）具有如下组合性质：①横行奇数、偶数公差“12”；②纵列奇数、偶数公差“10”；③左斜奇数、偶数对角线公差“22”；④右斜奇数、偶数对角线公差“2”。

总而言之，两仪型幻方行、列、对角线上奇偶数的等差关系一丝不乱，秩序井然。奇数阶两仪型幻方与什么幻方存在转化关系呢？当一幅奇数阶幻方具有如下结构特点：中行、中列都是奇数，其他都是偶奇相间，那么，通过行列变位就能转化为两仪型结构，因此两仪型幻方是奇数阶领域较为普遍的一种奇偶数模块结构形态。同时，原版两仪型幻方的中央全部奇数是一块待开发的“处女地”，任凭精心雕琢、装点而成绝世佳品（参见“巧夺天工”相关内容）。

古代交兵，重于阵法，散、乱、杂而无章法者大忌。相传诸葛亮的八阵图，布阵奇变，用兵如神，充分发挥团队的整合战斗力，这是一个军事战略指挥家决胜的秘诀。现出示如下4幅9阶幻方，以奇偶数的行列调动而玩“兵阵变法”之游戏（图9.40）。

设A、B两军：奇数为A军、偶数为B军。综观这一盘战局：千军万马，列队齐整，秩序井然。在团队行列变位中，服从统一指令，严守铁的纪律，两军分合自如，旗鼓相当。各位看官，纸上谈兵，且听战局分解。

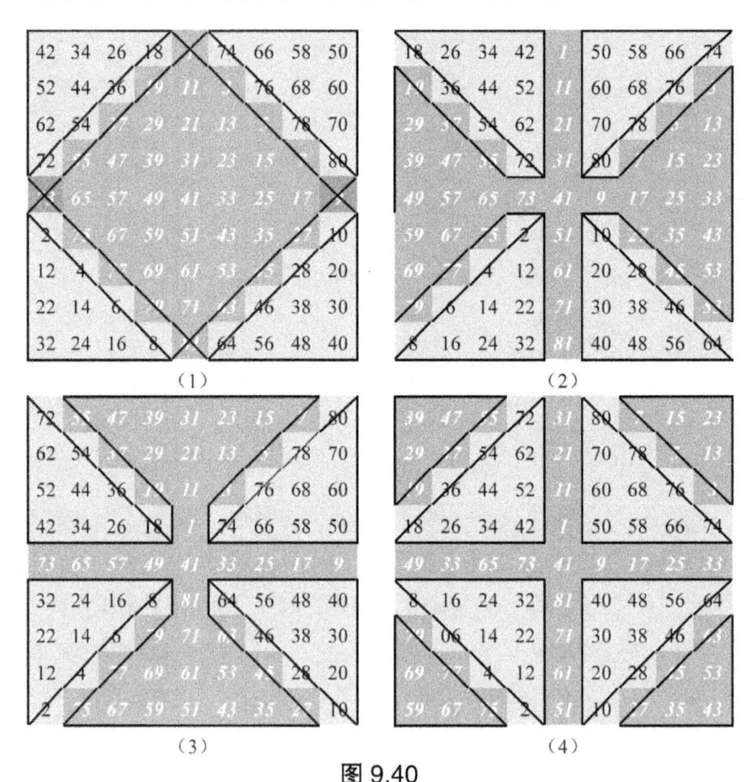

图9.40

①图 9.40（1）：B 军四面合围，气势压阵；A 军内线对抗，固若金汤。

②图 9.40（2）：A 军分兵左右，杀出重围；B 军网开一面，两翼夹击。

③图 9.40（3）：B 军伺隙进逼，紧咬搏杀；A 军一鼓作气，大运动反制。

④图 9.40（4）：A 军迂回穿插，分割包抄；B 军外线变内线，各自为战。

两军一招一式，难分难解，欣赏 9 阶幻方战局：让人耳闻鼓角声声，车马隆隆之惊险；让人目睹刀光剑影，厮杀、血战沙场之壮观。

最均匀偶数阶完全幻方

幻方算题就是追求自然数列均匀分布的趣味游戏。一般而言，完全幻方比非完全幻方的数字分布的均匀度更高。什么是幻方的均匀化呢？指在全部行、列、泛对角线全等之外，完全幻方内部等和关系的进一步结构性细化，以提高自然数列分布的均匀度，乃至达到最高均匀分布。偶数阶完全幻方均匀化的基本要求：任意划出一个最小模块 2 阶单元，其 4 个数之和全等，若这些最小模块又能合成多重次子母阶最优化模块，我称之为最均匀完全幻方。

一、最均匀 8 阶完全幻方

图 9.41 是 3 幅 8 阶完全幻方（泛幻和“260”），四象都由 4 个全等的 4 阶完全幻方单元（泛幻和“130”）合成。在此基础上，再进一步细化等和关系，令其任意划出一个最小模块 2 阶子单元，4 个数之和全等于“130”，从而成为最均匀的 8 阶二重次全等态最优化幻方。

52	5	12	61	20	37	44	29
14	59	54	3	46	27	22	35
53	4	13	60	21	36	45	28
11	62	51	6	43	30	19	38
56	1	16	57	24	33	48	25
10	63	50	7	42	31	18	39
49	8	9	64	17	40	41	32
15	58	55	2	47	26	23	34

（1）

61	12	5	52	21	36	45	28
3	54	59	14	43	30	19	38
60	13	4	53	20	37	44	29
6	51	62	11	46	27	22	35
57	16	1	56	17	40	41	32
7	50	63	10	47	26	23	34
64	9	8	49	24	33	48	25
2	55	58	15	42	31	18	39

（2）

32	34	25	39	27	37	30	36
41	23	48	18	46	20	43	21
40	26	33	31	35	29	38	28
17	47	24	42	22	44	19	45
64	2	57	7	59	5	62	4
9	55	16	50	14	52	11	53
8	58	1	63	3	61	6	60
49	15	56	10	54	12	51	13

（3）

图 9.41

二、最均匀 12 阶完全幻方

图 9.42 是两幅 12 阶完全幻方（泛幻和“870”），其最优化与最均匀化的结

构特点：①任意划出一个最小模块2阶子单元，4个数之和全等于“290”；②九宫为9个全等4阶完全幻方子单元（泛幻和“290”）；③每相邻4个4阶完全幻方子单元合成一个8阶完全幻方单元（泛幻和“580”），这就是说内含4个全等8阶完全幻方单元。由此可见，本例为两幅最均匀12阶三重次全等态最优化幻方。

81	136	69	4	93	124	57	16	105	112	45	28
70	3	82	135	58	15	94	123	46	27	106	111
76	141	64	9	88	129	52	21	100	117	40	33
63	10	75	142	51	22	87	130	39	34	99	118
80	137	68	5	92	125	56	17	104	113	44	29
71	2	83	134	59	14	95	122	47	26	107	110
77	140	65	8	89	128	53	20	101	116	41	32
62	11	74	143	50	23	86	131	38	35	98	119
79	138	67	6	91	126	55	18	103	114	43	30
72	1	84	133	60	13	96	121	48	25	108	109
78	139	66	7	90	127	54	19	102	115	42	31
61	12	73	144	49	24	85	132	37	36	97	120

1	72	133	84	49	24	85	132	25	48	109	108
138	79	6	67	90	127	54	19	114	103	30	43
12	61	144	73	60	13	96	121	36	37	120	97
139	78	7	66	91	126	55	18	115	102	31	42
2	71	134	83	50	23	86	131	26	47	110	107
137	80	5	68	89	128	53	20	113	104	29	44
11	62	143	74	59	14	95	122	35	38	119	98
140	77	8	65	92	125	56	17	116	101	32	41
3	70	135	82	51	22	87	130	27	46	111	106
136	81	4	69	88	129	52	21	112	105	28	45
10	63	142	75	58	15	94	123	34	39	118	99
141	76	9	64	93	124	57	16	117	100	33	40

图 9.42

三、最均匀16阶完全幻方

图9.43是一幅16阶三重次最优化幻方，均匀化特点如下。

①任意划出一个最小模块即2阶单元，4个数之和全等于“514”。

② 16个全等4阶完全幻方子单元全面覆盖，泛幻和都等于“514”。

③每4个4阶完全幻方子单元合成一个8阶完全幻方单元，计有10个全等8阶完全幻方单元重叠覆盖，泛幻和都等于“1028”。

④每9个4阶完全幻方子单元合成一个12阶完全幻方单元，计有4个全等的12阶完全幻方单元，泛幻和等于“1542”。

209	208	33	64	145	144	97	128	241	240	1	32	177	176	65	96
34	63	210	207	98	127	146	143	2	31	242	239	66	95	178	175
224	193	48	49	160	129	112	113	256	225	16	17	192	161	80	81
47	50	223	194	111	114	159	130	15	18	255	226	79	82	191	162
213	204	37	60	149	140	101	124	245	236	5	28	181	172	69	92
38	59	214	203	102	123	150	139	6	27	246	235	70	91	182	171
220	197	44	53	156	133	108	117	252	229	12	21	188	165	76	85
43	54	219	198	107	118	155	134	11	22	251	230	75	86	187	166
211	206	35	62	147	142	99	126	243	238	3	30	179	174	67	94
36	61	212	205	100	125	148	141	4	29	244	237	68	93	180	173
222	195	46	51	158	131	110	115	254	227	14	19	190	163	78	83
45	52	221	196	109	116	157	132	13	20	253	228	77	84	189	164
215	202	39	58	151	138	103	122	247	234	7	26	183	170	71	90
40	57	216	201	104	121	152	137	8	25	248	233	72	89	184	169
218	199	42	55	154	135	106	119	250	231	10	23	186	167	74	87
41	56	217	200	105	120	153	136	9	24	249	232	73	88	185	168

图 9.43

总而言之，任意划出一个最小模块2阶单元，4个数之和全等，乃是偶数阶幻方均匀化的基本标志。

最均匀奇数阶完全幻方

在奇合数阶完全幻方领域，均匀化的最小模块因奇合数阶的最小分解因子不同而发生变化，通常研究 $3(2k+1)$ 阶完全幻方（$k \geqslant 1$）最小模块 3 阶单元的均匀化形式。

一、最均匀 9 阶完全幻方

图 9.44 是 3 幅 9 阶完全幻方（泛幻和“369”），均匀化特点：任意划出一个 3 阶子单元，9 个数之和全等于“369”（内有重重叠叠的 48 个 3 阶行列图，一个 3 阶幻方，幻和“123”），它们与 3 阶行列图合成 9 阶完全幻方不同，已达到了最高均匀度标准。

31	81	11	22	45	56	67	9	47
21	41	61	66	5	52	30	77	16
71	1	51	35	73	15	26	37	60
29	76	18	20	40	63	65	4	54
25	39	59	70	3	50	34	75	14
69	8	46	33	80	10	24	44	55
36	74	13	27	38	58	72	2	49
23	43	57	68	7	48	32	79	12
64	6	53	28	78	17	19	42	62

17	73	33	53	1	69	62	37	24
57	41	25	12	77	34	48	5	70
49	9	65	58	45	20	13	81	29
10	78	35	46	6	71	55	42	26
59	43	21	14	79	30	50	7	66
54	2	67	63	38	22	18	74	31
15	80	28	51	8	64	60	44	19
61	39	13	16	75	32	52	3	68
47	4	72	56	40	27	11	76	36

51	8	64	15	80	28	60	44	19
16	75	32	61	39	23	52	3	68
56	40	27	47	4	72	11	76	36
53	1	69	17	73	33	62	37	24
12	77	34	57	41	25	48	5	70
58	45	20	49	9	65	13	81	29
46	6	71	10	78	35	55	42	26
14	79	30	59	43	21	50	7	66
63	38	22	54	2	67	18	74	31

图 9.44

二、最均匀 15 阶完全幻方

图 9.45 是一幅 15 阶完全幻方（泛幻和“1695”），其均匀化特点：任意划出一个最小模块 3 阶单元，9 个数之和全等于“1017”（注：计 169 个重重叠叠的全等 3 阶“乱数”单元）。

据研究，这类 15 阶完全幻方不可能再附加二重次子母结构，因而在全体 15 阶完全幻方群中，本例的最小全等模块分布均匀度为最高。

图 9.46 为 15 阶完全幻方（泛幻和“1695”），其结构特点：①内含

1	24	44	46	84	209	166	189	224	151	129	149	106	69	104
122	145	117	62	100	12	17	40	57	77	205	177	182	220	162
198	173	193	213	158	133	138	113	73	93	8	28	33	53	88
4	20	45	49	80	210	169	185	225	154	125	150	109	65	105
126	142	116	66	97	11	21	37	56	81	202	176	186	217	161
204	179	181	219	164	121	144	119	61	99	14	16	39	59	76
10	27	32	55	87	197	175	192	212	160	132	137	115	72	92
128	148	108	68	103	3	23	43	48	83	208	168	188	223	153
200	180	184	215	165	124	140	120	64	95	15	19	35	60	79
7	26	36	52	86	201	172	191	216	157	131	141	112	71	96
134	136	114	74	91	9	29	31	54	89	196	174	194	211	159
207	167	190	222	152	130	147	107	70	102	2	25	42	47	85
13	18	38	58	78	203	178	183	218	163	123	143	118	63	98
135	139	110	75	94	5	30	34	50	90	199	170	195	214	155
206	171	187	221	156	127	146	111	67	101	6	22	41	51	82

图 9.45

9个5阶子单元为全等的5阶完全幻方（泛幻和“565”）。②每相邻4个5阶完全幻方合成一个10阶完全幻方单元，因此这幅15阶完全幻方内部含有4个互为交叠的10阶完全幻方（泛幻和“1130”）。这就是说，在这幅15阶多重次完全幻方内部，存在45个全等的平铺式覆盖的“1×5”长方单元，因此数字均匀度也相当高。

32	94	160	84	195	43	96	161	78	187	38	91	162	80	194
159	90	182	34	100	153	82	193	36	101	155	89	188	31	102
184	40	99	165	77	186	41	93	157	88	181	42	95	164	83
105	152	79	190	39	97	163	81	191	33	104	158	76	192	35
85	189	45	92	154	86	183	37	103	156	87	185	44	98	151
197	109	10	174	75	208	111	11	168	67	203	106	12	170	74
9	180	62	199	115	3	172	73	201	116	5	179	68	196	117
64	205	114	15	167	66	206	108	7	178	61	207	110	14	173
120	2	169	70	204	112	13	171	71	198	119	8	166	72	200
175	69	210	107	4	176	63	202	118	6	177	65	209	113	1
122	214	145	54	30	133	216	146	48	22	128	211	147	50	29
144	60	17	124	220	138	52	28	126	221	140	59	23	121	222
19	130	219	150	47	21	131	213	142	58	16	132	215	149	53
225	137	49	25	129	217	148	51	26	123	224	143	46	27	125
55	24	135	212	139	56	18	127	223	141	57	20	134	218	136

图9.46

现在的问题：这两幅15阶完全幻方的数字分布均匀度孰高孰低呢？我认为完全幻方均匀度的高低须用两个比较指标：其一是等和模块单元的大小；其二是模块单元的分布方式与密度。这就是说，最小模块分布密度是评价均匀度高低的一个根本标志。最小模块单元一般不具幻方性质。然而，幻方子母结构中的子幻方以平铺方式全面覆盖，总比不上非幻方最小模块单元以任意重叠方式分布的均匀度高。

最均匀完全幻方存在于合数阶领域，见之于各“规则”完全幻方群，是占一小部分的一个特殊子集。因阶次不同，最小模块单元的规格有所不同，通常研究相关阶次完全幻方内部，最小全等2阶、3阶模块单元以层叠方式均匀分布的结构状态及其规律性。这种均匀化、细密化的等和关系，可以从不同视角勾画出变化莫测的正方形、菱形及立方体等的全等几何结构，将让人们欣赏到最均匀完全幻方内部“万花筒”般变幻的数理奇景。

幻方子母结构

什么是幻方子母结构？指在幻方分解结构中，其各部分由相对独立子幻方合成的一种组合形式。子母幻方存在以下几种基本形式：①“田”字型子母结构；②“井”字型子母结构；③格子型子母结构；④网络型子母结构；⑤“回”字型子母结构；⑥交环型子母结构；⑦集装型子母结构；等等。在子母幻方设计中，不同子母结构形式可相互结合交叉应用，多重次或最优化子母结构的制作难度比较高，为研究重点。

幻方子母结构比单一结构更精美，一般要求子幻方无间隙、全面覆盖母阶幻方。按子母结构形式不同，可区分为合成幻方与集装幻方两类：合成幻方中子幻方阶次相同；集装幻方中的子幻方阶次不相同，因而构图难度更高。

在完全幻方子母合成结构形式中，以幻方子单元全面覆盖母阶完全幻方，之前未见有先例，现在发现采用“四象—九宫”合成法、“互补—模拟”技术，可解决这个悬而未决的难题。

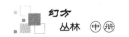

“田”字型子母完全幻方

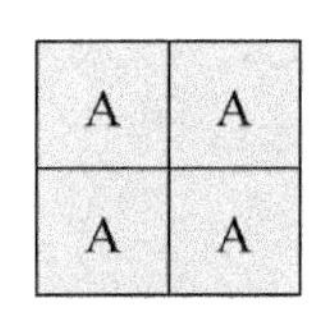

图 10.1

所谓“田”字型二重次最优化完全幻方，指由 4 个完全幻方子单元合成的完全幻方。这是比较常见的一种子母结构形式，普遍存在于 $8k$ 阶完全幻方领域（$k \geqslant 1$）。$8k$ 阶的四象因式分解：$4k \times 2$，即 $4k$ 为子阶单元，2 阶为其母阶。当 $k = 1$ 时，即 8 阶为最小的二重次完全幻方。当 $k > 1$ 时，可做二重次、三重次……（$k + 1$）重次分解，因而存在多重次最优化子母结构完全幻方解。

据研究，二重次最优化完全幻方的基本模式：四象全等组合态，即 4 个最优化子单元之和必须等和配置（图 10.1）。这就是说，在四象消长组合态中，不可能存在 $8k$ 阶二重次最优化的完全幻方。

一、8 阶二重次完全幻方

图 10.2 展示了 6 幅 8 阶二重次最优化完全幻方（泛幻和“260”），它们的组合结构特点如下。

①任意划出一个 2 阶子单元，4 个数之和全等于“130”。

②四象全等于“520”，各象为 4 个 4 阶完全幻方子单元（泛幻和“130”）。

③图 10.2（4）至（6）的中象是一个 4 阶行列图子单元。

56	25	48	1	54	27	46	3
47	2	55	26	45	4	53	28
17	64	9	40	19	62	11	38
10	39	18	63	12	37	20	61
52	29	44	5	50	31	42	7
43	6	51	30	41	8	49	32
21	60	13	36	23	58	15	34
14	35	22	59	16	33	24	57

（1）

44	51	30	5	48	55	26	1
29	6	43	52	25	2	47	56
35	60	21	14	39	64	17	10
22	13	36	59	18	9	40	63
42	49	32	7	46	53	28	3
31	8	41	50	27	4	45	54
33	58	23	16	37	62	19	12
24	15	34	57	20	11	38	61

（2）

12	54	63	1	16	50	59	5
61	3	10	56	57	7	14	52
2	64	53	11	6	60	49	15
55	9	4	62	51	13	8	58
17	47	38	28	21	43	34	32
40	26	19	45	36	30	23	41
27	37	48	18	31	33	44	22
46	20	25	39	42	24	29	35

（3）

13	60	55	2	15	58	53	4
56	1	14	59	54	3	16	57
10	63	52	5	12	61	50	7
51	6	9	64	49	8	11	62
29	44	39	18	31	42	37	20
40	17	30	43	38	19	32	41
26	47	36	21	28	45	34	23
35	22	25	48	33	24	27	46

（4）

8	58	63	1	16	50	55	9
61	3	6	60	53	11	14	52
2	64	57	7	10	56	49	15
59	5	4	62	51	13	12	54
24	42	47	17	32	34	39	25
45	19	22	44	37	27	30	36
18	48	41	23	26	40	33	31
43	21	20	46	35	29	28	38

（5）

38	26	35	31	6	58	3	63
43	23	46	18	51	15	54	10
30	34	27	39	62	2	59	7
19	47	22	42	11	55	14	50
33	29	40	28	1	61	8	60
48	20	41	21	56	12	49	13
25	37	32	36	57	5	64	4
24	44	17	45	16	52	9	53

（6）

图 10.2

我曾反复尝试制作8阶“五象”最优化完全幻方（注：五象指“四象＋中象”），未果。退而求其次，即使中象为一般4阶幻方子单元，亦未果。由此而言，本例所示“中象”是一个4阶行列图子单元，可能已是8阶二重次完全幻方的最好结果了。

二、24阶二重次完全幻方

图10.3展示：24阶＝12×2阶，即以四象分解，做二重次最优化，得由4个等和12阶完全幻方单元（子泛幻和“3462”）合成的一幅24阶完全幻方（泛幻和“6924”）。

12	566	10	569	3	575	6	573	7	568	1	572	24	554	22	557	15	563	18	561	19	556	13	560
541	35	543	32	550	26	547	28	546	33	552	29	529	47	531	44	538	38	535	40	534	45	540	41
60	518	58	521	51	527	54	525	55	520	49	524	72	506	70	509	63	515	66	513	67	508	61	512
469	107	471	104	478	98	475	100	474	105	480	101	457	119	459	116	466	110	463	112	462	117	468	113
528	50	526	53	519	59	522	57	523	52	517	56	516	62	514	65	507	71	510	69	511	64	505	68
25	551	27	548	34	542	31	544	30	549	36	545	37	539	39	536	46	530	43	532	42	537	48	533
456	122	454	125	447	131	450	129	451	124	445	128	444	134	442	137	435	143	438	141	439	136	433	140
73	503	75	500	82	494	79	496	78	501	84	497	85	491	87	488	94	482	91	484	90	489	96	485
132	446	130	449	123	455	126	453	127	448	121	452	144	434	142	437	135	443	138	441	139	436	133	440
493	83	495	80	502	74	499	76	498	81	504	77	481	95	483	92	490	86	487	88	486	93	492	89
576	2	574	5	567	11	570	9	571	4	565	8	564	14	562	17	555	23	558	21	559	16	553	20
97	479	99	476	106	470	103	472	102	477	108	473	109	467	111	464	118	458	115	460	114	465	120	461
156	422	154	425	147	431	150	429	151	424	145	428	168	410	166	413	159	419	162	417	163	412	157	416
397	179	399	176	406	170	403	172	402	177	408	173	385	191	387	188	394	182	391	184	390	189	396	185
204	374	202	377	195	383	198	381	199	376	193	380	216	362	214	365	207	371	210	369	211	364	205	368
325	251	327	248	334	242	331	244	330	249	336	245	313	263	315	260	322	254	319	256	318	261	324	257
384	194	382	197	375	203	378	201	379	196	373	200	372	206	370	209	363	215	366	213	367	208	361	212
169	407	171	404	178	398	175	400	174	405	180	401	181	395	183	392	190	386	187	388	186	393	192	389
312	266	310	269	303	275	306	273	307	268	301	272	300	278	298	281	291	287	294	285	295	280	289	284
217	359	219	356	226	350	223	352	222	357	228	353	229	347	231	344	238	338	235	340	234	345	240	341
276	302	274	305	267	311	270	309	271	304	265	308	288	290	286	293	279	299	282	297	283	292	277	296
349	227	351	224	358	218	355	220	354	225	360	221	337	239	339	236	346	230	343	232	342	237	348	233
432	146	430	149	423	155	426	153	427	148	421	152	420	158	418	161	411	167	414	165	415	160	409	164
241	335	243	332	250	326	247	328	246	333	252	329	253	323	255	320	262	314	259	316	258	321	264	317

图10.3

三、16阶三重次完全幻方

图10.4这幅16阶完全幻方展示了三重次最优化的子母结构，基本组合特点如下。

第1重次：整体16阶完全幻方成立（泛幻和“2056”）。

第2重次：四象4个全等8阶完全幻方（泛幻和“1028”）全面覆盖16阶完全幻方（注：“中象”8阶为“乱数”单元）。

第3重次：每4个全等4阶完全幻方子单元（泛幻和“514”）全面覆盖各象8阶完全幻方单元。

232	81	143	58	152	33	255	74	239	90	136	49	159	42	248	65
11	190	100	213	235	94	132	53	4	181	107	222	228	85	139	62
114	199	25	176	2	183	105	224	121	208	18	167	9	192	98	215
157	44	246	67	125	204	22	163	150	35	253	76	118	195	29	172
225	95	138	56	145	47	250	72	234	88	129	63	154	40	241	79
14	180	101	219	238	84	133	59	5	187	110	212	229	91	142	52
119	201	32	162	7	185	112	210	128	194	23	169	16	178	103	217
156	38	243	77	124	198	19	173	147	45	252	70	115	205	28	166
120	193	31	170	8	177	111	218	127	202	24	161	15	186	104	209
155	46	244	69	123	206	20	165	148	37	251	78	116	197	27	174
226	87	137	64	146	39	249	80	233	96	130	55	153	48	242	71
13	188	102	211	237	92	134	51	6	179	109	220	230	83	141	60
113	207	26	168	1	191	106	216	122	200	17	175	10	184	97	223
158	36	245	75	126	196	21	171	149	43	254	68	117	203	30	164
231	89	144	50	151	41	256	66	240	82	135	57	160	34	247	73
12	182	99	221	236	86	131	61	3	189	108	214	227	93	140	54

图10.4

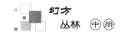

“田”字型非最优化合成完全幻方

所谓四象非最优化合成完全幻方，指由 4 个一般幻方（即非完全幻方）合成的完全幻方，属于单重次最优化的子母结构完全幻方。之前，还没有一幅 8 阶完全幻方是由 4 个 4 阶幻方单元合成的先例，因此我曾经把它作为一个悬而未决的问题列入《疑难杂症》名单。但我深知，破解 8*k* 阶完全幻方的四象非最优化子母结构，对于丰富、发展完全幻方内部数理关系的可变性与多样化至关重要。由于完全幻方的最优化组合机制具有高度的严密性、整体性与单一性，如果以子母结构方式把非完全幻方单元覆盖完全幻方，这将打开完全幻方“奇方异幻”设计与创作的一条广阔路子。几经琢磨，首先排除在 8*k* 阶“不规则”完全幻方分群中存在四象非最优化子母结构的可能性，然后终于在 8*k* 阶“规则”完全幻方分群中发现了梦寐以求的四象非最优化 8*k* 阶完全幻方，总算解决了四象子母结构中这个悬而未决的难点。

一、四象非最优化 8 阶完全幻方

图 10.5 展示了 6 幅由 4 个全等 4 阶幻方合成的 8 阶完全幻方（泛幻和“260”，子幻和“130”）。图 10.5（1）至（3）8 阶完全幻方，各象 4 阶幻方单元之间数理关系非常微妙。如图 10.5（2）：左右象限“同位”两数有奇数“＋ 1”、偶数“–1”关系；而上下象限“同位”两数有奇数“–4”、偶数“＋ 4”关系。然而，

54	27	48	1	56	25	46	3
45	4	55	26	47	2	53	28
19	62	9	40	17	64	11	38
12	37	18	63	10	39	20	61
50	31	44	5	52	29	42	7
41	8	51	30	43	6	49	32
23	58	13	36	21	60	15	34
16	33	22	59	14	35	24	57

（1）

39	10	64	17	40	9	63	18
61	20	38	11	62	19	37	12
2	47	25	56	1	48	26	55
28	53	3	46	27	54	4	45
35	14	60	21	36	13	59	22
57	24	34	15	58	23	33	16
6	43	29	52	5	44	30	51
32	49	7	42	31	50	8	41

（2）

47	20	62	1	63	4	46	17
38	25	55	12	54	9	39	28
19	48	2	61	3	64	18	45
26	37	11	56	10	53	27	40
15	52	30	33	31	36	14	49
6	57	23	44	22	41	7	58
51	16	34	29	35	32	50	13
58	5	43	24	42	21	59	8

（3）

7	57	60	6	34	32	29	35
62	4	1	63	27	37	40	26
2	64	61	3	39	25	28	38
59	5	8	58	30	36	33	31
23	41	44	22	50	16	13	51
46	20	17	47	11	53	56	10
18	48	45	19	55	9	12	54
43	21	24	42	14	52	49	15

（4）

54	9	63	4	31	36	22	41
12	55	1	62	33	30	44	23
3	64	10	53	42	21	35	32
61	2	56	11	24	43	29	34
38	25	47	20	15	52	6	57
28	39	17	46	49	14	60	7
19	48	26	37	58	5	51	16
45	18	40	27	8	59	13	50

（5）

26	47	1	56	33	24	58	15
55	2	48	25	16	57	23	34
40	17	63	10	31	42	8	49
9	64	18	39	50	7	41	32
30	43	5	52	37	20	62	11
51	6	44	29	12	61	19	38
36	21	59	14	27	46	4	53
13	60	22	35	54	3	45	28

（6）

图 10.5

图 10.5（4）至（6）8 阶完全幻方，各象 4 阶幻方单元内部都为全中心对称结构，即每中心对称两数之和全等于“65”。这些特殊数理关系，表现了这类四象非最优化 8 阶完全幻方不可多见的奇观。

开门之作，填补了四象非最优化单元合成完全幻方的一项“空白”。现欣赏它们的化简结构、逻辑形式之美，兼而介绍非最优化单元合成完全幻方的两种构图方法：一种是“商—余”正交方阵逻辑编码法；另一种是四象最优化合成法。举例如下（图 10.6、图 10.7）。

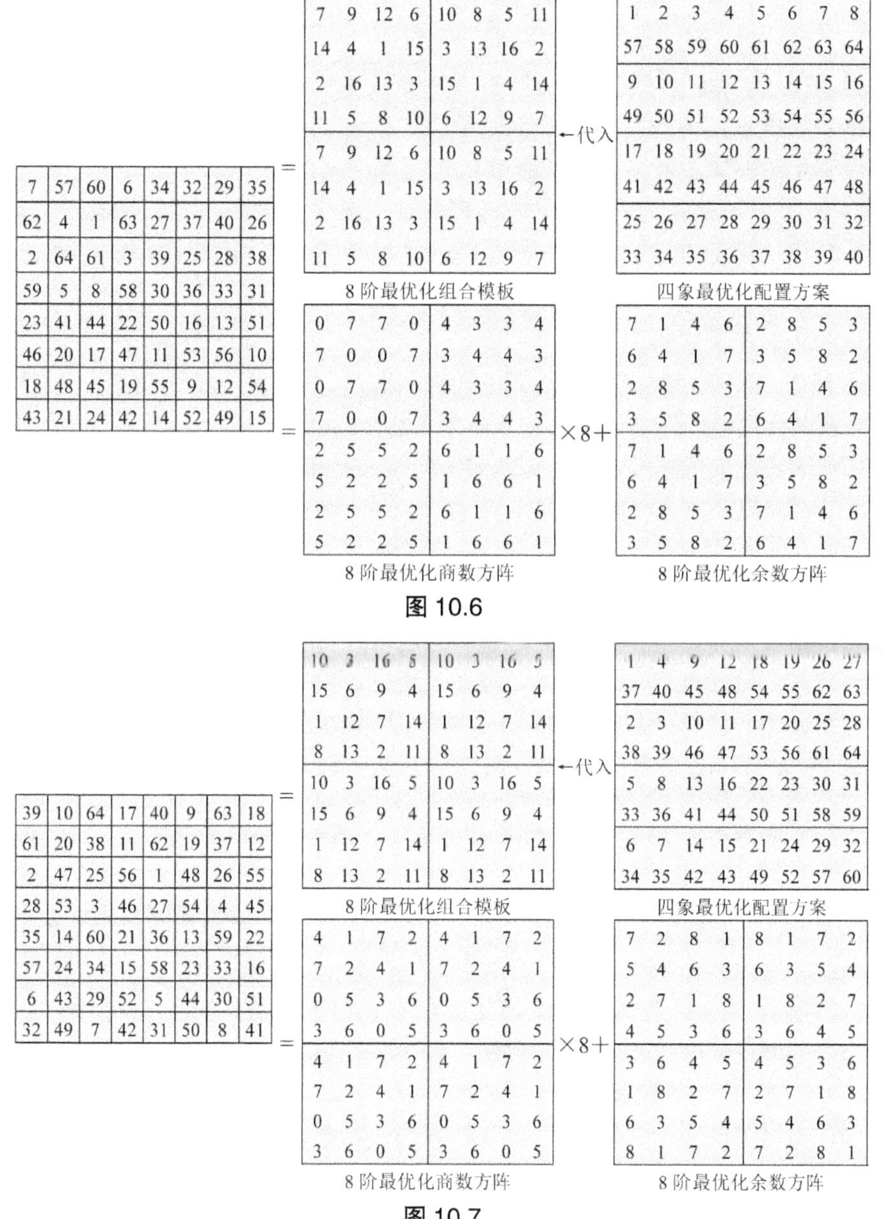

7	57	60	6	34	32	29	35
62	4	1	63	27	37	40	26
2	64	61	3	39	25	28	38
59	5	8	58	30	36	33	31
23	41	44	22	50	16	13	51
46	20	17	47	11	53	56	10
18	48	45	19	55	9	12	54
43	21	24	42	14	52	49	15

7	9	12	6	10	8	5	11
14	4	1	15	3	13	16	2
2	16	13	3	15	1	4	14
11	5	8	10	6	12	9	7
7	9	12	6	10	8	5	11
14	4	1	15	3	13	16	2
2	16	13	3	15	1	4	14
11	5	8	10	6	12	9	7

8 阶最优化组合模板

1	2	3	4	5	6	7	8
57	58	59	60	61	62	63	64
9	10	11	12	13	14	15	16
49	50	51	52	53	54	55	56
17	18	19	20	21	22	23	24
41	42	43	44	45	46	47	48
25	26	27	28	29	30	31	32
33	34	35	36	37	38	39	40

四象最优化配置方案

0	7	7	0	4	3	3	4
7	0	0	7	3	4	4	3
0	7	7	0	4	3	3	4
7	0	0	7	3	4	4	3
2	5	5	2	6	1	1	6
5	2	2	5	1	6	6	1
2	5	5	2	6	1	1	6
5	2	2	5	1	6	6	1

8 阶最优化商数方阵

7	1	4	6	2	8	5	3
6	4	1	7	3	5	8	2
2	8	5	3	7	1	4	6
3	5	8	2	6	4	1	7
7	1	4	6	2	8	5	3
6	4	1	7	3	5	8	2
2	8	5	3	7	1	4	6
3	5	8	2	6	4	1	7

8 阶最优化余数方阵

图 10.6

39	10	64	17	40	9	63	18
61	20	38	11	62	19	37	12
2	47	25	56	1	48	26	55
28	53	3	46	27	54	4	45
35	14	60	21	36	13	59	22
57	24	34	15	58	23	33	16
6	43	29	52	5	44	30	51
32	49	7	42	31	50	8	41

10	3	16	5	10	3	16	5
15	6	9	4	15	6	9	4
1	12	7	14	1	12	7	14
8	13	2	11	8	13	2	11
10	3	16	5	10	3	16	5
15	6	9	4	15	6	9	4
1	12	7	14	1	12	7	14
8	13	2	11	8	13	2	11

8 阶最优化组合模板

1	4	9	12	18	19	26	27
37	40	45	48	54	55	62	63
2	3	10	11	17	20	25	28
38	39	46	47	53	56	61	64
5	8	13	16	22	23	30	31
33	36	41	44	50	51	58	59
6	7	14	15	21	24	29	32
34	35	42	43	49	52	57	60

四象最优化配置方案

4	1	7	2	4	1	7	2
7	2	4	1	7	2	4	1
0	5	3	6	0	5	3	6
3	6	0	5	3	6	0	5
4	1	7	2	4	1	7	2
7	2	4	1	7	2	4	1
0	5	3	6	0	5	3	6
3	6	0	5	3	6	0	5

8 阶最优化商数方阵

7	2	8	1	8	1	7	2
5	4	6	3	6	3	5	4
2	7	1	8	1	8	2	7
4	5	3	6	3	6	4	5
3	6	4	5	4	5	3	6
1	8	2	7	2	7	1	8
6	3	5	4	5	4	6	3
8	1	7	2	7	2	8	1

8 阶最优化余数方阵

图 10.7

从四象“互补—模拟”合成法分析：

图10.6上8阶最优化组合模板，由一个全中心对称4阶非完全幻方按“对角反对”原则合成，同时按“成对规则”给出四象最优化配置方案，然后按Z型定位把配置方案代入模板，则四象各4阶非完全幻方单元性质不变，8阶完全幻方成立。

图10.7上8阶最优化组合模板，由一个泛对角线交叉中心对称4阶完全幻方按“同位”原则合成，同时给出一个按超常规的“复式步差规则”最优化配置方案，然而按Z型定位把配置方案代入模板，则四象各4阶完全幻方单元转变为4阶非完全幻方单元，但所得8阶完全幻方成立。

从“商—余”正交方阵逻辑编码法分析：

图10.6下8阶最优化商数方阵具有两重次最优化性质，而8阶最优化余数方阵是由非最优化幻方性质的4阶单元做最优化合成，两方阵各单元全中心对称分布，但其逻辑形式及建立正交关系的格式与原则前所未见。

图10.7下8阶最优化商数方阵具有两重次最优化性质，而8阶最优化余数方阵是由非最优化幻方性质的4阶单元做最优化合成，这与图10.6基本类同。但区别在于两方阵各单元为泛对角线交叉中心对称结构等。

这两例的重要启示如下。

第一点：四象非最优化幻方合成8阶完全幻方，各象单元必须是全中心对称4阶幻方，或者泛对角线交叉中心对称4阶完全幻方，这是采用四象“互补—模拟”合成法制作四象非最优化幻方合成完全幻方的核心技术。同时可推断：四象单偶数幻方不可能合成完全幻方。例如，肯定不存在由4个6阶幻方合成的12阶完全幻方，理由是单偶数幻方天生“不规则”，也不存在全中心对称或最优化的“6阶幻方”。

第二点：四象最优化配置方案的枚举、检索工程错综复杂，令人望而生畏。本例出现这种超常规的“复式步差规则”最优化配置方案，出乎意料，四象最优化合成法难以系统而精确地清算8阶完全幻方。同时，由此回过头去检讨，过去最优化逻辑编码法的应用漏洞相当大，深度开发前景远远没有止境。

二、四象非最优化16阶完全幻方

采用四象最优化合成方法，制作由4个8阶非完全幻方合成的16阶完全幻方，相对而言比较简便与直观。

图10.8是一幅由4个全等8阶非完全幻方子单元（幻和“1028”）合成的16阶完全幻方（泛幻和“2056”）。

它的制作方法：选择一幅已知8阶全中心对称幻方，首先编制一个16阶最优化组合模板，同时给出“1～256”自然数列的按序二分段全等配置方案，然后以“Z”型定位代入模板即得。

其子母结构特点：四象各幻方单元内部成对数组全部中心对称分布。中心对称结构的数理非常美，在偶数阶完全幻方领域，只能以子母结构方式出现，至于

16 阶完全幻方是否存在通盘中心对称组合结构，尚待进一步探讨。

8	241	233	32	232	17	9	256	153	112	120	129	121	144	152	97
250	15	23	226	26	239	247	2	103	146	138	127	135	114	106	159
251	14	22	227	27	238	246	3	102	147	139	126	134	115	107	158
5	244	236	29	229	20	12	253	156	109	117	132	124	141	149	100
4	245	237	28	228	21	13	252	157	108	116	133	125	140	148	101
254	11	19	230	30	235	243	6	99	150	142	123	131	118	110	155
255	10	18	231	31	234	242	7	98	151	143	122	130	119	111	154
1	248	240	25	225	24	16	249	160	105	113	136	128	137	145	104
72	177	169	96	168	81	73	192	217	48	56	193	57	208	216	33
186	79	87	162	90	175	183	66	39	210	202	63	199	50	42	223
187	78	86	163	91	174	182	67	38	211	203	62	198	51	43	222
69	180	172	93	165	84	76	189	220	45	53	196	60	205	213	36
68	181	173	92	164	85	77	188	221	44	52	197	61	204	212	37
190	75	83	166	94	171	179	70	35	214	206	59	195	54	46	219
191	74	82	167	95	170	178	71	34	215	207	58	194	55	47	218
65	184	176	89	161	88	80	185	224	41	49	200	64	201	209	40

图 10.8

61	3	2	64	57	7	6	60
12	54	55	9	16	50	51	13
20	46	47	17	24	42	43	21
37	27	26	40	33	31	30	36
29	35	34	32	25	39	38	28
44	22	23	41	48	18	19	45
52	14	15	49	56	10	11	53
5	59	58	8	1	63	62	4

图 10.9

幻方之父——宋代大数学家杨辉创作了 10 阶以内一个系列的 13 幅幻方精品，其中有一幅被称之为“阴图”的 8 阶非完全幻方（图 10.9），其内部结构非常奇妙：①全中心对称；②四象全等态组合；③中央镶嵌 4 阶幻方子单元；④四象为 4 个特殊行列图（注：每个行列图的两条对角线之和不等于幻和，但两者各自相等）。总之，这幅 8 阶幻方不愧为我国 800 多年前的一个精品。

253	3	2	256	249	7	6	252	76	182	183	73	80	178	179	77
20	238	239	17	24	234	235	21	165	91	90	168	161	95	94	164
36	222	223	33	40	218	219	37	149	107	106	152	145	111	110	148
205	51	50	208	201	55	54	204	124	134	135	121	128	130	131	125
53	203	202	56	49	207	206	52	132	126	127	129	136	122	123	133
220	38	39	217	224	34	35	221	109	147	146	112	105	151	150	108
236	22	23	233	240	18	19	237	93	163	162	96	89	167	166	92
5	251	250	8	1	255	254	4	180	78	79	177	184	74	75	181
189	67	66	192	185	71	70	188	12	246	247	9	16	242	243	13
84	174	175	81	88	170	171	85	229	27	26	232	225	31	30	228
100	158	159	97	104	154	155	101	213	43	42	216	209	47	46	212
141	115	114	144	137	119	118	140	60	198	199	57	64	194	195	61
117	139	138	120	113	143	142	116	196	62	63	193	200	58	59	197
156	102	103	153	160	98	99	157	45	211	210	48	41	215	214	44
172	86	87	169	176	82	83	173	29	227	226	32	25	231	230	28
69	187	186	72	65	191	190	68	244	14	15	241	248	10	11	245

图 10.10

然而，我以杨辉这幅著名的 8 阶非完全幻方为蓝本，采用四象最优化合成法，制作了一幅子母结构 16 阶完全幻方（图 10.10）。数理结构特点如下。

①这幅 16 阶完全幻方（泛幻和“2056”）的四象中央各镶嵌 4 个全等、全中心对称的 4 阶非完全幻方子单元（幻和“514”）。

②在16阶完全幻方的“田”字型分解结构中，四象限4个全等、全中心对称的8阶非完全幻方单元（幻和“1028”）。

③每个8阶非完全幻方单元内部，各由4个与众不同的4阶行列图合成（注：两条对角线不等于幻和，但具有等和关系，是行列图领域的一大奇观）。

图10.11是另一幅更为复杂的多重次非完全幻方单元子母结构合成的16阶完全幻方（泛幻和“2056”），其主要组合特点如下。

7	249	252	6	242	16	13	243	154	104	101	155	111	145	148	110
254	4	1	255	11	245	248	10	99	157	160	98	150	108	105	151
2	256	253	3	247	9	12	246	159	97	100	158	106	152	149	107
251	5	8	250	14	244	241	15	102	156	153	103	147	109	112	146
23	233	236	22	226	32	29	227	138	120	117	139	127	129	132	126
238	20	17	239	27	229	232	26	115	141	144	114	134	124	121	135
18	240	237	19	231	25	28	230	143	113	116	142	122	136	133	123
235	21	24	234	30	228	225	31	118	140	137	119	131	125	128	130
71	185	188	70	178	80	77	179	218	40	37	219	47	209	212	46
190	68	65	191	75	181	184	74	35	221	224	34	214	44	41	215
66	192	189	67	183	73	76	182	223	33	36	222	42	216	213	43
187	69	72	186	78	180	177	79	38	220	217	39	211	45	48	210
87	169	172	86	162	96	93	163	202	56	53	203	63	193	196	62
174	84	81	175	91	165	168	90	51	205	208	50	198	60	57	199
82	176	173	83	167	89	92	166	207	49	52	206	58	200	197	59
171	85	88	170	94	164	161	95	54	204	201	55	195	61	64	194

图 10.11

① 16阶完全幻方内含16个全等4阶非完全幻方单元，幻和“514”。

②每相邻4个4阶非完全幻方单元构成一个8阶非完全幻方单元，共有9个全等、交叠8阶非完全幻方单元，幻和“1028”。

③每相邻9个4阶非完全幻方单元构成一个12阶非完全幻方单元，共有4个全等、交叠12阶非完全幻方，幻和“1542”。

总之，双偶数阶完全幻方“田”字型结构的最优化覆盖，是组合性质的“同质”关系合成；而非最优化覆盖则是组合性质的“异质”关系融合，两者建立“四象互补”的最优化机制及四象的最优化配置方案要求不相同。

五象态最优化多重次完全幻方

什么是五象态子母结构？所谓五象者，指 $8k$ 阶的四象及其中央结合部有一个同阶单元，“四象＋中象”并称五象。完全幻方的五象单元若完全幻方（或幻方）成立，我称之为五象态子母结构完全幻方。据研究，当 $k>1$ 时，$8k$ 阶存在五象态子母结构完全幻方。

一、五象最优化四重次16阶完全幻方

图10.12这幅16阶完全幻方展示了如下多重次最优化结构特点。

第1重次：整体16阶完全幻方成立（泛幻和“2056”）。

第2重次：内含9个全等8阶完全幻方单元（泛幻和“1028”），其中包括四象及中象5个互为交叠的8阶完全幻方。

第3重次：内含16个全等4阶完全幻方单元（泛幻和“514”）。

第4重次：内含4个互为交叠的各由9个4阶完全幻方合成的“九宫态”12阶二重次完全幻方（泛幻和“1542”）。

130	55	233	96	242	71	153	48	18	167	121	208	98	215	9	192
109	220	6	179	141	60	230	83	253	76	150	35	29	172	118	195
24	161	127	202	104	209	15	186	136	49	239	90	248	65	159	42
251	78	148	37	27	174	116	197	107	222	4	181	139	62	228	85
135	57	240	82	247	73	160	34	23	169	128	194	103	217	16	178
108	214	3	189	140	54	227	93	252	70	147	45	28	166	115	205
17	175	122	200	97	223	10	184	129	63	234	88	241	79	154	40
254	68	149	43	30	164	117	203	110	212	5	187	142	52	229	91
137	64	226	87	249	80	146	39	25	176	114	199	105	224	2	183
102	211	13	188	134	51	237	92	246	67	157	44	22	163	125	204
31	170	120	193	111	218	8	177	143	58	232	81	255	74	152	33
244	69	155	46	20	165	123	206	100	213	11	190	132	53	235	94
144	50	231	89	256	66	151	41	32	162	119	201	112	210	7	185
99	221	12	182	131	61	236	86	243	77	156	38	19	173	124	198
26	168	113	207	106	216	1	191	138	56	225	95	250	72	145	47
245	75	158	36	21	171	126	196	101	219	14	180	133	59	238	84

图 10.12

然而，16阶完全幻方的第2重次表示：四象＋中象＝五象最优化子母结构16阶完全幻方。

二、五象多重次子母结构 16 阶最均匀完全幻方

图10.13这幅16阶完全幻方展示了如下多重次子母结构特点。

①任意划出一个2阶单元，4个数之和全等于“514”。

②内含16个全等4阶完全幻方子单元（泛幻“514”）。

③四象为4个全等8阶完全幻方（泛幻和“1028”）；且四象与中象为5个交叠的全等8阶幻方。

④内含4个互为交叠的12阶九宫态幻方（幻和“1542”）。

209	208	33	64	147	142	99	126	241	240	1	32	179	174	67	94
34	63	210	207	100	125	148	141	2	31	242	239	68	93	180	173
224	193	48	49	158	131	110	115	256	225	16	17	190	163	78	83
47	50	223	194	109	116	157	132	15	18	255	226	77	84	189	164
245	236	5	28	183	170	71	90	213	204	37	60	151	138	103	122
6	27	246	235	72	89	184	169	38	59	214	203	104	121	152	137
252	229	12	21	186	167	74	87	220	197	44	53	154	135	106	119
11	22	251	230	73	88	185	168	43	54	219	198	105	120	153	136
211	206	35	62	145	144	97	128	243	238	3	30	177	176	65	96
36	61	212	205	98	127	146	143	4	29	244	237	66	95	178	175
222	195	46	51	160	129	112	113	254	227	14	19	192	161	80	81
45	52	221	196	111	114	159	130	13	20	253	228	79	82	191	162
247	234	7	26	181	172	69	92	215	202	39	58	149	140	101	124
8	25	248	233	70	91	182	171	40	57	216	201	102	123	150	139
250	231	10	23	188	165	76	85	218	199	42	55	156	133	108	117
9	24	249	232	75	86	187	166	41	56	217	200	107	118	155	134

图 10.13

本例是一幅最均匀16阶完全幻方，与上例的区别：增加了一个中象4阶完全幻方，且出现了8阶、12阶各5个非完全幻方。因此，其五象结构关系发生了微妙变化：其一，由四象8阶

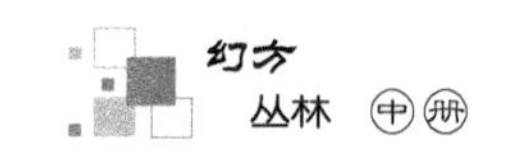

完全幻方与中象 8 阶非完全幻方构成了 16 阶完全幻方的一个不完全优化的五象组合态；其二，中象 8 阶非完全幻方由其四象 4 阶完全幻方与中象 4 阶完全幻方构成了内部最优化的另一个五象组合态。总之，这两幅 16 阶完全幻方堪称稀世珍品。

“井”字型子母完全幻方

所谓“井”字型子母完全幻方，指由 9 个完全幻方子单元合成的九宫态完全幻方，存在于如下两大领域：其一，12k 阶完全幻方领域（$k \geqslant 1$）。12k 阶九宫因式分解：4k×3，以 4k 阶为其子单元，以 3 阶为其母阶。最小起始于 4 阶子单元，存在 12 阶九宫态二重次完全幻方。而当 $k = 2$ 时，可分解为 8 阶子单元，再分解为 4 阶子单元，故存在 24 阶九宫态三重次完全幻方等，以此类推。其二，3（2k + 1）阶完全幻方领域。3（2k + 1）阶的九宫因子分解式：（2k + 1）×3，以（2k + 1）阶为子单元的阶次（$k \geqslant 2$）。当 $k = 2$ 时，最小起始于 5 阶子单元，存在 15 阶九宫态二重次完全幻方。当 $k = 3$ 时，存在 21 阶九宫态二重次完全幻方。

据研究，九宫态二重次子母结构完全幻方的基本模式：九宫全等组合，即 9 个最优化子单元“A”之和必须等和配置（图 10.14）。这就是说，在九宫消长组合态中，不可能存在二重次完全幻方。同时，在九宫全等组合态中，二重次完全幻方也只占极少部分。总之，“井”字型子母完全幻方，其数理关系之精美，备受幻方爱好者青睐。

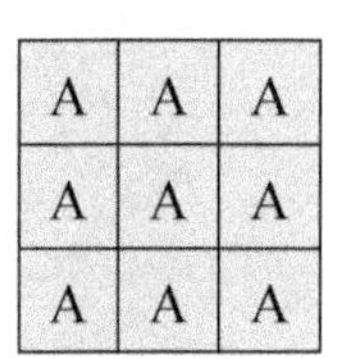

图 10.14

一、九宫态多重次最优化 12 阶完全幻方

如图 10.15（1）所示，这幅 12 阶完全幻方（泛幻和“870”）的结构特点：①任意划出一个 2 阶子单元，4 个数之和全等于“290”；②九宫为 9 个全等 4 阶完全幻方单元（泛幻和“290”）。

如图 10.15（2）所示，这幅 12 阶完全幻方（泛幻和“870”）的结构特点：①任意划出一个 2 阶子单元，4 个数之和全等于“290”；②九宫为 9 个全等 4 阶子完全幻方（泛幻和“290”）；③每相邻 4 个 4 阶完全幻方单元可合为一个 8 阶完全幻方（泛幻和“580”）；④中央含一个 8 阶行列图单元（行列和“580”）。堪称九宫态子母结构的稀世珍品。

107	118	28	37	75	86	60	69	127	138	8	17
40	25	119	106	72	57	87	74	20	5	139	126
117	108	38	27	85	76	70	59	137	128	18	7
26	39	105	120	58	71	73	88	6	19	125	140
123	134	12	21	103	114	32	41	83	94	52	61
24	9	135	122	44	29	115	102	64	49	95	82
133	124	22	11	113	104	42	31	93	84	62	51
10	23	121	136	30	43	101	116	50	63	81	96
79	90	56	65	131	142	4	13	99	110	36	45
68	53	91	78	16	1	143	130	48	33	111	98
89	80	66	55	141	132	14	3	109	100	46	35
54	67	77	92	2	15	129	144	34	47	97	112

（1）

133	84	1	72	121	96	13	60	109	108	25	48
6	67	138	79	18	55	126	91	30	43	114	103
144	73	12	61	132	85	24	49	120	97	36	37
7	66	139	78	19	54	127	90	31	42	115	102
134	83	2	71	122	95	14	59	110	107	26	47
5	68	137	80	17	56	125	92	29	44	113	104
143	74	11	62	131	86	23	50	119	98	35	38
8	65	140	77	20	53	128	89	32	41	116	101
135	82	3	70	123	94	15	58	111	106	27	46
4	69	136	81	16	57	124	93	28	45	112	105
142	75	10	63	130	87	22	51	118	99	34	39
9	64	141	76	21	52	129	88	33	40	117	100

（2）

图 10.15

上述两幅12阶完全幻方有异曲同工之妙，但两者的最优化子母结构存在差异，产生这种差异的主要原因取决于：9个全等4阶完全幻方子单元，在九宫中的排序及其位置关系有所不同，若按“3阶幻方”定位只是一个大九宫态二重次12阶完全幻方，若按“3阶自然方阵”定位则得大九宫态三重次12阶完全幻方。

二、九宫多重次最优化 15 阶完全幻方

图10.16为15阶完全幻方（泛幻和“1695”），其结构特点如下。

①内含9个5阶子单元为全等的5阶完全幻方（泛幻和“565”）。

②每相邻4个5阶完全幻方合成一个10阶完全幻方单元，这幅15阶完全幻方内部含有4个互为交叠的10阶完全幻方（泛幻和“1130”）。

32	94	160	84	195	43	96	161	78	187	38	91	162	80	194
159	90	182	34	100	153	82	193	36	101	155	89	188	31	102
184	40	99	165	77	186	41	93	157	88	181	42	95	164	83
105	152	79	190	39	97	163	81	191	33	104	158	76	192	35
85	189	45	92	154	86	183	37	103	156	87	185	44	98	151
197	109	10	174	75	208	111	11	168	67	203	106	12	170	74
9	180	62	199	115	3	172	73	201	116	5	179	68	196	117
64	205	114	15	167	66	206	108	7	178	61	207	110	14	173
120	2	169	70	204	112	13	171	71	198	119	8	166	72	200
175	69	210	107	4	176	63	202	118	6	177	65	209	113	1
122	214	145	54	30	133	216	146	48	22	128	211	147	50	29
144	60	17	124	220	138	52	28	126	221	140	59	23	121	222
19	130	219	150	47	21	131	213	142	58	16	132	215	149	53
225	137	49	25	129	217	148	51	26	123	224	143	46	27	125
55	24	135	212	139	56	18	127	223	141	57	20	134	218	136

图 10.16

10阶属于“单偶数”，本来没有最优化解，但作为15阶完全幻方中的子单元可以被最优化。同时，各个10阶完全幻方又有四象最优化子母结构，即由4个5阶完全幻方子单元合成，这是一个奇迹。

三、九宫多重次最优化 21 阶完全幻方

图 10.17 是一幅 21 阶完全幻方（泛幻和“4641”），采用“七位制最优化错位逻辑编码法”构造，它由 9 个全等的 7 阶完全幻方单元（泛幻和“1547”）合成。同时，每相邻 4 个 7 阶完全幻方单元合成一个 14 阶完全幻方单元（泛幻和“3094”），这幅 21 阶完全幻方又内含 4 个交叠的“单偶数”14 阶最优化幻方。14 阶也属于“单偶数”，在大九宫中被“田”字型四象态二重次最优化，奇迹！

1	67	177	243	287	353	419	22	88	156	201	266	374	440	43	109	135	222	308	332	398
285	350	416	20	64	172	240	264	371	437	41	85	151	198	306	329	395	62	106	130	219
83	169	235	282	348	413	17	104	148	193	261	369	434	38	125	127	214	303	327	392	59
345	411	14	80	188	232	277	366	432	35	101	167	190	256	324	390	56	122	146	211	298
185	251	274	340	408	12	77	164	209	253	361	429	33	98	143	230	295	319	387	54	119
403	9	75	182	248	293	337	424	30	96	161	206	272	358	382	51	117	140	227	314	316
245	290	356	400	4	72	180	203	269	377	421	25	93	159	224	311	335	379	46	114	138
2	68	176	241	286	354	420	23	89	155	199	265	375	441	44	110	134	220	307	333	399
283	349	417	21	65	173	239	262	370	438	42	86	152	197	304	328	396	63	107	131	218
84	170	236	281	346	412	18	105	149	194	260	367	433	39	126	128	215	302	325	391	60
344	409	13	81	189	233	278	365	430	34	102	168	191	257	323	388	55	123	147	212	299
186	252	275	341	407	10	76	165	210	254	362	428	31	97	144	231	296	320	386	52	118
404	8	73	181	249	294	338	425	29	94	160	207	273	359	383	50	115	139	228	315	317
244	291	357	401	5	71	178	202	270	378	422	26	92	157	223	312	336	380	47	113	136
3	69	175	242	288	352	418	24	90	154	200	267	373	439	45	111	133	221	309	331	397
284	351	415	19	66	174	238	263	372	436	40	87	153	196	305	330	394	61	108	132	217
82	171	237	280	347	414	16	103	150	195	259	368	435	37	124	129	216	301	326	393	58
343	410	15	79	187	234	279	364	431	36	100	166	192	258	322	389	57	121	145	213	300
184	250	276	342	406	11	78	163	208	255	363	427	32	99	142	229	297	321	385	53	120
405	7	74	183	247	292	339	426	28	95	162	205	271	360	384	49	116	141	226	313	318
246	289	355	402	6	70	179	204	268	376	423	27	91	158	225	310	334	381	48	112	137

图 10.17

格子型子母完全幻方

什么是格子型最优化子母结构完全幻方？指母阶与子阶各等于或大于 4 阶且不等于“单偶数”阶而多重次最优化的完全幻方，如 16 阶、20 阶等，这是合数阶完全幻方常见的一种子母结构组合形式。

一、格子型最优化 16 阶完全幻方

图 10.18 是一幅三重次最优化的格子型 16 阶完全幻方（泛幻和“2056”）。它是入门之初，让我入迷的一幅完全幻方处女作。其神奇的三重次最优化组合结构如下。

①由 16 个连续等差的 4 阶完全幻方合成一幅 16 阶完全幻方，各 4 阶单元的泛幻和依次为“34，98，…，994”，公差为“64”。

②每个 4 阶单元的“同位”一数可构成一幅 4 阶完全幻方，因此又有 16 个互为相间、奇偶数分列的 4 阶完全幻方，各 4 阶单元的泛幻和依次为“484，488，…，544”，公差为“4”。

103	108	97	110	183	188	177	190	7	12	1	14	215	220	209	222
98	109	104	107	178	189	184	187	2	13	8	11	210	221	216	219
112	99	106	101	192	179	186	181	16	3	10	5	224	211	218	213
105	102	111	100	185	182	191	180	9	6	15	4	217	214	223	212
23	28	17	30	199	204	193	206	119	124	113	126	167	172	161	174
18	29	24	27	194	205	200	203	114	125	120	123	162	173	168	171
32	19	26	21	208	195	202	197	128	115	122	117	176	163	170	165
25	22	31	20	201	198	207	196	121	118	127	116	169	166	175	164
247	252	241	254	39	44	33	46	151	156	145	158	71	76	65	78
242	253	248	251	34	45	40	43	146	157	152	155	66	77	72	75
256	243	250	245	48	35	42	37	160	147	154	149	80	67	74	69
249	246	255	244	41	38	47	36	153	150	159	148	73	70	79	68
135	140	129	142	87	92	81	94	231	236	225	238	55	60	49	62
130	141	136	139	82	93	88	91	226	237	232	235	50	61	56	59
144	131	138	133	96	83	90	85	240	227	234	229	64	51	58	53
137	134	143	132	89	86	95	84	233	230	239	228	57	54	63	52

图 10.18

103	183	7	215	108	188	12	220	97	177	1	209	110	190	14	222
23	199	119	167	28	204	124	172	17	193	113	161	30	206	126	174
247	39	151	71	252	44	156	76	241	33	145	65	254	46	158	78
135	87	231	55	140	92	236	60	129	81	225	49	142	94	238	62
98	178	2	210	109	189	13	221	104	184	8	216	107	187	11	219
18	194	114	162	29	205	125	173	24	200	120	168	27	203	123	171
242	34	146	66	253	45	157	77	248	40	152	72	251	43	155	75
130	82	226	50	141	93	237	61	136	88	232	56	139	91	235	59
112	192	16	224	99	179	3	211	106	186	10	218	101	181	5	213
32	208	128	176	19	195	115	163	26	202	122	170	21	197	117	165
256	48	160	80	243	35	147	67	250	42	154	74	245	37	149	69
144	96	240	64	131	83	227	51	138	90	234	58	133	85	229	53
105	185	9	217	102	182	6	214	111	191	15	223	100	180	4	212
25	201	121	169	22	198	118	166	31	207	127	175	20	196	116	164
249	41	153	73	246	38	150	70	255	47	159	79	244	36	148	68
137	89	233	57	134	86	230	54	143	95	239	63	132	84	228	52

图 10.19

古印度太苏寺庙门楣上的“耆那幻方”，是 20 多年前我接触到的第一个完全幻方。于是，我尝试着“临摹”这幅完全幻方，即以此为蓝本，按序同比例做“自我放大”，照葫芦画瓢，填成了如图 10.18 所示的这幅 16 阶完全幻方，并发现了它更为有趣的三重次最优化组合结构。这第一次偶然的成功，让我迷上了古老的幻方游戏。当初，保存下来的还有如图 10.19 所示的 16 阶完全幻方，它由图 10.18 每个 4 阶单元“同位”一数构成一个新 4 阶单元，按样整编，然后 16 个新 4 阶单元“八奇八偶”最优化组合，因此两者有异曲同工之妙。

二、格子型最优化 20 阶完全幻方

20 阶存在两种格子分解式：20＝5×4，以“5”为子阶单元；20＝4×5，以“4”为子阶单元。以此为例，出示两幅子母阶双重最优化的 20 阶格子型完全幻方。

图 10.20 是一幅由 25 个连续等差 4 阶完全幻方单元（泛幻和依次为“34，98，…，1560”，公差为“64”）合成的二重次最优化 20 阶完全幻方（泛幻和“4010”）

同时，每个 4 阶完全幻方单元的“同位”数可构成一个 5 阶完全幻方单元，因此，这幅 20 阶完全幻方又内含层层叠叠的“八奇八偶”16 个 5 阶完全幻方单元。

图 10.21 是一幅由 16 个连续等差、“八奇八偶”

7	12	1	14	231	236	225	238	375	380	369	382	119	124	113	126	263	268	257	270
2	13	8	11	226	237	232	235	370	381	376	379	114	125	120	123	258	269	264	267
16	3	10	5	240	227	234	229	384	371	378	373	128	115	122	117	272	259	266	261
9	6	15	4	233	230	239	228	377	374	383	372	121	118	127	116	265	262	271	260
359	364	353	366	103	108	97	110	247	252	241	254	71	76	65	78	215	220	209	222
354	365	360	363	98	109	104	107	242	253	248	251	66	77	72	75	210	221	216	219
368	355	362	357	112	99	106	101	256	243	250	245	80	67	74	69	224	211	218	213
361	358	367	356	105	102	111	100	249	246	255	244	73	70	79	68	217	214	223	212
311	316	305	318	55	60	49	62	199	204	193	206	343	348	337	350	87	92	81	94
306	317	312	315	50	61	56	59	194	205	200	203	338	349	344	347	82	93	88	91
320	307	314	309	64	51	58	53	208	195	202	197	352	339	346	341	96	83	90	85
313	310	319	308	57	54	63	52	201	198	207	196	345	342	351	340	89	86	95	84
183	188	177	190	327	332	321	334	151	156	145	158	295	300	289	302	39	44	33	46
178	189	184	187	322	333	328	331	146	157	152	155	290	301	296	299	34	45	40	43
192	179	186	181	336	323	330	325	160	147	154	149	304	291	298	293	48	35	42	37
185	182	191	180	329	326	335	324	153	150	159	148	297	294	303	292	41	38	47	36
135	140	129	142	279	284	273	286	23	28	17	30	167	172	161	174	391	396	385	398
130	141	136	139	274	285	280	283	18	29	24	27	162	173	168	171	386	397	392	395
144	131	138	133	288	275	282	277	32	19	26	21	176	163	170	165	400	387	394	389
137	134	143	132	281	278	287	276	25	22	31	20	169	166	175	164	393	390	399	388

图 10.20

7	231	375	119	263	12	236	380	124	268	1	225	369	113	257	14	238	382	126	270
359	103	247	71	215	364	108	252	76	220	353	97	241	65	209	366	110	254	78	222
311	55	199	343	87	316	60	204	348	92	305	49	193	337	81	318	62	206	350	94
183	327	151	295	39	188	332	156	300	44	177	321	145	289	33	190	334	158	302	46
135	279	23	167	391	140	284	28	172	396	129	273	17	161	385	142	286	30	174	398
2	226	370	114	258	13	237	381	125	269	8	232	376	120	264	11	235	379	123	267
354	98	242	66	210	365	109	253	77	221	360	104	248	72	216	363	107	251	75	219
306	50	194	338	82	317	61	205	349	93	312	56	200	344	88	315	59	203	347	91
178	322	146	290	34	189	333	157	301	45	184	328	152	296	40	187	331	155	299	43
130	274	18	162	386	141	285	29	173	397	136	280	24	168	392	139	283	27	171	395
16	240	384	128	272	3	227	371	115	259	10	234	378	122	266	5	229	373	117	261
368	112	256	80	224	355	99	243	67	211	362	106	250	74	218	357	101	245	69	213
320	64	208	352	96	307	51	195	339	83	314	58	202	346	90	309	53	197	341	85
192	336	160	304	48	179	323	147	291	35	186	330	154	298	42	181	325	149	293	37
144	288	32	176	400	131	275	19	163	387	138	282	26	170	394	133	277	21	165	389
9	233	377	121	265	6	230	374	118	262	15	239	383	127	271	4	228	372	116	260
361	105	249	73	217	358	102	246	70	214	367	111	255	79	223	356	100	244	68	212
313	57	201	345	89	310	54	198	342	86	319	63	207	351	95	308	52	196	340	84
185	329	153	297	41	182	326	150	294	38	191	335	159	303	47	180	324	148	292	36
137	281	25	169	393	134	278	22	166	390	143	287	31	175	399	132	276	20	164	388

图 10.21

的 5 阶完全幻方单元（泛幻和依次为“965，969，…，1040”，公差为“4”）合成的二重次最优化 20 阶完全幻方（泛幻和“4010”）。

同时，每个 5 阶完全幻方单元的“同位”数可构成一个 4 阶完全幻方单元。因此，这幅 20 阶完全幻方又内含层层叠叠的 25 个 4 阶完全幻方单元。

格子型非最优化合成完全幻方

所谓格子型非最优化合成完全幻方，指最优化层次单一的子母结构完全幻方，其子阶为非完全幻方单元。据研究，这类完全幻方存在于 $4k$ 阶完全幻方领域（$k \geqslant 3$），其子阶单元可奇可偶，因而母阶必须为双偶数。为什么呢？因为非完全幻方子单元，只有在双偶数母阶条件下，才有可能以“互补”方式建立泛对角线全等关系。本文展示几个格子型非最优化子母结构完全幻方。

一、格子型非最优化 12 阶完全幻方

图 10.22 是两幅 12 阶完全幻方（泛幻和“870”），由 16 个连续等差 3 阶幻方合成，其幻和依次为“15，42，…，420”，公差为“27”。同时，每个 3 阶幻方的“中位”数可构成一个 4 阶完全幻方（泛幻和“290”）。

4	9	2	125	118	123	92	99	94	69	64	71
3	5	7	120	122	124	97	95	93	70	68	66
8	1	6	121	126	119	96	91	98	65	72	67
103	108	101	62	55	60	11	18	13	114	109	116
102	104	106	57	59	61	16	14	12	115	113	111
107	100	105	58	63	56	15	10	17	110	117	112
49	54	47	80	73	78	137	144	139	24	19	26
48	50	52	75	77	79	142	140	138	25	23	21
53	46	51	76	81	74	141	136	143	20	27	22
130	135	128	35	28	33	38	45	40	87	82	89
129	131	133	30	32	34	43	41	39	88	86	84
134	127	132	31	36	29	42	37	44	83	90	85

58	63	56	107	100	105	2	9	4	123	118	125
57	59	61	102	104	106	7	5	3	124	122	120
62	55	60	103	108	101	6	1	8	119	126	121
13	18	11	116	109	114	65	72	67	96	91	98
12	14	16	111	113	115	70	68	66	97	95	93
17	10	15	112	117	110	69	64	71	92	99	94
139	144	137	26	19	24	83	90	85	42	37	44
138	140	142	21	23	25	88	86	84	43	41	39
143	136	141	22	27	20	87	82	89	38	45	40
76	81	74	53	46	51	128	135	130	33	28	35
75	77	79	48	50	52	133	131	129	34	32	30
80	73	78	49	54	47	132	127	134	29	36	31

图 10.22

图 10.23 是另两幅 12 阶完全幻方，各由 16 个连续等差的 3 阶幻方合成，其幻和依次为“195，198，…，240”，公差为“3”。同时，每个 3 阶幻方的“中位”数可构成一个 4 阶完全幻方（泛幻和“290”）。

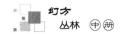

49	129	17	126	14	94	27	139	59	88	8	120
33	65	97	46	78	110	107	75	43	104	72	40
113	1	81	62	142	30	91	11	123	24	136	56
60	140	28	119	7	87	18	130	50	93	13	125
44	76	108	39	71	103	98	66	34	109	77	45
124	12	92	55	135	23	82	2	114	29	141	61
54	134	22	121	9	89	32	144	64	83	3	115
38	70	102	41	73	105	112	80	48	99	67	35
118	6	86	57	137	25	96	16	128	19	131	51
63	143	31	116	4	84	21	133	53	90	10	122
47	79	111	36	68	100	101	69	37	106	74	42
127	15	95	52	132	20	85	5	117	26	138	58

57	137	25	128	16	96	21	133	53	84	4	116
41	73	105	48	80	112	101	69	37	100	68	36
121	9	89	64	144	32	85	5	117	20	132	52
54	134	22	115	3	83	26	138	58	95	15	127
38	70	102	35	67	99	106	74	42	111	79	47
118	6	86	51	131	19	90	10	122	31	143	63
60	140	28	125	13	93	24	136	56	81	1	113
44	76	108	45	77	109	104	72	40	97	65	33
124	12	92	61	141	29	88	8	120	17	129	49
55	135	23	114	2	82	27	139	59	94	14	126
39	71	103	34	66	98	107	75	43	110	78	46
119	7	87	50	130	18	91	11	123	30	142	62

图 10.23

二、格子型非最优化 20 阶完全幻方

图 10.24 是一幅数理关系超常复杂而美妙的 20 阶完全幻方（泛幻和“4010”）稀世珍品，其主要结构特点如下。

57	137	25	128	16	96	21	133	53	84	4	116	57	137	25	128	16	96	21	133
41	73	105	48	80	112	101	69	37	100	68	36	41	73	105	48	80	112	101	69
121	9	89	64	144	32	85	5	117	20	132	52	121	9	89	64	144	32	85	5
54	134	22	115	3	83	26	138	58	95	15	127	54	134	22	115	3	83	26	138
38	70	102	35	67	99	106	74	42	111	79	47	38	70	102	35	67	99	106	74
118	6	86	51	131	19	90	10	122	31	143	63	118	6	86	51	131	19	90	10
60	140	28	125	13	93	24	136	56	81	1	113	60	140	28	125	13	93	24	136
44	76	108	45	77	109	104	72	40	97	65	33	44	76	108	45	77	109	104	72
124	12	92	61	141	29	88	8	120	17	129	49	124	12	92	61	141	29	88	8
55	135	23	114	2	82	27	139	59	94	14	126	55	135	23	114	2	82	27	139
39	71	103	34	66	98	107	75	43	110	78	46	39	71	103	34	66	98	107	75
119	7	87	50	130	18	91	11	123	30	142	62	119	7	87	50	130	18	91	11
57	137	25	128	16	96	21	133	53	84	4	116	57	137	25	128	16	96	21	133
41	73	105	48	80	112	101	69	37	100	68	36	41	73	105	48	80	112	101	69
121	9	89	64	144	32	85	5	117	20	132	52	121	9	89	64	144	32	85	5
54	134	22	115	3	83	26	138	58	95	15	127	54	134	22	115	3	83	26	138
38	70	102	35	67	99	106	74	42	111	79	47	38	70	102	35	67	99	106	74
118	6	86	51	131	19	90	10	122	31	143	63	118	6	86	51	131	19	90	10
60	140	28	125	13	93	24	136	56	81	1	113	60	140	28	125	13	93	24	136
44	76	108	45	77	109	104	72	40	97	65	33	44	76	108	45	77	109	104	72

图 10.24

①由 16 个连续等差的 5 阶幻方单元最优化合成 20 阶完全幻方，各单元的幻和依次为“65，190，…，1940”，公差为“125”。其中，8 个奇数团聚中央、偶数分布四角；另 8 个反之，偶数团聚中央、奇数分布四角，按《周易》的说法为“阴阳两仪”组合形态。

②每一个 5 阶幻方单元内部，各有正排与斜排交叠的两个等和 3 阶幻方子单元，或者由全偶数构成，或者由全奇数构成。因此，这幅 20 阶完全幻方内部共含有 32 个 3 阶幻方子单元，其中 16 个为 8 对等差的“奇数”3 阶幻方，幻和依次为“39，126，…，1098”，公差为“87”；另外 16 个为 8 对等差的“偶数”3 阶幻方，幻和依次为“114，264，…，1164”，公差为“150”。

③16个5阶幻方单元的“中位”数构成一个4阶完全幻方子单元(泛幻和“802”)，它是这幅 16 个 5 阶幻方单元最优化合成的核心组合机制。

总之，本例 20 阶完全幻方内含 16 个 5 阶幻方、1 个 4 阶完全幻方，以及 32 个 3 阶幻方，其组合结构错综复杂，且具有超大的等和关系容量，堪称完全幻方的稀世珍品。这说明：完全幻方借助于子母关系形式，把非完全幻方单元的奇异结构为己所用，从而尽可能地丰富相对单调的完全幻方组合结构。

三、格子型非最优化 24 阶完全幻方

完全幻方格子型非最优化子母结构，既是高阶完全幻方化大为小、分而治之的一种重要构图方法，又是把非完全幻方新奇、独特、怪异的数理关系，注入完全幻方内部最有效的一种组合形式，而且子单元的阶次越大，完全幻方的内含就越丰富多彩。

图 10.25 是一幅格子型非最优化子母结构 24 阶完全幻方（泛幻和“6924”），它的子母结构组合特点：①这幅 24 阶完全幻方由 16 个连续等差的 6 阶幻方单元最优化合成，各单元幻和依次为“111，327，…”，公差为“216”。②每个 6 阶幻方单元中央各镶嵌一个 4 阶完全幻方子单元，因而这幅 24 阶完全幻方内含 16 个连续等差的4阶完全幻方，各子单元泛幻和依次为“74，218，…”，公差为“144”。

6 阶属于“单偶数”，只有非完全幻方解。但追求非完全幻方，尤其“单偶数”幻方内部尽可能大的最优化子单元，或者最优化子单元的全面覆盖，是幻方研究的一个重要课题。在本例 24 阶完全幻方中，我以子母结构形式表现 6 阶幻方内部可容纳的一个最大完全幻方子单元。然而，这个 6 阶幻方蓝本（左上角），就采自于元代安西王府镇宅之宝——“铁板”幻方，它将在 24 阶完全幻方中获得重生，并放射出中国古代文化的灿烂光辉。

28	4	3	31	35	10	495	470	474	502	501	477	369	393	394	366	362	387	262	287	283	255	256	280
36	18	21	24	11	1	504	494	481	484	487	469	361	379	376	373	386	396	253	263	276	273	270	288
7	23	12	17	22	30	475	483	488	493	482	498	390	374	385	380	375	367	282	274	269	264	275	259
8	13	26	19	16	29	476	489	486	479	492	497	389	384	371	378	381	368	281	268	271	278	265	260
5	20	15	14	25	32	473	480	491	490	485	500	392	377	382	383	372	365	284	277	266	267	272	257
27	33	34	6	2	9	496	503	499	471	472	478	370	364	363	391	395	388	261	254	258	286	285	279
424	400	399	427	431	406	243	218	222	250	249	225	45	69	70	42	38	63	442	467	463	435	436	460
432	414	417	420	407	397	252	242	229	232	235	217	37	55	52	49	62	72	433	443	456	453	450	468
403	419	408	413	418	426	223	231	236	241	230	246	66	50	61	56	51	43	462	454	449	444	455	439
404	409	422	415	412	425	224	237	234	227	240	245	65	60	47	54	57	44	461	448	451	458	445	440
401	416	411	410	421	428	221	228	239	238	233	248	68	53	58	59	48	41	464	457	446	447	452	437
423	429	430	402	398	405	244	251	247	219	220	226	46	40	39	67	71	64	441	434	438	466	465	459
208	184	183	211	215	190	315	290	294	322	321	297	549	573	574	546	542	567	82	107	103	75	76	100
216	198	201	204	191	181	324	314	301	304	307	289	541	559	556	553	566	576	73	83	96	93	90	108
187	203	192	197	202	210	295	303	308	313	302	318	570	554	565	560	555	547	102	94	89	84	95	79
188	193	206	199	196	209	296	309	306	299	312	317	569	564	551	558	561	548	101	88	91	98	85	80
185	200	195	194	205	212	293	300	311	310	305	320	572	557	562	563	552	545	104	97	86	87	92	77
207	213	214	186	182	189	316	323	319	291	292	298	550	544	543	571	575	568	81	74	78	106	105	99
532	508	507	535	539	514	135	110	114	142	141	117	153	177	178	150	146	171	334	359	355	327	328	352
540	522	525	528	515	505	144	134	121	124	127	109	145	163	160	157	170	180	325	335	348	345	342	360
511	527	516	521	526	534	115	123	128	133	122	138	174	158	169	164	159	151	354	346	341	336	347	331
512	517	530	523	520	533	116	129	126	119	132	137	173	168	155	162	165	152	353	340	343	350	337	332
509	524	519	518	529	536	113	120	131	130	125	140	176	161	166	167	156	149	356	349	338	339	344	329
531	537	538	510	506	513	136	143	139	111	112	118	154	148	147	175	179	172	333	326	330	358	357	351

图 10.25

四、格子型非最优化 28 阶完全幻方

非完全幻方的优秀成果纳入完全幻方体系，是创作完全幻方“奇方异幻”珍品的重要途径与方法。如全回环同心结构（注：一环套一环，每一环的幻方成立），只存在于大于 5 阶的非完全幻方领域。若要在一幅完全幻方中见到全回环同心幻方，只能采取格子型子母结构形式，即把全回环同心非完全幻方作为子单元引入，由此而形成完全幻方内部非最优化结构的一大奇观。

图 10.26 是一幅 28 阶完全幻方（泛幻和“10990”），其子母结构的组合特点如下。

①由 16 个连续等差的 7 阶非完全幻方单元合成，各 7 阶单元幻和依次为“175，518，…，5320”，公差为“343”。

②每个 7 阶非完全幻方单元内含 5 阶、3 阶全回环同心非完全幻方子单元，各 5 阶子单元幻和依次为“121，366，…，3796”，公差为“245”，各 3 阶子单元幻和依次为“75，222，…，2280”，公差为“147”。

③每个 7 阶非完全幻方单元的中心一位数字，又构成一个 4 阶完全幻方子单元（泛幻和“1570”），它昭示着 16 个 7 阶非完全幻方单元的最优化合成机制。

22	2	47	49	45	6	4	665	685	640	638	642	681	683	512	492	537	539	535	496	494	371	391	346	344	348	387	389
8	39	10	41	12	23	42	679	648	677	646	675	664	645	498	529	500	531	502	513	532	385	354	383	352	381	370	351
35	16	24	33	18	34	15	652	671	663	654	669	653	672	525	506	514	523	508	524	505	358	377	369	360	375	359	378
7	13	19	25	31	37	43	680	674	668	662	656	650	644	497	503	509	515	521	527	533	386	380	374	368	362	356	350
21	30	32	17	26	20	29	666	657	655	670	661	667	658	511	520	522	507	516	510	519	372	363	361	376	367	373	364
36	27	40	9	38	11	14	651	660	647	678	649	676	673	526	517	530	499	528	501	504	357	366	353	384	355	382	379
46	48	3	1	5	44	28	641	639	684	686	682	643	659	536	538	493	491	495	534	518	347	345	390	392	388	349	365
561	541	586	588	584	545	543	322	342	297	295	299	338	340	71	51	96	98	94	55	53	616	636	591	589	593	632	634
547	578	549	580	551	562	581	336	305	334	303	332	321	302	57	88	59	90	61	72	91	630	599	628	597	626	615	596
574	555	563	572	557	573	554	309	328	320	311	326	310	329	84	65	73	82	67	83	64	603	622	614	605	620	604	623
546	552	558	564	570	576	582	337	331	325	319	313	307	301	56	62	68	74	80	86	92	631	625	619	613	607	601	595
560	569	571	556	565	559	568	323	314	312	327	318	324	315	70	79	81	66	75	69	78	617	608	606	621	612	618	609
575	566	579	548	577	550	553	308	317	304	335	306	333	330	85	76	89	58	87	60	63	602	611	598	629	600	627	624
585	587	542	540	544	583	567	298	296	341	343	339	300	316	95	97	52	50	54	93	77	592	590	635	637	633	594	610
267	247	292	294	290	251	249	420	440	395	393	397	436	438	757	737	782	784	780	741	739	126	146	101	99	103	142	144
253	284	255	286	257	268	287	434	403	432	401	430	419	400	743	774	745	776	747	758	777	140	109	138	107	136	125	106
280	261	269	278	263	279	260	407	426	418	409	424	408	427	770	751	759	768	753	769	750	113	132	124	115	130	114	133
252	258	264	270	276	282	288	435	429	423	417	411	405	399	742	748	754	760	766	772	778	141	135	129	123	117	111	105
266	275	277	262	271	265	274	421	412	410	425	416	422	413	756	765	767	752	761	755	764	127	118	116	131	122	128	119
281	272	285	254	283	256	259	406	415	402	433	404	431	428	771	762	775	744	773	746	749	112	121	108	139	110	137	134
291	293	248	246	250	289	273	396	394	439	441	437	398	414	781	783	738	736	740	779	763	102	100	145	147	143	104	120
708	688	733	735	731	692	690	175	195	150	148	152	191	193	218	198	243	245	241	202	200	469	489	444	442	446	485	487
694	725	696	727	698	709	728	189	158	187	156	185	174	155	204	235	206	237	208	219	238	483	452	481	450	479	468	449
721	702	710	719	704	720	701	162	181	173	164	179	163	182	231	212	220	229	214	230	211	456	475	467	458	473	457	476
693	699	705	711	717	723	729	190	184	178	172	166	160	154	203	209	215	221	227	233	239	484	478	472	466	460	454	448
707	716	718	703	712	706	715	176	167	165	180	171	177	168	217	226	228	213	222	216	225	470	461	459	474	465	471	462
722	713	726	695	724	697	700	161	170	157	188	159	186	183	232	223	236	205	234	207	210	455	464	451	482	453	480	477
732	734	689	687	691	730	714	151	149	194	196	192	153	169	242	244	199	197	201	240	224	445	443	488	490	486	447	463

图 10.26

总之，格子型子母结构完全幻方，按覆盖格子的子阶单元组合性质划分，有格子型最优化子母结构完全幻方，也有格子型非最优化合成完全幻方。前者由于子阶单元是完全幻方，形成格子的母阶可奇可偶，都存在子母阶双重完全幻方；后者由于子阶单元是非完全幻方，因而母阶必须是双偶数，才能最优化合成单重次子母结构完全幻方。但前者的子阶单元阶次是有限制条件的，如大于 3 阶或单偶数阶单元因不存在完全幻方解而排除在外；后者的子阶单元则没有阶次限制，因而格子型非完全幻方合成的子母结构完全幻方，能够容纳更多变化的其他奇异结构形式。

网络型子母完全幻方

什么是网络型最优化子母结构完全幻方？指由互为相间、交织、穿插的子阶完全幻方单元合成的网状结构完全幻方，存在于合数阶完全幻方领域。网络型子母结构与“田”字型子母结构、“井”字型子母结构及格子型子母结构等，既能互为相容，又能相互转化，同时也可以是与其他子母结构不相关的一种独立子母结构形态。

一、网络型 8 阶完全幻方

最优化网络型子母结构起始于 8 阶完全幻方。如图 10.27 所示的 3 幅 8 阶完全幻方（泛幻和“260”），由 4 个全等 4 阶完全幻方单元（泛幻和“130”），以相间方式经纬交织合成的子母结构。

1	25	62	38	7	31	60	36
9	17	54	46	15	23	52	44
63	39	4	28	57	33	6	30
55	47	12	20	49	41	14	22
58	34	5	29	64	40	3	27
50	42	13	21	56	48	11	19
8	32	59	35	2	26	61	37
16	24	51	43	10	18	53	45

1	4	56	53	25	28	48	45
2	3	55	54	26	27	47	46
60	57	13	16	36	33	21	24
59	58	14	15	35	34	22	23
40	37	17	20	64	61	9	12
39	38	18	19	63	62	10	11
29	32	44	41	5	8	52	49
30	31	43	42	6	7	51	50

38	6	26	58	35	3	31	63
33	1	29	61	40	8	28	60
43	51	23	15	46	54	18	10
48	56	20	12	41	49	21	13
30	62	34	2	27	59	39	7
25	57	37	5	32	64	36	4
19	11	47	55	22	14	42	50
24	16	44	52	17	9	45	53

图 10.27

本例网络型 8 阶完全幻方转化“田”字型子母结构如下（图 10.28）。

1	62	7	60	17	46	23	44
63	4	57	6	47	20	41	22
58	5	64	3	42	21	48	19
8	59	2	61	24	43	18	45
9	54	15	52	25	38	31	36
55	12	49	14	39	28	33	30
50	13	56	11	34	29	40	27
16	51	10	53	32	35	26	37

1	56	25	48	3	54	27	46
60	13	36	21	58	15	34	23
40	17	64	9	38	19	62	11
29	44	5	52	31	42	7	50
2	55	26	47	4	53	28	45
59	14	35	22	57	16	33	24
39	18	63	10	37	20	61	12
30	43	6	51	32	41	8	49

38	26	35	31	6	58	3	63
43	23	46	18	51	15	54	10
30	34	27	39	62	2	59	7
19	47	22	42	11	55	14	50
33	29	40	28	1	61	8	60
48	20	41	21	56	12	49	13
25	37	32	36	57	5	64	4
24	44	17	45	16	52	9	53

图 10.28

本例网络型 8 阶完全幻方 4 个 4 阶完全幻方单元的穿插变位如下（图 10.29）。

4	1	53	56	28	25	45	48
3	2	54	55	27	26	46	47
57	60	16	13	33	36	24	21
58	59	15	14	34	35	23	22
37	40	20	17	61	64	12	9
38	39	19	18	62	63	11	10
32	29	41	44	8	5	49	52
31	30	42	43	7	6	50	51

2	3	55	54	26	27	47	46
1	4	56	53	25	28	48	45
59	58	14	15	35	34	22	23
60	57	13	16	36	33	21	24
39	38	18	19	63	62	10	11
40	37	17	20	64	61	9	12
30	31	43	42	6	7	51	50
29	32	44	41	5	8	52	49

3	2	54	55	27	26	46	47
4	1	53	56	28	25	45	48
58	59	15	14	34	35	23	22
57	60	16	13	33	36	24	21
38	39	19	18	62	63	11	10
37	40	20	17	61	64	12	9
31	30	42	43	7	6	50	51
32	29	41	44	8	5	49	52

图 10.29

二、网络型 12 阶完全幻方

12 阶＝ 4×3，其中因子“4 阶”存在完全幻方解，所以最优化网络型子母结构 12 阶完全幻方，必定由 9 个 4 阶完全幻方单元经纬交织合成。

如图 10.30 所示的两幅网络型子母结构 12 阶完全幻方（泛幻和“870”）的共同特点：每个 3 阶单元的“同位”一个数字各可构成一个 4 阶完全幻方单元，因而各有 9 个全等、交织的 4 阶完全幻方单元（泛幻和“290”）。两者的主要区别：左图 16 个 3 阶单元都是“3 阶幻方”（幻和等差，依次为“87，90，…，348”，公差为“3”），即网络型与格子型两种子母结构结合了起来；右图 16 个 3 阶单元为乱数单元，但划出“同位”2 阶单元可构成 8 阶完全幻方单元，共有 4 个交叠式互为交织的等和 8 阶完全幻方单元（泛幻和“580”）。

38	70	18	27	59	7	117	85	137	108	76	128
22	42	62	11	31	51	133	113	93	124	104	84
66	14	46	55	3	35	89	141	109	80	132	100
105	73	125	120	88	140	26	58	6	39	71	19
121	101	81	136	116	96	10	30	50	23	43	63
77	129	97	92	144	112	54	2	34	67	15	47
28	60	8	37	69	17	107	75	127	118	86	139
12	32	52	21	41	61	123	103	83	134	114	94
56	4	36	65	13	45	79	131	99	90	142	110
119	87	139	106	74	126	40	72	20	25	57	5
135	115	95	122	102	82	24	44	64	9	29	49
91	143	111	78	130	98	68	16	48	53	1	33

（1）

112	124	136	105	93	81	28	16	4	45	57	69
109	121	133	108	96	84	25	13	1	48	60	72
110	122	134	107	95	83	26	14	2	47	59	71
27	15	3	46	58	70	111	123	135	106	94	82
30	18	6	43	55	67	114	126	138	103	91	79
29	17	5	44	56	68	113	125	137	104	92	80
117	129	141	100	88	76	33	21	9	40	52	64
120	132	134	97	85	73	36	24	12	37	49	61
119	131	143	98	86	74	35	23	11	38	50	62
34	22	10	39	51	63	118	130	142	99	87	75
31	19	7	42	54	66	115	127	139	102	90	78
32	20	8	41	53	65	116	128	140	101	89	77

（2）

图 10.30

三、网络型 16 阶完全幻方

图 10.31 是一幅最优化网络型与非最优化格子型双重子母结构的 16 阶完全幻方（泛幻和“2056”），其组合结构特点如下。

①由 16 个等差的 4 阶非完全幻方平面覆盖（幻和依次为“34，98，…，994”，公差为“64”），这就是说，本例为一幅非最优化格子型合成的子母结构 16 阶完全幻方。

②每个 4 阶非完全幻方的“同位”一个数各可构成一个 4 阶完全幻方，共有 16 个相间经纬交织的全等 4 阶完全幻方（泛幻和“514”），这就是说，本例又是一幅最优化网络型子母结构 16 阶完全幻方。

125	124	120	113	164	165	169	176	221	220	216	209	4	5	9	16
114	119	123	126	175	170	166	163	210	215	219	222	15	10	6	3
115	118	122	127	174	171	167	162	211	214	218	223	14	11	7	2
128	121	117	116	161	168	172	173	224	217	213	212	1	8	12	13
205	204	200	193	20	21	25	32	109	108	104	97	180	181	185	192
194	199	203	206	31	26	22	19	98	103	107	110	191	186	182	179
195	198	202	207	30	27	23	18	99	102	106	111	190	187	183	178
208	201	197	196	17	24	28	29	112	105	101	100	177	184	188	189
36	37	41	48	253	252	248	241	132	133	137	144	93	92	88	81
47	42	38	35	242	247	251	254	143	138	134	131	82	87	91	94
46	43	39	34	243	246	250	255	142	139	135	130	83	86	90	95
33	40	44	45	256	249	245	244	129	136	140	141	96	89	85	84
148	149	153	160	77	76	72	65	52	53	57	64	237	236	232	225
159	154	150	147	66	71	75	78	63	58	54	51	226	231	235	238
158	155	151	146	67	70	74	79	62	59	55	50	227	230	234	239
145	152	156	157	80	73	69	68	49	56	60	61	240	233	229	228

图 10.31

发现：网络型与格子型的不同组合性质单元两者换位，本例这幅 16 阶完全幻方则可转化为非完全幻方（参见下册相关内容）。

网络型子母非完全幻方

网络型子母非完全幻方存在两种形式：其一，网络型非完全幻方单元合成非完全幻方，这是“同质”关系子母结构形态；其二，网络型完全幻方单元合成非完全幻方，这是“异质”关系子母结构形态。同时，网络型与“田”字型（或格子型）双重子母结构，是非完全幻方一种“精益求精”的玩法。

第一例：网络型 8 阶非完全幻方

图 10.32 左是一幅 8 阶非完全幻方（幻和“260”），其组合结构特点如下。

①“田”字型四象各单元为 4 阶非完全幻方（子幻和“130”）。

②相间经纬交织各单元为 4 阶非完全幻方（子幻和“130”）。

32	39	57	2	37	30	4	59
17	42	56	15	44	19	13	54
36	27	5	62	25	34	64	7
45	22	12	51	24	47	49	10
1	58	40	31	60	3	29	38
16	55	41	18	53	14	20	43
61	6	28	35	8	63	33	26
52	11	21	46	9	50	48	23

42	39	15	2	19	30	59	54
17	32	56	57	44	37	13	4
22	27	51	62	47	34	10	7
45	36	12	5	24	25	49	64
55	58	18	31	14	3	38	43
16	1	41	40	53	60	20	29
11	6	46	35	50	63	23	26
52	61	21	28	9	8	48	33

42	17	15	56	19	44	54	13
39	32	2	57	30	37	59	4
22	45	51	12	47	24	10	49
27	36	62	5	34	25	7	64
55	16	18	41	14	53	43	20
58	1	31	40	3	60	38	29
11	52	46	21	50	9	23	48
6	61	35	28	63	8	26	33

图 10.32

其他两幅网络型 8 阶非完全幻方，以左图为样本，分别做对角两个 4 阶非完全幻方单元互换所得，8 阶的行与列重新“洗牌”，而网络组合结构特点与样本相同。

总之，本例设计巧夺天工，说明网络型结构与“田”字型结构两者可同处一体。一幅 8 阶非完全幻方内含 8 个 4 阶非完全幻方，以二元结构方式全面覆盖母幻方，达到了 8 阶幻方内部含子幻方的最高容量。

图 10.33 是图 10.32 左的化简形式，即“商—余”正交方阵，由此可透视这幅 8 阶网络型非完全幻方的微观结构，可知它的“二相间”交织编码与四象合成结构，是运用了“2×4”长方单元的编码技术，方法无比精巧。

3	4	7	0	4	3	0	7
2	5	6	1	5	2	1	6
4	3	0	7	3	4	7	0
5	2	1	6	2	5	6	1
0	7	4	3	7	0	3	4
1	6	5	2	6	1	2	5
7	0	3	4	0	7	4	3
6	1	2	5	1	6	5	2

×8+

8	7	1	2	5	6	4	3
1	2	8	7	4	3	5	6
4	3	5	6	1	2	8	7
5	6	4	3	8	7	1	2
1	2	8	7	4	3	5	6
8	7	1	2	5	6	4	3
5	6	4	3	8	7	1	2
4	3	5	6	1	2	8	7

图 10.33

第二例：网络型 8 阶非完全幻方

根据上例网络型与“田”字型两种非最优化结构全面覆盖非最优化母阶的经验，运用长方单元特殊逻辑编码技术，实现了网络型 8 阶非完全幻方的网络型与“田”字型两种最优化单元的双重结构性全面覆盖，堪称非完全幻方的珍品(图 10.34)。本例这幅双重最优化的网络型8阶非完全幻方其组合结构特点如下。

①“田”字型四象各单元为 4 阶完全幻方（泛幻和“130”）。

②相间经纬交织各单元为 4 阶完全幻方（泛幻和“130”）。

4	2	7	1	2	4	1	7
3	5	0	6	5	3	6	0
0	6	3	5	6	0	5	3
7	1	4	2	1	7	2	4
3	5	0	6	5	3	6	0
4	2	7	1	2	4	1	7
7	1	4	2	1	7	2	4
0	6	3	5	6	0	5	3

×8+

5	4	1	8	8	1	4	5
3	6	7	2	2	7	6	3
8	1	4	5	5	4	1	8
2	7	6	3	3	6	7	2
2	7	6	3	3	6	7	2
8	1	4	5	5	4	1	8
3	6	7	2	2	7	6	3
5	4	1	8	8	1	4	5

=

37	20	57	16	24	33	12	61
27	46	7	50	42	31	54	3
8	49	28	45	53	4	41	32
58	15	38	19	11	62	23	34
26	47	6	51	43	30	55	2
40	17	60	13	21	36	9	64
59	14	39	18	10	63	22	35
5	52	25	48	56	1	44	29

图 10.34

第三例：网络型 12 阶非完全幻方

图 10.35 是两幅 12 阶非完全幻方，右图为 4×3 “大九宫” 结构，左图为 3×4 “格子” 型结构，两者可读出对方的网络型子单元幻和。

31	36	29	130	135	128	85	90	83	40	45	38
30	32	34	129	131	133	84	86	88	39	41	43
35	28	33	134	127	132	89	82	87	44	37	42
121	126	119	4	9	2	67	72	65	94	99	92
120	122	124	3	5	7	66	68	70	93	95	97
125	118	123	8	1	6	71	64	69	98	91	96
58	63	56	103	108	101	112	117	110	13	18	11
57	59	61	102	104	106	111	113	115	12	14	16
62	55	60	107	100	105	116	109	114	17	10	15
76	81	74	49	54	47	22	27	20	139	144	137
75	77	79	48	50	52	21	23	25	138	140	142
80	73	78	53	46	51	26	19	24	143	136	141

31	130	85	40	36	135	90	45	29	128	83	38
121	4	67	94	126	9	72	99	119	2	65	92
58	103	112	13	63	108	117	18	56	101	110	11
76	49	22	139	81	54	27	144	74	47	20	137
30	129	84	39	32	131	86	41	34	133	88	43
120	3	66	93	122	5	68	95	124	7	70	97
57	102	111	12	59	104	113	14	61	106	115	16
75	48	21	138	77	50	23	140	79	52	25	142
35	134	89	44	28	127	82	37	33	132	87	42
125	8	71	98	118	1	64	91	123	6	69	96
62	107	116	17	55	100	109	10	60	105	114	15
80	53	26	143	73	46	19	136	78	51	24	141

图 10.35

右图大九宫各单元为 9 个等差 4 阶完全幻方单元，泛幻和为 “274，278，…，306”（公差为 “4”），即为左图经纬交织的 9 个 4 阶完全幻方。

左图的 16 格子各单元为 16 个等差 3 阶幻方，幻和为 “15，42，…，420”（公差为 “27”），即为右图经纬交织的 16 个 3 阶幻方。由此表现网络型与大九宫格子型子母结构的共生与转换关系。

第四例：网络型 16 阶非完全幻方

图 10.36 是一幅 16 阶非完全幻方，由图 10.31 所示的 16 阶完全幻方采用如下重组方法转换而来：格子型 16 个等差的 4 阶非完全幻方单元，与网络型 16 个等和的 4 阶完全幻方单元，两者按 “同位” 原则交换位置。

125	164	221	4	124	165	220	5	120	169	216	9	113	176	209	16
205	20	109	180	204	21	108	181	200	25	104	185	193	32	97	192
36	253	132	93	37	252	133	92	41	248	137	88	48	241	144	81
148	77	52	237	149	76	53	236	153	72	57	232	160	65	64	225
114	175	210	15	119	170	215	10	123	166	219	6	113	176	209	16
194	31	98	191	199	26	103	186	203	22	107	182	193	32	97	192
47	242	143	82	42	247	138	87	38	251	134	91	48	241	144	81
159	66	63	226	154	71	58	231	150	75	54	235	160	65	64	225
115	174	211	14	118	171	214	11	122	167	218	7	127	162	223	2
195	30	99	190	198	27	102	187	202	23	106	183	207	18	111	178
46	243	142	83	43	246	139	86	39	250	135	90	34	255	130	95
158	67	62	227	155	70	59	230	151	74	55	234	146	79	50	239
128	161	224	1	121	168	217	8	117	172	213	12	116	173	212	13
208	17	112	177	201	24	105	184	197	28	101	188	196	29	100	189
33	256	129	96	40	249	136	89	44	245	140	85	45	244	141	84
145	80	49	240	152	73	56	233	156	69	60	229	157	68	61	228

图 10.36

本例这幅 16 阶非完全幻方的组合结构特点：①由 16 个等差 4 阶非完全幻方单元网络型经纬交织；②由 16 个等和 4 阶完全幻方单元格子型全面覆盖。

总之，在 “异质” 双重子母结构中，这幅 16 阶幻方组合性质的转换，其决定机制非常奇妙。

奇数阶“回”字型子母幻方

“回”字型子母结构是奇数阶、偶数阶幻方普遍存在的一种重要结构形式。若一环套一环，同一环的四边等和，我称之为回环幻方，但尚不属于子母幻方范畴；若一环套一环，各环形成一串同心幻方子单元，重叠式覆盖母阶幻方，则为名副其实的“回”字型子母结构幻方。在主对角线等和数组中心对称、四边等和数组轴对称组合状态下，“回”字型幻方各环可自由旋转或反置，千变万化，非常壮观，表现了幻方的动态组合美。“回”字型幻方早已被前人发现，如宋代杨辉的5阶幻方，元代安西王府的6阶“铁板”幻方等。“回”字型幻方也深受现代幻方玩家们的喜爱。

一、质数阶“回”字型子母幻方

质数没有因子，不可分解。因此，“回”字型子母结构是质数阶幻方以子幻方单元方式覆盖全盘的一种子母结构形态。“回”字型子母幻方，亦称“同心幻方”。我在“易数组合模型与方法”的“洛书四大构图法”“左右旋法”等文中，已介绍过奇数阶“回”字型幻方的构图方法。现展示几幅经过再加工的质数阶“回”字型子母幻方。

（一）5阶二环“回”字型子母幻方

5阶二环“回”字型子母幻方举例如下（图10.37）。

23	2	25	4	11
6	12	19	8	20
5	9	13	17	21
16	18	7	14	10
15	24	1	22	3

7	24	25	6	3
8	12	17	10	18
5	11	13	15	21
22	16	9	14	4
23	2	1	20	19

12	1	20	24	8
3	11	21	7	23
10	9	13	17	16
22	19	5	15	4
18	25	6	2	14

11	2	8	23	21
12	10	25	4	14
20	7	13	19	6
17	22	1	16	9
5	24	18	3	15

2	22	21	14	6
8	9	23	7	18
25	11	13	15	1
10	19	3	17	16
20	4	5	12	24

图10.37

（二）7阶三环“回”字型子母幻方

图10.38左两图为7阶三环同心幻方，3阶幻和“75”、5阶幻和“125”、7阶幻和“175”。右图又夹了一个“斜排”3阶同心幻方子单元，堪称是一幅7阶四环同心幻方精品。

22	2	47	49	45	6	4
8	39	10	41	12	23	42
35	16	24	33	18	34	15
7	13	19	25	31	37	43
21	30	32	17	26	20	29
36	27	40	9	38	11	14
46	48	3	1	5	44	28

24	33	47	2	6	45	18
8	11	20	37	34	23	42
35	38	22	49	4	12	15
19	9	7	25	43	41	31
21	40	46	1	28	10	29
36	27	30	13	16	39	14
32	17	3	48	44	5	26

4	2	47	49	45	6	22
42	34	26	31	14	20	8
35	18	11	37	27	32	15
7	33	41	25	9	17	43
21	10	23	13	39	40	29
38	30	24	19	36	16	12
28	48	3	1	5	44	46

图10.38

（三）11 阶五环“回”字型子母幻方

图 10.39 是 11 阶“回”字型子母结构幻方（幻和“671”），各环内含 3 阶、5 阶、7 阶、9 阶同心子幻方成立，子幻和依次为“183，305，427，549”。

56	2	113	4	115	121	117	8	119	10	6		60	5	113	4	112	73	120	8	119	7	50
12	105	14	103	16	109	18	107	20	57	110	-4	12	105	19	108	16	109	15	18	102	57	110
33	24	58	96	27	97	29	92	28	98	89		45	24	58	96	97	27	29	92	28	98	77
34	43	36	83	38	85	40	59	86	79	88		34	90	86	83	40	85	38	59	36	32	88
55	46	53	48	60	73	50	74	69	76	67		67	54	42	48	56	121	6	74	80	68	55
11	21	31	41	51	61	71	81	91	101	111		100	21	31	41	11	61	111	81	91	101	22
77	68	75	70	72	49	62	52	47	54	45		33	76	47	70	116	1	66	52	75	46	89
78	87	80	63	84	37	82	39	42	35	44		78	35	69	63	82	37	84	39	53	87	44
99	90	94	26	95	25	93	30	64	32	23		99	79	94	26	25	95	93	30	64	43	23
100	65	108	19	106	13	104	15	102	17	22	+4	71	65	103	14	106	13	107	104	20	17	51
116	120	9	118	7	1	5	114	3	112	66		72	117	9	118	10	49	2	114	3	115	62

图 10.39

（四）13 阶六环“回”字型子母幻方

图 10.40 是两幅 13 阶“回”字型子母结构幻方（幻和“1105”），内含 3 阶、5 阶、7 阶、9 阶、11 阶同心子幻方成立，幻和依次为“255，425，595，765，935”。

163	2	159	4	161	6	169	8	165	10	167	12	79		163	168	159	166	161	167	1	8	5	10	6	12	79
14	80	16	147	18	149	155	151	22	153	24	20	156		14	80	16	147	18	149	155	151	22	153	24	20	156
39	132	137	36	139	34	141	32	135	30	81	38	131		131	132	137	36	139	34	141	32	135	30	81	38	39
40	129	120	82	44	123	127	125	48	46	50	41	130		129	130	120	84	44	123	99	125	48	72	50	40	41
65	106	115	56	111	58	113	60	83	114	55	64	105		115	106	105	56	111	58	113	60	83	114	65	64	55
66	103	94	75	70	84	99	72	100	95	76	67	104		104	103	94	75	70	82	127	46	100	95	76	67	66
13	25	37	49	61	73	85	97	109	121	133	145	157		13	25	37	73	61	49	85	121	109	97	133	145	157
92	77	68	101	96	98	71	86	74	69	102	93	78		68	77	78	101	96	124	43	88	74	69	92	93	102
117	54	63	108	87	112	57	110	59	62	107	116	53		53	54	63	108	87	112	57	110	59	62	107	116	117
118	51	42	124	126	47	43	45	122	88	128	119	52		52	51	42	98	126	47	71	45	122	86	128	119	118
143	28	89	134	31	136	29	138	35	140	33	142	27		28	27	89	134	31	136	29	138	35	140	33	143	142
144	150	154	23	152	21	15	19	148	17	146	90	26		144	150	154	23	152	21	15	19	148	17	146	90	26
91	168	11	166	9	164	1	162	5	160	3	158	7		91	2	11	4	9	3	169	162	165	160	164	158	7

图 10.40

二、奇合数阶“回”字型子母幻方

（一）9 阶四环“回”字型子母幻方

图 10.41 是 3 幅 9 阶“回”字型子母结构幻方（幻和“369”），内含 3 阶、5 阶、7 阶、9 阶各环同心子幻方成立，幻和依次为“123，205，287，369”。

77	2	71	12	81	6	75	8	37
20	38	4	69	79	67	16	14	62
72	19	59	22	61	24	39	63	10
28	53	9	40	51	32	73	29	54
30	18	46	33	41	49	36	64	52
25	35	48	50	31	42	34	47	57
17	56	43	60	21	58	23	26	65
55	68	78	13	3	15	66	44	27
45	80	11	70	1	76	7	74	5

77	4	79	2	81	6	75	8	37
10	38	12	69	71	67	16	14	72
63	20	59	22	61	24	39	62	19
28	53	30	40	51	32	52	29	54
9	17	25	33	41	49	57	65	73
46	35	48	50	31	42	34	47	36
27	56	43	60	21	58	23	26	55
64	68	70	13	11	15	66	44	18
45	78	3	80	1	76	7	74	5

37	62	10	54	52	57	65	27	5
8	68	78	13	3	15	66	44	74
75	56	59	22	61	24	39	26	7
6	35	9	32	49	42	73	47	76
81	18	46	51	41	31	36	64	1
12	53	48	40	33	50	34	29	70
71	19	43	60	21	58	23	63	11
2	38	4	69	79	67	16	14	80
77	20	72	28	30	25	17	55	45

图 10.41

（二）15 阶七环“回”字型子母幻方

图 10.42 是一幅 15 阶“回”字型子母结构幻方（幻和“1695”），内含 3 阶、5 阶、7 阶、9 阶、11 阶、13 阶各环同心子幻方成立，幻和依次为“339，565，791，1017，1243，1469”。

综上所述，“回”字型子母结构幻方普遍存在于奇数阶非完全幻方领域。据分析与试验，若某一环安排一个最优化子单元，则在该环内部再也不可能以间隔 2 阶方式做出一环套一环的同心子幻方。

106	2	223	4	221	6	219	225	217	10	215	12	213	14	8
210	203	18	207	20	205	22	209	24	201	26	199	28	107	16
31	32	108	34	191	36	189	193	187	40	185	42	38	194	195
180	179	178	173	50	175	52	177	54	171	56	109	48	47	46
61	62	63	64	110	66	159	161	157	70	68	162	163	164	165
76	149	78	147	80	143	82	145	84	111	146	79	148	77	150
135	92	133	94	101	96	112	129	98	130	125	132	93	134	91
15	29	43	57	71	85	99	113	127	141	155	169	183	197	211
105	122	103	124	131	126	128	97	114	100	95	102	123	104	121
136	89	138	87	140	115	144	81	142	83	86	139	88	137	90
151	152	153	154	158	160	67	65	69	156	116	72	73	74	75
60	59	58	117	176	51	174	49	172	55	170	53	168	167	166
181	182	188	192	35	190	37	33	39	186	41	184	118	44	45
30	119	208	19	206	21	204	17	202	25	200	27	198	23	196
218	224	3	222	5	220	7	1	9	216	11	214	13	212	120

图 10.42

偶数阶“回”字型子母幻方

一、单偶数阶“回”字型子母幻方

（一）6 阶二环“回”字型子母幻方

图 10.43 是 3 幅 6 阶“回”字型幻方（幻和“111”），内含 4 阶完全幻方单元，实现了内部最大的最优化。

28	4	3	31	35	10
36	17	22	23	12	1
7	24	11	18	21	30
8	14	25	20	15	29
5	19	16	13	26	32
27	33	34	6	2	9

28	4	3	31	35	10
36	19	16	13	26	1
7	14	25	20	15	30
8	24	11	18	21	29
5	17	22	23	12	32
27	33	34	6	2	9

27	6	34	33	2	9
5	18	23	13	20	32
7	21	12	26	15	30
36	24	17	19	14	1
8	11	22	16	25	29
28	31	3	4	35	10

8	4	5	30	36	28
2	19	14	24	17	35
31	16	25	11	22	6
34	13	20	18	23	3
27	26	15	21	12	10
9	33	32	7	1	29

图 10.43

（二）10 阶四环“回”字型子母幻方

图 10.44 是两幅 10 阶“回”字型子母结构幻方（幻和“505”），内含由 4 阶、6 阶、8 阶各环相套的子幻方单元，幻和依次为“202，303，404”，其中最小内环为 4 阶完全幻方单元成立，因而打破了主对角线成对等和数组中心对称安排的原有格局。

50	80	82	74	91	6	25	14	16	67
49	33	97	89	35	36	37	39	38	52
48	75	40	78	70	32	42	41	26	53
46	24	29	11	100	84	7	72	77	55
20	28	47	88	3	15	96	54	73	81
9	45	83	17	94	90	1	18	56	92
71	93	44	86	5	13	98	57	8	30
79	43	60	23	31	69	59	61	58	22
99	63	4	12	66	65	64	62	68	2
34	21	19	27	10	95	76	87	85	51

50	8	82	14	91	16	25	80	72	67
20	68	77	74	57	6	58	26	38	81
53	66	40	78	70	32	42	41	35	48
55	4	28	17	88	96	1	73	97	46
49	65	47	94	3	15	90	54	36	52
92	12	83	5	100	84	13	18	89	9
71	62	45	86	11	7	98	56	39	30
79	64	60	23	31	69	59	61	37	22
2	63	24	27	44	95	43	75	33	99
34	93	19	87	10	85	76	21	29	51

图 10.44

（三）14 阶六环“回”字型子母幻方

图 10.45 是两幅 14 阶“回”字型子母结构幻方（幻和“1379”），内含由 4 阶、6 阶、8 阶、10 阶、12 阶各环相套的子幻方单元，幻和依次为“394，591，788，985，1182”，其中最小内环为 4 阶完全幻方子单元成立。

98	2	187	4	7	6	178	177	173	174	1	176	183	13
17	16	182	18	5	189	185	22	172	9	186	171	27	180
29	167	33	165	31	163	162	36	37	159	158	41	30	168
43	153	152	47	151	149	49	50	146	143	53	45	44	154
57	58	59	136	60	135	134	64	132	66	61	138	139	140
126	72	73	74	122	93	118	107	76	75	123	124	125	71
117	85	87	109	89	105	78	91	120	108	88	110	112	80
3	96	97	95	103	90	121	104	79	94	102	100	101	194
113	114	115	116	86	106	77	92	119	111	81	82	83	84
127	69	68	67	131	62	63	133	65	137	130	129	128	70
141	142	145	144	46	48	148	147	51	54	150	52	55	56
155	40	156	32	166	34	35	161	160	38	39	164	157	42
169	170	15	179	192	8	12	175	25	188	11	26	181	28
184	195	10	193	190	191	19	20	24	23	196	21	14	99

184	12	15	24	192	191	195	20	193	23	196	21	14	99
29	181	157	55	129	84	100	110	124	140	45	30	27	168
155	26	41	158	159	172	189	162	22	31	18	33	171	42
141	11	154	47	136	72	109	95	116	69	144	43	186	56
67	190	138	151	137	111	94	108	75	66	46	59	7	130
114	160	71	149	65	91	120	105	78	132	48	126	37	83
17	161	112	49	133	104	79	90	121	64	148	85	36	180
117	19	101	50	63	92	119	106	77	134	147	96	178	80
74	34	82	146	62	107	76	93	118	135	51	115	163	123
58	188	70	143	131	86	103	89	122	60	54	127	9	139
153	32	52	53	61	125	88	102	81	128	150	145	165	44
169	10	164	39	38	25	8	35	175	166	179	156	187	28
3	170	40	142	68	113	97	87	73	57	152	167	16	194
98	185	182	173	5	6	2	177	4	174	1	176	183	13

图 10.45

二、双偶数阶“回”字型子母幻方

之前，未见有双偶数阶“回”字型子母结构幻方问世，而今创作成功，其构图机制与单偶数阶、奇数阶的“回”字型子母结构类似。

（一）8 阶三环“回”字型子母幻方

图 10.46 是 3 幅 8 阶“回”字型子母结构幻方（幻和“260”），内含 4 阶、6 阶“同心”子幻方（子幻和依次为“130，195”），其中内环 4 阶子单元具有完全幻方性质。

3	15	2	59	5	61	58	57
32	12	55	14	54	13	47	33
39	42	37	27	22	44	23	26
64	34	30	36	45	19	31	1
41	40	43	21	28	38	25	24
17	49	20	46	35	29	16	48
56	18	10	51	11	52	53	9
8	50	63	6	60	4	7	62

8	50	62	4	60	6	7	63
56	18	10	51	11	52	53	9
17	49	22	44	37	27	16	48
40	41	45	19	30	36	24	25
34	33	28	38	43	21	32	31
39	42	35	29	20	46	23	26
64	12	55	14	54	13	47	1
2	15	3	61	5	59	58	57

8	4	62	63	24	32	7	60
64	47	23	50	6	16	53	1
31	13	20	43	38	29	52	34
40	54	46	21	28	35	11	25
17	14	27	36	45	22	51	48
39	55	37	30	19	44	10	26
56	12	42	15	59	49	18	9
5	61	3	2	41	33	58	57

图 10.46

（二）12 阶五环“回”字型子母幻方

图 10.47 是一幅 12 阶“回”字型子母结构幻方（幻和“870”），内含 4 阶、6 阶、8 阶、10 阶“同心”子幻方（子幻和依次为“290，435，580，725，870”，其中内环 4 阶子单元具有完全幻方性质。

由于各环对角等和数组为中心对称、对边等和数组为轴对称安排，所以任何一环的独立旋转与反写，都不会影响“回”字型子母幻方的成立，表现了“回”字型幻方特有的动态之数理美。

1	2	142	141	140	139	7	8	9	135	133	13
11	14	15	129	128	127	19	125	21	123	24	134
25	26	27	117	116	30	31	113	112	34	119	120
37	38	39	40	104	42	102	101	46	106	107	108
95	96	93	51	79	65	92	54	94	52	49	50
84	62	82	81	90	56	77	67	64	63	83	61
72	74	70	76	53	91	66	80	69	75	71	73
85	86	58	88	68	78	55	89	57	87	59	60
97	98	100	99	41	103	43	44	105	45	47	48
109	110	111	28	29	115	114	32	33	118	35	36
122	121	130	16	17	18	126	20	124	22	131	23
132	143	3	4	5	6	138	137	136	10	12	144

图 10.47

（三）16 阶七环“回”字型子母幻方

图 10.48 是一幅 16 阶“回”字型子母结构幻方（幻和“2056”），内含 4 阶、6 阶、8 阶、10 阶、12 阶、14 阶“同心”子幻方单元（子幻和依次为“514，771，1028，1285，1542，1799”，其中内环 4 阶子单元具有完全幻方性质。

1	255	3	253	5	251	7	249	9	247	246	245	13	14	242	16
20	18	19	17	236	235	234	233	232	231	27	28	228	30	31	237
33	34	35	36	220	219	218	40	216	42	214	44	212	46	223	224
208	50	205	51	197	198	58	57	201	55	203	204	61	52	207	49
192	66	67	180	69	187	186	72	73	183	182	76	77	190	191	65
175	176	83	166	85	86	170	88	168	167	92	172	91	174	81	82
94	98	158	109	101	155	136	153	103	122	102	156	148	99	159	163
144	114	115	126	140	124	105	120	138	151	133	117	131	142	143	113
129	127	125	116	139	134	154	135	121	104	123	118	141	132	130	128
112	146	110	100	149	107	119	106	152	137	150	108	157	147	111	145
161	162	160	173	164	165	87	169	89	90	171	93	84	97	95	96
80	178	78	68	181	70	71	185	184	74	75	188	189	179	79	177
193	194	195	196	60	59	199	200	56	202	54	53	206	62	63	64
48	210	211	221	37	38	39	217	41	215	43	213	45	222	47	209
225	226	238	240	21	22	23	24	25	26	230	229	29	227	239	32
241	2	254	4	252	6	250	8	248	10	11	12	244	243	15	256

图 10.48

综上所述，“回”字型结构是以一环套一环的叠加方式全面覆盖子母幻方。本文各例实证：“回”字型子母结构幻方普遍存在于 6 阶与大于 6 阶的单偶数或双偶数阶（包括纯偶数阶与含奇数因子的双偶数阶）非完全幻方领域。

“回”字型子母完全幻方

在完全幻方领域，“回”字型子母结构是非常罕见的，只有在特定的五象态、九宫态多重次最优化条件下才有可能出现，而且必须以内环阶次成倍间隔方式形成一环套一环的同心子母结构完全幻方。之前，两环以上的“回”字型子母结构完全幻方未见问世，多环“回”字型子母结构完全幻方为稀世珍品。

第一例：16 阶“回”字型子母结构完全幻方

图 10.49 是一幅三重次同心 16 阶完全幻方，即 16 阶、12 阶、4 阶完全幻方三环同心关系，尤其中部 12 阶完全幻方单元内的组合结构错综复杂。

97	159	99	157	110	148	108	150	101	155	103	153	106	152	112	146
144	114	142	116	131	125	133	123	140	118	138	120	135	121	129	127
241	15	243	13	254	4	252	6	245	11	247	9	250	8	256	2
32	226	30	228	19	237	21	235	28	230	26	232	23	233	17	239
1	255	3	253	14	244	12	246	5	251	7	249	10	248	16	242
240	18	238	20	227	29	229	27	236	22	234	24	231	25	225	31
209	47	211	45	222	36	220	38	213	43	215	41	218	40	224	34
64	194	62	196	51	205	53	203	60	198	58	200	55	201	49	207
33	223	35	221	46	212	44	214	37	219	39	217	42	216	48	210
208	50	206	52	195	61	197	59	204	54	202	56	199	57	193	63
177	79	179	77	190	68	188	70	181	75	183	73	186	72	192	66
96	162	94	164	83	173	85	171	92	166	90	168	87	169	81	175
65	191	67	189	78	180	76	182	69	187	71	185	74	184	80	178
176	82	174	84	163	93	165	91	172	86	170	88	167	89	161	95
145	111	147	109	158	100	156	102	149	107	151	105	154	104	160	98
128	130	126	132	115	141	117	139	124	134	122	136	119	137	113	143

图 10.49

① 16 阶完全幻方内部任意划一个 2 阶单元，4 个数之和全等于“514”，这就是说，全等数组具有最均匀分布状态。

②中部 12 阶完全幻方单元是一个九宫态完全幻方（泛幻和“1542”），由 9 个全等 4 阶完全幻方子单元（泛幻和“514”）合成。

③中部 12 阶完全幻方单元内每相邻 4 个 4 阶完全幻方子单元可合成一个 8 阶完全幻方单元，计 4 个互为交叠、全等的 8 阶完全幻方单元（泛幻和“1028”）。

由此可见，这幅 16 阶“回”字型子母结构多重次完全幻方设计独具匠心，堪称稀世杰作。

第二例：25 阶“回”字型子母结构完全幻方

图 10.50 是一幅多重次最优化的 25 阶“回”字型子母结构完全幻方稀世珍品，其精美的“回”字型组合结构与最优化“大九宫”组合结构巧妙相结合，形成了令人拍案叫绝的如下结构特点。

① 25 阶、15 阶、5 阶三环“同心”完全幻方成立，每一环间隔“10 阶”。外环 25 阶完全幻方（泛幻和“7825”），中环 15 阶完全幻方单元（泛幻和“4695”），及其内环 5 阶完全幻方子单元（泛幻和“1565”），由此构成了“回”字型三环最优化子母结构。

②中环 15 阶完全幻方又具有最优化“大九宫”组合结构形态，即由 9 个全等 5 阶完全幻方子单元最优化合成。

③中环 15 阶完全幻方每相邻 4 个 5 阶完全幻方子单元又合成一个“单偶数”10 阶完全幻方，计有 4 个互为交叠的 10 阶完全幻方（泛幻和“3130”）。

1	365	49	183	417	551	165	399	108	342	476	90	324	533	142	276	515	249	458	67	201	440	599	258	617
199	408	217	351	590	124	333	567	151	390	549	133	492	76	315	474	58	292	501	240	274	608	17	426	40
375	584	268	402	11	175	384	118	327	561	100	309	543	127	486	525	234	468	52	286	450	34	193	602	211
415	24	433	592	176	340	574	158	392	101	140	499	83	317	526	65	299	508	242	451	615	224	358	42	251
583	192	601	15	374	383	117	326	565	174	308	542	126	490	99	233	467	51	290	524	33	267	401	215	449
23	357	41	180	414	573	157	391	105	339	498	82	316	530	139	298	507	241	455	64	223	432	591	255	614
191	405	214	373	582	116	330	564	173	382	541	130	489	98	307	466	55	289	523	232	266	605	14	448	32
364	598	257	416	5	164	398	107	341	555	89	323	532	141	480	514	248	457	66	280	439	48	182	616	205
407	16	430	589	198	332	566	155	389	123	132	491	80	314	548	57	291	505	239	473	607	216	355	39	273
580	189	623	7	366	380	114	348	557	166	305	539	148	482	91	230	464	73	282	516	30	264	423	207	441
20	354	38	197	406	570	154	388	122	331	495	79	313	547	131	295	504	238	472	56	220	429	588	272	606
188	422	206	370	579	113	347	556	170	379	538	147	481	95	304	463	72	281	520	229	263	622	6	445	29
356	595	254	413	22	156	395	104	338	572	81	320	529	138	497	506	245	454	63	297	431	45	179	613	222
404	13	447	581	195	329	563	172	381	120	129	488	97	306	545	54	288	522	231	470	604	213	372	31	270
597	181	620	4	363	397	106	345	554	163	322	531	145	479	88	247	456	70	279	513	47	256	420	204	438
12	371	35	194	403	562	171	385	119	328	487	96	310	544	128	287	521	235	469	53	212	446	585	269	603
185	419	203	362	596	110	344	553	162	396	535	144	478	87	321	460	69	278	512	246	260	619	3	437	46
353	587	271	410	19	153	387	121	335	569	78	312	546	135	494	503	237	471	60	294	428	37	196	610	219
421	10	444	578	187	346	560	169	378	112	146	485	94	303	537	71	285	519	228	462	621	210	369	28	262
594	178	612	21	360	394	103	337	571	160	319	528	137	496	85	244	453	62	296	510	44	253	412	221	435
9	368	27	186	425	559	168	377	111	350	484	93	302	536	150	284	518	227	461	75	209	443	577	261	625
177	411	225	359	593	102	336	575	159	393	527	136	500	84	318	452	61	300	509	243	252	611	25	434	43
367	576	265	424	8	167	376	115	349	558	92	301	540	149	483	517	226	465	74	283	442	26	190	624	208
418	2	436	600	184	343	552	161	400	109	143	477	86	325	534	68	277	511	250	459	618	202	361	50	259
586	200	609	18	352	386	125	334	568	152	311	550	134	493	77	236	475	59	293	502	36	275	409	218	427

图 10.50

简单集装型子母幻方

不同阶幻方子单元完整覆盖母阶的集装型子母结构幻方，是子母幻方前所未有的一种新组合形式，破冰之作须从简单开始，循序渐进。

一、“二合一”集装幻方

由两种不同阶次子幻方完整覆盖大幻方，我称之为“二合一”集装子母幻方。在子阶较少，且子阶之间及子母阶之间存在倍数关系的情况下，其是一种简单的集装型子母结构幻方。

图 10.51 左是一幅 12 阶非完全幻方（幻和“870”），它由两种不同阶次与组合性质的 6 个子幻方单元全面覆盖，包含一个 8 阶完全幻方（泛幻和“580”），以及 5 个 4 阶非完全幻方单元（幻和“290”）。

图 10.51 右也是一幅 12 阶非完全幻方（幻和“870”），包含一个 8 阶非完全幻方单元（幻和“580”），以及 5 个 4 阶完全幻方单元（泛幻和“290”）。

36	119	25	110	34	117	27	112	91	68	54	77
37	98	48	107	39	100	46	105	78	53	67	92
120	35	109	26	118	33	111	28	65	90	80	55
97	38	108	47	99	40	106	45	56	79	89	66
60	95	49	86	58	93	51	88	42	113	103	32
61	74	72	83	63	76	70	81	104	31	41	114
96	59	85	50	94	57	87	52	29	102	116	43
73	62	84	71	75	64	82	69	115	44	30	101
14	143	132	1	136	15	9	130	19	140	126	5
23	12	121	134	129	10	16	135	125	6	20	139
122	133	24	11	22	141	123	4	8	127	137	18
131	2	13	144	3	124	142	21	138	17	7	128

12	134	131	13	22	141	123	4	128	20	17	125
143	1	24	122	124	3	21	142	137	5	8	140
14	132	133	11	9	130	136	15	6	138	139	7
121	23	2	144	135	16	10	129	19	127	126	18
37	98	119	36	34	118	111	27	31	115	114	30
120	35	38	97	99	39	46	106	102	42	43	103
26	109	108	47	40	100	105	45	41	101	104	44
107	48	25	110	117	33	28	112	116	32	29	113
61	74	72	83	69	82	87	52	78	65	92	55
60	95	49	86	88	51	70	81	91	56	77	66
73	62	84	71	58	93	76	63	53	90	67	80
96	59	85	50	75	64	57	94	68	79	54	89

图 10.51

二、“三合一”集装幻方

由 3 种不同阶子幻方覆盖的子母幻方，我称之为“三合一”集装幻方。在这 3 种阶次及子阶与母阶存在倍数关系的情况下，其也是一种比较简单的集装型子母幻方。

图 10.52 是一幅 20 阶集装型子母幻方（幻和“4025”），它由 3 种不同阶次共 8 个幻方子单元全面覆盖，包含一个 12 阶幻方（幻和“2415”）、3 个 8 阶幻方（幻和“1610”）、4 个 4 阶完全幻方（泛幻和“805”）。

105	295	314	88	29	371	390	12	77	323	342	60	193	207	226	176	141	259	278	124
316	86	107	293	392	10	31	369	344	58	79	321	228	174	195	205	280	122	143	257
87	313	296	106	11	389	372	30	59	341	324	78	175	225	208	194	123	277	260	142
294	108	85	315	370	32	9	391	322	80	57	343	206	196	173	227	258	144	121	279
73	327	346	56	181	219	238	164	145	255	274	128	109	291	310	92	37	363	382	20
348	54	75	325	240	162	183	217	276	126	147	253	312	90	111	289	384	18	39	361
55	345	328	74	163	237	220	182	127	273	256	146	91	309	292	110	19	381	364	38
326	76	53	347	218	184	161	239	254	148	125	275	290	112	89	311	362	40	17	383
149	251	270	132	117	283	302	100	33	367	386	16	44	358	339	61	185	215	234	168
272	130	151	249	304	98	119	281	388	14	35	365	337	63	42	360	236	166	187	213
131	269	252	150	99	301	284	118	15	385	368	34	62	340	357	43	167	233	216	186
250	152	129	271	282	120	97	303	366	36	13	387	359	41	64	338	214	188	165	235
21	379	398	4	65	335	354	48	210	192	169	231	157	243	262	140	113	287	306	96
400	2	23	377	356	46	67	333	171	229	212	190	264	138	159	241	308	94	115	285
3	397	380	22	47	353	336	66	232	170	191	209	139	261	244	158	95	305	288	114
378	24	1	399	334	68	45	355	189	211	230	172	242	160	137	263	286	116	93	307
197	203	222	180	153	247	266	136	101	299	318	84	25	375	394	8	69	331	350	52
224	178	199	201	268	134	155	245	320	82	103	297	396	6	27	373	352	50	71	329
179	221	204	198	135	265	248	154	83	317	300	102	7	393	376	26	51	349	332	70
202	200	177	223	246	156	133	267	298	104	81	319	374	28	5	395	330	72	49	351

图 10.52

三、矩形集装分割案

“矩形分割”问题是一个很有趣的数学游戏，这个问题已引起了幻方爱好者的浓厚兴趣。一个大正方形无重叠、无间隙地完整分割成尺寸不等的若干小正方形，这符合制作“集装型子母幻方”的设计架构，但问题非常复杂，多年来探索未果。

（一）完美长方形

1923 年，Lwow 大学的鲁兹维茨（S. Ruziewicz）教授提出了如下问题：一个大长方形能否被分割成若干规格不等的小正方形？这个问题一度引起了大学生们的浓厚兴趣。1925 年，莫伦（Z. Moron）率先找到了一个长方形被完整分割的例子（学界称之为“完美长方形”）。1940 年，剑桥大学 4 位大学生（R. L. Brooks 等）借助图论方法给出了 9 ～ 11 阶完美长方形，且证明 9 阶是完美长方形的最小阶数（此处的“阶数”指由几个小正方形可完整分割一个大长方形，因而不同

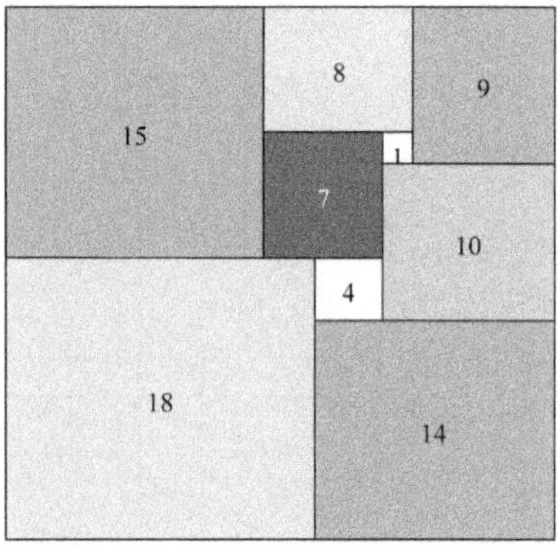

于幻方阶次的概念）。1960 年，Bouwkamp 借助计算机完成了全部 9 ～ 18 阶完美长方形搜索。这个著名的阶数最小的“9 阶完美长方形”如图 10.53 所示。

图 10.53

显然，所谓“9 阶完美长方形”，是由 9 个不同规格的小正方形完整分割的，它们的规格分别是“18×18，15×15，14×14，10×10，9×9，8×8，7×7，4×4，1×1”。这就是说，该大长方形的总规格为“32×33”。

据此，我的第一个征解题：在“32×33”长方数阵之内，对“1 ～ 1056”自然数列做出一个适当分割配置方案，并制造 18 阶、15 阶、14 阶、10 阶、9 阶、8 阶、7 阶、4 阶与 1 阶共 9 个阶次的幻方单元，从而合成一个“32×33”长方形行列图（注：虽然其最终结果只是一个长方形行列图，但值得一试“幻方集装结构”中会碰到什么难点）。

（二）完美正方形

完美长方形的存在，激发了数学家们对完美正方形的研究。据资料介绍：1933 年，斯布拉格（Sprague）成功地创作了第一个 55 阶完美正方形，即由 55 个不同尺寸的小正方形（其中最大的边长“2320”，最小的边长“35”）所构成的一个边长“4205”的巨大正方形。1948 年，Wilcocks 构造出一个 24 阶完美正方形（之前，人们已经构造了 2000 多个 24 阶以上的完美正方形），很长时间人们一直认为 24 阶是阶数最小的。1978 年，荷兰斯切温特技术大学的杜伊威斯（Duijvestijn）借助大型计算机创作出了一个 21 阶完美正方形（边长“122”），同时证明 21 阶完美正方形是最小的完美正方形（示意图略）。总之，历经半个多世纪，完美正方形的研究获得了圆满解决。

据此，我的第二个征解题：以杜伊威斯的这个“21 阶完美正方形”为蓝本，拟创作由 21 个阶次不同的幻方单元合成一幅 122 阶子母幻方（此题的尺寸相当大，构图难度令人望而生畏，但比它小的“完美正方形”已经不存在了）。

（三）非完美正方形

“矩形完美分割”是一个有趣的“纯”数学问题。但在科技与工业生产等领域的广泛应用中，不一定强求必须以规格各不相同的小正方形分割一个大正方形。反映在数学研究上：数学家 J. L. 威尔逊于 1964 年用 25 个小正方形对“503×503”的大正方形做出了无重复完美分割。但有人提出，该大正方形的完美分割数目是否可小于 25 个呢？ 1973 年，Kaznrioff 和 Weifzenkamp 证明用 21 个小正方形也可对这个大正方形做出完整覆盖，但其中须含有几个相同的小正方形（资料来源：《数学世界》，［美］舍曼·K.斯坦著，单兴缘等译，哈尔滨工业大学出版社，1992年出版）。这就是所谓的正方形非完美分割。

然而，此口一开，矩形分割问题，正可谓“车到山前疑无路，柳暗花明又一村”。这就是说，退而求其次，正方形完整的非完美分割，其总尺寸可以大大缩小，因此为不等阶幻方子单元完整覆盖的子母结构幻方提供了莫大的创作机会。

为了使“集装型子母幻方”的制作更接近实现的可能性，我设计了如下3个“非完美分割”的正方形。据此，我的第三个征解题：以“非完美正方形”为蓝本，制作集装型子母幻方，这将成为一个非常有挑战性的游戏。

图10.54是一个24阶“非完美正方形”，由10个4种尺寸的小正方形完整覆盖。

图10.55是一个39阶“非完美正方形”，由11个6种尺寸的小正方形完整覆盖。

图10.56是一个72阶“非完美正方形”，由14个6种尺寸的小正方形完整覆盖。最小正方形是3阶子单元，其他小正方形尺寸都为“3”的倍数。

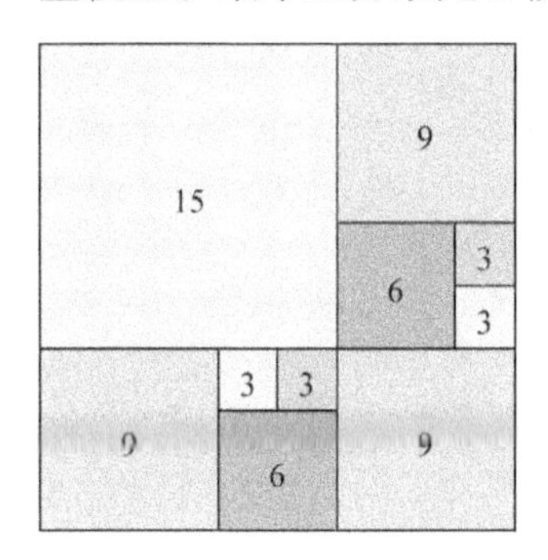

图10.54

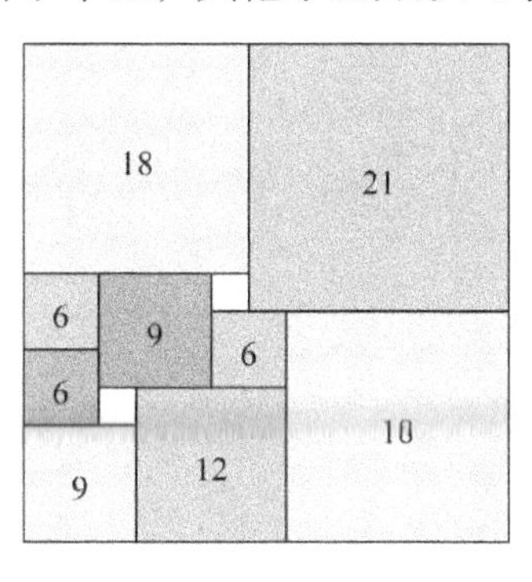

图10.55

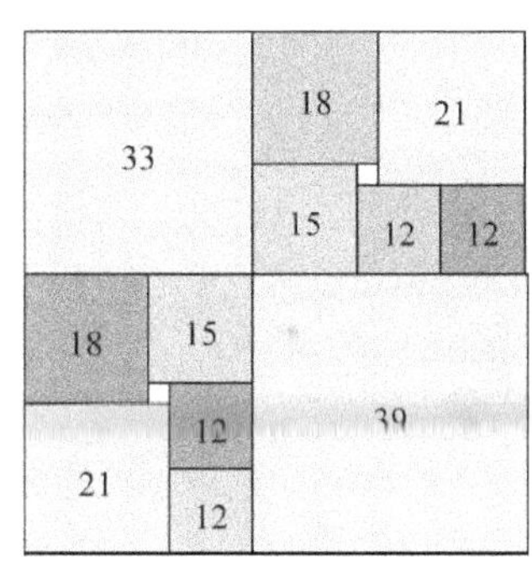

图10.56

总而言之，制作不同阶单元完整覆盖的集装型子母幻方，无论是以“完美正方形”为蓝本，还是以“非完美正方形”为蓝本，都是一项难度相当高的组合技术。这不仅需要给出尺寸合适的蓝本设计，而且必须有适用于不同阶子单元的配置方案，及其非常巧妙的子单元集装方法等。

不同阶子单元完整覆盖母阶的“集装型子母幻方”的游戏规则与基本要求如下。

①要求至少用两种或多种不同阶次的若干幻方子单元全面覆盖一个大幻方，但允许使用有重复阶次的幻方子单元。

②各幻方子单元之间不得发生交叉、重叠关系，同时，各子单元之间必须无缝接合，不得留有“空隙”。

③最小子单元为 3 阶，小于 3 阶的必须按比例“放大”其尺寸，以确保各子单元有幻方成立所必备的阶次条件。

第11篇 幻方镶嵌结构

什么是幻方镶嵌结构？指幻方局部位置插入一个或若干个相对独立子幻方单元的一种特殊子母结构形态。幻方镶嵌结构的主要特点：①子幻方嵌入母阶幻方的局部位置，即不是全面覆盖关系；②若干子幻方的阶次可相同亦可不相同；③子幻方的嵌入位置具有可“移动”性。在完全幻方尤其是质数阶完全幻方领域，由于其结构单一、数理周密，最优化关系犹如“铁板”一块，因而不存在全面覆盖的子母结构。但子幻方单元在完全幻方的局部位置嵌入却是有可能的，所以，镶嵌结构是完全幻方研究的一个重点课题。

据研究，幻方镶嵌结构的主要形式：①“同心”结构；②“偏心”结构；③“同角”结构；④“两仪”结构；⑤“交叠”结构；等等。同时，这些不同结构形式“我中有你”“你中有我”，形成了错综复杂的镶嵌子母结构，从而促使多种构图方法的结合与综合运用，大大提高了幻方构图水平。

质数阶同心（或偏心）完全幻方

质数阶不可因子分解，之前没有人制作过嵌入子幻方单元的质数阶完全幻方，我曾把它列入“悬而未决”名单。几经深入探索，最终发现最小的“同心”3 阶幻方子单元，存在于 11 阶完全幻方之中。

一、11 阶同心结构完全幻方

图 11.1 是两幅 11 阶同心结构完全幻方（泛幻和“671”），内各含一个“同心”3 阶幻方子单元，左图幻和“147”，右图幻和“219”，这是 11 阶完全中央嵌入 3 阶子幻方最小与最大两个极值单元。据研究，11 阶同心完全幻方的中心位，只能 9 个特定数字可居，即“49，50，51，60，61，62，71，72，73”，其他数字居中不能制作 11 阶同心完全幻方。

85	100	94	54	11	114	20	68	58	38	29
10	121	15	75	57	36	27	84	107	89	50
64	35	25	82	106	96	45	6	120	22	70
104	95	52	1	116	21	77	59	42	24	80
111	17	76	66	37	31	79	102	93	51	8
44	26	86	101	91	49	7	118	12	72	65
90	47	5	117	19	67	61	43	33	81	108
18	74	56	39	32	88	103	97	46	3	115
28	87	110	92	53	2	113	16	73	63	34
48	9	112	14	71	62	41	23	83	109	99
69	60	40	30	78	105	98	55	4	119	13

43	3	52	67	90	17	110	26	82	62	119
89	13	105	33	81	60	117	42	10	47	74
88	59	115	40	9	54	69	96	12	101	28
7	53	76	91	19	100	24	83	66	114	38
14	107	23	79	61	121	37	5	51	75	98
57	116	44	4	49	73	97	21	102	30	78
48	71	95	20	109	25	85	56	112	39	11
108	32	80	63	111	35	6	55	70	93	18
118	34	2	50	77	92	16	106	31	87	58
72	99	15	104	29	86	65	113	41	1	46
27	84	64	120	36	8	45	68	94	22	103

图 11.1

据研究，11 阶是质数阶完全幻方存在“同心”结构的最小阶次，而小于 11 阶就不可能有嵌入子幻方解。

二、17 阶偏心结构完全幻方

图 11.2 是一幅 17 阶偏心结构完全幻方（泛幻和“2456”）。17 阶是奇数，中心位“262”。但其所嵌入的是一个 4 阶完全幻方（泛幻和“544”），子阶偶数单元显然不可能安排在奇数母阶正中央，因此必定是“偏心”结构。

8	198	99	239	234	104	143	63	173	33	264	74	129	209	38	168	289
217	36	160	284	3	203	94	244	231	107	140	66	187	25	266	82	120
20	271	77	125	214	39	157	287	17	195	96	252	222	115	138	58	182
112	141	55	185	34	263	79	133	205	47	155	279	12	190	101	247	227
204	93	249	235	103	149	53	177	29	258	84	128	210	44	158	276	15
35	166	274	7	199	88	254	230	108	146	56	174	32	272	76	130	218
267	71	135	213	40	163	277	4	202	102	246	232	116	137	64	172	24
142	61	175	21	270	85	127	215	48	154	285	2	194	97	241	237	111
100	255	229	113	150	52	183	19	262	80	122	220	43	159	282	5	191
167	273	13	189	92	250	224	118	145	57	180	22	259	83	136	212	45
75	131	207	50	162	278	10	192	89	253	238	110	147	65	171	30	257
60	176	27	260	72	134	221	42	164	286	1	200	87	245	233	105	152
242	236	119	144	62	184	18	268	70	126	216	37	169	281	6	197	90
283	14	188	98	240	228	114	139	67	179	23	265	73	123	219	51	161
121	211	46	156	288	9	193	95	243	225	117	153	59	181	31	256	81
186	26	261	78	124	208	49	170	280	11	201	86	251	223	109	148	54
226	106	151	68	178	28	269	69	132	206	41	165	275	16	196	91	248

图 11.2

当然，在 17 阶完全幻方中，也

存在嵌入“同心”3 阶幻方单元解，且这个 3 阶单元可任意移动位置，变为“偏心”结构。

据研究，在 17 阶完全幻方的“偏心”位置，4 阶幻方或者 4 阶完全幻方单元是可能嵌入的最大阶次了。

三、29 阶同心结构完全幻方

在 17 阶、19 阶、23 阶等质数阶完全幻方的“偏心”位置，最大可嵌入一个 4 阶幻方或 4 阶完全幻方单元。当嵌入子单元加大至 5 阶幻方或 5 阶完全幻方时，至少在 29 阶完全幻方中才有可能容纳。为什么之前没见质数阶“同心”或“偏心”完全幻方问世？主要原因不在于构图方法问题，而在于缺乏对质数阶完全幻方结构设计的研究。

563	108	358	628	148	647	192	437	127	402	26	433	695	232	465	740	778	791	829	255	500	45	295	710	339	584	274	544	64
328	598	263	533	83	577	114	376	638	146	653	198	443	133	400	7	422	672	217	484	729	767	805	818	244	514	39	309	699
258	520	57	319	697	334	604	269	539	81	558	103	353	623	165	642	187	457	122	389	21	416	686	206	473	743	756	794	837
479	749	762	800	835	239	509	34	304	716	323	593	283	528	70	572	97	367	612	154	656	176	446	141	403	27	434	696	204
384	16	411	681	223	468	738	776	789	824	253	503	48	293	705	337	582	272	547	84	578	115	377	610	160	662	182	452	139
149	651	196	441	128	398	10	425	670	212	482	727	765	808	838	259	521	58	291	711	343	588	278	545	65	567	92	362	629
79	561	106	351	618	163	640	185	460	142	404	28	435	668	218	488	733	771	806	819	248	498	43	310	700	332	602	267	534
714	321	591	286	548	85	579	116	349	624	169	646	191	458	123	393	5	420	687	207	477	747	760	795	833	242	512	32	299
839	260	522	30	305	720	327	597	284	529	74	556	101	368	613	158	660	180	447	137	387	19	409	676	221	466	736	779	809
227	472	742	777	790	828	237	507	49	294	709	341	586	273	543	68	570	90	357	627	147	649	199	461	143	405	29	407	682
132	382	14	426	671	216	486	731	766	804	822	251	496	38	308	698	330	605	287	549	86	580	88	363	633	153	655	197	442
622	167	644	186	456	126	396	3	415	685	205	475	750	780	810	840	261	494	44	314	704	336	603	268	538	63	565	107	352
532	77	554	96	366	611	156	663	200	462	144	406	**1**	**421**	**691**	**211**	**481**	748	761	799	817	246	513	33	303	718	325	592	282
292	707	344	606	288	550	87	552	102	372	617	162	**661**	**181**	**451**	**121**	**391**	20	410	680	225	470	737	775	793	831	235	502	47
811	841	233	508	53	298	713	342	587	277	527	72	**571**	**91**	**361**	**631**	**151**	650	195	445	135	380	9	424	669	214	489	751	781
675	220	487	732	770	788	826	252	497	42	312	702	**331**	**601**	**271**	**541**	**61**	560	105	350	620	170	664	201	463	145	378	15	430
440	130	397	4	419	689	209	476	746	764	802	815	**241**	**511**	**31**	**301**	**721**	345	607	289	551	59	566	111	356	626	168	645	190
370	615	157	659	184	454	119	386	18	408	678	228	490	752	782	812	813	247	517	37	307	719	326	596	266	536	78	555	100
280	525	67	569	89	359	634	171	665	202	464	117	392	24	414	684	226	471	741	759	797	832	236	506	51	296	708	340	590
40	315	722	346	608	290	523	73	575	95	365	632	152	654	179	449	136	381	13	428	673	215	485	735	773	786	821	250	495
783	784	827	256	501	46	313	703	335	585	275	542	62	564	109	354	621	166	648	193	438	125	395	2	417	692	229	491	753
423	690	210	480	730	768	803	816	245	515	35	302	717	329	599	264	531	76	553	98	373	635	172	666	203	436	131	401	8
188	455	120	390	22	412	679	224	474	744	757	792	830	234	504	54	316	723	347	609	262	537	82	559	104	371	616	161	643
93	360	630	155	657	177	444	134	379	11	431	693	230	492	754	755	798	836	240	510	52	297	712	324	594	281	526	71	573
583	270	540	60	562	112	374	636	173	667	175	450	140	385	17	429	674	219	469	739	774	787	825	254	499	41	311	706	338
518	55	317	724	348	581	276	546	66	568	110	355	625	150	652	194	439	129	399	6	418	688	213	483	728	763	801	814	243
726	769	807	820	249	516	36	306	701	333	600	265	535	80	557	99	369	619	164	641	183	453	118	388	25	432	694	231	493
23	413	683	208	478	745	758	796	834	238	505	50	300	715	322	589	279	524	69	576	113	375	637	174	639	189	459	124	394
658	178	448	138	383	12	427	677	222	467	734	772	785	823	257	519	56	318	725	320	595	285	530	75	574	94	364	614	159

图 11.3

图 11.3 是一幅 29 阶同心结构完全幻方（泛幻和“12209”），在它的中央位置镶嵌了一个全中心对称 5 阶完全幻方单元（泛幻和“1805”）。据研究，29 阶完全幻方的 5 阶同心单元，中心一位只有 25 个数字可居，本例“361”居中，为其中最小的一个数字。

由上可知，质数阶完全幻方的“同心”或“偏心”子单元，阶次非常小，能不能扩大子单元阶次呢？在“最优化自然逻辑编码法”中，可揭示质数阶完全幻方子阶与母阶的阶次关系奥秘。但在非逻辑的不规则质数阶完全幻方领域，或许存在扩大“同心”子单元阶次的可能性，不过目前未开先例。总之，第一次问世的“同心”或“偏心”子母结构质数阶完全幻方，堪称稀世珍品。

质数阶交叠同心完全幻方

质数阶完全幻方内部，其“同心”或“偏心”子单元的阶次，无法突破“最优化自然逻辑”所提供的框架限制。但若是“回”字型同心结构与交叠同心结构相结合，那么在同阶质数完全幻方中，就有可能嵌入两个（或多个）“同心”或“偏心”子单元。什么是交叠同心结构？指这两个子单元为“一正一斜”相互内接的一种位置关系。因为两个子单元内接，必有一定的公用数字，所以能最大限度地“节约”用数。这就是说，相同的质数阶完全幻方，交叠结构的加入可增加子单元的个数。实验结果表明，这一创新设计方案取得了成功。

一、13 阶交叠同心完全幻方

在“回”字型同心结构中，13 阶完全幻方只能嵌入一个“同心”或“偏心”3 阶幻方子单元；而在交叠同心结构中，13 阶完全幻方就可嵌入两个“同心”或“偏心”3 阶幻方子单元。这对于“铁板一块”的质数阶完全幻方而言，是其“分解结构”的一大创新。

如图 11.4 是两幅 13 阶交叠结构“同心”完全幻方（泛幻和“1105”），它们的中央各嵌入“一正一斜”相互内接的两个全等 3 阶幻方单元（幻和“255”）。

15	55	87	105	156	96	167	51	32	134	124	10	73
31	141	129	6	69	20	62	86	106	46	100	157	52
111	153	99	158	42	35	131	130	5	76	25	58	82
9	66	26	57	89	116	149	95	163	49	34	132	120
168	45	30	137	**127**	8	**67**	16	**61**	79	117	148	102
60	80	107	152	92	**169**	44	**37**	142	123	4	72	23
143	122	11	77	**19**	56	**85**	114	**151**	93	159	48	27
147	98	166	47	28	**133**	126	**1**	78	18	63	90	110
68	22	53	91	**109**	154	**103**	162	**43**	33	140	125	2
50	38	136	121	7	75	21	54	81	113	144	104	161
88	112	145	94	165	40	39	135	128	12	71	17	59
118	13	70	24	64	84	108	150	101	164	41	29	139
97	160	46	36	138	119	3	74	14	65	83	115	155

（1）

21	65	82	107	154	101	157	45	28	135	124	9	77
36	131	123	2	70	20	61	90	112	156	95	159	50
111	152	103	164	52	30	133	128	10	66	19	54	83
4	68	24	62	79	110	145	96	163	48	38	138	130
162	41	31	137	**126**	12	**73**	26	**56**	81	115	153	92
64	86	117	147	94	**167**	49	**27**	136	119	5	72	22
141	127	1	71	**15**	57	**85**	113	**155**	99	169	43	29
148	98	165	51	34	**144**	121	**3**	76	23	53	84	106
78	17	55	89	**114**	144	**97**	158	**44**	33	139	129	8
40	32	132	122	7	74	25	60	91	108	146	102	166
87	116	151	104	160	42	37	140	118	6	67	18	59
120	11	75	14	58	80	109	150	100	168	47	39	134
93	161	46	35	142	125	13	69	16	63	88	105	149

（2）

图 11.4

由本例 13 阶二重交叠“同心”完全幻方可知如下内容。

①两个交叠 3 阶幻方子单元占据了一个相当于“5 阶”的空间，其中“正排”者 9 个数间隔分布，而“斜排”者三行三列间隔分布，体量膨胀。

②交叠 3 阶幻方子单元的中心位，必定是 13 阶自然数列“1 ～ 169”的中项“85”，除此数之外，若其他数居中，则不可能出现这两个交叠 3 阶幻方子单元。

③两个交叠 3 阶幻方子单元的公共用数为 5 个，故只使用了 13 个不同数字。

④围绕中位“85”的每对称两数之和等于“85”的 2 倍，而这些对称两数是千变万化的。13 阶的 84 对等和数组，按一定的配置规则都有机会参与组建这两个交叠 3 阶幻方子单元。

⑤ 13 阶完全幻方中的两个交叠 3 阶幻方子单元，可由“同心”结构变为“偏心”结构，而且可“漂移”到 13 阶内任意一个“5 阶”的空间位置。

二、29 阶交叠同心完全幻方

图 11.5 是一幅精美的 29 阶三重交叠结构“同心”完全幻方（泛幻和“12209”），即中央有一个“同心”5 阶非完全幻方（幻和“1805”），其内部又嵌入“一正一斜”两个等和的交叠 3 阶幻方子单元（幻和“1083”）。

本例的组合原理与图 11.4 所示的 13 阶交叠结构“同心”完全幻方类同，即都属于“共生态”范畴。但两者的数理机制不完全等同，主要区别表现如下：13 阶完全幻方内两个交叠 3 阶幻方，为相对独立的“孪生”子单元，维系两者关系的“同心”中位“85”是不可变的，此数非 13 阶自然数列的中项莫属，且两“兄弟”不可相互置换，因为各自与母阶形成子母关系。而本例 29 阶完全幻方内的三环交叠，两个 3 阶幻方是“回”字型结构 5 阶幻方的“附生”子单元，直接与 5 阶幻方形成子母关系，而与 29 阶为间接的子母关系，因此中位“361”是一个随

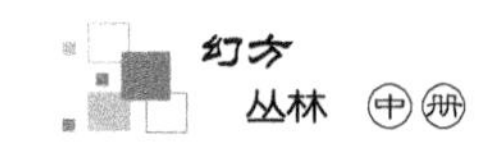

5阶幻方变化而可更换的数字（在29阶自然数列中共有25个数字可居中，“361”是一个最小中位）。同时，三环交叠之间可以相互置换。从交叠结构而言，两例交环之间的“正排”与“斜排”方法与序次关系不同，这涉及占据相同空间而实际用数的差异等。

488	583	373	127	234	679	68	715	296	47	345	288	550	174	501	741	761	803	826	207	450	175	574	399	104	427	13	643	618
99	416	19	644	627	490	607	376	145	240	683	65	716	304	33	334	262	545	167	510	746	767	788	821	227	438	199	562	379
229	462	202	580	385	103	413	20	652	613	479	581	371	138	249	688	71	701	299	53	322	286	533	147	505	735	773	789	830
509	732	774	797	816	218	436	197	573	394	108	419	5	647	633	467	605	359	118	244	677	77	702	308	55	346	289	551	153
44	320	284	544	162	514	738	759	792	836	206	460	185	553	389	97	425	6	656	635	491	608	377	124	248	674	78	710	294
253	680	63	705	314	32	344	272	524	157	503	744	760	801	838	230	463	203	559	393	94	426	14	642	624	465	603	370	133
612	489	591	350	128	242	686	64	714	316	56	347	290	530	161	500	745	768	787	827	204	458	196	568	398	100	411	9	662
387	106	412	18	664	636	492	609	356	132	239	687	72	700	305	30	342	283	539	166	506	730	763	807	815	228	446	176	563
839	231	464	182	567	384	107	420	4	653	610	487	602	365	137	245	672	67	720	293	54	330	263	534	155	512	731	772	809
152	513	739	758	798	813	226	457	191	572	390	92	415	24	641	634	475	582	360	126	251	673	76	722	317	57	348	269	538
291	52	341	278	543	158	498	734	778	786	837	214	437	186	561	396	93	424	26	665	637	493	588	364	123	252	681	62	711
129	237	676	82	699	315	40	321	273	532	164	499	743	780	810	840	232	443	190	558	397	101	410	15	639	632	486	597	369
663	620	466	592	358	135	238	685	84	723	318	58	327	277	529	165	507	729	769	784	835	225	452	195	564	382	96	430	3
570	383	105	432	27	666	638	472	596	355	136	246	671	73	697	313	51	336	282	535	150	502	749	757	808	823	205	447	184
811	841	211	451	181	571	391	91	421	1	661	631	481	601	361	121	241	691	61	721	301	31	331	271	541	151	511	751	781
542	159	497	740	755	806	834	220	456	187	556	386	111	409	25	649	611	476	590	367	122	250	693	85	724	319	37	335	268
719	312	46	340	274	527	154	517	728	779	794	814	215	445	193	557	395	113	433	28	667	617	480	587	368	130	236	682	59
353	125	256	670	83	707	292	41	329	280	528	163	519	752	782	812	820	219	442	194	565	381	102	407	23	660	626	485	593
11	640	621	474	599	354	134	258	694	86	725	298	45	326	281	536	149	508	726	777	805	829	224	448	179	560	401	90	431
180	569	403	114	434	29	646	625	471	600	362	120	247	668	81	718	307	50	332	266	531	169	496	750	765	785	824	213	454
783	791	828	210	455	188	555	392	88	429	22	655	630	477	585	357	140	235	692	69	698	302	39	338	267	540	171	520	753
275	526	160	494	748	776	800	833	216	440	183	575	380	112	417	2	650	619	483	586	366	142	259	695	87	704	306	36	339
80	713	311	42	324	270	546	148	518	736	756	795	822	222	441	192	577	404	115	435	8	654	616	484	594	352	131	233	690
589	372	119	257	678	60	708	300	48	325	279	548	172	521	754	762	799	819	223	449	178	566	378	110	428	17	659	622	469
408	12	648	628	470	598	374	143	260	696	66	712	297	49	333	265	537	146	516	747	771	804	825	208	444	198	554	402	98
453	200	578	405	116	414	16	645	629	478	584	363	117	255	689	75	717	303	34	328	285	525	170	504	727	766	793	831	209
733	770	790	832	217	439	189	552	400	109	423	21	651	614	473	604	351	141	243	669	70	706	309	35	337	287	549	173	522
323	276	523	168	515	742	775	796	817	212	459	177	576	388	89	418	10	657	615	482	606	375	144	261	675	74	703	310	43
684	79	709	295	38	343	264	547	156	495	737	764	802	818	221	461	201	579	406	95	422	7	658	623	468	595	349	139	254

图 11.5

偶数阶同心完全幻方

所谓同心幻方，指中央嵌入子幻方单元的一种子母结构形式。幻方同心结构作为一种复杂组合形式，最初见之于非完全幻方领域，如宋代数学家杨辉曾创作的 5 阶、7 阶、8 阶 3 幅同心结构幻方，以及元代安西王府的镇宅之宝——“铁板”幻方（这是一幅 6 阶同心结构幻方，它的中央镶嵌着一个 4 阶完全幻方单元，这是非常了不起的幻方成果）。幻方构图技术发展至今，制作“回”字型全面覆盖同心非完全幻方也许并不太难，但制作非覆盖的局部嵌入式同心完全幻方谈何容易，之前并无先例。

偶数阶完全幻方嵌入同心结构按子幻方组合性质不同可分为两类：其一，完全幻方内套非完全幻方子单元；其二，完全幻方内套完全幻方子单元。据研究，完全幻方间隔“4 阶”才有可能出现一个同心子阶幻方或子阶完全幻方，因而最小 8 阶才有可能存在偶数阶同心完全幻方解。

一、8 阶同心完全幻方

图 11.6（1）这幅 8 阶完全幻方（泛幻和“260”），中央内含一个 4 阶完全幻方子单元（泛幻和“130”）。

图 11.6（2）这幅 8 阶完全幻方（泛幻和“260”），中央内含一个 4 阶非完全幻方子单元（幻和“130”）。

44	51	26	1	48	55	30	5
29	6	47	56	25	2	43	52
33	58	19	12	37	62	23	16
24	15	38	61	20	11	34	57
42	49	28	3	46	53	32	7
31	8	45	54	27	4	41	50
35	60	17	10	39	64	21	14
22	13	40	63	18	9	36	59

（1）

44	51	26	1	48	55	30	5
29	6	47	56	25	2	43	52
35	60	17	10	39	64	21	14
22	13	40	63	18	9	36	59
42	49	28	3	46	53	32	7
31	8	45	54	27	4	41	50
33	58	19	12	37	62	23	16
24	15	38	61	20	11	34	57

（2）

图 11.6

若要求 8 阶完全幻方再套一个“6 阶幻方”是不可能的。为什么呢？由本例可知：8 阶完全幻方的各“环”不可做轴对称安排，因此不能再夹入一个 6 阶幻方单元，这就是说，完全幻方不是每一环都有子阶幻方解。国内幻方爱好者常用的手工“嵌套法”，一般只适用于同心非完全幻方的编制，这就是之前不见 8 阶同心完全幻方问世的原委。

二、12 阶同心完全幻方

图 11.7（1）这幅 12 阶完全幻方（泛幻和“870”）是中央内含一个 4 阶完全幻方单元（泛幻和“290”）的同心结构完全幻方。

图 11.7（2）这幅 12 阶完全幻方（泛幻和“870”）是中央内含一个 8 阶完全幻方单元（泛幻和“480”）的同心结构完全幻方。这个 8 阶完全幻方单元又具有四象最优化结构，即由 4 个全等 4 阶完全幻方子单元（泛幻和“290”）合成，堪称 12 阶同心完全幻方的精品。

1	24	25	48	49	72	85	84	133	132	109	108
134	131	110	107	86	83	50	71	2	23	26	47
3	22	27	46	51	70	87	82	135	130	111	106
136	129	112	105	88	81	52	69	4	21	28	45
5	20	29	44	53	68	89	80	137	128	113	104
138	127	114	103	90	79	54	67	6	19	30	43
8	17	32	41	56	65	92	77	140	125	116	101
139	126	115	102	91	78	55	66	7	18	31	42
12	13	36	37	60	61	96	73	144	121	120	97
143	122	119	98	95	74	59	62	11	14	35	38
10	15	34	39	58	63	94	75	142	123	118	99
141	124	117	100	93	76	57	64	9	16	33	40

（1）

133	132	109	108	25	48	85	84	49	72	1	24
2	23	26	47	110	107	50	71	86	83	134	131
135	130	111	106	27	46	87	82	51	70	3	22
4	21	28	45	112	105	52	69	88	81	136	129
142	123	118	99	34	39	94	75	58	63	10	15
9	16	33	40	117	100	57	64	93	76	141	124
137	128	113	104	29	44	89	80	53	68	5	20
6	19	30	43	114	103	54	67	90	79	138	127
140	125	116	101	32	41	92	77	56	65	8	17
7	18	31	42	115	102	55	66	91	78	139	126
144	121	120	97	36	37	96	73	60	61	12	13
11	14	35	38	119	98	59	62	95	74	143	122

（2）

图 11.7

三、16 阶同心完全幻方

“同心”完全幻方本质上就是追求“中央同心子单元”的再幻方化，而“中央同心子单元”的阶次大小及重次多少，表示这幅“同心”完全幻方结构的复杂程度。“同心”完全幻方是人们非常喜爱的一种组合形态。

图 11.8 是一幅 16 阶三重次同心完全幻方，即 16 阶、12 阶、4 阶完全幻方三环同心关系，尤其中部 12 阶完全幻方单元内的组合结构错综复杂：

160	98	158	100	147	109	149	107	156	102	154	104	151	105	145	111
113	143	115	141	126	132	124	134	117	139	119	137	122	136	128	130
16	242	14	244	3	253	5	251	12	246	10	248	7	249	1	255
225	31	227	29	238	20	236	22	229	27	231	25	234	24	240	18
256	2	254	4	243	13	245	11	252	6	250	8	247	9	241	15
17	239	19	237	30	228	28	230	21	235	23	233	26	232	32	226
48	210	46	212	35	221	37	219	44	214	42	216	39	217	33	223
193	63	195	61	206	52	204	54	197	59	199	57	202	56	208	50
224	34	222	36	211	45	213	43	220	38	218	40	215	41	209	47
49	207	51	205	62	196	60	198	53	203	55	201	58	200	64	194
80	178	78	180	67	189	69	187	76	182	74	184	71	185	65	191
161	95	163	93	174	84	172	86	165	91	167	89	170	88	176	82
192	66	190	68	179	77	181	75	188	70	186	72	183	73	177	79
81	175	83	173	94	164	92	166	85	171	87	169	90	168	96	162
112	146	110	148	99	157	101	155	108	150	106	152	103	153	97	159
129	127	131	125	142	116	140	118	133	123	135	121	138	120	144	114

图 11.8

① 16 阶完全幻方内部任意划出一个 2 阶单元，4 个数之和全等于“514”，数组具有最均匀分布状态。

②中部 12 阶完全幻方单元是一个九宫态完全幻方（泛幻和“1542”），由 9 个全等 4 阶完全幻方子单元（泛幻和“514”）合成。

③中部 12 阶完全幻方单元内每相邻 4 个 4 阶完全幻方子单元可合成一个 8 阶完全幻方单元，计 4 个互为交叠、全等的 8 阶完全幻方单元（泛幻和“1028”）。

奇合数阶同心完全幻方

一、9 阶同心完全幻方

图 11.9 是两幅 9 阶完全幻方（泛幻和“369”），中央嵌入一个 3 阶幻方单元（幻和“123”）。之前，人们在 9 阶非完全幻方的中宫才能见到这个 3 阶幻方单元。本例 9 阶同心完全幻方的显著特点：九宫 3 阶子单元之和全等；中宫 3 阶幻方成 9 个数全奇。

48	14	61	49	18	56	53	10	60
8	73	42	3	77	43	4	81	38
67	36	20	71	28	24	66	32	25
12	59	52	13	63	47	17	55	51
80	37	6	75	41	7	76	45	2
31	27	65	35	19	69	30	23	70
57	50	16	58	54	11	62	46	15
44	1	78	39	5	79	40	9	74
22	72	29	26	64	33	21	68	34

47	18	58	51	10	62	52	14	57
6	73	44	7	77	39	2	81	40
70	32	21	65	36	22	69	28	26
11	63	49	15	55	53	16	59	48
78	37	8	79	41	3	74	45	4
34	23	66	29	27	67	33	19	71
56	54	13	60	46	17	61	50	12
42	1	80	43	5	75	38	9	76
25	68	30	20	72	31	24	64	35

图 11.9

二、15 阶同心完全幻方

图 11.10 这幅 15 阶同心完全幻方（泛幻和“1695”），中央嵌入一个 3 阶幻方单元（幻和“339”），其余 24 个全等子单元为 3 阶准幻方（一条对角线不等于幻和）。本例采用“三位制最优化错位逻辑编码法”的特殊技术手段创作，按此法可以把这个固定不变的 3 阶幻方，移动到 25 个 3 阶单元的任何一个位置。

区区这么一个 3 阶幻方子单元，看似十分简单，但是之前，在 15 阶完全幻方中央谁也做不出这个 3 阶幻方子单元。

88	185	66	103	35	201	118	5	216	148	170	21	133	155	51
65	81	193	200	96	43	215	111	13	20	141	178	50	126	163
186	73	80	36	208	95	6	223	110	171	28	140	156	58	125
78	194	67	93	44	202	108	14	217	138	179	22	123	164	52
74	82	183	209	97	33	224	112	3	29	142	168	59	127	153
187	63	89	37	198	104	7	213	119	172	18	149	157	48	134
76	195	68	91	45	203	106	15	218	136	180	23	121	165	53
75	83	181	210	98	31	225	113	1	30	143	166	60	128	151
188	61	90	38	196	105	8	211	120	173	16	150	158	46	135
87	182	70	102	32	205	117	2	220	147	167	25	132	152	55
62	85	192	197	100	42	212	115	12	17	145	177	47	130	162
190	72	77	40	207	92	10	222	107	175	27	137	160	57	122
86	184	69	101	34	204	116	4	219	146	169	24	131	154	54
64	84	191	199	99	41	214	114	11	19	144	176	49	129	161
189	71	79	39	206	94	9	221	109	174	26	139	159	56	124

图 11.10

图 11.11 这幅 15 阶同心完全幻方（泛幻和“1695”），中宫嵌入的同心子单元是一个 5 阶完全幻方（泛幻和“565”）。本例采用“九宫态最优化合成法”的特殊“破坏”技术创作，即在 15 阶完全幻方成立前提下，刻意打乱原八宫的 8 个 5 阶完全子单元，仅保留中宫一个 5 阶完全幻方子单元，因此制作本例 15 阶同心完全幻方费尽周折。

194	132	64	142	31	183	130	65	148	39	188	135	66	146	32
67	136	38	192	126	73	144	33	190	125	71	137	44	195	124
207	96	11	76	179	205	95	13	84	168	210	94	7	77	173
121	74	150	36	187	129	63	145	35	193	122	68	147	34	191
141	37	182	134	72	140	43	189	123	70	139	41	181	128	75
29	117	214	52	151	18	115	215	58	159	23	120	216	56	152
217	46	158	27	111	223	54	153	25	110	221	47	164	30	109
162	21	116	211	59	160	20	118	219	48	165	19	112	212	53
106	224	60	156	22	114	213	55	155	28	107	218	57	154	26
51	157	17	119	222	50	163	24	108	220	49	161	16	113	225
104	12	79	172	196	93	10	80	178	204	98	15	81	176	197
82	166	203	102	6	88	174	198	100	5	86	167	209	105	4
42	186	131	61	149	40	185	133	69	138	45	184	127	62	143
1	89	180	201	97	9	78	175	200	103	2	83	177	199	101
171	202	92	14	87	170	208	99	3	85	169	206	91	8	90

图 11.11

据研究，5 阶完全幻方单元为 15 阶完全幻方中央最大阶次的一个“同心”结构单元，同时不可能再嵌入一个同心 3 阶幻方子单元。

三、25 阶同心完全幻方

图 11.12 是一幅 25 阶三重次同心完全幻方珍品（泛幻和“7825”），其精美的“回”字型组合结构特点如下。

① 25 阶、15 阶、5 阶三环“同心”完全幻方成立，即外环 25 阶完全幻方、中环 15 阶完全幻方单元（泛幻和“4695”）及内环 5 阶完全幻方子单元（泛幻和“1565”）。

②中环 15 阶完全幻方是一个最优化“大九宫”组合结构，即内含 9 个全等 5 阶完全幻方子单元。

③中环 15 阶完全幻方每相邻 4 个 5 阶完全幻方子单元又合成一个“单偶数”10 阶完全幻方，计有 4 个互为交叠的 10 阶完全幻方（泛幻和“3130”）。

1	365	49	183	417	551	165	399	108	342	476	90	324	533	142	276	515	249	458	67	201	440	599	258	617
199	408	217	351	590	124	333	567	151	390	549	133	492	76	315	474	58	292	501	240	274	608	17	426	40
375	584	268	402	11	175	384	118	327	561	100	309	543	127	486	525	234	468	52	286	450	34	193	602	211
415	24	433	592	176	340	574	158	392	101	140	499	83	317	526	65	299	508	242	451	615	224	358	42	251
583	192	601	15	374	383	117	326	565	174	308	542	126	490	99	233	467	51	290	524	33	267	401	215	449
23	357	41	180	414	573	157	391	105	339	498	82	316	530	139	298	507	241	455	64	223	432	591	255	614
191	405	214	373	582	116	330	564	173	382	541	130	489	98	307	466	55	289	523	232	266	605	14	448	32
364	598	257	416	5	164	398	107	341	555	89	323	532	141	480	514	248	457	66	280	439	48	182	616	205
407	16	430	589	198	332	566	155	389	123	132	491	80	314	548	57	291	505	239	473	607	216	355	39	273
580	189	623	7	366	380	114	348	557	166	305	539	148	482	91	230	464	73	282	516	30	264	423	207	441
20	354	38	197	406	570	154	388	122	331	495	79	313	547	131	295	504	238	472	56	220	429	588	272	606
188	422	206	370	579	113	347	556	170	379	538	147	481	95	304	463	72	281	520	229	263	622	6	445	29
356	595	254	413	22	156	395	104	338	572	81	320	529	138	497	506	245	454	63	297	431	45	179	613	222
404	13	447	581	195	329	563	172	381	120	129	488	97	306	545	54	288	522	231	470	604	213	372	31	270
597	181	620	4	363	397	106	345	554	163	322	531	145	479	88	247	456	70	279	513	47	256	420	204	438
12	371	35	194	403	562	171	385	119	328	487	96	310	544	128	287	521	235	469	53	212	446	585	269	603
185	419	203	362	596	110	344	553	162	396	535	144	478	87	321	460	69	278	512	246	260	619	3	437	46
353	587	271	410	19	153	387	121	335	569	78	312	546	135	494	503	237	471	60	294	428	37	196	610	219
421	10	444	578	187	346	560	169	378	112	146	485	94	303	537	71	285	519	228	462	621	210	369	28	262
594	178	612	21	360	394	103	337	571	160	319	528	137	496	85	244	453	62	296	510	44	253	412	221	435
9	368	27	186	425	559	168	377	111	350	484	93	302	536	150	284	518	227	461	75	209	443	577	261	625
177	411	225	359	593	102	336	575	159	393	527	136	500	84	318	452	61	300	509	243	252	611	25	434	43
367	576	265	424	8	167	376	115	349	558	92	301	540	149	483	517	226	465	74	283	442	26	190	624	208
418	2	436	600	184	343	552	161	400	109	143	477	86	325	534	68	277	511	250	459	618	202	361	50	259
586	200	609	18	352	386	125	334	568	152	311	550	134	493	77	236	475	59	293	502	36	275	409	218	427

图 11.12

回顾“幻方子母结构”，即“四象态”“九宫态”“格子型”子母结构形式，其组合结构特点：子阶单元的阶次是母阶的一个分解因子，子阶单元同阶，以“平铺”方式覆盖母阶，存在于奇合数阶与双偶数阶领域，有最优化或非最优化全面覆盖的子母完全幻方解。“回”字型子母结构形式，其组合结构特点：一环套一环，每环相间 2 阶，不等阶的子幻方以“重叠”方式全面覆盖母阶，普遍存在于大于 3 阶的各阶次（包括质数阶与单偶数阶）非完全幻方领域等。总之，这些子母幻方的共同特点是全面覆盖，因而必定有一个或多个与母阶“同心”关系（或“偏心”“同角”关系）的子幻方单元，但这些子母幻方的构图法着眼点在于全盘子幻方单元与母阶的合成关系。

幻方镶嵌结构是存在于质数阶、奇合数阶与双偶数阶领域的一种特殊子母结构形式，与全面覆盖子母结构在数理方面有一定关联，但构图法的着眼点在于局部位置上的子幻方单元，因而子单元的阶次不一定是母阶的“分解因子”，尤其完全幻方内部嵌入母阶非“因子”子幻方单元，如质数阶完全幻方中嵌入“同心”或“偏心”子幻方单元，构图设计与制作技巧难度相当高。图 11.12 这幅 25 阶同心完全幻方珍品，多重次嵌入不同阶的完全幻方子单元，其中有 4 个互为交叠的“10 阶完全幻方”子单元更为难能可贵。

同角型幻方

什么是同角型幻方？指以最小子幻方为顶角而层层外套“边角”子幻方的一种特殊子母结构幻方。同角型幻方游戏基本规则：要求顶角是幻方，层层外套一个“边角”，每层递增 2 阶，所得幻方成立。同角型幻方犹如“回”字型幻方的 1/4 角，两者的共同特点：不同阶子幻方单元“重叠”覆盖，有异曲同工之妙。

一、奇数阶同角型幻方

第一例：5 阶同角型幻方

图 11.13 是 3 幅 5 阶同角型幻方，各 5 阶幻方（幻和“65”）的顶角都是一个 3 阶子幻方（子幻和“39”），但各个 3 阶子幻方的 9 个数配置互不相同。构图要点：对应数组外套两行做竖排，外套两列做横排，具体定位掌握行列等和平衡，关键是建立两条对角线等和关系。

24	23	8	6	4
2	3	18	22	20
10	15	14	25	1
17	13	9	5	21
12	11	16	7	19

6	5	16	15	23
20	21	10	3	11
8	17	14	1	25
19	13	7	22	4
12	9	18	24	2

7	16	2	18	22
19	10	24	4	8
3	25	11	14	12
21	13	5	20	6
15	1	23	9	17

图 11.13

第二例：7 阶同角型幻方

图 11.14 是 3 幅 7 阶同角型幻方，7 阶幻方的幻和“175”，其第一层顶角是一个 3 阶子幻方（子幻和“75”），第二层顶角是一个 5 阶子幻方（子幻和“125”）。多层次同角型幻方外套的直角边配置具有较大的灵活性，只要不影响各层次主对角线及同角幻方的行列平衡，则不同层次直角边上的对应数组可互相置换。

1	42	45	40	39	2	6
49	8	5	10	11	44	48
33	30	14	35	13	3	47
17	20	36	37	15	41	9
22	29	24	19	31	43	7
27	25	23	16	34	38	12
26	21	28	18	32	4	46

26	42	17	11	23	18	38
24	8	33	39	27	12	32
16	48	5	21	35	20	30
34	2	45	15	29	41	9
28	1	46	6	44	31	19
43	25	7	47	3	40	10
4	49	22	36	14	13	37

6	43	5	11	47	35	28
44	7	45	39	3	22	15
23	10	41	38	13	42	8
27	40	9	37	12	21	29
24	33	18	14	36	49	1
19	25	31	20	30	2	48
32	17	26	16	34	4	46

图 11.14

第三例：9 阶同角型幻方

图 11.15 是 3 幅 9 阶同角型幻方，9 阶幻方的幻和“369”，其第一层顶角是

一个 3 阶子幻方（子幻和“123”），第二层顶角是一个 5 阶子幻方（子幻和“205”），第三层顶角是一个 7 阶子幻方（子幻和“287”）。

29	32	49	75	1	74	9	46	54
53	50	33	7	81	8	73	28	36
10	12	67	68	2	66	62	55	27
72	70	15	14	80	20	16	23	59
60	69	21	52	3	17	65	37	45
22	13	61	79	30	64	18	58	24
42	4	77	25	57	26	56	48	34
76	41	6	11	71	31	51	39	43
5	78	40	38	44	63	19	35	47

53	50	81	7	33	8	73	36	28
29	32	1	75	49	74	9	54	46
72	70	15	14	80	16	20	27	55
10	12	67	68	2	62	66	24	58
22	13	61	30	79	65	17	45	37
60	69	21	3	52	18	64	59	23
40	78	5	57	25	56	26	34	48
6	41	76	71	11	51	31	43	39
77	4	42	44	38	19	63	47	35

29	32	74	75	24	1	34	46	54
53	50	8	7	58	81	48	28	36
19	51	56	18	65	16	62	33	49
63	31	26	64	17	20	66	73	9
44	71	57	30	3	80	2	55	27
38	11	25	79	52	14	68	23	59
40	6	77	61	21	15	67	37	45
78	41	4	13	69	70	12	39	43
5	76	42	22	60	72	10	35	47

图 11.15

据研究，奇数阶同角型幻方的顶角 3 阶子幻方配置方案存在两种基本形式：其一，9 个数连续式配置形式；其二，9 个数三段式配置形式。具体配置方案多种多样。

二、偶数阶同角型幻方

第一例：6 阶同角型幻方

图 11.16 是 3 幅 6 阶同角型幻方，各 6 阶幻方（幻和“111”）的顶角都是一个 4 阶完全幻方子单元（泛幻和“74”）。各个 4 阶完全幻方单元的配置方案互不相同。左图 16 个数取“1 ～ 36”自然数列中段为连续式配置方案；中图 16 个数为二段式配置方案；右图 16 个数为四段式配置方案。这是 4 阶完全幻方常见的连续式与分段式两大类配置基本格式，而具体配置方案又具有可变性。

5	10	1	34	28	33
32	27	36	3	4	9
13	20	25	16	35	2
26	15	14	19	30	7
12	21	24	17	6	31
23	18	11	22	8	29

8	18	6	17	32	30
29	19	31	20	7	5
26	9	27	12	35	2
15	24	14	21	3	34
10	25	11	28	1	36
23	16	22	13	33	4

6	3	12	36	19	35
31	34	25	1	2	18
27	16	9	22	30	7
8	23	26	17	4	33
28	15	10	21	32	5
11	20	29	14	24	13

图 11.16

第二例：8 阶同角型幻方

图 11.17 是 3 幅 8 阶同角型幻方，各 8 阶幻方的幻和“260”，第一层顶角是一个 4 阶完全幻方子单元（泛幻和“130”），第二层顶角是一个 6 阶子幻方（幻和“195”）。

17	24	43	51	49	47	19	10
48	41	22	14	16	18	55	46
57	7	64	9	33	25	42	23
8	58	1	56	40	32	26	39
45	52	12	21	3	62	38	27
4	29	37	60	50	15	11	54
53	44	20	13	6	59	34	31
28	5	61	36	63	2	35	30

15	58	6	55	13	9	41	63
50	7	59	10	52	56	2	24
5	12	57	16	51	54	64	1
60	53	8	49	11	14	3	62
21	36	45	28	18	47	61	4
46	27	22	35	39	26	32	33
20	37	44	29	34	31	40	25
43	30	19	38	42	23	17	48

48	41	22	14	16	18	46	55
17	24	43	51	49	47	10	19
8	58	1	56	32	40	23	42
57	7	64	9	25	33	39	26
20	13	53	44	62	3	27	38
61	36	28	5	15	50	54	11
12	21	45	52	59	6	31	34
37	60	4	29	2	63	30	35

图 11.17

第三例：10 阶同角型幻方

图 11.18 是 3 幅 10 阶同角型幻方，10 阶幻方的幻和“505”，第一层顶角是

一个 4 阶子完全幻方（子幻和“202”），第二层顶角是一个 6 阶子幻方（子幻和“303”），第三层顶角是一个 8 阶子幻方（子幻和“404”）。同角层次越多，最小顶角幻方的配置方案就越多。

88	11	91	9	93	7	95	5	89	17
13	90	10	92	8	94	6	96	84	12
30	65	31	29	73	25	77	74	3	98
71	36	70	72	28	76	27	24	14	87
37	59	41	39	66	61	19	82	99	2
64	42	60	62	40	35	23	78	97	4
48	51	49	54	68	33	80	21	18	83
57	46	56	43	34	67	75	26	15	86
52	47	53	50	63	38	81	20	1	100
45	58	44	55	32	69	22	79	85	16

16	100	86	83	8	2	87	94	12	17
85	1	15	18	93	99	14	7	84	89
25	65	31	29	73	30	77	74	96	5
76	36	70	72	28	71	27	24	6	95
41	59	37	39	66	61	22	79	98	3
60	42	64	62	40	35	23	78	4	97
55	50	43	54	68	33	80	21	92	9
44	53	56	49	32	69	75	26	10	91
58	47	46	51	63	38	81	20	90	11
45	52	57	48	34	67	19	82	13	88

-46

13	90	10	92	8	94	6	96	12	84
88	11	91	9	93	7	95	5	17	89
71	36	70	72	28	76	24	27	98	3
30	65	31	29	73	25	74	77	87	14
60	42	64	62	35	40	82	19	2	99
41	59	37	39	61	66	78	23	4	97
55	50	43	54	33	68	21	80	83	18
44	53	56	49	67	34	26	75	86	15
58	47	46	51	38	63	20	81	100	1
45	52	57	48	69	32	79	22	16	85

图 11.18

同角型幻方与“回”字型幻方有异曲同工之妙，“回”字型幻方也称同心幻方，它与同角型幻方的区别仅在于各子幻方的位置不同，这两种子母结构幻方可互相转换。

同角双优化质数阶完全幻方

在“四象态”“九宫态”及“格子型”完全幻方子母结构中，可常见到相关的双优化的同角关系完全幻方，因为这类同角型完全幻方中的同角子单元的阶次是母阶的“分解因子”，各层同角子单元的阶次成整数倍增加，因此同角关系一般“间隔”等于 2 阶。本文探讨的同角型完全幻方，不同于这 3 类全面覆盖式完全幻方子母结构，而是从未问世的质数阶同角结构完全幻方。

第一例：11 阶同角完全幻方

图 11.19 是两幅 11 阶完全幻方（泛幻和“671”），左图同角有一个 3 阶幻方子单元（幻和“219”），右图同角也有一个 3 阶幻方子单元（幻和“147”）。

90	34	19	25	76	119	7	104	48	66	83
69	120	9	106	49	59	88	94	35	12	30
51	60	81	99	39	13	23	74	113	10	108
44	17	24	67	118	3	109	53	62	82	92
111	8	102	54	64	84	93	37	22	28	68
65	86	95	38	15	33	72	112	1	107	47
16	26	77	116	2	100	52	58	87	97	40
6	101	45	63	80	98	42	18	27	70	121
85	91	43	20	29	71	114	11	105	46	56
31	73	115	4	110	50	57	78	96	36	21
103	55	61	79	89	41	14	32	75	117	5

11	87	116	67	52	29	104	14	90	42	59
45	30	106	16	91	35	64	4	88	120	72
93	36	57	9	81	121	76	50	23	107	18
86	114	77	54	28	100	19	95	38	58	2
32	105	12	96	40	60	3	79	119	70	55
41	62	5	80	112	75	48	33	109	17	89
113	68	53	26	110	21	94	34	63	7	82
103	22	98	39	56	8	84	115	69	46	31
61	1	85	117	71	47	24	108	15	99	43
73	49	25	101	20	92	44	65	6	78	118
13	97	37	66	10	83	111	74	51	27	102

图 11.19

第二例：17 阶同角完全幻方

图 11.20 是一幅 17 阶同角结构完全幻方（泛幻和“2456”），左下角镶嵌一个 4 阶完全幻方（泛幻和“544”）。17 阶是同角双优化的最小阶次，是最优化自然逻辑编码法巧妙应用的一幅杰作。

221	42	164	286	1	200	87	245	233	105	152	60	176	27	260	72	134
18	268	70	126	216	37	169	281	6	197	90	242	236	119	144	62	184
114	139	67	179	23	265	73	123	219	51	161	283	14	188	98	240	228
193	95	243	225	117	153	59	181	31	256	81	121	211	46	156	288	9
49	170	280	11	201	86	251	223	109	148	54	186	26	261	78	124	208
269	69	132	206	41	165	275	16	196	91	248	226	106	151	68	178	28
143	63	173	33	264	74	129	209	38	168	289	8	198	99	239	234	104
94	244	231	107	140	66	187	25	266	82	120	217	36	160	284	3	203
157	287	17	195	96	252	222	115	138	58	182	20	271	77	125	214	39
79	133	205	47	155	279	12	190	101	247	227	112	141	55	185	34	263
53	177	29	258	84	128	210	44	158	276	15	204	93	249	235	103	149
254	230	108	146	56	174	32	272	76	130	218	35	166	274	7	199	88
277	4	202	102	246	232	116	137	64	172	24	267	71	135	213	40	163
127	215	48	154	285	2	194	97	241	237	111	142	61	175	21	270	85
183	19	262	80	122	220	43	159	282	5	191	100	255	229	113	150	52
224	118	145	57	180	22	259	83	136	212	45	167	273	13	189	92	250
10	192	89	253	238	110	147	65	171	30	257	75	131	207	50	162	278

图 11.20

质数阶同角双优化子母结构完全幻方，其特点是子母阶互质，因而构图难度相当高，之前从无问世。目前，我已经掌握了能令一个 4 阶完全幻方子单元在 17 阶完全幻方的任意部位“漂移”的诀窍，在阶次更高的质数阶完全幻方内部，嵌入两个或两个以上的完全幻方子单元是可能的。

交环型幻方

什么是交环型子母幻方？指幻方内部“一正一斜”互为相接的一种同心结构形态。子母阶交环一般属于镶嵌结构，只有 5 阶非完全幻方能够达到全面覆盖要求，这是另一种精美的同心结构幻方。交环型子母幻方存在两个类别：一类是阴阳两仪幻方，即由团聚中央的全部奇数而构造内接子幻方；另一类是交环子母幻方，其内接的交环子幻方由奇偶数混合编制。因此，交环型幻方是两仪型幻方的一种推广形式。

一、阴阳两仪幻方

原版两仪型幻方，只是数字两仪结构，还不是子母结构内容。可以发现：团聚中央的全部奇数按自然次序斜排，犹如一块未被开垦的处女地，只要辛勤耕耘，精雕细刻，就一定能创作阴阳两仪子母幻方（参见“巧夺天工”相关内容）。现仅展示精美的4幅5阶阴阳两仪幻方（图11.21）。

如图11.21所示5阶阴阳两仪幻方，幻和“65”，中央内接“一正一斜”两个交环3阶子幻方，由全部奇数构成，幻和全等于“39”；全部偶数分布四角，数字、数理结构非常简洁、精美。

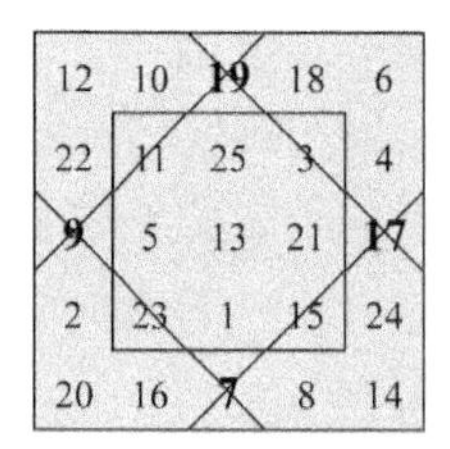
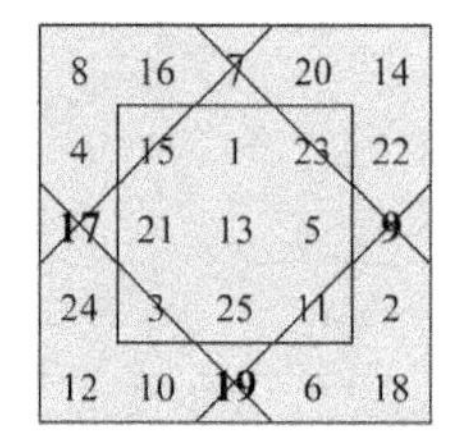
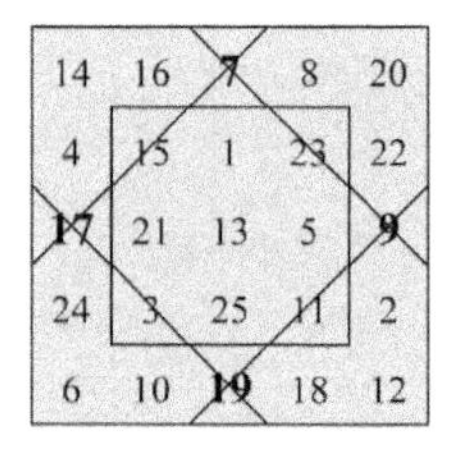
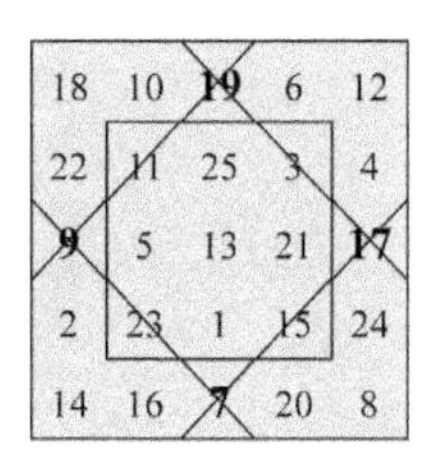

图11.21

二、交环子母幻方

图11.22是一对互补5阶交环型子母幻方（幻和“65”），其基本特点如下。

①两者对应同位两数之和都等于“26”常数，表现为彼此消长的互补关系。

②各“一正一斜”交叉内接两个3阶子幻方，一个由9个奇数构成，另一个由4个偶数和5个奇数构成，幻和都等于“39”，显然这已经与阴阳两仪子母幻方有所区别。

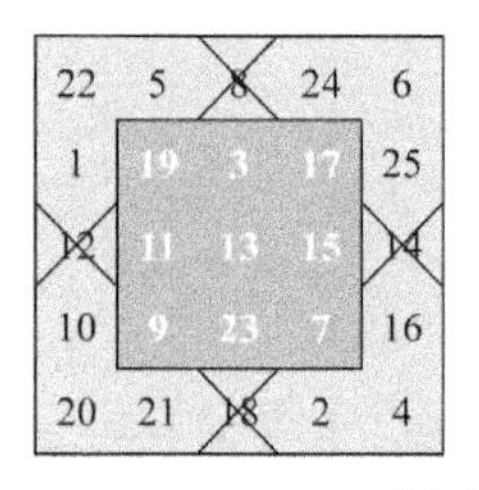
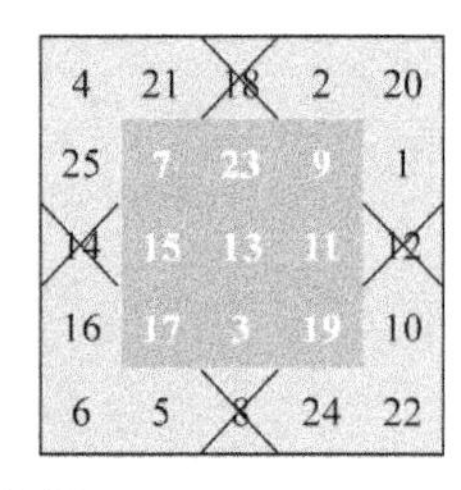

图11.22

图11.23是一幅13阶交环型子母幻方（幻和“1105”），交叉内接两个7阶子幻方：一个由全奇数构成，另一个由24个偶数和25个奇数构成，两者的幻和都等于“595”。

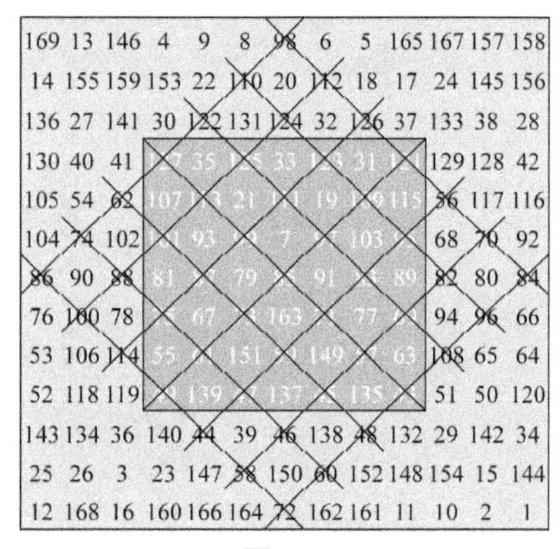

图11.23

对于质数阶幻方而言，由于阶次不可分解，所以子母结构的品类相对比较少，只有“回”字型子母幻方、两仪型子母幻方及交环型子母幻方三大类子母结构形式。

交叠型幻方

什么是不等阶交叠式子母幻方？指由若干不同阶次的子幻方相互交错重叠而合成大幻方的组合形态。子幻方交叠式全面覆盖母幻方，构图相当有难度，法国的让－弗朗索瓦·费黎宗创作的一幅 13 阶子母幻方，开创了交叠式子母幻方的奇迹。一般的交叠式子母幻方留有一定的“空白”。

一、让－弗朗索瓦·费黎宗交叠子母幻方

157	13	23	147	109	31	111	138	36	66	102	100	72
145	25	17	153	61	139	59	32	134	104	68	98	70
16	154	144	26	57	56	30	112	136	99	105	60	110
22	148	156	14	113	114	140	58	34	65	71	133	37
97	73	94	76	151	18	21	89	146	135	35	29	141
79	91	78	92	27	82	150	155	11	63	107	33	137
74	96	75	95	143	159	15	20	88	115	55	101	69
90	80	93	77	19	24	81	149	152	54	116	103	67
164	6	3	167	85	142	158	12	28	64	106	108	62
7	163	168	86	1	132	44	39	125	50	48	118	124
162	8	84	2	169	38	126	131	45	120	122	52	46
5	83	161	10	166	129	43	40	128	123	117	49	51
87	165	9	160	4	41	127	130	42	47	53	121	119

图 11.24

图 11.24 是法国的让－弗朗索瓦·费黎宗（《神奇方阵》，中国市场出版社，2008年10月出版）创作的一幅13阶幻方（幻和“1105”），内含各种不同阶次相互交叠、全面覆盖的 11 个子幻方单元。

①4 个 4 阶子幻方（子幻和“340”）。

②2 个 5 阶子幻方（子幻和“425”）。

③2 个 7 阶子幻方（子幻和“595”）。

④2 个 9 阶子幻方（子幻和“4765”）。

⑤1 个 11 阶子幻方（子幻和“935”）。

⑥1 个 3 阶准幻方（一条对角线不等于子幻和“255”）。此乃同心、同角型多种结构形式错综复杂的交叠子母幻方之精品。

二、苏茂挺交叠子母幻方

图 11.25 是苏茂挺创作的一幅 8 阶幻方（幻和“260”），其内含 1 个 3 阶幻方子单元（幻和“105”）、1 个 4 阶幻方子单元（幻和“136”）、1 个 5 阶幻方子单元（幻和“167”）及 1 个 6 阶幻方子单元（幻和“198”），4 个不同阶次的子幻方交叠。由于各子阶之间及与母阶之间互质，因此构图难度比较高。

48	19	38	31	1	61	50	12
11	30	51	44	33	29	36	26
63	40	15	18	59	3	7	55
14	47	32	43	8	54	56	6
42	34	17	46	35	24	53	9
20	28	45	16	62	27	13	49
4	52	37	2	21	57	23	64
58	10	25	60	41	5	22	39

图 11.25

但这幅8阶幻方的子阶幻方单元并没有覆盖全盘，留两块“2×3”“空洞”，因此，与其说是子母幻方，不如说是一幅精美的同角交叠型幻方。

三、交叠子母完全幻方

图 11.26 是我创作的一幅 12 阶完全幻方（泛幻和“870”），其子母阶结构特点如下：①对角 3 个交叠、等和 8 阶完全幻方（泛幻和“580”），交叠部分为一个 4 阶完全幻方（泛幻和“290”）；②中央 4 阶、8 阶、16 阶为同心完全幻方，两顶角 8 阶完全幻方与母阶为同角关系；③另两顶角 4 阶完全幻方与中央 8 阶完全幻方为同角关系，这两个同角 2 阶子单元 4 个数之和等于“290”；④以上同心子幻方可旋转 90°，仍然保持母幻方成立。

133	84	1	72	121	96	13	60	109	108	25	48
6	67	138	79	18	55	126	91	30	43	114	103
144	73	12	61	132	85	24	49	120	97	36	37
7	66	139	78	19	54	127	90	31	42	115	102
134	83	2	71	122	95	14	59	110	107	26	47
5	68	137	80	17	56	125	92	29	44	113	104
143	74	11	62	131	86	23	50	119	98	35	38
8	65	140	77	20	53	128	89	32	41	116	101
135	82	3	70	123	94	15	58	111	106	27	46
4	69	136	81	16	57	124	93	28	45	112	105
142	75	10	63	130	87	22	51	118	99	34	39
9	64	141	76	21	52	129	88	33	40	117	100

图 11.26

由此可知，这是一幅 4 阶、8 阶、16 阶三重次最优化的 12 阶完全幻方。多重次完全幻方在套装结构方面，比一般完全幻方或非完全幻方具有结构灵活性。

“三同”嵌入式幻方

一、“同心—同角”幻方

图 11.27 是两幅 8 阶“同心—同角”幻方，共同的子母结构特点如下。

① 6 阶幻方单元（幻和“195”）与 8 阶幻方（幻和“260”）为同角关系。

② 4 阶完全幻方子单元（泛幻和“130”）与 6 阶幻方为同心关系。

③ 4 阶完全幻方子单元与 8 阶幻方为偏心关系。

50	7	56	52	59	10	24	2
15	58	9	13	6	55	63	41
14	53	8	49	60	11	48	17
23	22	45	19	44	42	62	3
47	35	28	38	29	18	4	61
26	46	21	43	20	39	1	64
31	27	36	30	37	34	25	40
54	12	57	16	5	51	33	32

15	58	6	55	13	9	41	63
50	7	59	10	52	56	2	24
51	12	57	16	5	54	64	1
42	43	20	46	21	23	3	62
18	30	37	27	36	47	61	4
39	19	44	22	45	26	17	48
34	38	29	35	28	31	40	25
11	53	8	49	60	14	32	33

图 11.27

二、“同心—同边”幻方

图 11.28 是两幅最均匀 12 阶幻方，即任意划出一个 2 阶单元，4 个数之和全等，其嵌入式子母阶结构特点：①内含的一个 8 阶完全幻方（泛幻和“580”）单元与 12 阶幻方为同边关系；②内含的一个 4 阶完全幻方子单元（泛幻和“290”）

与 8 阶完全幻方单元又为同心关系；③该 4 阶完全幻方子单元与 12 阶幻方（幻和“870”）则为偏心关系。

3	70	135	82	15	58	123	94	27	46	111	106
136	81	4	69	124	93	16	57	112	105	28	45
12	61	144	73	24	49	132	85	36	37	120	97
139	78	7	66	127	90	19	54	115	102	31	42
1	72	133	84	13	60	121	96	25	48	109	108
138	79	6	67	126	91	18	55	114	103	30	43
11	62	143	74	23	50	131	86	35	38	119	98
140	77	8	65	128	89	20	53	116	101	32	41
2	71	134	83	14	59	122	95	26	47	110	107
137	80	5	68	125	92	17	56	113	104	29	44
10	63	142	75	22	51	130	87	34	39	118	99
141	76	9	64	129	88	21	52	117	100	33	40

120	97	12	61	144	73	24	49	132	85	36	37
31	42	139	78	7	66	127	90	19	54	115	102
109	108	1	72	133	84	13	60	121	96	25	48
30	43	138	79	6	67	126	91	18	55	114	103
119	98	11	62	143	74	23	50	131	86	35	38
32	41	140	77	8	65	128	89	20	53	116	101
110	107	2	71	134	83	14	59	122	95	26	47
29	44	137	80	5	68	125	92	17	56	113	104
118	99	10	63	142	75	22	51	130	87	34	39
33	40	141	76	9	64	129	88	21	52	117	100
111	106	3	70	135	82	15	58	123	94	27	46
28	45	136	81	4	69	124	93	16	57	112	105

图 11.28

总之，最均匀 12 阶幻方内含套装的完全幻方单元，具有良好的行列“漂移”性能，即同心、同角、同边按一定规则可随处移动，不影响嵌入子母结构的成立。

三、“同角—同边”幻方

图 11.29 是两幅 12 阶幻方，镶嵌子母结构如下：内含的 8 阶完全幻方单元为同边关系，而在其内部又有一个同角 4 阶完全幻方子单元。

25	48	133	84	1	72	121	96	13	60	109	108
114	103	6	67	138	79	18	55	126	91	30	43
27	46	144	73	12	61	132	85	24	49	120	97
116	101	7	66	139	78	19	54	127	90	31	42
26	47	134	83	2	71	122	95	14	59	110	107
112	105	5	68	137	80	17	56	125	92	29	44
35	38	143	74	11	62	131	86	23	50	119	98
115	102	8	65	140	77	20	53	128	89	32	41
36	37	135	82	3	70	123	94	15	58	111	106
113	104	4	69	136	81	16	57	124	93	28	45
34	39	22	75	130	51	10	87	142	63	118	99
117	100	129	64	21	88	141	52	9	76	33	40

27	46	111	106	3	70	135	82	15	58	123	94
112	105	28	45	136	81	4	69	124	93	16	57
36	37	120	97	12	61	144	73	24	49	132	85
115	102	31	42	139	78	7	66	127	90	19	54
25	48	109	108	1	72	133	84	13	60	121	96
114	103	30	43	138	79	6	67	126	91	18	55
35	38	119	98	11	62	143	74	23	50	131	86
116	101	32	41	140	77	8	65	128	89	20	53
26	47	110	107	2	71	134	83	14	59	122	95
113	104	29	44	137	80	5	68	125	92	17	56
34	39	118	99	10	63	142	75	22	51	130	87
117	100	33	40	141	76	9	64	129	88	21	52

图 11.29

四、“三同”子母幻方

什么是“三同”子母幻方？指大幻方内含同边、同角、同心 3 种嵌入结构形式的子母幻方。本例图 11.30 所示的 16 阶幻方（幻和“2056”）就是一幅三同子母幻方，其嵌入结构特点如下。

①内含的一幅 12 阶完全幻方（泛幻和“1542”）与 16 阶幻方为同边关系。

②这幅 12 阶完全幻方内部镶嵌一幅同角的 8 阶完全幻方（泛幻和“1028”），且与 16 阶幻方为同边关系。

③这幅 8 阶完全幻方内部镶嵌一幅同角 4 阶完全幻方（泛幻和“514”），且与 12 阶完全幻方为同心关系。

总之，这是“三同”结构相当精致的以镶嵌方式合成的一幅 16 阶子母幻方杰作，其同边、同角、同心最优化数理关系非常美。

67	94	209	208	33	64	147	142	99	126	241	240	1	32	179	174
180	173	34	63	210	207	100	125	148	141	2	31	242	239	68	93
80	81	224	193	48	49	158	131	110	115	256	225	16	17	190	163
189	164	47	50	223	194	109	116	157	132	15	18	255	226	66	95
103	122	245	236	5	28	183	170	71	90	213	204	37	60	151	138
152	137	6	27	246	235	72	89	184	169	38	59	214	203	104	121
106	119	252	229	12	21	186	167	74	87	220	197	44	53	154	135
153	136	11	22	251	230	73	88	185	168	43	54	219	198	102	123
65	96	211	206	35	62	145	144	97	128	243	238	3	30	192	161
178	175	36	61	212	205	98	127	146	143	4	29	244	237	77	84
78	83	222	195	46	51	160	129	112	113	254	227	14	19	177	176
191	162	45	52	221	196	111	114	159	130	13	20	253	228	79	82
101	124	247	234	7	202	181	92	69	172	215	26	39	58	149	140
150	139	8	25	248	57	70	171	182	91	40	233	216	201	105	120
108	117	218	231	42	23	188	165	76	85	250	199	10	55	156	133
155	134	41	24	217	232	75	86	187	166	9	56	249	200	107	118

图 11.30

“变形”子幻方嵌入

幻方一般为正方形数阵，但局部嵌入的子幻方单元可“变形”为菱形、平行四边形或立式正方形等。这种“变形”子单元幻方的嵌入，既增加了子母结构制图的难度，又平添了幻方欣赏的趣味性。在前文图 11.4 与图 11.5 交叠结构、图 11.21 至图 11.23 交环结构诸图中，已展示了几幅直立式正方形子幻方嵌入的佳作。本文将出示以菱形、平行四边形子幻方嵌入的代表作各一幅。

图 11.31 是一幅 13 阶幻方（幻和“1105”），其内部嵌入一个以平行四边形方式安排的 7 阶完全幻方单元（子泛幻和“595”）。从“商—余”正交方阵分析，其微观逻辑结构属于“不规则”序列，一般采用“手工”设计与操作获得。

140	142	149	128	135	25	9	67	14	125	11	12	148
126	1	146	37	10	70	157	163	66	56	55	57	161
20	160	15	169	166	35	23	134	137	38	69	24	115
162	27	33	29	168	91	108	64	97	46	86	119	75
22	16	159	80	81	121	77	110	59	99	48	88	145
32	116	90	8	50	83	123	72	112	61	94	151	113
139	28	39	63	96	52	85	118	74	107	144	141	19
41	136	76	109	58	98	47	87	120	105	89	132	7
78	82	122	71	111	60	100	49	127	40	104	158	3
95	51	84	124	73	106	62	131	114	103	54	6	102
93	92	133	4	36	65	26	18	130	164	156	143	45
155	101	17	129	53	147	138	13	34	117	165	31	5
2	153	42	154	68	152	150	79	21	44	30	43	167

图 11.31

图 11.32 是一幅 17 阶幻方（幻和“2465”），内部嵌入一个以菱形方式安排的阴阳两仪型 5 阶幻方单元（幻和“7255”），其阳仪（13 个奇数）由两个全等、交叠 3 阶幻方构成（幻和“435”），如图 11.33 左所示。

1	282	221	34	21	269	228	231	230	189	188	206	2	29	205	64	65
18	19	30	267	245	82	246	229	20	260	185	261	207	172	63	81	80
222	285	286	250	53	36	61	59	223	55	155	38	247	8	97	106	284
191	105	68	253	169	117	255	78	56	98	79	120	192	193	67	254	170
33	208	85	31	271	272	76	173	164	75	174	84	209	210	103	27	270
289	287	99	104	100	102	92	93	94	95	96	225	226	227	22	26	288
263	66	264	265	141	180	181	182	115	165	166	167	179	6	4	5	116
187	48	168	127	128	129	137	138	139	140	213	161	162	163	156	186	83
160	176	177	178	183	131	132	133	145	112	113	114	107	157	158	159	130
148	101	194	142	143	144	77	195	196	197	153	146	147	119	198	118	47
121	215	135	14	111	108	109	110	175	123	124	125	149	214	262	234	136
258	25	241	52	40	54	134	150	151	152	122	7	240	201	200	199	239
24	45	12	279	70	218	71	212	126	184	242	256	257	9	32	211	217
42	43	41	86	274	88	268	280	281	171	62	17	10	275	283	233	11
203	202	204	259	251	13	58	39	57	154	232	273	28	190	15	252	35
69	220	3	74	216	244	249	73	27	235	72	219	16	248	224	33	243
236	238	237	50	49	278	91	90	266	60	89	46	87	44	276	277	51

图 11.32

另外，在这个菱形 5 阶幻方的“肚子”里，又“孕育”着三胞胎，即 3 个 4 阶完全幻方，其子泛幻和依次等于“576，580，584”，如图 11.33 右 3 所示。

然而，这 3 个菱形式相间穿插的 4 阶完全幻方，奇妙之处在于：同位的数字依次加“1”，形成一个连续体系。

164	96	179	156	130
92	115	213	107	198
141	137	145	153	149
168	183	77	175	122
160	194	111	134	126

93	165	161	157
180	138	112	146
127	131	195	123
176	142	108	150

94	166	162	158
181	139	113	147
128	132	196	124
177	143	109	151

95	167	163	159
182	140	114	148
129	133	197	125
178	144	110	152

图 11.33

另类幻方

什么是另类幻方？指部分或全部改变了经典幻方游戏规则，以另行设定的特殊条件而制作的各种有序组合数阵，亦称广义幻方。另类幻方是经典幻方的重要发展形式，名目繁多，创作自由度高，开拓空间广阔，富于知识性与趣味性，因而深受广大幻方爱好者青睐。

另类幻方研究，常以设计与创作精品为目标，一般不必追求检索与清算。更重要的是：创作另类幻方的主要目的，在于为经典幻方定制一个有机构件，并镶嵌于经典幻方内部。在这一新思路下，五花八门的另类幻方子单元将为研发新颖、奇特、精美、怪异、巧妙的经典幻方提供取之不尽、用之不竭的创作源泉。

自然方阵

什么是自然方阵？指由“1至n^2”自然数列（$n \geqslant 3$）按数码的自然顺序逐行排列的正方形数阵。若按其阶次性质分类有：①奇数阶自然方阵；②偶数阶自然方阵。若按其组合关系（或排序方向）分类有：①正自然方阵（或称Z型自然方阵），各行都按数序同向排列；②反自然方阵（或称S型自然方阵），每相邻行按数序相向排列，现分述如下。

一、奇数阶自然方阵

奇数阶自然方阵按其数序排列方向可分为正自然方阵与反自然方阵，两者的组合性质有所不同，现以7阶为例，出示其初始状态样图以供分析。

1	2	3	4	5	6	7
8	9	10	11	12	13	14
15	16	17	18	19	20	21
22	23	24	25	26	27	28
29	30	31	32	33	34	35
36	37	38	39	40	41	42
43	44	45	46	47	48	49

1	2	3	4	5	6	7
14	13	12	11	10	9	8
15	16	17	18	19	20	21
28	27	26	25	24	23	22
29	30	31	32	33	34	35
42	41	40	39	38	37	36
43	44	45	46	47	48	49

图 12.1

图12.1左为7阶正自然方阵，其组合性质如下。

①7行之和为“28，77，126，175，224，273，322”一列等差数列，公差为“49”。

②7列之和为“154，161，168，175，182，189，196”另一列等差数列，公差为“7”。

③14条泛对角线之和全等于“175”（中行与中列也等于“175”）。

由此可知：奇数阶Z型自然方阵与奇数阶幻方的组合性质互为表里，若采用“杨辉口诀”可实现两者相互转化：即自然方阵的中行、中列变为幻方的两条主对角线；自然方阵的泛对角线变为幻方的全部行列，两者的存量相等，并以“一对一”方式存在。

图12.1右为7阶反自然方阵，其组合性质如下。

①7行之和为“28，77，126，175，224，273，322”一列等差数列，公差为“49”。

②7列之和为“172，173，174，175，176，177，178”另一列等差数列，公差为“1”。

③左右14条泛对角线之和各自为“169，171，173，175，177，179，181”相同的一列等差数列，公差为“2”。

由此可知：奇数阶S型自然方阵就是原始形态的“等差幻方”，若采用“杨辉口诀”可把它变为全部行列之和等公差的等差幻方。

总而言之，奇数阶正反两类自然方阵组合有序、自然朴实，数理非常美。历来人们只研究等和关系幻方，没有研究等差关系幻方，显然这是一个严重的疏忽。

等和幻方，其行、列及对角线之和相等，公差为“0”；等差幻方，其行、列及对角线之和等差，公差不为“0”。我呼吁：大力开展等差幻方研究，这是更具挑战性的一个高智力迷宫。

二、偶数阶自然方阵

偶数阶自然方阵按其数序排列方向也可分为正自然方阵与反自然方阵，两者的组合性质有所不同，现以 8 阶为例，出示其初始状态样图以供分析。

1	2	3	4	5	6	7	8
9	10	11	12	13	14	15	16
17	18	19	20	21	22	23	24
25	26	27	28	29	30	31	32
33	34	35	36	37	38	39	40
41	42	43	44	45	46	47	48
49	50	51	52	53	54	55	56
57	58	59	60	61	62	63	64

1	2	3	4	5	6	7	8
16	15	14	13	12	11	10	9
17	18	19	20	21	22	23	24
32	31	30	29	28	27	26	25
33	34	35	36	37	38	39	40
48	47	46	45	44	43	42	41
49	50	51	52	53	54	55	56
64	63	62	61	60	59	58	57

图 12.2

图 12.2 左为 8 阶正自然方阵，其组合性质：① 8 行之和为“36，100，164，228，292，356，420，484”一列等差数列，公差为“64”；② 8 列之和为“232，240，248，256，264，272，280，288”另一列等差数列，公差为“8”；③ 16 条泛对角线之和全等于 260。

由此可知：偶数阶与奇数阶 Z 型自然方阵，两者的组合性质相同，因此可做如下统一描述：其一，n 行等差，公差 n^2；其二，n 列等差，公差 n；其三，$2n$ 条泛对角线全等于幻和。偶数阶 Z 型自然方阵没有中行、中列，杨辉首创对角线“易换术”把它转化为偶数阶幻方，这是一项非常了不起的成果。

图 12.2 右为 8 阶反自然方阵，其组合性质如下。

① 8 行之和为“36，100，164，228，292，356，420，484”一列等差数列，公差为“64”。

② 8 列之和全等于“260”。

③ 16 条泛对角线之和，每相邻两条以“256”与“264”互补，同时，每左、右对称两条也以“256”与“264”互补。偶数阶反自然方阵的泛对角线组合关系比较复杂。

由此可知：偶数阶 S 型自然方阵的行列“半和半差”，其泛对角线组合关系比较复杂，它似乎隐藏着鲜为人知的组合机制，一定存在重要的开发潜力。

三、自然方阵入幻

自然方阵作为一个相对独立的子单元，以镶嵌方式安排在一个大幻方的显眼位置，表示自然方阵是经典幻方可容纳的一个逻辑片段。现以 7 阶正自然方阵作为一个有机构件，插入作为一幅 21 阶幻方的中宫（图 12.3）。

图 12.3 这幅 21 阶幻方（幻和“4641”）正中央镶嵌着一个初始状态的 Z 型 7 阶自然方阵（总和“1225”），它恰好为 21 阶大九宫的中宫。因此，这是中宫子单元公差最小，及其中宫子单元和值最小的 21 阶幻方。

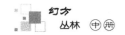

321	99	80	233	83	214	193	302	385	304	371	264	352	250	89	213	212	121	54	158	343
97	252	163	217	220	184	120	273	384	300	305	210	356	319	162	161	74	65	219	342	218
224	170	268	155	153	152	87	274	383	301	369	216	355	318	133	222	221	122	341	51	126
131	159	96	322	154	73	160	260	382	374	370	309	354	317	223	76	107	340	145	225	64
130	165	55	56	323	231	230	272	381	200	366	310	353	263	94	166	339	167	148	164	228
232	98	102	156	53	324	108	178	379	179	367	361	357	320	127	338	234	235	157	227	109
114	239	79	238	91	78	325	205	380	261	365	312	265	229	337	173	169	172	237	248	124
441	440	435	438	437	436	439	1	2	3	4	5	6	7	277	276	275	271	201	137	110
258	281	429	283	211	100	132	8	9	10	11	12	13	14	434	433	432	431	430	282	428
427	426	425	424	423	422	421	15	16	17	18	19	20	21	292	72	136	257	209	291	290
85	256	138	204	287	289	288	22	23	24	25	26	27	28	420	419	418	417	416	415	414
413	412	411	410	409	408	280	29	30	31	32	33	34	35	407	279	278	270	95	139	206
269	135	284	81	286	207	285	36	37	38	39	40	41	42	406	405	404	403	402	401	400
399	398	397	255	395	393	394	43	44	45	46	47	48	49	68	208	134	396	295	293	294
70	71	254	251	63	116	329	392	180	378	308	311	351	350	330	113	171	168	141	236	58
175	174	181	146	253	328	60	391	259	377	307	363	202	349	75	331	103	59	142	140	226
176	247	182	57	327	118	183	390	177	376	306	362	249	348	93	119	332	66	143	144	246
129	50	86	326	151	185	187	386	296	375	262	360	313	345	128	186	125	333	245	67	106
112	105	267	115	188	77	101	388	297	303	368	364	314	346	244	111	242	92	334	150	123
195	266	69	190	82	189	104	389	299	373	199	359	316	347	241	149	88	62	197	335	192
243	198	240	84	52	117	215	387	298	372	203	358	315	344	61	191	147	194	90	196	336

图 12.3

四、自然方阵合成完全幻方

如图 12.4 和图 12.5 所示，以 Z 型、S 型两款 5 阶自然方阵为基本单元，采用最优化“互补—模拟”方法各合成一幅 20 阶完全幻方精品。

1	2	3	4	5	375	374	373	372	371	226	227	228	229	230	200	199	198	197	196
10	9	8	7	6	336	367	368	369	370	235	234	233	232	231	191	192	193	194	195
11	12	13	14	15	365	364	363	362	361	236	237	238	239	240	190	189	188	187	186
20	19	18	17	16	356	357	358	359	360	245	244	243	242	241	181	182	183	184	185
21	22	23	24	25	355	354	353	352	351	246	247	248	249	250	180	179	178	177	176
326	327	328	329	330	100	99	98	97	96	101	102	103	104	105	275	274	273	272	271
335	334	333	332	331	91	92	93	94	95	110	109	108	107	106	266	267	268	269	270
336	337	338	339	340	90	89	88	87	86	111	112	113	114	115	265	264	263	262	261
345	344	343	342	341	81	82	83	84	85	120	119	118	117	116	256	257	258	259	260
346	347	348	349	350	80	79	78	77	76	121	122	123	124	125	255	254	253	252	251
175	174	173	172	171	201	202	203	204	205	400	399	398	397	396	26	27	28	29	30
166	167	168	169	170	210	209	208	207	206	391	392	393	394	395	35	34	33	32	31
165	164	163	162	161	211	212	213	214	215	390	389	388	387	386	36	37	38	39	40
156	157	158	159	160	220	219	218	217	216	381	382	383	384	385	45	44	43	42	41
155	154	153	152	151	221	222	223	224	225	380	379	378	377	376	46	47	48	49	50
300	299	298	297	296	126	127	128	129	130	75	74	73	72	71	301	302	303	304	305
291	292	293	294	295	135	134	133	132	131	66	67	68	69	70	310	309	308	307	306
290	289	288	287	286	136	137	138	139	140	65	64	63	62	61	311	312	313	314	315
281	282	283	284	285	145	144	143	142	141	56	57	58	59	60	320	319	318	317	316
280	279	278	277	276	146	147	148	149	150	55	54	53	52	51	321	322	323	324	325

图 12.4

1	2	3	4	5	375	374	373	372	371	226	227	228	229	230	200	199	198	197	196
10	9	8	7	6	366	367	368	369	370	235	234	233	232	231	191	192	193	194	195
11	12	13	14	15	365	364	363	362	361	236	237	238	239	240	190	189	188	187	186
20	19	18	17	16	356	357	358	359	360	245	244	243	242	241	181	182	183	184	185
21	22	23	24	25	355	354	353	352	351	246	247	248	249	250	180	179	178	177	176
326	327	328	329	330	100	99	98	97	96	101	102	103	104	105	275	274	273	272	271
335	334	333	332	331	91	92	93	94	95	110	109	108	107	106	266	267	268	269	270
336	337	338	339	340	90	89	88	87	86	111	112	113	114	115	265	264	263	262	261
345	344	343	342	341	81	82	83	84	85	120	119	118	117	116	256	257	258	259	260
346	347	348	349	350	80	79	78	77	76	121	122	123	124	125	255	254	253	252	251
175	174	173	172	171	201	202	203	204	205	400	399	398	397	396	26	27	28	29	30
166	167	168	169	170	210	209	208	207	206	391	392	393	394	395	35	34	33	32	31
165	164	163	162	161	211	212	213	214	215	390	389	388	387	386	36	37	38	39	40
156	157	158	159	160	220	219	218	217	216	381	382	383	384	385	45	44	43	42	41
155	154	153	152	151	221	222	223	224	225	380	379	378	377	376	46	47	48	49	50
300	299	298	297	296	126	127	128	129	130	75	74	73	72	71	301	302	303	304	305
291	292	293	294	295	135	134	133	132	131	66	67	68	69	70	310	309	308	307	306
290	289	288	287	286	136	137	138	139	140	65	64	63	62	61	311	312	313	314	315
281	282	283	284	285	145	144	143	142	141	56	57	58	59	60	320	319	318	317	316
280	279	278	277	276	146	147	148	149	150	55	54	53	52	51	321	322	323	324	325

图 12.5

螺旋方阵

什么是螺旋方阵？指由“1 至 n^2”自然数列（$n \geqslant 3$）按数的自然次序绕圈排列的正方数阵。若按阶次性质分类有：①奇数阶螺旋方阵；②偶数阶螺旋方阵。若按旋转方向分类有：①顺旋方阵；②逆旋方阵。若按数序分类有：①内旋方阵；②外旋方阵。

一、奇数阶螺旋方阵

图 12.6 左为 7 阶顺时针内旋方阵，图 12.6 右为 7 阶顺时针外旋方阵，它们的组合性质：① 7 行、7 列都为不等和、不等差关系；② 14 条泛对角线也都为不等和、不等差关系，但其中有的对角线与

1	2	3	4	5	6	7
24	25	26	27	28	29	8
23	40	41	42	43	30	9
22	39	48	49	44	31	10
21	38	47	46	45	32	11
20	37	36	35	34	33	12
19	18	17	16	15	14	13

31	32	33	34	35	36	37
30	13	14	15	16	17	38
29	12	3	4	5	18	39
28	11	2	1	6	19	40
27	10	9	8	7	20	41
26	25	24	23	22	21	42
49	48	47	46	45	44	43

图 12.6

行列等和，因此，近似于具有全不等组合性质的“反幻方”。螺旋方阵的造型非常美，富于动感。

二、偶数阶螺旋方阵

图 12.7 左为 8 阶逆时针内旋方阵，图 12.7 右为 8 阶逆时针外旋方阵，它们的组合性质：①7 行、7 列都为不等和、不等差关系；② 14 条泛对角线也都为不等和、不等差关系，但其中有的对角线与行列等和。总之，各种螺旋方阵的组合性质相似，结构相当复杂。

8	7	6	5	4	3	2	1
9	34	33	32	31	30	29	28
10	35	52	51	50	49	48	27
11	36	53	62	61	60	47	26
12	37	54	63	64	59	46	25
13	38	55	56	57	58	45	24
14	39	40	41	42	43	44	23
15	16	17	18	19	20	21	22

64	63	62	61	60	59	58	57
37	36	35	34	33	32	31	56
38	17	16	15	14	13	30	55
39	18	5	4	3	12	29	54
40	19	6	1	2	11	28	53
41	20	7	8	9	10	27	52
42	21	22	23	24	25	26	51
43	44	45	46	47	48	49	50

图 12.7

三、螺旋方阵入幻

螺旋方阵是幻方的一个逻辑片段，可以作为子单元安排于幻方内部，从而提升幻方的品位与趣味性。“‘乾’六龙幻方”就是根据这一思路设计与创作的幻方珍品。现以一个 5 阶螺旋方阵为中宫做一幅 15 阶幻方，如图 12.8 所示。

158	57	45	55	28	209	128	188	178	146	56	106	95	54	192
61	200	27	42	49	174	206	167	152	109	96	59	60	196	97
51	48	199	68	73	164	165	129	179	168	74	99	148	32	98
101	80	33	191	72	93	183	201	102	169	94	119	92	53	112
77	65	58	104	85	133	184	186	214	170	155	38	76	47	103
75	136	213	212	173	13	14	15	16	17	121	211	134	210	135
223	132	222	86	140	12	3	4	5	18	208	122	139	160	221
144	215	123	220	224	11	2	1	6	19	207	89	138	159	137
162	141	163	219	218	10	9	8	7	20	131	216	127	151	113
161	142	120	130	203	25	24	23	22	21	143	205	202	204	70
116	83	41	46	156	126	182	189	117	172	118	84	107	44	114
43	100	26	90	111	197	181	187	217	171	69	154	67	52	30
39	36	195	40	63	175	149	185	153	145	110	62	198	108	37
91	194	64	87	29	176	115	88	147	225	82	50	78	190	79
193	66	166	105	71	177	150	124	180	125	31	81	34	35	157

图 12.8

这幅 15 阶幻方（幻和“1695”）的中宫是一个 5 阶顺时针外旋方阵，它由“1 ～ 25”自然数列（15 阶自然数列最前一段）组成，为中宫子单元和值最小的 15 阶幻方。由于点缀了这个螺旋方阵，这幅 15 阶幻方平添了活力，它犹如大自然孕育万物之种，雄姿勃发，气势恢宏，非常壮观。

四、螺旋方阵合成完全幻方

以一对内外、顺逆螺旋的 6 阶互补方阵，作为基本构件合成一幅 24 阶完全幻方，其泛幻和“6924”（图 12.9）。

31	32	33	34	35	36	258	257	256	255	254	253	463	464	465	466	467	468	402	401	400	399	398	397
30	13	14	15	16	17	259	276	275	274	273	272	462	445	446	447	448	449	403	420	419	418	417	416
29	12	3	4	5	18	260	277	286	285	284	271	461	444	435	436	437	450	404	421	430	429	428	415
28	11	2	1	6	19	261	278	287	288	283	270	460	443	434	433	438	451	405	422	431	432	427	414
27	10	9	8	7	20	262	279	280	281	282	269	459	442	441	440	439	452	406	423	424	425	426	413
26	25	24	23	22	21	263	264	265	266	267	268	458	457	456	455	454	453	407	408	409	410	411	412
535	536	537	538	539	540	330	329	328	327	326	325	103	104	105	106	107	108	186	185	184	183	182	181
534	517	518	519	520	521	331	348	347	346	345	344	102	85	86	87	88	89	187	204	203	202	201	200
533	516	507	508	509	522	332	349	358	357	356	343	101	84	75	76	77	90	188	205	214	213	212	199
532	515	506	505	510	523	333	350	359	360	355	342	100	83	74	73	78	91	189	206	215	216	211	198
531	514	513	512	511	524	334	351	352	353	354	341	99	82	81	80	79	92	190	207	208	209	210	197
530	529	528	527	526	525	335	336	337	338	339	340	98	97	96	95	94	93	191	192	193	194	195	196
114	113	112	111	110	109	175	176	177	178	179	180	546	545	544	543	542	541	319	320	321	322	323	324
115	132	131	130	129	128	174	157	158	159	160	161	547	564	563	562	561	560	318	301	302	303	304	305
116	133	142	141	140	127	173	156	147	148	149	162	548	565	574	573	572	559	317	300	291	292	293	306
117	134	143	144	139	126	172	155	146	145	150	163	549	566	575	576	571	558	316	299	290	289	294	307
118	135	136	137	138	125	171	154	153	152	151	164	550	567	568	569	570	557	315	298	297	296	295	308
119	120	121	122	123	124	170	169	168	167	166	165	551	552	553	554	555	556	314	313	312	311	310	309
474	473	472	471	470	469	391	392	393	394	395	396	42	41	40	39	38	37	247	248	249	250	251	252
475	492	491	490	489	488	390	373	374	375	376	377	43	60	59	58	57	56	246	229	230	231	232	233
476	493	502	501	500	487	389	372	363	364	365	378	44	61	70	69	68	55	245	228	219	220	221	234
477	494	503	504	499	486	388	371	362	361	366	379	45	62	71	72	67	54	244	227	218	217	222	235
478	495	496	497	498	485	387	370	369	368	367	380	46	63	64	65	66	53	243	226	225	224	223	236
479	480	481	482	483	484	386	385	384	383	382	381	47	48	49	50	51	52	242	241	240	239	238	237

图 12.9

半和半差方阵

什么是半和半差方阵？指由“1 至 n^2”自然数列（n 为大于 3 的奇数）填成的具有如下组合性质的另类幻方：①n 行等和，n 列等差，或者反之；②一半泛对角线等和，另一半泛对角线等差。这种等和关系与等差关系各半的数学性质，是与众不同的一种新的组合形式。我发现在完全幻方几何覆盖法“禁区”中，半和半差方阵非等闲之辈，它揭示了完全幻方与自然方阵之间一种复杂而曲折的联系方式，因此，半和半差方阵有特定的组合规则与明确的数学关系。我把它从完全幻方几何覆盖法“禁区”中提取出来，使其成为另类幻方的一个新品种，犹如孙悟空身上拔下的一根毫毛，同样可千变万化、神通广大。

一、半和半差方阵简介

图 12.10 左的组合性质如下。

① 7 列等和于“175”，7 行等差，各行之和分别为“28，77，126，175，224，273，322”，公差为“49”。

②右半 7 条泛对角线等和于“175”，左半 7 条泛对角线之和分别为“154，161，168，175，182，189，196”，公差为“7”。

39	40	41	42	36	37	38
17	18	19	20	21	15	16
44	45	46	47	48	49	43
22	23	24	25	26	27	28
7	1	2	3	4	5	6
34	35	29	30	31	32	33
12	13	14	8	9	10	11

47	21	37	11	34	1	24
19	42	9	32	6	22	45
40	14	30	4	27	43	17
12	35	2	25	48	15	38
33	7	23	46	20	36	10
5	28	44	18	41	8	31
26	49	16	39	13	29	3

图 12.10

图 12.10 右的组合性质如下。

① 7 行等和于“175”，7 列之和分别为“154，161，168，175，182，189，196”，公差为“7”。

②左半 7 条泛对角线等和于“175”，右半 7 条泛对角线之和分别为“28，77，126，175，224，273，322”，公差为“49”。

二、半和半差方阵入幻

图 12.11 这幅 15 阶幻方（幻和“1695”）的中宫为一个 5 阶半和半差方阵，它的 5 行形成一条等差数列，其各行之和分别等于“55，60，65，70，75”，公差“5”；5 列等和于“65”；左半泛对角线形成一条等差数列，其各对角线之和分别等于“55，60，65，70，75”，公差“5”；右半泛对角线等和于“65”。这个 5 阶半和半差方阵总和“325”，是中宫子单元内部公差最小、和值最小的 15 阶幻方。半和半差方阵作为大幻方的中宫，可在大幻方范围内选择各种用数方案定制。

123	27	33	34	35	221	224	223	222	225	32	29	26	41	200
103	125	105	28	45	151	153	152	154	157	96	97	30	199	100
46	37	116	117	102	166	167	168	169	170	71	72	155	75	64
69	119	82	215	74	141	142	143	144	145	84	101	85	70	81
106	95	107	68	214	90	177	88	179	86	196	65	67	78	79
150	197	148	138	175	20	25	5	10	15	130	139	198	205	140
121	189	184	190	185	24	4	9	14	19	120	110	172	173	181
126	127	187	206	203	3	8	13	18	23	135	201	128	129	188
133	211	160	174	182	7	12	17	22	2	202	213	104	134	122
218	183	132	158	159	11	16	21	1	6	146	217	147	149	131
91	58	60	94	98	165	164	163	162	161	156	63	52	99	109
62	80	47	118	56	195	194	193	192	191	83	108	61	66	49
51	92	219	59	73	210	114	113	112	204	55	93	216	48	36
76	124	77	57	54	176	208	178	89	111	53	50	212	186	44
220	31	38	39	40	115	87	209	207	180	136	137	42	43	171

图 12.11

三、半和半差方阵合成完全幻方

图 12.12 是一幅中心对称 7 阶半和半差方阵，其组合性质：① 7 行等和于“175”

（即幻和），7 列之和分别为“154，161，168，175，182，189，196”，公差为“7”；②左半 7 条泛对角线等和于“175”，右半 7 条泛对角线之和分别为“28，77，126，175，224，273，322”，公差为“49”。

然而，以这个 7 阶半和半差方阵为样本单元，采用最优化“互补—模拟”方法合成一幅 28 阶完全幻方（图 12.13），其泛幻和“10990”。

47	21	37	11	34	1	24
19	42	9	32	6	22	45
40	14	30	4	27	43	17
12	35	2	25	48	15	38
33	7	23	46	20	36	10
5	28	44	18	41	8	31
26	49	16	39	13	29	3

图 12.12

47	21	37	11	34	1	24	640	666	650	676	653	686	663	537	511	527	501	524	491	514	346	372	356	382	359	392	369
19	42	9	32	6	22	45	668	645	678	655	681	665	642	509	532	499	522	496	512	535	374	351	384	361	387	371	348
40	14	30	4	27	43	17	647	673	657	683	660	644	670	530	504	520	494	517	533	507	353	379	363	389	366	350	376
12	35	2	25	48	15	38	675	652	685	662	639	672	649	502	525	492	515	538	505	528	381	358	391	368	345	378	355
33	7	23	46	20	36	10	654	680	664	641	667	651	677	523	497	513	536	510	526	500	360	386	370	347	373	357	383
5	28	44	18	41	8	31	682	659	643	669	646	679	656	495	518	534	508	531	498	521	388	365	349	375	352	385	362
26	49	16	39	13	29	3	661	638	671	648	674	658	684	516	539	506	529	503	519	493	367	344	377	354	380	364	390
733	707	723	697	720	687	710	150	176	160	186	163	196	173	243	217	233	207	230	197	220	444	470	454	480	457	490	467
705	728	695	718	692	708	731	178	155	188	165	191	175	152	215	238	205	228	202	218	241	472	449	482	459	485	469	446
726	700	716	690	713	729	703	157	183	167	193	170	154	180	236	210	226	200	223	239	213	451	477	461	487	464	448	474
698	721	688	711	734	701	724	185	162	195	172	149	182	159	208	231	198	221	244	211	234	479	456	489	466	443	476	453
719	693	709	732	706	722	696	164	190	174	151	177	161	187	229	203	219	242	216	232	206	458	484	468	445	471	455	481
691	714	730	704	727	694	717	192	169	153	179	156	189	166	201	224	240	214	237	204	227	486	463	447	473	450	483	460
712	735	702	725	699	715	689	171	148	181	158	184	168	194	222	245	212	235	209	225	199	465	442	475	452	478	462	488
248	274	258	284	261	294	271	439	413	429	403	426	393	416	738	764	748	774	751	784	761	145	119	135	109	132	99	122
276	253	286	263	289	273	250	411	434	401	424	398	414	437	766	743	776	753	779	763	740	117	140	107	130	104	120	143
255	281	265	291	268	252	278	432	406	422	396	419	435	409	745	771	755	781	758	742	768	138	112	128	102	125	141	115
283	260	293	270	247	280	257	404	427	394	417	440	407	430	773	750	783	760	737	770	747	110	133	100	123	146	113	136
262	288	272	249	275	259	285	425	399	415	438	412	428	402	752	778	762	739	765	749	775	131	105	121	144	118	134	108
290	267	251	277	254	287	264	397	420	436	410	433	400	423	780	757	741	767	744	777	754	103	126	142	116	139	106	129
269	246	279	256	282	266	292	418	441	408	431	405	421	395	759	736	769	746	772	756	782	124	147	114	137	111	127	101
542	568	552	578	555	588	565	341	315	331	305	328	295	318	52	78	62	88	65	98	75	635	609	625	599	622	589	612
570	547	580	557	583	567	544	313	336	303	326	300	316	339	80	57	90	67	93	77	54	607	630	597	620	594	610	633
549	575	559	585	562	546	572	334	308	324	298	321	337	311	59	85	69	95	72	56	82	628	602	618	592	615	631	605
577	554	587	564	541	574	551	306	329	296	319	342	309	332	87	64	97	74	51	84	61	600	623	590	613	636	603	626
556	582	566	543	569	553	579	327	301	317	340	314	330	304	66	92	76	53	79	63	89	621	595	611	634	608	624	598
584	561	545	571	548	581	558	299	322	338	312	335	302	325	94	71	55	81	58	91	68	593	616	632	606	629	596	619
563	540	573	550	576	560	586	320	343	310	333	307	323	297	73	50	83	60	86	70	96	614	637	604	627	601	617	591

图 12.13

半优化自然方阵

什么是半优化自然方阵？指由“1 至 n^2”自然数列填成具有如下组合性质的另类幻方形式。

① n 行等和，n 列等差（自然分段），或者反之，等和与等差同处一体。

②全部泛对角线等和，具有相当的优化组合结构。

这种数学性质是与众不同的一种新的组合形式，若全部行列与泛对角线互相置换，则可转化为半完全幻方，因此称之为半优化自然方阵，我也发现于完全幻方几何覆盖法“禁区”（参见“易数模型与组合方法”相关内容）。半优化自然方阵进一步揭示了完全幻方与自然方阵之间复杂而曲折的联系方式，因此，半优化自然方阵有特定的组合规则与明确的数学关系。这类“半”字头方阵，如半和半差方阵、半优化自然方阵与准幻方等，都是向幻方或完全幻方过渡的各种中间形态，故我统称之为幻方的“半成品”。它同样既可作为一个独立的数字游戏项目，又可作为一个子单元安装于经典幻方内部，还可由全部半优化自然方阵合成整个经典幻方。

一、半优化自然方阵简介

图 12.14 是两个 7 阶半优化自然方阵，共同的组合性质：①7 行等和于“175”；7 列之和等差，分别为“28，77，126，175，224，273，322”，公差为“49”；②14 条泛对角线等和于“175”。由此可知，半优化自然方阵行、列及泛对角线的这种组合关系，正好与半完全幻方互为表里，“杨辉口诀”就可实现两者的相互转化。

14	32	1	26	44	20	38
9	34	3	28	46	15	40
11	29	5	23	48	17	42
13	31	7	25	43	19	37
8	33	2	27	45	21	39
10	35	4	22	47	16	41
12	30	6	24	49	18	36

16	4	41	22	10	47	35
17	5	42	23	11	48	29
18	6	36	24	12	49	30
19	7	37	25	13	43	31
20	1	38	26	14	44	32
21	2	39	27	8	45	33
15	3	40	28	19	46	34

图 12.14

二、半优化自然方阵入幻

半优化自然方阵是幻方的一个逻辑片段，可作为子单元安排于幻方内部，这将为幻方精品设计增添一种新的组合形式。现把一个 5 阶半优化自然方阵嵌入 15 阶幻方。

图 12.15 是一幅 15 阶幻方（幻和“1695”），中宫为一个 5 阶半优化自然方

阵。在平时，人们绝不会注意到这个子单元的奇妙组合关系，组合性质如下。

①五行等差（自然分段），其各行之和分别为“15，40，65，90，115”，公差为“25”，而其各列等和于“65”。

②左右 10 条泛对角线之和全等于“65”。

由此可见，这是中宫内部公差最小、子单元和值最小的一幅 15 阶幻方。同时，这个特殊的 5 阶子单元左右颠倒都不影响 15 阶幻方成立。

123	26	32	34	35	221	224	223	222	225	29	27	33	41	200
100	125	105	28	45	151	153	152	154	157	96	97	30	199	103
75	37	116	117	102	166	167	168	169	170	71	72	155	46	64
81	119	84	215	74	141	142	143	144	145	82	101	85	70	69
106	107	95	68	214	90	177	88	179	86	196	67	65	78	79
150	190	148	198	185	5	2	1	3	4	146	139	172	218	134
121	189	184	130	175	23	24	25	22	21	110	197	120	173	181
188	127	128	206	203	12	11	13	14	15	201	187	135	129	126
131	183	122	174	159	9	10	7	6	8	104	211	217	149	205
133	132	213	158	182	16	18	19	20	17	138	147	202	140	160
91	60	58	94	98	165	164	163	162	161	156	63	99	109	52
49	47	83	118	56	195	194	193	192	191	61	108	80	66	62
51	93	219	59	73	210	114	113	112	204	55	92	216	48	36
76	124	77	57	54	176	208	178	89	111	212	50	44	186	53
220	136	31	39	40	115	87	209	207	180	38	137	42	43	171

图 12.15

行列图

什么是行列图？指以“1 至 n^2”自然数列（$n \geqslant 3$）排成的 n 行、n 列等和的正方形数阵，它要求两条主对角线不等和。行列图是一座放宽了尺度的数学迷宫，其组合结构、逻辑关系变化更灵活。精品行列图的构图难度和趣味性，与幻方相比毫不逊色。西方有些幻方爱好者常把行列图误认为幻方，如美国的富兰克林创作的一幅著名的“16 阶幻方”，其实它的两条对角线并不等和，但不失为一幅 16 阶行列图精品。杨辉曾创作过一幅“10 阶幻方”，实际上也是行列图。行列图是通往幻方迷宫的一条捷径，在幻方构图方法中被广泛应用。

一、行列图简介

图 12.16（1）这幅 8 阶行列图的组合性质：各行每对称两数之和全等于“65”；前、后半行都按数的自然次序相向排列，齐整划一、纹理不乱；同时，每组对角两象限的 2 阶子单元之和分别相等，一组等于“66”，另一

1	2	3	4	61	62	63	64
32	31	30	29	36	35	34	33
9	10	11	12	53	54	55	56
24	23	22	21	44	43	42	41
40	39	38	37	28	27	26	25
57	58	59	60	5	6	7	8
48	47	46	45	20	19	18	17
49	50	51	52	13	14	15	16

（1）

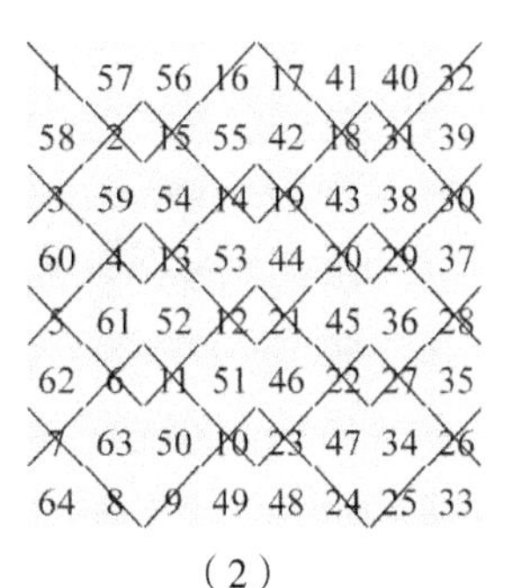

（2）

图 12.16

组等于“194”，互为消长。

图 12.16（2）这幅 8 阶行列图的组合性质：前半列数“1 ～ 32”连接起来是一条“对角”曲线，后半列数“33 ～ 64”连接起来也是一条“对角”曲线，两者互为交织，逻辑形式简约，数理精美。

二、行列图入幻

行列图是幻方可容纳的一个逻辑片段，现以 5 阶行列图为子单元制作一幅 15 阶幻方（幻和“1695”），如图 12.17 所示。

123	32	33	34	35	221	224	223	222	225	27	26	29	41	200
101	125	103	28	74	105	153	152	154	145	84	90	97	199	85
46	37	126	117	102	115	167	209	169	170	72	75	155	64	71
82	119	81	215	45	141	142	143	144	157	96	151	79	70	30
95	107	106	68	214	100	177	88	179	86	196	67	65	78	69
172	183	122	130	175	16	9	22	15	3	211	120	149	218	150
121	213	148	174	185	8	21	14	2	20	146	134	197	173	139
116	128	201	206	203	25	13	1	19	7	135	188	137	129	187
202	190	132	198	182	12	5	18	6	24	110	104	147	160	205
131	189	184	158	159	4	17	10	23	11	138	217	133	140	181
91	58	60	94	98	165	164	163	162	161	156	109	52	99	63
83	66	61	118	56	195	194	193	192	191	80	108	62	47	49
36	93	219	59	73	210	114	113	112	204	55	92	216	48	51
76	124	77	57	54	212	208	178	89	111	53	176	50	186	44
220	31	42	39	40	166	87	168	207	180	136	38	127	43	171

图 12.17

这个 5 阶行列图由“1 ～ 25”自然数列构成，其组合性质：5 行、5 列全等于“65”，两条主对角线不等和。这是 15 阶幻方中宫之和最小的一种组合形态，因而四厢宫数字大、四角宫数字小，建立平衡关系难度比较高。同时，其母阶（大九宫）也是一个“3 阶行列图”。

行列图的存量远多于幻方。例如，3 阶幻方只有“5”居中一种组合状态，而 3 阶行列图“1 ～ 9”自然数列中各数无一不可居中（“5”居中时，即 3 阶幻方）。幻方是特殊的行列图。

三、行列图合成完全幻方

现以一个全轴对称 8 阶行列图为基本单元，采用“互补—模拟”方法合成一幅 32 阶完全幻方（图 12.18，泛幻和“16400”），其组合性质如下。

① 16 个全轴对称 8 阶行列图等差，母阶为 4 阶完全幻方。

②中轴两侧每两个 8 阶行列图为全轴对称关系。

1	2	3	4	61	62	63	64	449	450	451	452	509	510	511	512	832	831	830	829	772	771	770	769	768	767	766	765	708	707	706	705
32	31	30	29	36	35	34	33	480	479	478	477	484	483	482	481	801	802	803	804	797	798	799	800	737	738	739	740	733	734	735	736
9	10	11	12	53	54	55	56	457	458	459	460	501	502	503	504	824	823	822	821	780	779	778	777	760	759	758	757	716	715	714	713
24	23	22	21	44	43	42	41	472	471	470	469	492	491	490	489	809	810	811	812	789	790	791	792	745	746	747	748	725	726	727	728
40	39	38	37	28	27	26	25	488	487	486	485	476	475	474	473	793	794	795	796	805	806	807	808	729	730	731	732	741	742	743	744
57	58	59	60	5	6	7	8	505	506	507	508	453	454	455	456	776	775	774	773	828	827	826	825	712	711	710	709	764	763	762	761
48	47	46	45	20	19	18	17	496	495	494	493	468	467	466	465	785	786	787	788	813	814	815	816	721	722	723	724	749	750	751	752
49	50	51	52	13	14	15	16	497	498	499	500	461	462	463	464	784	783	782	781	820	819	818	817	720	719	718	717	756	755	754	753
897	898	899	900	957	958	959	960	577	578	579	580	637	638	639	640	192	191	190	189	132	131	130	129	384	383	382	381	324	323	322	321
928	927	926	925	932	931	930	929	608	607	606	605	612	611	610	609	161	162	163	164	157	158	159	160	353	354	355	356	349	350	351	352
905	906	907	908	949	950	951	952	585	586	587	588	629	630	631	632	184	183	182	181	140	139	138	137	376	375	374	373	332	331	330	329
920	919	918	917	940	939	938	937	600	599	598	597	620	619	618	617	169	170	171	172	149	150	151	152	361	362	363	364	341	342	343	344
936	935	934	933	924	923	922	921	616	615	614	613	604	603	602	601	153	154	155	156	165	166	167	168	345	346	347	348	357	358	359	360
953	954	955	956	901	902	903	904	633	634	635	636	581	582	583	584	136	135	134	133	188	187	186	185	328	327	326	325	380	379	378	377
944	943	942	941	916	915	914	913	624	623	622	621	596	595	594	593	145	146	147	148	173	174	175	176	337	338	339	340	365	366	367	368
945	946	947	948	909	910	911	912	625	626	627	628	589	590	591	592	144	143	142	141	180	179	178	177	336	335	334	333	372	371	370	369
193	194	195	196	253	254	255	256	257	258	259	260	317	318	319	320	1024	1023	1022	1021	964	963	962	961	576	575	574	573	516	515	514	513
224	223	222	221	228	227	226	225	288	287	286	285	292	291	290	289	993	994	995	996	989	990	991	992	545	546	547	548	541	542	543	544
201	202	203	204	245	246	247	248	265	266	267	268	309	310	311	312	1016	1015	1014	1013	972	971	970	969	568	567	566	565	524	523	522	521
216	215	214	213	236	235	234	233	280	279	278	277	300	299	298	297	1001	1002	1003	1004	981	982	983	984	553	554	555	556	533	534	535	536
232	231	230	229	220	219	218	217	296	295	294	293	284	283	282	281	985	986	987	988	997	998	999	1000	537	538	539	540	549	550	551	552
249	250	251	252	197	198	199	200	313	314	315	316	261	262	263	264	968	967	966	965	1020	1019	1018	1017	520	519	518	517	572	571	570	569
240	239	238	237	212	211	210	209	304	303	302	301	276	275	274	273	977	978	979	980	1005	1006	1007	1008	529	530	531	532	557	558	559	560
241	242	243	244	205	206	207	208	305	306	307	308	269	270	271	272	976	975	974	973	1012	1011	1010	1009	528	527	526	525	564	563	562	561
833	834	835	836	893	894	895	896	641	642	643	644	701	702	703	704	128	127	126	125	68	67	66	65	448	447	446	445	388	387	386	385
864	863	862	861	868	867	866	865	672	671	670	669	676	675	674	673	97	98	99	100	93	94	95	96	417	418	419	420	413	414	415	416
841	842	843	844	885	886	887	888	649	650	651	652	693	694	695	696	120	119	118	117	76	75	74	73	440	439	438	437	396	395	394	393
856	855	854	853	876	875	874	873	664	663	662	661	684	683	682	681	105	106	107	108	85	86	87	88	425	426	427	428	405	406	407	408
872	871	870	869	860	859	858	857	680	679	678	677	668	667	666	665	89	90	91	92	101	102	103	104	409	410	411	412	421	422	423	424
889	890	891	892	837	838	839	840	697	698	699	700	645	646	647	648	72	71	70	69	124	123	122	121	392	391	390	389	444	443	442	441
880	879	878	877	852	851	850	849	688	687	686	685	660	659	658	657	81	82	83	84	109	110	111	112	401	402	403	404	429	430	431	432
881	882	883	884	845	846	847	848	689	690	691	692	653	654	655	656	80	79	78	77	116	115	114	113	400	399	398	397	436	435	434	433

图 12.18

泛反幻方

什么是泛反幻方（亦称完全反幻方）？指以“1 至 n^2”自然数列填成 n 行、n 列及 $2n$ 条泛对角线之和不规则组合的另类幻方。这种不规则组合一反“幻方”常规，建立既不等和，又不等差的诡异数学关系，因此我称之为“乱数”方阵。西方人玩过的一般反幻方，没有要求泛对角线之和具有不规则性。然而，制作完全反幻方比较难，无章可循，也不是按随机方法排列就必定能获得的，3 阶还不存在完全反幻方解，因此引起了幻方爱好者的好奇。

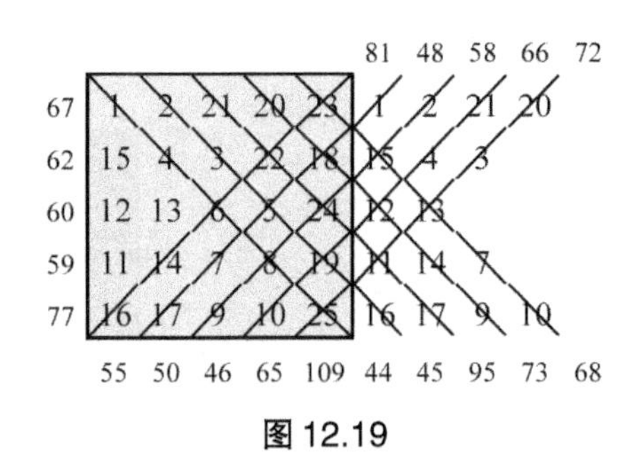

图 12.19

一、泛反幻方简介

图 12.19 这幅 5 阶完全反幻方的全方位不规则组合关系如下：行、列及泛对角线之和分别为“43，45，46，48，50，55，58，59，60，62，65，66，67，68，72，73，77，81，95，109”。完全反幻方的“幻和”参差不齐，这不是轻而易举就能做出来的，哪怕有一个数在位不当，就会出现两条线等和现象。完全反幻方各条线的“幻和”越相近，构图难度就越大。

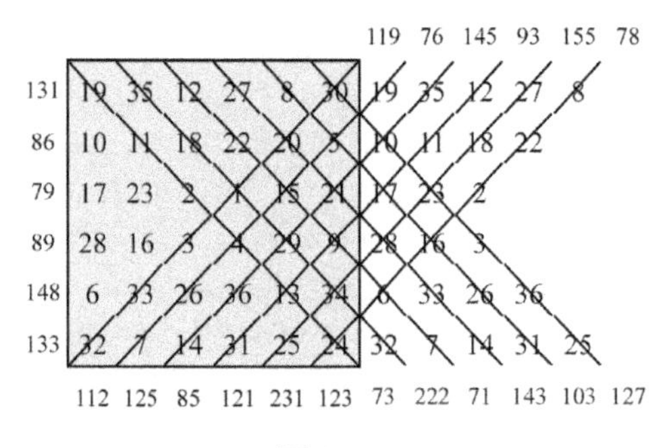

图 12.20

图 12.20 这幅 6 阶完全反幻方行、列及泛对角线无一等和，若把它们按序排列起来，即“71，73，76，78，79，86，85，89，93，103，112，119，121，123，125，127，131，133，143，145，148，155，222，231”。这就是地地道道的完全反幻方。

一个启示：如若全部行、列及泛对角线之和能改造、调整为一条等差数列，不就是梦寐以求的“完全等差幻方”吗？

二、泛反幻方入幻

完全反幻方入幻，是幻方精品设计一项有趣的游戏。图 12.21 这幅 15 阶幻方（幻和“1695”）的中宫就是图 12.20 的 5 阶完全反幻方。

159	39	89	87	84	225	216	54	215	93	86	78	40	55	175
83	158	48	85	66	224	148	214	121	161	47	102	33	174	31
74	29	157	32	99	223	218	139	212	163	72	34	173	44	26
73	75	45	156	27	222	219	213	138	164	38	172	41	76	36
57	69	114	58	67	124	220	211	137	166	171	30	115	43	113
200	197	154	198	153	1	2	21	20	23	52	199	152	127	196
122	151	96	150	149	15	4	3	22	18	191	192	193	194	195
188	189	190	147	186	12	13	6	5	24	146	126	59	187	217
143	182	183	185	184	11	14	7	8	19	181	144	201	123	110
180	179	145	177	176	16	17	9	10	25	221	79	178	141	142
61	112	105	82	162	130	109	206	60	170	205	88	62	63	80
77	37	125	116	108	118	119	207	120	169	35	204	49	111	100
91	70	160	90	71	128	133	134	208	168	50	46	203	51	92
81	155	28	64	65	129	132	135	209	167	97	94	95	202	42
106	53	56	68	98	117	131	136	210	165	103	107	101	104	140

图 12.21

幻方爱好者为什么会长年累月、孜孜不倦地玩幻方迷宫，因为每当你辛辛苦苦做出一幅幻方时，一定会发现这一次与上次或别人做的又不同，而且一个问题解决了，更多的新问题又出来了，这就让人欲罢而不能。未知的东西，产生爱好和兴趣，驱动人们去探求。我相信：在幻方迷宫中，尚未发现、尚未解决的问题比目前已解决的问题还要多。本是属于初等数学的一个古算题，想不到如此不容易。

三、泛反幻方合成完全幻方

泛反幻方最优化入幻：先进行 k 阶泛反幻方单元设计；之后采用最优化“互补—模拟”合成法编制 $4k$ 阶“泛反幻方”合成一幅完全幻方。

图 12.22 是一幅 20 阶完全幻方，其泛幻和“4010”，由 16 个等差 5 阶泛反幻方单元合成。

图 12.23 是一幅 24 阶完全幻方，其泛幻和“8924”，由 16 个等差 6 阶泛反幻方合成。从“商—余”正交方阵而言，它们属于“不规则”完全幻方范畴。

1	2	21	20	23	200	199	180	181	178	251	252	271	270	273	350	349	330	331	328
15	4	3	22	18	186	197	198	179	183	265	254	253	272	268	336	347	348	329	333
12	13	6	5	24	189	188	195	196	177	262	263	256	255	274	339	338	345	346	327
11	14	7	8	19	190	187	194	193	182	261	264	257	258	269	340	337	344	343	332
16	17	9	10	25	185	184	192	191	176	266	267	259	260	275	335	334	342	341	326
300	299	280	281	278	301	302	321	320	323	50	49	30	31	28	151	152	171	170	173
286	297	298	279	283	315	304	303	322	318	36	47	48	29	33	165	154	153	172	168
289	288	295	296	277	312	313	306	305	324	39	38	45	46	27	162	163	156	155	174
290	287	294	293	282	311	314	307	308	319	40	37	44	43	32	161	164	157	158	169
285	284	292	291	276	316	317	309	310	325	35	34	42	41	26	166	167	159	160	175
150	149	130	131	128	51	52	71	70	73	400	399	380	381	378	201	202	221	220	223
136	147	148	129	133	65	54	53	72	68	386	397	398	379	383	215	204	203	222	218
139	138	145	146	127	62	63	56	55	74	389	388	395	396	377	212	213	206	205	224
140	137	144	143	132	61	64	57	58	69	390	387	394	393	382	211	214	207	208	219
135	134	142	141	126	66	67	59	60	75	385	384	392	391	376	216	217	209	210	225
351	352	371	370	373	250	249	230	231	228	101	102	121	120	123	100	99	80	81	78
365	354	353	372	368	236	247	248	229	233	115	104	103	122	118	86	97	98	79	83
362	363	356	355	374	239	238	245	246	227	112	113	106	105	124	89	88	95	96	77
361	364	357	358	369	240	237	244	243	232	111	114	107	108	119	90	87	94	93	82
366	367	359	360	375	235	234	242	241	226	116	117	109	110	125	85	84	92	91	76

图 12.22

19	35	12	27	8	30	270	254	277	262	281	259	379	395	372	387	368	390	486	470	493	478	497	475
10	11	18	22	20	5	279	278	271	267	269	284	370	371	378	382	380	365	495	494	487	483	485	500
17	23	2	1	15	21	272	266	287	288	274	268	377	383	362	361	375	381	488	482	503	504	490	484
28	16	3	4	29	9	261	273	286	285	260	280	288	376	363	384	389	369	477	489	502	501	476	496
6	33	26	36	13	34	283	256	263	253	276	255	366	393	386	396	373	394	499	472	479	469	492	471
32	7	14	31	25	24	257	282	275	258	264	265	392	367	374	391	385	364	473	498	491	474	480	481
414	398	421	406	425	403	451	467	444	459	440	462	54	38	61	46	65	43	235	251	228	243	224	246
423	422	415	411	413	428	442	443	450	454	452	437	63	62	55	51	53	68	226	227	234	238	236	221
416	410	431	432	418	412	449	455	434	433	447	453	56	50	71	72	58	52	233	239	218	217	231	237
405	417	430	429	404	424	460	448	435	436	461	441	45	57	70	69	44	64	244	232	219	220	245	225
427	400	407	397	420	399	438	465	458	468	445	466	67	40	47	37	60	39	222	249	242	252	229	250
401	426	419	402	408	409	464	439	446	463	457	456	41	66	59	42	48	49	248	223	230	247	241	240
198	182	205	190	209	187	91	107	84	99	80	102	558	542	565	550	569	547	307	323	300	315	296	318
207	206	199	195	197	212	82	83	90	94	92	77	567	566	559	555	557	572	298	299	306	310	308	293
200	194	215	216	202	196	89	95	74	73	87	93	560	554	575	576	562	556	305	311	290	289	303	309
189	201	214	213	188	208	100	88	75	76	101	81	549	561	574	573	548	568	316	304	291	292	317	297
211	184	191	181	204	183	78	105	98	108	85	106	571	544	551	541	564	543	294	321	314	324	301	322
185	210	203	186	192	193	104	79	86	103	97	96	545	570	563	546	552	553	320	295	302	319	313	312
523	539	516	531	512	534	342	326	349	334	353	331	163	179	156	171	152	174	126	110	133	118	137	115
514	515	522	526	524	509	351	350	343	339	341	356	154	155	162	166	164	149	135	134	127	123	125	140
521	527	506	505	519	525	344	338	359	360	346	340	161	167	146	145	159	165	128	122	143	144	130	124
532	520	507	508	533	513	333	345	358	357	332	352	172	160	147	148	173	153	117	129	142	141	116	136
510	537	530	540	517	538	355	328	335	325	348	327	150	177	170	180	157	178	139	112	119	109	132	111
536	511	518	535	529	528	329	354	347	330	336	337	176	151	158	175	169	168	113	138	131	114	120	121

图 12.23

可逆方阵

什么是可逆方阵？这是英国幻方爱好者凯瑟琳·奥伦肖（K. Oiierenshaw）和戴维·勃利（D. Bree）在《最完全幻方：结构与数量》一书中提出的一个概念。他们认为：可逆方阵与“最完全幻方”存在一对一互为转化关系，而组合数学已给出了可逆方阵数量，据此就能推算出这类完全幻方。所谓“最完全幻方”，1897 年由 E. Mclintock 命名，指任意划出一个最小单元之和全等的完全幻方，我称之为最均匀完全幻方，只占整个完全幻方群的一小部分。据解读可知：可逆方阵具有如下特殊性质：①方阵中每行每列可逆，即对折数组等和；②方阵中任何一个正方形或长方形的对角两数之和相等。显然，可逆方阵的任意对角两数存在互补对称关系，这是数阵的一种新的组合形态。

48 幅 4 阶完全幻方都属于“最完全幻方”范畴。据逆推算：全部 4 阶完全幻方与之对应的有 48 个可逆方阵，若按行列组配方案可分为 3 款不同的“主导方阵”（每一款采用行列对称变位，各可演化出 16 个排列次序各异的可逆方阵）。

图 12.24 就是代表 48 幅 4 阶完全幻方的 3 款“主导方阵”，这与按行列组配口径计算分 3 类 4 阶完全幻方同理。左图这个 4 阶“主导方阵”就是自然方阵，右两个图给出并非容易。在“主导方阵”上，任意划出正方形或长方形，其两组对角数字之和一定相等，数理非常美。

1	2	3	4
5	6	7	8
9	10	11	12
13	14	15	16

11	9	15	13
4	2	8	6
12	10	16	14
3	1	7	5

13	9	14	10
7	3	8	4
15	11	16	12
5	1	6	2

图 12.24

现选择图 12.24 右 4 阶可逆方阵为基本构件，采用最优化“互补—模拟”方法合成一幅 16 阶完全幻方（图 12.25），其主要结构特点如下。

①横向每相邻两个 4 阶单元各对数组为互补关系。

②在上下各两个相邻 4 阶单元中，任意划出一个正方形或长方形，其两组对角数字之和各自相等。

③横向每相间两个 4 阶单元或纵向每对称两个 4 阶单元，任意两组对角数字之和各自相等。

总之，这幅 16 阶完全幻方的子单元微观结构独特，采用一定变位方法，即可转换成 16 阶二重次最优化子母完全幻方。

13	9	14	10	180	184	179	183	109	105	110	106	212	216	211	215
7	3	8	4	186	190	185	189	103	99	104	100	218	222	217	221
15	11	16	12	178	182	177	181	111	107	112	108	210	214	209	213
5	1	6	2	188	192	187	191	101	97	102	98	220	224	219	223
125	121	126	122	196	200	195	199	29	25	30	26	164	168	163	167
119	115	120	116	202	206	201	205	23	19	24	20	170	174	169	173
127	123	128	124	194	198	193	197	31	27	32	28	162	166	161	165
117	113	118	114	204	208	203	207	21	17	22	18	172	176	171	175
148	152	147	151	45	41	46	42	244	248	243	247	77	73	78	74
154	158	153	157	39	35	40	36	250	254	249	253	71	67	72	68
146	150	145	149	47	43	48	44	242	246	241	245	79	75	80	76
156	160	155	159	37	33	38	34	252	256	251	255	69	65	70	66
228	232	227	231	93	89	94	90	132	136	131	135	61	57	62	58
234	238	233	237	87	83	88	84	138	142	137	141	55	51	56	52
226	230	225	229	95	91	96	92	130	134	129	133	63	59	64	60
236	240	235	239	85	81	86	82	140	144	139	143	53	49	54	50

图 12.25

准幻方

什么是准幻方？指比行列图多一条等和主对角线，但比经典幻方又少一条等和主对角线的另类方阵，是从行列图过渡到幻方的一个中间环节，属于非幻方范畴。在幻方“手工作业”构图中，这类准幻方时有出现，令人既惊奇又遗憾，离成功只差一步之遥呀！因而准幻方给了我深刻印象。

在浩瀚的全排列数阵中，大量准幻方作为经典幻方的“邻居”，值得纪念，故一定要把准幻方融入完全幻方大世界。图 12.26 就是 4 阶、5 阶两个准幻方，它们只有一条主对角线之和不等于幻和。准幻方合成完全幻方如图 12.27 和图 12.28 所示。

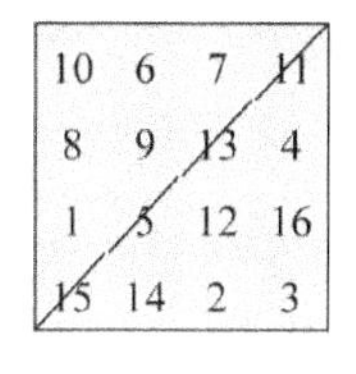

10	6	7	11
8	9	13	4
1	5	12	16
15	14	2	3

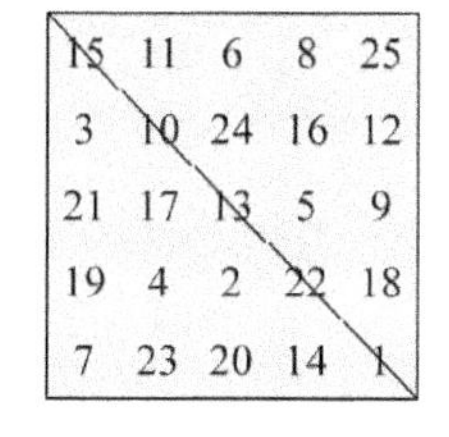

15	11	6	8	25
3	10	24	16	12
21	17	13	5	9
19	4	2	22	18
7	23	20	14	1

图 12.26

10	6	7	11	119	123	122	118	170	166	167	171	215	219	218	214
8	9	13	4	121	120	116	125	168	169	173	164	217	216	212	221
1	5	12	16	128	124	117	113	161	165	172	176	224	220	21	209
15	14	2	3	114	115	127	126	175	174	162	163	210	211	223	222
186	182	183	187	199	203	202	198	26	22	23	27	103	107	106	102
184	185	189	180	201	200	196	205	24	25	29	20	105	104	100	109
177	181	188	192	208	204	197	193	17	21	28	32	112	108	101	97
191	190	178	179	194	195	207	206	31	30	18	19	98	99	111	110
87	91	90	86	42	38	39	43	249	251	250	246	138	134	135	139
89	88	84	93	40	41	45	36	249	248	244	253	136	137	141	132
96	92	85	81	33	37	44	48	256	252	245	241	129	133	140	144
82	83	95	94	47	46	34	35	242	243	255	254	143	142	130	131
231	235	234	230	154	150	151	155	71	75	74	70	58	54	55	59
233	232	228	237	152	153	157	148	73	72	68	77	56	57	61	52
240	236	229	225	145	149	156	160	80	76	69	65	49	53	60	64
226	227	239	238	159	158	146	147	66	67	79	78	63	62	50	51

图 12.27

15	11	6	8	25	186	190	195	193	176	265	261	256	258	275	336	340	345	343	326
3	10	24	16	12	198	191	177	185	189	253	260	274	266	262	348	341	327	335	339
21	17	13	5	9	180	184	188	196	192	271	267	263	255	259	330	334	338	346	342
19	4	2	22	18	182	197	199	179	183	269	254	252	272	268	332	347	349	329	333
7	23	20	14	1	194	178	181	187	200	257	273	270	264	251	344	328	331	337	350
290	286	281	283	300	311	315	320	318	301	40	36	31	33	50	161	165	170	168	151
278	285	299	291	287	323	316	302	310	314	28	35	49	41	37	173	166	152	160	164
296	292	288	280	284	305	309	313	321	317	46	42	38	30	34	155	159	163	171	167
294	279	277	297	293	307	322	324	304	308	44	29	27	47	43	157	172	174	154	158
282	298	295	289	276	319	303	306	312	325	32	48	45	39	26	169	153	156	162	175
136	140	145	143	126	65	61	56	58	75	386	390	395	393	376	215	211	206	208	225
148	141	127	135	139	53	60	74	66	62	398	391	377	385	389	203	210	224	216	212
130	134	138	146	142	71	67	63	55	59	380	384	388	396	392	221	217	213	205	209
132	147	149	129	133	69	54	52	72	68	382	397	399	379	383	219	204	202	222	218
144	128	131	137	150	57	73	70	64	51	394	378	381	387	400	207	223	220	214	201
361	365	370	368	351	240	236	231	233	250	111	115	120	118	101	90	86	81	83	100
373	366	352	360	364	228	235	249	241	237	123	116	102	110	114	78	85	99	91	87
355	359	363	371	367	246	242	238	230	234	105	109	113	121	117	96	92	88	80	84
357	372	374	354	358	244	229	227	247	243	107	122	124	104	108	94	79	77	97	93
369	353	356	362	375	232	248	245	239	226	119	103	106	112	125	82	98	95	89	76

图 12.28

泛等差幻方

什么是等差幻方？指以“1 至 n^2”自然数列组排与建立 n 行、n 列及两条主对角线之和形成一列连续数列的组合方阵，这是更具挑战性的一个智力游戏算题。等差幻方出于反幻方，而又高于反幻方。反幻方一反“幻方”之道，要求建立全不等和关系，当进而要求其建立等差关系时，则脱胎换骨蜕变为等差幻方了。等差幻方最优化入幻，堪为等和与等差两重关系“冰火”交融之壮观。

第一例：一般等差幻方入幻

图 12.29 是一幅 5 阶等差幻方，其 5 行、5 列及 2 条主对角线之和依序排列为“40，45，50，55，60，65，70，75，80，85，90，95”，即公差等于“5”的 12 项连续数列。

					↙95
11	23	2	24	20	80
7	18	19	25	1	70
12	3	14	6	5	40
4	15	8	13	10	50
21	16	17	22	9	85
55	75	60	90	45	↖65

图 12.29

一般等差幻方最优化入幻演示：

图12.30是一幅20阶二重次完全幻方，其泛幻和“4010”，母阶泛幻和“20050”，由16个幻差等于“5”的连续5阶等差幻方子单元合成。

11	23	2	24	20	190	178	199	177	181	261	273	252	274	270	340	328	349	327	331
7	18	19	25	1	194	183	182	176	200	257	268	269	275	251	344	333	332	326	350
12	3	14	6	5	189	198	187	195	196	262	253	264	256	255	339	348	337	345	346
4	15	8	13	10	197	186	193	188	191	254	265	258	263	260	347	336	343	338	341
21	16	17	22	9	180	185	184	179	192	271	266	267	272	259	330	335	334	329	342
286	298	277	299	295	315	303	324	302	306	36	48	27	49	45	165	153	174	152	156
282	293	294	300	276	319	308	307	301	325	32	43	44	50	26	169	158	157	151	175
287	278	289	281	280	314	323	312	320	321	37	28	39	31	30	164	173	162	170	171
279	290	283	288	285	322	311	318	313	316	29	40	33	38	35	172	161	168	163	166
296	291	292	297	284	305	310	309	304	317	46	41	42	47	34	155	160	159	154	167
140	128	149	127	131	61	73	52	74	70	390	378	399	377	381	211	223	202	224	220
144	133	132	126	150	57	68	69	75	51	394	383	382	376	400	207	218	219	225	201
139	148	137	145	146	62	53	64	56	55	389	398	387	395	396	212	203	214	206	205
147	136	143	138	141	54	65	58	63	60	397	386	393	388	391	204	215	208	213	210
130	135	134	129	142	71	66	67	72	59	380	385	384	379	392	221	216	217	222	209
365	353	374	352	356	236	248	227	249	245	115	103	124	102	106	86	98	77	99	95
369	358	357	351	375	232	243	244	250	226	119	108	107	101	125	82	93	94	100	76
364	373	362	370	371	237	228	239	231	230	114	123	112	120	121	87	78	89	81	80
372	361	368	363	366	229	240	233	238	235	122	111	118	113	116	79	90	83	88	85
355	360	359	354	367	246	241	242	247	234	105	110	109	104	117	96	91	92	97	84

图 12.30

第二例：泛等差幻方入幻

泛等差幻方是一种特殊的等差幻方，它建立了如下等差关系：即 n 行、n 列及左右两半泛对角线之和为4列相同的连续数列。结构简约，富于美感，构图难度也比较高。

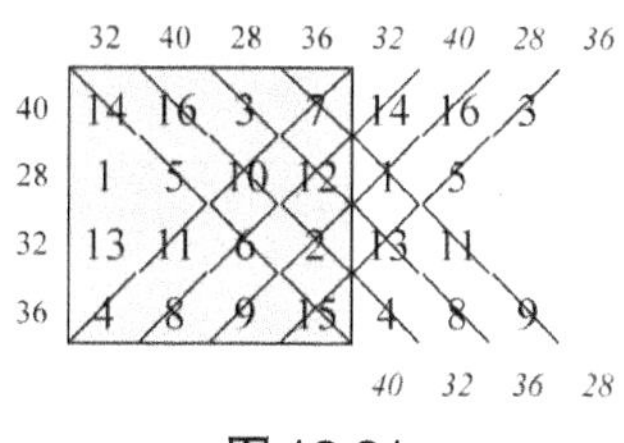

图 12.31

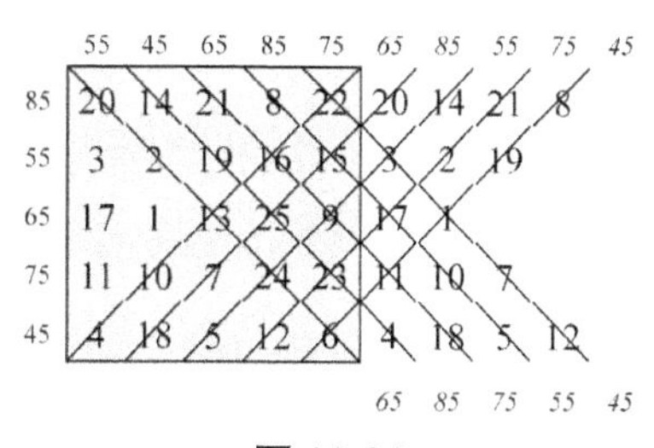

图 12.32

图12.31是一幅4阶泛等差幻方，其4行、4列、左半、右半泛对角线之和依次为“28，32，36，40”，幻和公差都等于“4”。图12.32是一幅5阶泛等差幻方，其5行、5列、左半、右半泛对角线之和依次为“45，55，65，75，85”，幻和公差都等于“10”。

然而，上述两个泛等差幻方最优化入幻：得图 12.33 所示的 16 阶二重次完全幻方，由幻差等于“4”的 16 个连续 4 阶泛等差幻方子单元合成；又得图 12.34 所示的 20 阶二重次完全幻方，由幻差等于“10”的 16 个连续 5 阶泛等差幻方子单元合成。

14	16	3	7	227	225	238	234	158	160	147	151	115	113	126	122
1	5	10	12	240	236	231	229	145	149	154	156	128	124	119	117
13	11	6	2	228	230	235	239	157	155	150	146	116	118	123	127
4	8	9	15	237	233	232	226	148	152	153	159	125	121	120	114
222	224	211	215	51	49	62	58	78	80	67	71	163	161	174	170
209	213	218	220	64	60	55	53	65	69	74	76	176	172	167	165
221	219	214	210	52	54	59	63	77	75	70	66	164	166	171	175
212	216	217	223	61	57	56	50	68	72	73	79	173	169	168	162
99	97	110	106	142	144	131	135	243	241	254	250	30	32	19	23
112	108	103	101	129	133	138	140	256	252	247	245	17	21	26	28
100	102	107	111	141	139	134	130	244	246	251	255	29	27	22	18
109	105	104	98	132	136	137	143	253	249	248	242	20	24	25	31
179	177	190	186	94	96	83	87	35	33	46	42	206	208	195	199
192	188	183	181	81	85	90	92	48	44	39	37	193	197	202	204
180	182	187	191	93	91	86	82	36	38	43	47	205	203	198	194
189	185	184	178	84	88	89	95	45	41	40	34	196	200	201	207

图 12.33

20	14	21	8	22	356	362	355	368	354	245	239	246	233	247	181	187	180	193	179
3	2	19	16	15	373	374	357	360	361	228	227	244	241	240	198	199	182	185	186
17	1	13	25	9	359	375	363	351	367	242	226	238	250	234	184	200	188	176	192
11	10	7	24	23	365	366	369	352	353	236	235	232	249	248	190	191	194	177	178
4	18	5	12	6	372	358	371	364	370	229	243	230	237	231	197	183	196	189	195
345	339	346	333	347	81	87	80	93	79	120	114	121	108	122	256	262	255	268	254
328	327	344	341	340	98	99	82	85	86	103	102	119	116	115	273	274	257	260	261
342	326	338	350	334	84	100	88	76	92	117	101	113	125	109	259	275	263	251	267
336	335	332	349	348	90	91	94	77	78	111	110	107	124	123	265	266	269	252	253
329	343	330	337	331	97	83	96	89	95	104	118	105	112	106	272	258	271	264	270
156	162	155	168	154	220	214	221	208	222	381	387	380	393	379	45	39	46	33	47
173	174	157	160	161	203	202	219	216	215	398	399	382	385	386	28	27	44	41	40
159	175	163	151	167	217	201	213	225	209	384	400	388	376	392	42	26	38	50	34
165	166	169	152	153	211	210	207	224	223	390	391	394	377	378	36	35	32	49	48
172	158	171	164	170	204	218	205	212	206	397	383	396	389	395	29	43	30	37	31
281	287	280	293	279	145	139	146	133	147	56	62	55	68	54	320	314	321	308	322
298	299	282	285	286	128	127	144	141	140	73	74	57	60	61	303	302	319	316	315
284	300	288	276	292	142	126	138	150	134	59	75	63	51	67	317	301	313	325	309
290	291	294	277	278	136	135	132	149	148	65	66	69	52	53	311	310	307	324	323
297	283	296	289	295	129	143	130	137	131	72	58	71	64	70	304	318	305	312	306

图 12.34

4阶“金字幻方”变术

无锡许仲义先生曾巧选16个特定数字，构造了4个广义4阶幻方，任其“6”与“9”调头，或者个位数与十位数互换，所得新幻方的幻和都等于“264”。许先生介绍说：“264”用无锡话说，谐音“两落水”，好比两面落水的“人”字形屋顶，又因它们“颠覆不破”的数学关系，从“人”字头联想为一个“金”字，故他称这几个4阶幻方为“金字幻方”。这是很有趣的数字变术，玩法非常巧妙。我为其中一个4阶“金字幻方”定制了一幅10阶幻方“镜框”，以便让世人在经典幻方定义下，作为10阶幻方的一个逻辑片段来欣赏许仲义先生的“264”幻方，岂不妙哉，参见图12.35（1）。

26	74	71	48	100	01	29	78	65	13
64	08	60	35	17	21	80	73	92	55
56	67	87	47	03	95	12	14	52	72
38	57	37	***96***	***11***	***89***	***68***	44	33	32
27	28	82	***88***	***69***	***91***	***16***	10	09	85
23	83	02	***61***	***86***	***18***	***99***	15	84	34
41	39	40	***19***	***98***	***66***	***81***	43	42	36
58	50	07	45	04	94	31	90	51	75
79	22	49	20	54	25	59	76	24	97
93	77	70	46	63	05	30	62	53	06

（1）

26	74	71	48	100	01	29	78	65	13
64	08	60	35	17	21	80	73	92	55
56	67	87	47	03	95	12	14	52	72
38	57	37	***99***	***11***	***68***	***86***	44	33	32
27	28	82	***88***	***66***	***19***	***91***	10	09	85
23	83	02	***16***	***98***	***81***	***69***	15	84	34
41	39	40	***61***	***89***	***96***	***18***	43	42	36
58	50	07	45	04	94	31	90	51	75
79	22	49	20	54	25	59	76	24	97
93	77	70	46	63	05	30	62	53	06

（2）

图12.35

这幅10阶幻方因镶嵌了这个魔术般变化的“金字幻方”子单元而成为幻方精品。“金字幻方”用数巧夺天工，其基本玩法如下。

①数字“左右换位”读数，4阶幻方成立，幻和不变。

②数字“上下颠倒”读数，4阶幻方成立，幻和不变。

在这两种读数方法下，16个数字的变化可分为如下几种情况。

①“11，88”：换位与颠倒读数，两数不变。

②“66，99”：换位读数，两数不变；颠倒读数，两数互变。

③“18，81”：换位与颠倒读数，两数互变。

④“69，96”：换位读数，两数互变；颠倒读数，两数不变。

⑤“16，61，19，91”“68，86，89，98”：换位与颠倒读数，每一组4个数之间交叉互变。

这16个数的5种变化关系，为“金字幻方”的魔术般重组提供了数理基础。当全部玩法应用于许先生的“金字幻方”时，将会变出更美、更多的“金字幻方”。同时，这16个数还可构造出其他“金字幻方”。如在图12.35（2）所示的10阶幻方中，我检出的另一个“264”金字幻方，四象的数字排列工整，每一组数或左右或上下或对角错综互文，因此品相非常优美。

“0”字头5阶“金字幻方”变术

许仲义发现的数字变术很有趣，玩法非常巧妙。我采用“0，1，6，8，9”5个基本数字，组合成25个两位数，并以两个不同5阶完全幻方为蓝本，分别构造2对4幅5阶“金字幻方”，它们都具有完全幻方组合性质，即其5行、5列及10条泛对角线全等于幻和“264”。

由于加入“0”，另有一番趣味。这使5阶“金字幻方”其幻和与许氏4阶“金字幻方”幻和相等，做到了增阶次而不增幻和，这就是“0”字头幻方的微妙之处，正应验许先生吉言：“264”是一个颠扑不破的神秘之数。最优化5阶“金字幻方”如图12.36所示。

19	86	00	68	91
60	98	11	89	06
81	09	66	90	18
96	10	88	01	69
08	61	99	16	80

（1）

61	98	00	89	16
09	86	11	68	90
18	60	99	06	81
96	01	88	10	69
80	19	66	91	08

（2）

99	06	10	61	88
60	81	98	09	16
08	19	66	80	91
86	90	01	18	69
11	68	89	96	00

（3）

00	96	68	89	11
69	81	10	06	98
16	08	99	61	80
91	60	86	18	09
88	19	01	90	66

（4）

图12.36

图12.36（1）与（2）为两个5阶“金字幻方”，中列都由“00，11，66，88，99”5个叠文数构成，而对称于中列的每一对数都为互文关系，因此，若从右至左读与从左至右读，或者上下颠倒，所产生的两幅幻方都为“镜像”同构关系（或者说为同一幅幻方）。

图12.36（3）与（4）为两个5阶“金字幻方”，其10对互文数非对称排列，因此，若从右至左读与从左至右读，或者上下颠倒，两幅幻方都为同数异构关系。

图12.37这两幅10阶幻方都以“0”为起点，不属于经典幻方范畴，因此，我别称其为“0”字头10阶幻方（幻和“495”）。两者内含的最优化5阶“金字幻方”，位置“偏心”，10阶右主对角线涉及“金字幻方”的次对角线，因此

在“外框”不变情况下，两个同构“金字幻方”是以左主对角线为中心的“对折”交换关系。

76	62	37	30	33	94	05	71	49	38
63	48	29	03	95	22	21	92	64	58
52	82	43	17	65	83	39	26	32	56
44	13	36	19	86	00	68	91	51	87
28	50	72	60	98	11	89	06	14	67
04	53	85	81	09	66	90	18	47	42
27	79	15	96	10	88	01	69	75	35
74	24	54	08	61	99	16	80	45	34
57	59	46	97	07	20	73	40	41	55
70	25	78	84	31	12	93	02	77	23

76	62	37	30	33	94	05	71	49	38
63	48	29	03	95	22	21	92	64	58
52	82	43	17	65	83	39	26	32	56
44	13	36	19	60	81	96	08	51	87
28	50	72	86	98	09	10	61	14	67
04	53	85	00	11	66	88	99	47	42
27	79	15	68	89	90	01	16	75	35
74	24	54	91	06	18	69	80	45	34
57	59	46	97	07	20	73	40	41	55
70	25	78	84	31	12	93	02	77	23

图 12.37

“0”字头 10 阶幻方

在“0 ～ 99”连续自然数列中有 50 对回文数，其中，“00，11，22，33，44，55，66，77，88，99”为 10 个叠文数，可视之为 5 对特殊的互文数。因此，用这 100 个数字构造的 10 阶幻方，在全部数组对称结构条件下，从左至右读数及从右至左读数，这两种方向相反的读数方法，必然会产生一对“同构”或“异构”10 阶互文幻方，这是一种非常有趣而独特的数理关系。

一、“0”字头 10 阶幻方

图 12.38 是两幅“0”字头的一对 10 阶幻方异构体（幻和“495”），两者的 10 阶环相同，中央镶嵌的 8 阶完全幻方（泛幻和“396”），为由左向、右向

06	99	98	94	92	89	02	03	04	08
20	11	41	86	56	17	47	84	54	79
40	21	31	76	66	27	37	74	64	59
50	87	57	14	44	81	51	16	46	49
60	77	67	24	34	71	61	26	36	39
70	82	52	15	45	88	58	13	43	29
80	72	62	25	35	78	68	23	33	19
09	18	48	83	53	12	42	85	55	90
69	28	38	73	63	22	32	75	65	30
91	00	01	05	07	10	97	96	95	93

（1）

06	99	98	94	92	89	02	03	04	08
20	45	48	74	71	65	68	14	11	79
40	46	47	73	72	66	67	13	12	59
50	64	61	15	18	44	41	75	78	49
60	63	62	16	17	43	42	76	77	39
70	34	31	85	88	54	51	25	28	29
80	33	32	86	87	53	52	26	27	19
09	55	58	24	21	35	38	84	81	90
69	56	57	23	22	36	37	83	82	30
91	00	01	05	07	10	97	96	95	93

（2）

图 12.38

相对读数而形成的互文关系，“网络型”子母结构及其2阶单元数字造型非常精美。

二、去“0”变10阶经典幻方

“0”字头10阶幻方以“0～99”用数，归属于另类幻方，但若各位数字加“1”，即变成经典10阶幻方。如上例“0”字头一对互文10阶幻方，即变成了两幅非常精美的10阶经典幻方（图12.39）。

7	100	99	95	93	90	3	4	5	9
21	12	42	87	57	18	48	85	55	80
41	22	32	77	67	28	38	75	65	60
51	88	58	15	45	82	52	17	47	50
61	78	68	25	35	72	62	27	37	40
71	83	53	16	46	89	59	14	44	30
81	73	63	26	36	79	69	24	34	20
10	19	49	84	54	13	43	86	56	91
70	29	39	74	64	23	33	76	66	31
92	1	2	6	8	11	98	97	96	94

（1）

7	100	99	95	93	90	3	4	5	9
21	46	49	75	72	66	69	15	12	80
41	47	48	74	73	67	68	14	13	60
51	65	62	16	19	45	42	76	79	50
61	64	63	17	18	44	43	77	78	40
71	35	32	86	89	55	52	26	29	30
81	34	33	87	88	54	53	27	28	20
10	56	59	25	22	36	39	85	82	91
70	57	58	24	23	37	38	84	83	31
92	1	2	6	8	11	98	97	96	94

（2）

图12.39

这两幅10阶经典幻方发生了什么微妙变化呢？两者中央镶嵌的8阶完全幻方失去了互文关系；2阶单元数字配置重新洗牌，但组合性质与子母结构等方面保持着原“0”字头10阶幻方的基本特征。

互文幻方对

什么是互文数？指左向读数是“我”，右向读数是“你”，如“123”与“321”是一对互文数，什么是互文幻方？指从左至右读数是一幅幻方，从右至左读数也是一幅幻方，这可谓“一身而二任”。互文幻方总是成对出现的，它存在如下两种表现形式：一种是异构“互文幻方对”，即从左向读数为一幅幻方，从右向读数变成了另一幅幻方。

一、互文幻方的两种表现形式

第一种形式：异构“互文幻方对”

异构互文幻方又可细分为如下两类情况：一类为同数异构互文幻方，即从左读数与从右读数，能读出两幅不同的幻方，但两者用数相同，表现了幻方在不同组合结构之间的一种相互联系与转化关系；另一类为异数异构互文幻方，即从左读数与从右读数，能读出两幅不同的幻方，两者的用数不相同，表现了幻方在不同数组之间的一种巧妙联系与转化关系。以上两类异构体互文幻方的例图如下。

图 12.40 是一对同数异构体 5 阶互文幻方，即它们的 25 个数相同，但从左读数与从右读数所读出的是两幅不同的幻方。这对互文幻方结构错综复杂，但都具有完全幻方性质，它们的 5 行、5 列及 10 条泛对角线全等于“275”。

79	53	31	15	97
35	17	99	73	51
93	71	55	37	19
57	39	13	91	75
11	95	77	59	33

79	51	13	35	97
15	37	99	71	53
91	73	55	17	39
57	19	31	93	75
33	95	77	59	11

图 12.40

图 12.41 是一对异数异构体 5 阶互文幻方，即它们的 25 个数各不相同，但为互文关系，从左读数与从右读数所读出的是两幅不同的幻方。这对 5 阶互文幻方具有完全幻方性质，一图的幻和为“135”，另一图的幻和为“360”。

46	07	18	29	35
28	39	45	06	17
05	16	27	38	49
37	48	09	15	26
19	25	36	47	08

53	92	81	70	64
71	60	54	93	82
94	83	72	61	50
62	51	90	84	73
80	74	63	52	91

图 12.41

由此可见，同数异构互文幻方与异数异构互文幻方的基本区别在于：一对同数异构互文幻方用数相同，幻和相等；一对异数异构互文幻方用数各异，幻和不相等。

第二种形式：同构体互文幻方

什么是同构体互文幻方？指从左读数与从右读数为组合结构相同、只改变方位的一对互文幻方，两者为旋转 180° 关系。同构互文幻方构图条件：①选用成对符合入幻条件的互文数，因为只有同数才有可能同构，异数构图没有同构体解；②每一对互文数必须做轴对称排列，其他排列形式如中心对称、不对称排列等都没有同构互文幻方解。现出示一对 5 阶同构互文幻方。

图 12.42 是一对 5 阶同构互文幻方，25 个数字及其组合结构相同，从左读数与从右读数为同一幅 5 阶幻方，它具有完全幻方性质，其 5 行、5 列及 10 条泛对角线全等于“275”。

97	53	19	75	31
15	71	37	93	59
33	99	55	11	77
51	17	73	39	95
79	35	91	57	13

13	57	91	35	79
95	39	73	17	51
77	11	55	99	33
59	93	37	71	15
31	75	19	53	97

图 12.42

本例与图 12.40 一对 5 阶同数异构互文幻方所用的 25 个数是相同的，但互文的表现形式各不相同，前者为异构互文幻方，后者为同构互文幻方。这就是说，同数互文幻方的“异构”与“同构”这两种不同表现形式，取决于其排列结构的如下微妙变化：从图 12.42 分析，当各对互文数全部轴对称安排时，左读与右读为同数“同构”互文关系；而图 12.40 是非轴对称排列结构，因此表现为同数“异构”互文关系。

二、“互文幻方”入幻

成对互文幻方必须选择特殊的数对制作，因而它本源于经典幻方内部的一个逻辑片段。之前，幻方爱好者并不在意经典幻方内部这个相对独立的“互文幻方”存在与否。在重视“幻方设计与创新”理念下，五花八门的“另类幻方”“广义幻方”等的入幻，将为经典幻方创作提供丰富多彩的有机构件。“互文幻方”入幻举例如下。

第一例：11 阶幻方中央的同数异构最优化 5 阶互文幻方（图 12.43）

111	72	5	9	89	84	83	36	66	7	109
10	112	26	105	42	82	86	38	2	108	60
81	119	110	28	88	46	48	34	107	6	4
14	16	116	**99**	**37**	**75**	**11**	**53**	114	18	118
92	80	52	**71**	**13**	**59**	**97**	**35**	29	103	40
102	100	32	**57**	**95**	**31**	**73**	**19**	30	78	54
58	74	76	**33**	**79**	**17**	**55**	**91**	56	120	12
64	63	62	**15**	**51**	**93**	**39**	**77**	68	69	70
113	3	23	106	43	47	49	98	21	101	67
1	24	65	27	90	87	85	96	61	20	115
25	8	104	121	44	50	45	94	117	41	22

111	72	5	9	89	84	83	36	66	7	109
10	112	26	105	42	82	86	38	2	108	60
81	119	110	28	88	46	48	34	107	6	4
14	16	116	**99**	**73**	**57**	**11**	**35**	114	18	118
92	80	52	**17**	**31**	**95**	**79**	**53**	29	103	40
102	100	32	**75**	**59**	**13**	**37**	**91**	30	78	54
58	74	76	**33**	**97**	**71**	**55**	**19**	56	120	12
64	63	62	**51**	**15**	**39**	**93**	**77**	68	69	70
113	3	23	106	43	47	49	98	21	101	67
1	24	65	27	90	87	85	96	61	20	115
25	8	104	121	44	50	45	94	117	41	22

图 12.43

第二例：11 阶幻方中央的异数异构最优化 5 阶互文幻方（图 12.44）

17	27	97	112	106	14	50	91	29	26	102
93	103	30	10	81	84	90	58	39	16	67
79	19	100	89	23	101	11	107	83	28	31
2	110	47	**45**	**33**	**76**	**64**	**52**	7	114	121
1	88	8	**66**	**54**	**42**	**35**	**73**	69	115	120
118	6	87	**32**	**75**	**63**	**56**	**44**	70	117	3
119	5	71	**53**	**46**	**34**	**72**	**65**	86	116	4
40	49	82	**74**	**62**	**55**	**43**	**36**	109	60	61
95	57	77	68	13	85	94	12	104	41	25
92	108	48	9	98	21	51	111	37	18	78
15	99	24	113	80	96	105	22	38	20	59

96	32	51	59	85	104	80	16	2	71	75
69	95	60	15	86	83	103	107	11	39	3
68	7	42	78	109	21	79	81	97	13	76
121	8	94	**54**	**33**	**67**	**46**	**25**	120	93	10
91	119	74	**66**	**45**	**24**	**53**	**37**	73	70	19
9	117	29	**23**	**57**	**36**	**65**	**44**	87	116	88
72	92	114	**35**	**64**	**43**	**27**	**56**	115	22	31
1	41	112	**47**	**26**	**55**	**34**	**63**	90	113	89
28	14	38	106	108	105	62	50	12	30	118
17	98	5	111	40	49	102	82	6	100	61
99	48	52	77	18	84	20	110	58	4	101

图 12.44

第三例：11 阶幻方中央的同数同构最优化 5 阶互文幻方（图 12.45）

95	13	15	21	84	121	85	5	101	32	99
31	1	91	116	23	88	103	68	24	97	29
83	59	17	87	114	39	9	118	4	81	60
16	93	112	**74**	**35**	**46**	**57**	**63**	113	42	20
30	78	41	**56**	**67**	**73**	**34**	**45**	110	111	26
90	108	72	**33**	**44**	**55**	**66**	**77**	3	14	109
6	105	104	**65**	**76**	**37**	**43**	**54**	80	82	19
92	106	12	**47**	**53**	**64**	**75**	**36**	71	8	107
61	48	96	117	38	10	11	79	89	70	52
69	2	49	28	115	18	102	119	25	94	50
98	58	62	27	22	120	86	7	51	40	100

95	13	15	21	84	121	85	5	101	32	99
31	1	91	116	23	88	103	68	24	97	29
83	59	17	87	114	39	9	118	4	81	60
16	93	112	**47**	**53**	**64**	**75**	**36**	113	42	20
30	78	41	**65**	**76**	**37**	**43**	**54**	110	111	26
90	108	72	**33**	**44**	**55**	**66**	**77**	3	14	109
6	105	104	**56**	**67**	**73**	**34**	**45**	80	82	19
92	106	12	**74**	**35**	**46**	**57**	**63**	71	8	107
61	48	96	117	38	10	11	79	89	70	52
69	2	49	28	115	18	102	119	25	94	50
98	58	62	27	22	120	86	7	51	40	100

图 12.45

以上 3 组 11 阶幻方（幻和“671”），中央各镶嵌一个 5 阶完全幻方子单元，简介如下。

图 12.43 两图中的两个 5 阶子幻方为“异构”互文关系，但用数相同，故称之为同数“异构”互文幻方。两者子幻和都等于“275”，可以安装在同一个 11 阶环“镜框”内。

图 12.44 两图中的两个 5 阶子幻方也为“异构”互文关系，但由于用数不尽相同，故称之为异数“异构”互文幻方。因而左图子幻和等于“270”，右图子幻和等于“225”，两者必须各自安装在不同的 11 阶环“镜框”内。

图 12.45 两图中的两个 5 阶子幻方为同数“同构”互文关系，子幻和都等于“275”，可以安装在同一个 11 阶“镜框”内。总之，互文幻方入幻，已成为幻方精品创作的一种构图诀窍与一道独特的风景线。

“互文幻方对”中的等幂和关系

一个数顺向或逆向读数，可读出两个不同的数，这两个数为互文关系。如“01 与 10”“12 与 21”等就是互文数；而如“22”，各位数字相同，称之为叠文数，亦可视为特殊的互文数。如何构造具有等幂和关系的互文幻方对。下面给出一组一位数等幂和数组：$8^1+5^1+3^1+2^1=7^1+6^1+4^1+1^1=18$，$8^2+5^2+3^2+2^2=7^2+6^2+4^2+1^2=102$。它的基本特性是：各数的一次和、平方和相等，我称之为原生等幂和数组。若采用“互文”方法，这些数可组成二位数等幂和数组，而保持一次和、平方和相等的基本特性。由此可玩下列游戏。

一、互文幻方游戏之一

原生等幂和数组具有如下延展性：等号右式各数乘以 10，分别加左式各数，得新右式；等号左式各数乘以 10，分别加右式各数，得新左式。如 87 + 56 + 34 + 21 = 78 + 65 + 43 + 12 = 198，$87^2+56^2+34^2+21^2=78^2+65^2+43^2+12^2=12302$，其一次、二次等幂和数组等式成立。由原生等幂和数组延展，而得的一次、二次等幂和数组，我称之为派生等幂和数组。这就是说，派生等幂和数组与原生等幂和数组的特性相同。

构图方法：原生等幂和数组等式两边，分别填成两个 4 阶正交“拉丁方”，再按一个“拉丁方”乘以 10，加另一个“拉丁方”，即可得如下一对 4 阶互文幻方（图 12.46）。

8	5	3	2
3	2	8	5
2	3	5	8
5	8	2	3

×10+

7	6	4	1
1	4	6	7
6	7	1	4
4	1	7	6

=

87	56	34	21
31	24	86	57
26	37	51	84
54	81	27	36

7	6	4	1
1	4	6	7
6	7	1	4
4	1	7	6

×10+

8	5	3	2
3	2	8	5
2	3	5	8
5	8	2	3

=

78	65	43	12
13	42	68	75
62	73	15	48
45	18	72	63

图 12.46

根据原生等幂和数组一次、二次等幂和关系，由其派生等幂和数组填成的这对 4 阶互文幻方具有如下组合特点。

①两幻方 16 个数各不相同，对应位置上每两数为互文关系，幻和都等于“198”。

②两方对应 4 行、4 列及 4 条主次对角线等和，且平方之和分别相等，因此包含 12 组不同的二次等幂和数组。

①对应行二次等幂和关系验算：

$87^2+56^2+34^2+21^2=78^2+65^2+43^2+12^2=12302$；

$31^2+24^2+86^2+57^2=13^2+42^2+68^2+75^2=12182$；

$26^2+37^2+51^2+84^2=62^2+73^2+15^2+48^2=11702$；

$54^2+81^2+27^2+36^2=45^2+18^2+72^2+63^2=11502$。

②对应列二次等幂和关系验算：

$87^2+31^2+26^2+54^2=78^2+13^2+62^2+45^2=12122$；

$56^2+24^2+37^2+81^2=65^2+42^2+73^2+18^2=11642$；

$34^2+86^2+51^2+27^2=43^2+68^2+15^2+72^2=11882$；

$21^2+57^2+84^2+36^2=12^2+75^2+48^2+63^2=12042$。

③对应主、次对角线二次等幂和关系验算：

$87^2+24^2+51^2+36^2=78^2+42^2+15^2+63^2=12042$；

$21^2+86^2+37^2+54^2=12^2+68^2+73^2+45^2=12122$；

$56^2+31^2+84^2+27^2=65^2+13^2+48^2+72^2=11882$；

$34^2+57^2+26^2+81^2=43^2+75^2+62^2+18^2=11642$。

原生等幂和数组 $8^1+5^1+3^1+2^1=7^1+6^1+4^1+1^1=18$，其等式两边各数做2位数匹配，共有24组派生等幂和数组方案，除了上例12组外，其余12组也可构造另一对4阶互文幻方（图12.47）。

8	5	3	2
3	2	8	5
2	3	5	8
5	8	2	3

×10+

7	6	1	4
4	1	6	7
6	7	4	1
1	4	7	6

=

87	56	31	24
34	21	86	57
26	37	54	81
51	84	27	36

7	6	1	4
4	1	6	7
6	7	4	1
1	4	7	6

×10+

8	5	3	2
3	2	8	5
2	3	5	8
5	8	2	3

=

78	65	13	42
43	12	68	75
62	73	45	18
15	48	72	63

图12.47

①对应行二次等幂和关系验算：

$87^2+56^2+31^2+24^2=78^2+65^2+13^2+42^2=12242$；

$34^2+21^2+86^2+57^2=43^2+12^2+68^2+75^2=12242$；

$26^2+37^2+54^2+81^2=62^2+73^2+45^2+18^2=11522$；

$51^2+84^2+27^2+36^2=15^2+48^2+72^2+63^2=11682$。

②对应列二次等幂和关系验算：

$87^2+34^2+26^2+51^2=78^2+43^2+62^2+15^2=12002$；

$56^2+21^2+37^2+84^2=65^2+12^2+73^2+48^2=12002$；

$31^2+86^2+54^2+27^2=13^2+68^2+45^2+72^2=12002$；

$24^2+57^2+81^2+36^2=42^2+75^2+18^2+63^2=11682$。

③对应主次对角线二次等幂和关系验算：

$87^2+21^2+54^2+36^2=78^2+12^2+45^2+63^2=12222$；

$81^2+27^2+34^2+56^2=18^2+72^2+43^2+65^2=11582$；

$24^2+86^2+37^2+51^2=42^2+68^2+73^2+15^2=11942$；

$31^2+57^2+26^2+84^2=13^2+75^2+62^2+48^2=11942$。

61	96	1	2	97	33	98	44	4	69
62	41	73	100	20	70	5	6	35	93
72	65	17	89	13	39	38	77	83	12
92	11	46	87	56	31	24	9	90	59
16	10	91	34	21	86	57	58	47	85
19	25	76	26	37	54	81	55	82	50
30	79	71	51	84	27	36	52	22	53
78	45	28	8	74	63	42	88	64	15
43	66	7	94	80	3	75	48	60	29
32	67	95	14	23	99	49	68	18	40

61	95	44	2	99	33	97	1	4	69
34	41	93	100	86	3	80	7	35	26
37	30	17	89	20	64	28	77	56	87
90	59	92	78	65	13	42	46	11	9
91	16	10	43	12	68	75	58	47	85
82	19	25	62	73	45	18	55	76	50
22	31	53	15	48	72	63	71	79	51
29	67	38	14	21	39	74	88	83	52
27	66	84	94	57	70	5	6	60	36
32	81	49	8	24	98	23	96	54	40

图12.48

通过上述两对4阶互文幻方24组派生等幂和数组检索，可知各组二次幂之和不尽相等，因而它们不是平方互文幻方对（平方幻方存在的阶次至少为8阶）。但在每对4阶互文幻方中，对应行、对应列与对应泛对角线都具有二次等幂和关系，这是低阶幻方等幂和关系的一种最好安排。我把这对4阶互文幻方作为一个子单元，有机地安装在10阶幻方中央（图12.48），从而成为一幅奇特的10阶幻方精品。

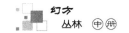

二、互文幻方游戏之二

当原生等幂和数组：$8+5+3+2=7+6+4+1=18$，等式两边各4个数做自我与相互组成二位数时，那么仍然保持等和关系，具体组合如下：

$88+55+33+22=77+66+44+11=198$；

$85+58+32+23=76+67+41+14=198$；

$83+38+52+25=74+47+61+16=198$；

$82+28+53+35=71+17+64+46=198$。

根据上述等和数组，等式两边各可填成4阶幻方。图12.49中的（1）与（2）、（3）与（4）各为一对同数异构体互文幻方，由互为顺、逆读数形成（注：第四行同构）。当幻方平方时，它们的对应行、对应列及对应主次对角线分别存在二次等幂和关系。

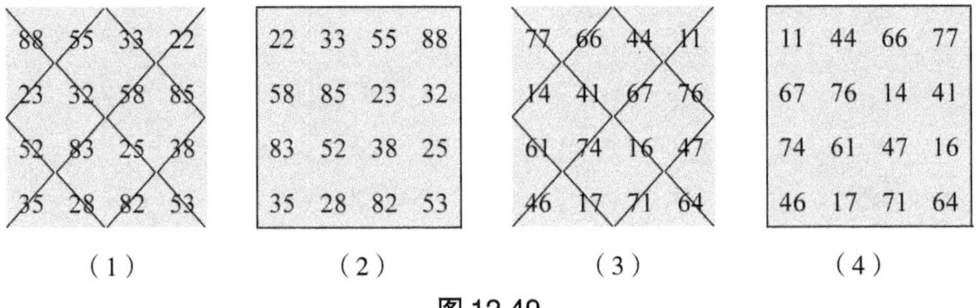

图12.49

图12.49（1）与（3）二次等幂和关系式如下。

①对应行二次等幂和关系验算：

$88^2+55^2+33^2+22^2=77^2+66^2+44^2+11^2=12342$；

$23^2+32^2+58^2+85^2=14^2+41^2+67^2+76^2=12142$；

$52^2+83^2+25^2+38^2=61^2+74^2+16^2+47^2=11662$；

$35^2+28^2+82^2+53^2=46^2+17^2+71^2+64^2=11542$。

②对应列二次等幂和关系验算：

$88^2+23^2+52^2+35^2=11^2+76^2+47^2+64^2=12202$；

$55^2+32^2+83^2+28^2=44^2+67^2+16^2+71^2=11722$；

$33^2+58^2+25^2+82^2=66^2+41^2+74^2+17^2=11802$；

$22^2+85^2+38^2+53^2=77^2+14^2+61^2+46^2=11962$。

③对应主次对角线二次等幂和关系验算：

$88^2+32^2+25^2+53^2=11^2+67^2+74^2+46^2=12202$；

$22^2+58^2+83^2+35^2=77^2+41^2+16^2+64^2=11962$；

$55^2+23^2+38^2+82^2=44^2+76^2+61^2+17^2=11722$；

$33^2+85^2+52^2+28^2=66^2+14^2+47^2+71^2=11802$。

注：可以发现，每一对 4 阶同数异构互文幻方 4 条主次对角线（见图标示）与 4 列具有相互置换关系，因而图 12.49（2）与（4）的二次等幂和关系同上。

反映每一对 4 阶同数异构互文幻方 4 条主次对角线（见图标示）与 4 列相互置换的二次等幂和关系式如下。

$88^2+23^2+52^2+35^2=11^2+67^2+74^2+46^2=12202$；

$11^2+76^2+47^2+64^2=88^2+32^2+25^2+53^2=12202$；

$88^2+23^2+52^2+35^2=88^2+32^2+25^2+53^2=12202$；

$11^2+76^2+47^2+64^2=11^2+67^2+74^2+46^2=12202$。

$55^2+32^2+83^2+28^2=44^2+76^2+61^2+17^2=11722$；

$44^2+67^2+16^2+71^2=55^2+23^2+38^2+82^2=11722$；

$55^2+32^2+83^2+28^2=55^2+23^2+38^2+82^2=11722$；

$44^2+67^2+16^2+71^2=44^2+76^2+61^2+17^2=11722$；

$33^2+58^2+25^2+82^2=66^2+14^2+47^2+71^2=11802$；

$66^2+41^2+74^2+17^2=33^2+85^2+52^2+28^2=11802$；

$33^2+58^2+25^2+82^2=33^2+85^2+52^2+28^2=11802$；

$66^2+41^2+74^2+17^2=66^2+14^2+47^2+71^2=11802$。

$22^2+85^2+38^2+53^2=77^2+41^2+16^2+64^2=11962$；

$77^2+14^2+61^2+46^2=22^2+58^2+83^2+35^2=11962$；

$22^2+85^2+38^2+53^2=22^2+58^2+83^2+35^2=11962$；

$77^2+14^2+61^2+46^2=77^2+41^2+16^2+64^2=11962$；

注：图 12.49 给了我一个意外的重要启示，即 4 阶幻方“对角线与列置换”是否可推广于经典幻方领域？不要忘记深入研究，这对于解决偶数阶幻方关于对角线与行列之间的转换难题具有参考价值。

回文幻方

什么是回文数？指从左至右读数或从右至左读数为同一个数字，如“121”“505”等。广义回文数包括诸如“111”“222”的叠文数，也可包括诸如“010”“020”等的形似回文数。我认为：幻方游戏在不违反数学的基本原则下，需要概念的灵活性与广义性。回文数造型对称，视觉非常舒服，由此制作的另类幻方别有趣味。

一、8阶回文幻方

图12.50是一幅最优化8阶回文幻方，从1000以内自然数列中选取64个回文数填成（包括8个叠文数：“222，333，444，555，666，777，888，999”），它的8行、8列及16条泛对角线全等于“4884”。巧妙在于：不仅8阶的泛幻和是一个回文数，而且其四象各为一个4阶完全幻方，泛幻和“2442”，又是一个回文数；同时16个全等2阶单元每4个数之和都等于回文数“2442”；更令人惊讶的是：在各象限范围内，所有九宫（3阶）对角2个数之和都等于回文数“1221”。总之，这幅8阶二重次最优化幻方是“纯”回文幻方，乃为稀有之佳作。

222	292	939	989	323	393	838	888
959	969	242	272	858	868	343	373
282	232	999	929	383	333	898	828
979	949	262	252	878	848	363	353
424	494	737	787	525	595	636	686
757	767	444	474	656	666	545	575
484	434	797	727	585	535	696	626
777	747	464	454	676	646	565	555

图12.50

二、9阶回文幻方

在1000以内自然数列中，取其9段具有等差结构的81个3位回文数（包括“111，222，…，999”9个叠文数），便可以构造9阶回文幻方。例如，图12.51右是一幅9阶回文完全幻方，其基本组合特征如下：①9行、9列及18条泛对角线全等于“4995”；②大九宫各3阶单元为“半行列图”，每9个数之和全等于“4995”。

图12.51左是一幅9阶回文非完全幻方，其基本组合特征如下：①9行、9列及2条主对角线之和等于“4995”；②大九宫为9个3阶幻方单元，子幻和等差，依次为“453，756，1059，1362，1665，1968，2271，2574，2877”，公差为“303”；③相间交织9个全等3阶幻方单元，子幻和都等于“1655”。

444	494	424	949	999	929	242	292	222
434	454	474	939	959	979	232	252	272
484	414	464	989	919	969	282	212	262
343	393	323	545	595	525	747	797	727
333	353	373	535	555	575	737	757	777
383	313	363	585	515	565	787	717	767
848	898	828	141	191	121	646	696	626
838	858	878	131	151	171	636	656	676
888	818	868	181	111	161	686	616	666

929	474	262	949	434	282	999	454	212
343	737	585	393	757	515	323	777	565
898	151	616	828	171	666	848	131	686
424	272	969	444	232	989	494	252	919
747	535	383	797	555	313	727	575	363
191	656	818	121	676	868	141	636	888
222	979	464	242	939	484	292	959	414
545	333	787	595	353	717	525	373	767
696	858	111	626	878	161	646	838	181

图 12.51

泛等积幻方

什么是等积幻方？指以 n^2 个互不重复的自然数排成 n 行、n 列及两条主对角线，其每 n 个数之积相等的另类幻方。这是幻方另类创作中的一个新品种，由于 n^2 个互不重复自然数是可自由选择的，所以幻积具有不确定性，同阶可同积，亦可不同积。同阶等积幻方的幻积存在极小值，因而追求幻积最小乃是创作等积幻方的一个重要目标。按组合性质分类：一类为非优化等积幻方；另一类为最优化等积幻方。所谓非优化等积幻方，指全部行、列及两条主对角线之积相等的等积幻方；所谓最优化等积幻方，指全部行、列及全部泛对角线之积相等的等积幻方。等积幻方开辟了幻方游戏的新领域，引起了幻方界朋友的广泛兴趣。

一、等积幻方简介

幻方爱好者许仲义、林镜清等深入地研究过等积幻方，并有几幅精品问世。许仲义先生填制了 3 幅 4 阶等积幻方（图 12.52 上），幻积依次为“120120，5040，6720”；林镜清先生填制的 3 幅等积幻方（图 12.52 下），幻积依次为“40320，40320，360360”。从他们的作品分析，有如下 3 点应引起人们重视。

第一，林镜清用了不同的 16 个数字，填出了同阶、同积两个等积幻方，这是不容易的事。

第二，他们讲究幻积的数字造型美及其数理美，如幻积“120120”“360360”，两位先生的这两幅等积幻方的幻积恰巧为 3 倍关系，成倍等积幻方还真算得一个奇迹。

第三，许仲义已填出了幻积最小的一个 4 阶等积幻方（幻积“5040”）。

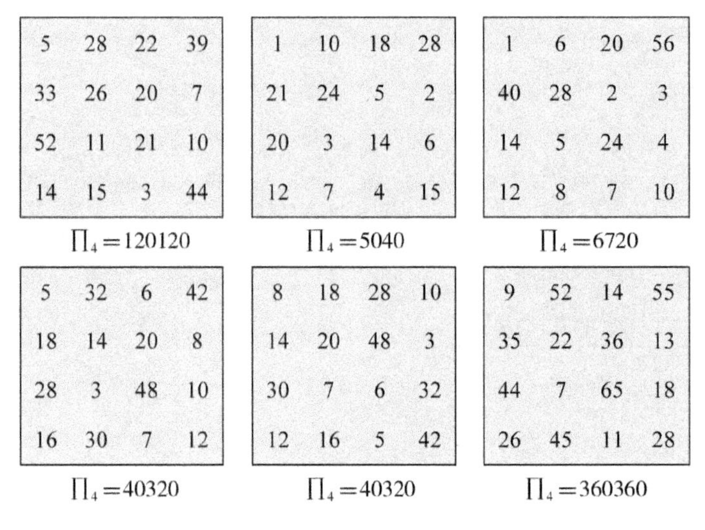

5	28	22	39
33	26	20	7
52	11	21	10
14	15	3	44

$\prod_4=120120$

1	10	18	28
21	24	5	2
20	3	14	6
12	7	4	15

$\prod_4=5040$

1	6	20	56
40	28	2	3
14	5	24	4
12	8	7	10

$\prod_4=6720$

5	32	6	42
18	14	20	8
28	3	48	10
16	30	7	12

$\prod_4=40320$

8	18	28	10
14	20	48	3
30	7	6	32
12	16	5	42

$\prod_4=40320$

9	52	14	55
35	22	36	13
44	7	65	18
26	45	11	28

$\prod_4=360360$

图 12.52

这些等积关系都增加了等积幻方创作与欣赏的趣味性。以上 6 个都为非优化等积幻方，即只有 4 行、4 列及 2 条主对角线等积。等积关系是经典幻方可相容的一个逻辑片段，即经典幻方内部可安排一个相对独立的等积幻方，因此，等积幻方最优化研究必然成为经典幻方精品设计的追求目标。

非完全等积幻方广泛存在于各阶次领域。例如，图 12.53 左是以等比数列填制的 3 阶等积幻方模型，图为“a^0、a^1、a^2、a^3、a^4、a^5、a^6、a^7、a^8”一条等比数列，公比为 a；图 12.53 右为“a^0、a^1、a^2”“b、a^1b^1、a^2b”“b^2、a^1b^2、a^2b^2”三段式等比数列，各段公比为 a（或者为“b^0、b^1、b^2”“a^1、a^1b^2、a^1b^2”“a^2、a^2b、a^2b^2”三段式等比数列，各段公比为 b）。令 $a=2$，$b=3$，分别代入模型，则得两幅 3 阶非完全等积幻方（左图幻积最小）。

a^3	a^8	a^1
a^2	a^4	a^6
a^7	1	a^5

$\prod_3=a^{12}$

$a=2$

8	256	2
4	16	64
128	1	32

$\prod_3=4096$

b	a^2b^2	a
a^2	ab	b^2
ab^2	1	a^2b

$\prod_3=a^3b^3$

$a=2, b=3$

3	36	2
4	6	9
18	1	12

$\prod_3=216$

图 12.53

二、最优化等积幻方制作法

据研究，等积幻方最优化组合的基本法则如下：n 行、n 列及 $2n$ 条泛对角线上所在各 n 个数的分解因子必须相同（注：每个数分解为 2 个因子，每一行、每一列及每一条泛对角线所分解出的 $2n$ 个因子全部相同，我称这 $2n$ 个因子为完全等积幻方的“公因子”），所以完全等积幻方贯彻“公因子”组合法则。由此可发现制作完全等积幻方的一种构图方法：“因子”正交方阵相乘法。具体做法要点如下：①事先为两个 n 阶“因子”方阵各选取 n 个因子，要求两两相乘之积互不重复（所得为构成完全等积幻方的 n^2 个数，内含 $2n$ 个“公因子”）；②所选两组 n 个因子按“最优化自然逻辑编码法”各制作一个 n 阶“因子”方阵，要求两者必须建立正交关系；③两个 n 阶“因子”正交方阵相乘，即得一幅 n 阶完全等积幻方。现以 5 阶完全等积幻方为例，介绍“因子”正交方阵相乘法。

根据完全等积幻方“公因子”组合法则，首先选取尽可能小的 10 个“公因子”，即“1，1，2，3，4，5，6，7，8，9”，并按要求“一分为二”分组配置：一组为“1，2，3，4，6”；另一组为“1，5，7，8，9”。

然后，运用“最优化自然逻辑编码法”制作一对 5 阶“因子”正交方阵，两者相乘得一幅如图 12.54 所示的 5 阶完全等积幻方，其泛幻积为“362880”，这是幻积最小的一幅 5 阶完全等积幻方。

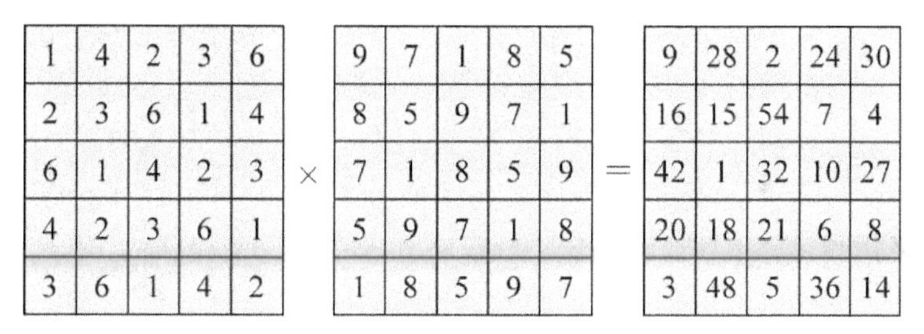

1	4	2	3	6
2	3	6	1	4
6	1	4	2	3
4	2	3	6	1
3	6	1	4	2

×

9	7	1	8	5
8	5	9	7	1
7	1	8	5	9
5	9	7	1	8
1	8	5	9	7

=

9	28	2	24	30
16	15	54	7	4
42	1	32	10	27
20	18	21	6	8
3	48	5	36	14

图 12.54

幻积是“因子”的连乘积。求最小幻积，取决于“公因子”最小化，与“公因子”分组配置状态无关。在相同“公因子”条件下，其幻积一定相同，但若“公因子”配置方案不同，对于完全等积幻方而言，其用数构成则随之发生变化。现以另外 3 幅 5 阶完全等积幻方为例，介绍“公因子”配置变化之妙。

图 12.55（1）与（2）两幅 5 阶完全等积幻方所分解出的 10 个“公因子”相同，都是“1，1，2，3，4，5，6，7，8，11”，因此“公因子”连乘积即幻积一定相等（“443520”），但是由于两个“因子”正交方阵的配置方案不同，因此相乘所得的两幅 5 阶完全等积幻方其 25 个数的构成就有区别，这就是用不相同数字填出同阶、同积完全等积幻方的秘密。

图 12.55（2）与（3）两幅 5 阶完全等积幻方之间的关系："因子"正交方阵的"公因子"及其配置方案都相同，所不同的仅是"公因子"排序方案，因此两图为同数异构体。总之，"公因子"选择及其分组配置、编码排序问题，是"因子"正交方阵相乘法的关键技术。

（1）

1	2	3	4	8
4	8	1	2	3
2	3	4	8	1
8	1	2	3	4
3	4	8	1	2

×

1	5	6	7	11
6	7	11	1	5
11	1	5	6	7
5	6	7	11	1
7	11	1	5	6

=

1	10	18	28	88
24	56	11	2	15
22	3	20	48	7
40	6	14	33	4
21	44	8	5	12

（2）

1	2	3	4	6
3	4	6	1	2
6	1	2	3	4
2	3	4	6	1
4	6	1	2	3

×

1	5	7	8	11
8	11	1	5	7
5	7	8	11	1
11	1	5	7	8
7	8	11	1	5

=

1	10	21	32	66
24	44	6	5	14
30	7	16	33	4
22	3	20	42	8
28	48	11	2	15

（3）

3	4	1	2	6
2	6	3	4	1
4	1	2	6	3
6	3	4	1	2
1	2	6	3	4

×

5	7	11	1	8
11	1	8	5	7
8	5	7	11	1
7	11	1	8	5
1	8	5	7	11

=

15	28	11	2	48
22	6	24	20	7
32	5	14	66	3
42	33	4	8	10
1	16	30	21	44

图 12.55

三、最优化等积幻方存在的范围

完全等积幻方存在的阶次条件与范围，随其所用 n^2 个数结构的变化而变化，据此大体可分为如下两种情况：其一，当 n^2 个数为非等比数列时，只有不含公因子的奇数阶存在完全等积幻方解。这就是说，全部偶数阶、3（$2k+1$）阶都不存在完全等积幻方解。为什么呢？根据"公因子"组合法则分析，完全等积幻方每一行、每一列及每一条泛对角线所分解出的 $2n$ 个因子全部相同，这属于一种最优化自然逻辑形式。其二，当 n^2 个数为等比数列时，那么除了 3 阶与 2（$2k+1$）阶之外的其他阶次都存在完全等积幻方解。为什么呢？由于等比数列系同"底"、幂次等差的指数数列，因此参照经典幻方的各种最优化逻辑形式及其编码方法制图，其各行、各列及各条泛对角线的幂次之和必然相等。

四、最优化等积幻方入幻

我研究等积幻方的主要目的：为了把它作为一个相对独立单元嵌入经典幻方内，让经典幻方包容一种新的数学关系——等积关系，从而增加经典幻方组合结构的复杂性与创作难度。在大幻方内部设计一个等积幻方，一方面这个等积单元必须符合大幻方的数理要求；另一方面大幻方也必须适应这个等积单元的约束条件。从理论上说，任何一个等积幻方都是经典幻方可相容的一个逻辑片段。

图 12.56 是 11 阶幻方在中央嵌入 5 阶完全等积幻方（泛幻积"6652800"，单元和"936"）。

88	19	2	81	60	104	64	99	17	16	121
24	75	13	95	62	105	31	98	23	120	25
18	12	74	96	59	103	76	97	119	14	3
56	86	85	1	40	110	28	54	84	89	38
107	58	51	70	36	6	8	55	63	108	109
111	106	112	48	11	35	90	4	34	33	87
57	115	114	45	10	32	66	7	113	65	47
93	69	67	44	42	9	5	80	79	91	92
26	29	49	94	118	46	102	77	73	20	37
30	50	21	82	117	53	100	78	27	72	41
61	52	83	15	116	68	101	22	39	43	71

图 12.56

15	36	55	78	98	68	97	2	3	53
65	84	35	27	44	31	17	96	74	32
63	33	52	70	30	19	41	75	100	22
56	25	54	77	39	99	26	14	57	58
66	91	42	20	45	13	79	95	47	7
82	90	24	23	29	64	21	73	10	89
38	48	4	40	94	51	76	8	86	60
37	49	85	9	80	83	87	12	1	62
16	43	61	69	28	72	11	71	46	88
67	6	93	92	18	5	50	59	81	34

图 12.57

图 12.57 是 10 阶幻方左上象限镶嵌一个 5 阶完全等积幻方（泛幻积“227026800”，单元和“1300”）。

图 12.58 是 9 阶幻方在中央安排了一个 5 阶完全等积幻方（泛幻积“34927200”，单元和“990”）。

17	71	46	47	3	69	16	20	80
25	59	28	52	57	79	13	44	12
39	67	7	33	63	48	50	19	43
68	32	56	60	35	11	27	65	15
76	2	55	9	24	70	42	73	18
14	58	30	49	66	45	8	38	61
81	5	54	40	10	21	77	6	75
26	34	31	78	37	4	72	51	36
23	41	62	1	74	22	64	53	29

图 12.58

由上述 3 幅例图可知：完全等积幻方作为一个子单元或有机构件入幻，丰富了经典幻方的数学内涵，也增加了构图难度。在构图设计时，必须兼顾大幻方与子单元各自的数理要求，以及处理好相互制约关系，这两种共处一体的不同数学关系才能“接活”。一般而言，入幻设计应考虑如下相关问题：等积幻方的阶次、配置、单元之和及入幻的位置安排等。

五、最优化等积幻方嵌入完全幻方

在完全幻方内部读出一个泛等积幻方子单元十分稀罕。泛等积幻方是用数特殊的子单元，它要融入一个数理严密的完全幻方内部，必须考虑两个基本条件：其一，由于泛等积幻方子单元与完全幻方母体两者的阶次互质，所以这个未知完全幻方的阶次设计必须足够大；其二，这个已知泛等积幻方子单元构件必须能与这个完全幻方的构图机制相容。总之，这比泛等积幻方嵌入一个非完全幻方内部的难度高得多。我把图 12.54 所示的幻积最小的 5 阶完全等积幻方作为一个逻辑片段，嵌入一幅 32 阶完全幻方内部，取得成功（图 12.59）。

137	156	130	152	158	192	191	190	376	357	383	361	355	321	322	323	521	540	514	536	542	576	575	574	1016	997	1023	1001	995	961	962	963
144	143	182	135	132	187	188	189	369	370	331	378	381	326	325	324	528	527	566	519	516	571	572	573	1009	1010	971	1018	1021	966	965	964
170	129	160	138	155	186	185	184	343	384	353	375	358	327	328	329	554	513	544	522	539	570	569	568	983	1024	993	1015	998	967	968	969
148	146	149	134	136	180	181	183	365	367	364	379	377	333	332	330	532	530	533	518	520	564	565	567	1005	1007	1004	1019	1017	973	972	970
131	176	133	164	142	179	178	177	382	337	380	349	371	334	335	336	515	560	517	548	526	563	562	561	1022	977	1020	989	1011	974	975	976
139	150	151	161	162	168	169	175	374	363	362	352	351	345	344	338	523	534	535	545	546	552	553	559	1014	1003	1002	992	991	985	984	978
140	147	153	159	163	167	171	174	373	366	360	354	350	346	342	339	524	531	537	543	547	551	555	558	1013	1006	1000	994	990	986	982	979
141	145	154	157	165	166	172	173	372	368	359	356	348	347	341	340	525	529	538	541	549	550	556	557	1012	1008	999	996	988	987	981	980
585	604	578	600	606	640	639	638	952	933	959	937	931	897	898	899	201	220	194	216	222	256	255	254	312	293	319	297	291	257	258	259
592	591	630	583	580	635	636	637	945	946	907	954	957	902	901	900	208	207	246	199	196	251	252	253	305	306	267	314	317	262	261	260
618	577	608	586	603	634	633	632	919	960	929	951	934	903	904	905	234	193	224	202	219	250	249	248	279	320	289	311	294	263	264	265
596	594	597	582	584	628	629	631	941	943	940	955	953	909	908	906	212	210	213	198	200	244	245	247	301	303	300	315	313	269	268	266
579	624	581	612	590	627	626	625	958	913	956	925	947	910	911	912	195	240	197	228	206	243	242	241	318	273	316	285	307	270	271	272
587	598	599	609	610	616	617	623	950	939	938	928	927	921	920	914	203	214	215	225	226	232	233	239	310	299	298	288	287	281	280	274
588	595	601	607	611	615	619	622	949	942	936	930	926	922	918	915	204	211	217	223	227	231	235	238	309	302	296	290	286	282	278	275
589	593	602	605	613	614	620	621	948	944	935	932	924	923	917	916	205	209	218	221	229	230	236	237	308	304	295	292	284	283	277	276
504	485	511	489	483	449	450	451	**9**	**28**	**2**	**24**	**30**	64	63	62	888	869	895	873	867	833	834	835	649	668	642	664	670	704	703	702
497	498	459	506	509	454	453	452	**16**	**15**	**54**	**7**	**4**	59	60	61	881	882	843	890	893	838	837	836	656	655	694	647	644	699	700	701
471	512	481	503	486	455	456	457	**42**	**1**	**32**	**10**	**27**	58	57	56	855	896	865	887	870	839	840	841	682	641	672	650	667	698	697	696
493	495	492	507	505	461	460	458	**20**	**18**	**21**	**6**	**8**	52	53	55	877	879	876	891	889	845	844	842	660	658	661	646	648	692	693	695
510	465	508	477	499	462	463	464	**3**	**48**	**5**	**36**	**14**	51	50	49	894	849	892	861	883	846	847	848	643	688	645	676	654	691	690	689
502	491	490	480	479	473	472	466	11	22	23	33	34	40	41	47	886	875	874	864	863	857	856	850	651	662	663	673	674	680	681	687
501	494	488	482	478	474	470	467	12	19	25	31	35	39	43	46	885	878	872	866	862	858	854	851	652	659	665	671	675	679	683	686
500	496	487	484	476	475	469	468	13	17	26	29	37	38	44	45	884	880	871	868	860	859	853	852	653	657	666	669	677	678	684	685
824	805	831	809	803	769	770	771	713	732	706	728	734	768	767	766	440	421	447	425	419	385	386	387	73	92	66	88	94	128	127	126
817	818	779	826	829	774	773	772	720	719	758	711	708	763	764	765	433	434	395	442	445	390	389	388	80	79	118	71	68	123	124	125
791	832	801	823	806	775	776	777	746	705	736	714	731	762	761	760	407	448	417	439	422	391	392	393	106	65	96	74	91	122	121	120
813	815	812	827	825	781	780	778	724	722	725	710	712	756	757	759	429	431	428	443	441	397	396	394	84	82	85	70	72	116	117	119
830	785	828	797	819	782	783	784	707	752	709	740	718	755	754	753	446	401	444	413	435	398	399	400	67	112	69	100	78	115	114	113
822	811	810	800	799	793	792	786	715	726	727	737	738	744	745	751	438	427	426	416	415	409	408	402	75	86	87	97	98	104	105	111
821	814	808	802	798	794	790	787	716	723	729	735	739	743	747	750	437	430	424	418	414	410	406	403	76	83	89	95	99	103	107	110
820	816	807	804	796	795	789	788	717	721	730	733	741	742	748	749	436	432	423	420	412	411	405	404	77	81	90	93	101	102	108	109

图 12.59

32 阶是容纳 5 阶完全等积幻方子单元最小阶次。本例 32 阶完全幻方泛幻和“16400”，其内部这个小小的 5 阶完全等积幻方子单元泛幻积“362880”（幻积最小），它的存在极大地提升了 32 阶完全幻方的数理内涵。

篇

等差幻方

什么是等差幻方？即以 1 至 n^2 自然数列制作的 n 行、n 列及 2 条主对角线之和等于一条连续数列的组合形式。这条幻和连续数列的公差，称之为幻差，即“幻和之差”。等差幻方与等和幻方是一对孪生兄弟，这两种相生相成的数学关系同源于自然方阵，两者有异曲同工之妙。参照幻方游戏规则，等差幻方按组合性质也可划分为两个类别：一类为一般等差幻方；另一类为完全等差幻方。根据构图实践发现，完全等差幻方又可细分为两款组合形态：其一，“纯”完全等差幻方，其全部的行列与泛对角线 $4n$ 项之和统一形成一条连续等差数列；其二，“泛”完全等差幻方，其 n 行、n 列及左、右 n 条泛对角线各自独立形成含 n 项幻和的 4 条相同的连续数列。完全等差幻方是等差幻方最优化发展的一座里程碑，其背面已镌刻着“泛”完全等差幻方，而其正面可能存在的“纯”完全等差幻方尚为一项“空白”。

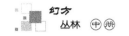

幻方的等差与等和关系同源

幻方组合的等和关系与等差关系本源于同一个数学模板，即 1 至 n^2 自然数列按序同向做 $n \times n$ 格式排列，所得自然方阵的组合性质：n 行、n 列之和分别等差（行公差 n^2，列公差 n），$2n$ 条泛对角线之和相等。在自然方阵中，等和与等差合于一体，两种数学关系互为表里。例如，图 13.1 所示 7 阶、8 阶自然方阵：其“表”为等差关系，其“里”为等和关系。

175	175	175	175	175	175	175		
	1	2	3	4	5	6	7	28
175	8	9	10	11	12	13	14	77
175	15	16	17	18	19	20	21	126
175	22	23	24	25	26	27	28	175
175	29	30	31	32	33	34	35	224
175	36	37	38	39	40	41	42	273
175	43	44	45	46	47	48	49	322
175	154	161	168	175	182	189	196	

260	260	260	260	260	260	260	260		
	1	2	3	4	5	6	7	8	36
260	9	10	11	12	13	14	15	16	100
260	17	18	19	20	21	22	23	24	164
260	25	26	27	28	29	30	31	32	228
260	33	34	35	36	37	38	39	40	292
260	41	42	43	44	45	46	47	48	356
260	49	50	51	52	53	54	55	56	420
260	57	58	59	60	61	62	63	64	484
260	232	240	248	256	264	272	280	288	

图 13.1

我国宋代数学家杨辉 1275 年在《续古摘奇算经》中，以“九子斜排，上下对易，左右相更，四维挺进”的著名口诀，把奇数阶自然方阵的行列与泛对角线翻了个身，变“里”为“表”，转换为等和幻方。因此，杨辉幻方“表”为等和关系，“里”为等差关系。如图 13.2 所示 7 阶幻方，它的组合性质如下。

175	154	182	161	189	168	196		
	4	29	12	37	20	45	28	175
28	35	11	36	19	44	27	3	175
224	10	42	18	43	26	2	34	175
77	41	17	49	25	1	33	9	175
273	16	48	24	7	32	8	40	175
126	47	23	6	31	14	39	15	175
322	22	5	30	13	38	21	46	175
175	175	175	175	175	175	175	175	

图 13.2

① 7 行、7 列及 2 条主对角线全等于“175”。

②半边 7 条泛对角线之和：“154，161，168，175，182，189，196”，其幻和之差为“7”；同时每条泛对角线由连续数构成，公差等于“7”。

③另半边 7 条泛对角线之和：“28，77，126，175，224，273，322”，其幻和之差等于“49”；同时每条泛对角线各数之间的公差等于“1”。

由此可知，本例 7 阶幻方具有双重数学性质：7 行、7 列及两主对角线之和建立了等和关系，左、右两半 7 条泛对角线之和建立了等差关系。总之，等和关系与等差关系相反相成，共处于同一个幻方模板。

从组合机制而言，自然方阵就是一个原始形态的等差幻方，杨辉口诀变“里”为“表”得到了等和幻方。从等和与等差共同模板中，可把等差关系剥离出来，并独立发展成等差幻方，这就是开辟幻方第二迷宫的理论基础。

美国 Martin Gardner 首创 4 阶等差幻方

一、等差幻方开篇

美国数学家和著名的数学科普作家马丁·加德纳（Martin Gardner，1914 年 10 月 21 日—2010 年 5 月 22 日）说：“外星人正在做另一道数学题。假使你在他们之前先做出来，你就可以获得一百万美元的奖励。题目是：在 4×4 正方形里填上 1 ～ 16 个自然数，不准重复，也不准遗漏，要求每行、每列、每条对角线上 4 个数之和都不相等，然后这些和必须是连续数列。”（参见谈祥柏《乐在其中的数学》一书）根据题意可知，这“另一道数学题”就是 4 阶等差幻方，他的杰作简介如下。

如图 13.3 所示，这个 4 阶等差幻方的 4 行、4 列及 2 条主对角线之和依次为：“29，30，31，32，33，34，35, 36, 37, 38”，由此形成包括 10 项的一条连续等差数列，幻和之公差等于“1”。这是等差幻方的开山之作、经典之作，精妙绝伦。

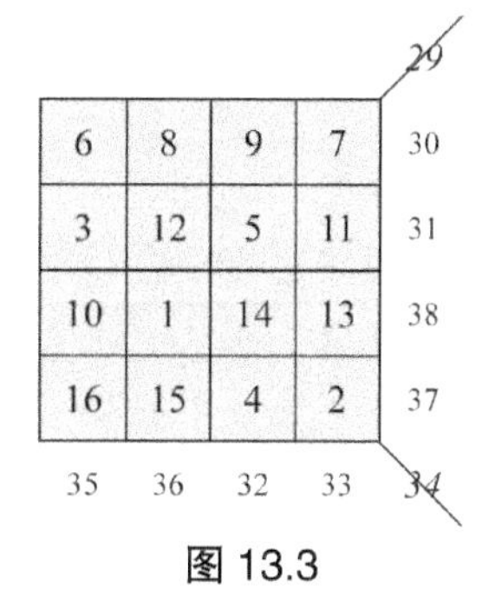

图 13.3

据此，等差幻方可定义为：以 1 至 n^2 自然数列填成 n 行、n 列及 2 条主对角线之和建立等差关系的正方数阵。这与等和幻方的定义与游戏规则等价，两者有异曲同工之妙。

等差幻方与反幻方的根本区别在于：反幻方的行、列及两条主对角线不等和，但也不等差；而等差幻方的行、列及两条主对角线不等和，但其不相等的幻和却形成了连续数列。

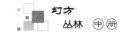

二、4 阶等差幻方演绎

我以上述 4 阶等差幻方为样本，运用互补技术与对称行、列交换法等，制作了另外 7 幅（图 13.4）。

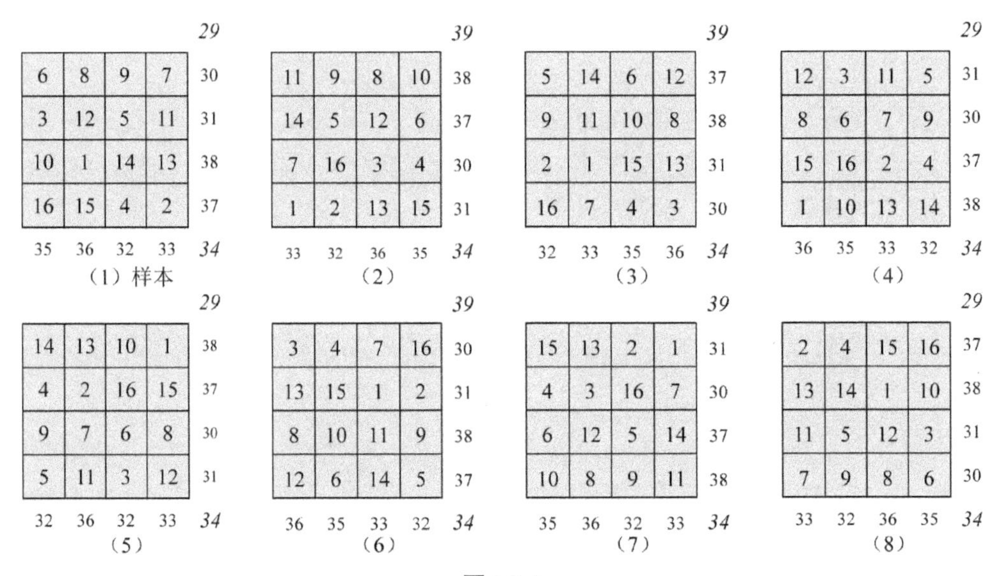

图 13.4

这 8 幅 4 阶等差幻方之间存在两种关系：其一，互补关系，其幻和连续等差数列发生了“位移”现象，即幻和由原来的“29 ～ 38”，变成了“30 ～ 39”连续等差数列；其二，同数异构关系，其幻和连续等差数列不变。这就是说，4 阶等差幻方的幻和连续数列具有可变性，但幻和之公差即幻差都等于“1”。

三、4 阶等差幻方“数组”置换

通过观察图 13.4 中 8 幅 4 阶等差幻方可发现：在对称行上各有一对数组可相互置换，因而各可“一化为四”发生结构性重组，计 32 幅 4 阶等差幻方。图 13.5 为其中之 16 幅 4 阶等差幻方。

若再做一轮数组置换，可检出更多 4 阶等差幻方。这是一个令人非常满意的结果。总之，在等和幻方中各种常用的样本重组或重构技巧，都适用于等差幻方，这说明两者最基本的组合机制互通。

				29
6	**8**	**9**	**7**	30
3	**12**	**5**	**11**	31
10	**1**	**14**	**13**	38
16	**15**	**4**	**2**	37
35	36	32	33	34

				29
6	15	9	7	37
3	12	5	11	31
10	1	14	13	38
16	8	4	2	30
35	36	32	33	34

				29
6	8	9	7	30
10	12	5	11	38
3	1	14	13	31
16	15	4	2	37
35	36	32	33	34

				29
6	15	9	7	37
10	12	5	11	38
3	1	14	13	31
16	8	4	2	30
35	36	32	33	34

				39
11	9	8	10	38
14	5	12	6	37
7	16	3	4	30
1	2	13	15	31
33	32	36	35	34

				39
11	2	8	10	31
14	5	12	6	37
7	16	3	4	30
1	9	13	15	38
33	32	36	35	34

				39
11	9	8	10	38
7	5	12	6	30
14	16	3	4	37
1	2	13	15	31
33	32	36	35	34

				39
11	2	8	10	31
7	5	12	6	30
14	16	3	4	37
1	9	13	15	38
33	32	36	35	34

				39
5	14	6	12	37
9	11	10	8	38
2	1	15	13	31
16	7	4	3	30
32	33	35	36	34

				39
5	7	6	12	30
9	11	10	8	38
2	1	15	13	31
16	14	4	3	37
32	33	35	36	34

				39
5	14	6	12	37
2	11	10	8	31
9	1	15	13	38
16	7	4	3	30
32	33	35	36	34

				39
5	7	6	12	30
2	11	10	8	31
9	1	15	13	38
16	14	4	3	37
32	33	35	36	34

				29
12	3	11	5	31
8	6	7	9	30
15	16	2	4	37
1	10	13	14	38
36	35	33	32	34

				29
12	10	11	5	38
8	6	7	9	30
15	16	2	4	37
1	3	13	14	31
36	35	33	32	34

				29
12	3	11	5	31
15	6	7	9	37
8	16	2	4	30
1	10	13	14	38
36	35	33	32	34

				29
12	10	11	5	38
15	6	7	9	37
8	16	2	4	30
1	3	13	14	31
36	35	33	32	34

图 13.5

美国 Joseph. S. Madachy 的 9 阶等差幻方

一、9 阶等差幻方简介

在美国，等差幻方研究比较热门，Joseph. S. Madachy 创作了一幅 9 阶等差幻方（见之于昆明理工大学杨高石教授在《中国幻方》第 2 期发表的《介绍国外制作的一些奇趣幻方》），如图 13.6 所示。

363	370	371	374	372	378	362	366	365	379
52	19	81	22	29	15	42	31	76	367
61	10	67	23	54	79	25	33	16	368
57	9	71	24	38	1	51	47	75	373
26	78	7	69	66	77	13	27	12	375
39	21	74	20	37	17	49	55	64	376
8	65	4	62	50	34	73	41	40	377
56	68	2	63	14	72	35	44	6	360
53	30	60	32	36	3	46	43	58	361
11	70	5	59	48	80	28	45	18	364
									369

幻和 360 ～ 379

图 13.6

371	368	367	364	366	360	376	372	373	359
30	63	1	60	53	67	40	51	6	371
21	72	15	59	28	3	57	49	66	370
25	73	11	58	44	81	31	35	7	365
56	4	75	13	16	5	69	55	70	359
43	61	8	62	45	65	33	27	18	362
74	17	78	20	32	48	9	41	42	361
26	14	80	19	68	10	47	38	76	378
29	52	22	50	46	79	36	39	24	377
71	12	77	23	34	2	54	37	64	374
									369

幻和 359 ～ 378

图 13.7

这幅 9 阶等差幻方，幻和为“360 ～ 379”连续数列，幻差等于“1”。其幻和连续数列的中项“369”，以及末项“379”各为两条主对角线之和。

然而，它的互补对 9 阶等差幻方（图 13.7），幻和为“359 ～ 378”连续数列，同样发生“位移”，幻差“1”不变。其幻和连续数列的中项“369”，以及首项“359”各为两条主对角线之和。这种情况与上文马丁 · 加德纳的 4 阶等差幻方同理。

由此可知，主对角线之和是两个定数：当幻和连续数列首末项“大”时，中项末项为主对角线之和；当幻和连续数列首末项“小”时，中项首项为主对角线之和。因而，两条主对角线之和是掌控等差幻方成立的总枢纽。

二、9 阶等差幻方“表里”置换

杨辉口诀周期编绎法，擅长奇数阶完全幻方的行列与泛对角线（表里关系）置换，此法同样适用于等差幻方。现以图 13.7 为样本，因为它非最优化，故在一个连续编绎周期内，只可相间产出 3 个新的 9 阶等差幻方（图 13.8）。

31	36	69	54	33	40	9	57	47
73	52	4	12	61	63	17	72	14
81	79	5	2	65	67	48	3	10
25	29	56	71	43	30	74	21	26
44	46	16	34	45	53	32	28	68
7	24	70	64	18	6	42	66	76
58	50	13	23	62	60	20	59	19
35	39	55	37	27	51	41	49	38
11	22	75	77	8	1	78	15	80

幻和 360 ～ 379

48	41	74	78	32	9	42	17	20
79	39	29	22	46	36	24	52	50
67	51	30	1	53	40	6	63	60
81	35	25	11	44	31	7	73	58
65	27	43	8	45	33	18	61	62
10	38	26	80	68	47	76	14	19
2	37	71	77	34	54	64	12	23
3	49	21	15	28	57	66	72	59
5	55	56	75	16	69	70	4	13

幻和 360 ～ 379

6	66	7	70	18	42	76	24	64
51	49	35	55	27	41	38	39	37
40	57	31	69	33	9	47	36	54
67	3	81	5	65	48	10	79	2
53	28	44	16	45	32	68	46	34
60	59	58	13	62	20	19	50	23
1	15	11	75	8	78	80	22	77
63	72	73	4	61	17	14	52	12
30	21	25	56	43	74	26	29	71

幻和 360 ～ 379

图 13.8

德国 Harvey Heinz 的 4 ～ 9 阶等差幻方

一、Harvey Heinz 的 4 ～ 9 阶等差幻方范本

昆明理工大学杨高石教授，同时又介绍了德国 Harvey Heinz 创作的 4 ～ 9 阶一套 6 幅等差幻方（图 13.9、图 13.10）。

33	30	37	36	34
2	15	5	13	35
16	3	7	12	38
9	8	14	1	32
6	4	11	10	31
				29

幻和 29 ～ 38

68	69	60	62	66	65
5	8	20	9	22	64
19	23	13	10	2	67
21	6	3	15	25	70
11	18	7	24	1	61
12	14	17	4	16	63
					71

幻和 60 ～ 71

106	109	114	115	117	104	111
3	18	36	17	15	27	116
23	32	6	10	30	12	113
35	1	14	19	34	5	108
33	25	4	11	13	24	110
2	22	20	26	16	21	107
9	8	29	31	7	28	112
						104

幻和 104 ～ 117

179	178	173	170	168	176	181	175
19	8	32	18	22	48	35	182
11	33	10	30	43	15	27	169
46	9	13	14	17	23	49	171
40	45	39	12	1	4	31	172
20	2	26	42	38	41	5	174
7	34	37	25	44	24	6	177
36	47	16	29	3	21	28	180
							167

幻和 167 ～ 182

图 13.9

德国 Harvey Heinz 研制的 4 ～ 9 阶等差幻方，其 4 阶等差幻方与美国马丁·加德纳的不同，其 9 阶等差幻方与美国 Joseph. S. Madachy 的也不同。总之，这套等差幻方为制定游戏规则奠定了基础；同时为探索等差幻方制作方法提供了可借鉴的样板。

254	257	259	256	264	266	261	263	260
9	41	37	46	55	15	49	16	268
60	10	27	21	50	54	22	23	267
2	59	28	56	19	17	44	40	265
64	13	35	14	25	57	18	36	262
3	63	31	45	42	11	43	20	256
52	4	39	24	32	47	6	51	255
30	62	1	38	33	7	53	29	253
34	5	61	12	8	58	26	48	252
								251

幻和 251 ～ 268

373	372	376	360	366	364	367	368	375	369
6	51	40	67	53	60	1	63	30	371
66	49	57	3	28	59	15	72	21	370
7	35	31	81	44	58	11	73	25	365
70	55	69	5	16	13	75	4	56	363
18	27	33	65	45	62	8	61	43	362
42	41	9	48	32	20	78	17	74	361
76	38	47	10	68	19	80	14	26	378
24	39	36	79	46	50	22	52	29	377
64	37	54	2	34	23	77	12	71	374
									359

幻和 359 ～ 378

图 13.10

二、4 ～ 9 阶等差幻方互补对

为了进一步显现等差幻方建立等差关系的一般组合形态特征及其变化，我以互补对方式给出了德国 Harvey Heinz 的 4 ～ 9 阶等差幻方互补对的另一半（图 13.11、图 13.12）。

35	38	31	32	34
15	2	12	4	33
1	14	10	5	30
8	9	3	16	36
11	13	6	7	37
				39

幻和 30 ～ 39

62	61	70	68	64	65
21	18	6	17	4	66
7	3	13	16	24	63
5	20	23	11	1	60
15	8	19	2	25	69
14	12	9	22	10	67
					59

幻和 59 ～ 70

117	116	113	108	107	105	111
34	19	1	20	22	10	106
14	5	31	27	7	25	109
2	36	23	18	3	32	114
4	12	33	26	24	13	112
35	15	17	11	21	16	115
28	29	8	6	30	9	110
						118

幻和 105 ～ 118

181	172	177	180	182	174	169	175
31	42	18	32	28	2	15	168
39	17	40	20	7	35	23	169
4	41	37	36	33	27	1	181
10	5	11	38	49	46	19	178
30	48	24	8	12	9	45	176
43	16	13	25	6	26	44	173
14	3	34	21	47	29	22	170
							183

幻和 168 ～ 183

图 13.11

从这套 4 ～ 9 阶等差幻方“互补对”的综合分析，得知等差幻方建立等差关系存在如下一般组合形态特征及其变化规律性。

266	263	261	264	256	254	259	257	260
56	24	28	19	10	50	16	49	252
5	55	38	44	15	11	43	42	253
63	6	37	9	46	48	21	25	255
1	52	30	51	40	8	47	29	258
62	2	34	20	23	54	22	45	262
13	61	26	41	33	18	59	14	265
35	3	64	27	32	58	12	36	267
31	60	4	53	57	7	39	17	268
								269

幻和 252 ～ 269

365	366	362	378	372	374	371	370	363	369
76	31	42	15	29	22	81	19	52	367
16	33	25	79	54	23	67	10	61	368
75	47	51	1	38	24	71	9	57	373
12	27	13	77	66	69	7	78	26	375
64	55	49	17	37	20	74	21	39	376
40	41	73	34	50	62	4	65	8	377
6	44	35	72	14	63	2	68	56	360
58	43	46	3	36	32	60	30	53	361
18	45	28	80	48	59	5	70	11	364
									379

幻和 360 ～ 379

图 13.12

（一）幻差等于常数“1”

n 阶等差幻方的 n 行、n 列与 2 条主对角线之和，所形成的连续数列计有 2（n + 1）项，其幻和之公差，即幻差在等于常数“1”时，都有 n 阶等差幻方的解（$n > 3$）。

（二）幻和连续数列的居中两项“位移”之变

n 阶等差幻方的 2(n + 1)项幻和连续数列，其项数为偶数，因此居中者有两项。其中有一项必定等于平均幻和 $S = \frac{1}{2} n (n^2 + 1)$ 常数，而另一项则存在两种可能的变动情况：从上述例案看，其一，平均幻和“S + 1”；其二，平均幻和“S–1”。这就是说，幻和连续数列的居中两项存在“位移”变动现象。

例如，4 阶等差幻方，幻和连续数列有“30 ～ 34、35 ～ 39”10 项方案，按居中两项可把幻和连续数列划分前后两段，那么居中两项的关系：其平均幻和“34”中项为前半段之尾；另一个中项等于平均幻和“34 + 1 = 35”，而“35”中项则为后半段之首。

同时 4 阶等差幻方，另有幻和连续数列“29 ～ 33、34 ～ 38”10 项方案，“居中两项”的关系：其平均幻和“34”为后半段之首，另一个中项等于平均幻和“34–1 = 33”，而“33”为前半段之尾。

总之，幻和连续数列“位移”之变，反映“居中两项”的“首尾”位置关系变化，因而等差幻方存在两个幻和连续数列方案。由此，解决了 n 阶等差幻方的幻和连续数列计算问题，这为构图提供了一个基本参数。

（三）两条主对角线之和的定值

两条主对角线是等差幻方成立的关键控制条件。由上述案例显示与实证：等差幻方其中有一条主对角线之和，一定等于平均幻和 $S=\frac{1}{2}n(n^2+1)$ 常数；而另一条主对角线之和，则按如下两种可能情况发生规律性变更。

其一，当平均幻和“S”为幻和连续数列前半段之尾项时，另一条主对角线之和则一定等于后半段之尾项，我称之为两条主对角线的“尾—尾”定位。

其二，当平均幻和“S”为幻和连续数列后半段之首时，另一条主对角线之和一定等于前半段之首，我称之为两条主对角线的“首—首”定位。

例如，4 阶等差幻方，幻和连续数列为“30 ～ 34、35 ～ 39”10 项方案时，其中一条主对角线之和一定等于平均幻和“34”；而另一条主对角线之和则为“39”。幻和连续数列在“29 ～ 33、34 ～ 38”10 项方案时，其中一条主对角线之和一定等于平均幻和“34”；而另一条主对角线之和则为“29”。

总之，两条主对角线之和的定值关系，取决于平均幻和“S”在两个“幻和连续数列”方案中的位置转换。因此，制作等差幻方时，在给出了“幻和连续数列”方案后，关键要掌控两条主对角线之和，那么求解的思路就理顺了。

目前，国内对等差幻方游戏尚不熟悉，也没有引起幻方爱好者们关注。其实，等差幻方游戏的趣味性、挑战性并不亚于等和幻方。从建立等差关系看，由于幻和之差 $d\neq 0$，因而会碰到诸多新问题。而建立等和关系，幻和之差 $d=0$，问题就比较简单了。

10 ～ 12 阶等差幻方

目前，等差幻方制作主要靠心算、笔算与手工作业，反幻方改造（或者幻方改造）可能是获得等差幻方的一条捷径。因为，反幻方的幻和为非连续数列，既不等和，也不等差，但非连续的间隙并不太大。所以，首先按相关要求把两条主对角线调整到位，然后其行列在反复调整中有望修成等差关系之正果。现以 10 ～ 12 阶为例制作等差幻方。

一、10 阶等差幻方

10 阶的平均幻和 $S=505$，因而其 22 项幻和等差数列在 $d=1$ 条件下的两个配置方案：有一个方案“495 ～ 505，506 ～ 516”，其两条主对角线之和必定为“505，516”；而另一个方案有“494 ～ 504，505 ～ 515”，其两条主对角线之和必定为“505，494”。这两个幻和等差数列配置方案，一般可见之于 10 阶等差互补对，构图举例如下（图 13.13）。

496	507	503	502	506	514	500	501	509	512	494
62	68	63	77	1	40	5	61	58	69	504
19	88	15	94	21	31	34	35	82	92	511
83	97	6	17	100	11	93	2	80	9	498
52	73	46	44	65	51	45	47	28	59	510
22	53	85	67	30	20	27	75	48	72	499
7	23	25	84	78	71	74	26	98	29	515
41	43	55	54	50	49	57	56	66	42	513
99	8	96	4	10	90	14	95	3	89	508
79	16	76	24	81	91	87	18	13	12	497
32	38	36	37	70	60	64	86	33	39	595
										505

幻和 494 ～ 515

514	503	507	508	504	496	510	509	501	498	516
39	33	38	24	100	61	96	40	43	32	506
82	13	86	7	80	70	67	66	19	9	499
18	4	95	84	1	90	8	99	21	92	512
49	28	55	57	36	50	56	54	73	42	500
79	48	16	34	71	81	74	26	53	29	511
94	78	76	17	23	30	27	75	3	72	495
60	58	46	47	51	52	44	45	35	59	497
2	93	5	97	91	11	87	6	98	12	502
22	85	25	77	20	10	14	83	88	89	513
69	63	65	64	31	41	37	15	68	62	515
										505

幻和 495 ～ 516

496	507	503	502	506	514	500	501	509	512	494
62	53	36	77	1	60	27	86	33	69	504
52	88	25	24	21	91	34	35	82	59	511
19	73	6	17	65	51	93	2	80	92	498
41	68	55	44	100	40	45	47	28	42	510
22	97	63	67	30	20	5	75	48	72	499
7	23	15	94	78	71	74	26	98	29	515
83	43	46	54	50	49	57	56	66	9	513
99	8	96	4	10	90	14	95	3	89	508
79	16	76	84	81	31	87	18	13	12	497
32	38	85	37	70	11	64	61	58	39	595
										505

幻和 494 ～ 515

514	503	507	508	504	496	510	509	501	498	516
39	63	38	24	100	31	96	15	68	32	506
77	13	86	9	70	10	67	66	19	82	499
84	4	95	92	1	90	8	99	21	18	512
73	28	55	57	36	50	56	54	49	42	500
34	48	16	79	71	81	74	26	53	29	511
94	78	76	27	23	30	17	75	3	72	495
35	58	46	47	51	52	44	45	59	60	497
2	93	5	87	91	11	97	6	98	12	502
7	85	25	22	20	80	14	83	88	89	513
69	33	65	64	41	61	37	40	43	62	515
										505

幻和 495 ～ 516

图 13.13

二、11 阶等差幻方

11 阶的平均幻和 $S = 671$，因而其 24 项幻和等差数列在 $d = 1$ 条件下的两个配置方案：有一个方案“660 ～ 671，672 ～ 683”，其两条主对角线之和必定为“671，683”；而另一个方案有“659 ～ 670，671 ～ 682”，其两条主对角线之和必定为“671，659”。这两个幻和等差数列配置方案，在 11 阶等差幻方互补对中普遍存在，当然也可见之于非互补对之中，构图举例如下（图 13.14）。

673	678	679	662	677	663	682	666	660	667	674	671
55	120	9	118	38	85	114	7	119	10	6	681
34	107	12	103	4	109	18	105	16	57	110	675
99	90	58	26	30	93	29	24	28	89	98	664
14	39	36	86	20	121	40	59	88	79	87	669
56	46	53	48	60	73	50	74	69	76	67	672
11	31	41	25	51	61	71	92	81	101	111	676
77	68	75	70	72	49	62	52	47	54	44	670
78	83	80	63	95	37	82	42	43	32	45	680
33	27	94	96	84	21	97	91	64	35	23	665
100	65	108	19	106	13	104	5	102	22	17	661
116	2	113	8	117	1	15	115	3	112	66	668
											683

幻和 660 ～ 683

669	664	663	680	665	679	660	676	682	675	668	671
67	112	3	4	84	37	8	115	113	2	116	661
12	15	14	19	118	109	104	17	106	65	88	667
23	32	64	26	25	101	93	98	94	33	89	678
108	83	86	36	102	1	82	63	34	43	35	673
66	76	69	74	62	49	72	48	53	46	55	670
111	91	81	97	71	61	51	30	41	21	11	666
78	54	47	52	50	73	60	70	75	68	45	672
77	39	42	59	40	85	27	80	79	90	44	662
99	95	28	96	92	29	38	31	58	87	24	677
22	57	110	103	16	13	18	117	20	100	105	681
6	10	119	114	5	121	107	7	9	120	56	674
											659

幻和 659 ～ 682

图 13.14

三、12 阶等差幻方

12 阶的平均幻和 $S=870$，因而其 26 项幻和等差数列在 $d=1$ 条件下的两个配置方案：有一个方案“858 ～ 870，871 ～ 883”，其两条主对角线之和必定为“870，883”；而另一个方案有“857 ～ 869，870 ～ 882”，其两条主对角线之和必定为“870，857”。这两个幻和等差数列配置方案，在 12 阶等差幻方互补对中普遍存在，同时也可见之于非互补对之中，构图举例如下（图 13.15）。

865	876	863	858	861	878	877	866	859	881	882	874	870
15	122	24	131	20	124	22	129	17	126	14	127	871
12	143	72	8	10	141	78	136	134	3	5	138	880
121	23	132	125	123	16	130	19	11	18	128	21	867
144	6	133	4	142	9	7	2	140	135	137	13	872
37	98	48	109	39	100	43	105	107	46	44	103	879
29	119	25	115	34	117	27	112	32	110	30	114	864
97	38	108	47	99	40	106	45	101	42	104	35	862
120	41	102	26	118	31	111	28	33	113	116	36	875
61	70	1	83	63	74	139	81	65	76	68	79	860
60	95	49	86	58	93	56	88	50	91	53	90	869
73	62	84	67	75	82	71	69	77	55	89	64	868
96	59	85	57	80	51	87	52	92	66	94	54	873
												883

幻和 858 ～ 883

875	864	877	882	879	862	863	874	881	859	858	866	870
130	23	121	14	125	21	123	16	128	19	131	18	869
133	2	73	137	135	4	67	9	11	142	140	7	860
24	122	13	20	22	129	15	126	134	127	17	124	873
1	139	12	141	3	136	138	143	5	10	8	132	868
108	47	97	36	106	45	102	40	38	99	101	42	861
116	26	120	30	111	28	118	33	113	35	115	31	873
48	107	37	98	46	105	39	100	44	103	41	110	878
25	104	43	119	27	114	34	117	112	32	29	109	865
84	75	144	62	82	71	6	64	80	69	77	66	880
85	50	96	59	87	52	89	57	95	54	92	55	871
72	83	61	78	70	63	74	76	68	90	56	81	872
49	86	60	88	65	94	58	93	53	79	51	91	867
												857

幻和 858 ～ 882

图 13.15

等差幻方的幻差参数分析

n阶等差幻方成立的重要条件，取决于3个相互关联的基本参数：其一，$2(n+1)$项幻和连续数列；其二，幻差，即幻和之公差；其三，两条主对角线之和控制。现以4阶为例，系统分析这3个基本参数在建立等差关系中各种可能情况。

4阶等差幻方的4行、4列及2条主对角线之和互不相等，从而形成一条含10项的幻和连续数列。设4行幻和为："$a_1+a_2+a_3+a_4=136$"；各列之和为"$b_1+b_2+b_3+b_4=136$"；两条主对角线之和为"x"与"y"。这10项幻和的基本要求：首先，它必须构成一条连续数列；其次，任取其8项"一分为二"，每4项之和必须都等于"136"（即1～16自然数列之总和）。这就是10项幻和连续数列的约束条件。又设：10项幻和连续数列的公差，即幻差为"d"。我发现，4阶等差幻方的幻差是一个变数：$1 \leqslant d \leqslant 3$。这就是说，美国马丁·加德纳首创4阶等差幻方，幻差$d=1$，只是建立等差关系的一种情况。幻差取值不同，决定10项幻和区间的复杂变化，因而可检索出符合约束条件的多种款式的构图备选方案。

一、幻差 $d=1$ 时，4阶"幻和等差数列"备选方案

第1备选方案：最小10项幻和配置"29，30，31，32，33，34，35，36，37，38"（注：若取28～37，后8项之和小于4行＋4列之和"272"，不满足条件）。这10项幻和可做如下分配：两条主对角线$x=29$，$y=34$；其余8个数为4对等和数组，按成对原则或互补原则在4行4列中存在多种款式的分配状态。构图举例如下［图13.16（1）、图13.16（2）］。

第2备选方案：最大10项幻和配置"30，31，32，33，34，35，36，37，38，39"（注：若取31～40，前8项之和大于4行＋4列之和"272"，不满足条件）。这10项幻和可做如下分配：两条主对角线$x=39$，$y=34$；其余8个数为4对等和数组，按成对原则或互补原则在4行4列中存在多种款式的分配状态。构图举例如下［图13.16（3）、图13.16（4）］。

32	35	33	36	29
14	10	13	1	38
9	6	7	15	37
4	16	2	8	30
5	3	11	12	31
				34

（1）幻和29～38

30	33	36	37	29
8	9	1	14	32
4	6	10	11	31
15	2	13	5	35
3	16	12	7	38
				34

（2）幻和29～38

33	36	32	35	39
11	8	9	10	38
7	3	16	4	30
14	12	5	6	37
1	13	2	15	31
				34

（3）幻和30～39

38	35	32	31	39
11	13	6	7	37
8	9	3	16	36
1	14	10	5	30
15	2	12	4	33
				34

（4）幻和30～39

图13.16

二、幻差 $d = 2$ 时，4 阶“幻和等差数列”备选方案

当幻差 $d = 2$ 时，若按平均幻和“34”或按“33”展开，则存在全偶数、全奇数两类 10 项幻和连续数列配置，其备选方案分类检索如下。

（一）$d2$ 全偶数版式“幻和连续数列”备选方案

第 1 备选方案：最小 10 项幻和配置“24，26，28，30，32，34，36，38，40，42”（注：若取 22 ～ 38，后 8 项之和小于 4 行＋ 4 列之和“272”，不满足条件）。这 10 项幻和可做如下分配：两条主对角线 $x = 24$，$y = 34$；其余 8 个数为 4 对等和数组，按成对原则或互补原则在 4 行 4 列中存在多种款式的分配状态。构图举例如下（图 13.17）。

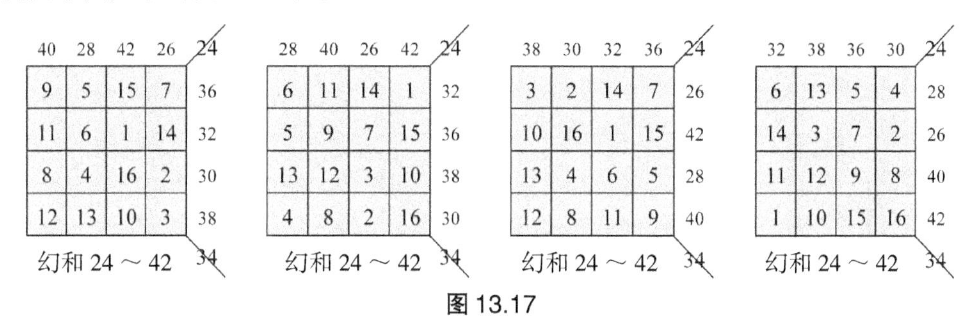

图 13.17

第 2 备选方案：最大 10 项幻和配置“26，28，30，32，34，36，38，40，42，44”（注：若取 28 ～ 46，前 8 项之和大于 4 行＋ 4 列之和“272”，不满足条件）。这 10 项幻和可做如下分配：两条主对角线 $x = 34$，$y = 44$；其余 8 个数为 4 对等和数组，按成对原则或互补原则在 4 行 4 列中存在多种款式的分配状态。构图举例如下（图 13.18）。

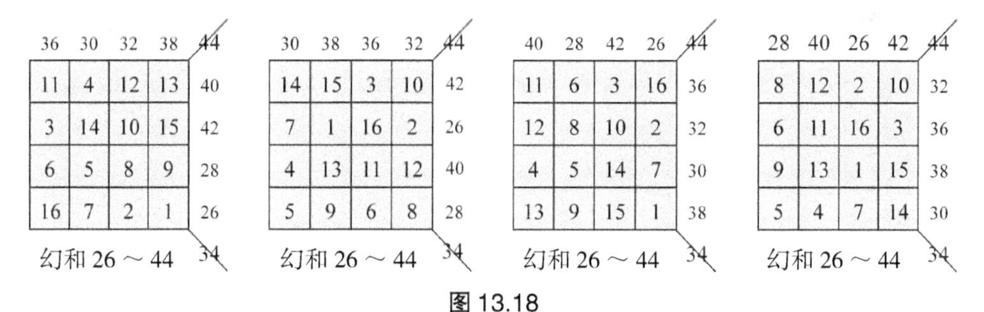

图 13.18

（二）$d2$ 全奇数版式“幻和连续数列”备选方案

第 1 备选方案：全奇数 10 项幻和“23，25，27，29，31，33，35，37，39，41”（注：若取 21 ～39，后 8 项之和小于 4 行＋ 4 列之和“272”，不满足条件）。备选方案检索：两条主对角线 $x = 23$，$y = 25$；其余 8 个数为 4 对等和数组，按成对原则或互补原则，可在 4 行 4 列中做多种款式的等和分配。构图举例（图 13.19）。

29	27	39	41	25
7	1	16	13	37
11	8	4	10	33
9	6	5	15	35
2	12	14	3	31
				23

幻和 23～41

27	29	41	39	25
8	11	10	4	33
1	7	13	16	37
12	2	3	14	31
6	9	15	5	35
				23

幻和 23～41

29	27	39	41	25
7	1	14	13	35
9	8	4	10	31
11	6	5	15	37
2	12	16	3	33
				23

幻和 23～41

27	29	41	39	25
8	9	10	4	31
1	7	13	14	35
12	2	3	16	33
6	11	15	5	37
				23

幻和 23～41

图 13.19

第 2 备选方案：全奇数 10 项幻和“25，27，29，31，33，35，37，39，41，43”。备选方案检索：两条主对角线 x 与 y 可任取一对等和数组；其余 8 个数为 4 对等和数组，按成对原则或互补原则，可在 4 行 4 列中做多款等和分配。构图举例如下（图 13.20）。

29	41	27	39	25
11	14	10	2	37
1	15	3	16	35
4	7	8	12	31
13	5	6	9	33
				43

幻和 25～43

41	29	39	27	25
14	1	16	2	33
7	15	6	3	31
11	8	4	12	35
9	5	13	10	37
				43

幻和 25～43

29	41	27	39	25
15	11	3	6	35
5	14	2	16	37
1	9	10	13	33
8	7	12	4	31
				43

幻和 25～43

41	39	29	27	25
14	16	5	2	37
7	4	8	12	31
11	6	15	3	35
9	13	1	10	33
				43

幻和 25～43

图 13.20

第 3 配置方案：全奇数 10 项幻和“27，29，31，33，35，37，39，41，43，45”（注：若取 29～47，前 8 项之和大于 4 行＋4 列之和“272”，不满足条件）。备选方案检索：两条主对角线 $x = 43$，$y = 45$；其余 8 个数为 4 对等和数组，按成对原则或互补原则，可在 4 行 4 列中做多款等和分配。构图举例如下（图 13.21）。

39	41	29	27	43
10	16	3	4	33
8	9	13	7	37
6	11	12	2	31
15	5	1	14	35
				45

幻和 27～45

41	39	27	29	43
9	8	7	13	37
16	10	4	3	33
5	15	14	1	35
11	6	2	12	31
				45

幻和 27～45

39	41	29	27	43
10	16	1	4	31
6	9	13	7	35
8	11	12	2	33
15	5	3	14	37
				45

幻和 27～45

41	39	27	29	43
9	6	7	13	35
16	10	4	1	31
5	15	14	3	37
11	8	2	12	33
				45

幻和 27～45

图 13.21

三、幻差 $d = 3$ 时，4 阶“幻和等差数列”备选方案

第 1 备选方案：“19，22，25，28，31，34，37，40，43，46”10 项幻和等差数列，可做如下分配：两条主对角线之和“$x = 19$，$y = 34$”（取不成对两数）；其余为 4 对等和数组，按成对原则或互补原则可在 4 行 4 列中做多种款式的等和分配。构图举例如下（图 13.22）。

25	46	28	37	34
4	13	14	12	43
10	11	2	8	31
6	15	3	16	40
5	7	9	1	22
				19

幻和 19 ～ 46

25	28	46	37	34
4	14	13	12	43
6	3	15	16	40
10	2	11	8	31
5	9	7	1	22
				19

幻和 19 ～ 46

40	22	43	31	34
3	9	14	2	28
16	1	12	8	37
6	5	4	10	25
15	7	13	11	46
				19

幻和 19 ～ 46

22	31	40	43	34
1	8	16	12	37
7	11	15	13	46
9	2	3	14	28
5	10	6	4	25
				19

幻和 19 ～ 46

图 13.22

第 2 备选方案："22，25，28，31，34，37，40，43，46，49"10 项幻和等差数列，可做如下分配：两条主对角线之和"$x=34$，$y=49$"（取不成对两数）；其余为 4 对等和数组，按成对原则或互补原则可在 4 行 4 列中做多种款式的等和分配。构图举例如下（图 13.23）。

28	46	25	37	34
14	8	3	15	40
1	16	5	9	31
11	12	13	7	43
2	10	4	6	22
				49

幻和 22 ～ 49

43	40	22	31	34
13	3	4	5	25
11	14	2	1	28
7	15	6	9	37
12	8	10	16	46
				49

幻和 22 ～ 49

31	40	22	43	34
16	8	10	12	46
1	14	2	11	28
9	15	6	7	37
5	3	4	13	25
				49

幻和 22 ～ 49

28	25	46	37	34
14	3	8	15	40
11	13	12	7	43
1	5	16	9	31
2	4	10	6	22
				49

幻和 22 ～ 49

图 13.23

【附】据反复测算，当幻差 $d=4$ 时，已不可能存在 4 阶等差幻方解，而最好的结果是一幅 4 阶准等差幻方（图 13.24），其 9 项幻和连续数列"18，22，26，30，34，38，42，46，50"（缺少一项幻和"54"或"14"），即必有一条主对角线不能加入幻和等差序列。

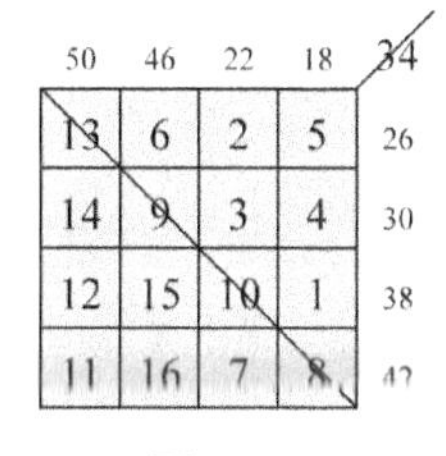

50	46	22	18	34
13	6	2	5	26
14	9	3	4	30
12	15	10	1	38
11	16	7	8	42

图 13.24

幻差与阶次同步增长

发现幻差是一个变数，乃是等差幻方研究的一项重要突破。但幻差究竟是如何变化的？尚需逐步深入探讨。一般而言，幻差的变化区间的大小与阶次相关。据构图实证：当阶次大于 4 阶时，幻差的变化区间："$1 \leqslant d \leqslant n$"，即幻差与阶次同步增加。

一、d5 版式 5 阶等差幻方

幻差 $d=5$ 时，是否存在 5 阶等差幻方？在反复试验中，幻差等于阶次的 5 阶等差幻方创作成功了。5 阶的平均幻和"65"，总和"325"。据上文成功的经验，

我以“65”为中项，“±5”展开一条幻和等差数列，即“35～95”13项。它有如下两个可能的备选方案。

第1备选方案：取其前12项幻和，即“35—60，65—90”配置，两条主对角线之和定为“35、65”。

第2备选方案：取其后12项幻和，即“40—65，70—95”配置，两条主对角线之和定为“65、95”。

以上两个备选方案，都以不成对两数确定两条主对角线之和，而其余10项幻和两两成对，按成对原则或互补原则，在5行5列之间做“325”等和分配。构图举例如下（图13.25）。

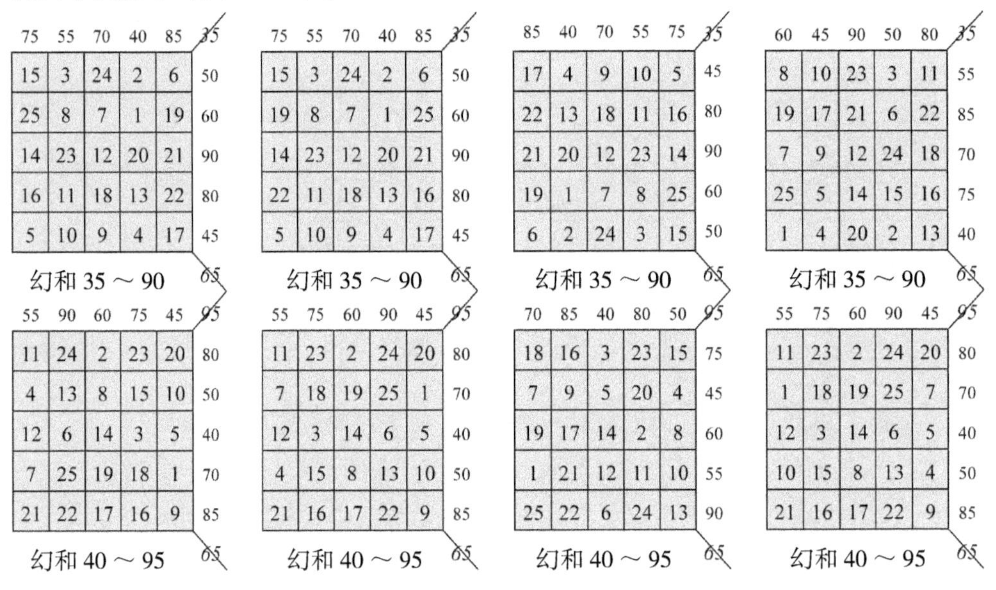

图 13.25

二、d6 版式 6 阶等差幻方

幻差 $d=6$ 时，6阶以平均幻和“111±6”展开一条15项“全奇数”等差数列：“69～153”。它有如下两个可能的备选方案。

第1备选方案：取其前14项幻和，即“69—105，111—147”配置，两条主对角线之和定为“69、111”。

第2备选方案：取其后14项幻和，即“75—111，117—153”配置，两条主对角线之和定为“111、153”。

以上两个备选方案，都以不成对两数确定为两条主对角线之和，而其余12项幻和两两成对，在6行6列之间做“666”等和分配。构图举例如下（图13.26）。

75	87	141	135	81	147	69
1	21	28	19	27	33	129
26	2	31	14	11	15	99
12	29	35	4	25	18	123
17	16	5	36	7	24	105
9	6	22	30	3	23	93
10	13	20	32	8	34	117

幻和 69 ～ 147 111

147	87	135	141	81	75	69
34	13	32	20	8	10	117
15	2	14	31	11	26	99
18	29	35	4	7	12	105
24	16	5	36	25	17	123
23	6	30	22	3	9	93
33	21	19	28	27	1	129

幻和 69 ～ 147 111

141	81	147	75	87	135	69
36	25	24	17	16	5	123
22	3	23	9	6	30	93
20	8	34	10	13	32	117
28	27	33	1	21	19	129
31	11	15	26	2	14	99
4	7	18	12	29	35	105

幻和 69 ～ 147 111

75	87	135	141	81	147	69
1	21	19	28	27	33	129
26	2	14	31	11	15	99
12	29	35	4	7	18	105
17	16	5	36	25	24	123
9	6	30	22	3	23	93
10	13	32	20	8	34	117

幻和 69 ～ 147 111

147	135	81	87	141	75	153
36	16	9	18	10	4	93
11	35	6	23	26	22	123
25	8	2	33	12	19	99
20	21	32	1	30	13	117
28	31	15	7	34	14	129
27	24	17	5	29	3	105

幻和 75 ～ 153 111

87	141	75	147	135	81	153
1	30	13	20	21	32	117
7	34	14	28	31	15	129
5	29	3	27	24	17	105
18	10	4	36	16	9	93
23	26	22	11	35	6	123
33	12	19	25	8	2	99

幻和 75 ～ 153 111

81	141	75	147	135	87	153
1	12	13	20	21	32	99
15	34	14	28	31	7	129
17	29	3	27	24	5	105
9	10	4	36	16	18	93
6	26	22	11	35	23	123
33	30	19	25	8	2	117

幻和 75 ～ 153 111

87	141	147	75	135	81	153
2	30	25	19	8	33	117
7	34	28	14	31	15	129
18	10	36	4	16	9	93
5	29	27	3	24	17	105
23	26	11	22	35	6	123
32	12	20	13	21	1	99

幻和 75 ～ 153 111

图 13.26

三、*d*7 版式 7 阶等差幻方

幻差 $d=7$ 时，7 阶以平均幻和“175±7”展开一条 17 项等差数列：69 ～ 153。例如，它可做如下两个备选方案。

第 1 备选方案：取其前 16 项幻和，即“119—168，175—224”配置，两条主对角线之和必定为“119、175”。

第 2 备选方案：取其后 16 项幻和，即“126—175，182—231”配置，两条主对角线之和定为“175、231”。

以上两个备选方案，都以不成对两数确定为两条主对角线之和，而其余 14 项幻和两两成对，在 7 行 7 列之间做“1225”等和分配。构图举例如下（图 13.27）。

126	133	210	203	224	182	147	119
1	6	2	47	46	45	7	154
8	9	38	39	19	13	14	140
12	16	33	18	31	21	30	161
28	20	24	25	26	23	22	168
34	27	29	32	17	35	15	189
40	11	36	37	42	41	10	217
3	44	48	5	43	4	49	196

幻和 119 ～ 224 175

210	126	133	203	182	147	224	119
33	12	16	18	21	30	31	161
2	1	6	47	45	7	46	154
38	8	9	39	13	14	19	140
24	28	20	25	23	22	26	168
36	40	11	37	41	10	42	217
48	3	44	5	4	49	43	196
29	34	27	32	35	15	17	189

幻和 119 ～ 224 175

140	161	196	168	154	189	217	119
9	16	44	20	6	27	11	133
38	33	48	24	2	29	36	210
14	30	49	22	7	15	10	147
39	18	5	25	47	32	37	203
8	12	3	28	1	34	40	126
19	31	43	26	46	17	42	224
13	21	4	23	45	35	41	182

幻和 119 ～ 224 175

140	224	217	147	168	203	126	231
17	38	34	32	29	20	19	189
48	49	44	3	5	43	4	196
12	42	41	11	37	36	31	210
26	22	30	25	27	28	24	182
14	10	39	13	9	40	8	133
2	47	6	45	46	1	7	154
21	16	23	18	15	35	33	161

幻和 126 ～ 231 175

126	224	168	147	217	203	140	231
33	16	15	18	23	35	21	161
4	49	5	3	44	43	48	196
8	10	9	13	39	40	14	133
24	22	27	25	30	28	26	182
31	42	37	11	41	36	12	210
7	47	46	45	6	1	2	154
19	38	29	32	34	20	17	189

幻和 126 ～ 231 175

154							231
1	40	20	28	35	36	43	
46	9	29	27	15	37	56	
2	14	17	26	21	12	48	
45	13	32	25	18	11	3	
7	8	19	24	33	31	4	
6	39	34	30	23	41	44	
47	10	38	22	16	42	49	

幻和 126 ～ 231 175

图 13.27

幻差最大化

幻差是一个变数，“其变化区间如何”乃是等差幻方研究最具挑战性的核心问题。从上文可知：4 阶等差幻方的幻差“$1 \leqslant d \leqslant 3$”；当阶次 $n > 4$ 时，幻差“$1 \leqslant d \leqslant n$”，即幻差与阶次同步增长。但是，据初步分析，阶次 n 未必是幻差变化的上限，而更可能是幻差变化区间中的一个节点。这就是说，随着阶次的提高，幻差不仅是同步增长的，而且会大幅扩大。现以 8 阶为例，探讨幻差的变化区间及其最大化问题。

一、d16 版式 8 阶等差幻方

实验证明：幻差等于“16”，即 $d = 2n$ 时，存在 8 阶等差幻方解，达到了 2 倍于阶次的一个幻差节点，这是非常重要的突破。例如，8 阶以平均幻和“260±16”展开一条 19 项“全偶数”的幻和等差数列“116 ～ 332”，它可做出成幻和配置的如下两个备选方案。

第 1 备选方案：取其前 16 项幻和即“116 ～ 244，260 ～ 388”配置，其两条主对角线之和必定为“116、260”。

116、132、148、164、180、196、212、228、244
260、276、292、308、324、340、356、372、388

第 2 备选方案：取其后 16 项幻和即“132 ～ 260，276 ～ 404”配置，其两条主对角线之和定为“260、404”。

132、148、164、180、196、212、228、244、260
276、292、308、324、340、356、372、388、404

然而，以上幻和全偶数两个备选方案，都以不成对两数配置两条主对角线，而其余 16 项幻和两两成对，在 8 行 8 列之间做“2080”等和分配。构图如下（图 13.28）。

212	180	276	196	356	324	244	292	116
28	31	30	26	41	35	32	5	228
20	19	18	21	24	23	6	17	148
16	11	10	9	60	7	13	38	164
12	15	2	1	8	43	22	29	132
36	14	61	33	64	63	58	59	388
52	53	50	25	48	55	27	62	372
44	3	56	42	57	47	46	45	340
4	34	49	39	54	51	40	37	308
								260

292	180	276	356	196	324	244	212	116
37	34	49	54	39	51	40	4	308
17	19	18	24	21	23	6	20	148
38	11	10	60	9	7	13	16	164
59	14	61	64	33	63	58	36	388
29	15	2	8	1	43	22	12	132
62	53	50	48	25	55	27	52	372
45	3	56	57	42	47	46	44	340
5	31	30	41	26	35	32	28	228
								260

196	324	244	212	292	180	276	356	107
1	43	22	12	29	15	2	8	226
25	55	27	52	62	53	50	48	175
42	56	46	44	45	3	47	57	141
26	35	32	28	5	31	30	41	124
39	49	40	4	37	34	51	54	396
21	18	6	20	17	19	23	24	379
9	7	13	16	38	11	10	60	345
33	61	58	36	59	14	63	64	294
								260

308	340	244	324	164	196	276	228	404
37	34	35	39	24	30	33	60	292
45	46	42	44	41	47	59	48	372
53	50	55	56	5	58	52	27	356
49	54	63	64	57	22	43	36	388
29	51	2	32	1	4	7	6	132
13	12	15	23	17	10	38	20	148
21	62	18	40	8	9	19	3	180
61	31	14	26	11	16	25	28	212
								260

324	196	276	308	228	340	244	164	404
64	22	52	49	27	54	63	57	388
23	10	38	13	20	12	15	17	148
40	18	19	21	3	62	9	8	180
39	30	33	37	60	34	35	24	292
26	14	25	61	28	31	16	11	212
56	42	59	45	36	46	47	41	372
44	58	43	53	48	50	55	5	356
32	2	7	29	6	51	4	1	132
								260

164	196	276	228	308	340	244	324	404
1	2	7	6	29	51	4	32	132
17	10	38	20	13	12	15	23	148
8	18	19	3	21	62	9	40	180
11	14	25	28	61	31	16	26	212
24	30	33	60	37	34	35	39	292
41	42	59	48	45	46	47	44	372
5	58	52	27	49	54	55	56	356
57	22	43	36	53	50	63	64	388
								260

图 13.28

二、8 阶等差幻方幻差最大化搜索

幻差大于“16”，即 $d > 2n$ 时，是否存在 8 阶等差幻方解？这需要逐步加大幻差，并做出数理分析与构图检索，才能不断向幻差最大化逼近。

据试验，当幻差等于“17”时，即 $d = 2n + 1$，结果成功了。例如，8 阶以平均幻和“260±17”展开一条 19 项幻和等差数列“107 ～ 413”，它可做出成幻和配置两个备选方案。

第 1 备选方案：取其前 16 项幻和即“107 ～ 243，260 ～ 396”配置，其两条主对角线之和必定为“107、260”。

107、124、141、158、175、192、209、226、243、
260、277、294、311、328、345、362、379、396

第 2 备选方案：取其后 16 项幻和即“124 ～ 260，277 ～ 413”配置，其两条主对角线之和必定为“260、413”。

124、141、158、175、192、209、226、243、260
277、294、311、328、345、362、379、396、413

然而，以上幻和配置两个备选方案，都以不成对两数配置两条主对角线，而其余 16 项幻和两两成对，各在 8 行 8 列之间做“2080”等和分配。构图如下（图 13.29）。

192	328	158	243	209	277	311	362	107
1	34	2	13	20	17	29	8	124
25	55	53	59	36	62	41	48	379
24	38	19	27	14	6	26	21	175
40	49	31	37	3	35	39	60	294
16	32	18	5	28	30	47	50	226
42	52	4	43	45	46	56	57	345
11	7	9	15	12	23	10	54	141
33	61	22	44	51	58	63	64	396
								260

幻和 107 ～ 396

362	328	277	243	209	158	311	192	107
64	61	58	44	51	22	63	33	396
48	55	62	59	36	53	41	25	379
57	52	46	43	45	4	56	42	345
60	49	35	37	3	31	39	40	294
50	32	30	5	28	18	47	16	226
21	38	6	27	14	19	26	24	175
54	7	23	15	12	9	10	11	141
8	34	17	13	20	2	29	1	124
								260

幻和 107 ～ 396

243	158	311	192	362	328	277	209	107
37	31	39	40	60	49	35	3	294
27	19	21	24	26	38	6	14	175
15	9	10	11	54	7	23	12	141
13	2	29	1	8	34	17	20	124
44	22	64	33	63	61	58	51	396
59	53	41	25	48	55	62	36	379
43	4	57	42	56	52	46	45	345
5	18	50	16	47	32	30	28	226
								260

幻和 107 ～ 396

158	192	243	277	311	362	209	328	413
1	4	7	21	14	43	2	32	124
17	10	3	6	29	12	24	40	141
8	13	19	22	20	61	9	23	175
5	16	30	28	62	34	26	25	226
15	33	35	60	37	47	18	49	294
44	27	59	38	51	46	39	41	345
11	58	42	50	53	56	55	54	379
57	31	48	52	45	63	36	64	396
								260

幻和 124 ～ 413

328	192	362	277	311	243	209	158	413
64	31	63	50	53	42	36	57	396
40	10	12	6	29	3	24	17	141
41	27	46	38	51	59	39	44	345
25	16	34	28	62	30	26	5	226
49	33	47	60	37	35	18	15	294
23	13	61	22	20	19	9	8	175
54	58	56	52	45	48	55	11	379
32	4	43	21	14	7	2	1	124
								260

幻和 124 ～ 413

158	192	243	277	311	362	209	328	413
1	4	7	6	29	43	2	32	124
17	10	3	14	21	12	24	40	141
8	13	19	20	22	61	9	23	175
5	26	30	28	62	34	16	25	226
15	18	35	60	37	47	33	49	294
44	27	59	51	38	46	39	41	345
11	58	48	45	52	56	55	54	379
57	36	42	53	50	63	31	64	396
								260

幻和 124 ～ 413

图 13.29

由图 13.29 可知：8 阶等差幻方的幻差已经突破了自身阶次的 2 倍，即 $d = 2n + 1$，取得了成功。幻差越大（即幻差变化区间的上限），构图的难度越高，这是因为在建立等差关系时，可供调整的机动数字相当有限，稍有不当就无法综合平衡。幻差等于“17”，可能就是 8 阶等差幻方的最大幻差了。据反复试验，幻差等于“18”时，8 阶等差幻方不成立，尽可能好的成绩是：其中总有两行或者两列的调整顾此失彼，不能加入到幻和等差序列中来。

总之，在等差幻方游戏中，幻差的区间会随着阶次的变化而变化。因此，幻差最大化探索乃是非常艰难、具有挑战性的课题。怎样确定幻差区间？目前，还不能给出一个计算公式或者判定依据，因此需要逐阶试验与检出。

等差幻方的两种最优化组合形态

什么是完全等差幻方？参照等和幻方的最优化标准，以及根据等差幻方的特殊性，我认为等差幻方可能存在两种最优化组合形态：一种是“纯”完全等差幻方；另一种是“泛”完全等差幻方。美国著名科普作家马丁·加德纳曾经这样调侃：“这是外星人正在做的另一道数学题，假使你在他们之前先做出来，你就可获得一百万美元奖励。”尤其制作最优化等差幻方更是一门非常复杂、高难度的最优化组合技术。

一、“纯”完全等差幻方组合形态

什么是“纯”完全等差幻方？即其 n 行、n 列及 $2n$ 条泛对角线之和统一形成包含 $4n$ 项一条连续数列的等差幻方。据分析，“纯”完全等差幻方可能存在的设计条件如下。

（一）$4n$ 项连续幻和设计

双偶数阶可按“……$S-\Delta$、$S+\Delta$……”方式设计，各项对折成对，中项幻和“S”不参与其中；奇数阶与单偶数阶可按“……$S-\Delta$、S、$S+\Delta$……”展开连续幻和设计，中项幻和“S”必须参与其中。

（二）幻差变化区间

连续幻和之公差 $d=2\Delta$，故随 Δ 的变化而变化，Δ 的取值一般可以按“1、2……”从小至大递次采用。

（三）$4n$ 项连续幻和的奇偶性

双偶数阶的幻和连续数列一般为“全偶数”或“全奇数”；奇数阶与单偶数阶的幻和连续数列则为“全奇数”或“奇偶相间”。

目前“纯”完全等差幻方仅是一种设想，无数次尝试无成功之范例，或许是构图的技术问题，或许其存在的合理性尚有疑点，即 $4n$ 个和值不可能同处于一个“幻和等差序列”内，因而 $4n$ 项幻和可能分为两段（可考虑重新定义“纯”完全等差幻方）。总之，这是一个悬而未决的难题。

二、“泛”完全等差幻方组合形态

什么是“泛”等差幻方？即 n 行、n 列及左、右各 n 条泛对角线之和各自独立形成4条相同连续数列的等差幻方。当4条幻和连续数列相同时，乃为等差幻方的另一种最优化组合形态，可称之为“泛”完全等差幻方。

据分析，“泛”完全等差幻方存在的基本条件如下。

（一）n 项连续幻和设计

以 n 行、n 列与左、右 n 条泛对角线为基本单位，各自独立形成 n 项连续幻和。奇数阶与单偶数阶的平均幻和“S”必须是 n 项连续幻和的中项，按“$S-\Delta$、S、$S+\Delta$……”方式设计。而双偶数阶的平均幻和“S”则不能加入连续幻和项，一般按“$S-\Delta$、$S+\Delta$……”方式设计。

（二）幻差变化区间

幻差是 n 项连续幻和之公差，$d=2\Delta$，Δ 可能取值区间比一般等差幻方相对小，$1\leqslant\Delta\leqslant n$。同时，要求4条 n 项连续幻和之公差相同。

（三）$4n$ 项连续幻和的奇偶性

奇数阶与单偶数阶，当 Δ 取奇数时，n 项连续幻和为奇偶相间；当 Δ 取偶数时，n 项连续幻和为奇数列。双偶数阶，当 Δ 取奇数时，n 项连续幻和为奇数列；

当Δ取偶数时，n项连续幻和为偶数列。

“泛”完全等差幻方从4阶开始已设计与创作成功，但尚要探索的具体问题还相当多。退而求其次，在构图实践中发现了大量4条n项连续幻和之公差不统一的“泛”等差幻方，如有“四幻差”“三幻差”“二幻差”的等差幻，此乃为一种次优化组合形态。

“泛”完全等差幻方开篇

什么是“泛”完全等差幻方？即n行、n列及左、右各n条泛对角线之和，各自独立形成4条相同“幻和连续数列”的一种广义最优化等差幻方。它的结构特点是等差关系简约，兼容等差与等和两种数学关系，具有特殊的数理美。

一、“泛”完全等差幻方

（一）4阶“泛”完全等差幻方

图13.30是一幅4阶“泛”完全等差幻方，它建立了如下等差关系，即4行、4列及左、右各4条泛对角线之幻和分别等于“28，32，36，40”，乃为4条相同的连续等差数列，其公差为“4”。主要特点如下。

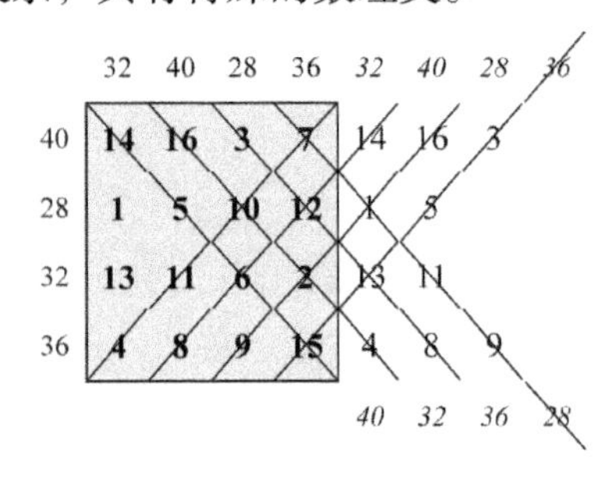

图13.30

①4项等差幻和全偶数，且两两成对，之和等于平均幻和“34”的2倍。

②$d=n$，即幻差等于阶次，这种“单一幻差”是等差幻方最优化的重要标志（注：若4条幻和连续数列不相同或有多个幻差，则不属于“泛”完全等差幻方范畴）。

现以这幅4阶“泛”完全等差幻方的化简形式——“商—余”正交方阵透视其微观结构特征（图13.31）：两方阵的编码有一定章法，但在原创这一化简模板时，在建立正交关系及等差关系的综合平衡等方面较难掌控。

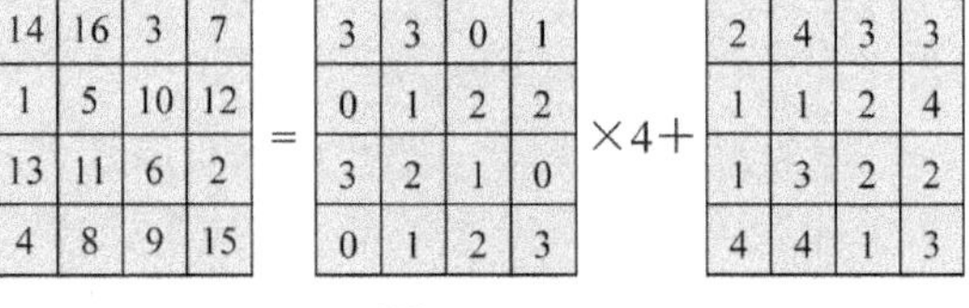

14	16	3	7
1	5	10	12
13	11	6	2
4	8	9	15

=

3	3	0	1
0	1	2	2
3	2	1	0
0	1	2	3

×4+

2	4	3	3
1	1	2	4
1	3	2	2
4	4	1	3

图13.31

5	7	12	16
10	14	1	3
6	4	13	9
11	15	2	8

=

1	1	2	3
2	3	0	0
1	0	3	2
2	3	0	1

×4+

1	3	4	4
2	2	1	3
2	4	1	1
3	3	2	4

图13.32

如果按这个原创“商—余”正交方阵模板的基本格式，而只更改其数码配置方案，同样可以得到一幅新4阶“泛”完全等差幻方异构体（图13.32），它的等差关系、结构特点与图13.31相同，但行列发生了根本性重组。

据研究，原创“商—余”正交方阵不可逆，即两方阵之间不能换位。但两个不同配置方案的两对“商—余”正交方阵可交叉，即两方阵重新组对，又各可还原出两幅新的4阶“泛”完全等差幻方（图13.33）：它们的组合性质同上，即4行、4列及左、右各4条泛对角线之幻和，分别等于“28，32，36，40”，乃为4条相同的连续等差数列，其幻差都等于“4”。

3	3	0	1
0	1	2	2
3	2	1	0
0	1	2	3

×4＋

1	3	4	4
2	2	1	3
2	4	1	1
3	3	2	4

＝

13	15	4	8
2	6	9	11
14	12	5	1
3	7	10	16

1	1	2	3
2	3	0	0
1	0	3	2
2	3	0	1

×4＋

2	4	3	3
1	1	2	4
1	3	2	2
4	4	1	3

＝

6	8	11	15
9	13	2	4
5	3	14	10
12	16	1	7

图13.33

以上4幅4阶“泛”完全等差幻方异构体，从行列组合状态看，代表了$d=n$（幻差等于阶次）条件下，各种可能的不同配置方案。

现以上文的图13.30所示4阶“泛”完全等差幻方为样本，运用经典幻方中常用的“互补法”“加减法”与“行列交换法”等演绎技术，一化为八，制作新的4阶“泛”完全等差幻方（图13.34）。

14	16	3	7
1	5	10	12
13	11	6	2
4	8	9	15

样本

3	1	14	10
16	12	7	5
4	6	11	15
13	9	8	2

5	1	12	10
16	14	7	3
8	4	15	9
11	13	2	6

12	16	5	7
1	3	10	14
9	13	2	8
6	4	15	11

13	15	4	8
2	6	9	11
14	12	5	1
3	7	10	16

4	2	13	9
15	11	8	6
3	5	12	16
14	10	7	1

6	2	11	9
15	13	8	4
7	3	16	10
12	14	1	5

11	15	6	8
2	4	9	13
10	14	1	7
5	3	16	12

图13.34

（二）5阶“泛”完全等差幻方

图13.35是一幅全中心对称5阶“泛”完全等差幻方，其幻和等差关系：其5行、5列及左、右各5条泛对角线之幻和分别等于“45，55，65，75，85”，乃为4条相同的全奇数等差数列，幻差为“10”，即$d=2n$，幻差等于阶次的2倍。

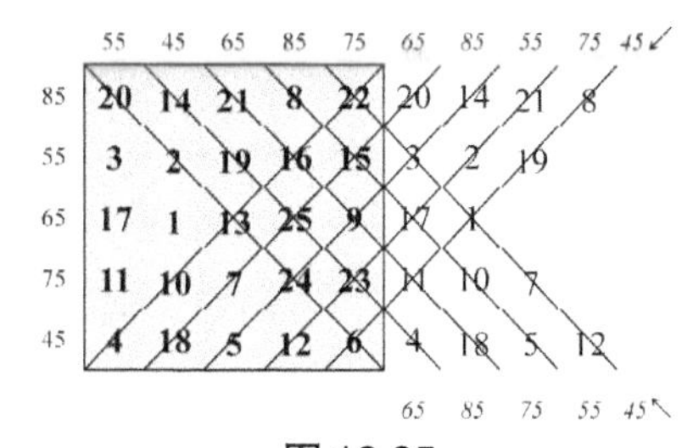

图13.35

本例表明：幻差等于阶次或阶次的倍数，可能就是“泛”完全等差幻方存在的常规形态。

现以这幅5阶“泛”完全等差幻方的化简形式——“商—余”正交方阵透视其微观结构特征（图13.36）。

3	2	4	1	4
0	0	3	3	2
3	0	2	4	1
2	1	1	4	4
0	3	0	2	1

×5＋

5	4	1	3	2
3	2	4	1	5
2	1	3	5	4
1	5	2	4	3
4	3	5	2	1

＝

20	14	21	8	22
3	2	19	16	15
17	1	13	25	9
11	10	7	24	23
4	18	5	12	6

图13.36

它的“商”方阵无序、不规则编码，但具有等差行列图性质（即5行、5列之和建立了等差关系：“6，8，10，12，14”）；“余”方阵无序、不规则编码，但具有幻方性质（即5行、5列及2条主对角线都由1～5自然数列构成）；两方阵左、右泛对角线之等差关系的“互补”整合极为复杂。这是一对诡异的“商—余”正交方阵，若两方阵交换位置关系，能得到一个5阶等差行列图（即5行、5列之幻和各等于“61，63，65，67，69”连续数列，幻差为“2”）。

完全等差幻方与等和完全幻方的组合原理相通，因此“杨辉口诀周期编绎法”同样适用于5阶“泛”完全等差幻方，在一个连续编绎周期内将产生3幅新异构体（图13.37）。

20	14	21	8	22
3	2	19	16	15
17	1	13	25	9
11	10	7	24	23
4	18	5	12	6

样本

21	11	16	18	9
23	19	4	25	14
2	6	13	20	24
12	1	22	7	3
17	8	10	15	5

16	3	19	15	2
12	4	5	6	18
25	17	13	9	1
8	20	21	22	14
24	11	7	23	10

19	14	4	23	25
8	5	10	17	15
6	24	13	2	20
11	9	16	21	18
1	3	22	12	7

图13.37

同时，“完全幻方几何覆盖法”也适用于本例5阶“泛”完全等差幻方。如图13.38所示，5×5正方形的水平、立式两种覆盖形式，中心位滚动移动到“1～25”的任何一个位置，所覆盖出的5阶“泛”完全等差幻方一定成立。

而且，5×5正方形“放大”，即除了不隔位覆盖外，还可隔“1～3”位覆盖（相当于行列同步交换），由此可演绎出大批量新的5阶“泛”完全等差幻方。

20	14	21	8	22	20	14	21	8	22	20	14	21	8	22
3	2	19	16	15	3	2	19	16	15	3	2	19	16	15
17	1	13	25	9	17	1	13	25	9	17	1	13	25	9
11	10	7	24	23	11	10	7	24	23	11	10	7	24	23
4	18	5	12	6	4	18	5	12	6	4	18	5	12	6
20	14	21	8	22	20	14	21	8	22	20	14	21	8	22
3	2	19	16	15	3	2	19	16	15	3	2	19	16	15
17	1	13	25	9	17	1	13	25	9	17	1	13	25	9
11	10	7	24	23	11	10	7	24	23	11	10	7	24	23
4	18	5	12	6	4	18	5	12	6	4	18	5	12	6
20	**14**	**21**	**8**	**22**	20	14	21	8	22	20	14	21	8	22
3	**2**	**19**	**16**	**15**	3	2	19	16	15	3	2	19	16	15
17	**1**	**13**	**25**	**9**	17	1	13	25	9	17	1	13	25	9
11	**10**	**7**	**24**	**23**	11	10	7	24	23	11	10	7	24	23
4	**18**	**5**	**12**	**6**	4	18	5	12	6	4	18	5	12	6

样本

图13.38

综上所述，本例无论是“杨辉口诀周期编绎法”，还是“完全幻方几何覆盖法”的运用，所得5阶“泛”完全等差幻方，表现了5行、5列与10条泛对角线之间错综复杂的转换或者重组关系，但泛等差关系性质与样本保持一致。

二、“泛”次优等差幻方

在“泛”完全等差幻方构图摸索中，发现了大量其他3款次优化的泛等差幻方，其基本特点是n行、n列及左、右各n条泛对角线的幻和之差不统一。

（一）“四幻差”泛等差幻方

图13.39这幅7阶泛等差幻方组合性质如下。

①7行之和为“154，161，168，175，182，189，196”，幻差为“7”。

②7列之和为“172，173，174，175，176，178，179”，幻差为“1”。

③7条左泛对角线之和为“139，151，163，175，187，199，211”，幻差为“12”。

④7条右泛对角线之和为“127，143，159，175，191，207，223”，幻差为“16”。

“四幻差”泛等差幻方，其7行、7列及左、右7条对角线各自建立等差关系，7个幻和各以中项“175”展开，由于幻差不统一，不符合最优化要求。

175↘	127	191	143	207	159	233	175↙
139	1	44	3	46	5	48	7	154
187	14	41	12	39	10	37	8	161
151	15	30	17	32	19	34	21	168
199	28	27	26	25	24	23	22	175
163	29	16	31	18	33	20	35	182
211	42	13	40	11	38	9	36	189
	43	2	45	4	47	6	49	196
	172	173	174	175	176	177	178	

图13.39

（二）“三幻差”泛等差幻方

图13.40左这幅5阶泛等差幻方的组合性质如下。

①5行、5列之幻和都为“61，63，65，67，69”，幻差为“2”。

②5条左泛对角线幻和为“63，64，65，66，67”，幻差为“1”。

③5条右泛对角线幻和为“15，40，65，90，115”，幻差为“25”。

图13.40右这幅5阶泛等差幻方的组合性质如下。

①5行幻和为“63，64，65，66，67”，幻差为“1”。

②5列幻和为“15，40，65，90，115”，幻差为“25”。

③左、右各5条泛对角线幻和同为“61，63，65，67，69”，幻差为“2”。

65↘		15	90	40	115	65↙
67	3	20	7	22	15	67
64	16	8	21	14	2	61
66	9	25	13	1	17	65
63	24	12	5	18	10	69
	11	4	19	6	23	63
	63	69	65	61	67	

65		63	61	69	67	65
63	19	2	12	22	9	64
61	16	5	15	25	6	67
69	18	3	13	23	8	65
67	20	1	11	21	10	63
	17	4	14	24	7	66
	90	15	65	115	40	

图13.40

以上“三幻差”泛等差幻方，由于3个幻差不统一，也不符合最优化要求。

（三）“二幻差”泛等差幻方

图13.41这幅7阶泛等差幻方的组合性质如下。

①7行7列之幻和各为“154，161，168，175，182，189，196”，公差为“7”。

②左、右7条泛对角线之幻和各为“133，147，161，175，189，203，217”，公差为“14”。

总之，以上“四幻差”“三幻差”“二幻差”3种不同款式的泛等差幻方，虽然幻差不统一，但其n行、n列及左半、右半各n条对角线各自建立了一定的等差关系，所以不失为“次优化泛等差幻方”。

175↘		154	182	161	189	168	196	175↙
196	46	29	12	9	34	45	28	203
168	35	39	36	19	2	27	3	161
189	10	42	32	43	26	44	20	217
161	13	17	49	25	1	33	37	175
182	30	6	24	7	18	8	40	133
154	47	23	48	31	14	11	15	189
	22	5	16	41	38	21	4	147
	203	161	217	175	133	189	147	

图13.41

“等差幻方”入幻

什么是“等差幻方”入幻？即“等差幻方”作为一个子单元安装于等和幻方内部，这是等差幻方为等和幻方增添的一笔精彩。现以几幅已知等差幻方入幻为例，展示等和与等差两种不同数学性质的“水火相容”关系。

一、4 阶等差幻方镶嵌式入幻

图 13.42 是一幅不规则 12 阶幻方（幻和“870”）。中央镶嵌的 4 阶等差幻方（幻差“1”），其 4 行、4 列及 2 条主对角线之幻和形成一条“30 ～ 39”10 项连续数列。从 12 阶幻方大九宫结构而言，中宫这个 4 阶等差幻方子单元之和极小（中宫之和等于“136”）。

70	54	33	50	80	95	105	120	66	44	39	114
29	113	26	38	135	134	84	116	40	41	67	47
31	27	126	55	136	96	108	69	56	104	42	20
49	48	28	125	94	73	107	83	123	51	43	46
144	74	101	117	5	14	6	12	99	124	86	88
118	98	141	92	9	11	10	8	72	91	82	138
87	78	103	102	2	1	15	13	140	71	139	119
75	143	61	142	16	7	4	3	97	100	137	85
59	52	18	65	111	89	133	129	68	63	64	19
53	36	115	37	112	109	132	81	62	79	22	32
34	122	60	17	93	131	76	106	23	45	128	35
121	25	58	30	77	110	90	130	24	57	21	127

图 13.42

据分析，并不是任意一幅 4 阶等差幻方都可以镶嵌于 12 阶幻方的中宫位置，它要求这个等差幻方子单元的两条主对角线必须大于平均幻和，不然只能镶嵌于12阶幻方的偏心位才可能有解。

二、5 阶“泛”等差幻方镶嵌式入幻

图 13.43 是一幅 15 阶不规则幻方（幻和“1695”），它的中宫镶嵌 5 阶“二幻差”等差幻方，其等差关系如下。

① 5 行 5 列之和为一条相同的等差数列，即“45，55，65，75，85”，幻差为“10”。

② 左、右半边各 5 条泛对角线之和为一条相同的等差数列，即“55，60，65，70，

189	58	93	49	89	60	173	216	195	139	48	111	52	42	181
74	188	41	88	39	194	94	112	215	169	34	99	75	175	98
56	83	69	91	55	166	162	218	217	171	59	82	76	57	133
31	79	36	187	92	219	130	141	105	214	38	176	115	54	78
85	84	109	73	186	220	142	138	135	102	177	28	126	47	43
199	114	159	125	120	3	16	19	2	15	204	128	225	157	209
116	152	121	198	223	20	8	21	14	22	151	203	158	156	132
224	150	200	122	146	17	25	13	1	9	149	155	207	153	124
127	197	222	119	148	4	12	5	18	6	147	129	205	154	202
145	123	131	143	221	11	24	7	10	23	196	206	144	201	110
30	113	65	51	179	193	174	161	106	168	185	46	80	117	27
66	103	68	178	33	165	190	136	140	167	95	184	29	44	97
87	61	208	104	62	192	172	211	134	170	64	63	77	37	53
86	100	101	96	70	67	163	160	191	213	108	50	81	183	26
180	90	72	71	32	164	210	137	212	107	40	35	45	118	182

图 13.43

75”，幻差为“5”。

“二幻差”泛等差幻方的特点：两幻差有一定规则性，一个等于阶次，另一个等于阶次的2倍；同时，等差结构经纬交织，行列等差关系、左右泛对角线等差关系纹丝不乱。

三、5阶“泛”完全等差幻方镶嵌式入幻

图13.44是一幅15阶不规则幻方（幻和“1695”），它的中宫镶嵌一个5阶“泛”最优化等差幻方，其等差关系如下。

5行、5列及左、右半边各5条泛对角线之和为4条相同的连续等差数列：即“45，55，65，75，85”，幻差等于“10”。

5阶“泛”完全等差幻方与5阶“泛”等差行列图的基本区别仅在于：前者的5行、5列及左、右半边各5条泛对角线的幻和之差统一；而后者的行列与泛对角线的幻和之差不同，这种细微差异却决定了两者组合性质归属的天差地别。

159	39	89	55	84	225	216	93	54	215	86	78	40	87	175
83	158	48	85	66	224	148	214	161	121	47	102	33	174	31
29	73	157	44	99	223	213	218	163	139	72	34	173	32	26
74	75	45	156	27	222	212	219	138	164	38	172	41	76	36
69	57	114	43	68	124	211	220	165	137	171	30	115	58	113
151	182	190	177	149	20	14	21	8	22	221	192	59	147	142
197	122	145	150	176	3	2	19	16	15	191	126	193	123	217
188	189	154	187	186	17	1	13	25	9	52	199	152	127	196
143	200	183	198	184	11	10	7	24	23	181	79	201	141	110
180	179	96	185	153	4	18	5	12	6	146	144	178	194	195
61	106	105	82	162	117	60	109	170	206	205	107	62	63	80
77	37	125	111	108	118	119	120	207	169	35	204	49	116	100
91	70	160	90	71	128	208	134	133	168	50	46	203	51	92
81	155	28	65	64	129	132	167	209	135	97	94	95	202	42
112	53	56	67	98	130	131	136	210	166	103	88	101	104	140

图 13.44

总之，等差幻方精品入幻，丰富了等和幻方的数学内涵。入幻有两种方式：一种是镶嵌式入幻，一般而言，*k*阶等差幻方子单元可嵌入3*k*阶等和幻方，常用“手工”作业完成；另一种是镶嵌式入幻，*k*阶等差幻方子单元可全面覆盖4*k*阶等和幻方，常用“模拟—合成”法完成。

四、4阶等差幻方覆盖式入幻

图13.45是一幅16阶幻方（幻和“2056”），由16个奇偶分列的4阶等差幻方子单元为基本构件，采用“互

225	239	255	247	96	82	66	74	192	178	162	170	1	15	31	23
237	245	253	249	84	76	68	72	180	172	164	168	13	21	29	25
241	227	229	251	80	94	92	70	176	190	188	166	17	3	5	27
233	243	235	231	88	78	86	90	184	174	182	186	9	19	11	7
130	144	160	152	63	49	33	41	223	209	193	201	98	112	128	120
142	150	158	154	51	43	35	39	211	203	195	199	110	118	126	122
146	132	134	156	47	61	59	37	207	221	219	197	114	100	102	124
138	148	140	136	55	45	53	57	215	205	213	217	106	116	108	104
95	81	65	73	226	240	256	248	2	16	32	24	191	177	161	169
83	75	67	71	238	246	254	250	14	22	30	26	179	171	163	167
79	93	91	69	242	228	230	252	18	4	6	28	175	189	187	165
87	77	85	89	234	244	236	232	10	20	12	8	183	173	181	185
64	50	34	42	129	143	159	151	97	111	127	119	224	210	194	202
52	44	36	40	141	149	157	153	109	117	125	121	212	204	196	200
48	62	60	38	145	131	133	155	113	99	101	123	208	222	220	198
56	46	54	58	137	147	139	135	105	115	107	103	216	206	214	218

图 13.45

补—模拟”法合成，其结构特点如下。

①8个全奇数4阶等差幻方子单元：最小的一个其10项幻和等差数列“34～88”，幻差等于“6”；下一个4阶子单元的各项依次递加“64”；至第8个最大的其10项幻和等差数列“930～984”，幻差等于“6”。

②8个全偶数4阶等差幻方子单元：最小的一个其10项幻和等差数列“38～92”，幻差等于“6”；下一个4阶子单元的各项依次递加“64”；至第8个最大的其10项幻和等差数列“934～988”，幻差等于“6”。

五、4阶“泛”完全等差幻方覆盖式入幻

图13.46是一幅16阶幻方（幻和“2056”），由16个连续的4阶“泛”完全等差幻方子单元合成，其结构特点如下。

①第一个最小的4阶“泛”完全等差幻方子单元，其4条幻和等差数列“28，32，36，40”；下一个4阶子单元的4条幻和等差数列，各项依次递加“64”；至第16个最大的4阶“泛”完全等差幻方子单元，其4条幻和等差数列“988，992，996，1000”，幻差都等于“4”。

14	16	3	7	211	209	222	218	174	176	163	167	115	113	126	122
1	5	10	12	224	220	215	213	161	165	170	172	128	124	119	117
13	11	6	2	212	214	219	223	173	171	166	162	116	118	123	127
4	8	9	15	221	217	216	210	164	168	169	175	125	121	120	114
179	177	190	186	110	112	99	103	19	17	30	26	206	208	195	199
192	188	183	181	97	101	106	108	32	28	23	21	193	197	202	204
180	182	187	191	109	107	102	98	20	22	27	31	205	203	198	194
189	185	184	178	100	104	105	111	29	25	24	18	196	200	201	207
83	81	94	90	142	144	131	135	243	241	254	250	46	48	35	39
96	92	87	85	129	133	138	140	256	252	247	245	33	37	42	44
84	86	91	95	141	139	134	130	244	246	251	255	45	43	38	34
93	89	88	82	132	136	137	143	253	249	248	242	36	40	41	47
238	240	227	231	51	49	62	58	78	80	67	71	147	145	158	154
225	229	234	236	64	60	55	53	65	69	74	76	160	156	151	149
237	235	230	226	52	54	59	63	77	75	70	66	148	150	155	159
228	232	233	239	61	57	56	50	68	72	73	79	157	153	152	146

图13.46

②16个连续4阶子单元每16个数之和依次为“34，256，…，3976”，公差等于“222”。

总之，等差与等和两种数学关系相结合游戏，“水火相容”非常有趣。以上各例都是以等差幻方为基本构件，采用嵌入方式或者覆盖方式合成的等和幻方。由此说明，等和幻方具有兼容性，可谓无所不包。反之，能否以等和幻方为基本构件，覆盖或者嵌入等差幻方呢？这是一个更具挑战性的问题，值得进一步深入探讨。

第14篇 双重幻方

什么是双重幻方？即自选n^2个互不重复自然数，排成n行、n列及2条主对角线既具有等和关系、又兼备等积关系的另类幻方。双重幻方“和积”兼容，一身而二任，乃是经典幻方广义发展的一种高级形式。自从霍纳（W. W. Horner）于1956年首创8阶、9阶两幅双重幻方以来，在相当长的一段时间内再无双重幻方问世，可谓“曲高和寡”。直至30多年后，我国梁培基先生在双重幻方研究方面取得了显著成果，引起了数学界与幻方爱好者们的称赞和高度关注。在他的推动下，近年来国内掀起了探索双重幻方的热潮，精品不断涌现。目前，必须着重探讨的问题：幻方兼容等和、等积双重关系的基本原理，以及双重幻方的兼容机制与构图方法等。

W. W. Horner 首创双重幻方

一、霍纳双重幻方简介

图 14.1 是霍纳（W. W. Horner）于 1956 年创作的两幅双重幻方。

其一，8 阶双重幻方，幻和“840”，幻积“205806823185000”。

其二，9 阶双重幻方，幻和“848”，幻积“5804807833440000”。

双重幻方把等和、等积两种不同数学关系兼容于一方，不能不说这是创造了幻方游戏的一个奇迹。霍纳的首创精神，令中国幻方爱好者们钦佩！

162	207	51	26	133	120	116	25
105	152	100	29	138	243	39	34
92	27	91	136	45	38	150	261
57	30	174	225	108	23	119	104
58	75	171	90	17	52	216	161
13	68	184	189	50	87	135	114
200	203	15	76	117	102	46	81
153	78	54	69	232	175	19	60

（1）

200	87	95	42	99	1	46	108	170
14	44	10	184	81	85	150	261	19
138	243	17	50	116	190	56	33	5
57	125	232	9	7	66	68	230	54
4	70	22	51	115	216	171	25	174
153	23	162	76	250	58	3	35	88
145	152	75	11	6	63	270	34	92
110	2	28	135	136	69	29	114	225
27	102	207	290	38	100	55	8	21

（2）

图 14.1

这使我想起了读小学时有一道百思不得其解的算题：

1 + 2 + 3 = 6，1×2×3 = 6。

怎么加法、乘法的结果会是相同的呢？为什么等和、等积关系共处一方呢？两题可谓有异曲同工之妙。

二、双重幻方解析

霍纳没有介绍双重幻方的构图原理及其方法，让人只知其然，不知其所以然。若要深入了解，一般可采用因子分解法来解剖双重幻方的微观结构。

（一）8 阶双重幻方因子解析

霍纳的 8 阶双重幻方可表以两个“因子幻方”之乘积（图 14.2），它们分别由 8 个生

162	207	51	26	133	120	116	25
105	152	100	29	138	243	39	34
92	27	91	136	45	38	150	261
57	30	174	225	108	23	119	104
58	75	171	90	17	52	216	161
13	68	184	189	50	87	135	114
200	203	15	76	117	102	46	81
153	78	54	69	232	175	19	60

=

6	9	3	2	7	8	4	1
7	8	4	1	6	9	3	2
4	1	7	8	3	2	6	9
3	2	6	9	4	1	7	8
2	3	9	6	1	4	8	7
1	4	8	7	2	3	9	6
8	7	1	4	9	6	2	3
9	6	2	3	8	7	1	4

×

27	23	17	13	19	15	29	25
15	19	25	29	23	27	13	17
23	27	13	17	15	19	25	29
19	15	29	25	27	23	17	13
29	25	19	15	17	13	27	23
13	17	23	27	25	29	15	19
25	29	15	19	13	17	23	27
17	13	27	23	29	25	19	15

图 14.2

成因子构成，并按特殊规则做“四象”行列格式逻辑编码。其组合结构的主要特点：①两个“因子幻方”的两列生成因子各具二段式等差结构或对称结构（图 14.3），这符合建立等和关系的基本要求；②两个“因子幻方”的 8 行、8 列及 2 条主对角线各由 8 个生成因子编制而成，这符合生成等积关系的前提条件；③两个“因子幻方”的四象全等组合，且两者具有正交关系，相加便得一个等和幻方，而相乘则为等积幻方，一身而二任。

	13	15	17	19	23	25	27	29
1	13	15	17	19	23	25	27	29
2	26	30	34	38	46	50	54	58
3	39	45	51	57	69	75	81	87
4	52	60	68	76	92	100	108	116
6	78	90	102	114	138	150	162	174
7	91	105	119	133	161	175	189	203
8	104	120	136	152	184	200	216	232
9	117	135	153	171	207	225	243	261

图 14.3　8×8 积数方阵

（二）9 阶双重幻方因子解析

由图 14.4 可知，霍纳的 9 阶双重幻方也可表以两个“因子幻方”之乘积。

200	87	95	42	99	1	46	108	170
14	44	10	184	81	85	150	261	19
138	243	17	50	116	190	56	33	5
57	125	232	9	7	66	68	230	54
4	70	22	51	115	216	171	25	174
153	23	162	76	250	58	3	35	88
145	152	75	11	6	63	270	34	92
110	2	28	135	136	69	29	114	225
27	102	207	290	38	100	55	8	21

=

8	3	5	6	9	1	2	4	10
2	4	10	8	3	5	6	9	1
6	9	1	2	4	10	8	3	5
3	5	8	9	1	6	4	10	2
4	10	2	3	5	8	9	1	6
9	1	6	4	10	2	3	5	8
5	8	3	1	6	9	10	2	4
10	2	4	5	8	3	1	6	9
1	6	9	10	2	4	5	8	3

×

25	29	19	7	11	1	23	27	17
7	11	1	23	27	17	25	29	19
23	27	17	25	29	19	7	11	1
19	25	29	1	7	11	17	23	27
1	7	11	17	23	27	19	25	29
17	23	27	19	25	29	1	7	11
29	19	25	11	1	7	27	17	23
11	1	7	27	17	23	29	19	25
27	17	23	29	19	25	11	1	7

图 14.4

本例两个 9 阶“因子幻方”分别由 9 个生成因子构成，并按特殊规则做“九宫”行列格式逻辑编码。其组合结构的主要特点如下。

①一个“因子幻方”的 9 个因子有三等分结构，一个“因子幻方”的 9 个因子结构复杂（图 14.5），但符合建立 9 阶等和关系的基本总要求。

②两个“因子幻方”的 9 行、9 列及 2 条主对角线各由 9 个生成因子编制而成，这符合生成 9 阶等积关系的前提条件。

	1	7	11	17	19	23	25	27	29
1	1	7	11	17	19	23	25	27	29
2	2	14	22	34	38	46	50	54	58
3	3	21	33	51	57	69	75	81	87
4	4	27	44	68	76	92	100	108	116
5	5	35	55	85	95	115	125	135	145
6	6	42	66	102	114	138	150	162	174
8	8	56	88	136	152	184	200	216	232
9	9	63	99	153	171	207	225	243	261
10	10	70	110	170	190	230	250	270	290

图 14.5　9×9 积数方阵

③两个“因子幻方”的九宫全等组合，且两者具有正交关系，若相加可得另一个等和幻方，而相乘则为等和、等积双重幻方。

综上可知，双重幻方构图的关键技术，一是两列生成因子的选择问题，要求由两列因子所生成的“积数方阵”无重复数码，同时要求两列因子必须符合构造“因子幻方”的数理条件；二是两个正交“因子幻方”的编码方法问题，包括两列因子在四象或九宫的配置及定位原则，揭示其等积、等和关系的兼容机制。

三、双重幻方重构

（一）8 阶双重幻方重构

两个“因子幻方”同步做对角象限 4 阶单元位移式交换，则得行列对角线同数重排的一幅 8 阶双重幻方异构体（图 14.6）。

1	4	8	7	2	3	9	6
2	3	9	6	1	4	8	7
9	6	2	3	8	7	1	4
8	7	1	4	9	6	2	3
7	8	4	1	6	9	3	2
6	9	3	2	7	8	4	1
3	2	6	9	4	1	7	8
4	1	7	8	3	2	6	9

×

17	13	27	23	29	25	19	15
25	29	15	19	13	17	23	27
13	17	23	27	25	29	15	19
29	25	19	15	17	13	27	23
19	15	29	25	27	23	17	13
23	27	13	17	15	19	25	29
15	19	25	29	23	27	13	17
27	23	17	13	19	15	29	25

=

17	52	216	161	58	75	171	90
50	87	135	114	13	68	184	189
117	102	46	81	200	203	15	76
232	175	19	60	153	78	54	69
133	120	116	25	162	207	51	26
138	243	39	34	105	152	100	29
45	38	150	261	92	27	91	136
108	23	119	104	57	30	174	225

图 14.6

（二）9 阶双重幻方重构

在保持“因子幻方”行、列主对角线上原在“生成因子”不变的条件下，霍纳 9 阶双重幻方可采用“九宫换位法”重构，即上下三宫、左右三宫同步交换位置，得到一幅新的 9 阶双重幻方（图 14.7）。

10	2	4	1	6	9	5	8	3
1	6	9	5	8	3	10	2	4
5	8	3	10	2	4	1	6	9
4	10	2	9	1	6	3	5	8
9	1	6	3	5	8	4	10	2
3	5	8	4	10	2	9	1	6
2	4	10	6	9	1	8	3	5
6	9	1	8	3	5	2	4	10
8	3	5	2	4	10	6	9	1

×

27	17	23	11	1	7	29	19	25
29	19	25	27	17	23	11	1	7
11	1	7	29	19	25	27	17	23
17	23	27	1	7	11	19	25	29
19	25	29	17	23	27	1	7	11
1	7	11	19	25	29	17	23	27
23	27	17	7	11	1	25	29	19
25	29	19	23	27	17	7	11	1
7	11	1	25	29	19	23	27	17

=

270	34	92	11	6	63	145	152	75
29	114	225	135	136	69	110	2	28
55	8	21	290	38	100	27	102	207
68	230	54	9	7	66	57	125	232
171	25	174	51	115	216	4	70	22
3	35	88	76	250	58	153	23	162
46	108	170	42	99	1	200	87	95
150	261	19	184	81	85	14	44	10
56	33	5	50	116	190	138	243	17

图 14.7

总之，在霍纳 8 阶、9 阶双重幻方的因子解析与重构中，可大致了解双重幻方的组合原理与基本方法，从而拉开了等积、等和兼容的双重幻方迷宫的铁幕。

梁培基的最小化 8 阶双重幻方

追求双重幻方的幻和或幻积最小化，反映组合技术的精益求精。1989 年 9 月，梁培基在中国香港《数学传播》上发表了多幅 8 阶、9 阶和积双重幻方，令人惊叹不已！现分别摘录幻和最小、幻积最小的各一幅 8 阶双重幻方：如图 14.8（1）所示，8 阶幻和“600”，幻积“67463283888000”，这是幻和最小的一幅 8 阶双重幻方，如图 14.8（2）所示，其幻和“760”，幻积“51407948592000”，这是幻积最小的一幅 8 阶双重幻方。

10	51	63	114	13	100	88	161
25	52	184	77	34	15	171	42
136	35	19	28	225	78	46	33
117	150	22	69	40	119	7	76
66	207	39	50	49	152	20	17
133	56	68	5	138	99	75	26
92	11	175	104	57	14	102	45
21	38	30	153	44	23	91	200

（1）

2	126	117	99	17	259	40	100
37	119	200	20	42	6	297	39
168	4	33	91	333	51	50	30
153	111	10	150	8	84	13	231
15	225	102	74	52	264	7	21
132	104	147	1	75	45	222	34
175	5	148	136	198	26	63	9
78	66	3	189	35	25	68	296

（2）

图 14.8

据梁培基说，双重幻方的幻和最小与幻积最小两者不可兼得。幻和最小，不一定幻积最小；幻积最小，也不一定幻和最小。至今，还没有人打破梁培基创造的幻和最小或幻积最小这两幅 8 阶双重幻方记录。幻和最小与幻积最小在同一幅双重幻方中不可得兼，如何解释其中的奥秘呢？这一奇妙现象是双重幻方所必然的吗？为了搞清诸多疑问，同样有必要以因子分解法透视梁培基的这两幅 8 阶双重幻方精品。

一、幻和最小 8 阶双重幻方分解

图 14.9 右是表以梁培基幻和最小 8 阶双重幻方的一对正交“因子幻方”，其 8 个 b 因子与霍纳的相同（二段式等差结构），而 8 个 a 因子为一个新选方案，数码比霍纳的已大大减小了（二段式对称互补结构）。梁培基的 b 因子幻方，与霍纳的“因子幻方”为上下两象互为换位关系；梁培基的 a 因子幻方，与霍纳的数码各异而编码逻辑规则相同。图 14.9 左表示由“a_n、b_n”所生成的 8 阶积数方阵，64 个积数不重复且符合入幻条件，它为创作双重幻方提供了选择生成因子的一个分析工具。

	5	**7**	**11**	**13**	**17**	**19**	**23**	**25**
1	5	7	11	13	17	19	23	25
2	10	14	22	26	34	38	46	50
3	15	21	33	39	51	57	69	75
4	20	28	44	52	68	76	92	100
6	30	42	66	78	102	114	138	150
7	35	49	77	91	119	133	161	175
8	40	56	88	104	136	152	184	200
9	45	63	99	117	153	171	207	225

幻和最小化 8 阶积数方阵

2	3	9	6	1	4	8	7
1	4	8	7	2	3	9	6
8	7	1	4	9	6	2	3
9	6	2	3	8	7	1	4
6	9	3	2	7	8	4	1
7	8	4	1	6	9	3	2
4	1	7	8	3	2	6	9
3	2	6	9	4	1	7	8

×

5	17	7	19	13	23	11	23
25	13	23	11	17	5	19	7
17	5	19	7	25	13	23	11
13	25	11	23	5	17	7	19
11	23	13	25	7	19	5	17
19	7	17	5	23	11	25	13
23	11	25	13	19	7	17	5
7	19	5	17	11	23	13	25

幻和最小化 8 阶因子幻方

图 14.9

二、幻积最小 8 阶双重幻方分解

图 14.10 右是表以梁培基幻积最小 8 阶双重幻方的一对正交“因子幻方”，所采用的四象编码逻辑规则与方法，与他的幻和最小化 8 阶正交“因子幻方”相同。图 14.10 左是梁培基的生成因子配置方案，其 8 个 b 因子与他的幻和最小方案相同，

其 8 个 a 因子为一个新方案，由他的幻和最小方案按对称互补结构的 2 倍比例向两端延伸选取数码。显然，a 与 b 两列因子中有一个最小公共因子“1”，使 8 阶积数方阵达到了幻积最小化。由此可知，在幻积最小化积数方阵中，要求其“小因子”最小化，而不求“大因子”尽可能小；相反，在幻和最小化 8 阶积数方阵中，要求其“大因子”尽可能小，而不求“小因子”最小化。因此，梁培基关于“双重幻方的幻和最小与幻积最小两者不可兼得”的结论是正确的。

╲	1	5	13	17	21	25	33	37
1	1	5	13	17	21	25	33	37
2	2	10	26	34	42	50	66	74
3	3	15	39	51	63	75	99	111
4	4	20	52	68	84	100	132	148
6	6	30	78	102	126	150	198	222
7	7	35	91	119	147	175	231	259
8	8	40	104	136	168	200	264	296
9	9	45	117	153	189	225	297	333

幻积最小化 8 阶积数方阵

2	6	9	3	1	7	8	4
1	7	8	4	2	6	9	3
8	4	1	7	9	3	2	6
9	3	2	6	8	4	1	7
3	9	6	2	4	8	7	1
4	8	7	1	3	9	6	2
7	1	4	8	6	2	3	9
6	2	3	9	7	1	4	8

×

1	21	13	33	17	37	5	25
37	17	25	5	21	1	33	13
21	1	33	13	37	17	25	5
17	37	5	25	1	21	13	33
5	25	17	37	13	33	1	21
33	13	21	1	25	5	37	17
25	5	37	17	33	13	21	1
13	33	1	21	5	25	17	37

幻积最小化 8 阶因子幻方

图 14.10

三、最小幻和 8 阶双重幻方重构

梁培基的幻和最小 8 阶双重幻方，其一对正交“因子幻方”做如下变位：一个“因子幻方”四象各 4 阶单元在原位同步“反射”旋转，另一个“因子幻方”不变，正交关系依然成立，由此得到一对新的正交“因子幻方”，两者相乘即得主对角线重组、行列重排的一幅新 8 阶双重幻方同构体，其幻和“600”，幻积“67463283888000”（图 14.11）。

3	2	6	9	4	1	7	8
4	1	7	8	3	2	6	9
7	8	4	1	6	9	3	2
6	9	3	2	7	8	4	1
9	6	2	3	8	7	1	4
8	7	1	4	9	6	2	3
1	4	8	7	2	3	9	6
2	3	9	6	1	4	8	7

×

5	17	7	19	13	25	11	23
25	13	23	11	17	5	19	7
17	5	19	7	25	13	23	11
13	25	11	23	5	17	7	19
11	23	13	25	7	19	5	17
19	7	17	5	23	11	25	13
23	11	25	13	19	7	17	5
7	19	5	17	11	23	13	25

=

15	34	42	171	52	25	77	184
100	13	161	88	51	10	114	63
119	40	76	7	150	117	69	22
78	225	33	46	35	136	28	19
99	138	26	75	56	133	5	68
152	49	17	20	207	66	50	39
23	44	200	91	38	21	153	30
14	57	45	102	11	92	104	175

图 14.11

四、最小幻积 8 阶双重幻方重构

梁培基的幻积最小 8 阶双重幻方，其一对正交“因子幻方”做如下变位：一个“因子幻方”的两组对角 4 阶单元位移，另一个“因子幻方”不变，正交关系依然成立，由此得一对新的正交“因子幻方”，两者相乘即得主对角线重组、行列重排的一幅新 8 阶双重幻方异构体，其幻和“760”，幻积“51407948592000”（图 14.12）。

4	8	7	1	3	9	6	2
3	9	6	2	4	8	7	1
6	2	3	9	7	1	4	8
7	1	4	8	6	2	3	9
1	7	8	4	2	6	9	3
2	6	9	3	1	7	8	4
9	3	2	6	8	4	1	7
8	4	1	7	9	3	2	6

×

1	21	13	33	17	37	5	25
37	17	25	5	21	1	33	13
21	1	33	13	37	17	25	5
17	37	5	25	1	21	13	33
5	25	17	37	13	33	1	21
33	13	21	1	25	5	37	17
25	5	37	17	33	13	21	1
13	33	1	21	5	25	17	37

=

4	168	91	33	51	333	30	50
111	153	150	10	84	8	231	13
126	2	99	117	259	17	100	40
119	37	20	200	6	42	39	297
5	175	136	148	26	198	9	63
66	78	189	3	25	35	296	68
225	15	74	102	264	52	21	7
104	132	1	147	45	75	34	222

图 14.12

总之，双重幻方追求“最小幻和”或“最小幻积”，乃梁培基提出的一个重要研究课题，可谓精益求精。然而，9 阶双重幻方的最小化有待研制。

苏茂挺的“可加”双重幻方奇闻

素以幻方奇才闻名的苏茂挺先生，在郭先强《等幂和》网站中发表了 3 个 8 阶双重幻方，它们之间存在如下关系：两幅双重幻方之和等于第 3 幅双重幻方；图 14.13（1）幻和“600”，幻积“67463283888000”；图 14.13（2）幻和“2520”，幻积“17186316383482646”；图 14.13（3）幻和“3120”，幻积“400878230881501319987200”。如此关联的 3 幅双重幻方，建立其等和、等积两种数学关系的兼备机制比较复杂，玩法别出心裁，可谓双重幻方之奇闻。

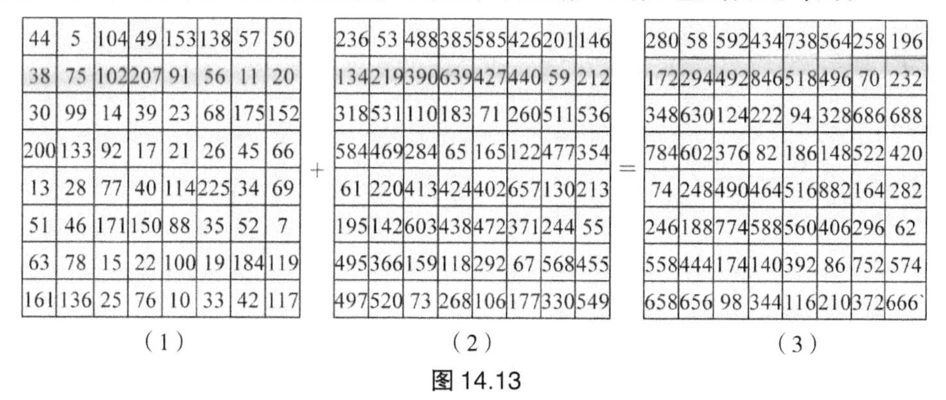

44	5	104	49	153	138	57	50
38	75	102	207	91	56	11	20
30	99	14	39	23	68	175	152
200	133	92	17	21	26	45	66
13	28	77	40	114	225	34	69
51	46	171	150	88	35	52	7
63	78	15	22	100	19	184	119
161	136	25	76	10	33	42	117

（1）

\+

236	53	488	385	585	426	201	146
134	219	390	639	427	440	59	212
318	531	110	183	71	260	511	536
584	469	284	65	165	122	477	354
61	220	413	424	402	657	130	213
195	142	603	438	472	371	244	55
495	366	159	118	292	67	568	455
497	520	73	268	106	177	330	549

（2）

=

280	58	592	434	738	564	258	196
172	294	492	846	518	496	70	232
348	630	124	222	94	328	686	688
784	602	376	82	186	148	522	420
74	248	490	464	516	882	164	282
246	188	774	588	560	406	296	62
558	444	174	140	392	86	752	574
658	656	98	344	116	210	372	666

（3）

图 14.13

在苏茂挺的三联 8 阶双重幻方中有一幅最小幻和 8 阶双重幻方，与梁培基的幻和最小 8 阶双重幻方为同数异构体，即 64 个数字相同，但行、列的组合与排列结构不同，构图方法上有异曲同工之妙。双重幻方异构体对于研究“因子幻方”的逻辑编码规则非常重要，为了便于比照，对苏茂挺这幅 8 阶双重幻方分解如下（图 14.14）。

44	5	104	49	153	138	57	50
38	75	102	207	91	56	11	20
30	99	14	39	23	68	175	152
200	133	92	17	21	26	45	66
13	28	77	40	114	225	34	69
51	46	171	150	88	35	52	7
63	78	15	22	100	19	184	119
161	136	25	76	10	33	42	117

=

4	1	8	7	9	6	3	2
2	3	6	9	7	8	1	4
6	9	2	3	1	4	7	8
8	7	4	1	3	2	9	6
1	4	7	8	6	9	2	3
3	2	9	6	8	7	4	1
9	6	3	2	4	1	8	7
7	8	1	4	2	3	6	9

×

11	5	13	7	17	23	19	25
19	25	17	23	13	7	11	5
5	11	7	13	23	17	25	19
25	19	23	17	7	13	5	11
13	7	11	5	19	25	17	23
17	23	19	25	11	5	13	7
7	13	5	11	25	19	23	17
23	17	25	19	5	11	7	13

图 14.14

经比对可知，苏茂挺与梁培基 8 阶“因子幻方”编制方法的异同点如下。

①“因子幻方”首行定位原则相同：即 a_n 因子幻方的四象首行各等分组内部 4 个数码为“不对称”定位，但各等分组之间同位数码必须保持等差结构。b_n 因子幻方的四象首行各等分组内部 4 个数码内部为“对称互补”定位，各等分组之间每相间 4 个数码之和相等。

②“因子幻方”的正交原则相同：苏茂挺与梁培基都采用了“顺向”与“逆向”两种不同的逻辑格式编码，“顺逆”格式可建立正交关系。

	5	7	11	13	17	19	23	25
1	5	7	11	13	17	19	23	25
2	10	14	22	26	34	38	46	50
3	15	21	33	39	51	57	69	75
4	20	28	44	52	68	76	92	100
6	30	42	66	78	102	114	138	150
7	35	49	77	91	119	133	161	175
8	40	56	88	104	136	152	184	200
9	45	63	99	117	153	171	207	225

	53	55	59	61	65	67	71	73
1	53	55	59	61	65	67	71	73
2	106	110	118	122	130	134	142	146
3	159	165	177	183	195	201	213	219
4	212	220	236	244	260	268	284	292
6	318	330	354	366	390	402	426	438
7	371	385	413	427	455	469	497	511
8	424	440	472	488	520	536	568	584
9	477	495	531	549	585	603	639	657

图 14.15

苏茂挺制作的两个“可加”双重幻方，何以能得到第 3 个双重幻方呢？从图 14.15 它们的“生成因子”配置方案看，两者的 a_n 因子相同，b_n 因子具有同步等差结构；然而，两者 $a_n \times b_n$ 的生成数码无重复，这是两个双重幻方“可加”的必备条件。

总之，通过对双重幻方高手们作品的因子解析，可以掌握等积、等和关系兼容的因子配置方案，以及“因子幻方”的逻辑结构与编码方法等。

四象坐标定位法

梁培基在《平方幻方与双重幻方的构造》一文中，介绍了平方幻方、双重幻方的“坐标定位”构图方法，值得学习。这一构图方法的基本特点是兼容两种数学关系。然而，根据我的思维方式，本文以 8 阶双重幻方为例，着重介绍坐标定位法的基本规则与方法。

一、范例

图 14.16 乃梁培基的幻和最小［C 阵（1）］、幻积最小［C 阵（2）］的两幅 8 阶双重幻方，分别由坐标定位法填成，操作基本方法如下。

10	51	63	114	13	100	88	161
25	52	184	77	34	15	171	42
136	35	19	28	225	78	46	33
117	150	22	69	40	119	7	76
66	207	39	50	49	152	20	17
133	56	68	5	138	99	75	26
92	11	175	104	57	14	102	45
21	38	30	153	44	23	91	200

C 阵（1）

2	126	117	99	17	259	40	100
37	119	200	20	42	6	297	39
168	4	33	91	333	51	50	30
153	111	10	150	8	84	13	231
15	225	102	74	52	264	7	21
132	104	147	1	75	45	222	34
175	5	148	136	198	26	63	9
78	66	3	189	35	25	68	296

C 阵（2）

图 14.16

首先，给出 Z 阵：它是由 a_8（行）与 b_8（列）各 8 个生成因子相乘而构造的一个 8 阶积数方阵，乃为 8 阶 64 个数的配置方案。

其次，编制 A 阵 /B 阵正交拉丁方（图 14.17），以 A 阵为行坐标，B 阵为列坐标，在 Z 阵上以“行 / 列”坐标点检出数字，并逐一填入 C 阵的对应位置，得到 8 阶双重幻方。

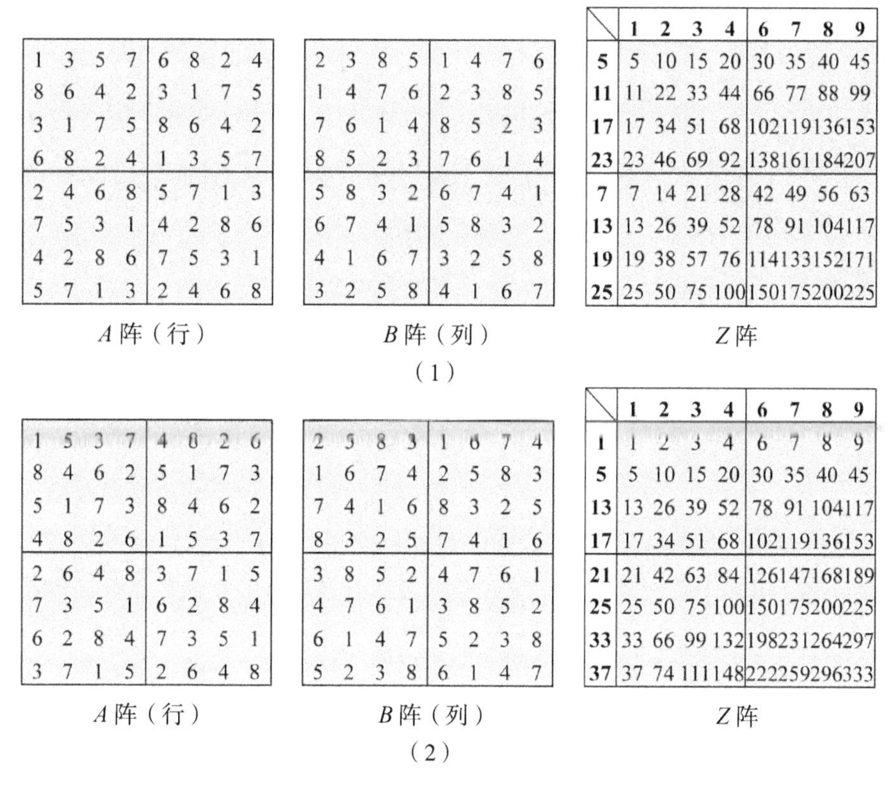

1	3	5	7	6	8	2	4
8	6	4	2	3	1	7	5
3	1	7	5	8	6	4	2
6	8	2	4	1	3	5	7
2	4	6	8	5	7	1	3
7	5	3	1	4	2	8	6
4	2	8	6	7	5	3	1
5	7	1	3	2	4	6	8

A 阵（行）

2	3	8	5	1	4	7	6
1	4	7	6	2	3	8	5
7	6	1	4	8	5	2	3
8	5	2	3	7	6	1	4
5	8	3	2	6	7	4	1
6	7	4	1	5	8	3	2
4	1	6	7	3	2	5	8
3	2	5	8	4	1	6	7

B 阵（列）

	1	**2**	**3**	**4**	**6**	**7**	**8**	**9**
5	5	10	15	20	30	35	40	45
11	11	22	33	44	66	77	88	99
17	17	34	51	68	102	119	136	153
23	23	46	69	92	138	161	184	207
7	7	14	21	28	42	49	56	63
13	13	26	39	52	78	91	104	117
19	19	38	57	76	114	133	152	171
25	25	50	75	100	150	175	200	225

Z 阵

（1）

1	5	3	7	4	8	2	6
8	4	6	2	5	1	7	3
5	1	7	3	8	4	6	2
4	8	2	6	1	5	3	7
2	6	4	8	3	7	1	5
7	3	5	1	6	2	8	4
6	2	8	4	7	3	5	1
3	7	1	5	2	6	4	8

A 阵（行）

2	5	8	3	1	6	7	4
1	6	7	4	2	5	8	3
7	4	1	6	8	3	2	5
8	3	2	5	7	4	1	6
3	8	5	2	4	7	6	1
4	7	6	1	3	8	5	2
6	1	4	7	5	2	3	8
5	2	3	8	6	1	4	7

B 阵（列）

	1	**2**	**3**	**4**	**6**	**7**	**8**	**9**
1	1	2	3	4	6	7	8	9
5	5	10	15	20	30	35	40	45
13	13	26	39	52	78	91	104	117
17	17	34	51	68	102	119	136	153
21	21	42	63	84	126	147	168	189
25	25	50	75	100	150	175	200	225
33	33	66	99	132	198	231	264	297
37	37	74	111	148	222	259	296	333

Z 阵

（2）

图 14.17

C 阵是结果，即 8 阶双重幻方，而 Z 阵、A 阵 /B 阵乃为坐标定位法的两大构图要件。

Z 阵的基本要求：$a_8 \times b_8$ 之积数无一重复，同时配置结构必须符合入幻的数理要求。本例（1）a_8 与 b_8 生成因子为二分段式、非同步等差结构。本例（2）a_8 生成因子为二分段式配置，b_8 生成因子为四分段式配置。总之，梁培基两例 Z 阵的配置结构存在差异，但都符合入幻数组的“对称”“互补”要求。

A 阵与 *B* 阵的基本特征：*A* 阵 /*B* 阵是一对正交“拉丁方”，且每行、每列、两条主对角线各由“1 ～ 8”连续数码构成，同时具备“全中心对称”结构。

试验之一：图 14.17 的 *A* 阵与 *B* 阵，若交换其指示“行—列”坐标点的角色，即 *A* 阵变为列坐标，*B* 阵变为行坐标，那么在 *Z* 阵上是否能检出 *C* 阵双重幻方呢？以图 14.17（1）为试验样本，如图 14.18 所示，新的“*A* 阵（列）/*B* 阵（行）”坐标系，在原 *Z* 阵上所检出的 *C* 阵即 8 阶双重幻方成立。结论：*A* 阵 /*B* 阵的“行—列”坐标角色可换位。

1	3	5	7	6	8	2	4
8	6	4	2	3	1	7	5
3	1	7	5	8	6	4	2
6	8	2	4	1	3	5	7
2	4	6	8	5	7	1	3
7	5	3	1	4	2	8	6
4	2	8	6	7	5	3	1
5	7	1	3	2	4	6	8

A 阵（列）

2	3	8	5	1	4	7	6
1	4	7	6	2	3	8	5
7	6	1	4	8	5	2	3
8	5	2	3	7	6	1	4
5	8	3	2	6	7	4	1
6	7	4	1	5	8	3	2
4	1	6	7	3	2	5	8
3	2	5	8	4	1	6	7

B 阵（行）

检出

11	51	150	56	35	207	38	52
45	161	76	26	33	17	200	42
57	13	40	138	225	49	44	34
175	63	22	68	19	39	30	184
14	100	119	99	78	152	23	15
104	114	69	5	28	50	153	77
92	10	117	133	136	66	21	25
102	88	7	75	46	20	91	171

C 阵 8 阶双重幻方

图 14.18

试验之二：图 14.17（1）与图 14.17（2）两例的 *A* 阵 /*B* 阵，可否在对方的 *Z* 阵上检出 *C* 阵双重幻方呢？试验报告：*C* 阵 8 阶双重幻方都不成立（注：8 阶等积幻方成立，但没有兼容等和关系，图略）。

由此可知，在坐标定位法中，“*A* 阵 /*B* 阵”与 *Z* 阵之间存在特定的相对应与适用关系。图 14.17（1）与图 14.17（2）两例 *Z* 阵的 a_8 与 b_8 生成因子的配置结构存在差异，这决定了它们的“*A* 阵 /*B* 阵”有各自的编制规则与格式等。

“*A* 阵 *B* 阵”是一对“拉丁式”正交幻方，但并不是任何一对“*A* 阵 /*B* 阵”在“*Z* 阵”所检索到的“*C* 阵”都是双重幻方（注：“*A* 阵 /*B* 阵”在“*Z* 阵”的坐标点离散分布，其行、列、对角线之积等于 a_8 与 b_8 各 8 个生成因子的连乘，所以“*C* 阵”等积幻方必定成立，但是否兼容等和关系？不一定，或者说不确定，必须通过验算）。在“*A* 阵 /*B* 阵”拉丁方中，究竟什么是等积与等和双重关系兼容的数理机制？这是坐标定位法的一个核心技术。

二、类比

由 a_8 与 b_8 各 8 个生成因子编制的“*Z* 阵”，其 64 个数字的等差结构极为错综复杂，怎样的“*A* 阵 /*B* 阵”才能在“*Z* 阵”检索到双重幻方“*C* 阵”呢？这是坐标定位法的一个核心问题。“*C* 阵”等积与等和两种数学关系的兼容机制，一定表现于“*A* 阵 /*B* 阵”编码规则中有某种鲜为人知的“隐”规则。

为了揭示坐标定位法中，“*A* 阵 /*B* 阵—*Z* 阵”两大要件的编制规则、结构特征、相互关系及等积与等和两种数学关系的兼容机制等，有必要选择几幅已知 8 阶双重幻方做类比，由表及里，提炼出共性、本质的东西来。

（一）苏茂挺最小幻和 8 阶双重幻方的两要件

苏茂挺三联式 8 阶双重幻方中有一幅幻和最小的，与梁培基范例为同数异构体，按坐标定位法可给出“*A* 阵 /*B* 阵—*Z* 阵”两要件（图 14.19）。

╲	1	2	3	4	6	7	8	9
5	5	10	15	20	30	35	40	45
11	11	22	33	44	66	77	88	99
17	17	34	51	68	102	119	136	153
23	23	46	69	92	138	161	184	207
7	7	14	21	28	42	49	56	63
13	13	26	39	52	78	91	104	117
19	19	38	57	76	114	133	152	171
25	25	50	75	100	150	175	200	225

Z 阵

2	1	6	5	3	4	7	8
7	8	3	4	6	5	2	1
1	2	5	6	4	3	8	7
8	7	4	3	5	6	1	2
6	5	2	1	7	8	3	4
3	4	7	8	2	1	6	5
5	6	1	2	8	7	4	3
4	3	8	7	1	2	5	6

A 阵（行）

4	1	7	6	8	5	3	2
2	3	5	8	6	7	1	4
5	8	2	3	1	4	6	7
7	6	4	1	3	2	8	5
1	4	6	7	5	8	2	3
3	2	8	5	7	6	4	1
8	5	3	2	4	1	7	6
6	7	1	4	2	3	5	8

B 阵（列）

图 14.19

其与梁培基的（图 14.20）对比：*Z* 阵相同；*A* 阵 /*B* 阵的四象编码乃为另一个版式，乃有异曲同工之妙。

1	3	5	7	6	8	2	4
8	6	4	2	3	1	7	5
3	1	7	5	8	6	4	2
6	8	2	4	1	3	5	7
2	4	6	8	5	7	1	3
7	5	3	1	4	2	8	6
4	2	8	6	7	5	3	1
5	7	1	3	2	4	6	8

A 阵（行）

2	3	8	5	1	4	7	6
1	4	7	6	2	3	8	5
7	6	1	4	8	5	2	3
8	5	2	3	7	6	1	4
5	8	3	2	6	7	4	1
6	7	4	1	5	8	3	2
4	1	6	7	3	2	5	8
3	2	5	8	4	1	6	7

B 阵（列）

╲	1	2	3	4	6	7	8	9
5	5	10	15	20	30	35	40	45
11	11	22	33	44	66	77	88	99
17	17	34	51	68	102	119	136	153
23	23	46	69	92	138	161	184	207
7	7	14	21	28	42	49	56	63
13	13	26	39	52	78	91	104	117
19	19	38	57	76	114	133	152	171
25	25	50	75	100	150	175	200	225

Z 阵

图 14.20

两者结构特征：各行、各列及两条主对角线都为不重复连续数构成。区别在于：梁氏为 8 阶“全中心对称”拉丁方，苏氏为 8 阶“不对称”拉丁方。由此可知，数组是否“全中心对称”乃是个案，不是必备条件。

（二）霍纳 8 阶双重幻方的两要件

霍纳 8 阶双重幻方（图 14.21），按坐标定位法解析，如图 14.21 所示，“*Z* 阵”a_8 与 b_8 生成因子各为二分段式配置，但是等差格式与梁培基不同；两者的 *A* 阵 /*B* 阵同源，表现为左两象、

╲	1	2	3	4	6	7	8	9
13	13	26	39	52	78	91	104	117
15	15	30	45	60	90	105	120	135
17	17	34	51	68	102	119	136	153
19	19	38	57	76	114	133	152	171
23	23	46	69	92	138	161	184	207
25	25	50	75	100	150	175	200	225
27	27	54	81	108	162	189	216	243
29	29	58	87	116	174	203	232	261

Z 阵

7	5	3	1	4	2	8	6
2	4	6	8	5	7	1	3
5	7	1	3	2	4	6	8
4	2	8	6	7	5	3	1
8	6	4	2	3	1	7	5
1	3	5	7	6	8	2	4
6	8	2	4	1	3	5	7
3	1	7	5	8	6	4	2

A 阵（行）

5	8	3	2	6	7	4	1
6	7	4	1	5	8	3	2
4	1	6	7	3	2	5	8
3	2	5	8	4	1	6	7
2	3	8	5	1	4	7	6
1	4	7	6	2	3	8	5
7	6	1	4	8	5	2	3
8	5	2	3	7	6	1	4

B 阵（列）

图 14.21

右两象各自左右颠倒关系。

（三）“移花接木”试验

试验之一：以图 14.20 梁培基的 *A* 阵 /*B* 阵，在图 14.21 霍纳的“*Z* 阵”上检出“*C* 阵”，其 8 阶双重幻方是否成立呢？结果：不成立。这与上文“试验之二”结果同理。这说明什么呢？可谓同源而不同理，“*A* 阵 /*B* 阵”与“*Z* 阵”的 $a_8 \times b_8$ 生成因子配置的等差格式存在着非常苛刻与精密的对应与适用关系。

试验之二：据推测，苏茂挺的 *A* 阵 /*B* 阵（图 14.19）若做“左两象、右两象各自互为左右颠倒”，应该在霍纳的“*Z* 阵”上也能检出“*C* 阵”8 阶双重幻方，试验如下（图 14.22）。

5	6	1	2	8	7	4	3
4	3	8	7	1	2	5	6
6	5	2	1	7	8	3	4
3	4	7	8	2	1	6	5
1	2	5	6	4	3	8	7
8	7	4	3	5	6	1	2
2	1	6	5	3	4	7	8
7	8	3	4	6	5	2	1

A 阵（列）

6	7	1	4	2	3	5	8
8	5	3	2	4	1	7	6
3	2	8	5	7	6	4	1
1	4	6	7	5	8	2	3
7	6	4	1	3	2	8	5
5	8	2	3	1	4	6	7
2	3	5	8	6	7	1	4
4	1	7	6	8	5	3	2

B 阵（行）

检出

16	20	13	60	58	81	11	15
17	10	87	54	52	15	18	17
75	46	13	78	21	20	68	19
17	76	18	23	90	11	50	69
10	10	92	25	57	34	26	16
17	24	38	51	23	10	91	12
30	39	15	20	11	15	27	11
10	29	13	13	22	13	45	26

C 阵 8 阶双重幻方

图 14.22

果然不出所料，如图 14.22 所示的试验结果：8 阶双重幻方成立。霍纳的 *Z* 阵由此获准了另一个版本的演绎。

试验之三：霍纳这个“*Z* 阵”与梁培基的最小幻积 8 阶双重幻方的“*Z* 阵”[图 14.17（2）]，两者 a_8 与 b_8 生成因子二分段式配置结构格式属于同类（配置方案不相同）。那么，梁培基的该“*A* 阵 /*B* 阵”理应也适用于霍纳的该“*Z* 阵”配置方案，究竟能否检出 8 阶双重幻方呢？试验如图 14.23 所示，8 阶双重幻方成立，试验结果成功。

1	5	3	7	4	8	2	6
8	4	6	2	5	1	7	3
5	1	7	3	8	4	6	2
4	8	2	6	1	5	3	7
2	6	4	8	3	7	1	5
7	3	5	1	6	2	8	4
6	2	8	4	7	3	5	1
3	7	1	5	2	6	4	8

A 阵（行）

2	5	8	3	1	6	7	4
1	6	7	4	2	5	8	3
7	4	1	6	8	3	2	5
8	3	2	5	7	4	1	6
3	8	5	2	4	7	6	1
4	7	6	1	3	8	5	2
6	1	4	7	5	2	3	8
5	2	3	8	6	1	4	7

B 阵（列）

检出

26	138	153	81	19	203	120	100
29	133	200	60	46	78	243	51
184	52	27	119	261	57	50	90
171	87	30	150	104	92	17	189
45	225	114	58	68	216	91	23
108	136	161	13	75	135	174	38
175	15	116	152	162	34	69	117
102	54	39	207	105	25	76	232

C 阵 8 阶双重幻方

图 14.23

以上“移花接木”试验表明：霍纳这个 *Z* 阵二分段式配置方案，有适用 *A* 阵 /*B* 阵两个版式，各可检出一个 *C* 阵 8 阶双重幻方。

三、规则

根据“范例”“类比”两节所述，四象坐标定位法“Z阵—A阵/B阵”两要件的编制基本规则简要介绍如下。

（一）Z阵

Z阵是由a_8（行）与b_8（列）各8个生成因子相乘而构造的一个8阶积数方阵，乃为构成8阶双重幻方的选数方案，遵守两个基本要求：其一，$a_8 \times b_8$无重复积数；其二，a_8（行）与b_8（列）各生成因子的等差结构必须符合入幻要求。

研究课题：Z阵a_8与b_8生成因子配置存在几种可能的配置格式？就8阶而言，a_8与b_8各8个生成因子拟有3种基本配置格式：其一，连续等差配置格式；其二，二分段等差配置格式；其三，四分段等差配置格式。然而，a_8与b_8又可相对独立的各自选择这3种配置格式，且a_8/b_8可自由组合而建立Z阵8阶积数方阵。同时，每一种配置格式内部的等差关系形态存在两种等差格式。再说，在每一种等差格式下，符合入幻条件的具体配置方案则存在无限多个。但双重幻方的研究重点，拟以追求幻和、幻积尽可能小或最小为目标。

什么是Z阵a_8与b_8生成因子配置的等差格式？在二分段（或四分段）配置中，按其等差结构形态可区分成两款：一款我称之为“双序等差格式”，指各分段之间的大小数码互为穿插关系，如梁培基、苏茂挺的最小幻和“Z阵”；另一款我称之为“单序等差格式”，指各分段之间的数码为顺接关系，如霍纳的“Z阵”，以及梁培基的幻积最小“Z阵”。

（二）A阵/B阵

A阵/B阵是指示“行—列”的坐标系，两者为一对正交拉丁方（由1～8自然数列编制），乃是在Z阵上按同位“行—列”坐标点检出C阵的构图工具。因此，A阵/B阵的编码规则与Z阵配置必须相互匹配，要求兼容等和与等积双重数学关系，此乃四象坐标定位法的核心技术。

A阵/B阵结构特征：其一，A阵与B阵的各行、各列及两条主对角线各1～8自然数列构成，不允许出现重复数码。其二，A阵与B阵必须建立正交关系，“行—列”坐标点在C阵上表现为离散分布状态。这是“等积兼容等和”的一个前提条件（注：不是充足条件）。其三，A阵/B阵的数码结构有“全中心对称”“不对称”两种版式，反映A阵/B阵存在两种不同编码规则。

（三）编码规则

根据上文几例试验可知：对A阵/B阵编码规则具有决定性影响的是：Z阵配置的等差格式。因此，A阵/B阵的编码规则，可按Z阵的“双序等差格式”与“单头等差格式”而分成两大序列。然而，无论Z阵二分段、四分段或者连续式配置方案，在同一等差格式下，可套用同一序列的A阵/B阵，都能检出C阵8阶双重幻方。

1. Z 阵“双序等差格式”下 A 阵 /B 阵编码规则

Z 阵“双序等差格式”下的 A 阵 /B 阵编码规则，存在如下两个不同版本。

①图 14.24 上是梁培基最小幻和 8 阶双重幻方的 A 阵 /B 阵（表以“版Ⅰ”）。

②图 14.24 下是苏茂挺最小幻和 8 阶双重幻方的 A 阵 /B 阵（表以“版Ⅱ”）。

这两个不同版本在“双序等差格式”Z 阵上可各自检出 C 阵 8 阶双重幻方，其编码规则简述如下。

1	3	5	7	6	8	2	4
8	6	4	2	3	1	7	5
3	1	7	5	8	6	4	2
6	8	2	4	1	3	5	7
2	4	6	8	5	7	1	3
7	5	3	1	4	2	8	6
4	2	8	6	7	5	3	1
5	7	1	3	2	4	6	8

A 阵（行）

2	3	8	5	1	4	7	6
1	4	7	6	2	3	8	5
7	6	1	4	8	5	2	3
8	5	2	3	7	6	1	4
5	8	3	2	6	7	4	1
6	7	4	1	5	8	3	2
4	1	6	7	3	2	5	8
3	2	5	8	4	1	6	7

B 阵（列）

2	1	6	5	3	4	7	8
7	8	3	4	6	5	2	1
1	2	5	6	4	3	8	7
8	7	4	3	5	6	1	2
6	5	2	1	7	8	3	4
3	4	7	8	2	1	6	5
5	6	1	2	8	7	4	3
4	3	8	7	1	2	5	6

A 阵（行）

4	1	7	6	8	5	3	2
2	3	5	8	6	7	1	4
5	8	2	3	1	4	6	7
7	6	4	1	3	2	8	5
1	4	6	7	5	8	2	3
3	2	8	5	7	6	4	1
8	5	3	2	4	1	7	6
6	7	1	4	2	3	5	8

B 阵（列）

图 14.24

（1）首行定位

A 阵首行：左右两个半行“不等和”配置（两个版本相同），但每个半行内部的两组对称数贯彻“等和定位”原则。

B 阵首行：左右两个半行“等和”配置（两个版本相同），每个半行内部的两组对称数贯彻“不等和定位”原则，但要求两个半行之间的“同位”对称数组必须等和。

（2）次行定位

版Ⅰ：次行与首行左右交叉，A 阵左两位起编“左向”滚动定位；B 阵“同向”复制。

版Ⅱ：次行与首行左右交叉，A 阵右两位起编“右向”滚动定位；B 阵“反向”复制。

（3）四象编码

上两象限编码如下。

版Ⅰ：A 阵对称行“同向”编码；B 阵相随行“同向”编码。

版Ⅱ：A 阵相随行“相向”编码；B 阵对称行“相向”编码。

下两象限参照编码如下。

版Ⅰ：A 阵上象“1 与 2”行、“3 与 4”行换位，再左右“反写”即为下象；B 阵下象是上象的左右“反写”。

版Ⅱ：A 阵上象“1 与 2”列、“3 与 4”列换位，再左右“反写”即为下象；B 阵下象是上象的左右、上下“反写”。

据研究，在 A 阵 /B 阵编制过程中，有两个可变因素：一个是首行左右两个半行的配置方案；另一个是首行左右两个半行各数组的配对、定位方案。因此版Ⅰ、版Ⅱ两大序列各存在若干 A 阵 /B 阵。

2. Z 阵“单序等差格式”下 A 阵 /B 阵的编码规则

Z 阵“单序等差格式”下的 A 阵 /B 阵编码规则，也存在如下两个不同版本。

①图 14.25 上是霍纳 8 阶双重幻方的 A 阵 /B 阵（表以“版Ⅲ”）。

②图 14.25 下是苏茂挺 8 阶双重幻方的 A 阵 /B 阵做“左两象、右两象各自互为左右颠倒”之后所得的新 A 阵 /B 阵（表以“版Ⅳ”）。

7	5	3	1	4	2	8	6
2	4	6	8	5	7	1	3
5	7	1	3	2	4	6	8
4	2	8	6	7	5	3	1
8	6	4	2	3	1	7	5
1	3	5	7	6	8	2	4
6	8	2	4	1	3	5	7
3	1	7	5	8	6	4	2

A 阵（行）

5	8	3	2	6	7	4	1
6	7	4	1	5	8	3	2
4	1	6	7	3	2	5	8
3	2	5	8	4	1	6	7
2	3	8	5	1	4	7	6
1	4	7	6	2	3	8	5
7	6	1	4	8	5	2	3
8	5	2	3	7	6	1	4

B 阵（列）

5	6	1	2	8	7	4	3
4	3	8	7	1	2	5	6
6	5	2	1	7	8	3	4
3	4	7	8	2	1	6	5
1	2	5	6	4	3	8	7
8	7	4	3	5	6	1	2
2	1	6	5	3	4	7	8
7	8	3	4	6	5	2	1

A 阵（行）

6	7	1	4	2	3	5	8
8	5	3	2	4	1	7	6
3	2	8	5	7	6	4	1
1	4	6	7	5	8	2	3
7	6	4	1	3	2	8	5
5	8	2	3	1	4	6	7
2	3	5	8	6	7	1	4
4	1	7	6	8	5	3	2

B 阵（列）

图 14.25

版Ⅲ与版Ⅳ这两个不同 A 阵 /B 阵，在“单序等差格式”Z 阵上可以各自检出 C 阵 8 阶双重幻方。我发现，版Ⅲ的 A 阵 /B 阵编码规则与版Ⅰ同理，且都以数码“全中心对称”结构为这两个版本的共同特征；而版Ⅳ的 A 阵 /B 阵编码规则与版Ⅱ同理，且都以数码“全不对称”结构为这两个版本的共同特征。故版Ⅲ与版Ⅳ的 A 阵 /B 阵编码规则不再赘述。

那么，版Ⅲ、版Ⅳ与版Ⅰ、版Ⅱ有什么区别呢？参见上文图 14.21、图 14.22 中所述，区别表现为“左两象、右两象各自左右颠倒关系”。因此，有一个版Ⅰ的 A 阵 /B 阵，必对应有一个版Ⅲ的 A 阵 /B 阵；有一个版Ⅱ的 A 阵 /B 阵，必对应有一个版Ⅳ的 A 阵 /B 阵。

然而，版Ⅰ、版Ⅱ的 A 阵 /B 阵只适用于“双序等差格式”Z 阵配置方案，而版Ⅲ、版Ⅳ的 A 阵 /B 阵只适用于“单序等差格式”Z 阵配置方案。

总而言之，我认为：四象坐标定位法的构图应用刚刚开了个头，Z 阵配置、结构安排的变化，A 阵 /B 阵坐标系的版本创新，以及“Z 阵—A 阵 /B 阵”检索 C 阵双重幻方的兼容机制等问题尚待深入研发。

九宫坐标定位法

双重幻方的发现是一个数学奇迹。它打破了等和幻方与等积幻方两类幻方“分立”的界限，而把等和、等积两种不同数学关系兼容于一方，这是幻方广义发展过程中出现的一种重要新类别。

一、9 阶双重幻方范例

霍纳首创双重幻方之后，梁培基是我国研究双重幻方最有成效的高手，他发明的“坐标定位”方法，应用于制作 9 阶双重幻方，我称之为九宫坐标定位法，简介如下。

图 14.26 是选自梁培基的一幅 9 阶双重幻方，幻和“784”、幻积“2987659715040000”。他以 *A* 阵为行坐标，*B* 阵为列坐标，在 *Z* 阵上检出了这幅 9 阶双重幻方。

75	248	95	28	26	10	153	138	11
63	78	1	51	184	55	100	62	190
68	46	110	225	186	19	21	104	5
152	125	93	2	70	52	66	17	207
6	7	117	88	85	69	38	250	124
22	170	92	114	25	279	8	35	39
155	57	200	130	4	14	23	99	102
13	9	42	115	33	136	310	76	50
230	44	34	31	171	150	65	3	56

图 14.26　*C* 阵 9 阶双重幻方

如图 14.27 所示，*Z* 阵是由 a_9 与 b_9 两列生成因子相乘而构造的一个 9 阶积数方阵，乃梁培基设计的一个用数方案，其 a_9 与 b_9 九因子在 *Z* 阵中按序三分段式排列而生成 *Z* 阵（三分段之间非等距关系）。

A 阵 /*B* 阵基本结构：*A* 阵（行）：各宫“1 ～ 9”三段式自然分段；中宫是一个 3 阶自然方阵。*B* 阵（列）：“1 ～ 9”三段式等和分段；中宫是一个 3 阶幻方。

8	9	7	2	3	1	5	6	4
2	3	1	5	6	4	8	9	7
5	6	4	8	9	7	2	3	1
7	8	9	1	2	3	4	5	6
1	2	3	4	5	6	7	8	9
4	5	6	7	8	9	1	2	3
9	7	8	3	1	2	6	4	5
3	1	2	6	4	5	9	7	8
6	4	5	9	7	8	3	1	2

A 阵（行）

3	7	5	4	2	9	8	6	1
8	6	1	3	7	5	4	2	9
4	2	9	8	6	1	3	7	5
7	5	3	2	9	4	6	1	8
6	1	8	7	5	3	2	9	4
2	9	4	6	1	8	7	5	3
5	3	7	9	4	2	1	8	6
1	8	6	5	3	7	9	4	2
9	4	2	1	8	6	5	3	7

B 阵（列）

	1	2	3	4	5	6	8	9	10
1	1	2	3	4	5	6	8	9	10
7	7	14	21	28	35	42	56	63	70
13	13	26	39	52	65	78	104	117	130
11	11	2	33	44	55	66	88	99	110
17	17	34	51	68	85	102	136	153	170
23	23	46	69	92	115	138	184	207	230
19	19	38	57	76	95	114	152	171	190
25	25	50	75	100	125	150	200	225	250
31	31	62	93	124	155	186	248	279	310

Z 阵

图 14.27

图 14.28 是霍纳的一幅 9 阶双重幻方，幻和“848”、幻积“5804807833440000”。若按“坐标定位法”解析（图 14.29），其“*Z* 阵”与 *A* 阵 / *B* 阵的基本特点如下。

200	87	95	42	99	1	46	108	170
14	44	10	184	81	85	150	261	19
138	243	17	50	116	190	56	33	5
57	125	232	9	7	66	68	230	54
4	70	22	51	115	216	171	25	174
153	23	162	76	250	58	3	35	88
145	152	75	11	6	63	270	34	92
110	2	28	135	136	69	29	114	225
27	102	207	290	38	100	55	8	21

图 14.28　*C* 阵 9 阶双重幻方

Z 阵：a_9 生成因子配置与梁培基同，但 b_9 生成因子配置打破了三段式且为“乱差”无序结构，这是后人无法想象的一个设计方案，而霍纳在很久之前就做出来了。

A 阵 /*B* 阵基本结构：*A* 阵（行）：“1 ～ 9”三段式等和分段；中宫是一个 3 阶幻方。*B* 阵（列）：各宫“1 ～ 9”三段式自然分段；中宫是一个 3 阶乱数方阵。*A* 阵 /*B* 阵都是全中心对称组合结构。

	1	2	3	4	5	6	8	9	10
1	1	2	3	4	5	6	8	9	10
7	7	14	21	28	35	42	56	63	70
11	11	22	33	44	55	66	88	99	110
17	17	34	51	68	85	102	136	153	170
19	19	38	57	76	95	114	152	171	190
23	23	46	69	92	115	138	184	207	230
25	25	50	75	100	125	150	200	225	250
27	27	54	81	108	135	162	216	243	270
29	29	58	87	116	145	174	232	261	290

Z 阵

7	9	5	2	3	1	6	8	4
2	3	1	6	8	4	7	9	5
6	8	4	7	9	5	2	3	1
5	7	9	1	2	3	4	6	8
1	2	3	4	6	8	5	7	9
4	6	8	5	7	9	1	2	3
9	5	7	3	1	2	8	4	6
3	1	2	8	4	6	9	5	7
8	4	6	9	5	7	3	1	2

A 阵（行）

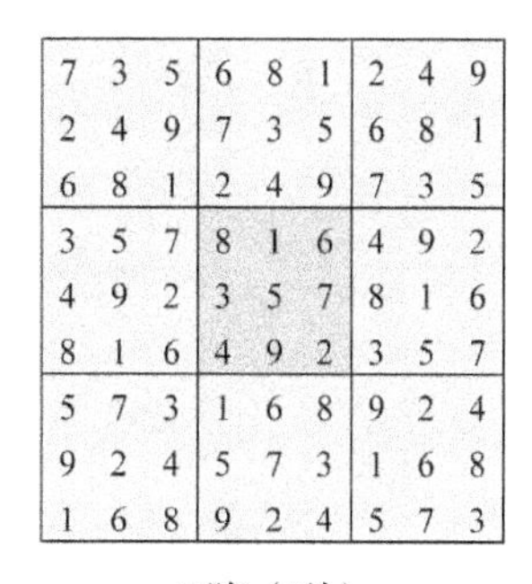

7	3	5	6	8	1	2	4	9
2	4	9	7	3	5	6	8	1
6	8	1	2	4	9	7	3	5
3	5	7	8	1	6	4	9	2
4	9	2	3	5	7	8	1	6
8	1	6	4	9	2	3	5	7
5	7	3	1	6	8	9	2	4
9	2	4	5	7	3	1	6	8
1	6	8	9	2	4	5	7	3

B 阵（列）

图 14.29

二、*A* 阵 /*B* 阵编码规则

（一）霍纳范本的九宫编码规则

A 阵：首行三分段不等和亦不等差配制与定位。上“三宫”编码：下一行各按上一行的“中三位”起编，右向滚动编码。中“三宫”与下“三宫”编码：各自按上一宫“左右反写”编码。

B 阵：首行三分段“等和”配制与定位。上“三宫”编码：下一行各按上一行的“右三位”起编，右向滚动编码。中“三宫”与下“三宫”编码：各自按上一宫的“中列”起编，右向滚动编码。

（二）梁培基范本的九宫编码规则

A 阵：首行三分段按序、等差配制与定位。上“三宫”编码：下一行各按上一行的“中三位”起编，右向滚动编码。中“三宫”与下“三宫”编码：各自按上一宫“左右反写”起编（与霍纳相同）。

B 阵：首行三分段“不等和”配制与定位。上“三宫”编码：下一行各按上一行的“右三位”起编，右向滚动编码。中“三宫”与下“三宫”编码：各自按上一宫的“中列”起编，右向滚动编码（亦与霍纳相同）。

三、新编 9 阶双重幻方

我以这两个范本做如下两项试验：一项是 *A* 阵 /*B* 阵互换“行—列”坐标，另一项是两个范本互换 *Z* 阵，结果 *C* 阵 9 阶双重幻方都不成立。这说明：在 *Z* 阵 a_9 与 b_9 生成因子“乱数”配置条件下，*A* 阵 /*B* 阵的等积与等和兼容机制非常诡秘。

然而，我采用下述一种变位方法：即梁培基的 *A* 阵 /*B* 阵（图 14.27）做八宫纵横轴对称交换位置，在原 *Z* 阵上可检出 *C* 阵 9 阶双重幻方（图 14.30）。

6	4	5	3	1	2	9	7	8
9	7	8	6	4	5	3	1	2
3	1	2	9	7	8	6	4	5
4	5	6	1	2	3	7	8	9
7	8	9	4	5	6	1	2	3
1	2	3	7	8	9	4	5	6
5	6	4	2	3	1	8	9	7
8	9	7	5	6	4	2	3	1
2	3	1	8	9	7	5	6	4

A 阵（行）

1	8	6	9	4	2	5	3	7
9	4	2	5	3	7	1	8	6
5	3	7	1	8	6	9	4	2
3	5	7	2	9	4	8	1	6
8	1	6	7	5	3	4	9	2
4	9	2	6	1	8	3	5	7
8	6	1	4	2	9	3	7	5
4	2	9	3	7	5	8	6	1
3	7	5	8	6	1	4	2	9

B 阵（列）

23	99	102	130	4	14	155	57	200
310	76	50	115	33	136	13	9	42
65	3	56	31	171	150	230	44	34
66	17	207	2	70	52	152	125	93
38	250	124	88	85	69	6	7	117
8	35	39	114	25	279	22	170	92
153	138	11	28	26	10	75	248	95
100	62	190	51	184	55	63	78	1
21	104	5	225	186	19	68	46	110

C 阵 9 阶双重幻方

图 14.30

同理，霍纳的 *A* 阵 /*B* 阵（图 14.29）做八宫纵横轴对称交换位置，在原 *Z* 阵上也可检出 *C* 阵 9 阶双重幻方（图 14.31）。

8	4	6	1	6	8	9	5	7
9	5	7	5	7	3	3	1	2
3	1	2	9	2	4	8	4	6
5	7	9	1	2	3	4	6	8
1	2	3	4	6	8	5	7	9
4	6	8	5	7	9	1	2	3
6	8	4	6	8	1	7	9	5
7	9	5	7	3	5	2	3	1
2	3	1	2	4	9	6	8	4

A 阵（行）

9	2	4	1	6	8	5	7	3
1	6	8	5	7	3	9	2	4
5	7	3	9	2	4	1	6	8
4	9	2	8	1	6	3	5	7
8	1	6	3	5	7	4	9	2
3	5	7	4	9	2	8	1	6
2	4	9	6	8	1	7	3	5
6	8	1	7	3	5	2	4	9
7	3	5	2	4	9	6	8	1

B 阵（列）

270	34	92	11	6	63	145	152	75
29	114	225	135	136	69	110	2	28
55	8	21	290	38	100	27	102	207
68	230	54	9	7	66	57	125	232
171	25	174	51	115	216	4	70	22
3	35	88	76	250	58	153	23	162
46	108	170	42	99	1	200	87	95
150	261	19	184	81	85	14	44	10
56	33	5	50	116	190	138	243	17

C 阵 9 阶双重幻方

图 14.31

“二因子”拉丁方相乘构图法

什么是“二因子”拉丁方相乘构图法？即 *n* 个 *a* 因子与 *n* 个 *b* 因子，按特定的规则与方法，各自编制 *n* 行、*n* 列及 2 条主对角线具有等和关系的正交幻方，两者相乘之积则得等积与等和双重幻方的一种构图技术（以符号表示［A_n］×［B_n］=［C_n］）。“二因子”拉丁方相乘法与“坐标定位法”的构图原理相通。

一、a_n 与 b_n 生成因子配置方案

“二因子” a_n 与 b_n 生成因子配置，客观上说存在无限多个配置方案可供选择。从数列结构分类有 3 种基本配置形态：其一为连续式等差结构形态；其二为分段式等差结构形态；其三为不规则“乱数”结构形态。一般而言，a_n 与 b_n 生成因子的连续式等差配置系规范化、通用化的一种配置方案。但幻和或幻积最小化乃是双重幻方设计的一个重要追求目标，因此“二因子”势必采用分段式或不规则配置方案。

二、$A_8 \times B_8 = C_8$

8 阶因子幻方采用“四象法”编制，基本要求如下：其一，两个“因子幻方”必须建立正交关系；其二，8 行、8 列及 2 条主对角线上的 a_8 或 b_8 生成因子互不重复。为什么呢？首先，以生成因子的离散分布，确保等积关系成立；其次，以等积关系为前提，进而检出其兼容等和关系的双重幻方。A_8 因子通用“1 ～ 8”，公差“1”；B_8 因子通用“1 ～ 57”，公差“8”，由此编制 A_8/B_8 拉丁方，二因子相乘则得 8 阶双重幻方，举例如下。

（一）同向编码规则

第一例：同向编码 8 阶双重幻方

如图 14.32 所示，两组 A_8/B_8 拉丁方表现对角象限交换，相乘所得 8 阶双重幻方成立。还有更多，如 A_8 与 B_8 两组拉丁方之间可互换等。

1	3	5	7	6	8	2	4
8	6	4	2	3	1	7	5
3	1	7	5	8	6	4	2
6	8	2	4	1	3	5	7
2	4	6	8	5	7	1	3
7	5	3	1	4	2	8	6
4	2	8	6	7	5	3	1
5	7	1	3	2	4	6	8

×

9	17	57	33	1	25	49	41
1	25	49	41	9	17	57	33
49	41	1	25	57	33	9	17
57	33	9	17	49	41	1	25
33	57	17	9	41	49	25	1
41	49	25	1	33	57	17	9
25	1	41	49	17	9	33	57
17	9	33	57	25	1	41	49

=

9	51	285	231	6	200	98	164
8	150	196	82	27	17	399	165
147	41	7	125	456	198	36	34
342	264	18	68	49	123	5	175
66	228	102	72	205	343	25	3
287	245	75	1	132	114	136	54
100	2	328	294	119	45	99	57
85	63	33	171	50	4	246	392

5	7	1	3	2	4	6	8
4	2	8	6	7	5	3	1
7	5	3	1	4	2	8	6
2	4	6	8	5	7	1	3
6	8	2	4	1	3	5	7
3	1	7	5	8	6	4	2
8	6	4	2	3	1	7	5
1	3	5	7	6	8	2	4

×

41	49	25	1	33	57	17	9
33	57	17	9	41	49	25	1
17	9	33	57	25	1	41	49
25	1	41	49	17	9	33	57
1	25	49	41	9	17	57	33
9	17	57	33	1	25	49	41
57	33	9	17	49	41	1	25
49	41	1	25	57	33	9	17

=

205	343	25	3	66	228	102	72
132	114	136	54	287	245	75	1
119	45	99	57	100	2	328	294
50	4	246	392	85	63	33	171
6	200	98	164	9	51	285	231
27	17	399	165	8	150	196	82
456	198	36	34	147	41	7	125
49	123	5	175	342	264	18	68

A_8 因子幻方　S_8=36　$\prod_8$=40320

B_8 因子幻方　S_8=232　$\prod_8$=14454403425

C_8 双重幻方　S_8=1044　$\prod_8$=40320×14454403425

图 14.32

第二例：同向编码 8 阶双重幻方

图 14.33 表现两个 A_8 拉丁方与同一个 B_8 两组拉丁方正交，同时与上例 A_8 与 B_8 的同向格式换位，相乘所得 8 阶双重幻方成立。还有更多，如 A_8 左右、上下反写与 B_8 正交可组建新的 A_8/B_8 对子等。

2	3	8	5	1	4	7	6
1	4	7	6	2	3	8	5
7	6	1	4	8	5	2	3
8	5	2	3	7	6	1	4
5	8	3	2	6	7	4	1
6	7	4	1	5	8	3	2
4	1	6	7	3	2	5	8
3	2	5	8	4	1	6	7

6	7	4	1	5	8	3	2
5	8	3	2	6	7	4	1
3	2	5	8	4	1	6	7
4	1	6	7	3	2	5	8
1	4	7	6	2	3	8	5
2	3	8	5	1	4	7	6
8	5	2	3	7	6	1	4
7	6	1	4	8	5	2	3

×

1	17	33	49	41	57	9	25
57	41	25	9	17	1	49	33
17	1	49	33	57	41	25	9
41	57	9	25	1	17	33	49
9	25	41	57	33	49	1	17
49	33	17	1	25	9	57	41
25	9	57	41	49	33	17	1
33	49	1	17	9	25	41	57

=

2	51	264	245	41	228	63	150
57	164	175	54	34	3	392	165
119	6	49	132	456	205	50	27
328	285	18	75	7	102	33	196
45	200	123	114	198	343	4	17
294	231	68	1	125	72	171	82
100	9	342	287	147	66	85	8
99	98	5	136	36	25	246	399

=

6	119	132	49	205	456	27	50
285	328	75	18	102	7	196	33
51	2	245	264	228	41	150	63
164	57	54	175	3	34	165	392
9	100	287	342	66	147	8	85
98	99	136	5	25	36	399	246
200	45	114	123	343	198	17	4
231	294	1	68	72	125	82	171

图 14.33

参照图 14.32 上揭示 A_8/B_8“同向”编码规则与基本方法如下。

1. 首行分配与定位原则

A_8 因子幻方首行不等分，则 B_8 因子幻方首行二等分。反之亦然（图 14.34）。

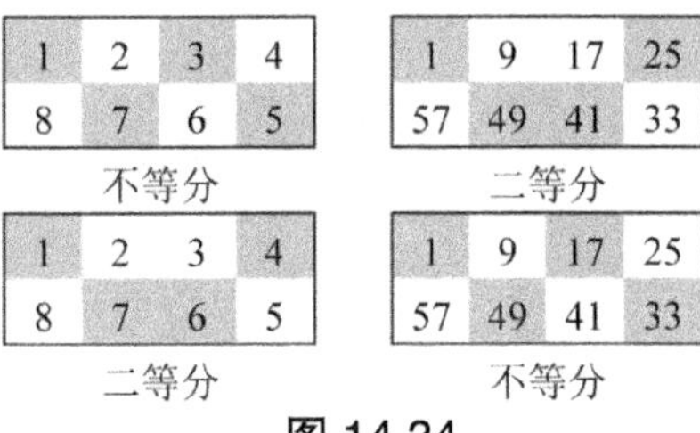

1	2	3	4
8	7	6	5

不等分

1	9	17	25
57	49	41	33

二等分

1	2	3	4
8	7	6	5

二等分

1	9	17	25
57	49	41	33

不等分

图 14.34

首行不等分者：数组等和、对称定位，如 1 ＋ 7 ＝ 3 ＋ 5，6 ＋ 4 ＝ 8 ＋ 2；两象交叉数组之差正负相反，绝对值相等，如 |1−7| ＝ |8−2|，|3−5| ＝ |6−4|。两条主对角线控制特征：对角象限内同位数组等和，如 1 ＋ 4 ＝ 2 ＋ 3，6 ＋ 7 ＝ 5 ＋ 8（注：这反映出首行必须遵守的定位关系）。

首行二等分者：四象的首行二等分，但同一象限内对称数组不等和，如 9 ＋ 33 ≠ 17 ＋ 57，1 ＋ 41 ≠ 25 ＋ 49；两象之间同位数组等和，如 9 ＋ 33 ＝ 1 ＋ 41，17 ＋ 57 ＝ 25 ＋ 49；两象交叉数组互为等差关系，如 9−33 ＝ 25−49，17−57 ＝ 1−41。两条主对角线控制特征：每一象限内对角线的对称数组各自等和，如 9 ＋ 17 ＝ 25 ＋ 1，41 ＋ 49 ＝ 57 ＋ 33（注：这也是首行的一种定位关系）。

2.“同向”编码逻辑规则

A_8 因子幻方：上象次行左右交叉从首行“前二位”起始“左向”滚动编码；每对称两行“同向”复制。下象首行左右交叉按上象首行“后二位”起始“右向”滚动编码；以下逐行同法。然而，从四象看左右两象各为“同向”上下颠倒关系。

B_8 因子幻方：上象次行左右交叉按首行“同向”复制；上象第三行按上一行“后二位”起始“右向”滚动编码，第四行左右交叉按上一行“同向”复制。然而，从四象看上下两象限各为左右颠倒关系。

（二）相向编码规则

第一例：相向编码 8 阶双重幻方

所谓相向编码，其特征 A_8/B_8 的相关各行以“反对”关系复制，乃为另一个编码版本。图 14.35 两组 A_8/B_8 拉丁方表现了左右、对角象限交换的匹配关系，所得 8 阶双重幻方成立。

5	6	1	2	8	7	4	3
4	3	8	7	1	2	5	6
6	5	2	1	7	8	3	4
3	4	7	8	2	1	6	5
1	2	5	6	4	3	8	7
8	7	4	3	5	6	1	2
2	1	6	5	3	4	7	8
7	8	3	4	6	5	2	1

×

41	49	1	25	9	17	33	57
57	33	17	9	25	1	49	41
17	9	57	33	49	41	25	1
1	25	41	49	33	57	9	17
49	41	25	1	17	9	57	33
33	57	9	17	1	25	41	49
9	17	33	57	41	49	1	25
25	1	49	41	57	33	17	9

=

205	294	1	50	72	119	132	171
228	99	136	63	25	2	245	246
102	45	114	33	343	328	75	4
3	100	287	392	66	57	54	85
49	82	125	6	68	27	456	231
264	399	36	51	5	150	41	98
18	17	198	285	123	196	7	200
175	8	147	164	342	165	34	9

8	7	4	3	5	6	1	2
1	2	5	6	4	3	8	7
7	8	3	4	6	5	2	1
2	1	6	5	3	4	7	8
4	3	8	7	1	2	5	6
5	6	1	2	8	7	4	3
3	4	7	8	2	1	6	5
6	5	2	1	7	8	3	4

×

17	9	57	33	49	41	25	1
1	25	41	49	33	57	9	17
41	49	1	25	9	17	33	57
57	33	17	9	25	1	49	41
9	17	33	57	41	49	1	25
25	1	49	41	57	33	17	9
49	41	25	1	17	9	57	33
33	57	9	17	1	25	41	49

=

136	63	228	99	245	246	25	2
1	50	205	294	132	171	72	119
287	392	3	100	54	85	66	57
114	33	102	45	75	4	343	328
36	51	264	399	41	98	5	150
125	6	49	82	456	231	68	27
147	164	175	8	34	9	342	165
198	285	18	17	7	200	123	196

图 14.35

第二例：相向编码 8 阶双重幻方

图 14.36 两组 A_8/B_8 拉丁方的关系：A_8 为上下两象限交换，B_8 为左右两象限交换，以此表现“二因子”重构而建立正交关系的原则与方法。本例与第一例属于同一个“相向”编码版本，但交换了 A_8 与 B_8 的编码格式等。

6	7	1	4	2	3	5	8
8	5	3	2	4	1	7	6
3	2	8	5	7	6	4	1
1	4	6	7	5	8	2	3
7	6	4	1	3	2	8	5
5	8	2	3	1	4	6	7
2	3	5	8	6	7	1	4
4	1	7	6	8	5	3	2

×

33	41	1	9	57	49	25	17
25	17	57	49	1	9	33	41
41	33	9	1	49	57	17	25
17	25	49	57	9	1	41	33
1	9	33	41	25	17	57	49
57	49	25	17	33	41	1	9
9	1	41	33	17	25	49	57
49	57	17	25	41	33	9	1

=

198	287	1	36	114	147	125	136
200	85	171	98	4	9	231	246
123	66	72	5	343	342	68	25
17	100	294	399	45	8	82	99
7	54	132	41	75	34	456	245
285	392	50	51	33	164	6	63
18	3	205	264	102	175	49	228
196	57	119	150	328	165	27	2

7	6	4	1	3	2	8	5
5	8	2	3	1	4	6	7
2	3	5	8	6	7	1	4
4	1	7	6	8	5	3	2
6	7	1	4	2	3	5	8
8	5	3	2	4	1	7	6
3	2	8	5	7	6	4	1
1	4	6	7	5	8	2	3

×

57	49	25	17	33	41	1	9
1	9	33	41	25	17	57	49
49	57	17	25	41	33	9	1
9	1	41	33	17	25	49	57
25	17	57	49	1	9	33	41
33	41	1	9	57	49	25	17
17	25	49	57	9	1	41	33
41	33	9	1	49	57	17	25

=

399	294	100	17	99	82	8	45
5	72	66	123	25	68	342	343
98	171	85	200	246	231	9	4
36	1	287	198	136	125	147	114
150	119	57	196	2	27	165	328
264	205	3	18	228	49	175	102
51	50	392	285	63	6	164	33
41	132	54	7	245	456	34	75

图 14.36

参照图 14.35 上揭示 A_8/B_8 “相对”编码规则与基本方法如下。

1. 首行分配与定位原则

1	2	3	4
8	7	6	5

不等分

1	9	17	25
57	49	41	33

二等分

1	2	3	4
8	7	6	5

二等分

1	9	17	25
57	49	41	33

不等分

图 14.37

A_8 因子幻方首行不等分，则 B_8 因子幻方首行二等分。反之亦然（图 14.37）。这个“首行不等分”方案与图 14.34 不相同。

首行不等分者：数组等和、对称定位，如 5 ＋ 2 ＝ 6 ＋ 1，8 ＋ 3 ＝ 7 ＋ 4；两象交叉数组等差，如 5–2 ＝ 7–4，6–1 ＝ 8–3。两条主对角线控制特征：对角两象限交叉数组之和相等，如 5 ＋ 8 ＝ 6 ＋ 7，3 ＋ 2 ＝ 4 ＋ 1（注：本质上反映首行的定位要求）。

首行二等分者：四象的首行二等分，但同一象限内对称数组不等和，如 41 ＋ 25 ≠ 49 ＋ 1，9 ＋ 57 ≠ 17 ＋ 33；两象之间同位数组等和，如 41 ＋ 25 ＝ 9 ＋ 57，49 ＋ 1 ＝ 17 ＋ 33；两象交叉数组之差，正负相反，绝对值相等，如 |41–25| ＝ |17–33|，|49–1| ＝ |9–57|。两条主对角线控制特征：每一象限内对角线的对称数组各自等和，如 41 ＋ 49 ＝ 33 ＋ 57，17 ＋ 9 ＝ 25 ＋ 1（注：这也是首行的一种定位关系）。

2. “相向”编码逻辑规则

A_8 因子幻方：上象次行左右交叉从首行“后二位”起始“右向”滚动编码；每对称两行“相对”复制。下象首行按上象首行“后二位”起始“右向”滚动编码；以下逐行同法。然而，从四象看左右两象各为“相对”上下颠倒关系。

B_8 因子幻方：上象次行左右交叉按首行“相向”复制；上象第 3 行左右交叉按上一行“前二位”起始“左向”滚动编码，第 4 行左右交叉按上一行“相向”复制。然而，从四象看上下两象限各为左右颠倒关系。

综上所述，“二因子”拉丁方相乘构图法的基本思路：在等积幻方基础上求得等和兼容关系。在 A_8/B_8 的一个数码配置方案下，若 A_8 首行不等分（存在两个可能分配方案），则 B_8 首行二等分（存在一个可能分配方案），反之亦然。A_8/B_8 正交拉丁方编制包括首行定位及其四象编码（存在“同向”与“相向”两种不同的编码逻辑规则），都包含等积等和兼容机制的关键内容。

三、$A_9 \times B_9 = C_9$

9 阶双重幻方 a_9 与 b_9 生成因子的通用化配置方案是：a_9 9 个数码为“1 ～ 9”自然数列，公差“1”；b_9 9 个数码为“1，10，…，73”连续数列，公差“9”。由此生成的 9 阶积数方阵，81 个“ab”数码无重复，总和又能被 9 整除，因而一定存在 9 阶双重幻方解。在生成因子的这个通用化配置方案下，介绍二因子 A_9/B_9 拉丁方的首行三分法、定位原则及其九宫编码逻辑规则等问题。

（一）首行三分法

9 阶双重幻方的“二因子拉丁方相乘法”，一般采用“九宫逻辑编码”制作 A_9/B_9 正交拉丁方来实现，因此 a_9 与 b_9 各 9 个生成因子在首行的三分匹配，乃是必须首先解决的问题。据研究，若 A_9 拉丁方的 a_9 生成因子做“三等分”的三分方案，那么 a_9 拉丁方的 b_9 生成因子必须做“不等分”的三分方案，或反之。无论“三等分”或“不等分”的三分方案，都必须具备一定的对称、互补结构。

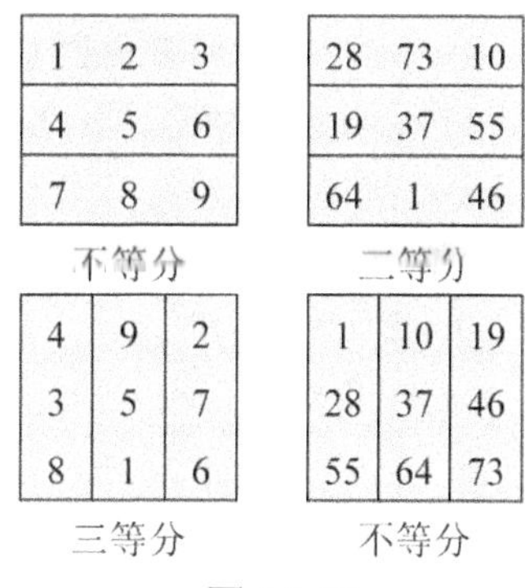

图 14.38

取得三分方案的方法如图 14.38 所示：“三等分”的三分方案，可在 a_9 或 b_9 生成因子的“3 阶幻方”的 3 行、3 列取得两个三分方案；“不等分”的三分方案，可在 a_9 或 b_9 生成因子的“3 阶自然方阵”的 3 行、3 列取得两个三分方案。这类三分方案都包含着等和等积兼容机制。

（二）首行定位及其九宫编码规则

图 14.39 是 $A_9 \times B_9 = C_9$ 两个范例，图 14.39 上 A_9 因子幻方首行“不等分”，B_9 因子幻方首行“三等分”；图 14.39 下则反之。

1	2	3	4	5	6	7	8	9
4	5	6	7	8	9	1	2	3
7	8	9	1	2	3	4	5	6
3	1	2	6	4	5	9	7	8
6	4	5	9	7	8	3	1	2
9	7	8	3	1	2	6	4	5
2	3	1	5	6	4	8	9	7
5	6	4	8	9	7	2	3	1
8	9	7	2	3	1	5	6	4

A_9因子幻方　S_9=45

$\prod_9$=362880

×

10	73	28	46	1	64	55	37	19
55	37	19	10	73	28	46	1	64
46	1	64	55	37	19	10	73	28
73	28	10	1	64	46	37	19	55
37	19	55	73	28	10	1	64	46
1	64	46	37	19	55	73	28	10
28	10	73	64	46	1	19	55	37
19	55	37	28	10	73	64	46	1
64	46	1	19	55	37	28	10	73

B_9因子幻方　S_9=333

$\prod_9$=232668029440

=

10	146	84	184	5	384	385	296	171
220	185	114	70	584	252	46	2	192
322	8	576	55	74	57	40	365	168
219	28	20	6	256	230	333	133	440
222	76	275	657	196	80	3	64	92
9	448	368	111	19	110	438	112	50
56	30	73	320	276	4	152	495	259
95	330	148	224	90	511	128	138	1
512	414	7	38	165	37	140	60	292

双重幻方　S_9=1665

Π_9=362880×232668029440

7	5	3	2	9	4	6	1	8
6	1	8	7	5	3	2	9	4
2	9	4	6	1	8	7	5	3
5	3	7	9	4	2	1	8	6
1	8	6	5	3	7	9	4	2
9	4	2	1	8	6	5	3	7
3	7	5	4	2	9	8	6	1
8	6	1	3	7	5	4	2	9
4	2	9	8	6	1	3	7	5

×

55	64	73	1	10	19	28	37	46
1	10	19	28	37	46	55	64	73
28	37	46	55	64	73	1	10	19
73	55	64	19	1	10	46	28	37
19	1	10	46	28	37	73	55	64
46	28	37	73	55	64	19	1	10
64	73	55	10	19	1	37	46	28
10	19	1	37	46	28	64	73	55
37	46	28	64	73	55	10	19	1

=

385	320	219	2	90	76	168	37	368
6	10	152	196	185	138	110	576	292
56	333	184	330	64	584	7	50	57
365	165	448	171	4	20	46	224	222
19	8	60	230	84	259	657	220	128
414	112	74	73	440	384	95	3	70
192	511	275	40	38	9	296	276	28
80	114	1	111	322	140	256	146	495
148	92	252	512	438	55	30	133	5

图 14.39

根据图 14.39 上范例描述首行定位、编码规则与基本方法。

1. A_9 因子幻方首行 3 个不等分组定位

按数序连续定位，各组每同位三数码排列保持同步形态或等差结构（如 1 ＋ 4 ＋ 7 ＝ 12，2 ＋ 5 ＋ 8 ＝ 15，3 ＋ 6 ＋ 9 ＝ 19，其之和等差，我称之为首行“同位等差”原则）。上三宫编码：下行以上行的“中三位”起始“向右”滚动编码。中三宫编码：首行各从上宫首行“末位”起始“向右”滚动编码，以下各行编码同上。下三宫编码与中三宫相同。

注：比照图 14.39 下 B_9 因子幻方，了解首行定位的可变性，及上、中、下三宫编码起始位的变动规则等。

2. B_9 因子幻方首行 3 个等分组定位

每同位三数之和必须相等（如 10 ＋ 46 ＋ 55 ＝ 111，73 ＋ 1 ＋ 37 ＝ 111，28 ＋ 64 ＋ 19 ＝ 111，其之和相等，我称之为首行“同位等和”原则）。上三宫编码：下行以上行的“末三位”起始“向右”滚动编码（注：与 A_9 因子幻方的“中三位”起始编码形成“错位”，从而两者建立正交关系，我称之为 A_9/B_9 二因子拉丁方的“错位”编码正交原则）。中三宫编码：首行各从上宫首行“中位”起始“向右”滚动编码，以下各行编码同上。下三宫编码与中三宫相同。

注：比照图 14.39 下 A_9 因子幻方，了解首行定位的可变性，及上、中、下三

宫编码起始位的变动规则等。

总之，9 阶双重幻方 A_9/B_9 拉丁方编制的核心技术：不等分因子幻方首行定位贯彻“同位等差”原则；三等分因子幻方首行定位贯彻“同位等和”原则；然而，A_9/B_9 拉丁方三宫编码贯彻“错位”正交原则，正确掌握各宫内与外滚动编码的起编位置。

（三）交叉试验

在首行三分法与定位规则、九宫编码规则中，各环节都存在可变性的具体方案，因此有必要对不同方案进行交叉试验，以便举一反三掌握 A_9/B_9 拉丁方编制的核心技术。现以同一个 A_9 因子幻方，分别与 3 个不同 B_9 因子幻方相乘，所得 3 幅 9 阶双重幻方成立（图 14.40）。

1	2	3	4	5	6	7	8	9
4	5	6	7	8	9	1	2	3
7	8	9	1	2	3	4	5	6
3	1	2	6	4	5	9	7	8
6	4	5	9	7	8	3	1	2
9	7	8	3	1	2	6	4	5
2	3	1	5	6	4	8	9	7
5	6	4	8	9	7	2	3	1
8	9	7	2	3	1	5	6	4

×

37	55	19	1	46	64	73	10	28
73	10	28	37	55	19	1	46	64
1	46	64	73	10	28	37	55	19
55	19	37	46	64	1	10	28	73
10	28	73	55	19	37	46	64	1
46	64	1	10	28	73	55	19	37
19	37	55	64	1	46	28	73	10
28	73	10	19	37	55	64	1	46
64	1	46	28	73	10	19	37	55

=

37	110	57	4	230	384	511	80	252
292	50	168	259	440	171	1	92	192
7	368	576	73	20	84	148	275	114
165	19	74	276	256	5	90	196	584
60	112	365	495	133	296	138	64	2
414	448	8	30	28	146	330	76	185
38	111	55	320	6	184	224	657	70
140	438	40	152	333	385	128	3	46
512	9	322	56	219	10	95	222	220

55	37	19	10	73	28	46	1	64
46	1	64	55	37	19	10	73	28
10	73	28	46	1	64	55	37	19
37	19	55	73	28	10	1	64	46
1	64	46	37	19	55	73	28	10
73	28	10	1	64	46	37	19	55
19	55	37	28	10	73	64	46	1
64	46	1	19	55	37	28	10	73
28	10	73	64	46	1	19	55	37

=

55	74	57	40	365	168	322	8	576
184	5	384	385	296	171	10	146	84
70	584	252	46	2	192	220	185	114
111	19	110	438	112	50	9	448	368
6	256	230	333	133	440	219	28	20
657	196	80	3	64	92	222	76	275
38	165	37	140	60	292	512	414	7
320	276	4	152	495	259	56	30	73
224	90	511	128	138	1	95	330	148

1	73	37	46	10	55	64	28	19
64	28	19	1	73	37	46	10	55
46	10	55	64	28	19	1	73	37
73	37	1	10	55	46	28	19	64
28	19	64	73	37	1	10	55	46
10	55	46	28	19	64	73	37	1
37	1	73	55	46	10	19	64	28
19	64	28	37	1	73	55	46	10
55	46	10	19	64	28	37	1	73

=

1	146	111	184	50	330	448	224	171
256	140	114	7	584	333	46	20	165
322	80	495	64	56	57	4	365	222
219	37	2	60	220	230	252	133	512
168	76	320	657	259	8	30	55	92
90	385	368	84	19	128	438	148	5
74	3	73	275	276	40	152	576	196
95	384	112	296	9	511	110	138	10
440	414	70	38	192	28	185	6	292

图 14.40

试验结果不成功的有4个项目：其一，若A_9与B_9因子幻方首行都为“等和”三分方案，或都为“不等和”三分方案，所得只是一个9阶等积幻方，不能同时兼容等和关系。这说明：一个因子幻方首行“三等分”，另一个因子幻方首行必须“不等分”，首行三分法的这个基本规则不可突破。其二，一个因子幻方“上、中、下”三宫之间首行的起编位置，以及各宫内部3行之间的起编位置，若这两个层次的起编位置相同，则9个生成因子在该因子幻方行、列、对角线上的分布非离散，故不符合等积要求。其三，若A_9与B_9两个因子幻方之间的三宫起编位置互不“错位”，则不能建立正交关系。其四，“不等分”因子幻方首行定位贯彻“同位等差”原则，“三等分”因子幻方首行定位贯彻“同位等和”原则，若首行定位的这两个不同原则换位，则失去等和与等积的兼容关系。

“双重幻方”入幻

双重幻方“和积”兼容，阶次范围狭窄，选数条件苛刻，构图“机关”重重，非常具有挑战性。但双重幻方原本是存在于阶次足够大的经典幻方内部的一个逻辑单元，不过若非特意安排，恐怕谁发现不了它的存在。因此，“双重幻方”入幻也有其特殊魅力。

99	30	39	14	68	23	152	175	90	201	144	128	222	221	89
133	200	17	92	26	21	66	45	199	163	116	198	165	95	159
5	44	49	104	138	153	50	57	169	140	174	139	170	125	178
75	38	207	102	56	91	20	11	167	155	190	86	148	185	164
78	63	22	15	19	100	119	184	121	208	107	206	219	80	154
136	161	76	25	33	10	117	42	189	70	193	158	142	192	151
28	13	40	77	225	114	69	34	186	143	205	204	93	166	98
46	51	150	171	35	88	7	52	157	84	220	191	58	202	183
122	180	179	181	182	213	109	147	224	54	1	12	53	2	36
195	194	156	196	197	134	96	149	31	82	65	27	48	64	61
209	210	168	126	110	120	218	217	18	94	81	60	47	8	9
105	83	214	111	212	216	108	137	37	74	4	176	97	59	62
211	172	106	135	118	187	173	162	24	55	79	6	132	32	103
124	141	127	131	130	112	188	123	67	85	43	101	29	223	71
129	115	145	215	146	113	203	160	16	87	73	3	72	41	177

图14.41

图14.41是一幅15阶幻方（幻和“1695”），在左上角特意安排了一个“8阶双重幻方”单元（子幻和“600”，子幻积“67463283888000”）。“双重幻方”入幻的意义在于把双重幻方纳入了经典幻方体系。

双重幻方展望

双重幻方“一身而二任”，兼容等和与等积两种不同的数学关系，乃是幻方广义发展中出现的一类特殊幻方形式。霍纳（W. W. Horner）于1956年首创8阶、9阶双重幻方，可谓曲高和寡，双重幻方课题长达30多年默默无闻，直至20世纪90年代得到了我国梁培基先生的青睐，他在双重幻方研究方面取得了显著成果，并推动了这类神奇幻方在我国的传布与发展。双重幻方构图难度相当高，有诸多问题需要提出，并尚待深入探索。

一、双重幻方存在的数理基础

等和与等积兼容数学关系，乃是双重幻方存在的数理基础。我记得在读小学时，数学老师在课外讲了一道关于加法、乘法的趣味算题：2 + 2 = 4，2×2 = 4，全班同学为之目瞪口呆，没等我们想明白，老师又写出了更“不可思议”的加法、乘法关联等式：1×2×3 = 1 + 2 + 3；1×12×14 = 2×4×21，1 + 12 + 14 = 2 + 4 + 21。这是一些多么迷人的不可思议的怪题，激发了同学们的学习兴趣，试着寻找项数更长的“和积”等式。我的数学成绩很差，几十年过去了，而今双重幻方算题把加法、乘法关联等式变成了一个高智力游戏，又摆上了我的书桌，令我着迷。

n 阶双重幻方的每一个数码，总可分解为 a 与 b 两个因子，因而构造双重幻方首先是选择 n 个 a 因子与 n 个 b 因子，我称之为“生成因子”配置方案。$a_n \times b_n$ 得一个 n 阶积数方阵，乃为 n 阶双重幻方的全部用数，基本要求是：其一，n^2 个积数必须互不重复；其二，a_n 与 b_n 两列生成因子具备各式入幻条件，如等差、对称或互补结构等。据此，可给出多种多样的不同“生成因子”配置方案，但一个通用化的配置方案是：a_n 取“1至 n”自然数列（公差“1”）；b_n 取“1，1 + n，…，1 + n（n–1）”等差数列（公差“n”）。积数方阵的一般性质如下：不在同一行、同一列上的 n 个数码之积必定相等，如果说其等积数组为全集，那么其中必定存在一小部分兼容等和关系的子集，这就是双重幻方存在的数理基础。

二、双重幻方构图机制

检出等积与等和兼容关系数组并制作幻方，乃是双重幻方构图的基本思路。目前，比较简易、可操作性较好的双重幻方构图方法并不多，主要有梁培基的“*Z* 阵—*A* 阵 /*B* 阵”坐标定位法，以及我对此法稍做改进的“二因子”正交幻方相乘构图法。同时，以一幅已知双重幻方为样本，采用各种结构性重组方法，如行列对称交换、四象或九宫变位等，从而可获得样本的异构体，这不失为事倍功半的好办法。

“积和”兼容数组是等积数组全集中的一个子集。因此，无论什么阶次的双重幻方，构图方法上的共性是以幻方的等积关系为本，求其兼容等和关系。这就是说，要在等积幻方全集中检出双重幻方子集。诚然，事前准确检出这个子集，是摆在各种构图方法面前尚待研究的一个核心技术。

双重幻方的幻积等于 n 个 a 因子与 n 个 b 因子的连乘积。因而，从双重幻方的因子分解结构看，各行、各列及两条主对角线的基本条件与特征：都由两列 a_n 与 b_n 生成因子不重复组成，它可确保幻方等积关系成立。但是，各行、各列及两条主对角线由不重复“二因子”相乘所生成的数码之和是否一定等和呢？不一定。在现有的各种构图方法中，单凭这个基本条件构图不一定就是兼容等和关系。若要检出“积和”兼容数组子集，必须识别子集与全集相区分的“隐”规则，以及基本特征方面存在的差异，这是一个谁也说不出的难点。目前在数学界，可能还没有人注意或专门研究过关于“等和与等积兼容数组”的数学表达式。但这个问题的解决，对于双重幻方构图却何等重要。

三、双重幻方需要继续探索的课题

（一）双重幻方存在的阶次范围

自从霍纳（W. W. Horner）于 1956 年首创 8 阶、9 阶两幅双重幻方以来，双重幻方研究基本上囿于霍纳的这个阶次框子。梁培基实证：在 $2k$ 阶（$k \geqslant 3$）及（$2m+1$）k 阶（$m \geqslant 1$，$k \geqslant 2$）两大领域都有双重幻方解，这是毋庸置疑的。

那么，其他阶次是否有双重幻方解呢？尚是一个谜。我认为：双重幻方的存在具有广泛性，双重幻方的阶次范围需要突破，如质数 11 阶与 13 阶、奇偶合数 12 阶与 14 阶、奇奇合数 15 阶等等，是否存在双重幻方解呢？值得探讨。据分析，这些阶次存在通用化的 a_n 与 b_n 两列生成因子配置方案及其结构有序的积数方阵；它们的积数方阵上同样在等积全集中有一个“积和”兼容数组子集。当阶次较大时，这个“积和”兼容数组子集有足够的数量，因此存在构造双重幻方的数理基础与基本条件。

（二）是否存在最优化双重幻方

在偶数阶、含 3 因子奇合数阶领域中，可以肯定不存在最优化双重幻方，理由是由最优化自然逻辑编码法可知，偶数阶、奇合数阶“拉丁式”幻方，除全部行、全部列及两条主对角线外，其他次对角线不可能由不重复生成因子组成，这就决定了不可能构造出“等积完全幻方”，因而根本不用去说幻方的双重最优化了。

但我认为：在质数阶领域中，如 11 阶、13 阶等，可能存在最优化双重幻方解。理由是由最优化自然逻辑编码法可知，质数阶“拉丁式”幻方其全部行、全部列及泛对角线可同时由不重复数码组成，因而构造质数阶“等积完全幻方”是不成问题的，这就是说在质数阶“等积完全幻方”全集中，有可能存在一小部分等积等和兼容的双重完全幻方。

（三）是否存在"三重幻方"

平方幻方、双重幻方都是"一身而二任"的幻方。平方幻方：一次等和关系成立，二次等和关系成立，表现幻方存在"外延"数学关系。双重幻方：相加等和关系成立，而相乘等积关系成立，表现幻方可兼容加法、乘法两种运算关系。这是幻方发展的两大奇迹。幻方存在"外延"数学关系，与幻方可兼容加法、乘法两种运算关系，两者的数理各行其道，因而"一身而三任"的幻方有存在的可能性。

注：郭先强《奇特的8阶、16阶双重幻方》（《中国幻方》2006年第2期）一文编者按写道：他首创了一个128阶幻方，具有一次等和、一次等积、平方等和的"三重幻方"组合性质（最小数为"1"，最大数为"1835136"）。

（四）双重幻方的幻积或幻和最小化

双重幻方的幻和或幻积最小化，反映组合技术的精益求精，这是梁培基于1989年明确提出的一个研究目标，他创成一幅"最小幻积"8阶双重幻方（最小幻积"51407948592000"，幻和"760"），另一幅"最小幻和"8阶双重幻方（最小幻和"600"，其幻积"67463283888000"）。据梁培基说，双重幻方的幻和最小与幻积最小，两者在同一幅双重幻方中不可兼得。幻和最小，不一定幻积最小；幻积最小，也不一定幻和最小。至今，还没有人能够打破梁培基创造的这两幅最小化8阶双重幻方记录。

霍纳（W. W. Horner）于1956年首创的一幅9阶双重幻方，幻和"848"，幻积"5804807833440000"。梁培基的一幅9阶双重幻方，幻和"784"，幻积"2987659715040000"。显然，梁培基在追求幻积及幻积最小化的路上跨前了一大步。

在双重幻方探索的路上，前两个课题没有理由否定，或证明其无解，但目前还没有试验成功，可谓悬而未决。我会再认真去做一些功课，重点试探是否存在11阶、12阶、13阶双重幻方或最优化双重幻方。

素数幻方

什么是素数幻方？即以 k^2 个素数制作的幻方。素数幻方按组合性质也可分为两大类：一类为素数非完全幻方；另一类为素数完全幻方。素数幻方是经典幻方游戏的一种另类发展形式。我国张道鑫等人在素数幻方领域中的研究成果卓著，让世人领略了素数幻方的无穷奥秘。k^2 个素数入幻，大体可分如下 3 种基本情况：①素数等差数列入幻：一般采用数学家们已发现的含 k^2 项素数等差数列编制，构图方法等与经典幻方相同。②“自选”素数入幻：这类素数幻方变化莫测，精品迭出，款式新奇，如有著名的孪生素数幻方对、素数幻方串、哥德巴赫素数幻方对、回文素数幻方等新项目。“自选”素数入幻已成为人们“自由”创作的广阔园地。③连续素数入幻：即在素数表上任意截取 k^2 个连续奇素数而制作的素数幻方。素数幻方——我称之为幻方第三迷宫。

先驱者的素数幻方

31	73	7
13	37	61
67	1	43

S=111

3	71	5	23
53	11	37	1
17	13	41	31
29	7	19	47

S=102

图 15.1

英国著名科普作家亨利·E·杜德尼(E.Dudeney)，于 1900 年创作了一幅幻和最小的 3 阶素数幻方，系非连续素数，幻和“111”（图 15.1 左）。1913 年 J. N. muncey 用“1，3，5，…，827”构造的一个 12 阶连续素数幻方。1938 年 E. B. Ergholt 创作了一幅幻和最小的 4 阶素数幻方，幻和“102”（图 15.1 右）等。之后，更多人对素数幻方发生了兴趣，3 ～ 12 阶素数幻方已被填满，一些阶次较高的素数幻方也时有问世。

早年的素数幻方都是从“1”开始的(当初奇数“1”是素数，偶数“2”不是素数)。之后，数学家们从“素数”定义出发，有理由否定了“1”的素数属性，且追认“2”为素数。我认为，这些从“1”开始的“素数幻方”，仍然是素数幻方的开山之作。对于幻方爱好者而言，偶数“2”是不是素数并不太重要，反正这个唯一的偶素数，在素数幻方领域中永远不能入幻。

由于资料不全，收集不到更多从“1”开始的素数幻方作品，但亨利·E. 杜德尼在《1/1000000 的人才会做的数学游戏》（考永贵、聂永革译，百花洲文艺出版社，2014.4）中提供了当初的一份研究情况汇总表（表 15.1）。

表 15.1

阶次	幻和	作者		
3 阶	111	亨利·E. 杜德尼		
4 阶	102	Ernest·Bergholt	C·D. 莎德汉姆	
5 阶	213	H·A. 塞勒斯		
6 阶	408	H. A. Sayles	C·D. 莎德汉姆	J. N. Mucey
7 阶	699	H. A. Sayles	C·D. 莎德汉姆	J. N. Mucey
8 阶	1114	H. A. Sayles	C·D. 莎德汉姆	J. N. Mucey
9 阶	1681	H. A. Sayles	C·D. 莎德汉姆	J. N. Mucey
10 阶	2416	J. N. Mucey		
11 阶	3355	J. N. Mucey		
12 阶	4514	J. N. Mucey		

根据该表中所列各阶素数幻方的幻和常数，可以算出其 k^2 个入幻素数，并重新制作这些昔日的素数幻方异构体。例如，表中的 5 阶素数幻方（幻和“213”）它的用数必定是：“1，3，5，7，11，13，17，19，23，29，31，37，41，43，47，53，59，61，67，71，73，79，83，89，103”，相似于包含 25 项的连续素数列（只跳过“97、101”两个素数），其幻和也是尽可能小的。

为尊重世界大多数数学家把“1”从素数序列中剔除的认定，现今幻方爱好者制作的素数幻方都没有“1”加入，这对于素数幻方某些问题的研究有一定改变，如亨利·E. 杜德尼关于最小幻和素数幻方将被重新记录等。

素数“乌兰现象”启示

100	99	98	97	96	95	94	93	92	91
65	64	63	62	61	60	59	58	57	90
66	37	36	35	34	33	32	31	56	89
67	38	17	16	15	14	13	30	55	88
68	39	18	5	4	3	12	29	54	87
69	40	19	6	1	2	11	28	53	86
70	41	20	7	8	9	10	27	52	85
71	42	21	22	23	24	25	26	51	84
72	43	44	45	46	47	48	49	50	83
73	74	75	76	77	78	79	80	81	82

图 15.2

美国著名数学家乌兰教授（S. Ulam）有一次参加科学报告会，但他对报告内容不感兴趣，为了消磨时间，便画了一个 1 ～ 100 的外旋方阵（图 15.2），把 100 以内的 25 个素数全部划出来，结果令他惊讶的是这些素数几乎挤成了直线。回家后，他又画了一个 1 ～ 65000 的外旋方阵，发现素数仍然具有如此分布的特性。这种现象后来在数学上被称之为“乌兰现象”，数学家们从中找到了素数的不少有趣性质（资料来源：梁之舜的《数学古今纵横谈》，科学普及出版社广州分社，1982 年）。

“乌兰现象”的启示：若在 1 ～ 1000 数域的奇数自然方阵上标示全部奇素数（图 15.3），根据素数分布的位置关系就可一目了然地判定素数之间的平行、等距、对称或互补关系，因而它将成为检索、选择入幻素数配置方案的重要辅助工具。

1	**3**	**5**	**7**	9	**11**	**13**	15	**17**	**19**	21	**23**	25	27	**29**	**31**	33	35	**37**	39	**41**	**43**	45	**47**	49	51	**53**	55	57	**59**
61	63	65	**67**	69	**71**	**73**	75	77	**79**	81	**83**	85	87	**89**	91	93	95	**97**	99	**101**	**103**	105	**107**	**109**	111	**113**	115	117	119
121	123	125	**127**	129	**131**	133	135	**137**	**139**	141	143	145	147	**149**	**151**	153	155	**157**	159	161	**163**	165	**167**	169	171	**173**	175	177	**179**
181	183	185	187	189	**191**	**193**	195	**197**	**199**	201	203	205	207	209	**211**	213	215	217	219	221	**223**	225	**227**	**229**	231	**233**	235	237	**239**
241	243	245	247	249	**251**	253	255	**257**	259	261	**263**	265	267	**269**	**271**	273	275	**277**	279	**281**	**283**	285	287	289	291	**293**	295	297	299
301	**303**	305	**307**	309	**311**	**313**	313	**317**	319	321	323	325	327	329	**331**	333	335	**337**	339	341	343	345	**347**	**349**	351	**353**	355	357	**359**
361	**363**	365	**367**	369	371	**373**	375	377	**379**	381	**383**	395	387	**389**	391	393	395	**397**	399	**401**	403	405	407	**409**	411	413	415	417	**419**
421	423	425	427	429	**431**	**433**	435	437	**439**	441	**443**	445	447	**449**	451	453	455	**457**	459	**461**	**463**	465	**467**	469	471	473	475	477	**479**
481	483	485	**487**	489	**491**	493	495	497	**499**	501	**503**	505	507	**509**	511	513	515	517	519	**521**	**523**	525	527	529	531	533	535	537	539
541	543	545	**547**	549	551	553	555	**557**	559	561	**563**	565	567	**569**	**571**	573	575	**577**	579	581	583	585	**587**	589	591	**593**	595	597	**599**
601	603	605	**607**	609	611	**613**	615	**617**	**619**	621	623	625	627	629	**631**	633	635	637	639	**641**	**643**	645	**647**	649	651	**653**	655	657	**659**
661	663	665	667	669	671	**673**	675	**677**	679	681	**683**	685	687	689	**691**	693	695	697	699	**701**	703	705	707	**709**	711	713	715	717	**719**
721	723	725	**727**	729	731	**733**	735	737	**739**	741	**743**	745	747	749	**751**	753	755	**757**	759	**761**	763	765	767	**769**	771	**773**	775	777	779
781	783	785	**787**	789	791	793	795	**797**	799	801	803	805	807	**809**	**811**	813	815	817	819	**821**	**823**	825	**827**	**829**	831	833	835	837	**839**
841	843	845	847	849	851	**853**	855	**857**	**859**	861	**863**	865	867	869	871	873	875	**877**	879	**881**	**883**	885	**887**	889	891	893	895	897	899
901	903	905	**907**	909	**911**	913	915	917	**919**	921	923	925	927	**929**	931	933	935	**937**	939	**941**	943	945	**947**	949	951	**953**	955	957	959
961	963	965	**967**	969	**971**	973	975	**977**	979	981	**983**	985	987	989	**991**	993	995	**997**	999										

图 15.3

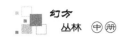

图15.3行宽“30”项，已直观地显示出符合3阶或4阶等入幻条件的素数配置方案。若制作不同行宽的“乌兰”素数表，素数分布的位置关系会发生变化，可为检索各阶入幻素数提供更多的配置方案。现以图15.3为例检索几个入幻素数配置方案。

第一例：3 阶素数幻方（图 15.4）

在“乌兰”素数表上检索入幻配置方案，只需考虑素数之间在行、列或对角线上的等距、平行关系，即由等差数学结构转化为正方形、长方形、平行四边形或菱形几何图形，检索具有直观性与灵活性。

11	71	131
29	89	149
47	107	167

配置方案 →

71	167	29
47	89	131
149	11	107

$S=267$

31	37	43
151	157	163
271	277	283

配置方案 →

151	283	37
43	157	271
277	31	163

$S=471$

11	71	131
197	257	317
383	443	503

配置方案 →

197	503	71
131	257	383
443	11	317

$S=771$

7	13	19
367	373	379
727	733	739

配置方案 →

367	739	13
19	373	727
733	7	379

$S=1119$

图 15.4

第二例：4 阶素数完全幻方（图 15.5）

11	71	131	191
137	197	257	317
151	211	271	331
277	337	397	457

配置方案

277	331	257	71
317	11	337	271
211	397	191	137
131	197	151	457

$S=936$

47	107	167	227
53	113	173	233
383	443	503	563
389	449	509	569

配置方案

389	563	173	107
233	47	449	503
443	509	227	53
167	113	383	569

$S=1232$

11	71	131	191
47	107	167	227
137	197	257	317
173	233	293	353

配置方案

173	317	167	71
227	11	233	257
197	293	191	47
131	107	137	353

$S=728$

43	103	163	223
53	113	173	233
631	691	751	811
641	701	761	821

配置方案

641	811	173	103
233	43	701	751
691	761	223	53
167	113	631	821

$S=1728$

图 15.5

素数在自然数中不规则“散乱”分布，而素数入幻是要把桀骜不驯的素数，关进有铁的组织纪律的幻方“笼子”里去，关键技术就在于：①参照经典幻方游戏规则与组合原理，弄清素数入幻的基本条件与特殊要求等；②设计、研制不同阶素数入幻的适用模型及其方法；③以“素数方阵”或一定数域的“素数表”为检索工具，根据素数入幻必须具备的结构关系，大量筛选入幻素数配置方案。

素数幻方撷英

素数幻方游戏玩法独特，国内高手创作了许多富于创意、引人入胜的新品与精品，我采集了朋友们的少部分杰作，主要反映素数幻方的多样性设计思路及其构图技巧。

一、幻和最小素数幻方

①张道鑫、张联兴：幻和最小的 3 阶素数幻方，如图 15.6（1）所示。

②苏茂挺：幻和最小的 4 阶素数幻方，如图 15.6（2）所示。

③张道鑫、李抗强：两个不同配置方案的幻和最小 4 阶最优化素数幻方，如图 15.6（3）与图 15.6（4）所示。

由于入幻条件不同，在一般情况下，4 阶非优化素数幻方与 4 阶最优化素数幻方，两者的最小幻和不相等，后者大于前者，这是素数幻方领域中的独特趣味性。

47	113	17
29	59	89
101	5	71

（1）S_3=177

3	73	31	13
43	19	17	41
7	23	61	29
67	5	11	37

（2）S_4=120

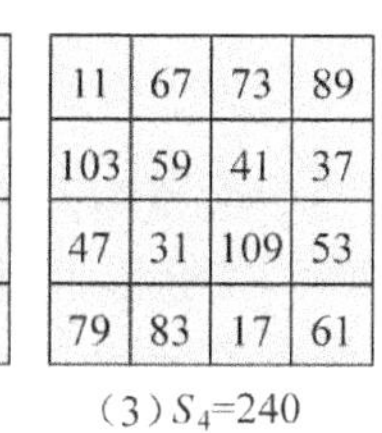

11	67	73	89
103	59	41	37
47	31	109	53
79	83	17	61

（3）S_4=240

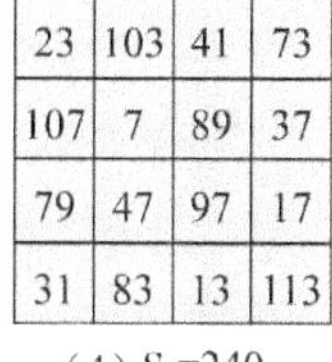

23	103	41	73
107	7	89	37
79	47	97	17
31	83	13	113

（4）S_4=240

图 15.6

二、孪生素数幻方对

图 15.7（1）是 4 阶孪生素数幻方（P），其对子（$P+2$）略示，摘于张道鑫许多孪生素数幻方作品中的一幅。孪生素数幻方对是素数幻方领域的一个重要新品种，以成对素数（P，$P+2$）各居一方而构造的双胞胎幻方，令人喜欢。由于增加了入幻必须为孪生素数的特定约束条件，选数范围缩小，所以入选不那么容易了。

4157	7307	17387	28547
17657	28277	4337	7127
28097	17027	7757	4517
7487	4787	27917	17207

（1）S_4=57398

6701	4799	29	3329	6089
2339	6869	1301	9629	809
4229	5639	3119	5879	2081
6659	1091	5009	239	7949
1019	2549	11489	1871	4019

（2）S_5=20947

197	71	599	41
179	191	17	521
101	419	281	107
431	227	11	239

（3）S_4=908

图 15.7

图 15.7（2）是 5 阶最优化孪生素数幻方（P），其对子（$P+2$）略示，这也是张道鑫的力作，选数难度相当大，乃不可多得之精品。

图 15.7（3）是幻和最小的 4 阶孪生素数幻方，对子（$P+2$）略示，摘于苏茂挺设计的不同附加条件下许多幻和最小孪生素数幻方作品中的一幅。在素数幻

方游戏领域中，由于可“自由”选数，因而追求幻和最小素数幻方是一个竞技项目，尤其孪生素数幻方，最小幻和记录可能会被刷新。

孪生素数合体幻方也是一种新的构图思路，不是由（P）构造一幅图，由（$P+2$）构造另一幅图，而是孪生素数对“（P），（$P+2$）”以共处同一个幻方的形式出现的孪生素数幻方。现摘录蔡宜文的一幅12阶孪生素数幻方（图15.8）。

1021	1427	239	2131	101	2591	1049	1303	1033	1319	2237	199
1429	1019	2129	241	2593	101	1301	1051	1321	1031	197	2239
29	2731	1093	1277	269	2113	193	2267	1667	661	1063	1289
2729	31	1279	1091	2111	271	2269	191	659	1669	1291	1061
643	1697	179	2311	1153	1229	461	1879	349	1997	41	2713
1699	641	2309	181	1231	1151	1877	463	1999	347	2711	43
1481	859	421	1949	149	2341	73	2657	569	1787	433	1931
857	1483	1951	419	2339	151	2659	71	1787	571	1933	431
313	2081	2549	109	883	1451	809	1621	2383	137	827	1489
2083	311	107	2551	1453	881	1619	811	139	2381	1487	829
227	2143	523	1871	281	2089	619	1721	59	2689	1609	821
2141	229	1873	521	2087	283	1723	617	2687	61	823	1607

图 15.8

这幅12阶孪生素数幻方（幻和“14652”）由36个2阶子单元合成，每个子单元对角都为一对孪生素数，结构有序、别致，逻辑严整划一，不失为一篇佳作。合体幻方的优点：一是给不能入幻的孪生素数对以入幻机会；二是便于提高孪生素数幻方的阶次；三是孪生素数合体幻方也是孪生素数入幻的一种形式。当然，“孪生素数幻方对”乃是孪生素数幻方设计之本义。

三、素数幻方串

（一）素数幻方对

什么是素数幻方对？即一幅素数幻方（P），加上一个大于2的偶数k，变为另一幅素数幻方，而两图结成一对素数幻方，这是孪生素数幻方的一种推广形式。k是一个变数，因此为素数幻方新的“成双结对”形式打开了大门。张联兴特意制作了$k=8$、$k=88$、$k=888$、$k=8888$等素数幻方对，可谓独具匠心，在此摘录他的$k=88888$大跨度的3阶素数幻方对（张先生称之为同步幻方），如图15.9所示；其中图15.9（1）幻和“37839”，图15.9（2）幻和“304503”。

8623	22543	006673
10663	12613	14563
18553	2683	16603

（1）

+ 88888 =

97511	111431	95561
99551	101501	103451
107441	91571	105491

（2）

图 15.9

（二）素数幻方三株莲

什么是素数幻方三株莲？“三株莲”是张道鑫命名的一个很美的名字，指一幅素数幻方（P_0），加上一个偶数即（P_0+k_1），则得另一幅素数幻方（P_1）；再加上一个偶数即（P_1+k_2），又得一幅素数幻方（P_2），如此三图就是并蒂三株莲素数幻方。在此摘录了张道鑫$k=2310$的4阶素数幻方三株莲（图15.10）。

193	457	659	4483
1709	3433	283	367
3343	479	1597	373
547	1423	3253	569

P_0 S_0 =5792

+ 2310 =

2503	2767	2969	6793
4019	5743	2593	2677
5653	2789	3907	2683
2857	3733	5563	2879

P_1 S_1 =15032

+ 2310 =

4813	5077	5279	9103
6329	8053	4903	4987
7963	5099	6217	4993
5167	6043	7873	5189

P_2 S_2=24272

图 15.10

在张道鑫的素数幻方三株莲作品中，P_0，$P_1 = P_0 + k_1$，$P_2 = P_1 + k_2$ 三图的连接数“k”分为两种情况：一种是 $k_1 = k_2$；另一种是 $k_1 \neq k_2$，比较灵活，本例为前一种三株莲。

（三）素数幻方长串

当 4 幅（含）以上素数幻方由常数 k 连接时，张道鑫称之为素数幻方串，他做出了长达 9 个一联的 3 阶素数幻方串，真是难以置信的奇迹，我觉得这类似扑克牌里的“接龙”游戏。

1801	8191	2341
4651	4111	3571
5881	31	6421

图 15.11

图 15.11 是这串 3 阶素数幻方的“龙头”P（幻和 12333）。当 k = 100、152、184、554、1866、3766、7938、1400 时，“$P + k$”将产生另 8 幅 3 阶素数幻方（略示），它们的幻和依次为：12633，13089，13641，15303，20901，32199，56013，60213。如此素数幻方九连环游戏，似乎还可玩下去，比一比谁的素数幻方串更长，竞赛一定很精彩有趣。

四、掐头去尾素数幻方

素数幻方掐头去尾，这又是张道鑫的一项绝活：有的是“去头素数幻方”，即幻方中每个素数抹去它的最高位数，变为另一幅素数幻方；有的是“掉尾素数幻方”，即幻方中每个素数抹去它的个位数，也变为另一幅素数幻方；有的是一幅素数幻方“掐头去尾”，即把头尾数都砍掉，留下的还是一幅素数幻方。这一项游戏以奇特的方式把数理上毫不相干的两幅素数幻方联系了起来。

“掐头去尾”素数幻方选自张道鑫作品，为了便于分析，我标示出了两个幻方之间的“掐头去尾”部分，由图 15.12 可知“掐头去尾”有以下两种情况。

一种是幻方中各素数被掐去的头尾数完全相同。如图 15.12 所示，“掐头去尾”部分为“2007”，实际上就是“$P-k$”形式的素数幻方关系。它与“$P + k$”形式的素数幻方有异曲同工之妙。

25997	27617	26177
26777	26597	26417
27017	25577	27197

−

20007	20007	20007
20007	20007	20007
20007	20007	20007

=

599	761	617
677	659	641
701	557	719

图 15.12

另一种情况是幻方中各素数被掐去的头尾数不相同。如图 15.13 所示，这是比较复杂的“掐头去尾”关系，构图并不容易。

10111	14197	26777	28631
27197	28211	10711	13597
27611	25577	15217	11311
14797	11731	27011	26177

−

10001	10007	20007	20001
20007	20001	10001	10007
20001	20007	10007	10001
10007	10001	20001	20007

=

11	419	677	863
719	821	71	359
761	557	521	131
479	173	701	617

图 15.13

五、回环素数幻方

据资料，小阿兰·约翰逊制作了一幅 7 阶“回环”素数幻方，开创了素数幻方复杂结构的先例（图 15.14），摘于英国 Lan Stewart 著《数学万花筒》（张云译，人民邮电出版社，2012.3）。其结构特点：① 7 阶幻和“13853”；②居间 5 阶幻方成立，子幻和“9895”；③中央 3 阶幻方成立，子幻和“5937”。一环套一环，3 个层次的素数幻方成立，非常了得。我国幻方爱好者也有不少回环素数幻方问世，乃是素数幻方精品。

2777	1409	2339	1481	1061	2699	2087
2531	1889	2237	2459	1229	2081	1427
1367	2357	2399	1511	2027	1601	2591
2909	1031	1607	1979	2351	2927	1049
1301	2741	1931	2447	1559	1217	2657
1097	1877	1721	1499	2729	2069	2861
1871	2549	1619	2477	2897	1259	1181

图 15.14

六、“3 阶素数幻方”群

日本著名数学家铃木松美（Mutsumi Suzuki）制作了 12 个 3 阶素数幻方（图 15.15），其独特之处在于：这 12 个 3 阶素数幻方的幻和全等于“2049”，而且中位数都是相同的“683”，由此结成了一个蔚为壮观的同心、等和“3 阶素数幻方”群。这又是素数幻方领域中颇有创意与特色的一个智力游戏项目。

353	1307	389
719	683	647
977	99	1013

383	1019	647
947	683	419
719	347	983

179	1361	509
1013	683	353
857	5	1187

263	1229	557
977	683	389
809	137	1103

353	1217	479
809	683	557
887	149	1013

383	1109	557
857	683	509
809	257	983

179	1277	593
1079	683	269
773	89	1187

263	1193	593
1013	683	353
773	173	1103

353	1049	647
977	683	389
719	317	1013

383	1319	347
647	683	719
1019	47	983

173	1283	593
1103	683	263
773	83	1193

479	977	593
797	683	569
773	389	887

图 15.15

七、中国“T”字幻方

亨利·E. 杜德尼在《1/1000000 的人才会做的数学游戏》一书中，讲述了一件往年轶事。他说，毕采普先生是一位旅行家，在开始东方旅行之前，他为自己爱好、熟悉幻方而自傲。但中国之行，他发觉自己不过是一知半解罢了，被睿智的中国人轻松地击败了。究竟怎么回事呢？杜德尼继续说，一位学识渊博的清朝官吏，向这位旅行家提出了一个幻方问题：说普通幻方太简单了，要求以“1～25”中的9个素数，在5阶幻方的特定位置填成一个字母“T”（注：此处译文有误，“2，3，5，7，11，13，17，19，23”9个素数，乃为现代的说法，当初填入5阶“T”字幻方的是“1，3，5，7，11，13，17，19，23”）。然而，这位旅行家听了目瞪口呆，毫无办法。

这个“煞有介事”的故事，确实引起了我的特别关注。作者介绍的这幅中国“T”字幻方（图15.16左），当然不是素数幻方，而是在一幅普通5阶幻方内部，组装了由9个素数构造的一个“T”字造型，这也是“素数”入幻的一种玩法。

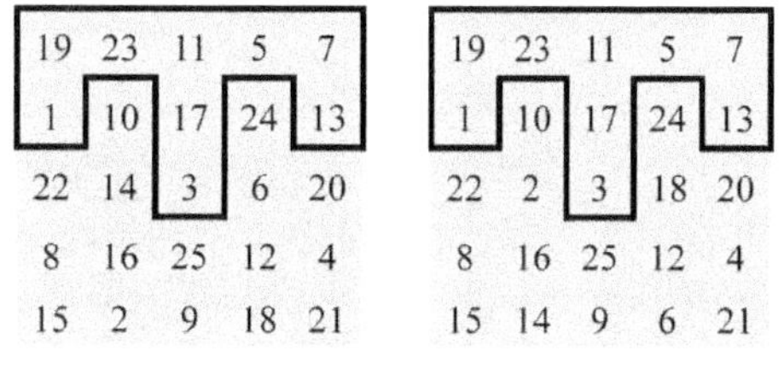

19	23	11	5	7
1	10	17	24	13
22	14	3	6	20
8	16	25	12	4
15	2	9	18	21

19	23	11	5	7
1	10	17	24	13
22	2	3	18	20
8	16	25	12	4
15	14	9	6	21

图15.16

5阶“T”字幻方是独一无二的吗？否。我发现了另一个，调动了两对等和数组（图15.16右）。

译文有误，照误不误。按现代素数的说法，“1”不是素数，“2”是素数，那么以“2”替代“1”的位置，能否做出一个现代版的5阶“T”字幻方呢？久经调试，未果。敬请各路幻方高人一试身手。

我玩过素数入幻类似的这种玩法（指素数单元作为经典幻方的一个有机构件而入幻），主要解决独一无二的偶素数“2”，如何与它的众兄弟们一道入幻的问题？我曾有一个设计方案：即100以内25个素数以“5阶螺旋方阵”形式嵌入一个10阶幻方的适当位置，取得了成功。

素数等差数列幻方

一、素数等差数列简介

长度达到k^2项的素数等差数列，可由整条素数等差数列构造k阶素数幻方（$k \geqslant 3$），它们可称之为素数等差数列幻方。素数等差数列入幻的模式、构图方法等类同于经典幻方，因而根据已知素数等差数列构造素数幻方，已成为素数幻方游戏的重要内容之一。据资料，迄今数学家们已发现了22列符合入幻长度要求的素数等差数列，现收录如表15.2所示。

表 15.2 素数等差数列

A_n=199+210n　0≤n≤9	A_n=3823+2310n　0≤n≤8	A_n=11+1536160080n　0≤n≤10
A_n=3499+210n　0≤n≤8	A_n=19141+2520n　0≤n≤8	A_n=2236133941+223092870n　0≤n≤15
A_n=10859+210n　0≤n≤8	A_n=23509+2520n　0≤n≤8	A_n=8297644387+4180566390n　0≤n≤18
A_n=6043+840n　0≤n≤8	A_n=4721+2730n　0≤n≤8	A_n=13+9918821194590n　0≤n≤12
A_n=10861+840n　0≤n≤8	A_n=11927+2940n　0≤n≤8	A_n=214861583621+1943×9699690n　0≤n≤19
A_n=2063+1260n　0≤n≤8	A_n=433+3150n　0≤n≤8	A_n=56211383760397+44546738095860n　0≤n≤22
A_n=31333+1680n　0≤n≤8	A_n=1699+3990n　0≤n≤8	
A_n=15607+1890n　0≤n≤8	A_n=23143+30030n　0≤n≤11	

由表 15.2 可知：长度在 9 ～ 13 项内有 18 列（其中等公差的有 3 个组别），它们刚好或可截取其 9 个数而构造 3 阶素数幻方；而长度在 16 项以上的有 4 组，它们刚好或可截取其 16 个数而构造 4 阶素数幻方。因此，素数等差数列幻方只存在 3 阶、4 阶两个阶次的解。它们具有如下特点：3 阶、4 阶的幻和都是变数，但就某一个幻和而言，3 阶或 4 阶素数等差数列幻方的全部解，其数量与同阶经典幻方相等。素数等差数列入幻，一般的不举例了，本文只介绍几种特别玩法。

二、“可拆”3 阶素数等差数列幻方

1039	2089	0619
0829	1249	1669
1879	0409	1459

S_1=3747

13669	33619	05689
09679	17659	25639
29629	01699	21649

S_2=52977

图 15.17

我发现其中有两列“可拆”素数等差数列：如图 15.17 左所示，其前、后各两位数码拆开，得“04，06，08，10，12，14，16，18，20”与“09，19，29，39，49，59，69，79，89”，可读作 2 幅幻方，我称之为“拆二”3 阶素数幻方。

又如图 15.17 右所示，各素数可拆成“016，056，096，136，176，216，256，296，336”与“19，29，39，49，59，69，79，89，99”；亦可拆成“01，05，09，13，17，21，25，29，33”与“619，629，639，649，659，669，679，689，699”。因此可读作 4 幅幻方，我称之为“拆四”3 阶素数幻方。

三、4 阶素数等差数列完全幻方

表 15.2 已知有素数等差数列长度达 16 项的有一列、超过 16 项的有 3 列，各可截取其 16 个素数独立地构造 4 阶素数幻方，其构图方法及构图数量与经典 4 阶完全幻方相同，现出示各一幅 4 阶素数等差数列完全幻方（图 15.18）。

5136341251	4467062641	3797784031	2236133941
3574691161	2459226811	4913248381	4690155511
4020876901	5582526991	2682319681	3351598291
2905412551	3128505421	4243969771	5359434121

S=15637321864

62645007457	50103308287	37561609117	8297644387
33381042727	12478210777	5846441067	54283874677
41742175507	71006140237	16658777167	29200476337
20839343557	25019909947	45922741897	66825573847

S=158607569248

459866053331	403326560321	346787067311	214861583621
327940569641	233708081291	441019555661	422173057991
365633564981	497559048671	252554578961	309094071971
271401076631	290247574301	384480062651	478712551001

S=1424841264584

659865717102437	793505931390017	927146145677597	348038550431417
882599407581737	392585288527277	615318979006577	838052669485877
437132026623137	1016239621869317	704412455198297	570772240910717
748959193294157	526225502814857	481678764718997	871692883773457

S=2733556344701468

图 15.18

图 15.18 左上是幻和最小的 4 阶素数等差数列完全幻方，由长度达 16 项的最小素数等差数列“2236133941 + 223092870n”构造。图 15.18 右下是幻和最大的 4 阶素数等差数列完全幻方，由长度达 23 项的目前最长、最大素数等差数列“56211383760397 + 44546738095860n”截取其后 16 项素数构造。

四、素数等差数列“二合一”4 阶完全幻方

同步素数等差数列之间等公差：如 199 + 210n（$0 \leqslant n \leqslant 9$）、3499 + 210$n$（$0 \leqslant n \leqslant 8$）、10859 + 210$n$（$0 \leqslant n \leqslant 8$）；又如 6043 + 840$n$（$0 \leqslant n \leqslant 8$）、10861 + 840$n$（$0 \leqslant n \leqslant 8$）；再如 19141 + 2520$n$（$0 \leqslant n \leqslant 8$）、23509 + 2520$n$（$0 \leqslant n \leqslant 8$）。若从任意两列同步素数等差数列各截取其 8 个素数，按序代入任意一幅已知交叉中心对称 4 阶完全幻方模本，即得素数等差数列“二合一”4 阶完全幻方，构图举例如下（图 15.19）。

1249	4759	3709	619
4129	199	1669	4339
1459	4549	3919	409
3499	829	1039	4969

S=10336

1249	12119	11069	619
11489	199	1669	11699
1459	11909	11279	409
10859	829	1039	12329

S=25056

10243	65901	61701	7723
63381	6043	11923	64221
11083	65061	62541	6883
10861	8563	9403	66741

S=145568

31741	38629	26029	24181
31069	19141	36781	33589
34261	36109	28549	21661
23509	26701	29221	41149

S=120580

图 15.19

五、素数等差数列“四合一”4 阶完全幻方

在 1 ～ 100000 自然数域内，我以公差“30”检索出长度为 4 项的素数等差数列有 166 列（算上长度为 5、6 项的素数等差数列计 217 列），它们可构造素数等差数列“四合一”4 阶完全幻方。其构图方法的特殊性在于：它不能任意取 4 列构图，而必须以两两“等高”为入幻条件筛选组配方案，然后按序代入任意一幅已知交叉中心对称 4 阶完全幻方模本，即得。符合这一入幻条件的组配方案比较多，现出示 12 幅例图（图 15.20）。

35251	35111	4651	4391
4621	4421	35221	35141
35051	35311	4451	4591
4481	4561	35081	35281

S=79404

94291	87181	51061	50231
51031	50261	94261	87211
87121	94351	50291	51001
50321	50971	87151	94321

S=282764

33023	32203	61643	60703
61613	60733	32993	32233
32143	33083	60763	61583
60793	61553	32173	33053

S=187572

97553	96293	88903	87523
88873	87553	97523	96323
96233	97613	87583	88843
87613	88813	96263	97583

S=370002

2297	1459	2069	1567
2039	1597	2267	1489
1627	2129	1399	2237
1429	2207	1657	2099

S=7392

14593	15383	5531	4561
5501	4591	14563	15413
14503	15473	5441	4651
5471	4621	14533	15443

S=40068

74383	74843	653	13
623	43	74353	74873
74293	74933	563	103
593	73	74323	74903

S=149892

1613	1663	241	11
211	41	1583	1693
1523	1753	151	101
181	71	1553	1723

S=3528

2707	11087	11467	2207
11437	2237	2677	11117
2267	11527	11027	2647
11057	2617	2297	11497

S=27468

30271	1667	2237	29581
2207	29611	30241	1697
29641	2297	1607	30211
1637	30181	29671	2267

S=63756

47639	48589	52081	50971
52051	51001	47609	48619
47569	48679	51991	51061
52021	51031	47599	48649

S=199300

3559	3989	887	277
857	307	3529	4019
3469	4079	797	367
827	337	3499	4049

S=8712

42463	6867	6637	41953
6607	41983	42433	6997
42373	7057	6547	42043
6577	42013	42403	7027

S=98020

13093	277	257	12893
227	12923	13063	307
13003	367	167	12983
197	12953	13033	337

S=26520

31181	797	647	30851
617	30881	31151	827
31091	887	557	30941
587	30911	31121	857

S=63476

14479	74293	73613	13619
73583	13649	14449	74323
14389	74383	73523	13709
73553	13679	14419	74353

S=176004

图 15.20

六、素数等差数列“五合一”5 阶完全幻方

在 1 ～ 100000 自然数域内，我以公差“30”检索素数等差数列，结果如下：长度 5 项的有 42 列；长度 6 项的有 10 列。任意取其中的 5 列为组配方案（包括 6 项的素数等差数列，甩去其末项素数用之），若按序代入全中心对称 5 阶完

全幻方模本，那么一定能得到数量相当可观的素数等差数列“五合一”5 阶完全幻方，例子举不胜举。现依据素数“同尾”状态为序编排，出示其 12 幅样图（图 15.21）。

271	601	11	491	2251
401	2311	181	661	71
571	131	461	2221	241
2281	151	631	41	521
101	431	2341	211	541

S=3625

12101	26921	9431	24151	30881
24061	30941	12011	26981	9491
26891	9551	24121	30851	12071
30911	11981	26951	9461	24181
9521	24091	30971	12041	26861

S=103485

46471	623	35051	87041	1063
86951	1123	46381	683	35111
593	35171	87011	1033	46441
1093	46351	653	35081	87071
35141	86981	1153	46411	563

S=170249

61643	1723	6733	10133	14843
10163	14723	61673	1753	6763
1783	6793	10193	14753	61553
14783	61583	1663	6823	10223
6703	10253	14813	61613	1693

S=95075

99053	73583	74323	83813	87643
83843	87523	99083	73613	74353
73643	74383	83873	87553	98963
87583	98993	73523	74413	83903
74293	83933	87613	99023	73553

S=418415

7547	67	307	557	997
587	877	7577	97	337
127	367	617	907	7457
937	7487	7	397	647
277	677	967	7517	37

S=9475

12577	27397	10567	17137	27997
17047	28057	12487	27457	10627
27367	10687	17107	27967	12547
28027	12457	27427	10597	17167
10657	17077	28087	12517	27337

S=95675

43517	57427	35977	49757	65587
49667	65647	43427	57487	36037
57397	36097	49727	65557	43487
65617	43397	57457	36007	49787
36067	49697	65677	43457	57367

S=252265

77647	98867	72277	84407	389
84317	449	77557	98927	72337
98837	72397	84377	359	77617
419	77527	98897	72307	84437
72367	84347	479	77587	98807

S=333587

33029	46619	2879	38699	56179
38609	56239	32939	46679	2939
46589	2999	38669	56149	32999
56209	32909	46649	2909	38729
2969	38639	56269	32969	46559

S=177405

397	71	7	181	449
151	389	367	131	67
101	127	211	359	307
419	277	41	97	271
37	241	479	337	11

S=1105

87071	98867	84347	87613	98993
87523	99053	86981	98927	84407
98837	84467	87583	98963	87041
99023	86951	98897	84377	87643
84437	87553	99083	87011	98807

S=456891

图 15.21

七、素数等差数列“七合一”7 阶完全幻方

在 1 ～ 100000 自然数域内，长度 7 项的等公差素数等差数列数量比较少，我采用公差“210”的 7 列为一个组配方案，按序一套离散分布全中心对称 7 阶完全幻方模本（注：一套有 6×6 个特定异构模本，见之于最优化 7 阶“杨辉原幻方”），现出示其 6 幅素数等差数列“七合一”7 阶完全幻方（图 15.22）。

3919	1439	2083	47	1721	10739	1249
11159	199	4339	389	2503	467	2141
887	1091	11579	619	4759	809	1453
1229	1873	1307	1511	10529	1039	3709
1459	4129	179	2293	257	1931	10949
881	11369	409	4549	599	2713	677
1663	1097	1301	11789	829	3499	1019

S=21197

409	881	2713	4549	11369	677	599
11579	887	809	619	1091	1453	4759
1301	1663	3499	11789	1097	1019	829
1307	1229	1039	1511	1873	3709	10529
2083	3919	10739	47	1439	1249	1721
179	1459	1931	2293	4129	10949	257
4339	11159	467	389	199	2141	2503

S=21197

1439	1721	3919	47	1249	2083	10739
199	2503	11159	389	2141	4339	467
1091	4759	887	619	1453	11579	809
1873	10529	1229	1511	3709	1307	1039
4129	257	1459	2293	10949	179	1931
11369	599	881	4549	677	409	2713
1097	829	1663	11789	1019	1301	3499

S=21197

257	10949	4129	2293	1931	1459	179
829	1019	1097	11789	3499	1663	1301
2503	2141	199	389	467	11159	4339
10529	3709	1873	1511	1039	1229	1307
599	677	11369	4549	2713	881	409
1721	1249	1439	47	10739	3919	2083
4759	1453	1091	619	809	887	11579

S=21197

887	1091	11579	619	4759	809	1453
3919	1439	2083	47	1721	10739	1249
881	11369	409	4549	599	2713	677
1229	1873	1307	1511	10529	1039	3709
11159	199	4339	389	2503	467	2141
1663	1097	1301	11789	829	3499	1019
1459	4129	179	2293	257	1931	10949

S=21197

199	2503	11159	389	2141	4339	467
4129	257	1459	2293	10949	179	1931
1439	1721	3919	47	1249	2083	10739
1873	10529	1229	1511	3709	1307	1039
1097	829	1663	11789	1019	1301	3499
1091	4759	887	619	1453	11579	809
11369	599	881	4549	677	409	2713

S=21197

图 15.22

孪生素数完全幻方对

什么是孪生素数？即两个素数之差等于偶素数“2”的成对素数。所谓孪生素数幻方对，就是由 k^2 对孪生素数制作的一对素数幻方，我喻之为“1–1 = 2”幻方问题（与 $p+2$ 同义）。国内素数幻方专家张道鑫，在创作孪生素数幻方对方面取得了可喜的成果。孪生关系是素数领域中普遍存在的一种数学关系，幻方爱好者们从素数表中可以检索出大量的孪生素数对，但要从中筛选出符合最优化入幻条件的组配方案非常稀缺。孪生素数完全幻方对，要求其每对应位的两个素数之差都等于偶素数“2”，这是偶数“2”以素数身份在素数幻方领域担任角色的唯一机会，它表示两个素数幻方之间的一种特定数学关系。

一、孪生素数 5 阶完全幻方

参照张道鑫提供的孪生素数检索相关资料，我以一套新的最优化入幻模式，展示两个配置方案构造的两组异构孪生素数 5 阶完全幻方对（图 15.23）。

31	6661	9631	2551	2083
7951	1303	1021	5881	4801
6871	4021	3121	6703	241
1873	5641	6091	5011	2341
4231	3331	1093	811	11491

$S_x = 20957$

29	6659	9629	2549	2081
7949	1301	1019	5879	4799
6869	4019	3119	6701	239
1871	5639	6089	5009	2339
4229	3329	1091	809	11489

$S_y = 20947$

6871	811	1303	2341	9631
2551	4021	11491	1021	1873
5641	2083	3121	4231	5881
4801	6091	31	6703	3331
1093	7951	5011	6661	241

$S_x = 20957$

6869	809	1301	2339	9629
2549	4019	11489	1019	1871
5639	2081	3119	4229	5879
4799	6089	29	6701	3329
1091	7949	5009	6659	239

$S_y = 20947$

22369	601	26701	11491	283
10711	883	21559	1231	27061
421	27691	11071	103	22159
463	21379	1021	26881	11701
27481	10891	1093	21739	241

$S_x = 61445$

22367	599	26699	11489	281
10709	881	21557	1229	27059
419	27689	11069	101	22157
461	21377	1019	26879	11699
27479	10889	1091	21737	239

$S_y = 61435$

421	21739	883	11701	26701
11491	27691	241	21559	463
21379	283	11071	27481	1231
27061	1021	22369	103	10891
1093	10711	26881	561	22159

$S_x = 61445$

419	21737	881	11699	26699
11489	27689	239	21557	461
21377	281	11069	27479	1229
27059	1019	22367	101	10889
1091	10709	26879	559	22157

$S_y = 61435$

图 15.23

二、广义孪生素数 5 阶完全幻方

所谓广义孪生素数完全幻方对，是指两个素数幻方的对应位各数之差全等于偶数 k 的一种成对关系（$k \neq 2$），我表之以“$1\text{-}1 = k$”（与 $p + k$ 同义）。广义孪生素数完全幻方对，是孪生素数完全幻方对的扩展形式。参照张道鑫提供的一组广义孪生素数对配置方案，我以新的一套最优化入幻模式，展示其五对广义孪生素数 5 阶完全幻方，其 $k = 340$（图 15.24）。

7121	773	677	2003	5519
2213	4679	7331	983	887
1193	1097	2423	4889	6491
5099	6701	353	1307	2633
467	2843	5309	6911	563

$S_x=16093$

6781	433	337	1663	5179
1873	4339	6991	643	547
853	757	2083	4549	6151
4759	6361	13	967	2293
127	2503	4969	6571	223

$S_y=14393$

677	5099	983	2843	6491
2633	7331	467	4889	773
4679	563	2423	7121	1307
6911	1097	5519	353	2213
1193	2003	6701	887	5309

$S_x=16093$

337	4759	643	2503	6151
2293	6991	127	4549	433
4339	223	2083	6781	967
6571	757	5179	13	1873
853	1633	6361	547	4969

$S_y=14393$

983	6911	4889	2003	1307
2213	467	1193	7121	5099
7331	5309	2423	677	353
887	563	6491	5519	2633
4679	2843	1097	773	6701

$S_x=16093$

643	6571	4549	1633	967
1873	127	853	6781	4759
6991	4969	2083	337	13
547	223	6151	5179	2293
4339	2503	757	433	6361

$S_y=14393$

4889	887	7121	2843	353
2633	1193	4679	677	6911
467	6701	2423	983	5519
773	5309	1307	6491	2213
7331	2003	563	5099	1097

$S_x=16093$

4595	547	6781	2503	13
2293	853	4339	337	6571
127	6361	2083	643	5179
433	4969	967	6151	1873
6991	1633	223	4759	757

$S_y=14393$

图 15.24

孪生素数完全幻方备受人们的喜爱，做出了一个，加上偶素数“2”，即得另一个，可谓一举两得。但孪生素数入幻，比“自由”选数制作的一般素数幻方的难度要高，因为加入了“孪生”这个严格的约束条件。这就是说，孪生关系排除了大量素数的入幻机会，入幻资源变得相对稀缺，所以孪生素数完全幻方对乃素数幻方之精品。

“哥德巴赫”素数幻方对

什么是哥德巴赫素数幻方对？所谓“哥德巴赫素数”，是指表以某一个大偶数的两个素数。由 k^2 对“哥德巴赫素数”制作的两个成对素数幻方，我称之为哥德巴赫素数幻方对，可喻之为“1 + 1 = 2”幻方问题，其特定含义：一对哥德巴赫素数幻方，每对应位置上的两个素数之和全等于一个大偶数。这是根据哥德巴赫猜想设计的一道难度更高的素数幻方算题。1742 年德国数学家 Goldbach Hypothesis（1690—1764 年）在与好友数学家 Leonhard Euler（1707—1783 年）的通信中，提出了关于正整数和素数之间关系的两个推测：①不小于 6 的偶数（称之为大偶数）都是两个奇素数之和；②不小于 9 的奇数（称之为大奇数）都是 3 个奇素数之和，这就是著名的哥德巴赫猜想。然而，本文主要介绍表以某一特定个大偶数的素数幻方对。

哥德巴赫素数幻方对构图的基本步序与方法：首先查找表以某一个大偶数的全部成对素数；其次按一定阶次的入幻条件筛选出 n^2 对素数的组配方案；然后将每对入选素数一分为二，其中 n^2 个素数为 x 组，另外 n^2 个素数为 y 组，两组按互补入幻模型编制成一对 n 阶素数幻方。

一、表以大偶数 100000 的 4 阶素数幻方对

在 1 ～ 100000 自然数范围内，据查阅资料，表示大偶数整 100000 的共有 800 对素数，经过艰难的海选工作，我终于发现了可构造 4 阶素数幻方的极少数对子，现出示其 3 对 4 阶“哥德巴赫素数”幻方（图 15.25）。

55619	85259	86381	98807
86171	99017	55829	85049
98837	85991	85229	56009
85439	55799	98627	86201

S_x =326066

63617	95747	66107	80051
80021	66137	95717	63647
96167	64037	79631	65687
65717	79601	64067	96137

S_x =305522

94121	97787	87959	99191
88169	98981	94331	97577
99611	88379	97367	93701
97157	93911	99401	88589

S_x =379058

44381	14741	13619	1193
13829	983	44717	14951
01163	14009	14771	43993
14561	44201	1373	13779

S_y =73934

36383	4253	33893	19949
19979	33863	4283	36353
3833	35963	20369	34313
34283	20399	35933	03863

S_y =94478

5879	2213	12041	809
11831	1019	5669	2423
389	11621	2633	6299
2483	6089	599	11411

S_y =20942

图 15.25

本例 3 对 4 阶“哥德巴赫素数”幻方，每一对（上下两幅为一对）对应位置上两个素数之和都等于“100000”。左边一对幻和 $S_x = 326066$，$S_y = 73934$；中间的一对幻和 $S_x = 305522$，$S_y = 94478$；右边一对幻和 $S_x = 379058$，$S_y = 20942$。各对素数幻方的两个幻和互为消长，而每对幻和之和：$S_x + S_y = 400000$。

二、表以大偶数 90000 的 4 阶素数幻方对

在 1 ～ 100000 自然数范围内，据查阅资料：表示大偶数整 90000 的共有 1454 对素数，经过艰难的海选工作，我终于发现了可构造 4 阶素数幻方的极少数对子，现出示 3 对 4 阶“哥德巴赫素数”幻方（图 15.26）。

88813	72461	59447	58392
60637	57203	87623	73651
57503	60937	73352	87323
72161	88513	58603	59747

S_x =279114

85661	69191	82471	79111
79411	82171	69491	85361
67231	83701	81071	84431
84131	81371	83401	67531

S_x =316434

89413	81163	55829	50159
55529	50459	98113	81463
52189	57859	79133	87383
79433	87083	52489	57559

S_x =276564

1187	17539	30553	31607
29363	32747	2377	16349
32497	29063	16649	2677
17839	1487	31307	30253

S_y =80886

4339	20809	5729	10889
10589	7829	20509	4639
22769	6299	8929	5569
5869	8629	6599	22469

S_y =43566

587	8837	34171	39841
34471	39541	887	8537
37811	32141	10867	2617
10567	2917	37511	32441

S_y =83436

图 15.26

本例 3 对 4 阶哥德巴赫素数幻方对，每一对（上下两幅为一对）对应位置上两个素数之和都等于“90000”。左边的一对幻和 $S_x = 279114$，$S_y = 80886$；中间的一对幻和 $S_x = 316434$，$S_y = 43566$；右边一对幻和 $S_x = 276564$，$S_y = 83436$。各对素数幻方的两个幻和互为消长，每对幻和之和：$S_x + S_y = 360000$。

三、表以大偶数 5000 的 4 阶素数幻方对

据查阅资料，表以整千位偶数的素数对子数量如下：1000 有 27 对，2000 有 38 对，3000 有 104 对，4000 有 87 对，5000 有 71 对，6000 有 173 对，7000 有 112 对，8000 有 102 对，9000 有 236 对。我在表以 5000 偶数的 71 对素数中，筛选出了一组具备入幻条件的配置方案，由此制作了一对 4 阶哥德巴赫幻方（图 15.27）。

本例表以整 5000 的 4 阶哥德巴赫幻方对（素数对 $x + y = 5000$，幻和对 $S_x + S_y = 20000$），乃是我所发现的比较小的一对 4 阶“哥德巴赫素数”幻方，再小的是否存在？这是一个谜。大体而言，表以一个大偶数的素数对数量越少，符合入幻

条件的配置方案其存在的可能性越小，因而哥德巴赫素数幻方对的尽可能小将成为一个追求目标。

2617	4651	3457	4723
4663	3517	4561	2707
4861	2857	4513	3217
3307	4423	2917	4801

S_x=15448

2383	349	1543	277
337	1483	439	2293
139	2143	487	1783
1693	577	2083	199

S_y=4552

图 15.27

哥德巴赫素数幻方对十分珍稀，表以一个大偶数的素数对资源有限，不一定都存在哥德巴赫素数幻方对的解。但哥德巴赫猜想“1＋1＝2”问题，乃是素数领域中普遍存在的一种数学关系，这又为哥德巴赫素数幻方对的搜索、构图提供了无限可能性。总之，哥德巴赫幻方对犹如大海捞针，乃是在丰富性与稀缺性矛盾中的一种艰难探寻，对幻方爱好者的智力与耐力有特别的挑战性。

“哥德巴赫”素数等差数列幻方对

两条等公差且含 9 个素数的等差数列，必定能制作表以某个大偶数的一对 3 阶哥德巴赫素数幻方。根据“素数等差数列幻方”一文中表 15.2“素数等差数列”所提供的资料，我发现其中有多条等公差的素数等差数列：如公差为“210”的有 3 条素数等差数列；又如公差为“840”“2520”的各有两条素数等差数列。同时，步长达到 18 项以上的有 3 条素数等差数列，它们各可“一分为二”变为等公差的两条素数等差数列。以上素数等差数列都能制作表以某个大偶数的 3 阶哥德巴赫素数幻方对，举例如下。

第一例：表以 5738 的 3 阶素数幻方对（图 15.28）

829	1879	409
619	1039	1459
1669	199	1249

S_x=3117

＋

4549	3499	4969
4759	4339	3919
3709	5179	4129

S_y=13017

＝

$x+y$

图 15.28

第二例：表以 12738 的 3 阶素数幻方对（图 15.29）

829	1879	409
619	1039	1459
1669	199	1249

S_x=3117

＋

11909	10859	12329
12119	11699	11279
11069	12539	11489

S_y=35097

＝

$x+y$

图 15.29

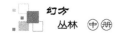

第三例：表以 16038 的 3 阶素数幻方对（图 15.30）

4129	5179	3709
3919	4339	4759
4969	3499	4549

S_x=13071

+

11909	10859	12329
12119	11699	11279
11069	12539	11489

S_y=35097

= 16038

$x+y$

图 15.30

第四例：表以 23624 的 3 阶素数幻方对（图 15.31）

8563	12763	6883
7723	9403	11083
11923	6043	10243

S_x=28209

+

15061	10861	16741
15901	14221	12541
11701	17581	13381

S_y=42663

= 23624

$x+y$

图 15.31

第五例：表以 62810 的 3 阶素数幻方对（图 15.32）

26701	39301	21661
24181	29221	34261
36781	19141	31741

S_x=87663

+

36109	23509	41149
38629	33589	28549
26029	43669	31069

S_y=100767

= 62810

$x+y$

图 15.32

第六例：表以 87664917404、96026050184 的 3 阶素数幻方对（图 15.33）

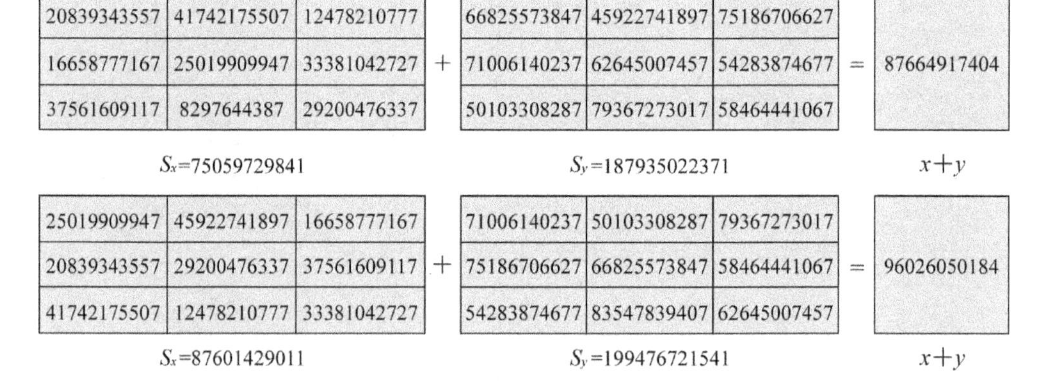

20839343557	41742175507	12478210777
16658777167	25019909947	33381042727
37561609117	8297644387	29200476337

S_x=75059729841

+

66825573847	45922741897	75186706627
71006140237	62645007457	54283874677
50103308287	79367273017	58464441067

S_y=187935022371

= 87664917404

$x+y$

25019909947	45922741897	16658777167
20839343557	29200476337	37561609117
41742175507	12478210777	33381042727

S_x=87601429011

+

71006140237	50103308287	79367273017
75186706627	66825573847	58464441067
54283874677	83547839407	62645007457

S_y=199476721541

= 96026050184

$x+y$

图 15.33

第七例：表以 825499618312、750113627632 的两个 3 阶素数幻方对（图 15.34）

总之，上述几例主要展示“1 + 1 = 2”3 阶哥德巴赫素数幻方对的巧妙的设计思路，而其构图方法比较简单，按“相反相成”法则模仿“洛书”即得。

365633564981	554098541681	290247574301		459866053331	271401076631	535252044011		
327940569641	403326560321	478712551001	+	497559048671	422173057991	346787067311	=	825499618312
516405546341	252554578961	441019555661		309094071971	572945039351	384480062651		

S_x=1209979680963　　S_y=1266519173973　　$x+y$

271401076631	365633564981	233708081291		478712551001	384480062651	516405546341		
252554578961	290247574301	327940569641	+	497559048671	459866053331	422173057991	=	750113627632
346787067311	214861583621	309094071971		403326560321	535252044011	441019555661		

S_x =870742722901　　S_y=1379598159993　　$x+y$

图 15.34

表以大偶数的“素数对合体幻方”

什么是哥德巴赫合体幻方？即由表以一个大偶数的素数对“x”与“y”共同构造的一幅素数幻方。这一设计方案的好处在于会增加本来难于入幻素数对的入幻机会，同时也为提高哥德巴赫幻方的阶次创造了条件。现以大偶数 100000 为例，入选其 72 对 144 个素数，制作一幅表以同一个大偶数的 12 阶哥德巴赫合体幻方（图 15.35）。

33023	48479	51551	66947	10061	48527	51503	89909	32579	44771	55259	67391
52391	66107	33863	47639	51593	89819	10151	48437	55829	66821	33149	44201
48449	33053	66977	51521	48497	10091	89939	51473	44741	32609	67421	55229
66137	52361	47609	33983	89849	51563	48407	10181	66851	55799	44171	33179
01163	42473	58757	97607	27617	45587	55313	71483	00743	41969	58271	99017
58787	97577	01193	42443	55343	71453	27647	45557	58391	98897	00863	41849
41243	02393	98837	57527	44687	28517	72383	54413	41729	00983	99257	58031
98807	57557	41213	02423	72353	54443	44657	28547	99137	58151	41609	01103
01427	03833	98507	96233	00419	13649	99401	86531	04673	16661	94427	84239
98519	96221	01339	03821	99431	86501	00449	13619	94727	83939	04973	16361
01493	03767	98573	96167	00599	13469	99581	86351	05573	15761	95327	83339
98561	96179	01481	03779	99551	86381	00569	13499	95027	83639	05273	16061

S_4=200000　　S_8 =400000　　S_{12} =600000

图 15.35

这幅 12 阶哥德巴赫合体幻方，由 9 个全等最优化 4 阶素数幻方合成，可做$\frac{1}{8}\times(9\times8)!$种变位。同时，每相邻 4 个 4 阶素数完全幻方又可组成一个 8 阶素数幻方，所以又内含 4 个 8 阶素数幻方。4 阶的泛幻和 $S_4=200000$，8 阶幻和 $S_8=400000$，12 阶幻和 $S_{12}=600000$。表示大偶数 100000 的每一对素数都处在“小九宫”对角位，如“33023 + 66977 = 100000”“48479 + 51521 = 100000”等。

哥德巴赫合体幻方的另一种形式：即用表以一组有序大偶数的素数对共同构造一幅素数幻方。现制作一幅表示 9 个大偶数的一幅 12 阶哥德巴赫合体幻方（图 15.36）。

00239	17123	23117	39521	00367	12899	89113	77621	02791	04441	15739	17029
23297	39341	00419	16943	89213	77521	00467	12799	16069	16699	03121	04111
16883	00479	39761	22877	00887	12379	89633	77101	04261	02971	17209	15559
39581	23057	16703	00659	89533	77201	00787	12479	16879	15889	03931	03301
01453	10529	19501	28517	06037	10867	39313	43783	11789	19889	57881	50441
19571	28447	01523	10459	39343	43753	06067	10837	58031	50291	11939	19739
10499	01483	28547	19471	10687	06217	43963	39133	12119	19559	58211	50111
28477	19541	10429	01553	43933	39163	10657	06247	58061	50261	11969	19709
01483	06133	77797	74587	01031	04409	05711	08849	02153	29483	30637	57727
78007	74377	01693	05923	05861	08699	01181	04529	30697	57667	02213	29423
02203	05413	78517	73867	04289	01151	08969	05591	29363	02273	57847	30517
78307	74077	01993	05623	08819	05741	04139	01301	57787	30577	29303	02333

$S_{12}=300000$

图 15.36

本例选取了表示“10000，20000，30000，40000，50000，60000，70000，80000，90000”9 个大偶数的各 8 对素数，分别填成幻和等差的 9 个最优化 4 阶素数幻方，它们的泛幻和依次为“20000，40000，60000，80000，100000，120000，140000，160000，180000”。然后按洛书模式合成一幅 12 阶哥德巴赫合体幻方，其幻和为“300000”。表示 9 个不同大偶数的 72 对 144 个素数无一重复，每一对素数都处在各自 4 阶单元内“小九宫”对角位，如表示大偶数 50000 的 8 对素数位于中宫 4 阶单元的“小九宫”的对角位等，有“06037 + 43963 = 50000”“06067 + 43933 = 50000”“39163 + 10837 = 50000”等。

哥德巴赫合体幻方的构图特点：表以大偶数的素数对“x”与“y”，不分立为两个素数幻方之间的关系，而是同处一方，每一对互补素数都安排在特定的对称位置，有条不紊，乃为素数幻方之精品。

“1 ＋ 1 ＋ 1 ＝ 1”素数幻方设想

什么是“1 ＋ 1 ＋ 1 ＝ 1”素数幻方？即 3 个素数幻方相加看得一个素数幻方，或者说一个素数幻方可分拆成 3 个素数幻方的一个联体群，这是一个全新的设计课题。从猜想而言之，“1 ＋ 1 ＋ 1 ＝ 1”素数幻方有存在的可能性，但我几经求索未果。

什么样的 3 个素数幻方可加成一个素数幻方呢？“三合一”关系似乎是一种巧合，海淘成功的概率微乎其微，它同 3 个素数幻方的幻和相等、入幻素数内在结构相同等等条件毫无关联，因此构图无从着手，只能在浩瀚的素数幻方群中盲试，碰碰运气了。

现出示一个不成功的例子，图 15.37 取 3 个 3 阶素数幻方相加，便得到了一个 3 阶幻方，其 9 个数中 7 个是素数，2 个不是素数（各加“2”变为素数），很遗憾的失败了。大量的试做，并不能提供任何经验与改进的方法，“1 ＋ 1 ＋ 1 ＝？”加出来才知道。失败乃成功之母，这句话不适用于构建“1 ＋ 1 ＋ 1 ＝ 1”素数幻方。

37	283	151
271	157	43
163	31	277

S=471

＋

71	167	29
47	89	131
149	11	107

S=267

＋

197	503	71
131	257	383
443	11	317

S=771

＝

305	953	251
449	503	557
755	53	701

S=1509

图 15.37

若给定 100 个三阶素数幻方，算上“镜像”8 倍同构体，在 800 中任取其三做检索，我们常常因缺乏足够的耐心，而让本来就稀缺的“三合一”素数幻方悄悄溜走。它与幻和为素数的素数幻方相似，可遇而不可求。

孪生素数幻方与哥德巴赫幻方的转化关系

所谓孪生素数幻方对，是指两个素数幻方每对应两素数之差全等于偶素数“2”的结对关系，故喻之为“1-1 ＝ 2”素数幻方。所谓哥德巴赫素数对，是指两个素数幻方每对应两素数之和全等于某个大偶数的结对关系，故喻之为“1 ＋ 1 ＝ 2”素数幻方（此“2”泛指不小于“6”的偶数）。因此，这是两种不同性质的成对素数，揭示了无限自然数中“永不消失”的素数的普遍存在性原理。这两种素数对引入幻方领域，成为“素数幻方——第三迷宫”中最具有挑战性的课题。

据研究，在等差数列同步配置方案条件下，孪生素数幻方对（或者广义孪生素数幻方对）与哥德巴赫素数幻方对之间是可以相互转化的。目前，我发现符合这一苛刻转化条件的仅限于 3 阶素数幻方对。举例如图 15.38 所示。

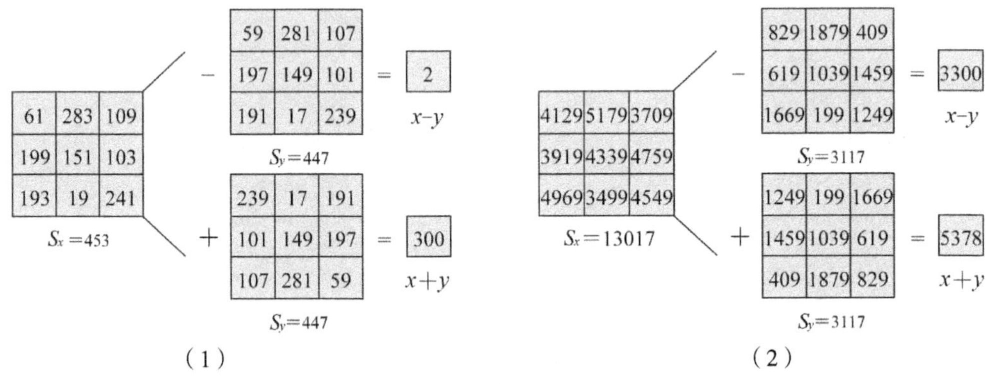

图 15.38

图 15.38（1）展示了 3 阶孪生素数幻方对与 3 阶哥德巴赫素数幻方对之间的相互转化关系，即这对 3 阶素数幻方中，由对应位两素数之差全等于素数“2”，可转化为两素数之和全等于偶数“300”。本例各素数对的配置方案为“三段式”同步素数等差数列。

图 15.38（2）展示 3 阶广义孪生素数幻方对与 3 阶哥德巴赫素数幻方对之间的相互转化关系，即在这组 3 阶素数幻方对中，由对应位两素数之差全等于偶数“3300”，可转化为两素数之和全等于偶数“5378”，各素数对的配置方案为整条素数等差数列。

由上两例可知：

①孪生素数幻方对（或广义孪生素数对）与哥德巴赫素数幻方对之间的转化方式如下：若 x 幻方不变，则 y 幻方必须旋转 180° 再左右“颠倒”安排，反之亦然。

②这两种幻方对实现相互转化的素数对入幻配置条件是必须以“分段式”同步等差数列为配置方案，或者以整条等差数列为配置方案。

符合这一特定转化条件的 3 阶素数幻方对大量存在。但在以往问世的孪生素数幻方对、广义孪生素数幻方对作品中，大于 3 阶的能实施向哥德巴赫素数幻方对转化的尚为“空白”。这就是说，大于 3 阶的孪生素数幻方对、广义孪生素数幻方对，不是轻而易举可转化为哥德巴赫素数幻方对的。总而言之，在哥德巴赫素数幻方对与孪生素数幻方对（或广义孪生素数幻方对）的相互转化关系中，将形成前所未知的一个特殊的素数幻方“交集”。目前，这个“1-1 = 2”与“1 + 1 = 2”素数幻方对“交集”的研究尚处于萌芽状态，但它应成为素数幻方“第三迷宫”的重点课题之一。

连续素数幻方选录

什么是连续素数幻方？即节选连续的 k^2 个素数所构造的 k 阶幻方。连续素数幻方构图难点之一，在于节选符合入幻条件的连续素数方案，阶次越低连续素数幻方越稀缺，其构图方法越加技巧。近几年来，连续素数幻方已成为素数幻方领域中的一个热门课题，我国幻方爱好者们在连续素数幻方研究方面的成果突飞猛进。例如，江苏睢宁蔡文宜先生制作出了几乎所有常用阶次的连续素数幻方，最高纪录达到 54 阶。尤其可喜的是安徽师范大学附属小学 101 班的小朋友们，在王忠汉先生（中国幻方研究者协会秘书长）的悉心辅导下，于 2003—2004 年完成了从 20 阶开始至 40 阶的阶次补缺，以及 40 阶以上至 101 阶全部连续素数幻方的创作，令世界为之惊叹！本文将选录 3 ～ 12 阶所见的几幅连续素数幻方。

一、尼尔逊 3 阶连续素数幻方

在 10 个位数以下的素数域中，人们没有发现 3 阶连续素数幻方存在。直至美国著名数学科普作家马丁・加德纳，为罗马出版社设计“1988 年挂历”时，因需要一幅 3 阶连续素数幻方，于是他特地以 100 美元设奖征集（在他的名著《狮身人面像之谜》一书中重申了这一有奖征集活动）。来自加利福尼亚大学的应征者哈里・尼尔逊（Harry Nelson），借助 Cray 巨型计算机发现了 22 个 3 阶连续素数幻方，其中幻和最小（5440084513）的一幅如图 15.39 所示。

1480028159	1480028153	1480028201
1480028213	1480028171	1480028129
1480028141	1480028189	1480028183

图 15.39

二、潘凤邹 4 阶连续素数幻方

图 15.40 是西藏潘凤邹于 2002 年间研发的 100 多幅不同幻和 4 阶连续素数幻方系列中的开头两幅，图 15.40 左用数 31 ～ 101 连续素数，幻和“258”；图 15.40 右用数 37 ～ 103 连续素数，幻和“276”。这两幅 4 阶连续素数幻方的特点：其一，幻和尽可能小；其二，两者 16 个素数为滚动式连续关系。根据素数表做地毯式搜索与研究，乃是取得系列连续素数幻方的重要方法。

37	97	83	41
89	59	67	43
53	71	61	73
79	31	47	101

41	71	103	61
97	79	47	53
37	67	83	89
101	59	43	73

图 15.40

三、阿部乐方、苏茂挺 5 阶连续素数幻方

图 15.41 左是日本幻方专家阿部乐方创作的一幅 5 阶连续素数幻方，图 15.41

右是我国苏茂挺的佳作，两者为同数异构体。它的用数为 13 ～ 113 连续素数，幻和“313”。

在连续素数幻方研究中，相同的 k^2 个连续素数能填成多少个异构体？或者幻和相同而使用不同 k^2 个连续素数的，能构造出多少的连续素数幻方？这是两个非常有趣的研究课题。连续素数幻方的首创让人惊讶，而精通构图技巧令人佩服。

17	79	101	43	73
13	113	89	61	37
109	19	41	47	97
107	71	53	59	23
67	31	29	103	83

71	67	83	31	61
89	53	19	79	73
17	113	101	59	23
107	43	13	41	109
29	37	97	103	47

图 15.41

四、苏祖艮 6 ～ 9 阶连续素数幻方

日本幻方专家苏祖艮创作了 6 ～ 9 阶 4 幅连续素数幻方: 其中 6 阶用数 7 ～ 167 连续素数，幻和“484”（图 15.42 左）；7 阶用数 7 ～ 239 连续素数，幻和“797”（图 15.42 右）。

167	37	127	11	101	41
47	71	157	97	83	29
7	23	17	151	137	149
103	131	43	67	61	79
53	59	31	139	89	113
107	163	109	19	13	73

233	13	19	223	29	113	167
173	47	103	191	61	59	163
157	149	37	71	127	17	239
83	181	79	41	131	193	89
7	107	229	109	197	137	11
43	73	151	23	199	211	97
101	227	179	139	53	67	31

图 15.42

8 阶用数 79 ～ 439 连续素数，幻和“2016”（图 15.43 左）；9 阶用数 37 ～ 479 连续素数，幻和“2211”（图 15.43 右）。日本的连续素数幻方研究，在 20 世纪 30 年代领先于世界。

439	89	83	97	419	379	113	397
137	149	433	327	373	163	293	251
331	349	199	179	313	271	223	151
239	167	227	233	269	307	401	173
257	353	191	263	229	103	283	337
293	281	347	367	131	277	109	211
241	197	127	421	101	157	383	389
79	431	409	139	181	359	311	107

173	97	191	163	149	383	257	389	409
181	431	179	113	277	251	317	419	43
479	199	193	131	137	139	379	271	283
211	67	449	241	349	233	157	37	467
457	433	47	337	239	71	59	401	167
439	313	463	223	359	227	53	61	73
83	461	127	263	151	331	311	443	41
109	103	293	373	197	229	397	69	421
79	107	269	367	353	347	281	101	307

图 15.43

五、寺村周太郎、梁培基 10 阶连续素数幻方

图 15.44 左是日本寺村周太郎于 20 世纪 70 年代末创作的一幅 10 阶素数幻方，

令组合数学界震惊，这幅 10 阶素数幻方由 23 ～ 593 自然数列中的 100 个连续素数构成，幻和“2862”，内嵌一个 4 阶素数子幻方（由 23 ～ 103 自然数列中的 16 个连续素数构成），子幻和“276”。

169	23	137	431	373	379	521	179	401	251
443	227	173	419	491	263	523	113	181	29
277	31	191	409	349	571	499	109	157	269
281	241	211	367	509	433	383	199	131	107
127	163	257	457	397	461	389	239	223	149
151	193	223	503	467	479	271	229	139	197
283	563	347	47	67	83	79	337	463	593
421	541	317	103	71	43	59	311	547	449
359	293	557	73	101	61	41	577	313	487
353	587	439	53	37	89	97	569	307	331

223	647	607	263	227	307	457	283	359	127
643	557	163	367	379	487	157	277	73	397
571	139	101	233	617	461	419	269	211	479
331	89	107	131	563	389	317	593	541	439
149	151	521	449	257	191	503	179	499	601
109	409	587	311	383	569	137	113	641	241
631	79	353	509	197	251	443	347	71	619
193	577	431	467	83	239	281	599	401	229
103	653	167	433	373	313	173	491	523	271
547	199	463	337	421	293	613	349	181	97

图 15.44

图 15.44 右是梁培基创作的一幅 4 阶、6 阶、10 阶同心连续素数幻方，其 4 阶子幻和“1400”、6 阶子幻和“2100”、10 阶幻和“3500”。这幅 10 阶连续素数幻方都由“71 ～ 653”连续素数构成。连续素数幻方由单一结构变为同心子母结构，将大大提高连续素数幻方的构图难度与趣味性。这两幅 10 阶连续素数幻方乃迄今所见之稀世珍品。

六、蔡文宜 11 阶连续素数幻方

图 15.45 是蔡文宜创作的一幅 11 阶连续素数幻方，用数 67 ～ 797 连续素数，幻和“4507”。连续素数幻方构图主要靠经验分析，采用手工操作方法制造。据蔡文宜先生介绍如下。

①连续素数节选方案：要求 k^2 个连续素数之和必须被阶次 k 整除，而且其奇、偶性必须与阶次 k 相同，若符合这一约束条件，有幻方解的可能性较大。

②手工编排方法：节选连续素数一般是杂乱无章的，因此各素数必须大小搭配，拼凑调整；先 k 行求和，再两条主对角线求和，最后 k 列综合平衡。

67	71	83	73	79	761	743	751	739	571	569
797	787	769	773	757	89	97	127	103	107	101
131	137	139	149	157	719	709	457	449	733	727
701	691	677	673	683	163	151	269	277	109	113
167	173	179	181	191	619	617	647	613	557	563
641	643	653	607	631	193	199	257	223	197	263
211	229	233	509	463	523	521	547	541	503	227
599	601	577	587	317	283	241	251	499	281	271
313	331	421	349	461	467	431	439	433	443	419
401	353	379	367	359	307	311	373	337	659	661
479	491	397	239	409	383	487	389	293	347	593

图 15.45

七、蔡文宜、王绎皓 12 阶连续素数幻方

图 15.46 这幅 12 阶连续素数幻方是蔡文宜的作品，用数“641 ～ 1637”连续素数，幻和“13638”。图 15.47 这幅 12 阶连续素数幻方是安徽师范大学附属小学王绎皓（7 岁）的作品（摘于王忠汉著《启智技巧再探》，天马图书有限公司 2004 年 12 月出版），用数“89 ～ 991”连续素数，幻和“6188”，这是一个奇迹，简直难以置信。

647	1627	641	1619	653	659	1607	683	1621	1601	1637	643
1583	1571	1609	1613	1597	1597	661	673	677	709	701	691
719	727	743	739	733	733	1579	1483	1559	1549	1567	1489
1523	1373	1531	757	1511	1511	769	811	773	1499	761	1543
1361	827	1481	937	1307	1307	1321	1231	1487	797	821	809
823	863	839	829	1237	1237	1319	1283	1409	653	1451	1453
1493	1213	1223	911	1297	1297	1229	1301	859	857	1087	877
1013	1033	1031	1009	1277	1277	1249	1303	1039	907	1049	1439
881	883	887	1433	929	929	919	1327	1063	1423	1019	1447
1429	1399	1381	1217	947	947	953	967	977	1201	991	983
1097	971	1109	1471	997	997	941	1459	1051	1061	1367	1093
1069	1151	1163	1103	1153	1153	1091	1117	1123	1181	1187	1171

图 15.46

89	709	107	379	743	839	197	557	283	983	311	991
503	211	613	967	947	103	523	383	701	257	829	151
683	571	269	659	409	331	887	607	157	761	367	487
907	389	467	401	439	479	449	193	617	541	587	719
419	137	727	373	431	811	739	599	239	293	929	491
971	877	937	179	139	751	271	307	349	163	787	457
113	397	337	827	733	173	823	911	521	673	181	499
563	677	647	653	149	941	229	919	227	773	313	97
769	421	977	191	463	233	809	547	859	101	619	199
241	281	593	509	881	317	691	131	461	433	797	853
577	661	263	883	631	641	127	277	821	347	359	601
353	857	251	167	223	569	443	757	953	863	109	643

图 15.47

纵观中外幻方高手们的连续素数幻方成果，令人激动。但非常遗憾，这些连续素数幻方的第一项素数，都不是从头开始的，因此我称之为“节选”连续素数幻方。真正的连续素数幻方应该从最小奇素数“3”开始连续取数。日本幻方专家苏祖艮以“7 ～ 167”及“7 ～ 239”两个连续素数方案，分别制作了 6 阶、7 阶“节选”连续素数幻方，比较接近“从头开始”原则。为什么我强调连续素数幻方要从最小奇素数“3”开始连续取数？目的是为了实证我的一个立论，即幻方是为素数数系建立新秩序的一种适当形式，从最小奇素数“3”开始连续取数，存在阶次无限的连续素数幻方解。据研究，有解的第 1 个节点是：取“3 ～ 9941”计 1225 个连续素数，可构造 35 阶连续素数幻方，幻和“163043”，拟另立专题探讨。

张联兴的“复合”素数幻方

素数幻方迷宫游戏，以玩法出奇、花样翻新为要。幻方高手张联兴先生创作的“复合”素数幻方令人大开眼界，现摘选几例欣赏、解读其独特数理关系。

第一例：“三三制”9 阶素数幻方

图 15.48 这个 9 阶素数幻方（幻和“9171”）由 9 个 3 阶素数幻方合成，各单元的子幻和分别为“2031，2157，2283；2931，3057，3183；3831，3957，4083”，乃是一个“三段式”等差结构配置方案，各段内公差“126”，各段间公差“648”。9 个 3 阶素数幻方微观结构的共性特征是“三段式”同形非等差配置方案，因而检索、筛选工作比较复杂。

941	1523	467	1151	2549	383	599	1427	131
503	977	1451	593	1361	2129	251	719	1187
1487	431	1013	2339	173	157	1307	11	839
701	1493	89	929	1901	227	947	2243	641
149	761	1373	317	1019	1721	971	1277	1583
1433	29	821	1811	137	1109	1913	311	1607
1229	2621	107	491	1283	257	1031	2099	53
197	1319	2441	443	677	911	83	1061	2039
2531	17	1409	1097	71	863	2069	23	1091

图 15.48

第二例：“十合一”9 阶素数幻方

图 15.49 这个 9 阶素数幻方（幻和“27981”）的构图方法：选 10 个等幻和、同心数 3 阶素数幻方，先由其中任意 9 个合成 9 阶，再以另一个 3 阶素数幻方置换各单元的同心数，即得。因此，这个 9 阶素数幻方的组合结构特点是两个同心 3 阶素数幻方（子幻和“9327”）构成了“双中宫”形态，而四周有 8 个“3 阶等和环”。它们可任意旋转，9 阶素数幻方总归成立。

2887	5431	1009	2749	6199	379	2689	6067	571
1231	1777	4987	739	5881	5479	991	1669	5227
5209	787	3331	5839	19	3469	5647	151	3529
2677	4561	2089	2659	5101	1567	2311	5527	1489
2521	3001	3697	2017	3109	4201	2287	3217	3931
4129	1657	3541	4651	1117	3559	4729	691	3907
1987	6091	1249	1879	5821	1627	1861	6007	1459
2371	4549	3847	2857	337	3361	2707	4441	3511
4969	127	4231	4591	397	4339	4759	211	4357

图 15.49

第三例：九宫全等 12 阶素数幻方

图 15.50 是由 9 个等和 4 阶素数完全幻方（泛幻和“23100”）合成的 12 阶素数幻方（幻和“69300”）。每个 4 阶素数完全幻方各由 8 对孪生素数构造，查找非常不易，这是张联兴的一幅力作。

4093	7459	5417	6131	6827	8863	5279	2131	4217	7879	2711	8293
8087	3461	6763	4789	5281	2129	6829	8861	2713	8291	4219	7877
6133	5419	7457	4091	6271	9419	4723	2687	8839	3257	7333	3671
4787	6761	3463	8089	4721	2689	6269	9421	7331	3673	8837	3259
10067	11353	1619	61	9241	4337	8431	1091	2551	9001	4001	7547
1621	59	10069	11351	8429	1093	9239	4339	9461	2087	8011	3541
9931	11489	1483	197	3119	10459	2309	7213	7549	4003	8999	2549
1481	199	9929	11491	2311	7211	3121	10457	3539	8009	2089	9463
1277	10501	431	10891	2113	9439	4421	7127	7307	8821	5099	1873
433	10889	1279	10499	10529	1019	8221	3331	5101	1871	7309	8819
11119	659	10273	1049	7129	4423	9437	2111	6451	9677	4243	2729
10271	1051	11117	661	3329	8219	1021	10531	4241	2731	6449	9679

图 15.50

总之，张联兴的“复合”素数幻方为素数入幻开辟了一条构图的新路子。查找等和或等差的 3 阶、4 阶等低阶素数幻方，由此合成 $3k$ 阶、$4k$ 阶（$k>1$）素数幻方。这叫作以小博大，如滚雪球一般，把素数幻方做大。

6阶素数幻方

单偶数幻方有特殊组合原理与构图方法。同理，2（2k + 1）阶素数幻方也是一个特殊问题。张道鑫以“镶框法”“四象九宫法”制作过多幅6阶素数幻方，张联兴以“四象合成法”制作了不少的等和6阶素数幻方，他们为单偶数素数幻方的构图提供了丰富的范例与精湛的组合技术，我几经研读得益匪浅。现介绍如下。

一、“镶框法”构造6阶素数幻方

“镶框法”是制作“回”字型各阶同心幻方常用的构图方法。张道鑫制作6阶素数幻方的基本思路是先给出一个4阶素数幻方（幻和“660”）为6阶的中心单元；然后以制作对称数组之和等于“330”（即$\frac{1}{2}\times 660$）且四边等和的一个6阶素数环；两者相套即得幻和等于“990”的6阶素数幻方（图15.51）。

163	89	271	181	107	179
17	11	43	127	479	313
251	157	449	41	13	79
131	419	67	103	71	199
277	73	101	389	97	53
151	241	59	149	223	167

S=990

图15.51

“镶框法”制作的6阶素数同心幻方，其36个素数的整体配置关系非常复杂：中心以4阶幻方为单元独立配置，6阶环以成对、等边为原则独立配置，因此这两部分“各自为政”，事先不做6阶入幻整体配置方案。但它的组合结构符合6阶“不规则模式”。其九宫为3阶行列图，四象为2阶行列图（图15.52）。

280	622	1078
958	660	362
742	698	540

九宫行列图

1451	1519
1519	1451

四象行列图

图15.52

二、“四象九宫法”构造6阶素数幻方

“四象九宫法”是高治源发现的构图方法，张道鑫用之得法：他预选两两对角等和、相邻互补的4个3阶单元，各单元为“同形等差数列”配置方案，其构图巧妙之处在于两组对角等和3阶单元的中行与中列为互补匹配；然而，四象各3阶单元都模

47	137	227	127	337	547
1697	1787	1877	2137	2347	2557
2267	2357	2447	2467	2677	2887
257	467	677	367	487	607
1217	1427	1637	757	877	997
3527	3467	3677	2797	2917	3037

素数配置方案

→

1697	2447	137	2137	2887	337
227	1787	2267	547	2347	2467
2357	47	1877	2677	127	2557
467	3677	1217	487	3037	757
3257	1427	677	2797	877	607
1637	257	3467	997	367	2917

S = 9642

图15.53

拟3阶幻方代入，即得由4个3阶行列图合成的6阶素数幻方（图15.53）。

这幅6阶素数幻方的组合结构符合“不规则”模式，即九宫为3阶行列图，而四象为2阶行列图（图15.54）。6阶素数幻方组合结构还存在其他组合模式吗？据《2（2k＋1）阶幻方》中介绍：拟有“普朗克模式”及“丁宗智模式”，这两种模式在6阶素数幻方中的应用尚需深入研究。

6158	5088	8038
6548	6258	6478
6578	7938	4768

九宫行列图

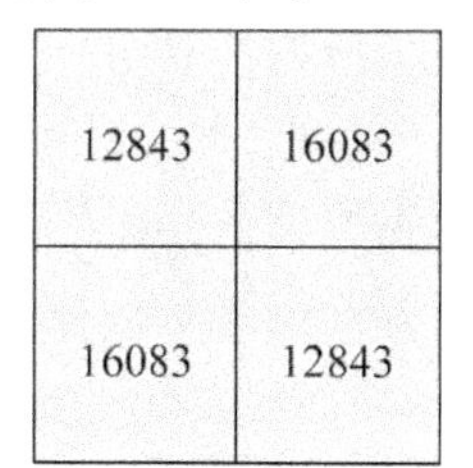

12843	16083
16083	12843

四象行列图

图15.54

三、“四合一法”构造6阶素数幻方

张联兴的“四合一法”别有巧妙，他以两组对角象限分别等和的3阶素数行列图（注：各有一个3阶素数幻方），先合成一个“6阶行列图”；然后调整两对相关数组，以建立两条主对角线的等和关系。因此，本例6阶素数幻方中有两个3阶素数幻方单元（图15.55右）。这种组合结构的6阶素数幻方比较少见，乃为一幅精品。

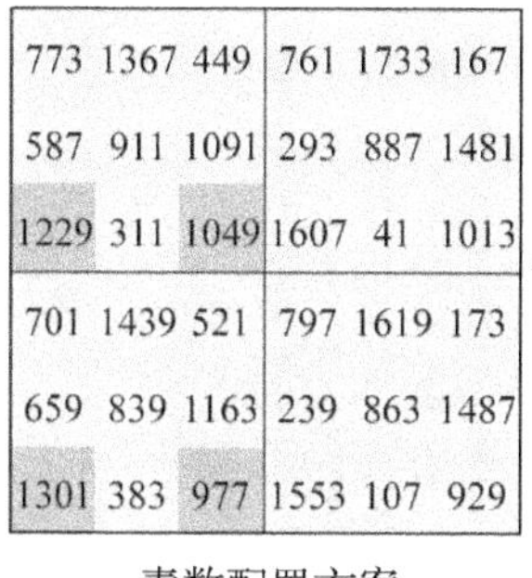

773	1367	449	761	1733	167
587	911	1091	293	887	1481
1229	311	1049	1607	41	1013
701	1439	521	797	1619	173
659	839	1163	239	863	1487
1301	383	977	1553	107	929

素数配置方案

→

773	1367	449	761	1733	167
587	911	1091	293	887	1481
1301	311	977	1607	41	1013
701	1439	521	797	1619	173
659	839	1163	239	863	1487
1229	383	1049	1553	107	929

$S=5250$

图15.55

3638	2594	4268
3752	3902	2846
3110	4004	3386

九宫行列图

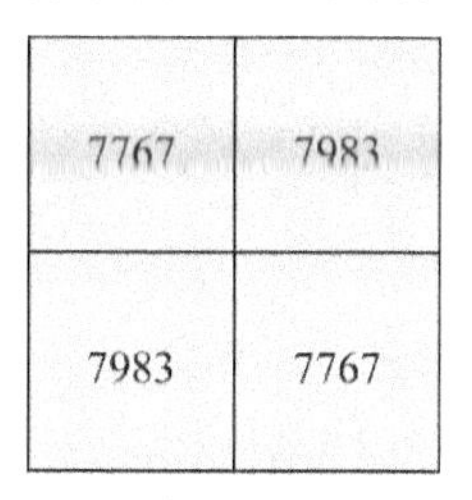

7767	7983
7983	7767

四象行列图

图15.56

张联兴这幅6阶素数幻方的组合结构符合“不规则模式”，即九宫为3阶行列图，四象为2阶行列图（图15.56）。

可以设想：若能觅得4个等和3阶素数幻方，那么按“四合一法”就能构造出一幅二重次6阶素数幻方，这将是下一个追查目标。

四、6阶素数幻方的最优化

美国C.A.匹克奥弗在《果戈尔博士数字奇遇记》一书中，介绍了一幅著名的“圣经·启示录”6阶素数完全幻方，它的6行、6列及泛对角线之和全等于“666”（图15.57）。一半是出于其幻和等于“野兽数”的原因，令西方人奉之为神灵的启示；一半因为它是绝无仅有的单偶数6阶素数完全幻方，令幻方爱好者们赞不绝口。迄今尚无第2幅6阶素数完全幻方问世。

3	107	5	131	109	311
7	331	193	11	83	41
103	53	71	89	151	199
113	61	97	197	167	31
367	13	173	59	17	37
73	101	127	179	139	47

“野兽数”6 阶素数完全幻方

图 15.57

图 15.57 是“野兽数”6 阶素数完全幻方的组合结构图。其九宫结构是 3 阶行列图，四象结构是 2 阶行列图，这与上文几幅 6 阶素数非完全幻方属于同一“不规则”组合模式。但这幅 6 阶素数完全幻方在如下两个方面技高一筹。

首先，9 个 2 阶单元之和的配置方案如下。

240（90）330（10）340

448（90）538（10）548

454（90）544（10）554

配置方案特殊的有序性，为 6 阶的全盘最优化奠定了数理基础。

其次，九宫采用泛对角线格式编码特技，建立九宫行列等和关系，表现了极其复杂的“不规则”最优化互补结构（图 15.58）。

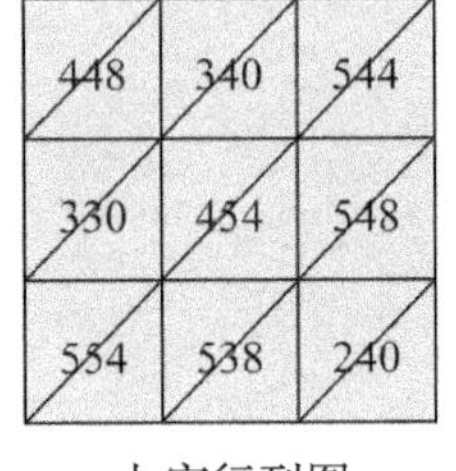

九宫行列图

873	1125
1125	873

四象行列图

图 15.58

综上所述，6 阶属于单偶数幻方，在经典幻方序列中，它天生“不规则”，原本不存在最优化解。而这幅 6 阶素数完全幻方，竟然能在桀骜不驯的素数领域中横空出世，它预示着在幻方广义发展的另类序列中，“单偶数幻方”最优化问题，将作为一个相对独立的数学游戏，立题研究。

回文素数幻方

所谓回文素数，是指从左读数、从右读数都为同一个素数，其特点是一个素数的对称数位上的数字相同，数形非常美观。以回文素数填制的素数幻方，称为回文素数幻方。回文素数资源稀缺，因而“回文”是素数入幻的一个严格限制条件。在吴鹤龄著《幻方与素数》一书中，关于回文素数做了如下介绍：1980 年 11 月，滑铁卢大学有人用计算机找出 5 位回文素数 93 个，7 位回文素数 668 个；比利时娱乐数学杂志《Crux Mathematicorum》编辑利奥·索维（Leo Sauve）给出了 9 位回文素数 5172 个（其中最奇特的一个是“345676543”）。非常遗憾，都没有提供这些回文素数的具体检索资料。在 1 ～ 100000 自然数列内，我检索到 109 个回文素数，其中就有 5 位回文素数 93 个（表 15.3）。

表 15.3　回文素数

（1 ～ 100000 自然数数域内共存 109 个回文素数）

11	727	11411	15551	19891	32423	37273	71917	76667	90709	95959
101	757	12421	16061	19991	33533	37573	72227	77377	91019	96269
131	787	12721	16361	30103	34543	38083	72727	77477	93139	96469
151	797	12821	16561	30203	34843	38183	73037	77977	93239	96769
181	919	12921	16661	30403	35053	38783	73237	78487	93739	97379
191	929	13331	17471	30703	35153	39293	73637	78787	94049	97579
313	10301	13831	17971	30803	35353	70207	74047	78887	94349	97879
353	10501	13931	18181	31013	35753	70507	74747	79397	94649	98389
373	10601	14341	18481	31513	36263	70607	75557	79697	94849	98689
383	11311	15451	19391	32323	36563	71317	76367	79997	94949	

俗话说“只要功夫深，铁杵磨成针”，寻寻觅觅，我终于在表 15.3 中发现了长度为 4 项的 5 组同形非等差数列（图 15.59 右下）。我取其C_5^4= 5 种组合配置方案，各构造一幅 4 阶回文素数幻方。我开创了素数幻方的一个品种。

预计在 7 位、9 位数回文素数表中，想必存在较多入幻组配方案。

10301	33533	37273	78787
37573	78487	11411	32423
77477	35153	34843	12421
34543	12721	76367	36263

S_1=159894

10301	34543	78787	97379
77477	98689	12421	32423
98389	76367	33533	12721
34843	11411	96269	78487

S_2=221010

10301	37573	77477	98389
97379	78487	35153	12721
37273	11411	98689	76367
78787	96269	12421	36263

S_3=223740

32423	97379	37273	78787
78487	37573	96269	33533
98689	34543	77477	35153
36263	76367	34843	98389

S_4=245862

10301	34543	37573	97379
36263	98689	12421	32423
98389	35153	33533	12721
34843	11411	96269	37273

S_5=179796

10301	11411	12421	12721
32423	33533	34534	34843
35153	36263	37273	37573
76367	77477	78487	78787
96269	97379	98389	98689

5×4 同步非等差数列配置方案

图 15.59